中国科学院华南植物园编

广东植物志

(第九卷)

主　编　吴德邻

副主编　胡启明　陈忠毅

廣東省出版集團

广东科技出版社

中国·广州

图书在版编目（CIP）数据

广东植物志．第九卷/中国科学院华南植物园编．—广州：广东科技出版社，2009.11
ISBN 978-7-5359-5079-6

Ⅰ．广… Ⅱ．中… Ⅲ．①植物志—广东省②水生维管束植物—植物志—广东省③水生维管束植物—植物志—海南省 Ⅳ．Q948.526.5

中国版本图书馆CIP数据核字（2009）第047271号

责任编辑：冯常虎 区燕宜
装帧设计：陈维德
责任校对：罗美玲 杨崚松
责任印制：严建伟
出版发行：广东科技出版社
（广州市环市东路水荫路11号 邮码：510075）
E-mail：gdkjzbb@21cn.com
http：//www.gdstp.com.cn
经 销：广东新华发行集团股份有限公司
排 版：广东科电有限公司
印 刷：广东金冠科技发展有限公司
（广州市黄埔区南岗云埔工业区骏丰路111号 邮码：510760）
规 格：787mm×1 092mm 1/16 印张35.5 字数710千
版 次：2009年11月第1版
2009年11月第1次印刷
印 数：1～1 800册
定 价：138.00元

South China Botanical Garden,
the Chinese Academy of Sciences

FLORA OF GUANGDONG

Volume IX

Chief editor: Wu Telin
Vice chief editors: Hu Qiming
Chen Zhongyi

Guangdong Provincial Publishing Group
Guangdong Science and Technology Press
Guangzhou, China

内 容 简 介

本卷收载广东及海南野生和习见栽培的维管束植物14科（含2亚科），217属，792种，15亚种（型），33变种，4变型。书中对各科、属的特征均有简要的描述，并对每种植物的形态、产地、分布、用途作了较详细的介绍，附有插图273幅。书末附有中名及拉丁名索引，便于读者查对。

本志可供生物、农业、园艺、医药等教学、科研和生产单位有关人员参考。

（本志第一、二卷完稿于海南建省之前，因此海南植物亦收载其中。为了保持本志内容的连贯性，海南植物仍将继续收载于本志各卷，特此说明。）

本 书 承

广 东 省 科 学 技 术 厅 资 助 出 版

广东省优秀科技专著出版基金会推荐

广东省优秀科技专著出版基金会

本志第4～8卷编研费承广东省自然科学基金资助（项目编号980951），第9～11卷编研费承广州市科学技术局资助［项目编号穗科条（2008）6-16］，特此致谢。

主　　编： 吴德邻
副 主 编： 胡启明　陈忠毅
秘　　书： 赵南先　夏念和
编写人员： （以姓氏笔画为序）

于　慧　邓云飞　王　忠　王瑞江　田怀珍
刘　青　孙　晔　刘培芳　邢福武　林汝顺
易绮斐　罗燕燕　胡启明　郝振萍　郭丽秀
夏念和　欧阳婵娟

目　录

壳 斗 科 Fagaceae

常绿或落叶乔木，稀灌木；托叶早落。单叶，具叶柄，互生，稀轮生，全缘或具裂齿，或不规则羽状分裂。花单性，雌雄同株或同序，稀异株；雄花序下垂或直立，由多数单花或小花束簇生于花序轴或总花梗的顶部呈球状，或散生于花序轴上呈穗状，稀为圆锥花序；雄花：花被片4～6（～9），鳞片状，合生或离生；雄蕊（4～）6～12（～90）枚，花丝细，通常离生，极少基部合生，花药基着或背着，无退化雌蕊；雌花序直立，花单朵散生或3至数朵聚生于总苞内，散生于花序轴上呈穗状，或2～3朵腋生；雌花：花被通常6裂；退化雄蕊6～12枚或无；雌蕊1枚，子房下位，2～6（～9）室，每室有倒生胚珠2颗，仅1颗发育，花柱与子房室同数，圆柱形，柱头倒圆锥形或舌状。由总苞发育而成的壳斗脆壳质、木质、角质或木栓质，形状多样，部分或全部包被坚果，开裂或不开裂，外壁平滑或有各式形态的小苞片，每壳斗有坚果1～3（～5）个；坚果有棱角或浑圆，顶部有稍凸起的柱座，底部有凸起、近平坦或凹陷的果脐，胚大，无胚乳；子叶2片，富含淀粉或鞣质。

本科有7～10属，620～750种，广布于温带至热带地区，但非洲仅见于北部，主产于亚洲南部及东南部。我国有7属，294种，除新疆为引种外，分布于南北各省区，主产于西南部及南部；广东及海南产6属，129种，4变种。

本科植物大多含鞣质，以树皮和壳斗的含量较高；木材质坚而重，供建筑及家具用；水青冈属和栎属等的种仁含以油酸和亚油酸为主的脂肪油。

1. 雄花序头状，下垂；雌花2朵，偶有3朵生于总苞内；坚果具3棱脊……1. 水青冈属 Fagus
1. 雄花序穗状或圆锥状，直立或下垂；雌花单朵或组成穗状花序；坚果无3棱脊。
  2. 壳斗开裂成数瓣，或不开裂但有纵向裂痕。
    3. 落叶乔木，无顶芽；子房6～9室……2. 栗属 Castanea
    3. 常绿乔木，有顶芽；子房3室……3. 锥属 Castanopsis
  2. 壳斗从不开裂，也无纵向裂痕。
    3. 雄花具退化雌蕊……4. 柯属 Lithocarpus
    3. 雄花无退化雌蕊。
      4. 壳斗的小苞片覆瓦状排列，不愈合成同心环带……5. 栎属 Quercus
      4. 壳斗的小苞片轮状排列，愈合成同心环带……6. 青冈属 Cyclobalanopsis

1. 水 青 冈 属 **Fagus** Linn.

落叶乔木，树皮光滑；冬芽长，浅红褐色，顶端尖。叶互生，二列，在芽中呈折扇状，叶缘具疏锯齿，侧脉近平行，直达齿端。花单性同株；雄花序头状，生于总花梗顶部，下垂；雄花花被4～7裂，裂片不等大，被长柔毛；雄蕊8～16枚，花药基着；雌花序腋生；雌花通常2朵，包于4裂、具梗的总苞内；花柱3，纤细，反卷。壳斗木质，4瓣裂，外壁的小苞片小叶状、线形或钻状、“S”形、下弯或伏贴而仅钻尖部分斜展；每壳斗有坚果1或2个；坚果具3棱，棱顶部有窄而下延的膜质翅或无翅。

本属约10种，分布于北半球温带及亚热带高山地区。我国产5种；广东产2种。

1. 壳斗的总梗长1～10 cm；壳斗长2～3 cm；坚果棱顶部具膜质翅……1. 水青冈 F. longipetiolata
1. 壳斗的总梗长0.5～1.5 cm；壳斗长约1.5 cm；坚果棱顶部无膜质翅……2. 光叶水青冈 F. lucida

1. 水青冈　（《中国植物志》）　（图1）

Fagus longipetiolata Seem.

乔木；冬芽长达2 cm；小枝无毛，皮孔狭长圆形或近圆形。叶薄革质，卵形至卵状长椭圆形，长6 ~ 15 cm，宽3 ~ 6.5 cm，顶端渐尖，基部宽楔形，叶缘具疏锯齿，侧脉9 ~ 12对，直达齿端，嫩叶背面被伏贴的短柔毛，成熟后脱落；叶柄长1 ~ 2.5 cm，无毛。果序总梗长1 ~ 10 cm，无毛，壳斗4瓣裂，长2 ~ 3 cm，密被褐色绒毛；小苞片线形或钻状，向下弯曲或呈“S”形，每壳斗有坚果2个；坚果三棱形，与壳斗裂瓣等长或稍短，棱脊顶部有窄而下延的膜质翅。花期：4 ~ 6月；果期：6 ~ 11月。

产地：乐昌、乳源、连州、连南、英德、阳山、和平、怀集。生于海拔300 ~ 1 400 m的杂木林中。

分布：秦岭以南各地。越南。

用途：优良的地板材。

图1　水青冈　Fagus longipetiolata Seem.
1. 果枝；2. 坚果。（余汉平绘）

2. 光叶水青冈　（《中国植物志》）

Fagus lucida Rehd. et Wils.

乔木；冬芽长达1.5 cm；小枝无毛，皮孔狭长圆形或近圆形。叶革质，卵形，长6 ~ 11 cm，宽3.5 ~ 6.5 cm，顶端急尖或渐尖，基部宽楔形或近圆形，一侧稍偏斜，叶缘具疏锯齿，侧脉10 ~ 12对，直达齿端，嫩叶背面脉上被柔毛，成熟后毛变疏或全部脱落；叶柄长0.5 ~ 2 cm，幼嫩时被黄棕色柔毛。果序总梗长0.5 ~ 1.5 cm，幼嫩时被毛，成熟后脱落；壳斗4瓣裂，长约1.5 cm，被锈色微柔毛；小苞片钻形，伏贴，钻尖部分略斜展，每壳斗有坚果1或2个；坚果三棱形，略长于壳斗裂瓣，棱脊顶部无膜质翅或几无翅。花期：4 ~ 5月；果期：9 ~ 10月。

产地：乐昌、连山、英德。生于海拔750 ~ 1 400 m的林中。

分布：安徽、浙江、福建、广西、贵州、湖北、湖南、江西、四川。

2. 栗　属　Castanea Mill.

落叶乔木或灌木，树皮纵裂；冬芽短，被3 ~ 4片芽鳞包裹。叶互生，螺旋状排列，但由于枝条稍旋扭而呈二列状，叶缘有锯齿，侧脉近平行，直达齿端。花单性同株或同序，雄穗状花序直立，单穗腋生；雄花1 ~ 3（~7）朵一簇，每簇有3苞片；花被6深裂；雄蕊6 ~ 20枚；退化雌蕊被柔毛；雌花通常1 ~ 3朵聚生于1壳斗内；花被具6 ~ 8齿；子房6 ~ 9室，柱头6 ~ 9枚。壳斗近椭圆形；小苞片刺状，密集，具3坚果时4瓣裂，具1坚果时2瓣裂；坚果顶部常被伏毛。

本属约10种，分布于亚洲、欧洲、非洲及北美。我国产4种（其中引进1种），1变种；广东产3种。

1. 每壳斗有坚果1个，坚果卵形；叶顶端长渐尖或尾状长尖，叶背无毛……………………… 1. 锥栗 C. henryi
1. 每壳斗有坚果3 ~ 5个或更多，极少1个，坚果扁球形；叶顶端急尖或渐尖，叶背有鳞腺或短毛。
  2. 每壳斗具坚果2 ~ 3个，稀1个；叶背有毛，无鳞腺；花单性同株 ……………………… 2. 栗 C. mollissima
  2. 每壳斗具坚果3 ~ 5个或更多；叶背无毛或仅幼嫩时被单毛，有鳞腺；花单性同株或同序 …………… 3. 茅栗 C. seguinii

1. 锥栗 （《事类合璧》）

Castanea henryi（Skan）Rehd. et Wils.

Castanopsis henryi Skan

乔木；冬芽长约4 mm；嫩枝紫褐色，无毛。叶披针形或卵状披针形，长12 ~ 23 cm，宽3 ~ 7 cm，顶端长渐尖或尾状长尖，基部宽楔形至钝圆，叶缘有锯齿，叶背无毛，侧脉13 ~ 16对；叶柄长1.5 ~ 2 cm。雄花序长5 ~ 15 cm，花单朵散生或3朵一簇；雌花每壳斗1朵。壳斗连刺直径2.5 ~ 4.5 cm；小苞片刺状，每壳斗具1坚果；坚果卵形，直径1.5 ~ 2 cm，顶端被黄棕色绒毛。花期：4 ~ 7月；果期：6 ~ 10月。

产地：乐昌、乳源、肇庆、广州等地。生于海拔100 ~ 1 400 m的丘陵与山地。

分布：秦岭南坡以南，五岭以北各地。

用途：造林树种；果可食。

2. 栗 （《诗经》） 别名：风栗（广东）、板栗 （《事类合璧》） （图2）

Castanea mollissima Bl.

乔木，树皮深纵裂；冬芽长约5 mm，被绒毛；小枝被灰褐色绒毛。叶长椭圆形至椭圆状披针形，长9 ~ 15 cm，宽4 ~ 7 cm，顶端渐尖或急尖，基部宽楔形至钝圆，叶缘有锯齿，叶面无毛，叶背密被星状短柔毛和长单毛，无鳞腺，侧脉10 ~ 18对，直达齿端；叶柄长0.5 ~ 2 cm，被细绒毛。雄花序长10 ~ 20 cm，花序轴被毛；花3 ~ 5朵一簇；雌花1 ~ 3（~5）朵发育结实。壳斗连刺直径4 ~ 8 cm，小苞片刺状，每壳斗具2 ~ 3坚果，稀1个；坚果扁球形，直径2 ~ 2.5 cm，顶端被绒毛。花期：4 ~ 6月；果期：9 ~ 10月。

产地：乐昌、乳源、始兴、连州、连南、连山、南雄、阳山、英德、河源、大埔、博罗、广州、肇庆、深圳、中山、封开、高州。栽于平地或山地。

分布：除青海、宁夏、新疆及海南等少数省区外，广布南北各地。

用途：栗子富含淀粉以及其他糖类、维生素和无机盐类等营养物质，可煮食或炒食；木材坚硬耐水，材质优良；叶可作蚕饲料。

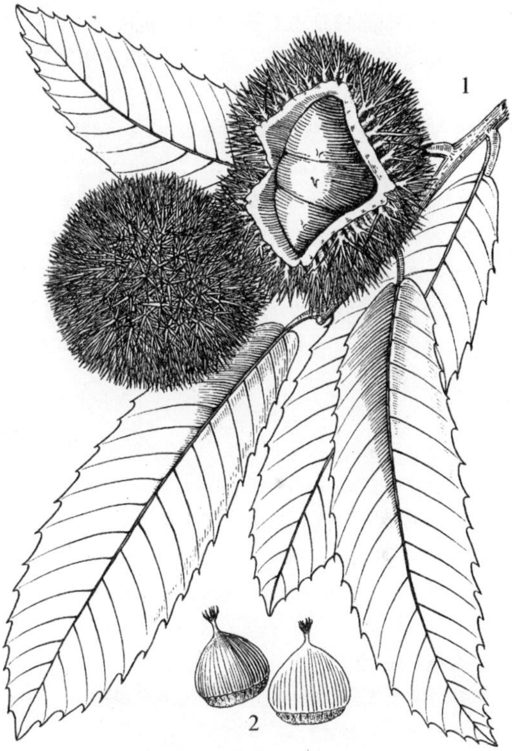

图2 栗 Castanea mollissima Bl.

1. 果枝；2. 坚果。（余汉平绘）

3. 茅栗 （《唐本草》）

Castanea seguinii Dode

小乔木或灌木；冬芽长约2 mm；嫩枝被短柔毛。叶长椭圆形或倒卵状椭圆形，长6 ~ 14 cm，宽4 ~ 6 cm，顶端渐尖或急尖，基部楔形或钝圆，叶缘有锯齿，叶背具鳞腺，嫩叶沿中脉背面被稀疏单毛，侧脉12 ~ 17对，直达齿端；叶柄通常长不及1 cm，被短毛。雄花序长5 ~ 10 cm，雄花3 ~ 5朵一簇；雌花单生或生于雌雄同序的花序下部。每壳斗有雌花3 ~ 5朵，壳斗外壁小苞片刺状，连刺直径3 ~ 4 cm，每壳斗具3 ~ 5坚果或更多；坚果扁球形，直径1 ~ 1.5 cm，顶端无毛或被疏毛。花期：4 ~ 5月；果期：6 ~ 10月。

产地：乐昌、阳山等地。生于海拔400 ~ 1 200 m的丘陵山地或灌木丛中。

分布：广布于安徽大别山以南、五岭南坡以北各地。

用途：果有甜味，可食。

3. 锥　属 **Castanopsis**（D. Don）Spach

常绿乔木，很少呈灌木状；小枝具顶芽，芽鳞多数，交互对生。叶互生，二列或螺旋状排列；托叶早落。花序穗状或圆锥状，直立；花单性，花被5或6裂；雄花3～7朵簇生，稀单朵散生于花序轴上；雄蕊通常9～12枚；退化雌蕊甚小，密被卷曲绵毛；雌花1～3（～7）朵聚生于一壳斗内，构成短穗状花序或生于雄花序的下部；子房3室；花柱通常3枚，柱头小，圆点状或浅窝穴状。壳斗近球形或碗状，包住坚果的全部或大部，外面有针刺、鳞片或瘤状体；每壳斗有坚果1～3个。

本属约120种，分布于亚洲南部和东部。中国有58种；广东及海南产26种。

另据《中国植物志》记载，C. neocavaleriei 广东有分布，但未见标本，故暂未收录。

本属植物木材多坚实，是优良的建筑和家具用材，部分种类种子可食。

1. 壳斗外壁仅有鳞片、瘤状或肋状突起，无刺或刺长不及1 mm。
  2. 叶宽大，通常宽3 cm以上，长超过10 cm，至少边缘中部以上有锯齿。
    3. 叶薄革质，侧脉15～20对；壳斗外壁鳞片连成3～4个不规则的环……………… 1. 罴蔃锥 C. fissa
    3. 叶厚革质，侧脉7～15对；壳斗外壁瘤状突起连成6～7个同心环 ……………… 2. 苦槠 C. sclerophylla
  2. 叶较狭，通常宽3 cm以下，长不过10 cm，全缘或近顶端有少数浅齿。
    3. 壳斗浅杯状，仅包围坚果的下半部，侧脉不于近叶缘处连结……………… 3. 鳞苞锥 C. uraiana
    3. 壳斗近球形，全包坚果，侧脉于近叶缘处连结……………… 4. 米槠 C. carlesii
1. 壳斗外壁有粗细不等的针刺或刺束。
  2. 每壳斗有坚果（1）2～3颗。
    3. 当年生成长叶两面不同色，下面被红褐色鳞秕；壳斗连刺直径2～3 cm；坚果无毛 ……………… 5. 罗浮锥 C. fabri
    3. 当年生成长叶两面同色；壳斗连刺直径3～6 cm；坚果密被短伏毛。
      4. 叶通常长7.5～13.5 cm，宽5～6 cm；叶柄长10～15 mm；壳斗连刺直径30～40 mm，刺连成刺束或鸡冠状刺环，末级分叉长2～3 mm ……………… 6. 厚皮锥 C. chunii
      4. 叶通常长12～20 cm，宽3～8 cm；叶柄长15～30 mm；壳斗连刺直径40～60 mm，刺粗细不等，鹿角状分叉长可达1.5 cm ……………… 7. 鹿角锥 C. lamontii
  2. 每壳斗有坚果1颗。
    3. 当年生成长叶背面被毛或疏生红褐色鳞秕。
      4. 叶背面被绒毛。
        5. 叶背毛极密，侧脉不显现。
          6. 叶柄长1～3（～5）mm；坚果高1.2 ～1.5 cm，直径1.5～2 cm ……………… 8. 毛锥 C. fordii
          6. 叶柄长4～12 mm；坚果高约1 cm，直径约1.4 cm ……………… 9. 华南锥 C. concinna
        5. 叶背毛较稀疏，侧脉清晰可见。
          6. 叶全缘，侧脉疏离，间距7～11 mm ……………… 10. 榄壳锥 C. boisii
          6. 叶缘有锯齿，侧脉间距通常小于6 mm。
            7. 叶椭圆形或长圆形，侧脉15～25对，齿具芒尖 ……………… 11. 印度锥 C. indica
            7. 叶倒卵形至倒卵状椭圆形，侧脉10～15对，齿无芒尖 ……………… 12. 海南锥 C. hainanensis
      4. 叶背面被疏鳞秕，或有时仅中脉两侧有残留鳞秕。
        5. 当年生小枝被毛。
          6. 叶大，宽超过4 cm，中部以上有粗锯齿或波状钝齿 ……………… 18. 秀丽锥 C. jucunda
          6. 叶较小，宽不超过3.5 cm，全缘，稀近顶端有齿。
            7. 小枝被淡褐色疏毛；壳斗外壁全部被刺遮盖；刺长8～15 mm，密生……………… 13. 红锥 C. hystrix
            7. 小枝被铁锈色毛；壳斗外壁不完全被刺遮盖；刺长6～10 mm，排成间断的4～6环……………… 14. 栲 C. fargesii
        5. 当年生小枝无毛。

6. 叶大，宽5 cm以上；壳斗连刺直径6 ~ 8 cm ………………………………………… 15. 钩锥 C. tibetana

6. 叶较小，宽通常不逾5 cm；壳斗连刺直径1.5 ~ 2.5 cm。

7. 叶柄长5 ~ 10 mm；壳斗外壁刺基部横向连生成鸡冠状 ……………………………… 16. 乐东锥.C. ledongensis

7. 叶柄长达15 mm；壳斗外壁刺散生 ………………………………………………………17. 钻刺锥 C. subuliformis

3. 当年生成长叶背面无毛，无鳞秕。

4. 成长叶两面不同色，背面有淡褐色或灰白色紧贴的蜡鳞层 ……………………………… 19. 台湾锥 C. formosana

4. 成长叶两面同色或近同色。

5. 叶缘有锯齿。

6. 壳斗直径2.5 ~ 3.5 cm，刺长6 ~ 12 mm，几完全遮盖壳斗外壁 ……………………… 20. 锥 C. chinensis

6. 壳斗直径1.5 ~ 2 cm，刺长2 ~ 4 mm，不完全遮盖壳斗外壁 ………………………21. 文昌锥 C. wenchangensis

5. 叶全缘，或近顶端偶有1 ~ 2齿。

6. 叶柄长2 ~ 3.5 cm ……………………………………………………………………… 22. 尖峰岭锥 C. jianfenglingensis

6. 叶柄长通常不超过1.8 cm。

7. 壳斗连刺直径4 ~ 8 cm。

8. 刺极密，完全遮盖壳斗外壁 ……………………………………………………… 23. 吊皮锥 C. kawakamii

8. 刺连成4 ~ 5个鸡冠状刺环，不全遮盖壳斗 …………………………………… 24. 黑锥 C. nigrescens

7. 壳斗连刺直径2 ~ 3 cm。

8. 叶厚革质；壳斗外壁的刺连成4 ~ 6环，末级分叉长2 ~ 3 mm ……………………………25. 甜槠 C. eyrei

8. 叶薄革质；壳斗外壁的刺不连成环，长6 ~ 10 mm……………………………………… 26. 公孙锥 C. tonkinensis

1. 黧蒴锥 （《中国植物志》） 别名：黧蒴 （《广州植物志》）

Castanopsis fissa（Champ. ex Benth.）Rehd. & Wils.

Quercus fissa Champ. ex Benth.

常绿乔木，高可达20 m；芽鳞和嫩叶顶端被红色或黄褐色短柔毛。叶坚纸质，椭圆形、长椭圆形或倒卵状椭圆形，大小差异很大，通常长11 ~ 23（ ~ 30）cm，宽5 ~ 9 cm，顶端短渐尖或钝圆，基部楔形，上半部有波状圆齿，叶面无毛，背面幼时被黄褐色短柔毛，侧脉15 ~ 20（ ~ 28）对；叶柄长1 ~ 2.5 cm。雄穗状花序直立，长8 ~ 15 cm，组成顶生圆锥花序；雌花另组成穗状花序或与雄花同序，但较短，花序轴无毛。果序长8 ~ 18 cm；壳斗卵圆形或椭圆形，直径1 ~ 1.5 cm，初时全包坚果，后分裂成2 ~ 3（4）个不规则裂片，壁厚0.5 ~ 1 mm，外面微被绒毛，鳞片三角形，连成3 ~ 4个不规则的环。坚果每壳斗1个，卵圆形或长圆形，高1.3 ~ 1.8 cm，直径1 ~ 1.6 cm，顶端被绒毛，果脐直径4 ~ 7 mm。

产地：广东各地及海南东方、三亚、保亭、陵水、琼海。生于海拔1 600 m以下山地疏林中。

分布：福建、江西、湖南、贵州南部、广西、云南东南部。越南。

用途：速生造林树种；木材可用作薪炭和培养香菇等食用菌。

2. 苦槠 （《中国树木分类学》）

Castanopsis sclerophylla（Lindl.）Schott.

Quercus sclerophylla Lindl.

常绿乔木，高5 ~ 10 m；当年生小枝红褐色，无毛。叶革质，长圆形或卵状长椭圆形，有时倒卵状椭圆形，长6 ~ 12（ ~ 17）cm，宽3 ~ 5（ ~ 7）cm，顶端渐尖至尾尖，基部圆形或楔形，稍偏斜，中部以上有锐锯齿，无毛，背面被银色蜡层，侧脉7 ~ 12对；叶柄长1.2 ~ 1.6（ ~ 2.5）cm。雄穗状花序通常单一腋生，长5 ~ 15 cm；雌花序长可达15 cm，花序轴无毛。壳斗近球形，直径1.4 ~ 1.5 cm，初时全包坚果，成熟时包住坚果的3/5 ~ 4/5，外面被黄褐色微柔毛；鳞片三角形，基部连成3 ~ 4个同心环。坚果每壳斗1个，近球形，直径1 ~ 1.4 cm，顶端被绒毛；果脐直径约1 cm。

产地：乐昌、乳源、连州、阳山、广州。生于海拔200 ~ 1 000 m的山地疏或密林中。

分布：广西、贵州南部、四川、湖北、湖南、江西、安徽、江苏、浙江、福建。

用途：果脱涩后可加工成槠豆腐；木材可作家具、农具。

3. 鳞苞锥 （《中国植物志》）

Castanopsis uraiana（Hayata）Kanehira & Hatusima

Quercus uraiana Hayata

常绿乔木，高可达20 m；小枝幼嫩时常有稀疏短柔毛，后无毛。叶革质，披针形至狭卵状披针形，长8～13 cm，宽1.5～3.5 cm，顶端尾状渐尖，基部楔形，两侧稍不对称，边缘中部以上有疏锯齿，有时全缘，两面无毛，背面干时淡褐色，侧脉纤细，8～10对；叶柄长3～10 mm。雄花序穗状或再排成圆锥花序；雌花单朵生于壳斗内。果序长5～10 cm；壳斗浅杯状，直径8～12 mm，包围坚果的1/3～1/4，外面被卵状三角形鳞片，鳞片覆瓦状排列，被绢状绒毛。坚果每壳斗1个，宽卵圆形，高约9 mm，直径约8 mm，顶端突尖；果脐平或微凹陷。

产地：乳源等地。生于海拔500～1 500 m的山地常绿阔叶林中。

分布：广西、江西、湖南、福建、台湾。

4. 米槠 （《中国树木志略》） （图3）

Castanopsis carlesii（Hemsl.）Hayata

Quercus carlesii Hemsl.

常绿乔木，高可达20 m；嫩枝和嫩叶柄有稀少红褐色片状蜡鳞。叶薄革质，披针形至卵状长披针形，长4～12 cm，宽1～4.5 cm，顶端渐尖至尾尖，基部楔形，稍偏斜，边全缘或中部以上有少数浅齿，上面无毛，仅幼嫩时有少数鳞毛，背面初时有红褐色蜡鳞，成长后灰褐色或带银灰色，侧脉7～10对，纤细，有时不明显；叶柄长达1 cm，基部增粗。雄穗状花序通常单一或有分枝，长5～7 cm，花序轴有红褐色鳞毛；雌花序长3～4 cm，花序轴无毛，果时伸长达7～8.5 cm。壳斗近球形至卵球形，直径0.8～1.2 cm，通常全包坚果，壁厚0.5～1 mm，外被黄褐色或红褐色绒毛；鳞片退化成瘤体状或小针刺状，排成连续或间断的6～7环。坚果每壳斗1个，卵球形，直径8～10 mm，顶端被绒毛；果脐直径约5 mm。

产地：乐昌、乳源、连山、连南、南雄、英德、阳山、翁源、龙门、和平、河源、大埔、丰顺、广州、深圳、南海、肇庆、怀集、封开、信宜、阳春、廉江及海南琼海、保亭、东方、三亚、陵水。生于海拔1 500 m以下的向阳山坡。

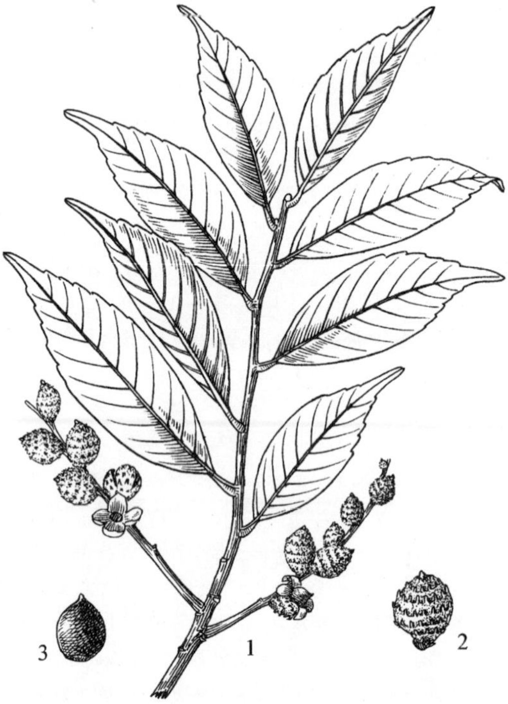

图3 米槠 Castanopsis carlesii（Hemsl.）Hayata

1. 果枝；2. 壳斗；3. 坚果。（余汉平绘）

分布：广西、贵州南部、云南、四川、湖北、湖南、江西、安徽、江苏、浙江、福建、台湾。

5. 罗浮锥 （《中国植物志》） （图4）

Castanopsis fabri Hance

常绿乔木，高8～20 m；新出嫩枝和花序轴被褐色粗毛，越年小枝无毛。叶革质，卵状椭圆形至椭圆状披针形，长6～10（～15）cm，宽2.5～4.5（～5）cm，顶端尾状渐尖，基部阔楔形或近圆形，稍偏斜，边全缘或中上部有少数钝锯齿，叶面无毛，背面被红褐色鳞秕，老时鳞秕脱落，变为浅灰色或苍灰色，侧脉10～12对，在下面凸起，网脉不明显；叶柄长（5～）10～15 mm，无毛。雄花序长5～10 cm，单穗腋生或多穗排成圆锥花序；雌穗状花序长3～8 cm，花序轴通常被稀疏短毛。果序长8～15 cm；壳斗圆球形或阔椭圆形，全包坚果，连刺直径2～3 cm，刺粗壮，长5～10 mm，中部以上鹿角状分叉，排成间断的4～5环，不全遮盖壳斗。坚果每壳斗（1）2（3）个，圆锥形，直径10～12 mm，无毛。花期：4～5

月；果期：翌年9～11月。

产地：广东各地山区及海南中部以南各地。生于1 500 m以下的常绿阔叶林中。

分布：广西、贵州、湖北、湖南、江西、安徽、浙江、福建。越南、老挝。

6. 厚皮锥 （《中国植物志》）

Castanopsis chunii Cheng

常绿乔木，高10～15 m；小枝无毛。叶革质，卵形、椭圆形或椭圆状长圆形，长8～18 cm，宽4～9 cm，顶端尾状渐尖，常弯向一侧，基部近圆形，稍偏斜，边全缘，很少近顶端有1～3浅齿，当年生叶两面同色，老叶背面灰棕色或银灰色，有紧实的蜡鳞层，侧脉9～12对；叶柄长10～15 mm，无毛。雄穗状花序长12～20 cm，花序轴无毛；雌穗状花序长7～12 cm，花序轴稍粗壮，无毛；雌花疏生于花序轴上。壳斗近圆球形，全包坚果，连刺直径3～4 cm，刺长4～7 mm，下部合生成束并连生鸡冠状刺环，不全遮盖壳斗，被黄棕色微毛。坚果每壳斗通常2～3个，阔圆锥形，高15～18 mm，直径17～20 mm，密被棕色短伏毛。花期：5～6月；果期：翌年9～10月。

产地：乳源、乐昌、英德、仁化、阳山。多生于海拔1 000～1 500 m的山地常绿阔叶林中，为针叶阔叶混交林中的主要树种。

分布：广西、贵州、湖南、江西。

图4 罗浮锥 Castanopsis fabri Hance

1. 果枝；2～7. 叶的变化；8. 壳斗和坚果；9. 壳斗上的束刺。（余汉平绘）

7. 鹿角锥 （《中国植物志》）

Castanopsis lamontii Hance

常绿乔木，高8～15（～30）m；小枝暗褐色，仅新抽出的嫩枝、幼叶和花序轴被鳞秕，但很快脱落。叶革质，长圆形或椭圆形，长（6～）12～20（～28）cm，宽3～8（～10）cm，顶端渐尖或短渐尖，基部阔楔形至近圆形，稍偏斜，边全缘或近顶端有少数浅锯齿，嫩叶两面同色，成长叶背面带苍灰色，无毛，侧脉10～15对；叶柄长15～30 mm，无毛。雄穗状花序腋生，长13～18 cm，常组成带叶的圆锥花序；雌花序长13～18 cm，位于雄花序之上，花序轴无毛。果序长10～20 cm，果序轴粗壮，直径7～12 mm；壳斗圆球形或近圆球形，全包坚果，连刺直径4～6 cm，刺粗壮，长5～10 mm，中部以上鹿角状分叉，下部合生成束并排成间断的4～6刺环。坚果每壳斗2～3个，阔圆锥形，高15～25 mm，直径10～13 mm，密被短伏毛。花期：3～5月；果期：翌年9～11月。

产地：乐昌、始兴、乳源、曲江、连山、连南、仁化、阳山、英德、翁源、新丰、从化、清远、龙门、和平、蕉岭、平远、大埔、饶平、陆丰、惠东、博罗、深圳、肇庆、怀集、云浮、郁南、信宜、阳春。生于海拔500 m以上的山地疏或密林中。

分布：香港、广西、云南东部、贵州、湖南、江西、福建。

8. 毛锥 （《中国植物志》）

Castanopsis fordii Hance

常绿乔木，高可达20 m；小枝、叶柄和花序轴密被黄褐色绒毛。叶革质，长圆形至长圆状披针形，长9～14（～21）cm，宽3～7 cm，顶端锐尖，有时钝圆，基部圆钝或微呈心形，边全缘，稍内卷，叶面无毛，背面密被褐色绒毛，侧脉（8～）12～18对，与中脉在上面下凹，在背面凸起；叶柄粗短，长1～3（～5）mm。雄穗状花序长8～12 cm，常组成圆锥花序；雌穗状花序单生，果时长6～12 cm。果序轴粗壮，直径5～7 mm；壳斗球形，密集于果序轴上，全包坚果，连刺直径4.5～6 cm，成熟时4～5瓣裂；苞壁厚0.5～1 mm；刺长10～15（～20）mm，下部合生成束，被柔毛。坚果每壳斗1个，扁圆锥形，高约1.2～1.5 cm，直径1.5～2 cm，被伏毛；果脐直径4～7 mm。花期：3～4月；果期：翌年9～10月。

产地：乳源、乐昌、曲江、南雄、始兴、连南、阳山、英德、翁源、新丰、从化、清远、龙门、和平、五华、蕉岭、平远、大埔、饶平、惠东、增城、博罗、肇庆、怀集、封开、阳春、信宜、茂名。生于海拔约1 200 m以下的山地阔叶林中。

分布：广西、云南、贵州、湖南、江西、福建。越南和泰国北部。

9. 华南锥　（《中国植物志》）

Castanopsis concinna（Champ. ex Benth.）A. DC.

Castanea concinna Champ. ex Benth.

常绿乔木，高10～15 m；当年生小枝和花序轴被绒毛，越年小枝无毛。叶硬革质，长圆状椭圆形至长圆状披针形，长5～10（～15）cm，宽1.5～3.5（～5）cm，顶端渐尖，稀锐尖，基部近圆形或阔楔形，边全缘，稍内卷，叶面无毛或幼时沿中脉被疏毛，背面密被红褐色毡状绒毛，侧脉12～16对，网脉不显；叶柄长4～12 mm，被短绒毛。雄穗状花序长5～10 cm，单生于新枝叶腋，形成带叶的圆锥花序；雌穗状花序单生，果时长4～8 cm。壳斗球形，全包坚果，连刺直径5～6 cm，成熟时4瓣裂；苞壁厚2～4 mm，外面密生粗壮的刺束。坚果每壳斗1个，扁球形，高约1 cm，直径约1.4 cm，密被黄褐色绒毛；果脐约占坚果底部面积的1/3～1/2。花期：4～5月；果期：翌年9～10月。

产地：连山、平远、广宁、阳春、阳江、信宜及海南文昌。生于海拔约500 m以下的常绿阔叶林中。国家二级保护植物。

分布：香港、广西。

10. 榄壳锥　（《中国植物志》）

Castanopsis boisii Hick. & Camus

常绿乔木，高可达25 m；当年生小枝、叶柄和叶背面幼时被黄棕色绒毛状短毛，越年老枝几无毛。叶薄革质，椭圆形或长椭圆形，稀卵状披针形，长9～18（～20）cm，宽4～7 cm，顶端短渐尖至尾状渐尖，基部近圆形或阔楔形，边全缘，稀近顶端呈浅波状；中脉在叶面下陷，在背面隆起，当年生成长叶背面被短毛，至少沿叶脉有毛，侧脉10～17对，间距7～11 mm；叶柄长12～15（～20）mm，无毛。雄花序长6～13 cm，常组成圆锥花序，长可达20 cm，花序轴密被绒毛状短毛。壳斗椭圆形或阔倒卵形，全包坚果，连刺直径2.5～3 cm，壳斗和刺均被棕黄色或棕红色蜡鳞及微柔毛，刺长8～10 mm，基部合生成束。坚果每壳斗1个，阔卵圆形，直径9～12 mm，被短伏毛。花期：6～8月；果期：翌年10～11月。

产地：海南琼中、保亭、屯昌。生于海拔1 500 m以下的山地常绿阔叶林中。

分布：广西西南部、云南东南部。

11. 印度锥　（《中国植物志》）

Castanopsis indica（Roxb.）Miq.

Castanea indica Roxb.

常绿乔木，高8～25 m；小枝、叶柄和花序轴均被黄棕色短柔毛。叶革质，卵状椭圆形或椭圆形状长圆形，长9～20 cm，宽4～10 cm，顶端锐尖或短渐尖，基部近圆形或阔楔形，稍偏斜，边缘自基部以上有锐锯齿，齿具芒尖，背面沿脉上被短柔毛，侧脉15～25对，直达齿端；叶柄长0.5～1 cm。雄穗状花序常组成圆锥花序，长10～15 cm；雌穗状花序长达20～40 cm。壳斗圆球形，连刺直径3.5～4 cm，全包坚果，成熟时4瓣裂，刺下部合生成束，几全部遮盖壳斗。坚果每壳斗1个，阔圆锥形，直径1～1.4 cm，密被毛；果脐约占坚果底部面积的1/4。花期：3～5月；果期：翌年9～11月。

产地：海南中部以南各地。生于海拔1 500 m以下湿润的山地阔叶林中。

分布：广西、云南、西藏、四川。越南、老挝、缅甸至印度。

12. 海南锥 （《中国植物志》）

Castanopsis hainanensis Merr.

常绿乔木，高可达25 m；当年新枝和花序轴均被棕灰色毡状绒毛。叶薄革质或厚纸质，倒卵形、倒卵状椭圆形或椭圆形，长5～12 cm，宽2.5～5 cm，顶端钝或急尖，基部急尖至阔楔形，边缘有稀疏锯齿，下面幼时被褐色短绒毛，成长叶毛渐稀疏，仅沿中脉被毛，越年老叶近于无毛，有密实的蜡鳞层，背面带灰白色，侧脉10～15（～18）对；叶柄长10～18 mm。雄穗状花序长5～10 cm，组成带叶的圆锥花序；雌穗状花序长8～15 cm，单生于新枝叶腋。壳斗球形，全包坚果，连刺直径4～5 cm。坚果每壳斗1个，阔圆锥形，高12～15 mm，直径1.5～2 cm，密被伏毛。花期：3～5月；果期：9～11月。

产地：海南特有，见于东方、乐东、三亚、琼中、保亭等地。生于海拔400 m以下的低山阔叶林中。

13. 红锥 （《中国植物志》） 别名：栲树 （《中国树木分类学》） （图5）

Castanopsis hystrix Miq.

常绿乔木，高可达30 m；嫩枝被疏毛和棕黄色鳞秕，越年生枝无毛。叶薄革质，狭椭圆状披针形至卵状长圆形，长4～8（～9）cm，宽1.5～2（～2.5）cm，顶端渐尖，基部楔形至阔楔形，边全缘，近顶部有时具2～5对浅齿，当年生成长叶背面密被黄棕色鳞秕，越年老叶鳞秕脱落，呈银灰色或灰黄色，侧脉7～12对，在下面稍明显；叶柄长5～9 mm，幼时被疏毛和鳞秕。雄花序穗状，纤细，长4～8 cm，常组成圆锥花序，花序轴被短毛；雌穗状花序单生于叶腋，长4～6 cm，较雄花序稍粗壮；果序长达12 cm。壳斗球形，全包坚果，连刺直径2.5～4 cm，外面密生针刺，刺长8～15 mm，近基部合生成束；坚果每壳斗1个，圆锥形，直径8～12 mm，无毛。花期：4～6月；果期：翌年8～11月。

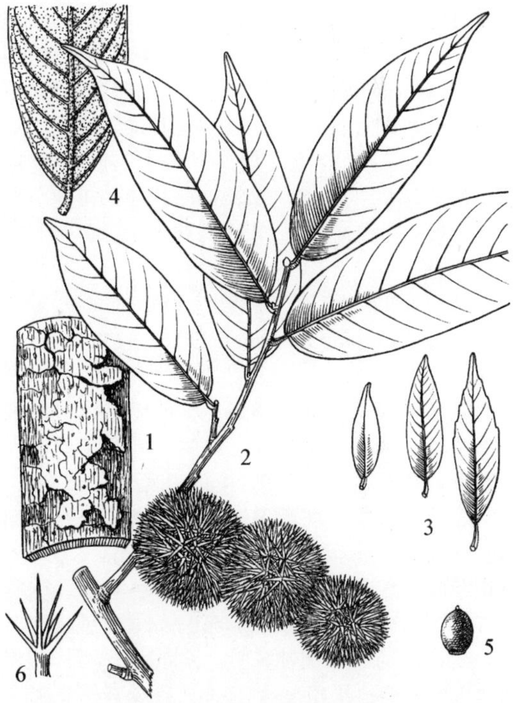

图5 红锥 Castanopsis hystrix Miq.

1．树皮；2．果枝；3．叶；4．叶背面，示鳞秕；5．坚果；6．刺。（余汉平绘）

产地：连州、连山、始兴、英德、清远、广州、龙川、河源、和平、五华、大埔、梅州、海丰、陆丰、饶平、惠东、博罗、肇庆、新会、广宁、封开、云浮、阳春、阳江、信宜、茂名及海南东方、三亚、保亭、琼海等地。生于海拔30～1 300 m的缓坡及山地常绿阔叶林中。

分布：广西、云南、贵州、湖南、江西、福建。越南、老挝、柬埔寨、缅甸、印度。

14. 栲 （《中国植物志》）

Castanopsis fargesii Franch.

常绿乔木，高可达20 m；新抽出的嫩枝和花序轴被早落的红棕色鳞秕，越年生小枝无毛。叶革质，狭椭圆形或椭圆状披针形，长6.5～8（～13）cm，宽1.8～2.5（～3.5）cm，顶端渐尖或短渐尖，基部楔形至近阔楔形，边全缘，极少近顶端有1～3对锯齿，叶面无毛，当年生成长叶背密被红棕色鳞秕，侧脉10～13（～15）对，网脉至少近边缘清晰可见；叶柄长10～15 mm，无毛。雄花序穗状，长4～8 cm，常组成圆锥花序，花序轴被铁锈色毛；雌花序单生叶腋，长9～27 cm，花序轴无毛。果序长8～15 cm。壳斗近球形，连刺直径1.5 ~ 2.5 cm，全包坚果，刺不分叉或2 ~ 3回鹿角状分叉，长6 ~ 10 mm，常排成间断的4 ~ 6环，壳斗壁和刺均被微毛；坚果每壳斗1个，卵球形，高10 ~ 15 mm，直径8 ~ 12 mm，无毛。花期：4 ~ 6月；果期：翌年9 ~ 10月。

产地：乐昌、乳源、始兴、连州、连南、连山、南雄、仁化、曲江、英德、阳山、新丰、从化、龙门、连平、河源、紫金、和平、兴宁、蕉岭、大埔、平远、梅州、饶平、博罗、深圳、肇庆、台山、封开、阳春。生于海拔1 200 m以下的坡地或山脊杂木林中。

分布：长江以南各省区。

15. 钩锥　（《中国植物志》）

Castanopsis tibetana Hance

常绿乔木，高可达35 m；小枝和花序轴均无毛。叶硬革质，长圆形至长椭圆形，长14 ~ 22（ ~ 30）cm，宽5 ~ 10（ ~ 13）cm，顶端短渐尖，基部近圆形或阔楔形，稍偏斜，边缘中部以上有疏锯齿，叶面无毛，当年生叶背被红棕色鳞秕，越年老叶鳞秕脱落，背面呈银灰色或灰棕色；中脉有时成紫红色，侧脉11 ~ 17对，与中脉在背面均明显隆起；叶柄长1.5 ~ 3.5 cm。雄穗状花序长8 ~ 18 cm，常组成圆锥花序；雌穗状花序长5 ~ 25 cm。壳斗球形，全包坚果，连刺直径6 ~ 8 cm，成熟时4瓣裂，刺粗硬，长1 ~ 2.2 cm，基部合生成束，上部2 ~ 3回鹿角状分叉。坚果每壳斗1个，扁圆锥形，高1.5 ~ 1.8 cm，直径2 ~ 2.8 cm，被毛；果脐约占坚果面积的1/4。花期：4 ~ 5月；果期：翌年8 ~ 10月。

产地：乐昌、乳源、始兴、连州、连山、连南、仁化、曲江、英德、阳山、翁源、新丰、博罗、龙门、和平、河源。生于海拔1 500 m以下的山地杂木林中。

分布：广西、云南、贵州、湖北、湖南、江西、安徽、浙江、福建。

16. 乐东锥　（《广西植物》）　（图6）

Castanopsis ledongensis Huang & Y. T. Chang

常绿乔木，高可达18 m；小枝无毛，仅嫩枝被易脱落的微柔毛及红棕色蜡鳞。叶薄革质，狭长圆形或狭椭圆形，长5 ~ 9 cm，宽2 ~ 3.5 cm，顶端短渐尖或短尾状渐尖，基部短楔尖，有时稍偏斜，边缘有稀疏浅齿，齿深不及1 mm，当年生成长叶叶面无毛，背面有稀薄红褐色鳞秕，侧脉8 ~ 10（ ~ 12）对；叶柄长5 ~ 10 mm。雄穗状花序长3 ~ 5 cm，常组成圆锥花序，长可达10 cm，花序轴被褐色短毛；果序长达16 cm。壳斗近圆球形，全包坚果，连刺直径1.5 ~ 2 cm，刺长3 ~ 5 mm，被微柔毛，有时基部横向连生成鸡冠状。坚果每壳斗1个，阔圆锥形，直径10 ~ 12 mm，顶部急尖，被稀疏细伏毛。果期：10 ~ 11月。

产地：阳春及海南乐东、昌江。生于海拔850 m的山地阳坡阔叶林中。

图6　乐东锥　Castanopsis ledongensis Huang &Y. T. Chang
1. 果枝；2. 壳斗，示向轴面几无刺；3. 坚果。
（余汉平绘）

17. 钻刺锥　（《广西植物》）

Castanopsis subuliformis Chun & Huang

常绿乔木，高可达25 m；小枝暗褐色，无毛。叶硬纸质，长圆形或披针形，长6 ~ 14 cm，宽3 ~ 5 cm，顶端锐尖或渐尖，基部圆形或急尖，有时稍偏斜，边缘近顶端有少数浅齿，稀全缘，叶面深绿色，背面有红棕色或黄棕色松散可抹落的蜡鳞，侧脉11~14对，网脉不显；叶柄长约15 mm，无毛。花未见。果序长达11 cm，果序轴暗褐色，无毛；壳斗圆球形，全包坚果，连刺直径1.5~2 cm，刺散生，长2~5 mm，被灰黄色微毛及细片状蜡鳞。坚果每壳斗1个，阔圆锥形，高约12 mm，直径9~12 mm，密被棕色伏毛。果期：10~11月。

产地：封开。生于海拔700~900 m的山地疏林或密林中。

分布：广西。

18. 秀丽锥 （《中国植物志》）

Castanopsis jucunda Hance

常绿乔木，高10~15 m；芽、幼枝、嫩叶背面和花序轴均被早落的红棕色鳞秕。叶薄革质，椭圆形或长椭圆形，稀卵形或倒卵状椭圆形，长10~18 cm，宽4~8 cm，顶端锐尖或渐尖，基部阔楔形或近圆形，稍偏斜，边缘中部以上有粗锯齿或波状钝齿；当年生叶背面有红褐色鳞秕，越年老叶背面银灰色，无毛，有密实的蜡鳞层，侧脉10~13对，直达齿端；叶柄长5~15 mm，有时被红棕色鳞秕。雄花序穗状或组成圆锥花序，长10~15 cm；雌穗状花序长9~18 cm，花序轴无毛。果序长达15 cm；壳斗圆球形，全包坚果，连刺直径1.5~2 cm，刺细长，长5~10 mm，鹿角状分叉，基部合生成束，几全遮盖壳斗，壳斗壁及刺均被灰棕色片状蜡鳞和微柔毛。坚果每壳斗1个，阔圆锥形，高11~15 mm，直径10~13 mm，无毛或几无毛。花期：4~5月；果期：翌年9~10月。

产地：乐昌、乳源、始兴、南雄、仁化、龙门、和平、平远等地。生于海拔1 000 m以下山坡疏或密林中。

分布：广西、贵州、湖南、江西、安徽、浙江、福建。

19. 台湾锥 （《中国植物志》）

Castanopsis formosana（Skan）Hayata

C. tribuloides var. *formosana* Skan

常绿乔木，高10~15 m；小枝无毛。叶薄革质，卵形或披针形，长4~10 cm，宽1.5~4 cm，顶端渐尖，基部阔楔形或近圆形，通常不偏斜，边缘自基部1 cm以上有稀疏向内弯钩的齿，当年生成长叶两面不同色，叶面深绿色，背面有灰白或银灰色密实的蜡鳞层，侧脉5~8对，直达齿端；叶柄长6~15 mm，无毛。雄花序穗状，长5~10 cm，或组成圆锥花序；雌花序单穗腋生，长5~7 cm，花序轴被绒毛状短柔毛。果序长10~15 cm；壳斗阔椭圆形，长稍大于宽，全包坚果，连刺直径3~3.5 cm，刺长8~10 mm，2或数条基部合生成束。坚果每壳斗1个，宽卵形，高约20 mm，直径约15 mm，密被棕色伏毛。花期：4~5月；果期：翌年8~10月。

产地：海南东方、三亚、琼海、保亭等地。生于海拔300~1 500 m的山地常绿阔叶林中。

分布：台湾。

20. 锥 （《中国植物志》）

Castanopsis chinensis Hance

常绿乔木，高10~20 m；小枝无毛。叶薄革质，披针形至长圆状披针形，稀狭椭圆形，长7~18 cm，宽2~5 cm，顶端渐尖至尾状渐尖，基部近圆形或阔楔形，稍偏斜，边缘中部以上每边有5~8锐齿，两面同色，无毛，叶面有光泽，侧脉9~12对，直达齿端；叶柄长15~20 mm，无毛。雄穗状花序长4~7 cm，常组成圆锥花序；雌花序生于当年生枝端，花序轴无毛。果序长8~15 cm；壳斗圆球形，全包坚果，连刺直径2.5~3.5 cm；刺长6~12 mm，2或数条下部合生成束，排成不整齐的3~4环，几全部遮盖壳斗外壁，初时密被灰棕色短伏毛，老熟时几无毛。坚果每壳斗1个，圆锥形，高12~16 mm，直径10~13 mm，无毛，或在顶部有稀疏伏毛。花期：5~7月；果期：翌年9~11月。

产地：清远、河源、海丰、博罗、广州、肇庆、云浮、遂溪、阳春、茂名、雷州。生于海拔1 500 m以下的山地常绿阔叶林中。

分布：广西、贵州、云南东部。

21. 文昌锥　（《植物分类学报》）

Castanopsis wenchangensis G. A. Fu & Huang

常绿乔木，高5 ~ 8 m；小枝无毛。叶革质，披针形、椭圆状披针形或椭圆形，长3 ~ 9（ ~ 12）cm，宽1.8 ~ 3.5（ ~ 5.5）cm，顶端渐尖，稀锐尖，基部近圆形或急尖，边缘有锯齿状锐齿，成长叶两面同色，无毛，幼时有稀薄的蜡鳞层，侧脉6 ~ 10对，直达齿端；叶柄长10 ~ 20 mm，无毛。雌花序长3 ~ 10 cm，花序轴被短毛。果序长4 ~ 5 cm；壳斗近圆球形，全包坚果，连刺直径1.5 ~ 2 cm，基部突然收缩成短柄状，刺长2 ~ 4 mm，散生或少数在下部合生成束。坚果每壳斗1个，近圆球形，直径13 ~ 14 mm，顶部锥尖，有微柔毛。花期：7 ~ 8月；果期：翌年10 ~ 12月。

产地：海南特有，仅见于文昌。生于村边疏林中。

22. 尖峰岭锥　（《中国植物志》）　（图7）

Castanopsis jianfenglingensis Duanmu

常绿乔木，高可达20 m；小枝无毛，仅嫩枝被易脱落的微毛和鳞秕状毛。叶薄革质，卵状椭圆形或长圆形，稀阔卵形，长12 ~ 24 cm，宽5 ~ 8 cm，顶端长渐尖，基部阔楔形，稍偏斜，边全缘，稀近顶部有少数浅钝齿，两面近同色，无毛，仅嫩叶背面有短柔毛，侧脉12 ~ 14对；叶柄长25 ~ 35 mm。果序长5 ~ 16 cm；壳斗近圆球形，全包坚果，连刺直径2 ~ 3 cm，基部收缩成短柄状，刺长3 ~ 6 mm，基部合生成束，少数离生。坚果每壳斗1个，椭圆形，高12 ~ 20 mm，密被红锈色短伏毛。果期：10 ~ 11月。

产地：海南特有，见于东方（尖峰岭）。生于海拔250 ~ 800 m的山地阔叶林中。

图7　尖峰岭锥　Castanopsis jianfenglingensis Duanmu
1. 果枝；2. 壳斗外壁的刺束；3. 坚果。（余汉平绘）

23. 吊皮锥　（《中国植物志》）

Castanopsis kawakamii Hayata

C. greenii Chun

常绿乔木，高可达30 m；树皮灰褐色，长片状脱落；小枝无毛，红褐色，仅嫩枝有少数鳞秕。叶革质，卵形至卵状披针形或椭圆状披针形，长6 ~ 12（ ~ 16）cm，宽2 ~ 5 cm，顶端渐尖或尾状，基部阔楔形或近圆形，稍偏斜，边全缘，极少近顶端有1 ~ 2小齿，当年生成长叶两面同色，无毛，叶面有光泽，侧脉8 ~ 12对，网脉在背面明显；叶柄长1 ~ 1.5（ ~ 2.5）cm。雄穗状花序长5 ~ 8 cm，通常组成圆锥花序，花序轴被灰色短柔毛；雌穗状花序单生，长5 ~ 10 cm，花序轴无毛。壳斗球形，全包坚果，连刺直径5 ~ 8（ ~ 10）cm，成熟时4瓣裂，稀5裂，刺针状，长20 ~ 30 mm，下部合生成束，上部放射状展开。坚果每壳斗1个，扁圆锥形，高1.2 ~ 1.5 cm，直径1.2 ~ 2 cm，密被黄褐色绒毛；果脐约占坚果底部面积的1/3。花期：3 ~ 4月；果期：翌年8 ~ 10月。

产地：乳源、曲江、连州、英德、连平、新丰、从化、龙门、和平、梅州、平远、大埔、蕉岭、揭西、饶平、惠东、肇庆、德庆、新兴、封开、阳春。生于海拔约1 000 m以下山地疏或密林中。

分布：广西、江西、福建、台湾。

24. 黑锥　（《中国植物志》）

Castanopsis nigrescens Chun et Huang

常绿乔木，高8 ~ 15 m；嫩枝被稀薄的灰白色粉状微毛，很快变无毛。叶革质，椭圆形、卵状椭圆形或长圆形，长7 ~ 15 cm，宽3 ~ 5.5 cm，顶端渐尖或尾状渐尖，基部阔楔形或近圆形，边全缘，两面无毛，叶面亮绿色，干后变深褐色，越年老叶背面灰白色，侧脉10 ~ 13对；叶柄长10 ~ 20 mm，无毛。雌穗状花序单生，长约15 cm，花序轴被灰白色微柔毛。果序长5 ~ 16 cm；壳斗球形，全包坚果，连刺直径4 ~ 4.5 cm，壁厚2 ~ 3 mm，外壁和刺被灰白色或黄灰色短毛，内壁被棕色长绒毛，外面密生刺束，并连成4 ~ 5个鸡冠状刺环，刺长5 ~ 15 mm，合生至中上部，中部以上鹿角状分叉，末级分叉长3 ~ 5 mm。坚果每壳斗1个，宽卵形，高约25 mm，直径约2 cm，顶部急尖，密被短伏毛；果脐占坚果面积的1/3以上。

产地：乐昌、从化、龙门、肇庆、封开。生于海拔200 ~ 1 000 m的山谷或山坡杂木林中。

分布：广西、湖南、江西、福建。

25. 甜槠 （《中国植物志》）

Castanopsis eyrei（Champ. ex Benth.）Tutch.

Quercus eyrei Champ. ex Benth.

常绿乔木，高10 ~ 15 m；小枝无毛。叶厚革质，卵形至卵状披针形，少有卵状椭圆形，长5 ~ 10（~ 12）cm，宽2 ~ 3.5（~ 5）cm，顶端尾状渐尖，基部近阔楔形至近圆形，稍偏斜，边全缘或近顶端有1 ~ 2对锯齿，两面均淡绿色，无毛，背面被光亮的蜡质层，侧脉8 ~ 10对，网脉在下面明显；叶柄长7 ~ 15 mm，无毛。雄穗状花序纤细，长6 ~ 12 cm，常组成圆锥花序；雌穗状花序长6 ~ 8（~ 12）cm，花序轴无毛。壳斗阔卵形，全包坚果，连刺直径2 ~ 3 cm，刺长4 ~ 8 mm，不分叉或中部以上分叉，连成间断的4 ~ 6环，被灰黄色微柔毛，末级分叉长3 ~ 4 mm。坚果每壳斗1个，阔圆锥形，直径10 ~ 14 mm，无毛。花期：4 ~ 6月；果期：翌年9 ~ 11月。

产地：乐昌、乳源、始兴、连州、连南、连山、南雄、仁化、阳山、英德、新丰、翁源、从化、龙门、和平、五华、兴宁、大埔、蕉岭、丰顺、平远、增城、博罗、深圳、肇庆、台山、阳春。生于海拔300 m以上的山地常绿阔叶林中。

分布：长江以南各省区。

26. 公孙锥 （《中国植物志》）

Castanopsis tonkinensis Seem.

常绿乔木，高10 ~ 20 m；小枝无毛。叶薄革质，披针形至长圆状披针形，长6 ~ 14 cm，宽1.5 ~ 4 cm，顶端长渐尖，有时短渐尖，基部阔楔形，稍偏斜，边全缘，当年生成长叶无毛，叶面深绿色，背面浅绿色，侧脉9 ~ 13对；叶柄长10 ~ 15 mm，无毛。圆锥花序长可达20 cm，雄穗状花序纤细，长6 ~ 12 cm，位于下部；雌穗状花序1 ~ 3个着生于上部，长4 ~ 7 cm；花序轴被易脱落的微毛。壳斗阔椭圆形或卵形，稀近圆球形，全包坚果，连刺直径2 ~ 3 cm，成熟时几无毛，刺长6 ~ 10 mm，被稀疏微毛，仅基部合生。坚果每壳斗1个，长圆锥形或阔椭圆形，直径9 ~ 12 mm，顶部急尖，被棕色长伏毛。花期：5 ~ 6月；果期：翌年9 ~ 10月。

产地：云浮、阳春、信宜、茂名。生于海拔1 500 m以下杂木林中。

分布：广西、云南东部。

4. 柯 属 **Lithocarpus** Bl.

常绿乔木，稀灌木；冬芽顶生，卵形至椭圆形，芽鳞覆瓦状排列。叶互生，全缘或有裂齿，下面被毛或无毛，常被粉末状鳞秕或蜡鳞层。穗状花序单性或雌雄同序，雄花位于花序轴上段，单穗腋生或多穗排成圆锥花序而生于枝顶，直立；花单朵散生或3 ~ 5（~ 7）朵簇生；花被裂片4 ~ 6；雄蕊10 ~ 12枚，退化雌蕊细小，密被细伏毛；雌花通常1 ~ 2朵发育结实；子房常为3室，花柱3，柱头细小。壳斗聚生于果序轴上，通常部分不发育，每壳斗有坚果1颗，包着坚果底部至全包坚果，壳斗外壁的小苞片形态各式，鳞片状或薄片状，覆瓦状或环状排列。坚果卵球形，球形或陀螺状，被毛或不被毛；果脐凹陷至凸起。

本属约300种，分布于亚洲，1种分布于美国西南部。我国约123种，其中69种为特有种；广东及海南有52种，3变种。

本属植物多为热带、亚热带常绿阔叶林的主要上层树种；木材在商品市场上称为稠木，材质坚重，结构致密，为船、车、桥梁、器械等的良材。

1. 叶缘明显背卷。
  2. 嫩枝被黄灰色长柔毛；叶宽椭圆形，中脉在叶面明显凹陷，叶柄长2～3 cm ························25. 菴耳柯 L. haipinii
  2. 嫩枝无毛；叶披针形，中脉在叶面凸起，叶柄极短，长不逾3 mm ···································· 32. 挺叶柯 L. ithyphyllus
1. 叶缘平展，不背卷。
  2. 叶全缘（仅柯、假鱼蓝柯叶顶端偶有数个浅裂齿）。
    3. 成熟壳斗全包坚果或包着坚果绝大部分。
      4. 果脐凸起。
        5. 果脐占坚果底部面积的1/2以上。
          6. 壳斗陀螺形或深碗状，包着坚果绝大部分。
            7. 叶长15～22 cm，中脉在叶面微凸；壳斗陀螺状 ···································· 50. 薄叶柯 L. tenuilimbus
            7. 叶长4～10 cm，中脉在叶面凹陷；壳斗深碗状 ···················51a. 卵叶玉盘柯 L. uvariifolius var. ellipticus
          6. 壳斗近球形，全包坚果。
            7. 嫩枝、叶被毛；叶披针形或狭长椭圆形；壳斗小苞片紧贴，坚果顶部被柔毛·· 2. 杏叶柯 L. amygdalifolius
            7. 嫩枝、叶无毛；叶椭圆形；壳斗小苞片细肋状，坚果顶部被细伏毛圆环。
              8. 雌花通常3或5朵一簇；花序轴被微毛状鳞秕 ·· 10. 粤北柯 L. chifui
              8. 雌花单朵散生；花序轴被短柔毛 ··· 20. 红柯 L. fenzelianus
        5. 果脐占坚果底部面积的1/2以下。
          6. 枝、叶无毛，叶长可达20 cm；叶柄长3 cm以上 ··· 42. 大叶苦柯 L. paihengii
          6. 嫩枝、叶被毛，叶较小，稀达15 cm；叶柄长不及3 cm。
            7. 叶椭圆形，长不及宽的3倍；壳斗圆球形，上部的小苞片短线状，下部的退化 ·········1. 愉柯 L. amoenus
            7. 叶披针形，长为宽的3倍或以上；壳斗陀螺形，小苞片三角形。
              8. 叶柄长1～2 cm；壳斗小苞片紧贴壳壁；坚果宽圆锥形 ·································14. 风兜柯 L. cucullatus
              8. 叶柄长不及1 cm；壳斗小苞片中央脊凸起；坚果近圆球形 ··························· 30. 广南柯 L. irwinii
      4. 果脐凹陷。
        5. 果脐浅凹陷，中央部分明显隆起 ·· 27. 瘤果柯 L. handelianus
        5. 果脐凹陷，中央部分没有明显隆起。
          6. 壳斗近圆球形，包着坚果3/4以上或全包坚果。
            7. 嫩枝、叶无毛。
              8. 叶柄通常长不及1 cm，叶面中脉基部中央裂槽状凹陷；雌花通常3朵一簇 ··· 17. 厚斗柯 L. elizabethiae
              8. 叶柄长2 cm以上，叶面中脉稍凸起；雌花单朵散生。
                9. 花雌雄同序，1～4穗聚生枝顶；壳斗小苞片不明显，彼此疏离 ··········· 52. 阳春柯 L. yangchunensis
                9. 花序单性，雄穗状花序单穗腋生；壳斗下部小苞片略成圆环形，上部的仅有尖头·· 3. 尖叶柯 L. attenuatus
            7. 嫩枝、叶被早落性毛。
              8. 叶背银灰色，无毛，被细片状紧贴的蜡鳞层 ·· 19. 泥柯 L. fenestratus
              8. 叶背被柔毛。
                9. 叶中脉仅在叶面的下半段微凸。
                  10. 叶顶端长渐尖；果序长6～12 cm ··· 41. 榄叶柯 L. oleifolius
                  10. 叶顶端急尖或尾尖；果序长11～19 cm ·· 43. 圆锥柯 L. paniculatus

9. 叶中脉全部在叶面凸起。
10. 叶较大，宽通常4 cm以上，支脉稍明显，基部不沿叶柄下延 ……………48. 滑皮柯 L. skanianus
10. 叶较小，宽稀达4 cm，支脉不明显，基部沿叶柄下延。
11. 叶顶端尾尖，常弯向一侧，中脉及侧脉在叶两面凸起 …………11. 琼中柯 L. chiungchungensis
11. 叶顶端长渐尖或短尾尖，中脉仅在叶面凸起。
12. 侧叶12～14对，叶柄长约1 cm，叶缘顶端浅波浪状；壳斗小苞片伏贴……………………………………………16. 胡颓子叶柯 L. elaegnifolius
12. 侧脉8～10对，叶柄长1.5～3 cm，叶全缘；壳斗小苞片钻尖部分与壳壁离生…………………………………………35. 龙眼柯 L. longanoides
6. 壳斗碗状或漏斗状半球形，包着坚果1/2以上，不及3/4。
7. 叶宽卵形，侧脉6～10对，叶柄长3 cm以上；壳斗具柄 ………………………9. 尾叶柯 L. caudatilimbus
7. 叶狭长，侧脉10～17对，叶柄长不及2 cm；壳斗无柄。
8. 叶长11～30 cm，侧脉顶端相互连接。
9. 壳斗及坚果宽2.5 cm以上；壳斗小苞片三角形 ……………………………46. 南川柯 L. rosthornii
9. 壳斗及坚果宽不及2 cm；壳斗小苞片短线状 ……………………………………5. 帽柯 L. bonnetii
8. 叶长5～11 cm，侧脉不连接 ……………………………………………………38. 黑柯 L. melanochromus
3. 成熟壳斗包着坚果底部或一半以下。
4. 坚果密被细毛。
5. 叶顶端长渐尖或短急尖，叶面中脉明显凸起但中央裂槽状；壳斗具短柄 ……………4. 茸果柯 L. bacgiangensis
5. 叶顶端钝圆，叶面中脉稍凸起但中央非裂槽状；壳斗无柄 ……………………… 44. 毛果柯 L. pseudovestitus
4. 坚果无毛。
5. 各部无毛或仅花序轴或壳斗被短柔毛。
6. 壳斗浅碟状，近平展，包着坚果1/3以下。
7. 侧脉顶端彼此连接；果脐凹陷达4 mm………………………………………………34. 木姜叶柯 L. litseifolius
7. 侧脉顶端不连接；果脐凹陷很少达2 mm。
8. 叶较大，长10～17 cm，支脉明显；叶柄长2.5～4.5 cm；雄穗状花序多穗排成圆锥花序；壳斗小苞片疣状，分离 …………………………………………………………23. 粉绿柯 L. glaucus
8. 叶较小，长6.5～10 cm，支脉不明显；叶柄长1.5～2 cm；雄穗状花序单穗腋生；壳斗小苞片三角形，连生成环状 ……………………………………………………………49. 菱果柯 L. taitoensis
6. 壳斗碟状或浅碗状，包着坚果1/3～1/2。
7. 壳斗小苞片退化，横向连生成6～8个不规则圆环 ……………………………… 31. 鼠刺叶柯 L. iteaphyllus
7. 壳斗小苞片三角形，连生或分离，全部或仅上部覆瓦状排列。
8. 壳斗小苞片仅上部覆瓦状排列。
9. 雄穗状花序单穗腋生，花序轴无毛，雌花单朵散生。
10. 叶长4～11 cm，顶端钝，基部偏斜；叶柄长不及1 cm；坚果直径约1.5 cm，顶端柱座凸起……………………………………………………………………6. 短穗柯 L. brachystachyus
10. 叶长10～17 cm，顶端尖，基部下延；叶柄长1 cm以上；坚果直径2.5 cm，顶端尖………………………………………………………………18. 万宁柯 L. elmerrillii
9. 雄穗状花序排成圆锥花序，稀兼有单穗腋生，花序轴无毛或被毛，雌花单朵散生或3朵一簇。
10. 雌花单朵散生；壳斗基部柄状 ……………………………………… 36. 柄果柯 L. longipedicellata
10. 雌花3朵一簇；壳斗基部不为柄状。
11. 叶柄长不及1 cm，中脉在叶面微凹陷，侧脉17～22条 ……………… 39. 水仙柯 L. naiadarum
11. 叶柄长2～3 cm，中脉在叶面微凸起，侧脉12～18条 …………………… 26. 硬壳柯 L. hancei
8. 壳斗小苞片彼此分离，覆瓦状排列。
9. 雄穗状花序单穗腋生；壳斗宽约3 cm，小苞片具疣状凸起 ………… 24. 假鱼蓝柯 L. gymnocarpus
9. 雄穗状花序多穗排成圆锥花序；壳斗宽约2 cm，小苞片中央微隆起 ………7. 短尾柯 L. brevicaudatus

5. 嫩枝、叶及叶柄、花序轴、果序轴被毛。

6. 叶柄无毛；壳斗浅碟状或短漏斗状，包着坚果底部 ………………………………… 49. 菱果柯 L. taitoensis

6. 叶柄被毛；壳斗浅碗状，包着坚果1/3。

7. 花序单性；坚果长椭圆形或扁圆形，高、宽差别较大。

8. 坚果椭圆形，高明显大于宽，顶端尖 ……………………………………………………… 22. 柯 L. glaber

8. 坚果扁圆形，高明显小于宽，顶端圆 ……………………………………………… 47. 犁耙柯 L. silivicolarum

7. 花序单性或雌雄同序；坚果圆锥形，高、宽差别不大。

8. 花雌雄同序 ……………………………………………………………………………………… 21. 卷毛柯 L. floccosus

8. 花序单性，雄穗状花序多穗组成圆锥花序。

9. 叶柄长2.5～4 cm；侧脉11～13对 ………………………………………………8. 美叶柯 L. calophyllus

9. 叶柄长1.5～4 cm；侧脉6～9对。

10. 叶披针形，少有倒披针形，宽1.5～3 cm，中脉在叶面凹陷；叶柄长1～1.5 cm ……………………………………………………………………………………………… 37. 粉叶柯 L. macilentus

10. 叶倒卵形、倒披针形或椭圆形，宽2.5～4 cm，中脉在叶面凸起；叶柄长不及1 cm ……………………………………………………………………………………………… 40. 卵叶柯 L. obovatilimbus

2. 叶缘有裂齿。

3. 成熟壳斗全包坚果或包坚果绝大部分；果脐凸起。

4. 壳斗近圆球形或梨形，全包坚果或包坚果绝大部分。

5. 壳斗小苞片三角形；叶有侧脉9～13对，支脉不明显 ………………………………12. 金毛柯 L. chrysocomus

5. 壳斗小苞片鸡爪状；叶有侧脉17～20对，支脉明显 ……………………………… 29. 梨果柯 L. howii

4. 壳斗半球形或深碗状，包着坚果一半以上但不全包。

5. 嫩枝被粗长毛，叶长11.5～22.5 cm，侧脉15～22对，叶缘附近急弯向上，叶背被毛 ……………………………………………………………………………………………… 51. 紫玉盘柯 L. uvariifolius

5. 嫩枝被短柔毛，叶长约10 cm，稀较细长，侧脉9～15对，彼此近平行，叶背无毛或仅中脉有疏短毛。

6. 叶椭圆形或倒卵形，长约10 cm；花序轴被柔毛；壳斗小苞片三角形，鳞片状，稀隆起。

7. 叶厚革质，椭圆形，叶背无毛或仅中脉有短毛 ……………………………………… 13. 烟斗柯 L. corneus

7. 叶纸质，倒卵形，叶背被稀疏的短星状毛 ………………………………… 13a. 海南烟斗柯 var. hainanensis

6. 叶披针形，长可达20 cm；花序轴无毛；壳斗小苞片菱形，大部分与壳壁融合，连生成多个圆环，小部分隆起 ………………………………………………………………………… 13b. 环鳞烟斗柯 var. zonatus

3. 成熟壳斗包坚果底部或一半以下；果脐凹陷。

4. 坚果被细伏毛或绒毛。

5. 壳斗小苞片宽三角形，顶端明显下弯呈鸡爪状；坚果顶端凹陷 ………………………… 15. 鱼蓝柯 L. cyrtocarpus

5. 壳斗小苞片狭披针形、菱形或阔三角形，顶端不呈鸡爪状，中央脊状凸起；坚果顶端渐尖 ……………………………………………………………………………………………… 45. 栎叶柯 L. quercifolius

4. 坚果无毛。

5. 叶长8～15 cm，基部沿叶柄下延；叶柄长2 cm以上 …………………………………… 28. 港柯 L. harlandii

5. 叶长3～5 cm，基部不下延；叶柄长不及1 cm ……………………………………………… 33. 油叶柯 L. konishii

1. 愉柯 （《广西植物》）

Lithocarpus amoenus Chun et Huang

乔木；芽鳞、嫩枝均被灰棕色长绒毛。叶厚革质，椭圆形或卵状椭圆形，长10～24 cm，宽5～9 cm，顶端短突尖或长渐尖，钝头，基部宽楔形，有时一侧偏斜，全缘，中脉及侧脉在叶面微凹陷，背面明显凸起，侧脉12～17对，彼此不连接，支脉明显，近平行，嫩叶两面均被泥黄色绒毛，叶面具粉末状鳞秕，叶背有稍疏松的鳞片状蜡鳞层；叶柄长1～3 cm，幼嫩时被长绒毛。雄穗状花序单穗腋生或多穗聚生成圆锥花序，花序长7～14 cm，花序轴被绒毛；雌花3朵一簇。果序长10～16 cm；壳斗圆球形，全包坚果或包着坚果绝大部分，高约1.6 cm，宽1.7～2.1 cm，幼嫩时小苞片粗线状，离生，被灰色微柔毛，壳斗成熟时，下部的小苞片多退化仅剩痕迹，但上部的仍为短线状。坚果近球形，高1.5～2.1 cm，宽1.5～2 cm，密被灰黄色细伏毛；果脐凸起，约占坚果底部面积的1/4。花期：5～7月；果期：翌年7～10月。

产地：封开、肇庆、从化等地。生于海拔300～1 000 m的山地杂木林中。

分布：福建、湖南、贵州、广西。

2. 杏叶柯 （《中国植物志》） 别名：红椆、岭梅

Lithocarpus amygdalifolius（Skan）Hayata

Quercus amygdalifolia Skan

L. amygdalifolius var. *praecipitiorum* Chun

乔木；嫩枝密被褐色卷柔毛，成熟后脱落。叶薄革质，披针形或狭长椭圆形，长8～20 cm，宽2～4 cm，顶端长渐尖或尾状长尖，基部楔形，全缘，极少叶顶部边缘浅波状，中脉在叶面平坦，背面凸起，侧脉13～17对，支脉不明显，嫩叶背面密被黄棕色卷柔毛，成长叶毛脱落，被较厚的蜡鳞层；叶柄长0.5～2 cm。雄穗状花序单穗腋生或多穗排成圆锥花序，花序轴被柔毛；雌花3朵一簇或兼单朵散生。果序长6～12 cm，壳斗近球形，全包坚果，高约2.7 cm，宽约2.3 cm，小苞片三角形或多边形，紧贴，呈不连续的环状，幼嫩时与壳斗壁略分离。坚果近球形，直径2～2.5 cm，顶部被微柔毛；果脐凸起，占坚果的绝大部分。花期：7～9月；果期：翌年8～12月。

产地：广东北回归线以南地区及海南东方、乐东、保亭。生于海拔500～1 000 m的常绿阔叶林或针叶、阔叶混交林中。

分布：台湾、福建、广西。

3. 尖叶柯 （《中国植物志》）

Lithocarpus attenuatus（Skan）Rehd.

Quercus attenuata Skan

乔木，无毛；嫩枝干后有白色粉霜。叶薄革质，卵状椭圆形或披针形，长6～10 cm，宽3～3.5 cm，顶端长渐尖或弯向一侧的尾尖，基部楔尖，沿叶柄下延，全缘，有时叶缘上部呈波状，中脉在叶面凸起，在叶背稍凹陷，侧脉9～13条，支脉不明显，叶背有坚实的蜡鳞层；叶柄长2～3 cm。雄穗状花序单穗腋生，花序轴有灰白色蜡鳞层；雌花单朵散生，花柱2或3枚，长约1 mm。果序长6.5～10 cm；壳斗圆球形，全包坚果，高2.4～3 cm，宽2～2.5 cm，基部略狭成柄状，小苞片小三角形，疏离，位于壳斗下部的略成圆环形，位于上部的通常仅有钻状的尖头。坚果近圆球形，基部平坦，直径约2.5 cm，有白灰色粉霜；果脐凹陷，深约1.5 mm，直径7～12 mm。花期：6～10月；果期：翌年同期。

产地：广东南部沿海山地。生于海拔约1 000 m以下的常绿阔叶林中。

分布：香港、广西。

4. 茸果柯 （《中国植物志》）

Lithocarpus bacgiangensis（Hick. et A. Camus）A. Camus

Pasania bacgiangensis Hick. et A. Camus

L. vestitus auct. non（Hick. et A. Camus）A. Camus

乔木；枝、叶无毛，二年生枝有皮孔。叶纸质，椭圆形、卵状椭圆形，长10～15 cm，宽3～6 cm，顶端长渐尖或急尖，基部宽楔形，全缘，中脉在叶面明显凸起，中央裂槽状凹陷，侧脉10～15对，支脉明显，叶背有紧实的蜡鳞层；叶柄长不及1 cm。雄穗状花序单穗腋生或多穗排成圆锥花序，花序轴密被糠秕状鳞秕；雌花序上部常着生雄花，雌花3朵一簇，花簇基部有短柄，花柱3枚，长约1 mm。果序长8～18 cm；壳斗浅碗状，基部有约5 mm的短柄，包着坚果不及1/2，高0.5～1 cm，宽1～2 cm，小苞片小三角形，仅顶端钻尖部分明显，密被糠秕状鳞秕。坚果扁球形，顶端锥尖，高1～2 cm，宽1.5～2.5 cm，密被黄灰色细毛；果脐凹陷，深约1.5 mm，直径1 cm。花期：12月至翌年3月；果期：翌年10～12月。

产地：据《中国植物志》记载，广东西南部及海南有分布。生于海拔200～600 m的山地杂木林中。

分布：广西、云南。越南。

5. 帽柯　（《中国植物志》）

Lithocarpus bonnetii（Hick. et A. Camus）A. Camus

Pasania bonnetii Hick. et A. Camus

乔木；芽鳞、嫩枝被黄棕色长绒毛。叶革质，倒披针状或倒卵状长椭圆形，长13 ~ 25 cm，宽5 ~ 6.5 cm，顶端急尖或尾状长渐尖，基部楔尖，全缘或近顶部浅波状，中脉在叶面平坦，下半段稍凸起，侧脉9 ~ 13对，在叶面凹陷，近叶缘急弯向上并与相邻侧脉连接，支脉近平行，嫩叶背面被黄棕色长绒毛；叶柄长1.5 ~ 2 cm，密被绒毛。花通常雌雄同序，花序多穗排成圆锥花序，花序轴密被棕黄色长绒毛；雌花3朵一簇。果序长10 ~ 13 cm；壳斗深碗状，包着坚果一半稍多，高约1 cm，宽1.5 ~ 2 cm，小苞片短线状，被微柔毛。坚果扁圆锥形，顶端稍尖，高约1.4 cm，宽约1.6 cm；果脐凹陷，深约1.5 mm，直径约1 cm。花期：5 ~ 6月；果期：翌年7 ~ 8月。

产地：据《中国植物志》记载，海南（坝王岭）有分布。生于山地沟谷杂木林中。

分布：云南、广西。越南。

6. 短穗柯　（《中国植物志》）

Lithocarpus brachystachyus Chun

小乔木；枝、叶无毛。叶硬革质，卵形或卵状椭圆形，长4 ~ 11 cm，宽2 ~ 4 cm，顶端长渐尖或尾状长渐尖，基部楔尖，有时一侧偏斜，全缘，中脉在叶面稍凸起或不明显，在叶背凸起明显，侧脉8 ~ 12对，支脉纤细，不明显，叶背苍灰色，有紧实的蜡鳞层；叶柄长0.6 ~ 1 cm，干后常被白色粉霜。雄穗状花序单穗腋生，长3 ~ 5 cm，花序轴纤细，无毛；雌花单朵散生，基部有短柄，雌花序有花3 ~ 10朵，长5 cm以下，花柱3枚，长1 mm以下。果序长4 ~ 10 cm；壳斗浅碗状或碟状，包着坚果底部，高2 ~ 5 mm，宽1 ~ 1.5 cm，小苞片小三角形，伏贴，中部以下的常连成环状，顶端钻尖部分略明显。坚果扁球形或圆锥形，顶部有明显凸起的柱座，底部平坦，高1 ~ 1.4 cm，宽1.2 ~ 1.6 cm，无毛；果脐凹陷，深约1 mm，直径7 ~ 10 mm。花期：10 ~ 11月；果期：翌年8 ~ 10月。

产地：阳春及海南东方、乐东、保亭。生于海拔800 m的山地杂木林中。

7. 短尾柯　（《台湾植物志》）　别名：椆栎

Lithocarpus brevicaudatus（Skan）Hayata

Quercus brevicaudata Skan

高大乔木；芽鳞被疏毛，嫩枝与叶均无毛，枝有纵沟。叶革质，卵形，有时椭圆形，长4 ~ 16 cm，宽2.4 ~ 5 cm，顶端渐尖或长尾尖，基部宽楔形或近圆形，有时一侧偏斜，全缘，中脉在叶面平坦或下半段稍凸起，侧脉9 ~ 13对，支脉纤细，叶背有细粉末状但紧实的蜡鳞层；叶柄长1.2 ~ 3 cm。雄穗状花序多穗组成圆锥花序，花序轴被棕色或灰黄色微柔毛；雌花3朵一簇或兼有单朵散生。果序长5.5 ~ 10 cm；壳斗浅碗状，包着坚果底部，高0.5 ~ 1 cm，宽1.5 ~ 2 cm，小苞片鳞片状，三角形或近菱形，中央稍凸起，覆瓦状排列，紧贴壳壁，顶端钻尖部分稍疏离。坚果宽圆锥形或近球形，顶部短锥尖或圆，高约2.5 cm，宽约2 cm，无毛，常有淡薄的灰白色粉霜；果脐凹陷，直径9 ~ 12 mm。花期：5 ~ 7月；果期：翌年9 ~ 11月。

产地：博罗及海南东方、琼中、白沙。生于海拔300 ~ 1 500 m山地杂木林中。

分布：长江以南各省区、台湾。

8. 美叶柯　（《中国植物志》）　别名：黄椆、黄背栎　（图8）

Lithocarpus calophyllus Chun

乔木；嫩枝被稀疏的微柔毛，甚早脱落，老枝无毛，有皮孔。叶硬革质，宽椭圆形或卵形，长7.5 ~ 24 cm，宽3.5 ~ 10 cm，顶端渐尖或急尖，基部近圆形或宽楔形，全缘，中脉在叶面平坦或微凹陷，侧脉11 ~ 13对，在叶面凹陷，背面明显凸起，支脉纤细，近平行，叶背无毛，被粉末状鳞秕，易抹落；

叶柄长2.5～4 cm。雄穗状花序较短，长不超过3 cm，多穗组成圆锥花序，花序轴被稀疏短柔毛；雌花序轴长达16 cm，雌花3朵一簇，花柱3枚，长约1.5 mm。果序长15～20 cm；壳斗浅碗状或碟状，包着坚果约1/3，高0.5～1 cm，宽1.5～2.5 cm，小苞片宽三角形，覆瓦状排列，紧贴。坚果近球形或椭圆形，顶端锥尖或圆，下部平坦，高1.5～2.7 cm，宽1.8～2.3 cm，无毛，常薄被灰白色粉霜；果脐凹陷，深2～4 mm，直径1～1.4 cm。花期：5～7月；果期：翌年7～11月。

产地：乐昌、乳源、始兴、连州、连山、连南、南雄、仁化、曲江、英德、阳山、新丰、龙门、紫金、和平、蕉岭、饶平、惠东、惠阳、博罗、广州、信宜、五华。生于海拔500～1 700 m的山地阔叶林中。

分布：江西、福建、湖南、广西、贵州。

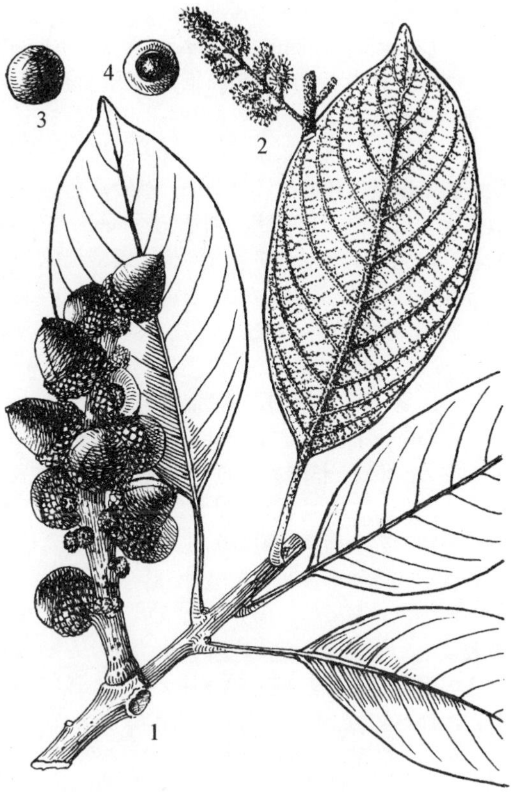

图8 美叶柯 Lithocarpus calophyllus Chun

1. 果枝；2. 雄花序一段；3. 坚果，示顶端；4. 坚果底部，示果脐。（余汉平抄绘）

9. 尾叶柯 （《中国植物志》）

Lithocarpus caudatilimbus（Merr.）A. Camus

Quercus caudatilimba Merr.

乔木；嫩枝有浅沟，各部无毛。叶硬纸质，宽卵形至近圆形，长7～11 cm，宽4～6 cm，顶端急尖，短尾状，稀长尖，基部阔楔形，沿叶柄下延，全缘，中脉在叶面稍凸起或平坦，侧脉6～10对，末端急弯向上，支脉纤细或不明显，叶背无毛，有紧实蜡鳞层；叶柄长3～4 cm。雄穗状花序多穗排成圆锥花序，长10 cm；雌花序单穗或成对生于枝顶部，雌花有柄，单朵散生于花序轴上，花柱长约1 mm。果序长7 cm；壳斗半圆形，具柄，包着坚果2/3以上，连柄高2.5～3 cm，宽2～2.5 cm，小苞片细三角形，疏离，位于壳斗近顶部的常仅有痕迹，壳斗柄常有4个圆环。坚果扁圆形，底部平坦，高1.5～2 cm，宽2～2.5 cm，无毛；果脐凹陷，深约1.5 mm，直径1～1.5 cm。花期：10～12月；果期：翌年同期或迟2～3个月。

产地：阳春及海南三亚、万宁。生于海拔约700 m的山地常绿阔叶林中。

10. 粤北柯 （《中国植物志》）

Lithocarpus chifui Chun et Tsiang

乔木；嫩枝有纵棱，各部无毛。叶革质，椭圆形或倒披针形，长16～20 cm，宽6～7 cm，顶端渐尖，基部狭楔形，沿叶柄下延，全缘，中脉在叶面稍凸起，侧脉10～14对，末端急弯向上，常与相邻侧脉的支脉连接，支脉纤细，近平行，叶背有紧实的蜡鳞层；叶柄长1.5～3 cm。雄穗状花序多穗聚生成圆锥花序，穗状花序长5 cm以下，花序轴被棕黄色微毛状鳞秕；雌花序长12～18 cm，3或5朵花一簇，花柱长约1 mm。果序长达17 cm；壳斗圆球形，全包坚果，高和宽约2 cm，幼嫩时小苞片鳞片状，伏贴，成熟时有3～5个细肋状圆环。坚果近圆球形，直径约2 cm，顶部被灰黄色细伏毛；果脐凸起，占坚果底部面积的绝大部分。花期：5～6月；果期：翌年8～10月。

产地：乳源。生于海拔1 000～1 400 m的山谷杂木林中。

分布：贵州、云南。

11. 琼中柯 （《中国植物志》）

Lithocarpus chiungchungensis Chun et Tsiang

乔木；芽鳞密被细伏毛，嫩枝有浅纵棱，密被棕黄色微柔毛，二年生枝有细小的皮孔。叶硬革质，狭椭圆形至椭圆状卵形，长6 ~ 9 cm，宽2 ~ 3 cm，顶端尾尖，常弯向一侧，稍钝头，基部楔尖，沿叶柄下延，全缘，中脉及侧脉在叶两面均凸起，侧脉8 ~ 12对，近叶缘处略弯，支脉不明显，叶背苍灰色，有紧密的蜡鳞层；叶柄长1 ~ 1.5 cm，被暗灰色短柔毛。雄穗状花序长2 ~ 5 cm，有时雌雄同序，花序轴密被短柔毛；雌花3或5朵一簇。果序长约9 cm；壳斗圆球形，全包坚果，直径1.5 ~ 2 cm，小苞片小三角形或钻状，与壳斗壁离生且略呈弯钩状，螺旋状排列。坚果扁球形，顶部圆，高1 ~ 1.5 cm，宽1.5 ~ 2 cm，无毛；果脐浅凹陷。花期：7月；果期：翌年10 ~ 11月。

产地：海南琼中、定安、东方、乐东。生于海拔约800 m的常绿阔叶林中。

12. 金毛柯 （《中国植物志》）

Lithocarpus chrysocomus Chun et Tsiang

乔木；嫩枝密被灰棕色微柔毛，成熟时脱落。叶硬革质，卵形或长椭圆形，长8 ~ 14 cm，宽3.3 ~ 5.7 cm，顶端短急尖，基部宽楔形，叶缘上半部有裂齿，中脉在叶面下半部微凸起，侧脉9 ~ 13对，支脉不明显，背面密被褐黄色细片状鳞秕，易抹落；叶柄长1 ~ 1.7 cm，被短毛。花雌雄同序，穗状花序单穗腋生或多穗排成圆锥花序，花序长约9 cm；雌花3朵一簇，花柱长约1 mm。果序长约6.5 cm；壳斗近圆球形，包着坚果绝大部分，直径2 ~ 2.5 cm，小苞片三角形，顶端与壳斗壁离生，覆瓦状排列，幼嫩时被短柔毛。坚果扁球形，基部平坦，高1.5 ~ 2 cm，宽1 ~ 2 cm，顶端被黄灰色细伏毛；果脐凸起，约占坚果底部面积的1/3。花期：6 ~ 8月；果期：翌年8 ~ 10月。

产地：乳源、乐昌、连山、阳山、博罗。生于海拔600 ~ 1 400 m的山地杂木林中。

分布：湖南、广西。

13. 烟斗柯 （《中国植物志》） 别名：石锥、烟斗子 （图9）

Lithocarpus corneus（Lour.）Rehd.

Quercus cornea Lour.

L. tsangii A. Camus

乔木；嫩枝被短柔毛，成熟时脱落。叶厚革质，常聚生于枝顶部，椭圆形至卵形，或倒卵状长圆形，长4 ~ 20 cm，宽1.5 ~ 7 cm，顶端渐尖或急尖，基部钝圆或宽楔形，对称或一侧偏斜，叶缘中部以上有裂齿，叶面中脉微凹，背面凸起，侧脉9 ~ 15对，直达齿端，支脉纤细，近平行，叶背无毛或仅中脉被短疏毛，成熟时脱落；叶柄长0.5 ~ 4 cm，密被灰色微柔毛。花雌雄同序，上部为雄花，下部为雌花，花序轴被柔毛，长2.5 ~ 4 cm；雌花3朵一簇或单朵散生，花柱斜展，长约2 mm。果序有果1 ~ 4个；壳斗半圆形，包着坚果约1/2至大部分，高2.2 ~ 3.6 cm，宽2.4 ~ 4.9 cm，小苞片三角形，鳞片状隆起，被微柔毛，上部的鳞片内弯围绕坚果顶部。坚果近球形或陀螺形，顶部平坦或中央微凹陷，直径1.5 ~ 2 cm，顶部被淡黄色绒毛；果脐凸起，占坚果底部面积一半以上，上部边缘檐状。花期：8 ~ 10月；果期：翌年同期。

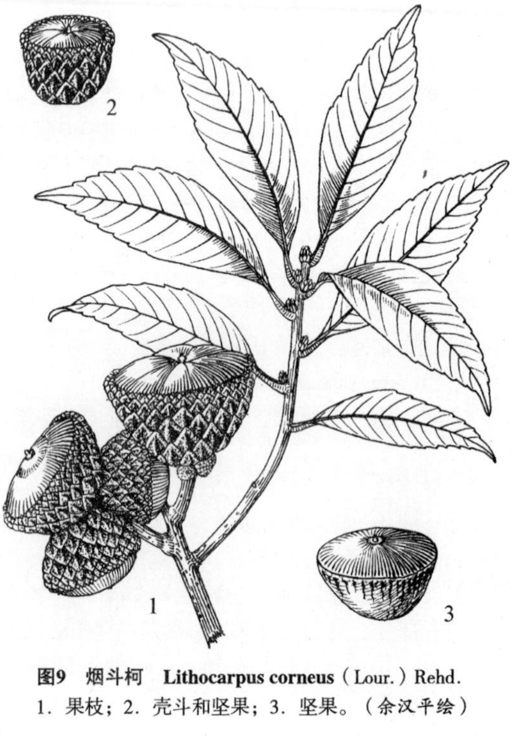

图9 烟斗柯 Lithocarpus corneus（Lour.）Rehd.
1. 果枝；2. 壳斗和坚果；3. 坚果。（余汉平绘）

产地：连平、新丰、清远、紫金、龙门、梅州、大埔、蕉岭、丰顺、平远、揭西、海丰、惠东、惠阳、博罗、深圳、珠海、肇庆、新兴、开平、怀集、广宁、郁南、封开、阳春、信宜、茂名、湛江及海南各地。生于海拔约1 000 m以下山地常绿阔叶林中。

分布：香港、台湾、福建、湖南、贵州、广西、云南。越南东北部。

用途：果煮熟后可食；木材可作农具。

13a. 海南烟斗柯 （《中国植物志》）

var. **hainanensis**（Merr.）Huang et Y. T. Chang

Quercus hainanensis Merr.

本变种与原种的区别在于：叶纸质，倒卵形至倒卵状长圆形，稀椭圆形，顶端短突尖或短尾状，叶背疏被早落的星状毛，但中脉及侧脉仍有短毛残留。坚果顶部平坦或略凸起，密被毛。

产地：广东南部及西南部沿海地区及海南各地。

13b. 环鳞烟斗柯 （《中国植物志》）

var. **zonatus** Huang et Y. T. Chang

Quercus hemisphaerica Drake

本变种与原种的区别在于：芽鳞光滑无毛。叶纸质，披针形或狭长圆形，大小差异大，大的20 cm × 6 cm，小的7 cm × 2 cm，嫩叶中脉、叶背脉腋有稀疏的短柔毛，毛很早脱落。花序轴无毛。壳斗小苞片多呈菱形，大部分与壳壁融合，连生成多个圆环，小部分隆起。

产地：博罗、封开。生于山地林中。

分布：广西。越南东北部。

14. 风兜柯 （《中国植物志》）

Lithocarpus cucullatus Huang et Y. T. Chang

乔木；嫩枝被灰棕色绒毛。叶硬纸质，狭长椭圆形或披针形，长8 ~ 12 cm，宽1.8 ~ 4.5 cm，顶端急尖或尾状长尖，基部楔形，有时一侧偏斜，全缘，有时浅波状，中脉在叶面平坦，侧脉8 ~ 12条，末端急弯向上，支脉近平行，叶面幼嫩时被棕色绒毛，叶背有灰黄色较厚而紧实的蜡鳞层；叶柄长1 ~ 2 cm。花雌雄同序，长达15 cm，花序轴密被黄棕色短绒毛；雌花3朵一簇，若为雌花序则长10 cm，花柱2或3枚，长约1.5 mm。果序长10 cm；壳斗陀螺形，包着坚果绝大部分，高1.4 ~ 1.6 cm，宽1.8 ~ 2.6 cm，小苞片卵状三角形，紧贴，位于壳斗下部的与壳壁愈合，上部的尖端与壳壁离生，幼嫩时被棕灰色微柔毛，成熟后脱落。坚果宽圆锥形，高约1.5 cm，宽1.6 ~ 2.5 cm，密被细伏毛；果脐凸起，约占坚果底部面积的1/3。花期：6 ~ 8月；果期：翌年7 ~ 8月。

产地：乳源、英德、仁化。生于海拔700 ~ 1 200 m的山谷常绿阔叶林中。

15. 鱼蓝柯 （《中国植物志》） 别名：老鼠兀

Lithocarpus cyrtocarpus（Drake）A. Camus

Quercus cyrtocarpa Drake

L. uncinatus A. Camus

乔木；芽鳞、嫩枝密被短柔毛兼疏长毛，毛早落，老枝有圆形皮孔。叶纸质，卵状椭圆形或长椭圆形，长6 ~ 8.5 cm，稀较大，宽2 ~ 4 cm，顶端急尖，基部急尖或宽楔形，有时一侧偏斜，叶缘有浅裂齿，中脉在叶面凹陷，侧脉9 ~ 11对，直达齿尖，支脉纤细，嫩叶叶面被灰色短卷毛，叶背被甚细的星芒状鳞秕，沿中脉有疏长柔毛；叶柄长1 ~ 2 cm。雄穗状花序单穗腋生，长5 ~ 6.5 cm，花序轴疏被短毛；雌花序长5 cm，雌花单朵散生或兼有3朵一簇，花柱长约2 mm。壳斗碟状，托着坚果基部，高1 ~ 2 cm，宽3.5 ~ 4.5 cm；小苞片宽三角形，顶部明显下弯呈鸡爪状。坚果扁球形，顶部中央凹陷，高1.5 ~ 2 cm，宽4 ~ 5 cm，密被黄褐色绒毛；果脐凹陷，但中央部分明显隆起，直径2.5 ~ 3.5 cm。花期：4月及9 ~ 10月；果期：10 ~ 12月。

产地：台山、阳春、茂名。生于海拔400 ~ 900 m的山地常绿阔叶林中。

分布：广西。越南。

用途：果可食用。

16. 胡颓子叶柯 （《中国植物志》）

Lithocarpus elaeagnifolius（Seem.）Chun

Quercus elaeagnifolia Seem.

乔木；嫩枝被早落的棕黄色卷柔毛，密生细小皮孔。叶硬纸质，狭长圆形或狭长倒披针形，长8～13 cm，宽1～2.5 cm，顶端长渐尖，基部楔尖，沿叶柄下延，全缘，近顶端浅波状，中脉在叶面凸起，侧脉12～14对，支脉不明显，嫩叶两面均被早落的棕黄色卷柔毛，叶背有紧实的蜡鳞层；叶柄长约1 cm。雄穗状花序多穗排成圆锥花序，顶生，长3～7 cm，被棕黄色短绒毛；雌花3朵一簇，雌花序长达18 cm，被短绒毛，顶部常着生雄花，花柱长约1 mm。壳斗近圆球形，包着坚果大部分，高约1 cm，宽约1.5 cm，小苞片三角形，鳞片状，伏贴，被棕黄色微毛状鳞秕。坚果宽略过于高的扁球形，高1.2～1.5 cm，无毛，无粉霜；果脐凹陷，深约0.5 mm，直径1～1.8 cm。花期：10～12月；果期：翌年同期。

产地：广东西南部及海南东方、乐东、保亭、琼海。生于海拔300 m以下的密林中。

17. 厚斗柯 （《中国植物志》） 别名：厚斗石栎

Lithocarpus elizabethiae（Tutch.）Rehd.

Quercus elizabethae Tutch.

乔木；嫩枝无毛。叶厚纸质，披针形，长8.5～14.5 cm，宽2.4～3.8 cm，顶端渐尖，基部楔形，沿叶柄下延，全缘，中脉在叶面凸起，但中央裂槽状凹陷，侧脉11～13对，支脉不明显，叶背无毛；叶柄长通常不超过1 cm。雄穗状花序多穗排成圆锥花序或单穗腋生，长约7 cm，花序轴被稀疏短柔毛；雌花序聚生于枝顶部，长达19 cm，雌花3朵一簇，花柱长约1.5 mm。果序长8～12 cm；壳斗近圆球形，全包坚果或包着坚果绝大部分，高2～3 cm，宽2.4～2.7 cm，小苞片阔三角形或菱形，顶部的稍长，覆瓦状排列，向内弯曲，中部以下的常与壳壁离生，顶端稍向外扩展弯曲。坚果扁球形或圆球形，直径1.5～2.5 cm，无毛；果脐凹陷，深0.5～1 mm，直径1～1.5 cm。花期：7～10月；果期：翌年8～11月。

产地：新丰、博罗、阳山。生于海拔150～1 200 m的山地杂木林中。

分布：香港、福建、广西、贵州、云南。

18. 万宁柯 （《中国植物志》）

Lithocarpus elmerrillii Chun

乔木；枝暗灰色，有散生的凸起皮孔；嫩枝有纵棱，枝、叶及芽鳞均无毛。叶薄革质，长椭圆形，长10～17 cm，宽3～5.5 cm，顶端渐尖，基部楔尖，沿叶柄下延，全缘，侧脉9～11对，近叶缘处急弯向上，互不连接，支脉纤细，在叶背稍明显，叶背有紧实的蜡鳞层；叶柄长1～2 cm。雌花单朵散生。果序长2～7 cm；壳斗浅碗状，包着坚果的底部，高约1 cm，宽2～2.5 cm，小苞片三角形，紧贴壳壁，上部覆瓦状排列，下部常连生成圆环。坚果近圆球形或扁球形，顶端尖，高2～2.5 cm，宽2.5～3 cm，无毛；果脐凹陷，深约2 mm，直径约1.5 cm。果期：9～10月。

产地：海南保亭、琼中。生于海拔500～750 m的常绿阔叶林中。

19. 泥柯 （《中国植物志》） 别名：华南柯、泥锥椆

Lithocarpus fenestratus（Roxb.）Rehd.

Quercus fenestrata Roxb.

L. fenestratus var. *brachycarpus* A. Camus

乔木；嫩枝被灰棕色短绒毛及薄片状的蜡鳞，毛早脱落。叶厚纸质，椭圆状披针形，长8～22 cm，宽2.5～7 cm，顶端急尖或渐尖，基部楔形，全缘，中脉在叶面凸起，侧脉9～15对，在叶面常微凹陷，支脉纤细或不明显，叶背无毛，银灰色，被细片状紧贴的蜡鳞层；叶柄长1～1.5 cm，幼嫩时被短绒毛，成

熟后脱落。雄穗状花序多穗排成圆锥花序；雌花3朵一簇，雌花序长9.5～16 cm。果序长10～18 cm；壳斗扁圆形，包着坚果绝大部分，高1～1.5 cm，宽2～3 cm，小苞片三角形，紧贴，覆瓦状排列，顶端与壳壁离生，成熟后仅有鳞片状的痕迹。坚果扁球形，顶部浑圆或扁平，高1～1.5 cm，宽1.5～2 cm，无毛；果脐凹陷，深约1 mm，直径1～1.8 cm。花期：8～10月；果期：翌年10～12月。

产地：广东中部至西南部及海南三亚、琼中、陵水。生于海拔600～1 200 m的常绿阔叶林中。

分布：香港、广西、云南、福建。越南。

20. 红柯 （《中国植物志》） 别名：琼崖柯 （《海南植物志》）

Lithocarpus fenzelianus A. Camus

Quercus fenzeliana (A. Camus) Merr.

乔木；枝、叶无毛，小枝具明显的棱。叶厚革质，卵状披针形或倒卵状椭圆形，长10～15 cm，宽3～5.5 cm，顶端尾状渐尖，基部楔形，下延，全缘，中脉在叶面稍凸起，侧脉8～11对，在叶面呈裂槽状凹陷，支脉不明显，叶背有紧实的蜡鳞层；叶柄长1～3 cm。雄穗状花序单穗腋生或多穗排成圆锥花序，花序轴被短柔毛；雌花单朵散生，雌花序长达15 cm。壳斗近圆球形或扁球形，全包坚果，高1.5～2 cm，宽2～2.5 cm，小苞片与壳壁愈合，连成6～8个肋状圆环。坚果近球形，高1.2～1.8 cm，宽1.6～2 cm，顶端被细伏毛；果脐凸起，占坚果底部面积的2/3或更多。花期：2～4月；果期：翌年8～9月。

产地：海南乐东、东方、保亭、白沙等地。生于海拔350～1 000 m的常绿阔叶林中。

用途：材质坚硬，耐水湿和腐烂，为建造车船、房屋等的优良木材。

21. 卷毛柯 （《广西植物》）

Lithocarpus floccosus Huang et Y. T. Chang

乔木；嫩枝被黄棕色细毛。叶纸质，卵形或椭圆形，长5.5～10 cm，宽2～3 cm，顶端急尖或短尾尖，基部楔尖，全缘，中脉在叶面下半部略凹陷，侧脉6～9对，支脉不明显，叶背被早落的卷曲柔毛；叶柄长7～10 mm，幼嫩时被卷丛毛。花雌雄同序，花序长5～10 cm，花序轴被与叶柄相同的卷丛毛；雌花3朵一簇，花柱2～4枚，长约2 mm。果序长8～11 cm；壳斗浅碗状，包着坚果下部，高约0.4 cm，宽1～1.5 cm，小苞片三角形，紧贴，覆瓦状排列，被稀疏的微柔毛。坚果宽圆锥形，高1.6～2 cm，宽1～1.5 cm，无毛，有淡薄的白粉；果脐浅凹陷。花期：5～6月；果期：翌年7～8月。

产地：和平、陆丰、饶平、惠阳、肇庆、深圳。生于海拔400～700 m的山地常绿阔叶林中。

分布：江西、福建。

22. 柯 （《中国植物志》） 别名：石栎、椆 （图10）

Lithocarpus glaber (Thunb.) Nakai

Quercus glaber Thunb.

乔木；嫩枝密被灰色短绒毛，皮孔明显，老枝毛脱落变疏。叶厚革质，倒卵状椭圆形或长椭圆形至披针形，长8～14 cm，宽2.5～5 cm，顶端短尾尖或长渐尖，基部楔形，上部叶缘有2～4个浅裂齿或全缘，中脉在叶面微凸起，侧脉6～8对，支脉不

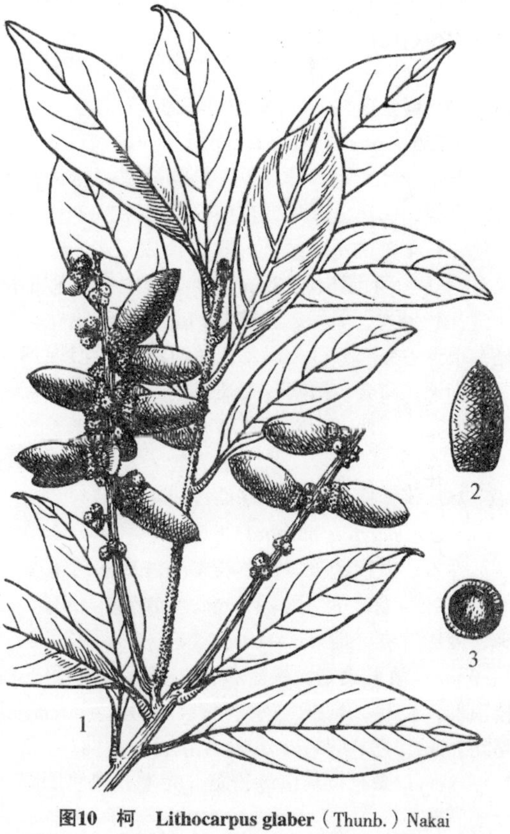

图10 柯 Lithocarpus glaber (Thunb.) Nakai
1. 果枝；2. 坚果；3. 坚果底部，示果脐。（余汉平抄绘）

明显，嫩叶叶背被短绒毛，成长叶背面无毛或几无毛，有较厚的蜡鳞层；叶柄长1～2 cm，幼嫩时被灰黄色绒毛。雄穗状花序多排成圆锥花序或单穗腋生，花序长达15 cm，花序轴被灰黄色短绒毛；雌花3朵一簇，很少5朵一簇，雌花序通常着生少量雄花，花柱长约1.5 mm。果序长15～17 cm，果序轴通常被短柔毛；壳斗浅碗状，包着坚果下部，高0.5～1 cm，宽1～1.5 cm，小苞片三角形，细小，紧贴，覆瓦状排列或连生成圆环，密被灰色微柔毛。坚果椭圆形，顶端尖，高1～2.5 cm，宽1～1.5 cm，有淡薄的白色粉霜；果脐凹陷，深达2 mm，直径3～5 mm。花期：8～9月；果期：翌年同期。

产地：乐昌、乳源、始兴、连州、仁化、南雄、曲江、英德、阳山、翁源、连平、新丰、清远、龙川、和平、河源、五华、兴宁、平远、丰顺、大埔、梅州、蕉岭、海丰、饶平、澄海、惠东、博罗、广州、东莞、深圳、肇庆、封开、德庆、廉江。生于海拔约1 500 m以下的坡地杂木林中。

分布：秦岭南坡以南各地，海南和云南不产。日本。

23. 粉绿柯 （《广东植物名录》）

Lithocarpus glaucus Chun et Huang ex H. G. Ye

乔木；枝、叶无毛，二年生枝有细小的皮孔。叶革质，长椭圆形或长圆形，长10～18 cm，宽3～6 cm，顶端急尖或渐尖，有偏向一侧的小尖头，基部急尖或楔形，全缘，中脉在叶面稍凹陷，在背面显著凸起，侧脉8～12对，支脉网状，明显，有时干后在叶面及叶柄有苍白色粉霜；叶柄长2.5～4.5 cm。雄穗状花序单穗或多穗排成圆锥花序，生于去年生枝的顶部，花序轴无毛，有透明蜡质，有时扭转，长5.5～15 cm，有时上段生雄花，下段生雌花；雌花通常3朵一簇，雌花序常单穗腋生或2～4穗聚生于枝的顶部，花柱3枚，长1～1.5 mm。果序轴粗壮，长5～25.5 cm，有1～18个果；壳斗浅碟状，包着坚果底部，高4～8 mm，宽1～1.5 cm，小苞片宽三角形，疣状，彼此分离。坚果圆锥形，高1.3～2 cm，宽1.1～1.8 cm；果脐凹陷，深约0.5 mm，直径约6 mm。花期：3～5月；果期：9～12月。

产地：阳春、封开、化州、云浮。生于山地林中。

分布：广西。

24. 假鱼蓝柯 （《中国植物志》）

Lithocarpus gymnocarpus A. Camus

乔木；枝无毛。叶纸质，椭圆形或倒卵状椭圆形，长5.5～7 cm，宽1.8～2.5 cm，顶端急尖，基部楔形，全缘，偶在上部叶缘有1～3个浅钝齿，中脉在叶两面均微凸起，侧脉8～12对，叶背支脉明显，两面同色，被早落的星状绒毛；叶柄长1.5～2 cm。穗状花序单穗腋生，长4.5～6 cm，花序轴具鳞秕；雌花3或5朵一簇。果序长达18 cm；壳斗浅碗状，基部有时呈短漏斗状，包着坚果底部约1/4，宽约3 cm，小苞片覆瓦状排列，紧贴，具疣状凸起，非鸡爪状。坚果近扁球形，宽约4 cm，高约2 cm，无毛；果脐全凹陷，很少中央部分微凸起，直径约2 cm。花期：8～10月；果期：10～12月。

产地：新会、阳春、阳江等地。生于海拔600～1 000 m的常绿阔叶林中。

分布：广西、云南。越南。

25. 菴耳柯 （《中国植物志》）

Lithocarpus haipinii Chun

乔木；嫩枝密被黄灰色长柔毛，成熟后毛变稀疏。叶厚革质，宽椭圆形、卵状椭圆形或倒卵状椭圆形，长9.5～13 cm，宽4～5 cm，顶端急尖或向一侧偏斜的短尾尖，基部圆形或阔楔形，一侧偏斜，全缘，叶缘背卷，侧脉8～10对，支脉在叶面凹陷，背面凸起，叶面无毛，叶背被灰黄色长柔毛；叶柄长2～3 cm，被长柔毛。雄穗状花序多穗排成圆锥花序，长约6 cm；雌花通常3～5朵一簇，雌花序常生于枝顶部，长6～14 cm，花柱径直，长1.5～2 mm。果序长12～16 cm；壳斗碟状或盆状，包着坚果底部，高约5 mm，宽2～3 cm，小苞片钻状，弯曲，长3～6 mm。坚果近圆球形，底部平坦，高1.8～2.5 cm，宽2～3.5 cm，嫩时被灰白色粉霜，无毛；果脐凹陷，深2～4 mm，直径8～14 mm。花期：7～8月；果期：翌年同期。

产地：乳源、乐昌、新丰、龙门、大埔、饶平、惠东、肇庆、封开、信宜。生于海拔约1 000 m以下的山地杂木林中。

分布：湖南、香港、广西、贵州。

26. 硬壳柯 （《中国植物志》） 别名：硬斗柯 （《海南植物志》） （图11）

Lithocarpus hancei（Benth.）Rehd.

Quercus hancei Benth.

Q. ternaticupula Hayata

L. ternaticupulus（Hayata）Hayata

乔木；小枝常被薄透明蜡层，除花序轴及壳斗被灰色短柔毛外，各部均无毛。叶革质，叶形大小变异很大，卵形、椭圆形至披针形，长8～14 cm，宽2.5～4.5 cm，顶端钝圆或长渐尖，基部楔形，通常沿叶柄下延，全缘，中脉在叶面下半部及背面明显凸起，侧脉12～18对，支脉网状分枝呈小方格状，在叶两面明显，叶面及叶柄干后有白色粉霜；叶柄长2～3 cm。雄穗状花序多穗排成圆锥花序或单穗腋生，花序长约10 cm，花序轴有时旋扭；雌花序多穗聚生于枝顶部，花柱2、3或4枚，长不到1 mm。果序长约13～16 cm；壳斗浅碗状或浅碟状，包着坚果不到1/3，高约5 mm，宽1～2 cm，小苞片三角形，紧贴，覆瓦状排列或连生成数个圆环。坚果扁球形、长圆锥形，顶端圆至急尖，高1～2 cm，宽0.5～2.5 cm，无毛；果脐凹陷，深1～2.5 mm，直径5～10 mm。花期：4～6月；果期：翌年9～12月。

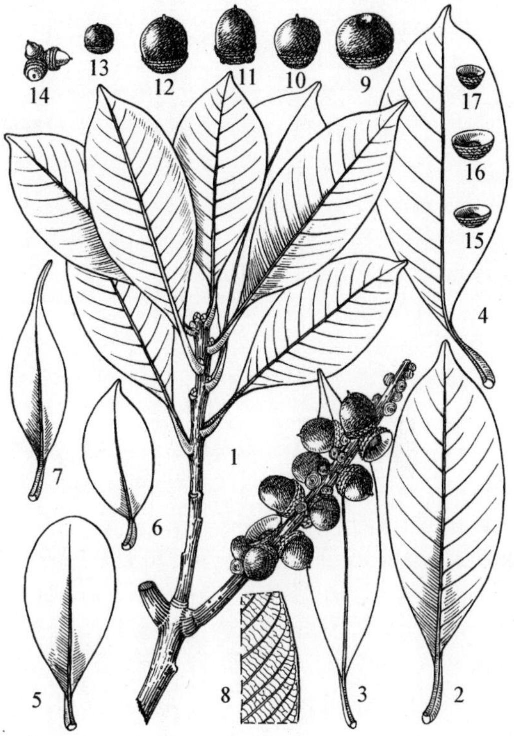

图11 硬壳柯 Lithocarpus hancei（Benth.）Rehd.

1. 果枝；2～7. 叶；8. 叶一部分，示网脉；9～14. 壳斗和坚果；15～17. 壳斗。（余汉平绘）

产地：乐昌、乳源、南雄、曲江、始兴、连州、连山、连南、仁化、阳山、翁源、新丰、从化、清远、龙门、和平、蕉岭、丰顺、平远、惠东、饶平、增城、博罗、深圳、肇庆、怀集、封开、德庆、信宜、阳春、阳江及海南东方、乐东、琼中、白沙、保亭、陵水、昌江等地。

分布：秦岭南坡以南各地。

27. 瘤果柯 （《中国植物志》） 别名：大脚板

Lithocarpus handelianus A. Camus

乔木；嫩枝被灰黄色短绒毛，有明显纵棱。叶厚革质，常聚生于枝顶部，椭圆形或长椭圆形，长18～25 cm，宽6～11 cm，顶端长渐尖，基部楔形，全缘，侧脉13～16对，近叶缘处上弯，互不连接，在叶面微凹陷，支脉密集，近平行，嫩叶两面被稀疏短毛，成长叶仅叶面中脉被毛，背面灰黄色；叶柄长2～4 cm，被短毛。雄穗状花序单穗顶生，很少腋生，常雌雄同序，花序长达20 cm，花序轴被短伏毛；雌花3朵一簇，花柱长约2 mm，被短毛。壳斗近球形，全包坚果，直径2～3 cm，小苞片三角形或钻状，锐尖，直立，坚硬，分离，背部中央常呈棱脊状突起，顶端的略弯卷。坚果圆锥形，高1.5～2 cm，宽约2 cm，被灰色微柔毛；果脐凹陷，但中央部分明显隆起。花期：8～10月；果期：翌年10～12月。

产地：海南保亭、三亚、定安、陵水、白沙等地。生于海拔400～1 000 m的常绿阔叶林中，山谷或山顶密林中或溪边丛林中常见。

28. 港柯 （《中国植物志》）

Lithocarpus harlandii（Hance）Rehd.

Quercus harlandii Hance

乔木；嫩枝有纵棱，除花序轴外，枝、叶及芽鳞均无毛。叶硬革质，长椭圆形或椭圆状披针形，长8～15 cm，宽3.5～6.5 cm，顶端尾尖，常弯向一侧，基部狭楔形，稍偏斜，沿叶柄下延，叶缘在上段有波状钝裂齿，稀全缘，中脉在叶面近平坦或微凸起，侧脉9～11对，背面凸起，支脉不明显，叶面无毛，叶背薄被细圆片状蜡鳞层；叶柄长2～3.5 cm，无毛。雄穗状花序多穗排成圆锥花序，着生枝的顶部，长约10 cm，花序轴被微柔毛；雌花3朵一簇或单花散生于花序轴上，花柱2或3枚，长约0.5 mm。果序长9～13 cm，无毛；壳斗浅碗状或碟状，包着坚果下部不及1/2，高0.6～1 cm，宽1.5～2 cm，小苞片三角形或菱形，覆瓦状排列，背部呈肋状隆起，被微柔毛。坚果长圆锥形，顶部圆或钝，高2～3 cm，宽1.5～2.5 cm，无毛；果脐凹陷，深达4 mm，直径9～12 mm。花期：5～6月；果期：翌年9～10月。

产地：乳源、连山、曲江、阳山、新丰、从化、博罗及海南　（《中国植物志》记载有分布）。生于海拔400～700 m山地常绿阔叶林中。

分布：江西、香港、台湾、广西。

29. 梨果柯　（《海南植物志》）

Lithocarpus howii Chun

乔木；嫩枝、芽鳞均密被短柔毛，成熟后脱落，叶痕明显。叶厚纸质，倒卵状椭圆形或长椭圆形，长9～13 cm，宽4～4.5 cm，顶端钝圆或急尖，基部楔形，常一侧偏斜，叶缘浅波状或有钝裂齿，中脉及侧脉在叶面凹陷，幼嫩时被星状毛，侧脉17～20对，直达齿端，支脉明显，叶背脉腋常有疏柔毛；叶柄长2.5～3.5 cm，被短绒毛。花雌雄同序，花序穗状，长10 cm；雌花3朵一簇，仅一花结实，花柱长约2 mm。壳斗梨形或半球形，全包坚果，高5～6 cm，直径4～5 cm，小苞片鸡爪状，粗短，与壳斗壁分离，位于壳斗下部的向下弯钩，上部的向上弯钩。坚果梨形，顶部近平坦，高4～5 cm，宽约4.5 cm；果脐凸起，占坚果绝大部分。花期：5月；果期：7～8月。

产地：阳春及海南乐东、东方、保亭、定安、万宁等地。生于海拔1 000～1 400 m的山地常绿阔叶林中。

30. 广南柯　（《广西植物》）

Lithocarpus irwinii（Hance）Rehd.

Quercus irwinii Hance

乔木；嫩枝被黄灰色长柔毛，成熟后脱落，小枝具纵沟棱，有凸起的皮孔。叶革质，椭圆形或披针形，长8～12 cm，宽2～4 cm，顶端急尖或渐尖，基部楔形，沿叶柄下延，全缘或上部叶缘波状，略背卷，中脉在叶面下半段稍凸起，侧脉10～15对，支脉不明显，嫩叶叶背中脉被疏长柔毛，成长叶毛脱落，蜡鳞层紧实且厚；叶柄长通常不超过1 cm。雄穗状花序单穗腋生或多穗排成圆锥花序，花序轴密被黄棕色短柔毛；雌花每3朵一簇，有时兼有单朵散生。果序长2～5 cm，成对生于枝的顶部；壳斗陀螺形，全包坚果，顶部近于平坦，高2～3 cm，宽2～2.5 cm，小苞片三角形，中央及边缘呈脊状增厚，覆瓦状排列。坚果近圆球形，直径约1.5 cm，密被细伏毛；果脐凸起，约占坚果底部面积的1/4。花期：4～5月；果期：翌年10～11月。

产地：广东南部地区，通常见于北回归线以南的丘陵山地。生于海拔约400 m以下的山地疏林中。

分布：香港、福建、广西。

31. 鼠刺叶柯　（《中国植物志》）　别名：珠眼柯、珠眼树

Lithocarpus iteaphyllus（Hance）Rehd.

Quercus iteaphylla Hance

Lithocarpus iteaphylloides Chun

乔木；嫩枝有明显的纵棱，无毛。叶硬纸质，狭长椭圆形或披针形，长5.5～10 cm，宽1.5～2 cm，全缘，顶部渐尖，基部宽楔形，沿叶柄下延，中脉在叶面平坦或稍凸起，侧脉10～13对，支脉相互连接成网状，叶背无蜡鳞；叶柄长1.5～2 cm。雌雄同序，上部为雄花，下部为雌花，单穗或多穗聚生于枝

顶，花序轴密被黄灰色微柔毛；雌花花被片被微柔毛，花柱3或4枚，长不及1 mm。果序长约11 cm；壳斗浅碗状或碟状，包着坚果底部，高3～8 mm，宽0.8～1.4 cm，小苞片退化，横向连生成6～8个不规则圆环，被稀疏微柔毛。坚果椭圆形或近球形，高1～2 cm，宽1～1.5 cm，无毛；果脐凹陷，深约1 mm，直径5～6 mm。花期：4～5月；果期：翌年7～10月。

产地：翁源。生于山地林中。

分布：香港、江西、湖南、广西。

32. 挺叶柯　（《中国植物志》）　别名：咸鱼柯

Lithocarpus ithyphyllus Chun ex H. T. Chang

乔木；嫩枝有明显的纵棱，枝、叶无毛。叶硬革质，狭长椭圆形或披针形，长7～11 cm，宽1～2 cm，顶端狭而钝，基部圆形或近耳垂状，全缘，叶缘背卷，中脉在叶面凸起，侧脉12～16条，支脉不明显，叶面干后常有白色粉霜；叶柄极短，很少达3 mm。花序有时雌雄同序，长达13 cm，花序轴密被微柔毛；雄花序常多穗集生于枝顶部；雌花每3朵一簇。果序长6～11 cm；壳斗碟状或浅碗状，包着坚果底部，高2～5 mm，宽0.5～1 cm，小苞片小三角形，紧贴，覆瓦状排列，有时连生成3～4个圆环。坚果长椭圆形或圆锥形，顶端尖，基部平坦，高1～2 cm，宽约1.1 cm，无毛，常被薄白色粉霜；果脐凹陷，深达2.5 mm，直径3～4 mm。花期：5～6月；果期：翌年8～9月。

产地：新丰、龙门、五华、紫金、海丰等地。生于海拔400～900 m的山地常绿阔叶林中。

33. 油叶柯　（《中国植物志》）

Lithocarpus konishii（Hayata）Hayata

Quercus konishii Hayata

乔木；春季抽出的新枝无毛，秋季抽出的新枝被灰黄色短柔毛，老枝具圆形皮孔。叶纸质，卵形、倒卵形、椭圆形或倒卵状椭圆形，长3～5 cm，宽1～2 cm，顶端短尾尖或渐尖，基部楔形，叶缘上半部有钝裂齿，中脉在叶面平坦或微凸起，侧脉7～10对，在叶面微凹陷，支脉纤细，嫩叶背面脉腋有小丛毛；叶柄长0.5～1 cm。花序常雌雄同序，长约5 cm，花序轴被灰黄色短绵毛；雌花单朵散生或兼有2朵一簇，花柱3枚，长达3 mm，斜展。果序长约8 cm；壳斗浅碟状，包着坚果底部，高0.5～1 cm，宽2～2.5 cm，小苞片阔三角形，中央肋状凸起，紧贴，覆瓦状排列，被灰棕色短毡状毛。坚果扁圆形，顶端圆，高1.5～1.8 cm，宽2～2.5 cm，无毛；果脐凹陷，直径1～2 cm。花期：4～9月；果期：翌年7～10月。

产地：珠海及海南文昌。生于海拔300 m以上的山地常绿阔叶林中。

分布：台湾、香港。

34. 木姜叶柯　（《中国植物志》）　别名：甜茶、胖椆　（图12）

Lithocarpus litseifolius（Hance）Chun

Quercus litseifolia Hance

Q. polystachya auct. non Wall. ex DC.

L. polystachya auct. non（Wall. ex DC.）Rehd.

图12　木姜叶柯　Lithocarpus litseifolius（Hance）Chun

1～7. 叶，示叶形变化；8. 果序；9. 壳斗；10～12. 坚果；13～14. 坚果底部，示果脐。（余汉平抄绘）

乔木；枝叶无毛，但小枝干后有淡薄的白色粉霜。叶纸质，叶形变化较大，椭圆形至狭长椭圆形，长9 ~ 12 cm，宽2.5 ~ 3.5 cm，顶端长渐尖、尾尖或急尖，基部楔形至宽楔形，全缘，中脉在叶面平坦或微凸起，侧脉9 ~ 11对，相邻侧脉顶端彼此连接，支脉纤细，叶面及叶柄干后薄被白色粉霜，叶背有紧实鳞秕层；叶柄长1 ~ 1.5 cm。花序有时雌雄同序，通常聚生枝顶，花序轴常被疏短毛；雄穗状花序多穗排成圆锥花序，稀单穗腋生，花序长达25 cm；雌花每3 ~ 5朵一簇；雌花序长达35 cm。果序长达30 cm；壳斗浅碟状或短漏斗状，包着坚果底部，无毛，高约0.5 cm，宽1 ~ 1.5 cm，小苞片三角形，紧贴，覆瓦状排列，基部连生成圆环。坚果近圆球形或宽圆锥形，顶端锥尖，高1 ~ 1.5 cm，宽1 ~ 2 cm，无毛，常有淡薄的白色粉霜；果脐凹陷，深达4 mm，直径达1 cm。花期：5 ~ 9月；果期：翌年6 ~ 10月。

产地：广东各地山区及海南三亚、保亭、琼中、陵水、定安、白沙。生于中海拔的山地密林中。

分布：秦岭以南各省区。缅甸、老挝、越南北部。

用途：嫩叶可做甜茶；材质坚重，但不耐腐。

35. 龙眼柯 （《中国植物志》）

Lithocarpus longanoides Huang et Y. T. Chang

乔木；嫩枝密被卷曲短柔毛，毛很早脱落。叶硬纸质，卵形或披针形，长7 ~ 12 cm，宽2 ~ 4.5 cm，顶端长渐尖或短尾尖，基部楔形，沿叶柄下延，全缘，中脉在叶面稍凸起，侧脉8 ~ 10对，支脉不明显，嫩叶背密被卷曲短柔毛，成熟后毛脱落，有圆点状鳞腺；叶柄长1.5 ~ 3 cm。雄穗状花序多穗排成圆锥花序，穗状花序长6 ~ 10 cm，花序轴密被黄棕色微柔毛；雌花每3朵一簇；雌花序长14 ~ 20 cm，顶端常着生雄花。果序长达20 cm；壳斗近圆球形，常全包坚果，直径1.7 ~ 2.2 cm，小苞片三角形，顶端钻尖部分与壳壁离生。坚果扁球形或近圆球形，高1.5 ~ 2 cm，宽1.7 ~ 2.2 cm，无毛；果脐凹陷，深约0.5 mm，直径6 ~ 12 mm。花期：7 ~ 10月；果期：翌年同期。

产地：龙门、博罗、大埔、肇庆、怀集、封开、信宜、阳春等地。生于海拔500 ~ 1 200 m的山坡或山谷常绿阔叶林中。

分布：广西、云南。

36. 柄果柯 （《中国植物志》） 别名：五指山椆、罗汉柯 （《海南植物志》）

Lithocarpus longipedicellata (Hickel & A. Camus) A. Camus

Pasania longipedicellata Hickel & A. Camus

L. podocarpus Chun

乔木；芽鳞、枝叶均无毛。叶薄革质，椭圆形或卵形，长8 ~ 12 cm，宽3 ~ 4.5 cm，顶端急尖或钝头，基部宽楔形，全缘，侧脉10 ~ 13对，顶端急弯向上，但相互不连接，支脉纤细，不明显，叶背干后略呈苍灰色，有紧实的蜡鳞层；叶柄长1 ~ 1.5 cm。雄穗状花序多穗排成圆锥花序或单穗腋生，花序轴被灰色粉末状鳞秕；雌花单朵散生，初时无梗，后梗逐渐伸长。壳斗浅碟状，基部突然狭成柄状，包着坚果的下部，宽约1.5 cm，小苞片小三角形，有时连生成圆环。坚果扁球形，高1 ~ 1.5 cm，宽1.2 ~ 2 cm，无毛，常有淡薄的白色粉霜；果脐凹陷，深约1.5 mm，直径1 ~ 2 cm。花期：10月至翌年1月；果期：翌年同期。

产地：云浮、信宜及海南保亭、陵水、定安等地。散生于海拔约1 200 m以下的常绿阔叶林中。

分布：广西、云南。越南。

37. 粉叶柯 （《广西植物》）

Lithocarpus macilentus Chun et Huang

乔木；嫩枝密被灰黄色短绒毛，二年生枝被伏毛并交织成网状。叶薄革质，披针形，少有倒披针形，长5 ~ 10.5 cm，宽1.5 ~ 3 cm，顶端长渐尖，基部狭楔形，沿叶柄下延，全缘，中脉及侧脉在叶面凹陷，侧脉6 ~ 9对，支脉不明显，嫩叶两面被易抹落的卷丛毛，叶背兼被鳞秕；叶柄长1 ~ 1.5 cm，密被短绒毛。雄穗状花序多穗排成圆锥花序，花序轴长约12 cm，密被灰黄色短绒毛；雌花每3朵一簇，花柱长约1 mm。果序长11 cm；壳斗浅碗状，包着坚果下部，高0.6～1 cm，宽1.5～2 cm，小苞片鳞片状，紧贴壳壁。坚果宽圆锥形或扁球形，高1～1.6 cm，宽1.5～2 cm，无毛；果脐稍凹陷，直径7～8 mm。花期：7～8月；果期：翌年10～11月。

产地：封开、德庆、肇庆。生于海拔约400 m以下的溪谷常绿阔叶林中。

分布：香港、广西、云南。

38. 黑柯 （《广西植物》）

Lithocarpus melanochromus Chun et Tsiang ex Huang et Y. T. Chang

乔木；嫩枝、叶面与叶柄被黄棕色长柔毛，毛甚早脱落。叶革质，狭长椭圆形或披针形，长5～11 cm，宽1～3.5 cm，顶端渐尖或急尖而具钝头，基部楔尖，沿叶柄下延，全缘，边缘常稍背卷，中脉在叶面凸起，侧脉10～15对，支脉不明显，叶背有紧实蜡鳞层；叶柄长0.5～1.5 cm。花序轴被黄棕色绒毛；雌花每3朵一簇；雌穗状花序长3～8 cm，顶部常着生雄花，花柱长约1 mm。果序长4～7 cm；壳斗碗状，包着坚果一半以上，高5～8 mm，宽1.2～1.6 cm，小苞片三角形，鳞片状，紧贴壳壁，覆瓦状排列，顶端钻尖状部分常斜展，被黄棕色细片状蜡鳞。坚果宽圆锥形，顶部锥尖，高1～1.5 cm，宽1～1.6 mm，无毛；果脐凹陷，深约0.5 mm，直径8～11 mm。花期：5～7月；果期：翌年8～10月。

产地：阳春。生于海拔600～1 200 m的山地常绿阔叶林中。

分布：广西。

39. 水仙柯 （《中国植物志》）

Lithocarpus naiadarum（Hance）Chun

Quercus naiadarum Hance

乔木；嫩枝皮孔散生，有透明的薄蜡层，枝、叶无毛。叶硬纸质，狭长椭圆形或长披针形，长7.5～19 cm，宽1.5～2.5 cm，顶端短渐尖而具钝头，基部渐狭，沿叶柄下延，全缘，中脉在叶面微凹陷，侧脉17～22对，纤细，支脉分枝细密成网状，叶背脉明显，无蜡鳞层；叶柄长不及1 cm。花序有时雌雄同序，穗状花序多穗排成圆锥花序，花序轴密被灰黄色短柔毛；雌花每3朵一簇。果序长达16 cm；壳斗浅碟状，包着坚果底部，高4～8 mm，宽1～2 cm，小苞片三角形，紧贴，环状连生，但位于壳斗上部的常为覆瓦状排列，底部被灰色微柔毛。坚果宽圆锥形或近球形，顶部短锥尖，高1～2 cm，宽1.5～2.5 cm，常有淡薄的白色粉霜；果脐凹陷，深1～2 mm，直径约10 mm。花期：7～8月；果期：翌年8～9月。

产地：新兴、阳江、广州及海南中部以南各地。常见于低海拔沿河溪较湿润的地方。

40. 卵叶柯 （《中国植物志》）

Lithocarpus obovatilimbus Chun

乔木；嫩枝密被暗黄色短绒毛，后变稀疏。叶硬革质，倒卵形、倒披针形或椭圆形，长3.5～6 cm，宽2.5～4 cm，顶端钝头、急尖或短尾状，基部楔形，沿叶柄下延，全缘，边缘略背卷，中脉在叶面凸起，侧脉7～9条，支脉不明显，嫩叶背面中脉下段被短柔毛，老叶有紧实的蜡鳞层；叶柄长不及1 cm，幼嫩时被灰黄色短绒毛。雄花序多穗排成圆锥花序；雌花每3朵一簇，花序长4～6 cm，花序轴被短绒毛；花柱长约1 mm。果序轴被短绒毛；壳斗浅碗状，包着坚果底部，高4～7 mm，宽1～1.5 cm，小苞片三角形，细小，紧贴，覆瓦状排列，被微柔毛。坚果椭圆形至宽圆锥形，直径1～1.5 cm，无毛，常有淡薄的白色粉霜；果脐凹陷，深约1 mm，直径4～7 mm。花、果期：10月。

产地：海南陵水。生于海拔800～1 700 m的常绿阔叶林中。

分布：广西。

41. 榄叶柯 （《中国植物志》）

Lithocarpus oleifolius A. Camus

L. oleaefolia A. Camus

乔木；嫩枝被褐黄色长柔毛，毛很早脱落。叶硬纸质，狭长椭圆形或披针形，长8 ~ 16 cm，宽2 ~ 4 cm，顶端长渐尖，基部楔形，全缘，中脉在叶面下半段微凸起，侧脉11 ~ 14对，支脉不明显，叶背被易脱落的长柔毛及紧实的蜡鳞层；叶柄长1 ~ 1.5 cm，被长柔毛。雄穗状花序多穗聚生成圆锥花序，稀单穗腋生，花序轴被棕黄色长柔毛；雌花每3朵一簇，花柱长约1 mm。果序长6 ~ 12 cm；壳斗圆球形或扁球形，包着坚果的大部分或全包坚果，直径2.5 ~ 3.5 cm，小苞片三角形，覆瓦状排列，伏贴，上部的小苞片向壳斗的口部下弯。坚果扁球形或近圆球形，直径2 ~ 2.5 cm，无毛，亦无白粉；果脐凹陷，深约1 mm，直径1.4 ~ 2 cm。花期：8 ~ 9月；果期：翌年10 ~ 11月。

产地：乐昌、始兴、连南、英德、连平、翁源、新丰、博罗。生于海拔500 ~ 1200 m的山地杂木林中。

分布：江西、福建、湖南、贵州、广西。

42. 大叶苦柯　（《中国植物志》）　别名：大叶板、苦锥树、大叶苦锥　（图13）

Lithocarpus paihengii Chun et Tsiang

乔木；枝、叶无毛。叶厚革质，卵状椭圆形或长椭圆形，长14.5 ~ 23 cm，宽5.5 ~ 8.5 cm，顶端渐尖或尾尖，基部宽楔形，沿叶柄下延，全缘，中脉在叶面下半段稍凸起，中央裂槽状，侧脉8 ~ 13对，支脉不明显，嫩叶背面被黄棕色粉末状易抹落鳞秕；叶柄长3 ~ 3.5 cm，干后有白色粉霜。雄穗状花序单穗腋生或多穗排列成圆锥花序，花序长达18 cm，花序轴被灰黄色短柔毛；雌花每3朵一簇，雌花序长7 ~ 13 cm，顶部着生少数雄花，花柱长约1 mm。果序长10 ~ 13 cm；壳斗近球形或扁球形，包着坚果绝大部分，高1.5 ~ 2.2 cm，直径2.2 ~ 2.5 cm，小苞片三角形，紧贴壳壁。坚果扁球形，高1 ~ 2 cm，宽1.5 ~ 2.5 cm，被黄灰色细伏毛；果脐凸起。花期：5 ~ 6月；果期：翌年10 ~ 11月。

产地：阳山、从化、龙门、佛山、五华、平远。生于海拔700 ~ 1 200 m的山地杂木林中。

分布：江西、福建、湖南、广西。

图13　大叶苦柯　Lithocarpus paihengii Chun et Tsiang
1. 果枝；2. 坚果；3. 坚果底部，示果脐。
（余汉平抄绘）

43. 圆锥柯　（《中国植物志》）

Lithocarpus paniculatus Hand.-Mazz.

乔木；嫩枝、芽鳞均被褐色微柔毛，成熟后脱落，皮孔多但细小。叶硬纸质，长椭圆形、披针形或倒卵状长椭圆形，长7.5 ~ 12 cm，宽3 ~ 4.5 cm，顶端急尖或尾尖，基部楔尖，全缘，中脉在叶面下半段稍凸起，侧脉10 ~ 12对，顶端急弯向上，支脉不明显，嫩叶背面沿中脉两侧被绒毛；叶柄长1 ~ 1.5 cm，被柔毛。雄穗状花序多穗聚生成圆锥花序，长6 cm，花序轴被绒毛；雌花每3或5朵一簇，雌花序生于枝顶，长达20 cm，顶部常着生雄花，花柱长约1.5 mm。果序长约11 ~ 19 cm；壳斗近圆球形，包着坚果的大部分或全包坚果，高1 ~ 2 cm，宽1.5 ~ 2.5 cm；小苞片三角形，钻尖部分伏贴于壳壁，覆瓦状排列，上部的小苞片向壳斗的口部下弯。坚果扁球形，顶部急尖或圆，高约1.5 cm，宽1.5 ~ 2 cm，无毛；果脐凹陷，深约0.5 mm，直径1 ~ 1.5 cm。花期：7 ~ 9月；果期：翌年同期。

产地：乳源、乐昌。生于海拔600 ~ 1 200 m的山地常绿阔叶林中。

分布：湖南、江西、广西。

44. 毛果柯 （《中国植物志》） 别名：密果椆、密果石栎

Lithocarpus pseudovestitus A. Camus

乔木；枝、叶无毛，二年生枝有皮孔。叶厚纸质，倒披针形，长5～10 cm，宽1.5～3 cm，顶端钝圆，基部楔尖，沿叶柄下延，全缘，中脉在叶面平坦或稍凸起，侧脉10～13对，在叶面稍凹陷，支脉不明显，叶背有紧实的蜡鳞层；叶柄长不及1 cm，无毛。雄穗状花序单穗腋生或多穗排成圆锥花序，有时雌雄同序，花序轴被鳞秕；雌花每2或3朵一簇，稀兼有单朵散生，花柱长不及1 mm。果序长达13 cm，果密集；壳斗浅碗状或碟状，包着坚果底部，高0.5 cm，宽1～1.5 cm，小苞片细小，位于壳斗基部的常连生成圆环，仅顶部的钻尖部分可见，被黄灰色细毛。坚果宽圆锥形，顶端急尖，高约1.2 cm，宽1～2 cm，密被黄灰色细毛；果脐凹陷，深约4 mm，直径约5 mm。花期：8～10月；果期：翌年同期。

产地：阳春及海南东方、乐东、保亭、昌江、陵水。生于海拔180～900 m的山谷较湿润的地方。

分布：广西，云南。越南北部。

45. 栎叶柯 （《广西植物》） 别名：椆仔

Lithocarpus quercifolius Huang et Y. T. Chang

乔木；嫩枝被短柔毛。叶硬纸质，长椭圆形或倒卵状椭圆形，长3.5～7.5 cm，宽1.5～2 cm，顶端急尖，基部圆或宽楔形，叶缘有少数锐裂齿，中脉及侧脉在叶面均凹陷，侧脉每边7～10条，在叶缘附近分枝，支脉直达齿端，明显，叶背脉腋常有细丛毛；叶柄长0.5～1 cm，无毛。雄穗状花序长约5 cm，雌花单朵散生于雄花序轴的下部，花序轴被黄灰色短柔毛，花柱3枚，长达3 mm。壳斗浅碟状，包着坚果下部，高约5 mm，宽2～2.5 cm，小苞片狭披针形，菱形或阔三角形，中央脊状凸起，贴生，覆瓦状排列。坚果扁圆形，顶端渐尖，高1～1.5 cm，宽2～2.5 cm，被细伏毛；果脐边缘凹陷，但中央部分明显隆起，直径1.5～2 cm。花期：4～6月；果期：9～10月。

产地：南雄、惠阳、深圳。生于海拔约600 m的山地次生林或灌木丛中。

分布：香港、江西。

46. 南川柯 （《中国植物志》） 别名：皱叶石栎

Lithocarpus rosthornii（Schott.）Barn.

Pasania rosthornii Schott.

L. dictyoneuron Chun

乔木；嫩枝被褐色卷曲柔毛及棕黄色细片状蜡鳞，毛早落，老枝无毛。叶薄革质，倒卵状椭圆形、披针形或倒披针形、椭圆形，长11～30 cm，宽3.5～11 cm，顶端尾尖，弯向一侧，基部楔形，沿叶柄下延，全缘，中脉在叶面凸起，侧脉13～17对，在顶端相互连结，支脉明显，在叶面明显凹陷，嫩叶背面沿中脉两侧被长柔毛，甚早脱落，成熟后无毛；叶柄长1～2 cm，幼嫩时被早落的卷曲柔毛。雄花序多穗排成圆锥花序，长达15 cm，稀单穗腋生；雌花每3朵一簇，雌花序的顶部常着生少数雄花，花柱3枚，长约1 mm。果序长15～18 cm；壳斗深碗形，包着坚果一半以上，高1～1.5 cm，宽2～3 cm，小苞片三角形，甚细小，覆瓦状排列，钻尖部分伏贴于壳壁。坚果扁圆锥形，高1.5～2 cm，宽2.5～3 cm，顶部锥尖，无毛；果脐凹陷，深不到1 mm，直径1～1.5 cm。花期：8～10月；果期：翌年同期。

产地：从化、花都、增城、龙门、博罗、惠东、肇庆。生于海拔300～900 m的杂木林中。

分布：广西、贵州、四川。

47. 犁耙柯 （《中国植物志》） 别名：姜锥

Lithocarpus silvicolarum（Hance）Chun

Quercus silvicolarum Hance

乔木；嫩枝被棕色长柔毛，皮孔细小，散生。叶厚纸质，椭圆形或倒卵状椭圆形，长10～20 cm，宽

3 ~ 6 cm，顶端渐尖，基部楔形，沿叶柄下延，全缘或叶缘上部具少数钝裂齿，中脉在叶面微凸起，侧脉10 ~ 13对，支脉纤细，不明显，嫩叶背面沿中脉被灰棕色长柔毛，有紧实的蜡鳞层；叶柄长1 ~ 1.5 cm。雄花序多穗排成圆锥花序，稀单穗腋生，花序轴被稀疏短柔毛；雌花3或5朵一簇，雌花序长8 ~ 20 cm，花柱长不及1 mm。果序长13 ~ 15 cm；壳斗浅碗状，包着坚果的不到1/2，高0.9 ~ 1.4 cm，宽2 ~ 3.5 cm，小苞片宽三角形或菱形，与壳壁融合。坚果扁圆形，顶端圆，高1.2 ~ 1.5 cm，宽2 ~ 2.5 cm，无毛；果脐凹陷，深达1 ~ 3 mm，直径1.3 ~ 1.8 cm。花期：4 ~ 6月；果期：翌年7 ~ 10月。

产地：广东西南部及海南各地。生于海拔1 200 m以下的常绿阔叶林中。

分布：广西、云南。越南。

48. 滑皮柯 （《中国植物志》）

Lithocarpus skanianus（Dunn）Rehd.

Quercus skaniana Dunn

乔木；芽鳞、嫩枝密被黄褐色绒毛，成熟后毛脱落变疏。叶厚纸质，长圆形、倒卵状椭圆形、倒披针形，长9.5 ~ 23 cm，宽4 ~ 8.5 cm，顶端偏向一侧的尾尖或急尖，基部楔尖，全缘，中脉在叶面稍凸起，侧脉11 ~ 13条，支脉彼此近平行，稍明显，叶背中脉被棕色长柔毛，其余部分毛稍短；叶柄长1 ~ 1.5 cm，被绒毛。雄穗状花序多穗排成圆锥花序，长8 ~ 15 cm，稀单穗腋生；雌花每3朵一簇，有时雌雄同序，雄花在花序上部，雌花在下部，长10 ~ 15 cm，花柱长约1 mm。果序长10 ~ 25 cm；壳斗扁球形至近圆球形，包着坚果绝大部分，高1.5 ~ 2 cm，宽1.5 ~ 2.5 cm，小苞片短线状或细小三角形，顶部弯钩或伏贴于壳壁，被微短毛。坚果扁球形或宽圆锥形，基部平坦，高1 ~ 2 cm，宽1.4 ~ 2.4 cm，无毛；果脐凹陷，深不到1 mm，直径1.1 ~ 1.3 cm，花期：9 ~ 10月；果期：翌年同期。

产地：乐昌、乳源、连南、仁化、南雄、英德及海南三亚、保亭。生于海拔500 ~ 1 000 m的山地常绿阔叶林中。

分布：江西、福建、湖南、广西、云南。

49. 菱果柯 （《中国植物志》）

Lithocarpus taitoensis（Hayata）Hayata

Quercus taitoensis Hayata

乔木；嫩枝无毛或有稀疏的微柔毛或密被短柔毛，小枝有灰黄至灰棕色薄片状蜡鳞层。叶硬革质，卵形、宽椭圆形，长6.5 ~ 9 cm，宽3 ~ 4 cm，顶端急尖，短尾尖或渐尖，基部宽楔形，常一侧偏斜，全缘，中脉在叶面平坦或微凹陷，侧脉7 ~ 9对，在叶面常呈裂槽状，支脉不明显，嫩叶干后叶面有油润光泽，有薄片状蜡鳞层；叶柄长1.5 ~ 2 cm，无毛。雄花序通常单穗腋生，花序长4 ~ 6 cm；雌花每3朵一簇，雌花序长达20 cm，花柱长不及1 mm。果序长5 ~ 12 cm；壳斗浅碟状或短漏斗状，包着坚果底部，宽1 ~ 1.5 cm，小苞片三角形，细小，紧贴，通常横向连生成环状，仅顶部的略成覆瓦状排列。坚果圆锥形，顶部急尖，稀平坦，高1 ~ 2 cm，宽1 ~ 1.5 cm，无毛，常有白色粉霜；果脐凹陷，深1 ~ 2 mm，直径5 ~ 9 mm。花期：5 ~ 9月；果期：翌年8 ~ 12月。

产地：据《中国植物志》记载，广东有分布。生于海拔约1 500 m以下的山地杂木林中。

分布：长江以南各地。

50. 薄叶柯 （《中国植物志》）

Lithocarpus tenuilimbus H. T. Chang

乔木；嫩枝被稀疏的长柔毛，老枝无毛，散生的皮孔明显。叶薄革质，长椭圆形或椭圆状披针形，长15 ~ 22 cm，宽5 ~ 6.5 cm，顶端渐尖，基部楔尖，常一侧偏斜，全缘，中脉在叶面微凸，但基部的一段中央呈裂沟状，侧脉12 ~ 15对，支脉细密，近平行，嫩叶背面中脉被稀疏的长柔毛，成熟后无毛，有紧实的细片状蜡鳞层；叶柄长1 ~ 2 cm，幼嫩时被早落的长柔毛。雄穗状花序单穗腋生或多穗排列成圆锥花序，长约8 cm，花序轴密被灰黄色微柔毛；雌花每3朵一簇。果序长约12 cm，皮孔明显；壳斗陀螺形，顶部平坦，基部狭窄呈柄状，包着坚果绝大部分，高2 ~ 2.5 cm，宽1.5 ~ 2.5 cm，小苞片三角形，覆瓦状排列，彼此连结，伏贴，壳斗幼嫩时外壁被微柔毛。坚果近圆锥形，顶部稍宽，高2 ~ 2.5 cm，宽1.5 ~ 2.5 cm，顶部被细伏毛；果脐凸起，占坚果底部面积大部分。花期：5 ~ 6月；果期：翌年9 ~ 10月。

产地：乐昌、连南、曲江、翁源、新丰、德庆。生于海拔700 ~ 1 200 m的山地常绿阔叶林中。

分布：广西、云南。越南东北部。

51. 紫玉盘柯 （《中国植物志》） 别名：桐叶柯

Lithocarpus uvariifolius（Hance）Rehd.

Quercus uvariifolia Hance

乔木；嫩枝密被棕褐色粗糙长毛，枝节上的芽鳞痕大而明显。叶薄革质，倒卵形至椭圆形，长12 ~ 23 cm，宽3.5 ~ 8.5 cm，顶端急尖或短尾尖，基部宽楔形，叶缘近顶部有少数浅裂齿或波状，稀全缘，中脉及侧脉在叶面凹陷，背面凸起，叶背中脉、侧脉被棕色长毛，侧脉15 ~ 22对，在叶缘附近急弯向上，支脉近平行，明显，叶面无毛，叶背被黄色长柔毛；叶柄长1 ~ 3 cm，密被黄棕色绒毛。雌雄同序，上部为雄花，下部为雌花，花序长11 ~ 14 cm，花序轴密被褐色长毛，穗状花序单穗或多穗聚生于枝顶部；雌花每3朵一簇，有时单朵散生，花柱长达3 mm，无毛。果序有成熟壳斗1 ~ 4个；壳斗深碗状或半球形，包着坚果一半以上，壳壁被微柔毛，高3 ~ 3.5 cm，宽3.8 ~ 4.5 cm，小苞片菱形或多边形，具肋状凸起，最上部的内弯；壳斗幼嫩时小苞片披针形，彼此分离。坚果半球形，顶部圆形或近平坦，高2.5 ~ 3 cm，宽3 ~ 4 cm，密被细伏毛；果脐凸起，占坚果底部面积一半以上，具檐状边缘。花期：7 ~ 8月；果期：翌年10 ~ 12月。

产地：连山、连南、仁化、丰顺、揭西。生于海拔约800 m以下的山地常绿阔叶林中。

分布：福建、广西、江西。

用途：嫩叶经制作后带甜味，民间用以代茶叶，能清凉解热。

51a. 卵叶玉盘柯 （《中国植物志》）

var. **ellipticus**（Metc.）Huang & Y. T. Chang

L. elliptica Metc.

L. kwangtungensis H. T. Chang

本变种与原种的区别在于：叶卵形，长4 ~ 10 cm，宽2 ~ 4.5 cm，顶端渐尖，全缘，叶背被较短的柔毛及星状毛；叶柄较细长。壳斗常比原种小，宽稀超过3.5 cm。

产地：乐昌、始兴、乳源、连州、连山、仁化、阳山、英德、翁源、龙门、河源、五华、兴宁、平远、丰顺、梅州、蕉岭、大埔、海丰、揭西、饶平、惠阳、博罗、广州、深圳、肇庆、台山、广宁、怀集、封开、德庆、云浮。生于丘陵坡地。

分布：福建。

52. 阳春柯 （《广东植物名录》）

Lithocarpus yangchunensis H. G. Ye & F. G. Wang

乔木；嫩枝具棱，无毛。叶薄革质，椭圆形或卵状椭圆形，长6 ~ 10 cm，宽2.2 ~ 3.3 cm，顶端长尾尖，长达2.8 cm，基部楔形，沿叶柄下延，全缘，中脉在叶面稍凸起，在背面较平坦，侧脉6 ~ 9对，在叶面稍凹陷，支脉不明显，叶背干后有坚实蜡鳞层；叶柄长2.2 ~ 3 cm。花雌雄同序，上部为雄花，下部为雌花，花序长7.5 ~ 9 cm，1 ~ 4穗聚生枝顶；雌花单朵散生，无柄，花柱长约1 mm。果序长4 ~ 6.5 cm，有成熟坚果1 ~ 3个；壳斗近扁球形，包着坚果3/4以上，高1.3 ~ 1.7 cm，宽1.5 ~ 2 cm，小苞片不明显，小三角形，疏离。坚果近扁球形，高1.2 ~ 1.7 cm，宽1.4 ~ 2 cm，无毛；果脐凹陷，深约1 mm，直径约8 mm。花期：7 ~ 10月；果期：10 ~ 11月。

产地：阳春。生于海拔400 ~ 750 m的常绿阔叶林中。

5. 栎 属 Quercus Linn.

常绿或落叶乔木，稀灌木；冬芽具数枚芽鳞，覆瓦状排列。叶螺旋状互生；托叶常早落。花单性，雌雄同株；雄花序为柔荑花序，雄花单朵散生或数朵簇生于花序轴上；花被杯形，4~7裂或更多；雄蕊与花被裂片同数或较少，花丝细长，花药2室，纵裂，退化雌蕊细小；雌花序直立，穗状；雌花单生于总苞内；花被5~6裂，有时具细小退化雄蕊；子房常3室，每室有2胚珠；花柱与子房室同数，柱头带状侧生或头状顶生。壳斗包着坚果一部分，稀全包坚果，外壁的小苞片鳞形、线形、钻形，覆瓦状排列，紧贴或展开。坚果当年或翌年成熟，顶端有凸起柱座，底部有圆形果脐；种子萌发时子叶不出土。

本属约300种，广布于亚、非、欧、美4大洲。我国产51种，14变种，1变型；广东及海南产11种，1变种。

1. 常绿或半常绿乔木至小乔木。
  2. 幼枝和老枝均无毛 ………………………………………………………… 1. 富宁栎 Q. setulosa
  2. 幼枝被绒毛或微柔毛。
    3. 叶长3~6 cm，宽1~2.5 cm；叶柄长0.4~0.7 cm；小苞片三角形或卵圆形。
      4. 壳斗包着坚果1/2~2/3；坚果长椭圆形或卵圆形，直径约5 mm，高约1 cm ……………… 2. 乌冈栎 Q. phillyreoides
      4. 壳斗包着坚果1/3~1/4；坚果宽椭圆形，直径约1.2 cm，高1~1.5 cm …………………3. 坝王栎 Q. bawanglingensis
    3. 叶长7 cm以上，宽2.5~5 cm；叶柄长1~2 cm；小苞片卵状披针形或线状披针形。
      4. 壳斗碗状，小苞片卵状披针形，长约1 mm；坚果无毛 ……………………………………… 4. 巴东栎 Q. engleriana
      4. 壳斗杯形，小苞片线状披针形，长约5 mm；坚果顶端被苍黄色短绒毛 ……………… 5. 尖叶栎 Q. oxyphylla
1. 落叶乔木或灌木状。
  2. 叶柄被黄棕色绒毛。
    3. 壳斗碗形，包着坚果约1/3，高7~9 mm，直径0.7~1 cm（连小苞片）；果脐凸起……………… 6. 白栎 Q. fabri
    3. 壳斗钟形，包着坚果1/2~2/3，高1.5~1.8 cm，直径约2.5 cm（连小苞片）；果脐平坦 ……7. 云南波罗栎 Q. yunnanensis
  2. 叶柄无毛或幼时被柔毛，后渐脱落。
    3. 叶顶端渐尖，边缘具刺芒状锯齿；壳斗碗状或浅皿状；小苞片钻形或扁条形，反转。
      4. 叶狭椭圆形或披针形，基部圆形；坚果卵形，顶端有毛 …………………………… 8. 麻栎 Q. acutissima
      4. 叶长椭圆形或卵状披针形，基部楔形；坚果近球形，无毛 ……………………… 9. 栓皮栎 Q. variabilis
    3. 叶顶端微钝或短急尖，或短渐尖；壳斗碗状或杯状；小苞片卵状披针形或长三角形，不反转。
      4. 坚果卵圆形；果脐平坦 ……………………………………………………………… 10. 枹栎 Q. serrata
      4. 坚果长椭圆形；果脐微凸起。
        5. 叶长椭圆状倒卵形，边缘具不规则波状钝齿 ……………………………………… 11. 槲栎 Q. aliena
        5. 叶形状变异较大，叶缘具粗大锯齿，齿端尖锐，内弯 …………………… 11a. 锐齿槲栎 var. acutiserrata

1. 富宁栎 （《云南植物志》） 别名：芒齿山栎

Quercus setulosa Hick. et A. Camus

Q. sinii Chun

常绿乔木，高达20 m，树皮深灰色，片状剥落；枝无毛。叶卵形、卵状披针形，长4.5~11 cm，宽1.5~4.5 cm，顶部长渐尖，基部圆形或宽楔形，边缘具刚毛状锯齿，两面无毛或叶背中脉及脉腋有苍黄色星状毛，侧脉9~12对；叶柄长1~2 cm。雄花序长1.5~4 cm。壳斗杯形，包着坚果1/4~1/3，高约5 mm，直径约1 cm（连小苞片），小苞片卵形，长约1 mm，被灰白色绒毛。坚果长椭圆形，高1.5~2 cm，直径约0.9 cm，无毛或顶端微有毛；果脐微突起。花期：4~5月；果期：10月。

产地：据《中国植物志》记载，广东有分布。生于海拔130~1 300 m的山地森林中。

分布：广西、贵州、云南等省区。越南、泰国。

2. 乌冈栎 （《中国树木分类学》）

Quercus phillyreoides A. Gray

常绿灌木或小乔木，高约10 m；幼枝灰褐色，被短绒毛。叶卵圆形，长3 ~ 4 cm，宽1 ~ 2 cm，顶端钝尖或短渐尖，基部圆形或近心形，边缘具疏细齿，幼时两面被毛，后渐无毛或仅背面中脉被疏柔毛，侧脉8 ~ 9对；叶柄长约0.4 cm，被柔毛。雄花序长2.5 ~ 4 cm，花序轴被黄褐色绒毛；雌花序长1 ~ 4 cm。壳斗碗形，包着坚果1/2 ~ 2/3，高约0.7 cm（连小苞片），直径约1 cm，小苞片三角形，长约1 mm，紧密覆瓦状排列，除顶端外被灰白色柔毛。坚果长椭圆形或卵圆形，高1 cm，直径约0.5 cm，无毛；果脐平坦或微凸。花期：3 ~ 4月；果期：7 ~ 11月。

产地：连州、大埔、韶关、仁化、封开、蕉岭、从化。生于海拔500 ~ 1 400 m的山地密林中。

分布：陕西、浙江、江西、安徽、福建、河南、河北、湖南、广西、四川、贵州、云南。日本。

用途：木材坚硬耐腐，可作家具、农具、细工用材；种子可酿酒和作饲料。

3. 坝王栎 （《广西植物》）

Quercus bawanglingensis C. C. Huang，Z. X. Li et F. W. Xing

常绿小乔木，高6 ~ 8 m；幼枝具纵棱，被纤细的微柔毛，老枝具多数灰白色、微凸起的皮孔。叶卵形或椭圆形，长4 ~ 6 cm，宽1.5 ~ 2.5 cm，顶端急尖至渐尖，基部宽楔形至圆形，两侧有时略不对称，边缘具短小的浅裂齿，叶两面无毛，侧脉 6 ~ 9对；叶柄长5 ~ 8 mm。雄花序密生于当年生枝的近顶部，下垂或半下垂。壳斗浅碗形，包着坚果1/3 ~ 1/4，高3 ~ 5 mm，直径9 ~ 12 mm（连小苞片），小苞片卵圆形至顶端为钝三角形，覆瓦状排列，被灰白色柔毛及蜡鳞。坚果椭圆形，高1 ~ 1.5 cm，直径约1.2 cm，无毛；果脐平坦。花期：4 ~ 5月；果期：翌年10 ~ 11月。

产地：海南（坝王岭）。生于海拔900 ~ 980 m的石灰岩山地。

4. 巴东栎 （《中国植物高等图鉴》）

Quercus engleriana Seem.

常绿或半常绿乔木，高达25 m；幼枝被灰黄色绒毛，后渐脱落。叶卵状披针形，长11 ~ 14 cm，宽2.5 ~ 3.5 cm，顶端渐尖，基部宽楔形或浅心形，边缘上部具稀疏锯齿，有时全缘，幼时两面常密被棕黄色短绒毛，后渐无毛，侧脉11 ~ 14对；叶柄长约2 cm，幼时被绒毛，后渐无毛。雄花序生于新枝基部，长约7 cm，被绒毛；雌花序长1 ~ 3 cm。壳斗碗形，包着坚果1/3 ~ 1/2，高4 ~ 8 mm，直径0.8 ~ 1.2 cm（连小苞片），小苞片卵状披针形，长约1 mm，中下部被灰褐色柔毛，顶端紫红色，无毛。坚果长卵形，高1 ~ 2 cm，直径0.5 ~ 1 cm，无毛；果脐凸起。花期：4 ~ 5月；果期：11月。

产地：乐昌等地。生于海拔900 m的山坡、山谷疏林中。

分布：陕西、江西、福建、河南、湖北、湖南、广西、四川、贵州、云南、西藏等省区。

用途：木材可作桩木、家具、木滑轮等；树皮、壳斗可提制栲胶。

5. 尖叶栎 （《中国植物志》）

Quercus oxyphylla（Wils.）Hand.-Mazz.

Q. spathulata var. *oxyphylla* Wils.

常绿乔木，高达20 m，树皮黑褐色，纵裂；幼枝密被苍黄色星状绒毛，常有细纵棱。叶卵状披针形或长椭圆形，长7 ~ 11 cm，宽2.5 ~ 5 cm，顶端渐尖，基部浅心形，边缘上部有锯齿或全缘，幼叶两面被星状绒毛，老时仅叶背被毛，侧脉9 ~ 12对；叶柄长1 ~ 1.5 cm，被白色短绒毛。壳斗杯形，包着坚果约1/2，高1.2 ~ 1.5 cm，直径1.8 ~ 2.5 cm（连小苞片），小苞片线状披针形，长约5 mm，顶端反曲，被苍黄色绒毛。坚果卵形或长椭圆形，高2 ~ 2.5 cm，直径1 ~ 1.5 cm，顶端被苍黄色短绒毛；果脐微凸起。花期：5 ~ 6月；果期：翌年9 ~ 10月。

产地：连州等地。生于山地林中。

分布：陕西、甘肃、安徽、浙江、福建、广西、四川、贵州等省区。

6. 白栎　（《中国植物分类学》）　别名：小白栎

Quercus fabri Hance

落叶乔木或灌木状，树皮灰褐色，深纵裂。芽卵状圆锥形，长约5 mm，芽鳞多数，被疏毛；幼枝密生灰色至灰褐色绒毛。叶椭圆状倒卵形，长10 ~ 15 cm，宽4.5 ~ 9 cm，顶端短渐尖，基部楔形，边缘具波状钝齿，幼时两面被灰黄色星状毛；成熟时背面被灰黄色绒毛，侧脉9 ~ 13对；叶柄长约0.5 cm，被棕黄色绒毛。雄花序长5 ~ 10 cm，被绒毛；雌花序长1 ~ 5 cm，有2 ~ 4朵花。壳斗碗形，包着坚果约1/3，高7 ~ 9 mm，直径0.7 ~ 1 cm（连小苞片），小苞片卵状披针形，排列紧密。坚果卵状椭圆形，高1.5 ~ 2.1 cm，直径0.8 ~ 1.2 cm，无毛；果脐凸起。花期：4月；果期：10 ~ 11月。

产地：乐昌、乳源、连州、阳山。生于海拔150 ~ 1 000 m的丘陵、山地杂木林中。

分布：陕西、江苏、安徽、浙江、江西、福建、河南、湖北、湖南、广西、四川、贵州、云南、香港等省区。

用途：果含淀粉、单宁、蛋白质和油脂。

7. 云南波罗栎　（《中国树木志》）　别名：锐齿波罗栎

Quercus yunnanensis Franchet

落叶乔木，高达20 m；幼枝有沟槽，密被黄棕色星状绒毛。叶倒卵形或宽倒卵形，长（8 ~ ）12 ~ 25 cm，宽（3 ~ ）6 ~ 20 cm，顶端短渐尖，基部楔形，边缘具8 ~ 10对粗大锯齿，齿端尖或圆，两面密被黄棕色星状毛，侧脉8 ~ 13对；叶柄长5 ~ 8 mm，密被黄棕色绒毛。雄花序生于新枝下部叶腋，长3 ~ 4 cm，被黄色绒毛；雌花序长2 ~ 4 cm，雌花常1 ~ 3朵发育。壳斗钟形，包着坚果1/2 ~ 2/3，高1.5 ~ 1.8 cm，直径约2.5 cm（连小苞片），小苞片狭披针形，革质，长约8 mm，灰黄色或棕色，直立或展开，背面被灰色丝状毛。坚果卵形，高1.5 ~ 2 cm，直径1.2 ~ 1.5 cm，无毛；果脐平坦。花期：3 ~ 4月；果期：9 ~ 10月。

产地：据《中国植物志》记载，广东有分布。生于海拔1 000 m左右的山坡阔叶林中。

分布：湖北、广西、四川、贵州、云南。

用途：木材。

8. 麻栎　（《中国植物志》）　别名：栎、橡碗树　（图14）

Quercus acutissima Carruth.

落叶乔木，高达30 m，树皮深灰褐色，深纵裂；幼枝被灰黄色柔毛，后渐脱落，老枝具黄棕色皮孔。叶狭椭圆形或披针形，长14 ~ 20 cm，宽4 ~ 8 cm，顶端渐尖，基部圆形，边缘具刺芒状锯齿，幼时被柔毛，老时无毛或仅背面脉腋有毛，侧脉11 ~ 21对；叶柄长1.5 ~ 4 cm，幼时被柔毛，后渐脱落。雄花序常数个集生于当年生枝下部叶腋，有花1 ~ 3朵。壳斗碗形或浅皿形，包着坚果约1/2，高约0.7 cm，直径1 ~ 2.5 cm（连小苞片），小苞片钻形或条形，向外反转，被灰白色绒毛。坚果卵形，高约1.3 cm，直径约1.5 cm，顶端有毛；果脐凸起。花期：3 ~ 4月；果期：翌年9 ~ 10月。

产地：乐昌、乳源、南雄、曲江、英德、阳山、清远、广州、深圳、肇庆及海南乐东、三亚、保亭、儋州。生于海拔60 ~ 500 m的山地。

分布：安徽、福建、广西、贵州、河北、河

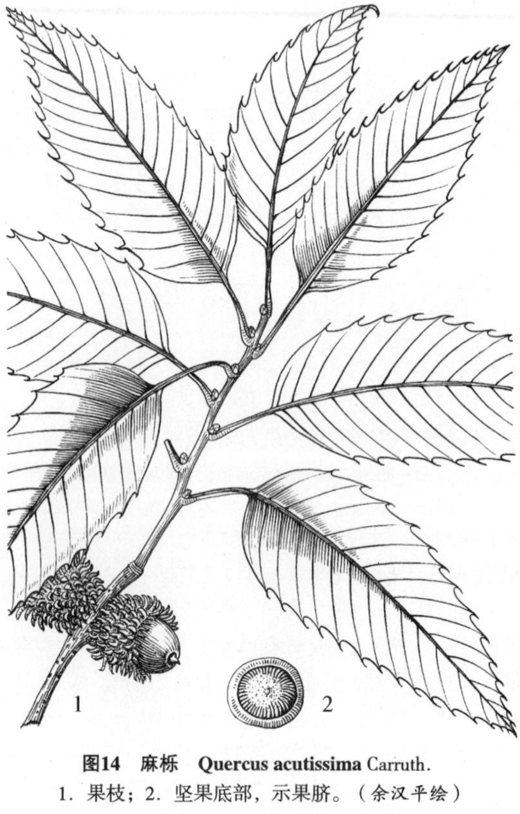

图14　麻栎　Quercus acutissima Carruth.

1. 果枝；2. 坚果底部，示果脐。（余汉平绘）

南、湖北、湖南、江苏、江西、辽宁、陕西、四川、西藏、云南、浙江、香港。朝鲜、日本、越南、印度。

用途：木材作枕木、坑木、樑、地板等用材；叶可饲蚕；种子可做饲料和工业用淀粉；壳斗、树皮可提取拷胶。

9. 栓皮栎 （《中国植物志》） 别名：软皮栎、粗皮青冈 （图15）

Quercus variabilis Blume

Q. chinensis Bunge（1833）， not Abel（1818）.

落叶乔木，高达30 m，树皮黑褐色，深纵裂，木栓层发达；幼枝灰棕色，无毛。叶长椭圆形或卵状披针形，长8～15 cm，宽3.5～4.5 cm，顶端渐尖，基部楔形，边缘具刺芒状锯齿，叶背密被灰色星状绒毛，侧脉15～18对；叶柄长1.2～3 cm，无毛。雄花序长达14 cm，花序轴密被褐色绒毛。壳斗碗形，包着坚果2/3，高1.5～2 cm，直径2.5～3 cm（连小苞片），小苞片钻形，反卷，被短毛。坚果近球形，高约2 cm，直径约2 cm，无毛；果脐凸起。花期：3～4月；果期：翌年9～10月。

产地：乳源、乐昌、连州、阳山、南雄。生于海拔300～1 200 m的山地林中。

分布：广西、湖南、湖北、江西、江苏、安徽、浙江、福建、台湾、河北、山东、山西、河南、四川、贵州、云南、辽宁、陕西、甘肃。

用途：木栓层发达，是我国生产软木的主要原料；壳斗、树皮富含单宁，可提取栲胶。

图15 栓皮栎 Quercus variabilis Blume

1. 果枝；2～4. 雄花；5. 雌花；6. 坚果。（余汉平抄绘）

10. 枹栎 （《中国植物志》） 别名：枹树

Quercus serrata Thunb.

落叶乔木，高达25 m，树皮灰褐色，深纵裂；幼枝被绒毛，不久即脱落。叶倒卵状椭圆形，长8～17 cm，宽4～9 cm，顶端短渐尖，基部楔形，边缘具腺状锯齿，幼时被伏贴单毛，成熟时仅叶背被平伏单毛或无毛，侧脉13～15对；叶柄长0.5～2.5 cm，无毛。雄花序长8～12 cm，花序轴密被白毛；雌花序长1.5～3 cm。壳斗杯状，包着坚果1/4～1/3，高约6 mm，直径约1 cm（连小苞片），小苞片长三角形，贴生，边具柔毛。坚果卵圆形，高约2 cm，直径约1 cm，顶端有毛；果脐平坦。花期：3～4月；果期：9～10月。

产地：连南、乐昌。生于海拔200～900 m的山地或沟谷林中。

分布：辽宁、山西、陕西、甘肃、山东、江苏、安徽、河南、湖北、湖南、广西、四川、贵州、云南。

用途：木材可作建筑、车辆用材；种子富含淀粉，供酿酒；树皮可提取栲胶。

11. 槲栎 （《中国植物志》） 别名：细皮青冈

Quercus aliena Blume

落叶乔木，高达30 m，树皮暗灰色，深纵裂。芽卵形，芽鳞具缘毛；幼枝灰褐色，近无毛，具淡褐色圆形皮孔。叶长椭圆状倒卵形，长11～21 cm，宽7～14 cm，顶端微钝或短急尖，基部楔形，边缘具不规则波状钝齿，叶背被灰棕色细绒毛，侧脉11～15对；叶柄长1.5～4.5 cm，无毛。雄花单生或数朵簇生于花序轴上，长4 ~ 9 cm。壳斗碗形，包着坚果约1/2，高约1.2 cm，直径1.3 ~ 2.2 cm（连小苞片），小苞片卵状披针形，密被浅灰色绒毛。坚果长椭圆形，高1.3 ~ 2 cm，直径1 ~ 1.5 cm，顶端被黄褐色绒毛；果脐微凸起。花期：（3）4 ~ 5月；果期：9 ~ 10月。

产地：乳源、乐昌。生于海拔100 m以上的向阳山坡。

分布：广西、江苏、安徽、浙江、江西、河南、湖北、湖南、山东、四川、贵州、云南、陕西。

用途：供家具、建筑及薪炭等用材；种子富含淀粉；壳斗、树皮富含单宁。

11a. 锐齿槲栎 （《中国高等植物图鉴》）

var. **acutiserrata** Maxim. ex Wenzig.

本变种与原种的区别在于：叶形状变异较大，具粗大锯齿，齿端尖锐，内弯，背面密被灰色细绒毛。花期：3 ~ 4月；果期：10 ~ 11月。

产地：乳源等地。生于海拔100 ~ 600 m的山地杂林中。

分布：辽宁、河北、山西、陕西、甘肃、山东、江苏、安徽、浙江、江西、河南、湖北、湖南、广西、四川、贵州、云南、台湾。

用途：木材；种子含淀粉和单宁。

6. 青 冈 属 **Cyclobalanopsis** Oerst.

常绿乔木，稀灌木；树皮通常光滑，稀深裂。冬芽芽鳞覆瓦状排列。叶互生，螺旋状排列，边具锯齿或全缘；羽状脉。花单性，雌雄同株；雄花序为柔荑花序，单朵散生或数朵簇生于花序轴上，花被常深裂，花丝细长，花药2室，退化雌蕊细小；雌花单生或排成穗状，单生于总苞内，花被裂片5 ~ 6，有时有细小的退化雄蕊，子房3室，每室有2胚珠，花柱通常3。果成熟时总苞发育成壳斗；壳斗碟形、杯形、碗形或钟形；壳斗上的小苞片轮状排列，愈合成同心环带，环带具裂齿或全缘，每一壳斗内只有1个坚果。坚果近球形至椭圆形，顶端有突起的柱座；种子具肉质子叶，富含淀粉，发芽时子叶不出土。

本属约150种，分布于亚洲热带、亚热带地区。我国有77种，3变种，主产于秦岭、淮河流域以南各省区，为组成常绿阔叶林的主要树种之一；广东及海南有35种。

本属许多种木材耐腐力强，可作桩柱、车辆、桥梁、工具柄、木机械、刨架、运动器械、枕木等用材；壳斗、树皮富含单宁，可提制栲胶；种子可做饲料、酿酒及工业用淀粉。

1. 叶全缘、叶缘波状或近顶端有浅齿。
  2. 叶柄长2 cm以上。
    3. 中脉在叶面微凸起；壳斗包着坚果2/3以上 ………… 12. 饭甑青冈 C. fleuryi
    3. 中脉在叶面凹陷；壳斗包着坚果1/3 ~ 1/2。
      4. 叶侧脉每边6 ~ 8条；壳斗被毛 ………… 1. 白枝青冈 C. albicaulis
      4. 叶侧脉每边12 ~ 17条；壳斗无毛 ………… 19. 大叶青冈 C. jenseniana
  2. 叶柄长2 cm以下。
    3. 壳斗无毛………… 5. 黑果青冈 C. chevalieri
    3. 壳斗有毛。
      4. 叶纸质，顶端尾尖 ………… 7. 上思青冈 C. delicatula
      4. 叶薄革质至厚革质，顶端钝尖、圆钝或微凹。
        5. 中脉在叶面微凸起，叶柄短于5 mm。
          6. 叶全缘，无毛，侧脉每边6 ~ 9条；叶柄不显著 ………… 23. 木姜叶青冈 C. litseoides
          6. 叶顶端有时具1 ~ 2对不明显钝齿，无毛或基部有残存的长柔毛，侧脉每边7 ~ 14条；叶柄长2 ~ 5 mm ………… 26. 竹叶青冈 C. neglecta
        5. 中脉在叶面平坦或凹陷，叶柄长于5 mm（倒卵叶青冈长2 ~ 8 mm）。

6. 侧脉每边10～15条。
7. 叶密生灰褐色星状短绒毛 ………………………………………………………… 6. 福建青冈 C. chungii
7. 叶幼时被毛，老后无毛。
8. 叶全缘，微反卷；壳斗直径2～2.6 cm ………………………………………………… 8. 鼎湖青冈 C. dinghuensis
8. 叶全缘或顶端有2～4对浅钝锯齿；壳斗直径1～1.7 cm …………………………… 32. 云山青冈 C. sessilifolia
6. 侧脉每边5～10条。
7. 成熟叶背面被星状绒毛，中脉在叶面凹陷。
8. 叶柄长7～15 mm，密被褐色绒毛；壳斗上的小苞片合生成4～7条同心环带……4. 岭南青冈 C. championii
8. 叶柄长2～8 mm，幼时被毛，后渐无毛；壳斗上的小苞片合生成7～9条同心环带……………………………………………………………………………………………………… 27. 倒卵叶青冈 C. obovatifolia
7. 成熟叶背面无毛，中脉在叶面平坦。
8. 叶披针形，长达6 cm；坚果小，直径8～11 mm …………………………… 10. 东方青冈 C. dongfangensis
8. 叶椭圆形或倒卵状椭圆形，长可达15 cm；坚果大，直径1.4～2.5 cm。
9. 壳斗上的小苞片合生成8～12条同心环带 ……………………………………… 31. 亮叶青冈 C. phanera
9. 壳斗上的小苞片合生成4～7条同心环带。
10. 叶侧脉每边6～10条；壳斗包着坚果基部；果脐凹陷 ……………………… 18. 雷公青冈 C. hui
10. 叶侧脉每边5～7条；壳斗包着坚果约1/3；果脐平坦 …………… 35. 吊罗山青冈 C. tiaoloshanica
1. 叶缘有尖锐锯齿，至少叶近顶端有锯齿。
2. 小枝无毛。
3. 坚果扁球形，直径大于高 ………………………………………………………………………30. 托盘青冈 C. patelliformis
3. 坚果卵形、长椭圆形或椭圆形，直径小于高。
4. 叶1/3以上有疏浅锯齿。
5. 中脉在叶面凸起；果脐扁平或微凹陷 ……………………………………………………3. 栎子青冈 C. blakei
5. 中脉在叶面平坦；果脐凸起。
6. 叶柄长1～3 cm，无毛；壳斗包着坚果1/4～1/3，内壁被淡褐色长伏毛，外壁被暗黄色短绒毛…… 11. 华南青冈 C. edithiae
6. 叶柄长5～15 mm，被微柔毛；壳斗包着坚果约1/3，外壁被粉质微绒毛……………13. 乌壳青冈 C. fuliginosa
4. 叶中部以上有疏浅或细锯齿。
5. 中脉在叶面微凹，叶柄长达3.5 cm……………………………………………………………… 15. 青冈 C. glauca
5. 中脉在叶面平坦，叶柄长达2 cm。
6. 壳斗环带全缘；果脐平坦 ……………………………………………………… 25. 小叶青冈 C. myrsiniefolia
6. 壳斗环带边缘有粗齿；果脐凸起 ……………………………………………………33. 褐叶青冈 C. stewardiana
2. 小枝被毛。
3. 叶倒披针形或倒卵状长椭圆形。
4. 叶侧脉每边11～18条，叶背被灰黄色星状短绒毛；壳斗约包着坚果1/4 ……………………14. 赤皮青冈 C. gilva
4. 叶侧脉每边8～11条，叶背无毛；壳斗包着坚果1/2～2/3 ……………………………… 29. 毛果青冈 C. pachyloma
3. 叶椭圆形、长椭圆形、卵状或椭圆状披针形。
4. 侧脉每边15条以上。
5. 中脉在叶面凹陷；壳斗包着坚果1/2以上 ……………………………………………… 28. 曼青冈 C. oxyodon
5. 中脉在叶面凸起；壳斗包着坚果全部 ……………………………………………………34. 鹿茸青冈 C. subhinoidea
4. 侧脉每边15条以下。
5. 中脉在叶面凹陷。
6. 叶无毛；壳斗成熟时边缘平展，包着坚果基部 ……………………………………9. 碟斗青冈 C. disciformis
6. 叶背密被灰黄色绒毛；壳斗包着坚果1/3～1/2 ……………………………………17. 毛枝青冈 C. helferiana
5. 中脉在叶面平坦。

6. 壳斗包着坚果1/2以上 …………………………………………………………… 21. 广西青冈 C. kouangsiensis
6. 壳斗包着坚果基部至1/2。
7. 叶缘中部以上有锯齿 ………………………………………………………………… 2. 槟榔青冈 C. bella
7. 叶缘1/3以上有钝锯齿。
8. 壳斗环带近全缘 ………………………………………………………………… 24. 多脉青冈 C. multinervis
8. 壳斗环带边缘通常有裂齿。
9. 叶柄被绒毛；坚果扁球形 ……………………………………………………… 20. 毛叶青冈 C. kerrii
9. 叶柄无毛；坚果椭圆形。
10. 壳斗下部环带全缘；果脐直径约18 mm……………………………22. 尖峰青冈 C. litoralis
10. 壳斗下部环带通常有裂齿；果脐直径约5 mm ……………………………16. 细叶青冈 C. gracilis

1. 白枝青冈　（《中国植物志》）　别名：白枝椆　（《海南植物志》）

Cyclobalanopsis albicaulis（Chun & Ko）Y. C. Hsu & H. W. Jen

Quercus albicaulis Chun & W. C. Ko

常绿乔木，高达30 m，胸径达80 cm；小枝灰白色，无毛，老时有纵棱及泡状皮孔。叶薄革质，形状变化大，长椭圆状披针形、长椭圆形、卵状披针形至卵形，长9～14（～20）cm，宽2.5～4（～6）cm，顶端长渐尖至尾尖，有时较短，基部楔形或圆形，偏斜，全缘或有浅钝齿，幼叶两面被棕色粉状柔毛，老时无毛；中脉在叶面凹陷，在叶背显著凸起，侧脉每边6～8条，在叶背凸起；叶柄长2～3.5 cm。雄花序长6～9 cm，被棕色柔毛；雌花序长2～3 cm。壳斗碗形，包着坚果1/3～1/2，高1.5～ 2 cm，直径2.5～3 cm，外壁被灰黄色微柔毛，小苞片合生成6～8条同心环带，环带全缘，或中间环带具圆齿。坚果长椭圆形，高约4 cm，直径2～3 cm，无毛，柱座圆锥状，凸起；果脐凸起，直径约13 mm。花期：10月；果期：翌年1～12月。

产地：海南三亚。生于海拔250～600 m的杂木林中。

2. 槟榔青冈　（《中国植物志》）　别名：槟榔椆　（《海南植物志》）　（图16）

Cyclobalanopsis bella（Chun & Tsiang）Chun ex Y. C. Hsu & H. W. Jen

Quercus bella Chun & Tsiang

常绿乔木，高达27 m，胸径达50 cm；小枝有细棱，初被柔毛，后渐无毛。叶薄革质，长椭圆状披针形，长6～17 cm，宽2～4 cm，顶端渐尖，基部楔形，略偏斜，叶缘中部以上有锯齿，幼叶叶背被短伏毛，老时灰绿色，无毛；中脉在叶面平坦，在叶背凸起，侧脉每边12～14条；叶柄长1～2.5 cm。雌花序长1～2 cm，通常有花2～3朵，花柱4，被毛。壳斗碟形，高3～7 mm，直径2.5～3 cm，包着坚果基部，内壁被黄色伏贴长柔毛，外壁被灰黄色微柔毛，后渐脱落，小苞片合生成6～8条同心环带，环带边缘有不规则小裂齿。坚果扁球形，高2～2.5 cm，直径2.2～2.8 cm，幼时被柔毛，老时近无毛，柱座高达3 mm；果脐微凹陷，直径约13 mm。花期：2～4月；果期：6～12月。

产地：乳源、连山、新丰、从化、清远、龙门、肇庆、怀集、封开及海南东方、保亭。生于海拔200～700 m的山地和丘陵。

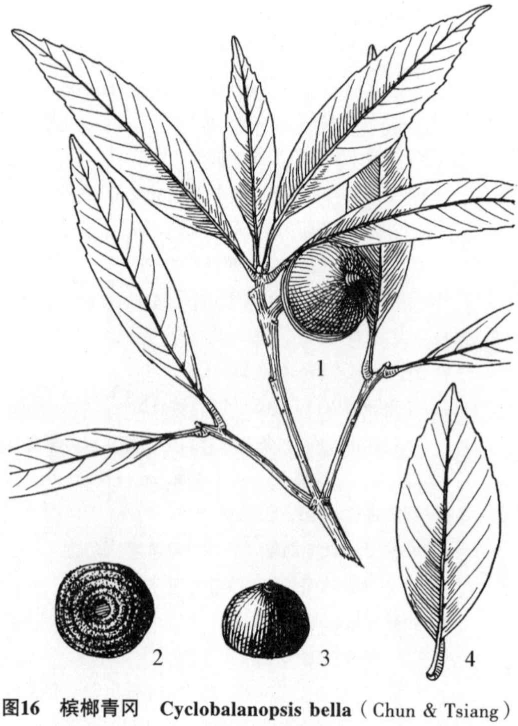

图16　槟榔青冈　Cyclobalanopsis bella（Chun & Tsiang）Chun ex Y. C. Hsu & H. W. Jen
1. 果枝；2. 壳斗；3. 坚果；4. 叶。（余汉平抄绘）

分布：广西。

用途：木材可供建筑、器具用材；树干可培养香菇。

3. 栎子青冈 （《中国植物志》） 别名：栎子椆 （《海南植物志》） （图17）

Cyclobalanopsis blakei（Skan）Schott.

Quercus blakei Skan

常绿乔木，高达35 m，胸径达50 cm；小枝无毛，二年生枝密生皮孔。叶薄革质，长倒卵状椭圆形，长5～20 cm，宽1.5～6.5 cm，顶端渐尖，基部楔形，叶缘1/3以上有锯齿，幼时两面被红色长绒毛，不久即脱落；中脉在叶面凸起，在叶背显著凸起，侧脉每边8～14条；叶柄长5～20 mm。雄花序长约7 mm，花序轴被疏毛；雌花序长1～2 cm，有花1～2朵，花柱3～5，长1～1.5 mm。壳斗碟形，包着坚果基部，高5～10 mm，直径2～3 cm，内壁被红棕色长伏毛，外壁被暗褐色短绒毛，小苞片合生成6～7条同心环带，环带全缘或有裂齿。坚果卵形，高2～4 cm，直径1.7～2.6 cm，柱座凸起，基部被稀疏黄色柔毛，后渐脱落；果脐平坦或微凹陷，直径约10 mm。花期：5～7月；果期：6月至翌年7月。

产地：连山、清远、龙门、博罗、肇庆、怀集、封开、云浮、阳春、阳江、信宜、茂名及海南东方、乐东、琼中、陵水、白沙。生于海拔100～1 200 m的山谷密林中。

分布：香港、广西、贵州。老挝。

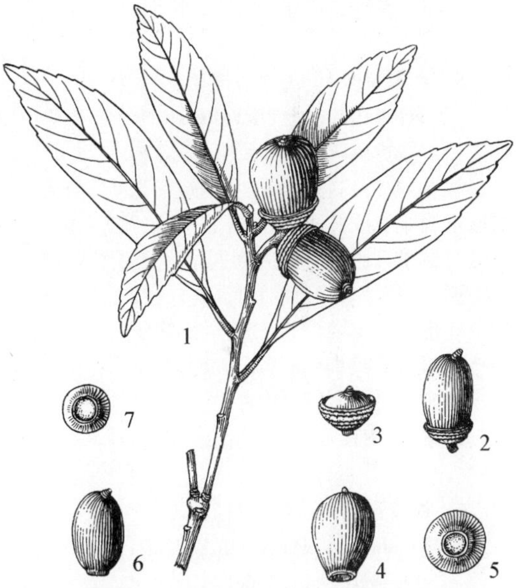

图17 栎子青冈 Cyclobalanopsis blakei（Skan）Schott.
1. 果枝；2～3. 壳斗及果；4、6. 果；5、7. 果脐。（余汉平绘）

4. 岭南青冈 （《中国植物志》） 别名：岭南椆 （《海南植物志》） （图18）

Cyclobalanopsis championii（Benth.）Oerst.

Quercus championii Benth.

常绿乔木，高达11 m，胸径达38 cm；小枝有沟槽，密被灰褐色星状绒毛。叶厚革质，倒卵形或长椭圆形，长3.5～8 cm，宽1.7～3.5 cm，顶端短钝尖，稀微凹，基部楔形，全缘，叶缘反卷，叶面无毛，叶背密生星状绒毛，星状毛有15个以上分叉；中脉在叶面凹陷，在叶背显著凸起，侧脉每边6～10条；叶柄长7～15 mm，密被褐色绒毛。雄花序长4～8 cm，被褐色绒毛；雌花序长达4 cm，有花3～10朵，被褐色短绒毛。壳斗浅碗形，包着坚果1/4～1/3，高3～10 mm，直径1.2～2 cm，内壁密被苍黄色绒毛，外壁被褐色或灰褐色短绒毛，小苞片合生成4～7条同心环带，环带通常全缘，有时下部1～2环的边缘有波状裂齿。坚果宽卵形，高1.3～2 cm，直径1～1.8 cm，两端钝圆，幼时有毛，

图18 岭南青冈 Cyclobalanopsis championii（Benth.）Oerst.
1. 果枝；2. 叶背面；3. 壳斗；4. 坚果。（余汉平绘）

老时无毛；果脐平坦，直径约6 mm。花期：12月至翌年5月；果期：翌年10～12月。

产地：乳源、新丰、从化、龙门、紫金、饶平、深圳、肇庆、台山、怀集、封开、阳春、阳江及海南保亭（五指山、吊罗山）。生于海拔100～1 500 m的山林中。

分布：香港、福建、台湾、广西、云南。

5. 黑果青冈 （《云南植物志》）

Cyclobalanopsis chevalieri（Hick. & A. Camus）Y. C. Hsu & H. W. Jen

Quercus chevalieri Hick. & A. Camus

常绿乔木，高达20 m；小枝纤细，有沟槽，二年生枝有灰白色蜡层。叶薄革质，椭圆形、倒卵状椭圆形至倒卵状披针形，长6～11 cm，宽2～4 cm，顶端尾尖，基部楔形，全缘或顶端有疏浅波状齿，无毛或嫩时被微毛；中脉在叶面凹陷，在叶背凸起，侧脉每边8～11条，纤细；叶柄长5～8（～12）mm。壳斗碗形，包着坚果1/3或1/2，高5～12 mm，直径8～18 mm，无毛，小苞片合生成5～7（～9）条同心环带，环带与壳斗壁愈合。坚果椭圆形，高1～1.5（～2）cm，直径6～8（～15）mm，无毛；果脐平坦，直径约5 mm。果期：8月至翌年1月。

产地：据《中国植物志》记载，广东有分布。生于海拔600～1 500 m的常绿阔叶混交林中。

分布：广西、云南。越南。

6. 福建青冈 （《福建植物志》）

Cyclobalanopsis chungii（Metc.）Y. C. Hsu & H. W. Jen ex Q. F. Zhang

Quercus chungii Metc.

常绿乔木，高达21 m，胸径达50 cm；小枝幼时密被褐色短绒毛，后渐脱落。叶薄革质，椭圆形或倒卵状椭圆形，长5.5～12.5 cm，宽2～6 cm，顶端骤尖或短尾状，基部宽楔形或近圆形，稀全缘，顶端有数对不明显浅锯齿，叶缘不反曲，密生灰褐色星状短绒毛，星状毛8～10分叉；中脉在叶面平坦，在叶背显著凸起，侧脉每边10～15条；叶柄长1～2 cm，被灰褐色短绒毛。雌花序长1.5～2 cm，有花2～6朵，花序轴及小苞片均密被褐色绒毛。壳斗碟形，包着坚果基部，高3～5 mm，直径1.5～2.8 cm，被灰褐色绒毛，小苞片合生成6～7条同心环带，除下部2环具裂齿外均全缘。坚果扁球形，高1～2 cm，直径1.4～2.5 cm，顶端平圆，微有细绒毛；果脐平坦或微凹陷，直径约10 mm。花期：4～5月；果期：10～11月。

产地：连州、仁化、龙川、梅州、蕉岭、平远、博罗、封开、郁南。生于海拔200～800 m的密林中。

分布：香港、江西、福建、湖南、广西。

用途：材质坚实耐腐，可作造船、建筑、桥梁、枕木、车辆等用材。

7. 上思青冈 （《中国植物志》）

Cyclobalanopsis delicatula（Chun & Tsiang）Y. C. Hsu & H. W. Jen

Quercus delicatula Chun & Tsiang

常绿乔木，高达13 m；小枝纤细，无毛。叶纸质，卵状椭圆形、长椭圆形或倒卵状椭圆形，长5.5～11 cm，宽1.5～4 cm，顶端尾尖，基部楔形，全缘或顶部有数对浅钝锯齿，老叶两面无毛；中脉在叶面平坦，在叶背凸起，侧脉每边6～8条，在叶面平坦，叶背凸起；叶柄长5～15 mm。壳斗碗形，包着坚果1/3，高7～15 mm，直径1.2～1.8 cm，内外壁被灰褐色薄毛，小苞片合生成7～8条同心环带，除上部1～2环全缘外有裂齿。坚果椭圆形，高2～2.5 cm，直径1～1.5 cm，两端均圆形，至少顶端被短绒毛；果脐平坦，直径约6 mm。花期：4～8月；果期：8～12月。

产地：据《中国植物志》记载广东有分布。生于海拔300～700 m的山地杂木林中。

分布：广西。

用途：木材可作建筑用材、枕木；树干可培养香菇；种子可食。

8. 鼎湖青冈 （《中国植物志》） 别名：鼎湖椆

Cyclobalanopsis dinghuensis（Huang）Y. C. Hsu & H. W. Jen

Quercus dinghuensis Huang

常绿乔木，高达9 m，胸径达20 cm；一年生枝灰褐色，幼时被黄褐色卷曲厚绒毛，有纵沟槽及蜡层，二年生枝深灰色，无毛。叶革质，长椭圆形，长6～13 cm，宽2～5.5 cm，顶端圆，基部楔形或窄圆形，全缘，微反卷，幼叶两面被淡黄色厚绒毛，老时无毛；中脉在叶面平坦，在叶背显著凸起，侧脉每边12～13条；叶柄长8～15 mm。壳斗碗形，包着坚果约1/3，高1.5～2.0 cm，直径2～2.6 cm，被淡褐色绒毛，后脱落，小苞片合生成4～5条同心环带，环带全缘。坚果椭圆形，高约3.5 cm，直径1.6～2 cm，柱座明显；果脐微凸起，直径6～10 mm。花期：3～12月；果期：12月至翌年10月。

产地：封开、肇庆（鼎湖山）。生于海拔950 m左右的山林中。

9. 碟斗青冈 （《中国植物志》） 别名：碟斗椆 （《海南植物志》）

Cyclobalanopsis disciformis（Chun & Tsiang）Y. C. Hsu & H. W. Jen

Quercus disciformis Chun & Tsiang

常绿乔木，高达15 m，胸径达25 cm；小枝幼时被暗黄色短绒毛，后渐脱落。叶薄革质，长椭圆形或卵状长椭圆形，长9～17 cm，宽3～7 cm，顶端长渐尖或尾尖，基部宽楔形或近圆形，常偏斜，叶缘具短刺状内弯锯齿，老叶两面无毛；中脉在叶面凹陷，在叶背凸起，侧脉每边11～13条，纤细，弧形，叶背支脉明显；叶柄长1.5～3 cm，初被暗黄色绒毛，后渐无毛。壳斗碟形，包着坚果基部，成熟时边平展，高4～6 mm，直径3～4 cm，内壁被棕色挺直的毡状绒毛，外壁密被灰黄色伏贴绒毛，小苞片合生成8～10条同心环带，除顶端2～3环全缘外均有裂齿。坚果扁球形，高约2 cm，直径2～3 cm，顶端平，柱座凸起，微被柔毛；果脐微凹陷，直径约15 mm。花期：3～4月；果期：翌年8～12月。

产地：云浮、信宜及海南白沙。生于海拔200～1 000 m的山地阔叶林中。

分布：广西、贵州。

10. 东方青冈 （新拟）

Cyclobalanopsis dongfangensis（C. C. Huang et al.）Y. Y. Luo & R. J. Wang

Quercus dongfangensis C. C. Huang, et al.

常绿乔木，高达8 m，胸径达20 cm；一年生枝具细棱，无毛，二年生枝散生皮孔。叶革质，披针形，长3～6 cm，宽1～2.5 cm，顶端短钝尖，基部楔形，有时略偏斜，全缘或顶端有2～5对浅钝齿，叶无毛；中脉在叶面平坦，在叶背凸起，侧脉每边6～8条，纤细，支脉不明显；叶柄长5～8 mm。壳斗碗形，包着坚果1/3～1/2，高4～6 mm，直径1～1.2 cm，内壁被棕黄色短绒毛，外壁被灰黄色微绒毛，小苞片合生成5～6条同心环带，除上部2～3环近全缘外均有裂齿。坚果椭圆形，高约1.3 cm，直径8～11 mm，被灰黄色伏贴微柔毛，有短柱座；果脐微凹陷，直径约5 mm。果期：11月。

产地：海南东方。生于海拔1 500 m的山林中。

11. 华南青冈 （《中国植物志》） 别名：华南椆 （《海南植物志》）

Cyclobalanopsis edithiae（Skan）Schott.

Quercus edithiae Skan

Q. tephrosia Chun & Ko

常绿乔木，高达20 m；小枝微具细棱，无毛，二年生小枝散生小点状皮孔。叶革质，长椭圆形或倒卵状长椭圆形，长6～20 cm，宽1.8～6.2 cm，顶端短钝尖，基部楔形，叶缘1/3以上有疏浅锯齿，幼叶被棕色绒毛，后无毛；中脉在叶面平坦，在叶背凸起，侧脉每边9～12条，不甚明显，支脉明显；叶柄长1～3 cm。雌花序长1～2 cm，有花3～4朵，花柱4，花柱下部被灰黄色绒毛。壳斗浅碗形，包着坚果1/4～1/3，高1.2～1.5 cm，直径1.8～2.5 cm，内壁被淡褐色长伏毛，外壁被暗黄色短绒毛，小苞片合生成6～8条同心环带，除下部2～3环几全缘外均有裂齿。坚果椭圆形或长椭圆形，高2.5～3.3 cm，直径约1.8 cm，柱座凸起，被微柔毛；果脐微凸起，直径约8 mm。花期：3月；果期：10月至翌年4月。

产地：广东（珠江口岛屿）及海南各地。生于海拔400 ~ 1 800 m的常绿阔叶林中。

分布：香港、广西。越南。

12. 饭甑青冈　（《中国植物志》）　别名：饭甑椆　（《海南植物志》）　（图19）

Cyclobalanopsis fleuryi（Hick. & A. Camus）Chun ex Q. F. Zheng

Quercus fleuryi Hick. & A. Camus

Q. tsoi Chun ex Menitsky

常绿乔木，高达18 m，胸径达30 cm；小枝粗壮，幼时被棕色长绒毛，后渐无毛，密生皮孔。叶革质，长椭圆形或卵状长椭圆形，长10 ~ 22 cm，宽3.5 ~ 9 cm，顶端急尖或短渐尖，基部楔形，全缘或顶端有波状锯齿，叶幼时密被黄棕色绒毛，老时无毛；中脉在叶面微凸起，在叶背显著凸起，侧脉每边10 ~ 12（~ 15）条；叶柄长2 ~ 5 cm，幼时被黄棕色绒毛。雄花序长10 ~ 15 cm，被褐色绒毛；雌花序长2.5 ~ 3.5 cm，生于小枝上部叶腋，有花4 ~ 5朵，花序轴粗壮，密被黄色绒毛，花柱4 ~ 8。壳斗杯形，包着坚果2/3以上，高3 ~ 4 cm，直径2.5 ~ 4 cm，内外壁均被黄棕色毡状长绒毛，小苞片合生成10 ~ 13条同心环带，环带近全缘。坚果长椭圆形，高3 ~ 5 cm，直径2 ~ 3 cm，密被黄棕色绒毛；果脐凸起，柱座长5 ~ 8 mm，直径8 ~ 12 mm。花期：3 ~ 4月；果期：8 ~ 12月。

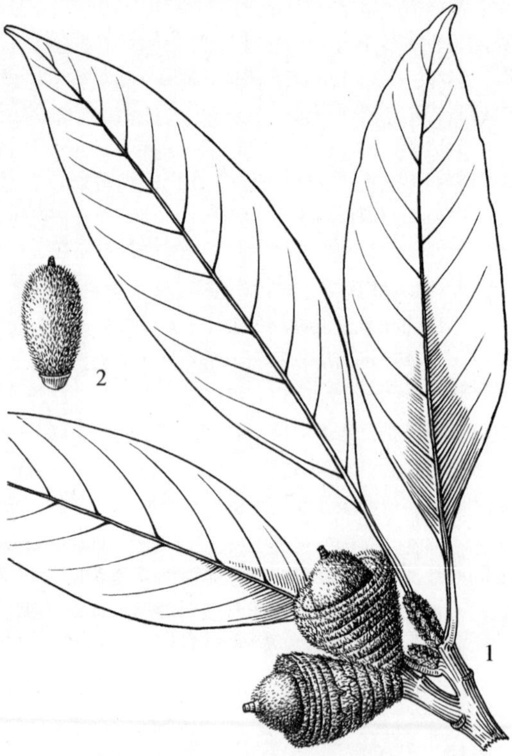

图19　饭甑青冈　**Cyclobalanopsis fleuryi**（Hick. & A. Camus）Chun ex Q. F. Zheng
1. 果枝；2. 坚果。（余汉平绘）

产地：乐昌、乳源、连山、连南、仁化、曲江、阳山、英德、新丰、翁源、龙门、广州、五华、饶平、增城、肇庆、台山、怀集、封开、阳春、阳江、信宜、茂名及海南。生于海拔500 ~ 1 500 m的山地密林中。

分布：江西、福建、广西、贵州、云南等省区。越南。

用途：木材可作建筑用材、枕木；树干可培养香菇。

13. 乌壳青冈　别名：乌壳椆　（《海南植物志》）、污托栎（海南）

Cyclobalanopsis fuliginosa（Chun & Ko）Y. Y. Luo & R. J. Wang

Quercus fuliginosa Chun & Ko

常绿乔木，高达30 m，胸径达60 cm；小枝黑色，无毛，具细槽，散生白色小皮孔。叶薄革质，椭圆状披针形，长6 ~ 11 cm，宽1.5 ~ 3 cm，顶端短钝尖，基部楔形，叶缘1/3以上有疏浅锯齿，叶无毛；中脉在叶面近平坦，在叶背凸起，侧脉每边8 ~ 10条；叶柄长5 ~ 15 mm，微被柔毛。壳斗碗形，高约1.3 cm，直径约2.1 cm，包着坚果约1/3，外壁被粉质微绒毛，小苞片合生成约10条同心环带，环带边缘稍具缺齿。坚果近长椭圆形，高3 ~ 3.6 cm，直径约1.6 cm，顶端微被柔毛；果脐凸起，直径约8 mm。果期：11月至翌年4月。

产地：海南东方。生于海拔1 400 ~ 1 500 m的山坡上。

14. 赤皮青冈　（《中国植物志》）　别名：赤皮椆　（《中国高等植物图鉴》）

Cyclobalanopsis gilva（Blume）Oerst.

Quercus gilva Blume

Q. hunanensis Hand.-Mazz.

常绿乔木，高达30 m，胸径可达1 m；小枝密生灰黄色或黄褐色星状绒毛。叶革质，倒披针形或倒卵状长椭圆形，长6 ~ 9 cm，宽1.8 ~ 3.3 cm，顶端渐尖，基部楔形，叶缘中部以上有短芒状锯齿，叶背被灰黄色星状短绒毛；中脉在叶面平坦，在叶背凸起，侧脉每边11 ~ 18条，在叶面平坦，不明显；叶柄长1 ~ 1.5 cm，有微柔毛。雌花序长约1 cm，通常有花2朵，花序及小苞片密被灰黄色绒毛，花柱基部合生。壳斗浅碗形，高6 ~ 8 mm，直径1.1 ~ 1.5 cm，包着坚果约1/4，被灰黄色薄毛，小苞片合生成6 ~ 7条同心环带，环带全缘或具浅裂。坚果倒卵形，高1.5 ~ 2 cm，直径1 ~ 1.3 cm，顶端有微柔毛；果脐微凸起，直径约7 mm。花期：5月；果期：10月。

产地：乳源。生于海拔300 m以上的山地。

分布：浙江、福建、台湾、湖南、贵州。东亚广布。

用途：木材纹理直，质坚重，强韧有弹性，为优良硬木，可制车轴、滑轮、农具、油榨等。

15. 青冈 （《中国植物志》） 别名：青冈栎 （《中国树木分类学》）、铁椆 （《中国高等植物图鉴》） （图20）

Cyclobalanopsis glauca（Thunb.）Oerst.

Quercus glauca Thunb.

Q. lotungensis Chun & Ko

常绿乔木，高达20 m，胸径达1 m；小枝无毛。叶革质，倒卵状椭圆形或长椭圆形，长6 ~ 14.5 cm，宽2 ~ 6.5 cm，顶端渐尖或短尾状，基部宽楔形或圆形，叶缘中部以上有疏锯齿，叶面无毛，叶背有整齐平伏的白色单毛，老时渐脱落；中脉在叶面微凹，在叶背显著凸起，侧脉每边9 ~ 13条，叶背支脉明显；叶柄长1 ~ 3.5 cm。雄花序长5 ~ 6 cm，花序轴被灰白色绒毛。壳斗碗形，包着坚果1/3 ~ 1/2，高4 ~ 7 mm，直径9 ~ 15 mm，被疏毛，小苞片合生成5 ~ 6条同心环带，环带排列紧密，全缘或有细缺刻。坚果卵形或椭圆形，高1 ~ 1.5 cm，直径8 ~ 15 mm，无毛或被疏毛；果脐平坦或微凸起，直径约4 mm。花期：4 ~ 6月；果期：6 ~ 11月。

图20 青冈 Cyclobalanopsis glauca（Thunb.）Oerst.
1. 果枝；2. 坚果。（余汉平抄绘）

产地：乐昌、乳源、南雄、曲江、始兴、连州、连山、连南、仁化、阳山、翁源、新丰、从化、和平、兴宁、平远、大埔、博罗、肇庆、云浮、封开。生于海拔60 ~ 1 600 m的山坡或沟谷中。

分布：陕西、甘肃、江苏、安徽、浙江、江西、福建、台湾、河南、湖北、湖南、广西、四川、贵州、云南、西藏等省区。朝鲜、日本、印度。

用途：木材坚韧，可作建筑、车船、工具柄、桩柱等用材；树皮与壳斗可制栲胶；种子可作饲料、酿酒。

16. 细叶青冈 （《中国植物志》） 别名：小叶青冈栎

Cyclobalanopsis gracilis（Rehd. & Wils.）W. C. Cheng & T. Hong

Quercus glauca f. *gracilis* Rehd. & Wils.

Q. ciliaris Huang & Y. T. Chang

常绿乔木，高达20 m，胸径达20 cm；小枝幼时被绒毛，后渐脱落。叶革质，长卵形至卵状披针形，长3.5 ~ 9.5 cm，宽1.5 ~ 4 cm，顶端渐尖至尾尖，基部楔形或近圆形，叶缘1/3以上有细尖锯齿，叶背有贴伏单毛；中脉在叶面平坦，在叶背凸起，侧脉每边7～13条，纤细，不甚明显，叶背支脉极不明显；叶柄长1～2.5 cm。雄花序长5～7 cm，花序轴被疏毛；雌花序长1～1.5 cm，顶端有花2～3朵，花序轴及小苞片被绒毛。壳斗碗形，包着坚果1/3～1/2，高5～8 mm，直径9～12 mm，外壁被灰黄色贴伏绒毛，小苞片合生成6～9条同心环带，环带边缘通常有裂齿，下部2环更明显。坚果椭圆形，高1.5～2 cm，直径7～10 mm，有短柱座，顶端被毛；果脐微凸起，直径约5 mm。花期：3～4月；果期：9～12月。

产地：连州、连平、肇庆。生于海拔500～1 300 m的山地杂木林中。

分布：河南、陕西、甘肃、江苏、安徽、浙江、江西、福建、湖北、湖南、广西、四川、贵州等省区。

用途：木材坚韧，可作车船、工具柄、桩柱等用材；树皮与壳斗可制栲胶；种子可作饲料、酿酒。

17. 毛枝青冈　（《中国植物志》）

Cyclobalanopsis helferiana（A. DC.）Oerst.

Quercus helferiana A. DC.

常绿乔木，高达20 m；小枝幼时密被黄色绒毛，三年生枝近无毛。叶革质，长椭圆形、卵状或椭圆状披针形，长12～15（～22）cm，宽4～8（～9.5）cm，顶端渐尖或圆钝，基部宽楔形或圆形，叶缘基部以上有圆钝锯齿，幼时两面密被黄色绒毛，老时叶面仅中脉基部被黄色绒毛，叶背面仍密被灰黄色绒毛；中脉在叶面凹陷，在叶背显著凸起，侧脉每边9～14条；叶柄长1～2（～3）cm，有黄色绒毛。壳斗碗形，包着坚果1/3～1/2，高5～10 mm，直径1.8～2.5 cm，内外壁均被黄色绒毛，小苞片合生成8～10条同心环带，环带边缘细齿状或近全缘。坚果扁球形，高1～1.6 cm，直径1.5～2.2 cm，被灰色柔毛，顶端略凹陷；果脐近平坦，直径约12 mm。花期：2～5月；果期：7～11月。

产地：据《中国植物志》记载，广东有分布。生于海拔900～1 300 m的山地。

分布：广西、贵州、云南。印度、缅甸、泰国、老挝、越南。

18. 雷公青冈　（《中国植物志》）　别名：雷公椆　（《海南植物志》）、雷公果（海南）、胡氏栎　（图21）

Cyclobalanopsis hui（Chun）Chun ex Y. C. Hsu & H. W. Jen

Quercus hui Chun

常绿乔木，高达12 m，胸径达18 cm；小枝幼时密被黄色卷曲绒毛，后渐无毛，有细小皮孔。叶薄革质，长椭圆形、倒披针形或椭圆状披针形，长3.5～8 cm，宽1.3～3 cm，顶端圆钝，稀渐尖，基部楔形，略偏斜，全缘或顶端有数对不明显浅锯齿，叶缘反卷，叶背初被黄色绒毛，后渐脱落；中脉在叶面平坦，在叶背凸起，侧脉每边6～10条；叶柄长5～12 mm，幼时被卷毛。雄花序2～ 4个簇生，长5～9 cm，被黄棕色绒毛；雌花序长1～2 cm，有花2～5朵，聚生于花序轴顶端，花柱5～6，长约8 mm。壳斗碟形，包着坚果基部，高5～11 mm，直径2～3 cm，内外壁均密被黄褐色绒毛，小苞片合生成4～6条同心环带，环带边缘呈小齿状。坚果扁球形，高2～2.6 cm，直径1.5～2.5 cm，幼时密生黄褐色绒毛，后渐脱落，柱座凸起；果脐凹陷，直径8～10 mm。花期：1～4月；果期：5～11月。

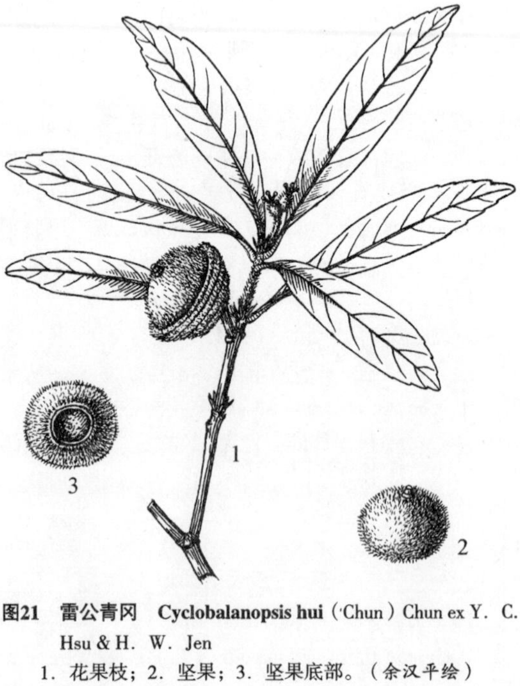

图21　雷公青冈　Cyclobalanopsis hui（Chun）Chun ex Y. C. Hsu & H. W. Jen

1. 花果枝；2. 坚果；3. 坚果底部。（余汉平绘）

产地：乐昌、乳源、南雄、始兴、连州、连山、仁化、英德、阳山、新丰、信宜、怀集、翁源、龙门、广州、深圳、肇庆、封开、广宁、德庆、阳春、阳江及海南东方、乐东、保亭、陵水。生于海拔

250～1 200 m的山地杂木林或湿润密林中。

分布：香港、广西、湖南。

19. 大叶青冈 （《中国植物志》） 别名：大叶椆 （《中国高等植物图鉴》）

Cyclobalanopsis jenseniana（Hand.-Mazz.）W. C. Cheng & T. Hong ex Q. F. Zheng

Quercus jenseniana Hand.-Mazz.

常绿乔木，高达15 m，胸径达35 cm；小枝粗壮，无毛，密生淡褐色皮孔，有槽。叶革质，长椭圆形或倒卵状长椭圆形，长10～22 cm，宽4.5～9 cm，顶端尾尖或渐尖，基部宽楔形或近圆形，全缘，叶无毛；中脉在叶面凹陷，在叶背显著凸起，侧脉每边12～17条，近叶缘处向上弯曲；叶柄长2～3.5 cm，有沟槽。雄花序密集，长5～8 cm，花序轴及花被有疏毛；雌花序长3～5 cm，花序轴有淡褐色长圆形皮孔，花柱4～5裂。壳斗碗形，包着坚果1/3～1/2，高8～10 m，直径1～1.5 cm，无毛，小苞片合生成6～9条同心环带，环带边缘有裂齿。坚果长卵形或倒卵形，高1.7～2.2 cm，直径9～12 mm，无毛；果脐微凸起，直径约5 mm。花期：4～6月；果期：翌年6～11月。

产地：乳源、连山、曲江、英德、阳山、新丰。生于海拔300～1 300 m的杂木林中。

分布：浙江、江西、福建、湖北、湖南、广西、贵州、云南等省区。

20. 毛叶青冈 （《中国植物志》） 别名：平脉椆 （《海南植物志》）

Cyclobalanopsis kerrii（Craib）Hu

Quercus kerrii Craib

Q. dispar Chun & Tsiang

常绿乔木，高达20 m，胸径达20 cm；小枝幼时密被黄色绒毛。叶革质，长椭圆形或长椭圆状披针形，长9～24 cm，宽2～9 cm，顶端圆钝或短渐尖，基部宽楔形或圆形，叶缘1/3以上有钝锯齿，叶幼时两面密被黄褐色绒毛，老时脱落或仅残存于叶背中脉上；中脉在叶面近平坦，在叶背显著凸起，侧脉每边10～14条，叶背支脉明显；叶柄长1～2 cm，被绒毛。雄花序长5～8 cm；雌花序长2～5 cm。壳斗盘形，包着坚果近1/2，高5～10 mm，直径1.5～2.2 cm，外壁被短柔毛，小苞片合生成6～9条同心环带，环带边缘有细锯齿或全缘。坚果扁球形，高6～9 mm，直径1.5～2 cm，被灰色短柔毛，柱座凸起；果脐微凸起，直径10～13 mm。花期：3～5月；果期：4～11月。

产地：海南东方、三亚。生于160～1 800 m的山地疏林中。

分布：广西、贵州、云南。泰国、越南。

21. 广西青冈 （《云南植物志》）

Cyclobalanopsis kouangsiensis（A. Camus）Y. C. Hsu & H. W. Jen

Quercus kouangsiensis A. Camus

Q. nemoralis Chun

常绿乔木，高达15 m；小枝有沟槽，密被黄褐色短绒毛。叶革质，长椭圆形或长椭圆状披针形，长7～16.5 cm，宽2.5～6 cm，顶端渐尖，基部楔形，常偏斜，叶缘上部有锯齿，叶背密被灰黄色绒毛；中脉在叶面近平坦，在叶背显著凸起，侧脉每边10～14条；叶柄长1.5～3 cm，密被黄色绒毛。壳斗杯形，包着坚果1/2以上，高约2.5 cm，直径2.5～3.5 cm，被长绒毛，小苞片合生成8 ～9条同心环带，环带边缘呈牙齿状。坚果长椭圆形，高约4.5 cm，直径约2.5 cm，被绒毛；果脐微凸起，直径10～15 mm。果期：8月至翌年2月。

产地：据《中国植物志》记载，广东有分布。生于海拔200～1 600 m的常绿阔叶林中。

分布：湖南、广西（十万大山）、云南。

22. 尖峰青冈 （《中国植物志》） 别名：海南青冈

Cyclobalanopsis litoralis Chun & Tam ex Y. C. Hsu & H. W. Jen

Quercus hainanica Huang & Y. T. Chang

常绿乔木，高达15 m，胸径达40 cm；小枝粗壮，幼时密被棕色厚绒毛，具细棱，后无毛，有细小皮孔。叶厚革质，长椭圆形，长7.5 ~ 18 cm，宽4 ~ 8 cm，顶端短钝尖，基部楔形，叶缘1/3以上有疏浅锯齿，幼叶两面被棕色绒毛，后渐脱落；中脉在叶面近平坦，在叶背显著凸起，侧脉每边7 ~ 9条，支脉不明显；叶柄长2.5 ~ 5 cm，幼时密被棕色厚绒毛，老时无毛。雄花序长9 ~ 12 cm，花序轴及花被有棕色绒毛；雌花序长2 ~ 3 cm，着生花3 ~ 5朵。壳斗碗形，包着坚果1/2以下，高约2 cm，直径2.5 ~ 3.6 cm，内外壁均被灰黄色绒毛，小苞片合生成9 ~ 12条同心环带，上缘环带内卷，上部环带有裂齿，下部环带全缘。坚果椭圆形，高约4.5 cm，直径2.2 ~ 3 cm，顶端圆，柱座明显；果脐倒圆锥形，直径约18 mm。花期：12月；果期：翌年6 ~ 12月。

产地：海南尖峰岭。生于海拔900 ~ 1 000 m的山地杂木林中。

23. 木姜叶青冈　（《中国植物志》）

Cyclobalanopsis litseoides（Dunn）Schott.

Quercus litseoides Dunn

常绿乔木，高达6 m，胸径达20 cm；小枝纤细，幼时被绒毛，后脱落。叶革质，倒卵状披针形或窄椭圆形，长2.5 ~ 5.5 cm，宽1 ~ 2 cm，顶端圆钝，基部楔形，全缘，叶无毛；中脉在叶面微凸起，在叶背凸起，侧脉每边6 ~ 9条；叶柄不显著。雄花序长3 ~ 5 cm，花序轴及花被被棕色绒毛；雌花序长约1 cm，顶端有花2朵。壳斗碗形，包着坚果约1/3，高4 ~ 6 mm，直径1 ~ 1.5 cm，小苞片合生成5 ~ 7条同心环带，环带边缘有细齿或全缘，被灰褐色薄绒毛。坚果椭圆形，高1.3 ~ 1.8 cm，直径约1 cm，顶端有微毛，柱座明显；果脐平坦，直径约6 mm。花期：8 ~ 9月；果期：10 ~ 11月。

产地：阳春、阳江、惠阳。生于海拔700 ~ 1 000 m的山地疏林中。

分布：香港、广西西南部。

24. 多脉青冈　（《中国植物志》）　别名：多脉青冈栎、粉背青冈

Cyclobalanopsis multinervis W. C. Cheng & T. Hong

Quercus multinervis（W. C. Cheng & T. Hong）Govaerts

Q. glauca var. *hypargyrea* Seem.

Q. hypargyrea（Seem.）C. C. Huang & Y. T. Chang

常绿乔木，高达12 m，胸径达15 cm；小枝幼时被绒毛，后脱落，有圆形皮孔。叶革质，长椭圆形或椭圆状披针形，长8 ~ 17 cm，宽2.7 ~ 5.5 cm，顶端急尖或渐尖，基部楔形或近圆形，叶缘1/3以上有尖锯齿，叶背被伏贴单毛及易脱落的蜡粉层；中脉在叶面平坦，在叶背凸起，侧脉每边10 ~ 15条；叶柄长1 ~ 3 cm。壳斗碗形，包着坚果1/2以下，高约8 mm，直径1 ~ 1.6 cm，被薄毛，小苞片合生成6 ~ 8条同心环带，环带近全缘。坚果长卵形，高1.8 cm，直径9 ~ 12 mm，无毛；果脐平坦，直径3 ~ 5 mm。花期：4月；果期：翌年6 ~ 11月。

产地：乳源、肇庆、连山、乐昌。生于海拔1 000 ~ 1 450 m的地带，常组成小片纯林，为当地森林主要树种之一。

分布：安徽、江西、福建、湖北、湖南、广西、四川、贵州、陕西、浙江。

25. 小叶青冈　（《云南植物志》）　别名：青栲　（《中国树木分类学》）、青稠　（《中国高等植物图鉴》）

Cyclobalanopsis myrsinifolia（Blume）Oerst.

Quercus myrsinifolia Blume

常绿乔木，高达20 m，胸径达25 cm；小枝无毛，被淡褐色长圆形皮孔。叶薄革质，卵状披针形或椭圆状披针形，长4 ~ 12 cm，宽1 ~ 5 cm，顶端长渐尖或短尾尖，基部楔形或近圆形，叶缘中部以上有细锯齿，无毛；中脉在叶面平坦，在叶背凸起，侧脉每边9 ~ 14条，常不达叶缘，叶背支脉不明显；叶柄长5 ~ 20 mm。雄花序长4 ~ 6 cm；雌花序长1.5 ~ 3 cm。壳斗碗形，包着坚果1/3 ~ 1/2，高5 ~ 9 mm，直径1 ~ 1.8 cm，外壁被灰白色细柔毛，小苞片合生成6 ~ 9条同心环带，环带全缘。坚果卵形或椭圆形，高

1.4 ~ 2.5 cm，直径1 ~ 1.5 cm，无毛，顶端圆，柱座明显，有5 ~ 6条环纹；果脐平坦，直径约6 mm。花期：4 ~ 6月；果期：5 ~ 12月。

产地：乐昌、始兴、乳源、南雄、连州、连南、连山、仁化、阳山、新丰、龙门、和平、大埔、丰顺、惠东、惠阳、博罗、深圳、珠海、肇庆、封开、郁南、德庆。生于海拔200 m以上的杂木林中。

分布：香港、陕西、河南、福建、台湾、广西、四川、贵州、云南。越南、老挝、日本。

用途：木材坚硬，富弹性，能受压，为枕木、车轴、榨油设备的良好材料。

26. 竹叶青冈 （《中国植物志》） 别名：竹叶青冈栎 （《中国树木分类学》）、竹叶椆 （《海南植物志》）、竹叶栎（海南）

Cyclobalanopsis neglecta Schott.

Quercus bambusifolia Hance ex Seem.

常绿乔木，高达20 m，胸径达60 cm；小枝幼时被灰褐色丝质长柔毛，后渐脱落，有细棱，疏生皮孔。叶薄革质，窄披针形或椭圆状披针形，长2.5 ~ 11.5 cm，宽5 ~ 20 mm，顶端钝圆，基部楔形，全缘或顶部有1 ~ 2对不明显钝齿，叶无毛或基部有残存长柔毛，叶背带粉白色；中脉在叶面微凸起，在叶背凸起，侧脉每边7 ~ 14条，不甚明显；叶柄长2 ~ 5 mm。雄花序长1.5 ~ 5 cm；雌花序长5 ~ 10 mm，有花2至数朵，花序轴幼时被黄色绒毛，花柱3 ~ 4，长约1 mm。壳斗碟形，高5 ~ 10 mm，直径1.4 ~ 2 cm，包着坚果基部，内壁有棕色绒毛，外壁被灰棕色短绒毛，小苞片合生成4 ~ 6条同心环带，环带全缘或有三角形裂齿。坚果倒卵形或椭圆形，高1.7 ~ 2.7 cm，直径1.4 ~ 2 cm，初被微柔毛，后渐脱落，柱座明显；果脐微凸起，直径7 ~ 11 mm。花期：6 ~ 12月；果期：6月至翌年12月。

产地：深圳、珠海、中山、阳江、阳春及海南西南部各地。生于海拔500 ~ 800 m的山地密林中。

分布：香港、广西。越南。

27. 倒卵叶青冈 （《福建植物志》）

Cyclobalanopsis obovatifolia（Huang）Q. F. Zheng

Quercus obovatifolia Huang

常绿乔木，高达11 m，胸径达40 cm。叶革质，窄倒卵形或长椭圆形，长2.5 ~ 6（ ~ 9）cm，宽1.5 ~ 2.5（ ~ 3.5）cm，顶端圆，基部楔形，全缘或顶端微呈波状，叶背有白粉和稀疏星状毛；中脉在叶面微凹陷，在叶背凸起，侧脉每边5 ~ 7条；叶柄长2 ~ 8 mm，幼时被毛，后渐无毛。壳斗碗形，包着坚果1/3，高6 ~ 10 mm，直径1.5 ~ 2 cm，内壁被灰褐色丝状毛，外壁被灰褐色短绒毛，小苞片合生成7 ~ 9条同心环带，中部环带边缘裂齿较深，顶部及基部环带边缘裂齿较浅，有长3 ~ 8 mm短梗。坚果扁球形，高1 ~ 2 cm，直径1 ~ 1.6 cm，无毛，柱座凸起呈圆锥形；果脐平坦，直径5 ~ 7 mm。果期：11月。

产地：乳源、从化。生于海拔1 200 m左右的向阳山坡或山顶林中。

分布：湖南、福建。

28. 曼青冈 （《云南植物志》） 别名：曼椆 （《中国高等植物图鉴》）

Cyclobalanopsis oxyodon（Miq.）Oerst.

Quercus oxyodon Miq.

常绿乔木，高达20 m；小枝幼时被绒毛，后脱落。叶革质，长椭圆形至长椭圆状披针形，长13 ~ 22 cm，宽3 ~ 8 cm，顶端渐尖或尾尖，基部圆形或宽楔形，常略偏斜，叶缘有锯齿，叶背被灰白色或黄白色粉及平伏单毛和分叉毛，不久即脱净；中脉在叶面凹陷，在叶背显著凸起，侧脉每边16 ~ 24条；叶柄长2.5 ~ 4 cm。雄花序长6 ~ 10 cm，有疏毛；雌花序长2 ~ 5 cm。壳斗杯形，高1 ~ 1.5 cm，直径1.5 ~ 2 cm，包着坚果1/2以上，被灰褐色绒毛，小苞片合生成6 ~ 8条同心环带，环带边缘粗齿状。坚果卵形至近球形，高1.6 ~ 2.2 cm，直径1.4 ~ 1.7 cm，无毛，或顶端微有毛；果脐微凸起，直径约8 mm。花期：5 ~ 6月；果期：7 ~ 10月。

产地：乳源等地。生于海拔700 ~ 1 200 m的杂木林中。

分布：陕西、浙江、江西、湖北、湖南、广西、四川、贵州、云南、西藏等省区。印度、尼泊尔、缅甸。

29. 毛果青冈　（《中国植物志》）　别名：赤椆　（《中国高等植物图鉴》）

Cyclobalanopsis pachyloma（Seem.）Schott.

Quercus pachyloma Seem.

常绿乔木，高达17 m，胸径达13 cm；小枝幼时被黄色卷曲星状绒毛。叶革质，倒卵状长椭圆形至拔针形，长4 ~ 18 cm，宽1.3 ~ 7 cm，顶端渐尖或尾尖，基部楔形，叶缘中部以上有疏锯齿，叶幼时被黄色卷曲毛，老时无毛；中脉在叶面平坦，在叶背凸起，侧脉每边8 ~ 11条；叶柄长1 ~ 2.5 cm。雄花序长约8 cm，花序轴及小苞片被棕色绒毛；雌花序长1.5 ~ 3 cm，着生2 ~ 5朵花，密被棕色绒毛。壳斗杯形，包着坚果1/2 ~ 2/3，高1 ~ 2.2 cm，直径1.6 ~ 2.3 cm，密被黄褐色绒毛，小苞片合生成7 ~ 8条同心环带，环带全缘。坚果长椭圆形至倒卵形，高2.5 ~ 3.5 cm，直径1.2 ~ 2 cm，幼时密生黄褐色绒毛，老时渐脱落，顶端圆，柱座凸起；果脐微凸起，直径7 ~ 11 mm。花期：3 ~ 9月；果期：6月至翌年1月。

产地：乳源、曲江、阳山、连平、龙川、大埔、平远、饶平、海丰、普宁、惠阳、博罗、深圳、珠海、肇庆、封开。生于海拔150 ~ 850 m的山林中。

分布：江西、福建、台湾、广西、贵州等省区。

30. 托盘青冈　（《中国植物志》）　别名：托盘椆　（《海南植物志》）

Cyclobalanopsis patelliformis（Chun）Y. C. Hsu & H. W. Jen

Quercus patelliformis Chun

常绿乔木，高达13 m，胸径达24 cm；小枝无毛，有明显棱脊，二年生小枝灰褐色，皮孔散生。叶革质，椭圆形、长椭圆形或卵状披针形，长5.5 ~ 11 cm，宽2.5 ~ 5 cm，顶端长渐尖，基部楔形，稀近圆形，叶缘具急尖锯齿，尖端内弯，幼叶背面被星状毛，不久即脱落；中脉在叶面平坦，在叶背凸起，侧脉每边9 ~ 11条；叶柄长1.5 ~ 2.5 cm。雄花序长2.5 ~ 3 cm；雌花序长2 ~ 3 cm，有花3 ~ 5朵，花柱3。壳斗碗形，高6 ~ 8 mm，直径2 ~ 3 cm，包着坚果约1/3，内壁被伏贴柔毛，外壁被灰黄色微柔毛，小苞片合生成8 ~ 9条同心环带，除顶部2 ~ 3环全缘外，其余均有裂齿。坚果扁球形，高约2 cm，直径约2.5 cm，被灰黄色微柔毛，柱座凸起；果脐凹陷或平坦，直径约15 mm。花期：4 ~ 6月；果期：翌年10 ~ 12月。

产地：乳源及海南东方、乐东、三亚、保亭、陵水。生于海拔400 ~ 1 000 m的常绿阔叶林中。

分布：江西、广西。

31. 亮叶青冈　（《中国植物志》）　别名：亮叶椆　（《海南植物志》）

Cyclobalanopsis phanera（Chun）Y. C. Hsu & H. W. Jen

Quercus phanera Chun

Q. basellata Chun & Ko

Q. insularis Chun & Tam

常绿乔木，高达25 m，胸径达70 cm；小枝幼时被毛，后无毛，有细棱。叶厚革质，长椭圆形或倒卵状长椭圆形，长4 ~ 15 cm，宽1.5 ~ 5.5 cm，顶端短钝尖，基部楔形，偏斜，全缘或顶端具浅钝锯齿，叶无毛；中脉在叶面平坦，在叶背凸起，侧脉每边7 ~ 10条；叶柄长5 ~ 20 mm。雄花序长约5 cm，花序轴被棕色绒毛；雌花序长约5 mm，通常有1朵花，花柱4，长约1.5 mm。壳斗浅碗形，包着坚果约1/4，高1 ~ 1.6 cm，直径1.7 ~ 2.5 cm，内壁被棕色绒毛，外壁被苍黄色短绒毛，小苞片合生成8 ~ 12条同心环带，上部3环极密，中部4 ~ 5环最宽，且有深裂齿。坚果近长椭圆形，高3.3 ~ 4 cm，直径2 ~ 2.5 cm，被柔毛，柱座明显且基部有环纹；果脐微凸起，直径7 ~ 11 mm。花期：11月至翌年1月；果期：12月至翌年3月。

产地：海南东方、保亭、陵水等地。生于海拔500 ~ 1 700 m的杂木林中。

分布：广西。

32. 云山青冈 （《中国植物志》） 别名：云山椆 （《中国高等植物图鉴》）

Cyclobalanopsis sessilifolia（Blume）Schott.

Quercus sessilifolia Blume

常绿乔木，高达10 m，胸径达24 cm；小枝幼时被毛，后无毛，有灰白色蜡层和淡褐色圆形皮孔。叶革质，长椭圆形至披针状长椭圆形，长5～10 cm，宽2～3.5 cm，顶端急尖或短渐尖，基部楔形，全缘或顶端有2～4对浅钝锯齿，叶无毛；中脉在叶面平坦，背面凸起，侧脉每边10～14条，不明显；叶柄长5～15 mm。雄花序长约5 cm，花序轴被苍黄色绒毛；雌花序长约1.5 cm，花柱3裂。壳斗碗形，包着坚果约1/3，高7～10 mm，直径1～1.7 cm，被灰褐色绒毛，小苞片合生成5～7条同心环带，除下面2～3环有裂齿外，其余近全缘。坚果倒卵形，高2～2.5 cm，直径8～13 mm，柱座凸起，基部有几条环纹；果脐微凸起，直径约7 mm。花期：4～5月；果期：6～11月。

产地：乐昌、乳源、始兴、连山、连南、仁化、博罗、和平、肇庆。生于海拔800～1 500 m的山地杂木林中。

分布：江苏、浙江、江西、福建、台湾、湖北、湖南、广西、四川、贵州等省区。日本。

用途：木材可作桥梁、建筑用材；种子含淀粉，可酿酒或作饲料用。

33. 褐叶青冈 （《中国植物志》） 别名：黔椆 （《中国高等植物图鉴》）

Cyclobalanopsis stewardiana（A. Camus）Y. C. Hsu & H. W. Jen

Quercus stewardiana A. Camus

常绿乔木，高达12 m，胸径达60 cm；小枝无毛。叶革质，椭圆状披针形或长椭圆形，长5～11 cm，宽2～4 cm，顶端尾尖或渐尖，基部楔形，叶缘中部以上有疏浅锯齿，幼叶两面被丝状单毛，老时无毛或仅叶背有疏毛；中脉在叶面平坦，背面凸起，侧脉每边8～10条，在叶面不明显，背面凸起；叶柄长1～2 cm。雄花序长5～7 cm，花序轴密生棕色绒毛；雌花序长约2 cm，花序轴及小苞片被棕色绒毛。壳斗杯形，包着坚果1/2，高6～10 mm，直径1.3～1.8 cm，内壁被灰褐色绒毛，外壁被灰白色柔毛，老时脱落，小苞片合生成5～9条同心环带，环带常排列松弛，边缘有粗齿。坚果宽卵形，高约1.7 cm，直径约1.3 cm，无毛，顶端有宿存短花柱；果脐凸起，直径约8 mm。花期：4～7月；果期：8～10月。

产地：乳源、连州、连南、英德。生于海拔1 000 m以上的杂木林中。

分布：浙江、江西、湖北、湖南、广西、四川、贵州等省区。

34. 鹿茸青冈 （《中国植物志》） 别名：鹿茸椆 （《海南植物志》）

Cyclobalanopsis subhinoidea（Chun & Ko）Y. C. Hsu & H. W. Jen ex Y. T. Chang

Quercus subhinoidea Chun & Ko

常绿乔木，高达13 m，胸径达14 cm；小枝幼时被灰黄色的星状绒毛，不久即脱落，皮孔散生。叶薄革质，长椭圆形或长椭圆状披针形，长6～12 cm，宽2.5～4 cm，顶端长渐尖或短尾尖，基部宽楔形，叶缘基部以上有齿状锐锯齿，叶幼时被毛，老时无毛；中脉在叶面凸起，背面微凸起，侧脉每边15～22条，背面支脉明显；叶柄长1.5～3 cm，有沟槽，幼时被毛，后渐脱落。壳斗高杯形，包着坚果全部，高1～1.5 cm，直径约3 cm，内壁被黄色丝毛，小苞片合生成8～9条同心环带，下面的环带较宽，边缘呈啮蚀状，中间的3～4环较密，边缘内弯，被短绒毛。坚果扁球形，高1～1.5 cm，直径2.5～3 cm，被黄灰色微柔毛，顶端凹陷，柱座凸起；果脐凸起，直径约18 mm。花期：5月；果期：8～12月。

产地：海南东方。生于海拔380～500 m的山谷密林中。

35. 吊罗山青冈 （《中国植物志》） 别名：吊罗椆 （《海南植物志》）

Cyclobalanopsis tiaoloshanica（Chun & Ko）Y. C. Hsu & H. W. Jen

Quercus tiaoloshanica Chun & Ko

常绿乔木，高达12 m，胸径达16 cm；小枝幼时被黄色绒毛，具细棱，二年生枝有不明显的皮孔。叶革质，长椭圆形或倒卵状椭圆形，长4 ~ 10 cm，宽1.2 ~ 3 cm，顶端短突尖，基部楔形，全缘或顶端有2 ~ 5对浅钝齿，微反卷，幼叶背面被黄色卷曲绒毛，老叶无毛；中脉在叶面平坦，背面凸起，侧脉每边5 ~ 7条；叶柄长6 ~ 8 mm，幼时被黄色卷曲绒毛。雄花序长5 cm，花序轴被黄色长绒毛；雌花序长5 ~ 15 mm，有花2 ~ 3朵，花柱3 ~ 5，长约1.5 mm。壳斗碗形，包着坚果约1/3，高6 ~ 8 mm，直径1 ~ 2 cm，内壁被棕色长柔毛，外壁被灰黄色微柔毛，小苞片合生成6 ~ 7条同心环带，环带全缘或有细裂齿，上部2 ~ 3环较窄，全缘。坚果卵形或椭圆形，高2 ~ 2.5 cm，直径1.4 ~ 1.8 cm，被伏贴微柔毛，成熟时仅顶部有毛，柱座微凸起；果脐平坦，直径6 ~ 9 mm。花期：1 ~ 2月；果期：5月至翌年1月。

产地：海南保亭（吊罗山）。生于海拔900 ~ 1 400 m的山林中。

蛇 菰 科 Balanophoraceae

一年生至多年生矮小、肉质草本，无正常根，靠根状茎上的吸盘寄生于寄主植物的根上。根状茎粗，常多分枝，表面常具瘤或网格。叶退化为褐色、红色或黄褐色鳞片，对生、轮生或互生，二列或螺旋状排列，或无叶。花单性，少两性，雌雄同序或异序，密集成头状或肉穗状花序；雄花：花被缺或3～8（～14）裂，裂片镊合状排列；雄蕊在无花被花中1～2枚，在有花被花中常与花被裂片同数且与其对生，很少多数；花丝离生或合生，花药2至多室，分离或连合；雌花：花被缺或与子房合生，裂片无或不明显的齿状；子房上位或下位，1～3室，花柱1～2枚，柱头状，少盘状；胚珠每室1颗，顶生，悬垂，无珠被或有一层珠被。果细小，坚果状；种子1枚，种皮薄或缺，很少厚，胚乳丰富，颗粒状，油质，少粉质，胚微小。

本科约18属，50种，分布于全世界热带、亚热带地区。我国产2属，约14种；广东及海南有1属，8种，1变种。

蛇 菰 属 Balanophora J. R. & G. Forst.

寄生、肉质草本。根状茎分枝或不分枝，表面具疣瘤或星芒状皮孔，平滑或皱褶。鳞片状叶肉质、膜质或草质，互生、对生，近二列，少轮生或螺旋状排列。花茎直立，通常圆柱状；肉穗花序单性或雌雄同株（序），卵圆形、球形、穗状或圆柱状，常具颜色，雌雄花同株（序）时，雄花与雌花混生；雄花较大，下部常有短截平的苞片；花被圆筒状，花被裂片3～9，卵形至披针形或近圆形，雄蕊与花被裂片同数且与其对生，通常聚生成聚药雄蕊，花丝离生或合生，花药3～6枚或更多；雌花密生于花序轴上，无花被；子房椭圆形或纺锤形，1室，胚珠倒生，花柱细长，宿存，附属体远比子房大，棍棒状或钻状。果坚果状，外果皮脆壳质。

本属约20种，分布于亚洲和大洋洲热带和亚热带地区。我国有19种，产长江流域及以南各省区；广东及海南有8种，1变种。

1. 雄花4～9数，聚药雄蕊常长大于宽。
  2. 花药马蹄形，斜裂。
    3. 根状茎表面有粗厚的方格状突起；雄花被裂片椭圆状披针形……1. 印度蛇菰 B. indica
    3. 根状茎表面疏被颗粒状小疣瘤和星芒状皮孔；雄花被裂片长圆形或披针形……2. 石山蛇菰 B. saxicola
  2. 花药非马蹄形。
    3. 花雌雄同株（序）……3. 短穗蛇菰 B. abbreviata
    3. 花雌雄异株（序）。
      4. 药室分成20～60小药室……4. 多蕊蛇菰 B. polyandra
      4. 药室分成10～30小药室。
        5. 花被4～9裂，根状茎表面具不规则疣瘤……5. 香港蛇菰 B. hongkongensis
        5. 花被通常5裂；根状茎表面细颗粒状，有星状疣突……6. 疏花蛇菰 B. laxiflora
1. 雄花3数，聚药雄蕊长小于宽。
  2. 雌雄异株（序）。
    3. 根状茎干时脆壳质，表面粗糙，密被小斑点，呈脑纹状皱褶或近脑纹状皱缩；鳞片聚生于花茎基部呈总苞状……7. 红苳蛇菰 B. harlandii
    3. 根状茎干时带木质，表面平滑或大部分有小凸起，顶端裂鞘表面密被颗粒状小疣瘤和疏生显著的星芒状皮孔……7a. 红烛蛇菰 var. mutinoides

2. 雌雄同株（序），雄花不规则地散生于雌花丛中 ………………………………………………………… 8. 鸟鞘蛇菰 B. tobiracola

1. 印度蛇菰 （《中国植物志》）

Balanophora indica (Arn.) Griff.

Langodorffia indica Arn.

寄生草本，高15 ~ 25 cm；根状茎橙黄色至褐色，直径达9 cm，常分枝，单个分枝近球形，宽0.5 ~ 5.5 cm，表面有粗厚的方格状突起，偶有星芒状皮孔。花茎红色，粗壮，长7.2 ~ 20 cm；鳞片橙红色，10 ~ 20枚，覆瓦状排列，阔卵形或长圆状卵形，长3 cm，宽2 cm，稍呈兜状，顶端钝；花雌雄异株（序）；雄花序红色，卵圆状椭圆形，长5 ~ 10 cm，宽2 ~ 7 cm；雄花常5基数，密集，辐射对称，花被裂片5（有时4或6），椭圆状披针形；聚药雄蕊着生于粗短的总柄上，稍侧扁，倒圆锥状；花药4 ~ 5枚，马蹄形，斜裂；药室10；雌花序暗紫红色，近球形，直径3 ~ 5 cm；附属体棍棒状，顶端钝或截平。花期：10 ~ 12月。

产地：海南保亭、琼中。生于海拔900 ~ 1 500 m的常绿阔叶林中或山谷阴处。

分布：广西、云南。印度、缅甸、越南、马来西亚至大洋洲。

2. 石山蛇菰

Balanophora saxicola Xing et Z. X. Li

寄生草本，高约12 cm；根状茎分枝，通常块茎状，表面疏被颗粒状小疣瘤和星芒状皮孔。鳞片7 ~ 12枚，覆瓦状排列，舟状或勺状，长2 ~ 4 cm，宽1.6 ~ 1.8 cm，顶端钝或急尖。花雌雄异株（序）；雄花序卵形或卵状椭圆形，长4 ~ 9 cm，宽2 ~ 4 cm，淡红色；苞片长约6 mm，宽约4 mm，顶端截平；花梗长9 mm；雄花白色，直径约1.3 cm；花被裂片4 ~ 5，长圆形或披针形，顶端急尖；聚药雄蕊倒卵形，花药4枚，马蹄形，白色，纵向连生；雌花序紫红色，椭圆形或卵状椭圆形；子房通常卵球形，淡黄色，附属体棕色，卵球形或倒棍棒状。

产地：海南昌江（乌烈）、东方（猕猴岭）。

3. 短穗蛇菰

Balanophora abbreviata Bl.

B. subcupularis Tam

B. kainantensis Masam.

寄生草本，高5 ~ 10 cm，全株常呈灰白色；根状茎多少分枝，分枝近杯形或近球形，直径1 ~ 1.5 cm，表面密被小斑点，近脑纹状皱褶，顶端的裂鞘不规则地3 ~ 5裂，裂片阔三角形或近圆形，边缘具不整齐的细锯齿。花茎直立，长4 ~ 6 cm；鳞片4 ~ 5枚，红色，长圆形或卵形，2裂，舟状；花雌雄同株（序）；花序圆柱状或椭圆形；雄花着生于花序的基部（10 ~ 20朵）和花序的顶部（3 ~ 8朵）；花被裂片通常5，近圆形，内凹；聚药雄蕊近圆盘状，花药4 ~ 5枚，短裂，药室8 ~ 10；雌花密集着生；子房纺锤形，微小，花柱丝状，细长；附属体棍棒状，有短柄，顶端截平，向基部狭窄。花期：11 ~ 12月。

产地：信宜、博罗（罗浮山）、怀集、龙门、仁化、乳源、阳山、连山、连州、连南、乐昌及海南昌江、东方。生于海拔600 ~ 900 m的山谷疏林中或密林下。

分布：云南、贵州、广西、湖南、江西、四川、浙江、福建。刚果、科摩罗群岛、马达加斯加、印度、缅甸、泰国、柬埔寨、马来西亚和太平洋岛屿。

4. 多蕊蛇菰 （《湖北植物志》） （图22）

Balanophora polyandra Griff.

寄生草本，高5 ~ 25 cm，全株带红色至橙黄色；根状茎常分枝，直径2 ~ 3.5 cm，表面有纵纹，密被颗粒状小疣瘤并疏生带灰白色的星芒状小皮孔。花茎深红色，长2.8 ~ 8 cm，直径5 ~ 10 mm；鳞片4 ~ 12枚，卵状长圆形，有时卵形，在花茎下部旋生，在花茎上部互生。花雌雄异株（序）；雄花序红色至紫红色，圆柱形，长12～15 cm；雄花两侧对称，花被裂片6；聚药雄蕊近圆盘状，中央呈脐状突起，分裂为20～60小药室；雌花序卵圆形或长圆状卵形，长2～3 cm；子房长卵形，基部渐狭或近圆柱形，花柱丝状；附属体倒圆锥形或近棍棒状。花期：8～10月。

产地：阳江、阳春、封开及海南陵水。生于500～700 m的路旁、山谷或密林下。

分布：西藏、云南、四川、湖北、广西。尼泊尔、印度、缅甸。

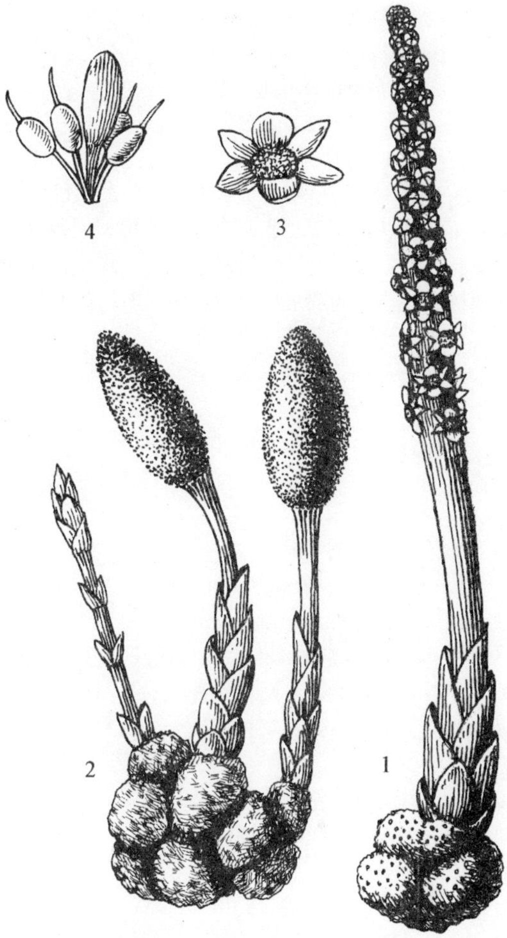

图22 多蕊蛇菰 Balanophora polyandra Griff.
1. 雄株；2. 雌株；3. 雄花；4. 雌花。（余汉平绘）

5. 香港蛇菰

Balanophora hongkongensis K. M. Lau, N. H. Li & S. Y. Hu

寄生草本，全株橙红色；根状茎黄褐色，干时深褐色，近球形，表面具不规则疣瘤，直径3～10 cm。花茎长3～10 cm，直径2～11 mm。鳞片卵状披针形，长1.2～4 cm，宽8～10 mm，顶端急尖。花雌雄异株（序）；穗状花序圆柱状，直立；雄花序穗状，长2～10 cm，直径5～16 mm，花无柄；花被裂片4～9，三角状卵形，长2.5 mm，宽1～2 mm，顶端尖或钝，紧贴花轴；药室10～30或更多；雌花序长1.5～8 cm，直径1～3 cm，花多数，密集；子房纺锤状，具柄，花柱细长，丝状，比子房长3～4倍。花期：11～12月。

产地：深圳（七娘山）。生于海拔约200 m的常绿林中阴湿处。

分布：香港（新界青山）。

6. 疏花蛇菰 别名：石上莲、山菠萝（广东）

Balanophora laxiflora Hemsl.

B. spicata Hayata

寄生草本，高8～20 cm，全株红色至深红色而发紫；根状茎分枝，分枝近球形，长1～3 cm，宽1～2.5 cm，表面细颗粒状，有星状疣突。花茎长5～10 cm；鳞片黄色，互生，8～14枚，椭圆状长圆形，长2～2.5 cm，宽1～1.5 cm，顶端钝，基部几全抱花茎。花雌雄异株（序）；雄花序圆柱状，长3～18 cm，宽0.5～2 cm，顶端渐尖；雄花鲜红色，近辐射对称，疏生，花被裂片5（有时4或6），近圆形；聚药雄蕊近圆盘状，有时向两侧稍延展，中部呈脐状突起，花药5枚，药室10；雌花序卵圆形至长圆状椭圆形，浅黄色，长2～6 cm，直径0.8～2 cm，顶渐尖；子房卵圆形，具细长的花柱和短子房柄；附属体棍棒状或倒圆锥状。花期：9～11月。

产地：茂名、电白、阳江、阳春、郁南、封开（黑石顶）、龙门（南昆山）、云浮、英德、连南、连州、乳源、仁化、乐昌及海南保亭、兴隆、陵水、五指山。生于海拔660～1 700 m的密林中或山谷水沟旁。

分布：云南、贵州、四川、西藏、湖北、湖南、江西、广西、福建、浙江、台湾。尼泊尔、不丹、印度及缅甸。

7. 红苳蛇菰

Balanophora harlandii Hook. f.

B. henryi Hemsl.

B. japonica auct. non Makino

寄生草本，高2.5～9 cm；根状茎苍褐色，分枝或不分枝，扁球形或近球形，直径2.5～5 cm，表面粗糙，密被小斑点，呈脑纹状褶皱。花茎淡红色，长2～5.5 cm；鳞片橙红色或淡红色，5～10枚，长圆状卵形，聚生于花茎基部，呈总苞状；花雌雄异株（序）；花序近球形或卵圆状椭圆形；雄花序轴有凹陷的蜂窠状凹穴；雄花3，花被裂片3，阔三角形；聚药雄蕊有3枚花药；雌花的子房黄色，卵形，花柱丝状；附属体暗褐色，倒圆锥形或倒卵形，顶端截平或中部凸起，无柄或具极短的柄。花期：9～11月。

产地：深圳、封开（黑石顶）、惠东、从化、新丰、龙门、博罗（罗浮山）、潮安（凤凰山）、河源、乳源、阳山、连州及海南昌江、琼中（五指山）。生于海拔150～1 000 m的荫蔽林中较湿润的腐殖质土壤上。

分布：广西、安徽、福建、贵州、河南、湖北、湖南、江西、山西、四川、西藏、台湾、云南、浙江。

7a. 红烛蛇菰

var. **mutinoides**（Hayata）Xing

B. mutinoides Hayata

寄生草本，高约10 cm；根状茎红褐色或淡紫红色，不整齐的卵圆形，多少分枝，表面平滑，大部分有小凸体，顶端裂鞘杯形；裂片4，粗齿状，表面密被颗粒状小疣瘤和稀疏而明显的红黄色星芒状皮孔。花茎红色，长10 cm；鳞片红黄色，舟状，旋生；花雌雄异株（序）；花序圆锥状球形；雄花苍褐色，3数，花被3裂，阔三角形；聚药雄蕊有横裂的花药3枚；雌花淡红紫色，子房纺锤状，密集着生于附属体基部，花柱丝状；附属体棍棒状，顶端截平或中央稍凹陷。花期：3～5月；果期：5～7月。

产地：从化、肇庆（鼎湖山）、怀集、英德、新丰。生于海拔700～1 000 m密林中阴湿地或山谷间。

分布：广西、台湾、四川、云南、贵州。

8. 鸟黐蛇菰　（《中国植物志》）　别名：海桐蛇菰

Balanophora tobiracola Makino

B. harlandii var. *spiralis* Tam

B. wrightii Makino ex Makino & Nemoto

寄生草本，高5～10 cm，全株红黄色。根状茎分枝，近球形或扁球形，直径1.5～2.2 cm，表面粗糙，密被小斑点，近脑纹状皱缩，常有星芒状小皮孔，顶端的裂鞘5裂，裂片三角形。花茎长1～5.5 cm，浅黄色；鳞片5～10，散生，长圆状披针形或长圆状卵形，8～14 mm，宽5～8 mm；花雌雄同株（序），花序圆锥状长圆形、卵状椭圆形或卵形，长1.8～4 cm，直径1～2 cm；雄花不规则地散生于雌花丛中；花被裂片3，开展，卵圆形或近圆形，内凹；聚药雄蕊有花药3枚，花药横裂，近无梗；雌花卵圆形至椭圆形，花柱丝状，比子房长；附属体倒卵形或阔卵圆形。花期：8～12月。

产地：连州、仁化。生于海拔500 m的较湿润的杂木林中。

分布：台湾、江西、湖南、广西。日本。

紫 草 科 Boraginaceae

草本，少为灌木或乔木，植株多被硬毛或刚毛。单叶，互生，稀对生，全缘或有锯齿，无托叶。聚伞花序或蝎尾状聚伞花序，极少花单生，有苞片或无；花两性，辐射对称，稀左右对称；花萼常5裂，大多宿存；花冠管状、钟状、漏斗状或高脚杯状，顶端分裂；雄蕊5枚，着生花冠管部，花药内向，纵裂；子房2室，每室有2颗胚珠，或4室，每室1胚珠，花柱顶生或基生于子房裂瓣之间，即基着式花柱（gyno-basic style）。核果；种子1～4颗，直立或斜生，种皮膜质，无胚乳，稀具少量胚乳；胚直，少弯曲，子叶平，肉质。

本科约156属，2 500种，广布于世界温带和热带地区，地中海地区为分布中心。我国有46属，294种，遍布全国，以西南种类最为丰富；广东及海南有10属，27种，1变种。

1. 子房不分裂，花柱自子房顶端生出。
  2. 花柱两次2裂；柱头4；核果具1核 ………… 1. 破布木属 Cordia
  2. 花柱2裂或不裂；柱头1或2；核果通常开裂为2或4个分核。
    3. 柱头2，头状或延长，无不育部分；花柱通常2裂，稀不裂。
      4. 亚灌木状草本；果干燥，无明显分化的中果皮，内果皮骨质，成熟时裂为4个具单种子的分核 ………… 2. 双柱柴草属 Coldenia
      4. 灌木或乔木；果多浆，有明显分化的中果皮，内果皮发达，成熟时不裂或裂为2或4个分核。
        5. 叶上面密生白色斑点；花柱2裂至中部以下；内果皮不分裂，卵球形 ………… 3. 基及树属 Carmona
        5. 叶上面无白色斑点；花柱2裂不达中部；内果皮分裂为2个具2颗种子或4个具1颗种子的分核 ………… 4. 厚壳树属 Ehretia
    3. 柱头1，圆锥形，周围有柱头组织，上部为不育部分或有时2裂，花柱不分裂或不存在。
      4. 草本或亚灌木；果干燥，成熟时无明显分化的中果皮，内果皮骨质 ………… 5. 天芥菜属 Heliotropium
      4. 乔木或灌木；果成熟时有肉质或木栓质的中果皮 ………… 6. 紫丹属 Tournefortia
1. 子房（2～）4裂，花柱自子房裂瓣间的基部生出。
  2. 小坚果着生面居果的近顶部，有锚状刺 ………… 7. 琉璃草属 Cynoglossum
  2. 小坚果着生面居果的上面中部或中部之下，无锚状刺，有疣状突起或平滑。
    3. 花冠裂片覆瓦状排列；小坚果四面体形 ………… 8. 附地菜属 Trigonotis
    3. 花冠裂片旋转状排列；小坚果非四面体形。
      4. 小坚果的杯状突起2层，外层突起的边缘有齿 ………… 9. 盾果草属 Thyrocarpus
      4. 小坚果的杯状突起1层，或为2层而外层全缘 ………… 10. 斑种草属 Bothriospermum

1. 破 布 木 属 **Cordia** Linn.

乔木或灌木。叶互生，稀对生，全缘或具锯齿，稀具小裂片，常有柄。聚伞花序呈伞房状排列；花两性，常有异长花柱，或功能性单性；花萼筒状或钟状，花后增大，宿存；花冠白色、黄色或橙红色，钟状或漏斗状，通常5裂，稀4～8裂，裂片伸展或下弯；雄蕊与花冠裂片同数，花丝基部被毛；子房4室，无毛，每室具胚珠1颗，花柱基部合生，顶端两次2裂，各具1匙形或头状的柱头。核果卵球形、圆球形或椭圆形，中果皮常肉质，内果皮骨质，稀木栓质，具1～4颗种子。

本属325种，分布于热带、亚热带地区。我国有5种，产于西南、华南及台湾；广东及海南5种均有。

1. 花橙红色，长3.5～4.5 cm；果被筒状的宿存花萼完全包围，中果皮木栓质 ………… 1. 橙花破布木 C. subcordata

1. 花白色或淡黄色，长不超过2 cm；果被杯状的宿存花萼承托，中果皮肉质。
  2. 花萼有突起的纵肋；果较大，直径约2 cm ……………………………………………………………… 2. 毛叶破布木 C. myxa
  2. 花萼无纵肋；果较小，直径约1.5 cm以下。
    3. 叶背面密生绒毛；花序顶生于主枝顶……………………………………………………………… 3. 二叉破布木 C. furcans
    3. 叶背面无毛或疏被短柔毛，或叶脉及脉腋间被毛；花序顶生于短侧枝上。
      4. 叶长圆形或卵形，长3 ~ 8 cm，宽2 ~ 3.5 cm；花序为紧密的团伞花序 ……………4. 越南破布木 C. cochinchinensis
      4. 叶卵形或椭圆形，长6 ~ 13 cm，宽4 ~ 9 cm；花序为疏松的聚伞花序 ………………………… 5. 破布木 C. dichotoma

1. 橙花破布木 （《海南植物志》）

Cordia subcordata Lam.

小乔木，高约3 m；树皮黄褐色。叶卵形或狭卵形，顶端渐尖或急尖，基部钝或近圆形，稀心形，全缘或微波状，上面具明显或不明显的斑点，下面叶脉或脉腋间密生绵毛；叶柄长3 ~ 6 cm，无毛。聚伞花序与叶对生，盛花期花序宽12 cm；花梗长3 ~ 6 mm；花萼革质，圆筒状，长约13 mm，宽约8 mm，具短小而不整齐的裂片；花冠橙红色，漏斗形，长3.5 ~ 4.5 cm，喉部直径约4 cm，具圆而平展的裂片。坚果卵球形或倒卵球形，长约2.5 cm，具木栓质的中果皮，被增大的宿存花萼包围。花、果期：6月。

产地：海南三亚及西沙群岛（永兴岛）。生于沙地疏林中。

分布：非洲东海岸、印度、印度尼西亚、泰国、越南、澳大利亚及太平洋南部诸岛屿。

2. 毛叶破布木 （《中国植物志》）

Cordia myxa Linn.

落叶乔木或灌木，高约12 m；树皮深灰色，粗糙，块状剥落。叶宽卵形或近圆形，长4 ~ 12 cm，宽4 ~ 11 cm，顶端钝圆，基部截平，全缘或微波状，上面绿色，无毛，下面淡绿色，密被短柔毛；叶柄长1 ~ 3 cm。聚伞花序顶生或侧生，疏松，呈伞房状；花萼长3 ~ 4 mm，管状钟形，具短裂片，常被短柔毛；花冠裂片5，长2.5 ~ 3 mm，花冠管内被毛。核果黄色或淡红色，圆球形，直径约2 cm，被革质的漏斗形宿萼承托；种子1颗。花期：7月；果期：10月。

产地：华南植物园有栽培。原产印度西南海岸。

分布：巴基斯坦、印度、伊朗、澳大利亚。

3. 二叉破布木 （《海南植物志》）

Cordia furcans Johnst.

灌木至乔木，高4 ~ 15 m；树皮灰色。叶纸质，卵圆形至椭圆形，长9 ~ 15 cm，宽4 ~ 9 cm，顶端钝，稀急尖或具钝尖头，基部常阔楔形或圆形，全缘或稀具不明显钝齿，上面被硬毛，下面密被淡黄色短绒毛，老时近无毛，侧脉每边3 ~ 5条；叶柄细弱，长3 ~ 6 cm。聚伞花序多花，顶生或腋外生，松散，直径9 ~ 12 cm；总花梗长2 ~ 8 cm；花二型，4 ~ 5基数，近无梗；花萼钟状，长约5 mm，裂片不相等，长1 ~ 1.5 mm；花冠白色，长6.5 ~ 8.5 mm，喉部有白毛，裂片长圆形，长3.5 ~ 4.5 mm，反折；花丝着生于花冠管的近顶部，被疏毛，雄花的花丝长3.5 ~ 5 mm；两性花的子房球形，无毛。核果红色或淡红色，椭圆形，直径5 ~ 8 mm，含有多汁的中果皮，被不规则分裂的杯状的宿萼承托。花期：11月至翌年1月。

产地：海南昌江、东方、三亚、陵水、琼海、澄迈。生于低海拔至中海拔的疏林中；不常见。

分布：云南、广西。印度、缅甸、泰国、越南。

4. 越南破布木 （《海南植物志》）

Cordia cochinchinensis Gagnep.

小乔木或攀援灌木，高2 ~ 4 m。叶长圆形或卵形，长3 ~ 8 cm，宽2 ~ 3.5 cm，顶端钝或微凹，基部楔形或圆形，稀心形，全缘，上面有时密生小斑点，下面脉腋间有簇生的短毛，侧脉5 ~ 6对，网脉密而明显；叶柄细弱，长1 ~ 2 cm。花序生于多叶的侧枝顶端，呈团伞花序状；花两性；花萼杯状，长

7～8 mm，裂片4～5，不整齐的三角形；花冠长14～16 mm，花冠管约与裂片等长；花丝长3.5～4.5 mm，无毛或散生短毛，花药长1.5 mm；花柱长约3 mm，第一次分枝长约1 mm，第二次分枝长3.5～5 mm，细弱。核果近球形，直径8～10 mm，被革质的杯状宿萼承托。果期：7～12月。

产地：海南乐东、东方、三亚。生于海边丛林中及干燥的砂质丘陵及山坡上，数量少。

分布：越南、泰国。

5. 破布木 （《中国树木分类学》） （图23）

Cordia dichotoma Forst. f.

Varronia sinensis Lour.

乔木，高3～8 m。叶卵形或椭圆形，长6～13 cm，宽4～9 cm，顶端钝或急尖，基部圆形或宽楔形，边缘通常微波状或具波状齿，稀全缘，两面疏被短柔毛或无毛；叶柄细弱，长2～5 cm。伞房状聚伞花序生于具叶的侧枝顶端，宽5～8 cm，分枝稀疏；花二型，无梗；花萼钟状，长5～6 mm，裂片5，三角形，不等大；花冠白色，与花萼略等长，裂片长于管部；雄花花丝长约3.5 mm；退化雌蕊圆球形；两性花花丝长1～2 mm，花柱长1～1.5 mm，第一次分枝长约1 mm，第二次分枝长2～3 mm，柱头匙形。核果黄色或带红色，近球形，直径10～14 mm，具多胶质的中果皮，被宿存的花萼承托。花期：2～4月；果期：6～8月。

产地：龙川、肇庆、河源、广州、深圳、阳江、徐闻、阳江及海南白沙、三亚、乐东、保亭、昌江、东方、琼山、万宁、琼海。生于山坡疏林及山谷溪边。

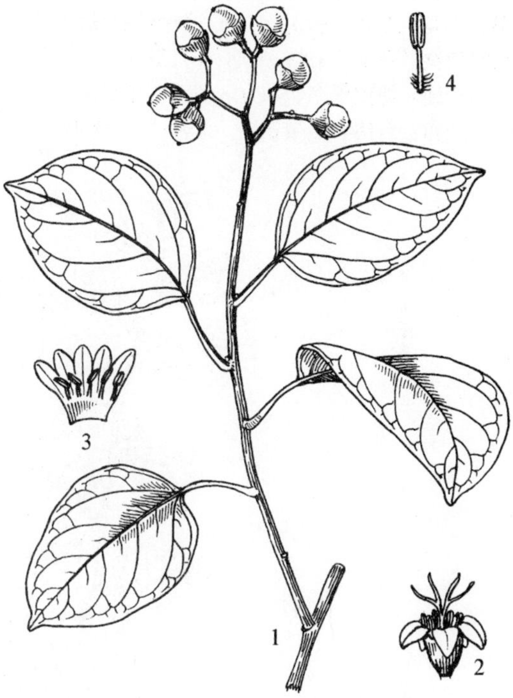

图23 破布木 Cordia dichotoma Forst. f.
1. 果枝；2. 两性花；3. 花冠展开；4. 雄蕊。（余汉平绘）

分布：西藏东南部、云南、贵州、广西、福建及台湾。越南、柬埔寨、泰国、缅甸、巴基斯坦、印度北部、马来西亚、澳大利亚东北部及新喀里多尼亚岛。

用途：种子含油；果入药，有祛痰利尿之效。

2. 双柱紫草属 Coldenia Linn.

一年生亚灌木状草本；分枝开展或平卧。叶互生，边全缘。花无梗或具短梗，通常单生腋外，或在茎上部簇生呈头状或排列于一侧呈总状；花萼4裂，裂片披针形或线形；花冠管状，喉部无毛或具4鳞片，裂片4，伸展，在芽中对褶；雄蕊4枚，内藏，花丝短，着生于花冠管上，花药卵形；子房卵球形，多少4裂，2室，每室含胚珠2颗，或假4室各含胚珠1颗，胚珠着生近顶端，下垂，花柱2，顶生、离生或合生至中部，柱头2，通常分裂。果肉质或干燥，宽三角形或半球形，内果皮骨质，分裂为4个不易分离、具单颗种子的分核；种子无胚乳或含少量胚乳。

本属仅1种，产东半球热带及亚热带地区。广东及海南产1种。

有关本属界限的讨论请参阅Richardson in Rhodora 79：476．1977.

双柱紫草 （《中国高等植物图鉴》） 别名：刺锚草 （《海南植物志》） （图24）

Coldenia procumbens Linn.

一年生亚灌木状草本。茎由基部分枝，分枝铺散或斜升，长15～40 cm，密被展开的糙伏毛。叶长圆形或倒卵形，长1～2 cm，宽5～15 mm，两边不对称，边具粗圆齿或小裂片，两面被糙伏毛，侧脉4～6对，上面凹陷，下面凸起。茎上部叶无柄，下部叶具短柄，长约5 mm。花小，4基数，单生腋外，近无梗；花萼长1.5～2 mm，裂片披针形或卵状披针形，果时稍增大，宿存，被糙伏毛；花冠白色，筒状，长2～2.5 mm，无毛，裂片圆形，极短，长约0.3 mm；雄蕊内藏，花丝极短，长约0.3 mm，着生于花冠管中部，花药近圆形或宽卵形，长约0.2 mm；子房宽三角形，有4条沟纹，花柱顶生，柱头2，顶端不明显2裂。果宽三角形，长3～4 mm，被腺毛及短柔毛，成熟时分裂为4个各具单颗种子的分核；分核具皱纹及刺状瘤突。花期：4月；果期：6月成熟。

产地：海南乐东、东方、三亚。生于海滨沙地或干涸的水稻田中；不常见。

分布：台湾。热带亚洲、非洲、大洋洲及美洲。

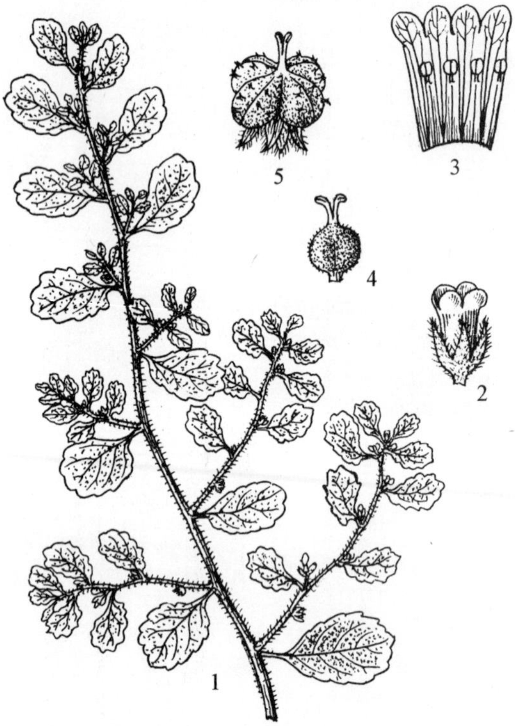

图24　双柱紫草　Coldenia procumbens Linn.
1. 植株；2. 花；3. 花冠展开；4. 雌蕊；5. 果。
（余汉平绘）

3. 基及树属　**Carmona** Cav.

灌木或小乔木。叶小型，具短柄，两面粗糙，上面常有白色小斑点，叶缘具粗齿，通常在当年生枝条上互生，在短枝上簇生。花腋生，通常2～6朵聚集为疏松的聚伞花序；花萼5裂，裂片展开；花冠白色，具短筒及平展的5裂片，喉部无附属物；雄蕊5枚，花丝细长，花药伸出；花柱生于子房顶端，2裂几达基部，分枝细长而延伸，约与花冠等长，柱头2，小，近头状。核果红色或黄色，顶端有宿存的喙状花柱，内果皮骨质，近球形，成熟时完整，不分裂，具数颗种子。

本属仅1种，分布于亚洲南部、东南部及大洋洲的巴布亚新几内亚及所罗门群岛。广东及海南有分布。

基及树 （《中国种子植物科属辞典》） （图25） 别名：福建茶

Carmona microphylla（Lam.）G. Don

Ehretia microphylla Lam.

灌木，高1～3 m；树皮褐色；分枝多，细弱，幼嫩时被稀疏短硬毛。叶革质，倒卵形或匙形，长1.5～3.5 cm，宽1～2 cm，顶端圆形或截平，边缘具粗圆齿，基部渐狭为短柄，上面有短硬毛或斑点，下面近无毛。聚伞花序开展，宽1～3 cm；总花梗细弱，长1～1.5 cm，被毛；花梗极短，长1～1.5 mm，或近无梗；花萼长4～6 mm，裂至近基部，裂片线形或线状倒披针形，宽0.5～0.8 mm，被展开的短硬毛，内有稠密的伏毛；花冠白色或稍带红色，钟状，长4～6 mm，裂片长圆形，伸展，较筒部长；花丝长3～4 mm，着生于花冠管的近基部，花药长圆形，长1.5～1.8 mm，伸出；花柱长4～6 mm。核果直径3～4 mm，内果皮圆球形，具网纹，直径2～3 mm，顶端有短喙。花期：1～4月。

产地：广州、深圳、肇庆、徐闻、阳江及海南东方、万宁、三亚、琼山、澄迈、临高、乐东、琼中、白沙、海口、陵水、昌江。生于低海拔平原、丘陵及空旷灌丛中。

分布：福建及台湾。亚洲南部和东南部、大洋洲（所罗门群岛）。

用途：叶能消肿、解毒，外用治跌打肿痛；全株用于便血、咯血；适于制作盆景及绿篱。

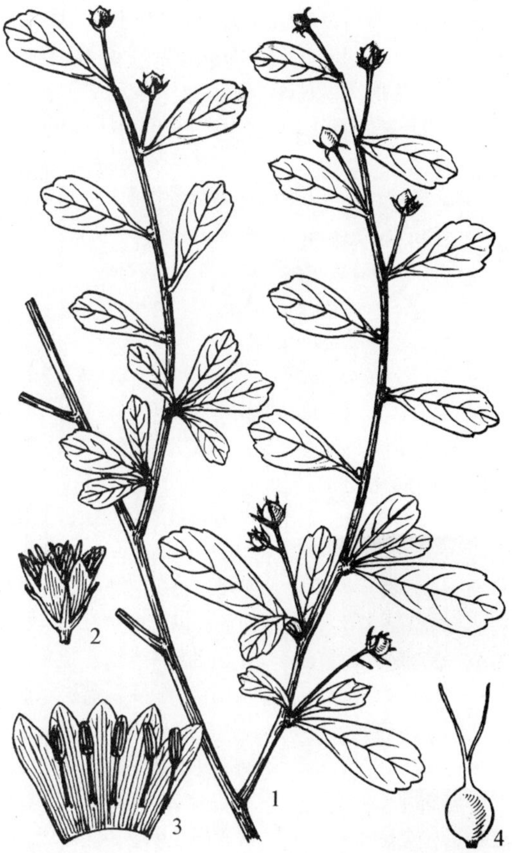

图25 基及树 Carmona microphylla（Lam.）G. Don

1. 果枝；2. 花；3. 花冠展开；4. 雌蕊。（余汉平绘）

4. 厚壳树属 **Ehretia** Linn.

乔木或灌木。叶互生，全缘或具锯齿，有叶柄。聚伞花序呈伞房状或圆锥状；花萼小，5裂；花冠白色或淡黄色，管状或管状钟形，稀漏斗状，5裂，裂片开展或反折；雄蕊5枚，着生于冠管上，花药卵形或长圆形，花丝细长，通常伸出花冠外；子房圆球形，2室，每室含2颗胚珠，花柱顶生，中部以上2裂，柱头头状或伸长。核果黄色、橘红色或淡红色，近圆球形，内果皮成熟时分裂为2个具2颗种子或4个具单颗种子的分核。

本属约50种，分布于非洲和亚洲南部，美洲有极少量分布。我国有14种，产于长江以南各省区；广东及海南产7种。

1. 叶缘具锯齿；内果皮成熟时分裂为2个具2颗种子的分核。
    2. 叶无毛或被稀疏的微柔毛；花冠裂片比管部长；核果直径3～4 mm ………………………………… 1. 厚壳树 E. acuminata
    2. 叶上面密被短柔毛，下面被硬糙毛；花冠裂片比管部短；核果直径10～15 mm ………………… 2. 粗糠树 E. dicksonii
1. 叶全缘；内果皮成熟时分裂为4个具单颗种子的分核。
    2. 花冠裂片短于管部。
        3. 乔木；叶椭圆形、长圆形或倒披针形，长8～12 cm，宽3.5～5 cm…………………………… 3. 长花厚壳树 E. longiflora
        3. 攀援灌木；叶长圆状椭圆形或倒卵形，长1.5～5 cm，宽0.5～2 cm ………………… 4. 昌江厚壳树 E. changjiangensis
    2. 花冠裂片长于管部。

3. 花序无毛或近无毛，具线形或线状披针形苞片。

4. 攀援灌木；叶宽椭圆形或椭圆形，顶端钝或急尖；花具梗 ……………………………… 5. 宿苞厚壳树 E. asperula

4. 乔木；叶披针形或长圆状披针形，顶端急尖；花无梗 ……………………………… 6. 海南厚壳树 E. hainanensis

3. 花序密被黄褐色绵毛，无苞片 ……………………………………………………………… 7. 毛萼厚壳树 E. laevis

1. 厚壳树 （《中国树木分类学》） 别名：大岗茶（广州）、松杨 （《本草拾遗》）

Ehretia acuminata R. Brown

Cordia thyrisiflora Sieb. et. Zucc.

E. serrata var. *obovata* Lindl.

E. kantonensis Masam.

E. acuminate var. *obovata* (Lindl.) Johnst.

E. taiwaniana Nakai

落叶乔木，高达15 m；树皮黑灰色条裂；小枝褐色，有明显的皮孔。叶椭圆形、倒卵形或长圆状倒卵形，长5 ~ 13 cm，宽4 ~ 6 cm，顶端尖，基部宽楔形，稀圆形，边缘有整齐的锯齿，齿端向上而内弯，无毛或被稀疏的微柔毛；叶柄长1.5 ~ 2.5 cm，无毛。聚伞花序圆锥状，长8 ~ 15 cm，宽5 ~ 8 cm，被短毛或近无毛；花多数，密集，小，芳香；花萼长1.5 ~ 2 mm，裂片卵形，具缘毛；花冠白色，钟状，长3 ~ 4 mm，裂片长圆形，展开，长2 ~ 2.5 mm，较管部长；雄蕊伸出花冠外，花药卵形，长约1 mm，花丝长2 ~ 3 mm，着生于花冠管基部以上0.5 ~ 1 mm处：花柱长1.5 ~ 2.5 mm，分枝长约0.5 mm。核果黄色或橘黄色，近球形，直径3 ~ 4 mm；核具皱褶，成熟时分裂为2个具2颗种子的分核。

产地：广州、乐昌、阳山、博罗、翁源、阳江、英德及海南琼海、万宁、保亭、乐东、三亚、白沙。生于海拔100 ~ 1 700 m的丘陵、平原疏林、山坡灌丛及山谷密林。

分布：我国西南、华南、华东及台湾、山东、河南等省区。日本、越南、印度、印度尼西亚。

用途：作行道树；木材供建筑及家具用；树皮作染料；嫩芽可供食用；叶、心材、树枝药用，叶可清暑热，去腐生肌；心材可破淤生新；树枝可收敛止泻。

2. 粗糠树 （《中国树木分类学》） 别名：毛叶厚壳树 （《海南植物志》）

Ehretia dicksonii Hance

E. macrophylla var. *tomentosa* Gagnep. & Courch.

落叶乔木，高约15 m，胸径20 cm；树皮灰褐色，纵裂；小枝淡褐色，被柔毛。叶宽椭圆形、椭圆形、卵形或倒卵形，长8 ~ 25 cm，宽5 ~ 15 cm，顶端尖，基部宽楔形或近圆形，边缘具展开的锯齿，下面密被具基盘的硬糙毛，极粗糙，上面密被短柔毛；叶柄长1 ~ 4 cm，被柔毛。聚伞花序顶生，伞房状或圆锥状，宽6 ~ 9 cm；花无梗或近无梗；花萼长3.5 ~ 4.5 mm，裂至近中部，裂片卵形或长圆形，被柔毛；花冠管状钟形，白色至淡黄色，芳香，长8 ~ 10 mm，裂片长圆形，长3 ~ 4 mm，比管部短；雄蕊伸出花冠外，花药长1.5 ~ 2 mm，花丝长3 ~ 4.5 mm；花柱长6 ~ 9 mm，无毛或稀具伏毛，分枝长1 ~ 1.5 mm。核果黄色，近球形，直径10 ~ 15 mm，内果皮成熟时分裂为2个具2颗种子的分核。花期：3 ~ 5月；果期：6 ~ 7月。

产地：阳江、大埔、始兴、梅州、信宜、云浮及海南琼山、海口。生于山坡疏林及土质肥沃的山脚阴湿处。

分布：西南、华南、华东、台湾、河南、陕西、甘肃南部和青海南部。日本、越南、不丹、尼泊尔。

用途：树皮能散淤消肿，外用治跌打肿痛；果能健胃和中，消食除满，用于食积腹泻、胃脘涨满、疝气疼痛；栽培供观赏。

3. 长花厚壳树 （《中国高等植物图鉴》） 别名：旧刀痕（海南） （图26）

Ehretia longiflora Champ. ex Benth.

E. glaucescens Hayata.

乔木，高5 ~ 10 m，胸径10 ~ 15 cm；树皮深灰色至暗褐色，片状剥落；小枝紫褐色，无毛。叶椭圆形、长圆形或长圆状倒披针形，长8 ~ 12 cm，宽3.5 ~ 5 cm，顶端急尖，基部楔形，稀圆形，全缘，无毛，侧脉4 ~ 7对；叶柄长1 ~ 2 cm，无毛。聚伞花序生于侧枝顶端，呈伞房状，宽3 ~ 6 cm，无毛或疏被短柔毛；花无梗或具短梗；花萼长1.5 ~ 2 mm，裂片卵形，有不明显的缘毛；花冠白色，管状钟形，长10 ~ 11 mm；裂片卵形或椭圆状卵形，长2 ~ 3 mm，伸展或稍弯，比管部短；花药长1 mm，花丝长8 ~ 10 mm，着生于花冠管基部以上3.5 ~ 5 mm处；花柱长7 ~ 8 mm，分枝长约1 mm。核果淡黄色或红色，直径8 ~ 15 mm，核具棱，分裂成4个具单种子的分核。花期：4月；果期：6 ~ 7月。

产地：乐昌、阳春、从化、珠海、连南、肇庆、封开、始兴、河源、信宜、龙门、和平及海南保亭、乐东、昌江、万宁、陵水及其沿海岛屿。生于海拔300 ~ 900 m的山地路边、山坡疏林及湿润的山谷密林。

分布：香港、云南、广西、湖南、江西、福建、台湾。越南。

用途：嫩叶可代茶。

图26 长花厚壳树 Ehretia longiflora Champ. ex Benth.
1. 果枝；2. 花。（余汉平绘）

4. 昌江厚壳树 （《植物分类学报》）

Ehretia changjiangensis Xing et Z. X. Li

攀援灌木，高3 ~ 6 m；枝棕灰色，无毛。叶通常聚生于枝顶，革质，长圆状椭圆形或倒卵形，长1.5 ~ 5 cm，宽0.5 ~ 2 cm，顶端钝，基部楔形，幼时两面疏被短柔毛；叶柄长2 ~ 9 mm。聚伞花序顶生，宽2 ~ 5 cm，具花多朵；总花梗长2 ~ 4 cm，密被短柔毛；花梗长1 ~ 1.5 mm；花白色；花萼裂片5，披针形或三角状披针形，长约2.5 mm，宽0.8 mm，顶端急尖或钝，外面疏被短柔毛；花冠管状钟形，管长5 mm，裂片长圆形，长2 ~ 3 mm，下弯，顶端钝；雄蕊5枚，着生于花冠喉部，伸出花冠外，花丝长2.5 ~ 3 mm，花药长圆形，长1.2 mm；子房卵形，长约1 mm，花柱长7 mm，伸出花冠外，2裂，裂片长约1 mm。核果近球形，直径3 ~ 4 mm；种子4颗，种皮具明显皱纹。

产地：海南特有，见于昌江。生于海拔300 m的石灰岩山地。

5. 宿苞厚壳树 （《海南植物志》）

Ehretia asperula Zoll. et Mor.

E. hanceana Hemsl.

攀援灌木，高3 ~ 5 m；小枝褐色或淡褐色，幼嫩时被柔毛。叶革质，宽椭圆形或长圆状椭圆形，长3 ~ 12 cm，宽2 ~ 6 cm，顶端钝或急尖，基部圆，全缘，无毛，或下面脉腋间有簇生的柔毛；叶柄长6 ~ 15 mm，具瘤状突起。聚伞花序顶生，伞房状，宽4 ~ 6 cm，被淡褐色短柔毛；花梗长1.5 ~ 3 mm，细弱；花萼长1.5 ~ 2.5 mm，被褐色短柔毛；花冠白色，漏斗形，长3.5 ~ 4 mm，裂片三角状卵形，长2 ~ 2.5 mm；花药长约1 mm，花丝长3.5 ~ 4.5 mm，着生于花冠管基部以上1 mm处；花柱长3 ~ 4 mm，分枝长约1 mm。核果红色或橘黄色，直径3 ~ 4 mm，内果皮成熟时分裂为4个具单颗种子的分核。花期：7 ~ 11月。

产地：湛江及海南万宁、保亭、三亚、文昌、琼海、陵水。生于中海拔的林谷中或干燥的山坡疏林中，喜中性土壤。

分布：越南、印度尼西亚。

6. 海南厚壳树　（《海南植物志》）

Ehretia hainanensis Johnst.

乔木，高约8 m；树皮灰色；小枝淡灰色，纤细。叶披针形或长圆状披针形，长8 ~ 12 cm，宽2 ~ 4 cm，顶端急尖，基部楔形，全缘，无毛，侧脉4 ~ 5对；叶柄长2 ~ 3 cm。聚伞花序顶生及腋生，圆锥状，宽1 ~ 4 cm；花无梗，排列稀疏；花萼长约1.5 mm，裂片卵形，顶端尖，具缘毛，约与萼筒等长；花冠青白色，钟形，长3.5 mm，裂片长圆形，长约2 mm，下弯；花药长约0.5 mm，花丝长约1.5 mm，着生花冠管基部以上1.5 mm处；花柱长约2.5 mm，分枝长1.5 mm。果未见。花期：12月。

产地：徐闻及海南三亚、临高、琼海、澄迈。生于海拔400 m的疏林中。

7. 毛萼厚壳树　（《海南植物志》）

Ehretia laevis Roxb.

E. laevis var. *platyphylla* Merr.

乔木，高约10 m，胸径20 cm；树皮灰褐色，小枝褐色，密被短柔毛。叶卵状椭圆形或倒卵形，长6 ~ 12 cm，宽3 ~ 8 cm，顶端钝，基部圆形或宽楔形，上面常无毛，或稀近基部被短柔毛，下面脉腋间有簇生的短毛；叶柄长1 ~ 2 cm，被毛或近无毛。聚伞花序顶生及腋生，二叉状稀疏分枝，宽5 ~ 6 cm，密生黄褐色短柔毛；无花梗；花萼长约2 mm，具三角形裂片；花冠白色，近辐状，长约3 mm，裂片长圆形，长约2 mm，反卷；雄蕊伸出花冠外，花药椭圆形，长约0.5 mm，花丝钻形，长约3 mm，着生于花冠管基部以上0.5 mm处；花柱长约2 mm，分枝长约0.5 mm。核果黄色或橘黄色，直径3 ~ 4 mm，核多皱纹，成熟时裂为4个具单种子的分核。花期：2 ~ 4月。

产地：海南保亭、昌江、三亚、乐东、白沙、东方、文昌。生于路边及山坡密林，喜中性土壤。

分布：云南。印度、越南、缅甸、印度尼西亚。

5. 天 芥 菜 属　Heliotropium Linn.

一年生或多年生草本，稀为亚灌木，被柔毛或糙伏毛。叶互生，稀对生，无柄或具柄。花小型，排成顶生的蝎尾状聚伞花序，稀腋生，具苞片或无；花萼5裂，裂片线形或披针形；花冠圆筒形或漏斗形，裂片5，圆形；雄蕊5枚，内藏，花丝极短，着生于花冠管上，花药卵状长圆形或线状披针形，顶端钝或稀具细尖；子房全裂或4裂，具4颗胚珠，花柱顶生，顶端有圆锥状或环状的柱头。核果干燥，成熟时无明显分化的中果皮，内果皮骨质，开裂为4个具单种子或2个具2颗种子的分核；种子直或弯，通常含少量胚乳或无。

本属约250种，广布全世界热带及温带地区。我国有11种，1变种，分布于南部至东南部，新疆有少量分布；广东及海南产3种。

1. 花冠白色；叶线状披针形至狭长圆形，长3 ~ 15 mm，宽1 ~ 3 mm。
    2. 花序纤细，长2 ~ 6 cm，花稀疏，散生于花序轴的一侧 ………… 1. 细叶天芥菜 H. strigosum
    2. 花序粗短，长0.8 ~ 2.5 cm，花密集，二列 ………… 2. 大苞天芥菜 H. marifolium
1. 花冠浅蓝色或蓝紫色；叶卵形或椭圆形，长3 ~ 9 cm，宽2 ~ 4 cm ………… 3. 大尾摇 H. indicum

1. 细叶天芥菜　（《海南植物志》）

Heliotropium strigosum Willd.

Lithospermum chinense Hook.et. Arn.

多年生亚灌木状草本，高15 ~ 30 cm。茎平卧或上升，密被糙伏毛。叶小而密集，线状披针形，长3 ~ 10 mm，宽1 ~ 1.5 mm，边缘通常反卷，两面被糙伏毛，中脉上面凹陷，下面突起；叶柄长

0.5 ~ 1 mm，或近无柄。蝎尾状聚伞花序少花，长2 ~ 6 cm；苞片长1 ~ 3 mm；花萼长2 ~ 3 mm，裂片披针形，疏被糙伏毛；花冠白色，管状或漏斗状，长3 ~ 4 mm，裂片近圆形，具褶，外面中部以上密被向上的糙伏毛，内面喉部有腺体及微柔毛；花药卵状披针形，长0.5 ~ 0.7 mm；子房圆球形，无毛，花柱短而明显，柱头圆锥形，顶端不育部分被短毛。核果扁球形，直径约2 mm，密被糙伏毛，分裂为4个各具单颗种子的分核，分核三棱状卵形，高约1 mm。花、果期：7 ~ 9月。

产地：阳春、徐闻、湛江、海丰、廉江、阳江、惠来和沿海岛屿及海南三亚、东方、万宁、文昌、陵水。生于海拔5 ~ 40 m的海边沙地及山坡丛林。

分布：福建、云南。南亚至东南部、非洲、大洋洲。

2. 大苞天芥菜　（《海南植物志》）

Heliotropium marifolium Retz.

亚灌木，高10 ~ 15 cm，多分枝，被稀疏硬毛。叶较多，幼时近对生，后互生，狭长圆形或披针形，长8 ~ 15 mm，宽2 ~ 3 mm，顶端急尖，基部楔形，两面密被向上伏贴的硬毛，具1条中脉；叶柄极短或近无柄。聚伞花序长1 ~ 2.5 cm；花多数，密集，无梗；苞片披针形，长3 ~ 4 mm；花萼长2.5 ~ 4 mm，外密生向上的粗硬毛，内面中部以下无毛，裂片披针形或卵状披针形，果期稍增大；花冠白色，管状，长2 ~ 3 mm，外密生向上的硬毛，不伸出或稍伸出萼外，裂片小，卵圆形，长约0.5 mm；花药卵状披针形，长约0.5 mm，顶端增厚而黏合，花丝极短，着生于花冠管近基部；子房被毛，花柱极短，长不及0.5 mm，柱头下方能育，顶端不育部分圆锥状。核果球形，直径约2 mm，中部以上密生向上的淡黄色短硬毛，成熟时裂为4个相等的分核，分核长约1.5 mm，上面近中部有1白色小斑点。花、果期：6月。

产地：海南东方。生于海边沙地。

分布：斯里兰卡、越南、马来西亚及印度尼西亚。

3. 大尾摇　（《广州植物志》）　（图27）

Heliotropium indicum Linn.

一年生草本，高20 ~ 50 cm。茎粗壮，直立，多分枝，被开展的糙伏毛。叶互生或近对生，卵形或椭圆形，长3 ~ 9 cm，宽2 ~ 4 cm，顶端尖，基部圆形或截平，下延至叶柄呈翅状，叶缘微波状或波状，两面被短柔毛或糙伏毛，叶脉明显，侧脉5 ~ 7对；叶柄长2 ~ 5 cm。蝎尾状聚伞花序长5 ~ 15 cm，不分枝，无苞片；花无梗，密集，呈二列排列于花序轴的一侧；花萼裂片披针形，长1.5 ~ 2 mm，被糙伏毛；花冠浅蓝色或蓝紫色，高脚碟状，长3 ~ 4 mm，裂片近圆形，直径约1 mm，皱波状；花药狭卵形，长约0.5 mm，着生于花冠管基部以上1 mm处；子房无毛，花柱长约0.5 mm，上部变粗，柱头短，宽圆锥状，被毛。核果具棱，长3 ~ 3.5 mm，无毛或近无毛，2深裂，每裂瓣又分裂为2个具单颗种子的分核。花、果期：4 ~ 10月。

产地：广州、深圳、云浮、肇庆（鼎湖山）、东莞、阳江、惠阳、博罗、惠州、廉江、茂名、徐闻及海南东方、万宁、乐东、昌江、三亚、陵水及西沙群岛（永兴岛）。生于海拔5 ~ 650 m丘陵、河流沿岸及空旷之荒草地，数量较多，生长普遍。

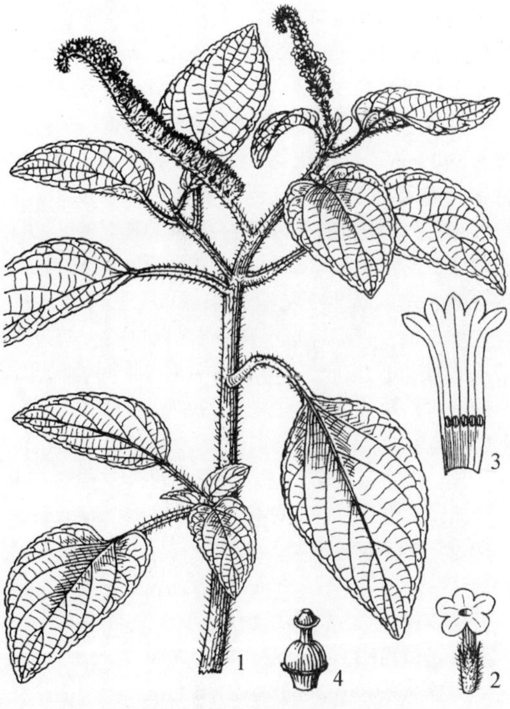

图27　大尾摇　Heliotropium indicum Linn.

1. 花枝；2. 花；3. 花冠展开；4. 雌蕊。（余汉平绘）

分布：香港、福建、广西、台湾及云南西南部。世界热带及亚热带地区广布。

用途：全草或根入药，有清凉解毒、排脓消肿、止疼之效。

6. 紫　丹　属　**Tournefortia** Linn.

灌木或攀援灌木，稀乔木或草本。叶全缘，互生，具柄。花小，无苞片；花萼5或4裂，裂片线形、披针形或披针状卵形，覆瓦状排列；花冠白色或淡绿色，圆柱形，管部短或长，裂片5或4，覆瓦状或镊合状排列，花期伸展，喉部无附属物；雄蕊5或4枚，内藏，花丝短，着生于花冠管上，花药卵形或长圆形，急尖或钝；花盘稍凸或有时近杯状；子房4室，每室有1颗悬垂的胚珠，花柱顶生，极短，柱头单一或稍2裂，基部有肉质、膨胀的环状体，具柱头组织，上部为不育部分。核果具肉质或木栓质的中果皮，内果皮成熟时分裂为2个具2颗种子或4个具单颗种子的分核；种子下垂或偏斜，直或内弯。

本属约150种，分布于热带或亚热带地区。我国有2种，产云南、广东及台湾；广东及海南产2种。

1. 攀援灌木；中果皮肉质 ………………………………………… 1. 紫丹 T. montana
1. 小乔木或灌木；中果皮木栓质 ………………………………………… 2. 银毛树 T. argentea

1. 紫丹　（《广州植物志》）　（图28）

Tournefortia montana Lour.

T. sampsonii Hance

T. brachyantha Merr. et Chun.

攀援灌木，高1～2 m；小枝被毛。叶披针形或卵状披针形，干后变黑，长8～14 cm，宽1.5～4 cm，顶端渐尖或尾尖，基部楔形或圆钝，两面被稀疏糙伏毛；叶柄长5～10 mm。蝎尾状聚伞花序生于枝顶，长2～15 cm，宽4～10 cm，分枝稀疏，被糙伏毛；花无梗，着生于花序分枝的一侧；花萼长约2 mm，被糙伏毛，裂片披针形或三角状披针形；花冠白色至浅绿色或黄白色，管状，长5～12 mm，喉部收缩，外面被稀疏的糙伏毛；花药长圆状线形，长1.5～2.5 mm，近无花丝或稀具长0.4 mm的花丝，着生于花冠管基部以上1～2.5 mm处；子房无毛，近卵球形，顶端有环状柱头，花柱不明显。核果近球形，直径约5 mm，具明显的沟槽，成熟时内果皮分裂为2个具2颗种子的分核。花期：2～3月。

图28　紫丹　Tournefortia montana Lour.
1. 花枝；2. 花。（余汉平绘）

产地：广州及海南三亚、保亭、澄迈、白沙。生于中海拔的森林中；不常见。

分布：云南、广西。印度、越南。

用途：全株用于风湿骨痛。

2. 银毛树　（《海南植物志》）　（图29）

Tournefortia argentea Linn. f.

Messerschmidia argentea（Linn. f.）Johnst.

小乔木或灌木，高1～5 m；小枝粗壮，密被锈色或白色柔毛。叶倒披针形或倒卵形，集生小枝顶端，长7～13 cm，宽2～10 cm，顶端钝或圆，自中部以下渐狭为叶柄，两面密被黄白色丝毛。蝎尾状聚伞花序顶生，直径5～15 cm，密被锈色短柔毛；花萼肉质，长1.5～2 mm，5深裂，外密被锈色短柔毛，内仅基部被毛或近无毛，长约为花冠的1/2；花冠白色，管状，长2.5 ~ 3 mm，裂片卵圆形，长约2 mm，开展，比花冠管长，外仅中央具1列糙伏毛，余无毛；雄蕊稍伸出，花药卵状长圆形，长约1 mm，花丝极短，不明显，着生于花冠管基部以上4 ~ 5 mm处；子房近球形，无毛，花柱不明显，柱头2裂，基部为膨大的肉质环状物围绕。核果近球形，直径5 ~ 8 mm，无毛。花、果期：4 ~ 6月。

产地：海南三亚、文昌、西沙群岛。生于海边沙地；不常见。

分布：广西、台湾。东半球热带海岸地区。

图29 银毛树 Tournefortia argentea Linn. f.
1. 果枝；2. 果。（余汉平绘）

7. 琉 璃 草 属 **Cynoglossum** Linn.

多年生或二年生草本，稀一年生。单叶基生或兼茎生，全缘，基生叶及茎下部叶具长柄。聚伞花序顶生及腋生，排成紧密或开展的圆锥状序，无苞片或具苞片；花梗长或短，果期下弯或稍增长；花萼5裂至基部，果期增大，裂片向后反折或呈星状展开；花冠蓝色，稀白色、暗紫红色、黑紫色或黄绿色，钟状、筒状或漏斗状，5裂，裂片卵形或圆形，管部短，不超过花萼，喉部有5个梯形或半月形的附属物；雄蕊5枚，内藏，着生于花冠管中部或中部以上；花药卵球形或长圆形；花柱线状圆柱形或多少具4棱；柱头头状，不伸出花冠外，子房4裂，胚珠倒生；雌蕊基金字塔形或帚状。小坚果4颗，卵球形或近球形，有锚状刺，着生面在果的近顶部。

本属约75种，广布于全球。我国有12种，广布于全国；广东及海南产3种。

1. 花柱线状圆柱形或果期为圆锥形；小坚果边缘具狭或宽的翅状边 ……………………………… 1. 倒提壶 C. amabile
1. 花柱肥厚，略呈四棱形；小坚果边缘无翅状边或中下部具翅状边。
  2. 叶较大，长圆形或长圆状披针形，长12 ~ 20 cm，宽3 ~ 5 cm ……………………………… 2. 琉璃草 C. furcatum
  2. 叶较小，长圆状披针形，长4 ~ 7 cm，宽1 cm……………………………… 3. 小花琉璃草 C. lanceolatum

1. 倒提壶　（《滇南本草》）

Cynoglossum amabile Stapf et Drumm.

多年生草本，高15～60 cm。茎单一或数条丛生，密被平展的短柔毛。基生叶具长柄，长圆状披针形或披针形，长5～20 cm，宽1.5～4（5）cm，两面密被短柔毛。茎生叶无柄，长圆形或披针形，长2～7 cm，侧脉明显。花序分枝呈圆锥花序状，无苞片；花梗长2～3 mm，果期稍增长；花萼长2.5～3.5 mm，外被长柔毛，裂片卵形或长圆形，顶端尖；花冠蓝色，稀白色，长5～6 mm，檐部直径8～10 mm，裂片圆形，长约2.5 mm，有明显网脉，喉部附属物长约1 mm；花丝长约0.5 mm，着生于花冠管中部，花药长圆形，长约1 mm；花柱线状圆柱形，与花萼近等长或较短。小坚果卵形，长3～4 mm，背部微凹，密生锚状刺，边缘锚状刺基部连合成狭或宽的翅状边，上面中部以上有三角形着生面。花、果期：5～9月。

产地：广州郊区。生于平地、草丛、肥土。

分布：甘肃、四川、云南、贵州、西藏。

用途：全草及根药用，有清热利湿，散淤止血、止咳的功效；外用治跌打损伤。

2. 琉璃草　（《中国高等植物图鉴》）

Cynoglossum furcatum Wall.

Echinospermum zeylanicum Lehm.

C. villosulum Nakai

C. zeylanicum auct.

直立草本，高40～60 cm，稀80 cm。茎单一或数条丛生，密被黄褐色糙伏毛。基生叶及茎下部叶具柄，长圆形至长圆状披针形，长12～20 cm（含叶柄），宽3～5 cm，顶端钝，基部渐狭，两面密被伏毛。茎上部叶无柄，狭小，密被伏毛。花序顶生或腋生，分枝呈钝角叉开，无苞片，果期延长呈总状花序状；花梗长1～2 mm；花萼长1.5～2 mm，果期稍长，裂片卵形或卵状长圆形，外密被短糙毛；花冠蓝色，漏斗状，长3.5～4.5 mm，裂片长圆形，顶端钝，喉部有附属物，长约1 mm，顶端微凹，边密被白色柔毛；花药长圆形，长1 mm，宽0.5 mm，花丝基部扩张，着生于花冠管上1/3处；花柱肥厚，四棱形，长1 mm，果时长2.5 mm。小坚果卵形，直径1.5～2.5 mm，背面凸起，密生锚状刺，边无翅或中下部边具翅。花、果期：5～10月。

产地：连南、和平、乳源、龙门、乐昌、始兴。生于林间草地、向阳山坡或路边。

分布：西南、华南、台湾、华东至河南、陕西及甘肃南部。阿富汗、巴基斯坦、印度、斯里兰卡、菲律宾、马来西亚、泰国、越南、巴布亚新几内亚。

用途：根叶供药用，可治疗疮疖痈肿、跌打损伤、毒蛇咬伤及黄胆、痢疾、尿痛及肺结核咳嗽。

3. 小花琉璃草　（《中国高等植物图鉴》）（图30）

Cynoglossum lanceolatum Forssk.

C. micranthum Forssk.

多年生草本，高20～90 cm。茎直立，由中部或下部分枝，分枝展开，密被基部具基盘的硬毛。

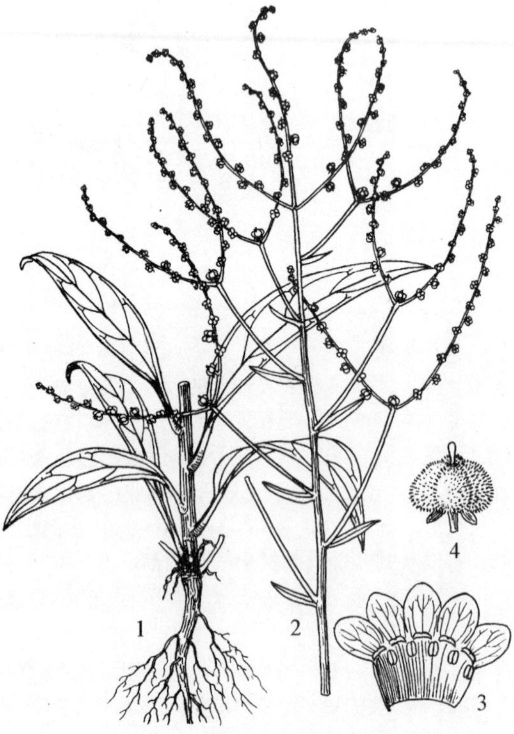

图30　琉璃草　Cynoglossum lanceolatum Forssk.
1. 植株下部；2. 植株上部；3. 花冠展开；4. 果。
（余汉平绘）

基生叶及茎下部叶具柄，长圆状披针形，长8～14 cm，宽约3 cm，顶端尖，基部渐狭，上面被具基盘的硬毛及稠密的伏毛，下面密被短柔毛。茎中部叶无柄或具短柄，披针形，长4～7 cm，宽约1 cm，茎上部叶极小。花序顶生及腋生；分枝呈钝角叉开，无苞片，果期延长呈总状花序状；花梗长1～1.5 mm；花萼长1～1.5 mm，裂片卵形，顶端钝，外密被短伏毛，果期稍增大；花冠淡蓝色，钟状，长1.5～2.5 mm，檐部直径2～2.5 mm，喉部附属物半月形；花药卵圆形，长0.5 mm；花柱肥厚，四棱形，果时长约1 mm。小坚果卵球形，长2～2.5 mm，背面凸起，密生长短不等的锚状刺，边缘锚状刺基部不连合。花、果期：4～9月。

产地：连平、始兴、龙门、梅州、翁源。生于丘陵、山坡草地及路边。

分布：西南、华南、华东地区、河南、陕西、山西及甘肃南部。巴基斯坦、印度、斯里兰卡、柬埔寨、老挝、缅甸、泰国、日本（琉球群岛）及非洲。

用途：全草入药，有清热解毒、利尿消肿、活血的功效。

8. 附地菜属 **Trigonotis** Stev.

多年生或二年生草本，稀一年生。茎单一或丛生，直立或铺散，被糙毛或柔毛，稀无毛。单叶互生。蝎尾状聚伞形花序不分枝或二歧分枝，无苞片或下部的花梗具苞片；花萼5裂或5深裂；花冠小，蓝色或白色，花冠管较萼片短，裂片5，覆瓦状排列，圆钝，开展，喉部附属物5；雄蕊5枚，内藏，花药长圆形至椭圆形，顶端钝或尖；子房深4裂，花柱线形，常短于花冠管，柱头头状；雌蕊基平坦。坚果4颗，半球状四面体，平滑无毛，具光泽，或被短柔毛，稀具瘤状凸起，背面平或凸起，有锐棱或软骨质钝棱，上面的3个面近等大，中间具1纵棱，无柄或有短柄，柄生于上面的3个面的汇合处，直立或向一侧弯曲；柄的末端着生于雌蕊基上，无柄小坚果的着生面位于上面3个面的汇合处。

本属有58种，分布于亚洲及东欧。我国有39种；广东及海南产1种，1变种。

1. 花序无苞片；花淡紫色；小坚果具小颗粒状突起 ………………………………… 1. 瘤果附地菜 T. macrophylla var. verrucosa
1. 花序具苞片；花淡蓝色或粉红色；小坚果被短柔毛或平滑无毛 ……………………………………… 2. 附地菜 T. peduncularis

1. 瘤果附地菜　（《中国植物志》）

Trigonotis macrophylla var. **verrucosa** Johnst.

多年生草本。茎高35 cm，纤细，疏被短伏毛或近无毛。叶宽卵形，长3.5～9 cm，宽2.5～6.5 cm，顶端具急尖，基部圆或楔形，两面疏被糙伏毛；叶柄长达5 cm。茎上部叶较小，具短柄。花序自茎上部叶腋抽出，多分枝，无苞片；花疏生，具细花梗；花梗果期长达4 mm；花萼深裂至浅裂，裂片长圆形，长约2 mm，顶端急尖；花冠淡紫色，管短，直径约2 mm，檐部直径约4 mm，裂片近圆形，长约2 mm。小坚果4颗，有小颗粒状突起，成熟后黑色，有光泽。

产地：连南。生于海拔800～1 500 m的山坡草地、山谷潮湿地、林下或林缘。

分布：广西西北部及贵州南部。

用途：全草药用，治风湿。

2. 附地菜　（《植物名实图考》）　（图31）

Trigonotis peduncularis（Trev.）Benth. ex Baker et Moore

Myosotis peduncularis Trev.

一年生或二年生草本。茎常多条丛生，稀单一，铺散，高5～30 cm，基部多分枝，被短糙伏毛。基生叶莲座状，有叶柄；叶匙形，长2～5 cm，顶端圆钝，基部楔形或渐狭，两面被糙伏毛，茎上部叶长圆形或卵圆形，无柄或具短柄。花序顶生，幼时卷曲，后渐伸长，长5～20 cm；花梗短，花后伸长，长3～5 mm，顶端与花萼连接部分变粗呈棒状；花萼裂片卵形，长1～3 mm，顶端急尖；花冠淡蓝色或粉红色，管甚短，檐部直径1.5～2.5 mm，裂片平展，倒卵形，顶端圆钝，喉部附属物5，白色或带黄色；花药

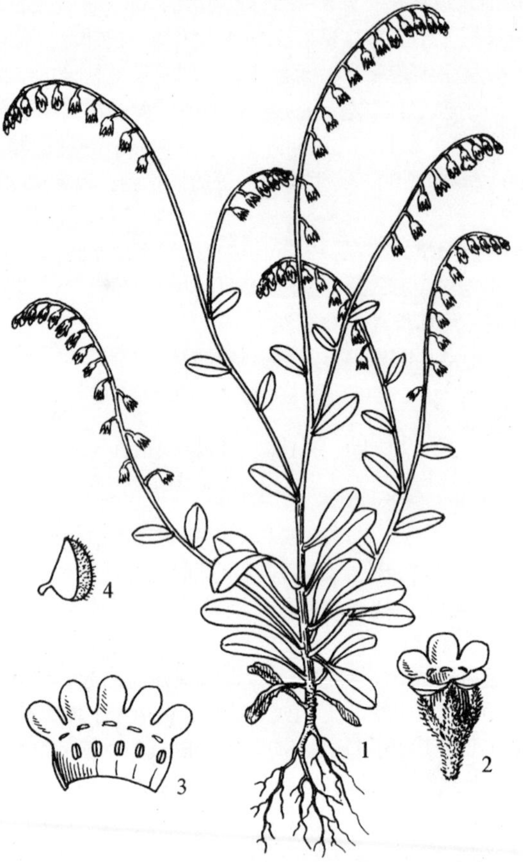

图31　附地菜　Trigonotis peduncularis（Trev.）Benth.　ex Baker et Moore
1. 植株；2. 花；3. 花冠展开；4. 小坚果。（余汉平绘）

卵形，长0.3 mm，顶端具急尖。小坚果4颗，三棱锥状四面体（Tetrahedral），长0.8 ~ 1 mm，被短毛或平滑无毛，具短柄。花期：早春，花期甚长。

产地：连山、乐昌、仁化、从化、乳源、阳山。生于林缘、荒地。

分布：西藏、云南、广西、福建、新疆、甘肃、内蒙古、辽宁、黑龙江、吉林。亚洲温带地区、东欧。

用途：全草药用，能温中健胃、消肿止痛、止血、止痢。

9. 盾果草属　Thyrocarpus Hance

一年生草本。叶互生，无柄或有短柄。蝎尾状聚伞花序具苞片；花萼5裂至基部，果期稍增大；花冠钟状，檐部5裂，裂片宽卵形，喉部具5个宽线形或锥形附属物；雄蕊着生于花冠管中部，内藏，花丝短，花药卵形或长圆形；子房4裂，花柱不伸出花冠外，柱头柱状；雌蕊基圆锥状。小坚果卵形，稍背腹扁，密生疣状突起，杯状突起2层，内层的膜质，全缘，外层革质，有篦齿，着生面在上面顶部；种子卵形，背腹扁。

本属约3种，分布于我国和越南；广东产2种。

1. 花冠比花萼长；小坚果外层凸起边缘的齿伸直，顶端不膨大 ………………………………………… 1. 盾果草 T. sampsonii

1. 花冠与花萼近等长；小坚果外层凸起边缘的齿顶端明显膨大并向内弯 ………………………… 2. 弯齿盾果草 T. glochidiatus

1. 盾果草　（《中国高等植物图鉴》）　（图32）

Thyrocarpus sampsonii Hance

一年生草本。茎1至数条，直立或斜升，高20～45 cm，常自下部分枝，有展开的长硬毛和短糙毛。基生叶丛生，有短柄，匙形，长3.5～19 cm，宽1～5 cm，全缘或有疏细锯齿，两面被具基盘的长硬毛和短糙毛。茎生叶小，无柄，狭长圆形或倒披针形。花序长7～20 cm；苞片狭卵形至披针形；花梗长1.5～3 mm；花萼长约3 mm，裂片狭椭圆形，背面和边缘有展开的长硬毛，上面稍有短伏毛；花冠淡蓝色或白色，比萼长，檐部直径5～6 mm，裂片近圆形；雄蕊5枚，着生于花冠管中部，花丝长约0.3 mm，花药卵状长圆形，长约0.5 mm。小坚果4颗，长约2 mm，黑褐色，碗状突起的外层边缘色较淡，齿长约为碗高的1/2，伸直，顶端不膨大，内层碗状突起不向里收缩。花、果期：5～7月。

产地：肇庆、清远、英德、阳山、乐昌、仁化、连平、平远。生于山坡草丛或灌丛下。

分布：台湾、浙江、广西、江苏、安徽、江西、湖南、湖北、河南、陕西、四川、贵州、云南。越南。

用途：全草供药用，治咽喉痛；研末用桐油调和外敷，可治乳痈、疔疮。

图32　盾果草　Thyrocarpus sampsonii Hance

1. 植株；2. 花；3. 花冠展开；4. 小坚果。（余汉平绘）

2. 弯齿盾果草　（《中国高等植物图鉴》）

Thyrocarpus glochidiatus Maxim.

一年生草本。茎1至数条，细弱，斜升，高10～30 cm，常自下部分枝，有伸展的长硬毛和短糙毛。基生叶有短柄，匙形或狭倒披针形，长1.5～6.5 cm，宽3～14 mm，两面被具基盘的硬毛。茎生叶较小，无柄，卵形至狭椭圆形。花序长达15 cm；苞片卵形至披针形，长0.5～3 cm，花生于苞腋或腋外；花梗长1.5～4 mm；花萼长约3 mm，裂片狭椭圆形至卵状披针形，顶端钝，两面有毛；花冠淡蓝色或白色，与花萼几等长，管部比檐部短，檐部直径约2 mm，裂片倒卵形至近圆形，稍开展，喉部附属物线形，长约1 mm，顶端截平或微凹；雄蕊5枚，着生于花冠管中部，内藏，花丝短，花药宽卵形，长约0.4 mm。小坚果4颗，长约2.5 mm，黑褐色，外层突起色较淡，齿长约与碗高相等，齿的顶端明显膨大并向内弯，内层碗状突起显著向里收缩。花、果期：4～6月。

产地：乐昌（坪石）。生于山坡草地、田埂、路旁等处。

分布：甘肃、四川、陕西、河南、江西、安徽、江苏。

用途：叶药用，有清热凉血，润肺止咳的功效。

10. 斑 种 草 属　Bothriospermum Bge.

一年生或二年生草本，被伏毛及硬毛，硬毛基部具基盘。茎直立或伏卧。叶互生，卵形、椭圆形、长圆形、披针形或倒披针形。花小，蓝色或白色，具柄，排列为具苞片的镰状聚伞花序；花萼5

裂，裂片披针形；花冠辐状，管短，喉部有5个鳞片状附属物；雄蕊5枚，着生于花冠管部，内藏，花药卵形，圆钝，花丝极短；子房4裂，裂爿分离，各具1颗倒生胚珠，花柱短，不及子房裂爿，柱头头状；雌蕊基平。小坚果4颗，上面有杯状凸起，背面圆，具瘤状突起，有长圆形、椭圆形或圆形的环状凹陷，边缘增厚而突起，全缘或有时具小齿，着生面位于基部，近胚根一端；种子不弯曲，子叶平展。

本属约5种，广布于亚洲热带及温带。我国广布；广东及海南产2种。

1. 花冠长3.5 ~ 4 mm，檐部直径4 ~ 5 mm；小坚果较大，长约2.5 mm ………………………………………… 1. 斑种草 B. chinense

1. 花冠长1.5 ~ 1.8 mm，檐部直径2.5 ~ 3 mm；小坚果较小，长1 ~ 1.2 mm ……………………………2. 柔弱斑种草 B. zeylanicum

1. 斑种草　（《种子植物名称》）

Bothriospermum chinense Bge.

B. *bicarunculatum* Fisch. et Mey.

一年生草本，稀为二年生，高20 ~ 30 cm。茎丛生，直立或斜升，中部以上分枝或不分枝，密被硬毛。基生叶及茎下部叶具长柄，匙形或倒披针形，长3 ~ 6（ ~ 10）cm，宽1 ~ 1.5 cm，顶端圆钝，基部渐狭为叶柄，边缘皱波状或近全缘，两面被具基盘的长硬毛及伏毛，茎中部及上部叶无柄，长圆形或狭长圆形，长1.5 ~ 2.5 cm，宽0.5 ~ 1 cm，顶端急尖，基部楔形或宽楔形，上面被向上伏贴的硬毛，下面被硬毛及伏毛。花序长5 ~ 15 cm；苞片卵形或狭卵形；花梗短，长2 ~ 3 mm，果时伸长；花萼长2.5 ~ 4 mm，外密被向上开展的硬毛及短伏毛，裂片披针形，裂至近基部；花冠淡蓝色，长3.5 ~ 4 mm，檐部直径4 ~ 5 mm，裂片圆形，直径约1 mm，喉部有5个顶端2深裂的梯形附属物；花药卵圆形或长圆形，长约0.7 mm，花丝极短，着生于花冠管基部以上1 mm处；花柱短，长约为花萼的1/2。小坚果肾形，长约2.5 mm，有网状皱褶及稠密的颗粒状突起，上面有椭圆形的横凹陷。花期：4 ~ 6月。

产地：乐昌（坪石）。

分布：甘肃、陕西、河南、山东、河北、辽宁、陕西、湖南、江苏、四川。

用途：全草药用，有解毒消肿、利湿止痒的功效。

2. 柔弱斑种草　（《广州植物志》）　（图33）

Bothriospermum zeylanicum（Jacq. f.）Druce

B. *tenellum*（Hornem.）Fisch.et Mey.

Anchusa zeylanica Jacq. f.

A. *tenellum* Hornum

一年生草本，高15 ~ 30 cm。茎纤细，丛生，直立或平卧，多分枝，被向上伏贴的糙伏毛。叶椭圆形或狭椭圆形，长1 ~ 2.5 cm，宽0.5 ~ 1 cm，顶端钝，具小尖头，基部宽楔形，两面被向上伏贴的糙伏毛或短硬毛。花序细长，长10 ~ 20 cm；苞片椭圆形或狭卵形，长0.5 ~ 1 cm，被伏毛或硬毛；花梗长1 ~ 2 mm，果期不增长或稍增长；花萼长1 ~ 1.5 mm，果期增大，长约3 mm，外密被向上

图33　斑种草　Bothriospermum zeylanicum（Jacq. f.）Druce
1. 植株；2. 花；3. 小坚果。（余汉平绘）

的伏毛，内无毛或中部以上散生伏毛，裂片披针形或卵状披针形，裂至近基部；花冠蓝色或淡蓝色，长1.5 ~ 1.8 mm，檐部直径2.5 ~ 3 mm，裂片圆形，直径约1 mm，喉部有5个梯形的附属物；花柱圆柱状，长约0.5 mm。小坚果肾形，长1 ~ 1.2 mm，上具椭圆形的凹陷。花、果期：2 ~ 10月。

产地：广州、英德、信宜、乳源、梅州、封开、始兴、徐闻、肇庆、怀集、博罗及海南海口、乐东、东方、三亚。生于海拔300 ~ 1 700 m的山坡路边、田间草丛、山坡草地及溪边阴湿处。

分布：东北、华东、华南、西南各省区及陕西、河南、台湾。朝鲜、日本、越南、印度、巴基斯坦及俄罗斯中亚地区。

用途：根外用治疔疮；叶外用治蛇伤。

紫 葳 科 Bignoniaceae

落叶或常绿乔木、灌木或木质藤本，稀为草本，常具各式卷须和气生根。叶对生，稀互生或轮生，单叶、羽状复叶或掌状复叶，顶生小叶或叶轴顶端有时卷须状，无托叶；叶柄基部或脉腋处常有腺体。花两性，两侧对称，组成顶生或腋生的聚伞花序、圆锥花序或总状花序；苞片和小苞片通常存在；花萼管状或钟状，顶端截平，2～5裂或具钻状腺齿；花冠管状、漏斗状，常二唇形，上唇2裂，下唇3裂，裂片覆瓦状或镊合状排列；雄蕊5枚，常2或4枚发育，稀5枚能育，着生于花冠管上，且与花冠裂片互生，内藏或伸出；花丝丝状，基部常稍增大，被毛，花药2室，纵裂，成对靠合或叉开；花盘肉质，环状或杯状；子房上位，2室，稀1室，有时因隔膜发达而成4室；中轴胎座或侧膜胎座；胚珠多数，叠生；花柱丝状，柱头2裂。蒴果通常下垂，室间或室背开裂，稀为肉质不开裂；种子通常扁平，具翅或无，无胚乳，胚直。

本科约有112属，725种，分布于热带、亚热带地区，南美洲的种类尤其丰富，少数种类延伸到温带，但欧洲、新西兰不产。我国有12属，约35种，大部分种类分布于南方各省区，引进栽培的有15属，20余种；广东及海南有20属，30种，1变种。

本科许多种类花大、颜色鲜艳，果形状奇特，常作为观赏、风景及行道树和遮阴植物在各地广为栽培；梓属的木材为优良的建筑或制琴材料；梓实为利尿剂；木蝴蝶（Oroxylum indicum）的茎、叶、花、种子入药，可治心绞痛。

1. 藤本。
  2. 有卷须，掌状复叶。
    3. 卷须单一，不分裂；果有刺 ·································· 2. 连理藤属 Clytostoma
    3. 卷须3裂；果无刺，或有疣状凸起。
      4. 卷须顶端有钩，呈爪状；花黄色 ·································· 4. 猫爪藤属 Macfadyena
      4. 卷须顶端无钩，不呈爪状；花粉红色或橙红色。
        5. 植物体有大蒜味；花序腋生；花冠粉红色；蒴果具疣状凸起 ··················3. 蒜香藤属 Mansoa
        5. 植物体无大蒜味；花序顶生；花冠橙红色；蒴果光滑而有纵肋 ··················1. 炮仗藤属 Pyrostegia
  2. 无卷须；一回羽状复叶。
    3. 花白色，喉部紫色；花萼2～3裂 ·································· 15. 粉花凌霄属 Pandorea
    3. 花红紫色、鲜红色或橙色；花萼5齿裂。
      4. 花冠鲜红色或橙色 ·································· 14. 凌霄属 Campsis
      4. 花冠淡红或粉红色 ·································· .16. 肖粉凌霄属 Podranea
1. 乔木或灌木。
  2. 单叶或掌状复叶。
    3. 发育雄蕊2枚；叶为单叶 ··································5. 梓属 Catalpa
    3. 发育雄蕊4枚；叶为掌状复叶或单叶。
      4. 蒴果圆柱形，长15～50 cm，宽0.8～2 cm ·································· 6. 蚁木属 Tabebuia
      4. 浆果近球形，直径7～15（～30）cm ·································· 19. 葫芦树属 Crescentia
  2. 羽状复叶。
    3. 叶2～3回，稀1或4回羽状复叶。
      4. 羽状复叶长10～60 cm。
        5. 蒴果扁圆形至长圆形，长约5 cm ·································· 10. 蓝花楹属 Jacaranda
        5. 蒴果长圆柱形，长20～85 cm ·································· 12. 菜豆树属 Radermachera
      4. 羽状复叶长40～150 cm。

5. 雄蕊5枚；蒴果带形，（30～90）cm ×（5～8）cm ……………………………… 17. 木蝴蝶属 Oroxylum

5. 雄蕊4枚；蒴果线形，（30～35）cm ×（1～1.5）cm ……………………… 18. 老鸦烟筒花属 Millingtonia

3. 叶为一回羽状复叶。

4. 花萼佛焰苞状，一侧开裂。

5. 落叶乔木，有叶状假托叶；花冠暗紫色，上部黄色 ……………………………… 7. 猫尾木属 Markhamia

5. 常绿乔木，无叶状假托叶；花冠橙红、鲜红或白色。

6. 小叶9～13（～17）对；花冠钟状，橙红或鲜红色……………………………………8. 火焰树属 Spathodea

6. 小叶2～3对；花冠喇叭状，白色 ………………………………………… 9. 海滨猫尾木属 Dolichandrone

4. 花萼管状或钟状，3～5裂。

5. 小叶边缘具齿；果线形，（2.5～20）cm × 0.5 cm…………………………………… 13. 黄钟花属 Tecoma

5. 小叶全缘；果四棱柱形或圆柱形，（25～70）cm×（1～1.5）cm。

6. 果四棱柱形，长30～70 cm，宽1 cm；种子有翅……………………………… 11. 羽叶楸属 Stereospermum

6. 果圆柱形，长25～50 cm，宽1.2～2.5 cm；种子无翅 …………………………………… 20. 吊灯树属 Kigelia

1. 炮仗藤属 **Pyrostegia** Presl

常绿木质藤本。叶对生，掌状复叶具小叶2～3片，顶生小叶常变为3裂的丝状卷须。聚伞圆锥花序、总状花序或圆锥花序顶生；花萼钟状或近管状，顶端截平或5齿裂；花冠漏斗状，花冠管略弯曲，裂片5，在花蕾时镊合状排列，花期反折；雄蕊4枚，2强，伸出，药室平行；花盘环状或杯状；子房上位，线形，2室，花柱单一，柱头2裂，胚珠多数，在每一胎座上排成1～3列。蒴果长线形，室间开裂，隔膜平行，果瓣扁平，革质，光滑而有纵肋；种子椭圆形，具翅。

本属有3～4种，分布于热带美洲。我国南方引种栽培1种；广东及海南亦有。

炮仗花 （《广州植物志》） （图34）

Pyrostegia venusta（Ker-Gawl.）Miers

Bignonia venusta Ker-Gawl.

P. ignea（Vell.）Presl.

攀援藤本。茎粗壮有棱；小枝有纵槽纹。叶为掌状复叶，对生；叶柄长约2 cm；小叶2～3片，纸质，卵形，长4.5～10 cm，宽2.5～5 cm，顶端长渐尖，基部钝圆，全缘，两面散生细小穴状腺体，无毛，侧脉3～4对；顶生小叶常变成卷须，卷须顶端3裂；小叶柄长1～2.5 cm。聚伞状圆锥花序顶生，长10～12 cm；花萼钟状，长约7 mm，顶端5齿裂；花冠管状，橙红色，长7～8 cm，内面中部有一白色毛环，基部收缩，上部二唇形，上唇2裂，裂片长约8 mm，直立，下唇3裂，裂片长椭圆形，长约1.6 cm，反折，边缘被白色短柔毛；雄蕊4枚，着生于花冠管中部，2长2短，花丝丝状，花药叉开；子房圆柱形，花柱细长，伸出花冠管外，柱头2裂，裂片舌状。蒴果长线形，长达30 cm，果瓣革质，舟状，内有种子多列；种子具膜质翅。

产地：广东中南部及海南各地均有栽培。

分布：台湾、福建、广西及云南有栽培。原产

图34 炮仗花 Pyrostegia venusta（Ker-Gawl.）Miers
花枝。（余汉平抄绘）

于热带美洲，现热带亚洲广泛栽培。

用途：庭园观赏植物。

2. 连 理 藤 属　Clytostoma Miers ex Bureau

藤本；枝条四棱形至圆柱形，无毛至被毛。叶为单叶至掌状3小叶，顶生小叶通常变为不分枝的卷须；叶柄间无腺体；假托叶为一组钻状鳞片。聚伞花序腋生，少花，无苞片；花萼膜质，杯状至钟状，顶端截平，无腺体；花冠膜质，紫红色至紫色，具深色斑点，管状至钟状，直；雄蕊4枚，内藏，花药无毛，药室直，分叉；子房长圆形，具疣刺，胚珠每室2（～4）列；花盘无。蒴果木质，长圆形至近圆形，膨大，有刺，无皮孔；种子木栓质，无毛，厚，无翅或一侧具翅。

本属有9种，分布于墨西哥至乌拉圭、阿根廷和巴西。我国南方引种1种；广东有栽培。

连理藤　（图35）

Clytostoma callistegioides（Champ.）Bur. & Schum.

Bignonia callistegioides Champ.

常绿木质藤本；枝条圆柱形，灰色，具皮孔。叶为掌状3小叶，顶生小叶通常变为不分枝的卷须或退化；小叶薄革质，长圆形或倒卵状长圆形，长约10 cm，宽约4 cm，顶端急尖而具小尖头，基部钝圆，两面无毛，中脉在背面凸起；小叶柄长4 mm。聚伞花序顶生或腋生；花冠漏斗状，长5～7 cm，淡红色或红色，有淡紫色条纹，喉部淡黄色，檐部直径约5 cm。蒴果椭圆形，长3～15 cm，有钻状利刺；种子有翅。花期：春、夏。

产地：广州、深圳有栽培。

分布：香港有栽培。原产巴西、阿根廷，现各热带地区有栽培。

用途：花美丽，常种植于庭园供观赏。

图35　连理藤　Clytostoma callistegioides（Champ.）Bur. & Schum.

1. 花枝；2. 雄蕊；3. 花萼和雌蕊。（余汉平绘）

3. 蒜 香 藤 属　Mansoa DC.

藤本。茎有棱；小枝圆柱形，无毛或被毛。叶柄间腺体有或无；假托叶小而不明显；叶为掌状3小叶，顶生小叶常变为3分叉的卷须。聚伞花序腋生，少花；花萼杯状至管状、钟状，顶端5齿裂，疏生腺点；花冠膜质，浅红色，管状至钟状，直；雄蕊4枚，内藏，花药无毛，药室直；子房线形，具鳞片，胚珠每室2列；花盘环状。蒴果线状长圆形，压扁，木质，具瘤状突起，瘤长达5 mm，无皮孔；种子无毛，两侧具翅。

本属约15种，分布于墨西哥南部至巴西和阿根廷。我国南方引种1种；广东有栽培。

蒜香藤

Mansoa alliacea（H. J. Lam.）A. H. Gentry

Bignonia alliacea H. J. Lam.

常绿木质藤本，植物体具大蒜味；小枝圆柱形，黄褐色，具皮孔，无毛。叶为掌状3小叶，对生，顶生小叶常变为3分叉的卷须或脱落；小叶薄革质或厚纸质，椭圆形，长7 ~ 10 cm，宽3 ~ 5 cm，全缘，两面无毛，中脉在上面近平或稍凸起，在下面明显凸起，小叶柄长约1 cm，上面具沟槽。聚伞圆锥花序腋生；花萼钟状，萼管长约3 mm，顶端截平；花冠粉红色，管状，长约5 cm，无毛，顶端膨大，5裂；可育雄蕊4枚，内藏，花丝黄色，花药无毛；退化雄蕊线形；子房线形，长约5 mm，花柱细长，柱头扁。蒴果线状长圆形，长约15 cm，木质，具瘤状突起。

产地：广州、深圳有栽培。

分布：香港有栽培。原产热带美洲，现热带地区有栽培。

用途：花美丽，常种植于庭园供观赏。

4. 猫 爪 藤 属 **Macfadyena** A. DC.

常绿木质藤本，常以不定根攀附于树干上。羽状复叶对生，小叶3，顶端的小叶常变为3裂、爪状的卷须，有时正常叶退化至很小并与叶对生的卷须。花腋生，单生或组成聚伞花序；花萼钟状，顶端截平，或近佛焰苞状裂开；花冠淡黄色，管状或钟状，檐部5裂，裂片近圆形，不等大；雄蕊4枚，内藏，花药“丁”字形着生，黑色；花盘环状；子房四棱形，2室，胚珠多数，花柱外露，柱头扁平，2裂。蒴果带状，果瓣4裂，革质；种子多数，椭圆形，极薄，具膜质翅。

本属约3 ~ 4种，产于热带美洲。我国引种栽培1种；广东亦有。

猫爪藤 （广州） （图36）

Macfadyena unguis-cati（Linn.）A. Gentry

Bignonia unguis-cati Linn.

攀援藤本。茎纤细，平滑；卷须与叶对生，长1.5 ~ 2.5 cm，顶端分裂成3爪状钩。叶形状大小多变，幼苗及嫩枝上的叶通常为单叶，不分裂或浅裂，近圆形或椭圆形，较上部的为具2小叶的复叶，小叶椭圆形至倒卵状披针形，长3.5 ~ 4.5 cm，宽1.2 ~ 2 cm，顶端急尖至渐尖，基部阔楔形、钝圆或微缺，全缘。花单生或组成具2 ~ 5朵花的聚伞花序，被疏柔毛；花梗长1.5 ~ 3 cm；花萼薄膜质，钟状，长1.2 ~ 1.5 cm，直径约2 cm，顶端近截平；花冠黄色，钟状至漏斗状，长5 ~ 7 cm，宽2.5 ~ 4 cm，檐部5裂，裂片近圆形，不等大；雄蕊4枚，内藏；子房2室，每室具胚珠多数。蒴果带状，扁平，长15 ~ 28 cm，宽8 ~ 10 mm，隔膜薄，海绵质。花期：4月；果期：6月。

产地：广州有栽培。

分布：福建有栽培。原产西印度群岛及墨西哥、危地马拉、阿根廷。

用途：观赏。

图36 猫爪藤 Macfadyena unguis-cati（Linn.）A. Gentry

1. 花枝；2. 蒴果；3. 种子。（余汉平仿绘）

5. 梓　　属 **Catalpa** Scop.

落叶乔木。单叶对生或3叶轮生，背面脉腋通常具紫黑色腺点；基出脉3～5条。圆锥花序、伞房花序或总状花序顶生；花两性；花萼二唇形或不规则开裂；花冠钟状，二唇形，上唇2裂，下唇3裂，裂片不等大；能育雄蕊2枚，内藏，着生于花冠管基部，花丝丝状，弯曲，花药线形或椭圆形；退化雄蕊3枚；花盘明显；子房无柄，2室，具多数胚珠，花柱稍长于雄蕊，柱头2。蒴果细长，圆柱形，2瓣开裂，果瓣质薄而脆；种子2～4列，长圆形，极薄，舟状，两端具束毛。

本属约11种，分布于美洲和亚洲东部。我国原产4种及1变型，引种栽培1种；广东原产1种，引种栽培2种，1变型。

1. 花序为圆锥花序；花淡黄色或纯白色。
　2. 叶上半部3浅裂；花淡黄色；果直径4～7 mm ………… 1. 梓 C. ovata
　2. 叶全缘；花纯白色；果直径1 cm ………… 2. 黄金树 C. speciosa
1. 花序为伞房状总状花序；花淡红色至淡紫色。
　2. 嫩枝、花序、叶柄均被分枝毛 ………… 3. 灰楸 C. fargesii
　2. 嫩枝、花序、叶柄均无毛 ………… 3a. 滇楸 f. duclouxii

1. 梓　（《植物名实图考》）　别名：楸　（《植物名实图考长编》）　（图37）

Catalpa ovata G. Don

Bignonia catalpa Thunb.，non Linn.

乔木，高达13 m；主干通直，嫩枝疏被柔毛。叶对生或近对生，有时轮生，阔卵形，长宽近相等，10～30 cm，顶端渐尖，基部心形，上半部常3浅裂，两面粗糙，被短硬毛，脉上尤为明显，掌状脉5～7条；叶柄长6～15 cm。圆锥花序顶生，长10～18 cm；总花梗微被疏毛，长约3 cm；花萼钟状，长6～8 mm，无毛，2深裂；花冠淡黄色或黄白色，钟状，长约2.5 cm，直径约2 cm，内具2条黄色纵纹及紫色斑点，二唇形，上唇2裂，下唇3裂；能育雄蕊2枚，着生于花冠管基部，内藏，花药叉开，线形，黄色，2室；退化雄蕊3枚；子房圆柱形；花柱线形，与雄蕊等长，无毛，柱头2裂。蒴果深褐色，长圆柱形，长28～40 cm，粗4～7 mm；种子长圆形，边缘稍弯曲而呈舟状，长7～15 mm，宽2.5～5 mm，两端被淡黄色长柔毛，毛长约1 cm。花期：5月；果期：7～11月。

产地：乐昌、连州、广州、清远有栽培。

分布：我国长江流域及其以北地区。日本及朝鲜。

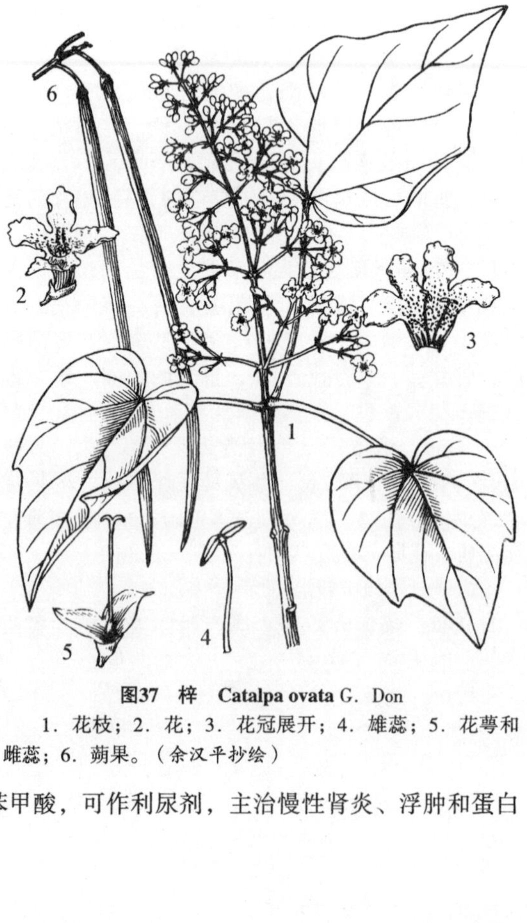

图37　梓　Catalpa ovata G. Don

1. 花枝；2. 花；3. 花冠展开；4. 雄蕊；5. 花萼和雌蕊；6. 蒴果。（余汉平抄绘）

用途：速生树种，常种植在铁路及公路两旁；木材用于制作家具和乐器；嫩叶可食用；叶可作饲料；树皮刮去外皮后入药称“梓白皮”，主治热毒；果实入药称“梓实”，含梓醇及对羟基苯甲酸，可作利尿剂，主治慢性肾炎、浮肿和蛋白尿等。

2. 黄金树 （《中国树木分类学》）

Catalpa speciosa（Warder ex Barney）Engelmann

C. bignonioides var. *speciosa* Warder ex Barney

乔木，高6～10 m；树皮红褐色，开裂成厚鳞片状。叶纸质，卵形至长卵形，长15～30 cm，顶端渐尖，基部截平至浅心形，上面绿色，具光泽，无毛，下面密被短柔毛，掌状脉5条；叶柄长10～15 cm。圆锥花序顶生，具少花，长约15 cm；花萼2裂，裂片舟状，无毛；花冠白色，长4～5 cm，口部直径4～6 cm，裂片开展，喉部有2条黄色纵纹及紫色细斑点。蒴果圆柱形，深褐色，长30～55 cm，宽1～2 cm；种子椭圆形，长2.5～3.5 cm，宽6～10 mm，两端被极细的白色丝状毛，毛长约1 cm。花期：5～6月；果期：8～9月。

产地：华南植物园有栽培。

分布：广西、台湾、福建、江苏、浙江、河北、河南、山东、山西、陕西、新疆、云南等地有引种。原产美国中部至东部。

3. 灰楸 （《中国树木分类学》）

Catalpa fargesii Bur.

乔木，高达15 m，胸径达50 cm；幼枝、花序、叶柄均被分枝毛。叶厚纸质，卵形或三角状心形，长9～13（～20）cm，宽6.5～12 cm，顶端渐尖，基部截平或微心形，全缘，上面幼时被褐色分枝毛，背面毛较密，脉上尤为显著，后渐变无毛，侧脉4～5对，基部1对基出或近基出；叶柄长5～10 cm，幼时被褐色柔毛。伞房状总状花序顶生，长约12 cm，具花7～15朵；花萼2裂至近基部，裂片椭圆形，长约12 mm；花冠钟状，淡红色至淡紫色，内具紫色斑点，长约3.5 cm；雄蕊2枚，内藏；退化雄蕊3枚，着生于花冠管基部，花丝细长。蒴果细圆柱形，下垂，长56～67（～80）cm，直径3 mm，果瓣革质，2裂；种子长椭圆形，舟状，长1.6～2 cm，两端具白色丝状长柔毛，毛长2～3 cm。花期：5月；果期：7～11月。

产地：乳源（大岭脚）。生于村边及疏林中。

分布：陕西、甘肃、河北、山东、河南、湖北、湖南、广西、四川、贵州及云南。

用途：果入药，有利尿之功效；根皮民间用于治皮肤病。

3a. 滇楸 （《中国树木分类学》）

f. **duclouxii** Dode

本变型与原种的区别在于：嫩枝、花序和叶柄均无毛。

产地：华南植物园有栽培。

分布：湖北、湖南、四川、贵州、云南等地。

用途：木材为珍贵的硬材，用于制作高级家具；根、叶、花入药，治咳嗽、胃痛及风湿痛等。

6. 蚁 木 属 **Tabebuia** Gomez

灌木至大乔木。叶对生，单叶或掌状复叶；小叶全缘或有锯齿。花序为顶生聚伞圆锥花序，有时退化为具数朵花的总状花序或单花；花萼杯状、钟状或管状，顶端截平至5浅裂，或二唇形；花冠白色、黄色、熏衣草色、洋红色、红色，管状漏斗形至管状钟形；雄蕊4枚，内藏或伸出，药室叉开；子房线状长圆形，通常多少被鳞片或被毛，胚珠每室2至多列；花盘环状。蒴果近圆柱形、线形至长圆形，有时为宿萼所包裹，果瓣光滑至具疣刺；种子薄，具2翅或无翅。

本属约100种，分布于美洲热带地区，自墨西哥北部和安第斯山脉至阿根廷北部。我国引种2种；广东有栽培。

1. 花冠粉红色、淡紫色至洋红色或几乎白色，喉部黄色，过渡至白色；花冠裂片长2.5 cm ………………… 1. 紫绣球 T. rosea
1. 花冠黄色，喉部有红色条纹；花冠裂片长0.8～1.5 cm ……………………………………………………… 2. 黄钟树 T. chrysantha

1. 紫绣球

Tabebuia rosea (Bertol.) DC.

Tecoma rosea Bertol.

落叶乔木，高达25 ~ 30 m，直径达1 m；小枝近四棱形，被鳞片。叶为掌状复叶；小叶5片，不等大，椭圆形至椭圆状长圆形，顶端急尖至渐尖，基部钝圆至楔形，顶生小叶长8 ~ 35 cm，宽3 ~ 8 cm，侧生小叶渐小，全缘，近革质至纸质，两面被鳞片，小叶柄长0.2 ~ 2.4 cm；叶柄长5 ~ 32 cm，被鳞片。圆锥花序顶生，分枝密被鳞片，每分枝下具1对钻形苞片；花萼二唇形，长0.8 ~ 2 cm，宽0.6 ~ 1.2 cm，宿存，密被鳞片；花冠粉红色、淡紫色至洋红色或几乎白色，喉部黄色，过渡至白色，管状漏斗形，长5 ~ 10 cm，裂片长2 ~ 2.5 cm，具缘毛，内面疏被短柔毛；雄蕊2强，药室叉开，长2.5 ~ 3.5 mm；子房线形，长5 ~ 8 mm，密被鳞片，胚珠每室2列；花盘杯状。蒴果细圆柱形，长22 ~ 38 cm，宽0.9 ~ 1.5 cm，两端渐狭，密被鳞片；种子长0.7 ~ 1 cm，宽2.8 ~ 4.4 cm，翅透明。

产地：广州有栽培。

分布：墨西哥南部至委内瑞拉和厄瓜多尔沿岸。

用途：观赏树种。

2. 黄钟树　（图38）

Tabebuia chrysantha (Jacquin) Nicholson

Bignonia chrysantha Jacquin

乔木，通常高10 ~ 20 m；小枝近四棱形，初时被星状短柔毛，后渐无毛。掌状复叶具5小叶，小叶长圆状倒卵形，顶生小叶长达17 cm，宽9 cm，侧生小叶渐小，顶端钝圆至急尖，基部钝圆至截平，全缘或有锯齿，膜质至坚纸质，两面具鳞片，上面有时被星状毛，下面被星状毛，脉上尤为明显，顶生小叶柄长1 ~ 3 cm，侧生的较短；叶柄长3 ~ 9 cm，被星状毛或无毛。花序为密集、多少簇生的圆锥花序；苞片明显退化；花萼钟形，5裂，长5 ~ 9 mm，被星状毛；花冠黄色，喉部有红色条纹，干后有网脉达裂片边缘，花冠管长3 ~ 4.5 cm，喉部宽1 ~ 2 cm，裂片长0.8 ~ 1.5 cm，外面无毛，内面基部和喉部密被柔毛，雄蕊着生处被腺毛；雄蕊2强，药室叉开，长2 ~ 3 mm；子房长椭圆形，长3.5 ~ 5 mm，无毛至被鳞片或疏被星状短柔毛，每室8 ~ 10列胚珠。果长圆柱形，两端渐狭，长15 ~ 50 cm，宽0.8 ~ 2 cm，疏被短星状毛，表面粗糙，有极细而不规则的纵条纹；种子长0.4 ~ 0.9 cm，宽1.4 ~ 3.3 cm，翅膜质。

产地：广州等地有栽培。

分布：香港有栽培。原产美洲，广布于墨西哥至委内瑞拉、特里尼达和秘鲁。

用途：观赏树种。

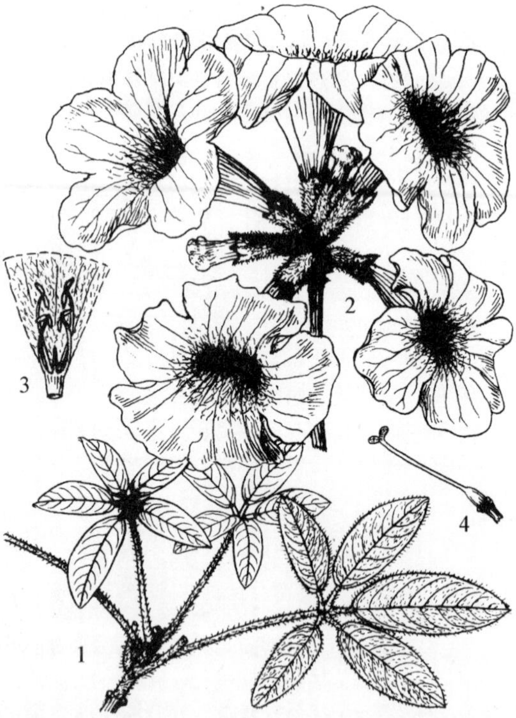

图38　黄钟树　Tabebuia chrysantha (Jacquin) Nicholson
1. 叶枝；2. 花枝；3. 雄蕊；4. 雌蕊。（余汉平绘）

7. 猫尾木属 **Markhamia** Seemann ex Baillon

落叶乔木。叶为一回羽状复叶，对生。总状花序或聚伞圆锥花序顶生，多少被粗毛；苞片不明显；花夜间开放；花萼芽时封闭，开花时一边开裂至基部而成佛焰苞状，外面密被灰褐色绵毛，常有小瘤体；花冠钟状，冠管短，一侧肿大，顶端5裂，裂片近相等，圆形，厚而具皱纹；雄蕊4枚，2强，内藏，花丝基部无毛，药室叉开；花盘环状；子房椭圆形，被绵毛。蒴果长柱形，扁平，外面密被灰褐色绒毛，似猫尾状，隔膜木质，扁，中间有1中肋凸起；种子长椭圆形，每室2列，薄膜质，两端具白色透明的膜质翅。

本属有13种，分布于非洲和亚洲热带地区。我国有1变种；广东及海南亦有。

猫尾木 （《中国树木分类学》） 别名：猫尾（海南） （图39）

Markhamia stipulata var. **kerrii** Sprague

M. cauda-felina (Hance) Craib

Dolichandrone cauda-felina (Hance) Benth. et Hook. f.

Spathodea cauda-felina Hance

落叶乔木，高5～15 m。一回奇数羽状复叶长40～50 cm；小叶3～9对，纸质，长圆形、椭圆状长圆形、椭圆状披针形或卵状披针形，长5～28 cm，宽4～9 cm，顶端尾状渐尖，基部钝圆，边全缘或具细锯齿，两面无毛或幼时沿背面脉上被锈色柔毛；小叶柄长1～3 mm；无托叶，但常有退化的单叶生于叶柄基部而极似托叶。花大，直径10～12 cm，数朵组成顶生的总状聚伞圆锥花序；花萼长3.3～5.5 cm，与花序轴和总花梗均密被黄褐色绒毛，顶端有黑色小瘤体6～8个；花冠暗紫色，上部黄色，漏斗状，冠管基部收狭，下部一边膨大；能育雄蕊4枚，2强，退化雄蕊有或无；子房长圆形，被绒毛；花柱约与雄蕊等长，柱头2，瓣片状。蒴果倒垂，长30～60 cm，宽2.2～3 cm，密被黄褐色绒毛；种子长圆形，连翅长约4.5 cm，宽约1 cm，极扁，淡黄色，有膜质透明的翅。花期：9～12月；果期：1～6月。

产地：茂名（海陵岛）及海南东方、乐东、三亚、保亭、陵水、万宁、琼中、定安、澄迈。生于海拔200～300 m的山地疏林边、阳处。

分布：广西、福建、云南。越南、柬埔寨、缅甸和泰国。

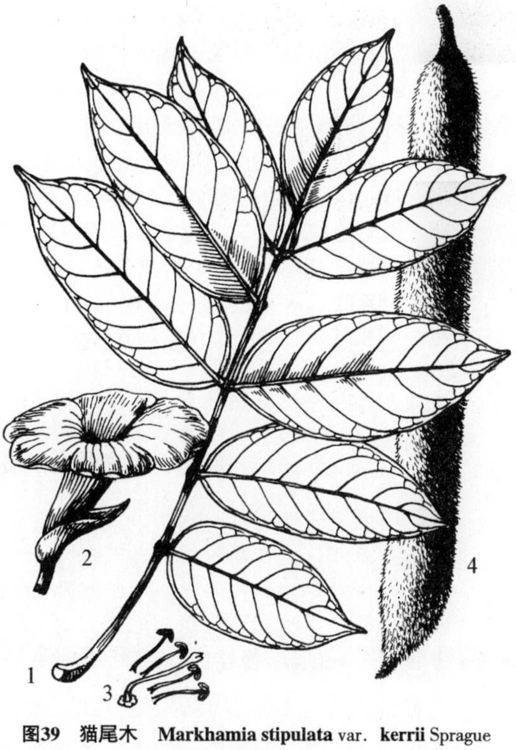

图39 猫尾木 Markhamia stipulata var. **kerrii** Sprague
1. 复叶；2. 花；3. 雄蕊和雌蕊；4. 果。（余汉平抄绘）

8. 火焰树属 **Spathodea** Beauv.

常绿乔木。叶对生，一回大型奇数羽状复叶。伞房状或总状花序顶生，密集；花萼大，佛焰苞状；花冠阔钟状，橙红色至鲜红色，冠管在基部收缩成细筒状，中部一侧膨胀，檐部5裂，裂片不等大，具纵皱褶；雄蕊4枚，2强，着生于花冠管上，花丝无毛，花药“个”字形着生；花盘杯状；子房狭卵球形，

2室，胚珠多数，柱头2裂，裂片片状。蒴果细长，扁平，室背开裂；果瓣近木质，与隔膜垂直；种子多数，具膜质翅。

本属仅1种，产于热带非洲。我国南方有引种；广东亦有。

火焰树　（《中国植物志》）　（图40）

Spathodea campanulata P. Beauv.

乔木，高达12 m；树皮灰褐色；嫩枝被伏贴微毛，老枝近无毛，散生灰白色皮孔。一回奇数羽状复叶连柄长达45 cm；小叶（3～）9～13（～17）片，椭圆形至倒卵形，长5～10 cm，宽2.5～5 cm，顶端渐尖，基部近圆形，全缘，两面近无毛，侧脉5～7对，近无柄。伞房状总状花序顶生；花序轴长约12 cm，被褐色微柔毛；花梗长2～4 cm；苞片披针形，长2 cm；小苞片2，长2～10 mm；花萼佛焰苞状，顶端具弯曲的尖头，外被短绒毛；花冠橙红色至鲜红色，钟状，冠管一侧膨大，基部收缩成细筒状，檐部5裂，裂片直立，阔卵形，不等大，具纵褶，长3 cm，宽3～4 cm；雄蕊伸出花冠喉部，花丝长5～7 cm，花药长约8 mm；子房无毛，花柱长6 cm，柱头2裂，裂片卵圆状披针形。蒴果黑褐色，长15～25 cm，宽3.5 cm；种子具周翅，近圆形，直径1.7～2.4 cm。花期：4～5月。

产地：广州有栽培。

分布：香港、福建、台湾、云南等地有栽培。原产非洲，现广泛栽培于全世界热带地区。

用途：树形优美，花序大，颜色鲜红如火焰，为著名风景观赏树。

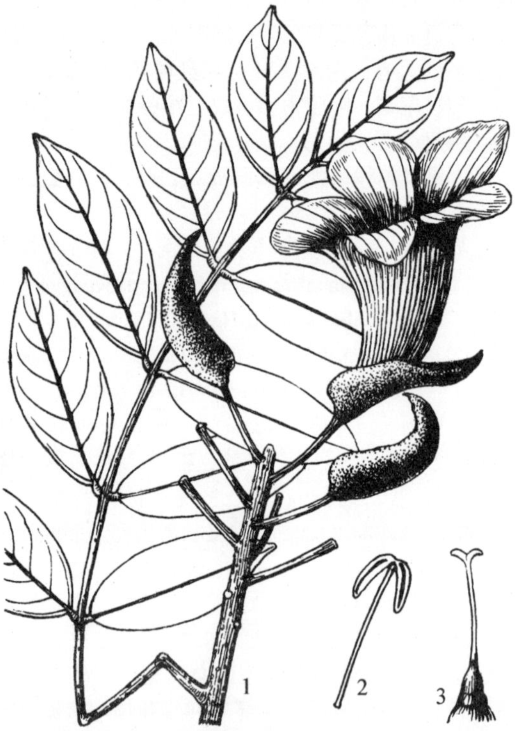

图40　**火焰树**　**Spathodea campanulata** P. Beauv.
1. 花枝；2. 雄蕊；3. 雌蕊。（余汉平绘）

9. 海滨猫尾木属　Dolichandrone（Fenz.）Seem.

乔木。叶互生，单叶或为一回羽状复叶；小叶全缘。总状花序或聚伞圆锥花序顶生；花萼佛焰苞状，早落；花冠高脚碟状，白色，芳香，夜间开放；花冠管狭长，裂片皱缩；雄蕊4枚，2强，生于喉部，内藏，药室2；退化雄蕊存在；花盘环状；子房近圆柱形，胚珠多数。排成4～6列。蒴果近圆柱形至扁平，横隔极窄，假隔膜极宽，与裂瓣平行；种子具透明膜质翅。

本属10种，分布于亚洲东南部、澳洲北部、新喀里多尼亚和非洲东部。我国仅1种，见于广东及海南。

海滨猫尾木　（图41）

Dolichandrone spathacea（Linn. f.）K. Schum.

Bignonia spathacea Linn. f.

常绿乔木，高4～10（～20）m；树皮灰色至深褐色；小枝粗壮，具皮孔。叶对生，为奇数羽状复叶，长10～35 cm；小叶通常2～3（～4）对，纸质，卵形至卵状披针形，长5～14 cm，宽3.5～5.5 cm，顶端长渐尖，基部阔楔形至钝圆，偏斜，全缘；小叶柄长4～10 mm。总状花序具花2～8朵，花梗粗壮，长1.5～3.5 cm；花萼绿色，佛焰苞状，长2.5～9 cm，开花时一侧分裂至近基部，顶端钝，具反折的急尖头，尖端外面具紫色腺体；花冠白色，喇叭状，长11～18 cm，冠管上部外面有腺体。蒴果圆筒状，稍扁，下垂，通常稍弯曲，长25～50 cm，宽约2 cm，无毛；种子多数，具木栓质的翅，长方形。

产地：雷州及海南万宁、三亚、文昌。常生于海岸内滩和河口的积水地。

分布：自印度马拉巴尔海岸经中南半岛、马来西亚至巴布亚新几内亚、所罗门群岛、新赫布里底群岛和新喀里多尼亚岛。

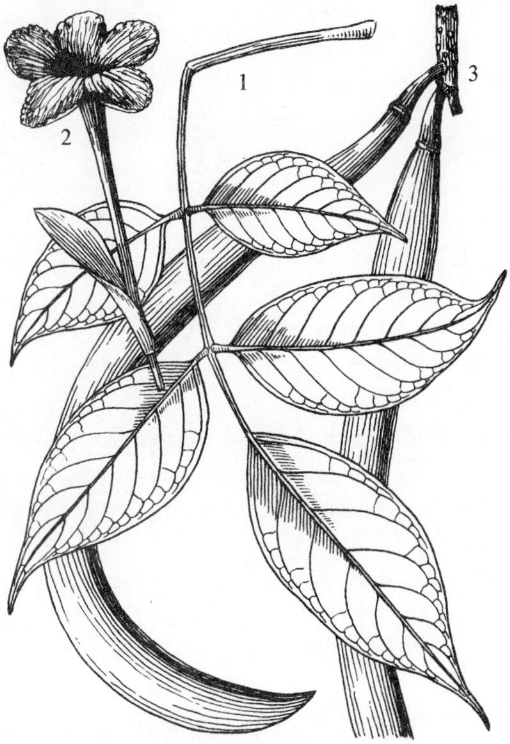

图41 海滨猫尾木 Dolichandrone spathacea（Linn. f.）K. Schum.
1. 叶；2. 花；3. 果。（余汉平绘）

10. 蓝 花 楹 属 **Jacaranda** Juss.

乔木或灌木。叶对生，通常为二回羽状复叶，有时为一回羽状复叶，稀为单叶，小叶多数，小。花序为顶生或腋生的圆锥花序；花萼小，钟状至管状，截平或5齿裂；花冠蓝色或青紫色，管状至钟状，檐部略呈二唇形，裂片5，外密被细柔毛；雄蕊4枚，内藏，花药无毛，药室不等或为单药室；退化雄蕊长于能育雄蕊，具腺体；子房扁圆锥状，被毛，胚珠每室8列；花盘环状。蒴果木质，椭圆形或长圆形，迟裂；种子扁平，具透明或棕色的翅。

本属约50种，分布于热带美洲。我国引入栽培2种；广东及海南均有。

1. 小叶长圆形，长7～8 mm，顶端具芒状细尖，基部斜楔形 ……………………………………1. 尖叶蓝花楹 J. cuspidifolia
1. 小叶狭椭圆形，长6～12 mm，顶端骤渐尖，基部楔形 ……………………………………………………2. 蓝花楹 J. mimosifolia

1. 尖叶蓝花楹 （《中国植物志》）

Jacaranda cuspidifolia Mart. ex DC.

落叶乔木，高约15 m；小枝无毛。二回羽状复叶长10～40 cm，具羽片6～17对；小叶9～22对，长圆形，长7～8 mm，宽4～4.5 mm，顶端具芒状细尖，基部斜楔形，叶脉在背面凸起。圆锥花序大，长达25 cm；花萼长、宽不及4 mm，萼齿5；花冠蓝紫色，钟状，基部收缩成细筒状，长4～5 cm；雄蕊2强，花丝无毛，着生于花冠管基部，花药基着；退化雄蕊存在；子房长圆形，上部疏被微柔毛，柱头略扁平，近三角形。蒴果扁圆形至长圆形，长5 cm，宽约4 cm，边缘极薄，中间厚，坚硬，淡褐色。

产地：广州有栽培。

分布：福建、云南有栽培。原产巴西及阿根廷。

用途：园林观赏及行道树。

2. 蓝花楹　（《广州植物志》）　（图42）

Jacaranda mimosifolia D. Don

J. acutifolia auct. non Humb. et Bonpl.

落叶乔木，高达15 m，胸径达45 cm。二回羽状复叶长15～30 cm，具羽片10余对；小叶16～24对，纸质，无柄，狭椭圆形，长6～12 mm，宽2～7 mm，顶端急尖，基部楔形，边缘稍外卷，无毛或沿中脉和边缘被微柔毛。圆锥花序顶生，多花；花萼钟形，长1 mm，顶端5齿裂；花冠二唇形，紫蓝色，冠管管状钟形，长3～4 cm，喉部宽0.7～1.2 cm，花冠裂片长0.3～0.8 cm，外被短柔毛；雄蕊2强，花药1室，另1室退化，药室长2 mm，花丝中部以下被短柔毛；退化雄蕊长2～2.5 cm，中部和顶端被腺毛；子房扁圆锥形，长2～3.5 mm，无毛。蒴果木质，扁圆形，直径约5 cm。花期：春末夏初和秋季两次。

产地：广州、深圳及海南儋州有栽培。

分布：香港有栽培。原产巴西、玻利维亚和阿根廷，现世界热带和亚热带地区广泛栽培。

用途：花颜色鲜艳，常植于庭园供观赏。

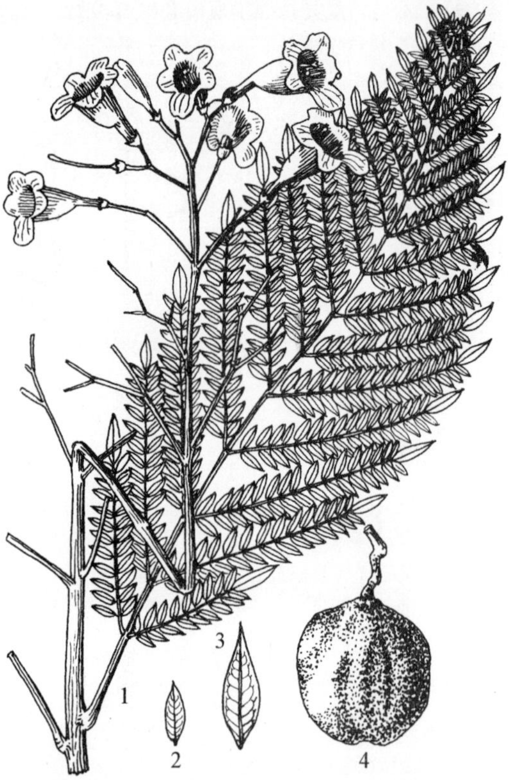

图42　蓝花楹　Jacaranda mimosifolia D. Don
1. 花枝；2. 侧生小叶；3. 顶生小叶；4. 果。
（余汉平抄自《海南植物志》）

11. 羽 叶 楸 属　**Stereospermum** Cham.

乔木或灌木。茎被毛。奇数羽状复叶对生，小叶全缘。聚伞圆锥花序顶生或腋生；花萼钟状至管状，不规则2～5裂；花冠管钟状，一侧肿胀，裂片5，近等大，圆形，皱缩状或撕裂状；雄蕊4枚，内藏，花药无毛，“个”字形着生；退化雄蕊存在；子房线状长圆形，具4棱，被鳞片，胚珠每室2列；花盘环状。蒴果圆柱形，细长，室背开裂，不为宿萼所包裹，果瓣无毛；种子有翅。

本属约20种，分布于热带亚洲。我国产3种；海南有1种。

羽叶楸　（《中国高等植物图鉴》）　（图43）

Stereospermum colais（Buch.-Ham. ex Dillwyn）Mabberley

Bignonia colais Buch.-Ham. ex Dillwyn

S. colais var. *puberula*（Dop）D. D. Tao

落叶乔木，高15～20 m，胸径15～25 cm；小枝、叶轴、叶柄、叶脉、花序、花萼均被微柔毛。一回羽状复叶，长25～50 cm；小叶3～6对，长椭圆形，长8～14 cm，宽2.5～6 cm，顶端长渐尖至尾状渐尖，基部阔楔形至钝圆，全缘，小叶柄长1～2 cm。聚伞圆锥花序顶生，长20～40 cm；小苞片存在；花梗长3～4 mm；花萼钟状，紫色，3～5裂；花冠白色，微弯，长约2 cm，上唇2裂，下唇3裂，喉部被绒毛；花丝长约1 cm，无毛；柱头2裂，内藏。蒴果细长，四棱柱形，稍弯曲，长30～70 cm，粗约1 cm，果皮厚，近木质，隔膜粗4～7 mm；种子卵形，两端具膜质翅，连翅长2.8 cm，宽约5 mm。花期：5～7月；果期：9～11月。

产地：据《中国植物志》记载，海南有分布。生于海拔约400 m的石灰岩地区。

分布：广西、贵州、云南。越南、柬埔寨、老挝、泰国、马来西亚、缅甸、印度、斯里兰卡和印度尼西亚。

用途：木材材质优良、抗腐蚀性强，为建筑、家具及室内装饰用材。

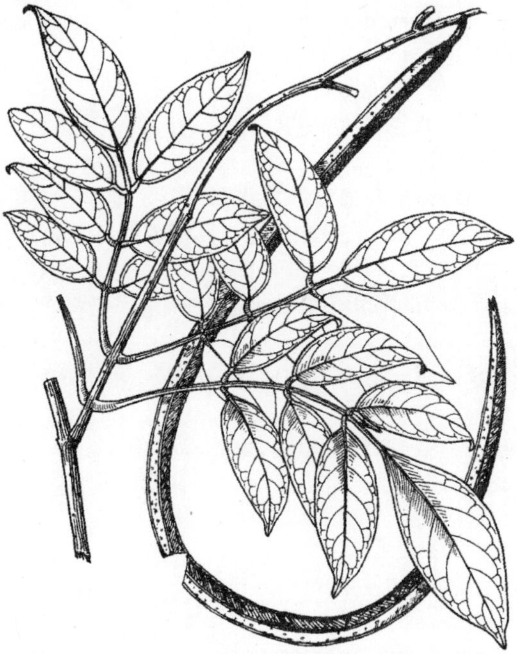

图43 羽叶楸 Stereospermum colais（Buch.-Ham. ex Dillwyn）Mabberley
果枝。（余汉平绘）

12. 菜豆树属 **Radermachera** Zoll. et Mor.

常绿或落叶乔木，稀灌木。小枝和花序轴常具显著皮孔；嫩枝具黏液。叶对生，一至三回羽状复叶；叶柄和小叶具关节；叶轴具沟槽；小叶全缘。聚伞花序顶生或侧生，稀总状花序生于老茎上或侧枝上；苞片和小苞片不明显，极稀为叶状；花白色、粉红色并在口部具黄色斑点，稀黄绿色、金黄色至橙红色；花萼大多数不规则开裂，稀截平；花冠漏斗状钟形或高脚碟状，花冠管短或长，檐部微呈二唇形，裂片5，大多数圆形，不相等；雄蕊4枚，2强，内藏；退化雄蕊通常存在，药隔突出；花盘环状，稍肉质；子房圆柱形，无毛或具疣状突起，胚珠多数，花柱细长，通常长于花药；柱头2裂，裂片扁平，舌状。蒴果细长，圆柱形，有时旋扭，隔膜圆柱形，木栓质；种子多数，扁平，小而狭，两端具透明的膜质翅。

本属15种，分布于亚洲东南部。我国有8种，分布于海南、广东、广西、云南和台湾；广东及海南有4种。

此外，据《中国植物志》记载，广东还有广西菜豆树（R. glandulosa）分布，因未见标本，暂不收载。

1. 花冠管长6 ~ 8 cm。
  2. 花冠橙红或金黄色；雄蕊4枚，等长，伸出花冠管外 ······ 1. 火烧花 R. ignea
  2. 花冠白色至淡黄色；雄蕊4枚，2强，内藏 ······ 2. 菜豆树 R. sinica
1. 花冠管长3.5 ~ 5 cm。
  2. 花冠黄绿色；花梗长约1 cm ······ 3. 海南菜豆树 R. hainanensis
  2. 花冠白色；花梗长3 ~ 5 mm ······ 4. 美叶菜豆树 R. frondosa

1. 火烧花　（《中国高等植物图鉴》）　别名：缅木　（《中国种子植物科属辞典》）

Radermachera ignea（Kurz）Steenis

Spathodea igneum Kurz

Mayodendron igneum（Kurz）Kurz

乔木，高6 ~ 20 m，胸径15 ~ 20 cm；树皮厚，灰色，纵向皱缩。叶为大型二回奇数羽状复叶，长达60余cm；小叶卵形至卵状披针形，纸质，长7 ~ 11 cm，宽3 ~ 5 cm，顶端长渐尖，基部阔楔形，偏斜，全缘，无毛，侧脉5 ~ 6对，小叶柄短。总状花序短，着生于老茎或侧枝上；花萼绿色或紫绿色，佛焰苞状或2 ~ 3裂，长约1 cm，外被微柔毛；花冠橙红色至金黄色，冠管长6 ~ 7 cm，直径1.5 ~ 1.8 cm，檐部5裂，裂片半圆形，长约5 mm，反折，内面基部疏被柔毛；雄蕊4枚，等长，伸出花冠管外，花丝长约4.5 cm；子房长圆柱形，花柱长约6 cm，柱头2裂，胚珠多数。蒴果未见。花期：2 ~ 3月。

产地：阳江、信宜、徐闻及海南三亚、白沙、儋州、保亭、乐东等地。常生于海拔400 ~ 1 300 m的林中。

分布：广西、台湾、云南。越南、老挝、缅甸、印度。

用途：庭园观赏树及行道树。

2. 菜豆树　（《中国树木分类学》）

Radermachera sinica（Hance）Hemsl.

Stereospermum sinicum Hance

落叶小乔木，高达10 m。叶为二或三回羽状复叶，长40 ~ 50 cm；小叶2 ~ 5对，椭圆形、阔卵形、椭圆状披针形或椭圆状卵形，长4 ~ 8 cm，宽2 ~ 3.5 cm，顶端渐尖或尾尖，基部阔楔形，偏斜，两面无毛或有时被短柔毛，侧脉5 ~ 6对，向上斜升；侧生小叶柄长约5 mm，顶生小叶柄长1 ~ 2 cm。聚伞圆锥花序顶生，直立，长12 ~ 30 cm；花梗长3 ~ 5 mm；苞片线形，长4 ~ 6 cm；花萼卵形或椭圆形，5裂，裂片卵状披针形，长约12 mm；花冠白色至淡黄色，长6 ~ 8 cm，裂片5，圆形，具皱纹，长约2.5 cm；雄蕊4枚，2强，内藏，花丝无毛；子房2室，胚珠每室2列，花柱伸出，柱头2裂。蒴果圆柱状线形，下垂，稍弯曲，多沟纹，长达85 cm，直径约1 cm，果皮薄革质；种子椭圆形，连翅长约2 cm，宽约5 mm。花期：5 ~ 9月；果期：10 ~ 12月。

产地：乳源、连南、连州、阳山、英德、肇庆、郁南等地。生于海拔350 ~ 750 m的山谷或平地疏林中。

分布：台湾、广西、贵州、云南。越南。

用途：木材可供建筑用材；根、叶、果入药，治跌打损伤、毒蛇咬伤等。

3. 海南菜豆树　（《海南植物志》）　别名：牛尾林、大叶牛尾林（海南）　（图44）

Radermachera hainanensis Merr.

乔木，高6 ~ 13（~ 20）m。小枝和老枝灰色，有皱纹。叶为二回，稀为一或三回羽状复叶，有时仅有小叶5片，长24 ~ 40 cm；小叶2 ~ 5对，纸质，椭圆形、椭圆状披针形、长圆状卵形或卵形，长4 ~ 10.5 cm，宽2.5 ~ 5 cm，顶端长渐尖，基部阔楔形，多少偏斜，两面无毛，有时上面有极多极小的斑点，侧脉每边5～6条；小叶柄长4～17 mm。总状花序或圆锥花序顶生，有时腋生或侧生，少花，短于叶；花梗长约1 cm；花萼淡红色，圆筒状，长约1.8 cm，通常3～5浅裂，有时不分裂，呈佛焰苞状；花冠黄绿色，管钟状，多少一侧肿胀，长3.5～5 cm，宽约1.5 cm，基部宽约5 mm，内面基部密被柔毛，裂片阔肾状卵形，宽1 cm，直立或平展；雄蕊4枚，2强，内藏，花丝通常弯曲。蒴果圆柱形，弯曲，长30～60 cm，直径约5 mm；种子卵圆形，连翅长12 mm，薄膜质。花期：2～5月；果期：4～8月。

产地：阳江及海南万宁、陵水、保亭、三亚、乐东、东方、白沙、儋州。生于低海拔疏林中。

分布：云南。泰国、柬埔寨、越南。

用途：木材纹理通直，适于制作农具、车辆、门、窗、梁、柱等，为优良的家具和美工用材；根、叶、花、果可入药。

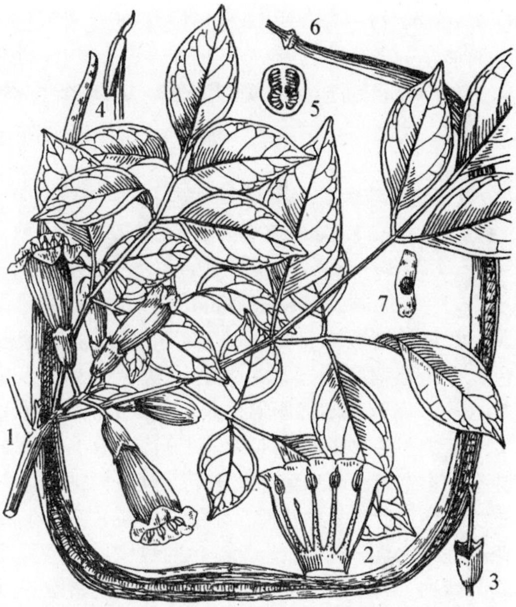

图44　海南菜豆树　Radermachera hainanensis Merr.
1．花枝；2．花冠展开；3．花萼和雌蕊；4．雄蕊；5．子房横切面；6．果；7．种子。（余汉平抄绘）

4．美叶菜豆树　（《植物分类学报》）　别名：红花树（海南）

Radermachera frondosa Chun et How

R．sinica auct．non（Hance）Hemsl.

乔木，高7～20 m，树冠有优美的叶丛；枝灰色，具皮孔，被微柔毛，后渐无毛。叶为二回羽状复叶，长30 cm或更长；叶柄、叶轴具槽纹，被粉状短柔毛；羽片4～5对；每一羽片具小叶5～7片；小叶纸质，菱状卵形或菱状披针形，长4～6 cm，宽1.5～3 cm，顶生小叶常较大，顶端尾状渐尖，基部阔楔形，两面有小斑点，中部以下有少数圆形的穴状腺体，上面干时黑褐色，具光泽，除中脉略被短柔毛外近无毛，背面苍白色，无毛，侧脉4～5对；小叶柄纤细，被短柔毛，顶端的长逾1.5 cm，两侧的长5～6 mm。聚伞圆锥花序顶生，直立，长达30 cm；花梗长3～5 mm；花萼管状，具胶黏质，密被小斑点，长15～18 mm，直径6～7 mm，顶端3～4裂，裂片卵状三角形，长2～3 mm；花冠白色，管状，长3.5～4 cm，宽2～2.5 mm，无毛，裂片阔圆形，长约1.2 cm；花盘杯状，高约1 mm；能育雄蕊4枚，着生于花冠管中部，内藏；花药线形，黄色，长约7 mm，具小尖头；子房圆柱状，柱头2裂；胚珠多数，多列。蒴果近圆柱状，下垂，长20～40 cm，宽5～6 mm，具小斑点；种子褐色，长方椭圆形，两端具白色透明的膜质翅，连翅长7～12 mm。花期：几全年。

产地：徐闻及海南文昌、琼海、琼中、保亭、陵水、三亚、乐东、白沙、昌江。

分布：广西。

用途：木材适作水桶、木盆等；叶可作绿肥。

13. 黄 钟 花 属　Tecoma Juss.

灌木或小乔木，直立或披散。茎通常被毛。叶对生，为单叶、3小叶或奇数羽状复叶；小叶有锯齿。圆锥花序或总状花序顶生；花萼钟状，5裂；花冠管状或漏斗状，略弯，二唇形；发育雄蕊4枚，通常伸出花冠管外，药室下垂、叉开；子房2室，胚珠多数；花盘杯状。蒴果线形，压扁，成熟时室背开裂；种子有膜质的翅。

本属有14种，分布于热带非洲和热带美洲。我国南部引种2种；广东及海南均有栽培。

1. 披散灌木，高1～2 m；羽状复叶有小叶7～9片，小叶两面无毛或于下面脉腋内被绵毛；花冠橙红色至鲜红色，有深红色的纵纹 ……………………………………………………………………………… 1. 硬骨凌霄 T. capensis
1. 直立灌木，高达6 m；羽状复叶有小叶3～13片，小叶上面近无毛，下面密被灰色绒毛；花冠黄色至橙黄色……………………………………………………………………………………………… 2. 黄钟花 T. stans

1. 硬骨凌霄 （《海南植物志》） （图45）

Tecoma capensis（Thunb.）Lindley

Tecomaria capensis（Thunb.）Spach

Bignonia capensis Thunb.

常绿披散灌木，高1～2 m。枝细长，带绿褐色，常有小瘤状突起。奇数羽状复叶对生，小叶7～9片，卵形至阔椭圆形，长1～2.5 cm，顶端急尖或渐尖，基部楔形，多少偏斜，边缘有不规则而钝头的粗锯齿，两面无毛或于下面脉腋内被绵毛。总状花序顶生，具总花梗；萼管短，裂片三角形；花冠橙红色至鲜红色，有深红色的纵纹，稍呈漏斗状，弯曲，长4～5 cm，裂片二唇形，上唇裂片顶端2浅裂，下唇3裂片全缘，开展；发育雄蕊4枚，伸出花冠管外；子房长圆形；花柱细长。蒴果长2.5～5 cm。花期：春季。

产地：广州、深圳及海南常见栽培。

分布：香港。原产非洲东部和南部。

用途：观赏；根叶入药，有清热消炎、散淤消肿之效。

图45 硬骨凌霄 Tecoma capensis（Thunb.）Lindley
1. 花枝；2. 花冠展开；3. 雌蕊。（余汉平抄绘）

2. 黄钟花 （《广州植物志》）

Tecoma stans（Linn.）H. B. K.

Bignonia stans Linn.

直立灌木，高达6 m。奇数羽状复叶对生，长10～20 cm，小叶3～13片，长圆状卵形至披针形，长4～10 cm，宽3～5 cm，顶端渐尖、尾尖，基部渐狭，边缘有锯齿，上面近无毛，下面密被灰色绒毛，无柄或近无柄。总状圆锥花序长达15 cm；总花梗、花梗、小苞片及花萼被柔毛；苞片钻状，长约1 mm；花萼钟状，5齿裂；花冠黄色至橙黄色，冠管基部收窄，裂片5，开展，边缘波状，花药被毛；子房圆柱状，花柱纤细，柱头舌状，2裂。蒴果长8～20 cm，宽约5 mm。花期：秋冬。

产地：广州有栽培。

分布：香港。原产美国南部，全世界热带地区广泛栽培。

用途：观赏。

14. 凌 霄 属 Campsis Lour.

攀援、木质、落叶藤本，无卷须，以气生根攀援。小枝圆柱形。叶对生，一回奇数羽状复叶。花大，红色或橙红色，组成顶生聚伞状圆锥花序；花萼钟状，顶端5裂，裂片不等；花冠钟状漏斗形，檐部微呈二唇形，裂片5，大而开展；雄蕊4枚，2强，内藏；子房扁椭圆形，具鳞片，2室，基部围以一大花盘，胚珠每室多列。蒴果具鳞片，室背开裂，果瓣木质，狭长圆形；种子多数，扁平，具半透明的膜质翅。

本属有2种，分布于东南亚和美国东部。我国产1种；广东及海南产1种，引种1种。

1. 小叶7～9片，背面无毛；花冠鲜红色 ……………………………………………………………… 1. 凌霄 C. grandiflora
1. 小叶9～11片，背面被毛；花冠橙色，稀黄色……………………………………………………… 2. 厚萼凌霄 C. radicans

1. 凌霄 （《图经本草》） 别名：紫葳（《植物名实图考》）、红花倒水莲（广东） （图46）

Campsis grandiflora（Thunb.）K. Schum.

Bignonia grandiflora Thunb.

B. chinensis Lam.

落叶藤本，具少数气根或有时无。小叶通常7～9片，卵形至卵状披针形，长4～6 cm，宽1.5～3 cm，顶端渐尖，基部阔楔形至钝圆，边缘有锯齿，两面无毛，背面密生小腺点，顶生小叶柄长5～12 mm，侧生小叶柄长1～5 mm，小叶柄间有束毛。圆锥花序大而疏松，长达20 cm；花萼长为花冠管之1/2，5深裂几达中部，裂片三角形，渐尖；花冠鲜红色，漏斗状钟形，长4～6.5 cm，直径约5 cm，裂片等大，圆形，扁平而直立；雄蕊4枚，内藏；子房2室，柱头舌状。蒴果柱状，顶端钝；种子具翅。花期：夏季。

产地：广东及海南各地常见。生于林缘。

分布：我国长江流域。日本。

用途：观赏花卉；根、花供药用。

图46 凌霄 Campsis grandiflora（Thunb.）K. Schum.
1. 花枝；2. 花冠展开，示雄蕊着生位置；3. 花萼和花柱。（余汉平抄绘）

2. 厚萼凌霄

Campsis radicans（Linn.）Seem.

Bignonia radicans Linn.

藤本，通常以不定根攀援；小枝被不明显的鳞片和微柔毛。小叶9～11片，椭圆形至卵状椭圆形，长1.5～8 cm，宽0.8～3.5 cm，顶端渐尖，基部截平或钝圆至楔形，边缘具尖锐或粗锯齿，叶面基部中脉被微柔毛，叶背疏被短柔毛和弯曲长粗毛；叶柄长约0.5 mm。圆锥花序少花，偶为短总状花序；花萼钟状，长12～25 mm，宽9～14 mm，顶端5裂，裂片等大，顶端渐尖或具小尖头，无毛或被不明显的鳞片状腺体，裂片近基部有碟形腺体；花冠橙色或红橙色，稀黄色，钟状，冠管长5.5～8 cm，外无毛，内面雄蕊着生处有具短柄的鳞片状腺体，口部宽1.4～2.5 cm，裂片5，长1～1.5 cm，边缘被缘毛；雄蕊4枚，内藏；子房扁椭圆形，被鳞片。蒴果细长，具柄，顶端渐尖，果瓣光滑，近木质，长10～28 cm，宽1.5～2.5 cm，无毛，具不明显的鳞片和散生碟形腺体；种子具棕色的膜质翅。

产地：广州有栽培。

分布：香港有栽培。原产北美洲。

用途：观赏。

15. 粉花凌霄属 Pandorea（Endl.）Spach

常绿藤本；小枝无毛。奇数羽状复叶对生，羽片（1）2～4（～7）对。聚伞圆锥花序或总状花序腋生；花萼钟状或杯状，顶端截平或不规则齿裂；花冠白色，喉部深红色至黄色，有红色斑点，冠管管状至钟状；雄蕊4枚，内藏，花药无毛；退化雄蕊存在；子房线形至卵形，具鳞片，胚珠多数，每室多列；花盘环状。蒴果狭长圆形，基部具柄，圆柱形或压扁，为萼片所包裹，果瓣无毛；种子具膜质翅。

本属有6种，分布于马来西亚、澳大利亚和新喀里多尼亚。我国引种1种；广东有栽培。

粉花凌霄　（图47）

Pandorea jasminoides（Lindl.）Schum.

Tecoma jasminoides Lindl.

常绿木质藤本，无卷须，通常攀于棚架上。叶对生，羽状复叶有小叶5～9片；小叶革质，卵形至披针形，长约5 cm。圆锥花序顶生；花大，漏斗状，花冠粉红色或白色，喉部桃红色，长约5 cm。蒴果长椭圆形，近木质；种子近椭圆形，有翅。

产地：深圳有栽培。

分布：原产澳大利亚，现热带地区广为栽培。

用途：热带观赏花卉，一年四季开花，但以春末至夏季最盛。

本种有白花凌霄 'Alba'（花冠纯白色）和桃红凌霄 'Rose'（花冠桃红色）2个栽培品种。

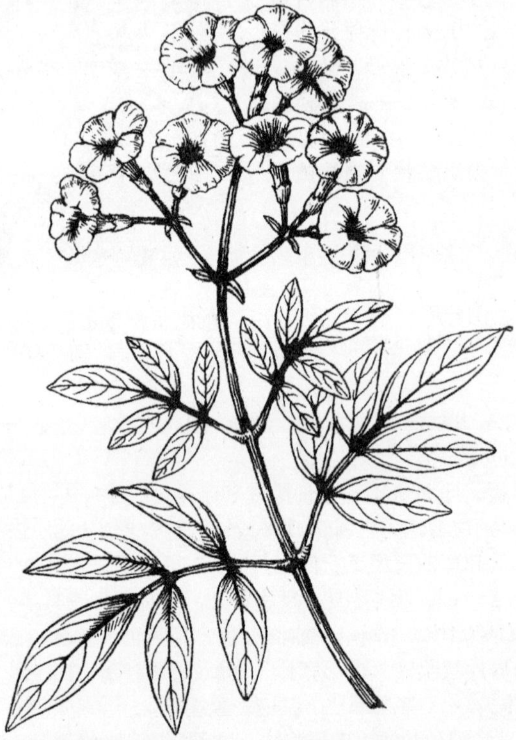

图47　粉花凌霄　Pandorea jasminoides（Lindl.）Schum.
花枝。（余汉平绘）

16. 肖粉凌霄属　**Podranea** Sprague

藤本或攀援灌木；小枝圆柱形，无假托叶。奇数羽状复叶对生，无卷须。聚伞圆锥花序顶生，无苞片；花萼膜质，钟状，显著5齿裂，新鲜时淡紫色；花冠淡紫色，有洋红色斑点，管状钟形，外面无毛；雄蕊4枚，2强；花药无毛，药室直，叉开；子房线形，具4棱，无毛，胚珠每室6列。蒴果线形，革质，垂直开裂至隔膜。

本属仅1种，分布于非洲东部热带地区和南部。我国有引种；广东亦有。

肖粉凌霄

Podranea ricasoliana（Tanfani）Sprague

Tecoma ricasoliana Tanfani

Pandorea ricasoliana（Tanfani）Baillon

藤本或近攀援灌木。奇数羽状复叶有小叶7～9片，小叶长2.5～3.8 cm，宽1.5～2 cm，卵形，顶端钝至短渐尖，基部截平至楔形或渐狭，具小叶柄。聚伞圆锥花序顶生；花萼短，杯状钟形，长1.5～2 cm，明显5齿裂，顶端具细尖头，新鲜时淡紫色；花冠淡紫色或粉红色，在两个上方裂片的基部有洋红色斑点，冠管白色，内有深洋红色线条，近基部有少许粉红色斑点，钟状，基部圆筒状，长6～8 cm，裂片上散生鳞片，内面雄蕊着生处有具腺短柔毛，裂片的弯缺部位被短柔毛及卷曲毛，其余无毛；雄蕊2强，药室叉开，长3 mm；雌蕊长3.2～3.4 cm，子房线形，无毛，长5 mm，宽1.5 mm，胚珠每室6列；花盘垫状，长0.5 mm，宽1～2 mm。蒴果革质，线形。

产地：广州有栽培。

分布：香港有栽培。非洲东部和南部。

用途：观赏植物。

17. 木蝴蝶属 **Oroxylum** Vent.

乔木，很少分枝。叶对生，大型，二至三回奇数羽状复叶，着生于茎的近顶端；小叶卵形，全缘。总状花序顶生，直立；花萼大，革质，钟状，顶端截平和不明显齿裂；花冠大，紫红色，钟状，裂片5，近相等，顶端钝圆，稍皱缩，齿裂；雄蕊5枚，全能育，花丝细长，扁平，花药椭圆形，2室，药室平行；花柱丝状，柱头舌状。蒴果木质，长披针形，长达1 m，扁平，2瓣裂开，隔膜木质；种子多列，极薄，扁圆形，周围具白色透明的膜质翅。

本属仅1种，分布于越南、老挝、泰国、缅甸、印度、马来西亚、斯里兰卡和我国华南及西南；广东及海南亦有。

木蝴蝶　（《本草纲目拾遗》）　别名：千张纸　（《植物名实图考》）、牛脚筒（海南）　（图48）

Oroxylum indicum（Linn.）Vent.

Bignonia indica Linn.

落叶乔木，高6～10（～15）m，胸径15～20 cm，树皮灰褐色。奇数羽状复叶大型，二至三（四）回，长50～150 cm；小叶多数，卵形至椭圆形，长5～14 cm，宽3～7 cm，顶端急尖至渐尖，基部阔楔形或近圆形；小叶柄长5～20 cm。总状花序直立，长达1.5 m；花梗长2～4 cm，下部具小苞片；花萼革质，果时近木质，钟状，长达3 cm，檐部截平或有不明显的小齿；花冠肉质，有臭味，外面红紫色至暗棕色，内面污黄色，花冠管长4～4.5 cm，花冠裂片皱缩，开花时檐部直径7～8 cm；雄蕊5枚，着生于喉部，基部被长毛；花盘肉质；花柱长4～6 cm，柱头2，舌状。蒴果木质，扁平，2瓣开裂，长30～90 cm，宽5～8 cm；种子连白色膜质翅宽6～8 cm。

产地：南澳岛及海南乐东、三亚、琼中、白

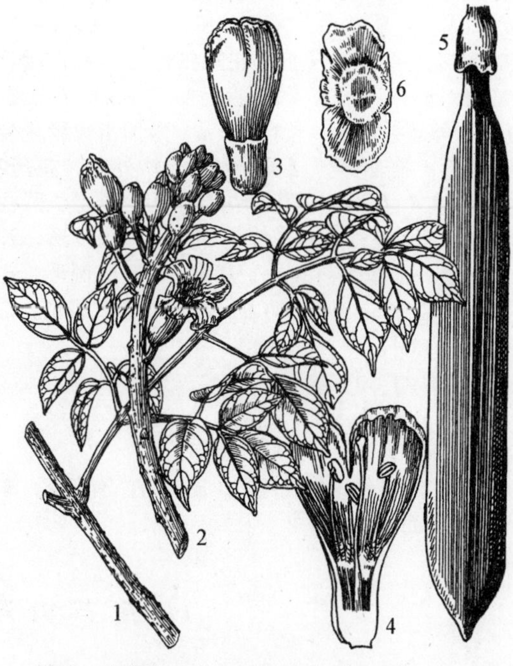

图48　木蝴蝶　Oroxylum indicum（Linn.）Vent.

1. 枝；2. 花序；3. 花蕾；4. 花纵切面；5. 果；6. 种子。（余汉平抄绘）

沙。常生于疏林中。

分布：广西、云南、四川、贵州及台湾。亚洲热带亚热带地区。

用途：种子入药，名千张纸，有润肺、舒肝、和胃、生肌之效。

18. 老鸦烟筒花属 **Millingtonia** Linn. f.

乔木。叶对生，二至三回羽状复叶；小叶卵形，全缘。聚伞圆锥花序顶生；花萼很小，杯状，顶端近截平，具极短小的5齿；花冠管细长，檐部二唇形，上唇2裂，下唇3裂，裂片卵状披针形，内面沿边缘密被极细柔毛；雄蕊4枚，2强，着生于冠管近顶端，花药2室，1室椭圆形，另1室似1距状附属体；花盘杯状；子房无柄，卵形，花柱细长，柱头舌状，2裂，与雄蕊微伸出冠管外；胚珠多数，4列。蒴果线形，扁平；种子多列，扁平具翅。

本属仅1种，分布于越南、老挝、泰国、缅甸、印度、马来西亚、印度尼西亚和我国云南。广东仅见栽培。

老鸦烟筒花（云南澜沧） 别名：烟筒花（《中国高等植物图鉴》） （图49）

Millingtonia hortensis Linn. f.

乔木，高8～25 m，树皮粗糙。叶为二至三回羽状复叶，长40～100 cm；小叶椭圆形、卵形或卵状长圆形，长（2～）5～7 cm，顶端渐尖，基部钝圆、偏斜，全缘，两面无毛，侧脉4～5对；小叶柄长达1 cm，侧生小叶有时近无柄。聚伞圆锥花序顶生，直径25 cm；花序轴和花梗被淡黄色柔毛；苞片和小苞片早落；花梗细，长约1 cm；花萼微小，杯状，长、宽2～4 mm，浅波状5裂，裂片微反折；花冠白色，芳香，冠管细长，长3～7 cm，基部直径2～3 mm，花冠裂片5，卵状披针形，长1～2 cm，内面沿边缘密被细柔毛；雄蕊4枚，2强，内藏或略外露，花药2室，1室发育，1室退化；花盘环状；子房长圆柱状，无毛，花柱细长，柱头外露。蒴果线形，长30～35 cm，宽1～1.5 cm，压扁；种子长圆形，连翅长1.5～3.5 cm，宽1～1.5 cm，具有膜质周翅。花期：9～12月。

产地：广州有栽培。

分布：云南南部。越南、老挝、泰国、缅甸、印度、马来西亚、印度尼西亚。

用途：常种植供观赏；树皮入药，治皮炎，亦可驱虫解毒。

图49 老鸦烟筒花 Millingtonia hortensis Linn. f.

1. 花枝；2. 雄蕊，示花药卵形和另一室似一小钩；3. 蒴果。（余汉平抄绘）

19. 葫 芦 树 属 **Crescentia** Linn.

乔木或灌木。单叶互生或簇生，或单叶与指状复叶生于同一簇上。花单生或2～3朵茎生或生于老枝上；花萼2或5深裂，通常二唇形；花冠管状或钟状，黄褐色，有紫红色脉纹（在裂片和冠管内面尤为明显），檐部5裂，裂片三角形，顶端渐尖；雄蕊4枚，2强，近伸出，花药无毛，药室开叉；花盘杯状；子房卵状椭圆形，1室，胚珠在4个侧膜胎座上排成多列。果近球形，果皮干硬；种子多数，无翅。

本属6种，分布于热带美洲。我国引入栽培2种；广东及海南均有。

1. 叶全为单叶，倒卵形，长10～16 cm……………………………………………………1. 葫芦树 C. cujete

1. 单叶和指状3小叶生于同一簇上，线形至倒披针形，长1～4.5 cm ……………………………… 2. 瓠瓜树 C. alata

1. 葫芦树 （广州） 别名：炮弹果 （《中国种子植物科属辞典》）

Crescentia cujete Linn.

乔木，高5～18 m，胸径达30 cm；枝条通常具纵裂沟，具短缩的短枝状突起。叶为单叶，通常2～5片簇生于短枝状突起上，大小不等，纸质至硬纸质，倒卵形，长10～16 cm，宽4～6 cm，顶端钝圆至急尖，基部狭楔形，两面被鳞片，无毛或沿中脉被短柔毛及单毛和分枝毛，近基部具碟状腺体，无柄。花单生或对生于小枝上，下垂，花梗被鳞片，长1.5～3 cm；花萼2深裂至基部，二唇形，裂片圆形，长1.8～2.6 cm，宽1.3～2.4 cm，裂片上半部具碟状腺体，基部稍被鳞片；花冠钟状，长4～7 cm，口部宽3～4.5 cm，花冠管长2.8～4.5 cm，微弯，一侧膨胀，一侧收缩，淡黄绿色，具褐色脉纹，裂片5，不等大，三角形，顶端延伸为一狭窄的尖头，冠管近口部疏被鳞片或具柄鳞片，在雄蕊着生处较密，裂片被乳突状腺体，内面较疏，花多夜间开放，有浊臭味；雄蕊稍伸出，花丝长2.8～3.3 cm，药室长5～8 mm，退化雄蕊存在；子房圆锥形，长5～7 mm，被鳞片，胚珠多列；花盘环状碟形，长3～4 mm，宽8～11 mm。果卵球形，长13～20 cm，直径10～15（～30）cm，无毛，黄色至灰褐色，外果皮坚硬，具鳞片状腺点；种子小而薄，无翅，长7～8 mm，宽4～6 mm。

产地：广州及海南等地有栽培。

分布：香港、福建、云南等地有栽培。原产中美洲热带地区。

用途：观赏；果壳可作水瓢。

2. 瓠瓜树 （《中国植物志》） 别名：十字架树、叉叶树（广州） （图50）

Crescentia alata Humboldt

小乔木，高5～12 m，胸径达25 cm；枝条无毛，有纵裂沟，具短缩的短枝状突起。叶革质，在短枝状突起上簇生，常为单叶与具3（稀5）小叶的指状复叶生于同一叶上，指状复叶的小叶倒披针形，长1～4.5 cm，宽0.3～1.2 cm，顶端圆钝或微凹，基部楔形至阔楔形，全缘，被鳞片，无毛，硬纸质；叶柄具翅，长2.7～11.5 cm，宽0.3～1.5 cm，被鳞片；单叶线形至椭圆状线形，较小，长1.9～3.2 cm，宽0.5～1 cm，近无柄。花1或2朵生于枝条上或茎上，花梗被鳞片，长5～8 mm；花萼2裂达基部，裂片卵形，长1.5～2 cm，基部稍被鳞片，有凹陷的碟状腺体；花冠黄褐色，有紫红色斑纹，钟状，一侧肿胀，花冠管长2.8～5.5 cm，檐部5裂，裂片阔三角形，长1～1.5 cm，顶端细尖，通常无毛，外被具腺鳞片；能育雄蕊4枚，稍伸出喉部，药室部分叉开；子房圆锥形，无毛，被鳞片，长5～6 mm，花柱细长，伸出，胚珠多列；花盘垫状。果近圆球形，直径7～10 cm；种子小而薄，长6～7 mm，宽7～9 mm，无翅。

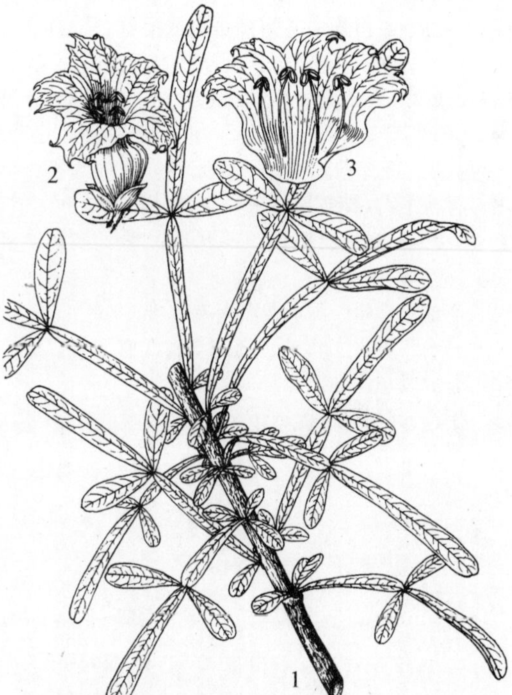

图50 瓠瓜树 Crescentia alata Humboldt

1. 枝条；2. 花；3. 花冠展开，示雄蕊。（邓盈丰绘）

产地：广州有栽培。

分布：香港、福建（厦门）有栽培。原产墨西哥至哥斯达黎加。

用途：观赏。

20. 吊灯树属 Kigelia DC.

乔木。叶为奇数羽状复叶，对生或轮生。圆锥花序生于老茎，下垂；花萼大，钟状，肉质，不规则5裂；花冠橙色或红色，花冠管圆柱状，裂片二唇形，上唇2裂，下唇外弯，3裂；雄蕊4枚，2强；花盘环状；子房1室，胚珠多数。蒴果长圆柱形，蜡烛状，不开裂，坚硬；种子无翅。

本属有3种，分布于热带非洲。我国引种1种；广东及海南有栽培。

吊灯树　（广州）　别名：吊瓜树　（图51）

Kigelia africana（Lam.）Benth.

Bignonia africana Lam.

乔木，高达20 m。奇数羽状复叶交互对生或3～4片轮生，连叶柄长20～30（～50）cm，具小叶7～9片；小叶薄革质，长圆形或倒卵形，长7～15（～18）cm，宽3～7 cm，顶端急尖而具小尖头，基部阔楔形至近圆形，近全缘，上面光滑，亮绿色，背面淡绿色，被微柔毛，羽状脉明显。圆锥花序生于小枝顶端，大型，下垂，具长梗，长可达2 m，具花6～10朵。花萼钟状，长4.5～5 cm，直径约2 cm，二唇形；花冠橘黄色或褐红色，钟状，长6～8 cm，裂片卵圆形，反卷，上唇2片较小，下唇3片较大，花冠管外面具凸起纵肋；雄蕊4枚，伸出，花丝基部被毛，花药"个"字形着生，药室2，纵裂；不育雄蕊小；子房无毛，花柱细长，伸出，柱头2裂。蒴果圆柱形，下垂，长25～50 cm，直径1.2～1.5 cm，坚硬，不开裂；种子多数，无翅。

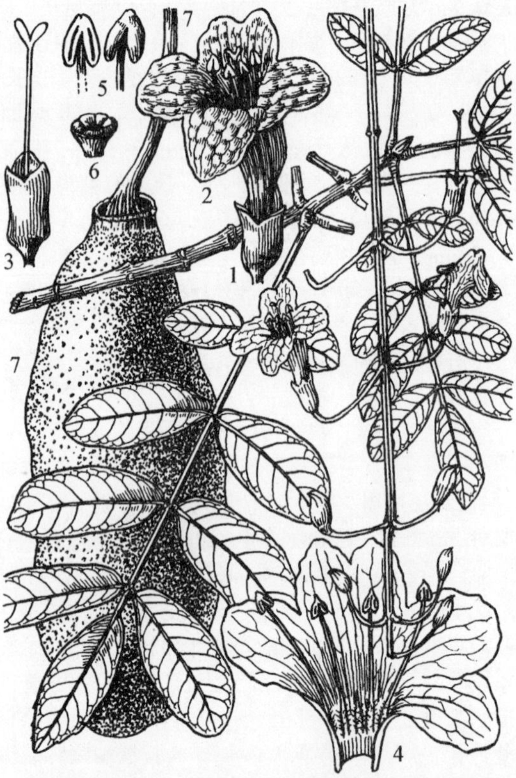

图51　吊灯树　Kigelia africana（Lam.）Benth.

1. 花枝；2. 花；3. 花萼及雌蕊；4. 花冠展开；5. 花药正面观和背面观；6. 花盘；7. 果。（余汉平抄绘）

产地：广州、深圳及海南有栽培。

分布：香港、福建、云南等省区有引种。原产热带非洲及马达加斯加。

用途：园林观赏。

爵 床 科 Acanthaceae

草本、灌木或藤本，稀小乔木。叶对生，无托叶，常具针形或条纹状钟乳体。花两性，两侧对称，单生、簇生或组成总状花序、穗状花序、假头状花序、聚伞花序或圆锥花序；苞片1或无，小苞片2或退化；花萼4～5裂，稀多裂或环状而截平，裂片镊合状或覆瓦状排列；花冠5裂，几相等，或二唇形，上唇2裂，下唇3裂，或上唇极度退化而为单唇形；能育雄蕊2枚或4枚，2强，退化雄蕊1～3枚或无，花丝分离，或基部成对联合或联合成一薄膜状整体；花药背着，稀基着，1室或2室，基部有时具芒状附属物；子房上位，常有花盘，2室，中轴胎座，每室有2至多颗成2行排列的倒生胚珠，胚珠常着生在珠柄钩上（山牵牛属和叉柱花属则否），花柱单一，柱头通常2裂。果为室背开裂的蒴果，常借助于种钩将种子弹出（山牵牛属和叉柱花属不具种钩）；种子通常扁或透镜形，无毛或被毛，基部具圆形基区。

本科约250属，2 500种，主要分布于热带地区。我国约有50属，300种，多产于长江流域以南各省区；广东及海南有37属，110种，2变种，其中2属，23种为栽培植物。

1. 藤本，稀直立；小苞片2，佛焰苞状，花萼退化仅存一边环或小齿……………………………………1. 老鸦嘴属 Thunbergia
1. 直立草本。
  2. 花冠单唇形、二唇形或稍呈二唇形（Barleria）。
    3. 花冠单唇形。
      4. 下唇5裂 ……………………………………………………………………………3. 十字爵床属 Crossandra
      4. 下唇3裂。
        5. 叶轮生 ……………………………………………………………………………4. 百簕花属 Blepharis
        5. 叶对生或基生 ……………………………………………………………………5. 老鼠簕属 Acanthus
    3. 花冠二唇形。
      4. 能育雄蕊4枚。
        5. 花药1室 ……………………………………………………………………………7. 单药花属 Aphelandera
        5. 花药2室。
          6. 花萼裂片不等大。
            7. 花萼裂片4；花较大，花冠长3～4.5 cm ……………………………………6. 假杜鹃属 Barleria
            7. 花萼裂片5；花较小，花冠长4.5～10 mm ……………………………………14. 鳞花草属 Lepidagathis
          6. 花萼裂片等大。
            7. 花2至数朵簇生于叶腋，不偏向一侧 ………………………………………12. 水蓑衣属 Hygrophila
            7. 花排成总状花序并偏向一侧 ……………………………………………………16. 十万错属 Asytstasia
      4. 能育雄蕊2枚。
        5. 花药1室。
          6. 苞片成对合生成管状 ………………………………………………………………17. 枪刀药属 Hypoestes
          6. 苞片离生，线形 ……………………………………………………………………18. 鳄嘴花属 Clinacanthus
        5. 花药2室。
          6. 不育雄蕊2枚。
            7. 穗状花序；花较大，长4.5～5 cm……………………………………………………28. 金苞花属 Pachystachys
            7. 聚伞花序；花较小，长1.2～3.3 cm。
              8. 花冠淡绿色或白色，长1.2～1.5 cm ……………………………………25. 秋英爵床属 Cosmianthemum
              8. 花冠红色，长2.4～3.3 cm ………………………………………………………27. 红苞花属 Odontonema
          6. 不育雄蕊无。

7．胚珠每室多数。

8．匍匐草本；穗状花序 ……………………………… 19．小狮子草属 Hemiadelphis

8．直立草本或灌木；总状或圆锥花序 ……………………………… 20．穿心莲属 Andrographis

7．胚珠每室2颗。

8．蒴果开裂时，胎座连同珠柄沟自果瓣基部弹起。

9．聚伞花序；苞片2，对生；花药基部无距 ……………………………… 22．狗肝菜属 Dicliptera

9．穗状花序；苞片4列，花药基部具距 ……………………………… 23．孩儿草属 Rungia

8．蒴果开裂时胎座不弹起。

9．花药基部具附属物 ……………………………… 37．爵床属 Justicia

9．花药基部无附属物。

10．叶脉红色 ……………………………… 31．网纹草属 Fittonia

10．叶脉绿色。

11．穗状花序，单生或分枝。

12．苞片狭卵形，长约5 mm；花冠白色，长约8 mm ……………………………… 32．纤穗爵床属 Leptostachya

12．苞片长圆形，长约2 mm；花冠淡紫红色，长约5 cm ……………………………… 33．珊瑚花属 Cyrtanthera

11．聚伞花序。

12．苞片等长或长于花萼裂片 ……………………………… 34．山蓝属 Peristrophe

12．苞片短于花萼。

13．花冠上唇线形；雄蕊着生于花冠管喉部 ……………………………… 35．灵芝草属 Rhinacanthus

13．花冠上唇卵形；雄蕊着生于花冠管上部 ……………………………… 36．叉序草属 Isoglossa

2．花冠4～5裂，花冠管短或长。

3．能育雄蕊2枚。

4．花较小，长7～10 mm。

5．粗壮草本，高约1 m；叶长约23 cm，宽约达8.5 cm；侧脉8～10对 ……………………………… 21．火焰花属 Phlogacanthus

5．中等草本，高约30 cm；叶长6～9 cm，宽2～4.5 cm；侧脉5～7对 ……………………………… 24．钟花草属 Codonacanthus

4．花较大，长2～6 cm。

5．叶脉黄色 ……………………………… 26．黄脉爵床属 Sanchezia

5．叶脉绿色。

6．苞片大，长1～2 cm，脉间白色 ……………………………… 29．喜花草属 Eranthemum

6．苞片小，长不及1 cm，脉间绿色 ……………………………… 30．山壳骨属 Pseuderanthemum

3．能育雄蕊4枚。

4．子房每室有胚珠2颗。

5．花丝基部有薄膜相连 ……………………………… 13．马蓝属 Strobilanthes

5．花丝基部无薄膜相连 ……………………………… 15．白接骨属 Asystasiella

4．子房每室有胚珠3至多颗。

5．蒴果的胎座上无种钩 ……………………………… 2．叉柱花属 Staurogyne

5．蒴果的胎座上具种钩。

6．叶莲座式排列；穗状花序 ……………………………… 10．地皮消属 Pararuellia

6．叶对生；花单生、簇生或组生聚伞花序

7．花冠长约2 cm ……………………………… 9．楠草属 Dipteracanthus

7．花冠长2～5 cm。

8．花有梗，1至多朵排成聚伞花序 ……………………………… 8．芦莉草属 Ruellia

8．花近无梗，单生或2～3朵簇生 ……………………………… 11．拟地皮消属 Leptosiphonium

1. 老鸦嘴属 **Thunbergia** Retz

草质或木质藤本，攀援或匍匐，稀直立灌木。叶对生，具柄。花通常大而美丽，腋生，单朵或2朵并生，或有时组成腋生或顶生的穗状花序；苞片大，叶状，椭圆形或卵形；小苞片2，常合生或呈佛焰苞状包裹花萼，常宿存；萼片小，藏于小苞片内，（5～）12～16齿裂或环状而顶端截平；花冠管短，喉部多少扩大，檐部5裂，裂片近等大，伸展，旋转状排列；雄蕊4枚，2长2短，着生在冠管的近基部，通常内藏，花丝短，基部粗厚，花药2室，药室等大，平行，基部常有芒刺状附属物；花盘轮状或环状；子房2室，每室有2颗并生胚珠，花柱线形，柱头漏斗状，全缘或2裂。蒴果通常球形或背腹稍压扁，顶有一坚硬的剑状长喙；种子每室2颗或有时1颗，球形或半球形，无种钩。

本属有100余种，分布于非洲和亚洲的热带地区。我国约10种，产于东南部至西南部；广东及海南有8种，其中4种常见栽培。

1. 直立灌木；叶具羽状脉 ……………… 1. 硬枝老鸦嘴 T. erecta
1. 藤本；叶具掌状脉或三出脉。
  2. 叶具三出脉 ……………… 2. 桂叶老鸦嘴 T. laurifolia
  2. 叶具掌状脉。
    3. 花萼具10～16小齿，花常1～2朵腋生。
      4. 叶柄具翼，叶常箭头形 ……………… 3. 翼叶老鸦嘴 T. alata
      4. 叶柄无翼。
        5. 子房和果被毛 ……………… 4. 毛果老鸦嘴 T. laevis
        5. 子房和果无毛。
          6. 叶较大，长4～14 cm，宽3～7 cm，种子平滑 ……………… 5. 碗花草 T. fragrans
          6. 叶较小，长3～5 cm，宽1.8～3.3 cm，种子具2～3环刺状鳞片 ……………… 6. 海南老鸦嘴 T. hainanensis
    3. 花萼环状而顶端截平，花序通常总状。
      4. 茎节、花梗及小苞片通常具黑色巢状腺体 ……………… 7. 大花老鸦嘴 T. grandiflora
      4. 茎节、花梗及小苞片无巢状腺体 ……………… 8. 二色老鸦嘴 T. eberhardtii

1. 硬枝老鸦嘴 （《广州植物志》） 别名：直立山牵牛 （《中国植物志》）

Thunbergia erecta（Benth.）T. Anders.

Meyenia erecta Benth.

直立灌木，高1～2 m；多分枝，无毛或节上被柔毛。叶近革质或厚纸质，卵形或卵状披针形，有时近菱形，长2.5～7.5 cm，宽1～3.5 cm，羽状脉，两面被微柔毛或近无毛；叶柄长2～5 mm。花单生，稀2朵并生、腋生；花梗长1.5～2 cm；小苞片长圆形，长约1.5 cm，宽7～8 mm，无毛；花萼具12～15齿，齿不等大，被腺毛；花冠蓝紫色或有时淡紫色，花冠管和喉部淡黄色，花冠管长约1 cm，喉部长3.5 cm，裂片近相等，长约1.5 cm；雄蕊4枚，2强短，花丝无毛，长的1对长约1.2 cm，短的1对长约0.7 cm，花药长圆形，长约4 mm，基部具短尖头；子房无毛，花柱长约3.5 cm，近顶端被不明显的微毛，柱头内藏于喉的中部，裂片极不相等，较上面的直立而略有角。蒴果无毛，果柄长达4 cm，着生种子的部分直径约10 mm，喙长约2 cm。花期：夏季。

产地：广州及海南海口等地。栽培。

分布：原产非洲热带地区。

用途：观赏。

2. 桂叶老鸦嘴 （《广州植物志》） 别名：桂叶山牵牛 （《中国植物志》）

Thunbergia laurifolia Lindl.

T. grandiflora var. *laurifolia*（Lindl.）R. Ben.

T. harrisii Hook.

高大藤本。茎近四棱形，枝叶无毛。叶近革质，长圆形至长圆状披针形，长7～18 cm，宽3～8 cm，顶端渐尖，具较长的短尖头，基部圆形或宽楔形，边全缘或具不规则波状齿，上面及背面的脉间具泡状凸起，基生三出脉，脉间有2～3横脉；基部叶的叶柄长可达3 cm，上面的叶近无柄，具沟状凸起。总状花序顶生或腋生，花梗长达2 cm；小苞片长圆形，长2.5～3 cm，宽1.5～2 cm，顶端渐尖，边缘向顶端密被短柔毛，向轴面边缘粘连成佛焰苞状；花冠淡蓝色，花冠管和喉部白色，花冠管长7 mm，喉部长2.5 cm，檐部5裂，裂片圆形，直径2 cm；雄蕊4枚，2强，花丝基部变厚，花药内藏于喉中部，顶端尖，缝处有弯曲髯毛；子房和花柱无毛，花柱长约2.5 cm，柱头内藏。蒴果直径约1.5 cm，高1.5 cm，喙长3 cm，基部宽6 mm。

产地：广州、深圳等地。栽培。

分布：中南半岛和马来半岛。

用途：观赏。

3. 翼叶老鸦嘴　（《广州常见经济植物》）　别名：翼叶山牵牛　（《中国高等植物图鉴》）

Thunbergia alata Bojaer ex Sims

缠绕草质藤本。茎近四棱形，具沟槽，被倒向柔毛。叶卵状箭形或卵状稍戟形，长2～7.5 cm，宽2～6 cm，顶端锐尖，基部箭形或稍戟形，边缘具2～3短齿或全缘，两面被稀疏柔毛间硬糙毛，背面稍密，掌状五出脉，主脉间具1～2条横脉；叶柄具翼，长1.5～3 cm，被疏柔毛。花单生叶腋，花梗长2.5～3 cm，疏被倒向柔毛；小苞片卵形，长1.5～1.8 cm，宽1～1.4 cm，顶端急尖或渐尖，钝，具5～7脉，外面被近贴伏柔毛；花萼具10个不等大的齿；花冠黄色，直径约4 cm，花冠管长2～4 mm，喉部蓝紫色，长1～1.5 cm，檐部5裂，裂片倒卵形；花丝无毛，长约4 mm，花药具短尖头，长3.5和4 mm，药室基部和缝部具髯毛；子房及花柱无毛，花柱长约8 mm，柱头约达喉中部，不外露，2裂，裂片对折，上方的直立，下方的开展，长分别为1.5 mm和2.5 mm。蒴果有种子的部分直径约1 cm，高约0.7 cm，被开展柔毛，喙长1.4 cm。

产地：广州、深圳等地。栽培。

分布：原产热带非洲，现热带、亚热带地区常见栽培。

用途：观赏。

4. 毛果老鸦嘴　（新拟）

Thunbergia laevis Nees

T. fragrans var. *laevis*（Nees）C. B. Clarke

缠绕或攀援藤本。茎草质或下部为木质，具纵槽纹，与叶柄和花梗均被稍密的倒生硬毛。叶纸质，长圆状卵形或卵形，长3～5.5 cm，宽2～4 cm，顶端钝，有短尖头，基部戟形、箭形或具2～3开展的裂片，两面初被柔毛或短柔毛，后渐稀疏，仅脉上被毛，基部掌状5出脉；叶柄长1.5～4 cm。花单生叶腋，花梗长4～8 cm，粗壮；苞片卵形，长1～1.2 cm，宽0.6～0.7 cm，顶端急尖，沿脉被疏柔毛或短毛；花萼具12个大小不等的齿，齿长2 mm，无毛，边缘具乳头状突起；花冠白色，长3～4 cm，花冠管长约4 mm，喉部长约1.8 cm，檐部5裂，裂片倒卵形，长约2.1 cm，宽约2 cm，具脉纹7～9条，外被稀疏短硬毛；雄蕊4枚，2强，内藏，花丝无毛，长的1对长约1.1 cm，短的1对长约0.5 cm，花药披针形，长约3 mm，基部稍叉开；子房被柔毛，柱头稍伸出。蒴果被柔毛，干时褐色，直径1 cm，高约0.7 cm，喙长约1.3 cm；种子平滑。

产地：广州。栽培。

分布：原产非洲。热带地区广泛栽培。

用途：观赏。

5. **碗花草** （《植物名实图考》） 别名：铁贯藤 （《植物名实图考》）

Thunbergia fragrans Roxb.

T. bodinieriei Lévl.

缠绕或攀援藤本。茎草质或下部为木质，具纵槽纹，与叶柄和花梗均被稍密的倒生硬毛。叶纸质，长圆状卵形或长圆状披针形，长4～14 cm，宽3～7 cm，顶端渐尖，基部圆，有时截平至近心形，两侧基部戟形、箭形或具2～3开展的裂片，两面初被柔毛或短柔毛，后渐稀疏，仅脉上被毛，基部掌状5出脉；叶柄长0.5～4.5 cm。花单生叶腋，花梗长3～5.5 cm，粗壮；小苞片宿存，卵形，长1.5～2.5 cm，宽0.8～1.5 cm，顶端急尖，被疏柔毛或短毛；花萼具13个大小不等的齿，无毛；花冠白色，外被稀疏短硬毛，花冠管长4～7 mm，喉部长约2 cm，檐部5裂，裂片倒卵形，长约2.5 cm，宽约2.3 cm，具脉纹7～9条；雄蕊4枚，内藏，花丝无毛，花药披针形，基部稍叉开；子房无毛，柱头稍伸出。蒴果无毛，干时褐色，直径1 cm，高约0.7 cm，喙长约1.5 cm；种子平滑。

产地：广州、徐闻、博罗及海南保亭、昌江、澄迈、乐东、海口、东方、三亚。生于山坡、路旁灌丛。

分布：四川、贵州、云南和广西。印度、斯里兰卡、中南半岛、印度尼西亚和菲律宾等地。

6. **海南老鸦嘴** （《海南植物志》）

Thunbergia hainanensis C. Y. Wu & H. S. Lo.

T. fragrans subsp. *hainanensis* (C. Y. Wu et H. S. Lo) H. P. Tsui

缠绕或攀援藤本，长约1 m。茎具纵槽纹，与叶柄和花梗均被稍密的倒生硬毛。叶纸质，长圆状卵形或长圆状披针形，长3～5 cm，宽1.8～3.3 cm，顶端急尖或稍钝，具小凸尖，基部多少戟形，有时心形或稍钝，边缘常呈皱波状，掌状脉5条，上面被稍密、长短混杂的硬毛，背面除脉上被硬毛外，其余被柔毛；叶柄长0.5～1.7 cm。花单生叶腋，具长3～5.5 cm的花梗；小苞片宿存，卵形，长1.5～2 cm，宽0.8～1 cm，顶端渐尖，基部近圆形或截平，具5脉，背面密被硬毛；花萼长约2 mm，外被稀疏硬毛，具大小不等的12～16齿，边密被小乳头状突起；花冠白色，外被稀疏短硬毛，花冠管长约6 mm，喉部向一侧膨大，顶端收缩，长约1.5 cm，檐部5裂，裂片倒三角形，长约2 cm，宽约2.3 cm，具脉7～9条；雄蕊4枚，内藏，花丝短的长约3 mm，长的长约7 mm，花药狭长圆形，长约2.5 mm，顶端急尖，基部稍叉开；子房无毛，柱头稍伸出。蒴果无毛，干时褐色，着生种子的部分近球形，直径约0.8 cm，喙长约1.3 cm，基部宽约5 mm；种子具2～3环刺状、宿存或脱落的鳞片。

产地：廉江、湛江、徐闻及海南陵水、琼海、三亚、文昌、儋州、乐东、东方、澄迈、琼中、琼山。常生于海拔200 m以下灌丛或空旷草地。

分布：广西。

7. **大花老鸦嘴** （《广州常见经济植物》） 别名：大花山牵牛 （《中国高等植物图鉴》） （图52）

Thunbergia grandiflora (Roxb. ex Rottl.) Roxb.

Flemingia grandiflora Roxb. ex Rottl.

T. chinensis Merr.

粗壮、草质或木质攀援大藤本，长达8 m或

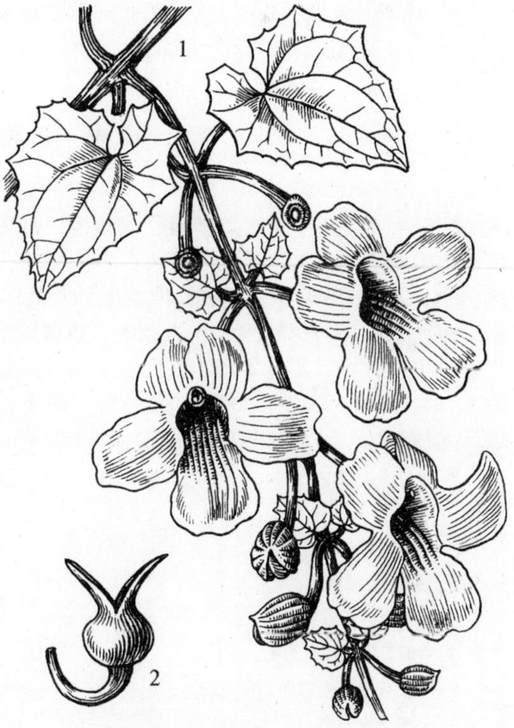

图52 大花老鸦嘴 **Thunbergia grandiflora** (Roxb. ex Rottl.) Roxb.

1. 花枝；2. 蒴果。（余汉平绘）

更长。茎有沟槽，被短柔毛。叶纸质，阔卵形或三角状心形，长5～10 cm或过之，宽4～8 cm或过之，顶端短渐尖至急尖，基部心形，边缘有角或分裂，稀全缘，两面被短柔毛；掌状脉5～7条；叶柄长2.5～6 cm。花单生，有时2朵并生于叶腋或组成顶生、多花、下垂的总状花序；花梗长4～5 cm或过之；小苞片长圆形或卵形，长2.5～3 cm，被短柔毛，有多条平行脉；花萼环状而截平；花冠淡蓝色，具平整的管口，直径4～6 cm，檐部5裂，裂片卵状长圆形，长3～4 cm；雄蕊4枚，2强，花药裂口被髯毛，药室基部有附属物；柱头深2裂，裂片等大，对折。蒴果直径约1.3 cm，被柔毛，喙长可达3.5 cm；种子半球状，表面绉缩呈脑纹状。花期：秋季。

产地：肇庆、云浮、阳江、广州、博罗、深圳、高州、徐闻、清远、翁源、乐昌、英德、台山、珠海、高要、阳春及海南海口、琼海。栽培或逸生，生于低海拔疏林或灌丛中。

分布：福建和广西。原产印度，现世界热带、亚热带地区常有栽培或归化。

用途：花大而美丽，为观赏植物；根皮入药，有消肿拔毒、排脓生肌之效，可治枪炮伤、跌打、开放性骨折。

8. 二色老鸦嘴　（《海南植物志》）　别名：二色山牵牛　（《中国植物志》）

Thunbergia eberhardti R. Ben.

缠绕、草质或下部稍木质的藤本，长约4 m。茎四棱柱形，仅节上被柔毛。叶纸质或薄革质，阔卵形至卵形，长5～10 cm，宽3～7 cm，顶端短渐尖至急尖，基部心形，边近全缘或有疏粗齿，稀有角，两面无毛，掌状脉5～7条；叶柄长3～4 cm。花具梗，组成顶生或近枝顶腋生的直立总状花序；总花梗被柔毛；苞片披针形，边缘有齿；小苞片披针形或长圆状披针形，长1～1.4 cm，被绒毛，有多条平行脉；花萼环状，顶端截平；花冠长约2 cm，花冠管上部稍扩大，具倾斜的管口，檐部5裂，裂片近等大，前裂片红色，后裂片黄色；雄蕊4枚，花药无毛，前雄蕊的花药2室均有附属物，后雄蕊则仅1室有附属物；子房被长柔毛，花柱稍伸出。蒴果球形，直径1～1.5 cm，喙长约1.6 cm，被稀疏长柔毛；种子半球形，表面有脑纹状纹饰。花期：5月。

产地：海南琼海、保亭。生于海拔500～700 m的密林中。

分布：广西和云南。越南北部。

2. 叉柱花属　**Staurogyne** Wall.

一年生或多年生草本。茎粗壮或短缩，被毛。叶莲座状排列或对生。花组成总状花序或穗状花序，顶生或腋生；苞片叶状或匙状；小苞片2枚，对生，着生于花梗上部，匙形或条形，与苞片等大或稍小；花萼5深裂，裂片披针形或披针状线形，不等大，宿存；花两性，花冠具短管，喉部近钟形，冠檐5裂；发育雄蕊4枚，2长2短，内藏或前雄蕊稍伸出，花丝通常被毛，稀无毛，花药两室，平行，稀1大1小；不育雄蕊小或无；子房长圆形或卵圆形，每室有胚珠多颗，排成2列或4列，花柱无毛，线形，柱头2裂，裂片有时再2裂。蒴果长圆形，2瓣裂；种子多数，细小，近球形，表面蜂窝状，无种钩。

本属约140种，分布于美洲、非洲和亚洲热带地区，尤以马来西亚为多。我国有14种；广东及海南有9种。

1. 叶莲座状生于短茎上
  2. 叶背面密被长柔毛 ………………………………………………………… 1. 琼海叉柱花 S. strigosa
  2. 叶背面仅沿脉被长柔毛。
    3. 花冠管向一侧弯曲，长约1.5 cm ………………………………………… 2. 弯花叉柱花 S. chapaensis
    3. 花冠管近直立，长不超过1 cm。
      4. 叶上面密具粗糙小点，有时中脉被毛 ……………………………… 3. 叉柱花 S. concinnula
      4. 叶上面初始各处被毛，中脉、侧脉和叶缘的毛宿存，其余各处很快脱落 ………… 4. 中华叉柱花 S. sinica

1. 叶生于多少延长的茎上，对生或轮生。
  2. 穗状花序 ………………………………………………… 5. 保亭叉柱花 S. paotingensis
  2. 总状花序。
    3. 花大，花冠长约25 mm，花序轴短缩，具花1～5朵 ……………………6. 大花叉柱花 S. sesamoides
    3. 花小，花冠长不超过10 mm，花序轴长，具花多朵。
      4. 花丝无毛，前雄蕊花药2室，一大一小 ……………………………… 7. 海南叉柱花 S. hainanensis
      4. 花丝有毛，前雄蕊花药2室，等大。
        5. 花萼裂片近等大，线形，长5～6 mm，宽约0.5 mm ……………………8. 狭叶叉柱花 S. stenophylla
        5. 花萼后裂片较其余4裂片显著增大，披针形，长7～9 mm，宽1.5～2 mm………………… 9. 瘦叉柱花 S. rivularis

1. 琼海叉柱花 （《海南植物志》）

Staurogyne strigosa C. Y. Wu & H. S. Lo

一年生草本。茎短，密被长柔毛。叶在短缩的茎上呈莲座状排列，纸质，长圆状倒卵形或阔倒卵形，稀长圆形或阔卵形，长2.5～7 cm，宽1～3.5 cm，顶端圆形或钝，基部阔楔形或近圆形，全缘，干时两面灰色，上面密被紧贴、长而有节的糙伏毛，背面密被紧贴的长柔毛；中脉在上面平坦，在背面扁平，侧脉5～7对，在上面稍凸起或近平坦；叶柄长0.5～2.5 cm，密被紧贴长柔毛。总状花序顶生或腋生，花疏生；花序轴纤细，长6～14 mm，被腺毛；苞片匙状线形，长4～6 mm，顶端圆形或稍尖，着生于花梗的基部，被腺毛；小苞片与苞片相似，着生于花梗上部1/3处；花梗纤细，长1～3 mm；花萼5裂，裂片线形，3脉，被腺毛，前裂片和后裂片长约6 mm，急尖，侧裂片长约5.5 mm，渐尖；花冠紫色，长约5.5 mm，无毛，檐部5裂，裂片近圆形，长约1 mm；能育雄蕊4枚，内藏；花丝无毛；长雄蕊的花药长0.7 mm，短雄蕊的花药长0.2 mm；不育雄蕊长1 mm；子房无毛，柱头2裂，裂片不等大。蒴果卵状长圆形，长6 mm，无毛。

产地：海南特有，见于琼海。生于海拔600～800 m的密林下。

2. 弯花叉柱花 （《植物研究》）

Staurogyne chapaensis R. Ben

草本。茎短。叶簇生于短缩的茎上，呈莲座状排列，卵形或卵状长圆形，长1～5.6 cm，宽1.2～3.8 cm，顶端钝，基部心形，上面被长柔毛，背面沿脉上被毛，脉稍隆起，侧脉4～9对；叶柄被毛，长1～4.5 cm。总状花序腋生或顶生，花序轴被毛；苞片卵形或卵状长圆形，长约3 mm，宽1～2.5 mm，1脉，脉上和边缘被长柔毛；小苞片着生于花梗上部，和苞片相似，稍小；花梗长1.5～7 cm，被毛；花萼5裂，裂片背面及边缘被毛，前裂片和后裂片线状匙形或匙形，长约7 mm，侧裂片线形，长约4 mm；花冠长1.5 cm，淡蓝紫色，从基部向上渐膨大，向一侧弯曲，檐部5裂，裂片卵形，近等大；能育雄蕊4枚，长雄蕊花丝长约2 mm，无毛，着生于花冠管中上部，短雄蕊花丝长约1 mm，被毛，着生于花冠管中下部；子房被毛，花柱无毛，柱头2裂，前裂片大，后裂片小。蒴果长圆形，长约6 mm，顶端尖。

产地：从化、龙门、肇庆（鼎湖山）、阳山、封开、博罗。生于山谷密林中石上和水旁。

分布：广西、云南。越南北部。

3. 叉柱花 （《中国高等植物图鉴》） 别名：糙叶叉柱花 （《海南植物志》）

Staurogyne concinnula（Hance）O. O. Ktze.

草本。茎短。叶莲座状排列，长圆形，长1.3～7 cm，宽0.5～1.5 cm，顶端钝，基部楔形，边缘浅波状，上面深绿色，密具粗糙小点，有时中脉被毛，背面苍白色，叶脉稍隆起，沿脉被柔毛；叶柄长0.5～3 cm，密被柔毛。总状花序顶生，长达14 cm，花序轴纤细，被微柔毛，花疏生；苞片倒披针形或线形，长2～4 mm；小苞片线形，着生于花梗1/3以上；花萼5裂，裂片疏被缘毛，细长，披针状线形或披针形，不等长，前裂片和后裂片长约6 mm，侧裂片长约5 mm，花萼侧裂片顶部苍白色；花冠长6～8 mm；能育雄蕊4枚，前雄蕊长约5 mm，药室1大1小，后雄蕊长约2.5 mm，药室等大；柱头2裂。蒴果长圆形，无毛，裂片中部有沟。

产地：饶平、揭西及海南白沙、澄迈、陵水、五指山。生于海拔500～1 300 m溪旁密林中和林谷岩石上。

分布：台湾、福建。日本。

4. 中华叉柱花　（《海南植物志》）

Staurogyne sinica C. Y. Wu & H. S. Lo

Titanotrichum parviflorum X. B. Ye et W. T. Lin

一年生草本。茎较短，密被长柔毛。叶莲座状排列，纸质，椭圆状卵形或椭圆形，稀卵形或长圆形，长2～9 cm，宽1～4.5 cm；顶端圆形或钝，基部近圆形或阔楔形，近全缘，上面深绿色，疏被柔毛，后很快脱落仅沿叶脉及叶缘被毛，背面苍白色，中脉和侧脉扁平；叶柄长0.4～3.5 cm，密被长柔毛。总状花序顶生或腋生，花序轴长3～12 cm，花疏生，被腺毛；苞片倒披针形，长约4 mm；小苞片和苞片相似，着生于花梗的中部以上；花梗长4～5 mm；花萼5裂，裂片线状披针形，渐尖，具3脉，被腺毛，前裂片和后裂片长6～8 mm，侧裂片长5～7 mm；花冠紫色，平展时约长13 mm，花冠管圆柱形，喉部钟状，长约9 mm；冠檐5裂，裂片稍不等大，长圆形，长约2.5 mm；能育雄蕊4枚，内藏，花丝无毛，药室卵形，长约0.8 mm；不育雄蕊长1 mm；子房无毛，花柱长8 mm。蒴果卵状长圆形，长6 mm，无毛。

产地：新会、揭西及海南万宁、保亭、三亚。生于海拔500～1200 m的山谷密林阴处和沟底潮湿处。

5. 保亭叉柱花　（《海南植物志》）　（图53）

Staurogyne paotingensis C. Y. Wu & H. S. Lo

一年生草本，高12～20 cm。茎直立，被紧贴柔毛，下部枝条或多或少伸长，上部枝条紧缩。叶对生，纸质，椭圆状披针形或披针形，稀近卵形，长1～6 cm，宽5～20 mm，顶端钝或圆形，基部楔形或急尖，全缘，上面黄绿色，背面苍白色，两面无毛或背面中脉被疏柔毛；中脉在上面平坦，在背面扁平；侧脉6～9对，纤细；叶柄短或无。穗状花序顶生，花密集；苞片椭圆形或匙状椭圆形，长6～7 mm，具明显羽状脉，背部和边缘被柔毛；小苞片线状长圆形，长约6 mm，被毛，急尖，具脉1条；萼片5裂，不等大，被柔毛，后裂片线状长圆形，长约9 mm，前裂片线形，长约8 mm，侧裂片急尖，较前裂片稍短；花冠紫色，直立，长9 mm，花冠管长约2 mm，外面被毛，内面在雄蕊着生处被柔毛，喉部钟状，长约5 mm，冠檐5裂，裂片稍不等大，近圆形，长1.7～2 mm；能育雄蕊4枚，2强，花丝带状，边缘被毛，长雄蕊花丝长约7 mm，短雄蕊长约6 mm，药室卵形，长约1 mm，基部有附属物；不育雄蕊长约2 mm；子房长圆形，无毛，花柱长约3 mm，无毛，柱头2裂，后裂片具2齿。蒴果卵状长圆形，长约6 mm，无毛；种子多数，近球形，直径约2 mm。

图53　保亭叉柱花　Staurogyne paotingensis C. Y. Wu & H. S. Lo

1. 植株；2. 花除去花冠及雄蕊，示苞片、小苞片、花萼和雌蕊；3. 花冠展开，示雄蕊；4. 雄蕊；5. 雌蕊。

（余汉平抄自《海南植物志》）

产地：海南特产，见于保亭。生于水田中。

6. 大花叉柱花 （《植物分类学报》）

Staurogyne sesamoides（Hand.–Mazz.）Burtt.

S. dolichocalyx E. Hossain

草本，高14～25 cm。茎基部木质化，偶有分枝，被毛。叶对生，椭圆状披针形或椭圆状卵形，稀椭圆状倒披针形或倒卵形，长3～10 cm，宽2.2～3.5 cm，上面被极疏的短硬毛，背面仅沿脉被柔毛，侧脉5～10对，在上面不明显或呈苍白色，在背面扁平；叶柄扁平，长0.5～3 cm，被毛。总状花序顶生，短缩，有花1～5朵；苞片披针形，长6～6.5 mm，3脉；小苞片线状披针形，着生于花梗上端；花萼5深裂，裂片披针形，3脉，边缘被疏柔毛；前裂片长1.7～1.9 cm，宽约2 mm；后裂片长1.8～2 cm，宽约2 mm；侧裂片长1.6～1.8 cm，宽约1.5 mm；花冠长3～4 cm，白色或淡粉红色，檐部5裂，裂片近等大，近圆形，直径约1 cm；能育雄蕊4枚，2强，花丝有毛，长雄蕊花丝长约1.7 cm，短雄蕊长约1.3 cm，药室长圆形，长约2.5 mm，边缘被毛；子房椭圆形，无毛；花柱长约2 cm，疏被柔毛或无毛，柱头三角形，2裂，裂片不等大，边缘流苏状。蒴果狭椭圆形；种子小，椭圆形，表面呈蜂窝状。

产地：阳春、肇庆、信宜、阳江。生于山谷密林石上、山谷林下阴处和水旁。

分布：广西、云南。越南。

7. 海南叉柱花 （《海南植物志》）

Staurogyne hainanensis C. Y. Wu & H. S. Lo

多年生直立草本，高15～30 cm。茎粗壮，圆柱形，被长柔毛。叶聚生于枝顶和茎的分枝处，近革质，长圆形或长圆状椭圆形，长3～10 cm，宽1.3～3.5 cm，顶端钝或圆形，基部楔形，全缘或稍呈波状，上面光滑，仅中脉被长柔毛，背面被紧贴长柔毛，中脉两面平坦或在上面凹陷，侧脉6～10对，在上面稍凹陷，常因颜色苍白而明显；叶柄长1～4 cm，密被长柔毛。总状花序顶生或腋生，长达20 cm，花疏生，花序轴疏被柔毛；苞片匙形或线状披针形，长2.5～5 mm；小苞片与苞片相似，着生于花梗的中部之上；花梗长约3 mm；花萼5裂，裂片披针状线形，长5～6 mm，顶端急尖，近无毛，侧裂片稍短；花冠紫红色，长约8 mm，冠檐5裂，裂片不等大，卵状长圆形，长1.2～1.4 mm，顶端近圆形；能育雄蕊4枚，内藏，花丝无毛，长雄蕊花药2室，不等大，短雄蕊药室等大；不育雄蕊长约0.7 mm，顶端头状；子房卵形，长约1 mm，无毛；花柱长约6 mm。蒴果卵状长圆形，长约5 mm，无毛。

产地：海南特产，见于保亭、乐东、东方、昌江。生于海拔500～1 100 m的山谷密林阴处和水旁潮湿处。

8. 狭叶叉柱花 （《中国高等植物图鉴》） 别名：叉柱花 （《海南植物志》）

Staurogyne stenophylla Merr. & Chun

直立草本，高达32 cm。茎被毛，直径2～4 mm，基部近木质。叶膜质，线状披针形或线状倒披针形，长6～12 cm，宽5～9 mm或稍宽，顶端钝，下部变狭，基部楔形；上面橄榄绿色，无毛，常具粗糙小点；背面苍白色，沿脉被短柔毛，侧脉约10对，疏离；叶柄长0.5～3.5 cm，被毛。总状花序腋生或顶生，花疏离，花序轴被短柔毛；花梗长3～8 mm；苞片线形，长约4 mm；小苞片与苞片近等大；花萼裂片线形，长5～6 mm，宽约0.5 mm，具稀疏缘毛，3脉；花冠长约8 mm，无毛，花冠管向上膨大，冠檐5裂，裂片椭圆形或圆形，长约2.5 mm；能育雄蕊4枚，2强，长雄蕊花丝长约4.5 mm，短雄蕊花丝长约2 mm，仅1枚后雄蕊的花丝中部被毛，花药等大；子房长圆形，无毛；花柱线形，长约5 mm，无毛，柱头不等3裂。蒴果卵状长圆形，顶端尖，长约5 mm。

产地：海南琼海、万宁、保亭、三亚。生于海拔500～1 250 m的山坡阴处岩石边、沟底密林中和林中石旁。

9. 瘦叉柱花 （《海南植物志》）

Staurogyne rivularis Merr.

直立草本，高12～30 cm。茎纤细，圆柱形，紫褐色，被腺毛。叶狭长圆状倒卵形或倒披针形，长2～6 cm，宽0.6～2.3 cm，顶端尖或钝，基部变狭，全缘或浅波状，上面被腺毛或无毛，有时有粗糙小点，背面无毛。总状花序顶生，长达20 cm；苞片叶状，长6 ~ 11 mm；小苞片倒披针形，长约9 mm，宽约2 mm，渐尖或急尖，1脉，被腺毛；花梗长1.5 ~ 3 mm；花萼5深裂至基部，被腺毛，后裂片披针形，长7 ~ 9 mm，宽1.5 ~ 2 mm，前裂片披针状线形，长约7 mm，宽约0.5 mm，侧裂片刚毛状，长5 ~ 7 mm；花冠淡紫色，长约1 cm，檐部5裂，裂片近等大，圆形或多少肾形，长1.5 mm；能育雄蕊4枚，2强，内藏，长雄蕊花丝长约3 mm，短雄蕊花丝长约2 mm，花丝被毛；子房椭圆形，长1.5 mm，花柱线形，长约3 mm，无毛。蒴果长圆形，长5 mm。

产地：海南昌江、保亭、三亚、儋州。生于湿草地、山谷潮湿处和水田旁边。

分布：广西和云南。越南、菲律宾（吕宋岛）。

3. 十字爵床属　**Crossandra** Salisbury

灌木或草本。叶对生或4叶轮生。穗状花序顶生；苞片对生，4列，覆瓦状排列；小苞片短而狭；花萼膜质，5深裂，裂片大小不等；花冠单唇形，上唇无，下唇5裂，覆瓦状排列，具细长的花冠管；雄蕊4枚，着生于花冠管的中上部，内藏，花丝线形，短于花药，花药1室；子房2室，每室有胚珠2颗，花柱内藏，柱头2裂。蒴果长圆形，具4棱；种子4颗或更少，圆形，压扁，被毛。

本属约50种，分布于热带亚洲、马达加斯加和热带非洲。我国常见栽培1种；广东亦有。

十字爵床　别名：橙色单药花、鸟尾花　（《花木盆景》）

Crossandra infundibuliformis（Linn.）Nees

Justicia infundibuliformis Linn.

C. *undulifolia* Salisb.

灌木，高0.5 ~ 1 m。茎圆柱形。叶卵状长圆形至阔披针形，长6 ~ 13 cm，宽1.5 ~ 5 cm，顶端锐尖，基部明显下延，边缘具波状细圆齿，无毛；叶柄长1 ~ 4 cm。穗状花序长达10 cm，四棱形，具长梗，花序梗长达2.5 cm；苞片椭圆形，长1.3 ~ 1.5 cm，宽约0.5 cm，顶端具短尖头，具腺毛至近无毛，小苞片线状披针形，被柔毛，顶端具短尖头；花萼4裂，裂片披针形，长7 ~ 9 mm，被柔毛，外面1对略大，顶端钝或2裂，内面1对略小；花冠橘黄色，单唇形，上唇无，下唇5裂，裂片宽，花冠管长约2.5 cm，直径达2.8 cm；雄蕊4枚，着生于花冠管的中部，花药1室，具1行纵向排列的毛；子房长约3 mm，花柱丝状，长达2 cm，无毛。蒴果长圆形，长1 ~ 1.2 cm，无毛；种子密被鳞片状毛。

产地：广州、深圳。栽培。

分布：印度、斯里兰卡。

用途：观赏。

4. 百 簕 花 属　**Blepharis** Juss.

草本或亚灌木。叶对生或4片轮生，全缘或具齿，有时有刺。花两性，单生叶腋或数朵排列成顶生的穗状花序；苞片和小苞片顶端具刺毛；萼裂片4，外面的1对较大，内面1对较小；花冠单唇形，上唇退化，下唇阔大，伸展，顶端3浅裂，花冠管卵球形，角质；雄蕊4枚，2长2短或有时近等长，着生于喉部，花丝粗厚，前面1对雄蕊的花丝顶端向上延伸成1塔状附属体，花药1室，背着，药室长圆形，纵裂，裂口边缘密被髯毛；花盘环状；子房无毛，2室，每室有胚珠2颗，花柱线形，柱头2浅裂。蒴果长圆形或椭圆形，有光泽；种子着生于粗壮的种钩上，近圆形，两侧稍压扁，表面粗糙。

本属约20种，分布于非洲、亚洲及大洋洲的热带地区。我国产1种，分布于海南。

百簕花　（《植物研究》）　（图54）

Blepharis maderaspatensis（Linn.）Roth

Acanthus maderaspatensis Linn.

B. boerhaviifolia Pers.

匍匐草本。茎被短柔毛。叶4片轮生，近膜质，椭圆形、长圆形或倒卵状披针形，长2.5～5 cm，宽1～2 cm，顶端急尖，基部楔形，两面被微柔毛，边缘具浅波状齿；侧脉每边3～5条，中脉和侧脉在背面稍凸起；叶柄长约2 mm，被微柔毛。花单生于叶腋或组成少花的顶生穗状花序；苞片和小苞片顶端均具坚硬的长刺毛；苞片3对，倒卵形，覆瓦状排列，从外至内依次增大，最小的长约3 mm，最大的长约9 mm；小苞片2片，匙形，长约9 mm；花萼裂片4，被微柔毛，外面的1对长圆形，长1.1～1.3 cm，其中较小的1片顶端微凹；内面的1对披针形，长约7 mm；花冠粉红色、紫色或白色，长约1.6 cm，冠檐单唇形，上唇退化，下唇大，伸展，倒卵形，顶端3裂，被微柔毛，花冠管卵球形，长约4 mm；雄蕊4枚，2长2短或有时近等长，着生于喉部，花丝粗厚，稍曲，前面1对雄蕊的花丝顶端向上延伸成1塔状附属体，花药1室，背着，药室长圆形，纵裂，裂口边缘密被髯毛；子房无毛，2室，每室有胚珠2颗，花柱线形，柱头2浅裂。蒴果椭圆形，压扁，长约8 mm，无毛，栗褐色，具光泽；种子着生于粗壮的种钩上，圆形，两侧稍压扁，表面粗糙。

产地：海南昌江。生于海拔800 m的石灰岩山顶灌丛。

分布：热带非洲、印度、斯里兰卡和越南。

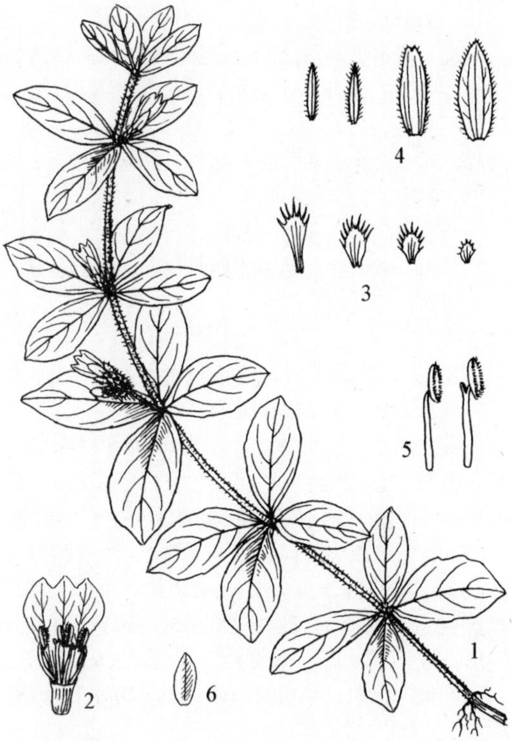

图54 百簕花 Blepharis maderaspatensis (Linn.) Roth

1. 植株一部分；2. 花；3. 苞片；4. 萼片；5. 雄蕊；6. 果。（余汉平绘）

5. 老 鼠 簕 属 **Acanthus** Linn.

草本或灌木。叶对生，羽状分裂或波状浅裂，有时有齿或有刺，稀全缘。花无梗，组成顶生穗状花序；苞片大，边缘常具刺；小苞片较小或缺；花萼裂片4，外面的1对较大，基部常软骨质，内面的1对较小；花冠管短，通常软骨质，冠檐单唇形，上唇极退化，不明显，下唇大，伸展，3浅裂，裂片覆瓦状排列；雄蕊4枚，2长2短或有时近等长，着生于喉部，花丝粗厚，但顶端则细而内弯，花药1室，药室长圆形，被髯毛；花盘常消失；子房2室，每室有胚珠2颗，花柱短，柱头2裂。蒴果椭圆形或长圆形，栗褐色，有光泽；种子每室2颗，阔卵形或近圆形，两侧压扁，有疏松的种皮，种柄钩粗壮。

本属20余种，分布于东半球热带的沿海地区。我国有4种；广东及海南有3种，1变种，其中1种常见栽培。

1. 大型草本；叶长达1 m；栽培植物……………………………………………………1. 膜叶蚂蟆花 A. mollis
1. 灌木；叶长不超过20 cm；红树林植物。
   2. 叶有侧脉3～4对；花无小苞片，花冠长约2.5 cm ……………………………… 2. 小花老鼠簕 A. ebracteatus
   2. 叶有侧脉4～7对；花有2枚小苞片；花冠长3～4 cm。
      3. 叶羽状浅裂，侧脉直达齿端…………………………………………………… 3. 老鼠簕 A. ilicifolius
      3. 叶缘浅波状或具锯齿，侧脉不达齿端而于近边缘处网结……………………… 3a. 厦门老鼠簕 var. xiamenensis

1. 膜叶蛤蟆花

Acanthus mollis Linn.

直立草本，高可达2 m。基生叶连叶柄长达1 m，羽状深裂或有时羽状全裂而在基部具1～5片分离的小叶，叶主要部分不规则羽裂，裂片椭圆形、披针形，或浅裂，裂片阔卵形，无毛或沿叶脉被粗毛，边缘具不规则锯齿，齿端芒状。穗状花序长10～70 cm，花序轴无毛或被糙伏毛；苞片长3～4 cm，具5～7隆起的脉，边缘具3～7对芒状齿，无毛或被毛；花萼裂片4，绿色至淡紫色，长达5 cm，通常被毛；花冠白色，具淡紫色条纹，长3.5～5.5 cm。

产地：广州、深圳。栽培。

分布：欧洲西南部和非洲西北部，世界各地广泛栽培。

用途：观赏。

2. 小花老鼠簕 （《海南植物志》）

Acanthus ebracteatus Vahl

直立灌木，高可达1.5 m。托叶刺状；叶长圆形或倒卵状长圆形，长5～12 cm，宽3～5 cm，顶端截平，基部楔形，羽状分裂至羽状深裂，裂片三角形，近革质，两面无毛，中脉和侧脉粗壮，在上面平或稍凹下，在背面明显凸起，侧脉3～4对；叶柄长约5 mm。穗状花序顶生；苞片阔卵形至近圆形，长6～7 mm，常在花开前脱落，无小苞片；花萼裂片4，长0.8～1.2 cm，宽0.5～0.9 cm；花冠白色，长约2.5 cm，花冠管长约3 mm，上唇退化，下唇长圆形，长约2.2 cm，顶端3裂，内面上部两侧各有1被毛带；雄蕊4枚，近等长，花丝长约8 mm，花药1室，长圆形，纵裂，裂缝两侧各有1列髯毛；子房椭圆形，花柱线形，柱头2裂。蒴果椭圆形，长约1.8 cm；种子长约10 mm。

产地：徐闻、台山及海南三亚、陵水和儋州。生于潮汐可达的滨海区，为红树林的重要组成种类之一。

分布：广西。亚洲和大洋洲热带地区。

3. 老鼠簕 （广州） （图55）

Acanthus ilicifolius Linn.

Dilivaria illicifolia（Linn.）A. L. Juss.

直立灌木。茎丛生，少分枝，圆柱状，无毛。叶近革质，长圆形或长圆状披针形，长6～14 cm，宽2～5 cm，顶端急尖，羽状分裂至波状浅裂，裂片具刺；中脉粗大，侧脉每边4～7条，直达裂片的顶端；叶柄极短，基部有时有1对托叶状的硬刺。穗状花序顶生，密花；苞片对生，阔卵形，长7～8 mm；小苞片卵形，比苞片稍小；花萼裂片4，外面的1对阔卵形，长10～12 mm，顶端微缺，边缘稍呈流苏状，内面的1对卵形，长约9 mm，全缘；花冠白色，长3～4 cm，花冠管长约7 mm，上唇极退化，下唇阔大，伸展，阔倒卵形，上面（内面）两侧各有1条宽3～4 mm的带状被毛区；雄蕊4枚，近等长，花丝近软骨质，长1.5 cm或过之；子房顶部软骨质。蒴果长圆形，长2.5～3 cm；种子淡黄色，长1～1.3 cm。花期：夏、秋季。

产地：湛江、惠东、深圳、东莞、广州、珠海、廉江、潮阳、陆丰、台山及海南文昌、澄迈、琼山和海口。生于潮汐可达的滨海区，为红树林的重要组成种类之一。

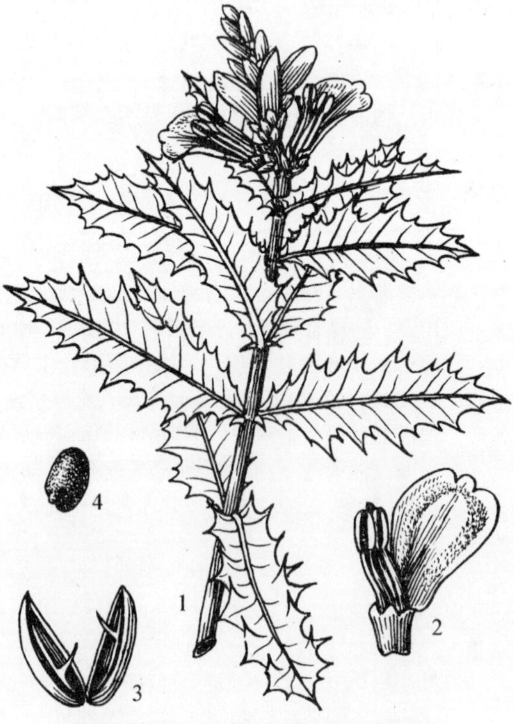

图55 老鼠簕 Acanthus ilicifolius Linn.

1. 花枝；2. 花冠及雄蕊；3. 开裂的蒴果；4. 种子。

（余汉平绘）

分布：福建、香港、澳门、广西。印度、斯里兰卡、中南半岛、印度尼西亚、菲律宾和澳大利亚等地。

用途：全草有消肿、解毒、止痛之效，治淋巴结肿大、急慢性肝炎、肝脾肿大疼痛、黄疸、胃痛、哮喘。

3a. 厦门老鼠簕 （《武夷科学》）

var. **xiamenensis**（R. T. Zhang）Y. F. Deng, N. H. Xia & H. B. Chen

A. xiamenensis R. T. Zhang

A. ebracteatus var. *xiamenensis*（R. T. Zhang）C. Y. Wu et C. C. Hu

本变种与原变种的区别在于：叶缘浅波状齿或具锯，侧脉不达齿端而于近边缘处网结。

产地：阳江、台山。生于海滨红树林沼泽中。

分布：福建。

6. 假杜鹃属 **Barleria** Linn.

草本或亚灌木，无刺或有刺。叶对生，全缘。花大，近无梗，1至数朵腋生或组成顶生穗状花序；苞片有或无；小苞片有时成2叉的刺；花萼4裂，裂片两两成对，外面的1对较大，内面1对较小；花冠管通常长圆筒状，喉部扩大，直立或内弯，冠檐伸展，5裂，整齐或稍呈二唇形，裂片双盖覆瓦状排列；发育雄蕊4枚，不育雄蕊1枚，着生于花冠管的近中部，内藏或前雄蕊稍伸出，花药2室，药室邻接而平排，无附属物；子房每室有胚珠2颗，花柱长线状，柱头浅2裂或全缘。蒴果卵形或长圆形，基部稍狭窄；种子每室1或2颗，卵形或近圆形，两侧压扁，通常被紧贴、波状皱曲的长毛。

本属约230种，分布于东半球热带地区，非洲种类较多，少数产于美洲。我国有4种，分布于华南和西南；广东及海南产2种，其中1种栽培。

1. 小苞片不变成刺，花萼裂片具长芒状齿，花冠蓝紫色 ………………………… 1. 假杜鹃 B. cristata
1. 小苞片变为叉开的刺，花萼裂片全缘，花冠黄色 ………………………… 2. 花叶假杜鹃 B. lupulina

1. 假杜鹃 （广州） 别名：茗花 （《广州植物志》）、洋杜鹃（广州） （图56）

Barleria cristata Linn.

直立、多分枝的亚灌木，高达2 m；嫩枝具4钝棱，被紧贴长柔毛。叶纸质，椭圆形至长椭圆形，长4～10 cm，宽1.5～4.5 cm，两端近急尖，上面密被针状钟乳体和散生的长柔毛，背面被紧贴长柔毛；侧脉5～7对；叶柄长约5 mm。穗状花序短小，花密集，常2至数个簇生于腋生短枝的顶端；花萼裂片大的椭圆状卵形或披针形，长1.2～2 cm，宽约1 cm，小的长椭圆状线形或线状披针形，长约0.7 cm，边缘均具刺状锯齿，有清晰的脉纹，背面被长柔毛；花冠蓝色或白色，长约4.5 cm，被短柔毛，花冠管圆筒状，喉部扩大，檐部5裂，稍呈二唇形；发育雄蕊4枚，前雄蕊稍伸出，后雄蕊有小而叉开的药室，不育雄蕊1枚，柱头全缘，稍膨大。蒴果长圆形，长约1.8 cm，两端急尖，无毛，稍有光泽。花期：11～12月。

产地：清远、珠海、肇庆、博罗、深圳、广州、徐闻及海南三亚、东方、琼山、保亭、乐东、昌江、万宁。

分布：云南、贵州、湖南、广西、福建、香港。印度、尼泊尔、缅甸、泰国、越南、菲律宾。

2. 花叶假杜鹃 （《中国植物志》）

Barleria lupulina Lindl.

B. monostachya Bojer.

B. macrostachya Bojer.

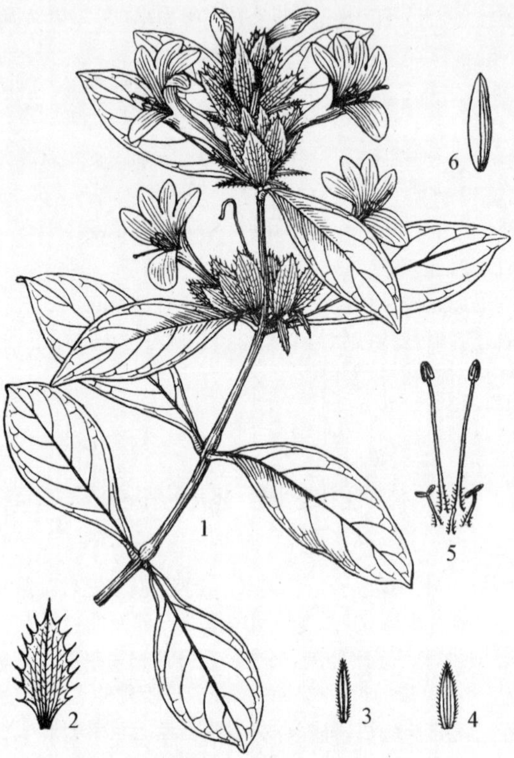

图56　假杜鹃　Barleria cristata Linn.
1. 花枝；2. 外萼片；3、4. 内萼片；5. 4枚发育雄蕊和1枚退化雄蕊；6. 蒴果。（余汉平绘）

灌木，多分枝，高达2 m。茎无毛或近无毛，腋生线形刺，长达2 cm，白色。叶线形、披针形、狭卵形或椭圆形，长2～9.5 cm，宽0.8～2.4 cm，顶端锐尖，基部楔形，全缘，两面几无毛。穗状花序顶生，花多数，密集；苞片阔椭圆形至近圆形，长约2 cm，宽约1.8 cm，顶端具芒状尖头，近基部白色；小苞片线形或线状披针形，长约7 mm，宽约1 mm，具坚硬的尖头；花萼裂片4，外面1对椭圆形至卵形，长约1.2 cm，宽约0.5 cm，顶端具尖头；花冠黄色，长3～4.5 cm，5裂成二唇形，上唇4裂，下唇不裂；能育雄蕊4枚，不育雄蕊1枚；柱头线形，不裂。蒴果卵球形，长约1.2 cm，宽约0.5 cm，顶端具圆柱状喙；种子2颗，扁圆球形，直径约0.7 cm，密被淡黄色丝状毛。

产地：广州、深圳等地。栽培。

分布：毛里求斯。广泛栽培于热带地区。

7. 单 药 花 属　Aphelandra R. Br.

多年生草本或灌木。茎圆柱形或四棱形。叶对生，具叶柄，全缘或具齿，无钟乳体。穗状花序顶生或腋生；苞片大，鲜艳，覆瓦状排列，边全缘或具齿，齿端具尖头；小苞片2；花萼5裂至近基部处，裂片近等大；花冠二唇形，红色、橘黄色、黄色或白色，花冠管直，檐部二唇形；雄蕊4枚，着生于花冠管基部，通常伸出花冠外；花药1室。蒴果棒状至近球形；种子4颗，具丝质毛。

本属约190种，分布于热带美洲。我国常见栽培1种；广东亦有。

单药花

Aphelandera squarrosa Nees

多年生草本，高30～60 cm。茎圆柱形，具沟槽，无毛。叶膜质，椭圆形，长25～30 cm，宽7～10 cm，顶端短渐尖，稍钝，基部狭楔形，下延至叶柄，边稍肉质，全缘或稍波状，两面无毛，脉白色，侧脉8～13对，与中脉在背面明显突起；叶柄长2～3 cm，无毛。穗状花序顶生，长4～11 cm，有时基部分枝；总花梗粗壮，长2～5 cm，无毛；苞片覆瓦状排列，黄色至橘黄色，卵形，长2.5～4 cm，顶端急尖，具小尖头；小苞片披针形，长4～8 mm，近透明，无毛或疏被腺毛；花萼长约1 cm，裂片披针形，无毛或疏被腺毛，宽1～2 mm；花冠黄色，长3.5～5 cm，外面无毛，裂片内面被柔毛，花冠圆柱形，长3～3.5 cm，宽3～5 mm，向上逐渐扩大，檐部二唇形，上唇直立，长圆形，长约8 mm，宽约5 mm，裂片长约3 mm，顶端钝，下唇3裂，裂片开展，近等大，中裂片卵形，长约7 mm，顶端渐尖，侧裂片卵圆形，长约6.5 mm，顶端渐尖；雄蕊4枚，着生于花冠管近基部，与下唇等长或稍伸出，花丝被毛，花药长约5 mm，背面及顶端被毛；子房无毛，花柱线形，顶端被毛，柱头粗壮，烟斗状。蒴果长约8 mm，无毛。

产地：广州、深圳。栽培。

分布：原产巴西，世界各地栽培。

用途：观赏。

8. 芦 莉 草 属 **Ruellia** Linn.

多年生草本或灌木。叶对生。花通常大，排列成具长总花梗的聚伞花序；苞片1或无；小苞片2；花萼常5裂，裂片狭窄，常等大；花冠烟斗状或浅盘状，5裂，裂片近等大，在芽中旋转状排列；雄蕊4枚，2强，着生于花冠管顶端，花丝基部成对，有薄膜连结，花药2室，药室等大，基部无芒；花盘环状；子房每室具胚珠4～13颗，柱头2裂，裂片扁平，不等大。蒴果长圆形或棒状；种子无毛。

本属约250种，分布于热带地区。我国原产1种，另引种数种；广东及海南常见栽培2种。

1. 叶线形至线状披针形，宽0.5～1.1 cm；花萼短于苞片和小苞片；蒴果具12～20颗种子 …………… 1. 蓝花草 R. tweediana
1. 叶长圆状倒卵形至倒披针形，宽2～4 cm；花萼长于苞片和小苞片；蒴果具24～28颗种子………2. 块根芦莉草 R. tuberosa

1. 蓝花草 （《中国种子植物科属词典》）

Ruellia tweediana Griseb.

R. brittoniana E. Leonard

R. spectabilis Brittonia

R. coerulea Morong

Cryphiacanthus angustifolius Nees

多年生草本，高30～70 cm。茎稍木质，四棱形，儿无毛。叶线形至线状披针形，长10～15 cm，宽0.5～1.1 cm，顶端长渐尖，基部渐狭，全缘或微波状，无毛，两面有针状钟乳体。花排列成伞房状聚伞花序，总花序梗长5～6.5 cm；苞片常早落，披针形至线形，长3～15 mm，宽1～15 mm；花萼5深裂至基部，裂片线状披针形，长约1 cm，外被短腺毛；花冠蓝色至蓝紫色，长2.5～3.8 cm，花冠管圆柱形，上部扩展，5裂，裂片长圆形；雄蕊4枚，2强，内藏，花丝长的1对长约9 mm，短的1对长约6 mm，花药长圆形，长约3 mm；花柱长约2.5 cm，被柔毛，柱头2裂，裂片不等。蒴果长圆形，长2.5～3 cm，除顶端疏被柔毛外无毛；种子12～20颗，长2～2.5 mm，宽2～2.3 mm，密被毛。

产地：广州、深圳。栽培。

分布：原产墨西哥。

用途：观赏。

2. 块根芦莉草 （新拟）

Ruellia tuberosa Linn.

多年生草本，高30～60 cm，具块根。茎具4棱。叶长圆状倒卵形至倒披针形，长5～10 cm，宽2～4 cm，具光泽，顶端钝或有时锐尖，基部楔形至渐狭，全缘或略波状；叶柄长约2 cm。花具梗，1至多朵组成聚伞花序，顶生或腋生；苞片和小苞片线状披针形，长约5 mm；花萼5裂，裂片近相等，线形，长1.3～2 cm，边缘具睫毛，顶端锐尖；花冠淡蓝紫色，长约5 cm，直径约3.5 cm，外面被毛，花冠管长约3.5 cm，基部变狭，檐部5裂，裂片近相等，卵形，长约1.5 cm；雄蕊4枚，花药长约4 mm，被毛；子房长圆形，长约4 mm，无毛，花柱长约2.5 cm。蒴果长圆形，长2～3 cm，无毛或粗糙，顶端具短喙，种子24～28颗；种子圆形，直径约2 mm，扁，被毛。

产地：广州、深圳及海南海口。栽培。

分布：台湾、云南。原产热带美洲，亚洲各地有引种并归化。

用途：观赏。

9. 楠　草　属　**Dipteracanthus** Nees

草本，基部匍匐生根或外倾。叶对生，全缘。花无梗或具短梗，腋生，通常单生或有时3朵成束；小苞片叶状，长于花萼；花萼5深裂，裂片等大；花冠管圆筒状，喉部扩大，长于花冠管，檐部5裂，裂片近等大，通常卵圆形，伸展，旋转状排列；雄蕊4枚，2长2短，前对雄蕊的花丝稍长，花药2室，长圆形，基部稍叉开呈箭形，药隔顶端有时具方形附属物；子房2室，每室有胚珠3～8颗，花柱被短硬毛或上部渐无毛，柱头前裂片退化，后裂片背腹扁平。蒴果基部坚实，棒状；种子每室3～8颗，边缘增厚且被毛，其余部分无毛或被疏柔毛，种钩弯钩状，顶端齿状2裂。

本属有4种，分布于亚洲东南部和非洲东部。我国1种，产于南部和西南部；广东及海南有分布。

楠草　（《海南植物志》）　别名：红楠草（澄迈）、匍匐消　（《中国高等植物图鉴》）　（图57）

Dipteracanthus repens（Linn.）Hassk.

Ruellia repens Linn.

D. *lanceolatus* Nees

多年生披散草本，高15～50 cm。茎多分枝，无毛或嫩枝被微柔毛。叶薄纸质，卵形至披针形，长1.5～4 cm，宽0.8～2 cm，顶端渐尖或短渐尖，有时钝，基部阔楔尖或近圆形，全缘，两面散生透明、干时白色的疏柔毛，具短而密的缘毛；侧脉4～5对，纤细；叶柄长3～5 mm。花单生于叶腋；花梗长约1 mm；小苞片叶状；花萼5裂，裂片长约5 mm，近无毛；花冠淡紫色或后裂片深紫色，长约2 cm，被短柔毛，花冠管短，喉部阔大，钟形，檐部整齐；雄蕊4枚，2长2短，内藏，后雄蕊的花药比前雄蕊的小。蒴果长1.2 cm；种子每室6颗，彼此重叠，近球形，直径约3 mm，有增厚的边缘，被紧贴柔毛。花期：早春。

产地：广州、汕头、阳江、深圳及海南白沙、澄迈、儋州、乐东、万宁、三亚、昌江。生于路边或旷野草地上。

分布：台湾、广西、云南、贵州、重庆。印度、马来西亚至菲律宾。

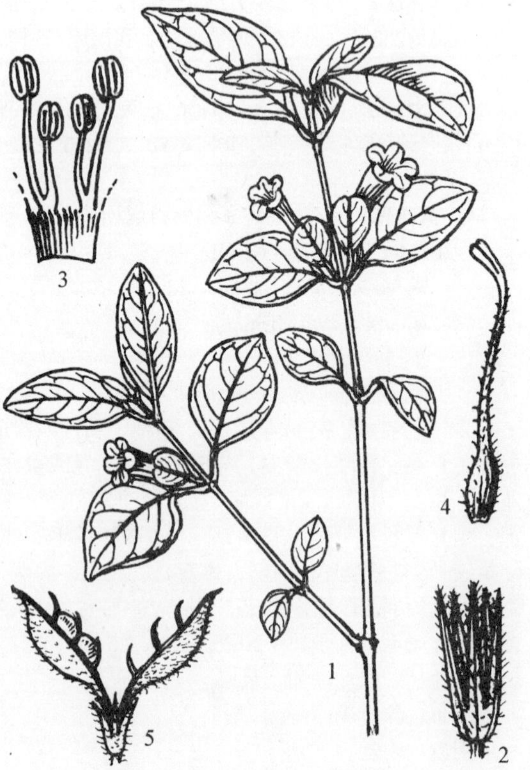

图57　楠草　**Dipteracanthus repens**（Linn.）Hassk.
1. 植株一部分；2. 花萼；3. 雄蕊；4. 雌蕊；5. 蒴果。
（余汉平绘）

10. 地 皮 消 属 **Pararuellia** Bremek. & Nannenga-Bremek.

多年生草本。茎短缩，基部的节上常生纤维状根。叶基生，莲座状，具柄，边缘常有不明显的圆齿且多少呈皱波状。花组成顶生或有时腋生的穗状花序；苞片大，对生，其内有花1至多朵；小苞片通常比花萼短，稀长于花萼；花萼5裂，裂片等大；花冠白色或淡蓝色，花冠管圆筒状，喉部扩大，与管近等长，檐部5裂，裂片等大，顶端圆或微缺，旋转状排列；雄蕊4枚，2长2短，着生于喉部的近基部，后雄蕊的着生点高于前雄蕊，花丝无毛，花药2室，蝴蝶形，药隔甚阔，两端凹入；子房圆筒状，无毛，每室有胚珠4～8颗，花柱被短硬毛，柱头2裂，后裂片短或有时退化，前裂片扁平。蒴果圆筒状，自基部即着生种子；种子每室4～8颗，透镜状，被毛。

本属约9种，分布于中南半岛、马来半岛、印度尼西亚。我国有4种，产于长江以南各省区；海南有1种。

海南地皮消 （《海南植物志》） （图58）

Pararuellia hainanensis C. Y. Wu & H. S. Lo

多年生莲座状草本。茎极短，被长短混杂的毛。叶纸质，倒卵形或倒卵状披针形，有时长圆形，长4.5～14 cm，宽2.5～4.3 cm，顶端圆或有时钝，稀急尖，基部渐狭，边缘波状，被缘毛，上面深绿色，被疏散、多细胞的糙伏毛，背面被稍密的微柔毛，沿脉被糙伏毛；侧脉约6对；叶柄长0.5～1.5 cm。穗状花序顶生或有时腋生，近直立，长6～15 cm；苞片心状卵形或近圆形，长0.5～3 cm，宽0.5～1.8 cm，具羽状脉，被与叶相同的毛；小苞片长2.5～3 mm；花萼长5～6 mm，5裂至近基部，裂片线状披针形；花冠白色或蓝白色，长约1.4 cm，外面被短柔毛；雄蕊4枚，2长2短，前雄蕊的花丝长约1 mm，后雄蕊的花丝长约2 mm，花药蝴蝶形；子房长约3 mm，每室具胚珠4颗，花柱被短硬毛，柱头极不等大的2裂。蒴果长约1.4 cm，鲜红色，无毛；种子阔倒卵形，长约1 mm。花期：秋季。

产地：海南三亚、白沙和昌江。生于阴湿的林下或溪边的石上。

分布：广西。

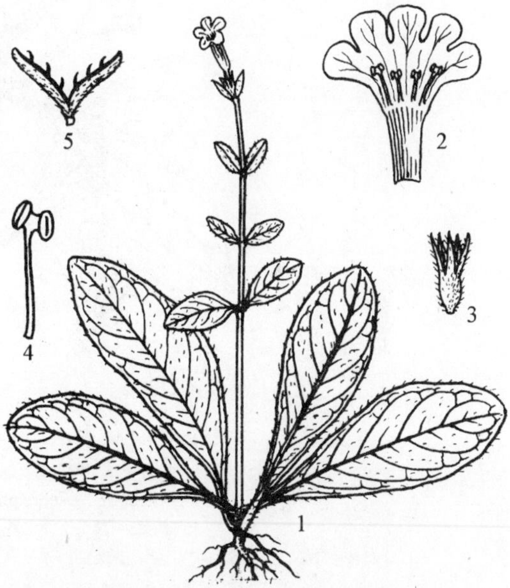

图58 海南地皮消 Pararuellia hainanensis C. Y. Wu & H. S. Lo

1. 植株；2. 花冠展开，示雄蕊；3. 花萼；4. 雄蕊；5. 蒴果。（余汉平绘）

11. 拟地皮消属 **Leptosiphonium** F. v. Muell

草本。叶对生。花单生或簇生于小枝近顶端的叶腋；苞片和小苞片狭，短于花萼。花萼5深裂至基部，裂片披针形；花冠高脚碟状，基部具细长的花冠管，至喉部扩大呈漏斗状，檐部5裂，裂片近相等；发育雄蕊4枚，着生于花冠中部，花药线状长圆形，2室，退化雄蕊无；子房圆柱形，2室，每室具胚珠10～20颗，柱头2裂，后裂片长仅为前裂片的1/2，背腹压扁。蒴果圆柱形；种子多数，着生于种钩上。

本属约11种，除中国产1种外，其余分布于伊里安岛及其邻近地区。我国产1种；广东亦有。

拟地皮消 （《中国高等植物图鉴》） 别名：飞来蓝 （《植物研究》） （图59）

Leptosiphonium venusta（Hance）Hossain

Ruellia venusta Hance

R. seclusa S. Moore

直立草本，高达60 cm。叶长圆状披针形、披针形至倒披针形，长5 ~ 12 cm，宽1.5 ~ 3 cm，顶端急尖，基部楔形，下延，边缘略浅波状；叶柄长约5 mm。花单生上部叶腋或2 ~ 3朵簇生于枝顶端；苞片披针形，长5 ~ 7 mm；花萼长7 ~ 8 mm，5深裂至中部以下，裂片狭披针形；花冠高脚碟状，淡紫色，长2 ~ 3.5 cm，基部具细长的花冠管，檐部5裂，裂片近相等，长0.8 ~ 1.5 cm，边缘浅波状；雄蕊4枚，2强，花药2室；子房无毛，花柱疏生短柔毛，柱头2裂。

产地：清远。生于林下或山坡草地。

分布：福建、江西、广西。

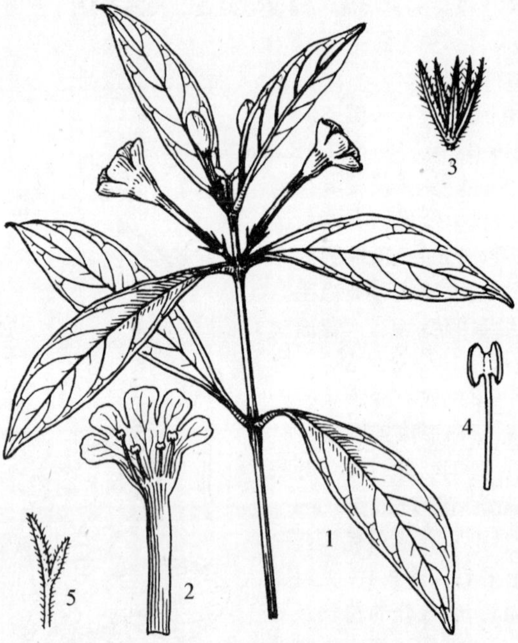

图59 拟地皮消 Leptosiphonium venusta（Hance）Hossain

1. 植株一部分；2. 花冠及雄蕊；3. 花萼；4. 雄蕊；5. 柱头。（余汉平绘）

12. 水蓑衣属 Hygrophila R. Br.

草本或灌木。叶全缘或有不明显的小齿。花无梗，2至数朵簇生于叶腋；苞片椭圆形至线状披针形，边缘常具睫毛；花萼管状，5裂至中部，裂片等大或稍不等大；花冠管稍阔，喉部常一侧膨大，檐部二唇形，上唇直立，内凹，2裂，下唇稍伸展或近直立，3浅裂，裂片旋转排列；雄蕊4枚，2长2短，花丝基部常有下延的薄膜相连接，花药2室，药室平排，等大，基部无附属物或有时具不明显的短尖；子房每室有胚珠4至多颗。蒴果长圆柱形；种子8至多数，近圆形或阔卵形，两侧压扁，被紧贴、具弹性的白毛。

本属约40种，分布于热带和亚热带的沼泽地区。我国约6种，产于东部至西南部；广东及海南有3种。

1. 叶两面无毛或近无毛。

　2. 花小，长约1.2 cm ………………………………………………………………… 1. 水蓑衣 H. salicifolia

2. 花大，长达2.5 cm ………………………………………………………………………… 2. 大花水蓑衣 H. megalantha
1. 叶两面密被毛 ………………………………………………………………………………… 3. 小叶水蓑衣 H. erecta

1. 水蓑衣 （《救荒本草》） 别名：细样墨菜（儋州）、墨菜（广东、广西） （图60）

Hygrophila salicifolia（Vahl.）Nees

Ruellia salicifolia Vahl.

Justicia lancea Thunb.

H. lancea（Thunb.）Miq.

H. quadrivalvis（Buch.–Ham.）Nees

R. quadrivalvis Buch.–Ham.

一年生或二年生直立草本，高可达1 m。茎具4钝棱，仅节上被疏柔毛。叶纸质，线形或披针状线形，长3～14 cm，宽0.2～1.5 cm，顶端钝，基部渐狭至急尖，两面无毛或近无毛，钟乳体针状；叶柄短或近无柄。花多朵簇生于叶腋，有时假轮生；苞片卵形，长约7 mm；小苞片披针形，长4～5 mm；花萼长约8 mm，萼管长约5 mm，裂片稍不等大，渐尖，通常被皱曲的长柔毛；花冠淡紫色或粉红色，长1～1.2 cm，被柔毛，上唇卵状三角形，下唇长圆形，喉部疏被长柔毛；雄蕊4枚，2强，后雄蕊的花药比前雄蕊的小1/2；子房无毛。蒴果比宿萼长1/3～1/4，干时淡褐色，无毛。花期：秋季。

产地：博罗、封开、佛冈、肇庆、广州、和平、怀集、惠东、惠阳、连南、乐昌、连平、龙门、番禺、饶平、仁化、乳源、深圳、始兴、翁源、新丰、徐闻、阳春、英德、郁南、云浮、珠海及海南白沙、澄迈、昌江、儋州、定安、东方、临高、乐东、陵水、琼中、三亚、五指山、万宁。生于沟溪边或洼地上。

分布：长江以南各省区。亚洲东南部至东部。

用途：全草入药，有健胃消食、清热消肿之效，治消化不良、咽喉炎、乳腺炎、无名肿毒、蛇虫咬伤。

图60 水蓑衣 Hygrophila salicifolia（Vahl.）Nees
1. 花枝；2. 果枝；3. 花；4. 花萼及花柱；5. 花冠展开，示雄蕊着生位置；6. 宿萼及果。（余汉平抄自《海南植物志》）

2. 大花水蓑衣 （《广州植物志》）

Hygrophila megalantha Merr.

H. salicifolia var. *megalantha*（Merr.）H. S. Lo et L. D. Chou

一年生或二年生直立草本，高30～60 cm。茎四棱形，仅节上被疏柔毛。叶纸质，长圆状倒卵形至倒披针形，长3～8 cm，宽0.8～1.5 cm，顶端圆或钝，基部楔形，渐狭，全缘，两面无毛，密布针状钟乳体，侧脉不明显；叶柄短或近无柄。花1～3朵簇生于叶腋；苞片长圆状披针形，长约1 cm，顶端钝；小苞片狭长圆形，长约6 mm；花萼长1.2～1.4 cm，花萼管长6～7 mm，裂片狭线状披针形，顶端尾状渐尖，被短睫毛；花冠蓝紫色，长达2.5 cm，外被疏柔毛，上唇卵状三角形，下唇长圆形，喉部疏被长柔毛；雄蕊4枚，2强，后雄蕊的花药比前雄蕊的小1/2；子房无毛。蒴果长圆柱形，比宿萼长1/3～1/4，无毛。花期：冬季。

分布：广州。生于江边湿地上。

产地：福建、香港。

3. 小叶水蓑衣　（《海南植物志》）

Hygrophila erecta（Brum.）Hoch.

Ruellia erecta Burm.

H. phlomoides var. *roxburghii* C. B. Clarke

直立草本，高约1 m。茎四棱形，被扩展的长柔毛，干时褐色。叶纸质，椭圆形、倒卵形或长圆形，长2～9 cm，宽1～3 cm，顶端近三角形或急尖，有时钝头，基部楔形，常下延，边全缘或浅波状，两面被硬毛，上面常有褐色腺点，密布钟乳体；侧脉8～15对，在背面稍凸起；叶柄短或近无柄。花多朵簇生于叶腋或上部的假轮生；苞片叶状，卵形、披针形或椭圆形，与花萼近等长或较长；小苞片线状长圆形，长约为花萼的1/2，被硬毛；花萼长约1.1 cm，中部以下合生，裂片线状披针形，被白色糙硬毛；花冠长1.8～2.2 cm，被短柔毛，上唇长三角形，下唇长圆形，喉凸隆起，被稀疏长毛；雄蕊4枚，2强，2后雄蕊的花药稍小；子房无毛，花柱被短柔毛。蒴果比宿存花萼稍长。花期：冬季。

产地：海南定安、昌江、东方、乐东、文昌、三亚、陵水。生于田野、沟旁湿地。

分布：广西、云南。印度和缅甸。

附注：《海南植物志》和《中国植物志》等文献记载海南分布的毛水蓑衣 H. phlomoides实为本种。

13. 马　蓝　属　Strobilanthes Blume

草本、亚灌木和灌木，稀小乔木。叶对生，具齿，稀全缘，具钟乳体。花排列成腋生或顶生的穗状花序、头状花序、圆锥花序或聚伞花序，稀单生；苞片和小苞片大或小，稀无，宿存或早落；花萼5裂；花冠钟形、喇叭形或烟斗状，直或弯曲，檐部5裂，裂片卵形或长圆形，花冠内面具2行毛支撑花柱；能育雄蕊4枚，2强，稀2枚或5枚，不育雄蕊1枚，3枚或不存在，花丝基部有薄膜相连，花药2室，长圆形或球形；子房2室，每室具胚珠2枚，稀多数；花柱线形，顶端全缘或不等2裂。蒴果狭椭圆形；种子4颗或多数。

本属约400种，分布于亚洲热带和亚热带地区。我国约有120种，产于长江流域以南地区；广东及海南产16种，1变种，其中2种常见栽培。

1. 小灌木；花冠黄色；子房每室具胚珠3颗以上；蒴果具种子多数 ………… 1. 黄球花 S. chinensis
1. 草本或亚灌木；花冠白色、淡红紫色、紫色或蓝紫色；子房每室具胚珠2颗；蒴果具种子4颗。
    2. 能育雄蕊2枚。
        3. 叶两面被毛；花萼裂片具睫毛 ………… 2. 山一笼鸡 S. apricus
        3. 叶仅中脉被毛；花萼裂片被短柔毛或无毛 ………… 2a. 岩山一笼鸡 var. glaber
    2. 能育雄蕊4枚。
        3. 内方1对雄蕊花丝极短，弯曲，外方1对雄蕊花丝不等长；花药球形。
            4. 花排成圆锥花序；苞片椭圆形或长圆形，长约4 mm ………… 3. 叉花草 S. hamiltoniana
            4. 花排成头状花序；苞片卵形，长1.2～1.5 mm ………… 4. 球花马蓝 S. dimorphortrichus
        3. 内方1对雄蕊花丝不弯曲，外方1对雄蕊花丝等长；花药长圆形。
            4. 花序轴具狭翅 ………… 5. 翅枝马蓝 S. pateriformis
            4. 花序轴无狭翅。
                5. 花序轴多少"之"字形曲折。
                    6. 同一节上的叶等大，基部渐狭，下延至叶柄成翅状；叶柄长约1.5 cm ………… 6. 三花马蓝 S. atropurpurea
                    6. 同一节上的叶明显不等大，基部圆或心形，不下延至叶柄成翅状；叶柄短或近无柄 ………… 7. 曲枝马蓝 S. dalzielii
                5. 花序轴直，不呈"之"字形曲折。

6. 叶基部心形，抱茎 ……………………………………………………… 8. 红背马蓝 S. dyeriana
6. 叶基部非心形。
7. 花排列稀疏。
8. 苞片叶状，基部具柄 ……………………………………………………… 9. 马蓝 S. cusia
8. 苞片小，非叶状，基部无柄 ……………………………………………… 10. 串花马蓝 S. cystolithigera
7. 花排列成密集的头状花序或穗状花序。
8. 苞片中部缢缩，顶端成叶状附属物 …………………………………… 11. 十字马蓝 S. cruciata
8. 苞片不缢缩。
9. 苞片顶端具齿，长3 cm以上 …………………………………………… 12. 大苞马蓝 S. echinata
9. 苞片全缘，不具齿，长2.5 cm以下。
10. 叶狭椭圆形至披针形 ………………………………………………… 13. 日本马蓝 S. japonica
10. 叶卵形或椭圆形。
11. 叶无毛 …………………………………………………………………… 14. 四子马蓝 S. tetrasperma
11. 叶被毛。
12. 植株匍匐；叶膜质，长1～4 cm，宽1～2 cm……………………… 15. 薄叶马蓝 S. laborderi
12. 植株多少直立；叶膜质，长5～13 cm，宽3～5 cm ……………… 16. 海南马蓝 S. annauricata

1. 黄球花 （《海南植物志》） 别名：半柱花 （《中国高等植物图鉴》）

Strobilanthes chinensis（Nees）J. R. I. Wood & Y. F. Deng

Ruellia chinensis Nees

Sericocalyx chinensis（Nees）Brem.

小灌木，高30～50 cm。茎下部常匍匐生根，稀直立，仅嫩枝被硬毛。叶纸质，卵形、椭圆形或近长圆形，长1.5～11 cm，宽1～4.5 cm，侧枝上的叶常较小，顶端渐尖或急尖，基部渐狭或稍下延，边缘具波状牙齿，两面被疏刺毛；叶柄长0.4～1 cm。穗状花序短而紧密，圆头状或稍伸长；苞片卵形，长1.5～2 cm，被硬毛，顶端骤尖，具尖头；小苞片与花萼裂片近等大，线形，长约1 cm；花冠黄色，长约2 cm，花冠管短圆筒状，向上逐渐扩大成钟形，外面被短柔毛，内面被长柔毛，檐部5裂，裂片近等大，圆形，直径约4 mm；雄蕊4枚，2强，伸出花冠外或内藏，花丝基部被短硬毛，长的1对长约5 mm，短的1对长约2 mm，花药长圆形，长约2 mm。蒴果长约10 mm，被短柔毛；种子每室4颗，阔卵形，干时淡黄色，无毛或边缘稍被毛。花期：冬、春季。

产地：茂名、广州、云浮、阳春、信宜及海南乐东、定安、东方、昌江、陵水、三亚、保亭、琼中。生于海拔700 m以下溪边或潮湿的山谷。

分布：广西。越南、老挝和泰国。

2. 山一笼鸡 （《中国高等植物图鉴》）（图61）

Strobilanthes apricus（Hance）T. Anders.

Gutzlaffia aprica Hance

Phlebophyllum aprica（Hance）Benth.

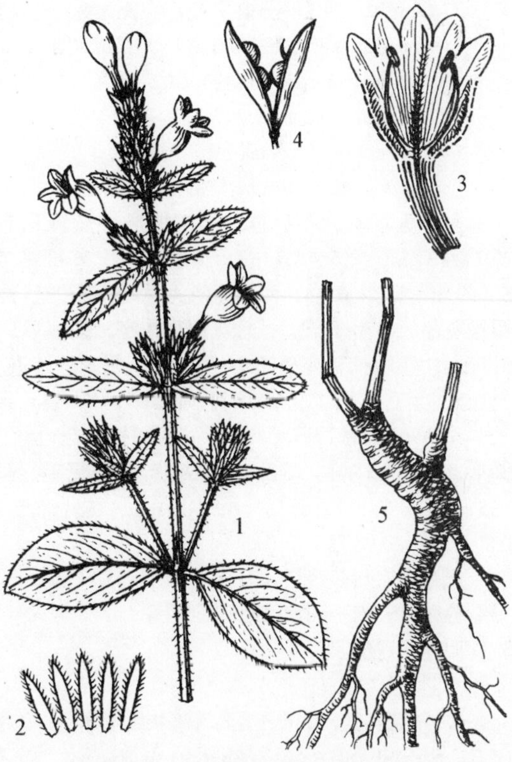

图61 山一笼鸡 Strobilanthes apricus（Hance）T. Anders.
1. 植株部分；2. 花萼裂片；3. 花冠展开，示雄蕊和雌蕊；4. 蒴果；5. 根。（余汉平绘）

S. dielsiana W. W. Smith

G. dielsiana (W. W. Smith) Moore

S. cavaleriei Lévl.

S. mairei Lévl.

S. cavaleriei var. *angustifolius* Lévl.

多年生草本，高达70 cm，根粗壮。茎被白色短糙毛。叶椭圆形至长圆形，长3～7 cm，顶端渐尖，两面均被粗毛或下面被绵毛，侧脉5～6对，在背面隆起。头状花序顶生和腋生，上部的近无梗，下部的具长达7 cm的总花梗；苞片近革质，披针形，长1.3～1.5 cm，有糙毛；小苞片与花萼裂片相似；花萼5深裂至近基部，裂片条形，稍短于苞片，具睫毛；花冠白色至淡紫色，长约3.5 cm，花冠管下部细筒状，上部膨大而一面肿胀，里面有2行柔毛支撑花柱，檐部5裂，裂片几相等，近圆形，长约5 mm；雄蕊2枚，伸出花冠外，花丝几无毛，花药椭圆形；子房狭长椭圆形，顶端被柔毛，花柱伸出花冠外，弯曲，被短柔毛。蒴果纺锤形，长约1 cm；种子4颗，近圆形，两面凸起，被柔毛，后变近无毛。

产地：广州、连州、英德、深圳。生于400 m以下干旱荒坡或灌丛。

分布：香港、广西、云南、贵州、四川和江西等地。泰国、越南。

2a. 岩山一笼鸡　（《中国植物志》）

var. **glaber** Imlay

Gutzlaffia aprica var. *glabra* (Imlay) H. S. Lo

本变种与原种的区别在于：叶仅中脉被毛；花萼裂片被短柔毛或近无毛。

产地：阳春。生于海拔100 m的石灰岩灌丛中。

分布：泰国。

3. 叉花草　（《中国植物志》）

Strobilanthes hamiltoniana (Steud.) Bosser & Heine

Ruellia hamiltoniana Steud.

Goldfussia colorata Nees

S. colorata (Nees) T. Anders.

Diflugossa colorata (Nees) Bremek.

多年生草本，多分枝。茎四棱形，光滑无毛。叶在同一节上不等大，大叶通常具柄，披针形，长9～13 cm，宽5～8.5 cm，顶端钝尖，基部钝或近心形，边缘有细锯齿，小叶通常无柄，卵形，长5～9 cm，宽2～6 cm，两面光滑无毛，密布线状钟乳体，侧脉约6对；叶柄长0～7 cm。花排列成疏松的圆锥花序，单生于节上；总花梗和花序轴四棱形，密被长腺毛；苞片椭圆形或长圆形，长约4 mm，宽约3.5 mm，顶端钝，光滑无毛，具1脉，早落；小苞片长圆形，长约4.5 mm，宽约2 mm，顶端钝或微凹，具1脉，无毛；花萼不等5深裂，长约6 mm，裂片线形，宽约2.5 mm，顶端微凹，无毛；花冠淡蓝紫色，长3～3.5 mm，基部具长约1.5 cm的圆柱形花冠管，后逐渐扩大成漏斗状，外面无毛，檐部5裂，裂片长圆形，长约4.5 mm；雄蕊4枚，2强，花丝无毛，长的1对雄蕊花丝不等长，长花丝长约6 mm，短花丝长约5 mm，短的1对雄蕊花丝长约1.5 mm，花药球形，直径约1.5 mm；子房无毛，花柱基部疏被毛。蒴果长0.8～1.2 cm，无毛。

产地：广州。栽培。

分布：云南。印度、缅甸、不丹。

用途：观赏。

4. 球花马蓝　（《中国高等植物图鉴》）　（图62）

Strobilanthes dimorphotrichus Hance

S. chaffanjoni Lévl.

S. laxiocalyx Hayata

S. *marchandii* Lévl.

S. *psilostachys* C. B. Clarke ex W. W. Smith

S. *equitans* Lévl.

Goldfussia dimorphortricha (Hance) Bremek.

G. *psilostachys* (C. B. Clarke ex W. W. Smith) Bremek.

G. *chaffonjonii* (Lévl.) E. Hossain

G. *equitans* (Lévl.) E. Hossai

草本，高达1 m。茎近梢部多作“之”字形曲折。叶不等大，椭圆形至长椭圆形，长4～15 cm，宽1.5～5.5 cm，顶端长渐尖，基部楔形，下延，边缘有锯齿，两面无毛或近无毛，上面密布针状钟乳体，侧脉5～6对，有近平行小脉相连。头状花序近球形，为苞片所包，1～3个生于一总花梗上，具2～3朵花；苞片卵形，外面的长1.2～1.5 cm，顶端渐尖，早落；小苞片披针形，早落；花萼5深裂至近基部，裂片线状披针形，长7～9 mm，果时增大，长达1.5～1.7 cm，被腺毛；花冠漏斗状，淡紫红色，长约4 cm，稍弯曲，里面有2行短柔毛，檐部5裂，裂片几相等，顶端微凹；雄蕊4枚，2强，长的1对雄蕊花丝不等长，长花丝长约5 mm，短花丝长约4 mm，短的1对雄蕊花丝长约1 mm，弯曲，花药球形，直径约1 mm。蒴果长14～18 mm，有腺毛；种子4颗，有微毛。

图62 球花马蓝 Strobilanthes dimorphotrichus Hance

1. 花枝；2. 花冠展开，示雄蕊；3. 花萼和雌蕊；4、5. 苞片；6. 蒴果。（余汉平绘）

产地：平远、梅州、连平、始兴、翁源、乐昌、乳源、连南、连山、连州、肇庆（鼎湖山）、阳春。生于海拔700 m以下的石灰岩地区山谷、林下潮湿处或山坡灌丛。

分布：浙江、福建、江西、台湾、湖南、湖北、四川、云南、西藏、贵州、广西。越南。

附注：长期以来，本种被误定为圆苞马蓝 S. pentstemonoides（=Guldfussia pentstemonoides）。本种的苞片卵形，分布于中国、越南等地，而后者的苞片为圆形，分布于印度、不丹等地，我国不产。

5. 翅枝马蓝 （《广西植物》）

Strobilanthes pateriformis Lindau

S. *alatiramosa* H. S. Lo & D. Fang

Pteracanthus alatiramosus (H. S. Lo & D. Fang) C. Y. Wu & C. C. Hu

草本，高达0.5 m。茎呈“之”字形曲折，小枝上部节间具狭翅，无毛。叶在同一节上不等大，长圆状卵形或披针形，稀卵形，大的长6～15 cm，宽3～5 cm，小的长2～8 cm，宽0.8～3 cm，顶端渐尖，基部楔形，边缘具浅锯齿，无毛，侧脉4～6对；叶柄长约0.5 cm。穗状花序顶生或腋生，花稀疏，在花序轴上间断，同一节常上仅1朵花发育，花序轴具狭翅，无毛；苞片卵形，长约3 mm，宿存；小苞片卵状披针形，长4～6 mm；花萼二唇形，长8～10 mm，下唇2裂至基部，上唇3深裂，合生部分长3～4 mm，侧裂片长约5 mm，中裂片长约6 mm，无毛；花冠淡蓝紫色，长3～4 cm，外面无毛；雄蕊4枚，2强，前对雄蕊花丝长约6 mm，被硬毛，后对雄蕊长约3 mm，无毛，花药长圆形，长约2 mm；花柱疏被短柔毛。蒴果长约1.5 cm；种子4颗，密被毛。花期：秋、冬季。

产地：海南儋州。生于石灰岩地区山谷溪旁。

分布：广西、云南、贵州、四川。泰国、越南、柬埔寨、老挝。

6. 三花马蓝　（《中国高等植物图鉴》）

Strobilanthes atropurpurea Nees

S. wallichii Nees

S. triflorus Y. C. Tang

Ruellia alata Nees

Pteracanthus alatus（Nees）Bremek.

Hemigraphis cuneata S. Y. Hu

多年生草本，高达0.7 m。茎下部稍木质化，多分枝，四棱形，无毛，或在棱上疏被柔毛。叶卵形至椭圆状卵形，长4 ~ 8 cm，顶端长渐尖，基部楔形，在叶柄上下延成翅状，边缘具4 ~ 6个圆锯齿，上面无毛或疏被柔毛，密布细条状钟乳体，下面无毛，侧脉5 ~ 6对；叶柄长1.5 cm。穗状花序偏向一侧，呈"之"字形曲折，常1 ~ 3朵成紧缩的聚伞花序；苞片叶状，卵圆形或近心形，长1.5 ~ 2.3 cm；小苞片条形或匙形，长约5 mm，早落；花萼5深裂至基部，裂片条形，长1 ~ 1.4 cm，果时增大长达2 cm；花冠淡紫色或蓝紫色，直，长2.5 ~ 3 cm，里面有2行短柔毛，基部具长约1.5 cm的圆柱形花冠管，稍弯曲后向上逐渐扩大，檐部5裂，裂片近相等，圆形，直径约4 mm；雄蕊4枚，2强，花丝基部有膜相连，长雄蕊的花丝下部和膜的两侧边缘被柔毛；子房无毛。蒴果长约1.2 cm，近顶端有疏柔毛；种子4颗，疏被微毛。花期：秋季。

产地：博罗、封开、乳源。生于山谷林下、溪旁。

分布：福建、江西、广西、贵州、湖南、湖北、重庆、四川和西藏。越南、缅甸、印度、巴基斯坦、尼泊尔、不丹。

7. 曲枝马蓝　（新拟）　别名：曲枝假蓝　（《海南植物志》）

Strobilanthes dalzielii（W. W. Smith）R. Ben.

Pteroptychia dalzielii（W. W. Smith）H. S. Lo

Acanthopale dalzielii W. W. Smith

S. dalzielii var. *inaequalis* R. Ben.

多年生草本，高约1 m。茎直立，枝细瘦，"之"字形曲折，被微柔毛或近无毛。同一节上的叶极不相等，纸质或近膜质，卵形至卵状披针形，大的长可达13 cm，宽3 ~ 5 cm，小的长1 ~ 5 cm，宽0.5 ~ 2 cm，顶端渐尖或有时急尖，基部近圆形，或生于茎上部的稍呈心形，边缘有锯齿，两面无毛或背面沿中脉和侧脉被微柔毛；侧脉约5对；叶柄短或上部的叶近无柄。穗状花序顶生或腋生，花稀疏；花序轴纤细，常呈"之"字形曲折，被疏柔毛或近无毛；苞片对生，但仅1枚腋间有花，线状披针形，1脉；小苞片线形；花萼5深裂至基部，裂片线形，长约1 cm，基部或沿脉被柔毛，余无毛；花冠淡紫色或白色，长3.5 ~ 4.5 cm，基部具长约1 cm的圆柱形花冠管，向上逐渐扩大，内面被2行短柔毛，外面被白色倒生柔毛，檐部5裂，裂片近圆形，直径约8 mm；雄蕊4枚，2强，稍伸出花冠外；花冠长圆形。蒴果线状长圆形，两侧压扁，长1.8 cm，宽约3.5 mm，两侧压扁，顶端急尖，无毛；种子4颗，卵形，基部以外密被紧贴、稍皱曲的长毛。花期：11月。

产地：汕头、乳源、新丰、英德、怀集、阳春、始兴、高要、德庆、郁南、五华、深圳、惠阳、翁源、清远及海南保亭、陵水、琼中和白沙。生于林下或林缘的灌丛中。

分布：云南、贵州、广西、湖南、江西、台湾。越南和老挝。

附注：长期以来，本种被误定为疏花马蓝S. divaricata（Nees）T. Anders.［即Goldfussia divaricata Nees，Diflugossa divaricata（Nees）Bremek.］，实际上后者产于尼泊尔、不丹、印度等地而我国不产。

8. 红背马蓝　（《中国高等植物图鉴》）　别名：红背耳叶马蓝　（《中国植物志》）

Strobilanthes dyeriana Mast.

Perilepta dyeriana（Mast.）Bremek.

S. auriculata var. *dyeriana*（Mast.）J. R. I. Wood

多年生草本或亚灌木，高可达1.5 m。茎多分枝，四棱形，明显具沟，疏被硬毛。叶无柄，卵形、倒卵状披针形，顶端渐尖或尾尖，基部收缩成提琴形、心形，抱茎，边缘具锯齿，两面疏被硬毛，上面绿色，光亮，沿脉玫瑰红色，背面幼嫩时紫红色，侧脉12～15对。穗状花序腋生，长2～4 cm，花密集；苞片阔倒卵形，长4～8 mm，宿存；小苞片线形，被柔毛和腺毛；花萼二唇形，长0.6～1.2 cm，上唇3裂，合生部分长约3 mm，下唇2裂几至基部，裂片不等，线形，顶端钝，被柔毛及腺毛；花冠蓝紫色，长3～4 cm，略弯曲，基部具长约4 mm的圆柱形花冠管，向上弯曲并逐渐扩大，口部直径约2.5 cm，檐部5裂，裂片外卷，被柔毛和腺毛；雄蕊4枚，2强，花丝无毛；子房近无毛。蒴果长约1 cm，无毛。

产地：广州。栽培。

分布：云南等地有栽培。缅甸、泰国。

用途：观赏。

9. 马蓝　（《中国高等植物图鉴》）　别名：板蓝　（《海南植物志》）　（图63）

Strobilanthes cusia（Nees）O. Ktze.

Baphicacanthus cusia（Nees）Brem.

Goldfussia cusia Nees

Ruellia indigofera Griff.

R. indigotica Fortune

Dipteracanthus calycinus Champ.

S. flaceidifolia Nees

S. champiori T. Anders.

S. balansae Lindau

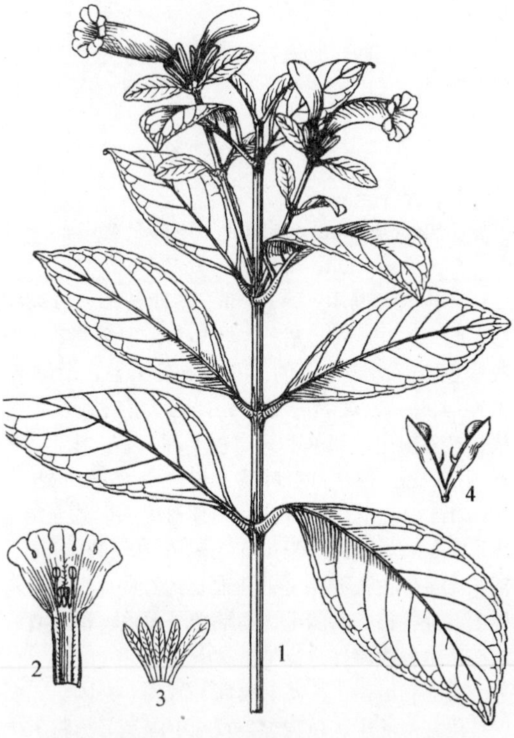

图63　马蓝　Strobilanthes cusia（Nees）O. Ktze.

1. 植株一部分；2. 花冠剖开，示雄蕊；3. 花萼剖开；4. 开裂的蒴果。（余汉平绘）

多年生草本，高可达1 m。茎直立或基部外倾，幼嫩部分和花序均被锈色、鳞片状毛。叶纸质，椭圆形或卵形，长10～20 cm或过之，宽4～9 cm，顶端短渐尖，基部楔形、稍下延，边缘有稍粗的锯齿，两面无毛，干时黑色；侧脉约8对，两面均凸起；叶柄长1.5～2 cm。穗状花序长10～30 cm或过之；苞片长圆状倒卵形，叶状，长1.5～2.5 cm，具短柄，花后脱落；小苞片线状长圆形，长2～3 mm，花后脱落；花萼二唇形，5裂，不等长，后裂片匙形，长约1.4 cm，其余的4枚裂片线形，长约1 cm，均被短柔毛，果期增大，长可达2.5 cm；花冠淡紫色，稍弯曲，长4.5～5 cm，内面有两行短柔毛，基部具长约1.5 cm的圆柱形花冠管，中部以上逐渐扩大，口部直径1～2 cm，檐部5裂，裂片近相等；雄蕊4枚，2强，内藏，长的1对长约3 mm，短的1对长约2 mm，花丝下半部分被柔毛，花药长圆形；花柱线形，长约3.5 cm，不规则2裂。蒴果长2～2.2 cm，无毛；种子阔卵形，长约3.5 mm，近无毛。花期：冬季。

产地：大埔、河源、博罗、深圳、龙门、广州、清远、清新、新丰、英德、乐昌、曲江、翁源、高州、怀集、信宜、封开、高要、阳春、茂名、徐闻、郁南、云浮及海南白沙、保亭、澄迈、乐东、定安、陵水、琼中（五指山）、万宁、三亚。常生于海拔900 m以下的山谷、溪旁潮湿处。

分布：台湾、广西、云南、贵州、四川、浙江、福建。孟加拉国、印度东北部、喜马拉雅等地至中南半岛。

用途：叶常用作蓝色染料；根、叶入药，有清热解毒、凉血消肿之效，可预防流脑、流感，治中暑、腮腺炎、肿毒、毒蛇咬伤、菌痢、急性肠炎、口腔炎、扁桃体炎、肝炎、丹毒。

10. 串花马蓝 （《广西植物》）

Strobilanthes cystolithigera Lindau

S. botryantha D. Fang & H. S. Lo

亚灌木，高达3.5 m。茎四棱形，具沟槽。叶狭椭圆形、卵形、披针形、稀卵状椭圆形，长4～17 cm，宽1.5～4.5 cm，顶端长渐尖，基部楔形，边缘近全缘或有不规则的疏浅钝锯齿，无毛，侧脉4～6对；叶柄长约1 cm。穗状花序腋生，长1.5～5 cm，花间断，分枝或否；苞片椭圆形，长3～6 mm，顶端钝圆，常1枚不孕，宿存；小苞片卵形，长4～7 mm；花萼二唇形，长0.8～1 cm，上唇3裂至中部，裂片长4～5 mm，中间1枚稍长，下唇2裂几达基部，裂片披针形；花冠蓝紫色，稍弯曲，外面无毛，内面具两行支撑花柱的毛，檐部5裂，裂片长圆形，长4～6 mm，顶端微凹；雄蕊4枚，2强，长雄蕊花丝长约6 mm，短雄蕊花丝长约3 mm，花丝被硬毛；子房无毛，花柱线形，被硬毛；蒴果长约1.5 cm，无毛；种子4颗，卵形，直径约3 mm，扁。

产地：海南琼中、保亭、昌江、琼海、万宁、陵水。生于海拔400～800 m石灰岩山地沟谷林下、灌丛。

分布：广西、云南。越南。

附注：《中国植物志》等文献记载海南有分布的长穗糯米香Semnostachya longispicata Benoist，实为本种之误。

11. 十字马蓝 （新拟）

Strobilanthes cruciata（Bremek.）Terao

Tetragoga cruciata Bremek.

草本或亚灌木，高达1 m。茎四棱形，具沟槽，被长柔毛，后变无毛。叶椭圆状披针形或卵状披针形，长5.5～11 cm，宽2.5～4.5 cm，顶端尾状渐尖，基部狭楔形，边缘具不规则锯齿和睫毛，干时上面浅棕色，背面略灰白色，上面疏被刚毛，沿脉被头状腺毛，老时变稀疏至近无毛，侧脉7～9对；叶柄长1～1.5 cm，被刚毛和腺毛。穗状花序顶生，短缩，长约2 cm，被刚毛和头状腺毛，稀无毛；苞片4枚，交互对生，第一和第二枚不育，呈“十”字形，中间缢缩，基部部分三角状卵形，长0.6～1.6 cm，宽约0.5 cm，顶端部分叶状，长1～1.5 cm，宽0.5～0.8 cm，具羽状脉，边缘具锯齿，内面1对线形，长1.3～1.5 cm，宽0.3～0.5 cm，顶端急尖，边全缘，外面被柔毛，近顶端被头状腺毛，内面无毛；小苞片线形，长约1.1 cm，宽约0.1 cm；花萼长约1.1 cm，5深裂至近基部，裂片披针形，外面基部无毛，近顶端被长柔毛，内面被绢毛；花冠长约2.5 cm，外面无毛，内面具2行支撑花柱的柔毛；雄蕊4枚，2强；子房被毛，花柱被头状腺毛。蒴果光滑无毛；种子4颗，卵圆形，长约4 mm，宽约3 mm。

产地：海南保亭。生于林下。

分布：云南、西藏。缅甸、印度、泰国。

附注：《中国植物志》及《中国高等植物》中记载海南分布的四苞蓝Tetragoga esquirolii（Levl.）E. Hossain（即Strobilanthes esquirolii）实为本种之误，后者产于贵州、云南等地。

12. 大苞马蓝 （《广西植物》） 别名：大苞蓝 （《中国植物志》）

Strobilanthes echinata Nees

S. jugorum R. Ben.

Tetraglochium jugorum（R. Ben.）Bremek.

草本，高0.3～1.5 m。茎四棱形，具沟槽，被柔毛。叶卵形，长5～15 cm，宽4～8 cm，顶端渐尖，基部楔形，下延至叶柄，边缘具圆齿，两面疏生柔毛，上面密布线形钟乳体，背面灰白色，侧脉6～8对；叶柄长2～3 cm，被毛。穗状花序顶生，长约2 cm，短缩，被下方的苞片全部或近全部包围；苞片叶状，外面的不育，向内逐渐变小而能育，卵形、卵状长圆形或长圆形，长3～5 cm，宽2～2.5 cm，3出脉或羽状脉，边缘具齿和纤毛；小苞片披针形或线状披针形，长1.3～2 cm，宽3～5 mm，顶端有齿，被毛；花萼5裂至近基部，裂片近相等，线形，长1.1～2 cm，宽0.2～0.5 cm；花冠蓝紫色，长3.5～4 cm，花冠管基部圆柱形，向上逐渐扩大，檐部5裂，裂片卵形，长6～9 mm；雄蕊4枚，2强，长雄蕊花丝长约

5 mm，基部被柔毛，短雄蕊花丝长约3 mm，无毛；子房无毛，花柱长约2.5 mm，基部被柔毛。蒴果长1.2～1.8 cm，纺锤形，无毛；种子4颗，阔卵形，长3～5 mm，宽2.5～4 mm，棕色，密被长硬毛。

产地：阳春。

分布：广西和云南。印度尼西亚、马来西亚、新加坡、越南、柬埔寨、老挝、泰国、缅甸、印度、不丹。

13. 日本马蓝 （《中国高等植物图鉴》） 别名：日本黄猄草 （《中国植物志》）

Strobilanthes japonica（Thunb.）Miq.

Ruellia japonica Thunb.

Championella japonica（Thunb.）Bremek.

Acanthopale japonica（Thunb.）C. B. Clarke ex S. Moore

S. bonatianus Lévl.

草本，多分枝。茎幼时四棱形，紫红色，后变圆柱形，纤细。叶狭椭圆形至披针形，长2～5 cm，宽0.5～1.5 cm，顶端长渐尖，基部楔形至阔楔形，边缘具圆齿，侧脉3～5对，两面无毛，密被粗大线状钟乳体；叶柄长2～5 mm。穗状花序顶生，长1～3（～5）cm；苞片倒披针形至长圆状披针形，长7～10 mm，宽2～3 mm，顶端钝，边缘全缘，基部疏被柔毛，上部密被钟乳体；小苞片线形，长约5 mm，顶端钝；花萼5深裂至基部，裂片线形，顶端钝，长6～7 mm，边缘被柔毛；花冠淡蓝紫色，烟斗状，长约1.5 cm，外面疏被柔毛，花冠管长约1 cm，檐部5裂，裂片近等大，长圆形，长4～5 mm；雄蕊4枚，2强，内藏，长的1对花丝长约1.2 cm，短的1对花丝长约0.8 cm；花药长圆形，长约1.5 mm；柱头线形，长约1.2 cm，被柔毛，柱头2裂。蒴果纺锤形，长约7 mm；种子4颗，卵形，长约3 mm，密被贴伏柔毛。

产地：广州。栽培。

分布：四川、重庆、贵州、湖南和湖北。日本栽培。

用途：药用、观赏。

14. 四子马蓝 （《中国高等植物图鉴》） 别名：黄猄草 （《海南植物志》）

Strobilanthes tetrasperma（Champ. ex Benth.）Druce

Championella tetrasperma（Champ. ex Benth.）Brem.

Ruellia tetrasperma Champ. ex Benth.

直立或匍匐草本。茎细瘦，近无毛。叶纸质，卵形或近椭圆形，长2～7 cm，宽1～3.5 cm，顶端钝，基部渐狭或稍收缩，边缘具圆齿，无毛，两面密被钟乳体，侧脉3～4对；叶柄长0.5～2.5 cm。穗状花序短而紧密，通常仅有花数朵；苞片叶状，倒卵形或匙形，具羽状脉，长1～1.8 cm，被柔毛；小苞片线形，长5～6 mm；花萼5深裂至基部，裂片线形，长5～7 mm，被扩展的流苏状缘毛；花冠淡紫色或带蓝色，长1.5～2 cm，外面被短柔毛，檐部5裂，裂片长圆形，顶端微凹，长约3 mm，被缘毛；雄蕊4枚，2强，具1枚退化雄蕊；子房2室。蒴果长0.7～1 cm，顶部被柔毛；种子4颗，被微柔毛。花期：秋季。

产地：博罗、惠东、大埔、东莞、龙门、台山、新会、鼎湖、封开、广州、五华、和平、乐昌、新丰、阳山、仁化、始兴、连州、乳源、翁源、怀集、珠海、深圳及海南儋州、保亭。生于溪边密林中。

分布：湖北、湖南、云南、四川、江西、福建、广西。越南北部。

附注：《中国植物志》记载广东产的南一笼鸡Paragutzlaffia henryi（Hemsl.）Tsui为本种之误。

15. 薄叶马蓝 （《广西植物》）

Strobilanthes laboderi Lévl.

S. radicans T. Anders. ex Benth.

Acanthopale radicans（T. Anders. ex Benth.）C. B. Clarke ex R. Ben

S. debilis Hemsl.

A. debilis (Hemsl.) C. B. Clarke ex S. Moore

Championella debilis (Hemsl.) Bremek.

匍匐草本，节上生根。茎被白色长柔毛。叶膜质，卵形，长1～4 cm，宽1.5～2 cm，顶端渐尖，基部阔楔形或圆形，边缘具疏圆齿，上面绿色，有时具淡紫色斑块，背面灰白色，两面疏被白色长柔毛，侧脉4～5对；叶柄长0.5～1 cm。穗状花序短缩，长约1 cm，密被多细胞具节白色柔毛；苞片叶状，长约1 cm；小苞片线形；花萼5深裂至基部，密被白色长硬毛；花冠淡蓝紫色，长约2 cm，外面被柔毛，花冠管基部细筒状，逐渐向上扩大，稍弯曲，裂片5，近等大；雄蕊4枚，2强。蒴果倒卵状长圆形，长约6 mm；种子4颗，被微毛。花期：7～8月。

产地：博罗、封开、怀集、乐昌、乳源、佛冈、汕头、新丰。生于海拔300～700 m林下、溪旁潮湿处。

分布：贵州、湖南、广西。

16. 海南马蓝　（新拟）　别名：海南黄猄草　（《海南植物志》）

Strobilanthes annauricata O. Ktze.

S. maclurei Merr.

Championella maclurei (Merr.) C. Y. Wu & H. S. Lo

多年生草本，高1.5～1 m。茎粗壮，常膝曲状弯曲，近直立或下部匍匐生根，嫩枝被疏硬毛。叶纸质，卵形，长5～13 cm，宽2～5.5 cm，顶端渐尖或短渐尖，基部急尖或近圆形，边缘具圆齿，两面被硬毛；叶柄长1～2 cm。穗状花序初时极紧密，呈头状，花后稍伸长；苞片倒卵形，长约1 cm，两面被硬毛，具羽状脉；小苞片与花萼近等长，中部以上和边缘均被硬毛；花萼5裂至近基部，裂片长约6 mm，被硬毛；花冠淡蓝色或白色，长约3 cm，近无毛，裂片长圆形，直径约4 mm；雄蕊4枚，2强。蒴果长约7 mm，顶部被柔毛。花期：9～10月。

产地：海南琼中、儋州、东方、乐东、琼海和陵水。生于中海拔的林下或山谷石上。

分布：广西、云南。

14. 鳞 花 草 属　**Lepidagathis** Willd.

草本或小灌木。叶通常全缘或有时有圆齿。花无梗，组成顶生或腋生、单生或簇生、通常密花的穗状花序；苞片革质，比花萼裂片大；小苞片稍小；花萼5深裂，或2前裂片多少合生，裂片大小不等；花冠具短管，喉部常一侧扩大，二唇形，上唇近直立或稍伸展，顶端微缺或浅2裂，下唇伸展，3裂，裂片双盖覆瓦状排列，近等大或中裂片稍大；雄蕊4枚，2长2短，着生于花冠喉部，内藏，花丝短，花药2室，药室等大，1上1下或斜叠生，无附属物；子房每室有胚珠2颗，花柱线形，柱头不分裂或浅2裂。蒴果长圆形；种子每室2颗，稀1颗，近圆形，近两侧呈压扁状，有珠柄钩承托。

本属80余种，分布于东半球热带地区，少数产于美洲。我国有7种，产于东南部至西南部；广东及海南有4种。

1. 叶边缘具波状齿；苞片倒卵形，具明显的3脉，顶端急尖，不具芒尖……………………………… 1. 齿叶鳞花草 L. fasciculata

1. 叶边缘全缘或波状；苞片长圆状卵形、披针形，具5或7脉，顶端具芒尖。

　2. 花萼前对裂片仅基部合生 …………………………………………………………………… 2. 海南鳞花草 L. hainanensis

　2. 花萼前对裂片合生至中部。

　　3. 叶基部明显下延；苞片、小苞片和花萼被长柔毛；蒴果无毛 ……………………………………………… 3. 鳞花草 L. incurva

　　3. 叶基部不下延；苞片、小苞片和花萼被短柔毛；蒴果被短毛 …………………………………… 4. 台湾鳞花草 L. formosensis

1. **齿叶鳞花草** （《中国高等植物图鉴》）

Lepidagathis fasciculata（Retz.）Nees

Ruellia fasciculata Retz.

多年生草本。茎直立，被长柔毛和腺毛。叶长圆状卵形，长5～13 cm，宽2～5 cm，顶端渐尖，基部楔形，下延至叶柄，边缘具波状齿和睫毛，两面被短柔毛，密布线形钟乳体，侧脉6～7对；叶柄长1.5～3.5 cm。穗状花序腋生，近球形，长约2.5 cm，具总花梗或无；苞片倒卵形，长约3 mm，宽约1.5 mm，纸质，顶端急尖，具3脉，被腺状微柔毛；小苞片镰状长圆形，被腺毛，1枚比花萼长，另1枚比花萼短；花萼5裂，不等大，后方1枚线形，长1～1.4 cm，宽5～7 mm，顶端渐尖，具3脉，前方2枚线形，中间2枚近刚毛状；苞片、小苞片及花萼裂片具芒尖；花冠紫色，长约4.5 mm，二唇形，上唇3裂，中裂片阔卵形，侧裂片卵形，长约4 mm，下唇长4 mm，2裂；雄蕊4枚，2强。蒴果卵状长圆形，长2～5 mm；种子卵圆形，直径0.7 mm，着生于向上弯曲的种钩上。

产地：海南乐东。生于路旁、草丛。

分布：云南。孟加拉国、缅甸、泰国、老挝至马来半岛、印度和斯里兰卡。

2. **海南鳞花草** （《海南植物志》） （图64）

Lepidagathis hainanensis H. S. Lo

多年生直立草本，高25～30 cm。茎纤细，四棱形，近无毛或略被微柔毛。叶薄革质，长椭圆形至长圆状椭圆形，同一节上的叶常不等大，大的长5～12 cm，宽2～3.5 cm，小的长2～6 cm，顶端钝，基部狭楔形，下延，全缘，背面被微柔毛；叶柄长0～1.5 cm。穗状花序顶生或腋生，圆筒状，长达6 cm，总花梗通常很短；苞片狭披针形，长8～10 mm，革质，顶端渐尖，具芒尖，具5或7脉，外面被腺毛；小苞片比苞片稍小；花萼被腺状柔毛，5深裂至近基部，后方中裂片最大，披针形，长8～10 mm，侧裂片最小，近线形，长约6 mm，前面1对裂片线状披针形，长约8 mm，基部稍合生；花冠白色，长9～10 mm；雄蕊4枚，药室等大。蒴果长圆状卵形，长约6 mm，每室有2颗种子。花期：春季。

产地：海南东方、三亚。通常生于山坡灌丛或林缘。

分布：广西。

图64 海南鳞花草 Lepidagathis hainanensis H. S. Lo
1. 植株；2. 花冠展开，示雄蕊着生位置；3. 花萼；4. 苞片。（余汉平抄自《海南植物志》）

3. **鳞花草** （《植物学名词审查本》） 别名：红四季草（澄迈）

Lepidagathis incurva D. Don

L. hyaline Nees

直立、多分枝草本，高可达1 m；小枝有4棱，除花序外几全体无毛。叶纸质，长圆形至披针形，有时近卵形，长4～10 cm，宽1～3.5 cm，顶端渐尖或短渐尖，钝头，基部多少下延，边缘常浅波状，上面光亮，两面均有稍粗的针状钟乳体；侧脉每边7～9条；叶柄长5～10 mm。穗状花序顶生和近枝顶侧生，卵形，长1～3 cm；苞片长圆状卵形，长约7 mm，革质，顶端渐尖，具刺状芒尖，具5或7脉；小苞片稍狭，和苞片及花萼裂片均在背面和边缘被白色长柔毛；花萼5裂，后裂片较大，披针状卵形，长约7 mm，前方2裂片合生至中部，侧裂片线形；花冠白色，长约7 mm，内面喉部密被倒生、白色长柔毛，檐部二唇形，上唇直立，阔卵形，不明显2裂，下唇3裂，裂片近圆形；花药2室，药室邻接，斜叠生；花柱无毛。蒴果长圆形，长约6 mm，无毛；种子每室2颗。花期：早春。

产地：博罗、阳春、深圳、广州、肇庆（鼎湖山）、台山、南海及海南保亭、白沙、澄迈、定安等地。生于近村的草地或旷野。

分布：香港、澳门、广西、云南和贵州。中南半岛至印度。

用途：全株入药，治眼病、蛇伤、伤口感染、皮肤湿疹。

4. 台湾鳞花草　（《中国植物志》）

Lepidagathis formosensis C. B. Clarke ex Hayata

多年生草本，高0.5 m。茎纤细，具4棱，有极狭的翅，近无毛或被微柔毛。叶草质，长圆状卵形或卵状披针形，长8～10 cm，宽2～2.5 cm，顶端长渐尖，钝，基部狭楔形，下延至叶柄，边缘具圆齿或浅波状，上面疏被毛，暗棕色，背面灰白色，沿脉被黄褐色柔毛，中脉及侧脉微隆起，侧脉4～6对，近叶缘网结；叶柄长0.5～2 cm。穗状花序顶生或腋生，长圆状卵形，单个或3～5个集生，无总花梗，花密集，在花序轴上偏向一侧；苞片披针形，长5～6 mm，革质，顶端具坚硬的短尖头，外面被刚毛，覆瓦状排列；花萼长约6 mm，不等5深裂，外面有髯毛，裂片披针形，长渐尖，有长芒；花冠管钟形，长3.5 mm，喉部里面有髯毛，檐部4裂，裂片长圆形；雄蕊4枚，2强；子房卵形，被刚毛；花柱疏被刚毛。蒴果长圆状卵形，长约6 mm，被短毛；种子近圆形，直径约1.5 mm。

产地：博罗、肇庆。生于溪边、路旁、草丛。

分布：台湾、香港。

15. 白接骨属　Asystasiella Lindau

草本或灌木。叶同型，具柄，对生。总状花序伸长或排成圆锥花序，顶生；苞片和小苞片小，短于花萼；花大，无梗，单生或对生；花萼5裂至基部，裂片等大；花冠基部具狭长的花冠管，在喉部突然张开，一面鼓胀，檐部5裂，裂片稍不等，开展，芽时覆瓦状排列；雄蕊4枚，着生于花冠喉部，2强，内藏，基部成对连合，花药2室，长圆形，药室等高或稍不等高，钝；子房2室，每室具2颗胚珠；柱头头状。蒴果棍棒状，基部收缩成实心柄状；种子4颗，圆形，扁，具瘤状突起。

本属有3种，分布于亚洲及非洲的热带地区。我国有1种；广东有分布。

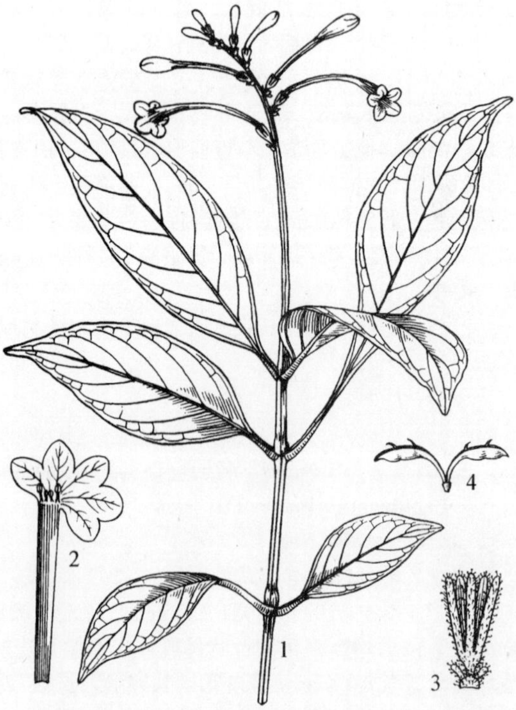

图65　白接骨　Asystasiella neesiana（Wall.）Lindau

1. 花枝；2. 花冠展开，示雄蕊着生位置；3. 花萼、苞片和小苞片；4. 开裂的蒴果。（余汉平绘）

白接骨　（《中国高等植物图鉴》）　（图65）

Asystasiella neesiana（Wall.）Lindau

Asystasia neesiana（Wall.）Nees

Ruellia neesiana Wall.

Asystasiella chinensis（S. Moore）E. Hossain

Asystasia chinensis S. Moore

Asystasiella neesiana subsp. *chinensis*（S. Moore）C. Y. Wu

草本，高达1 m，具白色、富黏液的竹节状根状茎。茎略呈四棱形。叶纸质，卵形或椭圆形，长5～20 cm，顶端尖或渐尖，基部急尖，下延至成叶柄，边缘微波状至具浅齿，侧脉6～7条，在两面突起，两面疏被柔毛。总状花序顶生，不分枝或基部有分枝，长6～12 cm；花单生或对生；苞片和小苞片线状披针形，长1～2 mm，被腺毛；花萼5裂，裂片线状披针形，长约6 mm，被腺毛；花冠淡紫红色，漏斗状，外面疏生腺毛，花冠管细长，长3.5～4 cm，檐部5裂，裂片略不等，长约1.5 cm；雄蕊4枚，2强，长雄蕊的花丝长约3.5 mm，短雄蕊的花丝长约2 mm，着生于花冠喉部，花药2室，药室等高，基部有附属物。蒴果长椭圆形，长1.8～2.2 cm，上部具4颗种子，下部实心，细长似柄。花期：8～9月。

产地：阳山、始兴、龙门、乳源、肇庆、翁源、惠阳、乐昌、和平、怀集、惠阳、连平、汕头、新丰、阳春。生于林下和溪边。

分布：江苏、浙江、安徽、江西、福建、湖南、湖北、重庆、四川、贵州、云南、广西。印度、缅甸和越南。

16. 十 万 错 属　Asystasia Bl.

草本或灌木，疏松，铺散，具匍匐茎。叶蓝色或变化于黄蓝色之间，全缘或稍有齿。花排列成顶生的总状花序或圆锥花序；苞片和小苞片均小；花萼5裂至基部，裂片相等；花冠钟状，近漏斗形，檐部稍二唇形，上唇2裂，下唇3裂，裂片近相等；雄蕊4枚，2强，内藏，基部成对连合，花药2室，药室平行，有胼胝体或附着物；花柱头状，两浅裂或两齿裂，胚珠每室2颗。蒴果长椭圆形，四棱形，2室，有种子4颗，基部具扁而细的短柄。

本属有70种，分布于东半球热带地区。我国有3种，产于南部和西南部；广东有2种。

1. 叶狭卵形或卵状披针形，边缘具浅波状圆齿 ······ 1. 十万错 A. chelonoides
1. 叶椭圆形，近全缘 ······ 2. 宽叶十万错 A. gangetica

1. 十万错　（《中国高等植物图鉴》）

Asystasia chelonoides Nees

A. violacea Dalzia ex C. B. Clarke

多年生草本，高达1 m。茎被微柔毛。叶狭卵形或卵状披针形，长6～12（～18）cm，宽3～5 cm，顶端渐尖或长渐尖，基部急尖，边缘具浅波状圆齿，上面被微柔毛或光滑，钟乳体白色，粗大，明显。花序总状顶生和侧生，花在花序上单生或3出而偏向一侧；苞片和小苞片小，长2～3 mm；花梗长1～2 mm；花萼5裂，裂片披针形，长5～6 mm，与苞片和小苞片均疏生柔毛和腺毛；花冠二唇形，淡红色或紫色，花冠管钟形，长约2.2 cm，外被短柔毛和腺毛，5裂，裂片卵形，略不等，长4～5 mm；雄蕊4枚，2强，2药室不等高，基部有白色小尖头；子房和花柱下部被短柔毛。蒴果长1.8～2.2 cm，上部具4颗种子，下部实心似细柄状。

产地：韶关、怀集、乳源。生于田野、溪旁。

分布：云南、广西。印度、缅甸、泰国及中南半岛广布。

2. 宽叶十万错　（《中国植物志》）

Asystasia gangetica（Linn.）T. Anders.

Justicia gangetica Linn.

Ruellia coromandeliana Nees

多年生草本，外倾，高约30 cm。叶椭圆形，长3～12 cm，宽1～4（～6）cm，顶端急尖，基部急尖，钝，圆或近心形，近全缘，两面被稀疏短毛，上面钟乳体点状。总状花序顶生，花序轴四棱形，棱上被毛，花偏向一侧；苞片对生，三角形，长5 mm，疏被短毛；小苞片2，三角形，长约2 mm；花梗长约3 mm，无毛；花萼长7 mm，5深裂至基部，裂片披针形或线形，长5～6 mm，被腺毛；花冠略二唇形，长约2.5 cm，外面被疏柔毛；花冠管基部圆柱状，长约1.2 cm，上唇2裂，裂片三角状卵形，长约5 mm，下唇3裂，裂片长卵形或椭圆形，中裂片长约9 mm，侧裂片长约7 mm，中裂片两侧自喉部向下有2褶襞直至花冠管下部，褶襞密被白色柔毛，并有紫红色斑点；雄蕊4枚，2强，花丝无毛，在基部两两结合成对，花药紫色，背着，长圆形，2药室不等高，基部具小尖头；花柱长约1.2 cm，基部被长柔毛，子房长约3 mm，密被长柔毛，花盘多少钝圆，5浅裂。蒴果长3 cm，不育部分长1.5 cm。

产地：广州。生于路旁。

分布：云南。印度、泰国及中南半岛至马来半岛，现已为热带地区的杂草。

17. 枪刀药属 Hypoestes Soland. ex R. Br.

草本或亚灌木。叶全缘或有齿。穗状花序顶生或腋生，常数朵花在同一节上簇生；苞片4或2枚，合生成管状，内有花3至数朵，通常仅1朵发育，其余的退化，但常有残存的花萼和小苞片；花萼小，藏于总苞内，5裂，裂片等大，线形或线状披针形；花冠管细长，喉部稍扩大，直或顶部反折，檐部二唇形，上唇直立，全缘或浅2裂，下唇阔，伸展或外弯，3裂，裂片覆瓦状排列；雄蕊2枚，着生花冠喉部，花药1室，背着，无附属物；子房每室有胚珠2颗。蒴果长圆形；种子4颗，近圆形，两侧压扁，表面有小疣点。

本属约40种，分布于东半球的热带地区。我国产3种，分布于东南部至西南部；广东及海南有2种，其中1种常见栽培。

1. 叶不具紫色斑点；花冠蓝紫色 ………………………………………… 1. 枪刀药 H. purpurea
1. 叶两面具紫色斑点；花冠玫瑰红色至淡紫色 ………………………………2. 舞点枪刀药 H. phyllostachya

1. 枪刀药　别名：红丝线　（《岭南采药录》）　（图66）

Hypoestes purpurea (Linn.) R. Br.

Justicia purpurea Linn.

Peristrophe purpurea (Linn.) Hochr.

H. sinica Miq.

多年生草本或亚灌木。茎稍粗壮，直立或外倾，下部常膝曲状，具4钝棱和浅沟，被微柔毛。叶纸质，卵形或卵状披针形，长4～8 cm，宽1.5～3 cm，顶端渐尖，基部楔形，下延，全缘，两面被微柔毛或近无毛；中脉在上面下陷，侧脉5～6对；叶柄长0.5～2 cm。穗状花序腋生，长1～2 cm，紧密，花在花序轴常偏向一侧；苞片4枚，2轮，交互对生，外方的1对长约8 mm，合生成管状，顶端2裂，裂片钻形，长约2.5 mm，被微柔毛，内方的1对较小，披针形，其内常仅有花1朵；花萼长约5 mm；花冠蓝紫色，长2～2.5 cm，外被柔毛，檐部二唇形，上唇线状披针形，顶端稍急尖，下唇倒卵形，3浅裂；雄蕊2枚，伸出花冠外，花丝扁平，无毛；花柱无毛，柱头2裂。蒴果长约1 cm，下部藏于宿存的管状总苞内。花期：10～11月。

产地：广州、珠海、东莞、佛山、台山、清远及海南澄迈、琼山、海口、临高、文昌。生于近村庄的灌丛中。

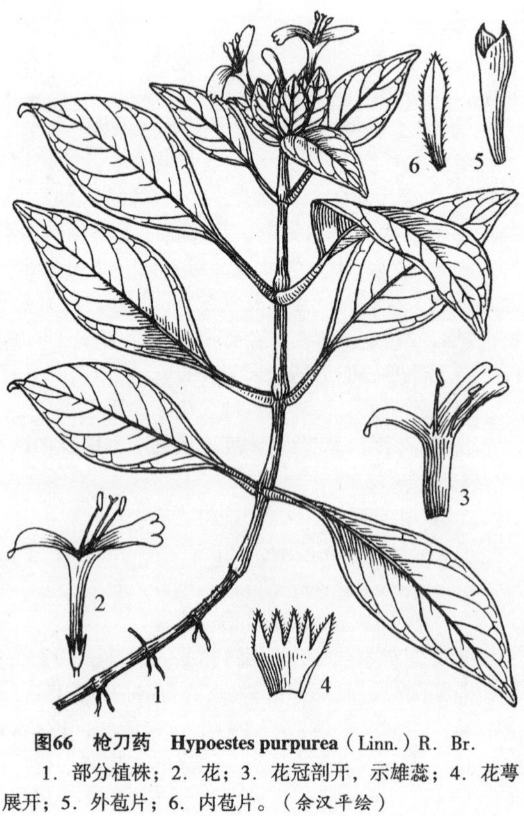

图66　枪刀药　Hypoestes purpurea (Linn.) R. Br.
1. 部分植株；2. 花；3. 花冠剖开，示雄蕊；4. 花萼展开；5. 外苞片；6. 内苞片。（余汉平绘）

分布：台湾、香港、广西。亚洲东南部。

用途：全草入药，有消炎散淤、止血止咳之效，可治肺结核咳血、支气管炎，外敷治跌打损伤。

2. 舞点枪刀药

Hypoestes phyllostachya Baker

多年生草本，高约50 cm。茎四棱形，具沟槽，光滑无毛。叶卵形，长3～6 cm，宽2.5～3.5 cm，顶端急尖，基部圆或钝，全缘，两面具不规则的紫色斑点，疏被柔毛；叶柄长达5.5 cm。穗状花序顶生或腋生，常1至多朵花生在同一节上；苞片4枚，2轮，交互对生，被柔毛，外面1对披针形，长0.8～1.5 cm，宽约2 mm，合生至中部，内面1对披针形，近等长，长约1.2 cm，宽约1 mm，与外面1对部分合生；花萼长5～7 mm，部分透明，被柔毛，5裂至中部，裂片近等大，线状钻形至钻形；花冠玫瑰红色至淡紫色，长2～3 cm，外面被柔毛，花冠管圆柱形，向上突然扩大成喉部，檐部二唇形，下唇长0.8～1.2 cm，反卷，不裂，具白色斑点，上唇直立，长0.9～1.5 cm，3裂，裂片圆形，长1.5 mm，宽约2 mm；雄蕊2枚，伸出花冠外，花丝长0.8～1.2 cm，玫瑰红色，疏被柔毛及腺毛，花药暗红色，长约2 mm，1室，基部无附属物；花柱长1.5～2.1 cm，无毛，柱头不等2裂。蒴果长约1 cm，外面被柔毛，有时被腺毛，基部具短柄，上部椭圆形至倒卵形；种子4颗，椭圆形，长1.5～2 mm，宽0.7～1.7 mm，表面具瘤状突起。

产地：广州、深圳等地。栽培。

分布：原产马达加斯加，热带地区广泛栽培。

用途：观赏。

18. 鳄嘴花属 Clinacanthus Nees

高大草本。叶全缘或有齿。花大而美丽，具花梗，组成顶生、俯垂的聚伞花序；苞片小，线形或披针形；花萼深5裂，裂片线状披针形，近等大；花冠管稍狭窄，基部内弯，喉部渐扩大，檐部二唇形，上唇直立，狭窄，浅2裂，下唇稍伸展，3裂，裂片覆瓦状排列；雄蕊2枚，着生于花冠喉部，与花冠裂片近等长或稍短，花药1室，狭长圆形，无附属物；花盘环状；子房每室有胚珠2颗，花柱细线状，柱头截平或不明显的2裂。蒴果棒状；种子每室2颗，生于种钩上。

本属有2种，分布于东亚和东南亚的热带地区。我国有1种；广东及海南亦有。

鳄嘴花 （《海南植物志》） 别名：扭序花 （《中国高等植物图鉴》） （图67）

Clinacanthus nutans（Burm. f.）Lindau

Justicia nutans Burm. f.

C. burmanni Nees

直立或攀援草本。茎圆柱形，有细密的纵条纹，近无毛。叶纸质，披针形至卵状披针形，长5～11 cm，宽1～4 cm，顶端尾状渐尖，基部稍偏斜，近全缘，两面无毛；侧脉5～7对，在两面稍凸起；叶柄长0.5～1 cm。聚伞花序长

图67 鳄嘴花 Clinacanthus nutans（Burm. f.）Lindau

1. 花枝；2. 花冠展开，示雄蕊；3. 花萼和苞片；4. 雄蕊。（余汉平绘）

1.5 ~ 3 cm，被腺毛；苞片线形，长约8 mm，顶端急尖；花萼5裂，裂片长约8 mm，顶端渐尖；花冠深红色，长约4 cm，外面被柔毛，檐部二唇形，上唇直立，长1.7 ~ 2 cm，顶端2裂，裂片长约2 mm，下唇伸展，长1.6 ~ 2 cm，顶端3裂，裂片卵形，长约1 mm，宽约2 mm；雄蕊2枚，花药1室，线形，长约3 mm；子房和花柱无毛。蒴果棒状，长约2 cm，被毛；种子圆形，长约2 mm。花期：春、夏季。

产地：广州、肇庆及海南文昌、海口、儋州、白沙、三亚。生于疏林中或灌丛内。

分布：我国南部至西南部。广布于亚洲热带地区。

用途：全株入药，有调经、消肿、去淤、止痛、接骨之效，可治跌打、贫血、黄疸、风湿等。

19. 小狮子草属 **Hemiadelphis** Nees

草本。叶长圆形或卵形。穗状花序顶生；苞片覆瓦状排列；花萼管状，5裂，裂片近等大；花冠管稍阔，喉部常一侧膨大，花冠二唇形，上唇直立，内凹，2裂，下唇稍伸展或近直立，3浅裂，裂片旋转排列；雄蕊2枚，花丝基部常有下延的薄膜相连接，花药2室，药室平排，等大，基部无附属物或有时具不明显的短尖头；子房每室有胚珠多颗。蒴果长圆柱形；种子多数，近圆形或阔卵形，两侧压扁，被紧贴、具弹性的白毛。

单种属，分布于亚洲热带地区。我国有分布；广东亦有。

小狮子草　［《中国种子植物科属辞典（修订版）》］

Hemiadelphis polysperma（Roxb.）Nees

Justicia polysperma Roxb.

Hygrophila polysperma（Roxb.）T. Anders.

一年生匍匐草本，高约10 cm，被微柔毛，不久变光滑。叶长圆状披针形，长0.6 ~ 2 cm，宽0.4 ~ 1.5 cm，顶端钝，基部楔形，边缘波状，两面光滑无毛。穗状花序顶生，长约1.5 cm；苞片卵形或倒卵形，长5 ~ 8钝，被微毛；小苞片披针形，长于花萼，被睫毛；花萼基部筒状，5浅裂至中部，裂片不相等，线形，渐尖；花冠长约84 mm，淡紫色，二唇形，上唇2裂，下唇3裂，裂片近相等，圆形，直径约1 mm；雄蕊2枚，着生于花冠管下部，花丝两侧有薄膜互相连接；花柱单一。蒴果长约8 mm，光滑；种子24 ~ 30颗，卵形，两面凸起。花期：冬季。

产地：梅州、肇庆。生于溪旁潮湿处。

分布：广西、云南。印度、马来西亚、斯里兰卡、不丹、缅甸、越南、泰国。

20. 穿心莲属 **Andrographis** Wall.

草本或亚灌木。叶全缘。花组成顶生或腋生，通常疏松，有时紧密呈头状的总状花序或圆锥花序，有苞片；小苞片有或无；花萼5深裂，裂片狭窄，等大；花冠管筒状或膨大，檐部二唇形或稍呈二唇形，上唇2裂，下唇3裂，裂片覆瓦状排列；雄蕊2枚，伸出或内藏，花丝线形或阔而扁，多少被毛，花药2室，药室等大或1大1小，基部无附属物，但有时被髯毛；子房每室有胚珠3至多颗，花柱细长，柱头齿状2裂。蒴果线状长圆形或线状椭圆形，两侧压扁；种子每室3至多颗，通常长圆形，种皮骨质，珠柄钩脱落。

本属约20种，分布于亚洲热带地区。我国产1种，分布于海南、云南和贵州，引种1种；广东及海南均有。

1. 叶披针形或长圆状披针形；总状花序集成大形圆锥花序；花冠明显二唇形；雄蕊伸出花冠之外，花丝在中部不扩大………………………………………………………………………………………… 1. 穿心莲 A. paniculata

1. 叶卵形；总状花序不集成圆锥花序；花冠微二唇形；雄蕊内藏，花丝在中部弧形扩大 ………… 2. 疏花穿心莲 A. laxiflora

1. 穿心莲 （广州） 别名：苦草、榄核莲、一见喜 （图68）

Andrographis paniculata（Burm. f.）Nees

Justicia paniculata Burm. f.

一年生直立草本，多分枝。茎和分枝具4棱，近无毛。叶纸质，披针形至长圆状披针形，长2～8 cm，宽0.5～2.5 cm，顶端渐尖，基部渐狭或楔尖，全缘，两面无毛；侧脉3～4对；叶柄短或近无柄。总状花序组成大型圆锥花序，顶生或腋生；花梗长3～6 mm或过之；苞片披针形，长1～2 mm；小苞片钻形；花萼长约1.5 mm，被腺毛；花冠淡紫色，长约1 cm，花冠管圆筒状，向上稍扩大，檐部二唇形，上唇外弯，2浅裂，下唇直立，3裂，裂片近卵形；雄蕊2枚，伸出花冠外，花丝被1列扩展的长柔毛，花药2室，药室1大1小，大的被髯毛。蒴果长约1.5 cm，疏生腺毛；种子12颗，四方形，有皱纹。花期：夏、秋季。

产地：广州、惠东、深圳、台山、肇庆、徐闻及海南万宁、昌江、文昌、儋州、三亚。栽培或逸生。

分布：原产印度，现东南亚各国广为引种。

用途：全草有消炎、清热、消肿、止痛之效，可治消化系统和呼吸系统各种炎症。

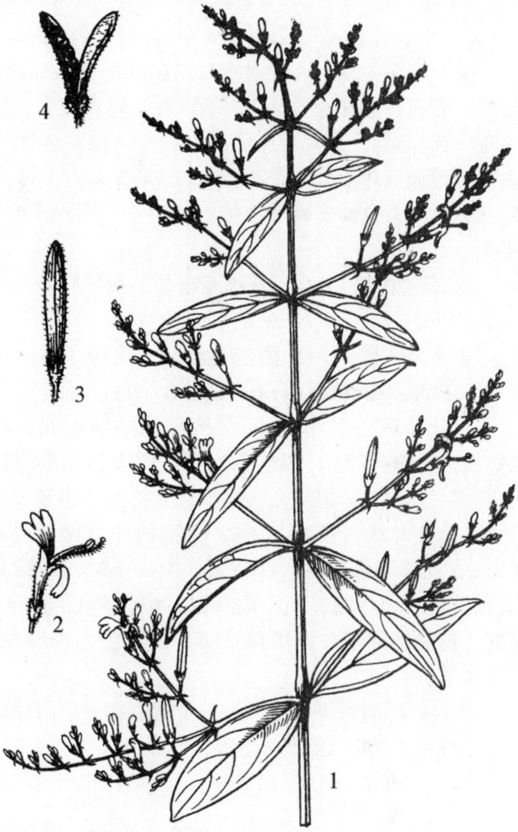

图68 穿心莲 Andrographis paniculata（Burm. f.）Nees
1. 植株上部；2. 花；3. 蒴果；4. 开裂的蒴果。
（余汉平绘）

2. 疏花穿心莲 （《中国高等植物图鉴》） 别名：白花穿心莲 （《海南植物志》）

Andrographis laxiflora（Bl.）Lindou

Justicia laxiflora Bl.

Haplanthus tenera Nees

A. tenera（Nees）O. Ktze.

A. tenuiflora T. Anders.

A. glomeruliflora var. *glabricalyx* Bremek.

一年生草本。茎直立或斜倚，嫩枝和花序轴四棱柱形，近无毛。叶薄或近膜质，卵形，长1.5～5 cm，宽1～2.5 cm，顶端渐尖或短渐尖，基部稍下延，两面无毛；侧脉5～6对；叶柄长0.3～1 cm。总状花序少花，顶生和腋生，花序轴纤细，常波状弯曲，通常不分枝，近无毛；花梗长约2 mm；苞片线状披针形，长约1 mm；小苞片2枚，钻形；花萼无毛，5裂，裂片线形，长约1.5 mm；花冠白色，长约1 cm，花冠管膨大，内弯，檐部稍呈二唇形，裂片卵形，上裂片稍小；雄蕊2枚，内藏，花丝扁，被柔毛，药室等大。蒴果线状长圆形，两侧压扁，长约2 cm，宽约2 mm。花期；初冬。

产地：海南保亭、琼中（五指山）。生于中海拔的密林下。

分布：云南、贵州。印度、中南半岛和印度尼西亚。

21. 火焰花属 Phlogacanthus Nees

灌木或高大草本。叶通常大而全缘。花组成顶生聚伞花序，有时聚伞花序再排列成圆锥花序或总状花序，有苞片和小苞片；花萼深5裂，裂片狭窄；花冠整齐或多少二唇形，花冠管圆筒状，喉部扩大，内弯，檐部5裂，裂片近卵形或长圆形，覆瓦状排列；雄蕊2枚，着生于花冠管的中部或中部以下，内藏或有时稍伸出花冠外，花药2室，药室等大，平行，基部无附属物，不育雄蕊通常2枚；子房每室有胚珠5～8颗，柱头全缘，钝或急尖。蒴果每室有种子5～8颗；种子透镜状，阔卵形或近圆形，无毛或密被短柔毛。

本属约20种，分布于亚洲东南部。我国有4种，产于海南和西南地区；海南有1种。

金塔火焰花　（《中国植物志》）　别名：焰爵花　（《海南植物志》）

Phlogacanthus pyramidalis R. Ben.

粗壮草本，高约1 m；嫩枝和花序轴近四棱柱形，无毛。叶纸质，椭圆形或椭圆状卵形，长约23 cm，宽约8.5 cm，顶端急尖，具短尖头，基部稍下延，全缘，两面无毛或背面脉上被紧贴微柔毛；中脉粗，侧脉8～10对；叶柄长约2.5 cm。聚伞花序顶生，结果时延长达26 cm，被微柔毛；生于下部的3对苞片叶状，长2～3 cm，上部的小，卵形或披针形，长5～6 mm；花梗长3～5 mm；小苞片长约1 mm；花萼基部具5棱，深5裂，裂片线形，长约3.5 mm；花冠淡紫红色，长约1 cm，外面疏被柔毛，花冠管短，稍弯曲，向一面膨胀，檐部5裂，稍不等大；雄蕊2枚，着生于花冠管基部，稍外露，花药2室，药室椭圆形。蒴果棒状而有四钝棱，长约2.2 cm，顶端钝；种子每室4颗，圆形，两侧压扁。花期：4月。

产地：海南保亭、万宁。生于低海拔至中海拔林中。

分布：广西。越南。

22. 狗肝菜属 Dicliptera Juss.

草本。叶全缘或有时不明显的浅波状。头状花序数个组成聚伞花序或圆锥花序，腋生，稀顶生；头状花序具总花梗；苞片2枚，叶状，对生，其内有花数朵或较少，但通常仅1朵发育，其余的退化仅存花萼和小苞片；花萼5深裂，裂片线状披针形，等大；花冠管细长，喉部稍扩大，檐部二唇形，上唇直立，内凹，全缘或浅2裂，下唇稍伸展，浅3裂或有时全缘，裂片覆瓦状排列；雄蕊2枚，着生于花冠喉部，短于上唇，花药2室，药室卵形，斜叠生或一上一下，基部无附属物；子房每室有胚珠2颗，柱头全缘或浅2裂。蒴果卵形，两侧稍扁，开裂时胎座连同珠柄钩自果瓣基部弹起而将种子弹出；种子每室2颗，近圆形，两侧压扁，表面有小疣点或有小乳凸。

本属约200种，分布于热带和亚热带地区。我国有4种，产于南部至西南部；广东及海南有1种。

狗肝菜　（《岭南采药录》）　（图69）

Dicliptera chinensis（Linn.）Nees

Justicia chinensis Linn.

一年生或二年生草本。茎外倾或上升，具6条钝棱和浅沟，常膝曲状弯拐，近无毛，或节部被疏柔毛。叶纸质，卵形或阔卵形，长2.5～6 cm，宽1.5～3.5 cm，顶端短渐尖，基部阔楔形或稍下延，全缘，两面近无毛或背面中脉上被疏柔毛；叶柄长0.5～2.5 cm。聚伞花序腋生或顶生，多个簇生，稀单生；头状花序具3～5 mm长的总花梗；苞片阔倒卵形或近圆形，稀披针形，大小不等，长0.6～1 cm，顶端具短尖头，具脉纹，被柔毛；小苞片线状披针形，长约4 mm；花萼裂片长约4 mm；花冠粉红色，长10～12 mm或稍过之，被柔毛，檐部二唇形，上唇阔卵形，全缘，有紫红色斑点，下唇长圆形，3浅裂；

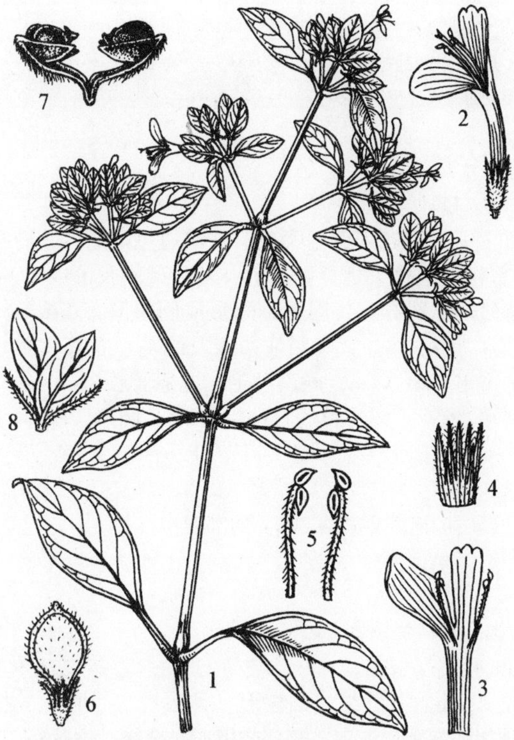

图69 狗肝菜 Dicliptera chinensis (Linn.) Nees
1. 部分植株；2. 花；3. 花冠展开，示雄蕊着生位置；4. 花萼；5. 雄蕊；6. 蒴果；7. 开裂的蒴果；8. 苞片。（余汉平绘）

花丝被柔毛，花药2室，药室卵形，长约1 mm。蒴果长约6 mm，被柔毛；种子卵形，直径约1 mm。花期：冬季。

产地：清远、高要、大埔、怀集、广州、台山、深圳及海南保亭、三亚、澄迈。生于旷野或疏林中。

分布：台湾、福建、广西、云南、贵州。孟加拉国、印度、越南。

用途：据《岭南采药录》载："性寒凉，散热，有本地羚羊之称，凡觉热气盛，肝火重，服之有效"。

23. 孩 儿 草 属 **Rungia** Nees

直立或披散草本。叶全缘。穗状花序顶生或腋生；苞片常4列，稀2列，常仅2列有花，稀全部有花，有花的苞片有膜质边缘，稀无，无花的苞片与有花的苞片同形或异形；小苞片与苞片近同形，等大或较小；花萼5深裂，裂片等大或稍不等大；花冠管短、直，喉部稍扩大，檐部二唇形，上唇直立，稍内凹，全缘或2浅裂，下唇较长，伸展，3裂，裂片覆瓦状排列；雄蕊2枚，着生于花冠喉部，比上唇短，花药2室，药室近等大，叠生，下方的1室基部常有附属物；子房每室有胚珠2颗，柱头全缘或不明显的2裂。蒴果卵形或长圆形，开裂时胎座连同珠柄钩自果瓣基部弹起，将种子弹出；种子近圆形，两侧压扁，表面有小凸点。

本属有50余种，产于亚洲和非洲热带地区。我国约15种；广东及海南有3种。

1. 花序不偏向一侧 ……………………………………………………………… 1. 密花孩儿草 R. densiflora

1. 花序偏向一侧。
2. 直立草本；有花的苞片与无花的苞片同形 ………………………………………………………… 2. 中华孩儿草 R.chinensis
2. 匍匐草本；有花的苞片与无花的苞片异形 ………………………………………………………… 3. 孩儿草 R.pectinata

1. 密花孩儿草　（《植物分类学报》）

Rungia densiflora H. S. Lo

多年生直立草本，高50 cm。茎被2列倒生柔毛，枝被白色柔毛。叶椭圆状卵形或披针状卵形，长2～8.5 cm，顶端渐尖，基部楔形或稍下延，侧脉6～8对；叶柄长0.5～2 cm，被柔毛。穗状花序顶生或腋生，长达3 cm；苞片4列，全部有花，同形，匙形或倒卵形，长0.7～1.1 cm，具3脉，无膜质边缘，具缘毛；小苞片倒卵形，长约6 mm，具膜质边缘及缘毛；花萼长约4 mm，5深裂几达基部，裂片线状披针形；花冠蓝色，长1.1～1.7 cm，外面被毛，花冠管长6～9 mm，檐部二唇形，上唇直立，长三角形，长5～8 mm，顶端2浅裂，裂片长约1 mm，下唇长圆形，长5～8 mm，顶端3裂，中裂片较小；雄蕊2枚，花丝长5～7 mm，花药2室，一上一下，上方一室无距，下方一室具白色距。蒴果长约6 mm。

产地：连平、始兴、肇庆。生于海拔400～800 m的潮湿沟谷林下。

分布：广西、江西、安徽、浙江。

2. 中华孩儿草　（《中国高等植物图鉴》）

Rungia chinensis Benth.

多年生直立草本，高达70 cm。茎纤细，四棱形，具沟槽。叶卵形、椭圆形至椭圆状长圆形，长2.5～9 cm，宽1.8～3 cm，顶端渐尖至近渐尖，基部阔楔形，全缘，侧脉5～6对；叶柄长0.5～1.5 cm。穗状花序顶生或生于上部叶腋，偏向一侧，疏松，长1～5 cm，宽约1.5 cm，总花梗长1～2 cm；有花的苞片和无花的苞片同形，覆瓦状排列，椭圆形至匙形，长7～8 mm，顶端渐尖，外面疏生短柔毛；小苞片2，椭圆形，长约5 mm，具膜质边缘和睫毛；花萼5深裂，裂片线状披针形，长3～4 mm；花冠淡蓝紫色，长约1.5 cm，外面被白色柔毛，檐部二唇形，上唇2浅裂，下唇3裂；雄蕊2枚，稍伸出花冠外，花药2室，药室不等高，下方1室具距，上方1室无距。蒴果长约6 mm，开裂时由胎座底部弹起；种子4颗。

产地：肇庆、广州、连山。生于路旁和溪边。

分布：安徽、浙江、江西、福建、台湾、广西。

3. 孩儿草　（《岭南采药录》）　别名：蓝色草（三亚）　（图70）

Rungia pectinata（Linn.）Nees

Justicia pectinata Linn.

R. parviflora var. *pectinata*（Linn.）C. B. Clarke

R. parviflora subsp. *pectinata*（Linn.）L. H. Cramer

一年生匍匐草本；枝圆柱状，干时黄色，无毛。叶薄纸质，下部的常卵形，长约2 cm，上部的长椭圆状披针形至狭披针形，长4～6 cm，顶端

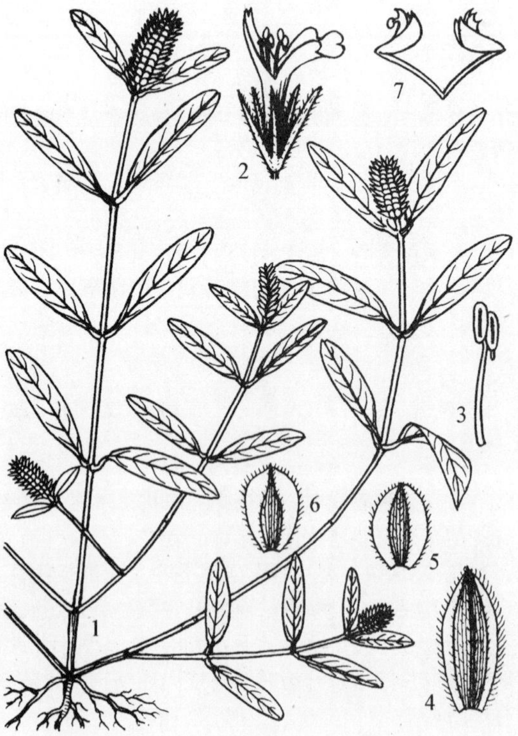

图70　孩儿草　Rungia pectinata（Linn.）Nees

1. 植株；2. 花；3. 雄蕊；4. 无花苞片；5、6. 有花苞片；7. 开裂的蒴果。（余汉平绘）

钝，基部渐狭或有时近急尖，两面被紧贴柔毛；侧脉约5对，常不明显；叶柄长3～4 mm或过之。穗状花序顶生或腋生，长1～3 cm；苞片4列，仅2列有花，有花的苞片近圆形或阔卵形，长约4 mm，背面被长柔毛，膜质边缘宽约0.5 mm，被缘毛，无花的苞片长圆状披针形，长约6.5 mm，顶端具尖头，一侧或有时二侧均有狭窄的膜质边缘，被缘毛；小苞片稍小；花萼5深裂至近基部，裂片线形，长约3 mm；花冠淡蓝色或白色，长约5 mm，花冠管长约3 mm，无毛，上唇无毛，顶端2裂，裂片顶端骤然收狭，下唇3裂，外面被毛，裂片近三角形。蒴果长约3 mm，无毛；种子圆形，直径约1.2 mm，表面具小突点。花期：早春。

产地：博罗、广州、惠东、台山、阳春、肇庆、云浮及海南三亚、昌江、儋州、保亭（吊罗山）。生于路旁、沟边、荒地、草丛，为常见的野生杂草。

分布：香港、湖南、广西、云南。印度、斯里兰卡、中南半岛。

用途：全草煎服，有去积、除滞、清肝火之效。

24. 钟花草属 **Codonacanthus** Nees

草本。叶对生，全缘。花小，具花梗，组成顶生和腋生的总状花序或圆锥花序，花在花序上互生，相对一侧的苞片无花；苞片和小苞片均小而钻形；花萼5深裂，裂片短，近等大；花冠管阔而短，钟形，内弯，上部扩大呈钟状，檐部5裂，裂片近等大，覆瓦状排列；能育雄蕊2枚，着生于冠管中部之下，内藏，花药2室，药室卵形，稍不等大，无距；不育雄蕊2枚，棒状；子房2室，每室有胚珠2颗，柱头头状。蒴果长约1.5 cm，基部具实心的短柄；种子每室2或1颗，近圆形，两侧压扁，稍光亮，有珠柄钩承托。

本属仅1种，分布于印度至我国东南部；广东及海南有分布。

钟花草 （《海南植物志》） （图71）

Codonacanthus pauciflorus（Nees）Nees

Asystasia pauciflora Nees

C. acuminatus Nees

Leptostachya rependa Q. H. Chen

多年生草本，高30 cm。茎被短柔毛。叶薄纸质，椭圆状卵形至狭披针形，长6～9 cm，宽2～4.5 cm，顶端急尖或渐尖，基部常急尖，全缘或有时不明显的浅波状，两面被微柔毛；侧脉5～7对，纤细；叶柄长0.5～1 cm。总状花序单一或再组成圆锥花序，花稀疏，在花序上互生，相对的一侧常有无花的苞片；花梗长1～3 mm；苞片和小苞片钻形，长约5 mm；花萼长约1 mm，5深裂；花冠钟形，白色或淡紫色，长7～8 mm，无毛，5裂，檐部5裂，裂片卵形或长圆形，后裂片稍小；雄蕊2枚，内藏，花丝短，退化雄蕊2枚。蒴果长1.5 cm，基部具实心的短柄；种子4颗。花期：9～10月。

产地：连州、乳源、乐昌、英德、博罗、高要、新丰、茂名、清远、云浮、阳春、和平、翁源、龙门、珠海、深圳及海南儋州、保亭、东方、白沙、定安、琼中、三亚、澄迈等地。生于密林下或潮湿的山谷。

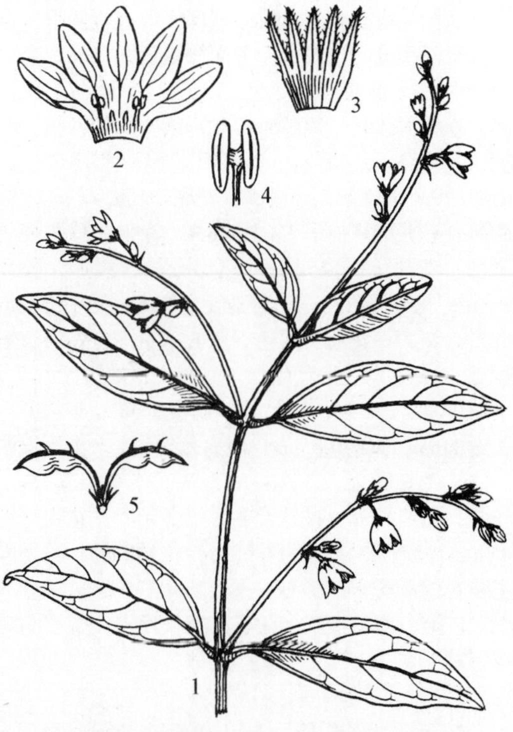

图71 钟花草 Codonacanthus pauciflorus（Nees）Nees
1. 部分植株；2. 花冠展开，示雄蕊；3. 花萼裂片；4. 花药；5. 开裂的蒴果。（余汉平绘）

分布：台湾、广西、云南和贵州。越南、泰国、缅甸、印度。

25. 秋英爵床属　Cosmianthemum Bremek.

灌木或草本。叶有柄，全缘或具齿缺。聚伞花序顶生或腋生；苞片和小苞片小而窄；花萼5裂，裂片线状披针形，近等大或稍不等大；花冠管内弯或倾斜，喉部扩大，檐部二唇形，上唇直立，顶端2浅裂，下唇下弯或伸展，3深裂达中部或几达基部，裂片在芽内覆瓦状排列；能育雄蕊2枚，着生于花冠喉部，花丝基部稍扩大，常被毛，花药2室，药室长圆形，等大，平行，基部无附属物；不育雄蕊2枚，着生在上唇的基部或花冠管的上部；子房每室有胚珠2颗，柱头浅2裂。蒴果棒状；每室种子2颗或1颗，圆形、阔卵形或近方形，两侧呈压扁状，表面有皱纹。

本属约11种，分布于大洋洲、马来半岛、泰国、越南。我国4种；海南有2种。

1. 叶卵形或阔卵形，宽6～9cm；花序轴和花萼被腺状短柔毛 ………………………………1. 海南秋英爵床 C. viriduliflorum
1. 叶狭卵状椭圆形，宽1～4 cm；花序轴和花萼无毛……………………………………… 2. 节叶秋英爵床 C. knoxifolium

1. 海南秋英爵床　（《广西植物》）　别名：琼紫叶　（《海南植物志》）　（图72）

Cosmianthemum viriduliflorum（C. Y. Wu & H. S. Lo）H. S. Lo

Craptophyllum viriduliflorum C. Y. Wu & H. S. Lo

多年生直立草本。茎圆柱状，无毛。叶薄纸质，卵形或阔卵形，长7～15 cm，宽6～9 cm，顶端尾状渐尖或有时急渐尖，基部楔形或近圆形，全缘或呈不明显的浅波状，上面深绿色，光亮，背面淡绿色，干时两面灰绿色，无毛；中脉在上面凹陷，在背面凸起，侧脉5～7对，近叶缘处网结；叶柄长1～2.5 cm，具沟，被柔毛。聚伞花序顶生，由4～12个小聚伞花序组成；花序轴长1～4 cm，被腺毛；苞片线形，长1～1.5 mm，着生在总花梗的基部；花梗长1～2 mm；小苞片2枚，线形，长约1 mm；花萼长约5 mm，被腺毛，5裂，裂片线状披针形，渐尖；花冠淡绿色，长1.2 cm，内外均被短柔毛，二唇形，上唇直立，拱形，顶端齿状2裂，下唇伸展，3深裂，裂片长圆状披针形，近急尖，长约3 mm，宽约0.6 mm；能育雄蕊2枚，花丝长约4 mm，被疏柔毛，花药长约2 mm；不育雄蕊2枚，丝状，长约2 mm，被疏柔毛；子房无毛，花柱长约6 mm，被疏柔毛。蒴果棒槌形，长约2 cm；种子未见。花期：夏季。

产地：海南特产，见于保亭和万宁。生于中海拔密林下。

图72　海南秋英爵床　Cosmianthemum viriduliflorum（C. Y. Wu & H. S. Lo）H. S. Lo
1. 植株部分；2. 花冠剖开，示雄蕊及退化雄蕊；3. 雄蕊腹面、背面观。（余汉平抄自《海南植物志》）

2. 节叶秋英爵床　（《中国植物志》）

Cosmianthemum knoxifolium（C. B. Clarke）B. Hansen

Gymnostachyum knoxifolium C. B. Clarke

亚灌木或草本，高可达2 m。叶狭卵状椭圆形，长8 ~ 12 cm，宽1 ~ 4 cm，顶端长渐尖或稍尾尖，基部楔形，近全缘或有疏离的锯齿，上面无毛，背面疏被微柔毛；叶柄长1 ~ 1.5 cm。聚伞花序顶生，长约5 cm，花序轴无毛；花梗短，长1 ~ 2 mm；苞片钻形，长2 ~ 3 mm；小苞片2，钻形，长1 ~ 2 mm；花萼5裂至近基部，裂片披针形，长4 ~ 5 mm，外面无毛；花冠白色，长约1.5 cm，二唇形，上唇直立，顶端微凹，下唇3浅裂，外面被微柔毛，花冠管长约5 mm；能育雄蕊2枚，着生于花冠裂片基部，长6 ~ 7 mm，药室2，基部不叉开，不育雄蕊2枚，丝状，无毛。蒴果和种子未见。

产地：海南保亭、琼中、万宁。生于海拔1 500 m山地密林中。

分布：广西。越南。

26. 黄脉爵床属 **Sanchezia** Ruiz. et Pav.

多年生草本或灌木。叶对生，羽状脉，全缘或多少具齿。聚伞花序排成顶生圆锥花序；花大；苞片对生，小苞片2枚；花萼深裂，裂片近相等或不等；花冠黄色，具长花冠管，檐部5裂，裂片通常较小；发育雄蕊2枚，生于花冠管中部以下，花药2室，药室大小相等，平行，被柔毛，基部具芒状附属物；不育雄蕊2枚；花柱细长，通常伸出花冠，柱头2裂，裂片不等大。蒴果基部稍收缩，无柄，线状椭圆形；种子6 ~ 8颗，表面具皮孔。

本属约60种，分布于热带美洲。广东及海南引种2种。

1. 苞片卵形，长2.5 ~ 5.5 cm ………………………………………………………… 1. 黄脉爵床 S. nobilis
1. 苞片卵形至卵状披针形，长0.8 ~ 2 cm ……………………………………………2. 小苞黄脉爵床 S. parvibracteata

1. 黄脉爵床 （图73）

Sanchezia nobilis Hook. f.

灌木，高1 ~ 3 m；嫩枝四棱形，具沟槽，无毛。叶长圆形，长10 ~ 45 cm，宽5 ~ 16 cm，顶端渐尖，基部楔形，边缘波状，全缘或具锯齿，无毛，沿主脉黄色；叶柄长1 ~ 4 cm。圆锥花序顶生，长达20 cm；花序轴被柔毛；苞片红色或橘黄色，卵形，长2.5 ~ 5 cm，顶端锐尖，无毛；小苞片卵状椭圆形，长1.4 ~ 2 cm，宽0.5 ~ 0.8 cm；花萼长1.5 ~ 2.5 cm，裂片倒披针形，不等长，宽2 ~ 5 mm，顶端锐尖，无毛；花冠黄色至橘黄色，长4 ~ 6 cm，外面被柔毛，花冠管长3.5 ~ 5.5 cm，直径约1 cm；花冠裂片长3 ~ 5 mm；雄蕊长约5.5 cm，花丝被毛，花药长5 ~ 7 mm，基部具长约1 mm的芒状距，不育雄蕊2枚，不等长，长2 ~ 2.3 cm；花柱长约6 cm，无毛，柱头2裂，不等大，大的裂片长约4 mm，短的长约0.5 mm。蒴果长1.1 ~ 1.4 cm，除喙的顶端被柔毛外无毛。花期：冬、春季。

产地：广州。栽培。

分布：原产厄瓜多尔。

图73 黄脉爵床 Sanchezia nobilis Hook. f.
1. 部分植株；2. 花；3. 雄蕊和退化雄蕊。（余汉平绘）

2. 小苞黄脉爵床 （《中国植物志》）

Sanchezia parvibracteata Sprag. et Hutch.

灌木，高达3 m；嫩枝四棱形，具沟槽，无毛。叶椭圆形，长6 ~ 30 cm，宽2 ~ 16 cm，无毛，沿主脉黄色，边缘波状，全缘或具锯齿，叶柄长约3 cm。聚伞花序组成顶生圆锥花序，长达20 cm，花序轴被柔毛；苞片红色或橘黄色，卵形至卵状披针形，长0.8 ~ 2 cm，宽0.5 ~ 1.5 cm，顶端锐尖，无毛；小苞片线状椭圆形至倒卵状椭圆形，长1.2 ~ 1.8 cm，宽0.4 ~ 0.7 cm；花萼长1.6 ~ 2.5 cm，裂片倒披针形或倒披针状椭圆形，不等长，宽2 ~ 4 mm，顶端圆至锐尖，无毛；花冠黄色至橘黄色，长4 ~ 5.5 cm，外面被柔毛，花冠管长3.5 ~ 5 cm，直径约1 cm；花冠裂片长3 ~ 5 mm；雄蕊长约5.5 cm，花丝被毛，花药长5 ~ 7 mm，基部具长约1 mm的芒状距，不育雄蕊2枚，不等长，长2 ~ 2.3 cm；花柱长约6 cm，无毛，柱头2裂，不等大，大的裂片长约4 mm，短的长约0.5 mm。蒴果长1.1 ~ 1.4 cm，除喙的顶端被柔毛外无毛。花期：冬、春季。

产地：肇庆（鼎湖山）。栽培。

分布：热带美洲。

用途：观赏。

27. 红 苞 花 属 **Odontonema** Nees

多年生草本或灌木，直立，有钟乳体。叶对生，无柄至具柄，边全缘至具波状齿。聚伞花序1至多朵花；苞片近对生、对生或轮生，边全缘；小苞片2枚；花萼5深裂至基部，裂片近等长；花冠漏斗状，花冠管长2 cm以上，二唇形，上唇2裂，下唇3裂，裂片在芽中覆瓦状排列；能育雄蕊2枚，着生于花冠管的近基部，花药2室，药室等大，平行，基部无距，不育雄蕊2枚，钻形；花柱异形，花柱伸出花冠外的花的雄蕊内藏，花柱内藏的花的雄蕊伸出花冠外；柱头2裂，裂片等大或不等大。蒴果倒卵形或近椭圆形，基部具柄；种子4颗，凸透镜状，无毛。

本属有29种，分布于美洲热带、亚热带地区。广东常见栽培1种。

红苞花

Odontonema tubiforme（Bertol.）O. Ktze.

Justicia tubiformis Bertol.

Thyrsacanthus tubiformis（Bertol.）Nees

T. strictus Nees

Odontonema strictum（Nees）O. Ktze.

灌木，高达3 m。茎四棱形，具沟槽，被2行弯曲的长毛，毛长达2 mm。叶倒卵形、椭圆形至倒卵状椭圆形，长16 ~ 32 cm，宽6 ~ 12 cm，顶端锐尖至镰形，基部楔形，渐狭，两面被柔毛或近无毛；叶柄长0.3 ~ 1.5 cm。聚伞花序排列成总状，顶生，长达60 cm，花序轴被2至多列长柔毛；苞片披针形至线状锥形，长2 ~ 4 mm，宽1 ~ 1.5 mm，外面被毛或无毛；小苞片锥形，长2 ~ 4 mm，宽约0.5 mm，外面被毛或无毛；花梗长2 ~ 6 mm，被长柔毛；花萼长2 ~ 4 mm，5裂，裂片近锥形，长1 ~ 3 mm，宽0.5 ~ 1 mm，外面被长柔毛或近无毛；花冠红色，长2.4 ~ 3.3 cm，外面无毛，花冠管长2 ~ 2.7 cm，檐部二唇形，上唇长4 ~ 8 mm，2浅裂，裂片圆形，长2 ~ 6 mm，宽1.5 ~ 4 mm，下唇长4 ~ 8 mm，3裂，裂片椭圆形至近圆形，长4 ~ 7 mm，宽2 ~ 5 mm；长雄蕊花丝长1.2 ~ 1.5 cm，短雄蕊花丝长6 ~ 8 mm，花药长2 ~ 3 mm；短花柱长1 ~ 1.6 mm，长花柱长2 ~ 2.5 mm，花柱被柔毛，柱头2裂，裂片长0.3 mm。蒴果无毛，长1.7 ~ 2.3 cm，基部具0.7 ~ 1.1 cm的柄；种子近圆形、近椭圆形至阔倒卵形，长4 ~ 5 mm，宽约3 mm，表面不平坦，具瘤状凸起。花期：夏、秋季。

产地：广州、深圳等地。栽培。

分布：墨西哥。热带地区广泛栽培。

用途：观赏。

28. 金苞花属 **Pachystachys** Nees

多年生草本或灌木。叶对生。花排列成顶生的穗状花序；苞片大；花萼5裂，裂片等大或最上方的较窄；花冠管状，檐部二唇形，上唇狭，微2裂，下唇3裂，裂片近等大，长圆形或卵形；能育雄蕊2枚，着生于花冠管的基部，花药2室，药室近等大，箭形，基部无芒；不育雄蕊2枚，极小。蒴果具种子4颗。

本属有12种，分布于热带美洲。广东常见栽培1种。

金苞花

Pachystachys lutea Nees

直立灌木，高1.5 ~ 2.5 m。茎圆柱形，略有棱，无毛，黄褐色。叶膜质，长圆状披针形，长9 ~ 15 cm，宽2 ~ 5 cm，顶端渐尖，基部渐狭，耳形，全缘，无毛，密布棒状钟乳体，沿脉尤密，侧脉5 ~ 7对，于近叶缘处网结，在上面平坦，背面隆起。穗状花序顶生或腋生，长5 ~ 9 cm；苞片黄色或橘黄色，密覆瓦状排列，卵形，长1.6 ~ 3 cm，宽1 ~ 1.8 cm，边缘被腺毛，具羽状脉；小苞片黄色，卵状椭圆形，长约1 cm；花萼黄色，长约6 mm，5裂几达基部，宽约1 mm，无毛或边缘疏被睫毛；花冠白色，长4.5 ~ 5 cm，被柔毛和腺点，檐部二唇形，上唇长约2 cm，直立，披针形，微2裂，下唇长约1.5 cm，伸展，卵形，3裂；雄蕊2枚，着生于花冠管的基部，与花冠管近等长，外露，花药2室，药室近等长，长约4 mm，箭形，基部无芒；不育雄蕊2枚，点状；花柱长约4 cm，基部疏被短柔毛。蒴果具种子4颗。

产地：广州、深圳。栽培。

分布：原产于秘鲁。

用途：观赏。

29. 喜花草属 **Eranthemum** Linn.

灌木或多年生草本。叶有柄，全缘或具齿。花无梗，组成疏松或紧密的穗状花序；苞片通常大，叶状；小苞片线状披针形，比萼短；花萼小，5深裂；花冠具细长的花冠管，喉部稍扩大，檐部5裂，裂片等大，通常倒卵形，左向旋转状排列；能育雄蕊2枚，着生于喉部，花药2室，药室无附属物；不育雄蕊2枚；子房2室，每室有胚珠2颗，花柱细长，柱头单一。蒴果棒状；种子每室2颗，两侧压扁，被紧贴、吸水时能伸展的白毛。

本属约25种，分布于亚洲热带地区。我国有3种，产于华南和西南地区；广东及海南常见栽培有2种。

1. 叶较大，长10 ~ 20 cm，宽5 ~ 8 cm，无毛，侧脉10对；苞片无缘毛 ……………………………………1. 可爱花 E. pulchellum
1. 叶较小，长2 ~ 9 cm，宽1 ~ 4.5 cm，背面脉上被毛，侧脉5对；苞片有缘毛 ……………… 2. 华南可爱花 E. austrosinensis

1. 可爱花 （《植物学名词审查本》）

Eranthemum puchellum Andr.

Justicia nervosa Vahl

E. nervosum (Vahl) R. Br. ex Roem. et Shult.

Daedalacanthus nervosus (Vahl) T. Anders.

灌木，高0.7 ~ 1.5 m。茎四棱形，具沟槽，灰绿色，无毛或近无毛，有长枝和短枝。叶卵形至椭圆形，长10 ~ 20 cm，宽5 ~ 8 cm，顶端长渐尖，基部渐狭而至叶柄，边缘有不明显的钝齿，侧脉每边约10条，两面均凸起。穗状花序顶生和腋生；苞片倒卵形，长1 ~ 1.5 cm，顶端急尖，有脉纹，被微柔毛；小苞片线状披针形，长约5 mm；花萼近白色，被微柔毛，5裂，裂片披针形，长约6 mm；花冠高脚蝶状，蓝色，长约3 cm，花冠管弯曲，口部直径约1.8 cm，檐部5裂，裂片倒卵形，长约7 mm；能育雄蕊2枚，伸出，不育雄蕊2枚，极短。蒴果长约1 cm。花期：春季。

产地：广州、深圳及海南海口。栽培。

分布：广西和云南栽培。印度。

2. 华南可爱花 （《植物分类学报》）

Eranthemum austrosinensis H. S. Lo

直立草本。茎四棱柱形，被柔毛，节部肿胀。叶厚纸质，卵形或椭圆状卵形，长2 ~ 9 cm，宽1 ~ 4.5 cm，顶端短渐尖至急尖，基部阔楔形至近圆形，稍下延，上面无毛，全缘，下面沿脉上被柔毛，侧脉约5对；叶柄长0.5 ~ 2.5 cm。穗状花序顶生或腋生，长3 ~ 10 cm，总花梗粗壮，四棱形，长1.5 ~ 2 cm；苞片交互对生，彼此重叠，卵形或椭圆状卵形，长1.2 ~ 2 cm，由下向上渐小，干时苍白色，具网状脉，但叶脉为绿色，背面被短柔毛，边缘具长而伸展的睫毛，每1苞片中有花1朵或有时3朵；小苞片三角状卵形，长约6 mm，渐尖，边缘具短睫毛；花萼长约6.5 mm，外面被短柔毛，5裂至中部，裂片披针形，渐尖；花冠紫红色，近高脚碟状，无毛，花冠管细长，长约2.5 cm，喉部稍扩大，微弯折，檐部5裂，裂片近相等，阔楔形，长约6 mm，宽约5 mm，顶端凹；能育雄蕊2枚，生于花冠管喉部，花丝粗壮，长约3 mm，不育雄蕊2枚，很小，附着于发育雄蕊花丝的基部；子房和花柱均被柔毛。蒴果无毛，长约1.5 cm；种子4颗。

产地：肇庆（鼎湖山）。生于林下、溪边。

分布：广西、贵州、云南。

用途：观赏。

30. 山 壳 骨 属 **Pseuderanthemum** Radlk.

草本或亚灌木。叶全缘或有钝齿。总状花序或穗状花序顶生或腋生；苞片和小苞片通常小，钻形；花萼5深裂，裂片线形，等大；花冠管细长，圆筒状，喉部稍扩大，檐部不明显二唇形或5裂，略不等，前裂片稍大，裂片覆瓦状排列；能育雄蕊2枚，着生于花冠的喉部，内藏或稍伸出，花丝极短，花药2室，药室等大，平行而邻接，基部无附属物，不育雄蕊2枚；子房每室有胚珠2颗，柱头钝或不明显的2裂。蒴果棒槌状；种子每室2颗，两侧压扁，表面皱缩。

本属约80种，分布于热带地区。我国有5种，产于南部和西南部；广东及海南有3种。

1. 叶椭圆形，长不及宽的2倍；花冠长2 cm ································ 1. 山壳骨 P. latifolium
1. 叶披针形，长为宽的2.5倍以上；花冠长4.2 cm。
  2. 叶长为宽的2 ~ 3倍；能育雄蕊与不育雄蕊的花丝彼此分离 ························ 2. 海康钩粉草 P. haikangense
  2. 叶长为宽的4倍以上；能育雄蕊与不育雄蕊的花丝基部合生························ 3. 狭叶钩粉草 P. couderei

1. 山壳骨 （《中国高等植物图鉴》）

Pseuderanthemum latifolium（Vahl）B. Hansen

Justicia latifolium Vahl

Eranthemum platiferum Nees

P. platiferus（Wall.）Radlk.

Antheliacanthus micranthus Ridl.

Justica platiferus Wall.

E.platiferus（Wall.）Radlk.

多年生草本，高约1 m。茎上部被毛，老枝节膨大。叶椭圆形，长5 ~ 10 cm，宽3.5 ~ 5.5 cm，顶端渐尖，基部楔形，近全缘或疏具波状圆齿，背面沿中脉被柔毛，后变无毛，侧脉5 ~ 6对，在背面突起；叶柄长1～2.5 cm。总状花序长达30 cm，下部各节相距1～2 cm；苞片三角形或近线形，长3～4 mm；花萼5深裂，裂片线形，长5 mm；花冠淡紫色，高脚碟状，长约2 cm，花冠管细长，长1.5 cm，檐部不明显二唇形，5裂，裂片长约5 mm，下唇中裂片紫色带黄色斑点；能育雄蕊2枚，不育雄蕊2枚；子房被柔毛。蒴果长2.5 cm，被柔毛；种子直径4 mm，具网状皱纹，无毛。

产地：徐闻及海南保亭、儋州。生于中海拔的林下或溪旁。

分布：广西、云南。印度至马来西亚。

2. 海康钩粉草 （《海南植物志》） 别名：兰心草 （图 74）

Pseuderanthemum haikangense C. Y. Wu & H. S. Lo

小灌木，高0.4～1 m；枝圆柱形，草黄色，无毛。叶纸质，椭圆状卵形或卵形，稀披针状椭圆形，长5～11.5 cm，宽2～3.5 cm，顶端短渐尖，基部阔楔形或近圆形，全缘或有不明显的波状圆齿，干时灰绿色，具紫色斑块；中脉在上面平坦，在背面凸起，侧脉5～7对，纤细，网脉不明显；叶柄长0.5～1.5 cm。穗状花序顶生，稀生于上部的叶腋，长达30 cm，不分枝，稀基部分枝；花序轴干时变黑色；苞片对生，长2～3 mm，内具花1～3朵；小苞片微小，长1～2 mm；花萼长约5 mm，5深裂，裂片线状披针形；花冠长约4.2 cm，白色或淡红色，花冠管细长，长约3 cm，基部直径约1.5 mm，喉部稍扩大，檐部5裂，裂片不等大，前裂片椭圆形，长约1 cm，宽约6 mm，顶端钝，基部有红色斑点，其余的较狭，宽约4 mm；能育雄蕊2枚，花丝长约2 mm，花药2室，药室长圆形，长约1.5 mm；不育雄蕊2枚，微小，长约1.3 mm，与能育雄蕊的花丝分离；子房被微柔毛，花柱长3.1 cm，被微柔毛。蒴果棒形，长1.9～2 cm，被柔毛；种子4颗，阔卵形，两侧压扁，长约3.5 mm，表面皱缩呈脑纹状。花期：夏、秋季。

产地：雷州、徐闻及海南海口、三亚、乐东、东方、昌江、儋州。生于低海拔地区的林下或旷野。

分布：广西、贵州。

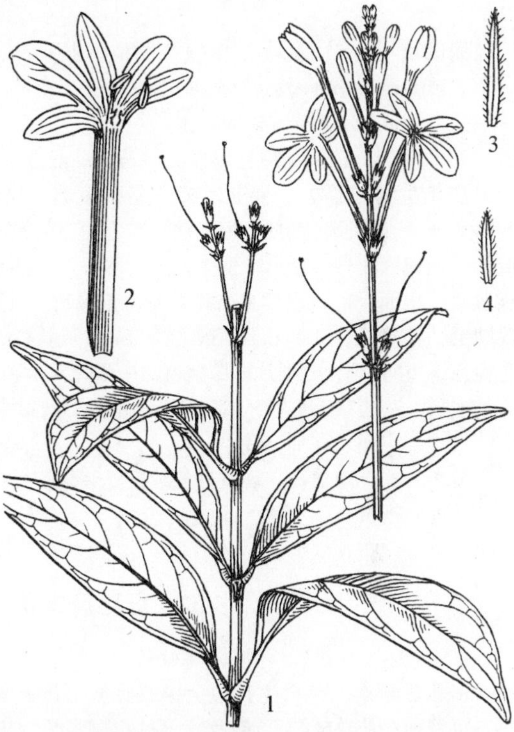

图 74 海康钩粉草 Pseuderanthemum haikangense C. Y. Wu & H. S. Lo

1. 部分植株；2. 花冠剖开面，示雄蕊；3. 苞片；4. 小苞片。（余汉平抄绘）

3. 狭叶钩粉草 （《海南植物志》）

Pseuderanthemum couderei R. Ben.

多年生草本或亚灌木，高30～50 cm；枝圆柱状，被柔毛。叶纸质，长圆形、披针形或线形，长3～11 cm，宽0.5～2.5 cm，顶端渐尖，稀急尖，通常钝头，基部近急尖，全缘或稍呈浅波状，干时常反卷，两面无毛；侧脉6～12对；叶柄长约5 mm。穗状花序顶生，长达20 cm，被短柔毛；近花序基部的1～3对苞片叶状，比花萼长，但远较营养叶小，其余的线形，与花萼近等长或稍短；花萼5裂，裂片线形，长5～6 mm；花冠淡紫红色，被疏柔毛，花冠管长约3 cm，檐部5裂，裂片不等大，前裂片卵形或卵状椭圆形，长约1.2 cm，后裂片较小，长圆形，约1/4合生；能育雄蕊和不育雄蕊各2枚，后者极短，与前者花丝的基部合生。蒴果长约1.8 cm，被疏柔毛。花期：6月。

产地：海南保亭、乐东、东方。生于中海拔的林下或溪边。

分布：柬埔寨、越南。

31. 网 纹 草 属 **Fittonia** Coem.

多年生草本。茎匍匐，节上生根。叶对生，卵形或心形，顶端圆，基部心形，叶脉明显，白色、粉红色或红色，叶柄短。穗状花序顶生，纤细，直立；苞片卵形，每一苞片内生有1朵花；花萼5裂，裂片披针形，边缘具睫毛；花冠管长，伸展，檐部二唇形，上唇小，不裂，下唇反折，3裂；雄蕊2枚，内藏，着生于花冠管的喉部，花药2室，药室相等；子房圆柱形，花柱2裂。蒴果具4颗种子。

本属有2种，分布于南美洲。广东栽培有1种。

网纹草 别名：花脉爵床（《广州植物志》）

Fittonia albovenis（Veitch）Brummit

Adelaster albovenis Veitch

F. verschaffeltii（Lemaire）van Houtte

多年生匍匐草本，节上生根。茎四棱形，密被长柔毛。叶对生，卵形或心形，长2～12 cm，宽1.5～8 cm，顶端圆，基部心形至截平，上面有时被疏柔毛，背面沿脉被柔毛，叶脉白色、粉红色或红色；叶柄短。穗状花序四棱形，顶生，长1～9 cm，直径1～2 cm；苞片卵形，顶端锐尖或急尖至钝圆，背面常被腺毛，内面无毛，边具腺毛和柔毛；花萼长5～6 mm，5裂至近基部约1/4处，裂片披针形，被柔毛，边具睫毛；花冠长1～1.4 cm，疏被毛，花冠管乳黄色，檐部二唇形，上唇弯曲，柠檬黄色或外具明显的淡紫色斑点，下唇3裂，侧裂片柠檬黄色，中裂片深黄色，中央常具淡紫色条纹；雄蕊2枚，内藏，着生于花冠管的喉部，花药贴近下唇，2室，药室相等；子房圆柱形，花柱2裂。蒴果长约1 cm；种子4颗。

产地：广州、深圳。栽培。

分布：原产南美洲。现世界各地广泛栽培。

用途：观赏。

32. 纤穗爵床属 **Leptostachya** Nees

多年生草本。叶对生，边全缘或具波状齿。穗状花序顶生，分枝或不分枝；苞片和小苞片同形，小，近钻形；花萼5深裂，裂片相等；花冠张开，花冠管短，檐部二唇形，上唇宽，2浅裂，下唇3浅裂；雄蕊2枚，着生于花冠管的喉部，花药2室，平行，药室基部无附属物；无退化雄蕊；柱头2裂。蒴果基部无种子，顶端具4颗种子；种子着生于种钩上，粗糙。

本属仅1种，分布于印度、泰国、越南、菲律宾和中国。我国分布于华南和西南地区；广东及海南有分布。

纤穗爵床（《广西植物》） 别名：穗序钟花草（《中国高等植物图鉴》）（图 75）

Leptostachya wallichii Nees

Codonacanthus spicatus Hand.-Mazz.

Justicia wallichii（Nees）T. Anders.

多年生草本，高达1 m。茎圆柱形，具条纹。叶对生，卵形，长7～11 cm，宽2.5～3 cm，顶端镰状渐尖，基部近圆形，边具波状疏圆齿，钟乳体点状，在脉上线状；叶柄长1～2 cm。穗状花序顶生，单一或分枝长达16 cm，花序轴疏被短毛；苞片和小苞片狭卵形，长约5 mm，顶端钝；花萼长2～3 mm，5裂至近基部，裂片披针形，边缘具纤毛；花冠白色，长约8 mm，外密被开展的柔毛，花冠管短钟形，檐部5裂，裂片近等长，三角状卵形；雄蕊2枚，花丝被疏柔毛，花药2室，药室椭圆形，平行，基部无芒；无退化雄蕊；子房顶端被紧贴的短柔毛，2室，每室具胚珠2颗，花柱基部被微柔毛，柱头棒状。蒴果卵形，基部具实心的短柄；种子4颗，表面粗糙。

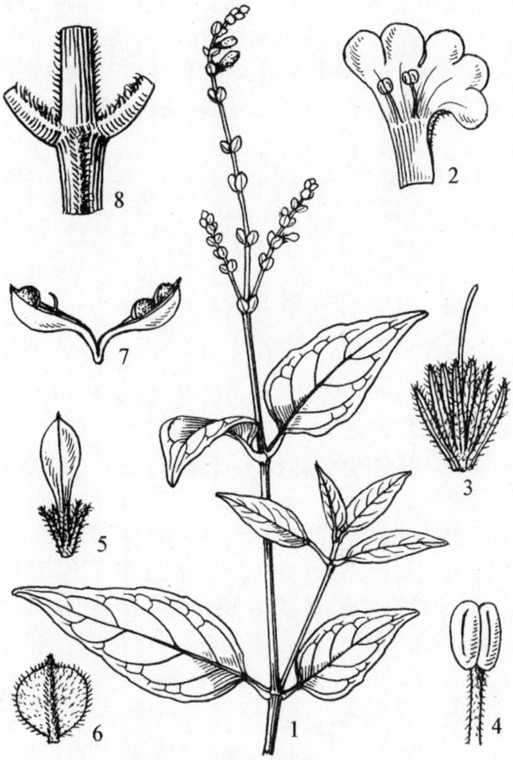

图75 纤穗爵床 Leptostachya wallichii Nees

1. 植株部分；2. 花冠展开，示雄蕊；3. 苞片、花萼和花柱；4. 雄蕊；5. 花蕾；6. 蒴果；7. 开裂的蒴果；8. 一段茎，示被毛。（余汉平绘）

产地：茂名、英德、乳源、翁源及海南保亭、东方、乐东、文昌。生于海拔300 ~ 800 m的山谷、溪旁。

分布：江西、广西、贵州、云南。越南、泰国。

33. 珊 瑚 花 属 **Cyrtanthera** Nees

草本或灌木。叶宽大，具柄。穗状花序顶生，单一或分枝，密集，多花，花大，深红色，美丽，在枝上偏向一侧；苞片和小苞片长于花萼，通常有颜色，柔软；花萼不等5裂，裂片有颜色，披针形；花冠张开，花冠管长，檐部二唇形，上唇2浅裂，下唇倒圆锥形，3浅裂，裂片短，中央裂片常较狭；雄蕊2枚，着生于花冠管基部，花药稍下垂，短，2室，药室半月形，边缘膜质，基部无附属物，柱头钝。蒴果具4颗种子。

本属约20种，分布于热带美洲。我国常见栽培1种；广东亦有栽培。

珊瑚花 （《中国植物志》）

Cyrtanthera carnea（Lindl.）Bremek.

Justicia carnea Lindl.

Jacobinia carnea（Lindl.）Nichols.

草本或亚灌木，高达1 m。茎四棱形。叶卵形、长圆形至卵状披针形，长9 ~ 15 cm，宽4.5 ~ 8.5 cm，顶端渐尖，基部阔楔形，下延，全缘或微波状，侧脉约6对，在下面突起；叶柄长约1 cm。穗状花序分枝，顶生，长达8 cm，脱落时连同基部叶状苞片一起脱落；苞片长圆形，长约2 cm，顶端急尖，基部具柄，边有缘毛；小苞片2枚，条形，长约1.5 cm，宽2 mm；花萼5裂，裂片线状披针形，近等大，长0.6 ~ 1 cm；花冠淡紫红色，长约5 cm，外面具黏毛，花冠管稍短，檐部二唇形，上唇2浅裂，下唇3浅裂；雄蕊2枚，外露，着生于喉部，花丝丝状，长约2.5 cm，花药2室，药室不等高。蒴果具种子4颗。

产地：广州、深圳。栽培。

分布：原产巴西，现世界各地广泛栽培。

用途：观赏。

34. 山 蓝 属 **Peristrophe** Nees

多年生草本或灌木。茎常具六钝棱和同数的纵沟，被柔毛或疏毛。叶具叶柄，对生，常全缘或稍具齿，被腺毛或非腺毛。复聚伞花序或圆锥花序；苞片2枚，总苞状，稀4枚，对生，与花萼裂片等大或近等大，内有花3至数朵，仅1朵发育，其余的退化，仅存花萼和小苞片；花萼小，5深裂，裂片等大，线形或披针形；花冠红色或紫色，通常大，扭转，花冠管细长，圆柱状，喉部短，稍扩大，内弯，檐部二唇形，上唇伸展，全缘或微缺，下唇直立，3齿裂；雄蕊2枚，着生于花冠喉部两侧，常比檐部短，花丝下部被微毛，花药线形，稀卵状或长圆形，2室，药室平行，1上1下，下方的1室较小，或叠生，无距；子房每室有胚珠2颗，花柱线形，柱头稍膨大或2浅裂。蒴果开裂时胎座不自果爿基部弹起；种子每室2颗，阔卵形或近圆形，两侧压扁，表面有多数小凸点。

本属有40余种，分布于亚洲、非洲和大洋洲的热带和亚热带地区。我国有9种；广东及海南有6种。

1. 花冠和果无毛 ·························· 1. 崖山蓝 *P. montana*
1. 花冠和果被毛。
  2. 叶两面无毛 ·························· 2. 山蓝 *P. bivalvis*
  2. 叶被毛。
    3. 叶被糙伏毛；苞片明显长于花萼裂片 ·························· 3. 糙叶山蓝 *P. strigosa*
    3. 叶被柔毛；苞片与花萼裂片近等长。
      4. 苞片披针形，长为宽的3.5 ~ 9倍 ·························· 4. 野山蓝 *P. fera*
      4. 苞片卵形，长不足宽的3倍。
        5. 苞片被柔毛和缘毛 ·························· 5. 海南山蓝 *P. floribunda*
        5. 苞片近无毛或具缘毛 ·························· 6. 九头狮子草 *P. japonica*

1. 崖山蓝 （《海南植物志》）

Peristrophe montana Nees

多年生草本，高约1 m，无毛。叶薄纸质或近膜质，狭长圆形或披针形，稀近卵形，长4 ~ 20 cm或稍过之，宽1 ~ 5 cm，顶端长渐尖，基部楔形，稀渐狭，全缘，上面常有光泽，钟乳体纤细，不明显，侧脉6 ~ 8对，在两面稍凸起；叶柄长1.5 ~ 4.5 cm。复聚伞花序顶生或腋生；总花梗长1.5 ~ 1.7 cm；苞片阔卵形至线状披针形，长1 ~ 1.8 cm，宽0.2 ~ 1 cm，顶端钝，常具小凸尖，基部圆形或近截平，无毛；小苞片长3 ~ 4 mm，无毛；花萼长约5 mm，5裂，裂片长约4 mm；花冠红色或粉红色，无毛，长4.5 ~ 6 cm，上唇椭圆形，顶端微缺，下唇长圆形，3浅裂；花丝带状。蒴果长1.9 ~ 2 cm，无毛，有光泽；种子近圆形，直径约3 mm。花期：9 ~ 10月。

产地：海南陵水、保亭、三亚、东方和定安等地。常生于中海拔阴湿的崖壁上。

分布：印度、斯里兰卡。

2. 山蓝 （《海南植物志》） 别名：观音草（《植物名实图考》）、红蓝（台山）、染色九头狮子草（《中国高等植物图鉴》）

Peristrophe bivalvis (Linn.) Merr.

Justicia bivalves Linn.

P. baphica (Spreng) Bremek.

J. baphica Spreng.

P. roxburghiana (Schult.) Bremek.

J. roxburghiana Schult.

P. tinctoria (Roxb.) Nees

J. tinctoria Roxb. 1820, non Lour. (1790)

Hypostes bodinieri Lévl.

多年生草本，高达1 m。茎具5～6钝棱和纵沟，小枝被褐红色柔毛。叶纸质，卵形或披针状卵形，长3～7.5 cm，宽1.5～3 cm，顶端短渐尖至急尖，基部阔楔尖或近圆形，全缘，干时黑紫色，无毛；侧脉5～6对；叶柄长约5 mm。聚伞花序腋生或顶生；总花梗长3～5 mm，被柔毛；苞片2枚，阔卵形、卵形或椭圆形，大小不等，大的长（1.8～）2.3～2.5 cm，宽0.8～1.5 cm，干时黑紫色或稍透明，有脉纹，被柔毛；花萼小，长约5 mm，5裂，裂片披针形，被柔毛；花冠粉红色，长3～3.5 cm，被倒生短柔毛，花冠管直，宽约1.5 mm，喉部稍内弯，檐部二唇形，上唇阔卵状椭圆形，顶端微缺，下唇长圆形，3浅裂；雄蕊2枚，花丝被柔毛，花药2室，药室平行，贴生，线形，下方的1室较小；花柱无毛。蒴果长约1.5 cm，被柔毛。花期：冬、春季。

产地：广州及海南海口、三亚、白沙、澄迈和琼海。生于海拔300～700 m的溪旁灌丛。

分布：香港、澳门、广西、湖南、湖北、福建、江西、江苏、贵州、云南。印度尼西亚、马来西亚、越南、泰国、印度。

3. 糙叶山蓝 （《海南植物志》）

Peristrophe strigosa C. Y. Wu & H. S. Lo

多年生草本，高0.4～1 m。茎六棱形，干时带紫色，被柔毛。叶纸质，卵形或披针状卵形，长7～13 cm，宽3～5.5 cm，顶端渐尖或短尾状渐尖，基部阔楔形，全缘，干时绿色，两面密被具节糙伏毛，基部球状；中脉在上面稍凸起，在下面干时压扁，侧脉6～8对，近边缘处弯拱向上；叶柄长1.5～2.5 cm，被绒毛。聚伞花序顶生或腋生，由3～5个小聚伞花序组成；总花梗长约4 mm，密被柔毛；苞片2枚，卵形，长约5 mm，内凹呈拱形，顶端具尖头；小苞片近钻形，长约2.5 mm；花萼长约5 mm，5裂，裂片线状披针形，渐尖；花冠紫色，长约4.2 cm，檐部二唇形，上唇伸展，椭圆状倒卵形，长约1.5 cm，宽约6 mm，顶端钝或微缺，下唇长圆形，顶端稍收缩，长约1.5 cm，3浅裂，裂片近四方状长圆形；雄蕊花丝带状，长1 cm，被疏柔毛，花药2室，药室平行，线形，长约1 mm；子房长圆形，长约2 mm，被柔毛，花柱线状，长3.5 cm，无毛。蒴果棒形，长1.7 cm，密被糙伏毛式的柔毛；种子4颗，阔卵形，两侧压扁，高2.5 mm，具瘤状小凸点。花期：秋末。

产地：海南特产，见于东方、昌江。生于中海拔的密林中。

4. 野山蓝 （《海南植物志》）

Peristrophe fera C. B. Clarke

多年生草本，高约1 m；小枝密被柔毛。叶薄纸质，卵形或卵状披针形，长5～10 cm，宽2～4.5 cm，顶端渐尖，基部阔楔形，近全缘或中部以上有不明显的圆齿，干时黄褐色，两面被柔毛，背面较密，毛有节，基节银白色；叶柄长（0.5～）1～2 cm，有纵条纹，被绒毛。聚伞花序顶生，密被柔毛；苞片2或3枚，披针形，长为宽的3.5～4倍，大小不等，大的长1.5～2 cm，宽0.4～0.6 cm，被稍长的柔毛和缘毛；小苞片长2～2.5 mm；花萼长4～5 mm，5裂，裂片长3～3.5 mm，渐尖，被柔毛；花冠长3.8～4.5 cm，被倒生柔毛，花冠管宽约1.5 mm，檐部二唇形，上唇阔椭圆形，下唇狭长圆形，3浅裂；雄蕊2枚，花丝被柔毛，花药2室，药室线形，平行；子房被柔毛。蒴果长约1.4 cm，被柔毛；种子未见。花期：7～8月。

产地：海南东方、三亚、昌江。生于沟谷密林中。

分布：云南、贵州。印度。

5. 海南山蓝　（《海南植物志》）

Peristrophe floribunda（Hemsl.）C. Y. Wu & H. S. Lo

Dicliptera crinita var. *floribunda* Hemsl.

多年生草本。茎稍粗壮，假二歧式分枝，仅小枝的节上被疏柔毛。叶纸质，卵形或披针形，长2～9 cm，宽1.5～3.5 cm，顶端渐尖，基部阔楔形或近圆形，全缘，干时绿色，两面的中脉和侧脉上被疏柔毛，缘毛短而硬或有时不明显；侧脉每边4～6条；叶柄长5～20 mm，被绒毛。聚伞花序顶生或腋生，被柔毛；苞片2枚，卵形，大小不等，大的长1.5～2 cm，宽0.6～1 cm，干时绿色或近透明，两面被疏柔毛和缘毛；小苞片比花萼稍短；花萼长约4.5 mm，裂片长约3.5 mm，被柔毛；花冠淡紫色或粉红色，长3～4 cm，被倒生柔毛，花冠管纤细，宽约1 mm，喉部稍内弯，檐部二唇形，上唇卵状椭圆形，顶端钝，下唇长圆形，顶端稍收缩，3浅裂；雄蕊2枚，伸出花冠外，花药线形，2室，药室平行，上下叠生；子房被柔毛。蒴果长1.2～1.3 cm，密被柔毛；种子近圆形，直径约2.5 mm。花期：夏、秋季。

产地：徐闻、阳春及海南海口、琼海、万宁、陵水、保亭、三亚、昌江、白沙。常生于低海拔地区的沟谷边或林下。

分布：江苏、福建、湖南、重庆、江西、贵州、云南。

6. 九头狮子草　（《植物名实图考》）　（图 76）

Peristrophe japonica（Thunb.）Bremek.

Dianthera japonica Thunb.

P. chinensis Nees

Dicliptera buergeriana Miq.

Dicliptera japonica（Thunb.）Makino

Dicliptera uraiensis Hayata

多年生草本，高达1.5 m。茎多分枝，具4～6钝棱和沟纹，被柔毛或疏毛。叶纸质，阔卵形至披针形，长2～12 cm，宽1～4 cm，顶端急尖、渐尖或尾尖，基部楔形，有时偏斜，全缘，具缘毛，干时黄褐色，被柔毛和钟乳体，侧脉每边5～7条；叶柄长0.5～3 cm，被柔毛。聚伞花序顶生或腋生；苞片卵形，通常不等大，长1～2.5 cm，宽0.5～1.5 cm，顶端急尖、渐尖或有渐尖头，具缘毛或无毛，羽脉明显；花萼裂片5，钻形，长约3 mm；花冠粉红色至微紫色，长2.5～3 cm，外疏生短柔毛，檐部二唇形，下唇3裂；雄蕊2枚，花丝细长，伸出花冠外；花药被长硬毛，2室，1上1下，通常下方的1室较小，2药室交错重叠部分远小于长度的1/2，线形。蒴果长1～1.2 cm，疏生短柔毛，上部具4颗种子，下部实心；种子有小疣状突起。

产地：博罗、广州、连山、南雄、怀集、乐昌、乳源、和平、始兴、连平及海南陵水、五指山。生于海拔800 m以下山谷、溪旁、灌丛中。

分布：河南、安徽、江苏、浙江、江西、福建、湖北、广西、湖南、重庆、贵州、云南。日本、越南、缅甸。

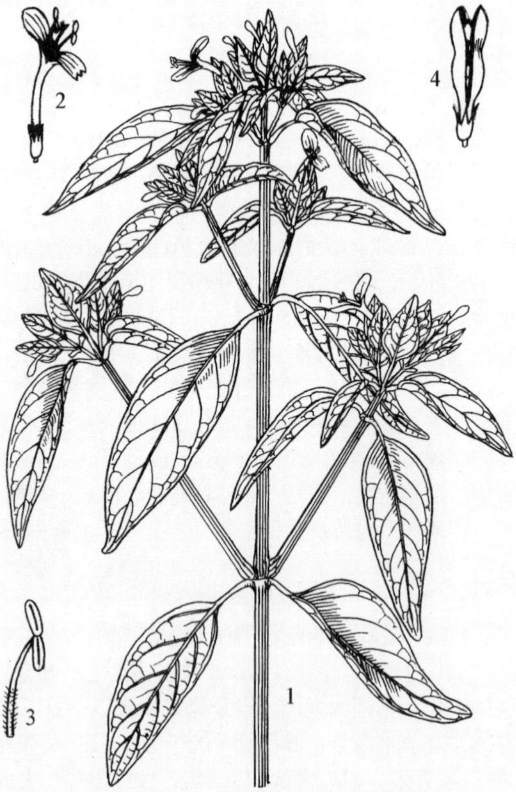

图 76　九头狮子草　**Peristrophe japonica**（Thunb.）Bremek.
1. 部分植株；2. 花；3. 雄蕊；4. 蒴果。（余汉平绘）

35. 灵 芝 草 属 **Rhinacanthus** Nees

直立草本或亚灌木，有时攀援状。叶全缘或浅波状。花无梗，1至数朵簇生，或为聚伞花序；苞片和小苞片短于花萼；花萼5深裂，裂片线状披针形；花冠管细长，圆筒状，喉部稍扩大，檐部二唇形，上唇线形或披针形，2浅裂，下唇长，伸展，3深裂，裂片覆瓦状排列；雄蕊2枚，着生于花冠喉部，比花冠裂片短，花药2室，药室叠生或一上一下，无附属物；花盘杯状；子房2室，每室有胚珠2颗，花柱细线状，柱头全缘或不明显2裂。蒴果棒状；种子每室2颗，近圆形，两侧压扁。

本属约15种，分布于亚洲、大洋洲、非洲的热带地区。我国产3种；广东及海南栽培1种。

灵芝草 （图 77）

Rhinacanthus nasuta（Linn.）Kurz

Justicia nasuta Linn.

多年生草本或亚灌木。茎稍粗壮，多分枝，密被短柔毛。叶椭圆形或卵状椭圆形，稀披针形，长2～10 cm，宽0.8～3 cm，顶端短渐尖或急尖，有时稍钝，基部楔形，全缘或稍呈浅波状，上面疏被柔毛或近无毛，下面密被柔毛；侧脉5～6对，斜升，不达叶缘；叶柄长0.5～1.5 cm。聚伞花序顶生或腋生；常二或三回分枝，密被短柔毛；苞片和小苞片长约1 mm；花萼内外面均被绒毛，裂片长约2 mm；花冠白色，长约2.5 cm，被柔毛，上唇线形，较下唇短，顶端常下弯，2浅裂，下唇3深裂约达中部，裂片倒卵形，近等大；雄蕊2枚，伸出花冠外，花丝无毛；花柱和子房被疏柔毛。蒴果长约2 cm，基部具实心短柄，被腺毛；种子近圆形，直径约2.3 mm，具小凸点。

产地：广州、阳春及海南海口。栽培。

分布：云南、广西、香港、台湾。印度、中南半岛和菲律宾。

用途：药用，根和叶捣烂与柠檬混合可治癣和其他的皮肤病，汁液可去汗疣，根可解毒蛇咬伤，枝、叶煎水服，治肺结核、咳嗽、高血压。

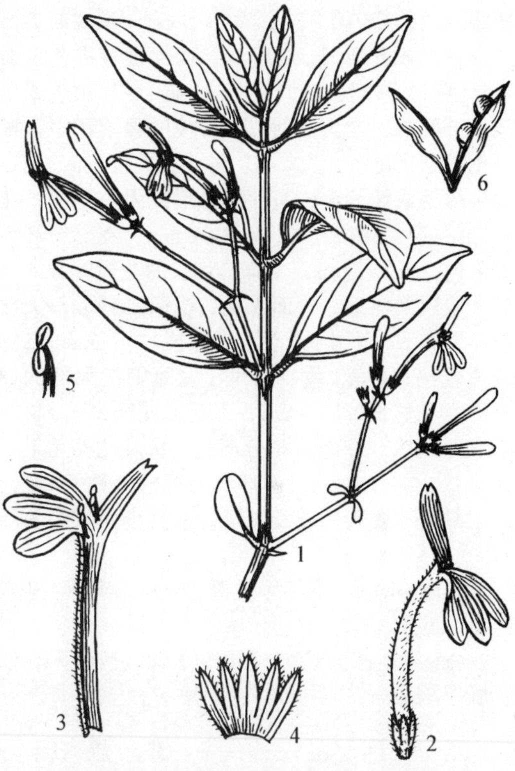

图 77 灵芝草 Rhinacanthus nasuta（Linn.）Kurz

1. 部分植株；2. 花；3. 花冠剖开，示雄蕊；4. 花萼展开；5. 雄蕊；6. 开裂的蒴果。（余汉平绘）

36. 叉 序 草 属 **Isoglossa** Oested.

亚灌木或草本。茎四棱形。叶同形或稍异形，对生，具柄和钟乳体。花排列成总状花序、聚伞花序或圆锥花序；苞片小，无小苞片；花萼5裂几至基部，裂片等大；花冠基部具圆柱形花冠管，向上扩大成漏斗形，檐部二唇形，扭转，上唇微凹，下唇3浅裂；雄蕊2枚，内藏，着生于花冠管上部，花丝无毛，花药2室，药隔伸长，药室椭圆形，平行，稍分离，不等高；子房2室，无毛，每室有胚珠2颗。蒴果棒状，基部实心具柄；种子4颗，近圆形，两侧压扁，表面有多数小凸点。

本属有50种，分布于热带亚洲和非洲。我国有2种；广东有1种。

叉序草 （《中国高等植物图鉴》） （图 78）

Isoglossa collina（T. Anders.）B. Hansen

Justicia collina T. Anders.

Dianthera collina（T. Anders.）C. B. Clarke

D. sinensis W. W. Sm.

Chingiacanthus patulus Hand.-Mazz.

多年生草本，高达1 m。茎圆柱形，基部匍匐生根，上部直立，嫩枝被微柔毛。叶卵形至卵状椭圆形，长3.5～11 cm，宽2～5 cm，顶端渐尖，基部楔形或近圆形，近全缘，两面被棕褐色短柔毛，侧脉6～7对；叶柄长1～3 cm。花序顶生或生于上部叶腋，常为多回二歧分枝的聚伞花序，稀退化成总状花序，长5～10 cm，宽3～8 cm，花序轴被腺毛或几无毛；苞片披针形，无小苞片；花萼5裂，裂片狭披针形，长4～7 mm；花冠粉红色或白色，长2～3 cm，基部具细长的花冠管，向上扩大成狭漏斗形，外面无毛，檐部二唇形，上唇卵形，微凹，下唇3浅裂，裂片长3～6 mm，二侧裂片较狭；雄蕊2枚，着生于花冠管扩大部的中上部，花丝长0.4～1 cm，无毛，花药2室，长约4 mm，等大，平行，稍分离；子房及花柱无毛。蒴果长1.2～1.4 cm，下部实心短柄；种子4颗，具粗糙而不规则的脊及皱褶，常具小而急尖的凸起。

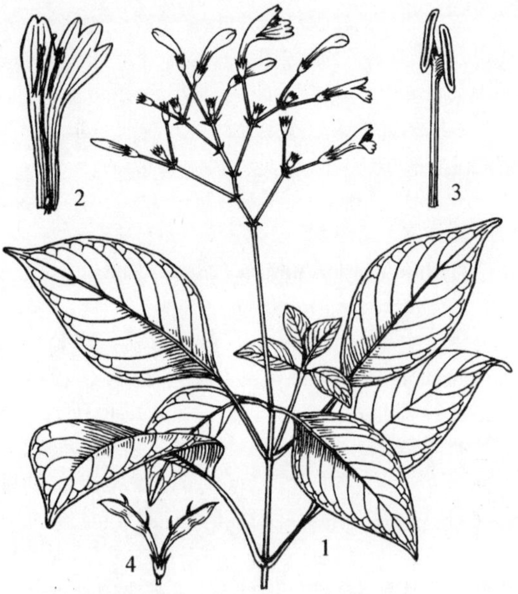

图 78 叉序草 Isoglossa collina（T. Anders.）B. Hansen
1. 部分植株；2. 花剖开，示雄蕊和雌蕊；3. 雄蕊；4. 蒴果。（余汉平绘）

产地：博罗、连平、乳源、连州、英德、乐昌、翁源、怀集、阳山、仁化。生于海拔400～1 200 m的山谷溪旁。

分布：江西、广西、湖南、云南、西藏。印度、缅甸、不丹。

37. 爵 床 属 **Justicia** Linn.

多年生草本或灌木，具钟乳体。叶无柄或具柄，全缘或具波状齿。穗状花序或穗状聚伞花序，有时组成圆锥花序；苞片各式；花萼4或5裂，裂片等大，稀不等大；花冠具明显花冠管，檐部二唇形，上唇不裂或2裂，下唇3裂；雄蕊2枚，花药2室，药室不等高或平行，或叉开，或斜生，常1室或全部具距状附属物。蒴果具柄，长倒卵形；种子2或4颗，着生于种钩上。

本属约600种，分布于热带地区。我国有约70种；广东及海南有12种，1亚种，其中7种常见栽培或归化。

1. 花萼5裂。
  2. 穗状花序顶生，稀腋生，分枝或不分枝。
    3. 苞片砖红色 ……………………………………………………………………… 1. 麒麟吐珠 J. brandgesana
    3. 苞片白色或绿色。
      4. 苞片白色，脉绿色 ………………………………………………………………… 2. 白苞爵床 J. betonica
      4. 苞片绿色。

5. 花序具长5 ~ 10 cm的总花梗 ……………………………………3. 鸭嘴花 J. adhatoda
5. 花序几无总花梗。
6. 花在花序上密集。
7. 叶椭圆形至倒卵形；苞片阔卵形或近圆形，长1 ~ 1.5 cm ……………… 4. 黑叶小驳骨 J. ventricosa
7. 叶狭披针形至披针状线形；苞片线状披针形，长约1 cm ……………… 5. 接骨草 J. gendarussa
6. 花在花序上彼此疏离。
7. 苞片长于花萼，扇形或倒卵形，顶端具1 ~ 3个尖头 ……………………6. 华南爵床 J. austrosinensis
7. 苞片短于花萼，卵形或椭圆形。
8. 叶基部心形或近截平 ……………………………………………7. 连山爵床 J. lianshanica
8. 叶基部楔形。
9. 叶基生成莲座状；侧脉7 ~ 8对 ……………………………8. 桂南爵床 J. austroguangxiensis
9. 叶茎生；侧脉4 ~ 6对 …………………………………………9. 南岭爵床 J. leptostachya
2. 花簇生于上部叶腋。
3. 叶线形或线状披针形。
4. 叶两面被毛，或背面沿脉上被柔毛 ……………………………10. 狭叶赛爵床 J. loheri
4. 叶两面无毛 ……………………………………………………11. 白节赛爵床 J. multinodis
3. 叶卵形或椭圆形。
4. 叶两面密被短硬毛 ……………………………………………12. 海南赛爵床 J. hainanensis
4. 叶无毛或被疏毛。
5. 叶小，通常长3 cm以下 ………………………………………13. 圆苞杜根藤 J. championii
5. 叶大，长3 cm以上。
6. 叶下面沿脉被柔毛 ……………………………………………14. 杜根藤 J. quadrifaria
6. 叶无毛。
7. 叶纸质，幼枝被柔毛，后无毛，花冠外面被毛 ………………15. 大叶赛爵床 J. albiviridis
7. 叶革质，幼枝无毛，花冠无毛 ………………………………16. 广西赛爵床 J. kwangsiensis
1. 花萼4裂。
2. 叶线形，宽2 ~ 4 mm ………………………………17. 两广线叶爵床 J. neolinerifolia subsp. liangkwangensis
2. 叶非线形，宽3 ~ 20 mm。
3. 矮小草本，高6 ~ 8 cm；叶无柄，披针形，宽约3 mm ……………………18. 矮爵床 J. demissa
3. 稍高草本，高15 ~ 30 cm；叶具柄，非披针形，宽约5 mm。
4. 叶椭圆形至椭圆状长圆形，长1.5 ~ 3.5 cm，宽1.3 ~ 2 cm ……………19. 爵床 J. procumbens
4. 叶卵形或近圆形，有时椭圆形，长0.7 ~ 1（~ 1.5）cm，宽约 5 mm ………… 20. 小叶散爵床 J. diffusa

1. 麒麟吐珠 别名：虾衣花 （《中国高等植物图鉴》） （图 79）

Justicia brandgesana Wassh et L. B. Smith

Calliaspidia guttata（Brandegee）Bremek.

Beloperome guttata Brandegee，non *J. guttata* Wall. 1830.

草本，高0.5 ~ 2 m，多分枝。茎圆柱状，被2行短硬毛。叶卵形，长2.5 ~ 7 cm，宽1 ~ 3 cm，顶端短渐尖，基部渐狭成细柄，全缘，两面被短硬毛。穗状花序紧密，稍弯垂，长6 ~ 9 cm；苞片砖红色，鲜艳，阔卵形，长1.2 ~ 2 cm，顶端急尖，被短柔毛；小苞片阔披针形至椭圆形，长0.8 ~ 1.3 cm，宽约0.5 cm；花萼白色，长约5 mm，被柔毛，5裂，裂片狭三角形；花冠白色，喉凸上有红色斑点，长约3.2 cm，檐部二唇形，深裂至中部，被短柔毛；雄蕊2枚，伸出花冠外，花药2室，1上1下。蒴果未见。

产地：广州、深圳及海南海口等地。栽培。

分布：原产墨西哥，现全世界热带和亚热带地区广泛栽培。

用途：观赏。

2. 白苞爵床　（《广州植物志》）

Justicia betonica Linn.

Adhatoda betonica（Linn.）Nees

Ecbolium betonica（Linn.）O. Ktze.

Nicoteba betonica（Linn.）Lindau

灌木，高达2 m。叶卵状披针形，长5～16 cm，宽2.5～4 cm，顶端渐尖，基部楔形，下延，全缘或具不明显锯齿，两面具钟乳体。穗状花序顶生，长5～18 cm，基部常分枝；总花梗长3～8 cm；苞片4列，覆瓦状排列，阔卵形，长1.2～2 cm，宽0.7～1.2 cm，白色，脉绿色，顶端锐尖；小苞片椭圆形，长1.2～1.6 cm，宽0.4～0.6 cm；花萼5裂，裂片长约4 mm，线状披针形，被毛；花冠淡红色，长约1.2 cm，外面被毛，花冠管长5～8 cm，绿白色，檐部二唇形，上唇阔卵形，长6～7 mm，2裂，下唇卵状长圆形，长约5 mm，宽7～9 mm，3裂，裂片卵状长圆形；雄蕊2枚，花药2室，下方1室基部具距。蒴果棒状，长约1.8 cm，被刚毛；种子4颗，圆形，直径4～8 mm，压扁，具皱纹。

产地：广州、深圳。栽培。

分布：印度、斯里兰卡和热带非洲。

用途：观赏。

图 79　麒麟吐珠　**Justicia brandgesana** Wassh et L. B. Smith

1. 部分植株；2. 花冠剖开，示雄蕊位置；3. 花萼展开；4. 雄蕊。（余汉平绘）

3. 鸭嘴花　（广州）　（图 80）

Justicia adhatoda Linn.

Adhatoda vasica Nees

A. zeylanica Medik.

Ecbolium adhatoda（Linn.）O. Ktze.

灌木，高达3 m；枝圆柱状，灰色，有皮孔，嫩枝被柔毛，后骤变无毛。叶纸质，卵形或椭圆状卵形，长15～20 cm，宽4.5～7.5 cm，顶端渐尖，有时尾状，基部阔楔形，全缘，上面近无毛，背面被微柔毛；侧脉约12对；叶柄长1.5～2 cm。穗状花序腋生，卵形或稍伸长，花密集；总花梗长5～10 cm；苞片卵形或阔卵形，长1～3 cm，宽0.8～1.5 cm，被微柔毛，覆瓦状排列；小苞片披针形，稍短于苞片；花萼5裂，裂片长圆状披针形，长约8 mm；花冠白色或粉红色，内面有紫色或粉红色条纹，长2.5～3 cm，被柔毛，花冠管卵形，长约6 mm，檐部二唇形，上唇直立，顶端2浅裂，下唇伸展，宽大，3深裂，中裂片近圆形，侧裂片卵形，裂片在芽时覆瓦状排列；雄蕊2枚，伸出花冠外，花丝粗壮，基部被白色绵毛，花药2室，等大，椭圆形，下方1室基部常有球形附属物，上方1室附属物不明显；柱头单一。蒴果近木质，长约0.5 cm，基部具实心短柄状，无毛；种子4颗，压

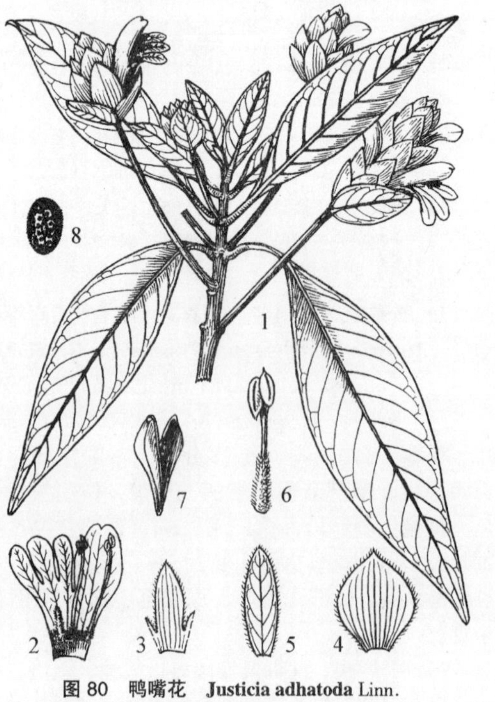

图 80　鸭嘴花　**Justicia adhatoda** Linn.

1. 花枝；2. 花冠剖开，示雄蕊；3. 花萼裂片；4、5. 苞片；6. 雄蕊；7. 蒴果；8. 花粉粒。（余汉平绘）

扁，圆形。

产地：潮州、广州、乐昌、连州、清远、韶关及海南海口、儋州。栽培或逸为野生。

分布：广西、云南、香港、四川栽培或逸生。原产印度，世界热带各地广泛栽培。

用途：广西民间用于治跌打、刀伤等。

4. 黑叶小驳骨 （《中国植物志》） 别名：黑叶爵床 （《广州常见经济植物》）、大驳骨 （图81）

Justicia ventricosa Wall.

Gendarussa ventricosa (Wall.) Nees

Petalanthera punctata Rafin.

Adhatoda ventricosa (Hook.) Nees

多年生草本或亚灌木，高达1 m，除花序外全株无毛。叶纸质，椭圆形或倒卵形，长10～17 cm，宽2～6 cm，顶端短渐尖或急尖，基部渐狭，全缘，干时草黄色或绿黄色，常有颗粒状隆起；中脉粗大，上面稍凸起，背面呈半柱状凸起，侧脉6～7对；叶柄长0.5～1.5 cm。穗状花序顶生，密花；总花梗短；苞片覆瓦状排列，阔卵形或近圆形，长1～1.5 cm，宽约1 cm，被微柔毛；小苞片小；花萼5裂，裂片披针状线形，长约3 mm；花冠白色或粉红色，长1.5～1.6 cm，檐部二唇形，上唇长圆状卵形，下唇3浅裂；雄蕊2枚，伸出花冠外，花药2室，近等大，下方1室基部具小突起状附属物。蒴果长约8 mm，被柔毛。花期：冬季。

产地：深圳、博罗、广州、清远、肇庆、新会、信宜、阳江、云浮、中山及海南儋州、文昌。生于村旁的疏林下或灌丛中。

分布：香港、广西、云南。越南、缅甸、泰国、印度。栽培或逸生。

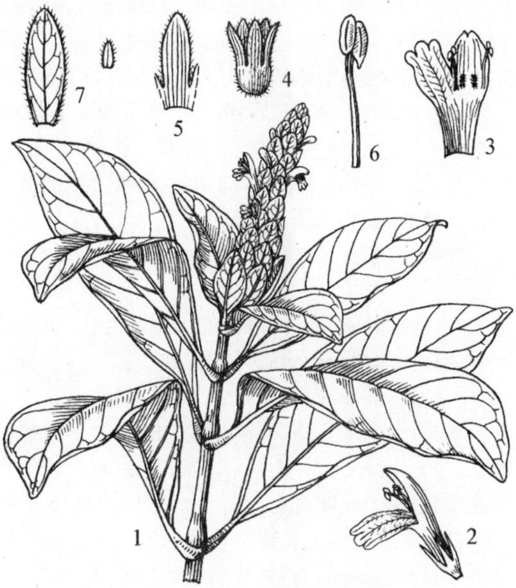

图 81 黑叶小驳骨 **Justicia ventricosa** Wall.

1. 部分植株；2. 花；3. 花冠展开，示雄蕊；4. 花萼；5. 花萼裂片；6. 雄蕊；7. 苞片和小苞片。

（余汉平绘）

用途：全草入药，有续筋接骨、祛风湿之效，可治骨折、跌打扭伤、关节炎、慢性腰腿痛等。也供观赏。

5. 接骨草 （《海南植物志》） 别名：接骨木、驳骨丹、裹篱樵（梅县）、百节芒（茂名）、小驳骨 （《中国高等植物图鉴》）

Justicia gendarussa Burm. f.

Gendarussa vulgaris Nees

Ecbolium gendarussa (Burm. f.) O. Ktze.

多年生草本或亚灌木，高约1 m。茎圆柱形，节膨大，嫩枝常深紫色。叶纸质，狭披针形至披针状线形，长5～10 cm，宽0.5～1.5 mm，顶端渐尖，基部渐狭，全缘；侧脉6～8对，深紫色或有时半透明；叶柄长0.1～1 cm。穗状花序顶生，花密集，在基部稍间断；苞片对生，在花序下部的1或2对叶状，长于花萼，上部的小，线状披针形，比花萼短，其内具2至数朵花；花萼5裂，裂片披针状线形，长约4 mm，无毛或被疏柔毛；花冠白色或粉红色，长1.2～1.4 cm，檐部二唇形，上唇长圆状卵形，2浅裂，下唇3浅裂；雄蕊2枚，伸出花冠外，花药2室，基部叉开，药室卵形，不等大，下方1室稍大，基部具芒状附属物。蒴果长1.2 cm，无毛。花期：春季。

产地：五华、深圳、广州、惠东、顺德、中山、珠海、佛冈、肇庆、高州、徐闻及海南白沙、昌江、澄迈、东方、陵水、三亚、万宁。见于村旁或路边灌丛中，有时栽培。

分布：台湾、福建、广西、云南。亚洲热带地区。野生或栽培。

用途：观赏、药用。据《广州植物志》载："味辛，性温，治风邪，理跌打；梅县群众则摘取其茎叶煎水，趁热洗患处，闻有舒筋活络之效"。

6. 华南爵床　（《广西植物》）

Justicia austrosinensis Lo et D. Fang

Mananthes austrosinensis（Lo et D. Fang）C. Y. Wu et C. C. Hu

草本，高40～70 cm。叶卵形、阔卵形或近椭圆形，稀长圆状披针形，长5～10（～15）cm，宽2～5 cm，顶端渐尖，基部楔形，全缘或有粗齿，上面散生硬毛，下面沿中脉和侧脉上被硬毛，侧脉约5对；叶柄长0.5～1 cm。穗状花序腋生或顶生，密花或有时间断；苞片扇形或阔卵形，长5～7 mm，宽6～9 mm，顶端有1或3个短尖头，每苞片内常有1～2朵花；花萼5裂，裂片长约4 mm；花冠黄绿色，长约1 cm，外被柔毛，檐部二唇形，上唇微缺，下唇3浅裂，有喉凸；雄蕊2枚，伸出花冠外，花药2室，药室不等大，下方1室有距。蒴果棍棒状，长约1.2 cm，基部实心，外面被短柔毛；种子4颗。花期：5～6月。

产地：和平、高要、梅州、大埔、始兴、南雄、英德、乐昌、连州、连山和连南。生于海拔300～1 000 m的山谷溪旁灌丛中。

分布：江西、贵州、广西、云南。

7. 连山爵床　（《广西植物》）　别名：广东野靛棵　（《植物研究》）

Justicia lianshanica（Lo）Lo

Mananthes lianshanica Lo

草本，高约30 cm。茎匍匐生根，常不分枝，具2条纵沟槽，沿槽被2列短柔毛，后变无毛。叶薄纸质，卵形，长3.5～14 cm，宽2～6 cm，顶端钝，基部浅心形或近截平，边缘近全缘或浅波状，两面无毛或沿脉疏被柔毛，密布短针状钟乳体，侧脉7～8对，在背面稍凸起，近叶缘处连结；叶柄长1.5～3.5 cm，被柔毛。穗状花序顶生，长3～6 cm，不分枝，密被柔毛，总花梗长4～5 cm；苞片钻状披针形，长3～4 mm，每1苞片内具花1朵，稀2朵；小苞片卵状披针形，长2～3 mm，被柔毛；花萼5深裂几达基部，裂片近披针形，长约3 mm，宽约0.7 mm，被腺毛；花冠黄色，具紫色斑点，外面被腺毛，花冠管基部圆柱形，向上逐渐扩大，檐部二唇形，上唇直立，三角形，长约2 mm，顶端2浅裂，下唇伸展，长约3.5 mm，顶端3浅裂，裂片圆形，长约1 mm；雄蕊2枚，着生于喉部，花丝长约3 mm，无毛，花药2室，药室卵形，下方1室有距；子房2室，花柱长约9 mm，柱头钝，2浅裂。果实未见。

产地：德庆、怀集、连山、封开。生于海拔550 m的疏林中石上。

分布：广西。

8. 桂南爵床　（《广西植物》）

Justicia austroguangxiensis H. S. Lo & D. Fang

Mananthes austroguangxiensis（H. S. Lo & D. Fang）C. Y. Wu & C. C. Hu

草本，高40～70 cm。茎短缩，节密集。叶在茎上呈莲座状排列，倒卵形或倒卵状椭圆形，稀椭圆形，长6～15 cm，宽3～7 cm，顶端短渐尖，基部狭楔形，下延至叶柄，全缘，无毛，上面密布点状钟乳体，侧脉7～8对，近叶缘处弧曲；叶柄长1～3 cm。穗状花序腋生，长5～35 cm，间断；苞片和小苞片三角形，稀长三角形，长1～2 mm；花萼长2 mm，5裂，裂片钻形；花冠淡黄绿色，长8～9 mm，外面疏被柔毛，檐部二唇形，上唇微凹，下唇3浅裂，中裂片宽于侧裂片；雄蕊2枚，花药2室，下方1室有距。

产地：广州。栽培。

分布：广西。

用途：观赏。

9. 南岭爵床　（新拟）　别名：南岭野靛棵　（《植物研究》）　（图82）

Justicia leptostachya Hemsl.

Mananthes leptostachya (Hemsl.) H. S. Lo

草本，高0.3～1 m。茎四棱形，节间被2列柔毛。叶纸质，卵状披针形，长10～15 cm，宽5～7 cm，顶端长渐尖，基部宽楔形，全缘或具不明显的波状齿，上面被疏柔毛，背面沿脉被柔毛，侧脉4～6对，明显弧曲；叶柄长1～2 cm。穗状花序顶生，基部分枝或不分枝，花序轴被疏柔毛，花小，长4～5 mm；苞片和小苞片小，短于花萼；花萼5裂几至基部，裂片近相等，狭披针形或近线形，长约为花冠长的1/2；花冠外面被疏柔毛，檐部二唇形，分裂至花冠的中部，上唇长圆形，顶端钝，不裂，直立，下唇内面具淡紫红色条纹，3浅裂，裂片圆；雄蕊2枚，花丝无毛，花药2室，下方1室基部明显具距；子房无毛，花柱丝状，内藏，无毛。蒴果棍棒状，被微柔毛，长约1.2 cm；种子4颗，深暗棕色，稍粗糙。

产地：乐昌、连州、乳源、阳山。生于海拔300～800 m的山谷溪旁石上。

分布：广西、湖南、云南。

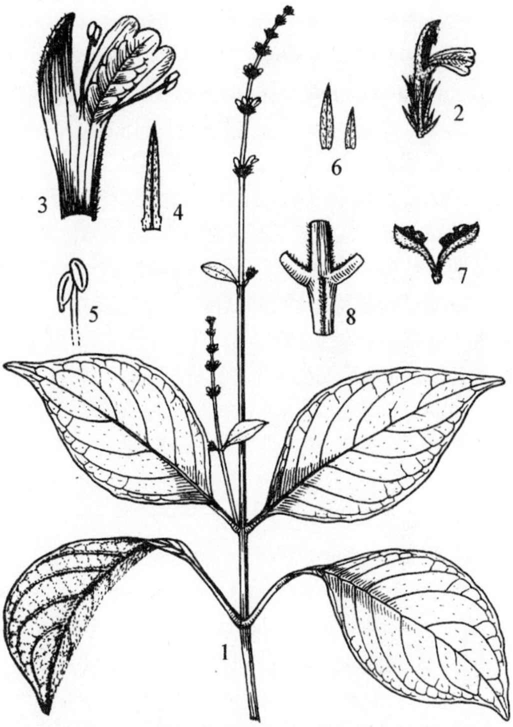

图82. 南岭爵床 Justicia leptostachya Hemsl.
1. 部分植株；2. 花；3. 花冠展开；4. 花萼裂片；5. 雄蕊；6. 苞片和小苞片；7. 开裂的蒴果；8. 一段幼茎。（余汉平绘）

10. 狭叶赛爵床 （《海南植物志》）

Justicia loheri Clarke

Calophanoides loheri (Clarke) Bremek.

亚灌木。茎下部稍木质，略斜倚，节上常生纤细须根，分枝多，当年生枝纤细，干时黑褐色，有沟纹或稍具棱，被短柔毛，节间通常长1 cm以上。叶纸质，线形至披针状线形，长1.5～3.5 cm，宽2～8 mm，两端渐尖，基部楔形，全缘，干时稍反卷，两面被稀疏短硬毛或仅在背面沿脉被短柔毛；侧脉约4对，在背面明显；叶柄短或近无柄。花腋生，具短梗，单生或2～3朵簇生；苞片披针形或近匙形，长4～6 mm；小苞片钻形，长约1 mm；花萼5裂，裂片披针状线形，长约5 mm，边缘半透明，在背面沿脉被短柔毛；花冠白色，长约8 mm，被短柔毛，檐部二唇形，上唇三角形，顶端2浅裂，下唇3裂，裂片三角形，急尖；雄蕊2枚，花药2室，下方1室基部具距。蒴果长约5 mm。花期：夏季。

产地：海南白沙。生于溪旁的石上。

分布：菲律宾。

11. 白节赛爵床 （《海南植物志》）

Justicia multinodia R. Ben

Calophanoides multinoids (R. Ben) C. Y. Wu & H. S. Lo

亚灌木。茎短，常具瘤状结节，分枝多，丛生或稍作披散状，仅节上生簇毛。叶厚纸质，线形或匙状线形，稀倒披针形，长0.8～2.5（～4.3）cm，宽2～3（～5）mm，顶端钝或圆，稀短渐尖，基部楔形，渐狭，边缘反卷，背面有明显增厚的边缘，干时褐黄色，两面无毛；侧脉不明显；叶柄极短或近无柄。花腋生，具短梗，单生或2～3朵簇生；苞片匙形，长约4 mm，无毛；小苞片线形，长约1 mm，无毛；花萼5裂，裂片线形，长4～5 mm；花冠白色，长约7 mm，外面被短柔毛，檐部二唇形，上唇近三角形，上端收狭，浅2裂，下唇阔大，基部收缩呈爪状，顶端3裂，中裂片较大，近圆形，侧裂片较小，长圆形；雄蕊2枚，花丝基部被柔毛，花药2室，下方1室基部具距。蒴果长约5 mm，无毛。花期：夏季。

产地：海南三亚、琼海、陵水、保亭、琼中。常生于低海拔山溪边的石上。

分布：越南和老挝。

12. 海南赛爵床 （《海南植物志》）

Justicia hainanensis（C. Y. Wu et H. S. Lo）N. H. Xia et Y. F. Deng

Calophanoides hainanensis C. Y. Wu & H. S. Lo

草本，高约1 m。茎近圆柱形，密被短硬毛，干时变黑色，节间延长，具5条纵沟。叶厚纸质，卵形或披针状卵形，顶端渐尖，基部阔楔尖或近圆形，全缘，长0.5 ~ 3 cm，宽0.5 ~ 1.8 cm，两面密被短硬毛，干时上面黑色，背面黄褐色，中脉在上面稍隆起，在背面凸起，侧脉3 ~ 5对，弧曲上升；叶柄长2 ~ 5 mm。花白色，近无梗，腋生，通常单生或有时2 ~ 3朵簇生；苞片圆形或近圆形，直径2 ~ 3 mm，基部具柄；小苞片小；花萼长约4.5 mm，被短硬毛，5深裂，裂片线状披针形；花冠长约6 mm，外面密被柔毛，花冠管稍扩大，檐部二唇形，上唇直立，三角形，顶端收缩，微凹，下唇伸展，3浅裂；雄蕊2枚，着生于喉部，花丝长约3 mm，花药2室，下方1室基部具尾状附属物；子房近卵形，长约1 mm，无毛，花柱长约3 mm。蒴果近卵形，长约6 mm，无毛；种子4颗，阔卵形，两侧压扁，高约0.6 mm，具瘤状小凸点。花期：夏季。

产地：海南特产，见于乐东和东方。生于中海拔密林下。

13. 圆苞杜根藤 （《云南种子植物名录》）

Justicia championii T. Anders.

Adhatoda chinensis Champ., non *J.* chinensis Linn.

J. chinensis（Champ.）Druce, 1914, non Linn. 1753, nec Vahl 1791.

Calophanoides chinensis（Champ.）C. Y. Wu et H. S. Lo ex C. C. Hu

J. chinensis（Champ.）Q. H. Chen

草本，高达50 cm。叶椭圆形至长圆状披针形，长2 ~ 3 cm，宽1 ~ 3 cm，顶端略钝至渐尖，基部楔形，全缘。花1至数朵簇生于叶腋；苞片叶状，圆形、倒卵状匙形，长6 ~ 8 mm，具羽状脉，基部具短柄；小苞片无或小，钻形、三角形，被黄色微柔毛；花萼5裂，裂片线状披针形，长约7 mm，被微柔毛；花冠白色，外被微柔毛，长0.8 ~ 1.2 cm，檐部二唇形，上唇微凹，下唇3浅裂；雄蕊2枚，花药2室，下方1室有距。蒴果长约8 mm，基部具实心短柄；种子4颗，表面具疣状突起。

产地：博罗、德庆、珠海及海南三亚。生于海拔700 m以下山谷溪旁石上。

分布：香港、安徽、江西、浙江、福建、广西、湖南、湖北、四川、云南。

14. 杜根藤 （《植物名实图考》）

Justicia quadrifaria（Nees）T. Anders.

Calophanoides quadrifaria（Nees）Ridl.

Gendarussa quadrifaria Nees

Adhatoda quadrifaria Nees

A. zollingeriana Nees

草本，高0.3 ~ 1 m。茎基部匍匐，节上生根，上部直立，四棱形，具沟槽，幼时被短柔毛，后变无毛。叶长圆形或披针形，长3 ~ 8 cm，宽1 ~ 3.5 cm，顶端短渐尖，基部狭楔形，边缘具疏齿，上面无毛，下面沿脉被柔毛，干时黄褐色；叶柄长0.4 ~ 1.5 cm。花腋生，单生或数朵簇生；苞片卵形或倒卵形，长约8 mm，宽约5 mm，基部具3 ~ 4 mm的柄，具羽状脉，两面疏被短柔毛；小苞片线形，长约1 mm，无毛；花萼5裂，裂片线状披针形，被微柔毛，长5 ~ 6 mm；花冠白色，具红色斑点，外面被疏柔毛，檐部二唇形，上唇直立，2浅裂，下唇开展，3浅裂；雄蕊2枚，花药2室，下方1室基部具距。蒴果长约8 mm，无毛；种子无毛，被小瘤状凸起。

产地：博罗、从化、德庆、肇庆（鼎湖）、封开、佛冈、和平、怀集、乐昌、乳源、深圳、阳山、珠海及海南保亭、三亚。生于海拔200 ~ 800 m的山谷林下、溪旁的石上。

分布：云南、广西、重庆、湖北。印度、缅甸、泰国、越南、印度尼西亚。

15. 大叶赛爵床 （《海南植物志》）

Justicia alboviridis R. Ben.

Calophanoides alboviridis（R. Ben）C. Y. Wu & H. S. Lo

多年生草本，高约50 cm。茎直立或稍外倾；嫩枝四棱形，有沟槽4条，被2列短柔毛，老枝近圆柱形，有沟槽，无毛。叶纸质，卵形或披针形，长3～9 cm，宽1.5～4 cm，顶端短渐尖，基部稍偏斜，楔形或近圆形，近全缘，干时暗灰色，两面无毛；中脉在上面凹下，侧脉4～5对，弧曲上升；叶柄长3～8 mm。花腋生，单生或有时簇生；花萼5裂，裂片披针状线形，长4 mm，下面散生针形钟乳体，沿脉被短柔毛；花冠白色或绿白色，长8～9 mm，被短柔毛，檐部二唇形，上唇长三角形，2浅裂，下唇阔大，顶端3裂，裂片顶端钝；子房顶部和花柱基部被短硬毛。蒴果长约7 mm，无毛；种子淡黄色，有乳头状小凸点。花期：夏、秋季。

产地：海南三亚、琼中、保亭。生于中海拔的潮湿山谷。

分布：越南北部。

16. 广西赛爵床 （《植物分类学报》）

Justicia kwangsiensis（H. S. Lo）H. S. Lo

Calophanoides kwangsiensis H. S. Lo

直立亚灌木。茎粗壮，近圆柱形，具沟槽，无毛，密生小点状凸起。叶革质，卵形，长3～9 cm，宽1～4 cm，顶端渐尖，稀短尾尖，基部楔形，全缘，无毛，密被点状、白色钟乳体，侧脉约5对，在背面明显突起；叶柄短于1 cm。花1～3朵簇生于叶腋；苞片近圆形，直径4～5 mm，外面密被点状、白色钟乳体；花萼长约5 mm，外密被点状、白色钟乳体，5深裂几至基部，裂片狭披针形；花冠白色，长约7 mm，檐部二唇形，上唇三角形，2浅裂，下唇3浅裂；雄蕊2枚，花丝无毛，花药2室，下方1室基部具距。蒴果纺锤形，长约8 mm，无毛；种子4颗，黄褐色，表面具瘤状突起。

产地：阳春。生于海拔150 m以下的石灰岩石山灌丛。

分布：广西。

17. 两广线叶爵床 （《植物分类学报》）

Justicia neolinearifolia subsp. **liangkwangensis**（H. S. Lo）N. H. Xia & Y. F. Deng

J. linearifolia subsp. *liangkwangensis*（H. S. Lo）H. S. Lo

Rostellularia linearifolia subsp. *liangkwangensis* H. S. Lo

草本，高约20 cm，无毛。叶线形，长3～5cm，宽2～4 mm，顶端钝，基部钝，全缘，叶脉不明显，两面无毛；叶柄极短，近于无。穗状花序顶生，长2～5 cm；花序轴被柔毛；苞片卵形，长约2 mm，宽约1 mm，无毛；小苞片披针形，长约3 mm，宽约1 mm，无毛；花萼4裂，裂片狭披针形，长约5 mm，宽约1 mm，无毛；花冠长约8 mm，檐部二唇形，上唇微凹，下唇3浅裂；雄蕊2枚，花药2室，下方1室基部具距。蒴果长约8 mm；种子4颗，表面具瘤状突起。

产地：廉江。生于溪旁。

分布：广西、云南。

18. 矮爵床 （《海南植物志》）

Justicia demissa N. H. Xia & Y. F. Deng

Rostellularia humilis H. S. Lo non，*Justicia humilis* Michaux

矮小直立草本，高6～8 cm，近基部分枝，干时褐色，全株无毛。茎四棱形，常膝曲。叶无柄，稍厚，披针形至狭披针形，长1～2 cm，宽约3 mm，顶端钝，钟乳体纤细，不明显。穗状花序顶生，长2～4.5 cm，与茎等长或稍长，稠密多花，宽约5 mm；宿存苞片和小苞片均线状披针形，长约3 mm，边缘膜质；花萼5裂，裂片近线形，长约5 mm，具膜质边缘，钝头。蒴果长约6 mm，无毛。

产地：海南特产，见于儋州。

19. 爵床　（《本草经》）　（图 83）

Justicia procumbens Linn.

Ecbolium procumbens (Linn.) O. Ktze.

Rostellularia procumbens (Linn.) Nees

R. trichochila Miq.

草本。茎基部匍匐，上部直立，高20～50 cm，常具短硬毛。叶椭圆形至椭圆状长圆形，长1.5～3.5 cm，宽1.3～2 cm，顶端锐尖或钝，基部阔楔形或近圆形，全缘，两面常被硬毛；叶柄长3～5 mm，被短硬毛。穗状花序顶生或生于上部叶腋，长1～3 cm，宽0.5～1.2 cm；苞片和小苞片披针形，长4～5 mm，被缘毛；花萼裂片4，裂片线形，约与苞片等长，有膜质边和缘毛；花冠粉红色或白色，长约7 mm，檐部二唇形，上唇微凹，下唇3浅裂；雄蕊2枚，花药2室，下方1室有距。蒴果长约5 mm，基部具实心短柄；种子4颗，表面具瘤状突起。

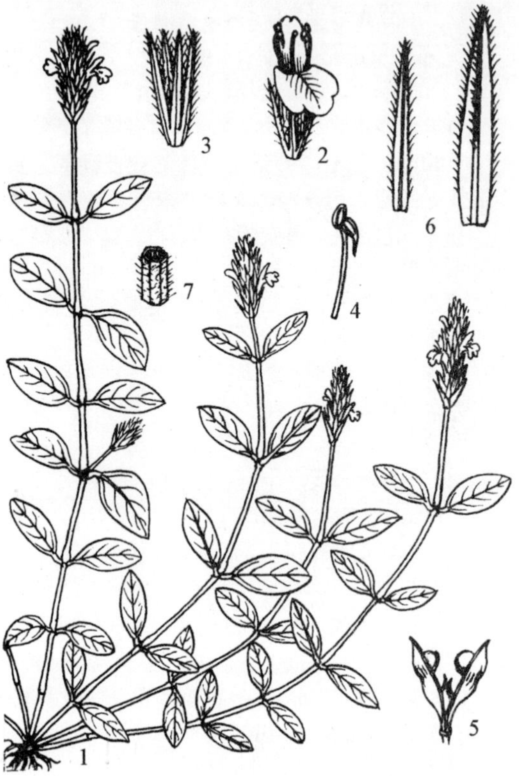

图 83　爵床　**Justicia procumbens** Linn.

1. 植株；2. 花；3. 花萼；4. 雄蕊；5. 开裂的蒴果；6. 苞片；7. 茎一段，示毛被。（余汉平绘）

产地：潮阳、大埔、平远、蕉岭、汕头、汕尾、陆丰、和平、河源、新丰、惠东、惠阳、南澳、深圳、博罗、龙门、广州、始兴、乐昌、翁源、乳源、南雄、连南、连州、阳山、英德、肇庆、封开、高州、台山、徐闻、阳春、阳江、郁南、云浮、珠海及海南乐东、琼山、保亭、陵水、三亚。生于路旁、灌丛、草丛，为常见杂草。

分布：河北、陕西、河南、湖北、安徽、浙江、江苏、福建、江西、香港、澳门、广西、湖南、贵州、重庆、四川、云南、西藏。亚洲东南部至澳大利亚。

用途：药用。

20. 小叶散爵床　（《海南植物志》）

Justicia diffusa Willd.

Rostellularia diffusa (Willd.) Nees

J. diffusa var. *prostrata* Roxb. ex C. B. Clarke

R. diffusa var. *prostrata* (Roxb. ex C. B. Clarke) H. S. Lo

R. prostrata (Roxb. ex C. B. Clarke) Bremek.

披散草本，高15～30 cm。茎四棱柱形，稍被短柔毛。叶卵形或近圆形，有时椭圆形，长0.7～1 cm，稀达1.5 cm，两面均具排列规则的粗大钟乳体，被硬毛；叶柄短。穗状花序顶生，长2.5～5 cm，宽约4 mm，被毛；苞片线状披针形，长约3 mm，被硬毛；小苞片披针形，被硬毛；花萼4裂，裂片线状披针形，长约4 mm，被硬毛；花冠长约6 mm；雄蕊2枚，花药2室，下方1室具距。蒴果长3～4 mm，被柔毛；种子近平滑。花期：春季。

产地：海南保亭、白沙、三亚、东方、万宁、昌江、琼中。生于溪旁、草地、沙地。

分布：广西、台湾、福建。日本、印度、泰国、斯里兰卡和越南。

泽 泻 科 Alismataceae

多年生，极少一年生水生或泽生草本，具根状茎、匍匐茎或球茎，有的有珠芽。单叶，常基生，挺水、浮水或沉水，形状多样，挺水叶条形、披针形、卵形、箭形或戟形，浮水叶多为卵形、椭圆形或圆形，沉水叶为线形或条形，全缘，平行脉；叶柄基部扩大为鞘状。总状花序、圆锥花序，或由伞形花序组成大型圆锥花序，稀为单花；花两性、单性或杂性，辐射对称，常轮生于总花梗上；萼片3，绿色，宿存；花瓣3，通常为白色，早落；雄蕊6至多枚，少为3枚，轮生，花药2室，外向，纵裂；子房上位，心皮离生，6至多数，轮生成一环，密集成球形或半球形，胚珠通常1颗；花柱宿存，顶生或侧生。聚合果中离生小果为瘦果，极少为蓇葖果；种子通常褐色、深紫色或紫色；胚马蹄形，无胚乳。

本科有12属，约80种，广布于全球，尤其是北半球。我国有4属，约20种；广东及海南有3属，8种，栽培1种，1变种。

1. 花单性或杂性；心皮多数，密集成球形 ……………………………… 1. 慈姑属 Sagittaria
1. 花两性；心皮6至多数，轮生成一环或聚合成半球形。
  2. 叶扁圆形，宽大于长；心皮聚合成半球形；果背部无沟 ……………………… 2. 泽苔草属 Caldesia
  2. 叶披针形、卵形至椭圆形，宽小于长；心皮轮生成一环；果背部具1～2沟 ……………… 3. 泽泻属 Alisma

1. 慈 姑 属 Sagittaria Linn.

水生草本，具根状茎、匍匐茎或球茎，有珠芽。叶沉水、浮水或挺水；挺水叶条形、披针形、深心形、箭形或戟形，沉水叶线形。总状花序或圆锥花序，常3朵花排成一轮，基部具3枚苞片；花单性或杂性，雄花或两性花位于上部，花梗细长，雌花或两性花位于下部，花梗粗短或无梗；雌雄花花被相似；萼片3，绿色，花后反折或包裹心皮；花瓣3，常白色，花后凋落；雄蕊6至多枚，花丝不等长，花药黄色，稀紫色；心皮多数，离生，密集成球形，有胚珠1颗；花柱顶生或侧生，宿存。聚合果中小瘦果两侧压扁，边缘通常具翅，有顶生或侧生的喙尖（宿存的花柱）。

本属约20种，广布于热带和温带地区。我国有7种，1亚种，除西藏等少数地区无记录外，其他各省区均有分布；广东及海南有5种，1变种，1变型。

本属部分植物为重要的水生经济植物，慈姑（S. trifolia var. sinensis）的球茎供食用，矮慈姑（S. pygmaea）全草入药，欧洲慈姑（S. sagittifolia）和野慈姑（S. trifolia）可供观赏，还有的可作饲料。

1. 植株较粗壮；叶箭形或深心形。
  2. 浮水植物，浮水叶基部深心形 ……………………………… 1. 冠果草 S. guyanensis subsp. lappula
  2. 挺水植物，叶箭形或戟形。
    3. 花萼花后不反折，包裹心皮或果的一部分；瘦果长6～7 mm，腹部无翅；叶腋内具珠芽 … 2. 利川慈姑 S. lichuanensis
    3. 花萼花后反折，不包裹心皮；瘦果长4～5 mm，背腹部均具翅；叶腋内无珠芽。
      4. 花序分枝少，最下面一轮通常1～2分枝，雌花通常0～3轮；球茎无或小，最长2～3 cm；叶箭形，顶裂片宽0.8～6 cm，顶端渐尖；野生植物。
        5. 叶不为飞燕状，叶裂片较宽，顶裂片宽1.5～6 cm ……………………… 3. 野慈姑 S. trifolia
        5. 叶为飞燕状，叶裂片窄，条形或线形，顶裂片宽0.5～1 cm ……………… 3a. 长瓣慈姑 f. longiloba
      4. 花序分枝较多，最下面一轮通常3分枝，雌花通常5～8轮；球茎长5～9 cm；叶戟形，肥大，顶裂片宽9～16 cm，顶端钝；栽培植物 ……………………………… 3b. 慈姑 var. sinensis
1. 植株较细小；叶条形，或同时有箭形和披针形。

2. 叶披针形和箭形，具柄 ……………………………………………………………………… 4. 小慈姑 S. potamogetifolia
2. 叶条形，无柄 ………………………………………………………………………………5. 矮慈姑 S. pygmaea

1. 冠果草　（《海南植物志》）

Sagittaria guyanensis subsp. **lappula**（D. Don）Bojin

S. lappula D. Don

Lophotocarpus guyanensis（H. B. K）Smith

多年生簇生草本。浮水叶卵形或阔卵形，长2～6 cm，宽1～4 cm，顶端圆钝，末端稍尖，基部深心形；沉水叶条形或披针形；叶柄长10～20 cm或更长。花葶高8～25 cm；总状花序长2～15 cm，具花2～5轮，每轮3朵花；苞片3枚，近基部合生；花杂性，两性花常生于花序下部1～3轮，花梗粗短，长1～1.5 cm；雄花生于花序上部，花梗细弱，长2～5 cm；萼片卵形，长5～9 mm，宽3～6 mm或更大，宿存，花后不反折，包裹果下部；花瓣白色，基部淡黄色，偶有基部具紫色斑点，倒卵形，与萼片大小近相等或略大，早落；雄蕊6至多枚，花药椭圆形；心皮多数，离生，两侧压扁，花柱自腹侧斜向上。聚合果球形，直径约1 cm；瘦果稍隆起，倒卵形或椭圆形，长2～3 mm，宽1.5～2.5 mm，基部具短柄，背腹部具膜质翅，翅上有鸡冠状齿裂，具侧生的喙尖；种子褐色，长1～1.5 mm。花期：5～9月；果期：6～11月。

产地：德庆及海南三亚、澄迈、保亭。生于海拔60～200 m的水塘、湖泊浅水区及沼泽、水田、沟渠等水域。

分布：安徽、浙江、江西、福建、台湾、湖北、湖南、广西、贵州、云南。尼泊尔、印度、柬埔寨、越南、泰国、马来西亚及非洲热带地区。

2. 利川慈姑

Sagittaria lichuanensis J. K. Chen, et al.

S. wuyiensis J. K. Chen

多年生沼生挺水草本。茎直立，无匍匐枝。叶基生，挺水，箭形，长约15 cm，顶裂片长5～8 cm，宽2～4 cm，具7～9条主脉，侧裂片长6～9 cm，顶端渐尖；叶柄长26～40 cm，基部鞘状，每鞘内具珠芽3～11枚。花葶直立，挺水，高32～60 cm；圆锥花序长15～28 cm，有花4至多轮，每轮有花3或2朵，最下一轮有分枝；苞片3，披针形，分离或近基部合生；花单性，雌花位于下部，通常1轮，稀2轮，花梗粗；雄花位于上部，多轮，花梗细；萼片3，卵形，长约7 mm，宽约4 mm，宿存，花后不反折，紧包心皮至顶部；花瓣白色，近圆形，长6～7 mm，宽约5 mm；雄蕊15～18枚，花丝粗短，长1～1.2 mm，花药长约2 mm；心皮多数，具侧生花柱。聚合果直径6～8 mm，瘦果背部具窄翅，腹部无翅。花、果期：7～8月。

产地：仁化。生于山间盆地、沟谷浅水、湿地，偶在山区水田中可见。

分布：江苏、浙江、湖北、江西、福建。

3. 野慈姑　（《中国植物志》）

Sagittaria trifolia（Sims）Makino

S. sagittifolia var. *angustifolia* Sieb.

多年生挺水草本，具粗壮匍匐茎，末端膨大成球茎或不膨大，球茎最长2～3 cm。叶箭形，叶的长短、宽窄变异较大，顶裂片长4～13 cm，宽1.5～6 cm，侧裂片长5～18 cm，宽0.8～4 cm，顶端渐尖；叶柄基部扩大成鞘状。花葶挺出水面，长15～70 cm；圆锥花序或总状花序，长5～20 cm或更长，有花多轮，每轮2～3朵花，最下面1轮通常有1～3分枝，第2轮偶有分枝；苞片3，顶端尖，基部连合或分离；花单性，雌雄同株或只具雄花，雌花位于下部，通常0～3轮，花梗粗短；雄花多轮，位于上部，花梗细；萼片3，椭圆形或宽卵形，长3～5 mm，宽2.5～3.5 mm，花后反折；花瓣3，大小约为萼片的2倍，白色或淡黄色；雄蕊多数，花丝长短不一，长0.5～3 mm，常外短里长，花药长1～1.5 mm；心皮多数，离生，两侧压扁，花柱自腹侧斜向上。聚合果球形，直径1～1.5 cm；瘦果扁，倒卵形，长约4 mm，宽约3 mm，具翅，背翅宽约为腹翅的2倍，翅上具微齿；果喙短，自腹侧斜向上；种子褐色。花、果期：5～10月。

产地：广州、乐昌、连州、英德、仁化、乳源、阳山、连南、翁源、和平、始兴、连平、龙门、肇庆（鼎湖山）、信宜、德庆、云浮、怀集、阳春以及海南临高、儋州、保亭（吊罗山）、万宁、五指山、澄迈、白沙、三亚。生于海拔80～800 m的湖泊、池塘、沼泽、沟渠、水田等水域。

分布：除西藏等少数地区外，全国各地均有。亚洲各国和欧洲东南部。

注：本种的拉丁名有人认为应为S. sagittifolia，这里暂沿用《中国植物志》及其英文版的名称。

3a. 长瓣慈姑

f. **longiloba**（Turcz.）Makino

S. trifolia var. *retusa* J. K. Chen, et al.

本变型与原种的区别在于：叶呈飞燕状，顶裂片和侧裂片窄，条形或线形，顶裂片宽0.5～1 cm。花、果期：6～11月。

产地：广州、乳源、阳山、乐昌、连州、连南、翁源、龙门、肇庆、信宜、阳春及海南临高、澄迈、儋州、白沙、三亚、琼中（五指山）、保亭。生于海拔60～800 m的沼泽、小溪、湖泊、池塘、水田等浅水处。

分布：我国东北、华北、西北、华东、华中、华南及四川、贵州等地。

3b. 慈姑 （图 84）

var. **sinensis**（Sims）Makino

S. sinensis Sims

本变种与原种的区别在于：植株高大，粗壮；球茎大，卵圆形或球形，长可达5～9 cm；叶宽大肥厚，顶裂片卵形至宽卵形，宽9～16 cm，顶端钝。圆锥花序大，长20～60 cm，分枝较多，最下部1～2轮常有3分枝，雌花5～8轮。

产地：广东各地栽培。

分布：我国长江以南各省区广泛栽培。日本、朝鲜亦有栽培。

图 84 慈姑 Sagittaria trifolia var. **sinensis**（Sims）Makino
1. 植株；2. 球茎；3. 雄花；4. 花瓣；5. 聚合果；6. 瘦果。
（余汉平绘）

4. 小慈姑

Sagittaria potamogetifolia Merr.

多年生沼生或水生草本。叶基生，沉水叶披针形，长3～8 cm，宽1～2 cm；叶柄细弱；挺水叶箭形，长4～11 cm，顶裂片长2～5 cm，宽4～10 mm，顶端渐尖，侧裂片长2～6 cm，宽2～5 mm；叶柄长9～24 cm，基部鞘状，每一鞘内有珠芽1或3枚，珠芽淡紫红色，稍压扁。花葶高10～25 cm，直立，挺水，常高于叶；总状花序有花2～6轮，每轮3朵花；苞片3，离生，长2.5～5 mm，宽2～3 mm；花单性，雌雄同株，雌花1～2（3）朵生于最下部一轮，花梗长2～7 mm，其余各轮均为雄花，花梗长1～3 cm；萼片绿色，卵形，长3～4 mm，宽2.5～3 mm，宿存并反折；花瓣白色，宽倒卵形，长4～10 mm，宽6～7 mm；雄蕊9～21枚，花药长0.7～1.2 mm，宽约0.5 mm；心皮多数，离生，花柱侧生。聚合果球形，直径1.2～1.8 cm；瘦果倒卵形，长5～7 mm，宽4.5～6 mm，两侧压扁，背部有波状或平滑的翅，腹部无翅；果喙侧生，长0.5～1 mm。花、果期：5～11月。

产地：南雄、平远、饶平、和平、惠东、信宜、阳春、湛江及海南琼中、五指山。生于海拔80～900 m的水田、沼泽、溪沟浅水处。

分布：安徽、浙江、湖北、江西、福建、广西等省区。我国特有种。

5. 矮慈姑

Sagittaria pygmaea Miq.

S. altigena Hand.-Mazz. ex Samuel

一年生沼生或沉水草本，稀多年生。匍匐茎细短，当年萌发新植株，稀有小球茎而能越冬。叶基生，条形，偶为披针形，长5 ~ 20 cm，宽4 ~ 10 mm；无柄。花葶高5 ~ 25 cm，直立，挺水；总状花序长3 ~ 9 cm，具花2 ~ 3轮，每轮3朵花；苞片椭圆形，膜质，长2 ~ 3 mm，宽约2 mm；花单性，雌雄同株，雌花位于最下部一轮，1朵，偶2朵，或与两朵雄花组成1轮，无梗或有短梗；雄花2 ~ 8朵，具细梗，梗长0.5 ~ 3 cm；萼片3，绿色，倒卵形，长5 ~ 7 mm，宽3 ~ 5 mm，宿存，花后反折；花瓣3，白色，近圆形，直径1 ~ 1.5 cm；雄蕊6 ~ 21枚，花丝宽而短，长1 ~ 2 mm，花药长椭圆形，长1 ~ 1.5 mm；心皮多数，离生，两侧压扁，密集成球形。聚合果近球形，直径8 ~ 5 mm；瘦果压扁，宽倒卵形，长3 ~ 5 mm，宽2.5 ~ 3.5 mm，背腹两侧具薄翅，背翅有鸡冠状齿裂，果喙侧生，长1 ~ 1.5 mm。花、果期：5 ~ 11月。

产地：乐昌、连州、翁源、英德、新兴、肇庆（鼎湖山）、封开、信宜、阳春及海南保亭、五指山、陵水。生于60 ~ 600 m的沼泽、湿地、水田、湖边和沟溪浅水处，为稻田主要杂草之一。

分布：陕西、山东、江苏、安徽、浙江、江西、福建、香港、台湾、河南、湖北、湖南、广西、四川、贵州、云南等省区。不丹、越南、泰国、朝鲜、日本。

用途：全草入药，有清热、解毒、利尿的功效。

2. 泽苔草属 **Caldesia** Parl.

多年生水生或沼生草本；根粗壮，具根状茎。叶基生，沉水、浮水或挺水，卵形至椭圆形，具长柄，沉水叶常较小，浅绿色；浮水叶较大，深绿色；挺水叶近革质，叶柄直立。圆锥花序或总状花序，分枝轮生，每轮3 ~ 6分枝；苞片披针形；花葶直立，挺水，稀斜卧；花两性，具梗，轮生；萼片和花瓣各3；雄蕊6 ~ 12枚；心皮2 ~ 9（~ 20）枚，离生，排列于花托上呈半球形，每心皮含1胚珠。聚合果中的小果为瘦果，肿胀或多少压扁，具脊，有时不明显，果喙宿存，长而直立，内果皮木质，外果皮海绵状。

本属约4种，分布于欧洲、非洲、亚洲及澳大利亚。我国有2种；广东有1种。

宽叶泽苔草　（图 85）

Caldesia grandis Samuel.

多年生水生或沼生草本；根状茎直立，较小。叶基生，扁圆形或扁椭圆形，长5 ~ 8 cm，宽6 ~ 12 cm，顶端凹，有小急尖，基部截平；叶柄长13 ~ 35 cm，顶端呈叶枕状，基部渐宽，略成鞘状。花葶直立，高8 ~ 15 cm；圆锥花序或总状花序长约10 cm，分枝轮生，每轮3个分枝，下部1 ~ 3轮可再次分枝；苞片披针形；花两性，3朵一轮，花梗长1 ~ 2 cm；萼片3，绿色，椭圆形至阔卵形，长3 ~ 4 mm，反折，宿存；花瓣3，白色，匙形或近倒

图 85　宽叶泽苔草　Caldesia grandis Samuel.
1. 植株；2. 花；3. 小瘦果。（余汉平绘）

卵形，长6～8 mm，反折；雄蕊8～12枚，花药基着；心皮通常10～21枚，离生，聚合成半球形，花柱直立，长约1.5 mm。聚合果中的小瘦果近倒卵形，背面具3～5条纵肋，果喙长于瘦果，直立，上部微弯。花、果期：7～11月。

产地：从化。生于480 m的沼泽、小溪、湖泊和池塘浅水处。

分布：湖北、湖南、台湾。印度、马来西亚。

用途：观赏。

3. 泽 泻 属 **Alisma** Linn.

多年生水生或沼生草本；具地下块茎，稀根状茎。叶基生，沉水或挺水，全缘，具柄。圆锥花序或由伞形花序再组成圆锥花序，花序分枝轮生，常每个分枝再次分出1～3个小分枝，分枝基部具苞片；花葶直立；花两性，辐射对称；萼片3，绿色，宿存，边膜质；花瓣3，比萼片大1～2倍，花后脱落；雄蕊6枚，着生于花瓣基部两侧，花药2室，纵裂；心皮多数，离生，两侧压扁，在花托上轮生成1环，排列整齐或不整齐，每心皮含1颗胚珠，花柱直立、弯曲或卷曲。瘦果两侧压扁，背部具1～2条浅沟，或具1条深沟，喙尖生于腹侧；种子直立，深褐色、黑紫色或紫红色，有光泽。

本属约有11种，分布于北半球温带和亚热带地区；澳大利亚有2种。我国产6种；广东有3种。

1. 挺水叶长卵形、卵形、宽披针形或椭圆形，宽1.5～9 cm。
   2. 花瓣远大于萼片，边缘具粗齿 ………………………………………… 1. 泽泻 A. plantago-aquatica
   2. 花瓣小于萼片，边缘波状 ………………………………………… 2. 东方泽泻 A. orientale
1. 挺水叶披针形，略呈镰状弯曲，宽1～3.5 cm ………………………………………… 3. 窄叶泽泻 A. canaliculatum

1. 泽泻 （《新疆植物检索表》）

Alisma plantago-aquatica Linn.

沼生或水生多年生草本；块茎直径1～3.5 cm。叶多数，基生，沉水叶条形或披针形；挺水叶长卵形、卵形或椭圆形，长3～15 cm，宽3～9 cm，顶端渐尖，基部浅心形，有时宽楔形，常有5条主脉；叶柄长6～20 cm，基部渐宽。花葶高20～60 cm；圆锥花序由伞形花序组成，长15～50 cm，分枝3～8轮，每轮3～9分枝；花两性，花梗长1～3 cm；萼片3，宽卵形，长2～3 mm，宽约2 mm；花瓣3，白色、粉红色或浅紫色，倒卵形或近圆形，远大于萼片，边缘具不规则粗齿；雄蕊6枚，花药黄色，椭圆形，长约1 mm；心皮17～23枚，离生，整齐地排成1轮，花柱直立，丝状，长0.7～1.5 mm，长于心皮，柱头短。聚合果中的小瘦果椭圆形或长圆形，长2～2.5 mm，宽约1.5 mm，背部有1～2条不明显浅沟，喙尖侧生；种子褐色，具凸起。花、果期：5～10月。

产地：广州等地有少量栽培。

分布：黑龙江、吉林、辽宁、内蒙古、新疆、陕西、山西、河北、云南。俄罗斯、日本及欧洲、北美洲。

用途：观赏。

2. 东方泽泻 （图 86）

Alisma orientale（Samuel.）Juz.

A. plantago-aquatica var. *orientale* Samuel.

水生或沼生多年生草本；块茎直径1～2 cm或较大。叶多数，基生，挺水叶宽披针形至椭圆形，长3.5～12 cm，宽1.5～7 cm，顶端渐尖，基部圆形或近心形；平行脉5～7条；叶柄长3～34 cm，基部渐宽，边缘膜质。花葶高10～60 cm或更高；圆锥花序由伞形花序组成，长20～70 cm，分枝3～8轮，每轮3～6分枝；花两性，直径约5 mm；花梗长0.5～2.5 cm；萼片3，卵形，长2～2.5 mm，宽约1.5 mm，花瓣3，白色、淡红色，稀黄绿色，近圆形，小于萼片，边缘波状；雄蕊6枚，花药黄绿色或黄色，花丝基部宽约0.3 mm，向上渐窄；心皮排列不整齐，花柱直立，长约0.5 mm。聚合果中的小瘦果倒卵形，长1.5～2 mm，宽约1 mm，背部具1～2条浅沟，果喙自腹侧中上部伸出；种子紫红色。花、果期：5～9月。

产地：肇庆（鼎湖山）。生于海拔60 m的沟渠、沼泽、湖泊、水塘中。

分布：黑龙江、吉林、辽宁、内蒙古、河北、山西、陕西、宁夏、甘肃、青海、新疆、山东、江苏、安徽、浙江、江西、福建、河南、湖北、湖南、广西、四川、贵州、云南等省区。俄罗斯、蒙古、日本。

用途：块茎入药。

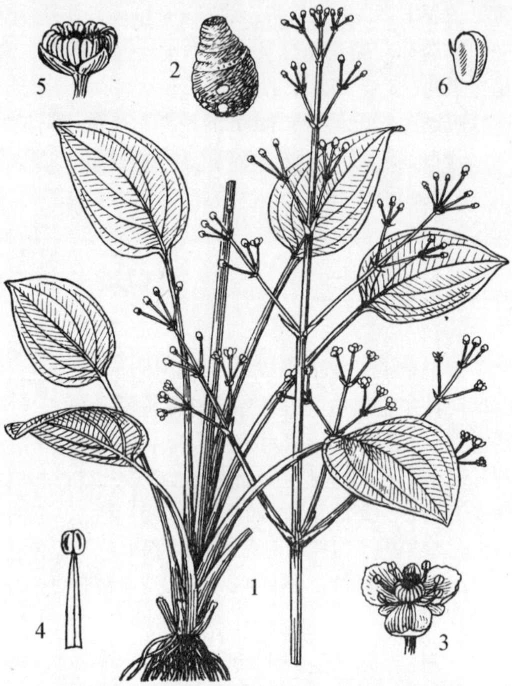

图 86　东方泽泻 Alisma orientale（Samuel.）Juz.
1. 植株；2. 块茎；3. 花；4. 雄蕊；5. 聚合果；6. 单个心皮。（余汉平绘）

3. 窄叶泽泻　（《中国高等植物图鉴》）

Alisma canaliculatum A. Braun et Bouche

多年生水生或沼生草本；块茎直径1～3 cm。挺水叶披针形，稍呈镰状弯曲，长10～40 cm，宽1～3.5 cm，顶端渐尖，基部狭楔形；叶柄长12～25 cm，基部较宽，边缘膜质。花葶高35～80 cm；圆锥花序由伞形花序组成，长35～60 cm，具3～6轮分枝，每轮有3分枝或更多；花两性，花梗长1～4.5 cm；萼片长圆形，长约3mm，边缘窄膜质；花瓣白色，近圆形，边缘不整齐；雄蕊6枚，花丝长约1 mm，花药黄色，长约0.8 mm；离生心皮排列成整齐的一轮，花柱长约0.5 mm，柱头小，约为花柱的1/3。聚合果中的小瘦果倒卵形，长2～2.5 mm，宽约1.2 mm，背部较宽，具1条明显的深沟槽，喙尖顶生；种子深紫色，长圆形，长1.5 mm，宽约1 mm。花、果期：5～10月。

产地：乳源、连州。生于水田、湖边、溪旁、水塘、沼泽及积水湿地。

分布：江苏、安徽、浙江、江西、湖北、湖南、四川等省。日本南部。

用途：药用和观赏。

谷精草科 Eriocaulaceae

多年生或一年生草本，沼泽生，稀水生。叶丛生于基部，条形或线形，基部常扩大成鞘状，薄而半透明，具网格。头状花序小，向心式开放，球形或卵球形，白色、灰色或黑灰色；花葶细长，通常高于叶，具棱，扭曲，基部有鞘状苞片；总苞片1至多枚，覆瓦状排列，紧贴于花序下面，短于花序；每花通常有苞片1枚，较总苞片狭，比花长，周边花常无苞片，各枚总苞片和苞片的形态、大小、所处位置均为渐变渐移状态；花小，单性，无柄或有短柄，辐射对称或两侧对称，数朵聚生于光秃或被毛的总花托上，通常雌雄花生于同一花序，3或2基数；雄花：花萼3或2，合生或离生；花冠常合生成管状或漏斗状，顶端3或2裂，有时花瓣离生，极少无花瓣；雄蕊6枚，花药黑色、白色或带棕色；雌花：萼片3或2，离生或合生；花瓣3或2，常离生，极少退化为无花瓣，顶端内侧常有黑色腺体；子房上位，常有子房柄，有合生心皮3或2枚，1～3室，每室1胚珠；花柱有细长的分枝，分枝数与心皮数相同。蒴果小，果皮薄，室背开裂；种子小，通常椭圆形，棕红色或黄色，表面网状多刺，胚乳富含淀粉粒。

本科有9属，约1 100种，广布于热带、亚热带地区，尤其在热带美洲，少数种分布于温带。我国仅1属，约34种，除西北外，各地均产；广东及海南有16种。

此外，据Dunn & Tutcher（1912）记载，广东汕头尚有高山谷精草（E. alpestre）的分布，因未见标本，未收入本志。

谷精草属 Eriocaulon Linn.

沼泽生草本，稀水生。茎短或极短，稀伸长。叶丛生于基部，条形或线形。头状花序，花葶扭曲；总苞片覆瓦状排列；苞片与花被常被有粗短白毛或细长柔毛；花3或2基数，单性，雌、雄花混生于同一花序，偶尔雄花在中央，雌花在周围；雄花：萼片常合生成佛焰苞状，或离生；花冠下部合生成管状，顶端3～2裂，内面顶端常有黑色腺体；雄蕊6枚，2轮，花药2室，黑色，有时乳黄色至白色；雌花：萼片3或2枚，离生或合生；花瓣离生，3或2枚，内面顶端常有腺体，或退化为无花瓣；子房3～1室，花柱3～1分枝。蒴果室背开裂，每室1颗种子；种子小，椭圆球形，橙红色或黄棕色，表面常网格状，具成排小刺或无。

本属约400种，广布于热带、亚热带，以亚洲热带地区为分布中心，多生于山区浅池塘或沼泽地。我国约34种，主产于西南部和南部；广东和海南有16种。

1. 花3基数；雄蕊6枚，偶5或4枚；子房3室，有时1或2室不发育。
  2. 雌花萼片合生成佛焰苞状，顶端3裂。
    3. 苞片背面和顶端密被粗短白毛；花序近球形，直径4～6 mm ………………………… 14. 谷精草 E. buergerianum
    3. 苞片几无毛；花序倒锥形，长2 mm，宽3～3.5 mm ………………………………… 15. 光瓣谷精草 E. glabripetalum
  2. 雌花萼片离生（E. tonkinense有时合生），3或2枚。
    3. 雌花花瓣存在。
      4. 雌花萼片3枚。
        5. 茎伸长。
          6. 沉水草本，茎在水中延伸达33 cm；叶丝状，宽约0.2 mm，仅1脉 ………………… 5. 丝叶谷精草 E. setaceum
          6. 沼泽生草本，茎长2～3 cm；叶线形，宽3～5 mm，12～20条脉 ………………… 6. 尼泊尔谷精草 E. nepalense
        5. 茎不伸长。
          6. 苞片背面上部和顶端被粗短白毛。
            7. 总花托明显被毛。

8. 叶长2.5～4 cm；总苞片无毛或近无毛 ………………………………………… 1. 南投谷精草 E. nantoense
8. 叶长10～55 cm；总苞片背面上部被粗短白毛。
9. 叶宽2～3 mm；雌雄花花萼侧裂片均有翅 ………………………………………… 2. 毛谷精草 E. australe
9. 叶长2.5～4 mm；雌雄花花萼无翅…………………………………………………… 3. 云南谷精草 E. brownianum
7. 总花托无毛或偶有疏短毛。
8. 叶条形，长10～32 cm，宽4～10 mm；花药黑色 ………………………… 4. 华南谷精草 E. sexangulare
8. 叶线形，长3～9 cm，宽0.6～0.8 mm；花药乳黄色至浅棕色 ……………………7. 越南谷精草 E. tonkinense
6. 苞片背面无毛或仅有少数短毛。
7. 成熟花序黑灰色；雌花花萼裂侧片不具宽翅 ………………………………………… 8. 小谷精草 E. luzulifolium
7. 成熟花序棕黄色；雌花花萼裂侧片具宽翅 ……………………………………………… 9. 翅谷精草 E. zollingerianum
4. 雌花萼片2枚。
5. 叶纸质；成熟花序麦秆色；总花托近无毛 ………………………………………………10. 流星草 E. truncatum
5. 叶近革质；成熟花序灰白色；总花托密被长柔毛 …………………………… 11. 硬叶谷精草 E. sclerophyllum
3. 雌花无花瓣。
4. 总苞片先端渐尖或圆钝，无长尾尖；雌花萼片背部无翅 ………………………… 12. 白药谷精草 E. cinereum
4. 总苞片先端有长尾尖；雌花萼片背部有翅 …………………………………………… 13. 尖苞谷精草 E. echinulatum
1. 花2基数；雄蕊4枚，偶2或5枚；子房2室，有时仅1室发育 ……………………… 16. 长苞谷精草 E. decemflorum

1. 南投谷精草 （《台湾植物志》）

Eriocaulon nantoense Hayata

E. angustulum W. L. Ma

E. luzulaefolium auct. non Mart.

草本，高10～27 cm。叶丛生于基部，线形，长2.5～4 cm，中部宽1～2 mm，叶脉6～9条。花葶长10～27 cm，直径0.4～0.6 mm，扭曲，具4～5棱，鞘状苞片长2～4.5 cm，口部斜截平；花序近球形，长3.5～5.5 mm，宽3.5～7 mm；总苞片禾秆色，无毛，或仅有稀疏短毛；苞片和萼片灰黑色，背面上部及顶端有粗短白毛；总花托密被细长毛；苞片倒卵形至倒披针形，长1.5～2 mm，宽0.5～1.5 mm；雄花：花萼佛焰苞状，长1.5～2.2 mm，前面开裂，顶端截平，3浅裂至深裂；花冠3裂，各有1棕褐色的腺体，中裂片稍大，长圆状三角形，顶端及内面有白短毛，侧裂片较小，毛少或无；雄蕊6枚，花药黑色；雌花：萼片3，稍黑色，条形，长1.2～2 mm；花瓣3，膜质，倒披针状条形，无腺体或各有1小腺体，顶端有粗短白毛，侧面及上面的毛稍长；子房3室，花柱分枝3，长于或等于花柱。种子卵球形，长0.3～0.5 mm。花、果期：8～12月。

产地：广州、肇庆（鼎湖山）、云浮、信宜、翁源、连平及海南儋州。生于海拔300～500 m的山地沼泽、池塘边或水田中。

分布：香港、浙江、福建、台湾、广西、贵州、云南等省区。

2. 毛谷精草 （《广州植物志》）

Eriocaulon australe R. Br.

草本。叶丛生于基部，线形，长10～45 cm，宽2～3 mm，两面疏被长柔毛，叶脉8～12条。花葶长19～110 cm，被细长柔毛，干时粗0.8～2 mm，扭转，具棱5～7条，鞘状苞片长7～17 cm，直径1.5～2.5 cm，被细长柔毛，口部斜截平；花序灰白色，近球形或短柱状，直径约6 mm，紧实，基部截平；总苞片和苞片被白粉状短毛，苞片上更密；总苞片麦秆色，开展而不反折，质厚，圆肾形至倒卵形，直径2～2.5 mm，背面有疏毛，下半部的毛较长；总花托有毛；苞片倒卵形，长2.3～3.2 mm，宽1.6～3 mm，背面上部密生白色短毛；雄花：花萼合生，3深裂，长2～2.3 mm，侧裂片舟状，较宽，背面具翅，顶部有粗短白毛，中裂片线形，无毛；花冠3裂，裂片线形，各有1黑色长卵状腺体，上部有白色短毛；雄蕊6枚，花药黑色；雌花：萼片3，离生，长2～2.3 mm，侧萼片有宽翅，背面顶部有毛；中萼片线形，无毛；花瓣3，稍肉质，线形，近顶端处各有1长椭圆形的黑色腺体，顶端具白色短毛，中部疏生长柔毛；子房3室，花柱分枝3，短于花柱。种子卵球形，长0.6～0.8 mm。花、果期：5～11月。

产地：广州、新会、珠海、惠阳、仁化、阳春、雷州、平远、南雄、乐昌、乳源及海南琼海、万宁、文昌。生于山谷沼泽、溪边、水塘、湿地。

分布：江西、福建、云南。大洋洲。

用途：干燥花序为中药“谷精珠”，治眼疾。

3. 云南谷精草 （《中国植物志》）

Eriocaulon brownianum Mart.

高大草本，高35～60 cm。叶质厚，丛生于基部，线形，长25～55 mm，宽4～6.5 mm，两面均有极短之微毛，叶脉约20条。花葶长达60 cm，干时直径约1.5 mm，稍扭转，具5～7棱，有微毛；鞘状苞片长15～28 cm，径2.5～3.5 mm；花序粉白色，扁球形，高6～7 mm，直径8～11 mm；总苞片麦秆色或棕褐色，硬纸质，开展或稍反折，长圆形，长约4 mm，宽约2.5 mm，背面上部及边缘有短毛，背面下部及内面基部有长柔毛；总花托密被细长柔毛；苞片披针状楔形，长约3.6 mm，背面上部及顶端密生粗短白毛；雄花：花萼合生成佛焰苞状，顶端常3浅裂，连柄长约3.3 mm，背面上部及顶端密生粗短白毛；花冠3裂，偶2裂，裂片卵形，几等大，顶部各具1黑色腺体，顶端有粗短白毛；雄蕊6枚，偶4枚，花药黑色；雌花：萼片3，舟形，两端尖，长3～3.5 mm，背面顶部密生粗短白毛；花瓣3，膜质，倒披针状线形，顶端簇生粗短白毛，侧面及上面的上部有长毛，近顶端各有1黑色腺体；子房3室，花柱分枝3，等长或长于花柱。种子长卵形，长0.7～0.8 mm。花、果期：5～12月。

产地：乳源、连南。生于海拔约1 000 m的沼泽地和阴湿处。

分布：湖南（莽山）和云南。印度、斯里兰卡、印度尼西亚、泰国和越南。

4. 华南谷精草 （《中国高等植物图鉴》） 别名：谷精草 （《广州植物志》）、谷精珠 （《中国高等植物图鉴》） （图 87）

Eriocaulon sexangulare Linn.

沼泽生草本，高20～60 cm。叶纸质，丛生于基部，线形，长10～32 cm，宽4～10 mm，叶脉15～30条。花葶长可达60 cm，干时粗0.7～1 mm，扭转，具4～6棱，鞘状苞片长4～10 cm，口部斜裂；花序近球形或柱状圆球形，紧实，不压扁，灰白色，直径6.5 mm，基部截平；总苞片麦秆色，倒卵形，宽2～2.3 mm，硬纸质，展开，背面有稀疏白色短毛，边缘无毛；总花托无毛；苞片倒卵形至倒卵状楔形，宽2～2.5 mm，背面上部密被白短毛；雄花：花萼合生，佛焰苞状，近轴处深裂至1/2，无毛，顶端3或2浅裂，有时顶端截平不分裂，两侧萼片具翅，翅顶端为不整齐齿状；花冠3裂，裂片条形，顶端有白短毛，各有1不明显的腺体；雄蕊6枚，偶见5或4枚；花药黑色；雌花：萼片3枚，偶2枚，无毛，两侧萼片舟形，长2～2.3 mm，背面有宽翅，翅顶端齿状，中萼片较小，无翅，披针形，甚至完全退化；花瓣3枚，膜质，线形，中瓣稍大，近顶处各有1淡棕色、不明显的腺体，顶端有白色短毛，中下部侧面有时有长柔毛；子房3室，花柱分枝3。种子卵形，长0.6～0.7 mm。花、果期：8月至翌年3月。

产地：广东和海南各地常见。生于海拔

图 87 华南谷精草 Eriocaulon sexangulare Linn.

1. 植株；2. 头状花序；3. 总苞片；4. 雄花，除去外轮花被片；5. 雌花。（余汉平绘）

15 ~ 950 m的水坑、池塘、稻田。

分布：福建、台湾、广西。印度、斯里兰卡、缅甸、泰国、菲律宾、印度尼西亚、马来西亚、越南、老挝、柬埔寨、日本及非洲等地。

用途：干燥花序为中药“谷精珠”，治眼疾。

5. 丝叶谷精草 （《广州植物志》）

Eriocaulon setaceum Linn.

水生草本。茎在水中伸长达33 cm，直径2 ~ 3 mm。叶半透明，丝状，长2.5 ~ 5 cm，宽约0.2 mm，叶脉仅1条。花葶在茎端呈伞形排列，长5 ~ 10 cm，直径0.5 ~ 0.7 mm，扭转，具棱6条；鞘状苞片长2 ~ 3.5 cm，直径约1.2 mm，口部有浅齿，斜裂；花序近球形或卵状球形，灰黑色，较小，长2.5 mm，宽3 mm，基部近截平，有时凹入；总苞片圆形，黄色，反折，直径约1 mm，无毛；总花托被少量短毛；苞片近圆形至倒披针形，长1.2 ~ 1.4 mm，背面上部有白色短毛；雄花：花萼合生成佛焰苞状，（2）3裂，顶端截平，背面上部与端部疏被短毛；花冠合生，3裂，裂片小，锥尖形或椭圆形，中瓣稍大，端部及内面常有白色短毛，中瓣的毛较多，各片均有1黑色腺体；雄蕊6枚，花药黑色；雌花：萼片3枚，离生，舟状，倒卵形，背面及边缘有白色短毛；花瓣3，膜质，倒披针状线形，中片稍大，边缘及顶端有白短毛，各有1黑色腺体或无；子房3室，花柱分枝3。种子长卵形，长0.3 ~ 0.4 mm，表面有横格。花、果期：8 ~ 10月。

产地：广州、阳春及海南保亭、乐东。生于池塘、沼泽和水田。

分布：广西、云南、四川。印度、孟加拉国、斯里兰卡、缅甸、泰国、越南、老挝、柬埔寨、印度尼西亚、日本及澳大利亚北部。

6. 尼泊尔谷精草 （《中国植物志》） 别名：老谷精草 （《中国植物志》）

Eriocaulon nepalense Prescott ex Bongard

E. *senile* Honda

E. *nantoense* var. *parviceps*（Hand.-Mazz.）W. L. Ma

E. *pullum* Kayama

E. *schockianum* var. *parviceps* Hand.-Mazz.

沼泽生草本，高13 ~ 22 cm。茎长2 ~ 3 cm。叶线形，丛生或生于茎基部，长6 ~ 9 cm，宽2 ~ 5 mm，顶端钝，叶脉12 ~ 20条。花葶长8 ~ 20 cm，直径约0.8 mm，具4 ~ 7棱；鞘状苞片长3 ~ 7 cm，口部斜裂；花序近球形或扁球形，灰黑色，长4 ~ 5 mm，宽6 ~ 7 mm；总苞片麦秆色，有时稍带黑色，长2 ~ 2.5 mm，宽1.5 ~ 2 mm，倒卵形，基部楔形，顶端钝圆至微凹，稍反折，无毛；苞片灰黑色，倒披针形，长1.7 ~ 2.2 mm，宽0.8 ~ 1.1 mm，顶端、边缘及背面上部有白短毛；雄花：花萼合生成佛焰苞状，3浅裂至深裂，长1.5 ~ 2 mm，顶端及背面上部有白色短毛；花冠裂片3，中裂片稍大，长圆形，被白短毛，侧裂片较小而少毛，各有1黑色腺体；雄蕊6枚，花药黑色；雌花：萼片3，灰黑色，舟形，长1.5 ~ 2 mm，中萼片有时退化变小至无，背面中脉上及边缘有毛；花瓣3，膜质，倒披针形，中片略长，1 ~ 3片顶端有黑色或棕色的腺体，顶端、内面及边缘有毛，下部者较长；子房3室，花柱分枝3，与花柱近等长或更长。种子长卵形，长0.5 ~ 0.6 mm。花、果期：4 ~ 10月。

产地：翁源、罗定及海南白沙。生于沼泽地。

分布：浙江、江西、福建、江西、湖南、广西、四川、云南、贵州、西藏等省区。日本和尼泊尔。

7. 越南谷精草 别名：瑶山谷精草 （《中国植物志》）

Eriocaulon tonkinense Ruhl.

E. *yaoshanense* Ruhl.

E. *yaoshanense* var. *brevicalyx*（C. H. Wright）W. L. Ma

沼泽生草本，高15 ~ 28 cm。茎短，长1 ~ 2 cm。叶丛生于基部，线形，长3 ~ 9 cm，宽0.6 ~ 0.8 mm，丝状，略卷曲，半透明。花葶长10 ~ 25 cm，直径0.8 ~ 1.2 mm，稍扭转，具5 ~ 7棱；鞘状苞片长2.5 ~ 4 cm，口部斜裂；花序近球形，直径6 ~ 8 mm，上半部灰白色，下半部黑色；总苞片麦秆色，卵形至倒卵形，长1.8～2.5 mm，宽0.8～1.5 mm，顶部带黑色，展开；总花托无毛；苞片倒卵形，由周围向中心逐渐变小，背面上部与顶端被白色短毛，由周边向中心花渐密；雄花：花萼合生成佛焰苞状，长1.3～2.1 mm，3浅裂至深裂，侧裂片舟形，中裂片较平坦，背面上部及顶端有少数白色短毛；花瓣3，椭圆形至倒卵形，近顶端各有1较长的黑色腺体，内面及顶端有多数白色短毛，中瓣较大；雄蕊6枚，花药乳白色至棕色；雌花：萼片3，多少合生或离生，或幼期合生后分离，侧萼片舟形，中片较平坦，长1.3～1.7 mm，背面上部及顶端有白短毛；花瓣3，离生，倒披针形，近肉质，端部各有1黑色腺体，内面及顶端有多数白色短毛；子房3室，花柱分枝3，长于花柱。种子卵球形，长0.5～0.6 mm，表面具不明显的横格，无突起。花、果期：10月至翌年1月。

产地：广东，具体地点不详。生于路旁湿地。

分布：香港、广西。印度、越南。

8. 小谷精草 （《中国高等植物图鉴》）

Eriocaulon luzulifolium Mart.

沼泽生草本，高达21 cm。叶丛生于基部，线形，长2.5～6 cm，宽3～4 mm，叶脉7～9条。花葶长6～21 cm，4～6棱；鞘状苞片长2.5～5 cm；花序黑灰色，直径3.5～5 mm；总苞片阔卵圆形至披针形，长2.5～3 mm，宽1.5～2 mm，纸质，无毛；总花托密被长毛；苞片黑灰色，倒卵形至倒披针形，长1.5～1.7 mm，顶端灰白色；雄花：萼片3，黑灰色，合生成佛焰苞状，长约2 mm，背面中脉和顶端被毛；花瓣3，披针形，中片较大，顶端被毛，无腺体；雄蕊6枚，花药黑色；雌花：萼片3，黑灰色，长约1.7 mm，宽约0.5 mm，背面中脉和顶端被毛；花瓣3，倒披针形，长约1.2 mm，宽约0.1 mm，顶端微凹，背面和顶端被毛，无腺体；子房3室，柱头分枝3。种子椭圆形，直径0.3～0.4 mm。花、果期：7～10月。

产地：广东，具体地点不详。生于沼泽湿地或溪岸。

分布：广西、贵州。印度、泰国。

9. 翅谷精草 （《中国植物志》）

Eriocaulon zollingerianum Koern.

沼泽生小草本，高达18 cm。叶丛生于基部，线状披针形，长2～4 cm，宽约3 mm，半透明，具横格，叶脉8～11条。花葶长达18 cm，直径约0.8 mm，扭转，具4～5棱；鞘状苞片长2～3 cm，直径约1.6 mm，口部斜裂；花序球形，棕黄色，有光泽，直径4～6 mm；总苞片麦秆色，质地如麦秆，反折，长倒卵形至倒卵形，顶端圆钝，长2.2～2.5 mm，宽约1.5 mm；总花托疏被长毛；苞片倒卵形，基部楔形，顶端骤尖，长2.4～2.6 mm，宽1.3～1.5 mm，无毛，或背面有少数短毛，中脉偶见鸡冠状突起；雄花：花萼佛焰苞状，长1.7～1.9 mm，无毛，3浅裂，裂片顶端截平或不规则齿裂；花冠3裂，卵形，无毛，无腺体，中片稍大；雄蕊6枚，花药黑色；雌花：花萼离生，萼片3，两侧片舟状，长1.8～2 mm，背面有宽翅，翅上端有不规则齿裂，内有密柔毛，近轴一片小，长0.3～1 mm，无翅，易脱落；花瓣3枚，线形，膜质，中片最大，线状倒披针形，无腺，无毛，或在边缘、顶端及内面有稀疏短毛；子房3室，花柱分枝3，长于花柱。种子卵形，两侧略扁，直径约0.4 mm，表面具宽大网格，常有透明的纵棱。花、果期：9月以后。

产地：海南吊罗山。生于低海拔至1 400 m的潮湿草地、水田及池塘边。

分布：印度尼西亚、老挝、越南、印度、菲律宾、泰国、马来西亚和巴布亚新几内亚等地。

本种识别特征为：花序球形，麦秆色，有丝绸光泽，雌花具宽翅，种子表面仅具网格，无突起。

10. 流星草 （《海南植物志》） 别名：珍珠草 （《中国高等植物图鉴》）

Eriocaulon truncatum Buch.–Ham. ex Mart.

E. merrillii var. *longibracteatum* W. L. Ma

沼泽生小草本，高4～16 cm。叶线形，丛生于基部，长2.5～5（～8）cm，宽2～5 mm，半透明，具横格，叶脉6～11条。花葶长4～16 cm，直径0.6～1 mm，扭转，具5～6棱；鞘状苞片长1.6～3.8 cm，口部斜裂；花序麦秆色，半球形至近球形，长3～4 mm，宽3.5～6 mm；总苞片长卵形至倒卵形，长

1.5 ~ 2.5 mm，宽0.7 ~ 1.5 mm，顶端钝，无毛，背部有时被稀疏短毛；总花托几无毛；苞片倒卵形至倒披针形，长1.5 ~ 2.2 mm，宽0.5 ~ 1.3 mm，无毛或背面有稀疏短毛；雄花：花萼佛焰苞状，长1 ~ 1.8 mm，黑色，无毛或背面及边缘有疏毛，前面深裂，顶端2 ~ 3浅裂；花冠裂片3，卵形至线形，顶端各有1黑色腺体及数根白色短毛；雄蕊6枚，花药黑色；雌花：萼片2 ~ 3，无毛，或有时背部顶端有少数毛，上部黑色，中萼片若存在，呈现不同程度的退化而缩小；花瓣3，薄膜质，倒披针形，顶端各有1突出的黑色腺体，内面及边缘有长毛，顶端有白色短毛；子房3室，花柱分枝3，较花柱长。种子卵形至椭圆形，长0.35 ~ 0.45 mm。花、果期：5 ~ 12月。

产地：广州、惠东、博罗、河源、肇庆（鼎湖山）、乐昌及海南昌江、三亚、东方、五指山、保亭。生于海拔100 ~ 700 m的山地水旁、溪旁、湿地、山谷、水田。

分布：台湾。日本、菲律宾、泰国、印度尼西亚。

11. 硬叶谷精草　（《植物分类学报》）

Eriocaulon sclerophyllum W. L. Ma

沼泽生草本，高达22 cm。叶丛生于基部，稍弯曲，线形，长6 ~ 8 cm，宽2 ~ 3 mm，顶端极钝，叶脉不明显。花葶长达22 cm，直径0.9 mm，扭转，具7棱；鞘状苞片长3 ~ 4 cm，口部斜裂；花序灰白色，球形，直径5 mm；总苞片麦秆色，长卵形，长2.3 ~ 2.5 mm，反折，无毛；总花托密被长毛；苞片倒卵形至倒卵状匙形，长2.2 ~ 2.5 mm，宽1 ~ 1.3 mm，背面上部及上缘有白色短毛；雄花：花萼合生，3深裂，长2 ~ 2.2 mm，侧裂片舟形至匙形，中裂片倒披针形至线形，较小，背面上部及顶端密被短毛；花冠裂片3，卵形，各有1黑色的腺体，内面及边缘密生较长的毛，中片稍大，背面上部也有毛；雄蕊6枚，花药黑色；雌花：萼片3或2，背面及边缘有柔毛，侧片舟形，长2 ~ 2.2 mm，中片线形，长1 ~ 2 mm，位于花序中央的雌花中萼片常退化；花瓣3，中瓣椭圆形，侧瓣倒披针形，稍肉质，各有1黑色腺体，内面密被毛，上部毛短，下部毛长；子房3室，花柱分支3，长于花柱。种子卵形，长0.6 ~ 0.7 mm。花、果期：4月。

产地：翁源、广州、信宜及海南文昌、儋州。生于平地向阳沼泽处。

12. 白药谷精草　别名：谷精草　（《种子植物名称》）

Eriocaulon cinereum R. Br.

E. sieboldianum Sieb.et Zucc.

E. formosanum Hayata

E. cinereum var. *sieboldianum*（Sieb. et Zucc.）Koyama

一年生草本，高6 ~ 17 cm。叶丛生于基部，线形，长1 ~ 5 cm，宽0.8 ~ 1.8 mm，无毛，半透明，具横格，叶脉3 ~ 4条。花葶长6 ~ 17 cm，直径0.5 ~ 0.9 mm，扭转，具4 ~ 5棱；鞘状苞片长1 ~ 3 cm，口部斜裂；花序浅黄色至灰黑色，卵球形，长3.5 ~ 5 mm，宽3 ~ 4.5 mm；总苞片倒卵形至长椭圆形，长0.9 ~ 1.6 mm，宽1 ~ 1.4 mm，无毛；总花托常有较多长毛；苞片倒披针形，长1.5 ~ 2 mm，宽0.4 ~ 0.7 mm，无毛，背部偶有长毛；雄花：花萼合生成佛焰苞状，3裂，无毛或背面顶部有短毛；花冠裂片3，卵形至长圆形，中裂片稍大，顶端有短毛，腺体黑色或棕色；雄蕊6枚，花药白色至浅棕色；雌花：萼片2或3，近黑色，线形，侧片长1 ~ 1.6 mm，中片缺或长0.1 ~ 1.0 mm，背面及边缘有少数长毛；无花瓣；子房3室，花柱分枝3，短于花柱。种子卵球形，长0.3 ~ 0.5 mm，表面有六边形的横格，无突起。花、果期：6 ~ 10月。

产地：连州、连山、连南、乳源、翁源、始兴、五华、英德、广州、肇庆（鼎湖山）、深圳、陆丰、茂名、阳江及海南万宁、保亭、三亚、东方、昌江。生于海拔15 ~ 600 m的林中湿地、山坑、草丛和水田中。

分布：陕西、甘肃、江苏、安徽、浙江、江西、福建、台湾、河南、湖北、湖南、广西、四川、贵州、云南。阿富汗、斯里兰卡、不丹、尼泊尔、巴基斯坦、印度、印度尼西亚、缅甸、泰国、越南、老挝、柬埔寨、菲律宾、日本、朝鲜、澳大利亚及非洲各国。

13. 尖苞谷精草 （《广州植物志》）

Eriocaulon echinulatum Mart.

沼泽生草本，高15～20 cm。叶丛生于基部，线形，长3.5～5 cm，宽约2 mm，半透明，具横格，叶脉7～9条。花葶长9～20 cm，径0.5～0.8 mm，扭转，具4棱；鞘状苞片长2.5～4.5 cm，口部斜裂；花序卵球形或近球形，长4～5 mm，宽5～6 mm，总苞片和苞片均无毛，顶端均有较长的尾尖，致花序呈刺球状；总苞片麦秆色，披针形至菱形，长2.2～3 mm，宽0.6～1.2 mm，稍反折；总花托及花梗密被长毛；苞片倒披针状舟形，长2～3 mm，宽0.5～1.5 mm；雄花：花萼合生成筒状，3浅裂或佛焰苞状，前面深裂，几无毛；花冠合生，裂片无或退化成1～2枚小裂片，无毛；雄蕊5～6枚，花药黑色；雌花：萼片2～3，离生，侧萼片倒披针状舟形，长1.2～1.7 mm，背部有龙骨状宽翅，中萼片狭，较平展，有的退化成线形，与基部的毛混在一起，不易区别，无毛或边缘有少数毛；无花瓣；子房3室；花柱分枝3裂，与花柱近等长。种子长卵形，长约0.45 mm，宽0.25～0.29 mm，表面具横格及片状小突起。花、果期：9～12月。

产地：广州。生于湿地。

分布：江西、广西。马来西亚、泰国、日本、菲律宾、越南、缅甸、柬埔寨、印度。

14. 谷精草 （《中国高等植物图鉴》） （图 88）

Eriocaulon buergerianum Koern.

E. pachypetalum Hayata

Eriocaulon whangii Ruhl.

草本，高8～35 cm。叶丛生于基部，线形，长3～16 cm，宽2～5 mm，叶脉7～12条。花葶长3～35 cm，粗0.5～1 mm，扭转，具4～5棱；鞘状苞片长2～5 cm，口部斜裂；花序麦秆色，近球形或卵球形，长4～5 mm，宽4～6 mm；总苞片麦秆色，倒卵形至近圆形，长2～2.5 mm，宽1.5～1.8 mm，无毛或边缘有少数毛；总花托常密被长柔毛；苞片倒卵形或基部长楔形，背面上部及顶端有粗短白毛；雄花：花萼合生成佛焰苞状，长1.8～2.5 mm，外侧裂开，3浅裂，背面及顶端多少被毛；花冠裂片3，近锥形，几等大，近顶处各有1黑色腺体，顶部常有白色短毛，内有少数长柔毛；雄蕊6枚，花药黑色；雌花：花萼合生，长1.8～2.5 mm，外侧开裂，顶端3浅裂，背面及顶端被白色短毛，外侧裂口边缘有毛，下长上短；花瓣3，离生，扁棒形，肉质，顶端各具1黑色腺体及若干白色短毛，果成熟时毛易落，内面常有长柔毛；子房3室，花柱分枝3，短于花柱。种子长圆状，长0.75～1 mm，表面具横格及突起。花、果期：7～12月。

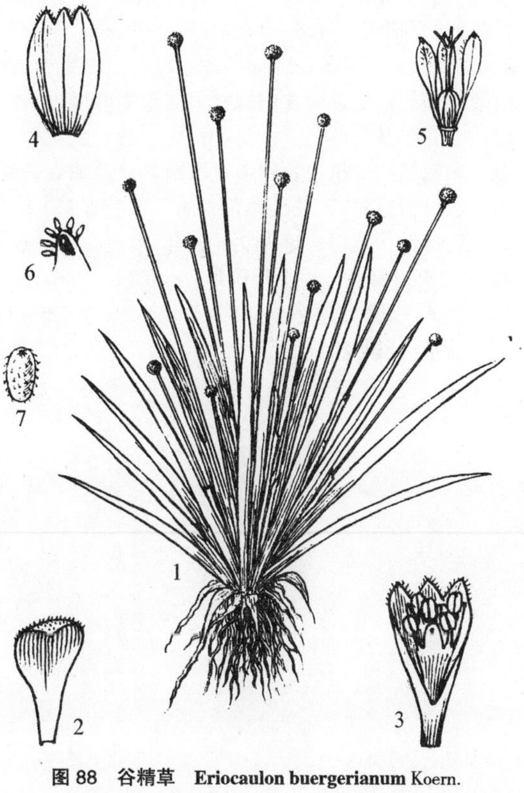

图 88 谷精草 Eriocaulon buergerianum Koern.

1. 植株；2. 苞片；3. 雄花；4. 雌花花萼；5. 雌花（除去花萼）；6. 雌花花瓣顶端，示黑色腺体及顶端的白色短毛；7. 种子。（余汉平绘）

产地：阳山、连州、乐昌、翁源、始兴、新丰、龙门、肇庆（鼎湖山）、博罗、封开、怀集等地。生于水田、湿地。

分布：江苏、安徽、浙江、江西、福建、台湾、湖北、湖南、广西、四川、贵州等省区。日本、朝鲜半岛、俄罗斯远东地区。

用途：全草入药。

15. 光瓣谷精草 （《植物分类学报》）

Eriocaulon glabripetalum W. L. Ma

小型草本，高不到10 cm。叶丛生于基部，线形，长3.5 ~ 4 cm，宽1.5 ~ 2 mm，半透明，具横格，叶脉5 ~ 6条。花葶长4 cm，直径约0.5 mm，扭转，具4棱；鞘状苞片长2 ~ 2.5 cm，口部斜裂；花序倒锥形，长2 mm，宽3 ~ 3.5 mm，下部麦秆色，上部黑色，7 ~ 8朵；总苞片扁圆形至倒卵形，麦秆色；总花托无毛；苞片卵形至狭倒披针形，长1.7 ~ 2.1 mm，宽0.4 ~ 2 mm，几无毛；雄花：花萼佛焰苞状，前方开裂，顶端3浅裂，无毛；花冠裂片3，宽卵形，顶端各有1黑色腺体，无毛；雄蕊6枚，花药黑色；雌花：花萼合生，前方开裂，顶端3浅裂，边缘有少数微毛；花瓣3，长椭圆形至棒形，肉质，无毛，顶端各具1黑色腺体；子房3室，花柱分枝3，略长于花柱。种子长卵形，长约0.8 mm，表面有横格及众多的“T”形或“Y”形突起。花、果期：不详。

产地：据《中国植物志》记载广东有分布，具体地点不详。生于潮湿地。

16. 长苞谷精草　（《中国高等植物图鉴》）

Eriocaulon decemflorum Maxim.

E. nipponicum Maxim.

E. decemflorum var. *nipponicum* (Maxim.) Nakai

沼泽生草本，高11 ~ 30 cm。叶丛生于基部，线形，长3 ~ 11 cm，中部宽1 ~ 2 mm，半透明，横格和叶脉不明显。花葶长10 ~ 30 cm，直径0.4 ~ 0.8 mm，具3 ~ 5棱；鞘状苞片长2 ~ 5 cm，口部斜裂；花序麦秆色，倒圆锥形，长4 ~ 5 mm，宽6 ~ 9 mm；有花2 ~ 8朵；总苞片麦秆色，椭圆状披针形或倒披针形，长3.5 ~ 5.5 mm，宽0.8 ~ 2 mm，外部无毛，内部背面有白短毛；总花托无毛，但在发育极佳的大花序中可被由疏到密的长毛；苞片倒披针形至长倒卵形，长2 ~ 3.5 mm，宽0.6 ~ 1 mm，背面上部及边缘密被短毛；雄花：花萼常2深裂，有时仅有1个裂片，偶见有3个裂片，裂片舟形，长1.6 ~ 2.2 mm，背面与顶端有短毛；花冠裂片2或1，长卵形至椭圆形，近顶端有黑色至棕色的腺体，顶端有多数白色短毛，偶无毛；雄蕊4枚，偶2或5枚，花药黑色；雌花：花萼2裂至单个裂片，长1.8 ~ 2.3 mm，背面与顶端具短毛；花瓣2枚，倒披针状线形，近肉质，各有1黑色腺体，被稀疏长毛，顶端有白色短毛；子房2或1室；花柱分枝2或1，常较花柱短。种子近圆形，长0.8 ~ 1 mm，表面具横格及“T”形毛。花、果期：8 ~ 10月。

产地：乳源、乐昌、连州、大埔。生于500 ~ 1 400 m的林中湿地及水田。

分布：黑龙江、辽宁、江苏、浙江、江西、福建、湖南。日本、朝鲜半岛、俄罗斯远东地区。

凤 梨 科 Bromelinaceae

草本，稀灌木，陆生、附生或岩生。茎粗短。单叶，基生，螺旋排列呈莲座状，狭长，边缘有刺状锯齿或全缘，基部扩大成鞘状。穗状花序、总状花序、头状花序或圆锥花序，具艳丽的苞片；花两性或功能性单性，3数，花被片分离或基部连合；萼片绿色；花瓣颜色鲜艳，基部常有一对鳞片状蜜腺；雄蕊6枚，2轮，花丝联合或贴生于花被片上，花药2室，纵裂，"丁"字形着生；雌蕊具3合生心皮，子房下位、半下位或上位，3室，柱头3，胚珠少数至多数，倒生，稀弯生，中轴胎座。浆果，稀为室间开裂的蒴果，有时为肉质聚花果（凤梨属）；种子在蒴果中常有翅或羽毛状，胚小到很大，胚乳丰富，粉状。

本科有59属，2 400种，产于热带美洲，仅1种产于热带非洲的西部。我国引种多种；广东及海南常见栽培的有2属，2种。

本科植物中有很多观赏植物，近年引进的至少在30种以上，如姬凤梨Cryptanthus acaulis、红票Vriesea fosteriana和金边彩边凤梨Neoregelia carolinae 'Flandria' 等。因非原产且栽培不广，未收入本志。

1. 花序和果顶冠以叶状苞片；雌蕊合生 ······ 1. 凤梨属 Ananas
1. 花序和果顶无叶状苞片；雌蕊分离 ······ 2. 水塔花属 Billbergia

1. 凤 梨 属 Ananas Tourm. ex Linn.

多年生草本。单叶，基生，螺旋排列呈莲座状，全缘或边缘有刺状锯齿；叶鞘不扩大。花茎短或略延长；头状花序顶生，球果状，顶部有数枚叶状苞片聚生；花两性，3数；萼片分离，覆瓦状排列；花瓣离生，紫红色，基部有1对小鳞片；雄蕊6枚；子房下位，螺旋排列，嵌于肉质、膨大的花序轴上。聚花果长圆球状，由肉质的花序轴、苞片和不发育的子房连合而成。

本属有3种，原产热带美洲，现广泛栽培于热带各地。我国南部常见栽培1种；广东及海南亦有。

凤梨 （《广州植物志》） 别名：菠萝 （图89）

Ananas comosus（Linn.）Merr.

多年生草本。茎短，基部有吸芽。叶剑形，螺旋排列呈莲座状，长40～85 cm，宽3～7 cm，全缘或边缘有刺状粗锯齿，叶面绿色，叶背粉绿色。头状花序球果状，长6～8 cm，结果时增大；苞片三角状卵形；萼片肉质，顶端带红色，宽卵形，长约1 cm；花瓣紫红色，倒披针形，长约2 cm；子房不育。聚花果肉质，长圆球形，长12 cm以上。花期：夏至冬季。

产地：广东南部及海南各地常见栽培。

分布：广西、福建、云南有栽培。原产热带美

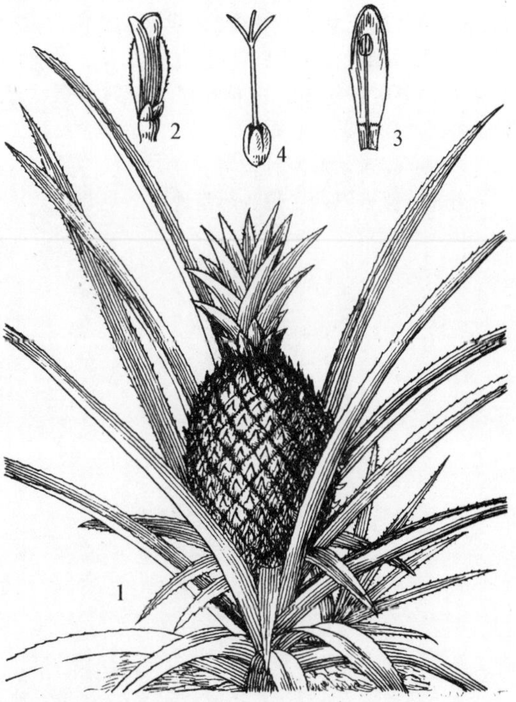

图 89 凤梨 **Ananas comosus**（Linn.）Merr.
1. 植株；2. 花；3. 花瓣和雄蕊；4. 雌蕊。
（余汉平绘）

洲。

用途：凤梨为著名热带水果，可食部分为肉质增大之聚合果；一些变种（var. variegata）可作观赏用；叶内的纤维坚韧，供编织和造纸用。

2. 水 塔 花 属　**Billbergia** Thunb.

无茎草本或具很短的茎。单叶，簇生基部，带形，叶背有粉被，边缘有小刺。穗状花序或穗状花序式圆锥花序，直立或下垂；苞片明显，彩色；花美丽，蓝色，稀红色或绿黄色，两性，3数；花萼和花冠离生达基部，花瓣基部常有1对撕裂状小鳞片；雄蕊6枚；子房下位，无毛或有粉末状覆盖物，花柱3裂，柱头螺旋状扭转，中轴胎座，胚珠多数。浆果由子房、宿存的花萼和花冠组成；种子多数，小。

本属约62种，产于热带美洲。我国温室常见栽培1种；广东及海南亦有。

水塔花　（《广州植物志》）　（图 90）

Billbergia pyramidalis（Sims）Lindl.

草本。茎极短。叶6～15片，螺旋状排列，带形，长25～40 cm，宽2～4 cm，顶端钝而有小锐尖，基部较宽并紧密层叠，常储有一定的水分，边缘有小刺齿，上面绿色，背面粉绿色。穗状花序直立，略长于叶；苞片粉红色，披针形，长5～7 cm；萼片3，暗红色，有粉被，长约为花瓣的1/3，裂片钝至急尖；花瓣3，紫色或红色，长约4 cm，开花时旋扭；雄蕊6枚，花丝细长，略伸出于花外；子房有粉被，中轴胎座，胚珠多数。浆果；种子小。花期：春季。

产地：广东及海南有栽培。

分布：原产巴西，现各热带地区常见栽培。

用途：观赏。

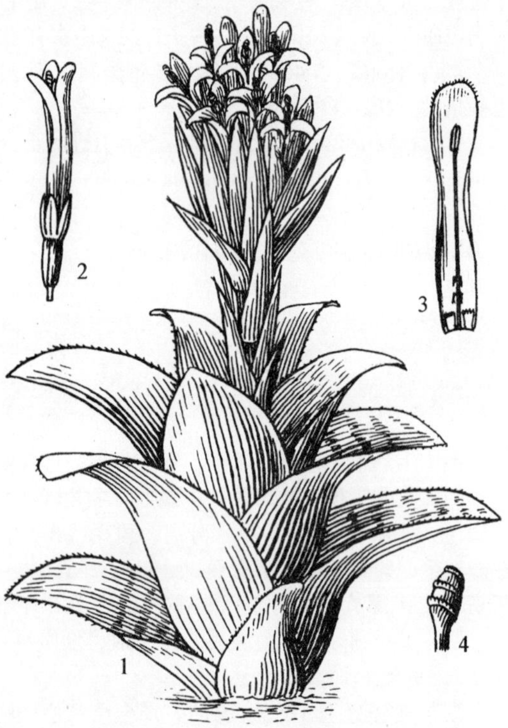

图 90　水塔花　**Billbergia pyramidalis**（Sims）Lindl.
1. 植株；2. 花；3. 花瓣、雄蕊和鳞片；4. 柱头。
（余汉平绘）

延 龄 草 科 Trilliaceae

多年生草本，有根状茎或块茎，地上茎直立，不分枝。叶2片对生或3至数片轮生于茎顶或中部，全缘，主脉3~5条，具柄或无。花两性，辐射对称，1至数朵顶生；花被片离生，6~18，1~2轮，2轮时形态和颜色相同，或外轮的常较阔，萼状，内轮的花瓣状、线形；雄蕊与花被片同数或为其倍数，与花被片对生或互生，花药基着，纵裂；雌蕊3~6（~10）心皮，子房上位，1室而具侧膜胎座，或3~6（~10）室而具中轴胎座，胚珠倒生，多数。浆果或室背开裂的肉质蒴果；种子有坚硬或肉质的胚乳，胚小。

本科有3属，约65种，分布于北温带和亚热带。我国产2属，26种；广东及海南有1属，3种，2变种。

重 楼 属 **Paris** Linn.

多年生草本；根状茎粗壮或纤细。茎直立，不分枝，基部有干膜质叶鞘。叶4至多片（稀3片）轮生于茎顶，有3条主脉，具柄。花单生，从叶轮上抽出，直立，两性，具柄；花被片（3）4~8（~10），2轮，离生，宿存，外轮常为绿色，较阔，叶状，内轮线形或无；雄蕊与花被片同数或为其倍数，花药基着，侧面纵裂，花丝扁；子房1室而具4~10个侧膜胎座，或4~10室而为中轴胎座，胚珠多数，柱头4~10裂。浆果或室背开裂的肉质蒴果；种子多数，胚乳坚硬。

本属约24种，分布于欧洲和亚洲的温带、亚热带地区。我国有22种；广东及海南有3种，2变种。

1. 雄蕊4~6轮；植株高1.5~3 m ································· 1. 海南重楼 P. dunniana
1. 雄蕊2~3轮；植株高1 m以下。
  2. 药隔突出部分不明显。
    3. 花丝长4~7 mm，柱头4或5裂。
      4. 花药与花丝近等长或略短 ································· 2. 七叶一枝花 P. polyphylla
      4. 花药长约为花丝的2倍································· 2a. 华重楼 var. chinensis
    3. 花丝长达10 mm，柱头7裂 ································· 2b. 广东重楼 var. kwantungensis
  2. 药隔突出部分球形、近球形或横向椭圆形 ································· 3. 球药隔重楼 P. fargesii

1. 海南重楼 （《海南植物志》）

Paris dunniana Lévl.

Daiswa dunniana（Lévl）Takhtajan

D. *hainanensis*（Merr.）Takhtajan

P. *hainanensis* Merr.

高大草本，连花梗高1.5~3 m；根状茎粗厚，长8~20 cm。叶每轮有叶4~8片，膜质，倒卵形至长圆状倒卵形，长（15~）22~30 cm，宽（7~）10~16 cm，顶端急尖，基部宽楔形或楔形，两侧不对称；叶柄长5~9 cm，不等长。花直径约10 cm；花梗长60~130 cm；外轮花被片5~6，膜质，长圆状披针形，长6~9 cm，宽约2 cm，内轮的5~6，线形，长5~7（~10）cm，宽约1 mm；雄蕊4~6轮，极少3轮，20~30枚，花丝长10~12 mm，花药长12~20 mm，药隔的突出部分长约1~4 mm，顶端尖；雌蕊紫色，子房1室，侧膜胎座，柱头5~8裂。蒴果肉质，呈浆果状，近球形，成熟后浅绿色，直径2~4 cm，室背开裂；种子多数，不规则球形，直径约4 mm，种皮橙黄色，肉质多汁。

产地：海南保亭、五指山、白沙、琼山。生于1 100 m以下的林内。

分布：贵州。越南。

2. 七叶一枝花　（图 91）

Paris polyphylla Smith

Daiswa polyphylla (Smith) Raf.

多年生草本，高20～100 cm；根状茎粗1～3 cm。叶轮有时5～11片，长圆形、椭圆形、倒披针形或披针形，长7～15（～20）cm，宽2～5 cm，同一植株上的叶近等长而不等宽，基部圆形或楔形，顶端渐尖或急尖；叶柄长1～5 cm。花梗长5～25 cm；外轮花被片（3）4～6（7），绿色或黄绿色，卵状披针形或披针形，长3～7 cm；内轮花被片狭线形，稍长于外轮花被片，宽1～2 mm；雄蕊2轮，（6～）8～12（～14）枚，偶尔多1枚或少1枚，长8～16 mm，花丝长4～7 mm，花药与花丝近等长或略短，药隔突出部分不明显；雌蕊紫色，子房近球形，具棱，光滑或具瘤状突起，1室；花柱粗短，有1盘状增厚的花柱基，柱头4～5裂。蒴果绿色或紫色，球形，直径1.5～3 cm，3～6瓣开裂；种子多数，卵球形，被鲜红色、多汁的外种皮。花期：4～6月；果期：8～11月。

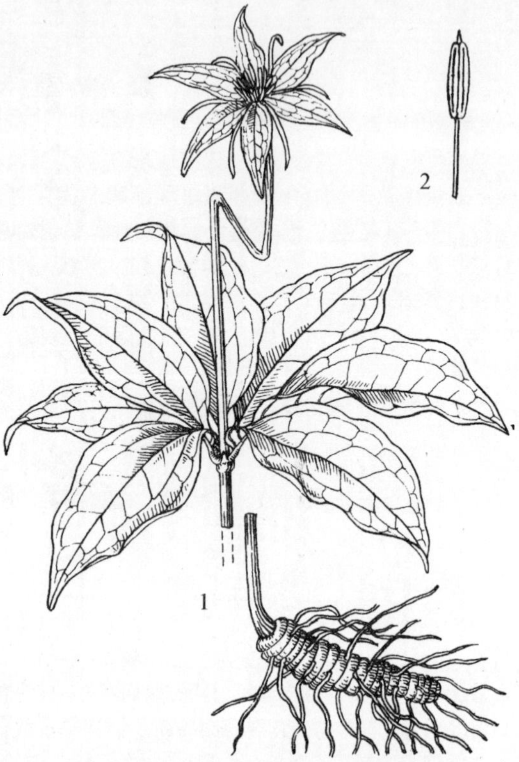

图 91　七叶一枝花　**Paris polyphylla** Smith
1. 植株；2. 雄蕊。（余汉平绘）

产地：乐昌、曲江、阳山、连山、英德、饶平、和平、大埔、梅州、仁化、从化、蕉岭、信宜、封开、茂名。生于海拔100～1 300 m的林下、灌丛或沟旁草丛中。

分布：甘肃、陕西、山西、河南、湖北、湖南、江苏、浙江、安徽、江西、福建、台湾、广西、云南、贵州、四川、西藏。尼泊尔、不丹、锡金、印度、老挝、缅甸、泰国和越南。

用途：根状茎供药用。

2a. 华重楼

var. **chinensis** (Franch.) Hara

P. chinensis Franch.

Daiswa chinensis (Franch.) Takhtajan

本变种与原种的区别在于：叶轮有叶5～10片，较狭长，基部楔形；内轮花被片短于外轮花被片，花丝长5～6 mm，花药长1～1.2 cm，药隔突出部分长0.5～1.5 mm。

产地：乳源、乐昌、仁化、始兴、连平、梅州、大埔、龙门、广宁、德庆、封开、阳春。生于海拔350～800 m的林下灌丛中。

分布：湖北、湖南、江苏、安徽、江西、福建、台湾、广西、云南、贵州、四川。老挝、缅甸、泰国和越南。

2b. 广东重楼

var. **kwantungensis** (R. H. Miau) S. C. Chen et S. Y. Liang

P. kwantungensis R. H. Miao

本变种与原种的区别在于：叶轮有叶7片；内轮花被片与外轮花被片近等长，长约6 mm；花丝长达10 mm，花药长约15 mm，药隔突出部分长约1 mm；柱头常7裂。

产地：信宜。

3. 球药隔重楼

Paris fargesii Franchet

Daiswa fargesii（Franchet）Takhtajan

多年生草本，高50～100 cm；根状茎粗1～2 cm。叶轮有叶（3）4～6（7）片，绿色，偶背面紫色，纸质，宽卵形或卵形，长9～18 cm，宽5～14 cm，顶端急尖，基部近心形或圆形；叶柄长2～5 cm。花梗长15～40 cm，果期伸长；花被片4～5（6），外轮绿色，披针形或卵状披针形，长4～6 cm，基部略狭，内轮黄绿色或紫黑色，线形，与外轮花被片近等长或略长；雄蕊2轮，8～12枚，较短，长5～7 mm，花丝和药隔突出部分紫黑色；花药淡青色变黄褐色，长于花丝，药隔突出部分横向椭圆形或近球形，长约1 mm；雌蕊紫黑色或紫色，子房具明显的棱，方柱形或五角柱形，1室，胚珠多数，花柱基明显增厚，方形或五角形，柱头4～5裂。蒴果卵球形；种子多数，被红色多汁的种皮。花期：3～5月；果期：7～10月。

产地：乳源。生于海拔700～1 300 m林内阴湿处。

分布：湖北、湖南、江西、广西、云南、贵州、四川。越南。

天 南 星 科　Araceae

草本植物，具块茎和伸长的根状茎，富含苦味水分或乳汁，稀为攀援灌木或附生藤本，罕为浮水植物。叶基生或互生，二列或螺旋状排列，常各式分裂，多为箭形、戟形或掌状、鸟足状、羽状或放射状；叶脉平行或网状；叶柄基部具膜质叶鞘。花小或微小，常极臭，排成肉穗花序，外有佛焰苞包围；花两性或单性，辐射对称；单性时雌雄同株或异株，雌雄同株者，雌花位于花序下部，雄花位于上部，单性花通常无花被；两性花有花被或无；花被如存在则为2轮，每轮2或3，整齐或不整齐的覆瓦状排列，分离或合生；雄蕊4～6枚，分离或合生成雄蕊柱，有时在雌花之间和雄花之下有退化雄蕊；花柱不显著；子房上位或稀陷入肉穗花序轴内，1至多室，基底胎座、顶生胎座、中轴胎座或侧膜胎座，胚珠直生、横生或倒生，1至多数。果为浆果，极稀紧密结合而为聚合果；种子1或多颗。

本科104属，330余种，广布于全世界，大多数属分布于热带地区。我国有35属，200余种；广东及海南连常见引入的有27属，62种，此外尚有多种引入观赏的种类因非原产且不常见，故未收载。

原《海南植物志》记载的曲籽芋属（Cyrtosperma），经检查为鉴定错误，故略去不载。

1. 花两性。
  2. 花有花被。
    3. 直立或匍匐草本。
      4. 叶线形，无叶片、叶柄之分；佛焰苞和叶同形 ………… 1. 菖蒲属 Acorus
      4. 叶非线形，有叶柄；佛焰苞和叶不同形。
        5. 无刺草本；佛焰苞扁平；肉穗花序长7～12 cm。
          6. 茎短或伸长；佛焰苞质厚，常具美丽的颜色，顶端渐尖 ………… 2. 花烛属 Anthurium
          6. 无茎或茎极短；佛焰苞质薄，通常白色或绿色，顶端尾尖 ………… 3. 白鹤芋属 Spathiphyllum
        5. 有刺草本；佛焰苞多少环抱肉穗花序；肉穗花序长2～4 cm ………… 4. 刺芋属 Lasia
    3. 攀援植物。
      4. 叶柄扩大成翅状或叶状；花被片分离 ………… 5. 石柑属 Pothos
      4. 叶柄不扩大成翅状或叶状；花被片合生成杯状 ………… 6. 上树莲属 Anadendrum
  2. 花无花被。
    3. 肉穗花序具梗 ………… 7. 雷公连属 Amydrium
    3. 肉穗花序无梗。
      4. 浆果相互分离。
        5. 佛焰苞舟状；胚珠1颗………… 8. 藤芋属 Scindapsus
        5. 佛焰苞卵形；胚珠2～4颗 ………… 9. 麒麟叶属 Epipremnum
      4. 浆果相互黏合。
        5. 胚珠多数；叶面无穿孔 ………… 10. 崖角藤属 Rhaphidophora
        5. 胚珠2颗；叶面常有穿孔………… 11. 龟背竹属 Monstera
1. 花单性。
  2. 肉穗花序顶端无附属体。
    3. 陆生植物；叶非莲座式排列。
      4. 直立或上升草本，稀亚灌木状。
        5. 叶面无斑点；雄蕊分离。
          6. 叶基部非心形；胚珠1颗；果外露；雌花无退化雄蕊………… 12. 广东万年青属 Aglaonema
          6. 叶基部心形；胚珠多数；果藏于宿存或花后膨大的佛焰苞内；雌花常具退化雄蕊。
            7. 佛焰苞檐部凋落，不在基部周裂；肉穗花序与佛焰苞分离。

8．佛焰苞檐部漏斗状，顶端后折；肉穗花序长6～9 cm……………………………… 13．马蹄莲属 Zantedeschia
8．佛焰苞檐部舟状，顶端内弯；肉穗花序长2.5～5 cm ……………………………… 14 千年健属 Homalomena
7．佛焰苞檐部在基部周裂，脱落；雌花序一侧与佛焰苞合生 …………………… 15．落檐属 Schismatoglottis
5．叶面有斑点；雄蕊合生为一体。
6．亚灌木草本；叶片非盾状着生；雌花具退化雄蕊4～5枚；浆果红色 ……………16．花叶万年青属 Dieffenbachia
6．草本；叶片盾状着生；雌花通常无退化雄蕊；浆果白色 ………………………… 17．五彩芋属 Caladium
4．攀援植物。
5．成长叶掌状分裂；浆果联合成一聚合果 ………………………………………18．合果芋属 Syngonium
5．成长叶心状卵形或箭形；浆果不联合成一聚合果 …………………………… 19．喜林芋属 Philodendron
3．浮水草本；叶莲座式排列 ……………………………………………………………… 20．大薸属 Pistia
2．肉穗花序顶端有附属体。
3．先花后叶 ……………………………………………………………………………21．魔芋属 Amorphophallus
3．花、叶同时出现。
4．雄蕊分离。
5．佛焰苞管喉部张开 …………………………………………………………………22．犁头尖属 Typhonium
5．佛焰苞管喉部闭合。
6．叶阔线形，宽不超过1 cm；花序完全包藏于佛焰苞内；子房黏合；雌花序与佛焰苞离生 ………………………………………………………………… 23．隐棒花属 Cryptocoryne
6．叶非线形，宽超过1 cm；花序的雄花序部分地露出佛焰苞外；子房分离；雌花序背面与佛焰苞合生，单侧着花 ………………………………………………………………… 24．半夏属 Pinellia
4．雄蕊合生为聚药雄蕊。
5．胚珠多数，侧膜胎座 ……………………………………………………………… 25．芋属 Colocasia
5．胚珠少数，基底胎座。
6．叶盾状着生，箭状心形 ……………………………………………………………26．海芋属 Alocasia
6．叶非盾状着生，3裂至放射状分裂……………………………………………… 27．天南星属 Arisaema

1. 菖 蒲 属 **Acorus** Linn.

多年生草本；根状茎匍匐。叶二列，基生，嵌列如鸢尾，无柄，具叶鞘。佛焰苞叶状，剑形，直立，宿存；肉穗花序无梗，圆柱形；花密，自下而上开放，小，两性；花被片6，圆形或倒卵形，内凹，顶端近截平；雄蕊6枚，花丝线形，与花被片等长；子房倒圆锥状长圆形，与花被片等长，2～3室；每室胚珠多数。浆果红色，长圆形；种子长圆形。

本属有4种，分布于北温带至亚洲热带。我国4种均有；广东及海南有3种，1变种。

本属亦有人主张成立为菖蒲科Acoraceae。

1．叶具中脉，剑状线形，宽1～3 cm…………………………………………………… 1．菖蒲 A. calamus
1．叶不具中脉，线形，宽6～13 mm。
2．叶宽不及6 mm。
3．佛焰苞长3～14 cm，宽1～2 mm ……………………………………………… 2．金钱蒲 A. gramineus
3．佛焰苞长达43 cm，宽7～8 mm …………………………………………2a．大苞石菖蒲 var. macrospadiceus
2．叶宽7～13 mm ……………………………………………………………………… 3．石菖蒲 A. tatarinowii

1. 菖蒲 （《神农本草经》） （图 92）

Acorus calamus Linn.

多年生草本；根状茎稍扁，具分枝。叶基生，剑状线形，长40～90（～150）cm，宽1～3 cm，基部对褶，中脉在两面均明显隆起，侧脉3～5对，平行，纤弱，多延伸至叶尖；叶鞘宽4～5 mm，向上渐狭，至叶长的1/3处渐行消失。总花梗三棱形，长15～50 cm；佛焰苞叶状，长30～40 cm；肉穗花序圆柱形，长4.5～8 cm；花黄绿色；子房长圆柱形。浆果红色，长圆形。花、果期：6～10月

产地：乳源、广州等地。生于水边、沼泽地或湖泊浮岛上。

分布：全国各省区。世界温带、亚热带地区。

用途：根、茎可药用。

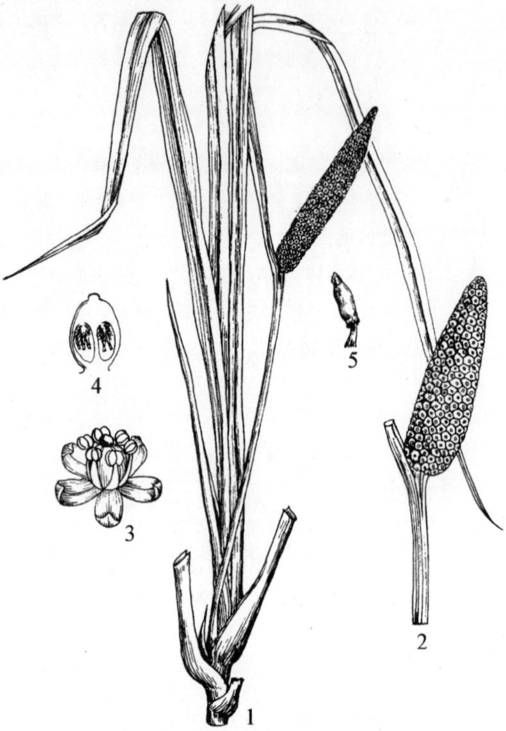

图 92　菖蒲　Acorus calamus Linn.
1. 植株；2. 肉穗花序；3. 花；4. 子房纵剖；5. 胚珠。
（刘运笑绘）

2. 金钱蒲　（《中国植物志》）

Acorus gramineus Soland.

多年生草本；根状茎较短，长5～10 cm。叶质厚，干时灰绿色或褐色，线形，长20～30 cm，宽4～6 mm，顶端长渐尖，无中脉，平行脉多数；叶鞘棕色，下部宽2～3 mm，上延至叶中部。总花梗长2.5～15 cm；佛焰苞叶状，长3～14 cm，宽1～2 mm；肉穗花序黄绿色，圆柱形，长3～10 cm；花小，花被片倒卵形；子房倒圆锥形，长约5 mm。果序粗达1 cm；浆果红色，倒卵形。花、果期：5～8月。

产地：广东及海南各地常见。生于海拔1 500 m以下的水旁湿地或石上。

分布：香港、江西、浙江、湖南、湖北、陕西、甘肃、广西、贵州、云南、四川、西藏。

2a. 大苞石菖蒲　（《海南植物志》）

var. **macrospadiceus** Yamamoto

本变种与原种的区别在于：佛焰苞长约43 cm，宽7～8 mm；肉穗花序长7～14 cm。

产地：海南东方、澄迈。生于山涧阴湿之处。

分布：台湾。

3. 石菖蒲　（《中国植物志》）

Acorus tatarinowii Schott

多年生草本；根状茎直伸，芳香，外皮淡褐色。叶深绿色，线形，长20～50 cm，宽7～13 mm，顶端渐尖，无中脉，平行脉多数，稍隆起；叶鞘膜质，渐狭，脱落。总花梗长4～15 cm；佛焰苞叶状，长13～25 cm；肉穗花序圆柱状，长2.5～8.5 cm，上部渐尖，直立或稍弯。浆果倒卵形。花、果期：2～6月。

产地：广东及海南各地。生于密林下、湿地或溪旁石上。

分布：黄河以南各省区。

2. 花烛属　Anthurium Schott

多年生陆生或附生草本；茎匍匐或直立。叶形多样，质厚，全缘或各式分裂；主侧脉常沿叶缘内侧

连结而和叶缘平行；叶柄曲膝状，基部具短鞘。总花梗长，稀短；佛焰苞绿色、紫色、白色或红色，披针形、卵状披针形、卵形或椭圆形，宿存；肉穗花序无梗或具短梗，圆柱形或有时成尾状；花两性；花被片4，外轮2片较宽；雄蕊4枚；花药短；子房卵形、长圆形或卵圆形，2室，每室有胚珠2或1颗；花柱短或无。浆果球形或长纺锤形；种子长圆形。

本属约550种，分布于热带美洲。我国和广东及海南常见的引种有5种。

1. 叶全缘。
  2. 肉穗花序圆柱形，直。
    3. 叶脉淡绿色 ………………………………………… 1. 花烛 A. andreanum
    3. 叶脉银白色 ………………………………………… 2. 水晶花烛 A. crystallinum
  2. 肉穗花序细长而弯曲，或呈螺旋状扭曲 ……………………… 3. 火鹤花 A. scherzerianum
1. 叶分裂。
  2. 直立草本；叶5～13掌状分裂，基部1/5～1/4联合 ……………… 4. 掌叶花烛 A. pedato-radiatum
  2. 藤本；叶7～9掌状全裂 ………………………………………… 5. 深裂花烛 A. variabile

1. 花烛 （图93）

Anthurium andreanum Linden

多年生直立草本；根肉质。茎矮。叶革质，叶面淡绿色，卵形，长10～12 cm，基部心形；叶柄长，基部鞘状。总花梗自叶丛中抽出，高达50 cm，超出叶面；佛焰苞革质，深红色、红色或白色，阔心形，直立，展开，表面波状，有光泽；肉穗花序黄色、白色或紫红色，圆柱形。

产地：珠江三角洲地区有栽培。

分布：原产厄瓜多尔和哥伦比亚。

用途：观赏。

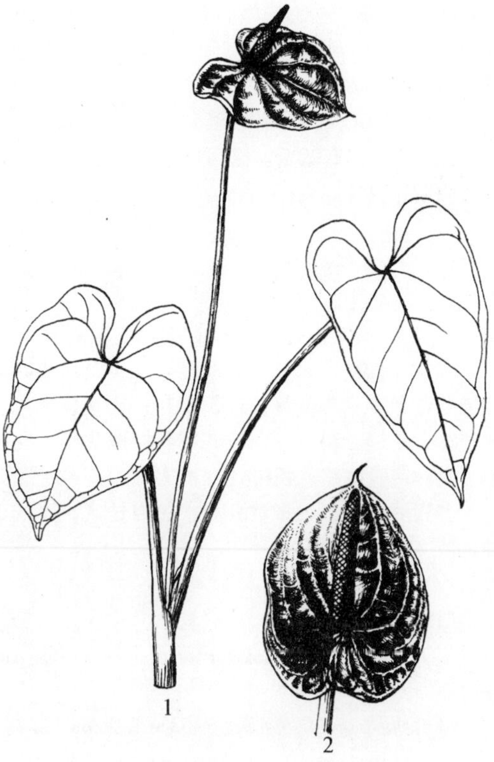

图93 花烛 **Anthurium andreanum** Linden
1. 花枝；2. 佛焰花序。（刘运笑绘）

2. 水晶花烛

Anthurium crystallinum Linden & Andre

多年生附生草本，具粗壮、肉质气生根。茎短缩。叶基生，革质，阔卵状椭圆形或心形，向外斜下弯曲，叶背淡红色，叶脉粗，银白色；叶柄长约40 cm。佛焰苞褐色或绿色，线状长圆形，长10～12 cm，平展或外翻；肉穗花序黄绿色，细长，与佛焰苞等长或稍长。花、果期：4～12月。

产地：珠江三角洲地区有栽培。

分布：原产哥伦比亚、秘鲁。

用途：观赏。

3. 火鹤花

Anthurium scherzerianum Schott

多年生附生或陆生草本。茎高30～50 cm，短缩，直立。叶互生，革质，心形或椭圆形，长20～30 cm，宽8～12 cm，全缘；叶柄细长，挺直。佛焰苞肉质，红色或绿色，长心形或长卵形，表面光滑或具皱褶；肉穗花序红色、黄色或绿色，细长而弯曲，或呈螺旋状扭曲。

产地：珠江三角洲地区有栽培。

分布：原产哥斯达黎加、危地马拉等地。

用途：观赏。

4. 掌叶花烛 （《中国植物志》）

Anthurium pedato-radiatum Schott

多年生陆生草本。茎高1 m以上，叶心形或阔卵形，直径40 ~ 60 cm，具光泽，5 ~ 13深裂，裂片披针形或线状披针形，全缘，中脉在背面隆起，侧脉纤细，斜伸；叶柄圆柱形，长几达1 m，具浅槽。总花梗长3 mm；佛焰苞绿色，披针形，中部以上渐狭，反折；肉穗花序淡绿色，长约10 cm。果序绿色，顶端渐狭；浆果倒卵形，橙黄色；种皮黄色，有细疣。花期：7 ~ 8月。

产地：广东及海南有栽培。

分布：云南有栽培。原产墨西哥。

用途：观赏。

5. 深裂花烛 （《中国植物志》）

Anthurium variabile Kunth

攀援植物。叶7 ~ 9裂，裂片长披针形或披针状长圆形，长约20 cm，宽2 ~ 4 cm，向上渐狭，基部楔形；叶柄圆柱形，长30 ~ 45 cm，具槽。总花梗短，长3 ~ 10 cm；佛焰苞披针形，渐尖，反折，深绿色，比肉穗花序稍短；肉穗花序无梗，青紫色，锥状圆柱形，长约10 cm。浆果倒卵圆形，深绿色，顶部紫色；种子短卵圆形。

产地：广东及海南有栽培。

分布：福建有栽培。巴西。

用途：观赏。

3. 白 鹤 芋 属 **Spathiphyllum** Schott

多年生草本；无茎或茎极短。叶披针形或卵圆形；叶柄中部以下具宿存的叶鞘，顶端具肿大的节；叶脉条纹状。总花梗等长或长于叶；佛焰苞绿色、淡绿色或白色，长圆形或披针形，常具尾尖，长于肉穗花序，平展，宿存；肉穗花序无梗或具梗；花两性；花被片4 ~ 6，分离或合生；雄蕊与花被片同数；子房2 ~ 4室，每室有胚珠8颗，中轴胎座。浆果圆形；种子弯曲，光滑。

本属约40种，大多数分布于热带地区。我国引种1种；广东亦有。

白鹤芋 （图 94）

Spathiphyllum floribundum（Linden & Andre）N. E. Br.

Anthurium floribundum Linden & Andre

多年生丛生草本，株高30 ~ 40 cm，无茎或茎极短。叶长圆状椭圆形或长圆状披针形，顶端渐尖，基部圆形；叶柄长10 ~ 15 cm。佛焰苞白色，长圆状椭圆形，大而显著，顶端长尾尖，高出叶丛；肉穗花序淡黄色或近白色，圆柱形，较佛焰苞短。花、果期：春至夏季。

产地：珠江三角洲地区有栽培。

分布：原产南美洲，现热带地区常见栽培。

用途：观赏。

图 94 白鹤芋 **Spathiphyllum floribundum**（Linden & Andre）N. E. Br.
1. 植株；2. 佛焰花序。（刘运笑绘）

4. 刺 芋 属 **Lasia** Lour.

湿生草本。茎粗壮，叶幼时箭形或戟形，成长时鸟足状羽状分裂；叶柄长，基部具鞘，疏具皮刺。总花梗长，具皮刺；佛焰苞细长，上部包旋，下部张开，内含短肉穗花序；肉穗花序圆柱形，无梗；花两性，密集；花被片4～6，倒卵形，顶端内弯；雄蕊4～6枚；子房卵形，1室，胚珠1颗。浆果顶部四角形；种子近楔形。

本属有2种，分布于热带亚洲。我国有1种；广东及海南亦有。

刺芋 （《广州植物志》） （图 95）

Lasia spinosa（Linn.）Thwait.

Dracontium spinosum Linn.

多年生草本，高可达1 m，茎具皮刺，叶鸟足状羽状深裂，长、宽为20～60 cm，脉上疏生皮刺；叶柄长于叶。总花梗长20～35 cm；佛焰苞长15～30 cm，管部长3～5 cm，檐部长25 cm；肉穗花序黄绿色，圆柱形，长2～4 cm。浆果倒卵圆状，顶部四角形，密生小疣状突起；种子长5 mm。花期：9月；果期：翌年2月。

产地：广州、肇庆、阳春、阳江及海南东方等地。生于田边、沟旁、阴湿草丛、竹丛中。

分布：香港、云南、广西、台湾。锡金、孟加拉国、印度、缅甸、泰国、马来半岛、中南半岛至印度尼西亚。

用途：幼叶可食；根茎药用。

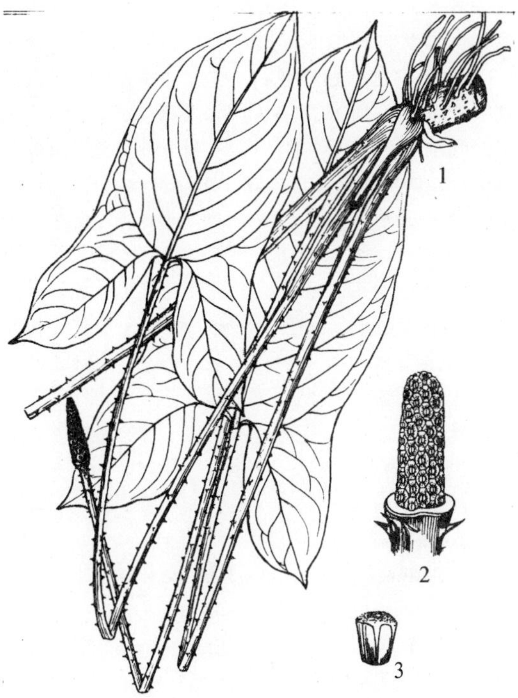

图 95 刺芋 Lasia spinosa（Linn.）Thwait.
1. 植株；2. 肉穗花序；3. 幼果（放大）。
（刘运笑绘）

5. 石 柑 属 **Pothos** Linn.

附生、攀援灌木或亚灌木。叶线状披针形、披针形或披针状卵形、椭圆形、卵状长圆形，多少不等侧；叶柄翅状或叶状。花序顶生或腋生；佛焰苞卵形，外反；肉穗花序无梗或具长梗；花两性，花被片6，离生，顶端内弯；雄蕊6枚，花丝扁平；子房3室，中轴胎座，每室有1颗胚珠。浆果红色，椭圆形或倒卵形；种子1～3颗，扁椭圆形。

本属约80种，分布于印度至太平洋诸岛及澳大利亚，西南至马达加斯加。我国有8种；广东及海南有2种。

1. 叶柄翅状，比叶短且较宽；肉穗花序椭圆形或圆球形 ………………………… 1. 石柑子 P. chinensis
1. 叶柄叶状，远长于叶；肉穗花序细圆柱形 ………………………………………… 2. 百足藤 P. repens

1. 石柑子 （《亨利植物汉名汇》） （图 96）

Pothos chinensis（Raf.）Merr.

Tapanava chinensis Raf.

P. seemannii Schott

P. scandens auct. non Linn.

附生藤本。叶纸质，椭圆形、披针状卵形至披针状长圆形，长6～13 cm，宽1.5～5.6 cm，顶端渐尖至长渐尖，有芒状尖头，基部钝，侧脉4对；叶柄倒卵状长圆形或楔形，长1～4 cm。总花梗长0.8～2 cm；佛焰苞绿色，卵形，长8 mm，展开宽10～15 mm，顶端急尖；肉穗花序淡绿色或淡黄色，椭圆形至近圆球形，长7～11 mm。浆果黄绿色至红色，卵形或长圆形。花、果期：全年。

产地：乐昌、乳源、连南、连山、英德、清远、翁源、连平、新丰、龙门、河源、丰顺、五华、普宁、惠东、惠阳、博罗、深圳、东莞、广州、怀集、封开、云浮、肇庆、阳春、信宜、化州及海南定安、琼海、琼中、保亭。生于阴湿密林中，常匍匐岩石或附生于树干上。

分布：香港、台湾、湖北、广西、贵州、云南、四川等省区。越南、老挝、泰国。

图 96　石柑子　Pothos chinensis（Raf.）Merr.

1. 花枝；2. 花；3. 子房及雄蕊；4. 雄蕊；5. 子房横切。（刘运笑绘）

2. 百足藤　（《中国植物志》）

Pothos repens（Lour.）Druce

Flagellaria repens Lour.

附生藤本。叶披针形，长3～4 cm，宽5～7 mm，向上渐狭；叶柄长楔形，长达15 cm，具平行纵脉。总花梗腋生和顶生，长2～3 cm；苞片3～5枚，披针形，长1～5 cm，覆瓦状排列或远离；佛焰苞绿色，线状披针形，长4～6 cm，宽5～8 mm，具长尖头；肉穗花序黄绿色，细圆柱形，长5～10 cm，具长5～6 mm的梗；花密，花被片6，黄绿色；雄蕊和柱头稍超出花被。浆果红色，卵形。花、果期：3～7月。

产地：广州、肇庆、云浮、阳江、高州、茂名、徐闻及海南各地。生于海拔900 m以下林内石上或附生树干上。

分布：广西、云南。越南。

用途：茎叶药用，也可作马饲料。

6. 上 树 莲 属　Anadendrum Schott.

攀援藤本。叶二列，斜卵状长圆形，全缘或羽状浅裂，有时近中脉处有孔；叶柄边缘有狭翅。佛焰苞长圆状卵形，顶端长渐尖，张开，花后脱落；肉穗花序圆柱状，具短柄；花密；两性，花被杯状或环状，顶部截平；雄蕊4枚；子房倒圆锥形，1室，胚珠1颗。浆果疏离；种子近球形。

本属约9种，分布于印度至马来西亚。我国海南有1种。

上树莲　（《海南植物志》）　（图 97）

Anadendrum montanum（Bl.）Schott

Calla montana Bl.

攀援藤本。叶革质，斜卵状长圆形，长15～28 cm，宽5～10 cm，顶端渐尖，基部近圆形，全缘；叶柄短或与叶等长，边缘有狭翅。总花梗长7～14 cm；佛焰苞张开，长4～8 cm，顶部长渐尖，花后脱落；肉穗花序圆柱状，长4～6 cm，有短柄；花两性，花被环状。浆果卵状，疏离。

产地：海南三亚、保亭。常生于密林阴处。

分布：印度、中南半岛、马来西亚、印度尼西亚。

图 97　上树莲　Anadendrum montanum（Bl.）Schott

1. 植株一部分；2. 肉穗花序的一部分；3. 花；4. 花的纵切面；5. 雄蕊。（刘运笑绘）

7. 雷 公 连 属　Amydrium Schott

攀援藤本。叶全缘，具穿孔或羽状分裂，穿孔圆形或卵形；叶柄具鞘。总花梗单生；佛焰苞卵形，反折；肉穗花序具长梗或无梗；花两性，无花被；雄蕊4 ~ 6枚；雌蕊倒圆锥形；子房1室，胚珠2颗。浆果近球形，顶部截平；种子近球形。

本属约6种，分布于印度至马来西亚。我国有2种；广东及海南均有。

1. 叶具大小不等的穿孔；肉穗花序圆柱形，长6 cm ……………………………………1. 穿心藤 A. hainanense

1. 叶全缘，完整；肉穗花序倒卵形，长4 cm ……………………………………2. 雷公连 A. sinense

1. 穿心藤　（《植物分类学报》）

Amydrium hainanense（Ting & Wu ex H. Li & al.）H. Li

Epipremnopsis hainanensis Ting & Wu ex H. Li et al.

攀援藤本。茎圆柱形，叶纸质，卵状披针形或镰状披针形，长28 ~ 35 cm，宽9 ~ 12 cm；中脉背面隆起，沿中脉有圆形或卵形穿孔，直径1.5 ~ 4 cm，侧脉5 ~ 7对；叶柄长20 ~ 30 cm，具叶鞘。总花梗长8 ~ 10 cm；佛焰苞革质，黄红色，短舟状，长8.5 cm，顶端具短喙；肉穗花序圆柱形，长6 cm，两头略狭；花两性，无花被；雄蕊6枚，略短于子房；子房角柱状，顶平，近六边形，侧膜胎座，胚珠2颗。花期：4月或10月。

产地：海南白沙。生于海拔1 300 m以下的山谷或水旁密林中，附生于树干上或石上。

分布：湖南、广西、云南。

2. 雷公连　（《植物分类学报》）　（图 98）

Amydrium sinense（Engl.）H. Li

Scindapsus sinensis Engl.

Epipremnopsis sinensis（Engl.）H. Li

附生藤本。茎较细弱，直径3～5 mm，具纵条纹。叶革质，镰状披针形，长13～23 cm，宽5～8 cm，全缘，锐尖，基部宽楔形至近圆形，宽常一侧为另一侧的2倍，侧脉多数；叶柄长8～15 cm，上面具槽，叶鞘撕裂状脱落。总花梗淡绿色；佛焰苞肉质，黄绿色至黄色，短舟状，近卵圆形；肉穗花序倒卵形，长约4 cm，具长0.5～1 cm的梗或无梗；花两性；雌蕊顶部截平，五至六边形，胚珠2颗。浆果黄色或红色；种子1～2颗，棕褐色，倒卵状肾形。花、果期：6～11月。

产地：阳春等地。附生于常绿阔叶林中树干上或石崖上。

分布：湖南、湖北、广西、贵州、云南、四川。

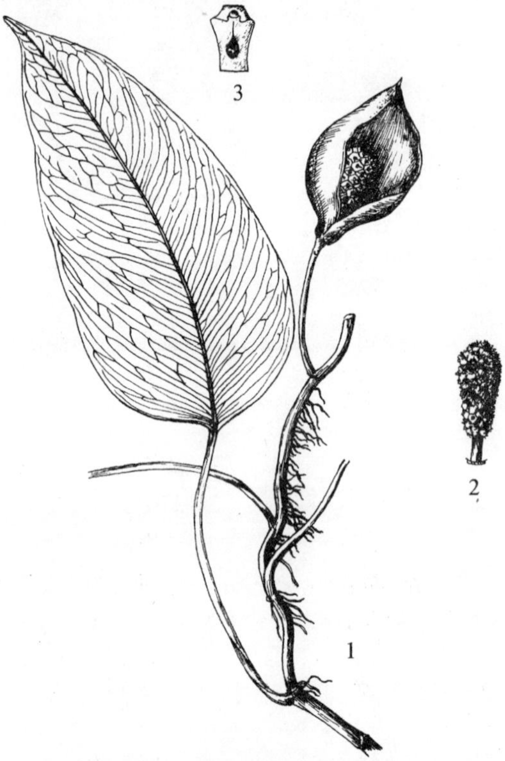

图 98　雷公连　Amydrium sinense（Engl.）H. Li

1. 花枝；2. 肉穗花序；3. 子房纵剖。

（刘运笑绘）

8. 藤 芋 属　**Scindapsus** Schott

攀援藤本，以气生根攀附于树上。叶二列，全缘，侧脉平行，羽状；叶柄具曲膝状关节，具阔鞘。总花梗短；佛焰苞舟状，张开，脱落；肉穗花序无梗，与佛焰苞等长或略短；花密，两性，无花被；雄蕊4枚，花丝短；子房角柱状，1室，胚珠1颗，基生。浆果；种子1颗。

本属约30种，分布于印度至马来西亚。我国有2种；海南有1种。

海南藤芋　（《中国种子植物科属词典》）　（图 99）

Scindapsus maclurei（Merr.）Merr. & Metc.

Rhaphidophora maclurei Merr.

S. megaphyllus Merr.

攀援藤本。叶薄革质，长圆状卵形或卵状椭圆形，长25～45 cm，宽12～20 cm，顶端短渐尖，基部近心形，边缘近膜质，侧脉极多数，致密；叶柄长26～32 cm；叶鞘阔。佛焰苞革质，舟状，长18～20 cm，脱落；肉穗花序圆柱状，长约15 cm，无柄。浆果角柱状；种子1颗，肾形。花期：春季。

产地：海南儋州、三亚、东方等地。生于山谷阴湿处。

分布：越南、泰国。

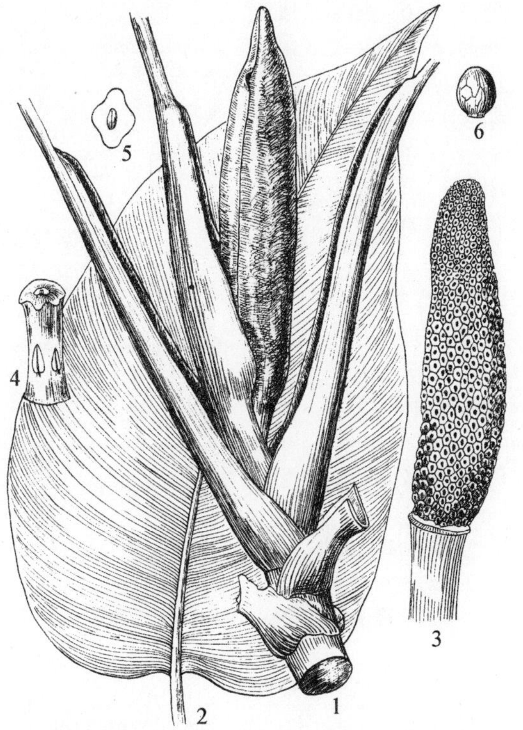

图99 海南藤芋 **Scindapsus maclurei**（Merr.）Merr. & Metc.

1. 花枝；2. 叶片；3. 肉穗花序；4. 花；5. 子房顶端；6. 种子。（刘运笑绘）

9. 麒 麟 叶 属 **Epipremnum** Schott

藤本植物。叶全缘或羽状分裂，沿中脉两侧有小孔；叶柄具鞘，上端膝曲状。总花梗粗壮；佛焰苞卵形，顶端渐尖；肉穗花序无梗；花两性或单性，无花被；雄蕊4～6枚；子房顶端截平，1室，胚珠2～4（～8）颗，生于侧膜胎座基部。浆果小；种子肾形。

本属有26种，分布于印度至马来西亚。我国有4种；广东及海南有2种。

1. 叶全部绿色，中脉二侧有穿孔 ························ 1. 麒麟叶 E. pinnatum
1. 叶绿色，常具黄色或白色斑纹 ························ 2. 绿萝 E. aureum

1. 麒麟叶 （《中国植物志》） （图 100）

Epipremnum pinnatum（Linn.）Engl.

Pothos pinnata Linn.

E. mirabile Schott

木质藤本；茎圆柱形，多分枝。叶薄革质，长圆形，长40～60 cm，宽30～40 cm，基部浅心形，羽状深裂，两侧不等，沿中脉两侧有星散的小穿孔；叶柄长25～40 cm，具膨大关节，叶鞘膜质，逐渐撕裂，脱落。总花梗圆柱形，长10～14 cm，粗壮，基部有鞘状鳞叶包围；佛焰苞长10～12 cm，外绿色，内黄色，长10～12cm，顶端渐尖；肉穗花序圆柱形，长约10 cm，无梗。浆果；种子肾形。花期：4～5月；果期：9～10月。

产地：高州、徐闻及海南陵水、保亭、三亚。附生于热带雨林的大树或岩壁上。

分布：香港、台湾、福建、广西、云南。印度、马来半岛至菲律宾、太平洋诸岛和大洋洲。

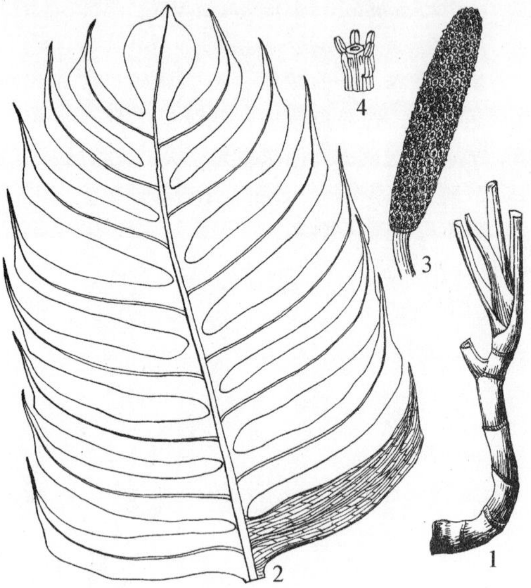

图 100　麒麟叶　**Epipremnum pinnatum**（Linn.）Engl.
1. 茎枝；2. 叶；3. 果序；4. 花。（刘运笑绘）

2. 绿萝　（《广州植物志》）

Epipremnum aureum（Linden & Andre）Bunt.

Pothos aureum Linden & Andre

Raphidophora aurea（Linden & Andre）Birdsey

Scindapsus aureum（Linden & Andre）Engl.

E. pinnatum 'Aureum'

攀援藤本，节间有气根。叶薄革质，卵形或卵状长圆形，长32～45 cm，宽24～36 cm，顶端短渐尖，基部近心形，全缘，侧脉8～9对；叶柄长30～40 cm，鞘达顶部，革质，宿存。佛焰苞舟形，脱落；肉穗花序长可达17 cm，宽3 cm，比佛焰苞略短，花白色，少见。浆果；种子1～2颗。

产地：广州等地有栽培。

分布：原产所罗门群岛，现广植于亚洲各热带地区。

用途：观赏，常见栽培品种有黄金葛 'Gold' 和白金葛 'Marble Queen'。

10. 崖角藤属　Rhaphidophora Hassk.

藤本植物。茎通常粗壮。叶二列，披针形或长圆形，多少不等侧，全缘、羽状深裂或全裂，侧脉几平行；叶柄长，具鞘。佛焰苞舟形，花后脱落；肉穗花序无梗，短于佛焰苞；花密，两性或少数雌性，位于花序的基部，无花被；雄蕊4枚；子房四角形或六角形角柱状，顶端截平，不完全的2室，每室胚珠多数。浆果红色；种子多数，长圆形，种皮薄。

本属约100种，分布于热带非洲、亚洲、大洋洲。我国有9种；广东及海南有4种。

1. 叶羽状深裂。
　2. 叶长60～70 cm，宽40～50 cm，叶裂片沿中脉无穿孔；肉穗花序圆柱形 ………… 1. 爬树龙 R. decursiva
　2. 叶长30～55 cm，宽20～40 cm，叶裂片沿中脉常有较大的穿孔；肉穗花序长圆锥形 …… 2. 粗茎崖角藤 R. crassicaulis
1. 叶全缘。
　2. 叶较狭小，镰状披针形或镰状椭圆形，宽常在15 cm以下 ………… 3. 狮子尾 R. hongkongensis
　2. 叶极宽大，长圆形、卵状长圆形，宽常在30 cm以上 ………… 4. 毛过山龙 R. hookeri

1. 爬树龙　（《中国植物志》）

Rhaphidophora decursiva (Roxb.) Schott

Pothos decursiva Roxb.

附生藤本。叶卵状长圆形、卵形，长60～70 cm，宽40～50 cm，不等侧羽状深裂，裂片6～15对。总花梗圆柱形，长10～20 cm；佛焰苞肉质，卵状长圆形，长17～20 cm，舟状；肉穗花序灰绿色，圆柱形，长15～16 cm，无梗，顶端钝圆，基部斜形；花两性；雄蕊长约5 mm，与子房近等长；子房正六角状锥形，长5 mm；每室胚珠多数。浆果锥状楔形。花期：5～8月；果期：翌年夏、秋季。

产地：惠阳、阳江等地。常见于季雨林和亚热带沟谷常绿阔叶林内，匍匐于地面、石上或攀附于树干上。少见。

分布：台湾、福建、广西、贵州、云南、西藏。锡金、孟加拉国、印度、斯里兰卡、缅甸、老挝、越南至印度尼西亚（爪哇）。

用途：药用。

2. 粗茎崖角藤 （《中国植物志》）

Rhaphidophora crassicaulis Engl. & Krause

附生藤本。叶革质，卵形，长30～55 cm，宽20～40 cm，顶端急尖，基部钝；裂片6～10对或更多，线形，常沿中脉有长8～20 mm，宽2～5 mm的穿孔，侧脉明显；叶柄粗壮，长25 cm。总花梗圆柱形，长12～20 cm；肉穗花序浅白色，长圆锥形，长10～17 cm，无梗；花柱短圆锥形；胚珠多数。果期：11～12月。

产地：海南琼中（五指山）。生于海拔1 300 m 以下热带雨林中的树上或石上。

分布：广西、云南。越南北部。

3. 狮子尾 （《中国植物志》） （图 101）

Rhaphidophora hongkongensis Schott

R. angustifolia auct. non Schott

附生藤本。叶纸质或近革质，镰状椭圆形、长圆状披针形或倒披针形，长20～35 cm，宽5～14 cm，侧脉多数；叶柄长5～10 cm，上面具槽，叶鞘达关节处。花序顶生或腋生；总花梗圆柱形，长4～5 cm，顶部粗达1 cm；佛焰苞绿色或淡黄色，卵形，长6～9 cm，脱落；肉穗花序粉绿色或淡黄色，圆柱形，长5～8 cm；子房顶部近六边形，截平。浆果黄绿色。花期：4～8月；果期：翌年。

产地：惠东、肇庆、新兴、阳春、信宜、高州、茂名及海南三亚、乐东、保亭、澄迈。生于海拔80～900 m，常攀附于热带雨林沟谷内的树干上或石上。

分布：香港、福建、广西、贵州、云南。缅甸、越南、老挝、泰国至加里曼丹岛。

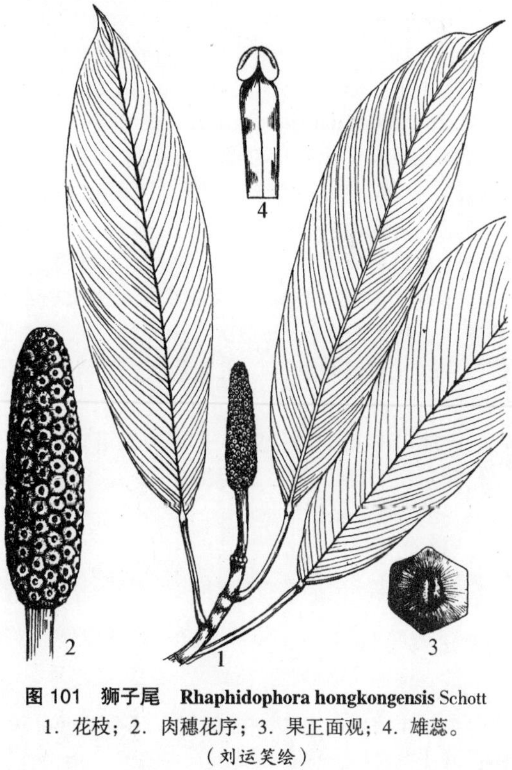

图 101 狮子尾 Rhaphidophora hongkongensis Schott
1. 花枝；2. 肉穗花序；3. 果正面观；4. 雄蕊。
（刘运笑绘）

4. 毛过山龙 （《中国植物志》）

Rhaphidophora hookeri Schott

攀援藤本。叶纸质，不等侧长圆形，长27.5～45 cm，宽15～30 cm，顶端长渐尖，基部圆形、截平或微心形，侧脉多数；叶柄长12～30 cm，上面具浅槽，关节以下具鞘。总花梗粗短，长3～5 cm，基部有1～2个卵形或卵状披针形的早落苞片；佛焰苞肉质，外绿色，内黄色，长圆状卵形，长5～6 cm，具凸尖；肉穗花序黄色，倒卵状圆柱形或椭圆形，长4.5～8.5 cm，无梗，花序上部的子房基部有4枚退化雄蕊；花两性；子房顶部不明显六边形；胚珠多数。花期：3～7月。

产地：博罗等地。生于山谷密林中，多攀援于大树上。

分布：广西、贵州、云南、四川。锡金、印度、孟加拉国至泰国、越南。

用途：药用于接骨。

11. 龟背竹属 **Monstera** Adans.

攀援灌木。叶二列，长圆形，全缘，具穿孔或羽状分裂，不等侧；叶柄的鞘达中部或以上，宿存或脱落。总花梗1至数枚；佛焰苞舟状，卵形或长圆状卵形，顶端急尖；肉穗花序无梗，近圆柱形，短于佛焰苞；花多而密，最下部的花中性，其余的两性，无花被；能育花雄蕊4枚，子房倒圆锥角柱状，2室，每室有胚珠2颗；中性花具4枚圆锥状退化雄蕊，残遗子房角柱状，2室，胚珠发育不全。浆果密集；种子倒卵形或近心形。

本属约50种，分布于美洲热带地区。我国引入1种；广东亦有。

龟背竹　（《中国植物志》）　（图 102）

Monstera deliciosa Liebm.

攀援灌木。叶卵状心形，近中脉处有穿孔，侧脉8～10对，有1～2个较大的孔；叶柄长达1 m，叶鞘宽，向上渐狭。总花梗绿色，长15～30 cm，粗糙；佛焰苞厚革质，白色，舟状，宽卵形，长20～25 cm，宽15～18 cm，顶端具喙；肉穗花序淡黄色，近圆柱形，长17～20 cm，无梗；雌蕊陀螺状，中性花雌蕊长圆形。浆果淡黄色。花期：秋季。

产地：珠江三角洲地区、阳春有栽培。

分布：云南、福建、湖北有栽培。原产墨西哥，各热带地区多引种栽培。

用途：观赏。

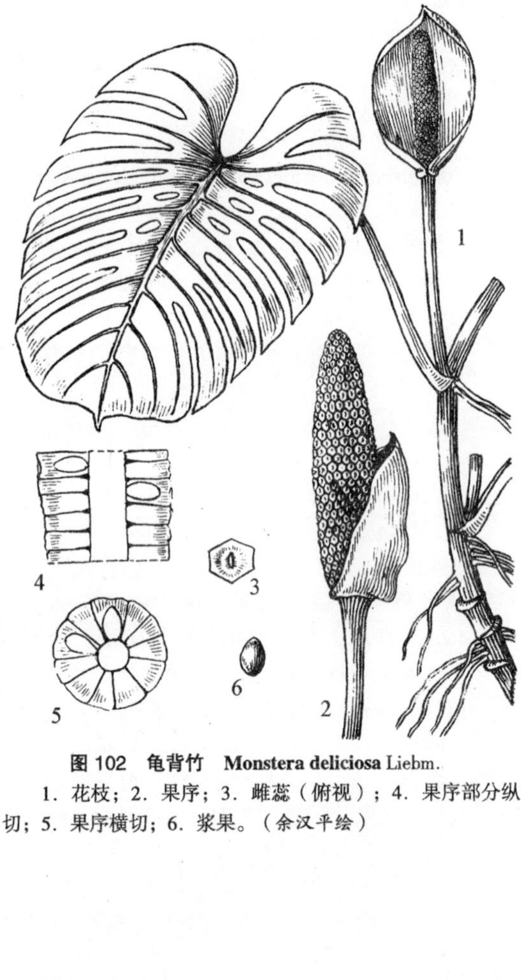

图 102　龟背竹　**Monstera deliciosa** Liebm.

1. 花枝；2. 果序；3. 雌蕊（俯视）；4. 果序部分纵切；5. 果序横切；6. 浆果。（余汉平绘）

12. 广东万年青属 **Aglaonema** Schott

多年生草本。茎直立或匍匐，不分枝或分枝，具环状的叶痕。叶长圆形或长圆状披针形，常见色斑；叶柄具长鞘。佛焰苞黄绿色或绿色，内白色，卵状披针形或卵形，直立，上部开口，下部常席卷；肉穗花序圆柱形或棒状，近无梗或具短梗；花单性，雌雄同序，雌花序在下，少花，长为雄花序的1/3～1/4；雄花序紧接雌花序，花密，无花被；雄花具雄蕊1枚，花丝分离；雌花心皮1枚，稀2枚，退化雄蕊极小，压扁，围绕子房；子房1室，稀2室，每室有胚珠1颗，基底胎座。浆果深黄色或朱红色，卵形或长圆形；种子卵圆形或长圆形。

本属有21种，分布于印度至马来西亚。我国有2种；广东及海南有1种。

广东万年青 （《中国植物志》） （图 103）

Aglaonema modestum Schott ex Engl.

多年生草本。茎高40～70 cm。叶卵形或卵状披针形，长15～25 cm，宽6～13 cm，不等侧，顶端长渐尖，基部钝或宽楔形，侧脉4～5对；叶柄长5～20 cm，1/2以上具鞘。总花梗纤细，长5～13 cm；佛焰苞黄绿色，长圆状披针形，长5.5～7 cm；肉穗花序圆柱形，长为佛焰苞的2/3；雌花序长5～7.5 mm；雄花序长2～3 cm；花单性，无花被；雄蕊顶端四方形，花药每室有1～2个圆形顶孔；雌蕊近球形，花柱短；柱头盘状。浆果绿色至黄红色，长圆形，长2 cm，顶有宿存柱头；种子1颗，长圆形。花期：5月；果期：10～11月。

产地：广州、肇庆、新兴及海南临高。生于密林下。

分布：香港、广西、云南等省区。越南、菲律宾。

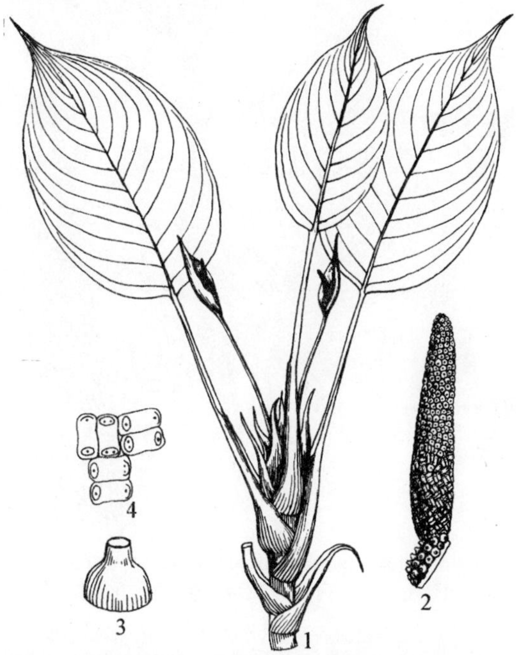

图 103 广东万年青 **Aglaonema modestum** Schott ex Engl.
1. 植株；2. 肉穗花序；3. 雌蕊；4. 雄花序（局部）。
（刘运笑绘）

13. 马 蹄 莲 属 **Zantedeschia** Spreng.

多年生草本；具根状茎。叶基生，披针形、箭形或戟形，有时有斑点，侧脉多数；叶柄长，海绵质，有时下部被刚毛。总花梗等长或长于叶；佛焰苞白色、白绿色、绿黄色或硫黄色、红色，管部宿存，喉部张开，檐部广展，顶端后折，骤尖；花单性，无花被；雄花具雄蕊2～3枚，雌蕊周围无退化雄蕊，罕有（仅见于马蹄莲）；子房卵圆形，1～5室，每室有胚珠4颗。浆果倒卵圆形或近球形，1～5室，每室有种子1～2颗；种子卵圆形。

本属约9种，分布于非洲南部至东北部。我国引入4种；广东有1种。

马蹄莲 （《种子植物名称》） （图 104）

Zantedeschia aethiopica（Linn.）Spreng.

Calla aethiopica Linn.

多年生草本。叶基生，心状箭形或箭形，长15 ~ 45 cm，宽10 ~ 25 cm，顶端急尖、渐尖或尾尖，基部心形或戟形，全缘；叶柄长0.4 ~ 1.5 cm，下部具鞘。总花梗长40 ~ 50 cm，光滑；佛焰苞长10 ~ 25 cm，管部黄色，短，檐部白色或带绿色，略后折，急尖或渐尖，具锥尖头；肉穗花序黄色，圆柱形，长6 ~ 9 cm：雌花序长1 ~ 2.5 cm；雄花序长5 ~ 6.5 cm；子房3 ~ 5室，渐狭为花柱，周围有3枚匙形退化雄蕊。浆果淡黄色，卵圆形；种子倒卵状球形。花期：2 ~ 3月；果期：8 ~ 9月。

产地：珠江三角洲地区有栽培。

分布：北京、江苏、福建、台湾、四川、云南、陕西等地有栽培。原产非洲东北部及南部。

用途：观赏。

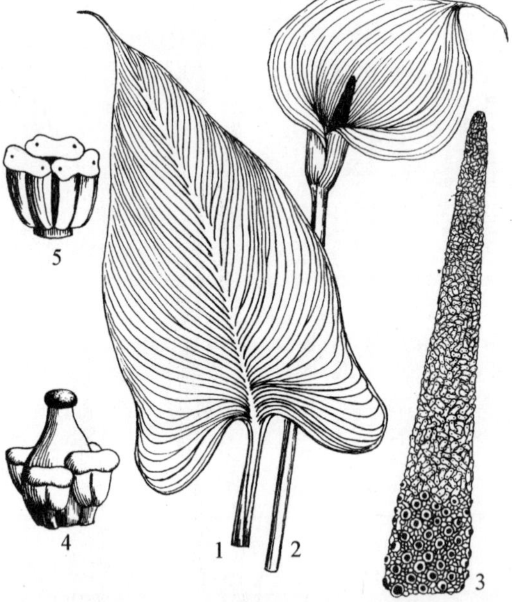

图 104　马蹄莲　Zantedeschia aethiopica（Linn.）Spreng.

1. 叶；2. 佛焰花序；3. 肉穗花序；4. 雌蕊及退化雄蕊；5. 雄花。

（刘运笑绘）

14. 千 年 健 属　**Homalomena** Schott

亚灌木状草本；具地上茎。叶披针形、椭圆形、长圆形或近三角形；叶柄常长于叶，具鞘。总花梗常比叶柄短；佛焰苞浅绿色，直立，下部席卷，上部展开，管部不明显或下部管状收缩而渐过渡为近管状的檐部；肉穗花序具梗或无，比佛焰苞短或近等长，下部雌花序圆柱形，紧接的雄花序全部花能育或下部花不育；花单性，无花被；能育雄花有雄蕊2 ~ 6枚，短；不育雄花有退化雄蕊2 ~ 4枚；雌花心皮2 ~ 5枚，有退化雄蕊1 ~ 3枚。浆果卵圆形、近球形、长圆形或倒金字塔形；种子椭圆形或长椭圆形。

本属约140种，分布于热带亚洲和美洲。我国有3种；广东及海南有2种。

1. 叶基部心形；佛焰苞大，长5 ~ 6.5 cm ……………… 1. 千年健 H. occulta
1. 叶基部圆形；佛焰苞小，长3.5 cm ……………… 2. 海南千年健 H. hainanensis

1. 千年健　（《植物名实图考》）　（图 105）

Homalomena occulta（Lour.）Schott

Calla occulta Lour.

H. cochinchinensis Engl.

H. tonkinensis Engl.

多年生草本；根状茎匍匐。叶膜质至纸质，箭状心形或心形，长15～30 cm，宽8～28 cm，顶端渐尖，基部心形，侧脉7对；叶柄长25～40 cm，下部具鞘。佛焰苞长圆形至椭圆形，长5～6.5 cm，上部略展开成短舟状，具长约1 cm的喙尖；肉穗花序具短梗或无，长3～5 cm：雌花序长1～1.5 cm；雄花序长1～3 cm；子房长圆形，基部一侧具退化雄蕊1枚；子房3室，胚珠多数。种子褐色，长圆形。花期：7～9月。

产地：肇庆、阳春、阳江及海南乐东。生于沟谷密林下、竹林和山坡灌丛中。

分布：广西、云南。中南半岛。

用途：根茎入药，有散风湿、强筋骨、止痛之效。

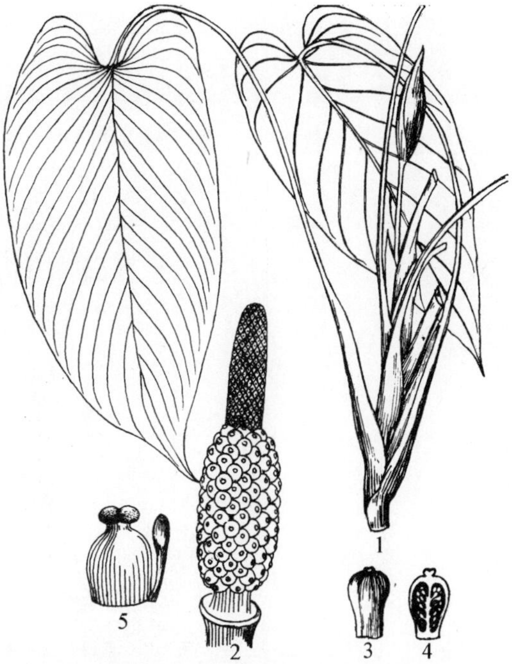

图 105　千年健　Homalomena occulta (Lour.) Schott

1. 植株部分；2. 肉穗花序；3. 雌蕊；4. 雌蕊纵剖；5. 雌蕊和退化雄蕊。（刘运笑绘）

2. 海南千年健　（《植物分类学报》）

Homalomena hainanensis H. Li

多年生草本。茎直立，高40 cm。叶卵状长圆形，长18 cm，宽11～12 cm，顶端急尖，具长2～3 mm的筒状尖头，基部圆形；Ⅰ级侧脉5～6对，Ⅱ级侧脉极多数，平行；叶柄长46 cm，下部10～12 cm具鞘。佛焰苞黄绿色，舟状，长3.5 cm，顶端有长3～4 cm的喙；肉穗花序长2.5 cm：雌花序圆柱状，长1 cm；雄花序棒状，长2 cm；子房卵圆形。花期：10月。

产地：我国特有，产海南保亭。生于山坑疏林中。

15. 落　檐　属　Schismatoglottis Zoll. et Mor.

多年生草本，具匍匐根状茎或地上茎。叶披针形、心形或箭形，表面具粉绿色或黄色斑块或无，侧脉平行；叶柄远长于叶，下部具鞘。总花梗短于叶柄；佛焰苞管部席卷，宿存，檐部较狭，席卷；肉穗花序短于佛焰苞，雌雄同序，雌花序基部一侧与佛焰苞合生，雄花序紧接雌花序或中间有中性花间隔，棒状，下部能育，上部为中性花；雄花有能育雄蕊2～3枚；不育雄花的退化雄蕊比能育雄蕊小；雌花有心皮2～4枚，子房1室，胚珠多数。浆果长圆形；种子多数。

本属约100种，分布于热带亚洲和美洲。我国海南有1种。

落檐　（《中国植物志》）　（图 106）

Schismatoglottis hainanensis H. Li

多年生草本。叶基生，椭圆形或长圆状披针形，长16～17 cm，宽5.5～7 cm，顶端渐尖，基部近圆形或钝，全缘，侧脉8～10对；叶柄长20～30 cm，下部1/2鞘状。总花梗从叶鞘中伸出，短于叶柄，长13 cm；佛焰苞淡绿色或白色，长7 cm，席卷，管部长2.5 cm，宿存，檐部卷成角状，从基部环状脱落；肉穗花序粗棒状，长5 cm，雌花序背部与佛焰苞管部合生，长2.5 cm，雄花序紧接雌花序，圆柱形，长1.5 cm，最上部为不育雄花序，圆柱状，长1.3 cm；子房长圆形，1室，胚珠多数。花期：8～10月。

产地：我国特有，见于海南临高。生于海拔140～190 m的热带密林中石上。

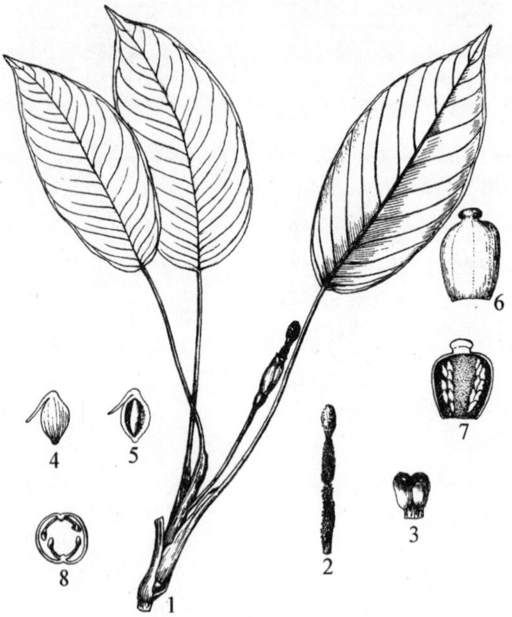

图 106　落檐　Schismatoglottis hainanensis H. Li
1. 植株；2. 肉穗花序；3. 雄蕊；4. 胚珠；5. 胚珠剖开；6. 子房；7. 子房剖开；8. 子房横切面。
（刘运笑绘）

16. 花叶万年青属　Dieffenbachia Schott

亚灌木状草本。茎直立或匍匐。叶每节数片，卵形至长圆形，侧脉多数；叶柄长，无关节，叶鞘达中部以上。总花梗短于佛焰苞；佛焰苞长圆形，下部席卷成管，远较檐部为长，喉部张开，檐部直伸或后仰；肉穗花序圆柱形，有时具梗；雌花序背部与佛焰苞管部合生，雌花远离；雄花序近圆柱形，花多而密，雌雄花序之间被裸露或具少数不育花的花序轴隔开，无花被；雄蕊4～5枚，不育雄花和雌花有退化雄蕊4～5枚；子房1～3室。浆果球形，红色，有种子1～3颗；种子圆形。

本属有30种，分布于热带美洲。我国有4种；广东有1种。

花叶万年青　（《广州植物志》）　（图 107）

Dieffenbachia picta（Lodd.）Schott

Caladium pictum Lodd.

亚灌木状草本。茎高1 m，粗1～3 cm。叶长圆形、长圆状椭圆形或长圆状披针形，长15～30 cm，宽7～12 cm，顶端急尖，基部圆形或急尖，侧脉15～20对，脉间有许多大小不同的白色或黄绿色斑块；叶柄在中部以下或以上鞘状，有阔槽。总花梗短；佛焰苞长圆状披针形，狭长，骤尖；雌花序达肉穗花序中部；不育中性花序占全长的1/3；子房2～3室。浆果橙黄色。花期：6～7月。

图 107　花叶万年青　Dieffenbachia picta（Lodd.）Schott
1. 植株；2. 佛焰花序；3. 肉穗花序一部分；4. 花。
（刘运笑绘）

产地：珠江三角洲地区有栽培。

分布：福建等南方城市有栽培。原产南美洲。

17. 五 彩 芋 属 **Caladium** Vent.

草本植物，具块茎。叶盾状着生，心状箭形或箭形，稀3裂，具斑点。总花梗1～2；佛焰苞管状席卷，果时宿存，常反折，喉部收缩，檐部舟状，白色；肉穗花序稍短于佛焰苞，最下部无花；雌花序圆锥形或椭圆形，花密；不育雄花序近圆锥形，比雌花序长，与之相接的能育雄花序棒状，长为不育雄花序的2倍；花单性，无花被；雄花合生成倒圆锥状的雄蕊柱，顶部平，近六角形，有小弯缺；雄蕊3～5枚；不育雄花的退化雄蕊合生成倒金字塔形，扁平；子房近1或3室，每室有胚珠1～20颗。浆果白色；种子多数。

本属有16种，分布于热带美洲。我国引种1种；广东及海南亦有。

五彩芋 （《中国植物志》） 别名：花叶芋 （《海南植物志》） （图 108）

Caladium bicolor（Ait.）Vent.

Arum bicolor Ait.

多年生草本。叶卵形至卵状三角形，长达35 cm，宽达15 cm，盾状着生，顶端骤狭，具凸尖，基部深裂，裂片顶端钝，叶面满缀白色、红色、灰色斑点，背面粉绿色；叶柄光滑，长15～25 cm。总花梗短于叶柄；佛焰苞管部卵圆形，外绿色，内粉绿色或绿白色，长3 cm，喉部常带紫色，檐部白色，长约5 cm，具尾尖；雌花序圆柱状，黄色，不育雄花序狭，几与雌花序相等；雄花序纺锤形，长3 cm。花期：4月。

产地：珠江三角洲地区及海南有栽培。

分布：台湾、福建、广西、云南有栽培。原产美洲。

用途：观赏。

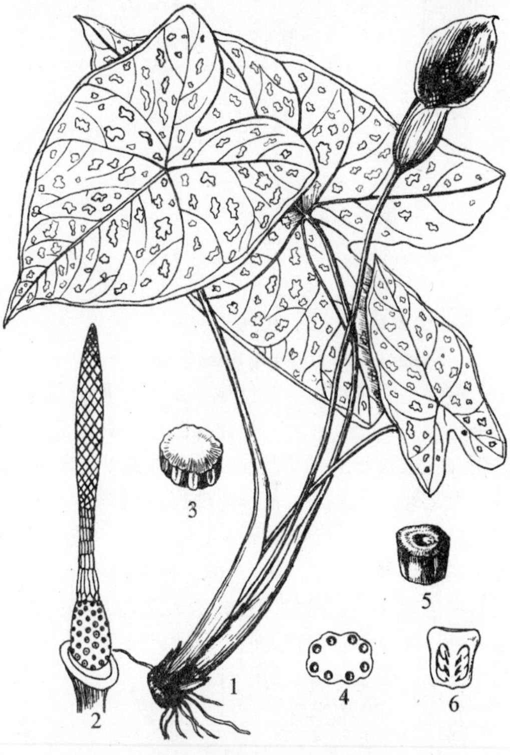

图 108 五彩芋 Caladium bicolor（Ait.）Vent.

1. 植株；2. 肉穗花序；3. 雄蕊群；4. 雄蕊群横切面；5. 雌蕊；6. 雌蕊纵切面。（刘运笑绘）

18. 合 果 芋 属 **Syngonium** Schott

常绿草本，攀援或半附生，节间长。叶心形、披针形、箭形，全缘或3裂，或鸟足状分裂，稀羽状分裂，视生长阶段不同而有不同的形态变化；叶鞘长。总花梗远短于叶柄；佛焰苞缢缩，管部卵状椭圆形、柱形或球形，席卷，宿存，檐部舟形，直立或平展；肉穗花序无柄，远短于佛焰苞；雌花序柱状或圆锥状；雄花序棒状、柱状或椭圆形，中间为不育花；花单性，无花被；雄蕊3～4枚，合生为聚药雄蕊，倒金字塔形，顶端截平或浑圆；不育雄花的合生退化雄蕊棱镜状；子房倒卵形或长卵形，1～3室，胚珠1～2颗。浆果褐色，卵形至椭圆形，连合成聚合果。

本属有35种，分布于热带美洲、西印度群岛。我国栽培2种；广东亦有。

1. 叶掌状3或5裂 ………………………………………………………………………… 1. 长耳合果芋 S. auritum
1. 叶两型，幼叶箭形或戟形，成长叶掌状5～9裂 ……………………………………… 2. 合果芋 S. podophyllum

1. 长耳合果芋

Syngonium auritum（Linn.）Schott

Arum auritum Linn.

Philodendron trifoliatum Hort.

多年生攀援草本。茎多分枝。叶光滑，深绿色，3～5裂，中裂片长达37 cm，基部有两个耳状裂片，侧脉与中脉近垂直。总花梗长7～13 cm；佛焰苞卵状椭圆形，宿存，管部绿色，圆柱状，长6 cm以上，檐部淡黄色，卵圆形，为管部长的2倍，顶端急尖，基部明显收缩，喉部紫红色；肉穗花序无梗，远短于佛焰苞；花单性，无花被。花期：秋季。

产地：珠江三角洲地区有栽培。

分布：原产加勒比海地区。

用途：观赏。

2. 合果芋 （图 109）

Syngonium podophyllum Schott

多年生攀援草本。叶互生，幼叶箭形或戟形，淡绿色，长约15 cm，叶面常有银色、奶黄色或白色斑块，成长叶5～9掌状裂，中裂片椭圆状倒披针形至倒卵形，长约30 cm，基部裂片两侧常着生小型耳状叶；叶柄长达60 cm。总花梗6～9枝，苍白色，稍两侧压扁，直立或下垂；佛焰苞长10 cm，管部绿色或有时苍白色，狭卵圆形至椭圆形，檐部绿白色、乳白色或有时黄色。花期：秋季。

产地：珠江三角洲地区有栽培。

分布：原产墨西哥。

用途：观赏。

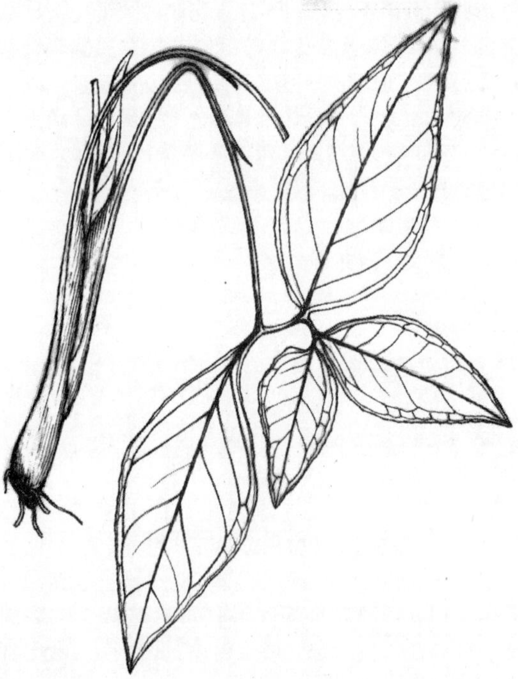

图 109 合果芋 **Syngonium podophyllum** Schott
植株。（刘运笑绘）

19. 喜 林 芋 属 **Philodendron** Schott

攀援植物。叶大，全缘或各式分裂，基部心形或戟形，侧脉平行；叶柄具长鞘，无关节。总花梗短；佛焰苞肉质，白色、黄色或红色，管部席卷，宿存，檐部舟状卵形，长圆形或披针形；肉穗花序直立，与佛焰苞近等长；雌雄花序紧接，雌花序圆柱形，花多且密；雄花序下部不育，上部能育；花单性，无花被；雄蕊2～6枚，倒圆锥状棱形，无柄；子房倒卵圆形或卵圆形。浆果白色或橙色。

本属有275种，分布于美洲的热带、亚热带地区。我国引种20余种；广东常见栽培的有3种。

1. 叶心状卵形，具象牙黄色叶脉 ……………………………………………… 1. 心叶喜林芋 P. gloriosum
1. 叶三角状箭形、长圆状箭形，不具象牙黄色叶脉。
  2. 叶纸质，长15～25 cm；佛焰苞外面深紫色 ………………………………… 2. 红苞喜林芋 P. erubescens
  2. 叶革质，长30～50 cm；佛焰苞外面绿色 …………………………………… 3. 箭叶喜林芋 P. sagittifolium

1. 心叶喜林芋 （《中国植物志》）

Philodendron gloriosum André

攀援草本。鳞叶纤维残留茎上；叶薄纸质，心状卵形，长15～25 cm，宽12～20 cm，基部裂片半圆形；叶面深绿色，具绢丝光泽，叶脉象牙黄色；叶柄半圆柱形，长20～30 cm。总花梗与佛焰苞等长，具白色线条：佛焰苞长约17 cm，管部浅绿色，带红晕，檐部樱桃红色。

产地：珠江三角洲地区有栽培。

分布：原产热带美洲。

用途：观赏。

2. 红苞喜林芋 （《中国植物志》） （图110）

Philodendron erubescens C. Koch et Augustin

攀援草本。叶纸质，三角状箭形，长15～25 cm，宽8～18 cm，基部心形，叶面深绿色，叶背铜色；叶柄与叶等长，基部紫红色。总花梗长6～7 cm；佛焰苞舟形，外深紫色，内洋红色，管部卵圆形，长7～8 cm；檐部短卵形，长7 cm，具小尖头；肉穗花序具梗，白色，长约3 mm；雌花序圆柱形，雄花序略细；雄蕊3枚；子房倒卵圆形，8室。花期：11月至翌年1月。

产地：珠江三角洲地区有栽培。

分布：原产哥伦比亚。

图110 红苞喜林芋 Philodendron erubescens C. Koch et August 植株。（刘运笑绘）

3. 箭叶喜林芋 （《中国植物志》）

Philodendron sagittifolium Liebm.

攀援草本。叶近革质，浅绿色，长圆状箭形，长30～50 cm，宽12～20 cm，基部裂片钝三角形，中脉宽，侧脉6～7对；叶柄长30～40 cm，两侧具宽鞘。总花梗长5～8 cm；佛焰苞绿色，长圆形；肉穗花序无柄；雌花序浅黄色，圆柱形；雄花序白色，长7～8 cm；雄蕊3～4枚；子房长圆形。浆果污黄色，倒卵圆形；种子黄色，椭圆形。

产地：珠江三角洲地区有栽培。

分布：原产墨西哥。热带地区常见栽培。

20. 大 藻 属 **Pistia** Linn.

浮水草本，无茎。叶莲座状排列，倒卵状楔形至长圆形；叶脉7～15，纵向，背面明显隆起；叶鞘托叶状。总花梗极短；佛焰苞极小，白色，叶状，管部卵圆形，边缘合生至中部，檐部卵形，急尖，近兜状，不等侧地展开；肉穗花序短于佛焰苞，但远超出管部，背面与佛焰苞合生长达2/3；花单性，雌雄同株，无花被；雄花数朵，轮生于花序之顶，每1朵花含2枚雄蕊，连合成一轮聚药雄蕊，无花丝；雌花单生；子房卵圆形，斜生于肉穗花序轴上，1室，胚珠多数。浆果小，圆柱形；种子圆柱形，种皮厚。

本属仅1种，分布于热带、亚热带地区。广东及海南亦有。

大薸 （《本草纲目》） 别名：水浮莲 （图111）

Pistia stratiotes Linn.

浮水草本，具匍匐茎；根长而悬垂，极多分枝，无茎。叶莲座状排列，倒卵状楔形至长圆形，长1.3～10 cm，宽1.5～6 cm，顶端截平或浑圆，基部厚，两面密被短柔毛；叶脉扇状伸展，背面明显隆起成皱折状。佛焰苞白色，叶状，生于叶腋内，长0.5～1.2 cm；肉穗花序短于佛焰苞，但远长于管部，背面与佛焰苞合生长达2/3；雌花序具单花；雄花序有花2 ~ 8朵，轮状排列；花单性，无花被；雄花有雄蕊2枚，雄蕊极短，彼此合生；子房卵圆形，斜生于肉穗花序轴上，1室。种子圆柱形。花期：5 ~ 11月。

产地：广东及海南各地。放养于平静的淡水池塘、沟渠中。

分布：香港、台湾、福建、江西、江苏、浙江、安徽、湖南、湖北、山东、广西、云南、四川。全球热带及亚热带地区。

用途：猪饲料，亦作生草药。

图 111　大薸　Pistia stratiotes Linn.

1. 植株；2. 佛焰花序；3. 雄花序。（刘运笑绘）

21. 魔　芋　属　**Amorphophallus** Blume

多年生草本；块茎扁球形或长圆柱形，顶部下凹。先花后叶；叶通常1片，常3裂，或二歧分裂后再羽状分裂；叶柄粗壮，具各式斑块。总花梗长或短；佛焰苞无管部和檐部之分，或管部宽卵形、长圆形、漏斗形、钟形，席卷，檐部展开或直立；肉穗花序直立，下部为雌花序，上部为能育雄花序，当中无不孕花间隔，最末端为增粗或延长的附属体；花单性，无花被；雄蕊1 ~ 6枚；子房1 ~ 4室，每室有胚珠1颗。浆果具1颗或少数种子。

本属约150种，分布于东半球。我国有21种；广东及海南有7种。

1. 总花梗长于或稍短于佛焰苞。
  2. 肉穗花序明显长于或近等于佛焰苞。
    3. 肉穗花序比佛焰苞长1倍……………………………… 1. 魔芋 A. konjac
    3. 肉穗花序近等长于佛焰苞。
      4. 附属体浅黄色，长5.5 ~ 8 cm …………………………… .2. 蛇枪头 A. mellii
      4. 附属体黑色或暗紫色，具绿色斑点，长4 ~ 16 cm ……………… .3. 东亚魔芋A. kiusianus

2. 肉穗花序短于佛焰苞。
3. 附属体乳白色或绿白色，短圆锥形，长3.5～5 cm…………………………………………4. 滇魔芋 A. yunnanensis
3. 附属体绿色或黄白色，长圆锥形或长卵形，长4.5～14 cm …………………………………………5. 南蛇棒 A. dunnii
1. 总花梗明显短于佛焰苞。
2. 总花梗具小疣刺；肉穗花序无梗…………………………………………………………6. 疣柄魔芋 A. paeoniifolius
2. 总花梗光滑；肉穗花序具梗 ……………………………………………………………………7. 梗序魔芋 A. stipitatus

1. 魔芋 （《种子植物名称》） （图 112）

Amorphophallus konjac K. Koch

A. rivieri Durieu

多年生草本；块茎扁球形，直径可达25 cm。叶3裂，第一次裂片具长50 cm的柄，第二次裂片二回羽状或二回二歧分裂，侧脉多数，纤细，平行；叶柄黄绿色，有绿褐色或白色斑块，长45～150 cm，光滑。总花梗长50～70 cm；佛焰苞广卵形或漏斗形，暗紫色；肉穗花序比佛焰苞长1倍；雌花序紫色，圆柱形，雄花序紧接雌花序或有时杂以少数两性花；附属体圆锥形，伸出苞外。浆果球形或扁球形。花期：4～6月；果期：8～9月。

产地：乐昌、乳源、连州。生于疏林下、林缘或溪谷两旁湿地或栽培于房前屋后、田边地角。

分布：山东、安徽、江西、陕西、甘肃、宁夏至江南各省区。喜马拉雅山至泰国、菲律宾，日本等地。

用途：块茎富含淀粉，可食用或药用，工业上用作胶黏剂。

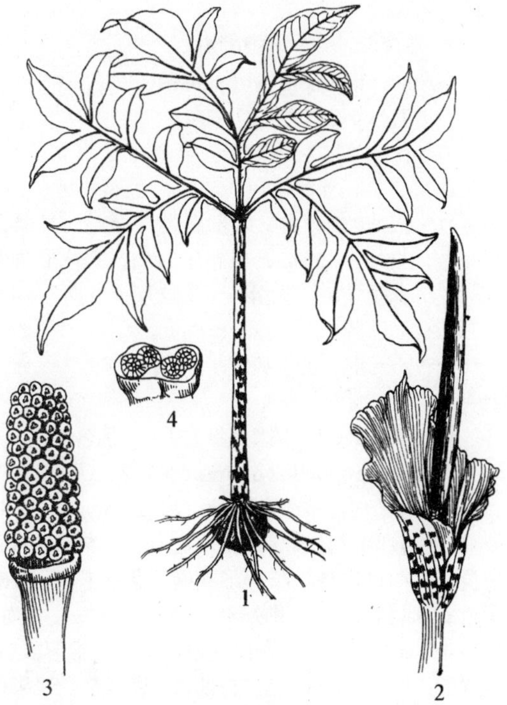

图112 魔芋 Amorphophallus konjac K. Koch
1. 植株；2. 佛焰花序；3. 果序；4. 子房横切。
（刘运笑绘）

2. 蛇枪头 （《中国植物志》）

Amorphophallus mellii Engl.

多年生草本；块茎球形。叶3裂，第一次裂片长约25 cm，基部羽状分裂，上部二歧分裂，第二次裂片长20 cm，再羽状分裂；叶柄长25～60 cm，具灰绿色斑块。总花梗长25～60 cm，光滑；佛焰苞兜状，淡绿色，具淡灰色斑块，内面中部以下深紫色，基部席卷，长约10 cm，直径4 cm，平展后宽6 cm；肉穗花序与佛焰苞近等长，具长约1 cm的梗或无；附属体浅黄色，长圆锥形或长纺锤形，长5.5～8 cm，无毛；子房近球形，柱头黄色，半球形，常浅裂。浆果熟时蓝色，内有种子2颗。花期：4～5月；果期：9月。

产地：始兴、连南、英德、紫金、肇庆等地。生于海拔1 000 m以下的林下或灌丛中。

分布：香港、广西、福建。

3. 东亚魔芋 （《云南植物研究》）

Amorphophallus kiusianus (Makino) Makino

A. konjac var. *kiusianus* Makino

A. sinensis Belval

一年生草本；块茎扁球形。叶3裂，裂片披针形或长圆状椭圆形，长6～20 cm，宽3～4.5 cm；叶柄光滑，长可达80 cm，有灰色或淡绿色斑块。总花梗长达120 cm；佛焰苞三角形，长9～25 cm，宽4～13 cm，底部和檐部间缢缩，檐部边缘内卷或波浪状，外面粉绿色或紫褐色，具白色小斑块；肉穗花序无梗或近无梗，长9 ~ 22 cm；雌花序圆锥形，长1 ~ 4 cm，雄花序圆柱状或略呈倒圆锥形，长2.5 ~ 4.5 cm；附属体黑色或暗紫色，具绿色斑点，纺锤状圆锥形或长圆柱形，长4 ~ 16 cm，无毛或被少数长毛；子房倒卵圆形。浆果球形或卵圆形。花期：5月。

产地：深圳等地。

分布：江苏、浙江、福建、江西、湖南、贵州、云南。印度尼西亚（爪哇）、菲律宾。

李恒在1998年对《中国植物志》（1979年）魔芋属植物进行了订正，指出原定为A. variabilis的植物标本应为本种。

4. 滇魔芋 （《中国植物志》）

Amorphophallus yunnanensis Engl.

A. kerrii N. E. Brown

多年生草本；块茎球形。叶单生，直立，3裂，裂片二歧羽状分裂；叶柄长可达1 m，绿色，具绿白色斑块。总花梗绿褐色，有绿白色斑块，长25 ~ 40 cm；佛焰苞干时膜质至纸质，卵形或披针形，长15 ~ 18 cm，顶端急尖，基部席卷，绿色，具绿白色斑点；肉穗花序远短于佛焰苞，长7 ~ 9 cm：雌花序绿色，长15 ~ 35 mm；雄花序白色，圆柱形或椭圆形，长15 ~ 40 mm；附属体乳白色，短圆锥形，长3.5 ~ 5 cm，顶端钝，平滑；子房球形。花期：4 ~ 5月。

产地：乐昌。生于林下；少见。

分布：云南、贵州和广西。泰国北部。

5. 南蛇棒 （《中国植物志》） 别名：大头芋 （《海南植物志》）

Amorphophallus dunnii Tutcher

多年生草本；块茎扁球形，高2 ~ 8 cm，顶部扁平。叶3全裂，裂片离基部10 cm以上2次分叉，小裂片互生；叶柄具暗绿色小块斑点，长50 ~ 90 cm，粗1 cm。总花梗长23 ~ 60 cm；佛焰苞绿色、浅绿白色，具白色斑块，长卵形或椭圆形，长12 ~ 26 cm，宽14 cm，下部席卷，上部舟状展开，内面基部紫色；肉穗花序短于佛焰苞，长8 ~ 19 cm，具短梗或无；雌花序长1.5 ~ 3 cm，基部稍狭，雄花序长1.5 ~ 4.5 cm；附属体绿色或黄白色，长圆锥形或纺锤形，长4.5 ~ 14 cm，中部以上渐狭，顶端钝圆；子房倒卵形，长1 ~ 2.5 mm，柱头盘状，微浅裂。浆果蓝色；种子黑色。花期；3 ~ 4月；果期：7 ~ 8月。

产地：深圳、珠海及海南陵水、三亚。生于海拔220 ~ 800 m的林下；少见。

分布：香港、湖南、广西、云南等省区。

6. 疣柄魔芋 （《云南植物研究》）

Amorphophallus paeoniifolius（Dennst.）Nicolson

Dracontium paeoniaefolius Dennst.

Arum paeoniaefolius Dennst.

Amorphophallus campanulatus auct. non Blume

Amorphophallus virosus N. E. Br.

Amorphophallus micro-appendiculatus Engl.

多年生草本；块茎黑褐色，球形或扁球形。叶1片，稀2片，3裂，裂片二歧分裂或羽状深裂，侧脉近平行；叶柄长50 ~ 200 cm，粗糙，具疣凸和苍白色斑块。总花梗圆柱形，长3 ~ 20 cm，具小疣刺；佛焰苞外面绿色，饰以紫色条纹和绿白色斑块，内面黄色或绿色，阔钟形，长10 ~ 40 cm，具疣，顶端钝或尖，檐部广展；肉穗花序无梗，长7 ~ 70 cm；雌花序圆柱形，雄花序倒圆锥形，黄绿色，附属体为不规则的球状倒圆锥形，基部直径约与长度相等；子房扁球形，柱头2裂。浆果椭圆形。花期：4 ~ 5月；果期：10 ~ 11月。

产地：台山等地。生于河边草坡、灌丛或荒地。

分布：广西、云南。越南、泰国。

用途：猪饲料；块茎富含淀粉，工业上可用作胶黏剂。

7. 梗序魔芋 （《中国植物志》）

Amorphophallus stipitatus Engl.

块茎球形。叶3裂，第一次裂片长30 cm，第二次裂片羽状分裂；叶柄光滑，浅绿色，有深绿色斑块，长30 cm。总花梗淡绿色，具榄绿色斑块，长约3.5 cm，光滑；佛焰苞苍白色，内面下半部青紫色，长圆形，长12 cm；肉穗花序具长达2 cm的梗；雌花序倒圆锥形，长1.5 cm，雄花序圆柱形，长2 cm；附属体苍白色，圆锥状，长5 cm；雄蕊黄色，顶部近四边形；子房近球形，暗青紫色。

产地：据《中国植物志》记载，广东有分布。

22. 犁 头 尖 属 **Typhonium** Schott

多年生草本。叶多数，箭状戟形，3～5浅裂或鸟足状分裂；叶柄稍长，稀顶部生珠芽。佛焰苞管部席卷，喉部多少收缩，檐部卵状披针形或披针形，紫红色，稀白色，后仰，顶端渐尖；雌花序短，与雄花序之间有一段较长的不孕花间隔，附属体各式，大都具短柄；花单性，无花被；雄花具雄蕊1～3枚；子房卵圆形或长圆状卵圆形，1室，胚珠1～2颗；中性花残遗物同型或异型，下部的与雌花（退化雌蕊）相邻，棒状、匙状、钻状、疣状、圆柱状线形或缺，上部的细小。浆果卵圆形；种子1～2颗。

本属有40种，分布于印度至马来西亚、澳大利亚。我国有13种；广东及海南有5种。

1. 中性花序上的中性花异型，中下部的棒状，上部的锥形或疣状。
  2. 叶箭形，长15～45 cm ··························· 1. 独角莲 T. giganteum
  2. 叶戟状长圆形，长5～19 cm··· ··························· 2. 鞭檐犁头尖 T. flagelliforme
1. 中性花序上的中性花同型，线形或棒状。
  2. 佛焰苞顶端扭卷成鞭状。
    3. 中性花线形；叶脉绿色 ··························· 3. 犁头尖 T. blumei
    3. 中性花棒状；叶脉白色··· ···························4. 白脉犁头尖 T. albidinervium
  2. 佛焰苞顶端渐尖，不扭卷成鞭状 ··························· 5. 裂叶犁头尖 T. trilobatum

1. 独角莲 （《种子植物名称》）

Typhonium giganteum Engl.

T. giraldii（Baroni）Engl.

T. stoliczkae Engl.

多年生高大草本。叶与花序同时抽出；叶1～4片，箭形，长15～45 cm，宽9～25 cm，顶端渐尖，基部箭形，侧脉7～8对；叶柄圆柱形，密生紫色斑点，中部以下具膜质叶鞘。总花梗从叶丛中抽出，长约15 cm；佛焰苞紫色，管部圆筒形或长圆状卵形，长约6 cm，檐部卵形，长达15 cm，顶端渐尖，弯曲；肉穗花序圆锥形，几无梗，长达14 cm；下部雌花序圆柱形，长约3 cm；中性花序长3 cm，上部雄花序长2 cm；附属体紫色，圆柱形，长2～6 cm，直立，基部无柄；雄花无梗；子房圆柱形，胚珠2颗。花期：6～8月；果期：7～9月。

产地：据《中国植物志》记载，广东有分布。

分布：广西、湖北、河南、河北、山东、辽宁、吉林、陕西、甘肃、四川至西藏南部。

2. 鞭檐犁头尖 （《中国植物志》）

Typhonium flagelliforme（Lodd.）Blume

Arum flagelliforme Lodd.

T. cuspidatum（Blume）Decne.

多年生草本。叶3～4片，与花同时出现，形态多变，常为戟状长圆形，基部心形或下延，前裂片长5 ~ 14 cm，宽2 ~ 4 cm，侧裂片三角形，长4 ~ 5 cm，宽2 ~ 4 cm，侧脉4 ~ 5对，其中1对基出；叶柄长15 ~ 30 cm，中部以下具宽鞘。总花梗细，长5 ~ 20 cm；佛焰苞管部绿色，卵圆形或长圆形，长1.5 ~ 2.5 cm，檐部绿色或绿白色，披针形，长7.5 ~ 25 cm，伸长为卷曲长鞭状或较短而尖；雌花序卵形，长1.5 ~ 1.8 cm，中性花序长1.7 cm；雄花序长5 ~ 6 mm；附属体淡黄绿色，长16 ~ 17 cm，具柄；雄蕊2枚；子房倒卵形或近球形；中性花淡黄色，中部以下棒状，上部锥形，长2 ~ 3 mm，下倾并有时内弯。浆果卵圆形，绿色。花期：4 ~ 5月。

产地：连山、从化等地。生于海拔350 m以下的山溪浅水中、水田或田边以及其他湿地。

分布：香港、广西、云南。孟加拉国、印度、斯里兰卡、缅甸、中南半岛、马来半岛、南至印度尼西亚、帝汶岛、东至菲律宾。

用途：药用。

3. 犁头尖　（《种子植物名称》）　（图 113）

Typhonium blumei Nicolson & Sivadasan

Arum divaricatum Linn.

T. divaricatum（Linn. ）Decne.

多年生草本。叶4 ~ 8片，戟形，长5 ~ 10 cm，侧脉3 ~ 5对；叶柄长约10 cm，基部鞘状。总花梗单生，从叶腋抽出，圆柱形，直立；佛焰苞管部绿色，卵形，长1.5 ~ 3 cm，檐部紫绿色，初时长角状，长12 ~ 18 cm，花时展开，后仰；肉穗花序无梗；雌花序圆锥形，长1.5 ~ 3 mm，雌花3 ~ 4轮，密集；中性花序深紫色；雄花序长4 ~ 9 mm，附属体深紫色，长10 ~ 13 cm，鼠尾状，上部平滑；雄花近无梗；雄蕊2枚；子房卵形；中性花线形，长约4 mm，同型。花期：5月。

图113　犁头尖　Typhonium blumei Nicolson & Sivadasan
1. 植株；2. 肉穗花序。（刘运笑绘）

产地：乐昌、龙门、平远、大埔、兴宁、饶平、博罗、深圳、珠海、广州、肇庆、云浮、阳春及海南万宁、三亚、澄迈等地。生于海拔1 200 m以下的空地、田头、草坡、石隙中。

分布：香港、福建、江西、浙江、湖南、广西、云南、四川。印度、缅甸、越南、泰国至印度尼西亚、帝汶岛、日本。

用途：块茎药用。

4. 白脉犁头尖　（《植物分类学报》）

Typhonium albidinervium C. Z. Tang et H. Li

多年生草本。叶2 ~ 3片，卵状心形，前裂片长3 ~ 5 cm，宽3.5 ~ 7 cm，侧裂片圆形；叶脉白色；叶柄长15 ~ 25 cm，下部鞘状。总花梗黄绿色，长4 ~ 5 cm，略伸出于叶鞘外；佛焰苞管部黄绿色，具暗红色条纹和斑块，卵形，长1.8 cm，檐部褐色，长披针形，长10 cm，顶端卷曲，下部席卷，中部展开；肉穗花序极臭，长13.5 cm，雌花序长3 ~ 4 mm；中性花序长2 cm，下部具1轮中性花，粗棒状；雄花序黄色，圆柱状，长4 mm；附属体紫褐色，鼠尾状，长10 cm，无柄；雄蕊1枚；雌花短圆柱形，长约1 mm；中性花粗棒状，长3 ~ 4 mm。浆果倒圆锥状。花期：5月。

产地：广州（栽培）。

用途：块茎药用。

5. 裂叶犁头尖　（《广州植物志》）

Typhonium trilobatum（Linn.）Schott

多年生草本。叶2～4片，宽心状卵形，3裂，中裂片卵形或菱状卵形，长10～15 cm，宽6～11 cm，侧裂片斜卵形，长8～13 cm；叶柄长25～35 cm，下部具宽鞘。总花梗长5～10 cm；佛焰苞淡紫色带绿色，管部长圆形，长2.5～3.5 cm，檐部外面干时绿白色，内面紫红色，长圆卵状披针形，长15 cm以上，展开宽5～8 cm，顶端渐尖；雌花序短圆柱形，长约7 mm；中性花序长2.8 cm，下半部具花，上半部无花，中性花黄色，线形，长约7 mm；雄花序粉红色，长1.2～1.7 cm；附属体紫红色，长圆锥形，长5～12 cm，直立，具短柄。花期：7月。

产地：广州、珠江口岛屿等地。生于海拔650 m以下的热带芭蕉林、灌丛、草地、荒地、路旁。

分布：香港、广西、云南。亚洲南部至东南部。

23. 隐棒花属 **Cryptocoryne** Fischer ex Wydler

多年生草本，具根状茎或匍匐茎。叶心形、椭圆形、披针形或无叶柄而为线形，侧脉3～6对；叶柄具长鞘。总花梗通常短；佛焰苞管部藏于地下或水中，上方有一隔片覆盖着雄花序，檐部圆卵形至披针形，有时螺旋状扭曲；肉穗花序纤细，藏于佛焰苞管内；雌花序有花1或2轮，上轮花不育，下轮花彼此相连；雄花序多花，密集，与雌花序之间被纤细的裸轴分隔；附属体短；花单性，无花被；雄蕊1～2枚：雌花心皮1枚，轮生，彼此靠合；子房1室，胚珠多数。浆果聚合为聚合果；种子倒卵状长圆形。

本属约50种，分布于热带亚洲。我国有4种；广东有1种。

旋苞隐棒花　（《中国植物志》）　（图 114）

Cryptocoryne retrospiralis（Roxb.）Fisch. ex Wydler

Ambrosinica retrospiralis Roxb.

C. crispatula Engl.

多年生水生草本；根状茎直立或斜伸。叶多数，丛生，阔线形，长10～30 cm，宽可达1 cm；叶柄膜质，鞘状，长1～5 cm。总花梗短，长1～2 cm；佛焰苞淡绿色，管下部含花序部分长1～2 cm；檐部线状披针形，长7～8 cm，宽3～7 mm，螺旋状上升；雌花序绿色，与雄花序间距约6 mm；雄花序短圆柱状，淡绿色，长约2 mm；附属体极短；子房长圆形。花期：11月。

产地：英德、从化等地。生于沼泽地；少见。

分布：印度、孟加拉国、缅甸、老挝和马来半岛。

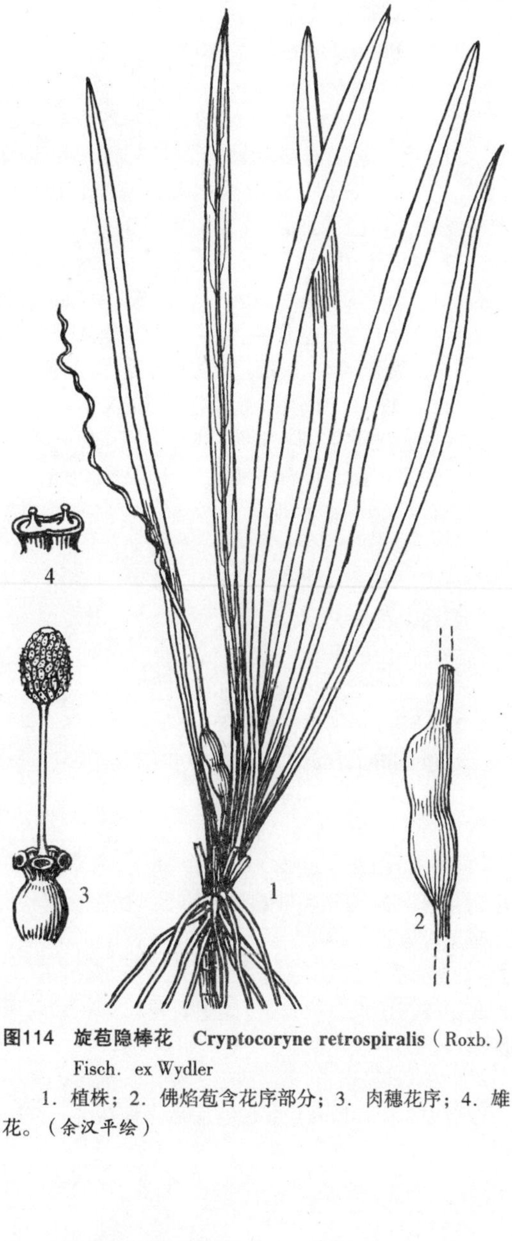

图114　旋苞隐棒花　Cryptocoryne retrospiralis（Roxb.）Fisch. ex Wydler

1. 植株；2. 佛焰苞含花序部分；3. 肉穗花序；4. 雄花。（余汉平绘）

24. 半　夏　属　**Pinellia** Tenore

多年生草本；具块茎。叶全缘，卵形或长圆形，3裂或鸟足状分裂，侧脉纤细；叶柄的顶部和基部常有珠芽。总花梗单生，长于或等于叶柄；佛焰苞宿存，管部席卷，顶部内有增厚的隔膜，喉部几闭合，檐部长圆形，长约为管部的2倍；肉穗花序下部的雌花序与佛焰苞贴生；花单侧着生，藏于佛焰苞管内；雄花序位于隔膜上部，圆柱形，短，附属体延长，线状圆锥形；花单性，无花被；雄蕊2枚；子房卵圆形，1室，1胚珠。浆果长圆状卵形，1室，1种子；种子球形。

本属有6种，产亚洲东部。我国有5种；广东有2种。

1. 叶全缘，心形至心状戟形 ……………………………………………… 1. 滴水珠 P. cordata
1. 一年生叶为单叶，2～3年生叶裂成3小叶 …………………………………… 2. 半夏 P. ternata

1. 滴水珠　（《中国植物志》）

Pinellia cordata N. E. Brown

P. browniana Dunn.

多年生草本；块茎球形、卵球形至长圆形。叶1片，心形至心状戟形，长6～25 cm，宽2.5～7.5 cm，顶端长渐尖或尾尖，基部心形；叶柄几无鞘，长12～25 cm，具紫斑，下部及顶端各有珠芽1枚。总花梗短于叶柄，长3.7～18 cm；佛焰苞绿色、淡黄带紫色或青紫色，长3～7 cm，管部长1～2 cm，渐过渡为檐部，檐部椭圆形，长2～5 cm，展开宽1～3 cm；雌花序长1～1.2 cm，雄花序长5～7 mm；附属体青绿色，长6～20 cm，渐狭为线形。花期：3月；果期：8～9月。

产地：乐昌、乳源等地。生于海拔800 m以下的林下溪旁、潮湿草地、岩石边、岩隙中或岩壁上。

分布：福建、江西、浙江、安徽、湖南、湖北、广西、贵州。

用途：块茎入药。

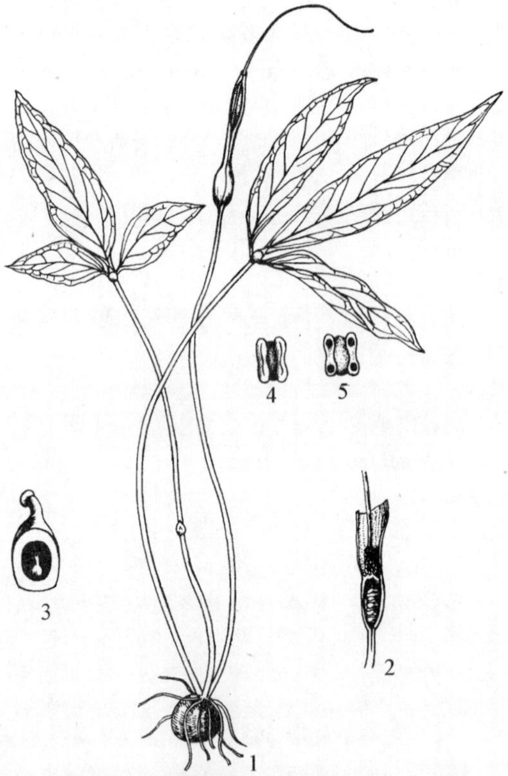

图 115　半夏　Pinellia ternata (Thunb.) Breit.
1. 植株；2. 佛焰花序（部分）纵剖；3. 子房纵剖；4～5. 雄蕊。（刘运笑绘）

2. 半夏　（《神农本草经》）　（图 115）

Pinellia ternata (Thunb.) Breit.

Arum ternatum Thumb.

P. tuberifera Tenore

多年生草本；块茎扁球形。叶1～5片，一年生为单叶，2～3年生叶裂成3小叶，裂片长圆状椭圆形或披针形，侧脉8～10对；叶柄长15～20 cm，基部具鞘，叶柄、叶鞘或基部有紫色珠芽。总花梗长25～35 cm；佛焰苞绿色或绿白色，管部狭圆柱形，长1.5～2 cm；檐部长圆形，长4～5 cm；雌花序长2 cm，雄花序长5～7 mm，其中间隔长3 mm；附属体青紫色，长6～10 cm，直立或"S"形弯曲。浆果卵圆形，黄绿色。花期：5月；果期：8月。

产地：乐昌、乳源、饶平、肇庆、汕头。生于草坡、荒地、玉米地、田边或疏林下。

分布：除内蒙古、新疆、青海、西藏外，全国各地均有。朝鲜、日本。

用途：块茎入药。

25. 芋　属 Colocasia Schott

多年生草本。叶盾状着生，卵状心形或箭状心形，侧脉多数；叶柄长，下部鞘状。总花梗多数，远较叶柄为短；佛焰苞管部为檐部的1/2～1/5，席卷，宿存，檐部长圆形或狭披针形，从管部脱落；肉穗花序短于佛焰苞；下部的雌花序短；中部为不育雄花序，短而细，上部为能育雄花序，长圆柱形；顶端中性附属体长圆锥形、纺锤形、钻形或仅为小尖头，直立；花单性，无花被；能育雄花的雄蕊3～6枚，花药合生成聚药雄蕊，倒金字塔形，顶部为不规则的多边形；不育雄花的退化雄蕊倒圆锥形，扁平，顶部截平；雌花子房卵圆形或长圆形，1室，胚珠多数，侧膜胎座2～4，柱头扁头状。浆果绿色，倒圆锥形或长圆形；种子多数，长圆形。

本属有13种，分布于亚洲热带及亚热带地区。我国有8种；广东及海南有3种。

1. 植物具块茎。
  2. 肉穗花序顶端附属体长4～8 cm；块茎球形；叶柄通常紫色……………………1. 野芋 C. antiquorum
  2. 肉穗花序附属体长约1 cm；块茎卵形；叶柄绿色 ……………………… 2. 芋 C. esculenta
1. 植物具根状茎或直立茎 ……………………………………………… 3. 大野芋 C. gigantea

1. 野芋　(《本草纲目拾遗》)

Colocasia antiquorum Schott

Arum colocasia Linn.

C. esculentum var. *antiquorum* (Schott) F. T. Hubb. & Rehd.

多年生湿生草本；块茎球形。叶多数，卵状心形或箭形，长40～50 cm，宽25～30 cm，顶端钝尖，基部2裂，弯曲；叶脉羽状或具3主脉；叶柄常紫色，长80～90 cm，下部具鞘。佛焰苞长20～25 cm，管部淡绿色，长圆形，长4～5 cm，檐部苍黄色，披针形，长15～20 cm，顶端渐尖；肉穗花序短于佛焰苞；雄花序长4～8 cm，中性部分长约3 mm；雌花序长约4 cm；顶端附属体长4～8 cm；花单性，无花被；雄蕊合生；子房卵形，胚珠多数。花期：8月。

产地：翁源、新丰、龙门、博罗、和平、连平、兴宁、饶平、博罗、肇庆、阳春及海南各地。生于山谷水中。

分布：长江以南各省区常见。

2. 芋　(《名医别录》)　(图 116)

Colocasia esculenta (Linn.) Schott

Arum esculentum Linn.

多年生湿生草本；块茎卵形。叶2～3片或更多，卵形，长20～50 cm，顶端急尖或短渐尖，侧脉4对，斜伸达叶缘；叶柄长20～90 cm。总花梗单生；佛焰苞长约20 cm，管部绿色，长卵形，长约4 cm，宽约2.2 cm，檐部淡黄色至绿白色，披针形或椭圆形，长约17 cm，展开呈舟状，边缘内卷；肉穗花序长约10 cm；雌花序长圆锥状，长3～3.5 cm；中性花序细圆柱状，长3～3.3 cm；雄花

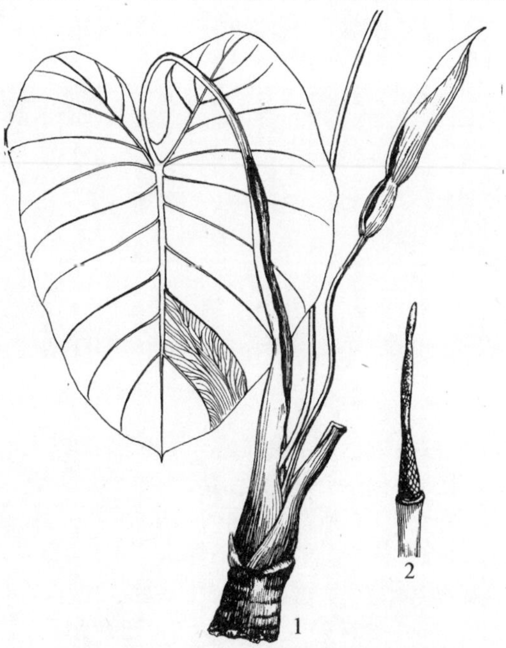

图 116　芋　Colocasia esculenta (Linn.) Schott
1. 植株；2. 肉穗花序。(刘运笑绘)

序圆柱形，长4 ~ 4.5 cm，顶端骤狭；顶端附属体钻形，长约1 cm。花期：秋季。

产地：广东及海南各地有栽培。

分布：我国南北各地有栽培。原产亚洲南部，现各热带地区有栽培。

用途：块茎富含淀粉，供食用、药用。

3. 大野芋　（《中国植物志》）

Colocasia gigantea（Blume）Hook. f.

Caladium giganteum Blume

多年生草本；根状茎长20 cm。叶丛生，长圆状心形、卵状心形，长可达1.3 m，宽可达1 m；叶柄淡绿色，长可达1.5 m，下部1/2闭合成鞘状。总花梗5 ~ 8枚，先后从同一叶鞘中抽出，近圆柱形，长30 ~ 80 cm；佛焰苞长12 ~ 24 cm，管部绿色，椭圆形，长3 ~ 6 cm，席卷，檐部粉白色，长圆形或椭圆状长圆形，长8 ~ 19 cm，顶端急尖，直立；肉穗花序长9 ~ 20 cm；雌花序奶黄色，圆锥状，基部斜截平；不育雄花序长圆锥状，长3 ~ 4.5 cm；能育雄花序长5 ~ 14 cm；顶端附属体锥状，极短小；雄花柱状；雄蕊4枚。浆果圆柱形，长5 mm；种子多数，纺锤形，有多条明显的纵棱。花期：4 ~ 6月；果期：9月。

产地：广东及海南有分布。生于海拔100 ~ 700 m的沟谷地带、林下湿地或石缝中。

分布：福建、江西、浙江、安徽、广西、云南、四川。马来半岛和中南半岛。

用途：药用。

26. 海　芋　属　**Alocasia**（Schott）G. Don

多年生大型草本。茎粗壮，大都为地下茎，稀上升或为直立地上茎，密布叶痕。叶近盾状着生，多为箭状心形，全缘、浅波状或羽状分裂；叶柄长，下部多少具长鞘。佛焰苞缢缩，管部长于檐部，席卷，宿存，果期渐不整齐地撕裂，檐部舟状，后期从管部上缘脱落；肉穗花序短于佛焰苞，圆柱形，直立；雌花序锥状圆柱形，短，不育雄花序常明显变狭；能育雄花序圆柱形，上部的雄花常明显退化；顶端附属体圆锥形，有蜿蜒状不规则槽纹；花单性，无花被；能育雄花的雄蕊合生，倒金字塔形，近六角形；雄蕊3 ~ 8枚；不育雄花扁平，倒金字塔形；子房卵形或长圆形。浆果红色，椭圆形、倒圆锥形或近球形，柱头宿存；种子近球形。

本属约70种，分布于热带亚洲至大洋洲。我国有4种；广东及海南均有。

1. 叶宽卵状心形，中脉不明显，侧脉基出弧曲向上 ………… 1. 尖尾芋 A. cucullata
1. 叶箭形或箭状卵形，中脉明显，侧脉斜伸。
　2. 叶长箭形 ………… 2. 箭叶海芋 A. longiloba
　2. 叶箭状卵形。
　　3. 大型草本植物；叶柄长1 m以上；附属体长3 ~ 6 cm. ………… 3. 海芋 A. macrorrhiza
　　3. 中型草本植物；叶柄长28 ~ 32 cm；附属体长1.1 cm ………… 4. 琼海芋 A. hainanica

1. 尖尾芋　（《广州植物志》）　别名：假海芋　（《海南植物志》）

Alocasia cucullata（Lour.）Schott

Arum cucullatum Lour.

直立草本；地上茎黑褐色，圆柱形，呈丛生状。叶宽卵状心形，长10 ~ 40 cm，宽7 ~ 28 cm，前裂片远比后裂片长，顶端骤狭，具凸尖，基部心形，侧脉5 ~ 8对，弧曲上升；叶柄长25 ~ 80 cm，由中部至基部扩大成宽鞘。总花梗单生，长20 ~ 30 cm；佛焰苞管部淡绿至深绿色，长圆状卵形，长4 ~ 8 cm，粗2.5 ~ 5 cm；檐部外面上部淡黄色，下部淡绿色，狭舟状，长5 ~ 10 cm，宽3 ~ 5 cm，边缘内卷，顶端具狭长的凸尖；肉穗花序比佛焰苞短；雌花序圆柱形，长1.5 ~ 2.5 cm；不育雄花序长2 ~ 3 cm；能育雄花序黄色，近纺锤形，长3.5 cm；顶端附属体淡绿色、黄绿色，狭圆锥形，长约3.5 cm。浆果近球形；种子1

颗。花期：5月。

产地：南澳、深圳、珠海、广州、肇庆、阳春及海南陵水、白沙。生于溪谷湿地或田边。

分布：香港、福建、浙江、广西、贵州、云南、四川。孟加拉国、斯里兰卡、缅甸、泰国。

用途：全株药用。

2. 箭叶海芋　（《中国植物志》）

Alocasia longiloba Miq.

根状茎圆柱形，长15～20 cm，上部被宿存叶鞘。叶两面绿色或幼时蓝绿色，长箭形，长25～45 cm，宽9～19 cm，前裂片长圆状三角形，后裂片长三角形，长10～18 cm；叶柄绿色，长25～32 cm，基部扩大成鞘。总花梗长18～25 cm；佛焰苞管部卵形至纺锤形，长2～3.5 cm；檐部长圆形或披针形，长6～8 cm；肉穗花序长7～8 cm，雌花序圆柱形，长12 mm；能育雄花序长2 cm；顶端附属体圆柱形，长4.5 cm，渐尖；雄蕊3枚；子房卵圆形，顶端渐狭。浆果淡绿色，近球形；种子圆球形，1颗。花期：8～10月。

产地：广州及海南有栽培。

分布：云南有栽培。中南半岛、马来半岛、加里曼丹岛和印度尼西亚（爪哇）。

3. 海芋　（《益都方物略记》）　（图 117）

Alocasia macrorrhiza（Linn.）Schott

Arum macrorrhizum Linn.

Arum odorum Roxb.

大型草本；具匍匐根状茎及直立的地上茎。叶多数，革质，箭状卵形，长50～90 cm，宽40～90 cm，前裂片宽卵形，边缘浅波状，顶端急尖或渐尖，后裂片多少圆形；叶柄绿色或污紫色，螺旋状排列，粗厚，长达1.5 m，基部连鞘宽5～10 cm。总花梗2～3枚丛生，绿色，圆柱形，长12～60 cm；佛焰苞管部绿色，席卷，长圆状卵形或卵形，长3～5 cm，粗3～4 cm，檐部黄绿色、绿白色，舟状长圆形，长10～30 cm，展开宽4～8 cm，略下弯，顶端喙状；雌花序白色，圆柱形，长2～4 cm，不育雄花序绿白色，长2.5～6 cm，渐狭并过渡为长3～7 cm的能育雄花序；顶端附属体淡绿色至乳黄色，圆锥状，长3～5.5 cm，有不规则槽纹；子房柱状，顶端渐狭为花柱，柱头盘状；不育雄花扁平，顶部六角形。浆果红色；种子1～2颗。花期：3月。

产地：乐昌、始兴、阳山、清远、新丰、龙门、蕉岭、梅州、博罗、广州、肇庆、封开、阳春、高州、化州及海南三亚、陵水、白沙、儋州、定安。生于海拔1 500 m以下的山野或旷地。

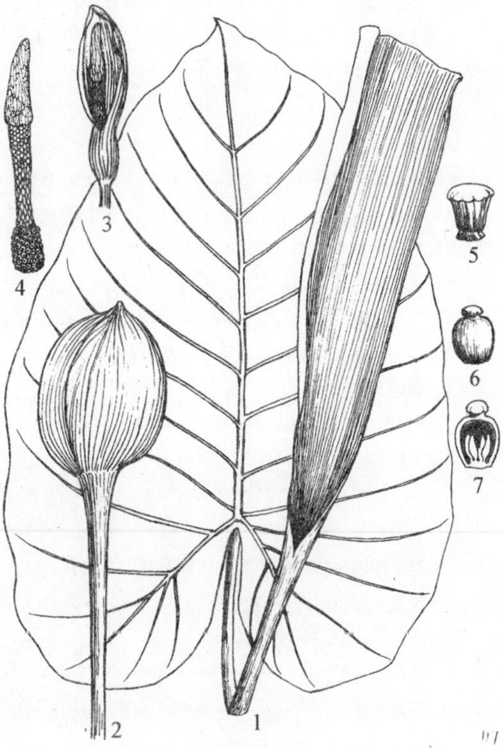

图 117　海芋　**Alocasia macrorrhiza**（Linn.）Schott
1. 叶；2～3. 佛焰花序；4. 肉穗花序；5. 能育雄花；6. 子房；7. 子房纵剖。（刘运笑绘）

分布：香港、台湾、福建、江西、湖南、广西、云南、贵州、四川等地。孟加拉国、印度、马来半岛、中南半岛、菲律宾、印度尼西亚。

用途：药用，民间用于治感冒（有毒，慎用）。

4. 琼海芋　（《海南植物志》）

Alocasia hainanica N. E. Brown

A. hainanensis Krause

中型草本。茎极短。叶卵状箭形，长约25 cm，宽13 cm，顶端短渐尖，基部耳形，后裂片椭圆形，长约7 cm，侧脉4～6对，稍上举；叶柄纤细，长28～32 cm。总花梗单生，圆柱状，长18 cm；佛焰苞管部狭卵形，长1.5 cm，管部以上狭长圆形，长5 cm，顶端具偏斜的小尖头；肉穗花序圆柱状，雌花序与雄花序近等长或稍短，长约1.2 cm；顶端附属体狭钻形，较能育部分长。花期：11月。

产地：海南特产，万宁、三亚等地。生于林谷中。

27. 天 南 星 属 **Arisaema** Mart.

多年生草本。叶3裂，鸟足状、放射状分裂或小叶轮生，全缘或啮蚀状，无柄或具柄，如具柄，则多少具鞘。佛焰苞管状席卷成圆筒形或喉部开阔，边有时具宽耳，檐部盔状，顶端长渐尖；肉穗花序内藏或伸出；附属体各式；中性花残遗物常为钻形或线形；花单性，无花被；雌雄同株或异株；雄花多数，散生；雄蕊2～5枚，连成聚药雄蕊，长圆形或近球形；雌花密集；子房1室，卵圆形或长圆状卵形，胚珠1～9颗，基生，直立。浆果倒卵圆形或倒圆锥形；种子少数，卵圆形。

本属150余种，分布于亚洲热带、亚热带和温带，少数产于热带非洲，中美和北美洲有数种。我国有82种；广东及海南有7种，2变种。

1. 叶3全裂。
  2. 附属体纤细，上部稍弯；胚珠5颗……………………………………………………………… 1. 画笔南星 A. penicillatum
  2. 附属体粗厚，从中部以下开始下弯几成圆圈，稀近直立；胚珠2颗……………………………… 2. 象头花 A. franchetianum
1. 叶鸟足状、掌状或辐射状分裂。
  2. 叶鸟足状或掌状分裂；裂片5～19。
    3. 肉穗花序附属体线形或长圆锥形，弯曲或下垂，顶端尖。
      4. 佛焰苞喉部截平或斜截平，无显著的耳 ………………………………………………… 3. 天南星 A. heterophyllum
      4. 佛焰苞喉部具耳。
        5. 叶2片；裂片7～9………………………………………………………………………… 4. 湘南星 A. hunanense
        5. 叶1片；裂片5～7。
          6. 叶裂片5～7，长7～10 cm，宽1.5～3 cm，顶端急尖或渐尖，无长芒状尖头 ………… 5. 心檐南星 A. cordatum
          6. 叶裂片5，长13～25 cm，宽4.5～9 cm，顶端渐尖，常突然收窄成一长芒状尖头 …… 6. 婆婆花 A. hainanense
    3. 肉穗花序附属体棒状，直立或略下弯，顶端浑圆。
      4. 肉穗花序附属体无柄 ……………………………………………………………7. 云台南星 A. du-bois-reymondiae
      4. 肉穗花序附属体明显具柄。
        5. 叶裂片5 ………………………………………………………………………… 8. 灯台莲 A. sikokianum var. serratum
        5. 叶裂片7 ……………………………………………………………………………… 8a. 七叶灯台莲 var. henryanum
  2. 叶辐射状分裂，裂片7～20或更多……………………………………………………………9. 一把伞南星 A. erubescens

1. 画笔南星 （《中国植物志》） 别名：三叶天南星 （《海南植物志》）

Arisaema penicillatum N. E. Brown

A. laminatum auct. non Blume

多年生草本。叶2片，3裂，裂片椭圆形或长圆状披针形，长10～14 cm；叶柄中部以上具鞘。总花梗常比叶柄短；佛焰苞管部绿色，近圆柱形，上部长4～6 cm，宽1.2～2 cm，旋卷；檐部淡绿色或白色，长圆形，具尾状尖头；肉穗花序单性；雄花序圆锥形，长1.5～3.5 cm，具柄或无，花疏；附属体纤细，长4～5 cm，渐狭，上部稍弯并密生线形中性花；雌花序具短柄，长约1 cm，花密；雄花具柄；雄蕊3枚；子房卵圆形，柱头头状。花期：5月。

产地：英德、大埔及海南乐东。生于密林中。

分布：香港、广西、云南。

2. 象头花 （《植物名实图考》）

Arisaema franchetianum Engl.

多年生草本植物；块茎扁球形，周围具多数肉红色小球茎。叶1片，近革质，3全裂；中裂片卵形，侧裂片椭圆形，偏斜，下部1/4～1/5鞘状。总花梗短于叶柄，花期直立，果期下弯；佛焰苞管部圆柱形，长4～6 cm，边反卷，檐部下弯成盔状，有下垂的线形尾尖；肉穗花序单性，雌花序圆柱形，花密，雄花序长圆锥形，花疏，附属体粗厚，长圆锥形，中部以下始下弯几成圆圈，稀近直立；雌花柱头明显突起；胚珠2颗。花期：5～7月；果期：9～10月。

产地：湛江。生于林下、灌丛或草地。

分布：云南、四川、贵州、广西。我国特有。

3. 天南星 （《名医别录》） （图 118）

Arisaema heterophyllum Blume

A. kwangtungensis Merr.

A. stenospathum Hand.-Mazz.

多年生草本；块茎扁球形。叶1片，鸟足状分裂，裂片13～19，有时较少或更多，长圆形至线状长圆形；叶柄下部鞘状，叶鞘顶部斜截平。总花梗长30～55 cm，从叶柄鞘内抽出；佛焰苞管部圆柱形，长3～8 cm，边稍外卷，檐部卵形或卵状披针形，下弯，长4～9 cm；肉穗花序两性和单性雄花序，两性花序下部为雌花序，花密，上部为雄花序，花疏，大多不育，退化为钻状中性花或全退化；附属体向上渐狭，长10～20 cm，至佛焰苞喉部以外“之”字形上升；雌花无柄，球形；雄花具柄。浆果黄红色、红色，圆柱形；种子黄色，具红色斑点。花期：4～5月；果期：7～9月。

产地：乐昌、乳源、连南、阳山、兴宁、饶平、博罗、高州、茂名等地。生于1 500 m以下的林下、灌丛或草地。常见。

分布：除西北、西藏外，全国大部分省区都有。日本、朝鲜。

用途：药用，能解毒消肿、祛风定惊、化痰散结。

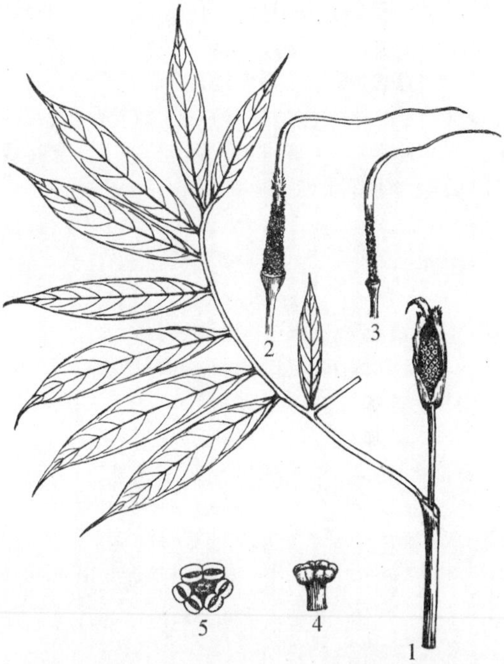

图 118 天南星 Arisaema heterophyllum Blume

1. 植株；2. 两性肉穗花序；3. 雄性肉穗花序；4～5. 雄花。（刘运笑绘）

4. 湘南星 （《中国植物志》）

Arisaema hunanense Hand.-Mazz.

多年生草本；块茎扁球形。叶2片，鸟足状分裂，裂片7～9，倒披针形，长10～25 cm，宽2.5～6 cm；叶柄长30～55 cm，下部1/2具鞘。总花梗短于叶柄；佛焰苞管部圆柱形，长6～7 cm，喉部边稍外卷，檐部卵状披针形，长6～7 cm，下弯成拱形或盔状；肉穗花序单性；雄花序长1.5 cm，光滑；雌花序圆锥形，长2～4 cm，疏被钻状中性花或无；附属体长圆锥形，无柄；子房椭圆形，柱头画笔状。花期：3～5月。

产地：乐昌等地。生于林中。

分布：湖南、四川；少见。

5. 心檐南星　（《中国植物志》）

Arisaema cordatum N. E. Brown

A. brevistipitatum Merr.

多年生草本；块茎球形，直径1～1.5 cm。叶1片，鸟足状分裂，裂片5～7，膜质，淡绿色，长圆形，长7～10 cm，宽1.5～3 cm，顶端急尖或渐尖，中间3片基部对称，宽楔形，近无柄，外侧2对多少偏斜；叶柄纤细，长10～30 cm。总花梗短，纤细，长2～4.5 cm；佛焰苞干时青紫色，管部狭漏斗形，长3～3.5 cm，粗1～1.5 cm，喉部边具圆形宽耳，檐部三角状卵形；肉穗花序单性；雄花序具短柄；附属体下部纺锤形，伸出喉外后明显变细成线形，下垂，长15～27cm，无柄。花期：4月。

产地：深圳、龙门等地。

分布：香港、广西。

6. 婆婆花　（《海南植物志》）

Arisaema hainanense C. Y. Wu ex H. Li, et al.

多年生草本；块茎卵形或根茎状。叶具长柄，鸟足状5裂；裂片椭圆形或椭圆状长圆形，长13～25 cm，宽4.5～9 cm，顶端渐尖，常骤窄成一长芒状尖头，基部钝，不等侧，各裂片均具短柄。总花梗长于叶柄；佛焰苞管部白色，具紫色斑纹，檐部紫色，卵形，顶端渐尖并骤呈长芒状尖，基部具半圆形耳状裂片；肉穗花序长8～9 cm；雌花序长2～3 cm；雄花序长2～3 cm；附属体圆柱状，顶端具尾状尖头，下部有丝状不发育雄蕊；雄蕊5～6枚，聚生或散生；子房椭圆形，长2～3 mm。浆果近球形；种子1颗。花期：6月；果期：7～11月。

产地：海南三亚、保亭、陵水、琼中、定安、东方。生于林谷中阴湿处。

分布：泰国。

7. 云台南星　（《中国植物志》）

Arisaema du-bois-reymondiae Engl.

多年生草本；块茎近球形。叶2片，鸟足状分裂，裂片7～9，倒披针形或披针形；叶柄绿色，长约20 cm，中部以下具鞘。总花梗短于叶柄，长13～15 cm；佛焰苞淡白绿色，内具3～5条白色纵条纹，长15 cm，管部漏斗状，长约6 cm，喉部宽2～3 cm，边略反卷，檐部长圆形，长7 cm，宽3～3.5 cm，顶端急尖；肉穗花序单性，雌雄异株；雄花序长约2 cm，花较疏；附属体无柄，长圆柱形，基部具少数钻状中性花；雄蕊2～4枚。花期：4～5月。

产地：连平等地。生于竹林内、灌丛中。

分布：福建、香港、江西、浙江、江苏、安徽、湖南、河南、陕西；少见。

用途：块茎入药。

8. 灯台莲　（《中国植物志》）

Arisaema sikokianum var. **serratum** (Makino) Hand.-Mazz.

A. sazensoo var. *serratum* Makino

A. bockii Engl.

多年生草本；块茎扁球形。叶2片，鸟足状5裂，裂片卵形、卵状长圆形或长圆形，边缘具齿，长13～18 cm，宽9～12 cm，侧脉8～10对；叶柄长20～30 cm，下面1/2鞘状。总花梗略短于或等长于叶柄；佛焰苞淡绿色或暗紫色，具条纹，管部漏斗状，长4～6 cm，喉部边近截平，无耳，檐部卵状披针形或长圆状披针形，稍下弯；肉穗花序单性；雄花序圆柱形；雌花序近圆锥形；附属体具柄，直立，上部增粗成棒状或近球形；雄花近无梗；子房卵圆形。浆果黄色，长圆锥状；种子1～3颗，卵圆形。

产地：连山、怀集等地。生于山坡林下或沟谷岩石上。

分布：福建、江西、浙江、江苏、安徽、湖南、湖北、河南、陕西、广西、贵州、四川。日本。

8a. 七叶灯台莲 （《植物分类学报》）

var. **henryanum**（Engl.）H. Li

A. sazensoo var. *henryanum* Engl.

本变种与原种的区别在于：叶裂片7，中裂片具长约2 cm的柄，长10 cm，宽6 cm。

产地：乐昌、乳源等地。生于沟边。

分布：湖北等省。

9. 一把伞南星 （《中国植物志》）

Arisaema erubescens（Wall.）Schott

A. consanguineum Schott

A. divaricatum Engl.

多年生草本；块茎扁球形，直径达10 cm。叶1片，放射状分裂，裂片7～20或更多，常1枚上举，余放射状平展；叶柄长40～80 cm，中部以下具鞘。总花梗比叶柄短，直立；佛焰苞绿色至深紫色，背面有条纹或无，管部圆筒形，长4～8 cm，喉部边截平或稍外卷，檐部三角状卵形、长圆状卵形或倒卵形，长4～7 cm，宽2～6 cm，顶端渐狭，具线形尾尖；肉穗花序单性；雌雄异株；雄花序长2～2.5 cm，花密；雌花序长约2 cm；附属体棒状圆柱形，长2～4.5 cm，直立；雄花序的附属体无或有少数中性花；雌花序的附属体具多数中性花；雄花具短柄；雄蕊2～4枚。浆果红色；种子淡褐色，球形。花期：4月。

产地：乐昌、从化等地。生于林下、灌丛、草坡、荒地。

分布：除内蒙古、黑龙江、吉林、辽宁、山东、江苏、新疆外，全国均有。印度、尼泊尔、锡金至缅甸、泰国北部。

用途：块茎入药，功效与天南星同。

百　部　科　Stemonaceae

多年生直立、攀援或缠绕草本，稀为小灌木，具根状茎或块根。叶互生、对生或轮生，有明显的基出脉和平行、致密的横脉。花两性，辐射对称，单朵腋生或组成少花的总状花序或聚伞花序；花被片4，花瓣状，大小近相等，排列为2轮；雄蕊4枚，花丝分离或基部稍合生，花药基着或背着，2室，内向纵裂，药隔常延伸于药室之上成一细长的附属物或无；子房上位至半下位，1室，花柱不分枝或缺，胚珠2颗至多数，倒生，生于子房室底或自室顶悬垂。蒴果开裂为2瓣；种子有丰富的胚乳，胚小。

本科有3属，30种，分布于亚洲、美洲和大洋洲。我国有2属，8种；广东及海南有1属，2种。

百　部　属　**Stemona** Lour.

多年生攀援或缠绕草本，具长块根。叶互生、对生或轮生，具柄，具3至多条基出脉及平行横脉。花1～3朵腋生或组成少花的总状花序，有时生于叶柄或叶脉上；苞片钻形或披针形；花被片4，排列为2轮，披针形；雄蕊4枚，花丝极短，多少连合成一环；花药线形，药隔延伸成一细长、直立的附属体；子房1室，胚珠2至多颗，基生，直立，花柱缺，柱头小。蒴果卵形至长圆形，内有种子数颗；种子卵形或长椭圆形，种皮厚，具纵槽。

本属有27种，分布于亚洲东部、印度、马来西亚、菲律宾至澳大利亚北部。我国有7种；广东及海南有2种。

1. 叶对生（罕为轮生或互生），基出脉7～11；花大，花被片长4～8 cm ……………………………… 1. 对叶百部 S. tuberosa
1. 叶互生，基出脉5；花小，花被片长8～10 mm ……………………………………………………… 2. 小花百部 S. parviflora

1. 对叶百部　（图 119）

Stemona tuberosa Lour.

多年生缠绕草本，全株无毛，下部木质化；块根圆柱形或纺锤形，长15～30 cm。叶对生，罕轮生或互生，卵形至卵状长圆形，长10～15 cm，宽5～10 cm，顶端渐尖或尾状渐尖，基部心形，全缘或微波状；基出脉7～11；叶柄细长，长3.5～7.5 cm。花序腋生，花1～3朵；总花梗长2～11 cm；苞片披针形，长约11 mm；花梗长5～15 mm；花被片黄绿色而带有紫红色脉纹，披针形，长4～6 cm，宽1.5 cm；花丝短，花药狭长圆形，长8～10 mm，药隔附属体长不及2 cm，花药顶端延伸的附属物线形，细长，长6～7 mm，子房小。蒴果椭圆状倒卵形，长4～5 cm，有种子5至多颗；种子长椭圆形，长约7 mm，具纵槽，顶端具短喙。花期：4～5月。

产地：乐昌、乳源、平远、梅州、深圳、肇庆、信宜及海南三亚、陵水、保亭、乐东、白沙。生于路旁、疏林中或旷野处，缠绕于其他植物上。

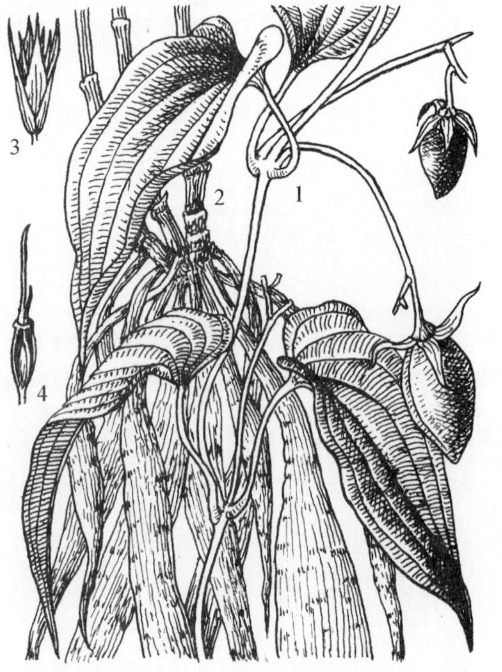

图 119　对叶百部　**Stemona tuberosa** Lour.
1. 果枝；2. 根；3. 花；4. 雄蕊。（余汉平绘）

分布：我国东南部至西南部各省区。印度至菲律宾。

用途；块根的皮淡黄色、肉白色，供药用，有润肺、镇咳、祛痰、驱虫之效；外用可灭蚤、杀虫、止痒。

2. 小花百部

Stemona parviflora C. H. Wright

缠绕草质藤本，全株无毛；块根纺锤形，长5～9 cm；小枝纤细，有条纹。叶互生，披针形，长5～6（～11）cm，宽1.5～3.5（～5）cm，顶端尾状渐尖，基部楔形至近圆形，全缘；基出脉5；叶柄长1～3.5 cm。总状花序腋生，有花2～6朵；苞片小，近钻形；花小，紫红色，具短梗；花被片宽卵状披针形，长8～10 mm，宽约3 mm，顶端急尖，具9脉；雄蕊较花被片稍短，花丝分离，花药长2 mm，药隔附属体长3～5 mm；子房卵形，长约5 mm，无花柱；胚珠3颗，直立。花期：4月。

产地：广东及海南乐东、三亚、万宁。生于旷野或疏林中。

用途：块根药用，有止咳定喘、杀虫止痒之效。

龙 舌 兰 科　Agavaceae

多年生草本。茎短或极发达，有根状茎。单叶，互生，聚生于茎顶或茎基部，常厚而肉质，边全缘或有刺状锯齿。花两性或单性，辐射对称或两侧对称，排成总状花序或圆锥花序，分枝常托以苞片；花被片6，2轮，花瓣状，分离或连合成长或短的管；雄蕊6枚，着生于花被管上或裂片的基部，花丝线形或基部肥厚，分离，花药线形；子房上位或下位，3室，每室有胚珠1至多颗，花柱纤细。果为蒴果或浆果。

本科约20属，670种，产于热带、亚热带地区，尤以半沙漠地区最多。我国南方产约2属，6种；广东及海南野生及常见栽培的有8属，21种，3变种，12栽培品种。

1. 子房上位。
  2. 花大，花被片长3 cm以上，离生；叶顶端具硬刺 ………… 1. 丝兰属 Yucca
  2. 花较小，花被片长3 cm以下，基部合生；叶顶端无硬刺。
    3. 胚珠多数。茎干通常不分枝 ………… 2. 朱蕉属 Cordyline
    3. 胚珠1颗。
      4. 灌木状，茎干发达；叶薄革质 ………… 3. 龙血树属 Dracaena
      4. 多年生草本，茎极短或无；叶厚肉质 ………… 4. 虎尾兰属 Sansevieria
1. 子房下位。
  2. 小乔木，茎基部膨大呈球形 ………… 5. 酒瓶兰属 Beaucarnea
  2. 多年生草本，茎短或无。
    3. 花辐射对称；圆锥状花序（Agave victoriae-reginae为穗状花序，但花序高1 m以上）。
      4. 花直立或平展；雄蕊长于花被片 ………… 6. 龙舌兰属 Agave
      4. 花悬垂；雄蕊短于花被片 ………… 7. 缝线麻属 Furcraea
    3. 花两侧对称；穗状花序，花序高1 m以下………… 8. 晚香玉属 Polianthes

1. 丝 兰 属　Yucca Linn.

茎很短或长而木质化，有时有分枝。叶近簇生于茎或枝的顶端，披针形至长线形，质厚，坚挺而具刺状顶端，边有细齿或丝裂（丝兰名称由此而来）。圆锥花序从叶丛抽出；花近钟状；花被片6，离生；雄蕊6枚，短于花被片；花丝粗厚，上端常外弯，花药较小，箭形，背着；花柱短或不明显，柱头3裂，子房近长圆形，3室。蒴果不裂或开裂，或浆果；种子多数，扁平，薄，常具黑色种皮。

本属约30种，分布于中美洲至北美洲。我国引种栽培有6种；广东及海南栽培有3种。

1. 植株近无茎；叶缘具白色丝状纤维 ………… 1. 丝兰 Y.filamentosa
1. 植株有明显的茎；叶缘通常无丝状纤维。
  2. 叶缘有刺状细齿；圆锥花序长30～60 cm；果肉质，无棱，长7～10 cm ………… 2. 千手丝兰 Y. aloifolia
  2. 叶缘无细齿；圆锥花序长1～1.5 cm；果具6棱，长5～6 cm ………… 3. 凤尾丝兰 Y. gloriosa

1. 丝兰　（《中国高等植物图鉴》）　（图120）

Yucca filamentosa Linn.

茎很短或不明显。叶近莲座状丛生，坚硬，近剑形或线状披针形，长25～60 cm，宽2.5～4 cm，顶端具硬刺，边缘有许多稍弯曲的白色丝状纤维。花葶高大而粗壮；圆锥花序狭长，花序轴被乳突状毛；

花近白色，下垂；花被片长3～4 cm；花丝有疏柔毛；花柱长5～6 mm。蒴果开裂。花期：秋季。

产地：广东及海南各地常见栽培。

分布：江西、福建、澳门等地有栽培。原产北美东南部。

用途：庭园观赏。

2. 千手丝兰

Yucca aloifolia Linn.

植株高1～3 m。茎单生或少数上部分枝。叶厚而坚硬，剑形，长35～75 cm，宽3～5 cm，顶端锐尖，基部截平，叶缘粗糙，有刺状细齿。圆锥花序直立，长30～60 cm；花梗无毛，长1.5～3.5 cm；花白色，顶端常紫色，下垂，直径7～10 cm；花被片长3.5～5 cm，顶端圆钝。蒴果肉质，黑紫色，椭圆形，长7～10 cm。花期：夏季。

产地：广州华南植物园、深圳大学校园有栽培。

分布：江苏、山东、江西。美国南部、西印度群岛、墨西哥。

用途：观赏植物。

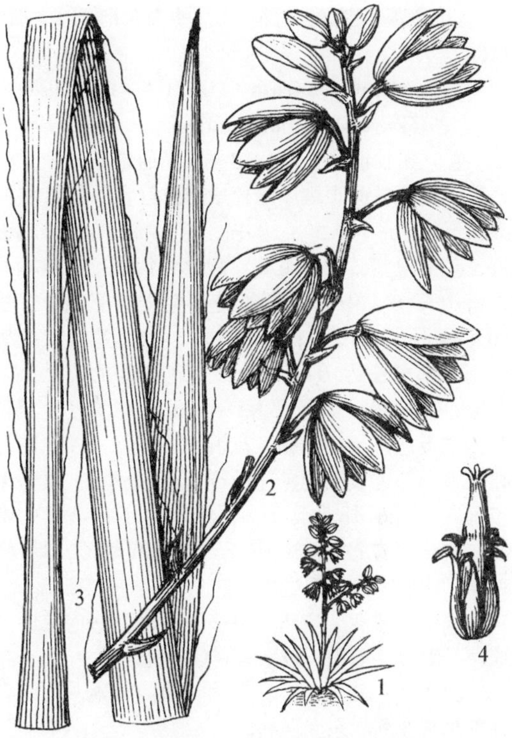

图 120 丝兰 Yucca filamentosa Linn.

1. 植株；2. 花枝；3. 叶；4. 花除去花被片，示雄蕊和雌蕊。（余汉平绘）

3. 凤尾丝兰 别名：大丝兰

Yucca gloriosa Linn.

常绿木本植物。茎高达4 m，常有分枝。叶坚硬，狭披针形至宽披针形，或剑形，长40～70 cm，宽4～6 cm，有白粉，顶端坚硬呈刺状，暗红色，边具少量分离的纤维。顶生大型圆锥花序，长1～1.5 m，常无毛；花大，下垂，绿白色、奶油色，顶端常带紫红色，直径6～9 cm；花被片6枚，卵状菱形，长4～5.5 cm，宽1.5～2 cm。蒴果倒卵状长圆形，长5～6 cm，下垂，具6棱，不裂。花期：10～11月。

产地：广东及海南各地常见栽培。

分布：福建有栽培。原产北美洲，现世界各地有引种。

用途：庭园观赏植物；根、叶有清热解毒的功效。

2. 朱 蕉 属 **Cordyline** Comm. ex Juss.

小乔木状或灌木状。茎单干或少分枝，稍木质，上部有环状叶痕。叶聚生于枝的上部或顶端，常互生，长圆形，基部抱茎，有中脉和多数侧脉；有柄或无。圆锥花序生于上部叶腋；花梗短或近于无，下有1枚苞片及2枚小苞片，呈总苞状；花被管状或狭钟状，花被管短，裂片6，近相等或外轮的稍短；雄蕊6枚，着生于花被上，花药背着，内向或侧向开裂，花丝丝状或扁平；子房上位，无柄，3室，每室有2至多颗胚珠，花柱头状或3裂，柱头小。果为浆果，具1至数颗种子。

本属约20种，分布于大洋洲、亚洲南部和南美洲。我国有2种；广东及海南常见栽培2种，5栽培品种。

1. 叶披针状椭圆形，宽5～10 cm，具柄 ……………………………………1. 朱蕉 C. fruticosa

1. 叶长披针形，宽1.8～4 cm，无柄 ……………………………………2. 剑叶朱蕉 C. stricta

1. 朱蕉　别名：铁树　（《岭南杂记》）　（图121）

Cordyline fruticosa（Linn.）A. Cheval.

Convallaria fruticosa Linn.

直立粗壮灌木，高1～3 m。茎通常不分枝。叶聚生于茎或枝的顶端，绿色或带紫红色，披针状椭圆形至长圆形，长30～50 cm，宽5～10 cm，顶端渐尖，基部抱茎，中脉明显，侧脉羽状平行；叶柄有狭槽，长10～30 cm。圆锥花序生于上部叶腋，长30～60 cm，多分枝；花序主轴上的苞片线状披针形，下部可长达10 cm，分枝上花基部的苞片小，卵形；花梗短，少有长达3～4 mm；花淡红色至青紫色或黄色，长约1 cm，花被裂片直立；外轮花被裂片下半部近紧贴内轮花被裂片而形成花被管，上半部在盛开时外弯或反折；雄蕊生于花被管的喉部，稍短于花被；花柱细长。浆果圆球形，具1颗种子。花期：11月至翌年3月。

产地：博罗、广州、肇庆、南澳及海南琼中、琼海、海口、琼山、陵水、三亚等地。

分布：广西、福建、台湾、澳门等地。广泛栽种于热带亚洲和东大洋洲。

用途：庭园绿化。

图121　朱蕉　Cordyline fruticosa（Linn.）A. Cheval.
1. 植株上部；2. 一段花枝；3. 花；4. 花被展开，示雄蕊；5. 雌蕊。（余汉平绘）

常见栽培品种有：

1a. 红边朱蕉

'Red Edge'

植株高40～60 cm，为迷你型朱蕉。叶长披针形，边红色，中有淡紫红色和绿色的斜条纹相间。

1b. 紫叶朱蕉

'Purple Compacta'

叶灰绿带紫褐色。

1c. 亮叶朱蕉

'Aichiaka'

叶长椭圆形，顶端尖，叶面有红色、赤褐色斑纹变化，春季新生的叶最美，色彩红艳，老叶则逐渐暗淡。

1d. 二色朱蕉

'Bicolor'

叶绿色，有红色或紫色边纹。

1e. 彩纹朱蕉　别名：三色朱蕉

'Tricolor'

叶长线形，中间绿色，两侧黄色，边缘红色。

2. 剑叶朱蕉

Cordyline stricta Endl.

株高3 ~ 4 m，茎秆基部膨大。叶密生，极狭而无柄，长披针形，长30 ~ 60 cm，宽约3 cm或更狭，稍坚挺，光亮，绿色，叶缘有不明显的齿。圆锥花序顶生或侧生，长20 ~ 40 cm；花梗极短，长1.5 ~ 2.5 mm，有苞片；花被青紫色，长6 ~ 8 mm，管钟状，有香气；内轮裂片长于外轮裂片。浆果黑紫色，直径1 ~ 1.5 cm。花期：夏季。

产地：广州及海南兴隆（森林公园）等地有栽培。

分布：华南各地常见栽培。原产澳大利亚。

用途：庭园绿化。

3. 龙血树属 **Dracaena** Vand. ex Linn.

乔木或灌木状。茎多少木质，有髓和次生形成层，具分枝。叶剑形、倒披针形或其他形状，有时较坚硬，常聚生于茎或枝的顶端，基部抱茎，中脉明显或不明显；无柄或有柄。总状花序、圆锥花序或头状花序生于茎或枝的顶端；花梗有关节；花被圆筒状、钟状或漏斗状；花被裂片6，不同程度的合生；雄蕊6枚，花丝着生于裂片基部，下部贴生于花被管，花药背着，内向；子房上位，无柄，3室，每室有1 ~ 2颗胚珠，花柱丝状，柱头头状，3裂。浆果近球形，具1 ~ 3颗种子。

本属约40种，分布于亚洲和非洲的热带与亚热带地区。广东及海南连引入的有5种，2栽培品种。

本属现亦有人主张立为龙血树科Dracaenaceae。

1. 植株乔木状，高3 ~ 10 m；叶聚生茎或分枝顶端。
  2. 花被片长6 ~ 7 mm …… 1. 海南龙血树 D. cambodiana
  2. 花被片长1 ~ 2 mm …… 2. 香龙血树 D. fragrans
1. 植株灌木状，高1 ~ 5 m；叶生于茎或分枝的上部或近顶端，但有一定距离。
  2. 叶长20 ~ 40 cm，宽达5.5 cm；圆锥花序长30 ~ 50 cm …… 3. 长花龙血树 D. angustifolia
  2. 叶长10 ~ 20 cm，宽2 ~ 3 cm；圆锥花序长不及10 cm。
    3. 茎多分枝，枝纤细；叶中脉明显，叶柄长1 cm …… 4. 细枝龙血树 D. elliptica
    3. 茎常不分枝；叶中脉不明显，叶柄长7 ~ 10 cm …… 5. 富贵竹 D. sanderiana

1. 海南龙血树

Dracaena cambodiana Pierre ex Gagnep.

Pleomele cambodiana（Gagnep.）Merr. et Chun

乔木状，高3 ~ 4（~ 10）m；树皮带灰褐色。茎不分枝或稀分枝，幼枝有密环状叶痕。叶簇生于茎、枝顶端，几互相套叠，革质，线状披针形，长30 ~ 70 cm，宽1.5 ~ 4 cm，顶端长渐尖，具锐尖头，基部略变窄而后扩大，抱茎，中脉不明显，无柄。圆锥花序顶生，长30 cm，多分枝；花序轴无毛或近无毛；花3 ~ 7朵簇生，绿白色或淡黄色；花梗长5 ~ 7 mm，关节位于上部1/3处；花被片长6 ~ 7 mm，下部约1/4 ~ 1/5合生成短管；花丝扁平，宽约0.5 mm，无红棕色疣点，花药长约1.2 mm；花柱稍短于子房。浆果圆球状，直径约1 cm，具1颗种子，或三棱状卵形而有3颗种子。花期：5 ~ 7月。

产地：肇庆（鼎湖山）及海南三亚、乐东、昌江、陵水、万宁、文昌等地。生于海拔60 ~ 1 300 m的林中或石山上。

分布：云南、广西、台湾。老挝、越南、柬埔寨、泰国。

用途：可提取中药“血竭”，有止血、活血、生肌之效。

2. 香龙血树 别名：巴西铁树

Dracaena fragrans Ker-Gawl.

常绿灌木或乔木，高约6 m。茎直立，单一或极少顶端分枝，灰褐色，光滑；幼枝有环状叶痕。叶多聚生于茎顶端，长椭圆状披针形，长30～90 cm，宽6～9 cm，顶端急尖，边多少皱波状，绿色或具白色或金色的条纹，中脉在两面凸起。圆锥花序顶生，直立，长30～60 cm；花小，乳黄色，芳香；花被片6，长1～2 cm，有时多少反折；雄蕊6枚；子房3室。浆果球形，红色。

产地：广东及海南各地常见栽培。

分布：热带地区常见栽培。原产非洲。

用途：形态优美，供观赏。

常见栽培品种有：

2a. 金心香龙血树

'Massangeana'

叶绿色，中有很宽的金黄色纵条纹，新叶特别鲜明，老叶渐变为黄绿色。

2b. 金边香龙血树

'Victoria'

叶绿色，边有宽的金黄色条纹。

3. 长花龙血树　别名：槟榔青（海南）、狭叶龙血树　（图 122）

Dracaena angustifolia Roxb.

小灌木状。茎高1～3 m，单干或少分枝，有疏环状叶痕。叶多集生于茎上部或近顶端，彼此有一定距离，线形至倒披针形，长20～45 cm，宽1.5～5.5 cm，中脉在中部以下明显，基部渐窄成柄状，有时有长2～6 cm的柄。圆锥花序顶生，长30～50 cm；花序轴无毛；花每2～3朵簇生或单生，绿白色；花梗长7～8 mm，关节位于上部或近顶端；花被圆筒状，长22～25 mm，基部与子房合生成小柄状，花被裂片长11～16 mm；花丝丝状，花药长2～3 mm；花柱长为子房的5～8倍。浆果橘黄色，直径8～12 mm，具1～2颗种子。花期：3～5月；果期：6～8月。

产地：珠江三角洲及海南三亚、万宁、昌江（坝王岭）。生于海拔100～700 m的密林中或灌丛下。

分布：香港、台湾和云南。亚洲东南部。

用途：株形优美，是优良观叶植物。

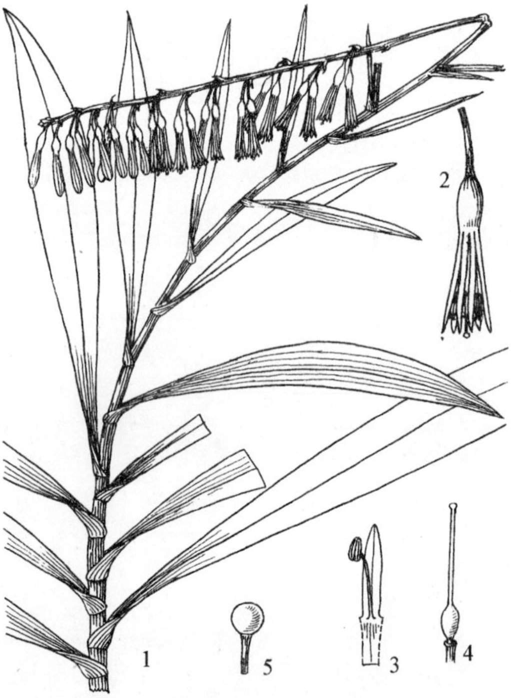

图 122　长花龙血树　Dracaena angustifolia Roxb.
1. 花枝；2. 花；3. 花被片和雄蕊；4. 雌蕊；5. 浆果。
（余汉平绘）

4. 细枝龙血树

Dracaena elliptica Thunb.

D. gracilis Salisb. nom. illeg.

D. elliptica var. *gracilis* Baker

D. gracilis (Baker) Hook. f.

大灌木，高1～5 m。茎常多分枝，分枝较细，具有稀疏的环状叶痕。叶着生于分枝上部或近顶端，彼此有一定距离，狭椭圆状披针形或线状披针形，长10～15 cm，宽2～3 cm或更宽，叶面亮绿色，背面淡绿色，中脉明显；叶柄长1 cm，基部不增大，亦不包裹节间。圆锥花序生于分枝顶端；花梗长约

1 cm，关节位于上部；花常单生，淡绿色，有时染红色或紫色，长2～2.3 cm。果未熟时青色。

产地：茂名、信宜。

分布：广西南部。东南亚各国。

用途：园林观赏。

5. 富贵竹

Dracaena sanderiana Hort. Sander ex M. T. Mast

常绿灌木。茎细长，直立，通常不分枝。叶浓绿色，长披针形，长10～20 cm，宽2～3.5 cm，顶端具长尖头，边缘常有黄色或白色纵条纹。

产地：广东及海南各地常见栽培。

分布：我国广泛引种栽培。原产喀麦隆。

用途：茎叶纤秀，富有竹韵，观赏价值很高，适作小型盆栽或作插花材料，用于室内布置，尤显典雅。

4. 虎 尾 兰 属 **Sansevieria** Thunb.

草本，具根状茎。叶1～6片基生或生于短茎上，粗厚，坚硬，常稍带肉质，扁平或近圆柱形，常有绿色横纹带。花葶纤细；穗状花序、总状花序或圆锥花序；花两性，单生或几朵簇生；花梗有关节；花被管管状，花被裂片6，常外卷或展开；雄蕊6枚，着生于花被管的喉部，明显伸出；花丝丝状，花药背着，内向开裂；子房3室，每室具1枚胚珠；花柱细长，柱头小。浆果较小，具1～3颗种子。

本属约60种，主产非洲、亚洲热带地区。我国引种2种，1变种；广东及海南亦有。

1. 叶圆柱状 ……………………………………………………………………………… 1. 柱叶虎尾兰 S. canaliculata
1. 叶扁平，有淡绿色横纹带。
  2. 叶缘无黄色条带 ……………………………………………………………………… 2. 虎尾兰 S. trifasciata
  2. 叶缘有黄色条带 ……………………………………………………………………… 2a. 金边虎尾兰 var. laurentii

1. 柱叶虎尾兰 （《广州植物志》） 别名：羊角（广州）

Sansevieria canaliculata Carr.

多年生草本；根状茎平卧，粗1～1.2 cm。叶单生，偶为2片聚生，有时由根状茎发出彼此紧靠，相距1.2～2.5 cm，直立，常稍弯，暗绿色，圆柱状或稍压扁，实心，长15～75 cm，粗1～2.3 cm，有明显的浅纵槽5～6条，槽间有纵棱。花葶高达20 cm；花3～5朵簇生，或花序上部的单生，近直立；花梗长1～2 mm，比苞片短，顶端具关节；花被管纤细，长约2.5 cm，白色而基部绿色，裂片线形，长约1.5 cm。花期：冬季。

产地：广东及海南各地常见栽培。

分布：原产东非。

用途：盆栽观叶植物；纤维耐水湿，适作船缆。

2. 虎尾兰 （《广州植物志》） （图 123）

Sansevieria trifasciata Prain

S. roxburghiana Schult. f.

多年生草本；根状茎横走。叶基生，常1～6片簇生，直立，革质，线状披针形至倒披针形，长30～120 cm，宽3～8 cm，有白绿色和深绿色相间的横纹带，边绿色，顶端对折成尖头，下部渐狭成长短不等的有槽的柄。花葶连同总状花序高30～80 cm，花3～8朵1束，1～3束簇生于花序轴上，基部有淡褐色的膜质鞘；花淡绿色或白色；花梗长5～7 mm，关节位于中部；花被片6，长16～20 mm，花被管长6～8 mm；雄蕊与花被近等长；花柱伸出花被外。浆果直径7～8 mm。花期：11～12月。

产地：广东及海南各地常见栽培。

分布：热带地区多有栽培。原产非洲西部。

用途：观赏植物；叶药用，有清热解毒、去腐生肌的功效。

常见栽培品种有：

2a. 金边虎尾兰（广州）

var. **laurentii** N. E. Brown

叶具淡黄色边。花期：冬季。

产地：珠江三角洲地区及海南兴隆有栽培。

分布：热带地区多有栽培。原产非洲西部。

用途：观赏；叶药用，能清热解毒、消肿排脓；纤维可织布，做弓弦。

2b. 短叶虎尾兰

'Hahnii'

植株低矮，叶短而宽，长卵圆形，顶端短渐尖，两面暗绿色而有环状银灰绿或乳黄色的横纹，表面光亮。

产地：深圳松山公园有栽培。

分布：热带地区常见栽培。

用途：观赏。

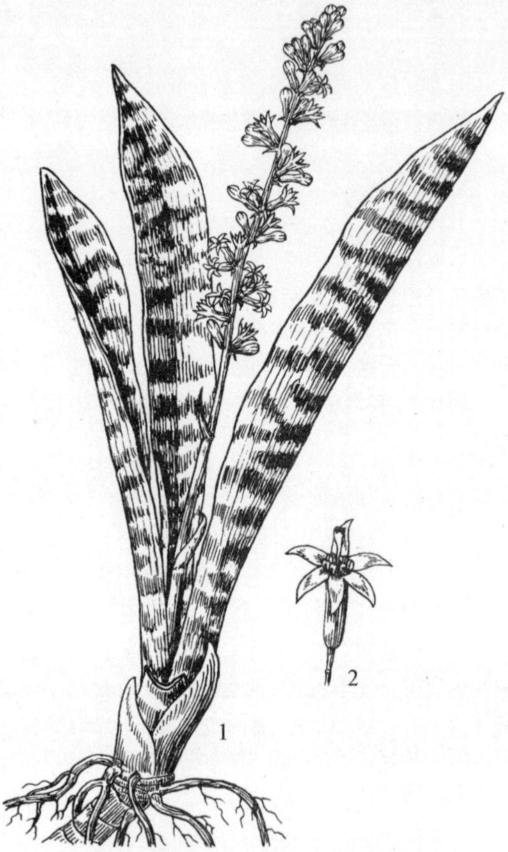

图 123　虎尾兰　Sansevieria trifasciata Prain

1. 植株；2. 花。（余汉平抄绘）

5. 酒瓶兰属　**Beaucarnea** Lem.

小乔木。茎木质，基部常膨大。叶着生于茎顶部，线形，全缘或有锯齿，柔软而下垂。圆锥花序；花杂性异株或单性雌雄异株；花被钟状，花被片明显不同；雄蕊6枚，花药弯曲；子房1室，有2或3个胚珠。蒴果具3翅；种子1颗。

本属有10种，分布于中美洲。我国广东及海南引入1种。

酒瓶兰　（《Flora of China》）　（图 124）

Beaucarnea recurvata Lem.

Nolina recurvata（Lem.）Hemsl.

常绿小乔木，在原产地高2～3 m。茎直立，不分枝，基部膨大，向上骤缩成圆柱状，状似酒瓶；老株表皮龟裂，状似龟甲，颇具特色。叶生于茎顶，下垂，薄革质，线形，长1.5～2 m，边全缘或具细齿。圆锥花序顶生，长达50 cm；花小，奶白色。花期：夏季。

产地：广东及海南有栽培。

分布：原产墨西哥东南部。

用途：园景树；幼株适合盆栽，供室内观赏。

图124 酒瓶兰 **Beaucarnea recurvata** Lem.
植株。（余汉平绘）

6. 龙舌兰属 **Agave** Linn.

多年生肉质或稍木质、粗壮草本。无茎或有极短的茎。叶聚生于茎顶呈莲座式排列，大而肥厚，顶端常有硬尖刺，边有刺或偶尔无刺，能越数年而不凋。花茎粗壮高大，具分枝；花常排成大型稠密的顶生穗状、总状或圆锥花序；花肉质，常黄色或淡绿色，有些种类每年或隔年开花1次，有些一生只开花结果1次，开花后便死亡；花被管短，花被裂片6；雄蕊6枚，着生于花被管喉部或管内，花丝线形，常伸出于花被外，花药“丁”字形着生；子房下位，3室，每室有胚珠多颗，花柱锥形，柱头3裂。蒴果长椭圆形，室背开裂；种子多数，薄而扁平，黑色。

本属200多种，原产美洲的干旱和半干旱的热带地区，尤以墨西哥的种类最多。我国引种栽培多种；广东及海南常见栽培的有6种，2变种。

本属植物经济价值较大，有些种类的纤维通称龙舌兰麻，是世界著名的纤维植物之一；有些种类还含有甾体皂苷元，是生产甾体激素药物的重要原料；另一些种类栽培供观赏。

1. 叶缘无刺或偶具粗而短的刺。
  2. 植物体大；叶剑形，长1～1.5 m ……………… 1. 剑麻 A. sisalana
  2. 植株体小；叶三角状锥形，长10～15 cm ……………… 2. 积雪 A. victoriae-reginae
1. 叶缘具刺。
  2. 茎短或近于无茎。

3. 叶小，长不超过30 cm……………………………………………………3. 雷神 A. potatorum var. verschaffeltii

3. 叶较大，长1～2 m。

4. 叶宽6～9 cm……………………………………………………………………………4. 马盖麻 A. cantala

4. 叶宽15～20 cm。

5. 叶一色，无金黄色边缘 ……………………………………………………………5 龙舌兰 A. americana

5. 叶边缘有金黄色宽边 ……………………………………………………………5a. 金边龙舌兰 var. marginata

2. 茎明显，高25～50 cm。

3. 叶边无银白条带 ……………………………………………………………………6. 狭叶龙舌兰 A. angustifolia

3. 叶边具宽银白色条带 …………………………………………………………….6a. 银边龙舌兰 var. marginata

1. 剑麻 别名：菠萝麻 （《种子植物名称》） （图125）

Agave sisalana Perr. ex Englem.

多年生植物。茎粗短。叶莲座状排列，约200～250片，径直，肉质，剑形，初被白霜，后渐脱落而呈深绿色，长1～1.5（～2）m，中部宽10～15 cm，顶端有1硬尖刺，刺红褐色，上面凹，下面凸，叶缘无刺或偶尔具粗而短的刺。圆锥花序粗壮，高可达6m，花蕾黄绿色，有浓烈的气味；花梗长5～10 cm；花被管长1.5～2.5 cm，花被裂片卵状披针形，长1.2～2 cm；雄蕊6枚，着生于花被裂片基部，花丝黄色，长6～8 cm，花药长2.5 cm；子房长圆形，长约3 cm，花柱线形，长6～7 cm，柱头3裂。蒴果长圆形，长约6 cm，宽2～2.5 cm。开花年限因环境条件、栽培技术而异，正常情况下，一般6～7年生的植株便可开花，花期多在秋冬间，若生长不良，花期也可延迟，开花和长出珠芽后植株便死亡，花后常不能正常结实，靠大量的珠芽进行繁殖。

产地：广东沿海岛屿及海南有栽培。

分布：华南及西南各省区引种栽培。原产墨西哥东部。

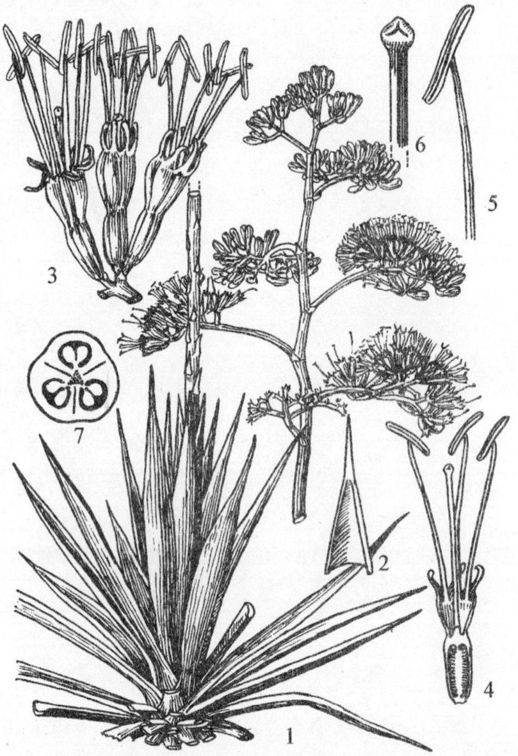

图125 剑麻 Agave sisalana Perr. ex Englem.

1. 植株及部分花序；2. 叶顶端；3. 花；4. 花纵切面；5. 雄蕊；6. 柱头；7. 心皮横切面。（余汉平抄绘）

用途：世界有名的优质纤维植物，具有坚韧、耐腐、耐碱、拉力大等特点，制海上舰船绳缆、机器皮带、帆布、高级纸张、渔网、麻袋；植株含甾体皂苷元，是制药工业的重要原料；叶外用治疮痛、痈节。

2. 积雪

Agave victoriae-reginae T. Moore

多年生草本，株高20～30 cm；无茎。叶莲座状排列，厚肉质，多达100多片，三角状锥形，长10～15 cm，宽约5 cm，顶端有黑色锐刺，有时还有2较小的侧刺，上面扁平，下面圆形，微呈龙骨状凸起，深绿色，上面有白色纵纹，边白色。穗状花序松散，高约30 cm；花淡绿色，长约5 cm，生长缓慢，需要30年才开花，开花后死亡。

产地：华南植物园有栽培。

分布：华南各地常见栽培。原产墨西哥。

用途：庭园和温室观赏。

3. 雷神

Agave potatorum var. verschaffeltii（Lem. ）A. Berger

A. verschaffeltii Lem.

多年生草本。叶莲座状排列，灰白色或淡绿色，倒卵状匙形，长20 ~ 25 cm，宽9 ~ 11 cm，顶端急尖，有长2 ~ 2.8 cm的尖刺，叶缘有浅波状齿，齿端具红褐色或黄褐色尖刺。圆锥花序高90 cm；花黄绿色，长约3 cm。

产地：广东及海南有栽培。

分布：我国南方各省区常引种栽培，其中以福建省栽培面积较大。广泛栽培于亚洲热带，多呈野生状态，原产墨西哥。

用途：株型较矮小，叶美丽，是室内盆栽的佳品。

4. 马盖麻（福建）

Agave cantala Roxb.

多年生草本。茎短或近于无。叶莲座状排列，肉质，线状披针形或剑形，长1 ~ 1.4 m，宽6 ~ 9 cm，顶端有1黑色硬尖刺，刺长1.7 ~ 2 cm，叶缘具黑色钩状刺，刺间距离2 ~ 2.5 cm，稀达3 cm。圆锥花序高4 ~ 6 m；花长6 ~ 6.5 cm；花被管阔漏斗状，长1.2 ~ 1.3 cm，宽1.5 ~ 1.7 cm，花被裂片线状披针形，长约2 cm，宽6 ~ 7 mm；花丝着生于花被管内，花药长2.5 ~ 2.8 cm；子房长2.8 ~ 3 cm。生命周期一般10年。

产地：海南有栽培。

分布：我国南方各省区常引种栽培，其中以福建栽培面积较大。广泛栽培于亚洲热带，多呈野生状态。原产墨西哥。

用途：纤维坚韧耐腐，供制船缆、绳索、麻袋等用。

5. 龙舌兰　（《海南植物志》）　别名：番麻

Agave americana Linn.

多年生大型、肉质草本。叶莲座状排列，通常有30 ~ 40片，倒披针状线形，长1 ~ 2 m，中部宽15 ~ 20 cm，基部宽10 ~ 12 cm，叶面粉绿色，顶端有1硬尖刺，刺暗褐色，长1.5 ~ 2.5 cm，叶缘具疏刺。圆锥花序大型，高6 ~ 12 m，多分枝；花淡黄绿色，有时花被裂片中有1条绿带；花被管长约1.2 cm，花被裂片长2.5 ~ 3 cm；雄蕊长约为花被的2倍，开花后花序上偶有珠芽。蒴果长圆形，长约5 cm，未熟时黄绿色。

产地：广东城镇、公园、景点及海南万宁、西沙群岛有栽培。

分布：我国华南及西南各省区常引种栽培。原产美洲热带。

用途：叶纤维供制船缆、绳索、麻袋、弓弦等，但产量和质量均不及剑麻；总甾体皂苷元含量较高，是生产甾体激素药物的重要原料；可作为庭园绿化植物。

5a. 金边龙舌兰

var. **marginata** Trel.

本变种与原种的区别在于：植株易生珠芽。叶20 ~ 30片，剑形，肥厚，长1.4 m，宽25 cm；顶端具长3 cm的粗刺，边有疏刺，叶面灰绿色，有金黄色宽边。圆锥花序长达90 cm；花黄色。花期：夏季。

产地：广东及海南各地常见栽培。

分布：我国华南及西南各省区常引种栽培。原产美洲。

用途：观赏植物，宜栽培于草坪一角或花坛中；叶可制纤维；花可药用。

6. 狭叶龙舌兰　（《广州常见经济植物》）

Agave angustifolia Haw.

多年生大型草本。茎短，高25 ~ 50 cm。叶莲座状排列，剑形，肉质，厚而坚硬，近直立，长45 ~ 60 cm，宽约7.5 cm，叶面灰绿色，背浅绿色，有时杂色，顶端渐尖而成一暗褐色的刺状尖头，刺长

1.2 ~ 1.5 cm，叶缘有下弯或上弯的褐色钩刺。圆锥花序粗壮，高4 ~ 8 m；花淡绿色或黄色，长4 ~ 5 cm，花被管短，花被裂片6；雄蕊6枚，着生于花被管喉部，花丝线形，伸出于花被裂片外；子房下位，3室，花柱长，柱头头状；十数年方开花1次，花后即死。蒴果黑色，近球形，3裂，具柄，顶端具短喙。

产地：广州近郊及海南旷地或路旁偶见栽培。

分布：澳门、我国南方省区及世界热带地区常见栽培。原产美洲。

用途：叶具锐刺，伤人畜，常植于园圃周围以保护农作物，捣烂可供洗濯用；纤维长而韧，可编绳，耐腐力强，宜作船缆。

6a. 银边龙舌兰

var. **marginata** Gentry.

本变种与原种的区别在于：茎高40 cm。叶长50 ~ 80 cm，顶端刺长近2 cm，边白色。花期：夏季。

产地：广东各城市公园及海南海口市有栽培。

分布：华南各地常见栽培。原产热带美洲。

用途：株形美观，叶如利剑，叶缘带白色，具较高的观赏价值。

7. 缝线麻属 Furcraea Vent.

多年生粗壮草本。茎无或高。叶莲座式排列，肉质，常披针形，富纤维，边具刺或齿。花两性，2 ~ 5朵簇生，悬垂，组成大型圆锥花序；花被钟状；花被片6，通常分离，狭长卵圆形，内白色，外淡绿色；雄蕊6枚，贴生于花被片基部，短于花被片；花丝和花柱内藏，中部以下膨大，花药基着或背着；子房下位，3室，胚珠多数，中轴胎座。蒴果室背开裂；种子多数，扁平，黑色。

本属约21种，分布于热带美洲。我国引入1种；广东及海南栽培1种，3栽培品种。

1. 缝线麻　（《Flora of China》）　（图 126）

Furcraea foetida（Linn.）Haw.

Agave foetida Linn.

F. gigantea Vent.

多年生草本。茎短或无。叶莲座式排列，宽倒披针形至披针形，长120 ~ 150 cm，宽7 ~ 16 cm；叶尖褐色，长5 mm，叶缘有刺或仅下半部具齿，齿长7 ~ 8 mm，红褐色；斑叶品种无刺或有零星刺，叶面有乳黄色和淡绿色纵纹。圆锥花序长可达10 m；花梗长6 ~ 10 cm；花淡绿色或白色，直径4 ~ 4.5 cm；花被片长2.5 ~ 3.3 cm，外轮的宽11 ~ 14 mm，内轮的宽14 ~ 18 mm；花丝长10 ~ 11 mm，花药长4 ~ 5 mm；子房长5 ~ 6 mm，花柱长10 ~ 11 mm。

产地：广东及海南偶见栽培。

分布：香港。印度、毛里求斯、斯里兰卡。原产热带美洲。

用途：耐旱力强，不需特殊管理，叶终年不凋，可盆栽或植于庭园；叶纤维可供编织用。

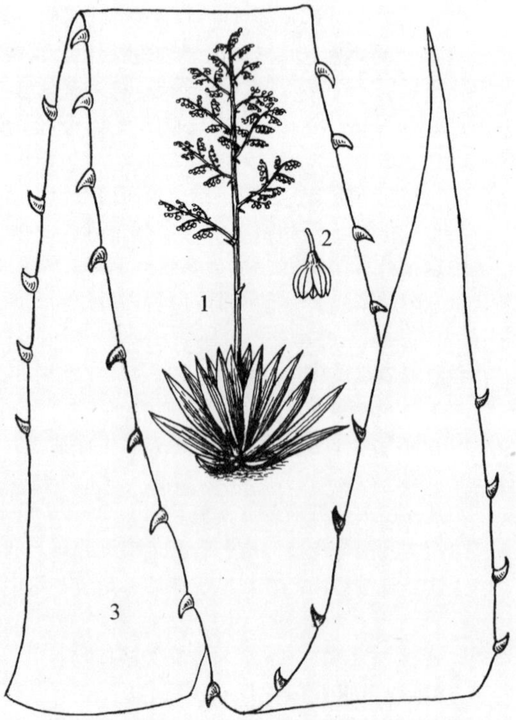

图 126　缝线麻　Furcraea foetida（Linn.）Haw.
1. 植株；2. 花；3. 叶。（余汉平绘）

常见栽培品种有：

1a. 中斑缝线麻

'Mediopicta'

嫩叶中部具乳黄色宽纵纹，成熟后纵纹渐变为灰绿色和灰白色，边无刺。

1b. 黄纹缝线麻

'Striata'

叶呈波浪状，叶面有乳黄色和淡绿色纵纹，边无刺或有零星的刺。

1c. 金边缝线麻

'Marginata'

叶缘初白色，后转为黄色的纵纹，刺锐利。

8. 晚 香 玉 属 **Polianthes** Linn.

多年生草本。茎直立，具短根状茎及肉质根。叶线形至披针形，向上渐小呈苞片状。总状花序或穗状花序顶生；花白色；花被管细长而弯曲，花被裂片6，近相等；雄蕊着生于花被管中部，内藏，花丝丝状，很短，花药线形，直立，背着；子房下位，3室，每室具多数胚珠，花柱线形，柱头3裂。蒴果卵球形，顶端有宿存花被；种子稍扁。

本属约14种，分布于中南美洲。广东引种栽培1种。

晚香玉 （《植物名实图考》） （图 127）

Polianthes tuberosa Linn.

多年生直立草本，高可达1 m，具粗厚的块状根状茎。茎不分枝。基生叶6～9片簇生，线形，长40～60 cm，宽不及1 cm，顶端尖，深绿色，基部稍带红色，花茎上的叶散生，向上渐小呈苞片状。花茎直立，高40～90 cm；穗状花序顶生；苞片绿色，苞片内常有2朵花；花对生，白色，香味浓烈，夜晚更浓，故名夜来香，漏斗状，长3.5～7 cm；花被管长2.5～4 cm，基部稍弯曲，花被裂片6，长圆状披针形，长1.2～2 cm；雄蕊6枚，着生于花被管中部，内藏；子房下位，3室，花柱细长，柱头3裂。蒴果卵圆形，顶端有宿存花被；种子多数，稍扁。花期：7～9月。

产地：广州常见栽培。

分布：我国各地庭园常见栽培。原产墨西哥。

用途：花可提取芳香油，供制香料；鲜花可供食用，清香可口；叶入药，性凉味苦，有清热解毒的功效。

我国引种供观赏的栽培品种有白花和淡紫色花两种：白花种多为单瓣，香味较浓；淡紫花种多为重瓣，每花序着花可达40朵左右。

图 127 晚香玉 Polianthes tuberosa Linn.

1. 植株部分；2. 花序部分；3. 花展开。（余汉平绘）

蒟蒻薯科　Taccaceae

多年生草本，具圆柱形或球形的根状茎或块茎。叶基生，全缘或各式分裂；有叶柄，基部有鞘。花两性，辐射对称，排成伞形花序，生于花葶上；总苞片（2～）4～6（～12）枚，排成2列；小苞片线形；花被管与子房合生，花被裂片6，花瓣状，2轮，近相等或不等；雄蕊6枚，着生于花被裂片上，花丝短，顶端兜状或勺状，花药生于兜内或勺内，2室，内向，纵裂；子房下位；花柱短，柱头3，片状，反折而覆盖花柱；胚珠多数，倒生。浆果或3瓣裂的蒴果；种子多数，有丰富胚乳与微小的胚。

本科有2属，13种，分布于热带地区。我国有2属，6种；广东及海南有2属，2种。

1. 浆果；叶大，全缘或分裂，基部楔形或圆楔形，不下延 ……………… 1. 蒟蒻薯属 Tacca
1. 蒴果；叶较小，全缘，基部下延至叶柄 ……………… 2. 裂果薯属 Schizocapsa

1. 蒟蒻薯属　Tacca J. R. Forst. et J. G. A. Forst.

多年生草本，具圆柱形或球形的根状茎。叶基生，全缘或掌状分裂至羽状分裂；叶脉羽状或掌状。伞形花序顶生；总苞片2～6枚；小苞片线形或无；花被钟状，上部6裂，裂片近相等或不等，宿存或脱落；雄蕊6枚，花丝短，顶部兜状或勺状；子房下位，1室或不完全的3室，侧膜胎座3，花柱短，柱头3瓣裂。浆果；种子多数，肾形、卵形至椭圆形，有条纹。

本属约11种，分布于热带亚洲和大洋洲。我国有4种；广东及海南有1种。

蒟蒻薯　（《中国高等植物图鉴》）　别名：箭根薯　（《海南植物志》）　（图 128）

Tacca chantrieri André

多年生草本；根状茎粗壮，近圆柱形。叶长圆形或长圆状椭圆形，长20～50 cm，宽7～14 cm，顶端短尾尖，基部楔形或圆楔形，两侧稍不相等；叶柄长10～30 cm，基部有鞘。花葶较长；伞形花序有花5～7朵或更多；总苞片4枚，暗紫色，外轮2枚卵状披针形，长3～4 cm，宽1～2 cm，内轮2枚阔卵形；小苞片线形，长约10 cm；花被片6，紫褐色；雄蕊6枚，花丝顶部兜状；柱头3裂。浆果紫褐色，肉质，椭圆形，具6棱，顶端有宿存的花被裂片；种子肾形，有条纹。花、果期：4～11月。

产地：茂名、阳江、阳春、惠阳、惠东、肇庆（鼎湖山）、封开、龙门、翁源、和平、清远、英德、新丰、始兴、乐昌、连州、连山、乳源、南雄及海南万宁。生于海拔200～500 m的山地、山谷、路旁、溪旁林中石上。

分布：广西、贵州、湖南、云南、西藏。孟加拉国、印度、斯里兰卡、越南、老挝、柬埔寨、泰国、新加坡、马来西亚。

图128　蒟蒻薯 **Tacca chantrieri** André
1. 植株；2. 块根；3. 果序；4. 花的纵剖面。
（余汉平抄绘）

2. 裂果薯属 **Schizocapsa** Hance

多年生草本；根状茎近圆柱形，较短。叶基生，全缘；叶脉羽状。伞形花序顶生；总苞片4枚，小苞片线形；花被钟状，上部6裂，裂片不相等，脱落；雄蕊6枚，花丝短，顶部兜状；子房下位，1室，侧膜胎座3，花柱短，柱头3瓣裂。蒴果3瓣裂；种子多数，不规则的长圆形、卵形、半月形。

本属有2种，分布于越南、老挝、泰国等地。我国有2种；广东及海南1种。

裂果薯　（《中国高等植物图鉴》）　（图129）

Schizocapsa plantaginea Hance

Tacca plantaginea（Hance）Drenth

多年生草本，高20～30 cm；根状茎粗短，常弯曲。叶狭椭圆形或狭椭圆状披针形，长10～15 cm，宽4～6 cm，顶端渐尖，基部下延，沿叶柄两侧成狭翅；叶柄长7～11 cm，基部有鞘。花葶长6～13 cm；总苞片4枚，卵形或三角状卵形，长1～2 cm，宽0.5～1.8 cm，内轮2枚较小；小苞片线形，长5～7 cm；伞形花序有花8～15朵；花被裂片6，绿色或淡紫色，外轮3片披针形，内轮3片卵形，较外轮短而宽，顶端具小尖头；雄蕊6枚，花丝极短；柱头3裂，每裂又2浅裂。蒴果倒卵形，长6～8 mm，3瓣裂；种子多数，半月形、长圆形或为不规则长圆形，有条纹。花、果期：4～11月。

产地：和平、乳源、阳山、新丰、乐昌及海南陵水（吊罗山）、三亚、昌江（坝王岭）、保亭、万宁（兴隆）。生于海拔200～700 m的山谷、路旁或密林下。

分布：湖南、江西、广西、贵州、云南。泰国、越南、老挝。

用途：根状茎药用，外敷治跌打、疮疡肿毒。

图129　裂果薯　**Schizocapsa plantaginea** Hance

1. 植株；2. 花；3. 雄蕊及内轮花被裂片；4. 花纵剖；5. 果；6. 开裂为3瓣的蒴果；7. 种子。

（余汉平抄绘）

禾　本　科　（Poaceae）Gramineae

一年生或多年生草本，很少灌木或乔木状，通常具秆。秆圆筒形或压扁，少有方形；节处闭塞，节间中空，很少实心。叶为单叶，互生，二列，由叶鞘、叶片两部分组成，叶片通常狭长，全缘，具平行脉；叶鞘位于叶片下端，包裹着秆枝的节间部分，除少数种类的叶鞘闭合外，一般均为一侧开裂，而边缘彼此覆盖或相接，叶片与叶鞘连接处的内侧，有一透明、膜质或软骨质的小片，称叶舌，或有时退化为一圈毛，很少无叶舌。花序顶生或侧生，由多数小穗排成穗状、总状、头状或圆锥花序；小穗有小花1至多朵，排列于小穗轴上，基部有1～2片或多片不育的苞片，称为颖；花通常两性，少有单性或中性，通常小，被外稃和内稃包着；每一小花有2～3片透明的小鳞片称为鳞被；雄蕊1～6枚，通常3枚，具细柔的花丝和纵裂的两室花药；雌蕊1枚，子房1室，有侧生的胚珠1颗，花柱通常2，少有1或3，柱头通常羽毛状。果通常为颖果，少有囊果、浆果或坚果。

本科分为竹亚科和禾亚科两个亚科，约700属，11 000余种，广布于全世界。我国有226属，约1 795种；广东及海南有149属，492种，2亚种，26变种和2变型。

1. 秆多年生，木质；秆箨与叶有明显区别，箨片缩小而无中脉；叶片具短柄，与叶鞘相连处具关节，故易自叶鞘上脱落 ………………………………………………………………………………………… Ⅰ. 竹亚科 Bambusoideae
1. 秆一年生或多年生，草质；秆箨与叶无区别，箨片即叶片发达，具明显中脉，无柄亦无关节，故不易自叶鞘上脱落 ………………………………………………………………………………………… Ⅱ. 禾亚科 Pooideae

Ⅰ. 竹　亚　科　Bambusoideae

乔木或灌木状，稀为藤本状，也有草本（我国不产，以下的营养体描述均指木本竹类）。根状茎木质化，粗短型或细长型。秆多年生，木质，散生、单丛生或复丛生；节间通常中空，圆柱形，有时在分枝一侧扁平或具沟槽；每节有分枝1至多枝。叶2型，有茎生叶与营养叶之分。茎生叶单生在秆的各节，为秆箨，由箨鞘、箨舌、箨耳和箨片组成，箨片无柄；营养叶2行排列，互生于小枝各节，由叶鞘、叶舌、叶耳、叶柄和叶片组成；叶柄基部具关节，连同叶柄一起从鞘上脱落，而叶鞘在枝条上宿存，叶中脉极显著，次脉明显。木本竹类为多年生一次开花植物，花期常可延续数月之久，个别种可一年开一次花。花序有两种基本类型，一种如普通禾草，其发育是一次性完成的，称为一次发生花序（semelauctant synflorescence）；另一类型的基本结构是假小穗，它是1枚小穗顶生于极为短缩的小枝上所形成，而此小枝除其基部之内侧有1片先出叶外，其上方的叶器官退化为颖状或外稃状的苞片，其下方属于小枝的部分之苞片腋内常有小枝芽，此腋芽如果发育，则可成长为次生假小穗，后者的腋芽也可能发育成为另一再生的假小穗，如此重复，最后可形成一假小穗丛，这是由各级假小穗依次发育生长而成的，即为续次发生花序（interauctant synflorescence）。颖果，有时坚果状或梨果状。

本亚科有85属，1 400种，分布于亚洲、美洲、澳大利亚和非洲。我国有34属，534种；广东及海南有23属，177种。此外，McClure 1940年记载采自海南的3种藤竹：Dinochloa orenuda、D. puberula和D. utilis是根据营养体发表的，到目前为止尚未采到有花标本，无法确定其归属，故本志暂不予记载。

1. 根状茎粗短型。
  2. 小穗具柄；雄蕊3枚。
    3. 叶小横脉不明显 ………………………………………… 12. 悬竹属 Ampelocalamus
    3. 叶小横脉明显。
      4. 根状茎为长颈粗短型 ………………………………………… 10. 玉山竹属 Yushania
      4. 根状茎为短颈粗短型 ………………………………………… 11. 箭竹属 Fargesia

2. 小穗无柄；雄蕊6枚。
3. 根状茎为长颈粗短型；秆多少散生。
4. 箨片宿存，狭披针形；果梨形，长5 ~ 13cm ………………………………………………… 9. 梨竹属 Melocanna
4. 箨片脱落，三角形；果球形，直径小于2cm …………………………………………… 8. 泡竹属 Pseudostachyum
3. 根状茎为短颈粗短型；秆单丛生。
4. 秆每节仅具1分枝……………………………………………………………………………… 5. 单枝竹属 Bonia
4. 秆每节具多分枝。
5. 小穗含小花1朵。
6. 小穗簇生，内稃无脊；小穗轴逐节脱落 ……………………………………… 6. （篾）簩竹属 Schizostachyum
6. 小穗密集成头状花序，内稃具脊；小穗轴不逐节脱落 ………………………………7. 空竹属 Cephalostachyum
5. 小穗含小花数至多朵，稀含1朵。
6. 内稃顶端深裂 ………………………………………………………………………… 2. 泰竹属 Thyrsostachys
6. 内稃顶端不分裂或短2裂。
7. 花序的前出叶宽，具2脊……………………………………………………………………… 1. 簕竹属 Bambusa
7. 花序的前出叶窄，具1脊。
8. 花丝分离 ………………………………………………………………………………3. 牡竹属 Dendrocalamus
8. 花丝合生成管 ………………………………………………………………………… 4. 巨竹属 Gigantochloa
1. 根状茎细长型。
2. 小穗无柄。
3. 雄蕊6枚…………………………………………………………………………………………18. 大节竹属 Indosasa
3. 雄蕊3枚。
4. 秆节间于分枝一侧扁平。
5. 秆中部每节分枝通常2, 不等，具次级分枝 …………………………………………………23. 刚竹属 Phyllostachys
5. 秆中部每节分枝4或5，近相等，无次级分枝 ………………………………………… 22. 鹅毛竹属 Shibataea
4. 秆节间近圆柱形或稍呈四棱形，在分枝一侧不扁平。
5. 秆箨片极小，短于1 cm ………………………………………………………………… 21. 方竹属 Chimonobambusa
5. 秆箨片大，长于1 cm。
6. 秆每节分枝3 ~ 9；花序具叶状苞片，小穗侧向压扁 ………………………20. 业平竹属 Semiarundinaria
6. 秆每节分枝3；花序具非叶状苞片，小穗圆柱形……………………………………… 19. 唐竹属 Sinobambusa
2. 小穗具柄。
3. 雄蕊6枚。
4. 秆每节分枝1…………………………………………………………………………………………… 14. 赤竹属 Sasa
4. 秆每节分枝通常3……………………………………………………………………………… 13. 酸竹属 Acidosasa
3. 雄蕊3枚。
4. 秆每节分枝7 ~ 12，通常无次级分枝……………………………………………………… 16. 短枝竹属 Gelidocalamus
4. 秆每节分枝1 ~ 7，具次级分枝。
5. 秆每节分枝通常1，上部节上偶具多枝；叶大型……………………………………………… 17. 箬竹属 Indocalamus
5. 秆每节分枝（1 ~ ）3 ~ 7；叶小型至中型……………………………………………… 15. 青篱竹属 Arundinaria

1. 簕 竹 属 **Bambusa** Schreb.，*nom.cons.*

乔木状，稀为灌木状或攀援竹类；根状茎短颈粗短型。秆单丛生，直立，稀尾梢攀援状；节间圆柱形；节不隆起；秆每节分枝为数至多枝簇生，具1 ~ 3主枝或有时分枝近相等，秆下部分枝上所生的小枝有时短缩为硬刺或软刺。秆箨早落或迟落，稀宿存；箨耳明显，稀不甚明显或退化，边缘具鞘口刚毛；箨片直立，稀外展至外翻。叶大小不一，小横脉不明显。花序续次发生，具苞片，基部被1具2脊的前出叶所包裹；假小穗数至多枚簇生于花枝各节，稀单生，具前出叶，含2至多朵小花，顶端1或2朵不孕，或小穗上下两端的小花皆为不完全花，无柄，基部托以1至更多的具芽苞片；小穗轴节间常显著，并与小花一起脱落，稀节间不明显，小穗成熟后整个脱落；颖1～3片，或有时缺；外稃宽而具多脉；内稃具2脊，边宽而内折，与外稃近等长，但较之稍窄或甚宽，顶端短尖或2裂；鳞被3或2；雄蕊6枚，花丝常分离；子房具子房柄，顶端增厚而被毛；花柱实心，短；柱头（1～）3，细长而被毛，羽毛状。颖果常圆柱状，顶部被毛，果皮稍厚。笋期：夏、秋季。

本属100余种，分布于亚洲、非洲和大洋洲的热带及亚热带地区。我国有80余种，主产华东、华南及西南部；广东及海南有69种，10变种，10栽培品种。

1. 箨片狭窄，基部仅为箨鞘顶端的1/3；秆壁较薄；秆每节分枝近相等，稀主枝较明显 ……… C. 箪竹亚属 subgen. Lingnania
1. 箨片宽，基部为箨鞘顶端的1/2～3/4；秆壁较厚；秆每节分枝具1～3明显主枝。
  2. 箨耳大，圆形或不规则，或缺失；小穗轴节间较长，小花在小穗轴上排列较疏松，小穗轴逐节脱落。
    3. 秆的下部枝条上的小枝特化成软或硬的枝刺；箨片宿存 ……………………………… A. 簕竹亚属 subgen. Bambusa
    3. 秆下部枝条的小枝正常，具叶；秆箨脱落 ……………………………………………… B. 孝顺竹亚属 subgen. Leleba
  2. 箨耳小，圆形；小穗轴节间较短，小花在小穗轴上排列紧密，小穗轴不逐节脱落 …… D. 绿竹亚属 subgen. Dendrocalamopsis

A. 簕竹亚属 subgen. **Bambusa**

秆下部分枝上具有小枝短缩成的硬刺或软刺，有1～3粗壮主枝；箨鞘革质，背面明显具纵肋；箨片宿存。小穗轴节间较长，小花在小穗轴上排列较疏松，小穗轴逐节脱落。

本亚属约35种，分布于热带及亚热带亚洲。我国约30种，分布于华南至西南各省区；广东及海南有26种，2变种。

1. 秆的下部分枝交织成网状。
  2. 箨鞘背面仅在基部被绒毛。
    3. 箨片基部与箨耳直接相连，两者间无明显界限；箨舌近全缘，顶端密被短纤毛 ……………… 1. 印度簕竹 B. bambos
    3. 箨片基部与箨耳间有明显界限；箨舌顶端齿裂或条裂，被流苏状毛。
      4. 秆下部节间光滑无毛；箨鞘顶端近截平；箨耳近等大，常外翻 ……………………………… 4. 车筒竹 B. sinospinosa
      4. 秆下部节间被纵行的小刺毛；箨鞘顶端宽拱形；箨耳不等大，不外翻 …………………… 5. 鸡窦簕竹 B. funghomii
  2. 箨鞘背面在中部以下乃至全体被绒毛。
    3. 箨鞘顶端为拱起的宽弧形或下凹；两侧无凸起的尖角，箨耳发达，呈新月形，外翻 …………… 2. 簕竹 B. blumeana
    3. 箨鞘顶端为下凹的宽弧形，两侧凸起成三角状尖角；箨耳微弱或无，若存在仅为窄线形 ……… 3. 小簕竹 B. flexuosa
1. 秆的下部分枝不交织成网状。
  2. 箨耳大，宽达1～2 cm。
    3. 箨片基底约为箨鞘顶宽的2/3～3/4。
      4. 秆基部的数节间常现紫斑；箨环上下具棕色绢毛环；箨鞘背部均匀被毛，顶端近截平；箨舌高约3 mm …………………………………………………………………………………………… 24. 黎庵高竹 B. insularis
      4. 秆基部的数节间无紫斑；箨环上下具灰白色绢毛环；箨鞘背部仅基部近中央被毛，顶端宽拱形；箨舌高约7 mm ……………………………………………………………………………………………25. 霞山坭竹 B. xiashanensis
    3. 箨片基底约为箨鞘顶宽的2/5～3/5。
      4. 秆下部节间密被毛；箨鞘顶端近截平；箨耳不等大，大的约为小的3倍………………………… 11. 木竹 B. rutila
      4. 秆下部节间光滑无毛；箨鞘顶端常为宽弧形，有时近截平；箨耳不等大，大的约为小的2倍。
        5. 秆基部的数节间具浅绿色纵条纹；叶下面无毛 ……………………………………………12. 油簕竹 B. lapidea
        5. 秆基部的数节间无浅绿色纵条纹；叶下面被毛。
          6. 箨鞘光滑，箨舌高约6 mm ………………………………………………………… 10. 大耳坭竹 B. macrotis
          6. 箨鞘密被棕色刺毛，箨舌高约2 mm ……………………………………………………13. 软簕竹 B. latideltata

2. 箨耳小，宽小于1 cm。
3. 箨舌高5 ~ 8 mm。
4. 箨鞘顶端斜截平，两肩具不等大的三角形尖角，并具白色条纹 ························ 6. 焕镛簕竹 B. chunii
4. 箨鞘顶端呈歪斜而不对称的拱形，两肩不具尖角，也无白色条纹。
5. 箨耳极不等大，常皱褶；秆基部节间有时有淡黄色条纹。
6. 秆节间无毛 ··· 9. 坭簕竹 B. dissimulator
6. 秆节间被毛。
7. 秆下部节间于箨痕上下各具一圈灰色绢毛 ··· 9a. 白节簕竹 var. albinodia
7. 秆的节和节间以及秆箨的箨鞘背均被明显的糙硬毛 ·· 9b. 毛簕竹 var. hispida
5. 箨耳近等大；秆节间初具紫色条纹 ·· 15. 紫斑簕竹 B. longipalea
3. 箨舌高0.5 ~ 3（4）mm。
4. 箨片基底大于箨鞘顶宽的4/5。
5. 箨鞘顶端截平或近截平。
6. 秆箨鞘背面上部被淡色贴生刺毛，顶端无三角状突起 ··· 16. 牛角竹 B. cornigera
6. 秆箨鞘背面无毛，顶端一侧具三角状突起 ··· 22. 东兴黄竹 B. corniculata
5. 箨鞘顶端多少弧拱。
6. 箨鞘背面外侧边缘有1或2条淡色条纹。
7. 秆下部节间具毛；叶线状披针形至披针形，宽1.3 ~ 1.7 cm ···································· 14. 乡土竹 B. indigena
7. 秆下部节间无毛；叶狭窄，线状披针形，宽1 ~ 1.3 cm ·· ..17. 锦竹 B. subaequalis
6. 箨鞘背面外侧边缘无淡色条纹。
7. 秆有正常或畸形两类，正常秆节间圆筒形，畸形秆下部节间极缩短而肿胀；箨鞘背面全无毛 ························ ··21. 佛肚竹 B. ventricosa
7. 秆全部正常，节间圆筒形；秆鞘背面贴生黑褐色刺毛 ··· 23. 吊罗坭竹 B. diaoluoshanensis
4. 箨片基底小于箨鞘顶宽的3/4。
5. 箨鞘顶端斜截平，或近斜截平而呈上拱的圆弧形或稍不对称的下凹的圆弧形。
6. 箨鞘两肩具高耸的三角形尖角，箨片基部不收窄 ··· 18. 坭竹 B. gibba
6. 箨鞘两肩无高耸的三角形尖角，箨片基部收窄。
7. 箨鞘背面被毛 ··· 20. 狭耳坭竹 B. angustiaurita
7. 箨鞘背面无毛。
8. 秆高3 ~ 7 m，直径1.5 ~ 4 cm，箨舌高约1 mm ··· 8. 光鞘石竹 B. glabrovagina
8. 秆高8 ~ 10 m，直径4 ~ 6 cm，箨舌高3 ~ 4 mm ··· 19. 马岭竹 B. malingensis
5. 箨鞘顶端对称，上拱或三角弧形，或不对称的三角形。
6. 箨鞘背面仅基部被暗棕色刺毛，顶端对称 ··· 26. 牛儿竹 B. prominens
6. 箨鞘背面大部分无毛，仅在箨片下被毛，顶端不对称 ··· 7. 狭耳簕竹 B. angustissima

1. 印度簕竹 （《中国植物志》） 别名：莰竹 （《中国树木分类学》）

Bambusa bambos（Linn.）Voss

Arundo bambos Linn.

B. arundinacea（Retz.）Willd.

B. arundinacea Retz.

秆高10 ~ 17 m，直径6 ~ 9 cm，尾梢略弯，下部稍呈"之"字形弯曲；节间圆筒形，长10 ~ 23 cm，无毛，壁厚1 ~ 1.5 cm；节处稍隆起，仅解箨后在箨环上暂留有长5 mm的棕色刺毛，基部第一二节生有短气根；分枝习性低，常自秆基部第二或三节开始分枝；在秆下部节上的分枝常为单枝，基部膨大，枝上的小刺常短缩为反曲的锐利硬刺，且相互交织成刺丛；在秆中部节上常为3枝簇生，主枝显著较粗长；秆箨迟落；箨鞘背面除近底缘中央部分被暗棕色刺毛外，余无毛，干时纵肋隆起，上面在两侧近顶端被暗棕色刺毛，顶端宽拱形，上部边缘稍有皱褶，生暗棕色纤毛；箨耳由箨片基部向两侧下延而成，与箨片并无明显界限，呈波状皱褶，两面均被黑褐色刺毛，尤以上面被毛更密；箨舌高约4 mm，近全缘，密生纤细短纤毛；箨片直立或外展，宽三角形，基部不收窄，直接下延而与箨耳相连，背面无毛或于近基部两侧被暗棕色刺毛，上面被极密的黑褐色刺毛。末级小枝具7～10片叶；叶鞘背面无毛或稍被柔毛；叶耳短小，边缘具脱落性弯曲刚毛；叶舌低矮；叶线状披针形，长11～18 cm，宽1.1～1.5 cm，上面近基部被少数长硬毛，下面被短柔毛。

产地：广州有栽培。

分布：香港有栽培。印度。

用途：建筑棚架。

2. 簕竹　（《广西通志》）

Bambusa blumeana J. H. Schult.

B. stenostachya Hack.

B. spinosa Bl. ex Nees, 1825, not Roxb. 1814.

秆高15～24 m，直径8～15 cm，尾梢下弯，下部稍呈"之"字形曲折；节间长25～35 cm，幼时于上半部疏被贴生棕色刺毛，老则光滑无毛，秆壁厚2～3 cm；秆中下部各节环生短气根或根点，并于箨痕上下环生一圈灰白色或棕色绢毛；分枝自秆基部第一节开始，下部各节仅具单枝，且其上的小枝常短缩为弯曲的锐利硬刺，并相互交织而成稠密的刺丛，中上部各节则为3至数枝簇生，主枝显著较粗长。箨鞘迟落，背面密被暗褐色刺毛，干时纵肋隆起，顶端宽拱形或下凹，两侧的顶端各具1耸起的小尖头；箨耳近相等或稍不相等，狭长圆形，外翻而呈新月形，边缘密生淡棕色波曲状粗长䍁毛；箨舌高4～5 mm，条裂，边被流苏状毛；箨片外翻，卵形至狭卵形，背面被硬糙毛，上面密生暗棕色小刺毛，基部略作圆形收窄，宽约为箨鞘顶端的2/5，边缘近基部被纤毛。末级小枝具5～9叶；叶鞘背部的上方被短硬毛，外缘一侧被短纤毛；叶耳微小或缺，鞘口䍁毛常缺或有时仅具2～3条波曲状短䍁毛；叶舌低矮，顶端近截平，边缘微齿裂并被细长纤毛；叶线状披针形至狭披针形，长10～20 cm，宽1.2～2.5 cm，两面粗糙，近无毛，下面基部被稍密的长柔毛。假小穗2至数枚簇生于花枝各节；小穗带紫色，线形，长2.5～4 cm，含4～12朵小花，其中2～5朵小花为两性花；颖2，长约2 mm，无毛；外稃卵状长圆形，长6～9 mm，宽2.5～4 mm，背面无毛，具9～11脉，顶端渐尖，边无毛；内稃长约7 mm，宽约1.8 mm，脊上密被纤毛，脊间具3脉，脊外两侧各具3脉，顶端呈二叉状；花丝分离，长6～7 mm，花药黄色，长3～4 mm；子房瓶状，长1.2～2 mm，花柱短，柱头3，羽毛状。笋期：6～9月。

产地：广州及海南各地有栽培。

分布：福建、香港、台湾、广西及云南。印度尼西亚、马来西亚、菲律宾、泰国及越南。

用途：农村常种植作绿篱，利用其刺丛作防护；秆可作棚架用材。

3. 小簕竹　（广东）

Bambusa flexuosa Munro

B. stenostachya auct. non Hack.

B. bambos auct. non（Linn.）Voss

秆高6～7 m，直径3.5～6 cm，尾梢略下弯，下部稍呈"之"字形曲折；节间长20～30 cm，幼时疏被贴生棕色刺毛，不久毛脱落后留有凹痕，节下方环生一圈棕色绢毛，秆壁厚；节处稍隆起，仅解箨后在箨环上留下一圈棕色脱落性短刺毛；分枝常自秆基部第一节开始，秆中部以下各节多为单枝，上部则3至数枝簇生，秆下部的分枝粗长而呈"之"字形曲折，其上的小枝常短缩为硬刺，并相互交织而成刺丛。箨鞘迟落，革质，背面疏被贴生黑褐色小刺毛，干时纵肋隆起，顶端下凹，两侧顶端各耸起一三角形尖角；箨耳微弱或缺，若存在时则为狭线形而边具数条波曲状䍁毛；箨舌高4～5 mm，齿裂或条裂，边缘被流苏状毛；箨片直立或外展，卵状披针形至披针形，基部宽约为箨鞘顶端宽的1/2；叶鞘背部疏被脱落性短硬毛或近无毛；叶耳卵形至长圆形，边具卷曲状䍁毛，或有时无叶耳，而仅有数条卷曲状䍁毛；叶舌极低矮，顶端近截平，边缘被细长纤毛；叶狭披针形至披针形，长7～11 cm，宽12～16 mm，顶端渐尖，具细尖头，基部近圆形，两面无毛。假小穗单生或数枚簇生于花枝各节，稍扁，长2～3 cm；小穗含

8~12朵小花，中部小花为两性花，基部承托以4片具芽苞片；小穗轴呈“之”字形曲折，形扁，被长硬毛，节间可外露，长2~2.5 mm；颖常无；外稃长圆状披针形，长8~10 mm，顶端急尖，内稃短于外稃，具2脊，仅于脊之上部被纤毛；鳞被3，近相等，顶端圆钝，边缘被长纤毛，花丝分离，基部扩大，花药顶端钝；花柱短，柱头3，羽毛状。

产地：广东及海南各地。多生于丘陵或低山山脚下。

分布：香港。

用途：农村常种植作绿篱，利用其刺丛作防护。

4. 车筒竹 （《岭南科学杂志》） 别名：大簕竹、水簕竹、车角竹（广东） （图130）

Bambusa sinospinosa McCl.

秆高15~24 m，直径8~14 cm，尾梢略弯；节间长20~26 cm，光滑无毛，唯基部一二节下环生一圈灰白色绢毛，壁厚1~3 cm；节处稍突起，解箨后在箨环上暂时留有一圈稠密的暗棕色刺毛；分枝常自秆基部第一二节上开始，秆下部的为单枝，向下弯拱，其上的小枝多短缩为硬刺，且相互交织而成密刺丛，秆中上部分枝为3至数枝簇生。箨鞘迟落，革质，干时背面纵肋隆起，底缘处密生暗棕色刺毛，顶端近截平；箨耳近相等，长圆形至倒卵形，稍外折，有波状皱褶，上面密生糙硬毛，边缘具波曲状或径直的缝毛；箨舌高3~5 mm，边缘齿裂并被流苏状毛；箨片直立或外展，卵形，基部宽约为箨鞘顶端宽的1/2。叶鞘近无毛，边缘一侧被短纤毛；叶耳不甚发达；卵形至狭卵形，边缘`具数条波曲状或径直的缝毛；叶舌高约0.5 mm，顶端斜截平，全缘，被极短的纤毛；叶线状披针形，长7~17 cm，宽12~16 mm，两面无毛或于下面近基部被柔毛，顶端渐尖，基部近圆形。假小穗线形至线状披针形，稍压扁，长达4 cm，单生或以数枝簇生于花枝各节；前出叶顶端钝，脊上密生短纤毛；芽苞片3~5片，狭三角形或近卵形，无毛，顶端钝；小穗含两性小花6~12朵；小穗轴节间长2~4 mm，远离内稃的一面圆拱而被白毛，另一面则扁平而无毛，顶端被短纤毛；颖常缺；外稃卵状长圆形，长5~9.5 mm，顶端钝急尖或急尖具细尖头，多脉；内稃稍长于外稃，具2脊，脊上被短纤毛，脊间3~5脉；鳞被3，不相等，倒卵形，长约1.4 mm，顶端钝，边密生纤毛；花丝分离，花药顶端钝；子房狭窄，顶端增厚而被短硬毛，花柱细长，被短硬毛，柱头3，羽毛状。笋期：5~6月；花期：8~12月。

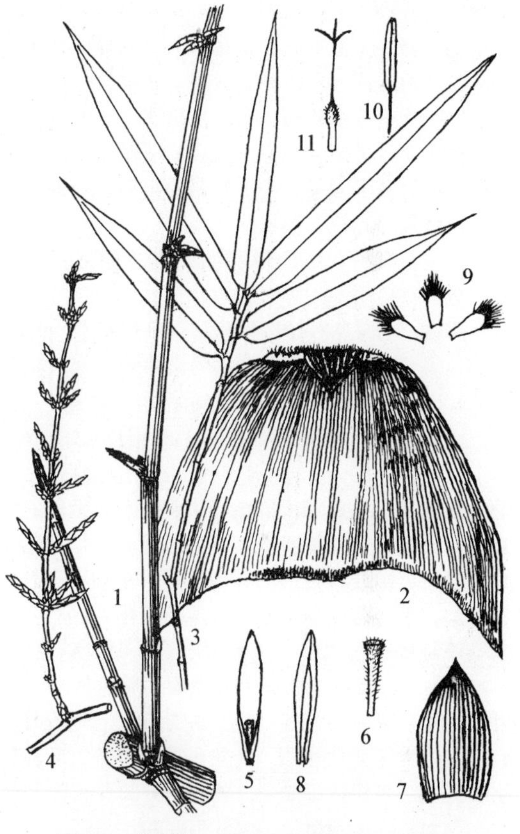

图130 车筒竹 Bambusa sinospinosa McCl.

1. 枝刺；2. 秆箨背面观；3. 叶枝；4. 花枝；5. 小花；6. 小穗轴节间；7. 外稃；8. 内稃；9. 鳞被；10. 雄蕊；11. 雌蕊。（余汉平抄绘）

产地：广东及海南各地。多生于河流两岸和村落附近。

分布：香港、广西。

用途：竹秆粗大而通直，农村常用以建茅屋或用作水车的盛水筒，故有“车筒竹”之称；由于竹丛基部的密刺丛，农村常种植于村落四周，作防篱之用；又因其竹秆密集，根系发达，亦常种于河流两岸作护堤防风之用。

5. 鸡窦簕竹　（《广州植物志》）

Bambusa funghomii McCl.

秆高13 ~ 15 m，直径6 ~ 7 cm，尾梢直立或稍下弯，下部呈“之”字形曲折；节间长25 ~ 32 cm，稍弯，幼时无白蜡粉，仅在秆下部的节间被成纵行排列的贴生、暗棕色小刺毛，毛落后在秆表面留有凹痕，秆壁厚1 ~ 1.5 cm；节稍隆起，无毛，秆下部的节处可呈曲膝状；分枝自秆基部第一节开始具单枝，至中上部各节则为3至多枝簇生，秆下部分枝具锐利的硬刺，并相互交织而成密刺丛。箨鞘迟落，革质，背面稍被白蜡粉，基部乃至近中部疏生暗棕色刺毛，后变无毛，干时纵肋隆起，顶端宽拱形，边缘被白色短纤毛或近无毛；箨耳发达，极不相等，卵状长圆形至卵状披针形，具波状皱褶而向外鼓起，两面被疏或密的糙硬毛，边缘具长达1 cm的淡色波曲状繸毛；箨舌高5 ~ 7 mm，边齿裂或条裂，被不等长的流苏状毛；箨片直立或秆上部的外展，卵状三角形至宽披针形，背面无毛，上面脉间被暗棕色小刺毛，顶端渐尖而边强烈内卷，基部近圆形收窄，宽约为箨鞘顶端宽的1/3或稍宽，边缘下部呈波状皱褶并被短纤毛。叶鞘无毛或疏生短硬毛，后变无毛；叶耳常无，鞘口繸毛数条，细弱，呈波曲状；叶舌极低矮，截平或稍圆拱，近全缘或具细齿，有脱落性短纤毛；叶线状披针形，长6 ~ 15 cm，宽6 ~ 16 mm，两面无毛或仅上面近基部被短柔毛，次脉3 ~ 6对，有时嫩叶可于脉间具小横脉，顶端渐尖而具钻状尖头，基部近心形或近圆形。花、果未见。

产地：广州。生于丘陵旷地或村落附近。

分布：广西。

用途：农家常种植以作防篱；秆材坚实，可作棚架、支柱等用。

6. 焕镛簕竹　（《香港竹谱》）

Bambusa chunii L. C. Chia et H. L. Fung

秆高10 ~ 12 m，直径4.5 ~ 6.5 cm，尾梢下弯，下部略呈“之”字形曲折；节间稍弯，长25 ~ 30 cm，幼时被极薄白蜡粉和极稀疏的小刺毛，秆壁厚；节处稍隆起，秆下部各节于箨环上下各环生一圈灰白色绢毛；分枝常于秆基部节上开始，秆下部各节为单枝，其上的小枝短缩为锐利硬刺，而中上部各节则3至数枝簇生，主枝较粗长。箨鞘迟落，革质，干时背面纵肋隆起，无毛，两侧近边缘处有数条白色条纹，顶端斜截平，两侧顶端各高耸成一只内弯的小尖角，后者互不等长；箨耳不相等，皱缩，线状披针形，末端不连到箨鞘边，背面被短硬毛；鞘口繸毛很发达，波曲状，长5 ~ 10 mm，基部被短硬毛；箨舌高5 ~ 7 mm，边缘不规则齿裂和条裂；箨片直立，宽披针形，背面无毛，基底宽约为箨鞘顶端宽的1/20，叶鞘无毛；叶耳不发达，鞘口繸毛每边为数至多条，细弱而呈波曲状，长达5 ~ 7 mm；叶舌质薄，高约1 mm，顶端不规则齿裂，边被细弱长纤毛；叶披针形，长9.5 ~ 19 cm，宽15 ~ 20 mm，次脉每边5 ~ 7条，上面无毛，下面被短柔毛，顶端渐尖，具钻状尖头，基部近圆形。花、果未见。

产地：广东无记录，仅见于香港。

分布：香港，栽培于村边（来源不详）。

7. 狭耳簕竹　（《植物分类学报》）

Bambusa angustissima L. C. Chia et H. L. Fung

秆高9 m，直径约5 cm，尾梢略下弯，下部稍呈“之”字形曲折；节间长约25 cm，无毛，秆壁厚；基部数节于箨环之上下各环生一圈灰白色至淡棕色绢毛，解箨后箨环暂留存一圈棕色刺毛；分枝常自秆基第一节开始，秆中部分枝常多数簇生，主枝较粗长，秆下部分枝上的小枝常短缩而成软或硬的刺。箨鞘稍早落，背面无毛，干时纵肋隆起，顶端呈不对称的三角形；箨耳不相等，狭线形而极长地下延，稍有皱褶，边缘具粗短繸毛，大耳宽约3 mm，其长度约为小耳的1.5倍；箨舌高1 ~ 2 mm，边缘疏齿裂或被短流苏状毛；箨片直立，狭三角形，背面仅在与箨鞘连接处被棕色小刺毛，其基底宽约为箨鞘顶端宽之1/2。叶鞘近无毛；叶耳常无，若存在时则常为半圆形或弯月形，鞘口繸毛数条，通直或卷曲；叶舌极低矮，边缘细齿裂；叶披针形至狭披针形，长6 ~ 9 cm，宽11 ~ 15 mm，上面无毛，下面近无毛，顶端渐尖，具钻状细尖头，基部近圆形或宽楔形。花未见。

产地：高州。生于河岸边。

用途：常种植于江河两岸，可固堤防风；秆坚硬，可作棚架、支柱等用材。

8. 光鞘石竹 （《植物分类学报》）

Bambusa glabrovagina G. A. Fu

秆高3～7 m，直径1.5～4 cm；节间长21～27 cm，无毛，幼时薄被白蜡粉，秆壁厚；分枝常自秆基部第一或第二节开始，每节3至数枝簇生，主枝较粗长，秆下部分枝上的小枝有时可短缩为弯曲硬刺。箨鞘早落，背面无毛，干时纵肋隆起，内侧边的顶端稍作圆弧形隆起，顶端略向外侧一边倾斜，呈稍不对称的极宽的拱形或近斜截平；箨耳不相等，线状披针形或长圆形，宽不及3 mm，边具卷曲縫毛；箨舌高约1 mm，边不规则细齿裂；箨片直立，卵形至卵状披针形，背面无毛，上面近基部略粗糙，顶端渐尖，基部作圆形收窄，其宽约为箨鞘顶端宽的3/5。叶鞘无毛，纵肋稍隆起，背部具脊；叶耳半圆形，边缘具数条波曲状縫毛；叶舌极低矮；叶线状披针形至披针形，长5～12 cm，宽8～17 mm，上面无毛，下面密生短柔毛，顶端渐尖，具钻状尖头，基部近圆形或宽楔形。假小穗数枚簇生于花枝各节，线状披针形至披针形，长1.5～2 cm；前出叶宽卵形至卵形，长3～3.5 mm，具2脊，脊上被短纤毛；具芽苞片2或3片，卵状椭圆形至卵状长圆形，长3～3.5 mm，顶端钝至急尖，具极短的短尖头；小穗含小花6～7朵，中部的3～4朵为完全花；小穗轴节间扁，长2～3 mm，顶端膨大呈杯状，边缘被极短的纤毛；颖缺；外稃卵状长圆形，长7.5～8 mm，无毛，具9～11脉，顶端急尖具短尖头；内稃线状披针形，略长于外稃，背部具2脊，脊间4脉，脊外每边各具2脉，近顶端处疏生极短的纤毛，并在顶端具一簇白色画笔状毛；鳞被3，不相等，边被长纤毛，前方2片偏斜，长2 mm，后方1片近倒卵形，长1.2 mm；花丝细长，花药长4 mm；子房卵形，长0.4 mm，顶端增厚并被短硬毛，基部具长1 mm的子房柄，花柱长0.2 mm，柱头3，长0.8 mm，羽毛状。成熟颖果未见。

产地：海南屯昌。生于低丘陵地或村落附近。

9. 坭簕竹 （《广州植物志》） 别名：簕竹、坭竹（广东）

Bambusa dissimulator McCl.

秆高10～18 m，直径4～7 cm，尾梢近直立或稍下弯，下部略呈“之”字形曲折；节间长25～35 cm，幼时薄被白蜡粉，通常无毛，有时秆基部数节间可具黄白色纵条纹，秆壁厚；节稍隆起，无毛，偶有基部一二节生有短气根；分枝常自秆基部第一或第二节就开始分出单枝，上方各节则为3至数枝簇生，主枝较粗长，秆下部的分枝上常具硬或软的刺。箨鞘早落，革质，背面稃无毛，或被不明显的糙硬毛。干时纵肋隆起，顶端呈不对称的拱形；箨耳不相等，常有皱褶，边缘被波曲状縫毛，大耳长圆形至倒披针形，宽4～5 mm，小耳卵形至椭圆形，宽3～4 mm；箨舌高5～7 mm，边缘齿裂并条裂，被白色短流苏状毛；箨片直立，卵状三角形至卵状披针形，背面无毛，上面于脉间被暗棕色小刺毛，基部近圆形或近心形收窄，其宽约为箨鞘顶端宽的3/5～1/2，边缘近基部被波曲状縫毛。叶鞘通常近无毛，或粗糙或密生短硬毛，后变无毛；叶耳缺或稍微发育，当存在时常为卵形，鞘口縫毛少而细弱；叶舌低矮，顶端截平，近全缘而无纤毛；叶线状披针形至披针形，长7～18 cm，宽10～18 mm，上面无毛，下面疏生短柔毛，尤以沿中脉两侧的毛较密，顶端渐尖，具钻状尖头，基部近圆形或宽楔形。假小穗单生或数枚簇生于花枝各节，披针形，形扁，长约3 cm；前出叶具2脊；具芽苞片通常2片，卵形，顶端钝；小穗轴节间长2～3 mm，近内稃一侧扁平而无毛，另一侧则粗糙，顶端膨大而其边缘被短纤毛；小穗含两性小花4或5朵，顶端另有2至数朵不孕小花；颖常1片或缺，形似外稃而较短；外稃披针形，长达12 mm，背面无毛，纵脉不明显，顶端钝或急尖而具近钻状的短尖头，边缘近顶端有时被短纤毛；内稃具2脊，脊于近顶端强折叠，被短纤毛或粗糙，顶端常具一小簇毛而近呈画笔状，脊间5脉；鳞被3，近相等，卵形或倒卵形，顶端钝或微凹缺，边缘被长纤毛；花丝分离，花药顶端钝，微凹；子房倒卵形或卵形，具柄，顶端增厚而被糙硬毛；花柱单一，极短，被毛，柱头3。笋期：7～8月；花期：3～4月。

产地：广州。多生于丘陵旷地或村落附近。

用途：竹材坚实，常作棚架用材。农村常种植作绿篱。

9a. 白节簕竹 （《广州植物志》）

var. **albinodia** McCl.

本变种与原变种的区别在于：秆下部各节在箨环上下方均生一圈灰白色绢毛。

产地：广州。常生于村落附近。模式标本采自广州。

用途：香港偶有栽培。竹材可作棚架及农作物支柱等用。

9b. 毛簕竹 （《广州植物志》）

var. **hispida** McCl.

本变种与原变种的区别在于：秆的节和节间以及秆箨的箨鞘背均被明显的硬糙毛。

产地：广州。生于村落附近。

用途：竹秆可作棚架及农作物支柱等用。

10. 大耳坭竹 （《植物分类学报》）

Bambusa macrotis L. C. Chia et H. L. Fung

秆高6 ~ 7 m，直径粗达6 cm，尾梢下弯，下部略呈"之"字形曲折；节间无毛，秆壁较厚；秆基部各节于箨环上方环生一圈灰白色绢毛；分枝常自秆基部开始，下部的分枝通常具刺。箨鞘稍迟落，背面无毛，顶端稍呈不对称的宽拱形；箨耳不相等，强皱褶，边缘具波曲状繸毛，大耳卵状椭圆形，长约3 cm，宽约1.5 cm，小耳椭圆形，长约2 cm，宽约1 cm，两者的大小比例约为1.5：1；箨舌高6 mm，边缘齿裂并于两侧被长约2 mm的短流苏状毛；箨片直立，狭卵形至卵状三角形，基部宽约为箨鞘顶端宽的1/2。叶鞘上部被疏柔毛；叶耳小或不发达，鞘口繸毛短而卷曲状；叶舌极矮，微齿裂或具短纤毛；叶线状披针形，通常长5 ~ 10 cm，宽7 ~ 9 mm，上面无毛，下面被短柔毛，顶端渐尖，具钻状细尖头，基部近圆形或宽楔形。花枝未见。

产地：清远。生于河旁。

用途：可栽培以作围篱；秆材可用作捕鱼工具。

与木竹B. rutila 的区别在于：秆的节间无毛，箨鞘背面亦无毛，顶端呈稍不对称的宽拱形，箨片基部宽约为箨鞘顶端宽的1/2；叶较小，通常长5 ~ 10 cm，宽7 ~ 9 mm。

11. 木竹 （李衎《竹谱详录》）

Bambusa rutila McCl.

秆高8 ~ 12 m，直径4 ~ 6 cm，尾梢略弯，下部稍呈"之"字形曲折；节间长30 ~ 35 cm，秆壁厚，秆下部各节间幼时密被棕色贴生刺毛，基部第一二节间偶见数条不甚明显的黄白色纵条纹；节处隆起，秆下部各节于箨环之上下方各环生一圈灰白色绢毛，箨环于解箨后还暂留有一圈棕色短刺毛，秆基部数节上生有短气根；分枝常自基部第三四节开始，秆中下部各节的分枝常3枝簇生，主枝较粗长而向下弯，秆下部枝条上的小枝具有少数短缩为硬质或软质的刺。箨鞘迟落，背面无毛或近内侧边缘及其基部被暗褐色刺毛，并常有不甚明显的黄绿色纵条纹，干时纵肋隆起，顶端稍向外侧一边倾斜而成斜截平；箨耳极不相等，背面密生短硬毛，边缘具波曲状繸毛，大耳卵状长圆形、长圆形或狭肾形，稍向外鼓出，并有波状皱褶，宽约1.5 cm，小耳近卵形或椭圆形，具波状皱褶，宽约1 cm；箨舌高4 ~ 5 mm，边缘齿裂而被流苏状毛；箨片直立，宿存，近三角形或卵形，基底宽约为箨鞘顶端宽的2/5。叶鞘无毛；叶耳缺或发达，鞘口繸毛短，仅数条，或有时无毛；叶舌高约1 mm，边缘被短纤毛；叶线状披针形至狭披针形，长10 ~ 18 cm，宽10 ~ 17 mm，上面无毛，下面密生短柔毛，顶端渐尖，具钻状尖头，基部近圆形或宽楔形。假小穗数枚簇生于花枝各节，线状披针形，稍扁，长达3 cm；前出叶顶端钝，沿背部脊上疏生短纤毛；具芽苞片3 ~ 8片，卵形，长1 ~ 4 mm，顶端钝，具细尖头，边缘近顶端处被短纤毛或近无毛；小穗含小花多达9朵，顶端2或3朵为不孕；小穗轴节间长2 ~ 3 mm，顶端被短纤毛；颖常缺；外稃卵状披稃形，长达8 mm，背面无毛，具多脉，顶端钝或急尖而具粗糙细尖头，边缘近顶端处被短纤毛；内稃长于或短于外稃，背部具2脊，脊近顶端被纤毛或粗糙，脊间2或3脉，顶端具画笔状毫毛；鳞被3，近相等，卵形或倒卵形，边缘被纤毛；花药顶端钝；子房倒卵形，顶端增厚而被毛，花柱极短，柱头3，被糙硬毛。花期：10～12月。

产地：韶关。生于丘陵旷地或村落附近。

分布：福建、广西、四川。

用途：秆壁厚而坚实，但稍弯曲，只适宜作一般农作物的支柱和支架；嫩笋可腌作蔬食。

12. 油簕竹 （《广州植物志》） 别名：烂眼竹、石竹（广东）

Bambusa lapidea McCl.

秆高7～17 m，直径4～7 cm，尾梢略下弯，下部挺直；节间一般长20～35 cm，近基部稍肿胀，无毛，秆壁厚1～2 cm，基部数节间显然较短，有时具不明显的浅绿色纵条纹和紫色条斑；节于基部数节生有短气根，并于箨环之上下方环生一圈灰白色绢毛，但下部各节仅在箨环之上方具有一圈绢毛；分枝常自基部第三或第四节开始，数条乃至多条簇生于每节，中央的3枝显著粗长，次生枝常短缩为硬质或软质的刺。箨鞘稍迟落，革质，背面无毛，或仅于底缘处被小刺毛，新鲜时背面有光泽，榄绿色而具紫色条斑，干时纵肋隆起，顶端近截平或稍作不对称的拱形；箨耳有波状皱褶并向外鼓出，背面被短硬毛或近无毛，上面被糙硬毛或长硬毛，耳缘密生粗短繸毛，两耳大小不相等，大耳稍下延，长圆形至长圆状倒披针形，长3.5～4 cm，宽1～1.5 cm，小耳长圆形或卵形，长约3 cm，宽1～1.5 cm；箨舌高4～5 mm，全缘，密生流苏状短毛；箨片直立，向外鼓出，卵形至广卵形，顶端突渐尖而具锐尖头，基部稍收窄后即向两侧外延而与箨耳相连，且此相连部分较宽。叶鞘背面无毛，仅外缘被短纤毛；叶耳存在或否，鞘口繸毛细弱而作波曲状，通常每边为数至多条，或有时无毛；叶舌极矮，全缘而被极短的纤毛，或有时无毛；叶线状披针形至披针形，顶端渐尖而具钻状尖头，基部近圆形，一般长8～23 cm，宽10～20 mm，两面均无毛，次脉5或6对。假小穗数枚簇生于花枝各节，线状披针形，稍扁，长达2 cm以上；具芽苞片2～4片；小穗含两性小花5或6朵，顶端通常具2朵不孕小花；小穗轴节间通常中空，长2～4 mm，近内稃的面扁平而无毛，另一面稍粗糙，顶端疏被短纤毛；颖缺；外稃长达8.5 mm，背面无毛，有光泽，多脉，顶端钝或急尖，或有时急尖而具细尖头，边缘无毛；内稃稍短于外稃，但上部小花之内稃稍长于外稃，具2脊，脊近顶端处被纤毛，脊间2脉，脊外稍粗糙，顶端钝或有时微凹缺；鳞被3，卵形或倒卵形，近相等，长约1.5 mm，顶端钝，边缘被长纤毛；花药长约4 mm，顶端钝；子房狭倒卵形，顶端增厚而被糙硬毛，花柱极短而被糙硬毛，柱头3。笋期：10月；花期：8～9月。

产地：广东各地有栽培。多生于平地、低丘陵较湿润地方或河流两岸、村落附近。

分布：香港、广西、四川、云南。

用途：秆厚实而坚，可用作脚手架、担杆、船用撑杆、渔具、农具以及农村修建茅屋等用材。

13. 软簕竹 （《竹子研究汇刊》）

Bambusa latideltata W. T. Lin

秆高4～8 m，直径2～5 cm；节间长25～30 cm，渐变无毛，壁厚1～1.2 cm；节于箨环之上下方环生一圈灰白色刺毛。分枝常于杆基部节上开始，多数，簇生，中间3主枝明显，下部分枝常短缩成软刺或硬刺。秆箨脱落，背面密被棕色小刺毛，边缘被纤毛，箨鞘顶端呈不对称弧拱；箨耳不等，大耳约为小耳的2.5倍，边缘密被波曲的刚毛；箨舌高约2 mm，边缘齿裂；箨片直立，宽三角形。末级小枝具叶4～6片；叶鞘无毛；叶耳长圆形，鞘口刚毛纤细，近直立；叶舌极低矮；叶线形，长4～18 cm，宽0.7～1.6 cm，上面无毛，背面被短柔毛。花序未见。

产地：佛山、广州。

本种与油簕竹 B. 1apidea的区别在于：秆的节间无紫色纵条纹，下部各节箨环之上下方环生一圈灰白色小刺毛，分枝常于秆基部节上发出，箨鞘背面密生棕色刺毛，箨舌较低矮，高2 mm，边缘有小齿。

14. 乡土竹 （《植物分类学报》）

Bambusa indigena L. C. Chia et H. L. Fung

B. dissimilis W. T. Lin

秆高10～14 m，直径4.5～7 cm，尾梢略下弯，下部稍呈“之”字形曲折；节间稍弯，长25～35 cm，幼时薄被白蜡粉，并疏生白色贴伏小刺毛，秆壁厚；节处稍呈曲膝状，解箨后常于箨环处留有一圈脱落性棕色短刺毛，秆下部各节于箨环之上下方环生一圈灰白色绢毛，仅秆基第一节上生有短气根；分枝常于秆基第一或第二节即生有单枝，而以上各节则3至多枝簇生，主枝较粗长，秆下部分枝所生的小枝通常短缩或有时形成少数软刺。箨鞘早落，厚革质，干时纵肋显著隆起，背面常无毛，或仅于近基部处被黑褐色刺毛，稃外侧边缘处有时具1条细线状黄白色纵条纹，顶端稍呈不对称的宽拱形；箨耳较小，不相等，边缘具波曲状细弱縫毛，大耳近椭圆形或近长圆形，长约1 cm，宽6～7 mm，小耳常与箨片基部直接相连而无明显的界线，若显著存在时常近椭圆形，大小约为大耳的1/3或更小；箨舌高3～4 mm，边缘齿裂，并被短流苏状毛；箨片直立，呈不对称的三角形或狭三角形，基部稍作圆形收窄，宽约为箨鞘顶端宽的8/10～9/10。叶鞘无毛，纵肋隆起；叶耳卵形至镰形，边缘具卷曲縫毛；叶舌低矮，近截平，全缘或微齿裂；叶线状披针形至披针形，通常长6.5～12 cm，宽13～17 mm，上面无毛，下面密生短柔毛，顶端渐尖，具钻状尖头，基部圆形。假小穗数枚簇生于花枝各节，线形，长2～3 cm；前出叶不对称宽卵形，长1.5 mm，具2脊，脊上被短纤毛，顶端钝；芽苞片3～5片，宽卵形至卵状椭圆形，长2.5～3.5 mm，具7～9脉，顶端钝或急尖而具短尖头；小穗含小花4～7朵，顶生小花不孕；小穗轴节间扁，长3～3.5 mm，顶端膨大呈杯状，边缘被短纤毛；颖仅1片，卵状椭圆形，长约5 mm，具11脉，顶端急尖并具短尖头；外稃披针形，长9～11 mm，无毛，具13～15脉，顶端渐尖，内稃与外稃等长或稍较长，线形，具2脊，脊上无毛，脊间6脉，脊外每边各具2脉，顶端有一簇白色柔毛；鳞被3，长约1.5 mm，边缘具长纤毛，前方2片偏斜，后方1片宽倒卵形，花丝细长，花药长4 mm；子房宽卵形，长0.5 mm，顶端增粗而被长硬毛，基部具子房柄，花柱长0.3 mm，被长硬毛，柱头3，长1.5 mm，羽毛状。颖果未见。

产地：广州。生于低丘陵地村落附近。

用途：速生，耐旱瘠，农村常种植作高株绿篱；秆坚硬，可作棚架、农具柄、竹杠、扁担等用材。

本种与吊罗坭竹B. diaoluoshanensis的区别在于：箨鞘背面无毛或仅于近基部被刺毛，箨耳小的一枚常不明显。

15. 紫斑簕竹　（《植物分类学报》）

Bambusa longipalea W. T. Lin

秆高8 m，直径6 cm；基部稍呈“之”字形，节间深绿色，嫩时有紫色条纹，长25～34 cm；节光滑。分枝常起始于第一或第二节，3主枝，低处的小分枝有时短缩成软刺。秆箨脱落性，光滑，顶端拱形，歪斜不对称；箨耳近等大，椭圆形，边缘具纤毛；箨舌长8 mm，具齿；箨片三角形。叶线状披针形，长6.5～20 cm，宽0.5～1.8 cm，下面被柔毛，上面光滑。假小穗4～5 cm；具芽苞片4～7片；小穗含小花7或8朵；小穗轴节间长3.5～4 mm，顶端被柔毛；颖片缺或1片，外稃长1～1.1 cm，近光滑；内稃长于外稃，被柔毛，脊向顶部具纤毛，脊间具6脉；浆片长3～3.5 mm，边缘具纤毛；前方2片斜倒卵形，后方1片椭圆形；花药长5 mm；子房倒卵形。果未见。

产地：广州。

本种与乡土竹B. indigena的区别在于：秆深绿色，嫩时有紫色条纹，节光滑，且箨耳近等大。

16. 牛角竹　（《岭南大学科学专刊》）

Bambusa cornigera McCl.

秆高8～13 m，直径6～8 cm，下部挺直或曲折，尾梢稍下垂；节间略弯，通常近基部膨大，长24～28 cm，无毛，幼时薄被白粉；基部数节于箨痕上下环生一圈灰白色绢毛。分枝常自基部第二节发出，主枝粗长，下部枝上的小枝有时短缩成软刺。秆箨脱落性，干时纵肋明显，背面上部被淡色贴生刺毛，顶端多少截平；箨耳相等，长圆形，小；鞘口刚毛细弱；箨舌高达3 mm，全缘，被纤毛；箨片直立，三角形至狭三角形。叶披针形至长圆状披针形，长12～20 cm，宽2～3 cm，背面被短柔毛。花枝未见。

产地：广州（栽培）。

分布：广西。

17. 锦竹 （《植物分类学报》）

Bambusa subaequalis H. L. Fung et C.Y. Sia

秆高8～12 m，直径4～6 cm，尾梢下弯，下部挺直；节间长40～50 cm，无毛，幼时被白蜡粉，秆壁稍厚；节处无毛；分枝常自秆基第一节，秆下部各节常生1～3枝，近水平伸展，其上的小枝常短缩成软刺，秆中上部各节则为多枝簇生。箨鞘早落，背面无毛，常于外侧近边缘处具1～2条淡黄绿色纵条纹，上面有光泽，顶端稍不对称的宽三角形或近宽拱形；箨耳不显著，常与箨片基部相连；箨舌高约3 mm，边缘具细纤毛；箨片宿存，直立，三角形，顶端边缘内卷而成锐尖头，基部两侧边缘具纤毛，向外稍延伸成不明显的两箨耳；箨片基底宽与箨鞘顶端的宽近相等。叶鞘近无毛；叶耳常不发达，鞘口繸毛少数而细弱；叶舌极矮，近全缘；叶线形，通常长9～16 cm，宽10～13 mm，上面无毛，下面被柔毛，顶端渐尖，具粗糙钻状尖头，基部近圆形或楔形。花枝未见。

产地：广州（栽培）。植于丘陵地村落附近。

分布：四川。

用途：秆挺直而坚韧，粗度均匀，宜作棚架、农具柄等用。

本种与乡土竹 B. indigena的区别在于：秆壁稍薄，节间较长，节处无毛，箨耳不显著，叶较窄。

18. 坭竹 （《岭南大学科学专刊》）

Bambusa gibba McCl.

B. tulda auct. non Roxb.

秆高7～10 m，直径3.5～6 cm，尾梢近直立，下部略呈“之”字形曲折；节间长30～40 cm，近基部略肿胀，幼时被白蜡粉，秆壁厚3～5 mm，下部各节间初时疏生灰白色或棕色贴生刺毛，以后毛渐伸展而脱落；节处稍隆起，无毛；分枝常始自秆基第一二节；每节常为3枝簇生，其上的小枝有时短缩为细弱的软刺，秆中上部各节则为数枝簇生，主枝较粗长；箨鞘早落，背面无毛，干时纵肋隆起，上面略有光泽，顶端向外侧一边倾斜而呈斜截平，内侧边缘的顶端高耸呈一三角形尖角；箨耳显著不相等，有时颇微弱，边缘具细弱的波曲状繸毛，大耳卵状披针形或狭长圆形，宽5～6 mm，小耳卵形或椭圆形，宽2～3 mm；箨舌拱形，高2～3 mm，边缘细齿裂而被细弱短流苏状毛；箨片直立，易脱落，狭三角形，基部不收窄，两侧边缘直下而向基部近垂直，基底宽约为箨鞘顶端宽的2/3；叶鞘被微毛或近无毛；叶耳卵形、卵状长圆形或近镰刀形，边缘具细长波曲状繸毛，有时无叶耳；叶舌极矮，截平，边缘微齿裂或近全缘，被短纤毛或无毛；叶线状披针形至狭披针形，长8.5～14.5 cm，宽8～13 mm，上面无毛，下面密生短柔毛，顶端渐尖，具钻状尖头，基部近圆形或楔形。假小穗数枚簇生花枝各节，线形，长2～3 cm；前出叶宽卵形，长约1.5 mm，顶端钝圆，两脊的上部被纤毛，具芽苞片4片，圆卵形至卵形，长1.5～3.5 mm，顶端钝圆并具短尖头；小穗含小花4～8朵；小穗轴节间扁，被微毛，长约3.5 mm，顶端膨大并在其边缘被短细纤毛；颖1片，卵状椭圆形，长6～6.5 mm，具15脉，顶端急尖而具短尖头；外稃卵状长圆形，长约11 mm，具17脉，顶端急尖且具短尖头；内稃与外稃近等长或稍短，具2脊，脊上无毛，脊间与脊外的两侧均具3脉，顶端钝而具一簇白色柔毛；鳞被3，近等长，长约1.5 mm，边缘近顶端被长纤毛，基部增厚，前方2片宽椭圆形，后方1片卵形；花药顶端钝；子房卵形，长0.5 mm，顶端被毛，基部具长柄，花柱长0.5 mm，柱头3，羽毛状。

产地：广东及海南各地。生于低丘陵地或村落附近。

分布：香港、福建、广西。越南。

用途：农村常种植作围篱；秆常用作棚架、农具或渔具的材料，亦可破篾作土法榨油的油饼篾箍。

19. 马岭竹 （《岭南大学科学专刊》）

Bambusa malingensis McCl.

秆高8～10 m，直径4～6 cm，尾梢近直立或稍下弯，下部近通直或略呈“之”字形曲折，节间长25～30 cm，除秆基第一至第五节间的节下方环生一圈灰白色绢毛外，余均光滑无毛，幼时薄被白色蜡粉，秆壁较厚；节处稍显露；分枝常自秆基第二节开始，秆基部数节常为单枝，而中上部各节则为3至多枝簇生，主枝较粗长，秆下部分枝上的小枝常短缩为细弱的软刺或锐利的硬刺。箨鞘稍早落，背面无毛，干时纵肋隆起，顶端近斜截平而顶部圆拱；箨耳不相等，长圆形或有时狭披针形，上面和边缘均有波曲状细长刚毛，大耳稍下斜，宽约5 mm，末端稍向外延，约大于小耳一倍；箨舌拱形或近截平，高3～4 mm，边不规则齿裂而被短纤毛；箨片直立，稍易脱落，三角形或狭三角形，基部稍作圆形收窄，宽约为箨鞘顶端宽的1/2～2/3。叶鞘无毛；叶耳椭圆形至长圆形，边缘被多数细弱长繸毛；叶舌截平，高0.5 mm，边缘被短纤毛；叶狭披针形，长8～15 cm，宽10～17 mm，上面无毛，下面被极稀疏的短柔毛或无毛，顶端渐尖，具钻状尖头，基部近圆形。花枝未见。

产地：广州及海南三亚。生于丘陵旷地。

分布：香港有栽培。

用途：秆坚实，宜作棚架、支柱和农具等。

20. 狭耳坭竹　（《竹类研究》）

Bambusa angustiaurita W. T. Lin

秆高8～10 m，直径3～6 cm，尾梢稍弯，下部略呈“之”字形曲折；节间长约30 cm，幼时贴生暗棕色小刺毛，后变无毛，秆壁厚；节稍显露，老秆基部第一至三节箨环上方环生一圈灰白色绢毛；分枝常自秆基第二至第五节开始，每节单枝或3至数枝簇生，主枝较粗长，秆下部分枝上的小枝偶尔短缩为软刺。箨鞘早落，厚革质，背面近基部疏被贴生暗棕色刺毛，上部则近无毛或有极疏散的贴生暗棕色刺毛，干时纵肋隆起，顶端近截平或呈稍不对称的宽拱形；箨耳不相等，线形，边具长约3 mm的波曲状繸毛，大耳长1.5～2 cm，宽2.5～3 mm，小耳长约1 cm，宽2 mm；箨舌高3～4 mm，齿裂，被短流苏状毛；箨片直立，狭卵形至卵状披针形，上面近基部的脉间密生暗棕色小刺毛，顶端渐尖，具锐利硬尖头，基部稍作圆形收窄，基底宽约为箨鞘顶端的1/2，近基部密生纤毛。叶鞘被硬糙毛，背部具脊，纵肋隆起；叶耳微弱或为半圆形，具少数卷曲细长繸毛；叶舌圆拱形，高0.5 mm，近全缘；叶线状披针形至披针形，长8～16 cm，宽13～23 mm，两面无毛，顶端渐尖，具粗糙钻状尖头，基部近圆形或楔形。花枝未见。

产地：怀集，广州有栽培。

21. 佛肚竹　（《广州植物志》）　别名：佛竹（广州）

Bambusa ventricosa McCl.

Leleba ventricosa (McCl.) W. T. Lin

B. ventricosa 'Nana'

秆二型；正常秆高8～10 m，直径3～5 cm，尾梢略下弯，下部稍呈“之”字形曲折；节间圆柱形，长30～35 cm，幼时无白蜡粉，光滑无毛，下部略肿胀；秆下部各节于箨环之上下方各环生一圈灰白色绢毛，基部第一二节上生有短气根；分枝常自秆基部第三四节开始，各节具1～3枝，枝上的小枝有时短缩为软刺，秆中上部各节为数至多枝簇生，其中有3枝较为粗长。畸形秆常高25～50 cm，直径1～2 cm，节间短缩而基部肿胀，呈瓶状，长2～3 cm；秆下部各节于箨环之上下方各环生一圈灰白色绢毛带；分枝习性稍高，且常为单枝，均无刺，节间稍短缩而明显肿胀。箨鞘早落，背面全无毛，干时纵肋显著隆起，顶端为近于对称的宽拱形或近截平；箨耳不相等，边具弯曲繸毛，大耳狭卵形至卵状披针形，宽5～6 mm，小耳卵形，宽3～5 mm；箨舌高0.5～1 mm，边被极短的细流苏状毛；箨片直立或外展，易脱落，卵形至卵状披针形，基部稍作心形收窄，宽稍窄于箨鞘之顶端。叶鞘无毛；叶耳卵形或镰刀形，边缘具数条波曲繸毛；叶舌极矮，近截平，边被极短细纤毛；叶线状披针形至披针形，长9～18 cm，宽1～2 cm，上面无毛，下面密生短柔毛，顶端渐尖，具钻状尖头，基部近圆形或宽楔形。假小穗单生或数枚簇生于花枝各节，线状披针形，稍扁，长3～4 cm；前出叶宽卵形，长2.5～3 mm，具2脊，脊上被短纤毛，顶端钝；芽苞片1或2片，狭卵形，长4～5 mm，13～15脉，顶端急尖；小穗含两性小花6～8朵，其中基部1或2朵和顶生2或3朵小花常不孕；小穗轴节间形扁，长2～3 mm，顶端膨大呈杯状，边被短纤毛，颖常无或仅1片，卵状椭圆形，长6.5～8 mm，具15～17脉，顶端急尖；外稃无毛，卵状椭圆形，长9～11 mm，具19～21脉，脉间具小横脉，顶端急尖；内稃与外稃近等长，具2脊，脊近顶端处被短纤毛，脊间与脊外两侧各具4脉，顶端渐尖，顶端具一小簇白色柔毛；鳞被3，长约2 mm，边上部被长纤毛，前方2片形状稍不对称，后方1片宽椭圆形；花丝细长，花药黄色，长6 mm，顶端钝；子房具柄，宽卵形，长1～1.2 mm，顶端增厚而被毛，花柱极短，被毛，柱头3分，长约6 mm，羽毛状。颖果未见。

产地：广州。

分布：我国南方各地有栽培。马来西亚和美洲均有引种。

用途：常作盆栽，人工截顶培植，形成畸形植株以供观赏；在地上种植时则形成高大竹丛，偶尔在正常秆中也长出少数畸形秆。

22. 东兴黄竹 （《植物分类学报》）

Bambusa corniculata L. C. Chia & H. L. Fung

秆高8 m，直径4～7 cm，尾梢下弯，基部数节略呈“之”字形曲折，幼时被白色蜡粉；节间长20～32 cm，基部数节间显著较短；常于具分枝的一侧扁平或具浅沟槽，幼时表面被极稀疏的脱落性贴生刺毛，秆壁厚；基部数节于箨环之上下方环生一圈灰白色绢毛，具短气根；分枝常自秆基部第二三节开始分出单枝，以上各节则3至多枝簇生，其主枝较粗长，秆下部分枝上的小枝常短缩为弯的软刺。箨鞘早落，背面无毛，顶端近截平，一侧具三角状突起；箨耳不相等，大耳约为小耳的3倍，长圆形或椭圆形，宽约5 mm，边具长约1 cm的波曲状繸毛；箨舌高约3 mm，边具短流苏状毛，背面密被糙毛；箨片直立，三角形或狭卵形，基底宽约为箨鞘顶端宽的4/5；叶鞘无毛，叶耳常不发达，若存在时亦微小，半圆形至卵形，鞘口繸毛波曲状；叶舌低矮，边缘被细纤毛；叶线状披针形至披针形，长13～20 cm，宽1～2 cm，上面无毛，下面被短柔毛，顶端渐尖，并具钻状细尖头，基部近圆形或楔形。花枝未见。

产地：广州有栽培。多植于丘陵地村落附近。

分布：广西。

23. 吊罗坭竹 （《植物分类学报》）

Bambusa diaoluoshanensis L. C. Chia et H. L. Fung

秆高约10 m，直径4～5 cm，尾梢弯垂，下部略呈“之”字形曲折；节间长25～30 cm，幼时被疏或密的贴生棕色刺毛，毛脱落后在秆表面留有小凹痕，秆壁厚；秆下部各节在节之下方环生一圈淡棕色小刺毛和白色蜡粉，秆基部第一至第三节箨环之上方环生一圈灰白色绢毛，有时有短气根；分枝自秆基部第一节开始，第一至第三节常为单枝，秆中部为3枝簇生，而上部为多枝簇生，主枝较粗长，秆下部分枝上的小枝有时短缩为软刺。箨鞘早落，背面贴生黑褐色刺毛，上面具光泽，顶端呈不对称的宽拱形；箨耳极不相等，大耳约为小耳的4倍，狭长圆形，宽约5 mm，边缘具波曲状细繸毛，小耳近椭圆形，为箨片基部所掩盖或相挤；箨舌高约3 mm，边缘细齿裂并具短流苏状毛；箨片直立，狭三角形，基部作圆形收窄，宽约为箨鞘顶端宽的8/9。叶鞘无毛；叶耳近卵形，边缘具波曲状繸毛；叶舌低矮，边细齿裂；叶线状披针形至披针形，长7.5～16 cm，宽13～18 mm，上面无毛，下面密生短柔毛，顶端渐尖，具钻状细尖头，基部近圆形或楔形。花枝未见。

产地：海南吊罗山。生于山地林缘。

用途：秆坚硬、厚实、粗度均匀，宜作棚架、农具柄等用。

24. 黎庵高竹 （《植物分类学报》）

Bambusa insularis L. C. Chia et H. L. Fung

秆高8～10 m，直径4～5 cm，尾梢略弯垂，下部稍呈“之”字形曲折；节间长30～35 cm，秆壁厚，基部第一至第三节的节间常现紫斑，并于箨环之上下方环生一圈棕色绢毛；分枝自秆基第一二节开始，基部各节常为单枝，以上各节则为3至多枝簇生，秆下部分枝上的小枝有时短缩为软刺；箨鞘早落，背面被黑褐色贴生刺毛，干时纵肋明显，上面有光泽，顶端近截平；箨耳不相等，大耳约为小耳的1.5倍，椭圆形，皱缩，宽约1 cm，边缘具长约1 cm的繸毛；箨舌高约3 mm，边缘细齿裂并具流苏状毛；箨片直立，卵状三角形或狭卵形，背面无毛或疏生黑褐色贴生小刺毛，基底宽约为箨鞘顶端宽的3/4，边缘近基部被波曲状长纤毛。叶鞘无毛；叶耳近卵形，边缘具径直或波曲的繸毛；叶舌低矮，近全缘；叶线状披针形，长8～14 cm，宽11～15 mm，上面仅于近基部疏生柔毛，下面密被短柔毛，顶端渐尖，具钻状细尖头，基部近圆形或楔形。花枝未见。

产地：广州及海南。生于低丘陵地。

分布：香港有栽培。

用途：秆材坚实，可供棚架用材。

25. 霞山坭竹 （《植物分类学报》） 别名：坭竹（广东）

Bambusa xiashanensis L. C. Chia et H. L. Fung

秆高12～13 m，直径4.5～5.5 cm，尾梢略弯，下部稍呈“之”字形曲折；节上有分枝的节间常一侧具沟槽，长35～45 cm，光滑无毛，秆壁厚；节处的箨环上于解箨后暂留有灰白色刺毛，秆基第一至第四节箨环之上下方环生一圈灰白色绢毛，偶于第一节上生有短气根；分枝常自秆基部第一二节开始分出单枝，以上各节则为3至多枝簇生，主枝较粗长而基部膨大，常呈“之”字形曲折，秆下部分枝上的小枝有时短缩为软刺。箨鞘早落，背面于近基部的中央部分被贴生黑褐色刺毛，上面稍有光泽，顶端呈稍不对称的宽拱形，箨耳不相等，大耳约为小耳的1.5倍，宽椭圆形，斜升，宽约1.5 cm，边缘具波曲状繸毛；箨舌高约7 mm，边缘齿裂而具短流苏状毛；箨片直立，三角形至卵状三角形。基底宽约为箨鞘顶端宽的2/3。叶鞘无毛；叶耳卵形至长圆形，边具波曲状繸毛；叶舌低矮，边缘具细弱长纤毛；叶披针形至线状披针形，长10～20 cm，宽15～20 mm，上面无毛，下面密生短柔毛，顶端渐尖，具钻状细尖头，基部近圆形或楔形。花枝未见。

产地：湛江、广州有栽培。生于丘陵或平地上。模式标本采自华南植物园（引自广东湛江的霞山）。

用途：生长快速，秆材较坚实，但稍曲，仍可供棚架及农作物支柱等用。

本种与木竹B. rutila的区别在于：箨鞘背面近基部的中央部分被贴生黑褐色刺毛，顶端呈不对称宽拱形，箨片基部宽约为箨鞘顶端宽的2/3，大的箨耳约为小的1.5倍，箨舌较高，高达7 mm。

26. 牛儿竹 （《植物分类学报》）

Bambusa prominens H. L. Fung & C. Y. Sia

秆高10～15 m，直径5～7 cm，基部稍呈“之”字形曲折，尾梢下弯；节间长40～50 cm，常在分枝一侧具沟槽，初时被白粉，无毛；秆壁厚；基部数节箨痕之上具一圈淡棕色绢毛和短气根，解箨后在箨痕上具一圈存留时间较短的暗棕色刺毛，秆自基部节上分枝。分枝多数，簇生，主枝明显；下部分枝上的小枝有时短缩成软刺。箨鞘迟落，背面近基部边被暗棕色贴伏刺毛，顶端对称，宽弧拱形，一侧边的顶端具三角状突起；箨耳不等大，大耳约为小耳的2倍，长圆形；鞘口刚毛波曲状；箨舌高3～4 mm，具流苏状毛；箨片宿存，直立，近三角形，基部稍呈钝圆形，宽约为鞘口的3/4。叶线状披针形，长15～25 cm，宽2～2.5 cm，上面无毛，下面密被毛。花序未见。

产地：广州有栽培。

分布：四川特有。生于低山和河边。

用途：秆宜作建筑简易房屋用材及制作农具柄和捕鱼工具。

B. 孝顺竹亚属 subg. **Leleba**（Rumph. ex Nakai） P. C. Keng ex L. C. Chia & H. L. Fung

秆下部分枝上的小枝不短缩成硬刺或软刺；分枝习性较高，有3主枝；箨鞘纸质，背面无纵肋；箨片脱落；小穗轴节间较长，小花在小穗轴上排列较疏松，小穗轴逐节脱落。

本亚属约35种，分布于热带及亚热带亚洲。我国有30种，分布于华南至西南各省区；广东及海南有33种，7变种，9栽培变种。

1. 箨鞘顶端呈“山”字形。
   2. 秆绿色。

3. 秆下部节间正常 …………………………………………………………………………………… 49. 龙头竹 B. vulgaris
3. 秆下部节间极为短缩，并在节间基部肿胀 …………………………………………… 49b. 大佛肚竹 'Wamin'
2. 秆黄色，具绿色纵条纹 …………………………………………………………………… 49a. 黄金间碧竹 'Vittata'
1. 箨鞘顶端多少呈拱形、截平，稀下凹。
2. 叶背面粉白色或粉绿色。
3. 箨耳显著，不相等；箨片背面无毛。
4. 秆节间全为绿色 ……………………………………………………………………………… 36. 妈竹 B. boniopsis
4. 秆基部数节间具黄白色纵条纹 ……………………………………………………… 36a. 花头妈竹 'Yellowstripe'
3. 箨耳极微小或不明显；箨片背面被毛。
4. 秆节间全为绿色，不杂以异色纵条纹。
5. 秆直径1～3 mm，末级小枝具13～26片叶 …………………………………… 48a. 观音竹 var. riviereorum
5. 秆直径4～7 mm，末级小枝具5～13片叶。
6. 箨鞘背面无毛。
7. 末级小枝具9～13片叶；叶长3.3～6.5 cm，宽4～7 mm …………………………… 48e. 凤尾竹 'Fernleaf'
7. 末级小枝具5～12片叶；叶长5～6（～22）cm，宽7～16（～20）mm。
8. 秆的分枝斜举，不下垂；叶较宽短 ………………………………………………… 48. 孝顺竹 B. multiplex
8. 秆的分枝下垂；叶细长 …………………………………………………………… 48d. 垂柳竹 'Willowy'
6. 箨鞘背面被毛……………………………………………………………………………… 48b. 毛凤凰竹 var. incana
4. 秆节间绿色或黄色，杂以异色纵条纹。
5. 秆节间绿色，具少数白色纵条纹 ………………………………………………… 48c. 银丝竹 'Silverstripe'
5. 秆节间黄色，具绿色纵条纹。
6. 末级小枝具5～12片叶，叶长4～14 cm………………………………………… 48f. 小琴丝竹 'Alphonse-Karr'
6. 末级小枝具12～20片叶，叶长1.6～3.8 cm ………………………………… 48g. 小叶琴丝竹 'Stripestem Fernleaf'
2. 叶背面绿色或淡绿色。
3. 箨鞘顶端截平、近截平或稍下凹。
4. 秆节间无毛 …………………………………………………………………………………… 32. 信宜石竹 B. subtruncata
4. 秆节间多少被毛。
5. 箨鞘背面全部被毛。
6. 箨鞘背面疏被褐色硬毛，顶端截平；箨耳近等大 …………………………………… 34. 皱耳石竹 B. crispiaurita
6. 箨鞘背面被深棕色小糙毛，顶部微凹；箨耳略不等 …………………………………… 42. 密节竹 B. concava
5. 箨鞘背面仅在两侧边缘和近基底被毛。
6. 箨鞘背面仅在两侧边缘和近基底处被毛；两箨耳近等大；箨舌高1 mm …………… 41. 蓬莱黄竹 B. duriuscula
6. 箨鞘背面仅在近基底处被毛；两箨耳明显不等大；箨舌高2～3 mm ……………… 38. 鱼肚腩竹 B. gibboides
3. 箨鞘顶端多少凸拱。
4. 箨耳镰形，杯状外折 ………………………………………………………………… 44. 抱秆黄竹 B. amplexicaulis
4. 箨耳不为镰形。
5. 箨耳部分为箨片基部所掩盖。
6. 箨鞘背面多少被褐色硬毛；箨舌高1.5 mm，具齿，有纤毛；箨片基部宽约为箨鞘顶端宽的1/4 ……………………………………………………………………………………………… 45. 掩耳黄竹 B. semitecta
6. 箨鞘背面无毛，有许多紫色条斑；箨舌高约2 mm，边缘齿裂，被短流苏状毛或无毛；箨片基部宽约为箨鞘顶端宽的2/3 ………………………………………………………………………… 46. 黄竹仔 B. mutabilis
5. 箨耳不为箨片基部所掩盖。
6. 箨片基部宽不足箨鞘顶端宽的1/2 ………………………………………………………… 35. 硬头黄竹 B. rigida
6. 箨片基部宽超过箨鞘顶端宽的1/2。
7. 箨耳中较大的1枚宽达1 cm或更宽。
8. 箨片底部与箨耳连接部分为1～1.3 cm。

9. 箨鞘顶端为拱凸的广三角形，背面密被暗褐色贴生刺毛；箨舌全缘 ……………………27. 马甲竹 B. teres
9. 箨鞘顶端为不对称的弧拱形，背面通常无毛或被极稀疏的贴生小刺毛；箨舌边缘不规则齿裂或条裂，被短流苏状毛。
10. 秆节间全为绿色……………………………………………………………… 28. 大眼竹 B. eutuldoides
10. 秆至少在下部各节间有异色条纹。
11. 秆的节间和箨鞘均为绿色，但有黄白色纵条纹……………………… 28a. 银丝大眼竹 var. basistriata
11. 秆的节间柠檬黄色并具绿色纵条纹，箨鞘绿色，具柠檬黄色纵条纹 …………………………………………………………………………………………………… 28b. 青丝黄竹 var. viridivittata
8. 箨片底部与箨耳连接部分为3～7 mm。
9. 秆的下部无异色条纹。
10. 箨耳边及内面密被波曲状縫毛；箨舌边微齿裂，被长达5 mm的流苏状毛………………………………………………………………………………………………37. 长枝竹 B. dolichoclada
10. 箨耳仅边被细弱波曲状縫毛。
11. 秆基部近实心；箨台高1.5 mm，边缘出裂…………………………………33. 阳春石竹 B. basisolida
11. 秆基部空心；箨台高3～4 mm，边缘条裂，被长2 mm的短流苏状毛。
12. 秆的节间正常…………………………………………………………………… 31. 青秆竹 B. tuldoides
12. 秆下部节间短缩，基部肿大……………………………………… 31a. 鼓节竹 'Swolleninternode'
9. 秆至少在下部节间具异色条纹。
10. 分枝自秆基部的第一节开始，箨耳中较大的一枚倒卵状长圆形或倒披针形，末端渐窄。
11. 秆下部节间具黄白色条纹。
12. 秆的箨痕上下各具一圈白色绢毛…………………………………………29. 撑篙竹 B. pervariabilis
12. 秆的箨痕上下无一圈白色绢毛…………………………………………… 29b. 花身竹 var. multistriata
11. 秆及枝条所有节间黄色，具绿色纵条纹……………………………… 29a. 花撑篙竹 var. viridistriata
10. 分枝自秆基部的第三或第四节开始，箨耳中较大的一枚长圆形，末端不变窄 ……………………………………………………………………………………………………… 30. 花眉竹 B. longispiculata
7. 箨耳宽不及1 cm。
8. 箨鞘几遍布刺毛，箨舌高0.6～1 mm。
9. 箨舌顶端不规则齿裂 ……………………………………………………………… 43. 米筛竹 B. pachinensis
9. 箨舌顶端被长5～10 mm的流苏状毛 ……………………………………43a. 长毛米筛竹 var. hirsutissima
8. 箨鞘无毛，或仅在近缘处有毛；箨舌高1～3 mm。
9. 基部秆节常在箨环上具灰白色绢毛环；分枝起始于第四至第六（稀第七）节。
10. 箨鞘边缘具刺毛；箨舌高1～1.5 mm ………………………………………………… 40. 花竹 B. albolineata
10. 箨鞘无毛；箨舌高2～3 mm ……………………………………………………… 39. 石竹仔 B. piscatorum
9. 秆节无毛；分枝通常起始于第七至第十一节。
10. 秆箨片长度为其箨鞘全长的2/3或过之，箨片基部稍作心形收窄；箨舌高2 mm。
11. 秆绿色……………………………………………………………………………… 47. 青皮竹 B. textilis
11. 秆绿色，间以紫红色条状斑纹或纵条纹。
12. 秆绿色间以紫红色条状斑纹………………………………………………… 47a. 紫斑竹 'Maculata'
12. 秆绿色间以紫红色纵条纹……………………………………………47b. 紫秆竹 'Purpurascens'
10. 秆箨片长度约为其箨鞘全长的1/2，箨片基部稍作圆形收窄；箨舌高1～1.5 mm。
11. 秆箨鞘背面全部无毛………………………………………………… 47c. 光秆青皮竹 var. glabra
11. 秆箨鞘背面近两侧和近基部均疏生暗棕色刺毛…………………………47d. 崖州竹 var. gracilis

27. 马甲竹 （《中国植物志》）

Bambusa teres Buch.-Ham. ex Munro

B. lixin Hsueh et Yi

B. *tulda* auct. non Roxb.

秆高8～10 m，直径5～7 cm，尾梢略弯拱，下部挺直，节间长40～46 cm，幼时被白蜡粉，秆壁较厚；节不隆起，基部数节箨环之上方环生一圈灰白色绢毛，并有气根；分枝自秆基第一节开始，数至多枝簇生，主枝显著较粗长，秆下部分枝向下弯拱，秆中部分枝则近水平伸展；箨鞘早落，厚革质，背面幼时被白蜡粉，密生脱落性贴生暗褐色刺毛，顶端不对称的宽三角形拱凸，边被极短的纤毛；箨耳显著不相等，波状强皱褶，边缘具弯曲繸毛，大耳明显向下倾斜，其下斜程度可达箨鞘全长的1/3，长肾形或倒卵状披针形，长4.5～5 cm，宽约1.5 cm，箨舌高1.5～2 mm，全缘，无毛或被极短的纤毛；箨片直立，宽卵形，背面无毛，上面被糙硬毛或粗糙，顶端急尖，具硬尖头，基部近心形或圆形收窄后向两侧外展而与箨耳相连，相连部分为1～1.3 cm，箨片基部宽约为箨鞘顶端宽的5/8，近基部的边缘波状，被短纤毛。叶鞘无毛，纵肋明显，背部具脊；叶耳不发达或无，鞘口繸毛每边仅1～2条或无；叶舌近截平，高1 mm，边缘微齿裂；叶宽线形至线状披针形，长15～20 cm，宽1.5～2.5 cm，上面无毛或有时近基部被短硬毛，下面淡绿色，密生短柔毛，顶端渐尖，具扭曲的粗糙细尖头，基部近圆形或楔形；叶柄近无毛，长约2 mm。假小穗单生或2～5枚簇生于花枝各节；小穗线形至线状披针形，长2.5～7.5 cm，宽约5 mm，含小花4～6朵，顶端有1或2朵不孕小花；小穗轴节间棒状，近内稃一面扁平，具条纹，顶端边被纤毛；颖1或2片，多脉，顶端急尖；外稃卵形至长圆形，长1.2～2.5 cm，宽7.5 mm，无毛，多脉，顶端急尖或渐尖而具细短尖头，有时边稍被纤毛；内稃稍短于外稃，具2脊，脊上被纤毛，顶端具画笔状毛，脊间5～7脉；鳞被3，长约3.8 mm，前方2片基部增厚，具5脉，边被长纤毛，后方1片的基部不增厚；花药紫红色，长7.5～10 mm，顶端钝或微凹缺；子房倒卵形或倒卵状长圆形，顶部增厚，被长硬毛，花柱极短，被长硬毛，柱头3，羽毛状。颖果长圆形，长7.5 mm，上面具纵沟槽状种脐，顶端被长硬毛。

产地：广州、深圳有栽培。

分布：广西、西藏南部。孟加拉国、不丹、印度、缅甸和尼泊尔。

用途：竹秆坚实而挺直，可作建筑用材。

28. 大眼竹 （《岭南大学科学专刊》）

Bambusa eutuldoides McCl.

秆高6～12 m，直径4～6 cm，尾梢略弯，下部挺直；节间长30～40 cm，幼时薄被白蜡粉或近无粉，无毛或有时仅于上半部疏生脱落性小刺毛；秆壁厚5 mm，节稍隆起，秆基部数节于箨环之上下方环生一圈灰白色绢毛；分枝自秆基部第二或三节开始，数至多枝簇生，其中3枝较为粗长。箨鞘早落，革质，背面无毛或有时被极稀疏的脱落性贴生小刺毛，干时纵肋稍隆起，近外侧一边有时具数条纵向黄白色细条纹，顶端向外侧一边下斜，呈极不对称的拱形；箨耳极不相等，形状各异，质极脆，略皱，边缘被波曲状细刚毛，大耳极下延，可达箨鞘全长的2/5～1/2，倒披针形至狭长圆形，长5～6.5 cm，宽约1.5 cm，小耳近圆形或长圆形，直径约1 cm，或有时全与箨片基部相连，而难以区分；箨舌高3～5 mm，边缘不规则齿裂或条裂，被短流苏状毛；箨片直立，易脱落，不对称三角形至狭三角形，背面疏生脱落性小刺毛，上面基部脉间被棕色小刺毛而上部粗糙，顶端渐尖，具锐利硬尖头，基部略收窄后向两侧外延与箨耳相连，相连部分约为1 cm，箨片基部宽约为箨鞘顶端宽的3/5。叶鞘无毛，背部具脊，纵肋隆起；叶耳有时无，存在时则呈卵形或狭倒卵形至倒卵状长圆形，边缘具数条直或曲的细长繸毛；叶舌高约0.5 mm，截平，边具微齿；叶披针形至宽披针形，长12～25 cm，宽14～25 mm，上面无毛，下面密生短柔毛，顶端骤渐尖，具粗糙钻状尖头，基部近圆形或楔形。假小穗数至多枚簇生于花枝各节，线形，长2.5～5.5 cm；小穗含小花5～6朵，基部承托以数片具芽苞片；小穗轴节间扁平，长3～4 mm，顶端膨大，边缘被短纤毛；颖仅1片，长圆形，长9～10 mm，背面无毛，但有许多极小的紫色斑点，具11脉，顶端急尖，具短尖头；外稃与颖相似，长12～13 mm，具13～15脉；内稃披针形，长约11 mm，具2脊，脊近顶端被短纤毛，脊间4脉，脊外每边各具2脉；鳞被3，不相等，边被长纤毛，前方2片较窄，长约2 mm，后方1片较大，宽倒卵形或近圆形，长约2 mm；花药长5 mm，顶端叉开；子房近球状，直径约1 mm，顶端被短硬毛，花柱极短，被短硬毛，柱头3，羽毛状。颖果幼时近倒卵状，长约5 mm，顶部被短硬毛，留有柱头残余。

产地：清远有栽培。多栽培于村落附近及溪河两岸。

分布：广西、香港有栽培。

用途：秆可制农具，建茅屋，并可劈篾编结粗竹器。

28a. 银丝大眼竹 （《中国植物志》） 别名：斑坭竹

var. **basistriata** McCl.

本变种与原种的区分在于：秆下部各节间和新鲜箨鞘的背面绿色而具黄白色纵条纹，箨耳大的一枚深波状皱褶。

产地：高要。

分布：广西有栽培。

用途：观赏。

28b. 青丝黄竹 （《竹类研究》）

var. **viridivittata**（W. T. Lin）L. C. Chia

B. viridivittata W. T. Lin

本变种与原种的区别在于：节间柠檬黄色，具绿色纵条纹，箨鞘新鲜时绿色，具柠檬黄色纵条纹，箨耳大的1枚较原种的短。

产地：惠阳。

用途：竹秆色彩绚丽夺目，非常美观，堪称园艺佳品，宜种植庭园中供观赏。

29. 撑篙竹 （《岭南大学科学专刊》）

Bambusa pervariabilis McCl.

秆高7 ~ 10 m，直径4 ~ 5.5 cm，尾梢近直立，下部挺直；节间通直，长约30 cm，幼时薄被白蜡粉或有硬糙毛，老时无粉也无毛，秆壁厚，基部数节间具黄绿色纵条纹；节稍隆起，秆基部数节于箨环之上下方环生一圈灰白色绢毛；分枝自秆基部第一节开始，坚挺，数枝至多枝簇生，中央3枝较粗长。箨鞘早落，薄革质，背面无毛或有时被糙硬毛，新鲜时具黄绿色纵条纹，干时纵肋稍隆起，顶端向外侧一边下斜，呈不对称的拱形；箨耳不相等，具波状皱褶，边缘被波曲状细繸毛，大耳沿箨鞘顶端向下倾斜，倾斜程度可达箨鞘全长的1/6 ~ 1/5，倒卵状长圆形至倒披针形，长3.5 ~ 4 cm，宽约1 cm，末端渐狭，小耳近圆形或椭圆形，长约1.5 cm，宽约8 mm；箨舌高3 ~ 4 mm，顶端不规则齿裂，有时条裂并被短流苏状毛；箨片直立，易脱落，呈近对称的狭卵形，幼时背面具黄绿色纵条纹，疏生脱落性棕色贴伏刺毛，顶端急尖，具锐利硬尖头，基部作圆形收窄后向两侧外延而与箨耳相连，相连部分为3 ~ 7 mm；箨片基部宽约为箨鞘顶端宽的2/3。叶鞘背面无毛，边被短纤毛；叶耳倒卵形至倒卵状椭圆形，边缘具数至多条直或弯的繸毛；叶舌高0.5 mm；叶线状披针形，长10 ~ 15 cm，宽1 ~ 1.5 cm，上面无毛，下面密生短柔毛，顶端渐尖，具粗糙的钻状尖头，基部近圆形或宽楔形。假小穗数枚簇生于花枝各节，线形，长2 ~ 5 cm；小穗含小花5 ~ 10朵，基部托以具芽苞片2或3片；小穗轴节间长约4 mm；颖1，长圆形，长6 mm，无毛，具9脉，顶端急尖；外稃长圆状披针形，长12 ~ 14 mm，无毛，具13 ~ 15脉，顶端锐尖；内稃与外稃近等长或稍短，具2脊，脊向顶端被短纤毛，脊间6脉，脊外每边各3脉；鳞被3，不相等，边被长纤毛，前方2片偏斜，长2.7 mm，后方1片稍大，倒卵状长圆形，长3 mm；花丝短，花药长5 mm；子房长圆形，长约1 mm，顶端被短硬毛，花柱长1 mm，被短硬毛，柱头3，长3 mm，被毛。颖果幼时宽卵球形，长1.5 mm，顶端被短硬毛，有残留花柱和柱头。

产地：广东各地。多生于河溪两岸及村落附近，常见栽培。

分布：广西。

用途：秆坚实而挺直，适作脚手架、撑杆、担杆、农具，以及制造竹家具、竹编制品等；秆表面刮制的“竹茹”可供药用。

29a. 花撑篙竹 （《植物分类学报》）

var. **viridistriata** Q. H. Dai & X. C. Liu

本变种与原种的区别在于：秆及枝条的节间黄色，具绿色纵条纹。

产地：广州有栽培。
分布：广西。
用途：观赏。

29b. 花身竹 （广州）

var. **multistriata** W. T. Lin

本变种与原种的区别在于：秆和秆箨有较多的白色条纹，节下和节内无一圈白色绢毛。
产地：广州。
用途：观赏。

30. 花眉竹 （《广州植物志》）

Bambusa longispiculata Gamble ex Brandis

B. tuldoides auct. non Munro

秆高8 ~ 12 m，直径4 ~ 5 cm，尾梢直立或稍弯，下部略呈“之”字形曲折；节间长约30 cm，无毛，幼时薄被白蜡粉，秆壁厚，秆下部的节间具黄绿色或淡绿色纵条纹；节处不隆起，秆中下部的节在箨环之上下方环生一圈灰白色绢毛，秆基部第一至三节上有短气根；分枝自秆基部第三或四节开始，数枝至多枝簇生，主枝明显粗长。箨鞘新鲜时具黄绿色纵条纹，革质，早落，背面无毛，干时肋纹略隆起，顶端稍向一侧倾斜，呈稍不对称的宽弧拱形，边密生短纤毛；箨耳不相等，位于箨鞘顶端两侧，具波状皱褶，边缘密生细弱波曲状繸毛，大耳稍下斜，下斜程度可达箨鞘全长的1/6 ~ 1/7，长圆形，长2.5 ~ 3 cm，宽约1 cm，内被糙硬毛，贴生少数弯曲繸毛，末端近圆形，小耳近圆形，约为大耳的1/2；箨舌高4 ~ 5 mm，边缘不规则细齿裂和条裂，密生短纤毛；箨片直立，呈稍不对称的卵状三角形，上面在下部沿脉间密生棕色小刺毛，上部粗糙，顶端渐尖，具硬尖头，基部稍作圆形收窄后向两侧外延与箨耳相连，相连部分为4 ~ 5 mm；箨片基部宽约为箨鞘顶端宽的2/3。叶鞘背面近无毛，纵肋隆起，边缘被白色短纤毛；叶耳小，近卵形，边被长繸毛；叶舌高约1 mm，背面被微毛，全缘；叶线形或线状披针形，长9 ~ 15 cm，宽1 ~ 1.5 cm，上面无毛，下面密生短柔毛，顶端渐尖，具粗糙钻状尖头，基部圆形或楔形。假小穗数枚簇生于花枝各节，在簇丛的基部托以无缩小叶的革质鞘状苞片；小穗稍扁，具光泽，长达15 cm，含能育小花6 ~ 12朵；颖2片；能育外稃长达2.5 cm。颖果近圆柱状，略弯，长约1.5 cm，顶端残留短花柱和3枚柱头。

产地：据《Flora of China》记载，广东有栽培。
分布：孟加拉国、缅甸。
用途：秆坚硬、厚实，可供农具、支柱及棚架用材。

31. 青秆竹 [《中国树木分类学（补编）》] 别名：水竹、硬生桃竹、硬散桃竹（广东） （图131）

Bambusa tuldoides Munro

B. tulda auct. non Roxb.

B. breviflora Munro

B. longiflora W. T. Lin

秆高6 ~ 10 m，直径3 ~ 5 cm，尾梢略下弯；节间长30 ~ 36 cm，幼时薄被白蜡粉，无毛，秆壁厚；节处微隆起，基部第一至二节于箨环之上下方环生一圈灰白色绢毛；分枝自秆基第一或第二节开始，数枝至多枝簇生，主枝较粗长。箨鞘早落；背面无毛，干时纵肋稍隆起，靠近外侧的一边有1 ~ 3条黄白色纵条纹，顶端向外侧一边稍向下倾斜，呈不对称的宽弧拱形；箨耳不相等，靠外侧的箨耳较大，卵形至卵状椭圆形，长约2.5 cm，宽1 ~ 1.4 cm，略有皱褶，边具波曲状细弱繸毛，靠内侧的箨耳较小，斜升，卵圆形至椭圆形，约为大耳的1/2，边缘具波曲状细弱繸毛；箨舌高3 ~ 4 mm，条裂，边缘密生长2 mm的短流苏状毛；箨片直立，易脱落，呈不对称的卵状三角形至狭三角形，背面疏生脱落性棕色贴生小刺毛，上面脉间被棕色或淡棕色小刺毛，顶端渐尖，具锐利硬尖头，基部稍作圆形收窄后向两侧外延而与箨耳相连，相连部分5 ~ 7 mm，箨片基部宽约为箨鞘顶端宽的3/4 ~ 2/3，两侧边近基部略有皱褶，被波曲状繸毛。叶鞘背面无毛，边仅一侧被短纤毛；叶耳无或存在，存在时为狭卵形至镰刀形，边缘具直或曲的繸毛；叶舌极低矮，近截平，全缘，被极短的纤毛；叶披针形至狭披针形，长10～18 cm，宽1.5～2 cm，上面无毛或近基部疏生柔毛，下面密被短柔毛，顶端渐尖而具粗糙钻状细尖头，基部近圆形或宽楔形。假小穗数枚簇生于花枝各节，簇丛基部托以鞘状苞片，淡绿色，稍扁，线状披针形，长2～3 cm，宽3～4 mm；前出叶具2脊，脊上被纤毛；具芽苞片2片，无毛，顶端钝；小穗含小花6～7朵，位于上下两端者不孕，中间的小花为两性；小穗轴节间扁平，长3～4 mm，顶端膨大呈杯状而被微毛；颖1片，卵状长圆形，长8.5 mm，无毛，顶端急尖；外稃卵状长圆形，长11～14 mm，具19脉，无毛，顶端钝，具短尖头；内稃与外稃近等长或稍短，两脊的上部疏生极短白色纤毛，稃顶端的毛较长，脊间和脊外的每边均具4脉，生有小横脉，顶端略钝，有一簇画笔状白毛；鳞被3，倒卵形，边被长纤毛，前方2片偏斜，宽短，长2.5 mm，后方1片狭长，长约3 mm；花药长3 mm，顶端微凹；子房倒卵形，具柄，长1.2 mm，顶部增厚并被长硬毛，花柱长0.7 mm，被长硬毛，柱头3，长5.5 mm，羽毛状。颖果圆柱形，稍弯，长8 mm，直径1.5 mm，顶端钝圆而增厚，被长硬毛和残留的花柱。

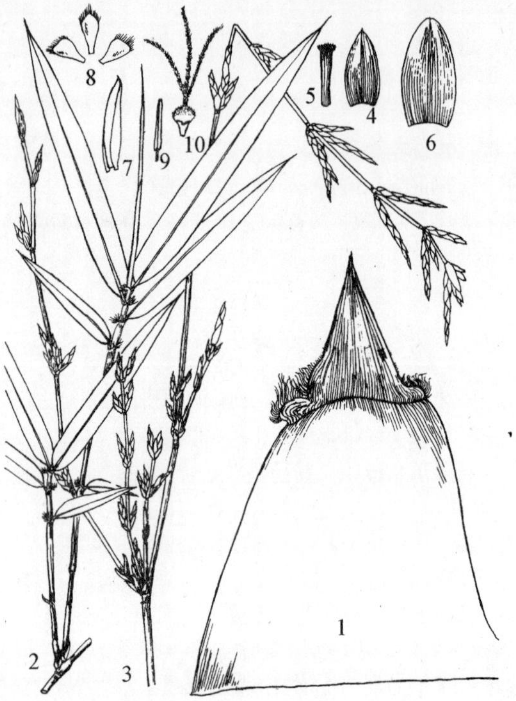

图 131　青秆竹　Bambusa tuldoides Munro
1. 秆箨背面观；2. 叶枝；3. 花枝；4. 颖；5. 小穗轴节间；6. 外稃；7. 内稃；8. 鳞被；9. 雄蕊；10. 雌蕊。（陈夏玲抄绘）

产地：广东各地。生于低丘陵地或溪河两岸，也常栽培于村落附近。模式标本采自香港。

分布：香港。

31a. 鼓节竹　（《竹类研究》）

'Swolleninternode'

本栽培品种与原种的区别在于：秆的下部节间极为缩短，基部肿胀。

产地：肇庆。

用途：观赏。

32. 信宜石竹　（《植物分类学报》）　别名：石竹（广东）

Bambusa subtruncata L. C. Chia et H. L. Fung

秆高4～5 m；直径2～2.5 cm，尾梢略弯，下部近直；节间长25～30 cm，无毛，幼时薄被白蜡粉，秆壁较厚，下部数节间具黄绿色纵条纹；节处略隆起，基部第一至第三节于箨环之上下方各环生一圈灰白色绢毛；分枝自秆基部第三或第四节开始，多枝簇生，近水平伸展，中央一枝显著粗长。箨鞘早落，新鲜时具黄绿色纵条纹，无毛，或近内侧边和近底缘处被棕色小刺毛，上面有光泽，顶端近截平；箨耳不相等，大耳约为小耳的2.5倍，宽椭圆形或椭圆形，长约2 cm，宽1.3 cm，有皱褶，边缘具波曲状繸毛；箨舌高1.5～2 mm，边具细纤毛；箨片直立，易脱落，三角形至狭三角形，基部稍作圆形收窄后向两侧外延与箨耳相连，相连部分为6～7 mm，箨片基部宽约为箨鞘顶端宽的3/5。叶鞘无毛；叶耳近卵形或不发达，鞘口繸毛细弱而长，呈波曲状；叶舌低矮，全缘；叶线状披针形，长8～15 cm，宽9～13 mm，上面无毛，下面密生短柔毛，顶端渐尖、具钻状细尖头，基部近圆形或楔形。花、果未见。

产地：信宜。生于山坡上或村落。

本种与花眉竹B. longispiculata的区别在于：箨鞘顶端近截平，箨耳大的一枚宽椭圆形或椭圆形，箨舌高1.5～2 mm，箨片基部宽约为箨鞘顶端宽的3/5。

33. 阳春石竹 （《竹子研究汇刊》）

Bambusa basisolida W. T. Lin

秆高4m，直径2 cm；节间长20～35 cm，薄被白粉；秆厚，下部实心；箨环窄而节平，除基部第一节或第二节外，节下和节内无白毛环。分枝自秆的第三节开始，主枝粗大，位于下部的单出，上部簇生。秆箨易落，箨鞘顶部略为不对称的拱形；背面疏生刺毛；箨耳阔卵形或卵形，不等大，大者比小者约大3倍，无皱纹；边缘具波曲状繸毛；箨舌高1.5mm，有小齿；箨片直立，三角形，基部两侧外延，与箨耳相连。叶鞘有柔毛或无毛；叶耳椭圆形，鞘口刚毛细弱，叶舌极短；叶长13～23cm，宽10～18mm，上面疏生短柔毛，下面密生柔毛，次脉7～9对。

产地：阳春。

本种与信宜石竹B. subtruncata 的区别在于：秆厚，下部实心，枝条自秆的第三节开始，节内及节下无白色丝质毛环，主枝粗大，位于最下的单出，箨耳不等大，大者比小者约大3倍，无皱纹。

34. 皱耳石竹 （《华南农业大学学报》）

Bambusa crispiaurita W. T. Lin & Z. M. Wu

秆高8 m，直径2～6 cm；节间长15～25 cm，上部被褐色硬糙毛；秆壁厚；秆环略隆起，在箨环上下被有淡色绢毛环。分枝起始于第一或二节，主枝长而粗。箨鞘脱落性，疏被褐色硬毛，边具纤毛，顶端截平；箨耳近等大，狭椭圆形，皱褶，边具少量短硬毛；箨舌长4～5 mm，具细齿；箨片直立，卵状披针形，基部与箨鞘顶端等宽。叶线状披针形，长8～17 cm，宽0.8～1.8 cm，下面被柔毛，上面光滑。花枝未见。

产地：广宁。生于低矮山坡。

35. 硬头黄竹 （《中国主要植物图说——禾本科》）

Bambusa rigida Keng & P. C. Keng

B. stipitata W. T. Lin

秆高5～12 m，直径2～6 cm，下部径直，尾梢略弯拱；节间长30～45 cm，初时薄被白粉，无毛；秆壁厚1～1.5 cm；节稍隆起,有时基部第一节箨痕之上被一圈灰白色绢毛；分枝自基部第一或二节开始，数至多枝簇生，主枝明显，直径4～6 mm。箨鞘早落，革质，基部内侧边被脱落性暗棕色刺毛，顶端向外侧倾斜而呈稍不对称宽弧拱形；箨耳深棕色，不等，稍皱缩；大耳卵形，长约 2.5 cm，宽1.5 cm，秆上者近长圆形或披针形；小耳卵形或近圆形，大小约为大耳的2/3；鞘口刚毛长约 1 cm，波曲；箨舌高2.5～3 mm，条裂，具流苏状毛；箨片脱落，直立，近对称，卵状三角形至卵状披针形，基部圆形收窄后即外延而与箨耳相连，相连部分为3～4 mm，基部宽约为鞘口的2/5，背面被极疏的棕色刺毛，上面近基部密被棕色刺毛，上部粗糙，顶端渐尖，具短尖头。叶线状披针形，长7.5～18 cm，宽1～2 cm，下面密被毛，上面无毛或近基部被疏毛。假小穗单生或数至多枚簇生于花枝各节，簇生者不孕，单生者可孕，可孕假小穗长3～4.5 cm；含小花3～7朵，基部托以数枚具芽苞片；小穗轴节间扁，长2～4 mm，无毛，顶端增厚呈杯状。颖椭圆形，长6～7 mm，具多脉，顶端急尖；外稃长圆状披针形，长1～1.5 cm，宽0.4～0.8 cm，具多脉，顶端具短尖头；内稃稍短于外稃，近顶端被纤毛，脊间具5脉；鳞被3，长1.5～3 mm，上部边被长纤毛；前方2片近匙形；后方1片稍长，倒卵状披针形；花药长4～6 mm，顶端具画笔状毛；子房具3棱，卵形，连柄长2～2.5 mm，顶端被短硬毛；花柱被毛，长1.5～2 mm；柱头3，被短毛，长不及1 mm。成熟颖果未见。

产地：广东各地有引种。常栽培于河边和村旁。

分布：四川，华南及西南各地有引种。

用途：秆材厚实，常用作棚架及制作各种农具。

36. 妈竹　（《中国植物志》）

Bambusa boniopsis McCl.

B. fecunda McCl.

秆高3～6 m，直径1～2.5 cm，尾梢近直立，下部近挺直；节间长23～30 cm，稍弯或通直，幼时薄被白蜡粉，无毛，秆壁较厚；节处不隆起，秆中下部各节的箨环之上方环具一圈白色蜡粉；分枝自秆基第三至五节开始，秆中部各节为数至多枝簇生，主枝略较粗长。箨鞘早落；背面无毛，幼时稍有白蜡粉，干时质硬，纵肋稍显，顶端稍向外侧的一边下斜，呈不对称的宽拱形；箨耳不相等，微有皱褶，有部分为箨片的基部所掩盖，边具极细弱的卷曲短缝毛，大耳椭圆形至宽椭圆形，长10～13 mm，宽7～8 mm，小耳椭圆形，长约4 mm，宽2 mm；箨舌高1.5 mm，边啮蚀状，被极细的短纤毛，毛长0.5 mm；箨片直立，易脱落，基部抱秆，不对称卵状披针形，长度超过箨鞘，背面无毛，幼时薄被白蜡粉，上面稍粗糙，顶端渐尖，基部偏向一侧肿大，作近圆形收窄，基底明显窄于箨鞘顶端，边缘于中部以下被极短纤毛。叶鞘常无毛；叶耳倒卵状椭圆形至镰刀形，边缘具放射状縫毛多条；叶舌高0.5 mm，边缘微齿裂；叶线状披针形，长10～16 cm，宽14～20 mm，上面疏生长硬毛，后变无毛，下面粉绿色，密生短柔毛，顶端渐尖，具钻状尖头，基部近圆形或宽楔形。假小穗单生或2或3枚簇生花枝各节，线形或线状披针形，长2～3 cm，宽5～7 mm；前出叶具2脊；苞片腋内具芽；小穗含4或5朵小花，中间2或3朵为两性；小穗轴节间扁，长3～4 mm，顶端膨大呈漏斗状，边缘被微毛；颖1片，卵状长圆形，长6.5～7 mm，无毛，具11～13脉，顶端急尖；外稃长圆状披针形，长12～15 mm，无毛，背面具极小的紫色斑点，具17～19脉，近顶端的脉间具小横脉，顶端急尖，具短尖头；内稃较窄，长10～12 mm，具2脊，脊近顶端被短纤毛，脊间4脉，脉间有小横脉，脊外每边3脉，顶端具画笔状毛；鳞被3，边被长纤毛，前方2片较窄而偏斜，长14 mm，后方1片近长圆形，长3 mm，顶端具3齿；花药黄色，长4.5 mm，顶端微凹；子房宽卵球状，具柄（长约1 mm，具3棱），顶端增厚而被短硬毛，花柱长0.8 mm，被短硬毛，柱头3，长2 mm。颖果幼时倒圆锥状，长约7 mm，顶部被短硬毛，有残留柱头。

产地：海南陵水。多生于水溪边、山地林下或村落附近。

36a. 花头妈竹　（《热带亚热带植物学报》）

'Yellowstripe'

本栽培品种与原种的区别在于：箨鞘和秆基部以上数节的节间具黄色纵条纹。

产地：广州有栽培。

37. 长枝竹　（李衎《竹谱详录》）

Bambusa dolichoclada Hayata

Leleba dolichoclada（Hayata）Odashima

秆高10～15 m，直径4.5～8 cm，基部挺直，尾梢略弯；节间长30～45 cm，初时薄被白粉；秆壁稍厚；节平，下部数节于箨痕上方具一圈灰白色绢毛；分枝自基部节上开始，每节3至多数，3主枝明显。箨鞘早落，革质，薄被白粉，沿顶端和上半部两侧密被棕色短刺毛，顶端稍向外侧的一边下延，呈稍不对称的宽弧拱形，有时近截平；箨耳稍皱缩，末端近钝圆，明显不等大；大耳长圆形或狭卵形，长2～2.5 cm，宽0.8～1 cm，小耳卵形或椭圆形，为大耳的1/3；鞘口刚毛波曲状，密；箨舌高3～4 mm，稍齿裂，具长达5 mm的流苏状毛；箨片脱落，直立，呈不对称卵状三角形，基部稍作圆形收窄后向外延伸与箨耳相连，相连部分为3～5 mm，基部宽约为鞘口2/3，背面疏被暗棕色刺毛，上面于脉间密被淡棕色刺毛，顶端渐尖，具硬尖头。叶线形至线状披针形，长10～26 cm，宽1～2.3 cm，下面被短柔毛，上面无毛而具光泽。假小穗3～9枚簇生于花枝各节。小穗线形，长3～4 cm，宽 0.6～0.8 cm；含小花 4～12朵，基部托以数枚具芽苞片。颖2片，卵形或宽卵形，长2～4.5 mm，具14脉，顶端急尖；外稃卵形，长约9 mm，具18～20脉，顶端急尖；内稃长约8.5 mm，脊上密被短纤毛；花药黄色，长约4.5 mm，顶端微凹；子房倒卵形，长约2 mm，顶端疏被短硬毛；花柱极短；柱头3。

产地：广州有栽培。

分布：福建、台湾。

38. 鱼肚腩竹 （《植物分类学报》）

Bambusa gibboides W. T. Lin

秆高10～12 m，直径5～7 cm，尾梢下弯，下部稍呈“之”字形曲折；节间略弯，下部稍肿胀，长40～47 cm，幼时薄被白蜡粉，疏被棕色贴生小刺毛，毛脱落后在表面留有凹痕，秆壁稍厚；节稍隆起，秆基第一、第二节的箨环之上下方环生一圈灰白色绢毛；分枝自秆基第一节或第二节开始，秆基部为单枝，中上部的各节为数至多枝簇生，主枝明显较粗长。箨鞘早落，干时背面纵肋稍隆起，近基部贴生暗褐色刺毛，顶端近截平；箨耳不相等，沿箨鞘顶端两侧水平伸展，边具波曲状繸毛，大耳长圆形至狭长圆形，长约2 cm，宽5～6 mm，小耳椭圆形，大小约为大耳的1/2；箨舌高2～3 mm，边齿裂，被短流苏状毛；箨片直立，狭卵形至卵状三角形，长约为箨鞘的1/2，基部稍作圆形收窄后与箨耳相连，相连部分约为3 mm，箨片基部宽约为箨鞘顶端宽的2/3，边缘近基部被波曲状繸毛。叶鞘背面无毛，外侧边被短纤毛；叶耳卵形或镰刀形，边具数条长5～10 mm的弯曲繸毛；叶舌高1 mm，顶端圆拱，边被短纤毛；叶线状披针形至狭披针形，长10～20 cm，宽1.3～2 cm，上面无毛，下面密生短柔毛，顶端渐尖，具钻状尖头，基部圆形或宽楔形。假小穗数枚簇生于花枝各节，稍扁，线状披针形，长3～4 cm；前出叶宽卵形，两脊于近顶端被短纤毛，顶端钝圆；具芽苞片常2片，宽卵形；小穗含小花5～7朵，顶端1～2朵不孕；小穗轴节间扁，长3～4 mm，顶端膨大而被微毛；颖1片，卵形，长6～8 mm，多脉，顶端具短尖头；外稃卵状椭圆形，长10～14 mm，无毛，多脉，顶端急尖而具短尖头；内稃稍长于外稃，顶端钝，具2脊，脊于近顶端疏生极短的白色纤毛，或有时近于无毛，脊间6～7脉，脊外每边3～4脉；鳞被3，不相等，后方1片稍大，倒卵形，基部增厚，边被细纤毛；花丝短，花药黄色，顶端钝；子房卵形，顶端被短硬毛，花柱极短，柱头3，羽毛状。

产地：广州。

分布：香港。

用途：为广州近郊栽培的夏季笋用竹之一，因其笋肉肥厚而味甘美，被誉为鱼肚的腩肉，故名为鱼肚腩竹；秆常用以搭瓜棚、晒架和制作农具之用。

39. 石竹仔 （《岭南大学科学专刊》）

Bambusa piscatorum McCl.

秆高6～10 m，直径2.5～3.5 cm，尾梢近直立；节间长50～60 cm，无毛，幼时薄被白蜡粉，尤以节下方为甚，秆壁较薄；节处不隆起，秆基部第一节、第二节箨环之上下方环生一圈灰白色绢毛，生于箨环下方的毛环仅限于第一节；分枝自秆的第四至第六节开始，多枝簇生，中央1枝略较粗长。箨鞘早落，厚革质，坚脆，背面平滑无毛，略有光泽，顶端呈不对称的拱形；箨耳不相等，微皱，末端钝形，边密生脱落性弯曲繸毛，大耳倒披针形，长约1.5 cm，宽约5 mm，小耳常为箨片基部所挤压而皱缩以致不成形，或为倒狭卵形，大小约为大耳的2/5；箨舌高2～3 mm，边齿裂，被短流苏状毛或无毛；箨片直立，不易脱落，不对称卵状三角形至卵状狭三角形，顶端渐尖，具钻状尖头，基部稍作圆形收窄后与箨耳相连，相连部分约为5 mm，箨片基部宽约为箨鞘顶端宽的4/5。叶鞘被短硬毛，纵肋隆起；叶耳狭卵形至镰刀形，边缘具少数放射状细繸毛；叶舌高约1 mm，顶端圆拱形，近全缘；叶线状披针形至披针形，长8～16（～20）cm，宽12～16（～20）mm，上面无毛，下面密生长柔毛，顶端渐尖而具钻状细尖头，基部近圆形或楔形。花、果未见。

产地：海南文昌；广州有栽培。生于村落附近。

用途：全秆通直光滑，尾梢渐细，可用作钓鱼竿。

本种与黄竹仔B. mutabilis的区别在于：箨鞘较为厚实，质坚脆；小的箨耳为箨片基部所挤压，而不是有箨片基部作部分掩盖，大耳倒披针形，小耳狭倒卵形，两者的末端为钝形，非近圆形；箨片不易脱落，呈不对称的卵状三角形至卵状狭三角形，基部稍作圆形收窄，非近心形收窄。

40. 花竹 （《广西植物》） 别名：绿篱竹（广东）

Bambusa albolineata L. C. Chia

B. textilis var. *albostriata* McCl.

秆高6～8 m，直径3.5～5.5 cm，尾梢下弯；节间长40～60（～80）cm，秆壁稍薄，秆下部第一至四节间甚至第六节间具黄白色纵条纹；节处不隆起，第一节至第四节于箨环之上方环生一圈灰白色绢毛；分枝自秆的第四至第六节开始，多枝簇生，主枝稍粗长。箨鞘早落，革质，质脆，背面具黄白色纵条纹，并于两侧疏被暗棕色贴生刺毛，刺毛以内侧被遮盖的一边较密，外侧露出的一边则极疏或有时近于无毛，秆基部第一节、第二节上的秆箨之箨鞘背面下半部密被毛，顶端稍呈不对称的拱形或作浅波状起伏；箨耳不相等，微皱，边近末端被少许粗而短的繸毛，大耳长圆形或倒披针形，长1.5 cm，宽5～7 mm，小耳与箨片基部相连，并无明显分界线，如分离时，则为长圆状倒披针形，大小约为大耳的1/3～1/2；箨舌高1～1.5 mm，边短齿裂，具极短的流苏状毛；箨片直立，呈不对称的卵形至卵状狭三角形，位于秆下部的秆箨常具黄白色纵条纹，顶端渐尖，具硬尖头，基部稍作圆形收窄后与两侧箨耳相连，相连部分为4～5 mm，箨片基部宽约为箨鞘顶端宽的5/7。叶鞘无毛，纵肋隆起；叶耳狭卵形乃至镰刀形，边缘具长繸毛；叶舌圆拱，高不及1 mm；叶线形，长7～15（～24）cm，宽9～15（～22）mm，上面粗糙，下面被柔毛，顶端长渐尖而具钻状尖头，基部近圆形或楔形。假小穗通常3～5枚簇生于花枝各节，线状披针形，长2～2.5 cm，宽4～5 mm；前出叶长3 mm，具2脊，脊上被短纤毛；具芽苞片近卵圆形，长4.5 mm，无毛，具15脉，顶端钝并具短尖头；小穗含小花5～7朵，顶生小花不孕；小穗轴节间形扁，无毛，长3 mm，顶端膨大，边啮蚀状；颖1片，宽卵形，长5 mm，无毛，具15～17脉，顶端钝而具短尖头；外稃椭圆形，长7～9 mm，无毛，具17～19脉，顶端钝而具短尖头；内稃线状披针形，长7.5～9.5 mm，具2脊，脊上无毛，脊间8脉，脊外每边各2脉，顶端近截平，边被极短纤毛，两脊向上伸出内稃顶端之上成短芒并稍向外弯曲；鳞被3，不相等，边具长纤毛，前2片偏斜，长3 mm，后1片近倒卵状椭圆形，长2 mm；花药长4 mm；子房宽卵形，长1 mm，顶端增粗而被长硬毛，基部具子房柄，花柱极短，长0.4～0.5 mm，被长硬毛，柱头3，长6 mm。成熟颖果未见。

产地：增城。常栽培于低丘、平地及溪河边。

分布：浙江、江西、福建、台湾。

用途：竹的节间长而质柔，为编制各种竹篾的优良竹材。

41. 蓬莱黄竹　（《植物分类学报》）

Bambusa duriuscula W. T. Lin

B. breviligulata L. C. Chia et H. L. Fung

秆高6～7 m，直径3～4 cm，尾梢近直立，下部挺直，节间通直，长38～55 cm，被极稀疏的暗棕色小刺毛，毛脱落后在表面留有凹痕，幼时仅于节下方稍被白蜡粉，不成环状，秆壁稍薄；节处平坦，无毛；分枝自秆下部第五或第六节开始，多枝簇生，近水平伸展，中央1枝稍粗长。箨鞘早落，背面两侧近边处和底缘近中央部分多少被暗棕色小刺毛，上面有光泽，顶端近截平；箨耳近相等，狭长圆形，长约1.5 cm，宽6～7 mm，边具波曲状繸毛；箨舌高约1 mm，边啮蚀状，被极短的纤毛；箨片直立，易脱落，卵状三角形，约与箨鞘之长度近相等或略较短，基部宽约为箨鞘顶端宽的2/3。叶鞘近无毛；叶耳半圆形至镰刀形，边具繸毛；叶舌极矮，近全缘；叶线形，长9～14 cm，宽8～12 mm，上面近基部处被毛，下面近无毛，顶端渐尖，具钻状细尖头，基部近圆形或楔形。假小穗2或3枚簇生于花枝各节，线状披针形，长2～3 cm；具芽苞片2或3片，宽卵形，长约5 mm，具13脉，顶端急尖，基部近心形；小穗含小花6～7朵，顶生小花不育；小穗轴节间扁，近无毛，长2～4 mm；颖无；外稃长圆形，长约12 mm，左右稍不对称，具21脉，顶端急尖；内稃长于或等长于外稃，狭窄，具2脊，脊近顶端处疏生极短纤毛，脊间5脉，脊外每边各3脉；鳞被不相等，前2片偏斜，长2 mm，边被长纤毛，后1片近狭长倒卵形，长约1.5 mm，边被长纤毛；花药长5 mm，顶端微凹；子房具柄，近球形，直径约1 mm，顶部被短硬毛，花柱被毛，长1.5 mm，柱头3，长5 mm。成熟颖果未见。笋期：5～10月。

产地：海南屯昌。生于村边坡地，但多栽培。

本种与米筛竹B. pachinensis的区别在于：秆的节间较短，箨鞘背面仅于两侧近边处和底缘近中央部分多少被刺毛，顶端近截平，箨片与箨鞘等长或略短，叶较狭长，背面近无毛。

本种因在海南文昌的蓬莱一地栽培较多，故有蓬莱黄竹之称，该竹的节间较长，材质柔韧，为编制竹器的好材料。

42. 密节竹 （《竹类研究》）

Bambusa concava W. T. Lin

秆高3～4 m，直径1～2.5 cm，秆厚，下部近于实心；节间短，长7～28 cm，有小糙毛；箨环窄而节平，除基部第一或第二节外，节内及节下无白毛环；分枝自秆的第三或第四节开始，枝条簇生，最下部的为单生。秆箨易落，箨鞘顶部微凹，背面有深棕色小糙毛；箨耳狭长圆形，略不等长，鞘口刚毛波曲；箨舌高3 mm，边细齿裂；箨片直立，三角形。叶鞘有短柔毛；叶耳窄长圆形；鞘口刚毛稍径直；叶线状披针形，长4.5～12.5 cm，宽8～20 mm，两面被短柔毛；次脉7～8对。

产地：海南海口。

本种与蓬莱黄竹B. duriuscula的区别在于：秆的节间较短，长7～28cm，秆厚，最下部的近于实心，枝条自秆的第三或四节开始，位于最下部的常单出，箨鞘顶部稍凹陷。

43. 米筛竹 （台湾）

Bambusa pachinensis Hayata

Leleba pachinensis（Hayata）Nakai

L. beisitiku Odashima

秆高3～8 m，直径1～4.5 cm，尾梢稍下垂，下部挺直；节间长30～70 cm，幼时薄被白色蜡粉，并疏被淡色或棕色贴生小刺毛，秆壁薄；节处不隆起，常于秆第一至第五节的箨环之上下方环生一圈灰白色绢毛；分枝常于第八至第十节以上开始，数至多枝簇生，主枝稍粗长。箨鞘早落，革质，质脆而硬，背面几遍布贴生暗棕色刺毛，顶端向外缘一侧稍倾斜，微不对称的宽拱形；箨耳不相等，微有皱褶，边具卷曲细长繸毛，大耳长圆形或披针形，长1～1.5 cm，宽4～5 mm，末端近圆形而稍斜向下方，小耳近卵形，大小约为大耳的1/3，末端稍斜向上方；箨舌高1 mm，边不规则齿裂；箨片直立，稍不对称的卵形至卵状三角形，长度约为箨鞘长的1/3～1/2，背面被极疏棕色刺毛，上面粗糙，顶端渐尖，具硬尖头，基部两侧作心形收窄后与箨耳相连，相连部分为2～3 mm，边下部被细纤毛，尤以边基部的纤毛为密，箨片基部宽约为箨鞘顶端宽的3/4。叶鞘无毛，具中脊，纵肋隆起；叶耳狭卵形至镰刀形，边缘具少数长繸毛，有时无叶耳或叶耳与繸毛均缺；叶舌高不及1 mm，顶端圆拱，具细齿；叶线形至线状披针形，长8～18 cm，宽1～2 cm，上面无毛，下面密生长柔毛，顶端渐尖，具钻状尖头，基部近圆形或楔形。假小穗单生或数枚簇生于花枝各节，披针形至线状披针形，长2～3.5 cm，宽4～5 mm；前出叶长2.5 mm，具2脊，脊上被短纤毛；芽苞片2或3片，宽卵形，长达7 mm，无毛，具19脉，顶端圆钝，具短尖头；小穗含小花4～6朵，中间小花为两性；小穗轴节间扁，长2.5～3 mm，无毛，顶端膨大；颖1片，卵状长圆形，长9 mm，无毛，具15～17脉，顶端钝具短尖头；外稃卵状椭圆形，长12 mm，无毛，具17～19脉，顶端急尖而具短尖头；内稃披针形，稍短于外稃，长11 mm，具2脊，脊上无毛，脊间5或6脉，脊外每边3或4脉，顶端呈三叉状，具一簇白色细长毛，边不规则齿裂；鳞被不相等，边被长纤毛，前方2片匙形，长3 mm，后方1片近倒卵状椭圆形，长1.6 mm；花丝细长，花药长4 mm；子房卵球状，长1.5 mm，顶端增粗并被长硬毛，基部具子房柄，花柱长0.5 mm，被长硬毛，柱头3，长5 mm。成熟颖果未见。

产地：常栽培于广东江河两岸及村落附近。

分布：江西、福建、台湾、广西。

用途：秆的节间长而材质柔韧，为编制各种竹器的优良用材。

43a. 长毛米筛竹 （《中国植物志》）

var. **hirsutissima**（Odashima）W. C. Lin

B. textilis var. *fusca* McCl.

Leleba beisitiku var. *hirsutissima* Odashima

L. pachinensis var. *hirsutissima*（Odashima）W. C. Lin

本变种与原种的区别在于：箨舌具长5～10 mm的流苏状长毛。

产地：广东。多栽培于低丘陵地，尤以村落附近为多。

分布：福建、浙江、台湾、广西。

用途：秆可编制各种竹器。

44. 抱秆黄竹 （《植物研究》）

Bambusa amplexicaulis W. T. Lin & Z. M. Wu

秆高3 m，直径2.5 cm，基部稍弯曲，节间长13 ~ 31 cm，光滑无毛；秆环略隆起，分枝起始于第三节。秆箨脱落性，顶端拱形突起，被白色柔毛，边具短纤毛；箨耳不等大，镰形，杯状外折；鞘口繸毛锥形，长6 ~ 8 mm；箨舌长0.6 ~ 1 cm，近全缘；箨片脱落性，直立，卵状三角形，基部略圆，宽约为箨鞘顶端的3/5。叶线形披针形，长3 ~ 11 cm，宽0.4 ~ 2 cm，上面光滑，下面被柔毛。花枝未见。

产地：广东。生于山坡脚下、旷野。

45. 掩耳黄竹 （《华南农业大学学报》）

Bambusa semitecta W. T. Lin & Z. M. Wu

秆高2 ~ 3 m，直径1 ~ 1.5 cm；节间长20 ~ 30 cm，光滑；秆环稍隆起，分枝起始于第七至第八节。秆箨脱落性，多少被褐色硬毛，边光滑，顶端凸起；箨耳不等大，椭圆形，末端上升，被箨片部分掩盖；箨舌长1.5 mm，具齿，有纤毛；箨片脱落性，直立，基部略圆，宽约为箨鞘顶端的1/4。叶线状披针形，长5.5 ~ 21 cm，宽0.8 ~ 1.8 cm，上面光滑，下面被柔毛。花枝未见。

产地：广宁。生于低山。

46. 黄竹仔 （《岭南大学科学专刊》）

Bambusa mutabilis McCl.

秆高5 ~ 7 m，直径2.5 ~ 3.5 cm，尾梢近直立；节间长40 ~ 50 cm，幼时薄被白蜡粉，无毛或有时被极稀疏的贴生小刺毛，秆壁较薄，秆下部的节间具许多紫色条斑，其节下方常有一圈白蜡粉环；节处稍隆起，秆基第一至第三节于箨环之上方环生一圈灰白色绢毛，毛环生于箨环之下方者仅见于第一节；分枝常自秆下部的第五至第七节，多枝簇生，仅中央1枝略为粗长。箨鞘早落，革质，坚韧，背面幼时薄被白蜡粉，平滑无毛，有许多紫色条斑，顶端稍呈不对称的宽拱形；箨耳不相等，微皱，长圆形，背面常被箨片基部部分掩盖，末端近圆形，边缘具脱落性弯曲细繸毛，大耳长1 ~ 1.4 cm，宽3 ~ 4 mm，小耳的大小约为大耳之1/2；箨舌高约2 mm，边齿裂，被短流苏状毛或无毛；箨片直立，易脱落，略呈不对称的卵形至狭卵形，背面具许多紫色条斑，顶端渐尖，具硬锐细尖头，基部近心形收窄，宽约为箨鞘顶端宽的2/3。叶鞘被短硬毛，纵肋隆起；叶耳镰刀形，边缘具少数放射状细繸毛；叶舌高约1 mm，顶端近截平或稍作圆拱，近全缘；叶线状披针形至狭披针形，长8.5 ~ 15（~20）cm，宽11 ~ 16（~20）mm，上面无毛，下面密生长柔毛，顶端渐尖，具钻状细尖头，基部近圆形或楔形。花、果未见。

产地：海南陵水。生于丘陵旷地或溪旁林缘。

47. 青皮竹 （《怀集县志》）

Bambusa textilis McCl.

秆高8 ~ 10 m，直径3 ~ 5 cm，尾梢弯垂，下部挺直；节间长40 ~ 70 cm，绿色，幼时被白蜡粉，贴生或疏或密的淡棕色刺毛，后无毛，秆壁薄，2 ~ 5 mm；节处平坦，无毛；分枝自秆中下部第七至第十一节，数枝至多枝簇生，中央1枝略粗长。箨鞘早落；革质，硬而脆，稍有光泽，背面近基部贴生暗棕色刺毛，顶端稍向外缘倾斜而呈不对称的宽拱形，箨耳较小，不相等，末端不外延，边缘具细弱波曲状繸毛，大耳狭长圆形至披针形，稍向下倾斜，长约1.5 cm，宽4 ~ 5 mm，小耳长圆形，不倾斜，大小约为大耳的1/2；箨舌高2 mm，边缘齿裂或条裂，被短纤毛；箨片直立，易脱落，卵状狭三角形，长度约为箨鞘长的2/3或过之，背面近基部处疏生暗棕色刺毛，上面在脉间被短刺毛或有时近无毛而粗糙，顶端的边缘内卷成一钻状锐利硬尖头，基部稍作心形收窄，宽约为箨鞘顶端宽的2/3。叶鞘无毛，背部具脊，纵肋隆起；叶耳发达，镰刀形，边具弯曲而呈放射状的繸毛；叶舌极低矮，边啮蚀状，无毛；叶线状披针形至狭披针形，长9～17 cm，宽1～2 cm，上面无毛，下面密生短柔毛，顶端渐尖，具钻状细尖头，基部近圆形或楔形。假小穗单生或数至多枚簇生于花枝各节，鲜时暗紫色，干时古铜色，稍弯，线状披针形，长3～4.5 cm，宽5～8 mm；前出叶宽卵形，长3 mm，具2脊，脊上无毛；芽苞片2或3片，宽卵形，长3～4.5 mm，无毛，顶端急尖，具短尖头；小穗含小花5～8朵，顶生小花不孕；小穗轴节间半圆柱形或扁，长约4 mm，顶端膨大；颖1片，宽卵形，长6 mm，无毛，具21脉，顶端急尖，具短尖头；外稃椭圆形，长11～14 mm，无毛，具25脉，顶端急尖，具短尖头；内稃披针形，长12～14 mm，稍长于外稃，具2脊，脊上无毛，脊间10脉，脊外每边各4脉；鳞被不相等，边被长纤毛，前方2片近匙形，长3 mm，后方1片倒卵状椭圆形，长2 mm；花丝细长，花药黄色，长5 mm；子房宽卵球形，直径2 mm，顶端增粗而被短硬毛，基部具子房柄，花柱长0.7 mm，被短硬毛，柱头3，长6～7 mm。成熟颖果未见。

产地：怀集。常栽培于低海拔地区的河边、村落附近。

分布：广西、西南、华中、华东各地均有引种栽培。

用途：华南地区著名编织用材，常用以编制各种竹器、竹缆、竹笠和工艺品等；竹篾则用作建筑工程脚手架的绑扎篾和土法榨油的油箍篾；中药“天竺黄”产自竹的节间。

47a. 紫斑竹 （《广西植物》）

‘Maculata’

B. *textilis* var. *maculata* McCl.

本栽培品种与青皮竹的区别在于：秆基部数节间和箨鞘具紫红色条状斑纹。

产地：怀集。广州有栽培。

用途：观赏。

47b. 紫秆竹 （《竹类研究》）

‘Purpurascens’

B. *textilis* var. *purpurascens* N. H. Xia

本栽培品种与原种的区别在于：秆的节间具有宽窄不等的紫红色纵条纹。

产地：广州。

用途：观赏。

47c. 光秆青皮竹 [《中国树木分类学》（补编）]

var. **glabra** McCl.

本变种与原种的区别在于：秆节间幼时及箨鞘背面全无毛，箨片长度约为箨鞘长的1/2或稍过，基部略作圆形收窄，箨舌高1～1.5 mm。

产地：东莞、广州。栽培于低丘陵地、河边或村落附近。

分布：广西。

47d. 崖州竹 [《中国树木分类学（补编）》]

var. **gracilis** McCl.

本变种与原种的区别在于：秆较细，直径不超过3 cm，箨鞘背面靠近两侧及近基部处均疏生暗棕色刺毛，箨片长度约为箨鞘长的1/2或更短，基部略作圆形收窄，箨舌高约1 mm。

产地：广州。常栽培于庭园中。

分布：广西。

用途：秆细而梢尾下垂，秀雅翠绿，为庭园观赏用竹。

48. 孝顺竹 （《中国树木分类学》）

Bambusa multiplex（Lour.）Raeuschel ex J. A. et J. H. Schult.

Arundo multiplex Lour.

Arundinaria glaucescens（Willd.）Beauv.

B. *nana* Roxb.

B. *glaucescens*（Willd.）Sieb. ex Munro

B. *dolichomerithalla* Hayata

Leleba dolichomerithalla（Hayata）Nakai

秆高4～7 m，直径1.5～2.5 cm，尾梢近直或略弯，下部挺直，绿色；节间长30～50 cm，幼时薄被白蜡粉，上半部被棕色至暗棕色小刺毛，在近节以下部分尤为密集，老时光滑无毛，秆壁稍薄；节稍隆起，无毛；分枝自秆基部第二或第三节，数至多枝簇生，主枝稍较粗长。秆箨幼时薄被白蜡粉，早落；箨鞘呈梯形，背面无毛，顶端稍向外缘一侧倾斜，呈不对称拱形；箨耳极微小至不明显，边有少许繸毛；箨舌高1～1.5 mm，边缘具不规则的短齿裂；箨片直立，易脱落，狭三角形，背面散生暗棕色脱落性小刺毛，上面粗糙，顶端渐尖，基部宽与箨鞘顶端近相等。末级小枝具5～12叶；叶鞘无毛，纵肋稍隆起，背部具脊；叶耳肾形，边缘具波曲状细长繸毛；叶舌圆拱形，高0.5 mm，边缘微齿裂；叶线形，长5～16 cm，宽7～16 mm，上面无毛，下面粉绿而密被短柔毛，顶端渐尖，具粗糙细尖头，基部近圆形或宽楔形。假小穗单生或数枝簇生于花枝各节，基部托有鞘状苞片，线形至线状披针形，长3～6 cm；前出叶长3.5 mm，具2脊，脊上被短纤毛；具芽苞片1或2片，卵形至狭卵形，长4～7.5 mm，无毛，具9～13脉，顶端钝或急尖；小穗含小花（3～）5～13朵，中间小花为两性；小穗轴节间扁，长4～4.5 mm，无毛；颖缺；外稃两侧稍不对称，长圆状披针形，长18 mm，无毛，具19～21脉，顶端急尖；内稃线形，长14～16 mm，具2脊，脊上被短纤毛，脊间6脉，脊外有一边具4脉，另一边具3脉，顶端两侧各伸出1被毛的细长尖头，顶端近截平而边被短纤毛；鳞被中两侧的2片半卵形，长2.5～3 mm，后方的1片细长披针形，长3～5 mm，边无毛；花丝长8～10 mm，花药紫色，长6 mm，顶端具一簇白色画笔状毛；子房卵球形，长约1 mm，顶端增粗而被短硬毛，基部具一长约1 mm的子房柄，柱头3或数目有变化，长5 mm。成熟颖果未见。

产地：广州。栽培。

分布：我国东南部至西南部。原产越南。

用途：作绿篱或供观赏。

48a. 观音竹 （《全州志》）

var. **riviereorum** R. Maire

B. *glaucescens* var. *riviereorum*（R. Maire）L. C. Chia et H. L. Fung

B. *multiplex*. var. *nana* auct. non（Roxb.）Keng f.

本变种与原种的区别在于：秆实心，高1～3 m，直径3～5 mm，小枝常下弯呈弓状，具13～23片叶，叶较原种小，长1.6～3.2 cm，宽2.6～6.5 mm。

产地：原产华南地区。多生于丘陵山地溪边。

用途：常栽培于庭园间作矮绿篱，或盆栽供观赏。

48b. 毛凤凰竹 ［《湖南师范学院学报（科技版）》］

var. **incana** B. M. Yang

B. *glaucescens* var. *pubivaginata*（W. T. Lin & Z. J. Feng）N. H. Xia

B. *glaucescens* var. *strigosa*（T. H. Wen）L. C. Chia

B. *multiplex* var. *pubivaginata* W. T. Lin & Z. J. Feng

B. *pubivaginata* W. T. Lin & Z. M. Wu

B. *strigosa* T. H. Wen

本变种与原种的区别在于：秆高4～7 m，直径1.5～2.5 cm；箨鞘背面被糙伏毛，顶端不对称弧拱；末级小枝具5～12片叶；叶长5～16 cm，宽0.7～1.6 cm。

产地：广州华南植物园栽培。

分布：湖南、江西。

48c. 银丝竹 （《香港竹谱》）

'Silverstripe'

B. *nana* var. *albo-variegata* E. G. Camus

B. *nana* f. *albo-variegata* Makino

B. *poribunda* f. *albo-variegata* Nakai

Leleba floribunda f. *albo-variegata* Nakai

B. *multiplex* var. *silverstripe* R. A. Young

B. *multipex* var. *elegans* f. *albo-varegata*（Makino）Muroi ex Sugimoto

B. *glaucescens* '*Silverstripe*'

本变种与原种的区别在于：秆下部的节间以及箨鞘和少数叶为绿色而具白色纵条纹。

产地：广州。庭园中栽培。

分布：香港有栽培。

用途：观赏。

48d. 垂柳竹 （《中国植物志》）

'Willowy'

本栽培品种与原种的区别在于：分枝下垂；叶细长，长10～20 cm，宽8～16 mm。

产地：广州庭园中有栽培。

分布：原产我国。

用途：庭园观赏；叶细长，枝叶下垂，形似垂柳，甚为美观。

48e. 凤尾竹 （《群芳谱》）

'Fernleaf'

Ischurochloa floribunda Büse ex Miq.

B. *floribunda*（Büse）Zoll. et Maur. ex Steud.

B. *nana* var. *gracillima* Makino ex E. G. Camus

Leleba floribunda（Büse）Nakai

L. *elegans* Koidz.

B. *multipex* var. *fernleaf* R.A.Young

B. *multiplex* var. *nana*（Roxb.）P. C. Keng

B. *multiplex* var. *elegans*（Koidz.）Muroi ex Sugimoto

B. *glaucescens* '*Fernleaf*'

本栽培品种与观音竹B. multiplex var. rivierorum 的区别在于：植株较高大，高36 m，秆中空；小枝稍下弯，具9～13片叶；叶长3.3～6.5 cm，宽4～7 mm。

产地：广州。栽培。

分布：华东、华南、西南以至台湾，香港有栽培。原产我国。

用途：种作绿篱或供观赏。

48f. 小琴丝竹 （《中国植物志》）

'AlphonseKarr'

B. *alphonso-karrii* Satow

B. *nana* var. *normalis* f. *alphonso-karri*（Satow）Makino ex Shirosawa

B. *nana* var. *alphonso-karrii*（Satow）Marliac ex E. G. Camus

B. *multiplex* var. *normalis* f. *alphonso-karri* Sasaki

B. *multiplex* f. *alphonso-karrii*（Satow）Nakai

Leleba multiplex f. *alphonso-karrii*（Satow）Nakai

B. *multiplex* f. *alphonso-karrii*（Satow）Sasaki ex P. C. Keng

B. *glaucescens* f. *alphonso-karrii*（Satow）Hatusima

B. *glaucescens* ‘*Alphonse karr*’

B. *glaucescens* f. *alphonso-karrii*（Satow）Wen

本栽培品种与原种的区别在于：秆和分枝的节间黄色，具不同宽的绿色纵条纹，秆箨新鲜时绿色，具黄白色纵条纹。

产地：广东。栽培于庭园中。

分布：四川、台湾。

用途：秆、枝色泽鲜明，如黄金间碧玉，种植庭园中供观赏。

48g. 小叶琴丝竹　（《中国植物志》）

‘Stripestem ~ fernleaf’

本栽培品种与凤尾竹B. multiplex ‘Fernleaf’的区别在于：植株较矮小，高1 ~ 3m，秆初时淡红色，后转为黄色，具有不同宽度的绿色纵条纹，小枝下弯，具12 ~ 20叶，叶长1.6 ~ 3.8 cm。

产地：广州有栽培。

分布：香港有栽培。

用途：观赏。

49. 龙头竹　（《四川通志》）

Bambusa vulgaris Schrader ex Wendland

秆稍疏离，高8 ~ 15 m，直径5 ~ 9 cm，尾梢下弯，下部挺直或略呈“之”字形曲折；节间深绿色，长20 ~ 30 cm，幼时稍被白蜡粉，贴生淡棕色刺毛，老则无粉无毛，秆壁稍厚；节处稍隆起，秆基数节具短气根，箨环之上下方各环生一圈灰白色绢毛；分枝自秆下部节，每节数至多枝簇生，主枝较粗长。箨鞘早落，背面密生脱落性暗棕色刺毛，干时纵肋稍隆起，顶端在与箨片连接处呈拱形，在与箨耳连接处作弧形下凹；箨耳甚发达，近等大而近同形，长圆形或肾形，斜升，宽8 ~ 10 mm，边具弯曲细繸毛；箨舌高3 ~ 4 mm，边细齿裂，被极短的白针细纤毛；箨片直立或外展，易脱落，宽三角形至三角形，背面疏生暗棕色小刺毛，上面在脉间密生暗棕色小刺毛，尤以基部更密，顶端的边内卷形成坚硬的锐尖头，基部稍作圆形收窄，宽约为箨鞘顶端宽的1/2，边缘近基部处具弯曲细繸毛。叶鞘初时疏生棕色糙硬毛，后无毛；叶耳常不发达，若有，多为宽镰刀形，边缘无毛或仅具少数繸毛；叶舌高1 mm或更低，截平，全缘；叶窄披针形，长10 ~ 30 cm，宽13 ~ 25 mm，两表面均无毛，顶端渐尖具粗糙钻状尖头，基部稃圆形而两侧稍不对称，小横脉在叶下面略微可见。假小穗以数枚簇生于花枝各节；小穗稍扁，狭披针形至线状披针形，长2 ~ 3.5 cm，宽4 ~ 5 mm，含小花5 ~ 10朵，基部托以数片具芽苞片；小穗轴节间长1.5 ~ 3 mm；颖1或2片，背面近顶端被短毛，顶端具硬尖头；外稃长8 ~ 10 mm，背面近顶端被短毛，顶端具硬尖头；内稃略短于外稃，具2脊，脊上被短纤毛；鳞被3，长2 ~ 2.5 mm，边被长纤毛；花药长6 mm，顶端具一小簇短毛；花柱细长，长3 ~ 7 mm，柱头3。

产地：广州、深圳及海南有栽培。

分布：云南南部、香港有栽培。亚洲热带地区和非洲马达加斯加岛。

用途：秆为建筑、造纸用材，也可做香蕉支柱用材。

49a. 黄金间碧竹　（《成都古今记》）　别名：青丝金竹（广东）

‘Vittata’

B. *vulgaris* var. *vittata* A. et C. Riv.

B. *striata* Lodd.

B. *vulgaris* var. *striata*（Lodd.）Gamble

Leleba vulgaris var. *striata*（Gamble）Nakai

本栽培品种与原种的区别在于：秆黄色，节间正常，具宽窄不等的绿色纵条纹，箨鞘在新鲜时为绿色而具宽窄不等的黄色纵条纹。

产地：广东及海南各地均有栽培。

分布：西南、华南以及浙江、福建、香港、台湾等省区有栽培。全世界热带亚热带地区广泛栽培。

用途：观赏。

49b. 大佛肚竹 （《香港竹谱》）

'Wamin'

B. *wamin* Brandis ex E. G. Camus

B. *vulgaris* f. *waminii* Wen

本栽培品种与原种的区别在于：秆绿色，下部各节间极为短缩，各节间的基部肿胀。

产地：广东及海南各地均有栽培。

分布：华南以及浙江、福建、香港、台湾等省区有栽培。全世界热带亚热带地区广泛栽培。

用途：观赏。

C. 箪竹亚属 subg. **Lingnania** (McCl.) L. C. Chia & H. L. Fung

秆壁较薄；秆每节分枝多数，近相等，稀主枝较明显。箨片狭窄，基部仅为箨鞘顶端的1/3。小穗紫褐色或古铜色。

本亚属约20种，分布于我国南部及越南北部。我国有15种；广东及海南有10种，1栽培品种。

1. 主枝与秆近等粗 ······ 59. 藤箪竹 B. hainanensis
1. 主枝与秆不等粗。
  2. 箨片直立。
    3. 箨鞘背面无毛或在近基部被暗棕色贴生或直立刺毛，顶端弧拱；箨耳明显，不等大 ······ 50. 破篾黄竹 B. contracta
    3. 箨鞘背面密被暗棕色刺毛或疣基刺毛，顶端多少下凹。
      4. 秆节上主枝明显；箨鞘背面密被暗棕色刺毛；箨耳狭卵形；箨舌高3~5mm，边缘被流苏状毛······51. 油竹 B. surrecta
      4. 秆节上分枝近相等；箨鞘背面被疣基刺毛；箨耳微小；箨舌高约1mm，边缘细齿裂 ······ 52. 水箪竹 B. papillata
  2. 箨片外反或平展。
    3. 秆节间幼时明显密被白粉。
      4. 箨鞘背面遍生宿存的小刺毛，箨片上面无毛或微粗糙 ······ 56. 箪竹 B. cerosissima
      4. 箨鞘背面初时疏被小刺毛，后箨鞘上部中间变无毛；箨片上面被小刺毛 ······57. 粉箪竹 B. chungii
    3. 秆节间幼时不被白粉或薄被白粉。
      4. 秆节间无毛 ······ 58. 皱纹箪竹 B. rugata
      4. 秆节间多少被毛。
        5. 箨耳微小或缺。
          6. 秆节间绿色 ······55. 慈竹 B. emeiensis
          6. 秆节间淡黄色，具数条深绿色纵条纹 ······ 55a. 大琴丝竹 'Flavidorivens'
        5. 箨耳明显，狭长圆形或宽镰形。
          6. 秆节间被排成纵行的褐色柔毛 ······ 53. 甲竹 B. remotiflora
          6. 秆节间散生白色的微柔毛，非排成纵行的短柔毛 ······ 54. 横脉甲竹 B. transvenula

50. 破篾黄竹 （《植物分类学报》）

Bambusa contracta L. C. Chia et H. L. Fung

秆直立，高5~6 m，直径2~3 cm，尾梢下弯，下部挺直；节间长40~57 cm，幼时薄被白蜡粉，疏被白色长硬毛，壁薄；节平坦，无毛；分枝自秆下部第四至第六节多枝簇生，主枝略粗长。箨鞘早落，背面薄被白粉，无毛或近基部被贴生或直立暗棕色刺毛，顶端不对称拱形；箨耳不等大，具波状皱褶，长圆形至披针形，大耳略向下倾斜，长约3 cm，宽7～10 mm，约比小耳大一倍，鞘口刚毛波曲；箨舌高约2 mm，边疏齿裂；箨片直立，狭卵形，长为箨鞘的2/5，顶端边内卷成锐尖头，基部近圆形收窄后与箨耳相连，相连部分为2～3 mm，箨片基部宽约为鞘口的1/4。叶鞘无毛；叶耳近卵形，鞘口刚毛长；叶舌极低矮，边缘微齿裂；叶线形至线状披针形，通常长10～15 cm，宽1.3～1.5 cm，上面近无毛，下面密被短柔毛。

产地：广州有栽培。

分布：广西。

用途：编织各种竹器。

51. 油竹　（《植物分类学报》）

Bambusa surrecta（Q. H. Dai）Q. H. Dai

Lingnania surrecta Q. H. Dai

秆直立，高6～10 m，直径3～6 cm，尾梢俯垂；节间长40～50 cm，疏被散生淡色刺毛，壁厚6～10 mm。分枝自秆基部节上多数簇生，主枝稍粗长。秆箨脱落，箨鞘厚革质，长圆形，背面密被粗毛，顶端宽，截平或下凹；箨耳小，长卵形，鞘口刚毛灰色或褐色，曲折；箨舌高3～5 mm，边缘具长流苏状毛；箨片直立，卵状披针形，基部宽约为箨鞘顶端的1/3，背面无毛，上面脉间具糙伏毛。末级小枝通常具10～12片叶；叶鞘无毛；叶耳小，易落，鞘口无刚毛；叶舌高约1 mm，边缘被纤毛；叶长12～18 cm，宽1～3 cm，两面无毛。花枝未见。

产地：广州有栽培。

分布：广西。

用途：编织各种竹器。

52. 水箪竹　（《植物分类学报》）

Bambusa papillata（Q. H. Dai）K. M. Lan

Lingnania papillata Q. H. Dai

秆直立，高3～6 m，直径2～4 cm，尾梢俯垂；节间圆柱形，长30～60 cm，初时密被疣基刺毛，毛脱落后留有乳突状小疣点，节下被白粉环，壁厚2～3 mm；节平坦；箨痕密被一圈棕色刺毛。秆每节分枝多数，簇生，近相等。秆箨脱落，革质，背面初时被棕色疣基刺毛，被白粉，顶端宽，明显下凹，一肩高耸，两侧不对称；箨耳窄，鞘口刚毛稀少，细弱；箨舌高约1 mm，边齿裂；箨片直立，披针形，基部向内收窄，倒心形或圆形，背面无毛，上面粗糙。末级小枝具6～10片叶；叶鞘背面疏被易落小刺毛；叶耳微小，鞘口刚毛细弱，密，长8～12 mm；叶舌极低矮，边缘齿裂，被纤毛；叶长8～19 cm，宽1～1.5 cm，两面无毛。花枝未见。

产地：广州有栽培。

分布：广西。

用途：观赏、编织各种竹器，亦可作造纸原料。

53. 甲竹　（《植物分类学报》）　别名：疏花单竹　（《海南植物志》）、麻竹、水竹（广东）

Bambusa remotiflora O. Ktze.

B. austrosinensis N. H. Xia, nom. superfl.

B. lingnanioides W. T. Lin

Lingnania fimbriligulata McCl.

L. longianthera G. A. Fu

L. parviflora McCl.

L. remotiflora（O. Ktze.）McCl.

秆直立或近直立，高8～12 m，直径5～7.5 cm，顶端稍弯曲；节间长30～40 cm，深绿色，幼时无白粉或近无白粉，被成纵行排列的褐色柔毛，毛脱落后秆表面无凹痕，壁厚6～9 mm；节稍隆起，幼时近秆基部数节于秆环及箨环下方各被一圈黄白色绢毛毛环，秆环平坦；箨环凸起，常留有箨鞘基部残存物；分枝每节数枚，粗细不等，主枝较粗长。箨鞘厚革质，背面被贴生黑色刺毛，顶端截平或微凹陷；箨耳狭长圆形，鞘口刚毛淡黄色或苍白色，质硬而曲折，基部粗糙；箨舌高2～3 mm，顶端中部拱起，呈“山”字形，边缘具长6～14 mm的粗糙流苏状毛；箨片外翻，卵状披针形至披针形，背面无毛，上面被短刺毛。末级小枝具8～16叶；叶鞘无毛，具突起的纵肋纹；叶耳小，质脆而早落，鞘口刚毛密集，纤细，径直；叶舌短，边缘具长2～3 mm的流苏状毛；叶披针形或长圆状披针形，长9～20 cm，宽1～3 cm，两面无毛。花枝无叶；假小穗披针形，长1～2.4 cm；小穗含小花4～7朵；颖1或2片，宽卵形，长3.5～5.5 mm，背面无毛，边被短小纤毛；外稃宽披针形，长约9 mm，宽5～6 mm，背面及边无毛；内稃与外稃近等长，背面无毛，脊的顶端粗糙或平滑；花药线形，长约4 mm，基部下延呈箭镞形；花柱极短，柱头3。

产地：海南琼山。

分布：广西。越南。

用途：编织各种竹器。

54. 横脉甲竹 （《华南农业大学学报》）

Bambusa transvenula（W. T. Lin & Z. J. Feng）N. H. Xia

Lingnania transvenula W. T. Lin & Z. J. Feng

秆直立，高10 m，直径5～6 cm；节间长45～50 cm，散生白色微柔毛，节下疏被棕色刺毛，壁厚中等；节不隆起；箨痕稍隆起，无毛。秆每节分枝多数，簇生。秆箨脱落性，背面被白色短毛，基部多少被棕色刺毛，顶端截平；箨耳狭，两耳宽镰刀形，鞘口刚毛近直立；箨舌高1.5～2 mm，边齿裂，被流苏状毛；箨片外反，披针形，基部宽约为箨鞘顶端的1/4。末级小枝具4片叶；叶鞘无毛，叶耳长圆形或不发育，鞘口刚毛数条；叶舌高0.5 mm，顶端截平，边齿裂，被流苏状毛；叶长6.5～25 cm，宽1.5～3 cm，两面无毛；次脉6～10对。

产地：信宜（大雾岭）。

55. 慈竹 （《唐·杜甫诗集》）

Bambusa emeiensis L. C. Chia & H. L. Fung

Dendrocalamus affinis Rendle

Lingnania affinis（Rendle）P. C. Keng

Neosinocalamus affinis（Rendle）P. C. Keng

Sinocalamus affinis（Rendle）McCl.

秆直立，高5～10（～15）m，直径3～6 cm，尾梢弧形外弯或悬垂如钓丝状；节间圆筒形，长15～30（～60）cm，被灰白色或褐色疣基小刺毛，毛脱落后留下小凹痕和小疣点，壁薄；秆环平坦；箨环显著；秆基部数节有时在箨环的上下方均被一圈宽约5～8 mm的白色绒毛环。分枝自秆中部节上多数簇生，主枝稍明显。箨鞘脱落，革质，背部密被淡色或棕黑色刺毛，顶端宽广而下凹，略呈“山”字形；箨耳小或缺；箨舌2～5 mm，边缘流苏状；箨片外反或平展，两面被白色小刺毛，基部向内收窄略呈圆形，为箨鞘鞘口或箨舌宽的1/2，边粗糙。末级小枝具数至多叶，叶鞘无毛；叶耳和鞘口无刚毛；叶舌截平，高1～1.5 mm；叶狭披针形，长10～30 cm，宽1～3 cm，上面无毛，下面被细柔毛，次脉5～10对。花枝弯曲下垂，长20～60cm；假小穗长达1.5 cm，基部托以1片前出叶，2～3枚苞片；小穗含小花3～5朵，顶生小花不孕；小穗轴节间短，无毛，不逐节脱落；颖缺或1片，长6～7 mm；外稃宽卵形，长8～10 mm，具多脉，顶端具小尖头，边缘生纤毛；内稃长7～9mm，脊上被纤毛，脊间无毛；鳞被3或4；花药长4～6 mm；子房长1 mm，花柱长4 mm，具微毛；柱头2～4枚。颖果纺锤形，长7～8 mm，果皮质薄，易与种子分离。笋期：6～9月。

产地：广州有栽培。

分布：贵州、湖南、四川、云南。

用途：观赏、编织竹器。

55a. 大琴丝竹 《中国植物志》

'Flavidorivens'

Neosinocalamus affinis f. *flavidorivens*（Hsueh & Yi）Yi

Sinocalamus affinis f. *flavidorivens*（Yi）Hsueh & Yi.

Lingnania distegia f. *flavidostriata* X. Jiang & Q. Li

本栽培品种与慈竹的区别在于：秆节间淡黄色，具深绿色纵条纹。

产地：广州有栽培。

分布：四川。

用途：观赏。

56. 箪竹 （《戴凯之竹谱》）

Bambusa cerosissima McCl.

Lingnania cerosissima（McCl.）McCl.

秆直立，高3～7（～15）m，直径2～5 cm，尾梢作弓形下弯；节间长30～60 cm或更长，幼时被厚白粉，壁厚2～4 mm；秆环平坦；箨环在秆箨脱落后留存一圈较为突起的木栓环；秆自下部节上分枝；每节分枝多数，簇生，粗细相近。箨鞘迟落，质坚硬，背面初时被白粉和小刺毛，顶端稍下凹；箨耳狭长圆形，鞘口刚毛长，纤细；箨舌低矮，顶端截平或稍拱突，边具流苏状毛；箨片强外反，卵状披针形，基部宽为箨鞘顶端的1/4～1/3，背面具小刺毛，或有时无毛，上面无毛或微粗糙。末级小枝具4～8叶；叶鞘无毛；叶耳及鞘口刚毛显著，易落；叶舌高1 mm；叶狭披针形，长16～20 cm，宽1.5～3 cm，上面沿中脉稍粗糙，下面无毛或疏生微毛，次脉5～7对。花枝无叶，各节上仅生数枚假小穗；小穗轴无毛，节间长约4 mm，中空，质柔软。外稃宽卵形，长约1 cm，顶端钝，具细尖头，背面无毛，具光泽；内稃与外稃近等长，顶端钝或截平，背面无毛，纵脉不明显，2脊在背面的中部向外方作拱形弯曲；鳞被近等大，背部生有小刺毛，顶端具纤毛；花药长约5.5 mm；子房近顶端被粗硬毛，花柱长1～2 mm，柱头3。颖果干燥后呈三角形。

产地：清远。

分布：广西。越南。

用途：观赏、编织各种竹器。

57. 粉箪竹 （《岭南科学杂志》） （图132）

Bambusa chungii McCl.

Lingnania chungii（McCl.）McCl.

L. chungii var. *petilla* Wen

秆直立，高（3～）5～10（～18）m，直径3～5（～7）cm，顶端微弯曲；节间长30～45（～100）cm，幼时被白色蜡粉，无毛，壁厚3～5 mm；秆环平坦；箨环在秆箨脱落后留存一圈较为突起的木栓环，最初密被一圈棕色刺毛，后渐变无毛。秆的分枝习性高，自第八节开始；分枝多

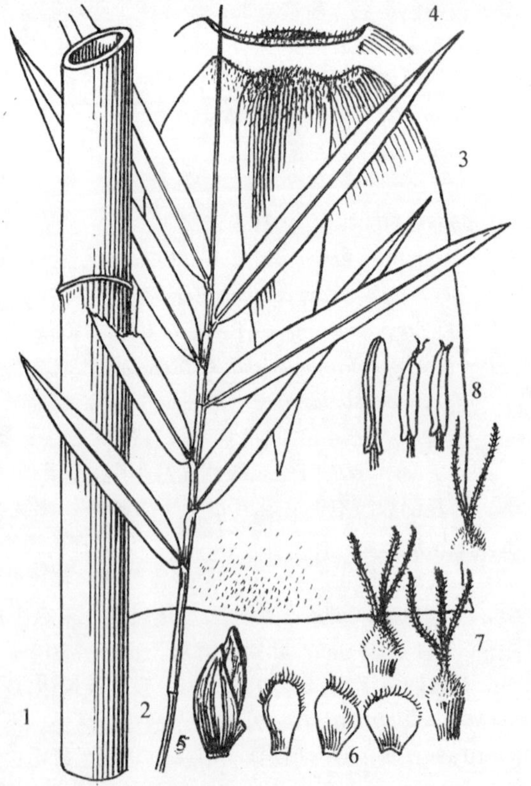

图 132 粉箪竹 **Bambusa chungii** McCl.

1. 秆的一段；2. 叶枝；3. 秆箨背面；4. 秆箨顶端腹面观；5. 小花；6. 鳞被；7. 雌蕊，示不同的柱头；8. 雄蕊，示不同的顶端。（余汉平抄绘）

数，近相等。箨鞘早落，质薄而硬，背面初时被白蜡粉及稀疏贴生的小刺毛，后刺毛脱落，使箨鞘背面之上部中间变为无毛，顶端下凹；箨耳狭长圆形；鞘口刚毛长，纤细，有光泽；箨舌高约1.5 mm，顶端截平或隆起，边缘细齿状裂或具长流苏状毛；箨片脱落，强外翻，卵状披针形，基部圆形向内收窄，基部宽约为箨鞘顶端的1/5，背面多少密被小刺毛，上面无毛而微糙涩。末级小枝具7叶；叶鞘无毛；叶耳及鞘口刚毛常发达，易早落；叶披针形至线状披针形，长10 ~ 16（ ~ 20）cm，宽1 ~ 2（ ~ 3.5）cm，上面沿中脉基部渐粗糙，下面初被微毛，渐无毛，次脉5或6对。花枝极细长，无叶，每节仅生1或2枚假小穗，后者宽卵形，长可达2 cm，无毛，顶端渐尖，含4或5朵小花，最下方之1或2朵小花较大，上部的1或2朵则退化；具芽苞片1或2；颖1或2片；小穗轴节间无毛，甚短，向上渐较长，质柔，中空；外稃宽卵形，长9 ~ 12 mm，顶端钝，具细尖头，背面无毛，边被纤毛；内稃与外稃近等长，顶端钝或截平，纵脉不明显，脊上无毛，边被纤毛；鳞被3片，近相等，背面具粗硬小毛，顶端生纤毛；花药顶端具短细芒状尖头；子房顶端被粗硬毛，花柱长1 ~ 2 mm，柱头3或2。成熟颖果卵形，长8 ~ 9 mm。

产地：广东各地。

分布：湖南南部、福建、广西、香港常见栽培。

用途：节间长而节平，适合编织精巧竹器，为主要篾用竹种，亦是造纸业的上等原料；竹丛疏密适中，秆幼时密被白粉，宜作为庭园绿化之用。

58. 皱纹箪竹 （《竹子研究汇刊》）

Bambusa rugata（W. T. Lin）Ohrnberger

Lingnania rugata W. T. Lin

秆高3 ~ 4 m，直径1.3 ~ 3 cm；节间长25 ~ 38 cm，无毛，节下被一圈白粉，壁厚2 ~ 3 mm；秆环平坦；鞘痕稍隆起，多少被黄色刺毛。秆每节分枝多数，簇生，近相等。秆箨脱落，一侧光滑而扁平，另一侧具皱纹，背面基部多少被刺毛，顶端下凹，不对称，两肩钝圆；箨耳窄；鞘口刚毛直立；箨舌高1 mm，边具流苏状毛；箨片外反，披针形。末级小枝具3或4片叶；叶鞘无毛；叶耳镰刀形，小；鞘口刚毛放射状；叶长3.5 ~ 15 cm，宽0.8 ~ 2.5 cm，上面无毛，下面被白色微毛，次脉4 ~ 6对。花枝未见。

产地：珠海。

59. 藤箪竹 （《海南植物志》）

Bambusa hainanensis L. C. Chia et H. L. Fung

Lingnania scandens McCl.

秆攀援状。节间长20 ~ 30 cm，无毛，秆壁甚薄，节间上部具倒生粗硬毛；分枝细小，多枝簇生于秆节。叶鞘厚，顶端两肩突起，近顶端具脊，背面和边无毛，微具隆起的条纹；无叶耳和鞘口缝毛；叶舌基部厚，背面被粗硬毛，顶端下凹，边缘具细纤毛或齿状；叶柄短而粗，两面无毛；叶长圆状披针形或线状披针形，长16 ~ 25 cm，宽2 ~ 3 cm，顶端渐尖，具短而近平滑的钻形尖头，基部圆形或楔形，上面无毛，下面具柔毛，后渐无毛，小横脉不明显。假小穗较短，具少数小花，早熟的2朵易脱落；小花苍白色；外稃长1 cm，具多脉，顶端钝或具细尖头而为钝急尖，近顶端具脊，紫色，背面和边无毛；内稃多少长于外稃，脊上具纤毛，背面无毛；鳞被3片，质较厚，褐色，密被小粗硬毛；子房长圆形，顶端被粗硬毛，花柱被粗毛，柱头3，有时2。果未见。

产地：海南特产，见于三亚、保亭。

D. 绿竹亚属 subg. **Dendrocalamopsis** L. C. Chia & H. L. Fung

Dendrocalamopsis Q. H. Dai & X. L. Tao

秆高大，近直立，单丛生；节间圆筒形，壁厚。箨鞘顶端截平或两肩广圆；箨耳较显著；箨片直立，稀外反，基部宽约为箨鞘顶端的1/2或1/3。秆每节分枝多数，主枝显著，下部枝条上的小枝不特化成软或硬的枝刺。叶较大，在同一具叶小枝上也常混生有较小的叶，小横脉多少可见。假小穗单生或簇生于花枝各节，较短；小穗含花5 ~ 12朵，小花排列紧密，顶生小花不孕；小穗轴短缩，在小花间决不外露，小穗整个脱落；颖1或2。花柱1，柱头3，稀2或1。颖果。

本亚属10余种，分布于我国东部和南部、缅甸。我国有11种；广东及海南有10种，1变种。

1. 箨片直立或外展。
  2. 箨耳缺 ……………………………………………………………………………………………66. 孖竹 B. rectocuneata
  2. 箨耳存在。
    3. 箨鞘背面有棱形紫斑 …………………………………………………………………………… 67. 龙丹竹 B. rongchengsis
    3. 箨鞘背面无异色斑点。
      4. 秆节间被毛。
        5. 箨鞘背面密被贴生棕色刺毛，顶端宽圆形；箨耳小，线形 …………………………… 65. 壮绿竹 B. valida
        5. 箨鞘背面多少被易脱落的黄褐色刺毛或在基部中间贴生棕色小刺毛，顶端稍弧拱或多少截平；箨耳大，长圆形。
          6. 秆节间幼时具淡紫色纵条纹；箨耳等大 ……………………………………………… 60. 吊丝箪竹 B. variostriata
          6. 秆节间绿色，不具异色条纹；箨耳不等大，大者约为小者的2倍………………………… 61. 扁竹 B. basihirsuta
      4. 秆节间无毛。
        5. 秆绿色，节间夹有黄色纵条纹 ………………………………………………………………… 62. 花头黄 B. revoluta
        5. 秆节间全为绿色。
          6. 箨舌高约1 mm ……………………………………………………………………………… 63. 绿竹 B. oldhamii
          6. 箨舌高约3 mm ……………………………………………………………………………64. 凹箨绿竹 B. basihirsutoides
1. 箨片外反。
  2. 秆基部有2或3节间极为短缩，长仅约1 cm ……………………………………………………68. 孟竹 B. bicicatricata
  2. 秆基部节间不短缩。
    3. 秆节间初时被短柔毛。
      4. 秆节间在节下无一圈棕色绒毛 ……………………………………………………………… 70. 吊丝球竹 B. beecheyana
      4. 秆节间在节下被一圈棕色绒毛 ……………………………………………………………… 70a. 大头典竹 var. pubescens
    3. 秆节间初时被小刺毛 ……………………………………………………………………………69. 大绿竹 B. grandis

60. 吊丝箪竹 （《植物分类学报》）

Bambusa variostriata（W. T. Lin）L. C. Chia et H. L. Fung

Dendrocalamopsis variostriata（W. T. Lin）P. C. Keng

Sinocalamus variostriatus W. T. Lin

Neosinocalamus variostriatus（W. T. Lin）J. F. Zuo

秆高5 ~ 12 m，直径4 ~ 7 cm，幼时尾梢弯曲呈钓丝状，成长后则稍伸直；节间圆筒形，有时在其下部多少有些肿大，绿色，幼时间有淡紫色纵条纹，并贴生纵行排列而以后渐脱落的柔毛，毛落后呈现黄针纵条纹，秆壁厚8 ~ 10 mm；秆环平坦；箨环稍隆起；第六节以下各节节内常贴生一圈灰白色短柔毛，近秆基部各节内具环列的气生根。箨鞘脱落性，质坚韧，顶端稍拱起或截平，背面多少被易落的黄褐色刺毛，后变为无毛或仅鞘基部具刺毛；箨耳长圆形，近等大，边缘有长4 ~ 6 mm的繸毛；箨舌顶缘稍弧拱或截平，中央高3 ~ 9 mm，近全缘或具细齿；箨片直立，卵状三角形或长三角形，顶端长渐尖，基部截平，两侧向内收窄而略浅心形，基底宽约为箨鞘顶宽的1/2，边缘下部生粗糙小纤毛，背面略粗糙，上面的脉间生小糙毛。枝群自秆的第三节以上始有，每节多枝簇生，主枝较粗壮。末级小枝具7 ~ 12片叶；叶鞘长9 ~ 10 cm，近于无毛；叶耳小，半圆形，边缘疏生短小繸毛；叶舌高约1 mm，上端截平，几全缘；叶窄披针形，长13 ~ 26 cm，宽1.6 ~ 3 cm，基部圆或楔形，顶端长渐尖，上面无毛，下面被短柔毛，次脉6 ~ 10对，无小横脉；叶柄长2 ~ 3 mm。假小穗单生或簇生于花枝各节，钻状圆柱形，长3 ~ 5 cm或更长，初时体圆，后两侧微扁，顶端尖；苞片小，3 ~ 5片，膜质，甚脆，腋内有芽；小穗含5或6朵成熟小花，顶端小花不孕；小穗轴节间长2 ~ 3 mm，有关节，成熟时小穗整个脱落，在老熟后，各小花才逐节断落；颖1片，卵形，长约1 cm，顶端尖，无毛；外稃广卵形，长约1.5 cm，顶端钝，有粗糙小尖头，带紫色，无毛，多脉（约31条），边生纤毛；内稃窄长，与外稃约等长，顶端钝或略尖，背部具2脊，脊间宽3 mm，有6脉，脊的基部无毛，自中部至顶端有纤毛；鳞被3片，披针形，长4～5 mm，脉纹明显，边基部无毛，中部以上至顶端有显著的纤毛；花丝分离，花药长7 mm，药隔小尖头上有小刺毛；雌蕊长9 mm；子房卵形，长约2.5 mm，遍体散生小硬毛，有子房柄或无，花柱长5 mm，柱头3。果未见。

产地：广州。

分布：浙江、福建有栽培。

用途：笋味鲜美，为广州常见栽培的笋用竹；竹秆可供建筑和作脚手架等用。

61. 扁竹 （《岭南大学科学专刊》）

Bambusa basihirsuta McCl.

B. prasina Wen

Dendrocalamopsis prasina（Wen）P. C. Keng

D. basihirsuta（McCl.）P. C. Keng & W. T. Lin.

秆高7～12 m，直径4～9 cm；节间长22～35 cm，绿色，幼时薄被白粉和脱落性小刺毛，成长后变无毛；秆环平坦；箨环无毛。箨鞘初为绿色，不久变黄色，厚革质，顶端近斜截平，幼时背面被白粉，基部中央贴生棕褐色小刺毛，边近无毛；箨耳在秆下部箨上细小，在上部箨上显著，不等大，大耳长圆状披针形，宽约5 mm，小耳长圆形，宽约3 mm，大耳约为小耳的2倍，边有小纤毛；箨舌截平，高约2 mm，背面和边生细纤毛；箨片直立，近三角形，顶端长渐尖，基部浅心形，较箨鞘顶端为窄，向两侧外延并与箨耳相连，边缘基部生小纤毛，两面无毛。分枝习性高，常在第八节分枝。末级小枝具6～8片叶；叶鞘长8～9 cm，初被小刺毛，不久脱净为无毛，纵肋隆起；叶耳镰形，边生小纤毛；叶舌截平，粗糙；叶长圆状披针形或长椭圆形，长13～25 cm，宽2.5～5 cm，顶端长渐尖，基部近截平或钝圆，上面无毛，下面密被短柔毛，次脉7～10对，小横脉不明显。假小穗多枚簇生于花枝各节，长卵形或卵状披针形，长24 mm，宽7 mm，两侧扁，顶端尖，基部有1片前出叶；小穗含5～7朵小花；小穗轴节间短而不外露；颖1或2片；外稃长16 mm，宽10 mm，顶端急尖而具针状小尖头，无毛，多脉（27～31条）；内稃长14 mm，宽4 mm，顶端2裂，两面疏被微毛，背部2脊上生纤毛，脊间5脉，脊外至边各有2脉，纵脉之间有细脉和小横脉；鳞被3片，狭长，表面和边缘被微毛，顶端具纤毛；花药长7 mm；子房菱形，被硬细毛，有子房柄，花柱长5 mm，被硬细毛，柱头3，长4～6 mm。果未见。

产地：河源、广州。

分布：香港、浙江。

62. 花头黄 （《植物分类学报》）

Bambusa revoluta（W. T. Lin & J. Y. Lin）N. H. Xia, R. H. Wang & R. S. Lin

B. oldhamii f. *revoluta* W. T. Lin et J. Y. Lin

Dendrocalamopsis oldhamii f. *revoluta*（W. T. Lin et J. Y. Lin）W. T. Lin

Sinocalamus oldhamii f. *revoluta*（W. T. Lin et J. Y. Lin）W. T. Lin

秆绿色，节间夹有黄色纵条纹；节内有一圈灰白或浅黄白色的毛环。箨鞘顶端宽广，背面无毛，基部生黄棕色刺毛；箨耳长圆形，向外翻卷，边具稀疏短纤毛；箨舌高约1.5 mm，上缘具细齿裂；箨片三角形，基部两侧稍外延，与箨耳略有相连。分枝习性较低，自秆第三节分枝。外稃无小横脉（但原记载谓“有方格小脉”）；鳞被近卵形；花柱极短。

产地：广东特有，广州、佛冈。

用途：笋可食；秆供一般建筑用。

63. 绿竹 （《竹谱详录》） 别名：毛绿竹 （广东）

Bambusa oldhamii Munro

Dendrocalamopsis oldhamii（Munro）P. C. Keng

Leleba oldhamii（Munro）Nakai

Sinocalamus oldhamii（Munro）McCl.

B. *atrovirens* Wen

D. *atrovirens*（Wen）Keng. ex W. T. Lin

秆高6～12 m，直径3～9 cm，幼时被白粉，粉退后呈绿色或暗绿色；节间圆筒形，长20～35 cm，邻近的节间稍作“之”字形曲折；秆壁厚4～12 mm。箨鞘脱落性，革质，顶端近截平，背面无毛或被或疏或密的褐色刺毛，边缘无毛或上部显著生纤毛；箨耳近等大，椭圆形或圆形，边生纤毛；箨舌高约1 mm，近全缘或上缘波状；箨片直立，三角形或窄三角形，顶端长渐尖，基部截平并向内收窄，宽约为箨鞘顶宽的1/2。分枝习性较高，在秆第七节以上发枝，每节有3主枝和若干较细小的枝条。末级小枝具6～15片叶；叶鞘长7～15 cm，初时被显著小刺毛，后无毛，边缘大都无毛或有时疏生纤毛；叶耳半圆形，边缘有棕色繸毛；叶舌截平或圆拱起；叶长圆状披针形，长15～30 cm，宽3～6 cm，顶端长渐尖，基部钝圆或广楔形，上面无毛，下面被柔毛，边缘粗糙或有小刺毛，次脉9～14对，脉间的再次脉为9条，小横脉较明显；叶柄长2～6 mm。花枝无叶；假小穗单生或丛生于花枝各节，长2.7～3 cm，宽7～10 mm，两侧扁，下部绿色，上部赤紫色；苞片3～5，上方1或2片腋内无芽；小穗含5～9朵小花；小穗轴脱节于颖下，节间粗短；颖1片，卵形，长9～10 mm，宽8 mm，无毛，边缘生纤毛，具多脉，脉间有小横脉；外稃与颖相似，卵形，长17 mm，宽13 mm，顶端尖，有小尖头，无毛或有微毛，具多脉（约31条），脉间有小横脉，边缘生纤毛；内稃长13 mm，宽4 mm，顶端尖锐而不具裂缺，两面均生微毛，背部2脊间有3～5脉，脊外至边各有2脉，各脉间均有稀疏小横脉，边和脊上均生显著的纤毛；鳞被3片，近同形，卵状披针形，长3.5 mm，脉纹明显，边缘生纤毛；花药长8 mm，顶端有小尖头，上生小刺毛；子房卵形，长2 mm，被粗毛，花柱显著，较子房为长，柱头3。果未见。笋期：5～11月；花期：多在夏至秋季。

产地：广东及海南各地。

分布：浙江南部、福建、台湾、广西等省区。模式标本采自台湾淡水。

用途：秆可作建筑用材或劈篾编制用具，亦为造纸原料；笋味鲜美，质地柔软，除供蔬食外，还可加工制笋干或罐头；由于笋期长，产量丰富，故商品效益颇大。台湾从竹秆中刮取竹茹，作解热的中药材。

64. 凹箨绿竹　（《华南农业大学学报》）

Bambusa basihirsutoides N. H. Xia

Sinocalamus concavus W. T. Lin & Z. M. Wu

秆高10 m，直径3～7 cm。节间圆柱形，长25～32 cm，初时被白粉。分枝自第八节开始，多枝簇生，主枝明显较粗长。箨鞘脱落性，背面无毛或基部中间被黄棕色刺毛，顶端稍下凹，边缘疏被纤毛；箨耳镰形，鞘口刚毛纤弱而波曲；箨舌高3 mm，顶端齿裂；箨片直立，三角形或长三角形，基部稍作圆形收窄。末级小枝具10～12叶，叶鞘无毛；叶耳半圆形，鞘口刚毛纤弱；叶舌高0.5 mm，顶端弧拱；叶长15～35 cm，宽2～4 cm，上面无毛，下面被白色短毛；次脉8～12对，小横脉明显。

产地：广宁。生于河边。

用途：笋可食。

本种与绿竹S. oldhamii的区别在于：箨鞘顶端下凹，背面基部中间密被黄棕色刺毛，箨耳镰形，或多或少向外伸出，箨舌高3 mm，边缘有小齿，主枝比其余侧枝粗。

65. 壮绿竹　（《植物分类学报》）

Bambusa valida（Q. H. Dai）W. T. Lin

Dendrocalamopsis valida Q. H. Dai

秆直立或近直立，高12～16 m，直径8～12 cm；尾梢俯垂；节间长20～25 cm，幼时密被白色和褐色柔毛，壁厚2～3 cm；秆环和箨痕各环生一圈绒毛。每节分枝多数，簇生，主枝较粗长。秆箨脱落，革质，长18～22 cm，宽30～35 cm，背面密被棕色贴生刺毛，顶端宽圆形；箨耳线形，灰色或棕色；箨舌高4～5 mm，截平，顶端不对称，边缘被黄色纤毛；箨片直立，三角状披针形或卵状披针形，背面无毛，上面被短柔毛。末级小枝具5～8片叶；叶鞘被黄色短柔毛；叶耳及鞘口刚毛不发育；叶舌高1 mm，边具短纤毛；叶长8～30 cm，宽2～6.5 cm，上面无毛，下面被白色短柔毛。花枝未见。

产地：广州有栽培。

分布：广西。

66. 孖竹 （《植物分类学报》）

Bambusa rectocuneata（W. T. Lin）N. H. Xia

Neosinocalamus rectocuneatus W. T. Lin

Sinocalamus rectocuneatus（W. T. Lin）W. T. Lin

秆高达14 m，直径8 cm；节间圆筒形，长14～32 cm，深绿色间有黄色纵条纹，初时密被疣基刺毛，后毛渐落，表面留有疣基和小凹痕，尤以秆下部的节间为甚，空腔较大，秆壁厚9 mm；秆环平坦；箨环较隆起，上有时还留有粗硬毛；节内在近秆基部数节有一圈贴生的灰白色细毛。箨鞘脱落性，厚革质，顶端圆或截平，有时在截平的鞘口中部略下凹或呈“山”字形，背面被或多或少的棕色刺毛；箨耳和鞘口繸毛不发达；箨舌高8 mm，边缘细齿裂，无流苏；箨片直立或外翻，基底宽约为箨鞘顶宽的1/3～1/2，两面被棕色粗硬毛，秆下部的箨片显著较箨鞘为短，三角形，直立，边缘的下部两侧外方具皱褶，秆上部的箨片卵状披针形，可外翻，基部两侧向内收窄。秆每节多分枝，基部数节不分枝，主枝较粗壮，侧枝细长。末级小枝有4～6片叶；叶鞘长7～9 cm，被白色柔毛，背部明显具脊；叶耳和鞘口繸毛俱缺；叶舌高1.5 mm；叶长圆状披针形，长16～25 cm，宽2.5～4 cm，顶端渐尖，基部楔形，两侧不等，两面无毛，次脉9～13对，小横脉在叶下面微突起；叶柄长2～3 cm。花枝未见。

产地：英德（岩背）。

用途：秆较高大，可作一般棚架之用；笋可食。

67. 龙丹竹 （《竹子研究汇刊》）

Bambusa rongchengsis（T. P. Yi & C. Y. Sia）D. Z. Li

Dendrocalamus rongchengensis T. P. Yi & C. Y. Sia

秆高14～17 m，直径8～12 cm，尾梢微弯；节间圆筒形，长28～30 cm，幼时被白粉，壁厚1.5～3.2 cm；秆环平，基部数节上有气根；节内高0.8～1.6 cm，无毛；箨痕隆起，初时密被黄褐色刺毛，箨痕之下环生一圈宽约3 mm的黄褐色小刺毛。分枝自（6～）15～18节开始，每节分枝多数，1（～3）主枝较粗长。秆箨早落，箨鞘长三角形，新鲜时棕黄色，具梭形紫斑，后变灰黄色，革质，背面无毛或下部中央有棕色贴生刺毛；箨耳由箨片基部外延形成，边缘密生长5～12 mm的灰黄色波曲的鞘口刚毛；箨舌截平或拱形，紫褐色，无毛，高5～10 mm，边缘被长1～5 mm的不整齐流苏状毛。箨片直立或外展，三角形，基部作圆形收窄，背面疏被棕色刺毛，上面密被棕色刺毛，边缘具小锯齿。末级小枝具4～11叶；叶鞘上部被灰色或灰黄色柔毛，边缘无纤毛；叶耳缺，鞘口刚毛无或细弱；叶舌高0.2～0.5 mm，全缘；叶披针形，长8～17 cm，宽1.9～5.5 cm。假小穗1～2（稀3～5）枚生于花枝各节，红紫色，两侧压扁，披针形；小穗含花7～13朵，长1～2.5 cm，宽4～6 mm；小穗轴不易逐节脱落，节间很短，长0.5～1 mm，形扁，具灰白色微毛；颖1片，三角形或广卵形，无毛，长3～7 mm，宽2.5～6 mm，具11～15脉；外稃与颖相似，具13～21脉，背面无毛，顶端具小尖头，边缘具短纤毛；内稃长圆状披针形，稍窄于外稃，膜质，脊间具2脉，脊外每侧各具2脉，脊上被短纤毛；鳞被（2）3（4）片，膜质，倒卵形至披针形，长1～2 mm，边缘具细长纤毛；花丝分离，花药长4～5 mm，顶端具小尖头。子房卵形，具短柄，无毛，长约1 mm；花柱长1～2 mm，被微毛；柱头单一。果未见。笋期：8～9月。

产地：广州有栽培。

分布：四川。

用途：秆可供建筑、农具等用。

68. 孟竹　（《植物分类学报》）

Bambusa bicicatricata（W. T. Lin）L. C. Chia et H. L. Fung

Dendrocalamopsis bicicatricata（W. T. Lin）P. C. Keng

Sinocalamus bicicatricatus W. T. Lin

Neosinocalamus bicicatricatus（W. T. Lin）W. T. Lin

秆近直立，高10余米，梢端斜出或略弯，直径5.5 ~ 7.5 cm或更粗；秆壁厚15 mm或更厚；节间有两类：一为秆基部（离地面高10 ~ 15 cm）的第二或第三节间，节间极短缩，长仅1 cm，箨环显著而秆环不明显，节内密被灰白色紧贴的短柔毛，环列众多芽眼；另一为正常节间，长20 ~ 36 cm，圆筒形，无毛或近于无毛，绿色，在秆下部数节的节内具灰白色柔毛环，其余的无毛环。箨鞘脱落性，质坚韧，顶端窄，两肩广圆，背面散布有或多或少深棕色易脱落的小刺毛；箨耳微小，长圆形，近等大，质脆易脱落，边有短纤毛；箨舌之中央高4 ~ 5 mm，两旁近截平，边具细齿或细齿裂；箨片外翻或向外开展，卵状披针形，基部两侧向内收窄，宽约为箨鞘顶端之1/2。分枝习性较低，自秆正常节间之第一或二节开始，每节具3或5枝，有时更多，主枝粗壮而较长。末级小枝有6 ~ 9叶，叶鞘长5 ~ 8 cm，无毛或近无毛；叶舌高1.5 ~ 2 mm，截平，边全缘或具细齿；叶耳微小，边缘疏生短纤毛；叶长圆状披针形，长9 ~ 22 cm，宽2 ~ 4 cm，顶端长渐尖，基部圆形或楔形，两面无毛或近于无毛，次脉6 ~ 10对，小横脉在叶下面多少可见，上面不明显；叶柄长2 ~ 3 mm。假小穗单生或簇生于花枝的各节，卵状披针形，长17 ~ 18 mm，扁，顶端尖，初时紫色，后变古铜色；小穗含成熟小花6 ~ 8朵，顶端2朵小花不发育；小穗轴短，坚实而不易逐节折断；颖2或3片，近心形，长达5 mm，无毛；外稃宽卵形，长7 ~ 8 mm，顶端有锐尖头，无毛，边缘生纤毛，有17条纵脉；内稃与外稃等长，但较之甚窄，顶端尖，散生短柔毛，背部具2脊，脊间宽2 mm，有2脉，脊上和边缘均生纤毛，两者的基部均无毛；鳞被3片，同形，长卵形，长约1 mm，基部脉纹显著，顶端和边缘有长纤毛；花药长3.5 mm，顶端具小尖头，上有小刺毛；雌蕊长3.5 mm，子房有柄，长卵形，顶端延伸与花柱融合，上散生小刺毛，柱头单一，疏生短刺毛而呈帚刷状。笋期：6 ~ 10月；花期：冬季。

产地：海南特产，见于屯昌、三亚、陵水。生于村庄和路旁。

用途：笋可食；秆供做脚手架、撑篙以及引水管等。

69. 大绿竹　（《植物分类学报》）

Bambusa grandis（Q. H. Dai & X. L. Tao）Ohrnberger

Dendrocalamopsis grandis Q. H. Dai & X. L. Tao

D. daii P. C. Keng

Neosinocalamus grandis（Q. H. Dai & X. L. Tao）T. H. Wen

秆高10 ~ 15 m，直径8 ~ 10 cm，尾梢稍作弓形下弯；节间长30 ~ 40 cm，下部略肿大，疏被脱落性刺毛，秆壁厚2 ~ 2.5 cm；节处略隆起，均有秆芽。每节分枝多数，簇生，主枝甚粗长。秆箨脱落性，顶端狭窄，两肩广圆，背面幼时被深褐色刺毛，后无毛；箨耳窄长，线形，有些外翻；箨舌高3 ~ 5 mm，边呈细齿状，两侧向上延伸各形成1三角形的小尖头；箨片直立或外翻，卵状披针形，顶端渐尖，基部两侧向内紧收窄，背面无毛，上面被向上的粗硬毛。末级小枝具6 ~ 10片叶，叶鞘长8 ~ 12 cm，被易脱落之粗硬短毛；叶耳和鞘口无刚毛；叶舌高1 ~ 1.5 mm；叶线状披针形，长15 ~ 20 cm，宽3 ~ 5 cm，两面无毛，次脉8 ~ 9对。假小穗单生或簇生于花枝各节，紫色，长卵形，长1.5 ~ 2 cm，顶端尖，两侧扁；小穗含可孕小花4 ~ 8朵，顶端小花有时不孕；小穗轴节间长2 mm，中空，被白色微毛；颖1片，宽卵形，边缘上部被纤毛；外稃宽卵形，长1 ~ 1.2 cm，边缘被纤毛；内稃远窄于外稃，无毛，顶端钝，脊间具2或3脉，脊上及顶端被纤毛；鳞被3片，近相等，扇状倒卵形，顶端及边缘被长纤毛；花药长6 mm，顶端具小尖头；子房倒卵形，上部被小刺毛，花柱长，被小刺毛，柱头单一，帚扫状。果未见。

产地：广州有栽培。

分布：广西。

用途：竹材坚硬，可作建筑之梁柱、编竹排等用；笋味美，供食用。

70. 吊丝球竹 (《中山大学农林植物研究所专刊》) (图 133)

Bambusa beecheyana Munro

Dendrocalamopsis beecheyana (Munro) P. C. Keng

Sinocalamus beecheyanus (Munro) McCl.

Neosinocalamus beecheyanus (Munro) P. C. Keng et Wen

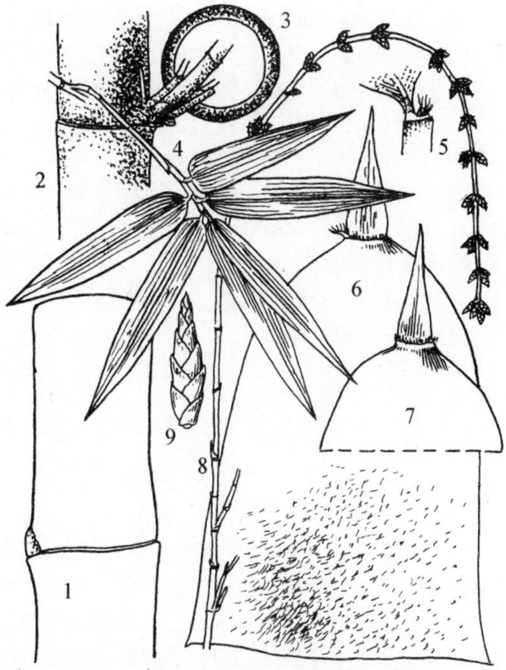

图 133 吊丝球竹 Bambusa beecheyana Munro

1. 秆的一部分；2. 秆的一部分，示分枝情况；3. 秆的横切面；4. 叶枝；5. 叶柄和叶鞘的顶端部分；6. 秆箨背面观；7. 秆箨上部一段腹面观；8. 花枝；9. 小穗。

(余汉平抄绘)

秆高达16 m，直径9～10 cm，顶梢弯曲成弧形或下垂如钓丝状，节间长34～40.5 cm，幼时被白粉并多少具柔毛，后渐无毛；秆壁厚1.5～2 cm。秆箨大型，箨鞘近革质，两肩稍广圆，向上渐缩为一甚窄而呈截平或微下凹的顶端，鞘口中央微隆起，背面贴生分布不匀的深棕色刺毛，愈近基部则刺毛愈密；箨耳在上部秆箨上的较大，下部秆箨的较小，窄长圆形，一端在鞘顶部几与箨舌相连，无毛或边有较密的纤毛；箨舌显著伸出，微截平，两侧较高，边缘具较深的裂齿；箨片卵状披针形，直立或外翻，背面无毛，上面具纵行生长的短毛。分枝习性高，在秆第十节以上发枝，每节具1或3枝，主枝甚粗壮，各枝互相展开。末级小枝具6～12片叶，叶鞘长4～8 cm，具纵肋，背部具锐脊，背上部生易脱落的细毛；叶耳无或微小，无毛或有数条繸毛；叶舌截平，高0.5～1 mm，边缘具细齿；叶长圆状披针形，长11～28 cm，宽15～35 mm，顶端渐尖，基部骤然收缩呈圆形，边缘具小锯齿，上面无毛，下面微粗糙，次脉5～10对，小横脉明显或明微点；叶柄长2～6 mm。花枝细长，长30～120 cm，在秆上呈鞭状垂悬，下部的节间长2～4 cm，圆筒形，无毛，上部节间长2～3 cm，一侧扁平，被细毛；假小穗单生或簇生于花枝各节，卵状披针形，紫色，体扁，长1.5～2 cm，宽5～8 mm，顶端尖；小穗含6～8朵小花；小穗轴节间粗扁，长约1 mm，顶端较粗而有微毛；颖2片，稍呈心形，长4～5 mm，无毛或生微毛，具多脉，小横脉存在，在上部的边有甚短的纤毛；外稃与颖相似而稍大，中部小花的长与宽约为9 mm，有隆起的背脊与尖锐的小尖头，边缘生纤毛；内稃较外稃窄甚，长4～8 mm，背部2脊间宽2～2.5 mm，脊间有2～5脉，脊上疏生甚短的纤毛，顶端锐尖或截平，两面被微毛，边缘生短纤毛；鳞被3，与稃同形，微呈圆形，边缘生纤毛；花药长约5 mm，顶端具小尖头而呈笔毫状；子房短卵形，长约1.5 mm，有2或3纵行的细毛，一侧扁平或具腹沟；花柱扁平而生细毛，长3～4 mm；柱头2～4，稀单一，长约6 mm。果未见。笋期：6～7月。

产地：广东及海南常见栽培。

分布：香港、广西。

用途：笋可供食用，大而肉多，唯味道稍差；秆可作引水管及担荷之用。

70a. 大头典竹 (《中山大学农林植物研究所专刊》) 别名：大头甜竹 (《中国竹类志略》)

var. **pubescens** (P. F. Li) W. C. Lin

Dendrocalamopsis beecheyana var. *pubescens* (P. F. Li) P. C. Keng

Sinocalamus beecheyanus var. *pubescens* P. F. Li

S. pubescens (P. F. Li) P. C. Keng

Neosinocalamus beecheyanus var. *pubescens* (P. F. Li) P. C. Keng et Wen

秆高达15 m，直径粗至11 cm，幼时被白粉，成长后深绿色而常染橘红色，多少呈“之”字形折曲，下部的节间较短，幼时密生柔毛；节处稍隆起，在第十节以下各节的节内密生一圈白色或棕色的柔毛环。分枝习性较低，在秆第三节以上发枝。箨鞘顶端深凹，两肩较圆而宽广，背面被刺毛：箨耳极小，上有不甚显著的繸毛数条；箨舌上缘有细锯齿；箨片较箨鞘为短，基部向内收至甚窄。末级小枝具8～16片叶；叶长圆状披针形，长约20 cm，宽约3.5 cm，最大者长至30 cm，宽达7 cm，上面在中脉和次脉上均生小刺毛，余处无毛。假小穗黄绿色或枯草色，在外稃的顶端及边镶有枣红色；颖及外稃均无小横脉；内稃顶端具显著的裂口，背面的上方2/3处向上密生长纤毛；鳞被3片，倒卵形；柱头2。果未见。笋期：6～7月。

产地：广东南部有栽培。

分布：香港、台湾有栽培。

用途：笋可供食用。

2. 泰　竹　属　Thyrsostachys Gamble

中型乔木状竹类。根状茎短颈粗短型。秆丛生，直立，尾梢径直；分枝习性高，秆每节3至多分枝，呈半轮生状，具1主枝。箨鞘宿存，质薄；箨耳缺或小而无鞘口刚毛；箨片窄长，直立或外反。叶耳缺，叶舌低矮；叶披针形或窄披针形，小横脉不显著。花枝无叶，花序为续次发生，多分枝，分枝各节在假小穗丛基部具显著的苞片。假小穗松散地排列于花枝的各节；小穗含3～4朵小花，最上方1朵小花退化或不孕；小穗轴具关节，节间短，被微毛；颖1或2片，纵脉明显；外稃与颖相似，但较大；内稃膜质，长于外稃，具2脊，脊上具纤毛，顶端深裂，最上方不孕小花的内稃具脊不明显，顶端不深裂；鳞被不存在或稀2～3片，狭窄；雄蕊6枚，花丝分离，花药顶端具短尖头；子房小，纺锤形，基部具柄，无毛或近无毛，花柱1，细长，柱头1～3。颖果圆柱形，无毛，具腹沟，顶端具喙，果皮硬，与种子贴生。

本属有2种，产亚洲东南部。我国2种均产；广东目前栽培1种，另1种大泰竹（T. oliveri）在广州等地原有栽培，但在20世纪90年代已开花死亡。

泰竹　［《中国种子植物科属词典》（修订版）］

Thyrsostachys siamensis Gamble

秆直立，形成极密的单一竹丛，高8～13 m，直径6 cm，尾梢径直或略弯曲；节间长20～30 cm，幼时被白柔毛，秆壁甚厚，基部近实心；秆环平；节下具一圈高约5 mm之白色毛环；分枝习性甚高，主枝不甚发达。箨鞘宿存，纸质，与节间近等长或略长，背面贴生白色短刺毛，鞘口作"山"字形隆起；箨耳微小；箨舌低矮，顶端具稀疏之短纤毛；箨片直立，长三角形，基部宽约为箨鞘顶端的3/4，边略内卷。末级小枝具4～12片叶；叶鞘具白色贴生刺毛，边生纤毛；叶耳很小或缺；叶舌极低矮，上缘具纤毛；叶窄披针形，长7.5～15 cm，宽0.7～1.2 cm，两面无毛，或幼时在下面被柔毛，次脉3～5对。假小穗几为白色，长1.2～1.4 cm，含小花1～3朵；前出叶长达0.8 cm；具芽苞片2或3；颖2或3片，卵形，长0.8～1 cm，顶端尖，基部具白色长柔毛，8脉；外稃似颖，但较长，下方小花的顶端具生绒毛，下方小花的内稃窄，具2脊，脊上生纤毛，顶端深裂至中部，顶端小花的内稃无脊，顶端凹缺，具二短尖头，无毛，较外稃为长；鳞被不存在；雄蕊伸出花外，花丝分离；子房初为卵形，后扁形，柱头1～3，弯曲。颖果圆柱形，长5 mm，直径2 mm，顶端具喙。

产地：广州、深圳等地有栽培。

分布：福建、台湾、云南。缅甸、泰国，马来西亚有栽培。

用途：观赏。

3. 牡 竹 属 **Dendrocalamus** Nees

乔木状竹类（个别种为半攀援性）。根状茎短颈粗短型。秆丛生，直立而略向外方倾斜，梢端下垂；节间圆筒形。秆每节分枝数至多枝，具3主枝或无主枝。箨鞘脱落性；箨耳不明显或不存在；箨舌较明显；箨片外反，稀直立。叶耳缺；叶舌明显；叶大型而甚宽，基部楔形或宽楔形，小横脉明显或否。花枝无叶或有时具叶，多分枝而呈大型圆锥状；花序为续次发生，具苞片，基部为一狭窄而具单脊的前出叶所包裹；假小穗数至多枚簇生于花枝及其分枝之各节，多枚者有时密集成头状或球形；苞片1～4片，最上方1片腋内常无芽；假小穗卵形至钻形，含（1）2～8朵小花，顶生小花不育或退化；小穗轴极短，无关节，不在诸小花间逐节折断而仅脱节于颖下；颖1～3片，卵圆形，具多脉，顶端急尖或具短的小尖头；外稃似颖，但较大，向小穗顶端逐次渐变窄长，有时顶端具芒刺状小尖头；内稃在下方小花中具2脊，而最上1朵两性小花（或仅具1朵小花）无2脊，甚至背部圆卷；鳞被常缺，或有时1～3片；雄蕊6枚，花丝分离或有时基部连合。子房具柄，球形或卵形，顶端增厚而被毛；花柱极短，实心；柱头1（～3），长，羽毛状。颖果圆柱形，顶端被毛；果皮稍增厚。笋期：多在夏季。

本属40余种，分布于亚洲的热带和亚热带地区。我国30余种，分布于华东、华南、华中至西南；广东及海南有15种。

1. 秆分枝较低，3主枝发达；叶常狭窄。
 2. 箨片直立。
  3. 箨鞘厚纸质，背面常被金褐色小刺毛，末级小枝具5～13片叶……………… 1. 牡竹 D. strictus
  3. 箨鞘厚纸质至革质，背面被黄色长硬毛或无毛，有时具黄色纵条纹，末级小枝具4～6片叶…… 2. 椅子竹 D. bambusoides
 2. 箨片外翻。
  3. 秆箨鞘口縫毛不发达 ……………… 3. 黄竹 D. membranaceus
  3. 秆箨鞘口及箨片基部密被浅棕色鬃状毛。
   4. 秆基部数节间无气根；箨耳具鞘口刚毛；箨片上面基部被髯毛 ……………4. 小叶龙竹 D. barbatus
   4. 秆基部数节间的外面密生气根；箨耳无鞘口刚毛；箨片上面基部无毛 ……………4a. 毛脚龙竹 var. internodiradicus
1. 秆分枝较高，主枝不明显或仅有1主枝；叶较宽大。
 2. 秆箨宿存；箨片直立或外展 ……………… 5. 歪脚龙竹 D. sinicus
 2. 秆箨脱落；箨片外反。
  3. 秆节间被毛。
   4. 秆节间幼时被成纵行排列的白色绒毛；侧枝向下反曲；箨舌高1 cm，边缘深齿裂 …… 6. 勃氏甜龙竹 D. brandisii
   4. 秆节间幼时薄被白粉并贴生淡棕色小刺毛；侧枝不向下反曲；箨舌高7～10 mm，边缘被流苏状毛 … 7. 高舌竹 D. asper
  3. 秆节间无毛。
   4. 箨舌顶端齿裂。
    5. 秆高20～25 m，直径15～30 cm；箨鞘背面略被小刺毛，但易脱落变无毛……………… 8. 麻竹 D. latiflorus
    5. 秆高10 m以下，直径不超过10 cm；箨鞘背面被棕色、黄棕色或锈色刺毛。
     6. 箨舌高约3 mm ……………… 9. 黄麻竹 D. stenoauritus
     6. 箨舌高1～1.5 mm。
      7. 箨舌高1.5 mm；叶鞘无毛 ……………10. 白沙竹 D. suberosus
      7. 箨舌高1 mm；叶鞘背面被短硬毛 ……………… 11. 三枝麻竹 D. triramus
   4. 箨舌顶端被流苏状毛。
    5. 叶下面被白色微毛 ……………… 12. 梁山慈竹 D. farinosus
    5. 叶两面无毛。
     6. 箨鞘背面仅下半部被棕黑色贴生刺毛 ……………… 13. 船竹 D. ovatus
     6. 箨鞘背面全部被棕黑色贴生刺毛。

7. 箨鞘背面近内侧边常有数条黄白色纵条纹。
8. 秆节间绿色 ………………………………………………………………………… 14. 粉麻竹 D. pulverulentus
8. 秆节间稍带黄色，具5 ~ 8深绿色纵条纹 ……………………………………………… 14a. 花吊丝竹 var. amoenus
7. 箨鞘背面近内侧边无黄白色纵条纹 …………………………………………………………… 15. 吊丝竹 D. minor

1. 牡竹 （《种子植物名称》）

Dendrocalamus strictus（Roxb.）Nees

Bambos stricta Roxb.

秆直立，高7 ~ 17 m，直径6 ~ 10 cm；节间长30 ~ 45 cm，幼时薄被白粉，壁厚，实心。秆节处隆起，基部数节环生气根；分枝习性较低，每节分多枝，具3主枝。箨鞘早落，厚纸质，背面常被金褐色小刺毛，边缘具棕色纤毛，顶端圆拱形；箨耳微弱或不存在；箨舌高1 ~ 3 mm，边缘细齿裂；箨片直立，狭三角形，两面均被柔毛，尤以上面为甚。末级小枝具5 ~ 13片叶；叶鞘幼时被毛，后变无毛；叶耳无或极小，存在时其上生数条弯曲易落的縫毛；叶舌低矮，边齿裂；叶狭披针形，长5 ~ 30 cm，宽1 ~ 3 cm，上面粗糙，下面被柔毛，叶缘具小锯齿而粗糙，次脉3 ~ 6对，无小横脉。假小穗多枚密集簇生于花枝各节，假小穗丛直径2.5 ~ 5 cm，小穗长8 ~ 15 mm，密被短柔毛，含2 ~ 4朵小花，顶端的1朵不育；颖2片或较多，卵形，长6 ~ 8 mm，具多脉，顶端具芒刺状小尖头；外稃卵形，长9 ~ 10 mm，具18脉，顶端具芒刺状小尖头；内稃窄卵形或倒卵形，长8 ~ 9 mm；花药黄色，长5 mm，药隔顶端突出；子房陀螺形，长1 ~ 2 mm，有柄，上部具微毛，花柱长6.5 mm，柱头单一，呈紫色。果棕色，卵形至近球形，长6 ~ 8 mm，有光泽，上部被毛，顶端有喙。

产地：广州有栽培。

分布：印度。

2. 椅子竹 （《竹子研究汇刊》）

Dendrocalamus bambusoides Hsueh & D. Z. Li

Sellulocalamus bambusoides（Hsueh & D. Z. Li）W. T. Lin

秆高7 ~ 15 m，直径6 ~ 8 cm，尾梢向外弯曲；节间长26 ~ 34 cm，无毛，被白粉，有时基部数节间具黄色纵条纹；秆壁厚1.4 ~ 2.8 cm。秆每节数分枝簇生，在秆中部节上具3主枝。箨鞘早落，厚纸质至革质，背被黄色长硬毛或无毛，有时具黄色纵条纹，顶端稍弧拱；箨耳缺；箨舌高约 2 mm；箨片直立，基部略向内收窄。末级小枝具4 ~ 6叶；叶鞘无毛，边被纤毛；叶舌高约1 mm；叶狭披针形，长（5 ~ ）14 ~ 17 cm，宽0.8 ~ 1.6 cm。假小穗基部具苞片1 ~ 5片，长8 ~ 16 mm；可育小花3或4朵。颖1或2片，长5 ~ 7 mm，边被纤毛；外稃长7 ~ 13 mm，顶端具短尖头；内稃长6 ~ 14 mm；花药黄色，长4 ~ 6 mm；雌蕊长1.3 ~ 1.7 cm；柱头1。果未见。

产地：广州有栽培。

分布：云南南部。

3. 黄竹 （云南西双版纳）

Dendrocalamus membranaceus Munro

Bambusa membranacea（Munro）Stapleton & N. H. Xia

秆高 8 ~ 15 m，直径7 ~ 10 cm；节间长34 ~ 42 cm，初时薄被白粉，后亮绿；秆壁厚至薄。分枝自秆基部发出，每节3至数枝，近相等，在秆中部节上为3，主枝不明显。箨鞘早落，初时橙绿色，椭圆形至长圆形，长于节间，纸质，边缘被纤毛；箨耳小；鞘口刚毛短；箨舌高8 ~ 10 mm，细齿裂；箨片外反，线状披针形，长30 ~ 40 cm，宽2 ~ 3 cm。叶鞘初时疏被毛，后无毛；箨舌低矮，细齿裂；叶披针形，长12.5 ~ 25 cm， 宽1.2 ~ 2 cm。假小穗多枚密集簇生于花枝各节，假小穗丛直径2.5 ~ 5 cm，前出叶宽，具2脊。小穗长8 ~ 15 mm，无毛，含能育小花2 ~ 5朵；颖2或多片，长8 ~ 9 mm，具长尖头；外稃长9 ~ 10 mm，顶端具长尖头；内稃长7 ~ 8 mm；花药黄色或紫色，长4 ~ 5 mm，顶端具尖头；子房陀螺形；花柱长5 ~ 6 mm；柱头紫色。颖果长6 ~ 8 mm。

产地：广州有栽培。

分布：云南南部。老挝、缅甸、泰国北部、越南北部。

4. 小叶龙竹 （《竹子研究汇刊》）

Dendrocalamus barbatus Hsueh & D. Z. Li

秆高15 ~ 18 m，直径10 ~ 15 cm，尾梢稍下垂；节间长26 ~ 32 cm；秆壁厚，秆环不隆起，在箨痕上下各具一圈白色绒毛环。分枝数枝簇生，秆中部节上具3主枝。箨鞘早落，黄棕色，长约为节间的3/4，革质，边被纤毛，顶端钝圆；箨耳与箨片基部之外延部分相连，波状，长5 ~ 15 mm；鞘口刚毛存在；箨舌高5 ~ 8 mm，细齿裂；箨片外反，上面基部密被鬃毛。末级小枝具叶8 ~ 15片；叶鞘被微毛；叶耳不明显，鞘口刚毛数条；叶舌高约 1 mm；叶狭披针形，长10 ~ 15 cm，宽1 ~ 2 cm。假小穗多枚密集簇生于花枝各节，假小穗丛直径1 ~ 2.2 cm；小穗长6 ~ 8.5 mm，近无毛，含可育小花2朵；颖2或3片；外稃长6 ~ 7 mm，顶端具短尖头；内稃长5 ~ 6 mm；花药黄色，干时变紫色，长约6 mm；雌蕊长6 ~ 7.5 mm；子房、花柱及柱头均被毛；柱头单一。果未见。

产地：广州有栽培。

分布：云南南部。

4a. 毛脚龙竹 （云南西双版纳）

var. **internodiradicus** Hsueh & D. Z. Li

本变种与原种的区别在于：秆基部数节间的外面密生气根，箨耳无鞘口刚毛，箨片上面基部无毛，叶较大；小穗含小花2或3朵。

产地：广州有栽培。

分布：云南（西双版纳）。

5. 歪脚龙竹 （云南西双版纳）

Dendrocalamus sinicus L. C. Chia & J. L. Sun

秆高20 ~ 30 m，直径20 ~ 30 cm；尾稍下垂；节间圆筒形，长17 ~ 22 cm，壁厚2 ~ 3 cm，基部数节间短缩，一面鼓胀而上下节斜交成畸形，秆下部节间长17 ~ 22 cm，幼时密被白粉，有呈条状的贴生棕色刺毛；节内具一圈宽为3 ~ 4 mm的黄棕色绢毛带；秆基部数节环生气根。箨鞘近宿存，初时黄绿色，厚革质，背面上半部薄被白粉，疏生束状排列的黑褐色贴生刺毛，顶端浅波状；箨耳与鞘口刚毛缺；箨舌高约6 mm，顶端浅波状，全缘；箨片直立或稍外展，近三角形，基部宽约与箨鞘顶端近相等或较窄，背面疏生长柔毛，上面脉间被暗褐色小刺毛。叶鞘初时稍被毛，后无毛；叶耳与鞘口刚毛缺；箨舌高1.5 ~ 2 mm，边缘具疏齿；叶长圆状披针形至狭披针形，长20 ~ 40 cm，宽4 ~ 6.5 cm，两面被极疏柔毛或近无毛。花枝无叶或有时具叶，呈大型圆锥花序状，每节着生1至数枚假小穗，枝的节间长2 ~ 4 cm，被绒毛；小穗长3 ~ 3.5 cm，宽6.5 ~ 7.5 mm；含小花5或6朵；颖长1.2 ~ 1.5 cm，背面稍被毛，顶端具短尖头，具多脉，边被短纤毛；外稃卵形至长圆状披针形，长17 ~ 25 mm；内稃质薄，明显短于外稃，长圆状披针形，脊上被纤毛，脊间具5脉，顶端2裂，且生1束毫毛；花丝长1.5 ~ 3 cm，分离或有时连成一极薄的管；花药长8 ~ 12 mm，顶端具针刺状小尖头；子房卵球形，密被短硬毛；花柱长，被短硬毛；柱头1。果未见。

产地：广州有栽培。

分布：云南。

6. 勃氏甜龙竹 （《竹子研究汇刊》）

Dendrocalamus brandisii（Munro）Kurz

Bambusa brandisii Munro

Sinocalamus brandisii（Munro）P. C. Keng

秆高10 ~ 15 m，直径10 ~ 12 cm，尾梢下垂至长下垂；节间长34 ~ 43 cm，幼时被成纵行排列的白色绒毛，壁厚3 cm；秆环不隆起；节内高2 cm，箨痕上下各具一圈灰白色至棕色绒毛环，秆下部各节环列气根。每节分枝数枝簇生，主枝1，甚发达，有时无主枝，其余枝条纤细，向下反曲。秆箨早落，革质，红棕色至鲜黄色，背被白色短柔毛；箨耳小；箨舌高1 cm，上缘深齿裂；箨片外翻或近直立，基部宽为鞘顶端的1/3 ~ 1/2。叶鞘背面贴生白色小刺毛；叶舌高1.5 ~ 2 mm；叶大小有变异，长23 ~ 30 cm，宽2.5 ~ 5 cm，下面被柔毛，次脉10 ~ 12对。花枝下垂，节间长2.5 ~ 3.8 cm，密被锈色柔毛；假小穗5 ~ 25枚丛生于花枝各节，成簇团时直径为1.3 ~ 1.8 cm；小穗紫褐色，卵圆形，长7 ~ 9 mm，略被微毛，顶端钝，含小花2 ~ 4朵；颖1或2片，长4 mm，宽3.5 mm，具10脉，顶端具小尖头；外稃似颖片，长5 ~ 6 mm，具16 ~ 20脉；内稃脊上被纤毛，脊间具3脉，顶端尖或具2尖头；鳞被常缺，有时为1或2片，披针形或匙形，基部具3脉，边生纤毛；花丝短；花药绿黄色，顶端具药隔伸出的小尖头或具笔毫状微毛；子房卵形，被毛；花柱长3 mm，柱头1或2，紫色，羽毛状。果卵形，长1.5 ~ 5 mm，上部被毛，顶端具喙。

产地：广州、高要、四会、廉江等地有栽培。

分布：云南。缅甸、老挝、越南、泰国。

用途：笋味甜，宜鲜食。

7. 高舌竹 （《香港竹谱》）

Dendrocalamus asper（J. A. et J. H. Schult.）Bacher ex Heyne

Bambusa aspera J. A.et J. H. Schult.

Gigantochloa aspera（J. A. et J. H. Schult.）Kurz

秆高15 ~ 20 m，直径6 ~ 10 cm，尾梢长下垂。节间长30 ~ 50 cm，幼时薄被白粉并贴生淡棕色小刺毛；秆环不隆起；箨痕上下环生一圈淡棕色绢毛，秆基部数节常环列气根。分枝自第九节开始；每节多枝簇生，主枝显著。秆箨早落，箨鞘背面贴生棕色刺毛，干时纵肋显著隆起；箨耳狭长形，波状皱褶，末端稍大而近圆形，边具长达6 mm的波曲繸毛数条；箨舌高7 ~ 10 mm，边被流苏状毛，毛长3 ~ 5 mm；箨片常外翻，披针形，基部两侧波状皱褶并向外延伸而成箨耳。末级小枝具7 ~ 13片叶；叶鞘初时被贴生棕色刺毛；叶耳缺；叶舌截平，高约2 mm，全缘或齿裂；叶披针形至长圆状披针形，长20 ~ 30cm，宽3 ~ 5cm，小横脉明显。

产地：广州有栽培。

分布：香港、云南、台湾有栽培。菲律宾、马来西亚、印度尼西亚（爪哇）、泰国、老挝、缅甸等有分布或栽培。

用途：观赏；笋可供蔬食。

8. 麻竹 （李衎《竹谱详录》） 别名：甜竹（广东）

Dendrocalamus latiflorus Munro

Sinocalamus latiflorus（Munro）McCl.

秆高20 ~ 25 m，直径15 ~ 30 cm，尾端长下垂或弧形弯曲；节间长45 ~ 60 cm，幼时被白粉，无毛，在节内具一圈棕色绒毛环；壁厚1 ~ 3 cm；秆分枝习性高，每节多分枝，主枝单一。箨鞘早落，厚革质，宽圆铲形，背面略被小刺毛，易脱落变无毛，顶端的鞘口部分甚窄（宽约3 cm）；箨耳小，长5 mm，宽1 mm；箨舌高仅1 ~ 3 mm，边微齿裂；箨片外翻，卵形至披针形，长6 ~ 15 cm，宽3 ~ 5 cm，上面被淡棕色小刺毛。末级小枝具7 ~ 13片叶；叶鞘长19 cm，幼时被黄棕色小刺毛，后无毛；叶耳无；叶舌高1 ~ 2 mm，截平，边微齿裂；叶长椭圆状披针形，长15 ~ 35（~ 50）cm，宽2.5 ~ 7（~ 13）cm，上面无毛，下面的中脉甚隆起并被小锯齿，次脉7 ~ 15对，小横脉尚明显。花枝大型，无叶或上方具叶，分枝的节间坚硬，密被黄褐色细柔毛，各节着生1 ~ 7枚至更多的假小穗，半轮生状态；小穗成熟时为红紫或暗紫色，卵形，长1.2 ~ 1.5 cm，宽7 ~ 13 mm，甚扁，顶端钝，含6 ~ 8朵小花，顶端小花常较大，成熟时小花能张开；颖2至数片，广卵形至广椭圆形，长约5 mm，宽约4 mm，两面之上部被微毛，边生纤毛；外稃与颖似，黄绿色，唯边缘之上半部紫色，长12 ~ 13 mm，宽7 ~ 16 mm，具多脉（29 ~ 33条），小横脉明显；内稃长圆状披针形，长7 ~ 11 mm，宽3 ~ 4 mm，上半部淡紫色，脊间2或3脉，两脊外至边各有2脉，脊上及边均密生细长纤毛；鳞被缺；花药黄绿色，成熟后伸出小花外，长5 ~ 6 mm，药隔顶端伸出成为小尖头，上还有微毛；子房扁球形或宽卵形，上半部散生白色微毛而下半部无毛，具子房柄，有腹沟，长约7 mm，花柱密被白色微毛，柱头单一，与花柱间无明显界限，偶或柱头2枚。果囊果状，卵球形，长8～12 mm，直径4～6 mm，果皮薄，淡褐色。

产地：广东及海南各地均有栽培。

分布：福建、台湾、香港、广西、四川、贵州、云南等地。越南、缅甸。

用途：笋味甜美，常用于制作笋干；秆亦供建筑和篾用。

9. 黄麻竹 （《东北林学院植物研究室汇刊》）

Dendrocalamus stenoauritus（W. T. Lin）N. H. Xia

Bambusa stenoaurita（W. T. Lin）T. H. Wen

Sinocalamus stenoauritus W. T. Lin

Dendrocalamopsis stenoaurita（W. T. Lin）P. C. Keng ex W. T. Lin

Neosinocalamus stenoauritus（W. T. Lin）W. T. Lin.

秆高达10 m，直径约 7 cm，尾梢下垂；节间长22～32 cm，无毛；秆壁厚约1 cm；节平。分枝在中部节上为数枝簇生，主枝稍明显。箨鞘早落，革质，初时被棕色刺毛；箨耳外反，线形，小；箨舌高约3 mm，细齿裂；箨片外展或外反，三角形，基部宽约为鞘口的1/3。叶鞘近无毛；叶耳缺或微小，鞘口刚毛数条或不发育；叶舌截平，高0.5～1 mm；叶长圆状披针形，长13～25 cm，宽2～2.5 cm。假小穗长2～2.5 cm；苞片1或2片；含小花约6朵；小穗轴不脱节，节间长约 2 mm；颖1或2，被纤毛；外稃长1～1.2 cm；内稃与外稃近等长；鳞被3，长约 3.5 mm，被纤毛；花药长8～10 mm。子房卵形；花柱长3～4 mm；柱头（1）2～4。颖果未见。笋期：7～10月。

产地：怀集及绥江流域各地；广州有栽培。

用途：笋味鲜美，秆可供搭棚架用。

本种由于花具鳞被而先后被置于麻竹属、绿竹属、慈竹属和箣竹属，但本种叶无大小之分，且箨片狭窄，外反而不同于绿竹亚属，小穗结构更接近于牡竹属，故归入该属。

10. 白沙竹 （《华南农业大学学报》）

Dendrocalamus suberosus（W. T. Lin & Z. M. Wu）N. H. Xia

Sinocalamus suberosus W. T. Lin & Z. M. Wu

秆高10 m，直径4～7 cm。节间圆柱形，长22～43 cm，无毛，壁厚4～8 mm；节平；箨痕木栓质。分枝自第六节发出，多枝簇生，主枝明显较粗长。箨鞘脱落性，背面疏被黄棕色刺毛，顶端钝圆或截平，边无毛；箨耳狭镰形；箨舌高1.5 mm，顶端齿裂；箨片外反，狭披针形。末级小枝具5～7叶；叶鞘无毛；叶耳狭小，鞘口刚毛缺；叶舌高0.5 mm，顶端截平；叶长9～32 cm，宽2～5.5 cm，两面被白色短毛；次脉7～10对，小横脉明显。

产地：广宁。生于河边。

用途：笋可食。

本种与黄麻竹 D. stenoauritus的区别在于：箨痕呈木栓质隆起，箨鞘顶端钝圆或截平，箨耳狭镰形，箨舌高1.5 mm。

11. 三枝麻竹 （《华南农业大学学报》）

Dendrocalamus triramus（W. T. Lin & Z. M. Wu）N. H. Xia, comb. nov.

Sinocalamus triramus W. T. Lin & Z. M. Wu

秆高3～8 m，直径1.5～7 cm；节间长17～23 cm，无毛，初时被白粉，壁厚0.2～1.2 cm；箨痕隆起，节下初时被硬毛，后变无毛。分枝自第十节发出，多枝簇生，3主枝近等粗。箨鞘脱落性，背面被短硬毛和锈黄色硬毛，顶端截平；箨耳线形，鞘口刚毛缺；箨舌高1 mm，顶端齿裂；箨片狭披针形，外反。末级小枝具7～9片叶；叶鞘背被短硬毛；叶耳不明显，鞘口刚毛缺；叶舌高0.5 mm；叶长17～23 cm，宽1.5～2 cm，下面被短柔毛；次脉7～9对，小横脉不明显。

与梁山慈竹D. farinosus的区别在于：箨鞘边无毛，箨舌较短，长1 mm，边有小齿，无流苏状，箨耳线形，枝条簇生，近等粗，具3主枝。

产地：广宁。

12. 梁山慈竹　（《中国竹类植物志略》）　别名：大叶慈　（《植物分类学报》）

Dendrocalamus farinosus（Keng & P. C. Keng）L. C. Chia & H. L. Fung

Lingnania farinosa（Keng & P. C. Keng）P. C. Keng

Sinocalamus farinosus Keng & P. C. Keng

Neosinocalamus farinosus（Keng & P. C. Keng）P. C. Keng & T. H. Wen

秆直立，高7～12 m，直径4～8 cm，尾梢弯曲或略下垂；节间长20～45 cm，幼时被白粉，光滑无毛，壁厚4～10 mm；秆环微隆起，箨痕有箨鞘基部残留物，箨痕上下幼时各生有一圈棕色绢毛。分枝自第十节始发出；每节分枝多数，簇生，主枝明显。秆箨早落，箨鞘鲜时棕红色，后渐为淡褐色，长圆状三角形，约与节间近等长，厚纸质至革质，背被棕色小刺毛，边缘膜质，被纤毛，鞘顶端截平或微下凹；箨耳缺；箨舌极发达，截平，边缘为不整齐细裂而成的流苏状毛，毛长7～10 mm；箨片外翻，狭披针形，基部略向内收窄，顶端渐尖。末级小枝具4～10（～12）叶；叶鞘光滑无毛；叶耳与鞘口刚毛缺；叶舌截平，高1～1.5 mm；叶披针形，质薄，长9～33 cm，宽1.5～6 cm，上面有光泽，下面被白色微毛，次脉5～11对。花枝无叶，下垂，长30～40 cm，节间长2.5～5cm，密被白粉及细毛，每节丛生7～20枚假小穗；小穗含3～5朵小花，长圆状倒卵形，长8～14 mm，紫褐色，顶端钝；小穗轴节间长约1 mm，密被白色微毛；颖2至数片，长6～8 mm，背面及边均生细毛，具16脉，顶端尖；外稃宽卵形，长7～10 mm，背面被微毛，顶端具短尖头；内稃长约7 mm，脊上生纤毛，脊内具2或3脉，背面被细毛，顶端圆；花丝长8～12 mm，花药黄色，长3～5 mm，药隔伸出成1针状小尖头；子房卵形，长约1.5 mm，密被黄色细柔毛，基部具长约1 mm的柄，花柱长约1 mm，柱头1～3，长2～3 mm，密生细毛。果黄色，无毛而光滑，顶端具喙。笋期：9月。

产地：广州有栽培。

分布：广西、贵州、四川、云南。

用途：观赏，笋可食，秆劈篾编织竹器。

13. 船竹　（《植物分类学报》）

Dendrocalamus ovatus N. H. Xia & L. C. Chia

秆高8～12 m，直径5～7 cm，尾梢悬垂；下部节间长35～45 cm，幼时密被白粉，基部数节于箨痕之上下各环生一圈棕色绢毛；分枝自第六节发出。秆箨脱落性，顶端截平，背面下半部被棕黑色贴生刺毛；箨耳外反，新月形或镰刀形，边具细弱的鞘口刚毛；箨舌弧拱，高约5 mm，边缘被流苏状毛，两侧的流苏状毛长5～8 mm，中间长1～1.5 mm；箨片外反，卵形或狭卵形，基部宽为箨鞘顶端的1/2。叶鞘无毛，叶耳及鞘口刚毛不发育；叶舌斜截平，高1～2（3）mm，边缘被长0.3～0.5 mm的纤毛；叶线状披针形或披针形，长16～30（～35）cm，宽2.5～4（～7）cm，两面无毛。花枝未见。

产地：广州有栽培。

分布：云南、四川、贵州。

用途：秆可劈篾供编织用。

本种与梁山慈竹D. farinosus的区别在于：下部节间较长，箨鞘背面下部被黑褐色贴生刺毛，箨耳新月形或镰刀形，箨片卵形或狭卵形，叶下面无毛。

14. 粉麻竹　（《香港竹谱》）

Dendrocalamus pulverulentus L. C. Chia & But

秆高达8 m，直径4～6 cm；尾梢下垂。节间近无毛，长25～30 cm，幼时被厚白粉。秆下部的节和节下各环生一圈棕色绢毛；节上无气根。分枝自第十节发出；每节分枝数枝簇生，主枝较粗长。箨鞘早落，背面密被暗棕色贴生刺毛，近内侧边有数条黄白色纵条纹；箨耳缺或小，椭圆形至长圆形或有时狭倒卵形，长约2 mm，宽约1 mm，边被细刚毛；箨舌高约4 mm，顶端弧拱，边缘被短流苏状毛；箨片外反，披针形，基部两侧向外延伸成一窄带与箨耳相连；叶鞘无毛；叶耳常缺；叶舌高约1 mm，顶端近圆形，边缘细齿裂；叶披针形至长圆状披针形，长13 ~ 20 cm，宽2.5 ~ 3.3 cm，两面无毛。花序未见。

产地：阳山。广州有栽培。

分布：香港有栽培。

用途：秆可劈篾供编织用。

14a. 花吊丝竹 （《植物分类学报》）

var. **amoenus**（Q. H. Dai & C. F. Huang）N. H. Xia & R. S. Lin

D. minor var. *amoenus*（Q. H. Dai & C. F. Huang）Hsueh & D. Z. Li

Sinocalamus minor var. *amoenus* Q. H. Dai & C. F. Huang

本变种与原种的区别在于：节间黄色，具5 ~ 8条深绿色纵条纹。

产地：广州、深圳等地有栽培。

分布：华南各地有栽培。

用途：观赏。

15. 吊丝竹 （《植物分类学报》） 别名：乌药竹（乐昌） （图 134）

Dendrocalamus minor（McCl.）L. C. Chia et H. L. Fung

Sinocalamus minor McCl.

秆近直立，高6 ~ 12 m，直径6 ~ 8 cm，尾梢作弓形弯曲或下垂；节间圆筒形，长30 ~ 45 cm，无毛，幼时密被白粉，尤以被箨鞘掩盖部分为甚；秆壁厚5 ~ 5.6 mm；秆环平坦；箨痕稍隆起，留有残存的箨鞘基部；分枝习性高，每节分枝多数，簇生，主枝不很显著。箨鞘早落，革质，鲜时草绿色，圆铲状，背面被贴生棕色小侧毛，基部尤甚；箨耳极小，长3 mm，宽1 mm，易脱落；箨舌高3 ~ 8 mm，边被细流苏状毛，两侧的毛绒较长，长6 ~ 8 mm；箨片外翻，卵状披针形或披针形，长6 ~ 10 cm，被毛或无毛，上面的基部及两边均有细小刺毛。末级小枝具3 ~ 8片叶；叶鞘初疏生小刺毛，后无毛；叶耳和鞘口无刚毛；叶舌高1 mm，上缘细齿裂；叶长圆状披针形，长10 ~ 25（~35）cm，宽1.5 ~ 3（~7）cm，两面无毛，次脉8 ~ 12对。花枝细长，无叶，节间长2 ~ 3.5 cm，一侧稍扁或具宽纵沟槽，被锈色柔毛，尤以扁平或沟槽处为密集，每节着生假小穗5 ~ 10枚，小穗体扁，卵状长圆形，长约1.2 cm，宽4 ~ 7 mm，鲜时紫茄色，干后棕黄色，含小花4或5朵，顶端张开；颖2片，宽卵形，长6 mm，宽4 mm，无毛或近无毛，边生纤毛；外稃纸质或稍变硬，广卵形或心形，长9 ~ 11 mm，宽5 ~ 6 mm，近于无毛（上部小花的外稃疏被微毛），顶端尖，具小尖头及不明显的多条纵脉，边具纤毛；内稃质薄，窄披针形，长6 ~ 8 mm，宽2 mm，背面疏生细毛，边及两脊上具纤毛，脊间有不明显的3脉，顶端锐尖；花药黄色，长5 ~ 6 mm，药隔向上伸出成具毛的小尖头；雌蕊除基部外遍体生细绒毛，子房卵形，花柱细长，柱头单一，卷曲。果长圆状卵形，长约5 mm，直径3.5 mm，顶端具喙，上还生小刺毛，其余各处无毛；果皮棕色，上半部质较硬，色较淡而光泽，下半部质薄，色深而晦暗并具腹沟。

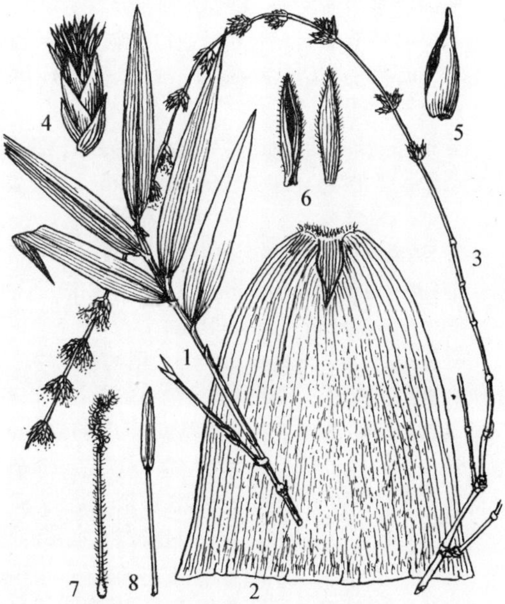

图 134 吊丝竹 Dendrocalamus minor（McCl.）L. C. Chia et H. L. Fung

1. 叶枝；2. 秆箨；3. 花枝；4. 小穗；5. 外稃；6. 内稃正面和背面观；7. 雌蕊；8. 雄蕊。（陈夏玲抄绘）

产地：粤北及粤西各地。

分布：广西、贵州。

用途：笋用、观赏。

4. 巨 竹 属 **Gigantochloa** Kurz ex Munro

乔木状；根状茎短颈粗短型。秆单丛生，高大，直立，尾梢下垂；节间圆筒形，常被毛，绿色，有时具黄色纵条纹；每节分枝多枝，主枝1，显著。秆箨早落，坚硬，厚革质，背常密被小刺毛；箨耳不明显；箨舌显著；箨片直立或外翻。叶大型，基部楔形；叶耳不明显，叶舌显著，小横脉不明显。花序续次发生，具苞片，基部托以一窄的具单脊的前出叶，花枝无叶；假小穗簇生于无叶花枝各节，形成软或刺状的小穗球团；假小穗无柄，具前出叶，含小花（1）2～5朵，顶端具1枚不发育的小花，仅剩有窄长的外稃；小穗轴节间极短缩，不具关节；颖2或3，向上逐渐窄长；外稃与颖相似，厚纸质，多脉；内稃明显具2脊；鳞被缺；雄蕊6枚，花丝连合成管，花药常具小尖头；子房具柄，顶端增厚而被毛，柱头单一，被毛。颖果圆柱形，顶端被毛，果皮稍厚。

本属约有30种，分布于热带亚洲。我国有6种，产于云南；广东栽培3种。

1. 秆绿色，无异色条纹 ………………………………………………………………… 1. 毛笋竹 G. levis
1. 秆具异色条纹，不为纯绿色。
   2. 秆新鲜时墨绿色，间有紫红色至紫黑色纵条纹，后成紫黑色；箨耳明显 ……………2. 黑毛巨竹 G. nigrociliata
   2. 秆绿色而间有淡黄色条纹；箨耳不显著 ………………………………………………3. 花巨竹 G. verticillate

1. 毛笋竹 （《拉汉英种子植物名称》）

Gigantochloa levis（Blanco）Merr.

Bambusa levis Blanco

秆高8～15 m，直径9～13 cm；尾梢下垂；节间长30～45 cm，幼时密被棕色至白色绒毛，壁厚约2.5 mm；分枝较高，每节多枝簇生，主枝不明显。秆箨早落，厚革质，箨鞘宽扇形，顶端窄，鞘口宽2～4 cm，背面密被向上贴生的棕色刺毛；箨耳显著，波状褶皱，鞘口刚毛长5～7 mm；箨舌高6～15 mm，顶端细齿裂；箨片外翻，卵状三角形，长9～13 cm，基部收缩，两面密被棕色短刺毛。末级小枝具6～10片叶，叶鞘背密被灰白色刺毛；叶舌高约1 mm；叶中型，长15～25 cm，宽1.8～3 cm，上面无毛，下面被白色柔毛，侧脉6～7对，小横脉不明显。笋期：8～9月。

产地：广州。

分布：云南（西双版纳），香港有栽培。菲律宾、马来西亚。

用途：笋味佳，可供鲜食或腌制酸笋、加工笋干等。

2. 黑毛巨竹 （《竹类研究》）

Gigantochloa nigrociliata（Buse）Kurz

Bambusa nigrociliata Buse

秆高8～15 m，直径5～10 cm；尾梢长下垂；节间长25～40 cm，初时墨绿色，具紫红色至紫黑色纵条纹，最终为紫黑色，幼时被棕色小刺毛；尤以秆基部的节间为甚；秆基部数节具气根；秆环平；箨痕不甚隆起，秆中部以下各节的箨痕上下各环生一圈灰白色绒毛。分枝自第九或十节发出，每节分枝多数，簇生，主枝较粗长。秆箨早落，革质，箨鞘背面具紫红色，后为紫黑色的纵条纹，密被脱落性的黑褐色刺毛，顶端近截平；箨耳椭圆形至近圆形，长约1 cm，边偶具l或2条刚毛；箨舌高约4 mm，边细齿裂；箨片外翻，窄卵形至卵状披针形，基部的两侧向外延伸成一窄带与箨耳相连。末级小枝约具10片叶；叶鞘具紫红色，后变紫黑色的纵条纹；叶耳缺；叶舌截平，高约1 mm；叶披针形至狭披针形，长19～36 cm，宽3～5 cm，下面近无毛，次脉9～10对，小横脉稍明显。

产地：广州有栽培。

分布：云南，香港有栽培。印度、缅甸、泰国和印度尼西亚。

用途：观赏。

3. 花巨竹 （《香港竹谱》）

Gigantochloa verticillata（Willd.）Munro

Bambusa verticillata Willd.

Arundo maxima Lour.（1790），not Forssk σ l（1775）

B. maxima（Lour.）Poiret

B. pseudoarundinacea Steud.

G. maxima（Lour.）Kurz

G. pseudoarundinacea（Steud.）Widjaja

秆高8～15 m，直径7～10 cm；尾梢下垂。节间绿色并杂以黄色纵条纹，长30～35 cm，幼时贴生白色或淡棕色脱落性小刺毛；秆基部数节环生气根；箨痕被棕色小刺毛，箨痕上下方环生一圈白色绒毛。分枝自秆第四或第五节开始，每节多枝簇生，主枝较粗长。秆箨早落，革质，箨鞘幼时绿色，具淡黄色纵条纹，背面密被贴生而易落的白色至棕色小刺毛，顶端宽，稍下凹；箨耳不明显；箨舌高约3 mm，上缘被流苏状毛或齿裂；箨片外翻，狭卵形，基部两侧外延成一窄带。末级小枝8～10叶；叶鞘初时被棕色刺毛，后无毛；叶耳缺；叶舌截平，高5～10 mm，全缘；叶披针形至长圆状披针形，长24～47 cm，宽3.5～7 cm，下面近无毛，次脉11～14对，小横脉稍明显。

产地：广州有栽培。

分布：云南，香港有栽培。印度、越南、泰国、马来西亚、印度尼西亚。

用途：观赏。

5. 单 枝 竹 属 **Bonia** Balansa

亚灌木状，根状茎短颈粗短型。秆单丛生，实心或近实心，尾梢悬垂或半攀援状；节处稍隆起；分枝单一，约与主秆近等粗。秆箨宿存，革质；箨耳发达，近镰刀形或宽镰刀形；箨舌低矮；箨片直立或外展。叶大型，披针形至线状披针形，基部截平，脉间小横脉明显可见。花序续次发生。假小穗数枚簇生于花枝各节，基部托以鞘状苞片；前出叶具2脊；苞片数片，腋内均具芽；小穗含3～9朵小花，仅顶生1朵不育；小穗轴脱节于小花间；颖2片；外稃近革质；第一小花内稃近革质且略长于外稃，其余小花的内稃为膜质且远短于外稃；鳞被3，无毛；雄蕊6枚，花丝分离，药隔顶端不伸出；子房无毛，花柱极短，柱头3。颖果圆柱形，无毛。

本属有5种，分布于华南至西南及越南。我国有4种，1变种；广东及海南产3种。

1. 箨耳不明显 ………………………………………… 1. 小花单枝竹 B. parvifloscula
1. 箨耳发达。
  2. 箨舌和叶鞘被长纤毛 ………………………………………… 2. 单枝竹 B. saxatilis
  2. 箨舌和叶鞘全缘 ………………………………………… 3. 响子竹 B. levigata

1. 小花单枝竹 （《竹子研究汇刊》）

Bonia parvifloscula（W. T. Lin）N. H. Xia

Monocladus parviflosculus W. T. Lin

秆高1～1.2 m，直径4～6 mm，实心或近实心；节间长16～39 cm，初被短硬毛，后渐光滑；秆环平坦。箨鞘迟落，背面疏被粗硬毛；箨耳小或不显著；鞘口繸毛缺；箨舌高约0.8 mm，具细齿；箨片近直立或反折，线状披针形，基部狭窄。末级小枝具5～7片叶，叶长11～22 cm，宽1.5～3.2 cm，叶下面被白色柔毛。假小穗长1.7～2 cm；苞片2～3枚；小花4～6朵；颖片缺；外稃长6～8 mm，背面疏被短硬毛；内稃较外稃短，脊上具纤毛，脊间具1～2脉，脊外各具2脉；小穗轴节间长3～5 mm；鳞片不等大，长1.5～2.5 mm，光滑无毛，顶端微缺；子房椭圆形，约1 mm；花柱长约0.5 mm；柱头3。果未见。

产地：肇庆。生于石灰岩山上。

2. 单枝竹　（《植物分类学报》）

Bonia saxatilis（L. C. Chia et al）N. H. Xia

Monocladus saxatilis L. C. Chia et al

秆高1 ~ 4 m，直径4 ~ 8 mm；节间长25 ~ 40 cm，无毛，幼时被白蜡粉；枝条长0.5 ~ 1.5 m。箨鞘背面被短绒毛及暗棕色小刺毛；箨耳近镰刀形，抱茎，边具长约1 cm的繸毛；箨舌上缘具长5 ~ 10 mm的纤毛；箨片直立或外展，披针形，基部斜心形。叶鞘上部被白蜡粉及短绒毛，有时贴生暗棕色小刺毛；叶耳近镰刀形，边被长约1 cm的繸毛；叶舌边具长5 ~ 10 mm的纤毛；叶长20 ~ 35 cm，宽3.5 ~ 6 cm，下面粉绿色，近无毛。假小穗长2 ~ 3 cm；前出叶长约8 mm，脊上被纤毛；具芽苞片卵状椭圆形，具9脉，背面微被毛；小穗含5 ~ 9朵小花；小穗第一节间最长，长0.7 ~ 1 cm，圆柱形而具棱，近顶端被微毛，其余各节间向上渐变短，上面扁平，背面近顶端被微毛；颖披针形，具11脉，顶端具短尖头，第一颖长1 cm，第二颖长1.2 cm；第一小花最长，外稃卵状披针形，长1.3 cm，具9 ~ 11脉，顶端锐尖或具短尖头，内稃狭披针形，被棕色细毛，脊间4脉，脊外每边各具2脉，顶端钝尖；其余小花向上渐变短；鳞被不同形，长约1 mm；花丝极短，花药长2 ~ 3 mm；子房长圆形，长约0.7 mm，柱头3，长1.5 ~ 1.8 mm。果未见。

产地：阳山。生于石灰岩石山上。

分布：广西。

用途：秆为造纸的上等原料；竹叶作竹笠的衬垫，又可作马、羊的青饲料。

3. 响子竹　（《植物分类学报》）

Bonia levigata（L. C. Chia et al.）N. H. Xia

Monocladus levigata L. C. Chia et al.

秆高1 ~ 5 m，直径0.6 ~ 1 cm；节间长25 ~ 35 cm，光滑，无毛亦无白色蜡粉；枝条长1 ~ 3 m。箨鞘背面被短绒毛，贴生暗棕色小刺毛；箨耳宽镰刀形，边具长2 mm的繸毛；箨舌全缘；箨片卵状披针形，基部近圆形，叶鞘被白色蜡粉，贴生暗棕色小刺毛；叶耳长圆形或肾形，边缘具长5 ~ 7 mm的繸毛；叶舌全缘；叶长20 ~ 35 cm，宽4 ~ 6 cm，下面浅绿色，光滑无毛。花枝未见。

产地：海南三亚、保亭。生于海拔250 ~ 700 m的山地林下。

6. 箣竻竹属　Schizostachyum Nees

乔木或灌木状；根状茎为短颈粗短型。秆丛密或疏；秆直或略呈“之”字形弯曲，尾梢挺直或悬垂或攀援状；节不隆起，箨痕上有一圈鞘基残留物；节间圆筒形，基部平滑而具光泽，上部多少具硅质，初时被糙伏毛，后渐无毛而具乳突；节下有一圈宽不等的白粉并密被糙伏毛；秆壁薄，分枝成簇着生于节上，主枝不明显，分枝长短相近。箨鞘迟落，革质或厚纸质，硬而脆，背面具硅质，被白色糙伏毛或棕黄色刺毛或无毛，顶端截平或下凹，基部有时一侧有下延的半圆形耳状物；箨耳不明显或有时发育，鞘口刚毛发育良好或有时缺；箨舌低，顶端截平，具细齿或流苏状毛，或全缘；箨片外翻或有时直立，披针形、线形或卵状三角形，边多少内卷。叶耳不明显或缺；叶较宽，幼时下面次级脉呈网格状。花序具苞片，续次发生，数至多枚无柄的假小穗成簇着生于具叶或无叶的花枝各节上；前出叶三角形至线状披针形，具2脊；具芽苞片1至数枚；小穗含能育小花1至数朵；小穗轴逐节脱落（除S. chinense外），延伸于可育小花之上；颖缺或有时2片；完全小花外稃圆卷，质坚韧，具多脉；内稃与外稃相似，稍长于外稃，圆卷而无脊；鳞被缺，有时1 ~ 3片；雄蕊6枚，花丝分离，有时基部连合或全部连合成管状；子房具柄，花柱1，柱头3，羽毛状。果为颖果，纺锤形，顶端具宿存花柱。

本属约50种，分布于亚洲东南部。我国有8种，引种1种，分布于华南至西南各省区；广东及海南有5种。

1. 箨鞘基部外缘有圆形耳垂体。
    2. 箨鞘顶端截平，两侧对称且不耸起；箨片长度不超过箨鞘的1/2 ………………………………… 1. 苗仔竹 S. dumetorum

2. 箨鞘顶端凹下，两侧不对称且高耸成为左右各一的两圆肩；箨片长度可超过箨鞘的1/2或全长……………………………………………………………………………………………2. 山骨罗竹 S. hainanense

1. 箨鞘基部截平，无耳垂体。

2. 箨鞘边无毛，背面密被易脱落的红棕色刺毛，箨舌边具毛……………………………………………………………………………………………3. 岭南篃簩竹 S. jaculans

2. 箨鞘边具纤毛。

3. 秆梢长下垂或攀援状；箨片较长，长常超过箨鞘的1/2～1/3；鞘口刚毛长10～18 mm；箨舌边缘的流苏状毛长1～2 mm……………………………………………………………………………………………4. 篃簩竹 S. pseudolima

3. 秆径直，尾梢近直立；箨片较短，长不超过箨鞘的1/2；鞘口刚毛长5 mm；箨舌边缘的流苏状毛长3～5 mm……………………………………………………………………………………………5. 沙罗箪竹 S. funghomii

1. 苗仔竹 （《岭南科学杂志》）

Schizostachyum dumetorum（Hance）Munro

Bambusa dumetorum Hance

秆细弱，长3～10 m，直径0.5～1.1 cm，尾梢长下垂或为攀援状；节间长达62 cm，近基部光滑无毛，余具硅质，表面被白色糙伏毛，节下方有一圈贴生棕色刺毛和白粉，秆壁厚1 mm；秆环平，光亮；箨痕突起；节处多少有些弯曲呈膝曲状；枝长约40 cm；箨鞘早落，质硬脆，背面具微毛或无毛，顶端截平，外缘的基部与箨痕连接处有一下延的半圆形耳状物；箨耳不明显，鞘口刚毛多数，近通直，长5～7 mm，淡棕色；箨舌高不及1 mm，无毛，边波状；箨片外翻，秆下部的长不超过箨鞘的1/2，秆上部的长可超过箨鞘的1/2，线状披针形，背面无毛，上面被不均匀的糙伏毛。小枝具叶5～7片；叶鞘无毛；叶耳不明显，但具多条鞘口刚毛，长3～5 mm，淡色；叶舌高不及1 mm，边不规则浅裂；叶披针形，长5～18 cm，宽1.2～1.7 cm，上面被稀疏贴生刺毛，下面无毛。假小穗无毛，纺锤形，顶端渐尖，长10～22 mm；前出叶小，广三角形，脊上被稀疏纤毛；苞片4～6，纸质，质略硬而具脊，船形，长1～5.5 mm；颖缺；外稃纸质，长圆状披针形，长12～14 mm，顶端急尖，具多脉，顶端具芒尖，新鲜时带紫色；内稃长圆状披针形，长达15 mm，薄纸质，顶端截平或有缺刻，具多脉和狭沟，新鲜时亦带紫色；花丝白色，长达20 mm，基部多少有些合生，花药初灰绿色，成熟时淡黄色，长5～6 mm；雌蕊长20 mm；子房卵形，具柄，无毛，花柱紫色，柱头长3～5 mm，紫红色。果纺锤形，长10～13 mm，直径约1.5 mm，无毛，顶端具喙。

产地：兴宁、河源、龙门、从化、阳江、阳春、深圳。生于海拔100～200 m的低地丛林中。

分布：香港。

用途：观赏；根状茎可入药。

2. 山骨罗竹 （《岭南科学杂志》）

Schizostachyum hainanense Merr. et McCl.

秆蔓生，长8～30 m，直径2～3（～5）cm，尾梢下垂或攀援状；节间长达75 cm或过之，圆筒形，近基部光滑无毛，其余初时被白粉和贴生棕色小刺毛，节下有1 cm宽的白粉环和棕色刺毛环，秆壁厚1.5～2 mm；秆环平，光亮；箨痕稍隆起；枝长40～80 cm；箨鞘顶端两侧不对称高出成圆肩，大型箨鞘的两肩可高出8～10 mm，背面黄棕色，被白粉和棕色贴生小刺毛，基部外缘除与箨痕连接处常具一向下延伸的半圆形耳状物；箨耳缺，鞘口䍁毛显著，长可达24 mm，被白色小刺毛；箨舌高1.5～2 mm，边缘长8～12 mm，具流苏状长毛；箨片外翻，线状披针形，长超过箨鞘的1/2或全长，顶端钻状或针尖状，边具小锯齿，上面密被白色或棕色小刺毛，尤以基部为甚，并混杂以细柔毛，背面无毛。小枝具叶5～10片；叶鞘具纵肋，肋间贴生白色小刺毛；叶耳不明显，鞘口䍁毛多数，色淡，长6～18 mm；叶舌高约1 mm，边具纤细流苏状毛；叶长圆状披针形或线状披针形，长6～27 cm，宽0.6～3.7 cm。假小穗纺锤形，长12～15 mm；前出叶卵状披针形，长达2.5 mm；苞片3～4片，卵形或卵状披针形，顶端钝至急尖，无芒或具芒，边具纤毛或无毛；外稃卵状披针形，长13 mm，内卷，顶端渐尖，具短尖头，质硬，边多少具纤毛；内稃长达14 mm，纸质，下部薄而透明，上部质硬，顶端粗糙，具短尖头；花丝白色，长14 mm，基部成对合生，花药黄褐色，长6 mm；雌蕊长14 mm；子房卵形，无毛；柱头紫色，长1～1.5 mm。果未见。

产地：海南保亭、白沙、陵水、东方、琼中、琼海、万宁及儋州。生于热带原生林中。

分布：越南。

用途：编织篮、筐等用具及斗笠；细长的节间可用于制管乐的鼻笛。

3. 岭南篦簩竹　（《中国科学院华南植物研究所集刊》）

Schizostachyum jaculans Holttum

秆细弱，长达15 m，直径1.5 cm，尾梢长下垂或攀援状；节间圆筒形，长达72 cm，下部光滑无毛，被红棕色贴生刺毛，节下初时被白粉，秆壁厚1.5 mm；秆环平，光亮；箨痕突起；枝长40～50 cm；箨鞘早落，长圆形，长达36 cm，基部宽7 cm，背面密被易脱落的红棕色刺毛，鞘顶端截平或近截平，边无毛；箨耳不明显，鞘口繸毛长1～2 mm；箨舌高1～2 mm，边具长8～15 mm的流苏状淡色刚毛；箨片线状披针形，顶端内卷成针状，长不超过箨鞘的1/2，背面无毛，上面密被贴生糙毛。小枝具5～9叶；叶鞘长20～30 mm，下部无毛，上部具隆起的纵肋，并在肋间被白色刺毛；叶耳不明显，鞘口刚毛缺或有数条，纤弱，色淡，长5～7 mm，平滑；叶近无柄，线状披针形或披针形，长5.5～15 cm，宽6～10 mm，上面密被白色刺毛，下面近无毛，叶缘亦无毛。花枝未见。

产地：海南保亭。生于原生及次生林中。

分布：马来西亚。

4. 篦簩竹　（《南方草木状》）

Schizostachyum pseudolima McCl.

S. lima Blanco auct. non. Merr.

秆直立或近直立，高达10 m，直径4 cm，尾梢长下垂或攀援状；节间直，圆筒形，基部光亮无毛，初时被贴生的白色糙毛，节间极长，可达60 cm，秆壁厚1～2 mm；秆环平；箨痕突起；枝长50 cm，最长可达1 m；箨鞘迟落，草黄色，质硬而脆，背面具高起的纵肋，具硅质，被贴生的白色糙毛，上部边被长1～2 mm的纤毛，顶端截平；箨耳不明显，鞘口刚毛多数，长10～18 mm；箨舌低矮，高1～1.5 mm，截平，边常具长1～2 mm流苏状毛；箨片外翻，线状披针形，渐尖，边具细齿，长常超过箨鞘的1/2或2/3，背面无毛，上面基部密被长硬毛，多少被糙伏毛。小枝具6～8叶；叶鞘初时被长硬毛，上部边被纤毛，有纵肋或近平滑；叶耳不明显，鞘口繸毛多数，长2～3 mm；叶长圆状披针形或线状披针形，长18～30 cm，宽2～3.5 cm，上面被极疏的白色刺毛，下面被柔毛，叶缘具小锯齿。假小穗纺锤形，长2～3.5 cm，无毛；前出叶卵形或卵状披针形，长4～8 mm，质薄，半透明，顶端钝圆，背部具2脊，脊上被白色纤毛；苞片1至数片，长圆形至长圆状披针形，长7～22 mm，纸质，具多脉，顶端钝至急尖，具短尖头至具芒尖；孕性外稃长圆状披针形，长达24 mm，质硬，具多脉，急尖，顶端具芒尖（芒长约3 mm），不孕小花的外稃质较薄，长约15 mm，芒尖较短；能育小花的内稃长达27 mm，内卷，薄纸质，具多脉，顶端2分叉，分叉纤细，不等长，长可达7 mm，不育小花的内稃较短；花丝白色，长达25 mm（未伸出时长5 mm），基部多少合生，花药初时暗绿色，成熟时淡黄色，长7～9 mm；雌蕊长18～25 mm，紫色。果未见。笋期：7～8月。

产地：海南东方、陵水、保亭、琼海、琼中、昌江、白沙、三亚，广州有栽培。生于山地疏林中或栽培于村旁。

分布：广西、云南。越南。

用途：节间可作笛；秆用于作竹篱，篾编织各种竹器。

5. 沙罗箪竹　（《岭南科学杂志》）

Schizostachyum funghomii McCl.

秆直立，高达12 m，直径4～10 cm，尾梢径直；节间最长可达67 cm，圆筒形，粗糙，初时多少被糙伏毛，秆壁厚3 mm；秆环平，光亮；箨痕稍隆起；枝长50～70 cm；箨鞘迟落，质硬而脆，长约为基部宽的2/3，被贴生的白色或淡黄色糙毛，边无毛，较薄，纸质，顶端近截平或微凹；箨耳缺或在大的秆箨上为极狭而高仅1～2 mm的皱褶带状物，鞘口刚毛显著，长5 mm，棕黄色，基部被微小糙硬毛；箨舌高1～2 mm，无毛，边浅裂，被长3～5 mm的流苏状毛；箨片线状披针形，在秆下部节上长不超过箨鞘的1/2，背面无毛，上面基部被一簇与繸毛等长的刚毛，其余被糙伏毛。小枝具叶6～9片，叶耳不显著，鞘口毛多数，长5～6 mm，基部被微小糙硬毛；叶舌高约1 mm，边缘裂成流苏状；叶柄长3～5 mm；叶长圆状披针形或卵状披针形，长20～30 cm，宽2.5～4 cm，上面除基部及中脉附近被极稀疏白色长柔毛外，余处无毛，下面被白色小糙硬毛。假小穗圆柱形，被白色柔毛；前出叶长圆状倒卵形，长5～7 mm，薄纸质，具2脊，脊上被白色小纤毛，顶端钝，边缘无毛或近无毛；苞片1至数枚，长圆形，长6～15 mm，纸质，具多脉，顶端钝圆，具短尖头或三角状尖头；小穗含小花1～2朵，顶端的1朵能发育，能育小穗长3 cm，不育小穗长1.8～2.2 cm；外稃长圆状披针形，长15～17 mm，质硬而脆，强内卷，密被白色柔毛，具多脉，顶端急尖，具粗糙芒尖，长1～2 mm；内稃长达26 mm，具多脉，基部螺旋状内卷，近无毛，上部有显著纵沟，被白色纤毛，顶端2齿裂（见于能育小穗中）或为不等长的2脊（见于不育小穗中）；花丝白色，长达18 mm（未伸出时长仅2～3 mm），成对在基部合生，花药棕黄色，长达12 mm；子房无毛，长达9 mm，具短柄，花柱淡黄色，长达15 mm，柱头紫色。果未见。笋期：7～8月。

产地：茂名、高州、化州及德庆，广州有栽培。

分布：广西、云南，香港有栽培。越南。

用途：编制竹器；造纸；观赏。

7. 空 竹 属 **Cephalostachyum** Munro

乔木或灌木状；根状茎短颈粗短型。秆丛生，直立，尾梢下垂，有时为半攀援状；节间圆筒形，平滑，秆壁甚薄；秆环平坦，箨痕隆起。秆每节分枝多数，各枝近等粗，或偶有1主枝与秆近等粗。秆箨脱落性，厚纸质至厚革质，顶端截平或下凹；箨耳明显，鞘口刚毛发育，呈流苏状；箨舌低矮，截平，齿裂；箨片直立，有时外翻。末级小枝具叶多片；叶耳明显；叶小型至大型，披针形至卵状椭圆形，小横脉极不明显。花序具苞片，续次发生，假小穗球形，簇生于具叶小枝顶端或无叶花枝各节，其下方具数枚大型苞片；小穗含小花1朵；小穗轴延伸至内稃之后；颖2或3片，多脉，顶端刺芒状；外稃与颖相似，圆卷；内稃质薄，具2脊；鳞被3片；雄蕊6枚，花丝分离。子房卵圆球形，具柄，花柱长，空心，柱头2或3，羽毛状。颖果坚果状，圆柱形，无毛，顶端残留有宿存的花柱基部；果皮厚，易与种子分离。

本属约9种，分布于亚洲南部及东南部。我国有6种，分布于云南及西藏；广东栽培1种。

香糯竹 （《云南树木图志》） （图135）

Cephalostachyum pergracile Munro

Schizostachyum pergracile（Munro）R. B. Majumdar

秆直立，高9～12 m，直径5～7.5 cm，尾梢下垂或稍下垂；节间长30～45 cm，幼时密被白柔毛。秆箨迟落，远短于节间，背面光滑，密被黑棕色刺毛，后脱落而呈光亮的栗褐色；箨耳圆形或近圆形，具褶皱，边缘具长达1.3 cm的弯曲鞘口刚毛；箨舌极低矮；箨片外翻，卵形，顶端具硬尖，上面密被毛绒，底部两侧与箨耳相连。叶鞘边具纤毛；叶耳不明显；叶舌低矮，边缘具纤毛；叶狭披针形，长15～35 cm，宽2.5～3.8（～6）cm，两面均粗糙。假小穗丛球形，直径1.5～3 cm，着生于无叶花枝各节，下方托以苞片；小穗长1.2～2 cm，宽2 mm，密被淡黄色硬毛；小穗轴延伸成刚毛状，长5～6 mm；颖2～3片，长0.6～1.1 cm；外稃长1.3～1.8 cm，内卷，顶端具刺芒状尖头，背面密被毛，多脉；内稃与外稃等长或略长，顶端2裂；鳞被膜质，披针形，顶端锐尖；花药成熟时紫色；柱头3。颖果长6～8 mm，宽2～3 mm，无毛，顶端具宿存的花柱基部。

产地：广州有栽培。

分布：云南，香港有栽培。缅甸、老挝、越南、泰国。

用途：观赏；傣族群众常用竹秆节间作“竹筒饭”，故有“糯米饭竹”之称。

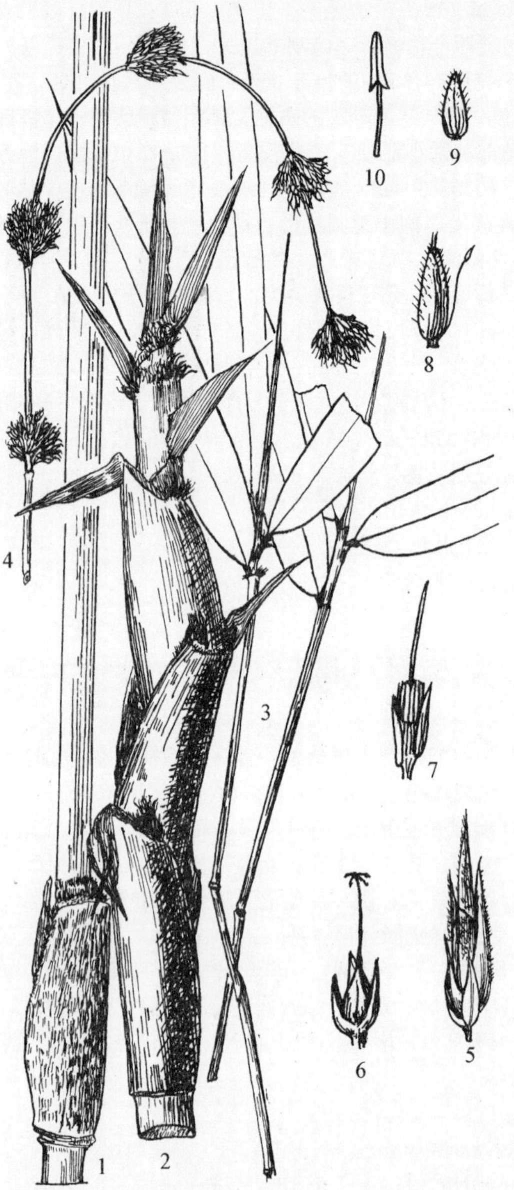

图135　香糯竹　Cephalostachyum pergracile Munro

1. 秆之一部分；2. 笋；3. 叶枝；4. 花枝；5. 一丛假小穗；6. 雌蕊及宿存的鳞被；7. 鳞被、雄蕊及雌蕊；8. 内稃，延伸的小穗轴及不发育小花；9. 鳞被；10. 雄蕊。

（陈夏玲抄绘）

8. 泡　竹　属　**Pseudostachyum** Munro

灌木状；根状茎长颈粗短型。秆散生，下部通直，尾梢下垂或依附他物而攀援；节间圆筒形，光滑无毛，秆壁极薄；节环平；秆每节分枝多数，簇生，粗细近相等。秆箨早落；箨鞘背面被深棕色刺毛，顶端近截平或浅弧形下凹；箨耳微小；箨舌低矮；箨片直立，易脱落，基部向外一面明显凸起。叶大型，小横脉明显。花序续次发生，圆锥花序状，分枝基部均托以苞片；假小穗单生或数枚聚集成簇丛，生于花枝各节苞片的腋内，小，含能育小花1朵；小穗轴延伸至可育小花内稃之后，顶端具1朵不育小花；颖仅1片，顶端长渐尖至具芒；外稃与颖相似；内稃质薄，具2脊；鳞被3～5片，宿存；雄蕊6枚，花丝分离，花药顶端具细短尖头；子房具柄，无毛，花柱长，柱头2，短而被毛。果球形，顶端具喙，基部托以宿存的颖、鳞被等；果皮坚脆，易与种子分离。

本属仅1种，分布于我国广西、云南；广州有引种。

图136 泡竹 Pseudostachyum polymorphum Munro
1. 秆柄的一部分；2. 秆的一部分，示秆节和枝叶；3. 秆箨背面观；4. 秆箨腹面观。（陈夏玲抄绘）

泡竹 （《广西竹种及其栽培》） （图136）

Pseudostachyum polymorphum Munro

Schizostachyum leviculme McCl.

根状茎的假鞭长可达1 m以上，直径1 cm左右。秆高5～10 m，直径1.2～2 cm；节间通直，长13～20 cm或更长，幼嫩时被白粉，成长后仅节下明显被一圈白粉；秆环和箨痕平；节内长约3 mm；秆之第五节以上分枝，枝条长约50 cm。秆箨稍薄，质脆；箨鞘宽三角形，薄，背面被棕色贴生刺毛，顶端近截平；箨耳微小或缺，鞘口繸毛直立或卷曲；箨舌低矮，边缘具纤毛，毛落后呈细齿状；箨片狭三角形，背面纵肋之间有小横脉，顶端钝尖，基部宽约与箨鞘顶端近相等。叶鞘初被白粉和柔毛，后变无毛；叶耳不明显或缺，鞘口繸毛少，数条；叶舌低矮；叶柄长3～6 mm，无毛；叶长圆状披针形，长12.5～35 cm，宽2～6.8 cm，顶端渐尖，基部近圆形或楔形，两侧不对称，顶端具1扭曲粗糙尖头，两面无毛。假小穗生于狭窄苞片之腋内，长约5 mm；颖宽大，具7脉，顶端短尖；外稃与颖相似，上部边缘具纤毛；内稃边缘强内卷；鳞被大，3～5片，通常4片，边缘被纤毛；花丝短，彼此分离，花药顶端具小尖头；子房狭椭圆形，花柱长，空心，顶端2裂。果扁球形。

产地：广州有栽培。

分布：广西、云南。印度、锡金、缅甸、越南。

用途：观赏。

9. 梨 竹 属 **Melocanna** Trin.

乔木状；根状茎长颈粗短型。秆直立，疏离；节间圆筒形，秆壁薄；秆环不甚隆起；每节分枝多数，近相等。秆箨宿存，短于节间；箨鞘革质，硬脆，幼时常于背面被小刺毛，顶端皱缩；无箨耳；箨舌低矮；箨片直立，线状三角形。叶大型，无毛，下面的小横脉稍明显。花序续次发生，顶生；假小穗稍两侧扁，2～4枚聚生于花枝各节；每小穗含1朵成熟小花及1至数朵不育小花，基部托以数枚具芽苞片；小穗轴具关节；外稃与苞片相似，卵状披针形；内稃圆卷，无脊；鳞被2片；雄蕊5～7枚，花丝分离或不规则连合，花药顶端凹缺；子房无毛，花柱长，柱头2～4。果大型，浆果状，梨形，顶端尖而具长喙，果皮肉质，肥厚；种子无胚乳，能在母株上即行萌发（俗称“胎生”现象）。

本属有2种，分布于印度、孟加拉国和缅甸。我国引入2种；广东均有。

1. 秆丛生，高3～5 m，直径2.5 cm；箨鞘背面无毛 ……………………………… 1. 小梨竹 M. humilis
1. 秆散生，高8～20 m，直径3～7 cm；箨鞘背面被毛 ……………………………… 2. 梨竹 M. baccifera

1. 小梨竹（新拟）

Melocanna humilis Kurz

M. arundina Park.

秆丛密；秆直立，尾梢俯垂，高3～5 m，直径约2.5 cm；节间长约30 cm，暗绿色；节不隆起。箨鞘短，顶端广弧形下凹，顶部呈波状鼓凸，基部的外缘圆形弧曲，背面光亮无毛；箨耳和鞘口刚毛缺；箨舌低，全缘；箨片直立，狭披针形，基部外延。叶鞘无毛；叶耳极小；鞘口刚毛长，易落；叶披针形至线状披针形，长10～15 cm，宽2～2.5 cm，基部钝圆，下面稍粗糙。

产地：广州有栽培。

分布：缅甸。

2. 梨竹　[《中国种子植物科属词典》（修订版）]　别名：象鼻竹　（图137）

Melocanna baccifera（Roxb.）Kurz

Bambusa baccifera Roxb.

M. bambusoides Trin.

假鞭圆柱形，在地中横走可延伸至5 m，粗约2.5 cm，实心，节间长10～15 cm。秆散生，径直，尾梢点垂，高8～20 m，直径3～7 cm；节间圆筒形，长（12～）20～50 cm，幼时绿色，薄被白粉并混生柔毛，老则枯草色，光滑无毛，秆壁厚5～7.5 mm；秆环不隆起，仅箨痕较明显。箨鞘硬革质，幼时黄绿色，背面贴生脱落性白色（老时黄色）小刺毛，鞘长10～15 cm，顶部广弧形下凹，顶端波状鼓凸，基部的外缘圆形弧曲；箨耳不明显；鞘口刚毛甚发达；箨舌低矮，边缘具细齿；箨片线状三角形，长10～30 cm，基底宽约2.5 cm，直立，顶端渐尖呈锥状，基部沿鞘两侧向外延伸成窄条，附着在鞘肩上。末级小枝具5～10片叶，叶鞘光滑无毛，叶耳极小，常缺，鞘口刚毛每边8～10条，波曲或卷曲，长8～15 mm，白色，易落；叶披针形至长圆状披针形，长15～24（～35）cm，宽25～35 mm，上面无毛，下面灰绿色，幼时有微毛，顶端尾状渐尖而具1粗糙、扭曲的长尖头，基部不对称楔形，具纤毛，一边较粗糙，次脉8～12条。花枝下垂，每节可簇生3～4枚假小穗，位于无毛、钝圆头之苞片腋间；假小穗稍两侧扁，无毛，长约13 mm；苞片2～4片，披针形，顶端具小尖头；外稃卵状披针形，质较苞片为薄，具小尖头；内稃席卷，无脊，顶端渐尖，呈小尖头状；鳞被2片，线状长圆形，顶端钝圆而具啮蚀状之流苏，基部具3～5条脉纹；花丝扁平，分离或在基底不规则的连合，花药黄色，顶端凹缺；子房卵球形，无毛，上端变细而形成甚长的花柱，柱头2～4。果梨形，长4.5～12.5 cm，直径5～7 cm，顶端具长（可达5 cm）而弯曲之喙，果皮肉质，肥厚，厚2～3 cm；种子无胚乳，胚体的盾片（scutellum）很大，几充满果实内腔。

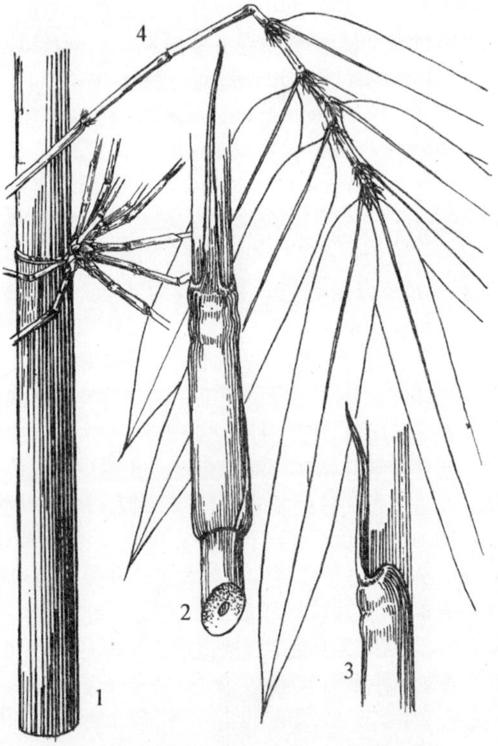

图137　梨竹　Melocanna baccifera（Roxb.）Kurz
1. 秆的一部分，示节及分枝；2. 秆箨的背面观；3. 秆箨上部的侧面观；4. 叶枝。（陈夏玲抄绘）

产地：广州有栽培。

分布：香港有栽培。印度、孟加拉国和缅甸。

用途：观赏。

10. 玉山竹属 **Yushania** P. C. Keng

灌木状；根状茎长颈粗短型，秆柄细长，长达（30～）50（～200）cm，实心或中空。秆散生，直立，稀可斜倚；节间圆筒形，粗糙，在有分枝一侧的基部有时微扁；秆壁厚；髓锯屑状，偶为层片状或膜状；箨痕隆起；秆环不明显或微隆起。秆每节具1芽，贴秆而生。分枝在秆基部节上1枝，中部节上为5～7（～12），上部节上为9～11（～45），各枝近相等或下部节上中间1主枝明显。箨鞘宿存或迟落，革质或软骨质，短于节间；箨舌截平；箨片外反。每小枝具数至十余片叶；叶小型或中型，小横脉明显。花序一次发生，无苞片，为开展的总状或圆锥花序；小穗粗壮，具长柄，含小花数至多朵，顶端小花不孕；小穗轴脱节于颖之上及各花之间，节间被短粗毛，顶端膨大，边具纤毛；颖2片；外稃卵状披针形，顶端锐尖或渐尖，7～11脉；内稃等长或略短于外稃，背部具2脊，顶端裂成2小尖头或微凹；鳞被3片，膜质，边缘具纤毛；雄蕊3枚，花丝细长，花药黄色；子房纺锤形或椭圆形，花柱很短，柱头2或稀3。颖果长椭圆形，近内稃一面有纵沟，顶端微凹或具宿存花柱。

本属约80种，分布于非洲及亚洲东南部。我国有58种；广东有1种。

毛玉山竹 （《南京大学学报》）

Yushania basihirsuta（McCl.）Z. P. Wang et G. H. Ye

Indocalamus basihirsutus McCl.

Sinarundinaria basihirsuta（McCl. ）C. D. Chu et C. S. Chao

S. papillosa W. T. Lin

Y. actinoseta W. T. Lin

Y. longipilosa Wen et S. C. Chen

Y. papillosa（W. T. Lin）W. T. Lin

秆柄长达50 cm；秆径直，高1.5～3 m，直径3～8 mm；节间长10～15（～29）cm，圆筒形，幼时被灰白色至淡黄色、向下的较长疣基刺毛，节下方有白粉；秆壁厚1.5～3 mm，髓锯屑状；箨痕隆起，初时密被黄褐色向下长的长刺毛，后具箨鞘基部之残留物；秆环平坦。分枝在秆下部节上1枝，在上部节上可多达3枝。笋紫色；箨鞘宿存，革质，三角状长圆形，长约为节间长的2/5～2/3，顶端短三角形，背面密被向下或近水平直立而不贴伏的黄色或黄褐色、长2～3 mm的疣基小刺毛，边缘密生黄褐色长刺毛；箨耳镰形，淡绿色带紫色，长达6 mm，宽达1.5 mm，鞘口刚毛密、弯曲、黄褐色，放射状开展，长4～5（～10）mm；箨舌截平或圆拱形，高1 mm；边初时密生淡棕色纤毛；箨片线状披针形，外翻，边有小锯齿。末级小枝具5～9叶；叶鞘被白色或锈色向下之刺毛，边缘密生白色纤毛；叶耳镰形，紫色，鞘口刚毛多数，放射状开展，紫色；叶舌圆拱形或斜截平，高0.3～1 mm，边缘被纤毛；叶披针形，长7～18.5 cm，宽7～18 mm，上面无毛，下面灰绿色，初时被灰白色硬毛，叶缘一侧具小锯齿而粗糙，次脉4～6对，小横脉清晰，长方格状。圆锥花序由12～17枚小穗组成，顶生，长6～10 cm；小穗柄长6～34 mm，纤细，微扁，无毛，腋间具紫色小瘤状腺体；小穗紫色或紫褐色，无毛；小穗轴节间长约5 mm，易逐节断落，扁，无毛，顶端环状膨大，边具灰白色纤毛；颖顶端渐尖，第一颖长约3 mm，具3脉，第二颖长约4.5 mm，具7～9脉；外稃长约8 mm，顶端渐尖，具9脉，无毛；内稃略长于外稃，无毛，背部具2脊，脊间具1脉，脊外至边各具1脉，顶端裂成2小尖头；小花的其余部分未见。笋期：4月；花期：10月（过熟期）。

产地：乳源。生于海拔1 500～1 600 m的山谷疏林下。

分布：湖南南部。

11. 箭竹属 **Fargesia** Franch.

灌木状或稀乔木状；根状茎粗短。秆柄假鞭粗短，两端不等粗，实心；秆直立，疏丛生或近散生；

节间圆筒形，光滑或有细纵棱，中空、实心或近于实心；秆环平坦至微隆起，通常较箨痕为低；秆每节分枝7～15枝，枝斜展或直立，近等粗。箨鞘宿存或迟落，稀早落，革质或厚纸质，具刺毛或近无毛；箨耳缺或明显；箨舌圆拱形或截平；箨片外反，三角状披针形或带状，脱落性，稀可宿存。叶小型至中型，具小横脉。花序圆锥状或总状，紧密或开展，着生于具叶小枝的顶端，花序下方托以由叶鞘扩大而成的一组或大或小的佛焰苞，使花序起初只能由最上方的佛焰苞开口的一侧露出，后因花序主轴的延伸以及佛焰苞脱落或破碎，使花序全部露出；小穗含小花数朵，细长，具长柄；颖（1）2片；外稃顶端具小尖头或呈芒状，具数脉；内稃等长或略短于外稃，背部具2脊，顶端具2齿裂；鳞被3片，边生纤毛；雄蕊3枚，花丝分离，花药黄色；子房椭圆形，花柱1或2，柱头2或3。颖果细长。

本属约90种，分布于我国、喜马拉雅东部地区及越南；海南有1种。

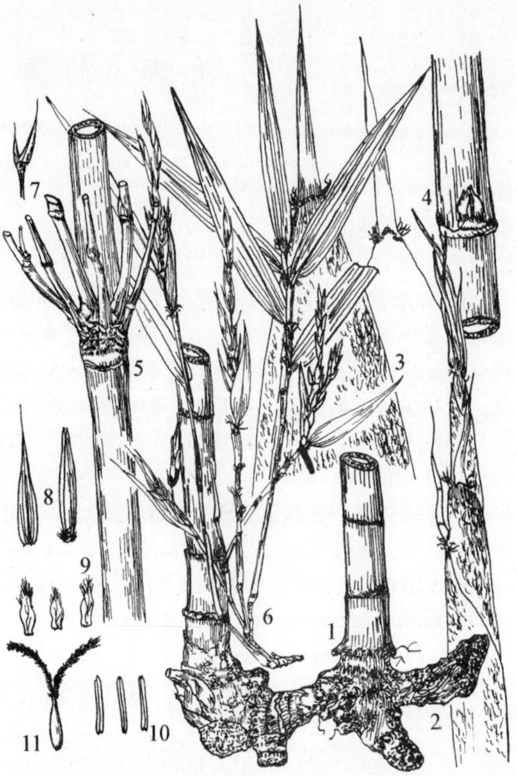

图138 海南箭竹 Fargesia hainanensis Yi

1. 地下茎及秆基部；2. 笋；3. 秆箨；4. 秆之一段，示秆芽；5. 秆之一段，示分枝；6. 花枝；7. 颖；8. 外稃（左）及内稃（右）；9. 鳞被；10. 花药；11. 雌蕊。

（陈夏玲抄绘）

海南箭竹 （《植物研究》） （图138）

Fargesia hainanensis Yi

秆柄长5～7 cm；秆直立，高3～7 m，直径2～3.5（～5）cm；节间长24～32 cm，圆筒形，无毛，亦无白粉；秆壁厚2～3.5 mm，髓呈锯屑状；箨痕微隆起；秆环平坦或微隆起；秆每节分3～7。笋紫红色，密被棕色刺毛；箨鞘宿存，橘红色或灰色，革质，三角状长圆形，与节间近等长，顶端渐狭，背面密被疣基刺毛，边上半部密生棕色刺毛；箨耳缺，鞘口刚毛数条，淡黄色，易脱落；箨舌圆拱形，高1～1.5 mm，边缘初时密被淡黄色纤毛；箨片线状披针形，外翻，无毛，边具小锯齿。末级小枝具3～5叶；叶鞘无毛；叶耳无，鞘口刚毛存在；叶舌圆拱形或截平，高约1 mm；叶线状披针形，长4～12 cm，宽5～9 mm，基部楔形，下面灰绿色，基部被柔毛或稀无毛，次脉3或4对，小横脉明显，叶缘具小锯齿。总状花序长3.5～5（～7）cm，下部被叶鞘包藏，含小穗4～7；小穗柄直立，长5～15 mm，无毛或偶被短疏柔毛，柄下方各托以1片边密生长纤毛之小型苞片；小穗含小花3～5朵，长2.3～3 cm，淡绿色或暗紫色；小穗轴节间长2.5～5 mm，扁平，无毛；颖纸质，无毛，顶端渐尖刚毛状，第一颖长7～10 mm，具1～3脉，第二颖长10～14 mm，具5脉；外稃卵状披针形，长8～16 mm，顶端刚毛状，具7～9脉，上部被微毛，近边处有小硬毛，基盘密生白色柔毛；内稃长7～10 mm，顶端具2齿裂，脊上部有纤毛，脊间上部具白色微毛；鳞被披针形，长约1 mm；上部边密生纤毛；花药黄色，长4～6 mm；子房椭圆形，淡黄色，无毛，长约1 mm，花柱1，柱头2，长1～2 mm。果未见。笋期：8月；花期：7～8月。

产地：海南特有，五指山。生于海拔1 600～1 800 m的山顶阔叶林下。

12. 悬 竹 属 Ampelocalamus S. L. Chen et al.

灌木状；根状茎短颈粗短型。秆单丛生，尾梢悬垂或秆上部攀缘状；节间圆筒形，中空，秆壁薄；箨痕木栓状隆起。每节分枝多数，簇生，屈膝状，主枝明显，箨鞘迟落，远短于节间，厚纸质或近革质，边质薄而近膜质；箨耳明显，易落，边生放射状长繸毛；箨舌明显；箨片外反，叶状，披针形至狭披针形。叶小型至大型，叶耳明显，边具放射状长繸毛；叶舌明显；叶的小横脉不明显。花序无苞片或具数枚退化的鞘，一次发生，为圆锥花序，着生于无叶或具叶的花枝顶端；小穗柄弯曲，被微毛；每小穗含2～7朵小花，排列疏松，顶生小花不发育；小穗轴长为小花的1/2，且易逐节断落；颖片2片，质薄；外稃纸质；内稃与外稃近等长或稍长于外稃，背部具2脊；鳞被3片，透明；雄蕊3枚，花丝分离，伸出，花药黄色；子房无附属物；花柱1，柱头2。颖果卵形至椭圆形，光滑无毛。

本属约13种，分布于喜马拉雅山中部至我国南部。我国13种都产；广东及海南有2种。

1. 秆攀援状；箨舌边缘齿裂 ………………………………………………………… 1. 爬竹 A. scandens
1. 秆直立；箨舌边缘被流苏状毛 …………………………………………………… 2. 射毛悬竹 A. actinotrichus

1. 爬竹 （《竹子研究汇刊》）

Ampelocalamus scandens Hsueh & W. D. Li

Drepanostachyum scandens（Hsueh & W. D. Li）P. C. Keng ex Yi

秆攀援状，长达10 m或更长；节间长30 cm，直径8 mm，具细线状纵肋，纵肋间被微毛，壁厚约2.5 mm；箨痕具鞘基部残留物；每节分枝多数，主枝显著，与主干近等粗，侧枝纤细。箨鞘迟落乃至宿存，薄革质，鲜时带紫红色，长三角形，鞘口宽仅4～7 mm，背面在纵肋间被白色疣基刺毛，上部边缘密被流苏状长柔毛；箨耳微小，有易脱落的鞘口刚毛；箨舌发达，高约5 mm，顶端截平，齿裂具长约5 mm的纤毛；箨片外反，披针形，易脱落。末级小枝具3～5叶；叶鞘外缘被纤毛；叶耳存在，其上有放射状鞘口刚毛；叶舌发达；叶质薄，披针形，长13～20cm，宽0.7～2.2 cm，小横脉不明显。花枝未见。

产地：广州有栽培。

分布：贵州。

用途：观赏。

2. 射毛悬竹 （《植物分类学报》） （图139）

Ampelocalamus actinotrichus（Merr. et Chun）S. L. Chen, T. H. Wen & G. Y. Sheng

Arundinaria actinotricha Merr. et Chun

Indocalamus actinotrichus（Merr. et Chun）McCl.

Pleioblastus actinotrichus（Merr. et Chun）P. C. Keng

秆直立，上部细弱，作藤状下垂，高2～3 m，稀5～6（～15）m，直径1～1.5 cm；节间长达30 cm，灰绿色，幼时浅紫色，后灰绿色，被坚硬倒生小刺毛。秆每节2至数分枝。箨鞘迟落，绿色，远短于节间，无斑点或有不明显褐色小点，厚纸质或近革质，边质薄而近于膜质，上部无毛或疏被小刺毛，基部生有微毛；箨耳明显，易落，卵圆形至半月形，直径约1 mm，紫色至棕褐色，边缘具放射状棕红色鞘口刚毛，毛长约2（～3.7）cm；箨舌矮，顶端截平，边缘被流苏状长毛；箨片绿色，外翻，狭长线状披针形；叶鞘无毛；叶耳半月形，

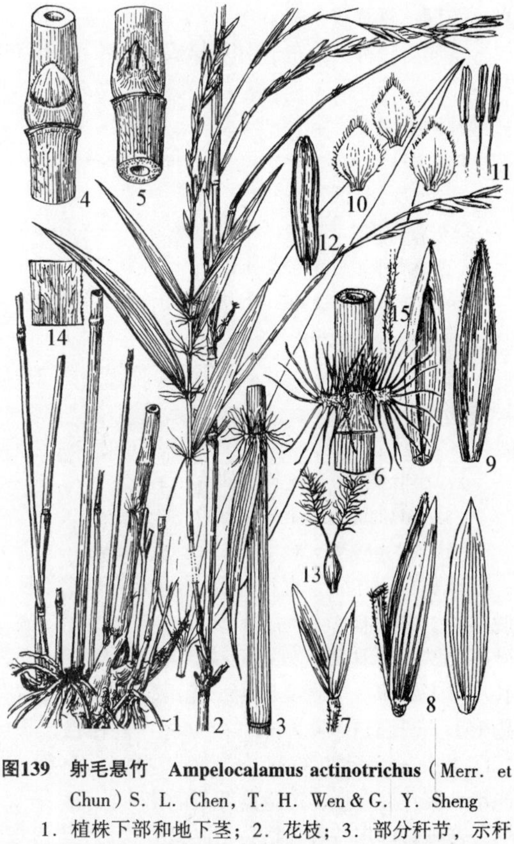

图139 射毛悬竹 Ampelocalamus actinotrichus（Merr. et Chun）S. L. Chen, T. H. Wen & G. Y. Sheng

1. 植株下部和地下茎；2. 花枝；3. 部分秆节，示秆箨；4～5. 秆节及部分嫩秆，示原叶及芽；6. 箨鞘上部及部分秆，示箨耳和箨舌以及箨片顶部；7. 小穗柄和2颖片；8. 小花侧面及背面观；9. 内稃背面观；10. 鳞被；11. 雄蕊；12. 花药；13. 雌蕊；14. 部分叶片放大；15. 叶耳边缘繸毛放大。（陈夏玲抄绘）

直径约1 mm，边缘具放射状长繸毛，毛长达18 mm；叶舌截平，坚硬，边具流苏状长毛；叶椭圆状披针形，长6 ~ 30 cm，宽1 ~ 4 cm，次脉3 ~ 6对，小横脉不明显，两面有小刺毛，边缘具细锯齿而粗糙。圆锥花序疏松，着生于叶枝的顶端；小穗含2 ~ 7朵小花，排列疏松，顶端小花不发育，长1.8 ~ 3.5 cm，绿色；小穗轴节间长6 ~ 7 mm；颖片质薄，窄披针形，顶端渐尖，第一颖长4.5 ~ 6.5 mm，具1 ~ 3脉，第二颖长5.5 ~ 8 mm，具3 ~ 5脉；外稃披针形，长12 ~ 14 mm，无毛，具7 ~ 9脉，顶端具短尖头；内稃与外稃等长或稍长，脊上被纤毛；鳞被3片，卵圆形，几等大，上部边具纤毛；花药细长，长6 ~ 9 mm；子房卵形，花柱2。颖果卵状长圆形，光滑无毛。笋期：5月。

产地：海南特有，三亚、东方。生于海拔500 ~ 1 200 m山坡路边林下。

13. 酸竹属 **Acidosasa** C. D. Chu et C. S. Chao ex P. C. Keng

乔木状；根状茎细长；秆散生，直立；节间圆筒形，仅在有分枝一侧之下部微有沟槽，内壁常有海绵状的髓；秆环微隆起；秆芽单生；秆中部每节具3分枝，上部有时可至5分枝。秆箨脱落性，箨鞘背面常被小刺毛；箨片较小，披针形或三角状披针形。叶大小多变化，次脉多数，小横脉明显。花序无苞片，一次发生，为顶生总状花序或圆锥花序；小穗较粗壮，含小花多数，具明显的小穗柄；颖2 ~ 4片；外稃大，多脉，小横脉明显或否，顶端渐尖或具短芒；内稃较外稃为短，背部具2脊，亦可具多脉；鳞被3片，膜质，边常透明；雄蕊6枚，花药黄色，花丝丝状，互相分离；花柱1，柱头3。笋期：春季至初夏；花期：夏季或秋季。

本属有11种，分布于中国南部及越南。我国有10种；广东有5种。

1. 箨耳缺。
  2. 幼秆无毛 ……………………………………………… 1. 小叶酸竹 A. breviclavata
  2. 幼秆被硬毛或柔毛。
    3. 叶舌甚突出，高5 ~ 15 mm ……………………………………… 2. 长舌酸竹 A. nanunica
    3. 叶舌截平，高不超过2 mm。
      4. 节间初时密被刺毛；箨鞘顶端约与箨片基部等宽；叶宽2.5 ~ 6.5 cm，小横脉明显 ……………………………………… 3. 酸竹 A. chinensis
      4. 节间初时疏被刺毛；箨鞘顶端宽于箨片基部；叶宽1.5 ~ 2.5 cm，小横脉不甚明显 ……………… 4. 黎竹 A. venusta
1. 箨耳存在 ……………………………………………………… 5. 斑箨酸竹 A. notata

1. 小叶酸竹 （《竹子研究汇刊》）

Acidosasa breviclavata W. T. Lin

A. gracilis W. T. Lin & X. B.Ye

秆高1 ~ 1.5 m，直径5 ~ 6 mm；节间圆筒形，长13.5 ~ 18.5 cm，光滑；秆环和箨痕略隆起。秆箨脱落性，背面被短刺毛，具斑点；箨耳及鞘口繸毛缺；箨舌短；箨片披针形，长约5 mm。末级小枝具叶4 ~ 5片；叶耳和鞘口繸毛缺；叶舌长约1.5 mm，顶端反折；叶长12 ~ 18 cm，宽1.8 ~ 2.5 cm，叶尖细长，叶基狭窄，叶缘具细齿，光滑，次脉6对。花枝不全知。小穗长5.5 ~ 6.5 cm，宽0.6 ~ 0.7 cm；小花约6朵；花梗长1.5 ~ 2 cm；颖约4片，外稃状，长1.1 ~ 1.7 cm，光滑；小穗轴长6 ~ 7 mm，光滑；外稃长1.8 ~ 2.1 cm，宽约0.8 cm，光滑，具脉21 ~ 24条，略呈方格状，顶端具尖头；内稃长1.4 ~ 1.6 cm，狭窄，光滑；浆片披针形，边缘具纤毛；花药长约8 mm；花柱短；柱头羽毛状。

产地：广东特有，新会（古兜山）。生于海拔约300 m处。

用途：秆用于造纸和编织。

2. 长舌酸竹 （《植物分类学报》） 别名：清远青篱竹（《南京林产工业学院学报》）

Acidosasa nanunica（McCl.）C. S. Chao & G. Y.Yang

Pseudosasa nanunica (McCl.) Z. P. Wang et G. H. Ye
Indocalamus nanunicus McCl.
Arundinaria nanunica (McCl.) C. D. Chu & C. S. Chao
Arundinaria bicorniculata W. T. Lin & Z. J. Feng
Arundinaria projecta W. T. Lin
Metasasa albofarinosa W. T. Lin
M. carinata W. T. Lin
P. projecta (W. T. Lin) P. C. Keng

秆直立，高达4 m，直径约1 cm；节间圆筒形，初时被绒毛和白粉，绿黄色，老时因密集的白粉逐渐变黑而呈斑状，壁薄，髓海绵状；秆环凸起；箨痕常有鞘基残留物；节内长约1 cm。秆中上部每节分枝1～3。箨鞘近宿存，淡褐紫色，厚纸质，背部密被白色短绒毛或浅棕色刺毛，边缘密具短纤毛；箨耳和鞘口刚毛缺；箨舌高7～9 mm，顶端截平或拱形，边缘具短纤毛；箨片直立，绿带紫色，线状披针形，两面粗糙，边缘具疏刺状锯齿。末级小枝具2～4叶；叶鞘具纵肋，密被细绒毛至近无毛，边缘具易脱落的短纤毛；叶耳和鞘口刚毛缺；叶舌三角状突起，高5～14 mm，边全缘，具短纤毛；叶椭圆形至披针形，长10～30 cm，宽2～4.5 cm，基部多少偏斜，顶端短渐尖，上面光滑无毛，下面被短柔毛，边缘具疏细齿，次脉9～12对。圆锥花序长18～25 cm，具小穗6～8枚；苞片披针形，长约2 mm；花梗长1～2.5 cm，纤细，无毛；小穗含小花7～9朵，长3～7 cm；小穗轴长5～7 mm，密被短柔毛，顶端被长纤毛。颖2片，背面被短柔毛，具脊，边缘近顶端被纤毛，具5～9脉；外稃长1.5～1.7 cm，背面被短柔毛，边缘近无毛，具13～18脉，顶端锐尖；内稃窄，脊上被纤毛，顶端锐尖或2裂；鳞被披针形，具纵条纹，边缘无纤毛；子房被短刺毛。颖果椭圆形，顶端具长喙，无毛。笋期：4月底。

产地：清远、信宜、乳源、英德、乐昌、新会、揭西、平远。生于海拔400 m的山坡、平原、谷地近河流边。

分布：重庆、湖南南部、江西、浙江。

本种与茶秆竹P. amabilis的区别在于：后者笋棕色或淡咖啡色，箨背密被长刺毛，箨舌、叶舌矮。

3. 酸竹 （《南京林产工业学院学报》） （图140）

Acidosasa chinensis C. D. Chu & C. S. Chao ex P. C. Keng

秆高8 m，直径3～5 cm；节间幼时密被短刺毛，后脱落而留有毛痕，明显具纵向肋纹；秆环与箨痕微隆起；秆中部每节分3枝，上部有时多至5枝，无明显主枝。箨鞘质脆，褐红色，背部被易脱落的短刺毛，疏生斑点，边生纤毛，小横脉明显，顶端渐窄；箨耳和鞘口刚毛缺；箨舌低矮，顶端拱形，具流苏状短纤毛；箨片小，直立，披针形，长1.5～4.5 cm，基部约与箨鞘顶端近等宽。末级小枝具叶2～5片；叶鞘无毛，叶耳和鞘口刚毛缺；叶长圆状披针形或披针形，长11～30 cm，宽2～6.5 cm，顶端长渐尖，基部宽楔形，两边有小锯

图140 酸竹 Acidosasa chinensis C. D. Chu & C. S. Chao ex P. C. Keng

1. 竹秆一段；2. 秆箨背面观；3. 秆箨腹面观；4. 叶枝；5. 花枝；6. 小穗；7. 颖；8. 外稃；9. 内稃；10. 雌蕊；11. 雄蕊。（陈夏玲抄绘）

齿，无毛，次脉6～11对。花枝顶生，长10～26 cm；苞片细小，三角形，顶端长尾尖，无毛；小穗3～5枚组成简单的总状或圆锥花序，小穗粗大，长（3～）5～6（～10）cm，含小花（3～）8～9（～18）朵；小穗柄细长，长1.5～4 cm，无毛；小穗轴节间长6～7 mm，无毛；颖4片，上部2片外稃状，无毛；外稃长2.2 cm，顶端渐尖，无毛，有光泽，具17～19脉；内稃狭窄，长1.2 cm，无毛；鳞被椭圆状披针形，长5～6 mm，花药黄色，长约5 mm。果未见。笋期：4～5月。

产地：广东特有，阳春。生于海拔700 m左右山区的疏林下或旷地上。

用途：秆可供造纸或篾用；笋可食用或加工成腌制品，味酸，故名酸竹。

4. 黎竹　（《中国植物志》）

Acidosasa venusta（Mc Cl. ）Z. P. Wang & G. H. Ye ex C. S. Chao & C. D. Chu

Semiarundinaria venusta McCl.

秆高1.4 m，直径8～9 mm；节间初时被疏毛，节下被白粉；秆环隆起。秆下部的箨鞘背部被贴伏的或开展的脱落性绒毛，上部无毛或近无毛，边缘生纤毛；箨耳和鞘口刚毛不发达；箨舌顶端截平，具极短的纤毛；箨片小，脱落性，带状，直立或开展，绿色，略带紫色，两面粗糙。叶鞘无毛；叶耳和鞘口刚毛俱缺，或具数条鞘口刚毛；叶舌突出；叶长圆状披针形，长9～20 cm，宽1.7～2.6 cm，基部楔形或圆形，顶端渐尖，两面无毛，次脉约5对。总状花序顶生或侧生，由3或4个小穗组成，长11～15 cm；小穗披针形或线形，近直立，稀略下垂，含小花5～10朵，长2.5～5 cm，体略扁；小穗柄长1～3 cm，微有毛；小穗轴节间长6～7 mm，顶端被毛；颖2片，顶端尖，背面近顶端有小刺毛；外稃长约1.3 cm，顶端尖或渐尖，具短芒，被直伸的小刺毛，边近顶端有纤毛，具多脉；内稃与外稃近等长，有时略长，顶端钝，疏被小刺毛，脊上生纤毛；鳞被3片，近等长，透明，无毛，边生纤毛；子房、花柱无毛；柱头3。果未见。花期：11月。

产地：广州（花都），广东特有。

5. 斑箨酸竹　（《竹子研究汇刊》）

Acidosasa notata（Z. P. Wang & G. H. Ye）S. S. You

Pseudosasa notata Z. P. Wang & G. H. Ye

Acidosasa fujianensis C. S. Chao & H. Y. Zou

A. longiligula（T. H. Wen）C. S. Chao & C. D. Chu

Arundinaria concava C. D. Chu & H. Y. Zou

Arundinaria notata（Z. P. Wang & G. H. Ye）H. Y. Zou

Indosasa longiligula T. H. Wen

I. wuningensis T. H. Wen & H. Y. Zou

Pleioblastus acutiligulatus W. T. Lin

秆高3～6 m，直径1.5～2 cm；节间长20～25 cm，无毛，幼时被厚白粉，壁厚约3 mm；秆环略高于箨痕；箨痕具鞘基部木栓质残留物。秆箨绿色，具紫色条纹，疏生紫色斑点，散生贴伏刺毛，边具纤毛；箨耳长圆形，长约4 mm；鞘口刚毛数条，长约7 mm；箨舌拱形，高约6 mm，顶端被纤毛；箨片外反，初时绿色，披针形，两面疏被绒毛，基部尤密。末级小枝具2～5（～8）片叶；叶鞘初时被短柔毛，后无毛；叶耳及鞘口刚毛发育，但很快脱落；叶舌高5～8 mm，被短柔毛，顶端啮蚀状；叶线状披针形，长11～20（～30）cm，宽1～2.3（～3）cm，次脉5～7对，边缘不明显细齿裂。总状花序顶生或侧生，含小穗3～5枚；小穗绿色，带紫色，稍压扁，长2.5～7 cm，含小花3～10朵；小穗柄长0.2～1.3 cm，无毛；小穗轴长约7 mm，被短柔毛；颖无毛；外稃长1.4～1.9 cm，疏被短柔毛；内稃长1.3～1.5 cm，被短柔毛；鳞被长5～6 mm，边透明。笋期：4月。

产地：平远。生于海拔500～1 000 m的林中。

分布：福建、江西。

用途：笋可食。

14. 赤 竹 属 Sasa Makino & Shibata

小灌木状；根状茎细长；秆复丛生；节间圆筒形，无沟槽，光滑无毛或少数种在节下具疏短毛；秆壁较厚；秆节隆起或平坦。秆每节仅1枝，枝粗壮，与主秆同粗。秆箨宿存，质厚硬，纸质或近革质，短或长于节间；箨耳发育；箨片披针形。叶大型，带状披针形或宽椭圆形，厚纸质或薄革质，3～5片或更多片集生于枝顶，小横脉极明显。花序一次发生；圆锥花序排列疏散，或简化为总状花序，基部具1或2小型苞片；小穗柄较长，花序轴及小穗柄常被毛；小穗成熟后紫红色，含4～8朵小花；小穗轴具关节，并延伸至顶生小花之上；颖2片，多少具毛，边有长睫毛；外稃近革质，卵形或长圆披针形，顶端具短芒或为一小尖头；内稃背部具2脊；鳞被3片，卵形，膜质透明，边具纤毛；雄蕊6枚，花丝细长；子房卵形；花柱1，较短，柱头3。颖果成熟后深褐色。

本属50～70种，分布于中国、日本、朝鲜、韩国及俄罗斯东部。我国约10种；广东及海南有5种。

1. 箨耳及鞘口刚毛不发育。
  2. 节间幼时具疣毛；箨片直立 ……………………………… 1. 赤竹 S. longiligulata
  2. 节间无毛，节下密被白粉；箨片外反 ……………………… 2. 广东赤竹 S. guangdongensis
1. 箨耳及鞘口刚毛发育。
  2. 秆节下密被一圈白色绢毛；箨鞘背面疏被白色短柔毛 ………… 3. 银环赤竹 S. albosericea
  2. 秆节下无毛，被白粉；箨鞘背面无毛。
    3. 秆高1～1.5 m；叶两面无毛 ……………………………… 4. 矩叶赤竹 S. oblongula
    3. 秆高0.5 m；叶下面被白色微毛 …………………………… 5. 孖竹仔 S. duplicata

1. 赤竹 （《岭南科学杂志》）

Sasa longiligulata McCl.

Pseudosasa longiligulata (McCl.) Koidz.

秆散生，直立，高1～2 m或稍高，直径5～10 mm；节间长8～10 cm，幼秆具疣毛；秆环极隆起；箨痕明显，具密集向下的棕色刺毛；分枝较开展，次级枝每节仅1枝。箨鞘疏松包秆，短于节间，厚纸质或近薄革质；箨耳及鞘口刚毛缺；箨舌较长；箨片短，直立，向上渐长，三角形及至披针形，边粗糙或具极短之粗纤毛。叶3～15片集生于枝顶；叶鞘光滑无毛或具极少量小毛；叶耳及鞘口刚毛均无；叶舌发达，高10～15 mm，厚膜质或纸质，下部硬厚，顶部截平，干后易于折断；叶柄较长，叶纸质或较厚，披针形，长6～25 cm，宽1.5～3.5 cm，顶端渐尖，基部不对称，上面深绿色，具光泽，无毛或沿中脉的中下部具粗毛，下面粉绿色，无毛。花枝未见。笋期：4～5月。

产地：博罗。

分布：福建、湖南。

2. 广东赤竹 （《植物分类学报》） （图141）

Sasa guangdongensis W. T. Lin & X. B.Ye

秆近直立，多少曲折，高1～1.5 cm，直径5～6 mm；节间长4.5～9 cm，无毛，节下密被白粉；节几不隆起。秆箨宿存，长6.5～7.5 cm，无毛，箨耳及鞘口刚毛不发育，箨舌高1.5 mm，边缘不规则齿裂；箨片小，外反，脱落，披针形，长1 cm。末级小枝具6叶；叶鞘无毛，上部小横脉明显，叶耳及鞘口刚毛不发育；叶舌高3～4 mm，顶端弧拱；叶长圆状披针形，长10～23 cm，宽2.5～4 cm，两面无毛，次脉7对，小横脉明显。圆锥花序顶生；小穗8～11枚，长3.5～8cm，宽3～6 mm；小穗柄纤细，长1～3 cm；空颖4片，长6～15 mm；小花4～9朵；外稃长12～16 mm，顶端长渐尖，具12～14脉；内稃长7～11 mm，顶端锐尖，2裂，脊间具3～4脉，脊上被纤毛；小穗轴长4 mm，被硬毛，顶端被粗毛；鳞被3片，长2.5 mm，无毛，前方2枚斜卵形，后方1枚卵状披针形；雄蕊6枚，花药长4 mm。子房长卵形，花柱1，柱头3。果未见。

产地：台山（古兜山）。生于海拔450 m。

3. 银环赤竹　（《植物分类学报》）

Sasa albosericea W. T. Lin & J. Y. Lin

秆高1～1.3 m，直径5～7 mm，基部多少曲膝状；节间长10～17 cm，无毛，节下密被一圈白色绢毛；节稍隆起；秆箨宿存，箨鞘背面疏被白色短柔毛；箨耳卵形，鞘口刚毛近直立；箨舌高0.5 mm；箨片线状披针形，外展。末级小枝具2～3片叶；叶鞘无毛；叶耳长圆形，鞘口刚毛直立；叶舌极低矮；叶长11～26 cm，宽2.5～4.5 cm，两面无毛，次脉6～11对。

产地：佛冈（观音山）。生于海拔1 000 m。

本种秆的节下密被白色绢毛，箨耳卵形，易与其他种区别。

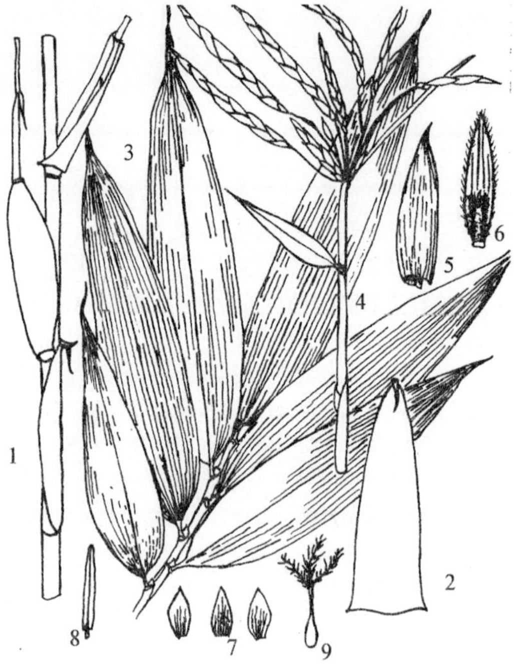

图141　广东赤竹　Sasa guangdongensis W. T. Lin & X. B.Ye
1. 秆一段；2. 秆箨；3. 叶枝；4. 花序；5. 外稃；6. 内稃；7. 鳞被；8. 雄蕊；9. 雌蕊。（陈夏玲抄绘）

4. 矩叶赤竹　（《竹子研究汇刊》）

Sasa oblongula C. H. Hu

秆高1～1.5 m，直径2～4 mm；节间圆筒形，秆中部节间长约8 cm，幼时黄绿色，老秆渐为淡黄绿色，最后呈枯草色，光滑无毛，节下方多少具白粉；秆环微隆起。箨鞘宿存，厚革质或近革质，光滑无毛；箨耳淡紫绿色，狭，上举，镰形，具微毛，鞘口刚毛粗硬；箨舌短，高约1 mm，边具短纤毛；箨片披针形，直立。叶耳小，具较多粗硬之鞘口刚毛；叶长圆状披针形，长7～9 cm，宽1.7～2.6 cm，顶端突尖或成芒状，两面无毛，次脉6对，再次脉6或7条，小横脉明显。花枝未见。笋期：3月底至4月中旬。

产地：广州（栽培）。原产地不详。

5. 孖竹仔　（《植物分类学报》）

Sasa duplicata W. T. Lin & Z. J. Feng

秆高约50 cm，直径2～3 mm；节间长4～8 cm，无毛，初时节下被白粉。秆环稍隆起。箨鞘脱落，短于节间，秆基部之箨鞘更短，背面草黄色，无毛，边具短纤毛；箨耳近镰形，鞘口刚毛数条；箨舌甚矮，高0.3 mm；箨片直立或外展，线状披针形。末级小枝具4或5叶；叶鞘被白色微毛，边缘具短纤毛；叶耳大，镰状，鞘口刚毛稀少，近直立；叶舌低矮；叶长3～13 cm，宽0.6～1.3 cm，上面无毛，下面被白色微毛，次脉3～10对。

产地：广宁。

王正平等（2006）在《Flora of China》中将本种并入红壳赤竹Sasa rubrovaginata C. H. Hu，但本种具箨耳及鞘口刚毛，显然不同于无箨耳和鞘口刚毛的红壳赤竹。本种根状茎细长型，每一竹兜长出2根小竹秆，故当地称为孖竹仔。

存疑种：下述3种竹的分类位置待确定，录此供参考。

1. 沟槽赤竹　（《竹子研究汇刊》）

Sasa sulcata W. T. Lin

根状茎节间圆柱形，长2.8～5.2 cm，具沟槽；节上具根6～7条；根状茎上的箨狭三角形，无毛，箨片线形，箨耳小，鞘口刚毛不发育；箨舌高0.5 mm。秆高20～50 cm，直径2～5 mm；节间长2.7～4.6 cm，无毛，具沟槽，节强隆起，无毛；箨痕稍隆起，无毛。秆箨未见。分枝每节单生，粗，节间具沟槽；枝箨背面疏被短硬毛，箨耳长圆形，鞘口刚毛有时发育，箨片披针形，外展。末级小枝具2～3片叶，叶鞘无毛，边被纤毛；叶耳狭，鞘口刚毛放射状；叶舌高3～3.5 mm，顶端弧拱，背面被短硬毛；叶长3～16 cm，宽0.5～2 cm，上面无毛，下面被短柔毛，次脉6对，小横脉明显。

产地：五华（七目嶂）。生于海拔400～800 m的山坡。

本种根状茎及秆的节间有沟槽，可能不是本属的种类。

2. 光笹竹 （《香港竹谱》）

Sasa subglabra McCl.

秆高1.5～2 m，直径5～6 mm；节间圆柱形，长15～20 cm，无毛；节稍膨大，无毛；秆中下部每节分枝1，中上部每节2～3分枝。秆箨宿存；箨鞘背面初时被微毛，后无毛，顶端近截平，边缘密被纤毛；箨耳缺，间或留有1条短刚毛；箨舌高1～1.5 mm，顶端近圆形。箨片直立，披针形，幼时两面被短硬毛。叶鞘初时被微毛，后无毛，顶端近截平；叶耳及鞘口刚毛缺；叶舌高1～1.5 mm，顶端弧拱；叶卵状披针形至长圆状披针形，长12～20 cm，宽2.5～5.5 cm，背面近基部被短柔毛。

分布：香港沙田。生于丘陵地上。

本种秆上部分枝2～3，不应属Sasa属，但目前未采到花标本，故暂存疑。

3. 海南赤竹 （《植物分类学报》）

Sasa hainanensis C. D. Chu & C. S. Chao

竹秆矮小，节间圆筒形，中空。秆箨宿存，无毛。叶鞘无毛，叶耳和鞘口刚毛缺，叶舌高3 mm，全缘，截平。每小枝具6片叶；叶卵状披针形或宽带状披针形，长18～32 cm，宽6～7 cm，基部圆形，稍不对称，顶端渐尖，全缘，微波状，下面淡绿色或粉绿色，无毛，微被白粉，侧脉极不明显，小横脉明显隆起。花枝未见。

产地：海南保亭（吊罗山）。生于海拔1 000～1 200 m的山地林中。

本种系根据1叶枝发表，无根状茎、分枝、秆箨的描述，根据《中国植物志》本属作者的野外调查，确认该种非本属成员，因未采到花标本，难以判断其正确的归属，故暂存疑。

15. 青篱竹属 **Arundinaria** Michaux

灌木状或乔木状；地下茎细长。秆散生或复丛生，直立或尾梢稍下垂；节间圆筒形或分枝一侧扁平或有沟槽。秆中部每节具3分枝，稀1分枝，秆下部偶见1分枝，秆上部可出现5～7分枝，分枝基部贴秆或开展，一级分枝占优势，基部形成二至三级分枝。秆箨宿存或早落，箨片外反或直立。叶鞘宿存；叶小至中型，小横脉明显。花序为一次发生的总状或圆锥花序，花枝基部托以极小的苞片或毛；小穗具柄，含小花数至多枚，顶生小花不发育；小穗轴节间伸长，脱节于小花之下；颖1～2（～5）片，顶端具短尖头；外稃与颖相似；内稃具2脊，顶端2裂或不裂；鳞被3片；雄蕊3枚，花丝分离。花柱1，短；柱头2～3。颖果，顶端具宿存花柱，腹部具纵沟。

本属约65种，分布于东亚及北美洲，主产中国和日本。我国约40种，广布于亚热带及暖温带地区；广东及海南有20种，1变种。

关于本属的范畴，学术界争议颇大。本志采用广义的概念，涵盖苦竹属（Pleioblastus），茶秆竹属（Pseudosasa）、巴山木竹属（Bashania）以及少穗竹属（Oligostachyum）。耿伯介等在《中国植物志》第九卷一分册中，采用狭义的概念，认为亚洲没有真正的青篱竹属植物，承认了苦竹属、茶秆竹属、巴山木竹属以及少穗竹属。2006年出版的《Flora of China》22卷，则将巴山木竹属及Sarcocalamus并入青篱竹属，同时承认苦竹属、茶秆竹属以及少穗竹属。

1. 秆高10～30（～80）cm，叶有黄色或白色纵条纹 …… 13. 菲白竹 A. fortunei
1. 秆高1 m以上，叶绿色。
2. 秆环高于箨痕或与箨痕近等高。
3. 基部箨鞘具纵行的斑点和条纹。
4. 箨舌高2～5 mm；叶舌高1～2 mm，无毛或被微毛 …… 14. 糙花青篱竹 A. scabriflora
4. 箨舌和叶舌均低于1 mm；叶舌基部被微毛 …… 14a. 短舌青篱竹 var. breviligulata
3. 箨鞘无斑点。
4. 箨片狭窄，狭披针形至线状披针形；箨耳缺失。
5. 叶宽于1.2 cm，长小于宽的10倍 …… 17. 细柄青篱竹 A. gracilipes
5. 叶窄于1.2 cm，稀更宽，长约为宽的14倍或更多。
6. 箨鞘顶端2裂；秆直径约0.8 cm，节间长8～12 cm …… 18. 裂舌青篱竹 A. bilobum
6. 箨鞘顶端截平；秆直径2～3 cm，节间长约25 cm …… 19. 林仔竹 A. nuspicula
4. 箨片宽，披针形、三角披针形或线状披针形；箨耳存在或缺失。
5. 叶鞘背面具紫色斑点 …… 16. 秀英竹 A. shiuyingiana
5. 叶鞘背面无紫色斑点。
6. 箨耳和鞘口刚毛缺，叶两面近无毛 …… 15. 毛稃青篱竹 A. scopula
6. 箨耳发育，小，鞘口刚毛稀少，叶上面无毛，下面被短柔毛 …… 20. 尖叶青篱竹 A. acutiligulata
2. 秆环平坦或稍隆起而低于箨痕。
3. 箨耳缺失或不明显。
4. 箨舌近于无 …… 4. 毛花青篱竹 A. pubiflora
4. 箨舌明显。
5. 箨鞘背面具棕色小斑点 …… 9. 斑苦竹 A. chinensis
5. 箨鞘背面无斑点。
6. 秆节间于节下密被白色绢毛 …… 12. 银环苦竹 A. albosericea
6. 秆节间于节下不被白色绢毛。
7. 秆箨宿存；秆中部分枝1（～3） …… 2. 矢竹 A. japonica
7. 秆箨脱落。秆中部分枝常为3（～5～7）。
8. 秆节间于节下密被白粉，幼时于箨痕上密被一圈棕色刺毛 …… 11. 苦竹 A. amara
8. 秆节间节下不被白粉，幼时于箨痕上无毛。
9. 秆高0.9～1.2 m，直径7 mm；箨鞘背面密被白色柔毛 …… 7. 从化青篱竹 A. conghuaensis
9. 秆高7～13 m，直径2～6 cm；箨鞘背面密被棕色刺毛 …… 1. 茶秆竹 A. amabilis
3. 箨耳存在。
4. 箨片开展或外翻 …… 6. 苦篱竹 A. acerba
4. 箨片直立。
5. 箨片卵形至宽卵形，基部收缩。
6. 叶耳缺失；叶次脉3～5对 …… 3. 篲竹 A. hindsii
6. 叶耳存在，叶次脉5～9对 …… 5. 托竹 A. cantorii
5. 箨片线状披针形或披针形，基部向两侧延伸。
6. 秆和秆箨背面具紫褐色斑点；箨舌顶端截平 …… 10. 雀斑苦竹 A. lentiginosa
6. 秆和秆箨背面无紫褐色斑点；箨舌顶端圆拱 …… 8. 蒲竹 A. rectirama

1. 茶秆竹　（《岭南科学杂志》）　别名：青篱竹　（《中国树木分类学》）、沙白竹、亚白竹、厘竹（广东）

Arundinaria amabilis McCl.

Pseudosasa amabilis（McCl.）P. C. Keng

秆高7～13 m，直径2～6 cm；节间圆柱形，榄绿色，长30～40（～50）cm，初时疏被棕色小刺毛，后无毛，被灰色蜡质物；壁厚。秆环平坦或稍隆起。秆每节分枝1～3，枝贴秆上举。箨鞘迟落，暗棕色，背面密生棕色刺毛，边有纤毛，顶端截平；箨耳缺；鞘口刚毛数条，直立，长1.5 cm，波曲；箨舌弧拱，不整齐，边被纤毛；箨片直立，暗棕色，狭三角形，粗糙。末级小枝具2或3片叶；叶鞘背面无毛，边被纤毛；叶耳小；鞘口刚毛弯曲，长0.7～1.5 cm；叶舌高1～2 mm，边缘被纤毛；叶线状披针形，长16～35 cm，宽1.6～3.5 cm，两面无毛，次脉7～9对。总状或圆锥花序具3～15枚小穗；小穗含5～16朵花，长2.5～5.5 cm，小穗轴节间长约3 mm；颖2片，不等，密被微毛，边缘被短纤毛；外稃卵状披针形，密被微毛；内稃宽披针形，脊上被微毛；鳞被不等；子房纺锤形，无毛。颖果长5～6 mm。笋期：5～6月。

产地：广宁、怀集。生于河流沿岸的山坡上。

分布：广西、湖南、福建、江西。

用途：秆挺直、节间长、秆壁厚，经沙洗后，称为“沙白竹”，为我省传统出口产品，可作滑雪杖、钓鱼竿、运动器材等。

2. 矢竹 （《朝鲜森林植物编》）

Arundinaria japonica Sieb. et Zucc. ex Steud.

A. usawae Hayata

Pleioblastus usawae (Hayata) Ohki

Pseudosasa japonica (Sieb. et Zucc.) Makino

Pseudosasa usawae (Hayata) Makino & Nemoto

Yadakeya japonica (Sieb. et Zucc.) Makino

秆高1～3（～5）m，直径0.5～1.5 cm；节间圆柱形，长15～30 cm，具细纵棱和细小杂色斑点，无毛，箨痕之下常有一圈蜡质物；秆环较平坦；箨痕有箨鞘基部残留物。秆中部以上开始分枝，每节具1分枝，近顶部可具3分枝。箨鞘宿存，背面基部无毛，上部密被刺毛；箨耳和鞘口刚毛缺；箨舌圆拱形；箨片直立，线状披针形，背面无毛。末级小枝具5～9片叶；叶耳不明显或缺，鞘口刚毛数条，直立，或缺；叶舌高1～3 mm，偏斜，稍被毛，顶端全缘或蚀刻状，边缘被短纤毛；叶狭长披针形，常4～30 cm，宽7～46 mm，无毛，一边有锯齿状小刺，次脉3～7对。圆锥花序位于叶枝顶端；小穗线形，长3.5～10 cm，含小花5～20（～25）朵；颖2片；外稃卵形，长12～15 mm，无毛，顶端具芒状小尖头；内稃与外稃近等长，无毛，脊上被细纤毛；雄蕊3或4枚，花药长5 mm；子房无毛。笋期：6月。

产地：广州有栽培。

分布：台湾。日本、韩国。

用途：观赏。

3. 篲竹 （《植物名汇》）

Arundinaria hindsii Munro

Acidosasa denigrata W. T. Lin

Arundinaria cerata McCl.

Arundinaria flexuosa Hance

Arundinaria hirtivaginata W. T. Lin

Arundinaria maudiae (Dunn) Keng

Arundinaria multifloscula W. T. Lin

Arundinaria orthotropoides (W. T. Lin) W. T. Lin

Arundinaria panda Keng

Arundinaria quadrangularis W. T. Lin

Arundinaria yangshanensis W. T. Lin

Oligostachyum orthotropoides W. T. Lin

Phyllostachys maudiae Dunn

Pleioblastus hindsii (Munro) Nakai

Pleioblastus hispidulous W. T. Lin
Pleioblastus pendus (Keng) P. C.Keng
Pseudosasa aureovagina W. T. Lin
Pseudosasa baiyunensis W. T. Lin
Pseudosasa hindsii (Munro) S. L. Chen & G. Y. Sheng ex Q. F. Zheng
Pseudosasa multifloscula (W. T. Lin) W. T. Lin
Pseudosasa nigrinodis G. F. Fu
Thamnocalamus hindsii (Munro) E. G. Camus

秆高3～5 m，直径约1 cm；节间圆柱形，长20～30 cm，深绿色，秆下部节间无毛，上部节间被微毛，幼时节内和节下具一圈白粉；秆环平坦；秆每节分枝3～5枝，枝直立，贴秆，主枝稍粗长。秆箨宿存，革质；箨鞘背面疏生白色或淡棕色刺毛，顶端圆拱形；箨耳镰形，鞘口刚毛弯曲；箨舌拱形，高2～3 mm；箨片直立，新鲜时绿色，狭卵形至卵状披针形，基部稍作心形收窄并抱秆，仅略窄于箨鞘顶端。末级小枝具叶4～9片；叶鞘无毛，边缘被短纤毛；叶耳缺，鞘口刚毛数条；叶舌截平，坚硬，高1～1.5 mm；叶线状披针形或狭长椭圆形，长7～22 cm，宽10～16 mm，无毛或下面被微毛，次脉3～5对。总状或圆锥花序着生于叶枝下方的侧枝顶端或混生于仅有1叶的枝顶，花序细长，具2～5枚小穗；小穗柄直立，小穗淡绿色，含4～16朵小花，长2.5～5.5 cm；颖2片，第一颖长6～10 mm，第二颖长7～12 mm；外稃卵状披针形，长10～14 mm，具9～12脉，小横脉明显，内稃长8～10 mm，背部具2脊，2脊间有小刺毛或短柔毛；鳞被3片，倒卵状披针形，长约3 mm；雄蕊3枚，花药长约5 mm；子房近三棱形，无毛，花柱极短，柱头3。果未见。笋期：5～6月；花期：7～8月。

产地：广东各地及海南东方。生于沿海山地。

分布：香港、福建、浙江、江西、湖南、广西。

4. 毛花青篱竹　（《拉汉种子植物名称》）

Arundinaria pubiflora Keng

Acidosasa paucifolia W. T. Lin
Arundinaria pallidiflora (McCl.) T. H. Wen
Indocalamus pallidiflorus McCl.
I. pubiflorus (Keng) P. C. Keng
Pseudosasa pallidiflora (McCl.) S. L. Chen & G. Y. Sheng
P. pubiflora (Keng) P. C. Keng ex D. Z. Li & L. M. Gao
P. parilis T. P. Yi & D. H. Hu

秆直立，高达1 m，直径2～3 mm；节间圆筒形，较长，节下方被细绵毛或短绒毛；秆环稍隆起；秆每节有1～3分枝，分枝细长，贴秆。秆箨宿存；箨鞘背面疏被小刺毛，两边被纤毛；箨耳和鞘口刚毛缺；箨舌极低矮，几近于无；箨片直立，小，早落。末级小枝具叶1～3片；叶鞘背面无毛，上部具小微毛，边缘生纤毛；叶耳及鞘口刚毛微弱或无；叶舌极低矮；叶披针形或椭圆状披针形，长达15 cm，宽19 mm，上面无毛，下面具微小刺毛，一边被糙毛。圆锥花序生于叶枝的侧枝上，花序细长，分枝开展；小穗柄和花序轴密被微毛；小穗含小花2或3朵，排列疏松；小穗轴节间纤细、无毛或向基部具毛；颖2片；外稃卵形，长8～8.5 mm，被贴伏短毛；内稃与外稃等长，偶内稃稍延伸，顶端钝或具2突起的尖头，脊上密被毛；鳞被近相等；子房无毛，柱头2。成熟果未见。笋期：4月。

产地：增城、英德。生于低海拔的山坡。

分布：湖南、江西。

本种节下被绵毛或短绒毛，易与其他种区别。

5. 托竹　（《香港竹谱》）　别名：林仔竹（海南）

Arundinaria cantorii (Munro) L. C. Chia

Arundarbor cantorii (Munro) O. Ktze.

Arundinaria basiaurita W. T. Lin
Arundinaria basigibossa McCl.
Arundinaria funghomii McCl.
Arundinaria pubiannula W. T. Lin & Z. J. Feng
Arundinaria tenuivagina W. T. Lin, syn. nov.
Bambusa cantorii Munro
Oligostachyum pulchellum (T. H. Wen) G. H. Ye & Z. P. Wang
Pseudosasa cantorii (Munro) P. C. Keng ex S. L. Chen et al.
P. hainanensis G. A. Fu
Sinobambusa pulchella T. H. Wen

秆高2~4 m，直径5~10 mm；节间圆筒形，长24~33 cm；秆环不显著；秆每节分3枝。箨鞘迟落，厚纸质或薄革质，长为节间的1/2，棕黄带紫色，背部无毛或有稀疏浅棕色刺毛，顶端近截平或稍呈圆拱形，边缘密生金黄色纤毛；箨耳发达，半月形或镰形，鞘口刚毛多，直立而波曲，长6~13 mm；箨舌拱形或截平，背面粗糙，边缘具极短纤毛；箨片直立，狭卵状披针形，背面无毛，具明显小横脉，基部宽为箨鞘顶端的1/2~3/5，边缘具细锯齿。末级小枝具叶5~10片；叶鞘长约4 cm，枯草色，带紫色，有光泽，背面无毛或有微毛，边缘被纤毛；叶耳镰形或半月形，鞘口刚毛长约5 mm，易落；叶舌低矮，截平，全缘或具裂齿，背部具微毛而粗糙；叶狭披针形至长圆状披针形，长12~20（32）cm，宽1.2~2.5（~4.5）cm，上面深绿色，下面淡绿色，两面无毛，次脉5~9对，边缘具细齿状锯齿。圆锥花序或总状花序着生于侧生叶枝的顶端，有时仅有1枚小穗生于枝顶；小穗柄长5~15 mm；小穗灰绿色带深红色，长3~4 cm，含小花4~9朵；小穗轴节间长4~6 mm，扁，顶端渐粗，杯状，边生极短纤毛，余无毛；颖2片；外稃长11 mm，具11~13脉，背部无毛，边缘密生短纤毛；内稃较外稃稍短，脊上和边缘具短纤毛，脊间具微毛及2或3脉；鳞被长圆形，长2~3 mm，质薄，下部具脉纹，上部边生纤毛；花药长6~7 mm；子房长圆形，长1.5 mm，无毛，花柱极短，柱头3，长约3 mm。果未见。笋期：3月。

产地：广东及海南各地。生于低丘山坡或水沟边。

分布：香港、江西、福建。

6. 苦篱竹 （《华南农业大学学报》）

Arundinaria acerba W. T. Lin

秆高1.5~2 m，直径0.7~1 cm；节间圆筒形，长14~17 cm，分枝一侧扁平，节下被白粉；节中度隆起，被白粉；箨痕稍隆起，多少被硬毛。箨鞘顶端截平，背面疏被硬毛，边缘被纤毛；箨耳狭线形，鞘口刚毛缺；箨舌中部高1 mm；箨片开展或外翻，基部收缩，宽为鞘口的1/3。秆每节3分枝，近相等。末级小枝具叶3片；叶鞘被白色短柔毛，边缘疏被纤毛；叶耳和鞘口刚毛缺；叶舌高2.5~3 mm，顶端弧拱或截平；叶长5~15 cm，宽0.8~2.5 cm，上面无毛，下面被短柔毛，侧脉6~8对。

产地：广宁。

本种与篲竹 A. hindsii的区别在于：秆的节间较短，初时有白色短柔毛和紫色斑点，箨片开展或外翻，基部不抱秆，叶舌高2.5~3 mm。

7. 从化青篱竹 （《竹子研究汇刊》）

Arundinaria conghuaensis W. T. Lin

秆高0.9~1.2 m，直径7 mm；节间圆筒形，长12~21 cm，初时有白色柔毛，后渐脱落，秆壁较薄；秆环平；箨痕稍隆起，无毛。秆箨迟落；箨鞘背面密生白色柔毛，两边有白色小纤毛；箨耳缺；鞘口刚毛不发育或仅有2条短粗毛；箨舌高0.5~1 mm，近截平或稍拱，背面有白色微毛；箨片近直立，易落，线状披针形。秆每节3分枝，主枝稍粗而半开展，侧枝近直立。末级小枝具叶3片；叶鞘初时多少被柔毛，后变无毛；叶耳缺，鞘口刚毛不发育或仅有2条短粗毛；叶舌高1 mm，近截平，背面被白色微毛；叶柄长2~4 mm；叶线状披针形，长10~14.5 cm，宽2.5~3.5 cm，上面无毛，下面仅基部密被白色柔毛，次脉7~8对，小横脉明显。

产地：从化。

8. 蒲竹　（《华南农业大学学报》）

Arundinaria rectirama W. T. Lin

秆高约2 m，直径1～1.2 cm；节间圆筒形，长11～16 cm，分枝一侧扁平，节下被白粉和硬毛；节中隆起，并呈横脊隆起；秆每节分枝3，直立，贴秆，主枝稍粗。秆箨脱落，箨鞘背面疏被硬毛，边疏被纤毛；箨耳镰形；鞘口刚毛稀少；箨舌高0.8 mm，顶端圆拱；箨片直立，披针形，箨片基部外延，宽为鞘口的7/8。末级小枝具3～4片叶；叶鞘被短硬毛或无毛，边被纤毛；叶舌高3.5～4 mm，顶端急尖，中部2～3裂；叶耳缺或不明显；鞘口刚毛缺或稀少；叶长3～15 cm，宽1～2 cm，上面无毛，下面被白色短柔毛，侧脉5～6对。

产地：广宁。生于低海拔山坡。

本种与托竹A. cantorii的区别在于：秆的节中等肿大，呈横脊隆起；箨片基部外延，宽为鞘口的7/8，枝条直立；叶舌高3.5～4 mm。

9. 斑苦竹　（《植物分类学报》）

Arundinaria chinensis C. S. Chao & G. Y. Yang

A. maculata（McCl.）C. D. Chu & C. S. Chao ex K. M. Lan，not Hackel（1903）.

Pleioblastus kwangsiensis W. Y. Hsiung et C. S. Chao

P. maculatus（McCl.）C. D. Chu.et C. S. Chao

P. maculatus var. *longitubus* S. C. Li & Z. M. Wu

Sinobambusa maculata McCl.

秆直立，高3～8 m，直径1.5～4 cm，幼秆绿色，被厚白粉；节间圆筒形，分枝一侧的基部微凹，节下方具直立稍向下的白色短纤毛，其余部分光滑无毛，老秆黄绿色，被少量灰黑色粉垢；箨痕与秆环隆起；箨痕残留有箨鞘基部的木栓质残留物，密被一圈棕色毛；秆每节具3～5枝，枝与主秆成40°～50°的夹角；箨鞘棕红略带紫绿色，迟落，长为节间的3/4，近革质，具光泽，常散生棕色小斑点，基部密具棕色倒向刺毛，全缘，无纤毛；箨耳缺或显著退化，点状或卵形，棕色，鞘口刚毛数条，直立或弯曲；箨舌低矮，深棕红色，截平，顶端全缘，无纤毛；箨片外翻而下垂，绿带紫色，线状披针形，基部略向内收窄，被微毛，略粗糙，两边具极稀疏的细齿，几全缘。末级小枝具3～5叶；叶鞘绿色，一边具短细纤毛；叶耳和鞘口刚毛缺；叶舌高1～2 mm，背面具粗毛，顶端截平，边缘具短纤毛；叶披针形，长8.8～18.5 cm，宽13.4～29 mm，上面无毛，下面近基部和主脉具易脱落的短毛，次脉5～7对，叶缘两侧具细锯齿。圆锥花序常侧生于花枝各节；小穗具8～15朵小花；颖2；外稃厚纸质，背部光亮无毛，被少量白粉，长约8 mm，宽约7.5 mm，具7～10脉；内稃长约8 mm，脊上具纤毛；鳞被近等大，顶端具长纤毛；子房瓶状，长约8 mm，花柱长约1.5 mm，柱头3。果椭圆形。笋期：5月上旬至6月初。

产地：广东北部山区。生于密林中或偏阴的山坡。

分布：江苏、江西、福建、广西、四川、贵州、云南等省区。

用途：笋味苦，处理后可食用；秆作篱笆或农作物棚架。

10. 雀斑苦竹　（新拟）　别名：雀斑酸竹　（《竹子研究汇刊》）

Arundinaria lentiginosa（W. T. Lin & Z. J. Feng）N. H. Xia

Acidosasa lentiginosa W. T. Lin & Z. J. Feng

秆高2～4 m，直径1～2.5 cm；节间圆筒形，长16～25 cm，分枝一侧扁平，密被短柔毛和紫褐色斑点，节下被白粉；秆每节分枝3，下部节上为1，主枝较粗长. 秆环稍隆起，箨痕隆起，多少被硬毛，秆箨脱落；背面具紫褐色斑点，边具纤毛，后无毛，基部被黄褐色长硬毛，箨舌高1 mm，顶端截平，边细齿裂；箨片直立，小，线状披针形，基部不对称，向两侧延伸成箨耳；鞘口刚毛1～2条，末级小枝具叶4～6片；叶鞘被白色短柔毛，边缘被纤毛；叶耳缺，有时存在，但小；鞘口刚毛缺或少而短；叶舌高4～5 mm，背面被短硬毛，基部密被黄褐色硬毛，顶端截平；叶长10～21 cm，宽1.5～2.5 cm，两面无毛，侧脉6～7对，小横脉明显；叶柄长3～5 mm，被黄褐色硬毛。

产地：信宜（大雾岭）。生于海拔1 350 m的林中。

本种在《Flora of China》并入油苦竹（Pleioblastus oleosus T. H. Wen），但本种秆和箨鞘背面具紫褐色斑点不同。

11. 苦竹 （《峨嵋植物图志》）

Arundinaria amara Keng

A. varia Keng

Indocalamus varius（Keng）P. C. Keng

Pleioblastus amarus（Keng）P. C. Keng

P. brevinodus W. T. Lin & Z. J. Feng

P. longiqishanensis N. X. Zhao & Z. Yu Li

P. amarus f. *huangshanensis* C. L. Huang

P. subrectangularis T. P. Yi & H. Long

P. varius（Keng）P. C. Keng

P. yingdeensis W. T. Lin & Z. M. Wu

秆高3～5 m，直径1.5～2 cm；节间圆筒形，幼时绿色或绿紫色，具粉状斑点，老时黄绿色，长27～29（～38）cm，分枝一侧基部略扁平，无毛，节下被白粉；壁厚约6 mm；节内长6 mm；秆环隆起，高于箨痕；箨痕留有箨鞘基部木栓质残留物，幼时环生一圈紫褐色刺毛。秆每节具5～7分枝，枝稍开展。秆箨宿存；箨鞘背面绿色，多少被毛，密被白粉，边缘被纤毛；箨耳不明显；箨舌高1～2 mm，密被白粉，顶端截平，被短纤毛；箨片开展，狭披针形，边缘细齿裂。末级小枝具3或4叶；叶鞘草黄色，无毛；叶耳及鞘口刚毛缺；叶舌高约2 mm，紫红色；叶椭圆状披针形，长4～20 cm，宽2～2.9 cm，上面无毛，下面被白色绒毛，基部尤密，边具细齿，次脉4～8对。总状或圆锥花序侧生于主枝或小枝的下部各节，基部托以1片苞片；小穗柄被微毛；小穗长4～7 mm，被白粉，绿色或绿黄色，含小花8～13朵；小穗轴节间长4～5 mm，一侧扁平，上部被微毛，顶端膨大呈杯状，边缘被短纤毛；颖3～5片，向上逐渐增大；外稃卵状披针形，长8～11 mm，具9～11脉，顶端具小尖头；内稃长于外稃，脊上被纤毛，顶端不分裂；鳞被卵形或倒卵形，后方一片较窄；花药淡黄色，长5 mm；子房狭窄，长约2 mm，无毛，上部略呈三棱形；花柱短，柱头3。果未见。笋期：6月。

产地：英德、广宁等地。

分布：安徽、福建、贵州、湖北、湖南、江苏、四川、云南、浙江。

用途：秆制伞柄和家具。

12. 银环苦竹 （《华南农业大学学报》）

Arundinaria albosericea（W. T. Lin）N. H. Xia

Pleioblastus alboserieeus W. T. Lin

秆高1.2～2 m，直径0.6～1 cm；节间圆筒形，长16～30 cm，无毛，分枝一侧扁平，节下密被白色绢毛；节中度隆起，箨痕具木栓质隆起。秆箨脱落；箨鞘背面疏被刺毛，后无毛；箨耳和鞘口刚毛缺；箨舌高1.5 mm，全缘；箨片披针形，直立或外翻。秆每节3分枝，主枝开展，侧枝近直立。末级小枝具4～5片叶；叶鞘无毛，边缘被纤毛；叶耳和鞘口刚毛缺；叶舌截平，高1 mm；叶长8.5～20 cm，宽1～2 cm，侧脉6～7对。

产地：佛冈（观音山）。

13. 菲白竹 （《杭州植物园栽培植物名录》）

Arundinaria fortunei（Van Houtte）Riviere & C. Riviere

A. variabilis var. *fortunei*（Van Houtte）J. Houzeau

Bambusa fortunei Van Houtte

B. *picta* Sieb. & Zucc. ex Munro
B. *pygmaea* Miq.
B. *variegata* Sieb. ex Miq.
Nipponocalamus pygmaeus (Miq.) Nakai
Pleioblastus pygmaeus (Miq.) Nakai
P. *variegatus* (Sieb. ex Miq.) Makino
Sasa fortunei (Van Houtte) Fiori
S. *pygmaea* (Miq.) Rehd.
S. *variegata* (Sieb. ex Miq.) E. G. Camus

秆高30～80 cm；节间圆筒形，直径1～2 mm，无毛；秆环平坦或稍隆起；秆不分枝或每节仅具1枝。箨鞘宿存，无毛。小枝具叶4～7片；叶鞘无毛，鞘口刚毛白色；叶披针形，长6～15 cm，宽8～14 mm，基部宽楔形或近圆形，顶端渐尖，两面被白色柔毛，尤以下面为密，上面有黄色至白色的纵条纹。

产地：广州有栽培。

分布：江苏、浙江有栽培。原产日本。

14. 糙花青篱竹　（《植物分类学报》）

Arundinaria scabriflora (McCl.) Z. D. Chu et C. S. Chao
Acidosasa heterolodicula (W. T. Lin & Z. J. Feng) W. T. Lin
Acidosasa macula W. T. Lin & Z. M. Wu
Arundinaria maculata (McCl.) C. D. Chu et C. S. Chao ex K. M. Lan
Arundinaria maculosa C. D. Chu & C. S. Chao
Indosasa angustifolia W. T. Lin
I. *macula* W. T. Lin & Z. M. Wu?
I. *pusilloaurita* W. T. Lin
I. *suavis* W. T. Lin & Z. J. Feng
I. *truncata* B. M. Yang
Oligostachyum scabriflorum (McCl.) Z. P. Wang et G. H. Ye
O. *fujianense* Z. P.Wang et G. H.Ye
O. *heterolodiculum* W. T. Lin & Z. J. Feng
Pleioblastus ruyuanensis W. T. Lin & Z. J. Feng
Pseudosasa flexuosa T. P. Yi & X. M. Zhou
Semiarundinaria scabriflora McCl.
Sinobambusa exaurita W. T. Lin
Sinobambusa sulcata W. T. Lin & Z. M. Wu

秆高达7 m，直径4 cm；节间幼时墨绿带紫色，长达40 cm或更长，被短柔毛或无毛，节下具白粉环；节稍隆起；秆环与箨痕同高；秆每节3分枝，枝开展。箨鞘黄绿色，干后枯草色，上部两侧具较宽的边，秆下部箨鞘背部具纵长且大小不等的斑点和褐色刺毛，秆中部以上的箨鞘渐次无斑点及刺毛；箨耳及鞘口刚毛缺；箨舌紫色，高2～5 mm，拱形或中部隆起，具短纤毛；箨片外翻，披针形至线状披针形，带紫色，基部向内收窄。末级小枝具叶（1）2～3（～5）片；叶鞘无毛；叶耳及鞘口刚毛缺；叶舌高1～2 mm，斜拱形或一侧显著高，无毛或被微毛，边全缘或被纤毛；叶长椭圆状披针形至线状披针形，长达15 cm，宽达1.9 cm，上面深绿色，无毛，下面灰白带绿或淡绿色，被短柔毛或无毛。总状花序长6～12（～16）cm，含小穗（1）2～3（～6）枚；花序柄纤细，连同下部的分枝被鞘状苞片所包盖，有时略伸出；小穗柄纤细，长5～8 mm，无毛，基部托以1片小形膜质的苞片；小穗线形或线状披针形，长达8 cm，含小花数至多朵；小穗轴节间长4～5 mm，压扁，顶部具微毛：颖3片，第一颖明显较小，5～9脉，第二三颖形似外稃而稍较小；外稃长13～20 mm，具11～15脉，小横脉仅在上面可见，背部具微糙毛，下部有细柔毛，顶端渐尖呈锥状或短芒尖；内稃背部被微糙毛，被短柔毛，顶端钝圆或微凹，2脊仅在内稃上部明显，在内稃顶端以下延伸成小尖头，脊上无毛或仅有少数短刺状纤毛，脊间及脊外两侧各有不明显的细脉2～4条；鳞被3片，菱状长卵形或披针形，长约4 mm；雄蕊3枚，花药长约7 mm；花柱细长，柱头3。果未见。笋期：5月。

产地：肇庆、信宜、广宁、乳源、惠东等地。生于山坡林下。

分布：江西、湖南南部、福建、广西等省区。

14a. 短舌青篱竹 《竹子研究汇刊》

var. **breviligulata**（Z. P. Wang & G. H. Ye）N. H. Xia

A. maculosa var. *breviligulata*（Z. P. Wang & G. H. Ye）C. S. Chao & G. Y. Yang

O. scabriflorum var. *breviligulatum* Z. P. Wang et G. H. Ye

Indosasa breviligulata W. T. Lin & Z. M. Wu

本变种与原种的区别在于：箨舌极低，高不过1 mm，截平或中部微隆起，叶舌低于1 mm，基部密生小刺毛。笋期：5月。

产地：南雄。生于山坡林下。

15. 毛稃青篱竹 （《南京林产工业学院学报》）

Arundinaria scopula（McCl.）C. D. Chu et C. S. Chao

Oligostachyum scopulum（McCl.）Z. P. Wang et G. H. Ye

Semiarundinaria scopula McCl.

秆高达5 m，直径1.5 cm；节间初时被毛，后无毛，节下被白粉；节中度隆起；秆每节分枝（1～）3（4），枝基部紧贴主秆或斜上举，主枝明显较粗长。箨鞘迟落，基部被向下的小刺毛，背部近平滑无毛，顶端及边具贴生的疣基刺毛，毛脱落后留有疣基；箨耳及鞘口刚毛缺；箨舌高1～2 mm，背面具小硬毛，顶端截平或微凹，边缘被纤毛或否；箨片易落，直立或外翻，披针形，两面有向上的小刺毛。末级小枝具叶5～9片；叶鞘无毛或近无毛；叶耳及鞘口刚毛缺；叶舌高不超过1.5 mm，背面粗糙，顶端截平；叶长椭圆状披针形，长5.5～17 cm，宽0.8～1.2 cm，两面近无毛。总状或圆锥状花序生于具叶小枝顶端或侧生于下部节上，含小穗3～5枚；花序柄纤细，侧生花序中、下部覆以鞘状苞片；小穗柄细长，长5～15 mm，无毛或部分被粗毛或在棱上具粗硬毛；小穗长达4（～7）cm，宽约2 mm，含小花6～8朵；小穗轴节间长为外稃之1/2，顶端具纤毛；颖3至数片，第一颖小形，其余向上渐增大；不孕外稃1至数片，小于孕性外稃而与颖相似；孕性外稃长7.5（～9）mm，纵脉及小横脉不明显，顶端渐尖；内稃小于外稃，与外稃近等长或稍长，顶端钝，脊上密被长纤毛；鳞被长2～3 mm；雄蕊3枚；柱头（2）3（4）枚。果未见。

产地：海南。多生在溪流两岸的峭壁上。

16. 秀英竹 （《香港竹谱》） （图142）

Arundinaria shiuyingiana L. C. Chia et But

Oligostachyum shiuyingianum（L. C. Chia et But）G. H. Ye et Z. P. Wang

秆高4～6 m，直径1～2 cm；节间长22～38 cm，幼时有紫色斑点并疏生短刺毛，分枝一侧扁平，节下被白粉；秆环明显隆起，高于箨痕；秆中部各节分3枝，基部贴秆，主枝较粗。秆箨早落或迟落；箨鞘黄绿色，基部略带褐色，背面近无毛或疏被淡棕色刺毛，边缘具纤毛；箨耳小形，椭圆形至长圆形，宽2～3 mm，鞘口刚毛2～3条；箨舌截平，高约1 mm，边缘有白色短纤毛；箨片直立，绿带褐色，卵状披针形或披针形，基底宽约为箨鞘顶端的1/2。末级小枝具叶5～9片；叶鞘无毛，带紫色小斑点；叶耳缺，鞘口刚毛2～3条；叶舌高0.5～1 mm，截平，暗紫色，背部有毛；叶线状披针形，长12～20 cm，宽8～13 mm，两面无毛。总状或圆锥状花序含小穗2～4枚；花序柄之全部或有时连同花序下部的分枝被鞘状苞片所包裹；花序轴及分枝纤细，光滑无毛，或在分枝的棱上有稀疏的糙毛；小穗披针形，长3～8 cm，宽4.5～5 mm，含小花5～15朵；颖2片，顶端具小尖头，第一颖较小，长8～9 mm；外稃连同长

2～3 mm的短芒长17～20 mm，背部有紫色斑点及脱落性柔毛；内稃长12～14 mm，具柔毛，脊上疏生小纤毛，顶端钝，并具有丛毛；鳞被3片；雄蕊3枚；花柱1，柱头3。

产地：广东无记录，录此供鉴定比较。

分布：香港沙田。

用途：观赏。

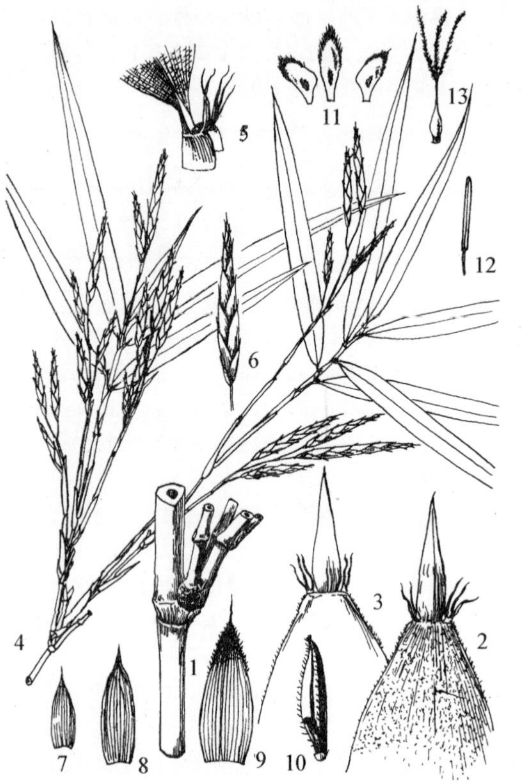

图142　秀英竹　Arundinaria shiuyingiana L. C. Chia et But

1. 秆中部的节，示3分枝；2. 秆箨顶部背面观；3. 秆箨顶部腹面观；4. 带叶的花枝；5. 叶一部分，示鞘口刚毛及叶舌；6. 小穗；7. 第一颖；8. 第二颖；9. 外稃；10. 内稃；11. 鳞被；12. 雄蕊；13. 雌蕊。（陈夏玲抄绘）

17. 细柄青篱竹　（《南京林产工业学院学报》）　别名：凸木林　（海南）

Arundinaria gracilipes（McCl.）C. D. Chu et C. S. Chao

Oligostachyum gracilipes（McCl.）G. H.Ye et Z. P. Wang

Semiarundinaria gracilipes McCl.

Clavinodum globinodum（C. H. Hu）P. C. Keng

Pleioblastus globinodus C. H. Hu

秆高2 m，直径约1 cm；节间有时渐变紫色，上部具白色向下的短柔毛，初时节下被白粉；节处隆起，秆环高于箨痕，节内长5 mm；秆的每节分3枝，稀较多，斜上举。箨鞘迟落或近于宿存，绿带紫色，背部于脉间有贴生或向上开展的疣基刺毛，毛落后残留疣基，边具纤毛，基部膨大并密生刺毛；箨耳及鞘口刚毛缺；箨舌高2 mm，背部具短柔毛，顶端截平或拱形，边具纤毛；箨片直立至外翻，易落，狭线状披针形至线形。末级小枝具3～5叶，稀较多；叶鞘无毛，或上部边被纤毛；叶耳缺，鞘口刚毛缺或数条，直立；叶高达1 mm，背部具短硬毛，顶端截平或拱形，边多少被纤毛；叶长椭圆状披针形，长20 cm，宽2 cm，两面无毛，下面粗糙。总状花序含小穗3～5枚；花序柄下部为鞘状苞片所包；小穗柄细长，纵棱上具开展的或长或短的刺毛，基部常托以1片小型锥状苞片；小穗长4～6 cm，含小花多朵；小穗轴节间长约为外稃之1/2，外方向上密生短柔毛，顶端具纤毛；颖及不孕外稃3～4或更多，明显小于孕性外稃，第一颖小型，其余的及不孕外稃渐增大；外稃长达1.4 cm，多脉，背部具微糙毛，上部边生纤毛，顶端具小尖头；内稃在小穗中、下部的小花中远小于外稃；而向小穗上部的小花则渐与外稃几等长，脊上密生纤毛，顶端钝或稍尖，背面被短柔毛；鳞被长约4 mm；雄蕊3枚，花药长5～6 mm，花柱3。果未见。笋期：4～5月。

产地：海南陵水。生于海拔600～700 m的山坡。

18. 裂舌青篱竹　（新拟）

Arundinaria bilobum（W. T. Lin & Z. J. Feng）N. H. Xia，comb. nov.

Oligostachyum bilobum W. T. Lin & Z. J. Feng

秆高1～1.5 m，直径0.8 cm；节间长8～12 cm；秆环隆起，远高于箨痕；节内长2～3 mm。秆每节3分枝。秆箨绿色，疏被硬毛或毛脱落后剩余疣突，顶端2裂；箨耳缺；鞘口刚毛缺或少，直立；箨舌高0.5～1 mm；箨片脱落性，狭线形。末级小枝每枝具3叶；叶鞘光滑；叶耳缺；鞘口刚毛缺或少；叶舌短，具微硬毛；叶线形至线形披针形，长约18 cm，宽0.5～1 cm，有时更宽，两面无毛。总状花序具小穗4或5枚；花序柄纤细无毛；花序轴和小穗柄纤细无毛；小穗柄长1～1.5 mm，有时托以小型膜质苞片。小穗初紫色，线形披针形，长达7 cm；小花多数；小穗轴节间长4.5 ~ 6 mm，顶端具纤毛。颖2 ~ 4片，渐增大，最上1片形似外稃而略小；外稃长约1.5 cm，13 ~ 15脉，小横脉在上面明显，顶端渐尖成短芒状；内稃远小于外稃，脊上部具纤毛，顶端钝或尖，超出脊之上；浆片3，前方一对斜披针形，5 ~ 9脉，顶端具纤毛；雄蕊3枚；花药长约4 mm，花柱短3裂。笋期及花期：4 ~ 5月。

产地：信宜（大雾岭）。生于海拔500 ~ 1 500 m的林下山坡。

19. 林仔竹 （《岭南大学科学汇刊》）

Arundinaria nuspicula（McCl.）C. D. Chu et C. S. Chao

A. lima（McCl.）C. D. Chu et C. S. Chao

Oligostachyum nuspiculum（McCl.）Z. P. Wang et G. H. Ye

Semiarundinaria nuspicula McCl.

S. lima McCl.

秆高约4 m，直径2 ~ 3 cm；节间长25 cm；秆环明显隆起而高于箨痕；节内长约5 mm；秆每节分枝为3枚。箨鞘绿色，无斑点，被棕色刺毛，刺毛落后留有宿存的疣基；箨耳缺，鞘口刚毛缺或有时数条，直立；箨舌拱形，高约2 mm，有时极短，背部被小刺毛，边缘被纤毛；箨片狭线形，易落。末级小枝具（1）2 ~ 3（4）叶；叶鞘无毛；叶耳缺，鞘口刚毛缺或数条；叶舌极短，背部被短硬毛；叶狭长，线形或线状披针形，长达18 cm，宽0.5 ~ 1 cm，两面无毛。总状花序含小穗2 ~ 4枚；花序柄纤细，无毛，中、下部被鞘状苞片所包；小穗柄长1 ~ 1.5 cm，基部有时托以小型膜质的苞片；小穗初时紫色，线状披针形，长达7 cm，含小花多朵；小穗轴节间长4.5 ~ 6 mm，顶端具纤毛；颖2 ~ 4片，渐增大，最上1片形似外稃而略小；外稃长约1.5 mm，具13 ~ 15脉，顶端渐尖成短芒状；内稃远小于外稃，顶端钝或微凹，超出2脊之上，脊之上半部具疏或密的纤毛；鳞被3片，前方2片斜披针形，具5 ~ 9脉，边具纤毛；雄蕊3枚，花药长4 mm；花柱短3裂。果未见。笋期：4 ~ 5月。

产地：海南陵水。生于海拔500 ~ 1 500 m的山地林中。

20. 尖叶青篱竹 （新拟）

Arundinaria acutiligulata（W. T. Lin）N. H. Xia

Sinobambusa acutiligulata W. T. Lin

秆高2 ~ 3 m，直径1.5 ~ 2 cm；节间圆柱形，长25 ~ 30 cm，被白色微毛，分枝一侧具沟槽；秆环稍隆起，节下被白粉；箨痕稍隆起，初时被硬毛，后变无毛。秆箨脱落，顶端钝圆，边疏被纤毛，背面被贴伏棕色疣基刺毛；箨耳小，长圆形或近圆形，鞘口刚毛稀少，短；箨舌高0.5 ~ 1 mm，顶端短尖，边被短纤毛；箨片长三角形，直立。秆每节分枝3，主枝较粗，斜展，侧枝近直立。末级小枝具5片叶，叶鞘背面被白色短毛，边渐无毛，叶耳小，近圆形，鞘口刚毛稀少，早落；叶舌高1.5 ~ 2 mm，顶端弧拱；叶长6 ~ 17 cm，宽8 ~ 17 mm，上面无毛，下面被短柔毛，侧脉3对，小横脉两面明显。

产地：广宁、英德、郁南。常生于靠河边的山脚。

本种分枝的描述很奇怪，主枝开展，而侧枝直立，应不是唐竹属的成员。《Flora of China》将本种并入Oligostachyum hupehense（J. L. Lu）Z. P. Wang & G. H. Ye显然有点勉强。

16. 短枝竹属 Gelidocalamus Wen

灌木状；根状茎细长型。秆复丛生，直立；节间圆筒形，无纵沟槽；秆环在分枝一侧的另一面较隆起；箨痕稍隆起，但较低；秆每节具7 ~ 13分枝，最多可达20余枝，枝纤细，近同粗而长短不等，通常不再分枝。秆箨宿存，远较节间为短；箨耳缺或存在；箨舌低矮，拱形或近截平；箨片短锥状或狭披针形，直立或外翻。小枝的顶端仅具1片叶，稀2片叶或较多；叶较宽短，披针形至广披针形或椭圆形，小横脉明显。圆锥花序大型，顶生于叶枝之上；小穗小，多为淡绿色，含小花3 ~ 5朵；小穗柄纤细；小穗轴扁平，在颖上及小花间逐节断落；颖2片；外稃两侧扁，背部具棱脊，顶端渐尖；内稃具2脊，顶端截平；鳞被3；雄蕊3枚，花丝分离；柱头2，稀 1 。颖果球形，顶端具喙。笋期：多在冬秋两季。

本属10余种，我国特产，分布于华东、华南及西南各省区；广东有4种。

1. 箨耳长圆形 ………………………………………… 1. 绒毛寒竹 G. velutinus
1. 箨耳缺。
  2. 箨鞘背面有紫色斑点 ………………………………………… 2. 抽筒竹 G. tessellatus
  2. 箨鞘背面无紫色斑点。
    3. 箨鞘背面被排成纵行的白色短柔毛 ………………………………………… 3. 绞剪竹 G. albopubescens
    3. 箨鞘背面密被白色微毛 ………………………………………… 4. 近实心井冈竹 G. subsolidus

1. 绒毛寒竹　（《植物分类学报》）　（图143）

Gelidocalamus velutinus W. T. Lin

秆高2 ~ 2.5 m，直径0.5 ~ 0.8 cm；节间圆柱形，长18 ~ 27 cm，疏被白色小刺毛，节下密被淡黄色小刺毛；秆环平坦；箨痕稍隆起。秆每节分枝14 ~ 16，不等长，无次级分枝。秆箨脱落，背面疏被白色小刺毛；箨耳长圆形，两面被绒毛，边缘被纤毛；箨舌高0.5 cm，背面被绒毛，顶端被短纤毛；箨片带状，外反或开展，基部被绒毛。末级小枝具 1 片叶；叶耳缺；叶长14 ~ 25 cm，宽2 ~ 5 cm，两面无毛，次脉6 ~ 9对，小横脉明显。

产地：郁南。

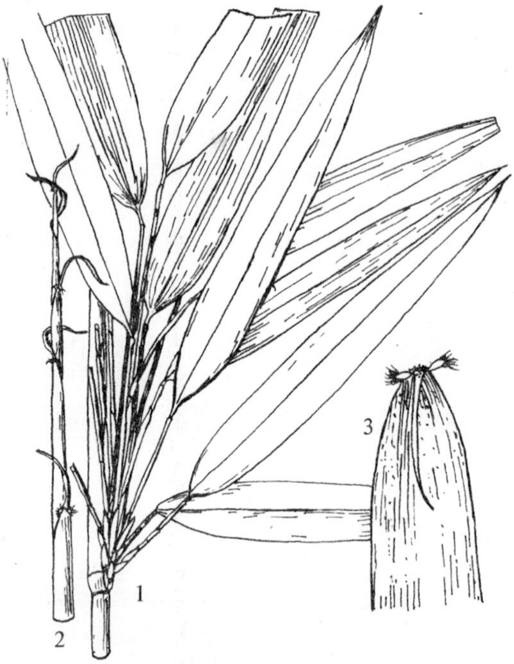

图143　绒毛寒竹　Gelidocalamus velutinus W. T. Lin
1. 秆的一部分；2. 笋；3. 秆箨的上部。
（陈夏玲抄绘）

2. 抽筒竹　（《竹子研究汇刊》）

Gelidocalamus tessellatus T. H. Wen et C. C. Chang

秆高2 ~ 3 m，直径1 cm；节间长20 ~ 48（ ~ 65）cm，初时绿带紫色，密被白色绒毛，尤以节下方为甚，老秆被稀疏硬毛；秆环稍隆起；节内长4 ~ 7 mm；秆每节3 ~ 12分枝，枝纤细，具2或3节，不再分枝，枝箨近宿存。秆箨宿存；箨鞘革质，背部疏生短刺毛，近基部处被淡黄色绒毛，并有紫褐色方形小块斑，边具纤毛，顶端有白色绒毛；箨耳缺，鞘口刚毛数条，直立；箨舌低拱形，表面被细柔毛，顶端有纤毛；箨片锥状，具锐尖头。每枝仅具1片叶；叶阔披针形，长19 ~ 23 cm，宽20 ~ 32 mm，基部钝圆或渐尖，左右不对称，顶端急尖延伸，两边光滑或一边具锯齿，次脉7对，下面粉绿色，中脉两边具细毛，近基部处尤甚。大型圆锥花序顶生，长13 ~ 20 cm，花序下部分枝平展；小穗绿色，长6 ~ 10 mm，具3 ~ 5朵小花；小穗柄长5 ~ 7 mm，纤细；小穗轴被细柔毛；颖2片，第一颖长2 mm，仅具1中脉，第二颖长4 mm，具5脉；外稃长4 mm，具7脉；内稃与外稃等长，背部具2脊，无脉纹；鳞被卵状，无脉纹；花柱2。笋期：7 ~ 10月。

产地：乐昌。多生于林下。

分布：广西、贵州。

用途：笋味可口，竹材作竹器或编篱之用。

3. 绞剪竹　（《植物分类学报》）

Gelidocalamus albopubescens W. T. Lin & Z. J. Feng

秆高2 ~ 3 m，直径0.8 ~ 1.5 cm；节间圆柱形，长9 ~ 28 cm，多少被白色小刺毛，实心；节稍隆起；

节下密被白色短绒毛。秆每节13～19分枝，分枝不等长；每枝具3节，无次级分枝。箨鞘脱落，背面被排成纵行的白色短柔毛，边被短纤毛；箨耳及鞘口刚毛缺；箨舌高1 mm，顶端拱凸，背面密被白色小刺毛，边被白色微毛；箨片开展或外反，线状披针形。末级小枝具1片叶；叶耳缺；叶长10～20 cm，宽1.5～3 cm，两面无毛，次脉7对。

产地：广宁。

本种与抽筒竹G. tessellatus的区别在于：秆实心，节间多少被白色短柔毛；箨鞘背面被排成纵行的白色短柔毛，无紫褐色的方块，每节分枝13～19。

4. 近实心井冈竹 （《广西植物》）

Gelidocalamus subsolidus W. T. Lin & Z. J. Feng

秆高1.5～2.5 m，高0.8～1 cm；节间长10～20 cm，圆柱形，疏被白色微毛，后无毛；节不隆起；节下被白粉。秆每节9～13分枝，分枝不等长，次级分枝缺。秆箨脱落，背面密被白色微毛，边缘被短纤毛；箨耳及鞘口刚毛缺；箨舌高1 mm，顶端2裂，边缘被白色微毛；箨片钻形，直立。末级分枝具1～2片叶；叶鞘长8.5～11 cm；叶耳和鞘口刚毛缺；叶舌高1 mm；叶长13～24 cm，宽2～3.5 cm，次脉6～7对。

产地：信宜（大雾岭）。

17. 箬 竹 属 **Indocalamus** Nakai

灌木状或小灌木状；根状茎细长型；秆复丛生；节间圆筒形，节下密被一圈宿存的黄棕色绒毛或刺毛，稀无毛，壁厚；节平坦，有时隆起。秆每节具1分枝，枝与主秆近等粗，稀在秆上部节上具2～3枝。秆箨宿存，纸质至革质，有毛或无；箨耳存在或缺；箨舌低矮；箨片披针形。叶鞘宿存，质厚，光滑；叶大型，小横脉明显。花序无苞片，一次发生，总状或圆锥花序，着生于叶枝下方各节的小枝顶端；花序分枝基部托以极小的苞片；小穗含小花数至多朵，具柄；小穗轴具关节；颖2～3片，卵形或披针形；外稃近革质，长圆形或披针形；内稃稍短于外稃，稀等长，具2脊；鳞被3片；雄蕊3枚，花丝分离，伸出；子房卵形；花柱短；柱头2，稀为3。颖果成熟时暗棕色。

本属20余种，均产我国，分布于长江以南各省区；广东及海南有8种，1变种。

本属竹种叶宽大，常用来裹粽子，使之有特殊清香味；秆用于制筷子和笔杆。

1. 箨鞘背面无毛 ……………… 1. 光箨箬竹 I. herklotsii
1. 箨鞘背面被毛。
  2. 箨耳发育。
    3. 箨鞘极不对称；箨耳上的鞘口刚毛斜升，不呈放射状 ……………… 2. 车八岭箬竹 I. chebalingensis
    3. 箨鞘对称；箨耳上的鞘口刚毛呈放射状。
      4. 箨片卵状披针形，基部圆形 ……………… 3. 箬叶竹 I. longiauritus
      4. 箨片宽三角形至长卵圆形，基部近截平 ……………… 4. 广东箬竹 I. guangdongensis
  2. 箨耳不发育。
    3. 秆节下无任何毛环 ……………… 5. 水银竹 I. sinicus
    3. 秆每节下具白色或棕色毛环。
      4. 箨片伸展或反折，披针形，不抱茎 ……………… 6. 粤西箬竹 I. inaequilaterus
      4. 箨片直立，抱茎。
        5. 秆环较箨痕为高。
          6. 叶上小横脉形成长方格网脉 ……………… 7. 锦帐竹 I. pseudosinicus
          6. 叶上小横脉形成正方格网脉 ……………… 7a. 密脉箬竹 var. densinervillus
        5. 秆环平坦，箨痕稍隆起 ……………… 8. 紧箨箬竹 I. amplexicaulis

1. 光箨箬竹　（《香港竹谱》）

Indocalamus herklotsii McCl.

秆通常高2 m，直径5 ~ 6 mm；节间无毛，光亮，壁厚，近实心；秆节平坦。箨鞘革质，质脆，有光泽，边密被纤毛；箨耳缺或极微小；鞘口刚毛有时发育，数条、黑棕色、粗糙；箨舌截平或稍拱突，低矮，背部被粗硬毛，边缘被短纤毛；箨片直立，薄纸质，卵状披针形，无毛，顶端长渐尖，基部扩大而抱秆。末级小枝具3片叶；叶鞘上部具不明显的纵条纹，边缘密被褐色纤毛；叶耳缺，鞘口刚毛数条或有时缺，黑棕色至稻草黄色，坚硬，粗糙；叶舌极低矮，背部被粗硬毛，顶端凸起，边缘被短纤毛；叶披针形或长圆状披针形，长14 ~ 29 cm，宽10 ~ 50 mm，顶端具长渐尖的芒状尖头，无毛，次脉6 ~ 9对。圆锥花序开展或近于开展，紫色，生于枝条或小枝的顶端，长7 ~ 8 cm；花序柄无毛，长达8.5 cm，花序轴和分枝细长，无毛；小穗长圆状披针形，长达15 mm，稍扁，含小花4朵；小穗柄长3 ~ 15 mm，基部具枕瘤；小穗轴节间在近小花一侧扁平无毛，另一侧粗糙，易逐节脱落；颖2片，无毛；外稃薄纸质，易破碎，无毛，披针形，长约6.5（ ~ 7）mm，钝头或急尖，具5脉；内稃稍长于外稃，或有时较短，脊上除顶端具纤毛外，余无毛；鳞被透明，前方的2片长约1.3 mm，后方的1片稍长；花药长约5 mm；子房纺锤形，无毛，背腹扁，花柱2。果未见。

产地：广东无记录，录此供参考。

分布：香港。生于海拔500 m的疏林下或灌丛中。

2. 车八岭箬竹　（《竹子研究汇刊》）

Indocalamus chebalingensis W. T. Lin

秆高1.5 ~ 2 m，直径1 ~ 1.5 mm；节间圆筒形，长16 ~ 31 cm，分枝一侧的上方略平，初被白色短柔毛，后无毛，壁厚3 ~ 4 mm；节略隆起；箨痕成一圈木栓质突起，并有较密的棕色长硬毛；秆每节具1 ~ 3分枝，中部节上1，上部节上2，稀3。秆箨厚革质，迟落或宿存；箨鞘极不对称，顶部一肩平展，另一肩隆起，基部一侧圆形收缩，另一侧向外延伸，边无毛，背面基部密被棕色长硬毛，背部多少贴生短刺毛；箨耳条形，不等长，上部边有斜出的鞘口刚毛；箨舌截平，长1 mm，边缘有纤毛；箨片直立，卵状披针形。末级小枝具叶2 ~ 3片；叶鞘背面被白色或灰色短柔毛；叶耳和鞘口刚毛不发育；叶舌截平，高1 mm，边缘被纤毛；叶大型，长椭圆状披针形，长18 ~ 34 cm，宽3.5 ~ 6.5 cm，两面无毛；次脉9 ~ 12对；小横脉在背面呈明显的长方格形。

产地：始兴（车八岭）。

本种与箬叶竹Indocalamus longiauritus的区别在于：秆的箨鞘两边不对称，顶部一肩平展，另一肩隆起，基部一侧圆形收缩，另一侧外延；箨耳条形，不等长；叶耳和鞘口刚毛均不发育。

3. 箬叶竹　（《中国竹类植物志略》）　别名：长耳箬竹　（《种子植物名称》）　（图144）

Indocalamus longiauritus Hand. –Mazz.

Arundinaria longiaurita（Hand. –Mazz.）Hand. –Mazz.

A. multinervis W. T. Lin & Z. M. Wu，syn. nov.

A. vulgata（W. T. Lin & X. B. Ye）W. T. Lin

Bashania auctiaurita T. P. Yi

I. dayongensis W. T. Lin

I. multinervis（W. T. Lin & Z. M. Wu）W. T. Lin，syn. nov.

I. vulgatus W. T. Lin & X. B. Ye

Pseudosasa guanxianensis T. P. Yi

P. vittata B. M. Yang

P. vulgata（W. T. Lin & X. B. Ye）W. T. Lin

秆高0.8 ~ 1 m，直径0.4 ~ 0.8 cm；节间暗绿色，长10 ~ 55 cm，被白色短柔毛，节下被一圈红棕色绒毛；壁厚1.5 ~ 2 mm；秆节隆起。秆每节具1 ~ 3分枝。箨鞘紫绿色，革质，背面贴生棕色刺毛和白色绒毛，基部具隆起的木栓质环；箨耳显著，脱落性，半月形，鞘口刚毛放射状，棕色，长约1 cm；箨舌截平，高0.5～1 mm，边被纤毛或无毛；箨片紫绿色，狭三角形至卵状披针形，基部突作圆形收窄，顶端渐尖。末级小枝具叶1～3片；叶鞘坚硬，无毛或背面被小刺毛，外侧边被纤毛；叶耳显著，半月形，鞘口刚毛放射状，棕色；叶舌截平，高1～1.5 mm，流苏状，边缘被刺毛；叶长10～35 cm，宽1.5～6.5 cm，下面无毛或被短微毛，次脉6～12对，小横脉形成长方格网脉。圆锥花序长8～15 cm，狭长；花序轴被白色绒毛；小穗绿色或草黄色，长1.5～3.7 cm，含小花4～6朵；小穗轴节间扁棒状，长约7 mm，具棱，密被白色绒毛，顶端截平；颖2片，顶端渐尖并具刺芒状尖头；外稃长圆状披针形，顶端具芒尖；内稃脊上被纤毛；花药长约5 mm；柱头2。颖果椭圆形。笋期：4～5月。

产地：始兴、乐昌、韶关、阳山、清远、平远、河源、广州、深圳、肇庆、怀集。生于山坡林阴或灌丛中。

分布：福建、江西、湖南、广西、贵州、四川、河南。

用途：叶用于包粽子。

图144 箬叶竹 Indocalamus longiauritus Hand.-Mazz.
1. 叶枝；2. 秆箨背面；3. 秆箨腹面。（余汉平抄绘）

4. 广东箬竹 （《植物分类学报》）

Indocalamus guangdongensis H. R. Zhao et Y. L. Yang

秆直立，高1.5～3.3 m，直径9～15 mm；节间长28～62 cm，幼时黄绿色或紫色，被中度白粉和白色伏贴的短绒毛；节下方有淡褐色贴生微毛；秆壁厚约0.4 mm；节较平坦，秆环较箨痕略高。箨鞘厚革质，短于节间，绿色带紫色，背部被浓厚的白粉和黑褐色伏贴疣基刺毛，基部有栓质环，顶端与箨片基部同宽；箨耳镰形，棕色，边缘具放射状伸展的鞘口刚毛；箨舌高0.5～1 mm，截平，背部密被微毛；箨片较宽而抱秆，基部近截平，顶端急尖。末级小枝具2～7叶；叶鞘有肋纹，背部被白色伏贴微毛；叶耳及鞘口刚毛缺；叶舌高1～2.5 mm，边被纤毛或无毛；叶宽披针形，长3.5～56 cm，宽4～10.5 cm，顶端尾尖，基部楔形，上面无毛，下面被白色伏贴微毛，中脉的一侧无毛，次脉8～15对，小横脉长方格形。花序未见。笋期：4～5月。

产地：连山。生于山坡和山沟等地。

分布：贵州。

5. 水银竹 （《竹类培育》）

Indocalamus sinicus（Hance）Nakai

Arundinaria sinica Hance

A. longiramea Munro

A. wightii Nees ex Benth.

秆高1～3.8 m，直径0.5～1.1 cm；节间圆筒形，鲜时绿色，干时稻草色，长3.7～11 cm，无毛，光亮，壁厚3～4 mm；秆节平；秆环和箨痕同高。箨鞘紫棕色，革质至纸质，有条纹，疏被伏贴白色和无色的疣基刺毛，边缘密生亮灰色纤毛；箨耳缺，鞘口刚毛数条，长达1 m；箨舌截平，棕红色，高1～1.4 mm，边缘被纤毛或无毛；箨片直立或外翻，秆中部的为狭三角状锥形，上部的为卵状被针形。末级小枝具7～14叶；叶鞘棕黄色，革质，无毛，光泽；叶耳缺，鞘口刚毛仅数条，黄棕色，长达1.6 cm；叶舌截平，高2～3 mm，红褐色，边缘被纤毛或无毛；叶革质，宽披针形，长14～60 cm，宽

2.2 ~ 6.8 cm，两面无毛，次脉8 ~ 9对。圆锥花序大，长23.5 ~ 30 cm或更长，分枝甚开展，腋间均有枕瘤；小穗柄长2 ~ 6 cm；小穗绿带紫色，含小花3或4朵；小穗轴节间无毛；颖2片；外稃纸质，渐尖，长9 ~ 10 mm，背部粗糙，具7脉；内稃与外稃近等长，脊上和顶端有纤毛；鳞被不相等，前方2片较大；花柱短，柱头2。果未见。笋期：4月。

产地：阳江、阳春及海南保亭（吊罗山）等地。生于海拔600 ~ 700 m的河边、山坡、山谷、岭顶密林中。

分布：香港。

6. 粤西箬竹　（《植物分类学报》）

Indocalamus inaequilaterus W. T. Lin & Z. M. Wu

秆高1 ~ 1.2 m，直径0.6 ~ 0.9 cm；节间圆筒形，长25 ~ 33 cm，密被柔毛，节下密被粗硬毛；秆壁厚2 ~ 3 mm；箨痕略隆起。每节具分枝1片。秆箨宿存，长14 ~ 16 cm，背面疏被白色疣突状硬毛，末端小横脉常明显；箨耳缺；鞘口繸毛缺或少，直立，长硬毛状；箨舌高约1 mm；箨片伸展或反折，披针形，长1.4 ~ 2.4 cm，宽约为箨鞘顶端的1/3。末级小枝每枝具叶4或5片；叶鞘多少被长硬毛，具纵肋；叶耳缺；鞘口繸毛少或缺；叶舌高约1 mm；叶长卵圆形，长14 ~ 28 cm，宽3.5 ~ 6.5 cm，两面无毛，次脉9 ~ 12对，方格状明显，叶尖长。花枝未见。

产地：封开。

7. 锦帐竹　（《竹类栽培》）　别名：假华箬竹　（《海南植物志》）

Indocalamus pseudosinicus McCl.

秆高1.5 ~ 2 m，直径3 ~ 6 mm；节间长20 ~ 30 cm，无毛或具白粉和微毛，节下方有一圈淡棕色贴生毛环；壁厚1.5 ~ 2.5 mm；秆环较箨痕高；节内长6.5 ~ 7 mm。箨鞘紧密抱秆，长为节间的1/2，稻草色，被棕色或淡色刺毛，杂以白色绒毛；箨耳缺；鞘口刚毛存在；箨舌甚低，高0.3 ~ 1 mm，弧形，边缘被纤毛或无毛；箨片紫色，基部向内收窄，抱秆。末级小枝具5 ~ 7叶；叶鞘具隆起纵肋，背面下部光亮，上部近边处生有伏贴的棕色疣基刺毛或无毛，边缘有棕色纤毛；叶耳缺，鞘口刚毛直立或近直立，顶端弯曲，长2.5 ~ 3 cm；叶舌高0.5 ~ 1.5 mm；叶长圆状披针形，长19 ~ 38.5 cm，宽2.6 ~ 4.6 cm，无毛或下面被稀疏伏贴的短硬毛，边缘具微锯齿；次脉10 ~ 11对，小横脉长方格状。圆锥花序生于有叶或无叶的枝条上，长约26 cm，直立；花序轴无毛，具明显纵棱，分枝细长，初紧贴花序轴，后开展，分枝腋间具枕瘤；小穗柄长8 ~ 12 mm；小穗淡绿色，纺锤形，长4.5 ~ 5 cm，含小花12 ~ 13朵；小穗轴节间长3 mm，有纵棱，棱缘具纤毛；颖2或3片；第一颖长3.2 ~ 4 mm，具3脉，第二颖长4.5 ~ 5 mm，具5脉；外稃长6 ~ 7 mm，具5 ~ 7脉，无毛，光亮，边缘近顶端被纤毛；基盘有白柔毛；内稃长5.8 ~ 6.2 mm，顶端钝，2齿裂；鳞被、雄蕊和雌蕊均未见。笋期：4 ~ 5月。

产地：海南保亭、东方等县。生于山坡、路旁。

分布：广西。

7a. 密脉箬竹　（《植物分类学报》）

var. **densinervillus** H. R. Zhao et Y. L. Yang

本变种与原种的区别在于：叶小横脉形成正方形的网格。

产地：徐闻。生于山地林中。

分布：广西。

8. 紧箨箬竹　（《华南农业大学学报》）

Indocalamus amplexicaulis W. T. Lin

秆高1 ~ 1.5 m，直径6 ~ 8 mm；节间圆筒形，分枝一侧扁平，长13 ~ 18 cm，疏被白色微毛，后无毛；节不隆起，箨痕稍隆起。秆箨宿存，抱茎，背被黄色疣基刺毛，边缘密被纤毛；箨耳缺，鞘口刚毛少，直立；箨舌高1 ~ 1.5 mm，顶端弧拱，边缘无毛；箨片直立，狭披针形，抱茎，基部作圆形收窄。秆每节具1分枝；次级分枝不发育。末级小枝具2～4片叶；叶鞘疏被黄色疣基刺毛，边缘密被纤毛；叶耳及鞘口刚毛缺；叶舌高约1 mm，近截平，背面密被短硬毛，边缘无毛；叶卵状长圆形，长25～33 cm，宽5～6.5 cm，基部钝圆，顶端尾尖，上面无毛，下面被白粉和白色微毛，次脉12～13对，小横脉明显。

产地：佛冈（观音山）。

18. 大节竹属 Indosasa McCl.

乔木或灌木状；根状茎细长型。秆散生，直立；节间在有分枝一侧具沟槽，壁厚，秆髓多少为屑状或海绵状而不为笛膜状；秆中部每节具3分枝，近等粗或中间枝略粗；秆环甚隆起或中度隆起。秆箨脱落，革质或薄革质，背面常被小刺毛，多无斑点；箨舌截平；箨片大，三角形或三角状披针形，稀带状披针形，直立或外翻。叶中至大型，小横脉明显。花序具苞片，部分续次发生，侧生，无柄，具前出叶；小穗含小花多朵，下部1～4朵有时不孕，但仍具发育不良的内稃和花的部分；颖缺或2至数片，与苞片相似；外稃形大而宽，具多脉；内稃较窄，与外稃等长或稍短，顶端钝，不裂，具2脊；鳞被3片，近相等；雄蕊6枚，花丝分离；子房长椭圆形或纺锤形，花柱短，柱头3裂，羽毛状。颖果卵形至椭圆形，顶端具喙。笋期：春季至夏初。

本属约15种，分布于我国南部和越南北部。我国有13种；广东有2种。

本属与唐竹属Sinobambusa亲缘十分相近，两属无论在营养体和生殖器官方面均相似，所不同者，唐竹属每小花具雄蕊3枚，有时2～4枚。

1. 新秆无毛；末级小枝具1片叶 ………………………………………… 1. 摆竹 I. shihataeoides
1. 新秆被小刺毛；末级小枝具2～5片叶 ………………………………………… 2. 浦竹仔 I. hispida

1. 摆竹 （《植物分类学报》） 别名：根竹、黑竹 （龙门） （图145）

Indosasa shihataeoides McCl.

I. tinctilimba McCl.

I. levigata Z. P. Wang et G. H. Ye

I. acutiligulata Z. P. Wang et G. H. Ye

秆高达15 m，直径10 cm，但常见者生长较矮小；节间长40～50 cm，初时深绿色，后黄色，常具不规则的褐紫色斑点或斑纹，无毛，节下方显具白粉；秆环隆起，高于箨痕。箨鞘背面淡橘红色、淡紫色或黄色，具黑褐色条纹，疏被刺毛和白粉，无斑点或有时具细小斑点；箨耳较小，镰形，鞘口刚毛放射状（小秆的箨鞘背面光滑无毛，无箨耳和鞘口毛）；箨舌微隆起或作山峰状隆起，高约2 mm，顶端具白色短纤毛；箨片三角形或三角状披针形，基部向内收窄，绿色，具明显紫色脉纹。末级小枝仅具1（2）片叶；叶鞘紫色；叶椭圆状披针形，长8～22 cm，宽1.5～3.5 cm，两面无毛，次脉4～6对。花枝无叶；假小穗单生或2枚着生于具花小枝之各节，狭纺锤形，长6～8 cm，宽约1 cm，稍压扁；苞片4～8片，较颖薄；小穗含小花6～8朵；小穗轴节间长约2 mm，无毛；颖4片，薄，无毛而有光泽；外稃长约1.5 cm，宽8～10 mm，顶端钝，具小尖头，背部圆拱，无毛而有光泽，具11～15脉；内稃较窄，长约1 cm，顶端钝，无毛；鳞被宽披针形，无毛；花药黄色，长4～5 mm；子房、花柱均无毛。笋期：4月。

产地：乐昌、连山、阳山、英德、龙门、博罗（罗浮山）、肇庆、德庆、信宜、茂名。

分布：湖南、广西。

用途：笋可供食用，秆可用于制作家具。

2. 浦竹仔 （《岭南大学科学丛刊》）

Indosasa hispida McCl.

秆高2～3 m；节间幼时表面被小刺毛，后脱落无毛，仅节下方有部分宿存的小刺毛，无光泽，节下方有白粉。秆箨不详。末级小枝具2～5片叶，叶鞘无毛；叶耳小或缺，鞘口刚毛缺或数条，直立，

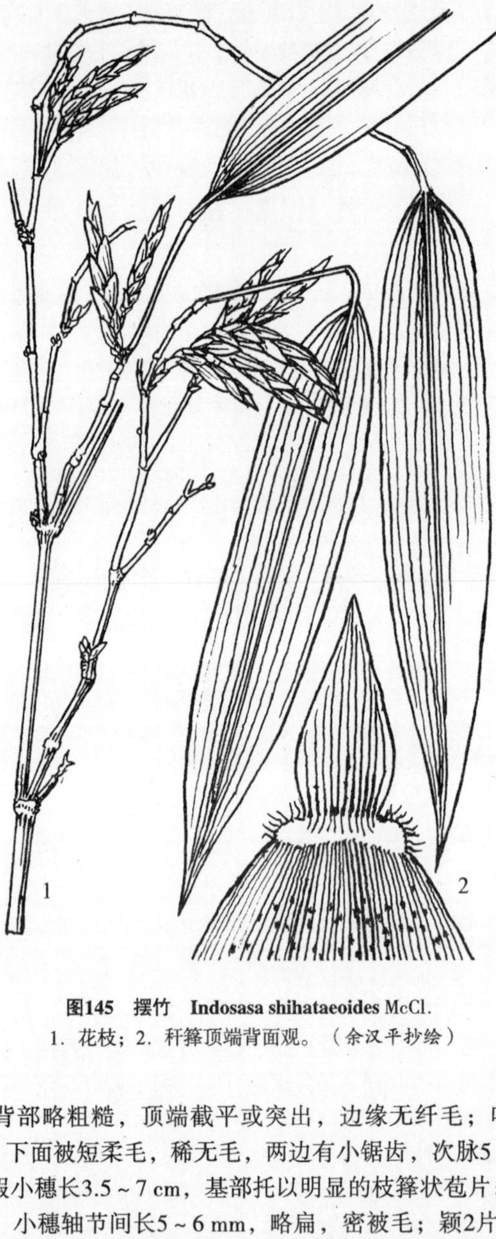

图145　摆竹　Indosasa shihataeoides McCl.
1. 花枝；2. 秆箨顶端背面观。（余汉平抄绘）

粗糙；叶舌高1～2 mm，背部略粗糙，顶端截平或突出，边缘无纤毛；叶带状披针形或披针形，长9～23 cm，宽1.5～2.8 cm，下面被短柔毛，稀无毛，两边有小锯齿，次脉5～6对。花枝具叶或无，每枝具3或4枚单生的假小穗；假小穗长3.5～7 cm，基部托以明显的枝箨状苞片；枝箨状苞片长2～4 cm，具纵脉；小穗含小花4～7朵；小穗轴节间长5～6 mm，略扁，密被毛；颖2片，背面密被淡黄色柔毛，多脉；外稃长1.2～1.6 cm，顶端渐尖，具芒状尖头，背面密被淡黄色柔毛，多脉；内稃较外稃窄短，长1～1.2 cm，顶端和脊上部被纤毛；鳞被披针形，边缘无纤毛或有时有；花药黄色，长约4 mm；子房、花柱均无毛，柱头3，羽毛状。花期：3～4月。

产地：广东特有，见于龙门、博罗。生于路旁干燥地。

用途：秆可用于造纸。

19. 唐　竹　属　Sinobambusa Makino ex Nakai

灌木状至乔木状；根状茎细长型。秆散生或有时复丛生，直立；节间分枝一侧有沟槽，初时被短柔毛；秆环隆起；箨痕木栓质，显著隆起。秆每节3分枝，有时在上部节上可多至5～7枝，枝开展或斜举，粗细近相等。秆箨脱落，革质至厚纸质，背面被刺毛；箨耳发达或无；箨舌齿裂或全缘；箨片披针形，脱落性。末级小枝具3～9片叶，叶披针形，具小横脉。总状花序具苞片，部分续次发生，侧生，具前出叶。假小穗单生于花枝的各节或顶端，基部具1前出叶和2至数枚逐渐增大的苞片或颖片，上部1或2片苞腋内有芽，芽可萌生为次级假小穗，侧生小穗无柄，顶生小穗具柄；小穗长，含小花数至多朵（可达50朵）；小穗轴逐节脱落；外稃革质，具纵脉，顶端急尖，具小尖头；内稃与外稃等长或略短，具2脊，顶端钝圆，脊上与顶端通常生纤毛；鳞被（2）3出，膜质，具多脉；雄蕊3枚，有时2或4枚，花丝分离；子房椭圆形，花柱1，有时2或3，通常较长，有时甚短；柱头2或3，羽毛状。果为颖果。

本属约10种，分布于中国及越南。我国有10种；广东有8种。

1. 箨耳无或不显著。
  2. 箨耳不显著；叶下面无毛 ………… 5. 毛环唐竹 S. incana
  2. 箨耳无；叶下面被细柔毛 ………… 8. 红舌唐竹 S. rubroligula
1. 箨耳发达。
  2. 节间被柔毛。
    3. 箨鞘初被白粉及黑色粗糙腺毛 ………… 3. 扛竹 S. henryi
    3. 箨鞘初不被白粉，被棕紫色至棕黄色刺毛。
      4. 秆被细毛；箨片两面无毛 ………… 6. 晾衫竹 S. intermedia
      4. 秆被糙毛；箨片两面被白色柔毛 ………… 7. 肾耳唐竹 S. nephroaurita
  2. 节间无毛。
    3. 箨鞘背面无毛 ………… 9. 少毛唐竹 S. glabrata
    3. 箨鞘背面被毛。
      4. 箨鞘灰绿色，初被黄棕色刚毛，箨片皱褶 ………… 2. 白皮唐竹 S. farinosa
      4. 箨鞘淡棕色或黄色，初仅被很薄的白粉，箨片不皱褶。
        5. 箨片绿色 ………… 1. 唐竹 S. tootsik
        5. 箨片紫色或紫绿色。
          6. 箨鞘早落，背面初为淡红棕色，薄被白粉和贴生棕褐色刺毛，尤以基部最密 ………… 1a. 满山爆竹 var. laeta
          6. 箨鞘多少宿存，背面初淡紫色，后变绿色，但顶端仍为紫色，光滑 ………… 4. 竹仔 S. humilis

1. 唐竹 （《日本汉字名称》）

Sinobambusa tootsik（Makino）Makino

Arundinaria tootsik（Makino）Makino

Semiarundinaria okuboi Makino

A. dolichantha Keng

Semiarundinaria tootsik（Makino）Muroi

Neobambos dolichanthus（Keng）Keng ex P. C. Keng

Pleioblastus dolichanthus（Keng）P. C. Keng

秆高5～12 m，直径2～6 cm；节间长30～40（～80）cm，幼时深绿色，无毛，被白粉，节下尤为显著。箨鞘早落，近长方形，顶端钝圆，背面初淡红棕色，薄被白粉和贴生棕褐色刺毛，基部尤密，边缘具淡黄色而基部紫红色纤毛；秆基部箨耳微弱，秆中部箨耳伸出，卵形至椭圆形，秆顶端箨耳镰刀状弯曲，棕褐色，表面粗糙或被绒毛，鞘口刚毛长达2 cm，波曲；箨舌高3～4 mm，拱形，边缘平整，具短纤毛至无毛；箨片外翻，披针形，绿色。末级分枝具3～6（～9）片叶；叶鞘长3.5～4.5 cm，无毛，边缘具纤毛；叶耳不明显；鞘口刚毛长达1.5 cm，呈放射状，波曲，易落；叶舌短，顶端截平或近圆形，高1～1.5 mm；叶披针形或狭披针形，长6～22 cm，宽1～3.5 cm，下面略带灰白色并具细柔毛，次脉4～8对，边多具锯齿。假小穗1～3（～5）枚，着生于同一花枝上，顶生假小穗具柄，侧生假小穗无柄，假小穗线状，长8～20 cm，直径2～3 mm，基部托以2至数片苞片，向上逐渐增大而与外稃相似，上部的1或2片腋内有芽；小穗轴节间长5～7 mm，扁平，上部具微毛；小花长椭圆形，长7～12 mm，灰绿色，无毛；外稃卵形，宽7 mm，顶端急尖，具短尖头，边有向上的纤毛，顶端略有微毛，具15脉；内稃椭圆形，与外稃同长或略短，宽4 mm，顶端钝圆，脊上与顶端生纤毛，脊间纵脉不明显，脊外具2或3脉；鳞被膜质，近菱形、椭圆形或卵形，后方1片鳞被稍不规则，上部具纤毛，基部近楔状，稍厚，具7～9脉纹，长约2.5 mm；花药长4～6 mm，淡黄色；子房圆柱形，长1.8～2 mm，无毛，花柱1，极短，柱头3，长3～4 mm，被丝状毛。笋期：4～5月。

产地：广州有栽培。

分布：福建、广西。越南北部。

用途：观赏。

1a. 满山爆竹　（《岭南大学丛刊》）

var. **laeta**（McCl.）Wen

S. laeta McCl.

本变种与原种的区别在于：箨舌截平，低矮；箨片紫色或紫绿色；叶耳与鞘口刚毛比较发达，叶下面被短柔毛；鳞被的纵脉较少。

产地：清远、广州。

分布：福建。

用途：笋可食。

2. 白皮唐竹　（《竹子研究汇刊》）　别名：江南竹　（广东）

Sinobambusa farinosa（McCl.）Wen

Semiarundinaria farinosa McCl.

秆直立，高达7 m，直径2～4 cm；节间圆柱形，长40～60 cm，近挺直，初时无毛而被厚白粉，后无毛而仅节下方被白粉环；箨痕初被黄棕色刚毛；秆环膨大，较箨痕高。箨鞘长圆形，顶端较宽广，早落，背面灰绿色，初被厚白粉，后秃净，被紫褐色脱落性小刺毛，上端近无毛或疏生绒毛，下半部渐多毛，基部具密集紧贴或直立的棕黑色针状刺毛，边缘生棕黑色纤毛，或光滑无毛；箨耳中等大，椭圆形至镰形，近直立，棕黑色，被糙毛，易碎，鞘口刚毛黄褐色，长达14 mm；箨舌短，拱形，表面被糙毛，边完整，具细纤毛；箨片直立或外翻，绿色，略皱褶，近宿存或凋落，纸质，披针形，长11～16 cm，无毛或近无毛，两边具锯齿。末级小枝具3～6片叶；叶鞘长5～6 cm，被黄棕色细柔毛，后无毛，边缘具纤毛或无毛；叶耳近于无，鞘口刚毛淡黄色，直立，基部粗糙；叶舌短，背部被糙毛；叶薄纸质，披针形至长圆状披针形，长13～19 cm，宽14～22 mm，近无毛或下面被微毛，次脉4～6对。花枝未见。笋期：5月。

产地：河源。

分布：浙江、江西、福建及广西等省区。

用途：笋可食。

3. 扛竹　（《植物分类学报》）　别名：茄子竹　（海南）

Sinobambusa henryi（McCl.）C. D. Chu et C. S. Chao

Semiarundinaria henryi McCl.

秆高7～13 m，直径3～8 cm；节间绿色，圆柱形，长30～60 cm，初被疏毛，后无毛，节下方初具白粉与猪皮状微小凹纹斑；箨痕初被刚毛；秆环甚为隆起。箨鞘革质，早落性，近三角形，初全被白粉，多少密生黑棕色疣基小刺毛，鞘基部粗糙并具长刚毛，边缘被棕黑色纤毛；箨耳极粗糙，椭圆形，直立，鞘口刚毛黑棕色至草黄色，硬，近直立或弯曲；箨舌极短，拱形，近全缘，被细纤毛；箨片直立，披针形，基部略向内收窄，宽为箨舌宽的1/2，顶端渐尖，两面无毛或粗糙，边缘被糙毛。末级小枝具3～5片叶；叶鞘无毛或散生紧贴的硬毛，边缘被纤毛；叶耳稍粗糙或近无毛，易碎，鞘口刚毛粗而直立，淡黄色；叶舌极短，边缘光滑无毛或有时生纤毛；叶披针形至长椭圆状披针形，长8～15 cm，宽15～23 mm，上面绿色，无毛，下面稍带苍白色，疏生细柔毛，次脉4对，边缘具小锯齿。花枝未见。笋期：4～5月。

产地：清远。

分布：广西。

用途：编织器具，作家具等用。

4. 竹仔 《岭南大学科学专刊》

Sinobambusa humilis McCl.

Indocalamus humilis（McCl.）T. H. Wen

秆高1 m；节间淡绿色，被白粉，光滑；秆环隆起，箨痕下密被下向毛。秆箨多少宿存，基部常反折，淡紫色，后绿色，但顶端仍紫色，上面密被毛，背面光滑；箨耳棕色，镰刀形，适度发育，微粗糙；鞘口刚毛放射状，柔软；箨舌极短；箨片直立，披针形，背面光滑，上面具粗硬毛。末级小枝具3片叶；叶鞘光滑，边缘具淡色纤毛；叶耳微粗糙或近光滑；鞘口刚毛发育，放射状，淡色，质硬，光滑或基部被粗硬毛；叶舌极短，上面被粗硬毛；叶椭圆状披针形，长9～16 cm，宽1～2.4 cm，上面光滑或下面微被柔毛。花枝侧生；圆锥花序直立，连柄长2～3 cm；基部苞片宿存。小穗3～5枚；小穗柄质硬，光滑；颖4片，顶端急尖或渐尖，背脊光滑；外稃长约8.5 mm，光滑，边缘具纤毛，顶端急尖；内稃较外稃短，被纤毛，顶端钝，脊间近扁平，脊外光滑或近光滑；鳞被披针形，边缘被纤毛；子房无毛，花柱2。

产地：清远。

5. 毛环唐竹 （《竹子研究汇刊》）

Sinobambusa incana T. H. Wen

秆黄绿色，无毛，屈曲；节间近半圆形，具纵肋；箨痕初被棕色细柔毛；秆环极为隆起，光亮。箨鞘革质，顶端收缩，下面疏生黄褐色刺毛，刺毛脱落后在箨鞘上留有深陷之小凹痕，近基部的边被白色柔毛；箨耳微弱，枕状，表面粗糙，被褐色绒毛；箨舌被褐色细柔毛，尤以近基部较密，顶端拱形，边缘有短纤毛；箨片直立，不皱褶，近锥形至披针形，无毛，顶端渐尖，基部向内收窄，宽为箨鞘顶端的1/3。末级小枝具2～4片叶；叶鞘无毛，边有纤毛，顶端具细柔毛，鞘口刚毛数条，纤细，长达7～8 mm，直立，顶端膝曲；叶耳缺或不明显；叶舌高约1 mm，顶端卵状突出，被黄褐色糙毛；叶披针形，长5～8 cm，宽7～10 mm，边缘具锯齿，无毛。花枝侧生，具1～3枚假小穗；假小穗长9 cm，宽2～3 mm；苞片2，11～13脉；前出叶近革质，无毛，具2脊；小穗含小花达11朵；小穗轴略曲折，无毛；外稃具15脉，无毛，顶端急尖；内稃较外稃短，顶端钝圆，脊上疏生纤毛，脊间具5脉，两侧至边各具2脉；鳞被3片，后方的1片较厚而短，上半部菱形，前方2片较长，具7脉，边与顶端生白色纤毛；雄蕊（2）3枚，长4～6 mm，顶端钝圆或开裂；子房棒状，无毛，基部收缩成柄，全长1.5～2 mm，花柱甚短，长0.3 mm，柱头3，长3 mm，被白色细毛。

产地：具体地点不详。

本种至今只有模式标本的记录，且野外记录不详细，缺具体地点、秆高和直径等数据，有待今后进一步查考。

6. 晾衫竹 （《竹的种类及栽培利用》） 别名：村赤竹 （广东） （图146）

Sinobambusa intermedia McCl.

Arundinaria longifimbriata（S. Y. Chen）T. H. Wen

A. nanningensis Q. H. Dai

Pleioblastus longifimbriatus S. Y. Chen

秆直立，高5 m，直径约2 cm；节间长50～60 cm，被白色细柔毛，后无毛而粗糙，具细纵肋，节下方被白粉，秆髓呈棉絮状；箨痕隆起，密被刺毛；秆环隆起，无明显的脊。箨鞘脱落，下面新鲜时绿色，顶端带紫色，被脱落性贴生黄褐色刺毛，向基部渐密，边缘被棕色纤毛，上面光滑，略带紫色；箨耳镰刀状伸出或横卧，质脆易碎，基部暗棕色，粗糙或密被糙毛，鞘口刚毛长达2 cm，直立或波曲，放射状；箨舌短，拱形，被糙毛，基部尤密，顶端有时不甚平整，略锯齿状或被纤毛；箨片宿存，直立或上举，狭披针形，顶端渐尖，除顶端带紫色外，全绿色，两面无毛。末级小枝具3～5片叶；叶鞘长5 cm左右；无毛，边缘具纤毛；叶舌截平或略隆起，被糙毛；叶耳不明显或缺，鞘口刚毛稀少，直立，长达9 mm；叶阔披针形，长12 ~ 22 cm，宽13 ~ 28 mm，上面绿色，无毛，下面灰绿色，近基部被糙毛，余无毛，边缘具小锯齿。假小穗长13 cm，宽3 mm；苞片2 ~ 4，顶端锐尖，无毛；小穗轴无毛；外稃长12 mm，宽5 mm，顶端具锐尖头，具9 ~ 12脉；内稃较外稃短，脊间具2脉，两侧至边各具3脉，脊上具纤毛，余无毛，顶端不分裂；鳞被2或3片，长圆形至菱形，被白色细绒毛，顶端具纤毛，基部具3或4脉；子房长卵形，无毛，花柱1，与子房略等长，柱头（2）3，疏被短柔毛。笋期：4 ~ 5月。

产地：增城、高要。

分布：福建、广西、四川及云南等省区。

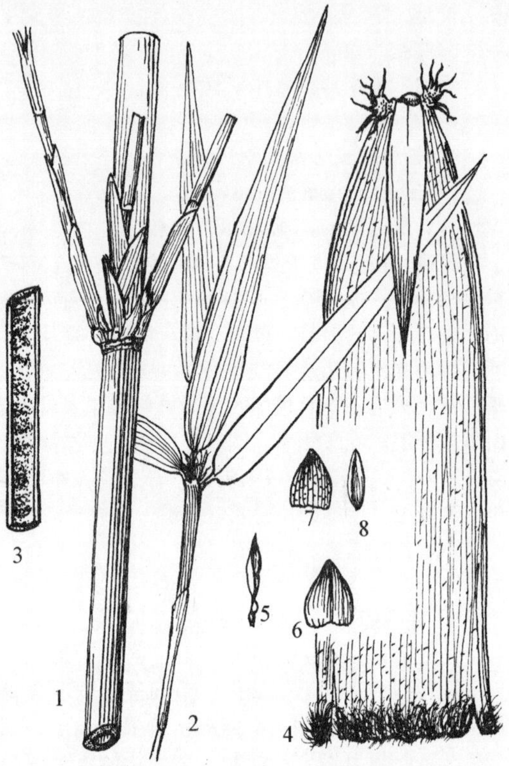

图146　晾衫竹　Sinobambusa intermedia McCl.

1. 秆的一部分；2. 叶枝；3. 节间的一部分纵切，示髓；4. 秆箨；5. 小穗基部，示芽；6. 外稃背面观；7. 外稃腹面观；8. 内稃。（陈夏玲抄绘）

7. 肾耳唐竹　（《植物分类学报》）

Sinobambusa nephroaurita C. D. Chu et C. S. Chao

秆高6 ~ 8 m，直径2 ~ 3 cm；节间长30 ~ 40 cm，初时略被白粉和白色粗毛，具纵肋，节下被白粉，中空，秆髓稍呈屑状；箨痕初被棕色刚毛，后呈木栓质隆起而无毛；秆环隆起。箨鞘革质，早落，近长圆形，背面初时绿色或黄褐色，疏被紫褐色刺毛，基部密生深褐色向下刚毛，具纵肋，边缘被黄褐色纤毛至无；箨舌高2 ~ 3 mm，拱形，全缘，顶端被细纤毛或近无毛；箨耳肾形，长7 ~ 8（~ 15）mm，宽4 ~ 5（~ 9）mm，表面粗糙，鞘口刚毛放射状，长10 ~ 15 mm；箨片外翻或开展，秆上部的狭披针形，秆中部的三角形至披针形，两面被白色柔毛，边缘有锯齿，基部略向内收窄。末级小枝具4 ~ 6片叶；叶鞘长5 cm，具纵肋，无毛，边缘被纤毛；叶耳微弱或不发达，鞘口刚毛直立，白色，长达1 cm；叶舌甚短，顶端截平或略呈拱形；叶质薄，宽披针形至狭披针形，长11 ~ 18 cm，宽11 ~ 16 mm，两面无毛，边缘生小锯齿，次脉4 ~ 6对。花枝未见。笋期：4 ~ 5月。

产地：广州。

分布：四川和广西。

本种在营养体上与唐竹的区分在于：各部分较唐竹小，箨鞘为绿色至黄褐色，背面疏被紫褐色小刺毛。两者差异不大，可能与唐竹是同一竹种。

8. 红舌唐竹　（《竹子研究汇刊》）

Sinobambusa rubroligula McCl.

秆高2 ~ 4 m，直径1 cm；节间长27 cm，灰绿色，初时无毛或偶见疏毛，节下方具白粉环，近实心；箨痕环状隆起，初被棕褐色刚毛，秆环肿胀。箨鞘早落，背面绿色，基部被较密紫色刚毛，余无毛，顶端带紫色，边被纤毛；箨耳缺，鞘口刚毛缺或少数，直立；箨舌紫色，背面粗糙或被糙毛，顶端略呈拱形，高1 ~ 2 mm，全缘而被纤毛；箨片外翻，脱落，披针形，顶端渐尖，基部向内收窄，宽为鞘口的1/3，背面被绒毛，绿色，边缘与顶端带紫色。末级小枝具5 ~ 7片叶；叶鞘长5 ~ 6 cm，光滑无毛或有直立的粗毛，边缘被细纤毛；叶耳发达，鞘口刚毛暗褐色，直立，长1 cm，顶端波曲；叶舌高1 ~ 2 mm，背面具粗毛，顶端拱形，全缘；叶披针形或椭圆状披针形，长10 ~ 22 cm，宽8 ~ 26 mm，上面无毛，下面初被细柔毛，边缘有锯齿，次脉5或6对。花枝未见。笋期：4 ~ 5月。

产地：广州（番禺）、英德及海南。

分布：广西。

9. 少毛唐竹 （《华南农业大学学报》）

Sinobambusa glabrata W. T. Lin & Z. J. Feng

秆高2～3 m，直径0.5～1.5 cm；节间圆柱形，长11～17 cm，无毛，分枝一侧扁平；秆环中等隆起，鞘痕无毛。秆每节3分枝，主枝较侧枝明显粗长。秆箨脱落，顶端弧拱，背面无毛；箨耳近长方形，平坦，鞘口刚毛纤细；箨舌高1～2 mm，顶端齿裂；箨片直立，披针形，基部明显作圆形收窄，宽为箨鞘顶端的2/3。末级小枝具3～6片叶；叶鞘无毛；叶耳近镰形，鞘口刚毛放射状；叶舌极低矮；叶长6～12 cm，宽6～15 mm，上面被短柔毛，次脉6～7对，小横脉不明显。

产地：广宁。生于低海拔山坡。

本种与毛环唐竹S. incana的区别在于：箨痕无毛，箨鞘顶端稍拱，不尖锐，箨耳近长方形而平坦，叶的小横脉不明显。

20. 业 平 竹 属 Semiarundinaria Makino ex Nakai

灌木状至小乔木状；根状茎细长型。秆复丛生，直立；节间在有分枝的一侧稍扁平，具沟槽；节隆起。秆每节分枝（3～）5～9（～13），枝近相等。秆箨脱落，革质；箨耳缺，鞘口刚毛发育；箨舌显著；箨片外反，线形。末级小枝通常具3～7（～10）片叶；叶窄长，小横脉明显。花序侧生，总状或圆锥花序，具苞片，部分续次发生，具前出叶；假小穗基部托以1枚佛焰苞状前出叶及2～3枚渐增大的苞片，下方1苞片腋内无芽；假小穗无柄，含（2）3～6（7）朵小花；颖缺；小穗轴逐节脱落；外稃纸质，顶端渐尖；内稃与外稃等长或较长，背部具2脊，脊上生纤毛，顶端钝圆，被纤毛；鳞被3（4）片；雄蕊3枚，花丝互相分离，花药线形，黄色，成熟后伸出花外；子房圆柱形或卵球形；花柱1，柱头3。果为颖果。

本属约10种，产于日本和中国。我国有2（3）种；广东产1种。

短穗竹 （图147）

Semiarundinaria densiflora（Rendle）T. H. Wen

Arundinaria densiflora Rendle

Brachystachyum densiflorum（Rendle）Keng

Fargesia densiflora（Rendle）Nakai

秆高达2.6 m，直径约1 cm；节间绿色，长7～18.5 cm，初时被倒向的白色细毛，后无毛，节下被白粉，壁厚约3 mm，髓横片状。秆每节3分枝，上举，长短近相等。箨鞘背面初绿色，后渐变黄色，无斑点，有白色纵条纹，疏被刺毛，边被纤毛；箨耳发达，大小和形状多变化，椭圆形，褐棕

图147 短穗竹 Semiarundinaria densiflora（Rendle）T. H. Wen

1. 笋的一部分；2. 叶枝；3. 秆的一部分，示分枝；4. 花枝。（陈夏玲抄绘）

色或绿色，鞘口刚毛长3～5 mm，弯曲；箨舌拱形，棕褐色，边密被极短的纤毛；箨片向外斜举或水平展开，披针形或狭长披针形，基部宽为鞘口的1/2。末级小枝具叶（1）2～5片；叶鞘上部边被短纤毛；叶耳小，鞘口有刚毛数条，长约3 mm，直立；叶舌截平，高1～1.5 mm；叶披针形或长圆状披针形，长5～18 cm，宽1～2 cm，上面无毛，下面灰绿色，被微毛，次脉6或7对。假小穗2～8枚，紧密排列于缩短的花枝上，长1.5～3.5 cm，含5～7朵小花；颖1～3片；小穗轴节间长1～3 mm，上部被毡状微毛；外稃卵状披针形，长8～10 mm，具9～11脉，背面的下部无毛；内稃长8～10 mm，顶端稍2裂，下部无毛，上部遍体被较长的绒毛，脊上生纤毛；鳞被倒卵形或匙形，长3.5～4.5 mm；花药长达7 mm；花柱5～6 mm；柱头长5.5～7 mm。果未见。笋期：5～6月。

产地：广东。生于低海拔的平原和向阳山坡路边。

分布：江苏、安徽、浙江、江西、湖北等省。

用途：秆可做伞柄、钓鱼秆，也可劈篾编织家庭用具，笋味略苦。

本种是我国特产竹类，现已列为国家三级重点保护植物。

存疑种：

山竹仔　（海南儋州）

Semiarundinaria shapoensis McCl.

秆高达2 m，直径1 cm；节间无毛，初时被黄紫色斑点，节下被白粉；节隆起，无毛。秆每节分枝3～5，近相等，开展。秆箨脱落，质脆，背面初时被短柔毛，后被腺毛，基部被绢毛；箨耳几不存在，鞘口刚毛直立，坚硬，粗糙，常缺；箨片直立或外反，线状披针形。末级小枝具叶5～10片；叶鞘显著压扁，无毛；叶耳及鞘口刚毛几不发育；叶上面无毛，下面被小硬毛。花序未见。

产地：海南儋州。

本种系根据营养体发表，难于确定其归属，暂存疑。

21. 方　竹　属　**Chimonobambusa** Makino

灌木状，稀乔木状；根状茎细长型。秆散生，有时复丛生，直立；节间圆柱形或四棱形，分枝一侧下部有沟槽。节隆起至显著隆起，基部的节有一圈或疏或密的根刺，鞘痕具一圈柔毛或鞘基残留物。秆每节3分枝，上部节上多达7枝，近相等。秆箨革质，脱落，或有时纸质，宿存；箨耳小或缺；箨片小，长达1 cm。末级小枝具（1）2～5片叶；叶披针形。花序具苞片，续次发生；总状花序含假小穗1～3枚，簇生，基部托以一组渐增大的苞片；假小穗含小花数至多朵，无柄；小穗轴逐节脱落。颖1～3片，有1片具芽；外稃纸质至膜质；内稃膜质，具2脊，顶端钝圆；鳞被3片，膜质；雄蕊3枚，花丝分离；子房椭圆形；花柱1，柱头2或3。果为坚果状颖果，果皮增厚。笋期：4～11月。

本属约37种，分布于亚洲东部。我国有34种；广东有3种。

1. 秆基部节上有根刺；秆箨早落；箨鞘背面无斑点 ……………… 1. 方竹 C. quadrangularis
1. 秆基部节上无根刺；秆箨迟落或宿存；箨鞘背面有斑点。
    2. 秆箨宿存，背面棕色，有灰色斑点 ……………… 2. 寒竹 C. marmorea
    2. 秆箨迟落，背面灰白色，多少具有紫色斑点 ……………… 3. 细弱方竹 C. gracilis

1. 方竹　（李衎《竹谱详录》）　别名：四方竹　（图148）

Chimonobambusa quadrangularis（Franceschi）Makino

Bambusa quadrangularis Franceschi

Arundinaria quadrangularis（Franceschi）Makino

Phyllostachys quadrangularis（Franceschi）Rendle

秆直立，高3～8 m，直径2.5 cm；节间钝四棱形，长8～22 cm，幼时密被向下的黄褐色小刺毛，毛脱落后留有疣基；节隆起；下部节上有一圈短而向下弯曲的根刺；鞘痕木栓质，初时被一圈金褐色绒毛和小刺毛，后渐无毛。秆箨早落，纸质或厚纸质，短于节间，背面无毛或有时在上部贴生极稀疏的小刺毛，边被纤毛，纵肋清晰，小横脉紫色；箨耳、鞘口刚毛及箨舌缺；箨片脱落，锥形，长3～5 mm，基部与箨鞘连接处无关节。末级小枝具2～5叶；叶鞘无毛，外被纤毛；鞘口刚毛直立，易落；叶舌低矮，截平，边缘被纤毛，背面被小刺毛；叶薄纸质，长椭圆状披针形，长8～29 cm，宽1～2.7 cm，上面无毛，下面初时被柔毛，后无毛，次脉4～7对。总状或圆锥花序，末级花枝纤细无毛，基部托以数枚渐增大的苞片，含小穗（1）2～4枚；小穗长2～3 cm，纤细，含小花2～5朵，有时基部1或2朵不孕；小穗轴节间长4～6 mm，无毛；颖1～3片，披针形，长4～5 mm；外稃纸质，绿色，披针形或卵状披针形，具5～7脉；内稃与外稃近等长；鳞被狭卵形。花药长3.5～4 mm；柱头2。

产地：广州等地有栽培。

分布：福建、江西、浙江、江苏、台湾、湖南、安徽、广西。

用途：观赏；秆可用于制作手杖。

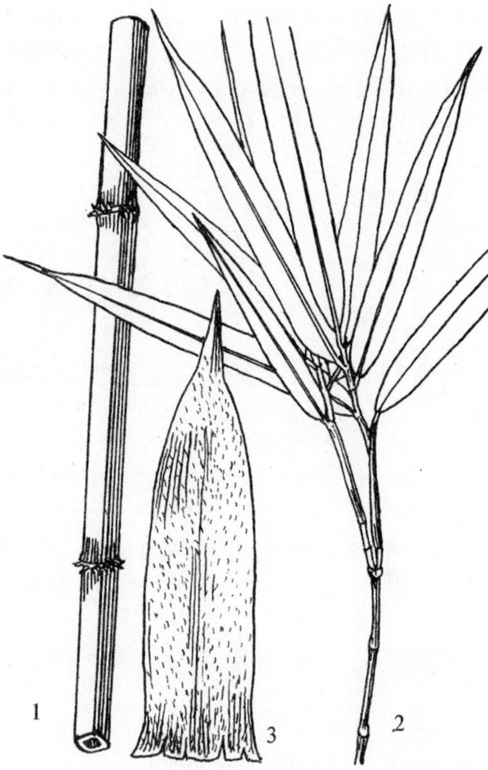

图148 方竹 Chimonobambusa quadrangularis (Franceschi) Makino

1. 秆的一段；2. 叶枝；3. 秆箨背面观。

（余汉平抄绘）

2. 寒竹 （《日本汉字名称》）

Chimonobambusa marmorea (Mitford) Makino

Bambusa marmorea Mitford

Arundinaria matsumurare Hackel

A. nana Makino

C. setiformis T. H. Wen

Phyllostachys marmorea (Mitford) Ascherson & Graebner

秆高1～1.5（～3）m；直径0.5～1 cm；节间长10～14 cm，初时绿色，后紫色，壁厚，基部节间近实心；秆环略隆起，箨痕显著隆起，初时被一圈棕褐色绒毛，后渐无毛。秆箨宿存，薄纸质，长于节间，背面棕色，有灰色斑点，初时被硬毛，边缘被纤毛；箨耳缺；箨舌低矮，截平或略呈拱形；箨片锥状，长2～3 mm，基部与箨鞘连接处几无关节。末级小枝具2或3片叶；叶鞘边被短纤毛；鞘口刚毛色淡，长3～4 mm；叶舌截平；叶线状披针形，长10～14 cm，宽7～9 mm。圆锥或总状花序，顶生花枝基部托以数枚宿存、渐增大的苞片；假小穗线形，长2～4 cm，含小花4～7朵；颖1或2片；小穗轴节间长3～4 mm；外稃卵状披针形，长6～7 mm，纸质；内稃与外稃近等长；鳞被长约3 mm；花药长3.5～4 mm；花柱极短；柱头2。颖果长约5 mm。笋期：8～9月。

产地：乐昌、广州有栽培。

分布：福建、浙江、湖北、陕西、四川。

用途：观赏。

3. 细弱方竹

Chimonobambusa gracilis (W. T. Lin) N. H. Xia

Qiongzhuea gracilis W. T. Lin

秆高60～80 cm，直径3～5 mm；节间长6～12 cm，近四棱形，表面初时有小糙毛，后渐脱落，空腔较小。秆节肿大，无刺根，高于箨痕，略有横脊；箨痕上的箨鞘残留物呈环状隆起。秆箨迟落，纸质，灰白色，脉纹显著，背面或多或少有紫色斑点，两边有小纤毛；箨耳和鞘口刚毛缺；箨舌极短；箨片短小，三角状锥形。末级小枝具2～3（4）片；叶鞘无毛；叶耳和鞘口刚毛不发育；叶舌高1～2 mm，顶端截平；叶条状披针形，长3.5～11 cm，宽6～13 mm，上面无毛，下面密被柔毛，次脉4～5对。

产地：阳山。

22. 鹅 毛 竹 属　**Shibataea** Makino ex Nakai

小型灌木状；根状茎复轴。秆复丛生，上部曲折，高在1 m以下；节间在分枝一侧扁平，具纵沟槽，壁厚，空腔小；秆环甚隆起；秆每节分枝3～5，枝短而细，不具次级分枝。箨鞘早落，纸质；箨耳及鞘口刚毛不发达；箨舌较发达；箨片小，披针形或钻形。末级小枝具1或2片叶；叶鞘质稍硬，紧卷而边愈合，叶柄状，鞘口刚毛缺；叶厚纸质，长圆形或卵状长圆形，小横脉明显。花序具苞片，部分续次发生；总状花序含小穗 1 枚，密集成簇；花序簇基部托以1片佛焰苞状前出叶、0或1片无芽苞片及0～3片具芽苞片；小穗含小花2～7朵，基部的1或2朵能育，上方的不育；颖缺；外稃膜质，阔披针形，顶端渐尖；内稃与外稃约等长，具2脊；鳞被3片，膜质，狭倒卵形；雄蕊3枚，花丝分离；子房卵状长圆形，花柱1，柱头3。果为颖果。

本属有7种，分布于我国；广东栽培有2种。

1. 秆箨鞘背面、叶两面无毛 ………………………………………… 1. 鹅毛竹 S. chinensis
1. 秆箨鞘背面、叶下面被毛 ………………………………………… 2. 倭竹 S. kumasasa

1. 鹅毛竹　（《中国植物志》）　（图149）

Shibataea chinensis Nakai

秆高约1 m，直径2～3 mm；节间淡绿色或有紫色斑点，三棱形，长7～15 cm；节显著隆起。秆每节3～5分枝，每枝3～5节，具侧芽，基部具 1 脱落的前出叶和几片枝箨；前出叶长3～5 cm，膜质，边缘被纤毛。秆箨脱落，无斑点，纸质，背面无毛，边缘被纤毛；箨耳和鞘口刚毛缺；箨舌高 4 mm；箨片小，锥形或在秆下部的箨上为针状。末级小枝具1（或2）片叶；叶鞘无毛；叶耳和鞘口无刚毛；叶舌膜质，披针形或三角形，高4～6 mm，内卷呈圆锥状，被微毛；叶卵状披针形，长6～10 cm，宽1～2.5 cm，两面无毛，次脉5～8（9）对，基部不对称，边缘有小锯齿。笋期：5～6月。

产地：广州有栽培。

分布：安徽、江西、浙江、江苏。

用途：观赏。

2. 倭竹　（《竹的种类及栽培利用》）

Shibataea kumasasa（Zoll.ex Steud.）Makino

Bambusa kumasasa Zoll. ex Steud.

B. ruscifolia Sieb. ex Munro

Phyllostachys kumasasa（Zoll. ex Steud.）Munro

S. ruscifolia（Sieb. ex Munro）Makino

秆高约1 m，直径3～4 mm；节间光亮、无毛；秆环明显肿胀；秆每节具3～5（6）枝，枝近等长，每枝有2～4（～6）节；前出叶宿存；枝箨渐脱落，膜质。箨鞘纸质，背面无斑点，背部贴生短毛，外侧边被纤毛；箨耳缺，鞘口刚毛缺或少；箨舌高3～4 mm，具柔毛，顶端截平或凸起，被短纤毛；箨片小，披针形。末级小枝具1（2）片叶；叶卵形或长卵形，长2.5～18 cm，宽0.6～3.5 cm，基部阔楔形或近圆形，上面深绿色，光滑无毛，下面苍绿色，被短毛，次脉6～9对。花枝生于具叶枝条的下部节上，或稀

图149 鹅毛竹 Shibataea chinensis Nakai

1. 植株上部，示分枝及叶；2. 秆箨；3. 叶片下面放大，示次脉及小横脉。（陈夏玲抄绘）

生于主秆的节上，各花枝再次分枝；次级枝上有2～5枚无柄假小穗，基部具1片前出叶、数枚苞片；假小穗基部具1片前出叶、0或1片无芽苞片及2～3片具芽苞片；小穗含3～7朵小花，基部1～3朵能育，上部的不育；外稃草质，较薄；内稃膜质；鳞被薄膜质，卵形；子房狭卵形，花柱1，柱头2或3。颖果狭卵形。笋期：5～6月。

产地：广州有栽培。

分布：浙江、福建。上海、杭州、台湾等地有栽培。

用途：观赏。

23. 刚 竹 属 **Phyllostachys** Sieb. et Zucc.

乔木或灌木状；根状茎细长型。秆散生；节间在分枝一侧扁平或具浅纵沟，髓薄膜状，易与秆的内壁相剥离；秆环多少明显隆起，稀不明显。秆每节2分枝，一粗一细，有时在此2枝之间或粗枝的一侧再生出第3条显著细小的分枝。秆箨早落；箨鞘纸质或革质；箨耳和鞘口刚毛存在；箨舌明显；箨片直立至外反。末级小枝具（1）2～4（～7）片叶；叶披针形至带状披针形，小横脉明显。花序具苞片，部分续次发生；总状花序含小穗1～7枚，密集成簇或球；花序簇（或球）基部具1小、膜质、具2脊的前出叶，

0或1片具芽苞片，1组渐增大的苞片及2～7枚佛焰苞状苞片；小穗含小花2～7朵，顶生小花常不孕；小穗轴具柔毛，脱节于颖之上与孕花之间，延伸于最上小花的内稃之后；颖0～1（～3）片；外稃披针形至狭披针形，顶端渐尖，呈短芒状或锥状，7至多脉；内稃与外稃等长或稍短，背部具2脊，顶端2裂；鳞被3片，被纤毛；雄蕊3枚，偶可较少；子房无毛，具柄，花柱细长，柱头（1～）3。颖果长椭圆形至线状披针形，近内稃的一侧具纵向腹沟。笋期：3～6月。

本属50余种，分布于中国、印度、日本及缅甸。我国有51种，除东北、内蒙古、青海、新疆等地外，全国各地均有，长江流域至五岭山脉为其主要产地；广东有12种，1变种，1变型。

1. 秆的中、下部箨鞘多少具棕色斑点和斑块；箨片开展或外翻，稀直立；花枝穗状。
  2. 秆箨无箨耳和鞘口刚毛。
    3. 秆基部节间短缩；箨鞘背面具褐色斑点或斑块，基部边缘被白色短毛；箨舌黄绿色；箨片绿色，边缘黄色……………………………………………………………………2. 人面竹 P. aurea
    3. 秆基部节间正常；箨鞘背面无斑点或在大的箨鞘上有稀疏的小斑点，基部密被淡黄色细硬毛；箨舌暗紫色；箨片绿紫色……………………………………3. 舒城刚竹 P. shuchengensis
  2. 秆箨箨耳发达或箨耳微弱而鞘口刚毛发达。
    3. 箨耳小或几缺。
      4. 秆箨无毛。
        5. 秆黄色，偶有绿色条纹……………………………………1. 金竹 P. sulphurea
        5. 秆绿色……………………………………1a. 刚竹 var. viridis
      4. 秆箨多少被毛。
        5. 箨鞘背面黄褐色或紫褐色，具黑褐色斑点；叶长4～11 cm，宽0.5～1.2 cm，下面沿中脉基部被柔毛。
          6. 秆基部节间正常……………………………………4. 毛竹 P. edulis
          6. 秆基部节间短缩……………………………………4a. 龟甲竹 ‘Heterocycla’
        5. 箨鞘背面褐紫色，疏生深褐色小斑点及少数条纹；叶长10～15 cm，宽0.8～1.5 cm，两面被疏柔毛……………………………………5. 假毛竹 P. kwangsiensis
    3. 箨耳大。
      4. 秆节间幼时被毛；箨鞘背面无斑点或具极微小、不易观察到的暗棕色斑点。
        5. 秆节间二年生时出现紫色斑点，最终全变紫色……………………………………6. 紫竹 P. nigra
        5. 秆节间一直保持绿色……………………………………6a. 毛金竹 var. henonis
      4. 秆节间幼时无毛；箨鞘背面明显具斑点。
        5. 箨片中间绿色，两侧紫色，边缘黄色，平直或偶可在顶端微皱曲……………………7. 桂竹 P. veticulata
        5. 箨片绿紫色，皱曲……………………………………8. 甜笋竹 P. elegans
1. 秆的中、下部箨鞘无斑点；箨片直立；花枝头状。
  2. 箨耳缺……………………………………12. 河竹 P. rivalis
  2. 箨耳存在。
    3. 箨耳宽大，三角形。
      4. 秆空心……………………………………11. 篌竹 P. nidularia
      4. 秆实心或近实心……………………………………11a. 实肚竹 f. farcata
    3. 箨耳小，卵形或椭圆形。
      4. 秆节间无毛；箨痕密被一圈橙红色毛；箨耳镰形；叶下面被疏柔毛，基部较密………9. 红边竹 P. rubromarginata
      4. 秆节间幼时疏生短柔毛；箨痕无毛；箨耳卵形或长椭圆形，有时短镰形；叶下面基部被疏柔毛……………………………………10. 水竹 P. heteroclada

1. 金竹　（李衎《竹谱详录》）

Phyllostachys sulphurea（Carriere）Riviere & C. Riviere

Bambusa sulphurea Carriere

P. reticulata var. *sulphurea* (Carriere) Makino

P. mitis var. *sulphurea* (Carriere) Carriere

秆高6～15 m，直径4～10 cm；节间初时薄被白粉，无毛，绿色，后金黄色，长20～45 cm，在放大镜下可见猪皮状小穴或白色晶状点，壁厚约5 mm；秆环不隆起；箨痕稍隆起。箨鞘黄色或黄棕色，具绿色脉纹，有淡褐色或褐色略呈圆形的斑点及斑块，薄被白粉，无毛；箨耳及鞘口刚毛缺；箨舌绿黄色，弧拱或截平，边缘被淡绿色或白色纤毛；箨片外反，绿色，具橘黄色边，狭三角形至线形，微皱曲。末级小枝具2～5片叶；叶鞘近无毛或上部被微毛；叶耳及鞘口刚毛发育；叶长圆状披针形至披针形，长5.6～13 cm，宽1.1～2.2 cm。花枝未见。笋期：5月。

产地：广州有栽培。

分布：安徽、河南、江苏、江西、浙江。日本、非洲北部、欧洲及北美洲均有栽培。

用途：观赏；秆可作小型建筑用材；笋可食。

1a. 刚竹 （《江苏植物志》）

var. **viridis** R. A. Young

P. chlorina T. H. Wen

P. faberi Rendle

P. villosa T. H. Wen

P. viridis (R. A. Young) McCl.

本变种与原种的区别在于：秆节间在箨鞘脱落后绿黄色。

产地：广州有栽培。

分布：安徽、福建、河南、湖南、江苏、江西、陕西、山东、浙江。

用途：观赏；秆可作小型建筑用材；笋可食。

2. 人面竹 （《植物名汇》） （图150）

Phyllostachys aurea Carriere ex Riviere & C. Riviere

P. bambusoides var. *aurea* (Carriere ex Riviere & C. Riviere) Makino

P. breviligula W. T. Lin & Z. M. Wu

P. formosana Hayata

P. reticulate var. *aurea* (Carriere ex Riviere & C. Riviere) Makino

秆高5～12 m，直径2～5 cm；节间长15～30 cm，初时被白粉，无毛，基部数节间极度短缩或肿胀，中下部正常节间的上端明显膨大，壁厚4～8 mm；秆环与箨痕等高或略高；箨痕初时被一圈白色短毛。箨鞘背面黄绿色或淡红棕色，后草黄色，具褐色斑点或斑块，基部边被白色短毛，余无毛；箨耳及鞘口刚毛缺；箨舌黄绿色，高1～2 mm，顶端截平或微呈拱形，边缘被淡绿色细长纤毛；箨片外反，线形，平直或皱曲，绿色，边黄色。末级小枝具2或3片叶；叶鞘无毛；叶耳及鞘口刚毛早落或缺；叶舌低矮；叶长6～12 cm，宽1～1.8 cm，下面基部被疏柔毛或无毛。

产地：乐昌、清远、新丰、和平、连平、信宜（大雾岭）。

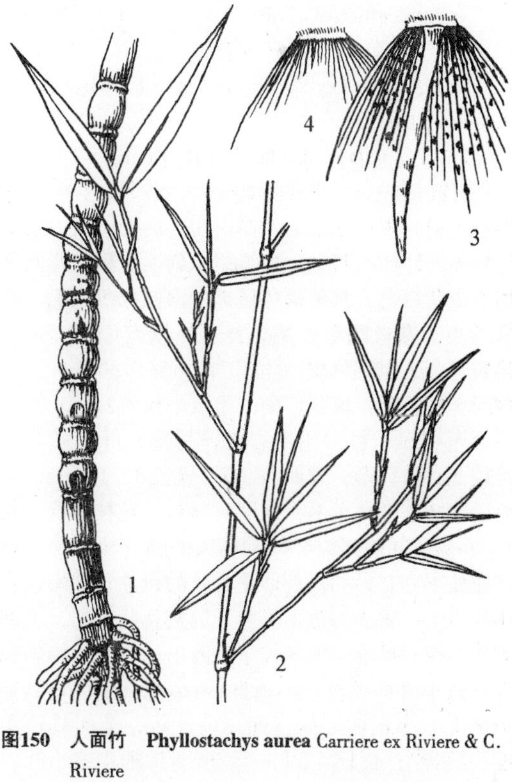

图150 人面竹 Phyllostachys aurea Carriere ex Riviere & C. Riviere

1. 秆的一部分；2. 叶枝；3. 秆箨上部背面观；4. 箨上部腹面观。（余汉平抄绘）

分布：福建、浙江。

用途：观赏；笋可食。

3. 舒城刚竹　（《安徽农学院学报》）

Phyllostachys shuchengensis S. C. Li & S. H. Wu

P. rubromarginata f. *castigata* T. H. Wen

秆高达10 m，直径3.5 cm；节间长35 cm或更长，薄被白粉，壁厚4.5 ~ 5 mm；秆环微隆起，与箨痕同高；箨痕初时密被向下的淡黄色细硬毛。箨鞘背面绿色或淡绿色，无斑点或在大的箨鞘上有稀疏分散的小斑点，在秆基部的箨鞘上有紫色或金黄色的宽行条纹，上部边暗紫色，底部密被淡黄色细硬毛，余无毛；箨耳及鞘口刚毛缺；箨舌高不过1 mm，暗紫色，截平或常微凹，由背部生出远长于箨舌本身的暗紫色长毛，边缘被白色短纤毛；箨片绿紫色，带状，基部宽远狭于箨舌，开展或微外反，平直。末级小枝具1或2片叶；叶耳缺或幼秆上的叶可见小形的叶耳，鞘口刚毛直立或在幼秆上呈放射状；叶舌微上伸，紫色，边生纤毛；叶披针形或长圆状披针形，长6 ~ 17 cm，宽1.2 ~ 2.2 cm，上面沿中脉略粗糙，下面疏被柔毛或近无毛。花枝穗状，长约5 cm，基部托以4或5片渐增大的鳞片状苞片；佛焰苞5 ~ 6片，每片佛焰苞内有（1）2 ~ 4枚假小穗；小穗含小花1 ~ 4朵，常托以苞片1枚；小穗轴无毛或被柔毛；颖0 ~ 2；外稃长1.5 ~ 2 cm，被柔毛；内稃短于外稃，被柔毛；鳞被长菱形，长约4 mm；花药长8 ~ 10 cm；柱头3。笋期：5月上旬。

产地：据《Flora of China》记载广东有分布。

分布：安徽、广西、浙江、江西、河南、云南等省区。

用途：宜编织各种篾物；笋味也较佳，可供食用。

4. 毛竹　（李衎《竹谱详录》）　（图151）

Phyllostachys edulis（Carrière）J. Houzeau

Bambusa edulis Carriere

P. heterocycla var. *pubescens*（Mazel ex J. Houzeau）Ohwi

P. pubescens Mazel ex J. Houzeau

秆高达20 m，直径达20 cm；节间长达40 cm或更长，初时密被细柔毛及厚白粉，后变无毛，壁厚约1 cm；秆环不明显；箨痕被小刺毛。箨鞘背面黄褐色或紫褐色，具黑褐色斑点，密被棕色刺毛；箨耳微小，鞘口刚毛发达；箨舌弧拱至尖拱，边具粗长纤毛；箨片初时直立，后外反，绿色，长三角形至披针形，波状弯曲。末级小枝具2 ~ 4片叶；叶耳不明显，鞘口刚毛存在，易落；叶舌隆起；叶较薄，披针形，长4 ~ 11 cm，宽0.5 ~ 1.2 cm，下面沿中脉基部具柔毛，次脉3 ~ 6对。花枝穗状，长5 ~ 7 cm，基部托以4 ~ 6片稍大的鳞片状苞片，有时花枝下方有1 ~ 3片近似正常叶的苞片；佛焰苞在10片以上，偏于一侧，呈整齐的复瓦状排列，下部数片不孕而早落，使花枝下部露出；每孕性佛焰苞内具假小穗1 ~ 3枚。小穗含1朵小花；小穗轴延伸于最上方小花内稃的背部，呈针状，节间具短柔毛；颖1片，长15 ~ 28 mm，顶端具锥状缩小叶；外稃长22 ~ 24 mm，上部及边缘被毛；内稃稍短于外稃，中部被毛；鳞被披针形，长约5 mm，宽约

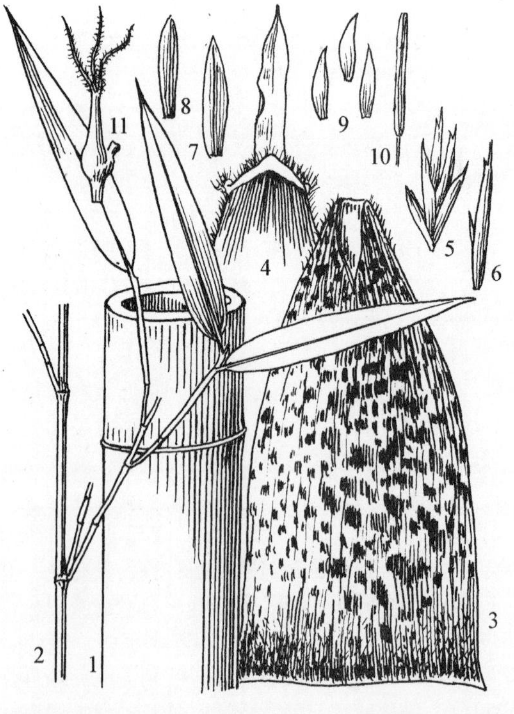

图151　毛竹　Phyllostachys edulis（Carrière）J. Houzeau

1. 秆的一部分；2. 叶枝；3. 秆箨背面观；4. 秆箨顶端腹面观；5. 小穗；6. 花；7. 外稃；8. 内稃；9. 鳞被；10. 雄蕊；11. 雌蕊。（余汉平抄绘）

1 mm；花丝长4 cm，花药长约12 mm；柱头3。颖果长椭圆形，长4.5～6 mm，直径1.5～1.8 mm，顶端有宿存的花柱基部。笋期：4月。

产地：韶关、清远、梅州、河源、惠州及肇庆等地。

分布：自秦岭、汉水流域至长江流域以南和台湾省，黄河流域也有多处栽培。1737年引入日本栽培，后又引至欧美各国。

用途：毛竹是我国栽培悠久、面积最广、经济价值最重要的竹种。秆型粗大，宜供建筑用；篾性优良，供编织各种粗细用具及工艺品；其笋分为“冬笋”和“春笋”，冬笋味美，供鲜食，春笋除供鲜食外，可加工制成玉兰片、笋干、笋衣等。

4a. 龟甲竹 （《竹类图谱》）

'Heterocycla'

Bambusa heterocycla Carrière

P. edulis var. *heterocycla* (Carrière) J. Houzeau

P. heterocycla (Carriere) Mitford

P. heterocycla (Carrière) S. Matsum.

P. mitis var. *heterocycla* (Carrière) Makino

P. pubescens var. *heterocycla* (Carrière) J. Houzeau

本栽培品种与原种的区别在于：秆中下部节间极为短缩而于一侧肿胀，相邻的节交互倾斜而于一侧彼此相接或近相接。

产地：广州、深圳有栽培。

用途：观赏。

5. 假毛竹 （《植物分类学报》）

Phyllostachys kwangsiensis W. Y. Hsiung

秆高8～16 m，直径4～10 cm，高耸而挺立；节间初时绿色，后变黄绿色或黄色，长约35 cm，初时密被短柔毛，在节上下方均被白粉，壁厚约4 mm；秆环在分枝以下不明显隆起，低于箨痕；箨鞘背面褐紫色，疏生深褐色小斑点及少数条纹，被刺毛；箨耳不明显，鞘口刚毛紫色，长；箨舌紫红色，截平至拱形，边缘密被长1～2 cm的纤毛；箨片长披针形至带状，外翻，皱曲，绿紫色，边缘淡黄色。末级小枝具1～4片叶；鞘口刚毛发达；叶舌明显突出，边缘被长纤毛；叶带状披针形，长10～15 cm，宽0.8～1.5 cm，两面疏被柔毛。花枝穗状，长可达10 cm，基部有4～6片渐增大的鳞片状苞片；佛焰苞4～7片，无毛；每片佛焰苞内生有2或3枚假小穗；小穗含小花2或3朵；小穗轴节间有毛；颖1片，疏被短柔毛；外稃长2～2.5 cm，被细刺毛；内稃明显短于外稃，背面中、上部有细刺毛；鳞被长椭圆状菱形，长约4 mm，被微毛；花药长7～8 mm；柱头2。笋期：4月。

产地：乐昌。

分布：湖南、广西。

用途：竹材坚韧细密，节间长而匀称，宜劈篾编制各种器具，秆供建筑及家具用；笋可食。

本种与毛竹的区别在于：秆径较细，节间长而均匀，箨鞘斑点较小而稀疏，箨舌截平或拱形，叶较大，两面疏生柔毛。

6. 紫竹 （李衎《竹谱详录》）

Phyllostachys nigra (Loddiges ex Lindl.) Munro

Bambusa nigra Loddiges ex Lindl.

P. filifera McCl.

P. nana Rendle

P. nigripes Hayata

P. puberula var. *nigra* (Loddiges ex Lindl.) Makino

秆高4 ~ 8（~ 10）m，直径达5 cm；节间幼时绿色，一年后渐出现紫斑，后变紫色，长25 ~ 30 cm，初时被白粉，密被微毛；秆壁厚约3 mm；秆环稍高于箨痕或与箨痕等高；箨痕初时被棕色毛；箨鞘背面红褐色或带绿色，无斑点或具极微小不易观察到的暗棕色斑点（此斑点在箨鞘上端常密集成片），薄被白粉，被棕色刺毛；箨耳及鞘口刚毛发达，紫黑色；箨舌紫色，弧拱至尖拱形，边缘被长纤毛；箨片直立或后稍开展，绿色或两侧带紫色，三角形至三角状披针形，舟状，多少波曲。末级小枝具2或3片叶；叶耳微弱或缺；鞘口刚毛脱落；叶舌稍伸出；叶质薄，长7 ~ 10 cm，宽约1.2 cm。花枝短穗状，长3.5 ~ 5 cm，基部托以4 ~ 8枚渐增大的鳞片状苞片。佛焰苞状苞片4 ~ 6，无毛或被微毛。每片佛焰苞腋内有假小穗1 ~ 3枚；小穗披针形，长1.5 ~ 2 cm，含小花2或3朵；颖（0）1 ~ 3片，背面上部被短柔毛；小穗轴被短柔毛；外稃长1.2 ~ 1.5 cm，密被短柔毛；内稃短于外稃；花药长约8 mm；柱头3。笋期：4月下旬。

产地：乐昌及各地公园偶有栽培。

分布：湖南、广西。印度、日本及欧美许多国家均有引种。

用途：观赏；秆供制作小型家具、乐器、手杖及工艺品。

6a. 毛金竹　（《植物分类学报》）　别名：淡竹　（《图经本草》）

var. **henonis**（Mitford）Stapf ex Rendle

P. henonis Mitford

Bambusa puberula Miq.

P. fauriei Hackel

P. henryi Rendle

P. montana Rendle

P. nevinii Hance

P. nevinii var. *hupehensis* Rendle

P. nigra f. *henonis*（Mitford）Muroi

P. nigra var. *puberula*（Miq.）Fiori

P. puberula（Miq.）Munro

P. stauntonii Munro

本变种与原种的区别在于：秆不变紫色，较高大，可达7 ~ 18 m。

产地：乐昌。

分布：黄河流域以南各省区。

用途：笋供食用；秆劈篾编织各种竹器，粗大者可代替毛竹供建筑用。

7. 桂竹　（戴凯之《竹谱》）

Phyllostachys reticulata（Ruprecht）K. Koch

Bambusa reticulata Ruprecht

P. bambusoides Sieb. et Zucc.

P. bambusoides f. *zitckiku* Makino

P. lithophila Hayata

P. pinyanensis T. H. Wen

P. quilioi Riviere & C. Riviere

秆高达20 m，直径达15 cm；节间长达40 cm，幼时无毛，无白粉或被不易察觉的白粉，偶在节下方具稍明显的白粉，壁厚约5 mm；秆环稍高于箨痕。箨鞘革质，背面黄褐色，有时带绿色或紫色，有较密的紫褐色斑块与小斑点和脉纹，疏被脱落性淡褐色直立刺毛；箨耳镰状，大小变化大，有时缺，紫褐色，鞘口刚毛放射状；箨舌拱形，淡褐色或带绿色，边缘被纤毛；箨片外翻，带状，中间绿色，两侧紫色，边黄色，平直或偶在顶端微皱曲。末级小枝具2 ~ 4片叶；叶耳半圆形，鞘口刚毛放射状；叶舌明显伸出，拱形或有时截平；叶长5.5 ~ 15 cm，宽1.5 ~ 2.5 cm。花枝穗状，长5 ~ 8（~ 10）cm，基部有3 ~ 5

片渐增大的鳞片状苞片；佛焰苞状苞片6 ~ 8片，每佛焰苞腋内具1 ~ 2（3）枚假小穗，基部1 ~ 3片的苞腋内无假小穗而苞早落；小穗披针形，长2.5 ~ 3 cm，含小花1或2（3）朵；小穗轴节间被细柔毛；颖1片或缺；外稃长2 ~ 2.5 cm，疏被微毛，顶端渐尖呈芒状；内稃稍短于外稃，除2脊外，背部无毛或顶端有微毛；鳞被菱状长椭圆形，长3.5 ~ 4 mm；花药长11 ~ 14 mm；花柱较长，柱头3。笋期：5月下旬。

产地：广州有栽培。

分布：福建、广西、贵州、河南、湖北、湖南、江苏、江西、陕西、山东、四川、台湾、云南、浙江。

用途：秆粗大，坚硬，篾性好，为优良材用。

8. 甜笋竹 （《植物分类学报》）

Phyllostachys elegans McCl.

秆高4.5 ~ 8 m，直径3 cm；节间长12 ~ 15 cm，表面有细密的纵肋，幼时无毛，被白粉，壁厚4 cm；秆环稍隆起，与箨痕同高或略高于箨痕。箨鞘背面绿带紫色，被白粉及脱落性细刺毛，有较密的小斑点，边无毛；箨耳狭镰形，绿紫色，鞘口刚毛长，波曲；箨舌狭，拱形，淡绿紫色，边缘生纤毛；箨片外翻，带状，绿紫色，皱曲。末级小枝具2或3片叶；叶耳小或无，紫色，鞘口刚毛少；叶舌紫色，明显伸出；叶较薄，披针形或带状披针形，长4.5 ~ 12 cm，宽1 ~ 1.7 cm，下面疏生短柔毛。笋期：4月中旬。

产地：广宁。生于林中。

分布：浙江、湖南等省。

用途：笋味鲜美，是较好的笋种。

9. 红边竹 （《植物分类学报》）

Phyllostachys rubromarginata McCl.

P. aristata W. T. Lin

P. aurita J. L. Lu

P. lofushanensis Z. P. Wang, C. H. Hu & G. H. Ye

Sinobambusa fimbriata T. H. Wen

秆高约3.5 m，直径2.5 cm；节间暗绿色，长22 ~ 31 cm，初时薄被白粉，无毛，壁厚约2 mm；秆环隆起，高于鞘痕；箨痕发亮，密被一圈迟落或宿存的橙红色毛。箨鞘背面亮绿色，与节间等长或稍长于节间，无斑点，微被白粉，边缘中部以上密被暗紫色纤毛，基部边缘密被橙红色毛；箨耳镰形，多少与箨片相连；鞘口刚毛发育；箨舌棕色，顶端截平或稍弧拱，边缘被长纤毛；箨片直立，紫绿色，三角形，平直或微呈波状，有时呈舟状，基部与箨舌等宽。末级小枝具2或3片叶；叶耳小或不明显，鞘口刚毛紫色；叶线状披针形，长6 ~ 13 cm，宽0.8 ~ 1.5 cm，下面疏被柔毛，基部尤密。花枝头状，长1 ~ 1.5 cm，基部托以4 ~ 5片渐增大的鳞片状苞片；佛焰苞状苞片2 ~ 6，被短柔毛；每苞腋内具（1）2（3）假小穗；小穗长约1.1 cm，含小花1 ~ 3朵，顶生小花不孕；颖（0）1 ~ 3片，上部被毛；小穗轴被毛；外稃长约1 cm，背面中上部密被长柔毛；鳞被倒披针形或椭圆形；花药长约4 mm；柱头3。笋期：4月。

产地：惠东、博罗（罗浮山）。生于海拔400 m的山林地区。

分布：广西、贵州，河南有栽培。

用途：笋可食。

10. 水竹 （《吴郡志》）

Phyllostachys heteroclada Oliver

P. congesta Rendle

P. cerata McCl.

P. dubia Keng

P. purpurata McCl.

P. purpureomaculata W. T. Lin et Z. J. Feng

P. stimulosa H. R. Zhao & A. T. Liu

秆高达6 m，直径3 cm；节间长达30 cm，幼时被白粉并疏生短柔毛，壁厚3～5 mm；秆环在较粗的秆中较平坦，与箨痕同高，在较细的秆中则明显隆起而高于箨痕；节内长约5 mm；分枝下弯或近平展。箨鞘背面深绿带紫色，无斑点，被白粉，无毛或疏被短毛，边缘生纤毛；箨耳小（在小的箨鞘上则缺），淡紫色，卵形或长椭圆形，有时短镰形，鞘口刚毛多或少，直立；箨舌低，微凹至微拱，边缘被白色短纤毛；箨片直立，三角形至狭长三角形，绿色带紫色，背部呈舟形隆起。末级小枝具（1）2（3）片叶；叶鞘无毛，边被纤毛；叶耳缺，鞘口刚毛直立，易落；叶舌低；叶披针形或线状披针形，长5.5～12.5 cm，宽1～1.7 cm，下面基部被疏柔毛。花枝紧密的头状，长1.6～2.2 cm，侧生于具叶老枝上，基部托以4～6片渐增大的鳞片状苞片，如生于具叶嫩枝的顶端，则托以1或2片佛焰苞状苞片；佛焰苞状苞片2～6片，每片腋内有假小穗（1～）4～7枚；假小穗下方常托以形状、大小不一的苞片，苞片长达12 mm，多少膜质，顶端渐尖，被短柔毛；小穗长达15 mm，含小花3～7朵，上部小花不孕；颖0～3片，大小、形状、质地与其下的苞片相同，有时上部可与外稃相似；小穗轴节间长1.5～2 mm，棒状，无毛，顶端近截平；外稃披针形，长8～12 mm，上部1/2～2/3被微毛，具9～13脉，背脊仅在上端可见，顶端锥状渐尖；内稃短于外稃，除基部外均被短柔毛；鳞被菱状卵形，长约3 mm，有7条细脉纹，边生纤毛；花药长5～6 mm；花柱长约5 mm，柱头3，有时2。颖果狭卵形，长3.5 mm。笋期：5月。

产地：广州、清远。多生于河流两岸及山谷中。

分布：黄河流域及其以南各地，为长江流域及其以南最常见的野生竹种。

用途：材韧性好，节较平，宜劈篾编制各种竹器；笋供食用。

11. 篌竹 （李衎《竹谱详录》） （图152）

Phyllostachys nidularia Munro

P. cantoniensis W. T. Lin

P. subulata W. T. Lin & Z. M. Wu

秆高达10 m，直径4 cm，挺直；节间长30 cm，被白粉，无毛或初时节下被小刺毛，壁厚3 mm；秆环明显隆起，与箨痕等高或稍高，发亮，初时被棕色刺毛。秆箨绿色，无斑点，上部有乳白色纵条纹，中、下部有紫色纵条纹，基部密被淡褐色刺毛，边缘被紫红色或棕色纤毛；箨耳大，由箨片基部向外延伸而成，三角形或末端延伸成镰形，新鲜时绿紫色；鞘口刚毛缺或稀少，放射状；箨舌紫褐色，稍弧拱，边缘密被白色纤毛；箨片直立，阔三角形，舟状。末级小枝具1片叶，下垂；叶耳及鞘口刚毛微弱或缺；叶舌低，不伸出；叶长4～13 cm，宽1～2 cm。花枝呈紧密的头状，长1.5～2 cm，基部托以2～4片渐增大的鳞片状苞片；佛焰苞状苞1～6片，每片腋内具假小穗2～8枚；假小穗的苞片狭窄，大小多变化，或有时无苞片，膜质，具脊，具5～7脉，脊上及顶端被短柔毛；小穗含小花2～5朵，上部1或2朵不孕。颖1（～3）片，与其下的苞片相似，长1.5 cm；小穗轴节间略呈棒状，靠小花一侧扁平并疏被柔毛，顶端截平；外稃叶状，密被硬毛，具多脉，顶端渐尖而具芒尖，第1外稃长1～1.2（～1.6）cm；内稃短于外稃，长0.6～1.1 cm，密被硬毛。花药长4.5～5.5 mm；柱头（1～）3。笋期：4～5月。

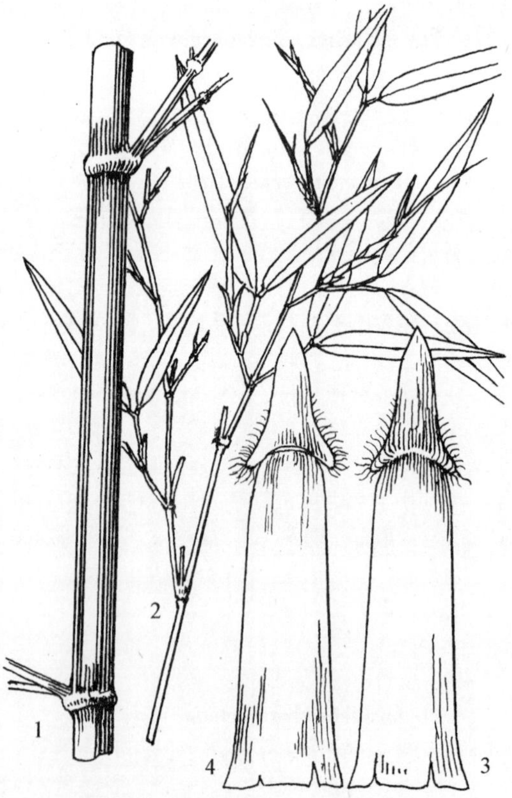

图152 篌竹 **Phyllostachys nidularia** Munro
1. 秆的一段；2. 叶枝；3. 秆箨背面；4. 秆箨腹面。
（余汉平抄绘）

产地：乐昌、连山、乳源、惠东、深圳、高要、广州。生于林中。

分布：陕西、河南、湖北及长江流域以南各省区。

用途：秆可作篱笆；笋可食。

11a. 实肚竹 （《植物分类学报》）

f. **farcata** H. R. Zhao et A. T. Liu

本变型与原种的区别在于：秆实心或近实心。

产地：连山。生于山脚疏林下。

用途：笋供食用。

12. 河竹 （《植物分类学报》）

Phyllostachys rivalis H. R. Zhao et A. T. Liu

秆高达4 m，直径1.5 ~ 2 cm；节间长达24 cm，幼时褐紫色或黄绿色，有不甚明显的紫色纵条纹，具白粉及向下的细刺毛，尤以节下方为密，老时棕黄色，略带紫，二、三年秆仍有刺毛或粗糙，壁厚为2.5 ~ 3 mm；秆环隆起，高于箨痕；箨痕最初有纤毛。箨鞘纸质，绿色，在阳光下常迅速为褐紫色或上端乳白色有绿色脉纹及不甚明显的紫色纵条纹，下部有时散生褐色小斑点，无毛或疏生易落的刺毛，底部有时密被短柔毛，上部边缘被淡棕色纤毛；箨耳缺，鞘口刚毛缺或仅数条，细弱；箨舌截平或微凹，绿色，高0.8 ~ 1 mm，边缘密被长达2 mm的淡棕色纤毛；箨片直立，狭三角形至带状三角形，绿色，边缘紫色。末级小枝具（2）3 ~ 5（ ~ 7）片叶；叶鞘紫色，被柔毛，上部尤密；叶耳缺，鞘口刚毛直立；叶舌高约0.5 mm，紫红色，截平；叶较小，质稍厚，长圆状披针形，长4.6 ~ 8 cm，宽0.6 ~ 1.1 cm，下面初时被柔毛。笋期：5月初。

产地：南雄。生于溪涧边、山沟旁，性喜水湿。

分布：浙江、福建。

用途：秆做篱笆以及蚊帐秆；笋味尚佳。

Ⅱ. 禾 亚 科 Pooideae

一年生或多年生草本。秆草质；地下茎在多年生的种类中如存在时，常为匍匐茎；叶通常披针形，中脉显著，小横脉常缺，无叶柄，叶与叶鞘连接处无明显的关节，故叶不在叶鞘上脱落（隐子草属、固沙草属、黍属除外）。花序多样，有圆锥花序、总状花序、指状花序或穗状花序。颖果，偶见囊果。

本亚科共550属，6 000余种，遍布于世界各地。我国有191属，1 200余种；广东及海南有125属，315种，25变种，2亚种。

1. 小穗有1至多朵小花（若有2朵小花，则全能育）；小穗轴延伸于顶生小穗之外（穇属除外）。
  2. 小穗有2至多朵能育小花。
    3. 总状或指状花序。
      4. 外稃1至3脉。
        5. 小穗有1朵小花。
          6. 外稃1脉明显，无芒；囊果……20. 鼠尾粟属 Sporobolus
          6. 外稃3脉，有芒；颖果……21. 乱子草属 Muhlenbergia
        5. 小穗有2至多朵小花。
          6. 外稃顶端有2～4裂齿。
            7. 高大草本，秆高1～3 m；叶片宽4～10 mm……8. 类芦属 Neyraudia
            7. 细弱草本，秆高15～30 cm；叶片宽1～1.5 mm……12. 草沙蚕属 Tripogon
          6. 外稃顶端无裂齿。
            7. 小穗有6至20朵小花……16. 尖稃草属 Acrachne
            7. 小穗有3至6朵小花。
              8. 穗轴不延伸于顶生小穗之外；外稃无芒……17. 穇属 Eleusine
              8. 穗轴延伸于顶生小穗之外；外稃顶端有小尖头或短芒……18. 龙爪茅属 Dactyloctenium
      4. 外稃5至多脉。
        5. 小穗的两颖均存在。
          6. 小穗2至数枚着生于穗轴的各节……36. 大麦属 Hordeum
          6. 小穗单生于穗轴的各节，或在小穗轴上、下两端每节单生。
            7. 外稃有显著的基盘；颖果与内、外稃紧贴；野生植物……37. 披碱草属 Elymus
            7. 外稃无基盘；颖果与内、外稃相分离；栽培谷物……38. 小麦属 Triticum
        5. 小穗的第一颖退化或仅在顶生小穗中存在……42. 黑麦草属 Lolium
    3. 圆锥花序，开展或紧缩成穗状。
      4. 小穗有2朵小花，小穗轴不延伸……10. 鹧鸪草属 Eriachne
      4. 小穗有2～7朵小花，若有2朵小花，则小穗轴延伸。
        5. 植株高1 m以上；大型圆锥花序。
          6. 外稃有丝状毛或无毛，基盘有较短的柔毛……7. 芦竹属 Arundo
          6. 外稃无毛，基盘延长而有长丝状毛……6. 芦苇属 Phragmites
        5. 植株高20～60 cm；非大型圆锥花序。
          6. 外稃具3脉。
            7. 小穗在花序主轴上密生成簇，其下托有3至数枚锥形苞片……19. 总苞草属 Elytrophorus
            7. 小穗单生，其下不托有锥形苞片。
              8. 小穗有柄，非排列于穗轴的一侧……13. 画眉草属 Eragrostis
              8. 小穗无柄或近于无柄，排列于穗轴的一侧。

9. 穗状花序较长，生于主轴的顶端形成开展的圆锥花序；小穗脱节于颖之上 …… 14. 千金子属 Leptochloa

9. 穗状花序较短，密集于主轴上形成狭圆锥花序；小穗脱节于颖之下 …………15. 羽穗草属 Desmostachya

6. 外稃具5至多脉。

7. 叶具明显的小横脉。

8. 外稃无芒；小穗脱节于颖之上 ……………………………………………… 39. 酸膜芒属 Centotheca

8. 外稃顶端具小尖头；小穗脱节于颖之下 …………………………………… 40. 淡竹叶属 Lophatherum

7. 叶无小横脉。

8. 第二颖通常短于第一小花，外稃无芒 ……………………………………………41. 早熟禾属 Poa

8. 第二颖大都等于或长于第一小花，外稃有芒或无芒。

9. 多年生草本；小穗长不及10 mm；颖具1～3脉 ……………………………43. 三毛草属 Trisetum

9. 一年生草本；小穗长18～25 mm；颖具9脉 …………………………………44. 燕麦属 Avena

2. 小穗仅有1朵能育小花，有时还有其他雄花或不育小花。

3. 颖退化或不存在。

4. 小穗柄顶端有由颖退化而来的两个半月形的痕迹 ………………………………… 1. 稻属 Oryza

4. 小穗柄顶端无由颖退化而来的两个半月形痕迹。

5. 小穗单性 ………………………………………………………………………………5. 菰属 Zizania

5. 小穗两性。

6. 小穗明显两侧压扁 ……………………………………………………………2. 假稻属 Leersia

6. 小穗圆筒形，微压扁。

7. 叶卵状披针形，长3～7 cm；雄蕊6枚 ………………………………………3. 水禾属 Hygroryza

7. 叶线状披针形，长 20～50 cm；雄蕊1枚 ………………………………… 4. 山涧草属 Chikusichloa

3. 颖发育。

4. 叶宽线形或宽披针形，有横脉。

5. 秆高2～3 m；大型圆锥花序长达50 cm；小穗有2朵小花，第一小花不育，第二小花能育 ……………………………………………………………………………… 9. 棕叶芦属 Thysanolaena

5. 秆高1.5 m以下；圆锥花序长2～40 cm；小穗仅有1朵小花。

6. 秆高1～1.5 m；叶宽线形；花序长15～40 cm …………………………… 23. 显子草属 Phaenosperma

6. 秆高10～30 cm；叶卵状心形；花序长2～3 cm ………………………… 28. 稗荩属 Sphaerocaryum

4. 叶狭窄，无横脉。

5. 穗状花序、穗形总状花序或指状花序。

6. 小穗嵌生于圆柱形而逐节断落的穗轴凹穴中 ……………………………35. 细穗草属 Lepturus

6. 小穗单生或覆瓦状着生于穗轴各节，穗轴无凹穴。

7. 穗形总状花序。

8. 小穗有柄。

9. 两颖几等长，顶端具细弱长芒 …………………………………………… 24. 茅根属 Perotis

9. 第一颖完全退化或稍留痕迹，第二颖硬纸质，成熟后革质，无芒 ……………25. 结缕草属 Zoysia

8. 小穗无柄 ……………………………………………………………………… 29. 大米草属 Spartina

7. 穗状花序1至数枚花序呈指状簇生于主轴顶端。

8. 外稃有芒。

9. 小穗两侧压扁；外稃边脉上部有长柔毛 ………………………………… 30. 虎尾草属 Chloris

9. 小穗背腹压扁；外稃边脉上无毛 ………………………………………… 31. 肠须草属 Enteropogon

8. 外稃无芒。

9. 穗状花序2至数枚呈指状簇生于主轴顶端。

10. 第一小花的外稃草质兼膜质，较颖长……………………………………32. 狗牙根属 Cynodon

10. 第一小花的外稃革质，与颖等长…………………………………………… 33. 真穗草属 Eustachys

9. 穗状花序单生于秆顶 …………………………………………………………34. 小草属 Microchloa

5. 圆锥花序，开展或紧缩成穗状。
6. 小穗有3朵小花，1朵能育，2朵不育……………………………………………………………………… 45. 虉草属 Phalaris
6. 小穗有1朵小花。
7. 外稃顶生三叉的芒或3芒……………………………………………………………………………… 11. 三芒草属 Aristida
7. 外稃具1芒或短尖头，或无芒。
8. 小穗脱节于颖之上。
9. 颖具5～7脉；外稃顶端具易早落的长芒 ………………………………………… 52. 落芒草属 Piptatherum
9. 颖具1或3脉；外稃无芒，若有芒则自稃体背部的中部附近伸出。
10. 小穗轴延伸至内稃后；外稃草质或膜质而不透明…………………………………… 46. 野青茅属 Deyeuxia
10. 小穗轴不延伸至内稃后，或在拂子茅属中仅有微小的痕迹；外稃透明膜质。
11. 外稃的基盘有长柔毛……………………………………………………………………47. 拂子茅属 Calamagrostis
11. 外稃的基盘无毛或两侧簇生短毛…………………………………………………………… 48. 剪股颖属 Agrostis
8. 小穗脱节于颖之下。
9. 小穗背腹压扁 ………………………………………………………………………………… 22. 耳稃草属 Garnotia
9. 小穗两侧压扁。
10. 圆锥花序由多数简短、贴生或斜生的穗状花序组成………………………………… 50. 菵草属 Beckmannia
10. 圆锥花序穗状或圆柱状。
11. 小穗基部具柄状基盘……………………………………………………………………… 49. 棒头草属 Polypogon
11. 小穗基部无柄状基盘……………………………………………………………………51. 看麦娘属 Alopecurus
1. 小穗有2朵小花，且小穗轴不延伸；第一小花雄性或不育，有时退化为1枚外稃，第二小花能育。
2. 小穗脱节于颖之上。
3. 第二外稃顶端既无芒亦无小尖头。
4. 颖片宿存，长约为小穗的1/2 ………………………………………………………………… 26. 小丽草属 Coelachne
4. 颖片迟缓脱落，等长或稍短于小穗 ……………………………………………………………… 27. 柳叶箬属 Isachne
3. 第二外稃顶端有芒或芒状小尖头 ………………………………………………………… 53. 野古草属 Arundinella
2. 小穗脱节于颖之下，有时附带小穗的其他结构。
3. 小穗单生（如果成对着生则同形）；能育小花无芒。
4. 雌雄异株；雌花序形成有佛焰苞的头状花序；雄花序小，形成有佛焰苞的伞形花序 …………… 80. 鬣刺属 Spinifex
4. 雌雄同株；花序不形成头状花序或伞形花序。
5. 小穗两型，穗状花序上部为4～6枚雄小穗，下部为1或2枚雌性或两性小穗 …………………… 79. 蒭雷草属 Thuarea
5. 小穗同型。
6. 花序中有不育小枝所成的刚毛，或穗轴延伸至最上端小穗的后方而成1尖头或刚毛。
7. 小穗一部分或全部托以由不育小枝或穗轴延伸成的刚毛。
8. 穗轴上方及下方的某些小穗均托以1刚毛，或小穗着生于主轴上而各托以1至多数刚毛。
9. 刚毛分离，不形成扁球形刺苞。
10. 小穗脱落时，其下的刚毛宿存……………………………………………………… 73. 狗尾草属 Setaria
10. 小穗脱落时，其下的刚毛一起脱落……………………………………………74. 狼尾草属 Pennisetum
9. 刚毛连合成扁球形刺苞 ………………………………………………………………… 75. 蒺藜草属 Cenchrus
8. 穗轴每节分枝仅顶生的小穗托以1刚毛…………………………………………… 76. 伪针茅属 Pseudoraphis
7. 小穗下无托附的刚毛，仅穗轴顶端延伸于最上端小穗之后形成1尖头。
8. 小穗着生于略呈三棱形的穗轴上，成熟时自穗轴上脱落；颖果表面有横皱纹或小细点 ……………………
………………………………………………………………………………………………… 77. 类雀稗属 Paspalidium
8. 小穗嵌生于扁平的穗轴凹穴中，成熟时连同穗轴一起脱落；颖果表面平滑 ……78. 钝叶草属 Stenotaphrum
6. 花序中无不育的小枝所成的刚毛，穗轴不延伸至最上端小穗的后方。
7. 小穗单生或2～3枚，规则或不规则地排列于穗轴的一侧。
8. 颖或外稃具芒，或短芒。

9. 小穗背腹压扁。
10. 第二颖边缘密生纤毛……………………………………………………71. 毛颖草属 Alloteropsis
10. 第二颖边缘无纤毛………………………………………………………64. 稗属 Echinochloa
9. 小穗两侧压扁。
10. 第一颖具长芒，第二颖具短芒或无，无钩状刺毛…………………………63. 求米草属 Oplismenus
10. 第一颖和第二颖均无芒，第二颖脉间有开展的钩状刺毛……………62. 钩毛草属 Pseudechinolaena
8. 颖和外稃皆无芒。
9. 第二外稃顶端具硬刺毛或扭卷呈鸡头状。
10. 第二外稃顶端具硬刺毛；颖及第一外稃顶端不增厚………………………60. 刺毛头黍属 Setiacis
10. 第二外稃顶端不具刺毛；颖及第一外稃顶端增厚…………………………61. 凤头黍属 Acroceras
9. 第二外稃顶端无任何增厚的结构。
10. 穗形总状花序或指状花序。
11. 第二外稃厚纸质或软骨质，边缘膜质，不内卷…………………………72. 马唐属 Digitaria
11. 第二外稃坚硬，边缘内卷。
12. 第二外稃的背面在远轴的一方……………………………………………68. 地毯草属 Axonopus
12. 第二外稃的背面在近轴的一方……………………………………………69. 雀稗属 Paspalum
10. 圆锥花序。
11. 小穗基部有一环状或珠状的基盘…………………………………………67. 野黍属 Eriochloa
11. 小穗基部无基盘。
12. 第二外稃的背面在远轴的一方……………………………………………65. 臂形草属 Brachiaria
12. 第二外稃的背面在近轴的一方……………………………………………66. 尾稃草属 Urochloa
7. 小穗单生或数枚簇生，但不排列于穗轴一侧而为圆锥花序。
8. 小穗两侧压扁。
9. 第二小花基部具附属体或凹痕 ………………………………………………56. 距花黍属 Ichnanthus
9. 第二小花基部无附属体或凹痕。
10. 第一外稃顶端2裂，裂齿间生1纤细的长芒…………………………………54. 糖蜜草属 Melinis
10. 第一外稃顶端钝或尖，不具长芒……………………………………………58. 弓果黍属 Cyrtococcum
8. 小穗背腹压扁。
9. 圆锥花序分枝开展。
10. 第二颖长约为小穗的1/2 ……………………………………………………57. 露籽草属 Ottochloa
10. 第二颖等长或稍短于小穗……………………………………………………55. 黍属 Panicum
9. 圆锥花序紧缩成穗状或较疏散。
10. 第二颖背部圆凸呈浅囊状，具7～11脉 ……………………………………59. 囊颖草属 Sacciolepis
10. 第二颖背部不呈浅囊状，具5脉 ……………………………………………70. 膜稃草属 Hymenachne
3. 小穗成对着生，一有柄，一无柄；能育小花具1膝曲的芒。
4. 小穗单性，雌、雄小穗分别位于不同的花序上，若位于同一花序上，则雌小穗常在下方或有时在中部。
5. 雌、雄小穗位于同一花序上；雄小穗位于穗形总状花序的上部，雌小穗位于其下部，尤其在侧生总状花序上。
6. 雌小穗包藏于骨质、珠状的总苞内 ……………………………………………118.薏苡属 Coix
6. 雌小穗不包藏于骨质、珠状的总苞内。
7. 雌小穗不横向缢缩；总状花序排列呈指状，顶生 …………………………116. 多裔黍属 Polytoca
7. 雌小穗横向缢缩；总状花序单生于佛焰苞腋 ………………………………117. 葫芦草属 Chionachne
5. 雌、雄小穗位于不同的花序上；雄小穗位于顶生的圆锥花序上；雌小穗位于腋生而有鞘苞的穗状花序上 ………
……………………………………………………………………………………119. 玉蜀黍属 Zea
4. 小穗两性，或结实小穗与不育小穗同时混生于穗轴上，有时穗轴下部的1至数对小穗均不育。
5. 小穗单个着生于穗轴的各节上 ………………………………………………81. 鸭茅属 Dimeria
5. 小穗成对稀可3枚着生于穗轴的各节，或有时因有柄小穗退化而为单生。

6. 小穗嵌入或紧贴花序轴；第二外稃无芒。
7. 总状花序单生于秆顶。
8. 花序轴每节间的凹穴中生3枚小穗，或近花序轴顶端者孪生……………………100. 毛俭草属 Mnesithea
8. 花序轴每节间着生2枚小穗，不嵌入轴中……………………………………………101. 蜈蚣草属 Eremochloa
7. 总状花序腋生或顶生。
8. 有柄小穗发育良好，与无柄小穗近同形；穗轴坚韧，不易逐节断落 ………………97. 牛鞭草属 Hemarthria
8. 有柄小穗多少退化；穗轴质脆，易逐节断落。
9. 无柄小穗近球形 ……………………………………………………………………… 102. 球穗草属 Hackelochloa
9. 无柄小穗非球形。
10. 有柄小穗为雄性或中性，其柄与穗轴节间分离或贴生……………………………98. 筒轴茅属 Rottboellia
10. 有柄小穗完全退化，其柄与穗轴节间相互愈合………………………………… 99. 蛇尾草属 Ophiuros
6. 小穗不嵌入或紧贴花序轴；第二外稃通常有芒，稀无芒。
7. 成对小穗同形，皆能育。
8. 圆锥花序开展或紧缩。
9. 穗轴无关节。
10. 小穗有芒，形成开展的圆锥花序……………………………………………………82. 芒属 Miscanthus
10. 小穗无芒，形成紧缩呈穗状的圆锥花序……………………………………………83. 白茅属 Imperata
9. 穗轴有关节。
10. 第一颖具2脊 …………………………………………………………………………84. 甘蔗属 Saccharum
10. 第一颖无明显的脊……………………………………………………………… 85. 大油芒属 Spodiopogon
8. 总状花序单生或数枚排成指状。 ………………………………………………………………
9. 花序轴每节具3枚小穗，1有柄，2无柄………………………………………………90. 单序草属 Polytrias
9. 花序轴每节具2枚小穗，1有柄，1无柄，或2枚均有柄。
10. 总状花序单生………………………………………………………………………91. 金发草属 Pogonatherum
10. 总状花序（1）2至数枚指状排列。
11. 蔓生草本……………………………………………………………………………86. 莠竹属 Microstegium
11. 直立草本。
12. 一年生细弱草本；第二颖有芒，长7～15 mm ………………88. 假金发草属 Pseudopogonatherum
12. 多年生草本；第二颖无芒或有长不超过3 mm的短芒。
13. 第二颖两侧压扁，无芒……………………………………………………… 87. 金茅属 Eulalia
13. 第二颖背腹压扁，中脉延伸成长3 mm的短芒 ………………………89. 拟金茅属 Eulaliopsis
7. 成对小穗异形且异性。
8. 无柄小穗雄性或不育，无芒；有柄小穗能育 ………………………………………… 93. 吉曼草属 Germainia
8. 无柄小穗能育，具芒；有柄小穗雄性或不育。
9. 总状花序呈圆锥状花序状排列于秆顶，主轴长于最下面的长分枝，无佛焰苞。
10. 总状花序轴与小穗柄中央具浅槽而边质厚。
11. 总状花序具无柄小穗8枚以上 …………………………………………106. 孔颖草属 Bothriochloa
11. 总状花序具无柄小穗1～5（～8）枚 ……………………………… 107. 细柄草属 Capillipedium
10. 总状花序轴与小穗柄中央不具浅槽。
11. 无柄小穗背腹压扁，基盘短而钝圆，第一颖下部革质，平滑而有光泽……… 104. 高粱属 Sorghum
11. 无柄小穗两侧压扁，基盘长而尖锐，第一颖全部厚纸质，无光泽………105. 金须茅属 Chrysopogon
9. 总状花序单生、双生或呈指状排列，有时为具佛焰苞的假圆锥花序。
10. 无柄小穗第一小花雄性，具发育完全的内稃。
11. 有柄小穗从完全退化至存在而为雌性，小穗柄下半部与无柄小穗第一颖的基部愈合………………
……………………………………………………………………………………… 92. 楔颖草属 Apocopis
11. 有柄小穗存在，小穗柄不与第一颖的基部愈合。

12. 总状花序孪生或数枚呈指状排列于秆顶……………………………………94. 鸭嘴草属 Ischaemum
12. 总状花序单生于主轴及分枝的顶端。
13. 总状花序无佛焰苞……………………………………………………………… 95. 沟颖草属 Sehima
13. 总状花序下托以佛焰苞………………………………………………………… 96. 水蔗草属 Apluda
10. 无柄小穗第一小花退化成1枚外稃，无内稃。
11. 无柄小穗的第二外稃的芒着生于稃体的基部，第一颖脉上具瘤状突起或刺瘤……… 103. 荩草属Arthraxon
11. 无柄小穗的第二外稃的芒非着生于稃体的基部，第一颖脉上无瘤状突起。
12. 能育小穗背部压扁，第一颖的两侧内折而于上部有2脊。
13. 第二外稃退化成柄状……………………………………………………108. 双花草属 Dichanthium
13. 第二外稃不退化成柄状顶端2裂。
14. 总状花序双生或呈指状排列，稀可单生。
15. 总状花序全部由异性对小穗组成，即1无柄（能育），1有柄（不育）……………………………………………………………………………………………………… 109. 须芒草属 Andropogon
15. 总状花序的下部1至数对小穗均不育。
16. 花序下部不育小穗仅1对；能育小穗的基盘钝圆；植株有香气 ………………………………………………………………………………………………110. 香茅属 Cymbopogon
16. 花序下部不育小穗1至2对；能育小穗的基盘常有些延长，尖锐而呈刺状；植株无香气……………………………………………………………………………………111. 苞茅属 Hyparrhenia
14. 总状花序单生于主轴或分枝的顶端……………………………… 112. 裂稃草属 Schizachyrium
12. 能育小穗圆筒形，第一颖内卷而有圆形的边。
13. 总状花序自狭长的佛焰苞内伸出，基部具3～15对同性小穗对；植株少分枝 ……………………………………………………………………………………………………113. 黄茅属 Heteropogon
13. 总状花序位于舟状的佛焰苞内或微伸于苞外，有2对同性小穗对或无；植株分枝。
14. 一年生草本；总状花序无同性对小穗……………………… 114. 假铁秆草属 Pseudanthistiria
14. 多年生草本；总状花序有同性对小穗2对 …………………………………… 115. 菅属 Themeda

1. 稻属 **Oryza** Linn.

一年生或多年生草本；秆直立，丛生。叶阔线形，扁平；叶舌长，膜质，或具叶耳；叶鞘无毛。顶生圆锥花序疏松，开展，下垂。小穗两侧压扁；颖退化，仅在小穗柄顶端有2个半月形的痕迹，有1朵能育小花，其下有2枚退化外稃；育性外稃硬纸质，具小疣点或细毛，具5脉，顶端有长芒或尖头；内稃与外稃相似但较狭窄，具3脉，侧脉接近边缘而被外稃的两边脉所紧扣；浆片2枚；雄蕊6枚；柱头2，帚状，伸出。颖果长圆形，平滑，胚小，约为颖果长的1/4。

本属约24种，分布于全世界的热带和亚热带。我国有5种，1亚种；广东及海南有4种，1亚种。

1. 小穗长4～6 mm；叶舌长1～4 mm。
2. 植株高1.5～3 m；叶长30～50 cm；圆锥花序长30～50 cm；外稃具长5～10 mm的芒 …………… 1. 药用稻 O. officinalis
2. 植株高30～70 cm；叶长5～20 cm；圆锥花序长5～15 cm；外稃无芒 …………… 2. 疣粒稻 O. meyeriana subsp. granulata
1. 小穗长8～10 mm；叶舌长3～40 mm。
2. 多年生草本；小穗成熟后易脱落 ……………………………………………………… 3. 野生稻 O. rufipogon
2. 一年生草本；小穗成熟后穗轴延续而不易脱落。
3. 叶舌尖，长15～20 mm；圆锥花序具数次分枝；外稃和内稃宽约4 mm，表面被细毛和方格形小乳突状突起，顶端尖而无喙 ……………………………………………………………………………4. 稻 O. sativa
3. 叶舌钝圆，长3～5 mm；圆锥花序紧缩而少有分枝；外稃和内稃宽2.5～3 mm，表面平滑无毛，顶端喙状 ……………………………………………………………………………………5. 光稃稻 O. glaberrima

1. 药用稻 （《中国植物志》）

Oryza officinalis Wall. ex Watt

多年生草本。秆直立或下部匍匐，高1.5 ~ 3 m，直径7 ~ 10 mm，具8 ~ 15节，基部2 ~ 3节具不定根。叶线状披针形，长30 ~ 50 cm，宽2 ~ 3 cm，顶端尖，基部渐窄成柄状，贴生微毛，基部边缘粗糙，中脉粗壮，侧脉不明显，上面散生长柔毛，下面粗糙；叶鞘长约40 cm，长于节间3倍以上；叶舌膜质，长约4 mm，无毛；叶耳不明显。圆锥花序大型，疏散，长30 ~ 50 cm，基部被顶生叶鞘所包裹，主轴节间长约5 cm，分枝长10 ~ 15 cm，3 ~ 5枚着生于各节，粗糙，下部裸露，腋间被柔毛；小穗柄长1 ~ 4 mm，粗糙；小穗长4 ~ 5 mm，宽约2.5 mm，厚约1.3 mm，黄绿色或带褐黑色，成熟时易脱落，不育外稃线状披针形，长1.6 ~ 2 mm，顶端渐尖，具1脉，边缘有细纤毛，能育小花的外稃阔卵形，脉纹粗厚，隆起，脊上部或边脉具疣基硬毛，表面疣状突起在脊两侧排成24 ~ 26纵行；芒自外稃顶端伸出，长5 ~ 10 mm，具细毛，内稃与外稃同质，宽约为外稃的1/2，脊具疣基硬毛，顶端有小尖头，边缘干膜质；花药长约2.5 mm。颖果扁平，红褐色，长约3.2 mm，宽约2 mm。

产地：徐闻、雷州及海南三亚。生于丘陵、山坡、沟边。

分布：广西、云南。热带亚洲。

2. 疣粒稻 （《中国植物志》）

Oryza meyeriana subsp. **granulata**（Nees & Arn. ex Watt）Tateoka

O. granulata Nees & Arn. ex Watt

多年生草本，有时具短根状茎。秆高30 ~ 70 cm，压扁，具5 ~ 9节。叶线状披针形，长5 ~ 20 cm，宽6 ~ 20 mm，干时内卷，顶端尖，基部圆形，上面沿脉有锯齿状粗糙，下面平滑；叶鞘无毛，长5 ~ 8 cm，短于节间；叶舌长1 ~ 2 mm，无毛；具明显叶耳。圆锥花序直立，长5 ~ 15 cm，分枝2 ~ 5枚，上升，疏生小穗；小穗浅绿色或灰色，长圆形，长约6 mm，约为宽的2倍；不育外稃狭披针形，长约1 mm，具1脉，无毛，育性外稃无芒，顶端钝或有短小的3齿，表面具不规则小疣点；雄蕊6枚，花药长3.5 ~ 4.5 mm，黄白色；柱头2，白色。颖果长3 ~ 4 mm。花、果期：10月至翌年2月。

产地：徐闻、雷州及海南三亚、万宁、文昌。生于河溪旁。

分布：云南、广西。印度、缅甸、泰国至印度尼西亚（爪哇）、马来西亚。

3. 野生稻 （《中国植物志》）

Oryza rufipogon Griff.

O. formosana Masam. & Suzuki

多年生水生草本。秆高约1.5 m，节上生根。叶线状披针形，长5 ~ 20 cm，宽6 ~ 20 mm，干时内卷，顶端尖，基部圆形，上面粗糙，下面平滑；叶鞘疏松、无毛；叶舌长达17 mm；叶耳明显。圆锥花序长约20 cm，顶端下垂，主轴及分枝粗糙；小穗长8 ~ 9 mm，宽2 ~ 3 mm，成熟后自小穗柄关节上脱落；不育外稃退化成鳞片状，长约2.5 mm，具1脉成脊，顶端尖，边微粗糙；育性外稃厚纸质，长圆形，长7 ~ 8 mm，具5脉，背部粗糙，沿脊上部具较长纤毛；芒着生于外稃顶端并具一明显关节，长5 ~ 40 mm，内稃与外稃同质，被糙毛，具3脉；浆片2枚；雄蕊6枚，花药长约5 mm；柱头2，羽状。颖果长圆形，易脱粒。花期：4 ~ 5月；果期：10 ~ 11月。

产地：博罗。生于池塘、溪沟、藕塘、稻田、沟渠、沼泽。

分布：广西、云南、台湾。印度、缅甸、泰国、马来西亚等国。

4. 稻 （《名医别录》） 别名：禾（广东） （图153）

Oryza sativa Linn.

一年生水生草本。秆直立，高0.5 ~ 1.5 m。叶线状披针形，长约40 cm，宽约1 cm，无毛，粗糙；叶舌披针形，长10 ~ 40 mm，两侧基部下延长成叶鞘边缘；具2枚镰形抱茎的叶耳；叶鞘松弛，无毛。圆锥花序大型疏展，长约30 cm，分枝多，棱粗糙，成熟期向下弯垂；小穗有1朵能育小花，两侧极压扁，长圆状卵形至椭圆形，长约10 mm，宽2 ~ 4 mm；颖极小，仅在小穗柄顶端留下半月形的痕迹，退化外稃2枚，锥刺状，长2～4 mm；育性外稃质厚，长6～8 mm，宽约4 mm，遍布细毛，具5脉，中脉成脊，表面有方格形小乳突状突起，顶端尖而无喙，有芒或无，内稃与外稃同质，具3脉，顶端尖而无喙；雄蕊6枚，花药长2～3 mm。颖果长约5 mm，宽约2 mm。

产地：广东及海南各地均有栽培。

分布：我国南北各地广为栽培。全球热带至温带地区。

用途：重要谷物，分糯、粳、籼三大系。

5. 光稃稻 （《水稻的起源和细胞遗传》）

Oryza glaberrima Steud.

一年生草本。秆直立，高达1 m。叶披针形，长达30 cm，宽1～1.5 cm，无毛，边缘粗糙；叶舌长3～5 mm。圆锥花序长20～50 cm，分枝长，多不具小枝而紧缩；小穗长7～9 mm，宽3～3.5 mm，宿存；不育外稃披针形，长1.5～3 mm，边缘疏生纤毛；育性外稃和内稃黄色或暗褐色，长7～8 mm，宽2.5～3 mm，厚约2 mm，表面有规则的格状细纹，不具疣状粗糙突起，平滑无毛或脊上具纤毛，中上部最宽，顶端具硬质短喙，通常无芒；花药长1.5 mm。

产地：广州。栽培。

分布：云南、福建、广西。原产热带非洲西部。

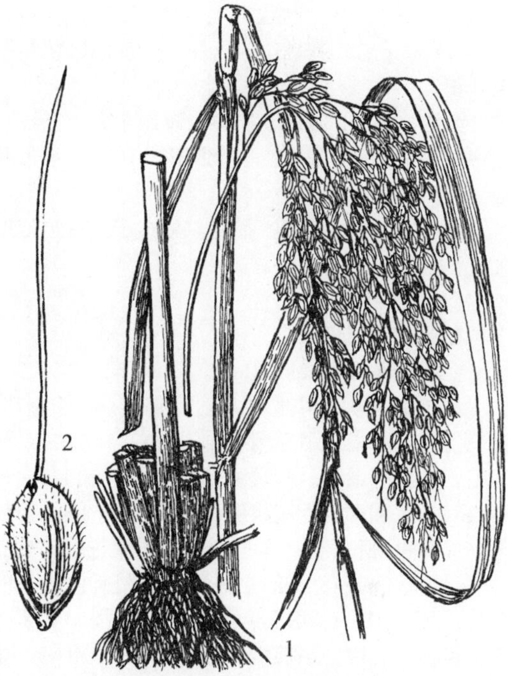

图153 稻 Oryza sativa Linn.
1. 植株；2. 小花。（陈夏玲抄绘）

2. 假 稻 属 **Leersia** Soland. ex Sw.

多年生、水生或湿生草本；具长匍匐茎或根状茎。秆多节，节上常生微毛，下部伏卧地面或漂浮水面，上部直立或倾斜。叶线状披针形；叶舌纸质；叶鞘多短于节间。顶生圆锥花序疏松，具粗糙分枝；小穗有小花1朵，两侧极压扁，无芒，自小穗柄的顶端脱落；两颖全退化；外稃硬纸质，舟状，具5脉，脊上生硬纤毛，边脉接近边缘而紧扣内稃的边脉，内稃与外稃同质，具3脉，脊上具纤毛；浆片2枚；雄蕊6枚或1～3枚，花药线形。颖果长圆形，压扁，胚长约为颖果的1/3，种脐线形。

本属有20种，分布于全世界的热带至温暖地带。我国有4种；广东及海南有2种。

1. 雄蕊6枚，花药长2.5～3 mm；圆锥花序的分枝不具小枝 ………………………… 1. 李氏禾 L. hexandra
1. 雄蕊3枚，花药长1～2 mm；圆锥花序的分枝多具小枝 ………………………… 2. 秕壳草 L. sayanuka

1. 李氏禾 （《种子植物名称》） （图154）

Leersia hexandra Sw.

多年生草本，具发达的匍匐茎和细瘦的根状茎。秆倾卧地面并于节处生根，直立部分高40～50 cm，节部膨大且密被倒生短柔毛。叶披针形，长5～12 cm，宽3～6 mm，粗糙，质硬，有时卷折；叶舌长1～2 mm，基部两侧下延并与叶鞘边愈合成鞘边；叶鞘短于节间，多平滑。圆锥花序开展，长5～10 cm，分枝较细，直升，长4～5 cm，具棱，不具小枝；小穗椭圆状长圆形，长3.5～4 mm，宽约1.5 mm，具长约0.5 mm的短柄；颖不存在；外稃具5脉，脊与边缘具刺状纤毛，两侧具微毛，内稃与外稃等长，较窄，具3脉，脊生刺状纤毛；雄蕊6枚，花药长2.5 ~ 3 mm。花、果期：6 ~ 8月，热带地区秋冬季也开花。

产地：深圳、珠海、阳春及海南东方、澄迈、琼中、保亭、三亚等地。生于河沟、田岸、水边湿地。

分布：广西、台湾、福建。分布于全球热带地区。

2. 秕壳草　（日名）

Leersia sayanuka Ohwi

多年生草本，具根状茎。秆直立丛生，基部倾斜上升，被有浆片的芽体，高30 ~ 110 cm，节凹陷，被倒生微毛。叶灰绿色，长10 ~ 20 cm，宽5 ~ 15 mm，粗糙；叶鞘粗糙；叶舌长1 ~ 2 mm，截平，基部两侧下延与叶鞘边愈合。圆锥花序疏松，开展，长达20 cm，基部常被顶生叶鞘所包；分枝互生，长达10 cm，细弱，上升，具小枝，下部裸露，粗糙，有棱；小穗柄长0.5 ~ 2 mm，粗糙，被微毛，顶端膨大；小穗狭长圆形，长6 ~ 8 mm，宽1.5 ~ 2 mm；外稃具5脉，脊上刺毛较长，两侧脉间具小刺毛；内稃脉间被细刺毛，中脉刺毛较粗长；雄蕊3枚，花药长1 ~ 2 mm。颖果长圆形，长约5 mm。花、果期：秋季。

产地：据《中国植物志》记载，广东有分布。生于林下、溪边、湖边草地。

分布：安徽、江苏、浙江、广西。印度、克什米尔、日本。

图154　李氏禾　Leersia hexandra Sw.
1. 植株；2. 小穗。（余汉平抄绘）

3. 水　禾　属　**Hygroryza** Nees

多年生水生漂浮草本。叶卵状披针形，开展，基部圆心形；叶鞘肿胀。圆锥花序疏散，基部被包裹于叶鞘内。小穗有能育小花1朵，圆筒形，微压扁，披针形，脱节于柄状基盘之下；颖不存在；外稃草质，具5脉，脉上被纤毛，顶端延伸成细长直芒，内稃具3脉，侧脉被外稃的边脉所包裹，脊具纤毛；浆片2枚，披针形，具3脉；雄蕊6枚，花药线形；花柱2。

本属仅1种，分布于亚洲东南部热带地区。我国有1种；广东及海南均有。

水禾　（《中国主要植物图说——禾本科》）　别名：鱼球草、鱼鳔草　（广东）　（图155）

Hygroryza aristata（Retz.）Nees ex Wight & Arn.

Pharus aristatus Retz.

水生漂浮草本，根状茎细长，节上生羽状须根。茎露出水面的部分长约20 cm。叶卵状披针形，长3 ~ 7 cm，宽1 ~ 2 cm，顶端钝，基部圆形，下面具小乳突状突起；叶柄短；叶鞘膨胀，具横脉；叶舌膜质，长约0.5 mm。圆锥花序长与宽近相等，4 ~ 8 cm，具疏散分枝，基部被顶生叶鞘所包藏；小穗有小花1朵，颖不存在；外稃草质，长6 ~ 8 mm，具5脉，脉上被纤毛，脉间生短毛，顶端具1 ~ 2 cm的芒，基部有长约1 cm的柄状基盘，内稃与外稃同质且等长，具3脉，中脉被纤毛，顶端尖；浆片2枚，具3脉；雄蕊6枚，长3 ~ 3.5 mm。花期：秋季。

图155 水禾 Hygroryza aristata（Retz.）Nees ex Wight & Arn.
1. 植株；2. 叶局部分（放大）；3. 小穗。（陈夏玲抄绘）

产地：广东沿海地区及海南万宁。生于池塘、湖沼、小溪中。
分布：福建、台湾等省区。印度、缅甸等东南亚地区。
用途：饲料。

4. 山涧草属 Chikusichloa Koidz.

多年生挺水植物，具丛生根状茎或短根状茎，须根发达。秆直立，压扁。叶线状披针形，长20～50 cm；叶鞘长于节间，压扁，具脊；叶舌较长而厚，纸质。圆锥花序大而疏散；小穗有1朵能育小花，圆筒形，微压扁，成熟时连同柄状基盘一起脱落；颖不存在；外稃膜质，具5脉，顶端有芒或无，内稃稍短于外稃，具2～3脉；浆片2枚；雄蕊1枚；子房无毛；花柱2。颖果坚硬，纺锤形。

本属有2种，分布于亚洲东部。我国有2种；广东及海南有1种。

无芒山涧草 （《中国主要植物图说——禾本科》） （图156）

Chikusichloa mutica Keng

多年生草本。秆丛生，直立，高60～100 cm，直径3～4 mm，基部数节有羽状须根。叶阔，披针状线形，扁平或对折，长20～50 cm，宽1.5～2.5 cm，中脉粗壮，下部隆起，具小横脉；叶舌纸质，长约 4 mm；叶鞘平滑，长于节间，背部压扁，具脊。顶生圆锥花序大型，紧缩或开展，长达40 cm，宽约10 cm；分枝细长，基部主枝长7～15 cm；小穗有1朵小花，披针形，长约4 mm；颖退化；外稃具5脉，脉

图156　无芒山涧草　Chikusichloa mutica Keng
1. 植株；2、3. 小穗背腹面观。（余汉平抄绘）

上生微刺毛，顶端渐尖而无芒；基盘柄状，长1～2 mm；内稃稍短于外稃，具2～3脉；浆片2枚；雄蕊1枚；子房无毛。颖果坚硬，纺锤形。

产地：仁化、从化及海南琼中、保亭。生于林间、溪旁。

分布：广西。日本。

5. 菰　属　**Zizania** Linn.

一年生或多年生水生草本；有时具根状茎。秆高大、粗壮、直立，节被柔毛。叶扁平，宽大；叶舌长，膜质。顶生圆锥花序大型，雌雄同株；小穗单性，略不同形，有1朵小花；颖不存在；雄小穗两侧压扁，大都位于花序下部分枝上，脱节于颖之下；外稃膜质，具5脉，紧包与其同质的内稃；雄蕊6枚，花药线形；雌小穗圆柱形，位于花序上部的分枝上，脱节于小穗柄之上，柄较粗壮且顶端杯状；外稃厚纸质，具5脉，紧包与其同质的内稃；雄蕊6枚，花药线形，内稃狭披针形，具3脉，顶端尖或渐尖；浆片2枚。颖果圆柱形，被内、外稃所包裹，胚位于颖果中央，长约为颖果的1/2。

本属有4种，分布于东亚、北美洲。我国有1种；广东及海南均有。

菰　（《名医别录》）　别名：茭白、茭笋、芒婆草　（海南）　（图157）

Zizania latifolia（Griseb.）Turcz.　ex Stapf

Hydrophyum latifolium Griseb.

多年生水生草本，具匍匐根状茎；须根粗壮。秆直立，高1～2 m，直径约1 cm，具多节，基部节上生不定根。叶扁平宽大，长50～90 cm，宽15～30 mm；叶舌膜质，长约1.5 cm，顶端尖；叶鞘长于节间，肥厚，有小横脉。圆锥花序长30～50 cm，分枝多数，簇生，上升，果期展开；雄小穗长10～15 mm，两侧压扁，着生于花序下部或分枝的上部，带紫色；外稃具5脉，顶端渐尖，具小尖头，内稃具3脉，中脉成脊，被毛；雄蕊6枚，花药长5～10 mm；雌小穗圆筒形，长18～25 mm，宽1.5～2 mm，着生于花序上部和分枝下方与主轴贴生处；外稃的5脉粗糙，芒长20～30 mm，内稃具3脉。颖果圆柱形，长约1.2 mm。

产地：广东及海南大部分地区有栽培。生于沼泽、溪旁。

分布：黑龙江、吉林、辽宁、内蒙古、河北、甘肃、陕西、湖北、湖南、江西、江苏、福建、台湾等省区。日本、俄罗斯及欧洲各国。

用途：蔬菜；饲料。

图157 菰 *Zizania latifolia* (Griseb.) Turcz. ex Stapf
1. 植株及花序一部分；2. 雌小穗。（余汉平抄绘）

6. 芦 苇 属 **Phragmites** Adans.

多年生草本，具发达根状茎。茎直立，具多节。叶宽大，披针形，大多无毛；叶鞘常无毛；叶舌厚膜质，边缘具毛。圆锥花序大型，密集，具多数粗糙分枝；小穗有3～7朵小花，小穗轴节间短而无毛，脱节于第一外稃与能育小花之间；颖不等长，具3～5脉，顶端尖或渐尖，均短于小花；第一外稃不育，雄性或中性，小花外稃向上渐变小，狭披针形，具3脉，顶端渐尖或成芒状，无毛，外稃基盘延长，具长丝状柔毛，内稃狭小，甚短于外稃；浆片2枚；雄蕊3枚，花药长1～3 mm。颖果与稃体相分离，胚小型。

本属有10余种，分布几遍全球。我国有3种；广东及海南有2种。

1. 小穗长6～10 mm，第一不育外稃不明显增长；外稃基盘具较少的柔毛，或基盘中部以上着生长丝状柔毛 …………………… 1. 卡开芦 P. karka
1. 小穗长13～20 mm，第一不育外稃明显增长；外稃基盘的两侧密生等长或长于其稃体的丝状柔毛 ……2. 芦苇 P. australis

1. 卡开芦 （《江苏植物名录》） 别名：水竹 （海南）

Phragmites karka (Retz.) Trin. ex Steud.

Arundo karka Retz.

P. karka var. *cincta* Hook. f.

多年生草本，根状茎粗壮。秆高大直立，高4～6 m，粗壮不具分枝，直径1.5～2.5 cm，具3～5节，中下部节间可长达35 cm。叶扁平，宽阔，长25～50 cm，宽2～3cm，顶端长渐尖成丝形，基部与鞘等宽，下面与边皆粗糙；叶舌长不及1 mm；叶鞘平滑，具横脉。圆锥花序大型，长30～60 cm，宽10～20 cm，具稠密分枝，分枝多数轮生于主轴各节，基部分枝长10～30 cm，斜升或开展，下部裸露，无小穗；穗轴无毛；小穗柄长5 mm，无毛；小穗长8～12 mm，有4～6朵小花；颖狭椭圆形，具1～3脉，顶端渐尖，第一颖长约3 mm，第二颖长约5 mm，第一外稃长6～9 mm，不育；第二外稃长约8 mm，上部渐尖成芒状；基盘细长，稍弯，疏生长约5 mm的丝状柔毛，毛长为稃体的1/2～2/3。花、果期：8～12月。

产地：乐昌、连州、清远、梅州、新丰、龙门、深圳、斗门、东莞、广州、阳春、茂名及海南各地。生于河边、湿地。

分布：台湾、福建、广西、云南等省区。亚洲南部及东南部、非洲、大洋洲、印度、克什米尔地区、巴基斯坦、中南半岛、马来西亚、波利尼西亚和澳大利亚。

用途：饲料。

2. 芦苇　（《台湾植物名录》）　（图158）

Phragmites australis (Cav.) Trin. ex Steud.

Arundo australis Cav.

多年生草本，根状茎十分发达。秆高1～3 m，直径6 mm，具20多节，基部和上部的节间较短，最长节间位于下部第4～6节，长20～25（～40）cm，节下被蜡粉。叶披针状线形，长30 cm，宽2 cm，无毛，顶端长渐尖成丝状；叶舌边缘密生一圈长约1 mm的短纤毛，两侧缘毛长3～5 mm，易脱落；叶鞘下部的短于而上部的长于其节间。圆锥花序大型，长20～40 cm，无毛；小穗长13～20 mm，有4朵小花；颖具3脉，第一颖长4 mm，第二颖长约7 mm；第一外稃雄性长约12 mm，第二外稃长11 mm，具3脉，顶端长渐尖，基盘延长，两侧密生等长于外稃的丝状柔毛，与无毛的小穗轴相连接处具明显关节；内稃长约3 mm，两脊粗糙；雄蕊3枚，花药长1.5～2 mm，黄色。颖果长约1.5 mm。

图158　芦苇　Phragmites australis (Cav.) Trin. ex Steud.
1. 花枝；2. 小穗；3. 两性花；4. 雌蕊。（余汉平抄绘）

产地：乐昌、乳源、清远、深圳、珠海、惠东、广州、高要、阳春、徐闻。生于河边、溪边、湿地。

分布：全国各省区。全球广布。

用途：造纸、编席、饲料、固堤。

7. 芦　竹　属　**Arundo** Linn.

多年生草本，具长匍匐根状茎。秆芦苇状，高大，粗壮，具多节。叶线状披针形；叶舌纸质，背面及边被毛；叶鞘平滑无毛。圆锥花序大型，分枝密，具多数小穗；小穗有2～7朵小花，两侧压扁；小穗轴脱节于颖之上和小花之间；两颖近相等，约与小穗等长或稍短，披针形，具3～5脉；外稃宽披针形，厚纸质，顶端具尖头或短芒，背部近圆形，无脊，具3脉，中部以下密生白色长柔毛，基盘短小，内稃短，长为外稃的1/2，两脊上部有纤毛；雄蕊3枚，花药长2～3 mm。颖果较小，纺锤形。

本属约有5种，分布于全球热带和亚热带。我国有2种；广东及海南有1种。

芦竹 （《亨利氏台湾植物名录》） 别名：冬密草 （《岭南科学杂志》）、荻芦竹 （《本草汇言》） （图159）

Arundo donax Linn.

多年生草本，具发达的根状茎。秆粗大直立，高2 ~ 6 m，直径1.5 ~ 2.5 cm，坚韧，多节，常生分枝。叶扁平，长30 ~ 50 cm，宽3 ~ 5 cm，基部白色，抱茎，上面与边微粗糙；叶舌截平，长约1.5 mm，顶端具短纤毛；叶鞘长于节间，无毛或鞘口部具长柔毛。圆锥花序极大型，长30 ~ 90 cm，宽3 ~ 6 cm，分枝稠密，斜升；小穗长10 ~ 12 mm；有2 ~ 4朵小花，小穗轴节间长约1 mm；外稃中脉延伸成1 ~ 2 mm的短芒，背面中部以下密生长柔毛，毛长5 ~ 7 mm，基盘长约0.5 mm，两侧上部具短柔毛，第一外稃长约1 cm；内稃长约为外稃的1/2；雄蕊3枚。颖果细小、黑色。花、果期：9 ~ 12月。

产地：英德、南澳、广州、深圳、新会、台山、郁南、阳春及海南各地。生于河岸、路边、沙质土。

分布：广西、贵州、云南、四川、湖南、江西、福建、台湾、浙江、江苏等省区。亚洲、非洲、大洋洲热带地区。

用途：优质纸浆和人造丝的原料。

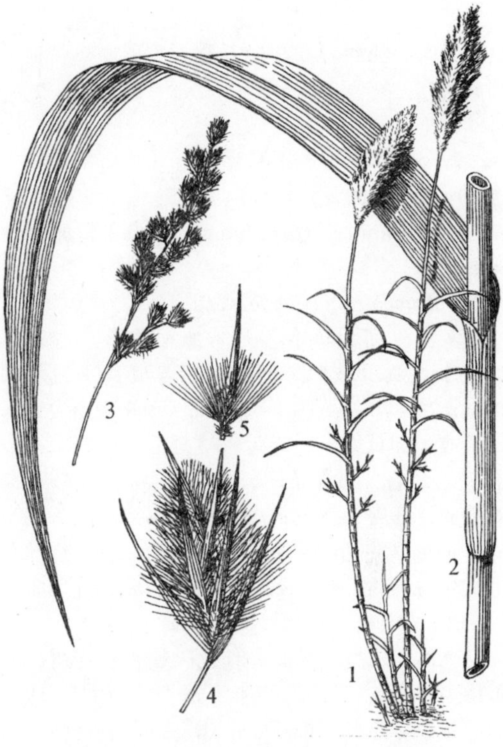

图159 芦竹 Arundo donax Linn.

1．植株；2．叶和秆的一部分；3．花序分枝的一部分；4．小穗；5．小花。（余汉平抄绘）

8. 类 芦 属 Neyraudia Hook．f.

多年生高大草本，常具分枝而有髓部。叶长，平展。圆锥花序开展；小穗有3 ~ 8朵小花，第一小花两性或中性，上部小花渐小，顶生的退化，小穗轴无毛，脱节于颖之上或第一不育小花之上及诸小花间；颖膜质，几相等，具1脉；外稃披针形，具3脉，背部圆形，顶端有两裂齿，中脉自两裂齿间延伸成短芒，边脉接近边缘并有开展的白色柔毛；基盘短柄状，被短柔毛；内稃狭窄，稍短于外稃；浆片2枚；雄蕊3枚。

本属有3种，分布于东半球的热带和亚热带地区。我国有4种；广东及海南有2种。

1．小穗的第一小花能育，外稃长5 ~ 6 mm ………………………………………… 1．望冬草 N．arundinacea

1．小穗的第一小花不育，外稃长4 mm …………………………………………… 2．类芦 N．reynaudiana

1. 望冬草 （《广州植物志》）

Neyraudia arundinacea（Linn.）Henrard

Aristida arundinacea Linn.

多年生高大草本，具粗壮、有分枝的短根状茎。秆高2 ~ 3 m。叶扁平，长25 ~ 75 cm，宽5 ~ 10 mm。圆锥花序大型，长30 ~ 100 cm，分枝羽状；小穗有4 ~ 8朵小花，长6 ~ 8 mm，第一颖长4 mm，第二颖长约5 mm，具1脉，顶端渐尖或锥状；小穗轴近中部有节，节上有毛；第一小花能育；外稃披针形，长5 ~ 6 mm，具3脉，近边处生长约2 mm的白色柔毛，顶端2裂，齿长0.5 ~ 1 mm，其间伸出长约2 mm反曲的短芒，基盘长圆形，长0.2 ~ 0.4 mm；内稃略短于外稃。

产地：乐昌、肇庆。生于河边、草地。

分布：江西、浙江、安徽、广西。热带亚洲。

2. 类芦　别名：石珍茅　（《广州植物志》）　（图160）

Neyraudia reynaudiana（Kunth）Keng ex Hitchc.

Arundo reynaudiana Kunth

多年生高大草本，具木质根状茎。秆高1～3 m，具分枝，节间被白粉。叶扁平或卷折，长20～70 cm，宽4～10 mm，顶端细渐尖，无毛或上部具柔毛；叶舌密被柔毛；叶鞘紧密抱茎，无毛。圆锥花序长30～70 cm，分枝长而细弱，开展，下垂；小穗有4～8朵小花，长6～8 mm；第一小花不育；外稃长约4 mm，边脉生长约2 mm的柔毛，顶端具长1～2 mm向外反曲的短芒；内稃短于外稃，透明膜质。

产地：乐昌、乳源、仁化、始兴、连州、阳山、清远、英德、陆丰、澄海、深圳、珠海、斗门、惠东、博罗、广州、台山、新会、高要、封开、郁南、信宜、阳江、阳春、茂名及海南各地。生于河边。

分布：我国长江以南和西南诸省区。印度、缅甸、马来西亚、日本。

用途：造纸、固堤。

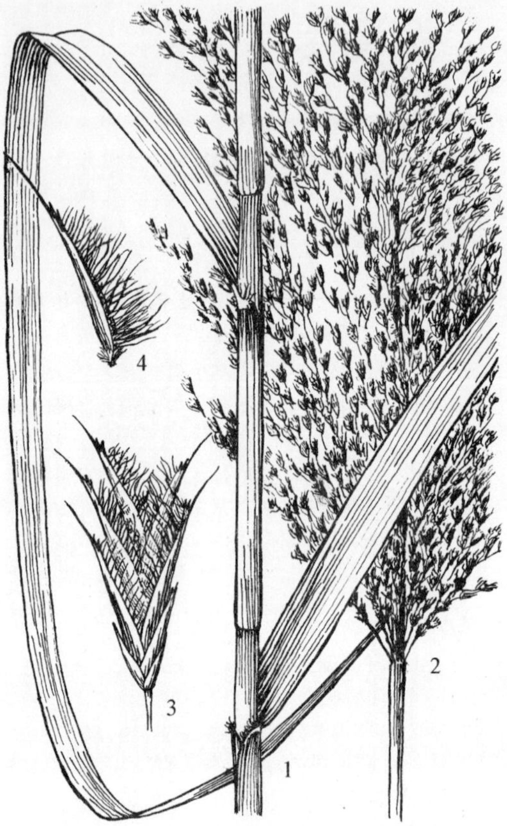

图160　类芦　Neyraudia reynaudiana（Kunth）Keng ex Hitchc.
1. 植株一部分；2. 花序一部分；3. 小穗；4. 小花。
（陈夏玲抄绘）

9. 棕 叶 芦 属　Thysanolaena Nees

多年生高大草本。秆直立，丛生。叶宽，披针形，具短柄，具横脉；叶舌短；叶鞘平滑。顶生圆锥花序大型，稠密；小穗短小，有2朵小花，第一小花不育，第二小花能育，小穗轴延伸；成熟后小穗自柄关节处脱落；颖微小，无脉，顶端钝；第一外稃膜质，具1脉，顶端渐尖，与小穗等长，内稃缺；第二外稃较第一外稃稍短而质较硬，具3脉，顶端渐尖至具小尖头，边缘具长柔毛，基盘短而无毛；内稃较短；雄蕊2枚。颖果小，与内稃、外稃分离。

本属仅1种，分布于亚洲热带地区。我国有1种；广东及海南均有。

棕叶芦　（图161）

Thysanolaena latifolia（Roxb. ex Hornem.）Honda

Melica latifolia Roxb. ex Hornem.

Agrostis maxima Roxb.

T. maxima（Roxb.）O. Ktze.

多年生丛生草本。秆直立，高2～3 m，粗壮，具白色髓部，不分枝。叶宽披针形，长20～50 cm，宽3～8 cm，顶端渐尖，基部心形，具横脉，具柄；叶舌长1～2mm，质硬，截平；叶鞘无毛。圆锥花序大型，柔软，长达50 cm，分枝多数，斜向上升，下部裸露，基部主枝长达30 cm；小穗长1.5～1.8 mm，小穗柄长约2 mm，具关节；颖无脉，长为小穗的1/4；第一小花仅具外稃，约等长于小穗；第二小花外

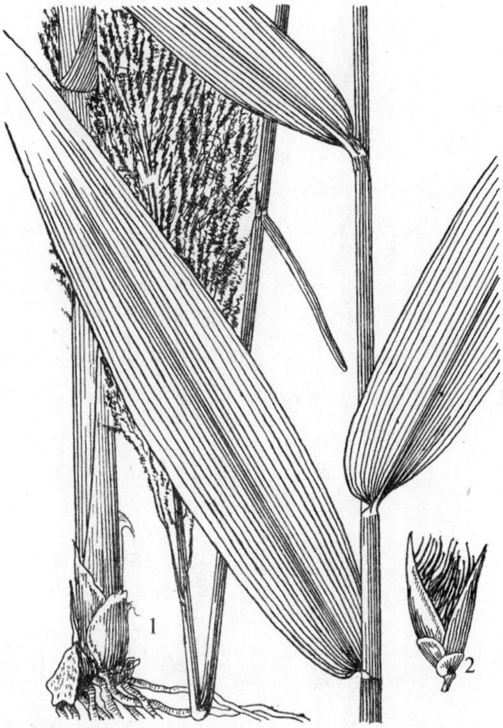

图161 粽叶芦 Thysanolaena latifolia（Roxb. ex Hornem.）Honda
1. 植株一部分；2. 小穗。（余汉平抄绘）

稃厚纸质，卵形，背部圆，具3脉，顶端具小尖头，边被柔毛；内稃膜质，较短小；雄蕊2枚，花药长约1 mm，褐色。颖果长圆形，长约0.5 mm。花、果期：春和夏或秋季。

产地：乐昌、乳源、连州、连南、连山、清远、翁源、新丰、和平、连平、龙川、五华、兴宁、梅州、大埔、丰顺、饶平、潮安、博罗、广州、深圳、高要、新兴、恩平、开平、信宜、阳春及海南各地。生于山坡、山谷、林下、灌丛。

分布：福建、台湾、香港、广西、云南、贵州等省区。亚洲热带地区。

用途：造纸；叶可裹粽；花序用作扫帚。

10. 鹧鸪草属 Eriachne R. Br.

多年生较矮小、簇生草本。叶纵卷如针状。圆锥花序顶生，开展；小穗有2朵能育小花，脱节于颖之上及2朵小花之间，小穗轴极短，不延伸；颖纸质，具数脉，等长或略短于小穗；外稃背部具短糙毛，成熟时变硬，有芒或无；内稃无明显的脊；浆片2枚；雄蕊2～3枚；花柱自基部分离，柱头帚状。

本属20多种，多数分布于大洋洲。我国仅有1种；广东及海南亦有。

鹧鸪草 （《广州植物志》） （图162）

Eriachne pallescens R. Br.

Aira chinensis Retz.

E. chinensis Hance

多年生草本；须根较粗而坚韧。秆直立，丛生，较细而坚硬，光滑无毛，高20～60 cm，具5～8节，基部分枝。叶质硬，多纵卷成针状，稀扁平，长2～10 cm，被疣毛；叶舌硬而短，长约0.5 mm，具纤

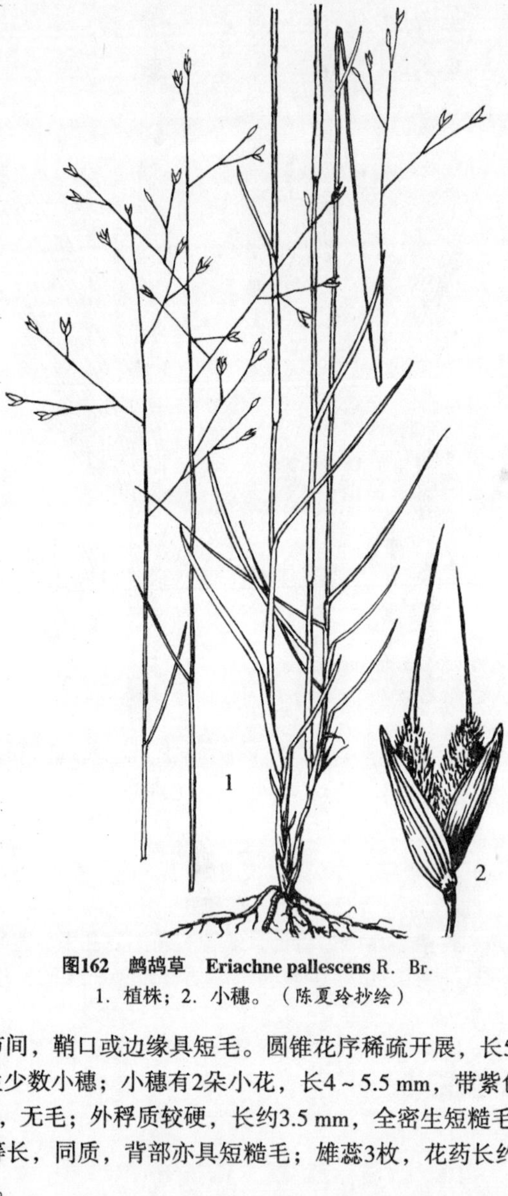

图162 鹧鸪草 Eriachne pallescens R. Br.
1. 植株；2. 小穗。（陈夏玲抄绘）

毛；叶鞘圆筒形，多短于节间，鞘口或边缘具短毛。圆锥花序稀疏开展，长5～10 cm，分枝纤细，光滑无毛，长达5 cm，其上着生少数小穗；小穗有2朵小花，长4～5.5 mm，带紫色；颖硬纸质，卵形兼披针形，背部圆形，长3～4 mm，无毛；外稃质较硬，长约3.5 mm，全密生短糙毛，顶端具1直芒，与稃体几等长或稍短；内稃与外稃等长，同质，背部亦具短糙毛；雄蕊3枚，花药长约2 mm。颖果长圆形，长约2 mm。花、果期：5～10月。

产地：乐昌、英德、新丰、和平、连平、河源、深圳、惠阳、广州、高要、遂溪及海南北部及沿海丘陵地。生于山坡、松林、草地。

分布：福建、江西、湖南、广西、香港等省区。东南亚和大洋洲。

11. 三芒草属 **Aristida** Linn.

一年生或多年生丛生草本。叶纵卷，稀扁平；叶鞘平滑或被长柔毛；叶舌短小，具纤毛。圆锥花序顶生，狭窄或开展；小穗有1朵小花，两性，线形，小穗轴倾斜，脱节于颖之上；颖膜质，长披针形，具1～5脉，近等长或不等长；外稃圆筒形，成熟后质较硬，具3脉，包着内稃，顶生三叉的芒或3芒，芒粗糙或被柔毛，直立或扭转，基盘尖锐或较钝圆，被短毛；内稃质薄而短小，或甚退化；浆片2枚，较大；雄蕊3枚。颖果圆柱形或长圆形。

本属约150种，广布于温带和亚热带的干旱地区。我国有11种；广东及海南有2种。

1. 多年生草本；秆不分枝，高30~60 cm；小穗长7~14 mm ······························ 1. 华三芒草 A. chinensis
1. 一年生草本；秆分枝，高6~20 cm；小穗长3~10 mm ······························ 2. 黄草毛 A. cumingiana

1. 华三芒草 （《种子植物名称》） （图163）

Aristida chinensis Munro

A. formosana Honda

多年生草本；须根较细而坚韧。秆直立，高30~60 cm，纤细，紧密丛生，不分枝，平滑无毛。叶内卷，细弱，长10~20 cm，宽1~1.5 mm；叶舌短小，具纤毛；叶鞘紧密抱茎，长于节间，光滑。圆锥花序开展，长为全株的1/3或1/2，分枝单生或成对；小穗灰绿色或紫色，线形，长7~14 mm；颖窄披针形或线状披针形，第一颖长8~14 mm，第二颖长为第一颖的1/2~2/3，具1脉，脉粗糙；外稃长5~8 mm，背部平滑，基盘尖硬，被短毛，毛长约0.5 mm；芒粗糙而无毛，主芒长6~15 mm，侧芒较短或与主芒等长；内稃宽披针形，长约2 mm，基部具不明显的2脉；浆片2枚，长1~1.5 mm；花药长1~2 mm。花、果期：4~12月。

产地：英德、南澳、广州、深圳、高州、吴川、廉江、遂溪、徐闻及海南澄迈、东方、三亚、琼中、万宁。生于山坡、草地。

分布：台湾、福建、广西。缅甸、泰国、印度尼西亚、菲律宾、越南、柬埔寨。

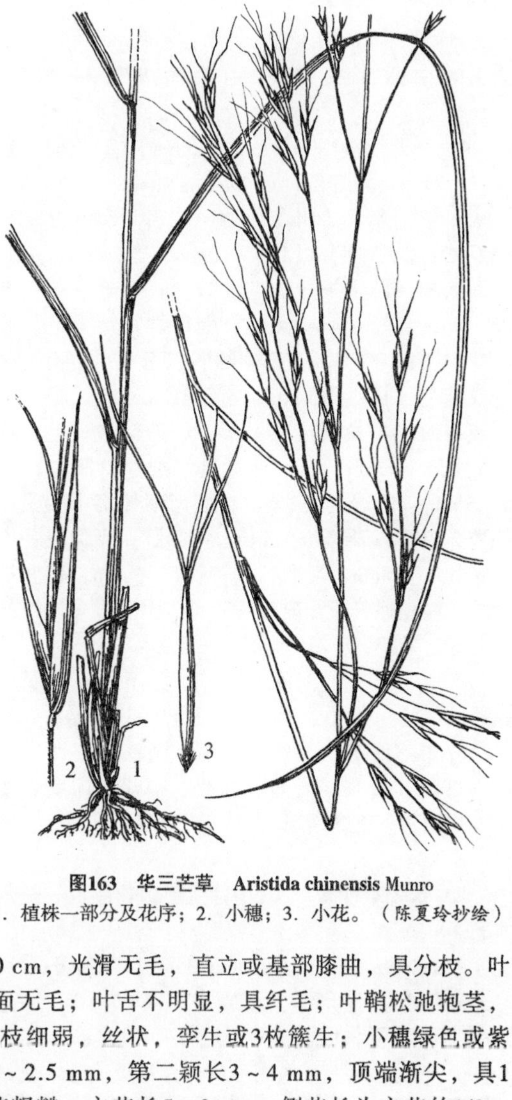

图163 华三芒草 Aristida chinensis Munro
1. 植株一部分及花序；2. 小穗；3. 小花。（陈夏玲抄绘）

2. 黄草毛 （《广州植物志》）

Aristida cumingiana Trin. & Rupr.

一年生草本；须根细而柔软。秆细弱，高6~20 cm，光滑无毛，直立或基部膝曲，具分枝。叶柔软，内卷，线形，长2.5~10 cm，上面被毛，下面无毛；叶舌不明显，具纤毛；叶鞘松弛抱茎，短于节间，平滑。圆锥花序疏松，长5~10 cm，分枝细弱，丝状，孪生或3枚簇生；小穗绿色或紫色，长3~10 mm；颖膜质，狭披针形，第一颖长2~2.5 mm，第二颖长3~4 mm，顶端渐尖，具1脉，脉粗糙；外稃长1.8~2 mm，基盘微小而钝，芒粗糙，主芒长5~8 mm，侧芒长为主芒的1/2，上部粗糙；内稃包藏于外稃内，长约0.3 mm；浆片2枚；花药长0.5~0.6 mm。花、果期：夏、秋季。

产地：仁化、连平、大埔、惠阳、广州。生于山坡、草地。

分布：江苏、浙江、福建、湖南、云南。印度及菲律宾。

12. 草沙蚕属 **Tripogon** Roem & Schult.

多年生细弱、簇生草本。叶细长，内卷。穗状花序单枚顶生；小穗两侧压扁，有2至多朵小花，几无柄，成2行排列于纤细穗轴的一侧，小穗脱节于颖之上及各小花之间；颖狭，具1脉，或有时第二颖具

3脉，不等长；第一颖较小，紧贴穗轴的槽穴，狭窄，膜质，顶端尖或具小尖头；外稃卵形，顶端2~4裂，具1或3芒，具3脉；内稃宽或窄，折叠，与外稃等长或较短；雄蕊1~3枚；花柱短。颖果三棱形至近圆柱形。

本属约有30种，分布于亚洲、非洲、大洋洲、美洲。我国有6种；广东有2种。

1. 外稃主芒长3~8 mm，侧芒长1~3 mm ……………………………… 1. 小草沙蚕 T. filiformis

1. 外稃主芒长约4 mm，侧芒仅为长1 mm的小尖头 ……………………… 2. 长芒草沙蚕 T. longearistatus

1. 小草沙蚕　（《Flora of China》）　（图164）

Tripogon filiformis Nees ex Steud.

多年生丛生草本。秆直立或基部膝曲，高15~35 cm，无毛。叶长4~10 cm，宽1~1.5 mm，上面粗糙，脉上被短刺毛及散生长柔毛，下面平滑；叶舌极短；叶鞘无毛，鞘口常疏被柔毛。穗状花序长10~20 cm，穗轴细弱，无毛；小穗浅绿色或紫色，长8~13 mm，有4~8朵小花，排列疏松或有时2~3枚同生于一节，小穗轴被疏毛；第一颖长2~3 mm，其一侧常具小裂片，第二颖长4~5 mm，顶端尖或2裂，自裂齿间伸出小尖头；外稃无毛或近顶端被微刺毛，具3脉，延伸成芒，主芒长3~8 mm，反曲，侧芒长1~3 mm，芒间裂片钝，内稃略长于或略短于外稃，沿脊及顶端有纤毛。花、果期：8~10月。

产地：新丰。生于山坡、草地、河谷、灌丛、路边。

分布：西藏、陕西、河南、浙江、江西、湖南、四川、贵州、云南、广西、福建。印度、缅甸、尼泊尔、巴基斯坦。

图164　小草沙蚕　**Tripogon filiformis** Nees ex Steud.
1. 植株；2. 小穗；3. 小花。（余汉平抄绘）

2. 长芒草沙蚕　（《中国主要植物图说——禾本科》）

Tripogon longearistatus Hackel ex Honda

多年生丛生草本。秆直立，高15~30 cm，细弱。叶质硬，内卷如针状，长4~11 cm，宽约1 mm，下面无毛，上面无毛或有时具极疏的柔毛；叶鞘平滑无毛，鞘口疏被柔毛；叶舌短，成纤毛状或全退化。穗状花序长10~15 cm；小穗排列较疏松，长5~10 mm，有3~8朵小花，成熟时草黄色；第一颖长2.5~3 mm，上部贴向穗轴的一侧有时有缺刻，第二颖长4~4.5 mm，顶端有长0.5 mm的小尖头；外稃顶端2裂，主脉延伸成芒，芒长约4 mm，向外反曲，侧脉延伸成长1 mm的小尖头，内稃与外稃近等长。花、果期：秋季。

产地：清远、阳春。生在山坡、岩缝。

分布：甘肃、湖南、江西、四川、浙江、福建、贵州、云南。日本、朝鲜。

13. 画眉草属 **Eragrostis** Wolf

一年生或多年生草本。秆丛生。叶线形。圆锥花序或总状花序，开展或紧缩；小穗两侧压扁，具2至多数小花，小花疏松或紧密地覆瓦状排列；小穗轴常作“之”字形曲折，逐节断落或不断落；颖不等长或近等长，短于第一外稃，具1脉，宿存或脱落；外稃无芒，具3条明显的脉或侧脉不明显；内稃具2脊，常作弓形弯曲，宿存或与外稃同时脱落。颖果与稃分离，球形或压扁。

本属有300余种，分布于全世界的热带与温带区域。我国有32种；广东及海南有23种。

1. 小花随小穗轴的关节自上而下逐节脱落。
  2. 圆锥花序紧缩成穗状，圆柱形 ……………………………………1. 纤毛画眉草 E. ciliata
  2. 圆锥花序开展，不呈穗状。
    3. 内稃脊上有长纤毛；分枝和小穗柄上有腺点 ……………………………… 2. 鲫鱼草 E. tenella
    3. 内稃脊上无毛或有短纤毛；分枝和小穗柄上无腺点。
      4. 秆粗壮，高120～150 cm，直径约5 mm；花序分枝单生或成对；小穗黄绿色 ………3. 高画眉草 E. alta
      4. 秆较细，高30～100 cm，直径1.5～2.5 mm；花序分枝簇生或轮生；小穗成熟后紫色 ………4. 乱草 E. japonica
1. 小花不随小穗轴节间脱落。
  2. 一年生草本。
    3. 小花的外稃与内稃同时脱落 ……………………………………… 5. 牛虱草 E. unioloides
    3. 小花的外稃和内稃迟落或宿存。
      4. 植物体具腺体。
        5. 小穗宽2～3 mm，第一外稃长约2.5 mm ……………………………… 6. 大画眉草 E. cilianensis
        5. 小穗宽1.5～2 mm，第一外稃长约2 mm ……………………………………7. 小画眉草 E. minor
      4. 植物体不具腺体。
        5. 第一颖具1脉，长1.5～2 mm，第二颖长约2 mm。
          6. 小穗长3～5 mm，有3～10朵小花 ……………………………………8. 秋画眉草 E. autumnalis
          6. 小穗长7～20 mm，有14～40朵小花 ……………………………………9. 珠芽画眉草 E. cumingii
        5. 第一颖无脉，长1～1.5 mm，第二颖长约1.5 mm。
          6. 花序分枝腋间具柔毛。
            7. 叶舌为一圈纤毛；花序轴的第一分枝处不具退化叶，分枝腋间具长柔毛 ……………… 10. 画眉草 E. pilosa
            7. 叶舌膜质；花序轴的第一分枝处具退化叶，分枝腋间毛极少 ………………… 11. 多秆画眉草 E. multicaulis
          6. 花序分枝腋间不具柔毛 …………………………………… 12. 灰穗画眉草 E. tephrosanthos
  2. 多年生草本。
    3. 小花的外稃和内稃同时脱落 ……………………………………13. 鼠妇草 E. atrovirens
    3. 小花的外稃和内稃不同时脱落，内稃迟落或宿存。
      4. 圆锥花序紧缩成穗状。
        5. 小穗宽1～2 mm；花序下部分枝长（1.5）3～8 mm ……………………… 14. 细叶画眉草 E. nutans
        5. 小穗宽2～3 mm；花序下部分枝长0.5～2.5 mm。
          6. 圆锥花序较密，长2～8 cm；内稃顶端无齿，脊上无狭翼，有明显的纤毛…………15. 短穗画眉草 E. cylindrica
          6. 圆锥花序较疏松，长9～18 cm；内稃顶端有2齿，脊上有狭翼，或具极短纤毛……… 16. 华南画眉草 E. nevinii
      4. 圆锥花序不紧缩成穗状。
        5. 小枝和小穗柄具腺体 ……………………………………………17. 知风草 E. ferruginea
        5. 小枝和小穗柄不具腺体。
          6. 花序分枝较短而坚硬，基部常密生小穗 ……………………………18. 长画眉草 E. brownii
          6. 花序分枝较长而细软，基部裸露不生小穗。

7. 植株基部叶鞘压扁 ……………………………………………………………9. 珠芽画眉草 E. cumingii
7. 植株基部叶鞘不压扁。
8. 内稃宿存。
9. 分枝腋间有毛。
10. 小穗长3 ~ 7 mm，外稃的侧脉粉红色或黄色 ……………………………… 19. 红脉画眉草 E. rufinerva
10. 小穗长5 ~ 20 mm，外稃的侧脉绿色 ………………………………………20. 宿根画眉草E. perennans
9. 分枝腋间无毛 ……………………………………………………………………21. 疏穗画眉草 E. perlaxa
8. 内稃迟落。
9. 小穗长7 ~ 15 mm，有10 ~ 44朵小花 ………………………………………… 22. 海南画眉草 E. hainanensis
9. 小穗长3 ~ 7 mm，有7 ~ 14朵小花 ……………………………………………… 23. 多毛知风草 E. pilosissima

1. 纤毛画眉草 （《海南植物志》）

Eragrostis ciliata（Roxb.）Nees

Poa ciliata Roxb.

多年生草本。秆丛生，高30 ~ 90 cm，坚硬不分枝，多节，节下有一圈腺点。叶披针状线形，无毛，长4 ~ 17 cm，宽3 ~ 5 mm；叶舌退化为一圈成束的短纤毛；叶鞘光滑无毛，革质，具条纹，鞘口被长柔毛。圆锥花序紧缩成穗状，圆柱形，长1.5 ~ 7 cm，宽0.5 ~ 1.5 cm，基部分枝处密生长硬毛，分枝及小穗柄均短；小穗有7 ~ 13朵小花，成熟后小穗轴自上而下逐节断落；颖膜质，披针形，背部及边均有毛；第一颖长约1.8 mm，第二颖长1.8 ~ 2 mm；外稃膜质，长2 ~ 2.5 mm，具明显3脉，侧脉远离边缘，顶端短尖，背部及边缘被短毛；内稃长约1.8 mm，边缘被短毛，脊被长纤毛；雄蕊2枚。颖果红褐色，卵圆形。冬季抽穗。

产地：海南昌江、三亚、东方、乐东、万宁。生于旷地、田边。

分布：印度、斯里兰卡、缅甸、越南。

2. 鲫鱼草 （《岭南科学期刊》）

Eragrostis tenella（Linn.）P. Beauv. ex Roem.& Schult.

Poa tenella Linn.

一年生草本。秆纤细，高15 ~ 60 cm，无毛，具条纹。叶平展，长3 ~ 10 cm，宽2 ~ 5 mm，两面无毛，背面光滑；叶舌退化成短毛；叶鞘松弛，鞘口和边均疏生长柔毛。圆锥花序开展，长5 ~ 16 cm，分枝长1 ~ 5 cm，腋间具长柔毛，小枝和小穗柄有黄色腺体；小穗有4 ~ 10朵小花，卵形至长圆状卵形，长2 ~ 2.5 mm，具长柄；颖膜质，具1脉，第一颖长约0.8 mm，第二颖长约1 mm；外稃长约1 mm，侧脉明显，内稃宿存或迟落，脊上具长纤毛；雄蕊3枚。颖果红色，卵圆形。花、果期：4 ~ 8月。

产地：广州、云浮、连州、罗浮、英德、徐闻、河源及海南乐东、万宁、临高、海口、西沙群岛、南沙群岛。生于田野、湿地。

分布：安徽、福建、广西、湖北、山东、台湾、新疆、云南。东半球热带地区。

用途：牧草。

3. 高画眉草（《海南植物志》）

Eragrostis alta Keng

一年生草本，高120 ~ 150 cm。秆直立，具条纹。叶平展，长30 ~ 45 cm，宽3 ~ 4 mm，两面无毛，上面光滑；叶舌长约1 mm，具缘毛；叶鞘疏松裹茎，无毛，具明显条纹。圆锥花序紧缩，长20 ~ 40 cm，宽约3 cm，分枝单生或成对，分枝腋间无毛；小穗黄绿色，有5 ~ 9朵小花，长2 ~ 3 mm；小穗柄直立或弯曲，小花在小穗上排列松散；颖膜质，近等长，长约0.7 mm，具1脉；第一外稃长约1 mm，具3脉，内稃脊间折合，脊上无毛；雄蕊2枚。花期：春季和初夏。

产地：海南昌江。生于林下、潮湿沙土地。

4. 乱草 （《亚洲文会会报》）

Eragrostis japonica（Thunb.）Trin.

Poa japonica Thunb.

一年生草本。秆丛生，高30～100 cm，具3～4节。叶线形，长3～25 cm，宽3～5 mm，平滑无毛；叶舌膜质，边缘具纤毛；叶鞘疏松裹茎，大都长于节间，光滑。圆锥花序狭长，长6～34 cm，分枝簇生或轮生，腋间无毛；小穗卵圆形，成熟后紫色，长1.5～2 mm，有4～8朵小花，小穗轴逐节断落；颖近等长，卵状披针形，长0.6～0.8 mm；外稃卵圆形，具3脉，内稃与外稃近等长；雄蕊2枚。颖果红棕色，卵球形。花、果期：7～10月。

产地：广州、连州、茂名、始兴、仁化、翁源、连平及海南各地。生于田野、路边、河边、潮湿地。

分布：长江以南及西南各省。南亚至东南亚。

5. 牛虱草 （《岭南科学期刊》） （图165）

Eragrostis unioloides（Retz.）Nees ex Steud.

Poa unioloides Retz.

图165 牛虱草 Eragrostis unioloides（Retz.）Nees ex Steud.
1. 植株；2. 小穗。（余汉平抄绘）

一年生草本或多年生草本。秆基伏卧地面，节上生根，高20～60 cm。叶平展或内卷，线形，长2～20 cm，宽2～4 mm；叶鞘松弛，鞘口有柔毛；叶舌甚短或近缺。圆锥花序开展，长5～20 cm，分枝纤细，腋间无毛，下部的分枝较疏离；小穗长圆形，长5～10 mm，宽2～4 mm，有10～20朵小花，小花紧贴地覆瓦状排列，成熟时广展，紫色，由下而上渐次脱落；小穗轴宿存；颖不等长，第一颖长1.5～2 mm，第二颖长2～2.5 mm；外稃宽卵圆形，密被小点；第一外稃长2 mm；内稃稍短于外稃，与外稃同时脱落，脊上有小纤毛。颖果椭圆形。花、果期：8～10月。

产地：广州、东莞、茂名、深圳、河源、封开、罗定、郁南、阳春、乐昌、始兴、肇庆（鼎湖山）、连平、阳山、大浦、惠阳、英德、台山、连南、博罗（罗浮山）、连州及海南昌江、万宁、三亚、乐东、文昌、琼中、东方。生于荒山、草地、庭院、路边。

分布：福建、广西、云南、江西、台湾等省区。亚洲和非洲的热带地区。

6. 大画眉草 （《种子植物名称》）

Eragrostis cilianensis（All.）Vignolo-Lut. ex Janch.

Poa cilianensis All.

一年生草本，新鲜时植株有鱼腥味。秆丛生，高20～90 cm，直径3～5 mm，节下有一圈腺体。叶扁平，线形，长6～20 cm，宽2～6 mm，无毛，叶脉上与叶缘有腺体；叶舌为一圈或成束的短毛；叶鞘疏松裹茎，脉上有腺体，鞘口有长柔毛。圆锥花序长圆形或尖塔形，长5～20 cm，分枝粗壮，单生，腋间具柔毛，小枝和小穗柄上具腺体；小穗长圆形，墨绿色或黄褐色，长5～20 mm，宽2～3 mm，有10～40朵小花，小穗除单生外，常密集簇生；颖近等长，约2 mm，具1脉或第二颖具3脉，脊上有腺体；外稃广卵形，顶端钝，具3脉，脊上具腺体，内稃明显短于外稃，脊上具短纤毛，宿存。雄蕊3枚。颖果长约0.7 mm。花、果期：7～10月。

产地：广东各地及海南昌江、三亚。生于荒地。

分布：全国各省区。全球热带及温带地区广布。

用途：嫩叶作饲料。

7. 小画眉草 （王道济等译，《普通植物学》）

Eragrostis minor Host

一年生草本。秆纤细，高15～50 cm，直径1～2 mm，节下有一圈腺体。叶线形，平展或内卷，长3～15 cm，宽2～4 mm，下面光滑，上面粗糙并疏被柔毛，主脉及边有腺体；叶舌为一圈长柔毛；叶鞘疏松，短于节间，脉上有腺体，鞘口有长柔毛。圆锥花序开展而疏松，长6～15 cm，宽4～6 cm，每节一分枝，分枝平展或上举，腋间无毛，花序轴、小枝和小穗柄上都有腺体；小穗绿色或深绿色，长圆形，长3～8 mm，宽1.5～2 mm，有3～16朵小花；颖锐尖，具1脉，脉上有腺体，第一颖1.6 mm，第二颖长1.8 mm；第一外稃长约2 mm，广卵形，顶端圆钝，具3脉，侧脉明显并靠近边缘，主脉具腺体，内稃长约1.6 mm，弯曲，脊上有纤毛，宿存；花药长约0.5 mm。颖果近球形，直径0.5 mm。花、果期：6～9月。

产地：据《中国植物志》记载，广东有分布。生于荒芜的田野、草地、路边。

分布：全国各省区。全球的温暖地带。

8. 秋画眉草 （《中国主要植物图说——禾本科》）

Eragrostis autumnalis Keng

一年生草本。秆基部膝曲，高15～45 cm，直径1～2.5 mm，在基部二、三节处常分枝。叶多内卷或对折，长6～12 cm，宽2～3 mm，上部叶的长度有时超出花序；叶舌为一圈纤毛；叶鞘压扁，无毛，鞘口有长柔毛，成熟时往往脱落。圆锥花序开展或紧缩，长6～15 cm，宽3～5 cm，分枝常簇生，腋间无毛；小穗灰绿色，长3～5 mm，宽约2 mm，有3～10朵小花，小穗柄长1～5 mm，紧贴小枝；颖披针形，具1脉，第一颖长约1.5 mm，第二颖长约2 mm；第一外稃卵圆形，长约2 mm，具3脉，顶端尖，内稃长约1.5 mm，具2脊，脊上有纤毛，迟落或宿存。雄蕊3枚。颖果红褐色，椭圆形，长约1 mm。

产地：海南乐东。生于路边、草地。

分布：河北、河南、山东、江苏、浙江、安徽、江西、贵州、福建等省。

9. 珠芽画眉草 （《中国主要植物图说——禾本科》）

Eragrostis cumingii Steud.

E. bulbillifera Steud.

E. reflexa Hack.

一年生草本。秆直立，高约25 cm，压扁，无毛。叶线形，长2～10 cm，宽0.2～0.3 cm，平滑或卷曲，基部叶密生；叶舌膜质；叶鞘常比节间短，扁压，光滑无毛或疏生毛。圆锥花序开展，长约13 cm，宽约3 cm，分枝单一，常排列在穗轴一侧，长1～3 cm，下部分枝几与穗轴垂直，穗轴和小枝常扭转或反折；小穗密生成簇或排列在小枝的一侧，线形或披针形，黄色或稍带紫色，长0.7～2 cm，宽约2.5 mm，有14～40朵小花，基部小花通常开展；小穗柄极短；颖披针形，长约2 mm，顶端尖，具1脉；第一外稃卵形，长约2 mm，顶端稍钝，侧脉明显，内稃长约2 mm，顶端钝圆，脊上有纤毛，宿存；花药长约0.2 mm，紫黑色。

产地：广州、英德及海南东方、三亚。生于沙质地。

分布：福建、广西。菲律宾。

10. 画眉草 （《植物名实图考》）

Eragrostis pilosa（Linn.）P. Beauv.

Poa pilosa Linn.

一年生草本。秆直立或基部膝曲，高10～60 cm，直径1～2.5 mm，光滑。叶线形，扁平或内卷，长6～20 cm，宽2～3 mm，无毛；叶舌为一圈纤毛；叶鞘疏松裹茎，长于或短于节间，压扁，鞘缘近膜质，鞘口有长柔毛。圆锥花序开展或紧缩，长10～25 cm，宽2～10 cm，分枝近轮生，腋间有长柔毛；小穗暗绿或带紫色，具柄，长2～7 mm，宽约1 mm，有3～14朵小花；颖披针形，顶端尖，膜质，第一颖长约1 mm，无脉，第二颖长约1.5 mm，具1脉；外稃广卵形，长约1.8 mm，顶端尖，具3脉，内稃长约1.5 mm，稍作弓形弯曲，脊上有纤毛，宿存或迟落；雄蕊3枚，花药长约0.3 mm。颖果长圆形，长约0.8 mm。花、果期：7 ~ 11月。

产地：广州、阳春、高州、始兴、封开、连州、和平、大埔、高州及海南各地。生于荒野、旱地。

分布：全国各省区。全球温暖地区，美洲有引种。

11. 多秆画眉草 （《Flora of China》）

Eragrostis multicaulis Honda

E. pulchra S. C. Sun & H. Q. Wang

E. pilosa var. *imberbis* Franch.

一年生草本。秆基部稍压扁，高30 ~ 40 cm，直径约2 mm，具2 ~ 3节。叶边卷缩，长6 ~ 12 cm，宽约3 mm，无毛或下面疏生少数毛；叶舌膜质，边缘具长约1 mm的纤毛；叶鞘疏松裹茎，压扁，无毛，基部叶鞘常带紫色，鞘口有长2 ~ 3 mm的毛，成熟后常脱落。圆锥花序紧缩，直立，较坚硬，长约20 cm，宽约1.5 cm，第一分枝处具披针形退化叶，长约2 mm，每节具有2 ~ 3密集分枝，分枝长3 ~ 4 cm，腋间无毛；小穗柄长0.2 ~ 0.5 cm；小穗线形，密集，长约0.5 cm，宽约1 mm，有6 ~ 13朵小花，覆瓦状排列；小穗轴成"之"字形，节间长约0.7 mm，宿存，第一颖长约1.5 mm；第二颖长约1.2 mm，具1脉；外稃广卵形，顶端急尖，带紫色，具3脉，第一外稃长约1.5 mm，内稃顶端钝圆，脊上有短毛，长约1.2 mm，成熟后与外稃同时脱落；雄蕊3枚。颖果长椭圆形，长1 ~ 1.2 mm，具紫色斑纹。

产地：海南东方、三亚。生于开阔旷地。

分布：台湾、云南。印度、日本及东南亚等地。

12. 灰穗画眉草 （《广东植物名录》）

Eragrostis tephrosanthos Schult.

一年生簇生草本。秆相当纤细，从基部分枝，直立，基部膝曲，秆高5 ~ 20 cm。叶平展或稍内卷，长10 ~ 15 cm，宽2 ~ 3 mm；叶舌退化为环状痕迹。圆锥花序幼嫩时狭窄，成熟后开展，长4 ~ 10 cm，宽2 ~ 5 cm，分枝平展或上升；小穗背腹压扁，紫色或铅灰色，成熟后变为灰白色，长4 ~ 8 mm，有6 ~ 20朵小花，小花长4 ~ 8 mm，小穗轴很少具节，下部1/5裸露，下部小穗轴被柔毛；颖质薄，第一颖具3脉，长0.8 ~ 1.2 mm，第二颖具1脉，长1.2 ~ 1.7 mm；外稃卵圆形，顶端钝圆，侧脉明显，主脉脊状，长1.5 ~ 1.8 mm，内稃向内弯曲，脊上具微纤毛，长1.3 ~ 1.6 mm。颖果长椭圆形，稍背腹压扁，长1 ~ 1.2 mm。

产地：阳山。生于旷地、潮湿荒地。

分布：广西。东南亚和北美洲南部。

13. 鼠妇草 （《中国植物志》）

Eragrostis atrovirens（Desf.）Trin. ex Steud.

Poa atrovirens Desf.

E. longispicula S. C. Sun & H. Q. Wang

多年生疏生草本。须根粗壮。秆直立，基部稍膝曲，高50 ~ 120 cm，直径约4 mm，具5 ~ 6节，基部二、三节处常有分枝。叶扁平或内卷，长4 ~ 7 cm，宽2 ~ 3 mm，下面光滑，上面粗糙；叶舌极短，膜质；叶鞘除基部外，均较节间短，光滑，鞘口有毛。圆锥花序开展，长5 ~ 20 cm，宽2 ~ 4 cm，每节有1个分枝，穗轴下部约1/3裸露，腋间无毛；小穗狭长圆形，深灰色或灰绿色，长5 ~ 10 mm，宽约2.5 mm，有8 ~ 40朵小花，小穗轴宿存；小穗柄长0.5 ~ 1 cm；颖具1脉，第一颖卵形，长约1.2 mm，顶端尖；第二颖长卵圆形，长约1.5 mm，顶端尖；外稃长约2.2 mm，广卵圆形，顶端尖，具3脉，侧脉明显，内稃长约1.8 mm，脊上被疏纤毛，与外稃同时脱落。颖果长约1 mm。花、果期：夏秋。

产地：广州、肇庆、深圳、英德、茂名、清远、阳春、珠海、陆丰、怀集、惠阳及海南各地。生于溪边。

分布：福建、广西、贵州、云南、四川等省区。亚洲的热带和亚热带地区。

14. 细叶画眉草　（《Flora of China》）

Eragrostis nutans（Retz.）Nees ex Steud.

Poa nutans Retz.

多年生草本。秆直立，高60 ~ 120 cm。叶线形，长10 cm，宽1.5 mm；叶舌长0.3 mm，折叠；叶鞘口有长丝状毛。小型圆锥花序紧缩成穗形，长7 ~ 14 cm，宽3 cm，下垂，小穗轴被毛，下部分枝长（1.5 ~ ）3 ~ 8 cm；小穗有5 ~ 12朵小花，长6 mm，宽1 ~ 2 mm，排列紧密；颖纸质，第一颖与第二颖等长，宽披针形，皆具1脉；外稃纸质，椭圆形，约长1.25 mm，宽1 mm，具3脉，内稃与外稃同质，等长，具2脊，沿脊上有纤毛，宿存或迟落；雄蕊3枚。颖果椭圆球形，长0.7 mm。

产地：惠阳。生于路边。

分布：台湾、广西、云南。东南亚、印度、日本（琉球）、菲律宾。

15. 短穗画眉草　（《岭南科学期刊》）

Eragrostis cylindrica（Roxb.）Nees ex Hook. & Arn.

Poa cylindrica Roxb.

多年生丛生草本。秆膝曲上升，高20 ~ 70 cm，直径1 ~ 2.5 mm，坚硬，光滑无毛。叶线形，常内卷，长3 ~ 15 cm，宽2 ~ 5 mm，被柔毛；叶舌为一圈毛；叶鞘短于节间，有柔毛，鞘口被长柔毛。圆锥花序紧缩成穗状，长2 ~ 8 cm，宽1 ~ 2.5 cm，下部分枝长0.5 ~ 1.5 cm，向上紧贴，腋间有毛；小穗褐黄色或微紫色，长圆形，长约0.7 cm，宽2.5 ~ 3 mm，有4 ~ 17朵小花；小穗柄极短或无，颖披针形，顶端尖，具1脉，第一颖长约1.5 mm，第二颖长约2 mm，第一外稃长约2 mm，长圆形，顶端急尖，侧脉突出明显，内稃长约1.8 mm，顶端尖，稍弯曲，脊上及边具纤毛。颖果黄色透明，长约1 mm。花、果期：4 ~ 10月。

产地：英德、遂溪、深圳、陆丰、广州、徐闻及海南各地。生于山坡、荒地。

分布：江苏、安徽、福建、广西、台湾。东南亚。

16. 华南画眉草　（《海南植物志》）

Eragrostis nevinii Hance

多年生丛生草本。秆直立或下部稍膝曲，高20 ~ 50 cm，直径2 ~ 4 mm，坚硬。叶线形，内卷，长4 ~ 11 cm，宽3 ~ 4 mm，两面均无毛；叶舌为一圈短毛；叶鞘及鞘口具长柔毛。圆锥花序紧缩成穗状，每节分枝数不定，长1.5 ~ 2.5 cm，分枝腋间无毛或有短毛；小穗黄色或略带紫色，长圆形或线状长圆形，长4 ~ 8 mm，宽2 ~ 3 mm，有4 ~ 14朵小花；颖披针形，具1脉，第一颖长约1.5 mm，第二颖长约2 mm；第一外稃卵圆形，长约2.5 mm，顶端尖，具3脉，侧脉明显，内稃长约2 mm，具2脊，脊上有翼，顶端有齿，宿存。颖果褐色，透明，长圆形，长约1 mm，略扁。花、果期：4 ~ 10月。

产地：广州、高州、英德、阳江、徐闻、遂溪、清远、云浮及海南三亚、东方、昌江。生于荒山。

分布：福建、广西。

17. 知风草　（《大明一统志》）

Eragrostis ferruginea（Thunb.）P. Beauv.

Poa ferruginea Thunb.

多年生丛生草本。秆直立或基部倾斜，高30 ~ 110 cm，直径约4 mm。叶平展或折叠，长20 ~ 40 cm，宽3 ~ 6 mm，上部叶超出花序，光滑无毛或上面近基部疏生有毛；叶舌为一圈短毛；叶鞘两侧压扁，均长于节间，无毛，鞘口与两侧密被柔毛，在叶鞘主脉上有腺体。圆锥花序开展，分枝较密，每节有1 ~ 3分枝，枝腋间无毛；小穗黑紫色或黄绿色，长圆形，长5 ~ 10 mm，宽2 ~ 2.5 mm，有7 ~ 12朵小花；颖披针形，顶端渐尖，具1脉，第一颖长1.4 ~ 2 mm，第二颖长2 ~ 3 mm；外稃卵状披针形，顶端稍钝，第一外稃长约3 mm，内稃稍短于外稃，脊上具小纤毛，宿存。颖果长约1.5 mm。花、果期：8 ~ 12月。

产地：广东及海南各地。生于草地、路边、山坡。

分布：我国南北各地。朝鲜、日本、印度、东南亚。

用途：优良牧草并能保土固堤。

18. 长画眉草 （《种子植物名录》）

Eragrostis brownii（Kunth）Nees

Poa brownii Kunth

E. zeylanica Nees & Meyen

多年生草本。秆直立或基部稍膝曲，高15～50 cm，直径0.5～1 mm，基部节上有分枝。叶线形，内卷或平展，长3～10 cm，宽1～3 mm；叶舌膜质，长约0.2 mm；叶鞘短于节间，鞘口有长柔毛。圆锥花序开展或紧缩，长椭圆形，长3～18 cm，宽1.5～3.5 cm，分枝单一，较粗短，小穗通常2～4个密集在一起；小穗鲜绿色、紫色或深棕色，长圆状椭圆形，长4～15 mm，宽1.5～2 mm，有7至多数小花；小穗柄极短或无柄；颖卵状披针形，顶端尖，第一颖长约1.2 mm，具1脉，第二颖长约1.8 mm，具1脉或有时具3脉，侧脉不明显；外稃卵圆形，长约2 mm，顶端尖，具3脉，内稃稍短于外稃，长约1.5 mm，脊上有毛，顶端微凹。颖果黄褐色，长约0.5 mm。花、果期：春季。

产地：广东及海南各地。生于山坡、路边、草地。

分布：华南、华东、西南各省区。东南亚、大洋洲。

19. 红脉画眉草 （《海南植物志》）

Eragrostis rufinerva L. C. Chia

多年生疏生草本。秆高20～35 cm，粗约1.5 mm，具3～5节，基部膝曲。叶平展或内卷，长3～11 cm，宽2～4 mm，上面疏被柔毛，下面无毛；叶舌膜质；叶鞘疏松裹茎，短于节间，无毛，鞘口被长柔毛。圆锥花序开展，长3～12 cm，宽2～5 cm，分枝单一，腋间疏生有毛；小穗灰绿色，长圆形或椭圆形，长3～7 mm，宽2～2.5 mm，有16～30朵小花，紧密覆瓦状排列，小穗轴宿存；颖膜质，具1脉，广卵形，第一颖长约1.5 mm，边缘膜质；外稃具3脉，侧脉粉红色或黄色，内稃具2脊，上有极短的纤毛，顶端圆钝，比外稃稍短，宿存。雄蕊3枚。颖果棕红色，椭圆形，长约0.6 mm。抽穗期：冬季。

产地：海南定安、东方。生于旷野草地。

20. 宿根画眉草 （《广州植物志》） （图166）

Eragrostis perennans Keng

多年生草本。秆直立而坚硬，高50～110 cm，宽1～3 mm，具2～3节。叶质硬，平展，长10～45 cm，宽3～5 mm，无毛，上面粗糙；叶鞘质较硬，圆筒形，鞘口密生长柔毛，基部很多叶鞘残存；叶舌膜质，长约0.2 mm，或为一圈纤毛。圆锥花序开展，长20～35 cm，宽3～6 cm，每节具1分枝，下部有时每节具多分枝，腋间疏被柔毛；小穗柄长1～5 mm，小穗黄色带紫色，长5～20 mm，宽2～3 mm，有7～24朵小花；颖片披针形，顶端渐尖，具1脉，第一颖长约1.6 mm，第二颖长约2 mm；外稃长圆状披针形，顶端尖；第一外稃长约2.5 mm，具3脉，侧脉明显；内稃长约2 mm，脊上具纤毛，宿存；花药长约1 mm。颖果棕褐色，椭圆形，长约0.8 mm，微扁。花、果期：夏秋。

产地：惠东、广州、云浮、乐昌、连州、徐

图166 宿根画眉草 Eragrostis perennans Keng
1. 植株；2. 小穗；3. 小花。（余汉平抄绘）

闻、河源、阳江、英德、连平、肇庆、深圳、封开及海南各地。生于田野、路边、山坡、草地。

分布：贵州、浙江、福建、广西、云南。东南亚。

21. 疏穗画眉草　（《中国主要植物图说——禾本科》）

Eragrostis perlaxa Keng

多年生草本。秆丛生，直立而纤细，高40 ~ 90 cm，宽约1 mm，具2 ~ 3节。叶内卷，直立，长3 ~ 8 cm，宽1 ~ 2.5 mm，上面疏生长柔毛；叶舌为一圈纤毛，长约0.2 mm；叶鞘紧裹茎，光滑，鞘口有毛。圆锥花序开展，长7 ~ 25 cm，宽4 ~ 9 cm，每节具1分枝，分枝长4 ~ 8 cm，腋间无毛，小枝上疏生2 ~ 5枚小穗，小穗草黄色带灰绿色，线形或长圆形，长0.5 ~ 2.5 cm，宽约3 mm，有6 ~ 16朵小花；小穗柄长0.5 ~ 1 cm；颖具1脉，第一颖狭卵形，长1.2 mm，顶端渐尖，第二颖卵形，长约1.5 mm，顶端尖；外稃广卵形，顶端急尖，侧脉明显，第一外稃长约2 mm，内稃稍短于外稃，长约1.8 mm，脊上有纤毛，宿存；花药长约0.3 mm。颖果长约0.6 mm。果期：3月。

产地：广州、深圳。生于路边。

分布：广西、台湾等省区。

22. 海南画眉草　（《海南植物志》）

Eragrostis hainanensis L. C. Chia

多年生草本；具匍匐枝。秆高30 ~ 45 cm，稍坚硬，具4 ~ 7节。叶质硬而厚，长5 ~ 5.8 cm，宽1 ~ 3 mm；叶舌干膜质，顶端纤毛状；叶鞘光滑无毛，疏松裹茎，鞘口被长柔毛。圆锥花序开展，长9 ~ 13 cm，宽4 ~ 6 cm，每节具1分枝，分枝疏离，基部裸露，不生小穗，最下部裸露分枝长4 ~ 4.5 cm；小穗淡绿色带紫红色，长7 ~ 14 mm，宽2 mm，有10 ~ 44朵小花，疏散排列于分枝上；小穗柄常波状曲折；颖膜质，具1脉，第一颖长约1 mm，第二颖长约1.2 mm；外稃长约1.6 mm，顶端急尖，广卵形，具3脉，成熟时自上而下渐次脱落，内稃长约1 mm，具2脊，脊上有纤毛，稍迟落；雄蕊3枚，花药黄色，长约0.3 mm。抽穗：秋季。

产地：海南东方。生于旷野、草地。

23. 多毛知风草　（《指示植物》）

Eragrostis pilosissima Link

多年生丛生草本。秆高30 ~ 40 cm，直立，纤细而坚硬。叶多内卷，长5 ~ 11 cm，宽1 ~ 2 mm，两面有疏生长柔毛；叶舌为一圈短毛；叶鞘除基部外，均较节间短，密生长柔毛。圆锥花序稀疏，长4 ~ 10 cm，宽2 ~ 5 cm，每节多具1分枝，分枝纤细，略弯曲成波状，腋间无毛，有开展的小枝或小穗；小穗黄色，长圆形，长3 ~ 7 mm，宽约2 mm，有7 ~ 14朵小花；颖卵圆形，长1 ~ 1.5 mm，顶端钝尖，近等长；外稃卵圆形，长约1.6 mm，顶端稍钝，具3脉，侧脉不明显，内稃稍短于外稃，微弯曲，脊上有短纤毛，宿存或迟落；雄蕊3枚，花药长约0.8 mm。花、果期：7 ~ 8月。

产地：广州、仁化、英德、饶平、深圳、郁南、高州、肇庆、惠阳及海南琼海、万宁、乐东。生于山坡、草地。

分布：福建、广西。东南亚。

14. 千 金 子 属　**Leptochloa** P. Beauv.

一年生或多年生草本。叶线形；叶舌膜质，有时具缘毛。圆锥花序开展，由多数较长的穗状花序生于主轴的顶端而形成；小穗长圆形，两侧压扁，在穗轴的一侧成2行覆瓦状排列，有1至数朵小花，脱节于颖之上和各小花间；颖通常较外稃短，不等长，膜质，1脉；外稃具3脉，脉上被毛，背部具脊，顶端钝或圆或具齿裂，有时有小尖头或短芒，内稃与外稃等长或稍短，具2脊；雄蕊（1 ~ ）3枚。颖果两侧压扁或背腹压扁。

本属约有32种，主要分布于全世界的温暖地区。我国有3种；广东及海南皆有。

1. 小穗长6～10 mm ······ 1. 双稃草 L. fusca
1. 小穗长1.4～4 mm。
  2. 叶鞘及叶无毛或被疏长毛；小穗有3～7朵小花 ······ 2. 千金子 L. chinensis
  2. 叶鞘及叶具有疣基的长柔毛；小穗有2～4朵小花 ······ 3. 虮子草 L. panicea

1. 双稃草 （《中国主要植物图说——禾本科》） （图167）

Leptochloa fusca（Linn.）Kunth

Festuca fusca Linn.

Diplachne fusca（Linn.）P. Beauv. ex Roem. et Schult.

一年生草本，具须根。秆稍粗大，无毛，直立或膝曲上升，高50～120 cm。叶狭长，长10～45 cm，宽1.5～3 mm，稍粗糙，内卷；叶舌透明膜质，长约6 mm，顶端撕裂状；叶鞘平滑，松弛。圆锥花序长20～30 cm，直立或稍下垂，总轴和分枝均粗糙；分枝纤细，长5～11 cm，基部常不具小穗；小穗具短柄，稍疏离，灰绿色，近圆柱形，长6～10 mm，通常有5～12朵小花；颖膜质，披针形至长圆形，顶端钝或具短尖，齿状，第一颖长约2 mm，第二颖长3～3.5 mm；第一外稃长圆形，长3.5～4 mm，顶端2～4齿裂，中部以下被丝状柔毛，具3脉，中脉下部1/3处被丝状柔毛，侧脉靠近边，中脉从齿裂间延伸成一短尖头；基盘极短，被柔毛，内稃稍狭，长约3 mm，顶端具微小2齿，背具2脊，脊上部1/3处被短毛，下部2/3处被丝状柔毛。颖果椭圆状长圆形，长1.5～2.5 mm。花、果期：6～9月。

产地：据《Flora of China》记载，广东有分布，海南乐东、三亚。生于靠近海岸或潮湿的地方。

分布：辽宁、河北、河南、山东、湖北、江苏、安徽、浙江、福建、云南、香港、台湾等省区。非洲、东南亚至澳大利亚。

用途：饲料。

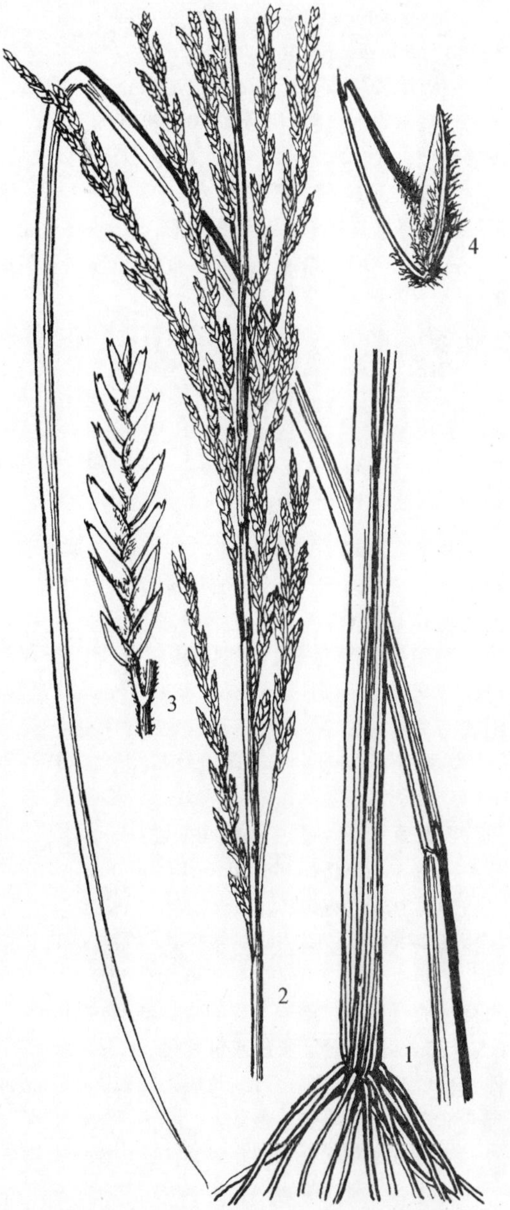

图167 双稃草 Leptochloa fusca（Linn.）Kunth

1. 植株一部分；2. 花序一部分；3. 小穗及穗轴一部分；4. 小花。（陈夏玲抄绘）

2. 千金子 （《中国主要植物图说——禾本科》） 别名：油草 （海南）

Leptochloa chinensis（Linn.）Nees

Poa chinensis Linn.

一年生草本。秆直立，基部膝曲或倾斜，高30～90 cm，平滑无毛。叶线状披针形，长5～25 cm，宽2～6 mm，顶端渐尖，两面微粗糙或下面平滑；叶舌膜质，常撕裂，具小纤毛，长1～2 mm；叶鞘无毛，大多短于节间。圆锥花序长

10 ~ 30 cm，分枝及主轴均微粗糙；小穗多带紫色，长2 ~ 4 mm，有3 ~ 7朵小花；颖具1脉，脊上粗糙，第一颖较短而狭窄，长1 ~ 1.5 mm，第二颖长1.2 ~ 1.8 mm；外稃顶端钝，无毛或下部被微毛，第一外稃长约1.5 mm；花药长约0.5 mm。颖果长圆形，长约1 mm。花、果期：8 ~ 11月。

产地：广州、深圳、高州及海南万宁、东方、儋州、兴隆、三亚、西沙。生于潮湿地或靠海岸的地方。

分布：黄河以南各省区。东南亚、澳大利亚、热带非洲。

用途：饲料。

3. 虮子草　（《种子植物名称》）　别名：细千斤子　（海南）

Leptochloa panicea（Retz.）Ohwi

Poa panicea Retz.

一年生簇生草本。秆高30 ~ 60 cm。叶质薄，长6 ~ 18 cm，宽3 ~ 6 mm，无毛或疏被柔毛；叶舌膜质，顶端不规则齿裂；叶鞘疏生有疣基的柔毛。圆锥花序长10 ~ 30 cm，分枝细弱，微粗糙；小穗灰绿色或带紫色，长1.4 ~ 2 mm，有2 ~ 4朵小花；颖膜质，具1脉，脊上粗糙，第一颖较狭窄，顶端渐尖，长约1 mm，第二颖较宽，长约1.4 mm；外稃具3脉，脉上被细短毛；第一外稃长约1 mm，顶端钝，内稃稍短于外稃，脊上具纤毛。颖果圆球形，长约0.5 mm。花、果期：7 ~ 10月。

产地：广州、肇庆、乐昌、番禺、连州及海南三亚、儋州、乐东、昌江。生于洼地、田野路边、园圃内。

分布：华南、华东、华中各省区。全球热带和亚热带。

用途：饲料。

15. 羽 穗 草 属　**Desmostachya** Stapf

多年生草本，具根状茎。秆坚硬，顶端长渐尖而成丝状。叶线形；叶舌退化为1圈短纤毛；叶鞘平滑，多聚集于秆基而成层叠状。穗状花序密生于主轴上形成狭圆锥花序；小穗无柄，线形，极两侧压扁，无芒，脱节于颖之下，有数朵小花，于穗轴的一侧成覆瓦状排列为2行；小穗轴延伸；颖膜质，不等长，背具1脉而成脊；外稃厚膜质，卵状披针形，具3脉，顶端尖或锐尖，内稃与外稃等长或稍短，具2脊；浆片2枚，透明膜质，不对称；雄蕊3枚；子房无毛；花柱2，柱头瓶刷状。

本属仅有1种，分布于印度及非洲。中国有1种产海南。

羽穗草　（《中国主要植物图说——禾本科》）　（图168）

Desmostachya bipinnata（Linn.）Stapf

Briza bipinnata Linn.

多年生草本，具粗壮、被覆瓦状鳞片的根状茎。秆坚硬，高30 ~ 90 cm。叶线形，长而厚，坚硬，长18 ~ 30 cm，宽4 ~ 7 mm，顶端长渐尖成丝状，边缘粗糙；叶舌退化为一圈短纤毛；叶鞘平滑无毛，多聚集秆基成覆瓦状。圆锥花序直立，长10 ~ 40 cm，宽2 ~ 3 cm，总轴具棱，被短硬毛；分枝短而密集，长0.5 ~ 3.5 cm；小穗草黄色或带紫色，长2 ~ 9 mm，成熟时下垂，与穗轴成直角，有3 ~ 14朵小花；穗轴延伸，被短毛，节间短；第一颖短，长0.75 ~ 1 mm，第二颖长约1.5 mm；第一外稃长约2 mm，内稃具2脊，脊上部粗糙。抽穗期：春夏。

产地：海南三亚、东方、昌江、乐东、海口。生于沙荒地或半沙荒地。

分布：非洲和亚洲。

用途：优良的固沙植物。

图168 羽穗草 *Desmostachya bipinnata* (Linn.) Stapf
1. 植株及花序一部分；2. 小穗。（余汉平抄绘）

16. 尖 稃 草 属 **Acrachne** Wight & Arn. ex Chiov.

一年生草本。秆单生或分枝。叶线形，平展而薄；叶鞘压扁，松弛。穗状花序近直立，通常于总轴上排成假轮生或疏离。小穗无柄，两侧压扁，呈覆瓦状排列于穗轴的一侧，有6～20朵小花；穗轴不延伸于顶端小穗外；有时整个小穗脱落，或部分迟落；颖不等长，具1脉，顶端渐尖或具短芒，两侧常具裂齿；外稃脱落，具3脉，中脉突起成脊且向顶端延伸成一短芒，两侧脉稍延伸，内稃宿存，较外稃短小，具2脊。囊果果皮质薄，易分离。

本属有3种，分布于东半球热带地区。我国有1种；海南亦有。

尖稃草　（《中国高等植物图鉴》）　（图169）

Acrachne racemosa（Heyne ex Roem. & Schult.）Ohwi

Eleusine racemosa Heyne ex Roem. & Schult.

一年生草本。秆直立或膝曲上升，高30～90 cm，单生或分枝。叶披针形或线形，长10～20 cm，宽5～10 mm，顶端渐尖，边缘粗糙，两面无毛；叶舌膜质，顶端撕裂状；叶耳极小；叶鞘光滑，压扁，松弛，短于节间。穗状花序多个，分枝对生或假轮生，近直立，长4～12 cm；穗轴纤细而粗糙，较长，具棱；小穗无柄或近无柄，广卵形或长圆形，长4.5～7 mm，呈覆瓦状排列于穗轴的两侧，每小穗有6～20朵小花；颖膜质，顶端渐尖或伸出成短芒，两侧具裂齿，第一颖卵状长圆形，长2～3 mm，第二颖稍大，长3～4 mm；外稃厚膜质，宽卵形，长约3 mm，具3脉，中脉突起成脊，且向顶端延伸成1短芒，侧脉稍延伸，内稃透明膜质，长约1.7 mm，具2脊，脊上被短纤毛，两脊间部分向内凹陷，脊至边缘部分内折，顶端近截平，具2枚小齿。秋季抽穗，花、果期：可延长到冬季。

图169　尖稃草　Acrachne racemosa（Heyne ex Roem. & Schult.）Ohwi

1．植株；2．小穗；3．小穗一部分，示小花的外稃（a）和内稃（b）。（余汉平抄绘）

产地：海南东方、乐东、三亚、昌江、陵水。生于斜坡、小田坝、江边。

分布：云南。热带亚洲、非洲、澳大利亚北部。

用途：饲料。

17. 䅟　属　Eleusine Gaertn.

一年生或多年生草本。秆硬，簇生，具匍匐茎。叶平展或卷折。穗状花序稍粗壮，数个成指状或近指状排列于秆顶，偶见单独1枚；小穗无柄，两侧压扁，无芒，呈2行覆瓦状排列于穗轴的一侧，脱节于颖之上和小花之间；小花数朵紧贴地覆瓦状排列于小穗轴上；小穗轴不延伸至顶生小穗后；外稃顶端尖，具3～5脉，2侧脉存在时极靠近中脉，形成凸起的宽脊，无芒；内稃较外稃短，具2脊；雄蕊3枚。囊果的果皮膜质，松弛地包着暗褐色的种子；种子成熟时具波状花纹。

本属约10种，大都分布于非洲和印度。我国有2种，广东及海南皆有。

1．植株较矮小，高不超过1 m；穗状花序径直，宽3～5 mm；囊果卵形；野生植物 ……………………1．牛筋草 E. indica
1．植株高大，高超过1 m；穗状花序弯曲，宽8～10 mm；囊果球形；栽培植物 …………………… 2．䅟 E. coracana

1. 牛筋草　（《植物华名录》）　别名：蟋蟀草　（《嘉兴府志》）

Eleusine indica（Linn.）Geartn.

Cynosurus indica Linn.

一年生草本；根系极发达。秆丛生，基部倾斜，高10～90 cm。叶平展，线形，长10～15 cm，宽3～5 mm；叶舌长约1 mm；叶鞘两侧压扁而具脊。穗状花序2～7枚呈指状着生于秆顶，很少单生，长3～10 cm，宽3～5 mm；小穗长4～7 cm，宽2～3 mm，有3～6朵小花；颖披针形，具脊，第一颖长1.5～2 mm，第二颖长2～3 mm；第一外稃膜质，卵形，长3～4 mm，具脊，脊上有狭翼，内稃短于外稃，具2脊，脊上有狭翼。囊果卵形，长约1.5 mm，基部下凹，具明显的波状皱纹。花、果期：5～9月。

产地：新丰、连州、广州、阳春、郁南、乐昌、始兴、云浮、乳源、翁源、高州、惠阳、连平、茂名、深圳、封开及海南乐东、兴隆、万宁、白沙、东方、澄迈、儋州、三亚、陵水、临高、文昌、西沙群岛。生于荒芜地、路边。

分布：我国南北各省区。全球温带和热带。

用途：饲料；保土植物。

2. 䅟 （《本草纲目》） 别名: 龙爪稷 （《授时通考》）、䅟子 （《救荒本草》） （图170）

Eleusine coracana（Linn.）Gaertn.

Cynosurus coracanus Linn.

一年生、粗壮簇生草本。秆高50～120 cm，常分枝。叶线形，长30～60 cm，宽6～12 mm；叶舌长1～2 mm，顶端密生长柔毛；叶鞘光滑。穗状花序5～8枚成指状着生于秆顶，成熟时常内曲，长5～10 cm，宽8～10 mm；小穗有5～6朵小花；颖坚纸质，顶端急尖；第一颖长约3 mm，第二颖长约4 mm；外稃三角状卵形，长约4 mm，顶端急尖，背部具脊，脊缘有狭翼，具5脉，内稃狭卵形，具2脊，粗糙；浆片折叠。囊果近球形，黄棕色，表面皱缩。花、果期：5～9月。

产地：连州、怀集、乐昌及海南三亚、兴隆、昌江、白沙、通什、东方、保亭、儋州。栽培。

图170 䅟 Eleusine coracana（Linn.）Gaertn.

1. 植株；2. 花序；3. 小穗；4. 第一颖；5. 第二颖；6. 第一外稃；7. 内稃；8. 种子。（余汉平抄绘）

分布：我国长江以南及安徽、河南、陕西、宁夏、台湾等省区有栽培。广泛栽培于东半球热带及亚热带。

用途：粮食；酿酒；编织；造纸。

18. 龙 爪 茅 属 **Dactyloctenium** Willd.

一年生或多年生草本。秆丛生，有时具匍匐茎，多少压扁。叶线形；叶舌膜质，具纤毛。穗状花序短而厚，2至数枚，指状排列于秆顶；穗轴延伸于顶生小穗之外，成1小尖头；小穗无柄，着生于窄而扁平的穗轴一侧，最顶端的小花退化；脱节于颖之上，颖较稃短，背具1脉成脊状，第一颖宿存，第二颖锐尖或顶端脱落；外稃坚硬，具脊，顶端有小尖头或短芒，内稃与外稃等长。囊果果皮薄而易分离，包裹着近球形的种子；种子表皮具皱纹。

本属有3种，分布于东半球的温带地区。我国有1种；广东及海南亦有。

龙爪茅　（《岭南科学期刊》）　（图171）

Dactyloctenium aegyptium（Linn.）Willd.

Cynosurus aegyptium Linn.

一年生草本。秆直立或基部横卧地面，高15～60 cm，节处生根且分枝。叶扁平，长5～18 cm，宽3～6 mm，顶端尖或渐尖，两面被疣基毛；叶舌膜质，长1～2 mm，顶端具纤毛；叶鞘松弛，边缘被柔毛。穗状花序2～7枚成指状排列于秆顶，长1～4 cm，宽3～6 mm；小穗长3～4 mm，有3～4朵小花；第一颖沿脊上具短硬毛，第二颖顶端具短芒，芒长1～2 mm；外稃中脉成脊，脊上被短硬毛，第一外稃长约3 mm，内稃近等长，顶端2裂，背部具2脊，背缘有翼，翼缘具细纤毛。囊果球形，直径约1 mm。花、果期：5～10月。

产地：翁源、汕尾、海丰、陆丰、惠阳、深圳、惠东、博罗、广州、中山、台山、阳江、肇庆、德庆、阳春、徐闻及海南澄迈、三亚、陵水、保亭、东方、儋州、临高、琼海、乐东、兴隆、南海诸岛。生于草地、路边、荒地。

分布：华南、华东、华中各省区。全球热带和亚热带。

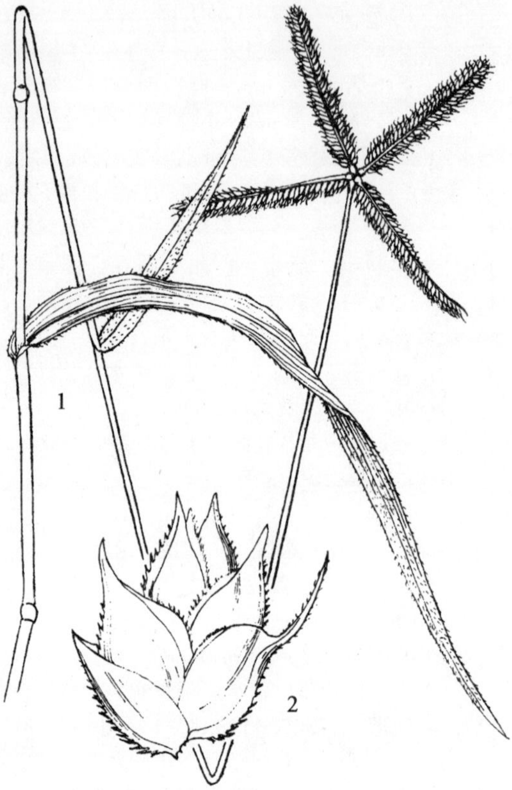

图171　龙爪茅　Dactyloctenium aegyptium（Linn.）Willd.
1. 植株一部分；2. 小穗。（陈夏玲抄绘）

19. 总苞草属　Elytrophorus P. Beauv.

一年生直立草本。叶狭而短，扁平；叶舌短，薄膜质。穗状圆锥花序顶生，圆柱形。由多个小穗组成圆球状的小穗簇，密生或间断着生于延长的花序轴上，每小穗簇托以由3至数枚锥形苞片组成的总苞；小穗两侧压扁，无柄或近无柄，有3～5朵小花，脱节于颖之上或各小花之间；颖几相等，膜质，具1脉，常成脊状，顶端延伸成短尖头；外稃具3脉；内稃较外稃短，具2脊，脊上具宽翼；浆片2枚，斜长方形；雄蕊1～3枚，花药微小。颖果长圆形。

本属有4种，产热带非洲、亚洲和大洋洲。我国有1种；广东及海南有1种。

总苞草　（《中国主要植物图说——禾本科》）　（图172）

Elytrophorus spicatus（Willd.）A. Camus

Dactylis spicata Willd.

一年生草本。秆丛生，直立或基部膝曲，高6～20 cm。叶线状披针形，长2.5～15 cm，宽2～4 mm，表面稍粗糙或疏被柔毛，背面无毛；叶鞘疏松，无毛；叶舌薄膜质，长0.5～1 mm。圆锥花序穗状，长2～10 cm，直径6～8 mm，下部的小穗簇较上部的疏离，小穗簇下面的苞片长2～4 mm，边缘膜质，下部具纤毛；小穗宽卵圆形，长约3.5 mm，有3～7朵小花；颖长2～2.5 mm；第一外稃长约3.5 mm，内稃长约1.5 mm，顶端具裂齿；花药长约0.5 mm。花、果期：5～12月。

产地：肇庆及海南海口。生于田野。

分布：云南。热带亚洲、非洲和大洋洲。

图172 总苞草 Elytrophorus spicatus（Willd.）A. Camus

1. 植株；2. 小穗。（陈夏玲抄绘）

20. 鼠尾粟属 Sporobolus R. Br.

一年生或多年生草本。叶狭披针形或线形，内卷；叶舌极短，纤毛状。圆锥花序开展或紧缩。小穗近圆柱形或两侧压扁，有1朵小花，脱节于颖之上；颖透明膜质，具1~3脉，无芒，与小穗等长；外稃膜质，具1~3脉，无芒，与小穗等长，内稃透明膜质，与外稃等长，较宽，具2脉，成熟后自脉间纵裂；浆片2枚，宽楔形；雄蕊2~3枚；花柱2。囊果成熟后裸露，易从稃体间脱落。

本属约有150种，分布于世界热带地区。中国有5种；广东及海南有4种。

1. 圆锥花序长19~44 cm；叶长10~45 cm；第二颖长约为小穗的1/2~2/3。
   2. 圆锥花序分枝纤细，较长，排列疏松；小穗深灰绿色；雄蕊2枚，稀3枚，花药长约0.5 mm …… 1. 双蕊鼠尾粟 S. diander
   2. 圆锥花序分枝稍坚硬，较短，排列较紧密；小穗灰绿色，略带紫色；雄蕊3枚，花药长0.8~1 mm …… 2. 鼠尾粟 S. fertilis
1. 圆锥花序长4~12 cm；叶长3~11 cm；第二颖约与小穗等长或稍长于小穗。
   2. 植株具根状茎；圆锥花序灰绿色，较紧密，分枝紧贴穗轴 …………………………………… 3. 盐地鼠尾粟 S. virginicus
   2. 植株无根状茎；圆锥花序紫色，较疏松，分枝直立或稍开展 …………………………………… 4. 广州鼠尾粟 S. hancei

1. 双蕊鼠尾粟　（《中国主要植物图说——禾本科》）

Sporobolus diander（Retz.）P. Beauv.

Agrostis diander Retz.

多年生草本；须根较粗壮。秆直立，丛生，高30～90 cm，基径1～2 mm，无毛。叶线形，多数内卷，长达30 cm，宽1～3.5 mm，顶端渐尖，无毛或基部疏被柔毛；叶舌极短或缺，纤毛状；叶鞘质较硬，无毛或边缘具极短纤毛，除基部外大都短于节间。圆锥花序狭窄，长20～40 cm，分枝纤细，排列较疏松，基部主枝长达7 cm，紧贴主轴或开展；小穗深灰绿色，排列疏松，长1.5～2 mm；颖膜质，第一颖甚小，顶端钝或齿裂，无脉，第二颖较长，长达1 mm，具1条不明显中脉；外稃与小穗等长，顶端稍尖，具1条清晰中脉，内稃比外稃短；雄蕊2枚，稀3枚，花药黄色或紫色，长约0.5 mm。花、果期：5～8月。

产地：广州、廉江及海南东方、南沙群岛。生于田野、路边、山坡、草原。

分布：我国东南至西南各省区。热带亚洲及大洋洲。

2. 鼠尾粟　（《中国植物志》）　（图173）

Sporobolus fertilis（Steud.）Clayton

Agrostis fertilis Steud.

S. indicus var. *purpureosuffisus*（Ohwi）T. Koyama

多年生草本；须根较粗壮且长。秆直立，丛生，高25～120 cm，直径2～4 mm，较坚硬，无毛。叶质较硬，通常内卷，少数扁平，长15～45 cm，宽2～5 mm，顶端长渐尖，无毛或仅上面基部疏被柔毛；叶舌极短，长约0.2 mm，纤毛状；叶鞘疏松裹秆，基部的较宽，无毛或基部边缘有极短纤毛，基部的长于节间，上部的较短。圆锥花序排列较紧密，线形，间断或连续，近穗状，长19～44 cm，宽0.5～1.2 cm，分枝稍坚硬，直立，与主轴贴生或倾斜，长1～2.5 cm，基部的较长，一般不超过6 cm，小穗密集着生，灰绿色，略带紫色，长1.7～2 mm；颖膜质，第一颖小，长约0.5 mm，顶端钝或截平，无脉，第二颖卵形，长1～1.5 mm，具1脉；外稃与小穗等长，顶端稍尖，具1条中脉及2条不明显的侧脉，内稃宽，与外稃等长；雄蕊3枚。花、果期：5～9月。

产地：乐昌、阳春、深圳、怀集、始兴、广州及海南陵水、东方、文昌、儋州、琼东、乐东、兴隆。生于田野、草原。

分布：华东、华中、西南等省区。热带亚洲。

图173　鼠尾粟　Sporobolus fertilis（Steud.）Clayton
1. 植株；2. 小穗；3. 种子。（余汉平抄绘）

3. 盐地鼠尾粟　（《华南经济禾草》）

Sporobolus virginicus（Linn.）Kunth

Agrostis virginicus Linn.

多年生草本，具木质的根状茎。秆细，直立或基部倾斜，质较硬，高15～60 cm，直径1～2 mm，无毛，上部多分枝。叶质较硬，多内卷，针状，长3～10 cm，宽1～3 mm，顶生的短小，上面粗糙，下面光滑无毛；叶舌较短，纤毛状，长约0.2 mm；叶鞘无毛，仅鞘口疏生短毛，长于节间或上部的短于节间。圆锥花序灰绿色，较紧密，分枝紧贴穗轴，长4～10 cm，宽4～10 mm；小穗灰绿色或草黄色，披针形，长2～3 mm，排列较密，小穗柄稍粗糙，贴生；颖膜质，无毛，顶端尖，具1脉，第一颖长约为小穗的2/3

或稍短，第二颖与小穗等长或稍长于小穗；外稃略短于小穗，顶端钝，具1条明显的中脉及2条不明显的侧脉，内稃与外稃等长，具2脉；雄蕊3枚，花药黄色，长1～1.5 mm。花、果期：6～9月。

产地：广州及海南西沙群岛、东沙群岛。生于海边盐土、沙滩地、山坡。

分布：福建、台湾、浙江。热带非洲。

4. 广州鼠尾粟 （《中国高等植物图鉴》）

Sporobolus hancei Rendle

多年生草本。秆丛生，直立，高20～50 cm，无毛，基部常膝曲。叶内卷，上面被细毛，下面无毛，长3～1 cm，顶生的短或仅长0.5 cm，宽0.5～2 mm；叶舌甚短或缺，纤毛状；叶鞘疏松裹茎秆，下部的长于节间，上部的短于节间，无毛或鞘口疏生少数纤毛，但分蘖枝上的叶鞘被微毛。圆锥花序紫色，较疏松，分枝直立或稍开展，长4～12 cm，宽0.5～1 cm，分枝近轮生或孪生，长7～15 mm，直立或开展；小穗灰白色而稍带紫色，长2～2.5 mm，小穗柄极短，平滑或稍粗涩，贴生；颖膜质，透明，第一颖长为小穗的2/3～3/4，无脉，顶端尖或钝，第二颖与小穗等长，较宽，具2脉，成熟后纵裂；雄蕊3枚，花药黄色，长约1 mm。花、果期：3～6月。

产地：广州及海南西沙群岛、东沙群岛。生于山坡、草地。

分布：福建、广西、江苏、台湾。日本（琉球）。

21. 乱 子 草 属 **Muhlenbergia** Schreb.

多年生草本，具匍匐茎。秆直立或基部稍倾斜，横卧。圆锥花序狭窄或开展；小穗细小，稍两侧压扁，有1朵小花，脱节于颖之上；颖膜质，宿存，近等长或第一颖较短，短于外稃，常具1脉或第一颖无脉；外稃膜质，具灰绿色斑纹，下部疏被柔毛，基部具微小而钝的基盘，顶端尖或具2微齿，具3脉，中脉延伸成芒，芒细弱，糙涩，径直或稍弯曲；内稃膜质，与外稃等长，具2脉。颖果细长，圆柱形或稍压扁。

本属约有160种，主要分布在北美洲，南亚及东亚也有。我国有6种；广东有1种。

日本乱子草 （《种子植物名称》） （图174）

Muhlenbergia japonica Steud.

多年生草本；稀具短根状茎，但不被鳞片。秆基部横卧，光滑，节上生根，直立部分高15～50 cm，直径约1 mm。叶狭披针形，长2～9 cm，宽1.5～4 mm，顶端尖，两面及边缘粗糙；叶鞘无毛，多数短于节间；叶舌膜质，长0.2～0.4 mm，顶端截平，纤毛状。圆锥花序狭窄，稍弯垂，长4～12 cm，每节具1分枝；小穗灰绿色带紫色，第一颖长1.5～2 mm，第二颖长2～2.2 mm，顶端尖，具1脉；外稃与小穗等长，具灰绿色斑纹，下部1/4被柔毛，毛不显著或稍露于颖外，具3脉，中脉延伸成芒，芒纤细，长5～9 mm，直立，内稃与外稃等长。花、果期：7～10月。

图174 日本乱子草 Muhlenbergia japonica Steud.
1. 植株；2. 小穗；3. 小花。（余汉平抄绘）

产地：乳源。生于河谷、山坡、林缘。

分布：华北、华东、华中、西南各省区。日本。

22. 耳 稃 草 属　**Garnotia** Brongn.

多年生或一年生草本。叶扁平或内卷，被疣基长柔毛。圆锥花序开展或紧缩；小穗有1朵小花，背腹压扁，基部多具短毛，孪生，具不等长的小穗柄，脱节于颖之下；颖等长或长于外稃，具3脉，顶端渐尖或具芒；外稃无毛，具1～3脉，顶端渐尖，具2齿，顶端或齿间常具芒，稀无芒；内稃透明膜质，具2脉，与外稃等长，具缘毛，基部具耳。

本属约有30种，分布于亚洲东部和南部，澳大利亚东北部以及太平洋诸岛。我国有8种，4变种；广东及海南有4种，1变种。

1. 一年生草本；外稃具膝曲的芒。
  2. 小穗长4～6 mm（芒除外）；颖被疣基长柔毛 ……………… 1. 纤毛耳稃草 G. ciliata
  2. 小穗长2～4 mm（芒除外）；颖微粗糙 ……………… 2. 脆枝耳稃草 G. tenella
1. 多年生草本；外稃无芒或具直芒。
  2. 圆锥花序狭窄；秆高20～60 cm ……………… 3. 三芒耳稃草 G. acutigluma
  2. 圆锥花序疏松开展，秆高60～130 cm。
    3. 第一颖芒长2～8 mm；外稃芒长7～15 mm ……………… 4. 耳稃草 G. patula
    3. 第一颖具短尖头；外稃无芒或具长达1.5 mm的短尖头 ……………… 4a. 无芒耳稃草 var. mutica

1. 纤毛耳稃草　（《中国高等植物图鉴》）

Garnotia ciliata Merr.

G. *ciliata* var. *conduplicata* Santos

一年生草本。秆细弱，高25～40 cm，自基部倾斜并于节上生根，无毛或节上有髯毛。叶狭披针形，扁平，长4～10 cm，宽2～5 mm，两面生疣基长柔毛，边缘波状；叶舌长约0.5 mm，边缘具微小纤毛；叶鞘疏松抱茎，被疣基长柔毛，长于或上部的短于节间。圆锥花序狭窄，长5～15 cm，分枝直立，与主轴贴生，长达5 cm，基部的多簇生，接近顶部的多孪生或单生；小穗狭披针形，长4～6 mm，基部具一圈短毛，具粗糙的柄；两颖等长或第一颖稍长，具3脉，被疣基长柔毛，顶端渐尖或具长0.5～3 mm的短芒；外稃膜质，稍短于颖，具不清晰1～3脉，无毛，顶端具2齿，芒从齿间伸出，膝曲，芒柱长约2 mm，扭转，棕色，芒针长7～10 mm，微粗糙；内稃短于外稃，近基部边缘具耳，耳以上至顶被柔毛；花药长1 mm。花、果期：8～10月。

产地：博罗（罗浮山）。生于溪旁、路边。

2. 脆枝耳稃草　（《中国植物志》）

Garnotia tenella（Arn. ex Miq.）Janowski

Berghausia tenella Arn. ex Miq.

G. *fragilis* Santos

一年生草本；须根纤细。秆单一或具少数分枝，高15～36 cm，直立或基部倾斜且最下部节处生根，光滑，仅节处被髯毛。叶狭披针形，扁平，下部的狭小，中部及上部的较宽大，长5～15 cm，宽5～9 mm，急尖或渐尖，两面生疣基长柔毛，边缘常波状；叶舌膜质，长约0.5 mm，顶端截平，具短纤毛；叶鞘疏松抱茎，具脊，被疣基长柔毛，下部的长于节间，上部的短于节间。圆锥花序狭窄，长6～18 cm，部分包在顶端叶鞘内，主轴具棱，粗糙，分枝疏松，上升或与主轴贴生，长1.5～7 cm，基部的多簇生，近顶端的孪生或单生，成熟时易断碎；小穗狭披针形，长4～6.5 mm，基部四周被短毛，具粗糙的柄；颖等长或第一颖稍长，具3脉，微粗糙，自顶端2裂齿间伸出1芒，芒长1～2.5 mm，第一颖的芒稍短于第二颖的芒；外稃膜质，灰白色，与第二颖等长，无毛，具不清晰1脉，边缘膜质，顶端具2齿，芒自齿间伸出，膝曲，芒柱扁，长约2 mm，褐色，扭转，芒针色浅，径直或微曲折，长约7 mm，微粗糙，内稃透明膜质，短于外稃，近缘基部边具耳；花药长0.5～0.8 mm。花、果期：8～10月。

产地：茂名。生于湿润山坡、溪旁、密林中。

分布：云南。印度、缅甸、泰国、越南、马来西亚、印度尼西亚。

3. 三芒耳稃草 （《中国高等植物图鉴》）

Garnotia acutigluma（Steud.）Ohwi

Urachne acutigluma Steud.

G. caespitosa Santos

G. triseta Hitchc.

G. triseta var. *decumbens* Keng

多年生草本；须根较粗。秆高20～40（～60）cm，光滑，节具柔毛。叶线形，长达5～20 cm，宽2～7 mm，扁平或多少内卷，上面疏被柔毛，下面无毛；叶舌膜质，长约0.2 mm，顶端截平，具小纤毛；叶鞘疏松裹茎，长于节间，鞘颈具一圈微毛，余无毛，边缘膜质。圆锥花序狭窄，长8～25（～40）cm，主轴具棱，微粗糙，分枝直立或稍上升，微粗糙，基部的多3枚簇生，近顶端的孪生或单生；小穗狭披针形，基部具一圈短毛，长3～5 mm，具微粗糙的柄；颖膜质，近相等，狭披针形，具3脉，脉粗糙，顶端渐尖，具细长芒，芒长3～5 mm，微粗糙；外稃纸质，等长于颖，披针形，具1脉，光滑，顶端渐尖，具芒，芒细弱，稍粗糙，长8～15 mm，微弯曲，内稃膜质，稍短于外稃，具2脉，近基部边缘具耳，耳以上至顶被柔毛；花药长约1 mm。花、果期：9～10月。

产地：广州、高要、怀集、信宜、茂名等地。生于丘陵、山地。

分布：贵州、台湾、云南、香港、广西等省区。印度、孟加拉国、缅甸、马来西亚、菲律宾、越南。

4. 耳稃草 （《中国高等植物图鉴》） 别名：葛氏草 （《中国主要植物图说——禾本科》） （图175）

Garnotia patula（Munro）Benth.

Berghausia patula Munro

G. maxima Santos

G. patula var. *hainanensis* Santos

多年生草本。秆丛生，直立，高60～130 cm，无毛，节具短毛。叶线形至线状披针形，扁平，长15～60 cm，宽4～9 mm，顶端急尖或渐尖，两面生疣基长柔毛或下面无毛，边缘微粗糙；叶舌膜质，长0.2～0.5 mm，具小纤毛；叶鞘具脊，多聚集于基部，无毛或疏被柔毛，鞘颈密生短毛。圆锥花序疏松开展，长15～40（～65）cm，主轴具棱，粗糙，分枝硬直，上升或伸展，长达12 cm，基部的多3枚簇生，向顶端孪生或单生；小穗狭披针形，长4～4.5 mm，基部被一圈短毛；两颖等长或第一

图175 耳稃草 Garnotia patula（Munro）Benth.
1. 植株；2. 小穗。（陈夏玲抄绘）

颖稍短，第一颖芒长2～8 mm；稀第二颖具长达2 mm的短尖头，具3脉，脉上粗糙；外稃与颖等长，质较厚，成熟时棕黑色，无毛，具3脉，顶端渐尖，具芒，芒细弱，稍粗糙，长7～15 mm，内稃膜质，稍短于外稃，近基部边缘具耳，耳以上至顶被柔毛；花药长约1.5 mm。花、果期：8～12月。

产地：乐昌、清远、蕉岭、博罗、广州、肇庆、怀集、封开、云浮、郁南、信宜、阳春及海南保亭、陵水。生于林下、山谷、田野、路边。

分布：福建、香港、广西。越南。

4a. 无芒耳稃草　（《中国高等植物图鉴》）

var. **mutica**（Munro）Rendle

Berghausia mutica Munro

G. mutica（Munro）Druce

本变种与原种的区别在于：颖顶端渐尖或第一颖具短尖头；外稃渐尖，无芒或具长达1.5 mm的短尖头。

产地：怀集等地。生于林下、山谷。

分布：广西、云南。缅甸、越南。

23. 显 子 草 属 **Phaenosperma** Munro ex Benth. & Hook. f.

多年生直立草本。叶宽线形，有横脉；叶舌长，膜质。圆锥花序顶生，大型，开展，分枝常轮生；小穗背腹压扁，有1朵小花，无芒，两性，脱节于颖之下；颖膜质，卵状披针形，第一颖较小，具1～3脉，第二颖具3～5脉，两侧脉较短；外稃草质，边膜质，具3～5脉，与第二颖等长；内稃与外稃同质而稍短于外稃，具2脉；浆片3枚；雄蕊3枚。颖果球形，具部分宿存的花柱，成熟时露出稃外。

本属仅1种，东亚特产。我国有1种；广东亦有。

显子草　（《种子植物名称》）　（图176）

Phaenosperma globosa Munro ex Benth.

多年生草本。秆单生或少数丛生，光滑无毛，直立，坚硬，高100～150 cm，具4～5节。叶宽线形，长10～40 cm，宽1～3 cm，常翻转而使上面向下，灰绿色，两面粗糙或平滑，顶端渐尖细，基部狭窄；叶舌质硬，长5～15 mm，两侧下延；叶鞘光滑，短于节间。圆锥花序长15～40 cm，分枝多轮生，长5～10 cm，幼时向上斜升，成熟时极开展；小穗背腹压扁，长4～4.5 mm；两颖不等长，第一颖长约2～3 mm，具明显1或3脉，第二颖长约4 mm，具3脉；外稃长约4.5 mm，具3～5脉，内稃略短于外稃；花药长1.5～2 mm。颖果黑褐色，倒卵形，长约3 mm，成熟时露出稃外。花、果期：5～9月。

产地：新丰、从化等地。生于山坡、林下、山谷、溪旁、路边、草地。

分布：西藏、甘肃、陕西及华北、华东、中南、西南各省区。朝鲜、日本。

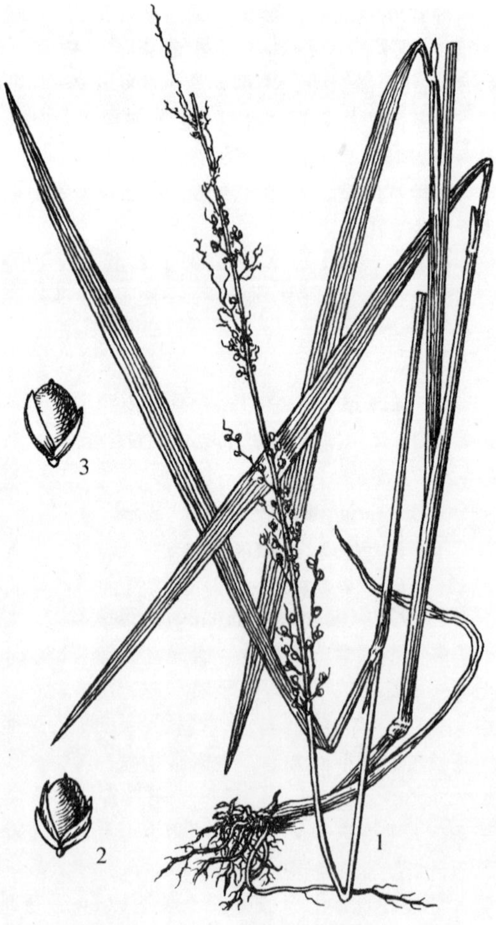

图176　显子草　Phaenosperma globosa Munro ex Benth.
1. 植株；2. 小穗；3. 小花。（余汉平抄绘）

24. 茅 根 属 **Perotis** Ait.

一年生或多年生细弱草本。秆丛生或基部倾斜。叶较短，基部宽，心形。穗形总状花序单一，顶生，直立；小穗具1朵能育小花，单个地排列于主轴上，小穗柄极短，小穗脱落后，宿存在主轴上；颖膜质，线形，几等长，具1脉，顶端延伸为细弱长芒；内稃和外稃膜质，透明，微小；浆片3枚，短小；雄蕊3枚，花药细小；花柱2，短小，柱头帚状。颖果圆柱形，顶端尖细，短于颖或与颖等长。

本属有13种，分布于亚洲、非洲和大洋洲的热带及亚热带地区。我国有3种；广东及海南均有。

1. 小穗长3.5 ~ 4.5 mm；颖渐尖并延伸成1 ~ 2 cm的细芒 ………………………… 1. 大花茅根 P. rara
1. 小穗长1.8 ~ 2.5 mm；颖顶端突然生芒。
  2. 叶宽2 ~ 5 mm；花序长5 ~ 10 cm ………………………………………… 2. 茅根 P. indica
  2. 叶宽4 ~ 7 mm；花序长10 ~ 20 cm ………………………………… 3. 麦穗茅根 P. hordeiformis

1. 大花茅根 （《中国植物志》）

Perotis rara R. Br.

P. longiflora Nees ex Hook. & Arn.

P. macrantha Honda

一年生或多年生草本。秆丛生，高20 ~ 40 cm，基部通常倾斜或卧伏。叶扁平或稍内卷，质硬，披针形或狭披针形，基部略呈心形而抱茎，长1.5 ~ 3 cm，宽2 ~ 5 mm，边缘稍粗糙，两面无毛；叶舌膜质，极短小；叶鞘无毛，长于节间或上部的略短于节间。穗形总状花序直立，长10 ~ 20 cm，宽2 ~ 3 cm，穗轴具纵沟，小穗脱落后，小穗柄宿存于主轴上；小穗线形，长3.5 ~ 4.5 mm，小穗成熟后向外反转，基部具长0.5 ~ 1 mm基盘；颖披针形，具1脉，背部具微柔毛，顶端渐尖并延伸成1 ~ 2 cm 的细芒；外稃长约1.5 mm，具1脉，内稃长约1.2 mm，有不明显的2脉；花药长约0.6 mm。颖果棕褐色。

产地：广东及海南沿海地区。生于海边平原、沙地。

分布：福建、广西、台湾。泰国、越南、菲律宾、巴布亚新几内亚、澳大利亚。

2. 茅根 （《植物名汇》） （图177）

Perotis indica（Linn.）O. Ktze.

Anthoxanthus indicum Linn.

一年生或多年生草本。秆丛生，高20 ~ 30 cm，基部稍倾斜或卧伏。叶质稍硬，扁平或边缘内卷，披针形，长2 ~ 4 cm，宽2 ~ 5 mm，顶端尖，基部微心形而抱茎，无毛或边缘疏生纤毛；叶舌膜质，长不及0.5 mm；叶鞘无毛，上部的稍短于节间。穗形总状花序直立，长5 ~ 10 cm，穗轴具纵沟，小穗脱落后小穗柄宿存于主轴上；小穗长2 ~ 2.5 mm，基部具长0.2 ~ 0.3 mm的基盘；颖狭披针形，顶端钝或尖，被散生的细小柔毛，中部具1脉，顶端具长1 ~ 1.5 cm的细芒；外稃透明膜质，具1脉，长约1 mm，内稃略短于外稃，具不明显

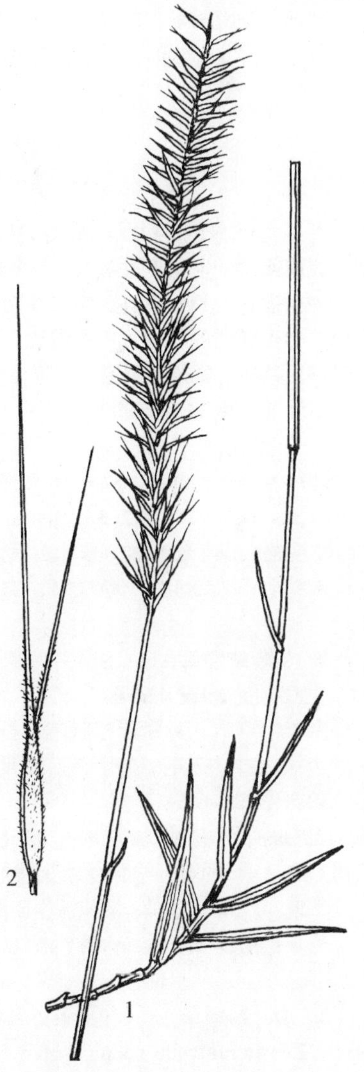

图177 茅根 **Perotis indica**（Linn.）O. Ktze.
1. 植株一部分；2. 小穗。（余汉平抄绘）

的2脉；花药浅黄色，长约0.3 mm；花柱2，柱头帚状。颖果棕褐色，细柱形，长1～1.8 mm。花、果期：夏、秋季。

产地：阳春、惠东、遂溪、湛江、廉江、深圳、海丰、吴川及海南西沙群岛、东方、乐东、三亚、琼中、定安、澄迈、万宁、陵水。生于溪边、河岸。

分布：山东、云南、台湾。亚洲热带地区和新西兰。

3. 麦穗茅根　（《海南植物志》）

Perotis hordeiformis Nees ex Hook. & Arn.

一年生草本。秆丛生，高25～75 cm，基部倾斜。叶卵状披针形，长2～4 cm，宽4～7 mm，基部略呈心形而抱茎，两面无毛，边缘上部稍粗糙，下部常疏生纤毛；叶舌膜质，长不及0.5 mm；叶鞘无毛，通常短于节间。穗形总状花序细柱形，长10～20 cm，宽1～1.5 cm，直立或稍弯曲，穗轴具沟槽；小穗长1.8～2 mm，基盘钝而不明显；颖线形，具1脉，脉的两侧具数行纵行排列的微细小刺毛，顶端钝，中脉延伸成5～7 mm的细芒；外稃长约0.8 mm，具1脉，内稃与外稃近等长，具不明显的2脉；花药黄色，长约0.3 mm。颖果棕褐色，圆柱形，长约1.5 mm。花、果期：夏、秋季。

产地：海南乐东、东方、三亚。生于沙地。

分布：河北、江苏、云南。南亚至东南亚。

25. 结缕草属　**Zoysia** Willd.

多年生草本，具根状茎或匍匐枝。叶常内卷而狭窄。穗形总状花序；小穗两侧压扁，一侧贴向穗轴，成簇或单个地生于主轴上，斜向脱节于小穗柄之上，小穗通常有1朵两性小花，极稀单性，具柄；第一颖完全退化或稍留痕迹，第二颖硬纸质，成熟后革质，无芒，或由中脉延伸成短芒，两侧边缘在基部连合，包裹膜质的外稃，内稃退化；浆片退化；雄蕊3枚；花柱2，基部连合，顶端分离，柱头帚状，开花时伸出颖外。颖果卵圆形，与稃体分离。

本属有9种，分布于非洲、亚洲、大洋洲的热带及亚热带地区。我国有5种，1变种；广东及海南有3种。

1. 小穗长4～5 mm，宽1.2～1.5 mm；叶扁平或边缘内卷 ……… 1. 中华结缕草 Z. sinica
1. 小穗长2～3 mm，宽不超过1 mm；叶内卷如针状。
　2. 野生植物，具根状茎；叶质较坚硬，宽约2 mm ……… 2. 沟叶结缕草 Z. matrella
　2. 栽培植物，具匍匐茎；叶质较柔软，宽约1 mm ……… 3. 细叶结缕草 Z. pacifica

1. 中华结缕草　（《中国主要植物图说——禾本科》）

Zoysia sinica Hance

多年生草本，具横走根状茎。秆直立，高10～30 cm。叶质稍坚硬，长2～10 cm，宽1～3 mm，扁平或边缘内卷，无毛；叶舌短，不明显；叶鞘无毛，长于节间或上部的短于节间，鞘口具长柔毛。穗形总状花序长2～4 cm，宽4～5 mm，排列疏松，伸出叶鞘之外；小穗黄褐色，披针形，长4～5 mm，宽1.2～1.5 mm，小穗柄长约3 mm；颖无毛，侧脉不明显，中脉在近顶端处与颖分离成小芒尖；外稃膜质，长约3 mm，具1明显的中脉；雄蕊3枚，花药长约2 mm。颖果长圆形，棕褐色。花、果期：5～10月。

产地：广州、深圳、潮州。生于海边沙滩、河岸、路边。

分布：福建、广西、台湾、浙江、安徽、江苏、山东、河北、辽宁。日本、朝鲜。

2. 沟叶结缕草　（《种子植物名录》）　（图178）

Zoysia matrella (Linn.) Merr.

　Agrostis matrella Linn.

多年生草本，具横走根状茎。秆直立，高12～20 cm，基部多分枝。叶质硬，长达3 cm，宽约2 mm，内卷，上面有沟，顶端锐尖，无毛或叶面薄被长柔毛；叶舌不明显，被白色柔毛；叶鞘长于节间，无毛，鞘口被长柔毛。总状花序线形，长2～3 cm，宽2～3 mm；小穗柄长1～3 mm，紧贴穗轴；小穗黄褐色，卵状披针形，长2～3 mm，宽1 mm；颖草质，具3脉；外稃膜质，长2～2.5 mm，沿中脉两面压扁；花药长约1.5 mm。颖果棕褐色，长约1.5 mm。花、果期：6～10月。

产地：深圳、徐闻、阳江及海南海口、西沙群岛。生于海岸、沙地。

分布：台湾。亚洲、大洋洲的热带地区。

3. 细叶结缕草 （《Flora of China》） 别名：台湾草、天鹅绒草

Zoysia pacifica（Goudswaard）M. Hotta & S. Kuroki

Z. matrella var. *pacifica* Goudswaard

多年生草本，具匍匐根状茎。秆纤细，高5～10 cm。叶色鲜绿，狭窄，纤细，宽约1 mm；叶舌膜质，长约0.3 mm，顶端纤毛状；叶鞘无毛，紧密包秆，鞘口有丝状长毛。小穗披针形，黄绿色，有时稍带紫色，长约3 mm，宽约0.6 mm；颖革质，顶端及边缘膜质，具不明显的5脉；外稃与颖近等长，有1脉；花药长约0.8 mm。花、果期：8～12月。

产地：广州、肇庆。栽培。

分布：我国南部省区。热带亚洲、欧洲、美洲。

用途：铺建草坪的优良草种。

图178 沟叶结缕草 Zoysia matrella（Linn.）Merr.
1. 植株；2. 小花。（余汉平抄绘）

26. 小丽草属 Coelachne R. Br.

一年生或多年生草本。茎柔弱，直立或匍匐。叶披针形。圆锥花序开展或紧缩；小穗具柄，有2朵小花，革质的第一小花远大于第二小花，两性，或第二小花为雌性，小穗脱节于颖之上；颖几等长，长约为小穗的1/3～2/3，膜质或草质，顶端钝，具不明显的1～3（～5）脉；外稃纸质或硬纸质，无脉，边缘稍内卷，内稃与外稃同质且等长，边缘亦内卷，背部有凹槽；雄蕊2～3枚；花柱2，柱头帚状。颖果卵状椭圆形。

本属有11种，分布于非洲、亚洲和大洋洲的热带和亚热带地区。我国有1种；广东及海南亦有。

小丽草 （《中国主要植物图说——禾本科》） （图179）

Coelachne simpliciuscula（Wight & Arn. ex Steud.）Munro ex Benth.

Panicum simpliciusculum Wight & Arn. ex Steud.

一年生草本。秆纤细，高10～15 cm，基部有时伏卧地面，节处生根。叶柔软，披针形，长1～3 cm，宽2～5 mm，无毛，或沿脉上具短刺毛；叶鞘无毛或上部边缘具短纤毛，松弛裹茎；叶舌具纤毛。圆锥花序狭窄，长3～8 cm，宽5～10 mm，小穗3～7枚着生于穗轴和缩短的分枝上；小穗长2～3 mm，淡绿色或微带紫色；颖草质，具膜质边缘，第一颖长约1.2 mm，具1～5脉，第二颖长约

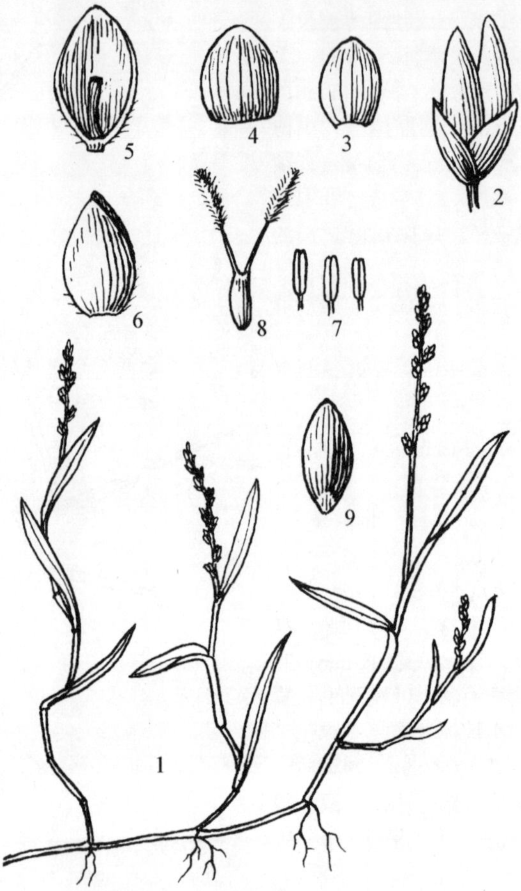

图179　小丽草　Coelachne simpliciuscula（Wight & Arn. ex Steud.）Munro ex Benth.

1. 植株；2. 小穗；3. 第一颖；4. 第二颖；5. 第一小花与小穗轴节间；6. 第二小花；7. 雄蕊；8. 雌蕊；9. 颖果。（余汉平抄绘）

1.5 mm，具5 ~ 7脉；第一小花能育；第二小花雌性，较第一小花略短；外稃纸质，长2.5 ~ 3 mm，内稃与外稃等长，背部有一凹槽；雄蕊3枚，花药长约0.3 mm；颖果棕色，卵状椭圆形，长约1.2 mm。花、果期：9 ~ 12月。

产地：广州、深圳、阳春及海南文昌。生于谷地、溪旁、草原。

分布：广西、云南、贵州、四川等省区。印度、缅甸、斯里兰卡、柬埔寨、泰国、越南。

27. 柳 叶 箬 属　Isachne R. Br.

多年生或一年生草本。叶扁平。圆锥花序疏散，顶生；小穗小型，卵圆形或卵状球形，有2朵小花，第一小花两性或雄性，与第二小花同大或稍大，质薄，第二小花雄性或雌性，无芒，两小花的节间甚短，连同两小花一起脱落；颖近等长，草质，迟落；小花的背部拱形凸起，上面扁平，两小花的外稃和内稃为革质，或第一小花的外稃和内稃为草质，第二小花为革质，无毛或被毛；浆片2枚，微小；雄蕊3枚；花柱2，叉裂，柱头帚状。颖果椭圆形或近球形，与稃体分离。

本属约90种，分布于全世界的热带或亚热带地区。我国有18种，主要分布于长江流域以南各省区；广东及海南有9种。

1. 小穗的2小花同质同形，第一小花多为两性，少数为雄性，稃革质，第二小花稃质稍软而薄。
  2. 植株匍匐地面，节上生根，可形成草皮，仅花枝直立，高5 ~ 30 cm；叶多为卵状披针形；圆锥花序较小，长2 ~ 6 cm。
    3. 花序分枝及小穗柄较粗壮；小穗长2 mm以上；颖具7 ~ 11脉 ……………………………………1. 匍匐柳叶箬 I. repens
    3. 花序分枝及小穗柄较纤细；小穗长在2 mm以下；颖具5 ~ 7脉 …………………………………2. 日本柳叶箬 I. nipponensis
  2. 植株直立，或仅基部节卧地而倾斜，但不形成草皮，高在30 cm以上；叶多为线状披针形或披针形，稀卵状披针形；圆锥花序较大，长8 ~ 25 cm。
    3. 颖片顶端截平或微凹 ……………………………………………………………………………………3. 平颖柳叶箬 I. truncata
    3. 颖片顶端渐尖或钝圆，但非截平或微凹。
      4. 叶鞘至少下部的叶鞘具疣基小刺毛。
        5. 圆锥花序长达20 cm，宽8 ~ 12 cm，开展；小穗长约2 mm……………………………………4. 浙江柳叶箬 I. hoi
        5. 圆锥花序长不超过10 cm，宽2 ~ 4 cm；小穗长不及2 mm ……………………………………5. 刺毛柳叶箬 I. sylvestris
      4. 叶鞘无疣基小刺毛，或仅于边缘及鞘口具纤毛。
        5. 小穗长1.2 ~ 1.8 mm ……………………………………………………………………………6. 白花柳叶箬 I. albens
        5. 小穗长2 ~ 2.5 mm……………………………………………………………………………… 7. 柳叶箬 I. globosa
1. 小穗的两小花异质异形；第一小花为雄性，较窄而长，稃草质；第二小花为两性，稃革质。
  2. 花序分枝及小穗柄具腺点；第一小花略长于第二小花 …………………………………………8. 矮小柳叶箬 I. pulchella
  2. 花序分枝及小穗柄无腺点；第一小花长约为第二小花的1/2 ……………………………………9. 海南柳叶箬 I. hainanensis

1. 匍匐柳叶箬 （《中国主要植物图说——禾本科》）

Isachne repens Keng

I. kunthiana var. *nudiglumis* (Hackel) T. Koyama

多年生草本。秆柔弱，节上易生根，匐匍地面，直立部分高5 ~ 15 cm，节上被毛。叶宽披针形或卵状披针形，长3 ~ 7 cm，宽0.5 ~ 1.5 cm，顶端尖或渐尖，基部钝或圆形，两面疏生疣基小硬毛，稀无毛，边加厚，软骨质，具微细的小齿；叶舌纤毛状，长约2 mm；叶鞘长1 ~ 2 cm，短于节间，光滑或具糙硬毛，鞘口及边缘被较密的纤毛，松弛裹茎。圆锥花序卵形，伸出叶鞘外，长2.5 ~ 3.5 cm，宽1.2 ~ 2 cm，分枝粗壮而斜升，生1 ~ 2条刚毛，余无毛；小穗柄粗壮，长1 ~ 6 mm，与花序分枝均不具腺点；小穗椭圆形，灰绿色，长约2 mm；两颖近相等，等长或略短于小穗，顶端圆或钝，背部被短硬毛，边缘狭膜质，第一颖较窄，具7 ~ 9脉，第二颖较宽，具9 ~ 11脉；两小花同质同形，可结实；稃体被细柔毛。颖果扁圆形，黑褐色，长约1.2 mm。花、果期：10 ~ 12月。

产地：河源、高要、罗定、茂名及海南东南部。生于山坡、林中、草地。

分布：福建、台湾、香港、广西等省区。

2. 日本柳叶箬 （《中国主要植物图说——禾本科》）

Isachne nipponensis Ohwi

多年生草本。秆细弱而弯曲，横卧地面，节上易生根，直立部分高15 ~ 30 cm，具多节，节上被细柔毛。叶卵状披针形，长2 ~ 5 cm，宽0.7 ~ 1.5 cm，顶端渐尖，基部钝圆，边缘稍增厚，微波状，具微小的细锯齿，表面疏生疣状细毛，背面具微毛；叶舌纤毛状，长约1 mm；叶鞘短于节间，无毛或有短柔毛，边缘及鞘口具纤毛。圆锥花序近倒卵圆形，基部被叶鞘所包裹，裸露部分长3 ~ 8 cm，宽1.5 ~ 4 cm，分枝细弱，蜿蜒状，斜向上开展，与小穗柄皆无腺点；小穗淡绿色，球状椭圆形，长约1.5 mm；颖等长或略长于小穗，卵状椭圆形，具5 ~ 7脉，背部自中部以上疏生纤毛；两小花同质同形，可结实，椭圆形，长约1.3 mm；外稃被微毛，与内稃均变硬而为革质。颖果半球形，长约0.8 mm。花、果期：夏、秋季。

产地：乐昌、高要及海南白沙、琼中。生于山坡、路边、草地。

分布：浙江、江西、福建、湖南、广西。朝鲜、日本。

3. 平颖柳叶箬 （《中国主要植物图说——禾本科》）

Isachne truncata A. Camus

I. truncata var. *maxima* P. C. Keng

多年生草本，具短根状茎。秆丛生，质较坚硬，直立或基部倾斜，高30 ~ 50 cm，具多节，节间短，节上被细绒毛。叶披针形，长4 ~ 9 cm，宽0.5 ~ 1 cm，顶端渐尖，基部略成心形，两面被细毛，背面较密，稍粗糙，边缘软骨质，具微细的小刺毛；叶舌毛状，长约2 mm；叶鞘长于节间，基部成重叠排列，无毛或仅上半部疏生细柔毛，边缘及鞘口具纤毛。圆锥花序开展，长8 ~ 20 cm，每节具1 ~ 4个分枝，互生或近轮生状，分枝及小穗柄无毛但有腺点，常蜿蜒状，下部裸露，上部疏生小穗，小穗柄长为小穗的2至数倍；小穗绿色带紫色，倒卵形或近球形，长约2 mm；颖宽阔，第一颖较第二颖略短，顶端截平或微凹，具10脉，稀8或12脉，边缘近膜质，上半部疏生短毛或无毛；两小花同质同形，均为两性花；内稃和外稃均被细毛，软骨质；雄蕊3枚，花药长1 ~ 2 mm。颖果近球形。花、果期：8 ~ 10月。

产地：乐昌、乳源、连州、阳山、连平、梅州、惠阳、博罗、高要、阳春等地。生于山坡、草地、林缘。

分布：浙江、江西、福建、贵州、四川、广西。

4. 浙江柳叶箬　（《中国植物志》）

Isachne hoi P. C. Keng

多年生草本。秆细而坚挺，常于基部节处生根，不分枝或于下部具叉状分枝，高45 ~ 85 cm，节上无毛。叶宽披针形，长5 ~ 14 cm，宽1 ~ 1.8 cm，顶端渐尖，基部钝圆，两面有短小的细毛，稍粗糙，边缘略增厚，白色，软骨质，其上密生微小的细锯齿；叶舌纤毛状，长约2 mm；叶鞘短于节间，边缘及鞘口具纤毛，下部的叶鞘具疣基细刺毛。圆锥花序极开展，长达20 cm，宽8 ~ 12 cm，分枝细弱而蜿蜒，疏生小穗，与小穗柄均具淡黄色腺点；小穗宽椭圆形或倒卵形，长约2 mm；两颖近等长，淡绿色或略带紫色，具7 ~ 9脉，边缘宽膜质，背部中部以上被细小的刺毛；小花淡黄色，第一小花两性，第二小花雌性；浆片膜质，几成方形。颖果椭圆形，棕褐色。花、果期：9 ~ 11月。

产地：据《中国植物志》记载，广东有分布。生于山坡、草地、山谷、溪旁。

分布：浙江、福建。

5. 刺毛柳叶箬　（《植物分类学报》）

Isachne sylvestris Ridley

I. albens var. *hirsuta* Hook. f.

I. hirsuta（Hook. f.）P. C. Keng

多年生草本。秆直立或倾斜，有时于基部节上生根而俯卧，高23 ~ 65 cm，多节，节上被细柔毛，节下具黄褐色腺环。叶长卵状披针形，长10 ~ 17 cm，宽1.2 ~ 2.5 cm，顶端渐尖，基部钝或圆形，边缘软骨质，两面近无毛而稍粗糙；叶舌纤毛状，长约3 mm；叶鞘短于节间，松弛裹茎，密生疣基细刺毛。圆锥花序伸出叶鞘外，但基部被叶鞘所包裹，长约10 cm，宽2 ~ 4 cm，每节具1分枝，分枝斜向上举，与小穗柄均无毛，但具黄褐色腺点，侧生的小穗柄较粗，短于小穗；小穗灰绿色，椭圆形或卵状椭圆形，长约1.8 mm；两颖近相等，略长或稍短于小穗，顶端急尖，具明显的7 ~ 9脉，背部上端具疣基小刺毛或无毛；两小花同质同形，均两性，或有时第一小花为雄性，第二小花为雌性；稃体软骨质，无毛，具不明显的3 ~ 5脉；雄蕊3枚；花柱2，柱头棕褐色，帚状，成熟时伸出稃外。颖果卵圆形，长约1.5 mm。花、果期：8 ~ 12月。

产地：据《中国植物志》记载，广东有分布。生于山谷、林缘、草地。

分布：福建。印度、孟加拉国、印度尼西亚、马来西亚。

6. 白花柳叶箬　（《中国主要植物图说——禾本科》）

Isachne albens Trin.

Panicum albens（Trin.）Steud.

多年生草本。秆坚硬，直立或倾斜，基部节上生根，高50 ~ 100 cm，基部数节可分枝，无毛。叶质较坚硬，披针形，长7 ~ 15 cm，宽8 ~ 18 mm，边缘加厚成软骨质，上面具短硬毛而粗糙，下面无毛；叶舌纤毛状，长约2 mm；叶鞘除边缘具柔毛外余无毛，短于节间，或上部的稍长于节间。圆锥花序椭圆形或倒卵状椭圆形，长15～25 cm，宽6～12 cm，开展，分枝单生，每一分枝可再1～2次分出小枝，每小枝具1～2枚小穗；分枝及小穗柄无腺点；小穗椭圆状球形，长1～1.5 mm，灰白色；颖草质，约与小穗等长，具5～7脉，背部上半部疏生小硬毛或无毛；两小花同质同形，内稃和外稃均被微柔毛，偶有第二花稍小，椭圆形或卵圆形，第一小花两性，第二小花雌性。颖果椭圆形。花、果期：夏、秋季。

产地：信宜、阳春等地。生于山坡、谷地、溪边、林缘、草地。

分布：四川、贵州、福建、台湾、广西、云南。尼泊尔、印度、菲律宾、印度尼西亚向东达巴布亚新几内亚。

7. 柳叶箬 （《植物学大辞典》） （图180）

Isachne globosa（Thunb.）O. Ktze.

Milium globosum Thunb.

I. miliacea Roth ex Roem. & Schult.

多年生草本。秆丛生，直立或基部节上生根而倾斜，高30～60 cm，节上无毛。叶披针形，长3～10 cm，宽3～8 mm，顶端短渐尖，基部钝圆或微心形，两面均具微柔毛而粗糙，边缘增厚，软骨质，全缘或微波状；叶鞘短于节间，无毛，但一侧边缘的上部或全部具疣基毛；叶舌纤毛状，长1～2 mm。圆锥花序卵圆形，长3～11 cm，宽1.5～4 cm，盛开时抽出鞘外，分枝斜升或开展，每一分枝着生1～3小穗，分枝和小穗柄均具黄色腺点；小穗淡绿色，或成熟后带紫褐色，椭圆状球形，长2～2.5 mm；两颖近等长，坚纸质，具6～8脉，无毛，顶端钝或圆，边缘狭膜质；第一小花雄性，幼时较第二小花稍狭窄，稃质稍软；第二小花雌性，近球形，外稃边缘和背部常有微毛。颖果近球形。花、果期：夏、秋季。

产地：乳源、连州、和平、深圳、惠东、博罗、广州、台山、高要、封开、阳春及海南北部、东南部。生于山坡、平原、草地。

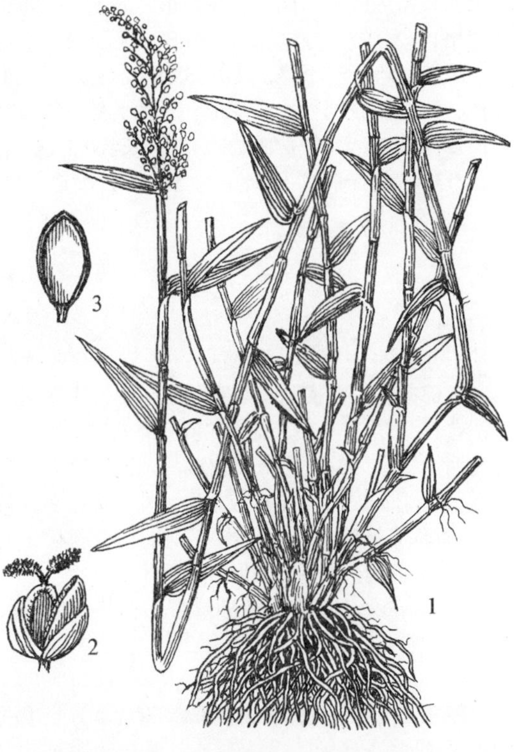

图180 柳叶箬 Isachne globosa（Thunb.）O. Ktze.
1. 植株；2. 小穗；3. 第二小花。（余汉平抄绘）

分布：辽宁、山东、河北、陕西、河南、江苏、安徽、浙江、江西、湖北、四川、贵州、湖南、福建、台湾、广西、云南。日本、印度、马来西亚、菲律宾、太平洋诸岛以及大洋洲。

8. 矮小柳叶箬 （《Flora of China》）

Isachne pulchella Roth

I. dispar Trin.

一年生草本。秆细弱，多分枝，节上生根，匍匐地面，直立部分高10～25 cm，具多节，节上有毛。叶卵状披针形至卵形，长1～2.5 cm，宽0.3～1 cm，顶端尖，基部心形，边缘微有波状皱褶，叶脉明显，上面疏生细而短的硬毛，下面近无毛；叶舌纤毛状；叶鞘短于节间，无毛或疏生细毛，边缘及鞘口具纤毛。圆锥花序长2.5～5 cm，宽1～2 cm，花序分枝及小穗柄均无毛，但具显著的淡黄色腺点，侧生的小穗柄粗壮，常短于小穗；小穗灰绿色或带紫色，长约1.6 mm；颖与小穗等长或稍短，无毛或有微毛，第一颖较窄，具5脉，第二颖具5～7脉；第一小花雄性，椭圆形，较第二小花窄长，稃体草质，无毛；第二小花两性，有时为雌性，顶端圆钝，稃体被细毛，革质，两小花间有长约0.3 mm的小穗轴。颖果椭圆形。花、果期：5～10月。

产地：阳山、阳春等。生于山谷、山坡、草地。

分布：安徽、浙江、江西、湖南、贵州、福建、台湾、广西、云南。尼泊尔、印度、越南、菲律宾。

9. 海南柳叶箬　（《植物分类学报》）

Isachne hainanensis P. C. Keng

一年生草本。秆纤细柔弱，节上生根，匍匐地面，直立部分高8 ~ 15 cm。叶质薄而柔软，卵状椭圆形，长8 ~ 15 mm，宽3 ~ 6 mm，顶端急尖，基部圆形，两面疏生白色细柔毛或无毛，叶缘不增厚，疏生疣基长毛，尤以基部较密；无叶舌；叶鞘较节间短，长3 ~ 5 mm，疏生白色疣基细硬毛；节上、鞘口及边缘具较密的绒毛。圆锥花序卵形，长2 ~ 3.5 cm，宽5 ~ 10 mm，常伸出或基部被顶端叶鞘所包裹，每节生出1 ~ 2分枝，分枝细弱，斜升，无腺点；小穗淡绿色或带紫色，长约1.8 mm；颖长椭圆形，顶端钝圆，等长或略短于小穗，具3 ~ 5脉，无毛；第一小花为雄性，长圆形，长约1.8 mm，稃体质薄而软，淡绿色；第二小花两性，半球形，长约为第一小花的1/2，基部具明显的小花轴，长约0.4 mm，稃体软骨质，黄白色，表面密生细绒毛；花柱长约0.5 mm，柱头帚状。颖果椭圆形。花、果期：10 ~ 12月。

产地：海南琼中、保亭。生于山谷、湿地、沼泽。

28. 稗　荩　属　**Sphaerocaryum** Nees ex Hook. f.

一年生小型草本。秆蔓生，多节。叶卵状心形，基部抱茎，有横脉。圆锥花序小型，小穗卵圆形，有1朵小花，两性，自小穗柄关节处整个脱落，颖透明膜质，无毛，第一颖较短，无脉，第二颖等长或稍短于小穗，具1脉；稃膜质，外稃宽卵形，具1脉，背部有微毛；内稃与外稃等长；雄蕊3枚；花柱2，柱头帚状。颖果卵圆形，与稃体分离。

本属有1种，广布于亚洲热带和亚热带地区。我国有1种；广东及海南均有。

稗荩　（《中国种子植物科检索表》）　（图181）

Sphaerocaryum malaccense (Trin.) Pilg.

Panicum malaccense Trin.

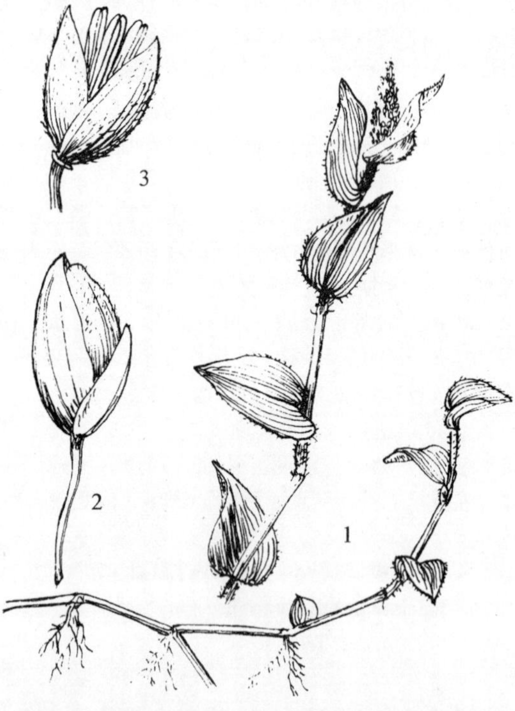

图181　稗荩　Sphaerocaryum malaccense (Trin.) Pilg.
1. 植株一部分；2. 小穗；3. 小花。（陈夏玲抄绘）

一年生草本。秆下部卧伏地面，节上生根，上部稍斜升，多节，高10 ~ 30 cm。叶卵状心形，基部抱茎，长1 ~ 1.5 cm，宽6 ~ 10 mm，边缘粗糙，疏生硬毛；叶舌短小，顶端具长约1 mm的纤毛；叶鞘短于节间，被基部膨大的柔毛。圆锥花序卵形，长2 ~ 3 cm，宽1 ~ 2 cm，秆上部的叶鞘内有隐藏或外露的花序，分枝斜升，小穗柄长1 ~ 3 mm，中部具黄色腺点；小穗有1朵小花，长约1 mm；颖透明膜质，无毛，第一颖长约为小穗的2/3，无脉，第二颖与小穗等长或稍短，具1脉；外稃与小穗等长，被细毛，内稃与外稃同质且等长，稍内卷；雄蕊3枚，花药黄色，长约0.3 mm；花柱2，柱头帚状。颖果棕褐色，卵圆形，长约0.7 mm。花、果期：秋季。

产地：乐昌、博罗、深圳、阳春及海南保亭。生于灌丛、草甸。

分布：安徽、浙江、江西、福建、台湾、广西、云南等省区。印度、缅甸、斯里兰卡、马来西亚、非律宾、越南。

29. 大米草属 **Spartina** Schreb. ex J. F. Gmel.

多年生直立草本；有地下茎。秆粗壮，直立。叶质硬。2至数枚穗状花序成总状花序排列于延长的主轴上；小穗无柄，脱节于颖之下，有1朵小花，两侧压扁，覆瓦状排列于穗轴上；小穗轴不延伸至小花后；颖不等长，具1脉，背部具脊，第一颖较短，第二颖具1～3脉，中脉在背部凸起成脊，顶端狭，急尖或具短芒；内稃有时稍长于外稃；浆片退化。颖果纺锤形。

本属约17种，分布于欧洲、美洲及非洲。我国引入栽培有2种；广东有1种。

大米草 （《中国高等植物图鉴》） （图182）

Spartina anglica C. E. Hubb.

多年生草本。秆直立，分蘖多而密聚成丛，高度随生长环境而异，高10～120 cm，直径3～5 mm，无毛。叶线形，长11～22 cm，宽0.7～1 cm，顶端渐尖，基部圆形，两面无毛，中脉在上面不显著；叶舌长约1 mm，具长约1.5 mm的白色纤毛；叶鞘大多长于节间，无毛，基部叶鞘常撕裂成纤维状而宿存。穗形总状花序长7～11 cm，2～6枚着生于主轴上，径直而靠近主轴，顶端常延伸成芒柱状，穗轴具3棱，无毛；小穗单生，长卵状披针形，长14～18 mm，疏生短柔毛，无柄，成熟时整个脱落；第一颖草质，长6～7 mm，顶端长渐尖，具1脉；第二颖长14～16 mm，顶端略钝，具1～3脉；外稃草质，长约10 mm，具1脉，脊上微粗糙；内稃膜质，长约11 mm，具2脉；花药黄色，长约5 mm；柱头白色，羽毛状，子房无毛。颖果圆柱形，长约10 mm，光滑无毛。花、果期：8～10月。

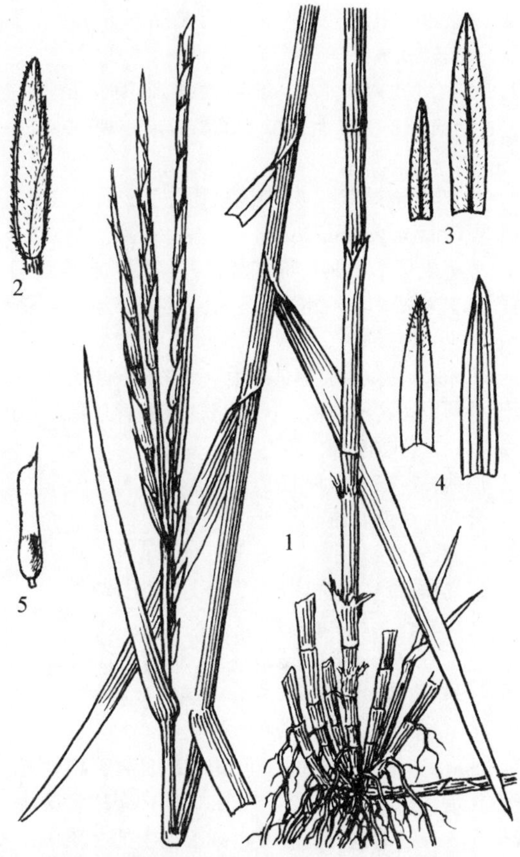

图182 大米草 Spartina anglica C. E. Hubb.
1. 植株；2. 小穗；3. 颖；4. 稃；5. 颖果。（余汉平抄绘）

产地：珠海、电白等地。生于海滩淤泥地。

分布：北起辽宁，南至广东沿海各地有栽培。原产欧洲。

30. 虎尾草属 **Chloris** Sw.

一年生或多年生草本，具匍匐茎或否。叶线形，扁平或对折。数至多枚穗状花序呈指状簇生于主轴顶端；小穗多数，成两行覆瓦状排列于穗轴的一侧，脱节于颖之上，有2～3或4朵小花，第一小花两性，上部小花退化不育，不育小花附着于能育小花上面而不脱落；颖不等长，具1脉，宿存，顶端尖或具短芒；第一小花外稃两侧压扁，质较厚，顶端尖或钝，全缘或浅裂，中脉延伸成直芒，基盘被柔毛，边脉具长柔毛；内稃约与外稃等长，具2脊，脊上具纤毛，不育小花仅具外稃，无毛，顶端截平或略尖，具直芒。颖果长圆柱形。

本属有55种，分布于全世界热带至温带，美洲的种类最多。我国包括引种的有5种；广东及海南有4种。

1. 不育小花外稃顶端尖而微凹或退化至近细柄状而顶端具芒 ………………………………… 1. 非洲虎尾草 C. gayana
1. 不育小花的外稃顶端宽阔而截平。
  2. 小穗除颖外具2芒……………………………………………………………………………… 2. 虎尾草 C. virgata
  2. 小穗除颖外具3芒。
    3. 不育小花外稃的长宽几相等，花密接而其间小穗轴不显露 ……………………………… 3. 孟仁草 C. barbata
    3. 不育小花外稃长大于宽，花疏离而其间小穗轴显露 ……………………………… 4. 台湾虎尾草 C. formosana

1. 非洲虎尾草　（《中国植物志》）

Chloris gayana Kunth

多年生草本，具长匍匐枝。秆坚硬，多少压扁，高100～150 cm。叶长15～35 cm，宽3～10 mm，两面均甚粗糙；叶舌长约1 mm，具细纤毛；叶鞘口具柔毛。穗状花序数至10余枚簇生于秆顶，长约10 cm；小穗灰绿色，长4～4.5 mm；颖膜质，具1脉；第一颖长约2 mm；第二颖长约3 mm；第一外稃长3～3.5 mm，基盘及边脉具柔毛，脊的两侧具短毛，芒自近顶端以下伸出，长约4 mm；内稃顶端微凹，稍短于外稃；花药浅黄色，长约2 mm；不育外稃2～3枚，第1枚较狭窄，顶端尖而微凹或退化而近柄状，长约2.5 mm，有时能育，具长约3 mm的芒。

产地：广东有引种。生于草地。

分布：香港。原产非洲。

2. 虎尾草　（《植物名汇》）　（图183）

Chloris virgata Sw.

Rhabdochloa virgata（Sw.）P. Beauv.

一年生草本。秆直立或基部膝曲，高20～60 cm，无毛。叶线形，长5～25 cm，宽3～6 mm；叶舌长约1 mm；叶鞘背部具脊，松弛裹秆，无毛。穗状花序长2～5 cm，5～10余枚呈指状着生于秆顶成毛刷状，有时包藏于顶生的叶鞘中；小穗除颖外具2芒，无柄，长约3 mm；颖膜质，有1脉，第一颖长约1.8 mm，第二颖与小穗等长或略短于小穗，中脉延伸成0.5～1 mm的小尖头；第一小花两性，长约3 mm，具3脉，边缘有长柔毛，着生于中部以上的毛约与稃等长，芒自顶端稍下方伸出，长5～15 mm；内稃膜质，略短于外稃；基盘有长约0.5 mm的毛；第二小花不育，长楔形，顶端截平或略凹，芒长4～8 mm。花、果期：6～11月。

产地：珠海及海南海口、乐东、三亚、琼海。生于近海沙地。

分布：福建、香港、台湾等省区。全球热带至温带。

用途：饲料。

图183　虎尾草　Chloris virgata Sw.

1. 植株；2. 小穗；3. 小花；4. 颖果。（陈夏玲抄绘）

3. 孟仁草　（《禾本科检索表》）

Chloris barbata Sw.

Andropogon barbata Linn.

一年生草本。秆基常伏卧地面并于节处生根，高20 ~ 80 cm，直径1 ~ 3 mm，无毛。叶扁平，长3 ~ 40 cm，宽3 ~ 5 mm，边缘粗糙，两面无毛；叶舌具1列白色柔毛；叶鞘两侧压扁，背部具脊，边缘膜质，无毛或脊上被稀疏短毛。穗状花序长约5 cm，5 ~ 9枚簇生于秆顶；小穗近无柄，长约2.5 mm，紧密，覆瓦状排列于穗轴的一侧，具3芒；颖膜质，具1脉，第一颖长约1.5 mm，第二颖长约2.2 mm，有时顶端具小尖头；第一小花倒卵形，长约2.2 mm，外稃纸质，具3脉，中脉两侧被柔毛，边缘具密集白色柔毛；内稃有时稍长于外稃，膜质，具2脊；基盘尖锐，被斜升的柔毛；芒长约5 mm；花药黄色，长约0.5 mm，柱头紫褐色；不育小花2 ~ 3朵，第二小花有时具内稃，斜贝壳状，长、宽各约1.2 mm，不育外稃的长、宽几相等，具3脉，顶端圆形微凹，边缘具短柔毛，芒长5 ~ 6 mm，有时微弯曲；余小花同形而小，芒弯曲，无毛，互相密接，其间的小穗轴甚短而不显。颖果长圆形，长约1.4 mm。

产地：惠阳、惠东、深圳、珠海、阳江、阳西、茂名、电白、高州、湛江、徐闻、雷州沿海岛屿及海南乐东、南沙群岛、西沙群岛、东沙群岛。生于山坡、路边、荒地。

分布：香港。东南亚。

4. 台湾虎尾草 （《禾本科检索表》）

Chloris formosana（Honda）Keng

C. barbata var. *formosana* Honda

一年生草本。秆直立或基部匍匐地面，节处生根及分枝，高20 ~ 70 cm。叶对折，长4 ~ 20 cm，宽2 ~ 3 mm，边缘与上面粗糙，下面光滑；叶鞘压扁，背部具脊，无毛；叶舌长0.5 ~ 1 mm，无毛。穗状花序长3 ~ 8 cm，4 ~ 9枚簇生于秆顶；小穗长2.5 ~ 5 mm，有1朵育性小花和2朵不育小花，第一不育小花和第二不育小花疏离，间有长约0.5 mm的小穗轴；颖膜质，具1脉，第一颖长1.5 ~ 2 mm，第二颖长2 ~ 3 mm，无芒或具小尖头；第一小花外稃长2.5 ~ 3 mm，背部无毛或两侧浅沟具短毛，脊及边脉具柔毛，毛长达1.5 mm；芒长4 ~ 6 mm；内稃膜质，顶端钝，具2脉；第二不育花外稃长约1 mm，芒长2 ~ 3 mm。颖果纺锤形，长约2 mm。花、果期：6 ~ 8月。

产地：广东沿海岛屿及海南各地。生于海边沙地。

分布：香港、福建、台湾等省区。东南亚。

31. 肠 须 草 属　**Enteropogon** Nees

多年生，稀一年生草本。秆稍压扁。叶线形；叶舌具缘毛。数至多枚穗状花序呈指状簇生于主轴顶端；小穗无柄，背腹压扁，狭披针形，有1 ~ 2朵小花，两行覆瓦状排列于穗轴的一侧，脱节于颖之上，小穗轴延伸至内稃之后；第二小花若存在，常为雄性，颖膜质，短于第一外稃；第一小花外稃多少有些背腹压扁，具3脉，顶端具2微齿，中脉延伸成细芒；内稃等长于外稃，具2脊。颖果狭椭圆形。

本属有9种，分布于东半球热带。我国有2种；广东及海南有1种。

肠须草 （《植物学名词审查本》） （图184）

Enteropogon dolichostachyus（Lag.）Keng

Chloris dolichostachya Lag.

多年生草本。秆直立或基部膝曲，高0.3 ~ 1 m，光滑无毛，稍压扁。叶线形，长15 ~ 30 cm，宽4 ~ 10 mm，两面被疣毛或边缘无毛；叶舌长约0.5 mm，具纤毛；叶鞘松弛，无毛或上部被疣毛，鞘口及边常被柔毛。穗状花序带紫红色，长10 ~ 20 cm，4 ~ 5枚呈指状着生于秆顶；小穗近无柄，外稃纸质，具3脉，脉间疏被短毛，顶端具2微齿，芒长8 ~ 16 mm；内稃膜质，等长于外稃，具2脉，基盘钝，具长约1 mm的柔毛；花药淡黄色，长约2 mm；柱头紫色；不育小花长约1.5 mm，具长约5 mm的细芒。颖果褐红色，长椭圆形，长约3 mm。花、果期：8 ~ 10月。

产地：海南东方、乐东、三亚、昌江、陵水。生于旷野、草地、海边。

分布：台湾、香港、云南。阿富汗经印度、缅甸至东南亚。

图184　肠须草　Enteropogon dolichostachyus（Lag.）Keng
1. 植株；2. 第一小花、小穗轴及退化小花。（余汉平抄绘）

32. 狗 牙 根 属　Cynodon Rich.

多年生草本，具根状茎或匍匐茎。秆纤细，一长节间与一极短节间交互生长致叶近似对生。叶较短而平展；叶舌短或仅具1轮纤毛；叶鞘近似对生。穗状花序2至数枚指状排列，小穗两侧压扁，脱节于颖之上，覆瓦状排列于穗轴的一侧，无芒，有1~2朵小花；颖狭窄，顶端渐尖，近等长，均为1脉或第二颖具3脉，全部或仅第一颖宿存；小穗轴延伸于小花之后成针芒状或其上具退化小花；第一小花外稃舟形，草质兼膜质，草绿色或幼时带紫色，较颖长，具3脉，侧脉靠近边缘；内稃膜质，具2脉；浆片很小；花药黄色或紫色；子房无毛，柱头紫红色。颖果长圆柱形或稍压扁。

本属有10种，分布于东半球的热带及亚热带。我国有2种，1变种；广东及海南有1种。

狗牙根　（《亚洲文会会报》）　别名：咸沙草　（海南）　（图185）

Cynodon dactylon（Linn.）Pers.

Panicum dactylon Linn.

多年生草本，具根状茎。秆匍匐地面，常在节上生根，直立部分高10~30 cm。叶线形，互生，下部的因节间短缩而对生，长1~10 cm，宽1~3 mm；叶舌为一圈白色纤毛；叶鞘压扁而具脊，无

图185 狗牙根 Cynodon dactylon（Linn.）Pers.
1. 植株；2. 小穗；3. 小花。（余汉平抄绘）

毛或被疏柔毛，鞘口常有柔毛。穗状花序3～5枚，长2～6 cm；小穗灰绿色或带紫色，长2～3 mm，仅有1朵小花；颖长1～2 mm，第二颖稍长，具1脉，背部成脊而边缘膜质；外稃舟形，具3脉，背部明显成脊，脊上被柔毛；内稃与外稃近等长，具2脊；花药黄褐色，长1～1.5 mm。花、果期：5～10月。

产地：乐昌、连州、阳山、英德、南雄、饶平、广州、高要、阳春、茂名、深圳、珠海、中山、阳江、阳东、阳西、阳春、电白、高州、雷州、湛江、徐闻及海南各地。生于村庄附近、道路、河岸、荒地、山坡。

分布：香港、黄河以南各省区。全球温暖地区。

用途：优良草坪草、饲料。

33. 真 穗 草 属 **Eustachys** Desv.

多年生草本。叶扁平，顶端钝圆；叶舌极短；叶鞘压扁而具脊。2至数枚穗状花序呈指状簇生于主轴顶端；小穗无柄，背腹压扁，有2朵小花，1～2行覆瓦状排列于穗轴的一侧；颖近等长，具1脉，无芒或第二颖具短芒，宿存；第一小花两性，外稃成熟时质硬，棕褐色，与颖等长或长于颖；内稃膜质，与外稃近等长；第二小花不育，外稃质薄，陷于第一小花上面的凹槽中。

本属约11种，多分布于美洲、西印度群岛和热带南非。我国有1种；广东及海南亦有。

真穗草　（《禾本科检索表》）　（图186）

Eustachys tenera（J. Presl.）A. Camus

Cynodon tenera J. Presl. ex Presl.

Chloris tenera（J. Presl）Scribn.

多年生草本，具匍匐茎。秆压扁，无毛，直立部分高15 ~ 30 cm，直径约1.5 mm。叶长圆状线形，长1.5 ~ 7 cm，宽约5 mm，顶端圆钝，边缘及中脉背面粗糙，基部上面疏生长柔毛或无毛；叶舌极短，膜质，有时具纤毛；叶鞘显著压扁而具脊，无毛，常相互套叠于直立秆的基部。穗状花序长约5 cm，指状着生，穗轴三棱形，棱上被短柔毛；小穗长1 ~ 1.5 mm；颖薄纸质，长约1 mm，具1脉；第一颖舟形，第二颖顶端具短尖头，背部粗糙；第一小花与小穗等长；外稃薄革质，卵形，具3脉，侧脉内卷，中脉及边缘被白色短柔毛，成熟时红棕色；内稃倒卵形，顶端圆钝，具2脊，脊上粗糙；第二小花仅有退化外稃，白色，纸质。颖果浅棕色，具3棱，长约0.7 mm。花、果期：7 ~ 11月。

产地：广东各地及海南三亚、东方、乐东、琼海。生于草地。

分布：台湾。越南、泰国、马来西亚、印度尼西亚、菲律宾。

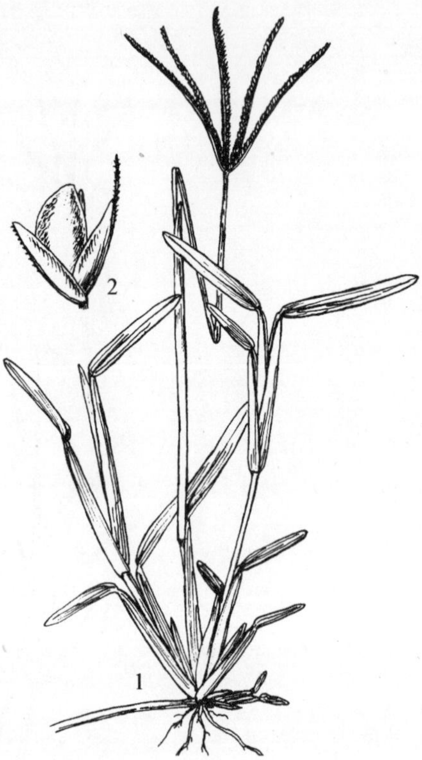

图186　真穗草　Eustachys tenera（J. Presl.）A. Camus
1. 植株；2. 小穗。（陈夏玲抄绘）

34. 小　草　属　**Microchloa** R. Br.

多年生或一年生草本；植株矮小，密丛生。秆纤细。叶线形，狭窄而内卷，集生于基部。穗状花序单生于主轴顶端，线形，稍弯曲；小穗背腹压扁，无柄，甚狭，成两行交互着生，覆瓦状排列于穗轴的一侧，有1朵小花；颖近等长，顶端尖，具1脉或有时第二颖具2脉；小花短于颖；外稃质薄，具3脉，被毛；内稃稍短，脊上有短纤毛，基盘尖锐。颖果椭圆球形。

本属有4种，广布于全球热带、亚热带干旱地区。我国有1种，1变种；广东及海南有1种。

小草　（《广州植物名录》）　（图187）

Microchloa indica（Linn. f.）P. Beauv.

Nardus indica Linn. f.

一年生簇生草本。秆纤细，直立，高12 cm。叶集生于秆基，厚而硬，多卷成针状，长1 ~ 4 cm，边缘增厚，上面被稀疏的白色长柔毛；叶舌薄膜质，极短；叶鞘松弛。穗状花序单生于秆顶，略弯曲，长约5 cm，穗轴宽约0.5 mm；小穗披针形，长2.2 ~ 2.8 mm；颖膜质，等长于小穗，有时带紫褐色，无芒，具1脉；第一颖稍不对称，第二颖背部扁平；外稃透明膜质，长约1.5 mm，顶端长渐尖，背部被柔毛，具3脉，侧脉靠近边缘，被白色纤毛，毛长达0.5 mm；内稃膜质，披针形，具2脊，脊上被柔毛，脊间被微毛。抽穗：秋季。

产地：广州及海南文昌。生于裸地。

分布：福建、云南。非洲、亚洲、澳大利亚。

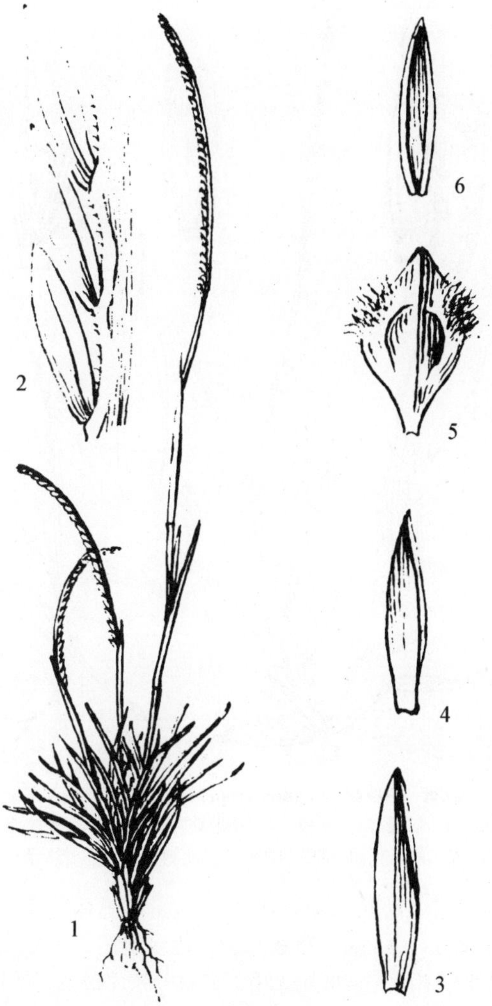

图187　小草　Microchloa indica（Linn. f.）P. Beauv.
1. 植株；2. 穗状花序一部分；3. 第一颖；4. 第二颖；5. 外稃；6. 内稃。
（余汉平抄绘）

35. 细穗草属　**Lepturus** R. Br.

一年生或多年生草本。叶线形或线状披针形；叶舌膜质。穗状花序圆柱形，顶生；小穗于穗轴的节上单生，有1～2朵小花嵌生于圆柱形而逐节断落的凹穴中，且与其穗轴节间一起脱落，小花两性或第二小花发育不全；颖革质，坚硬，除顶生小穗外，通常第一颖极退化，具5～7脉；外稃较短，以其背部贴向穗轴，具1～3脉，内稃约等长于外稃；浆片2枚，楔形或浅裂；雄蕊1～3枚；子房顶端全缘；具较长的花柱。颖果狭窄，光滑，包在颖片内，易分离。

本属有8种，广布于东半球的热带。我国有1种；海南亦有。

细穗草　（《中国主要植物图说——禾本科》）　（图188）

Lepturus repens（G. Forst.）R. Br.

Rottboellia repens G. Forst.

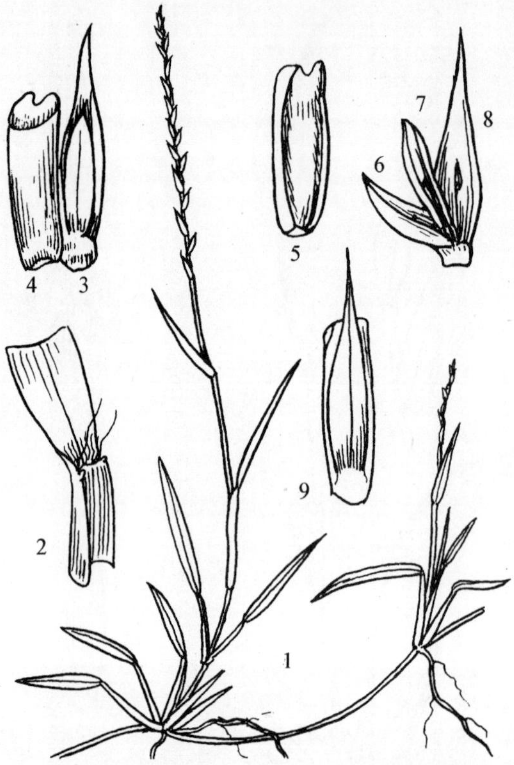

图188 细穗草 Lepturus repens（G. Forst.）R. Br.
1. 植株；2. 叶舌；3. 小穗；4. 小穗轴背面；5. 小穗轴腹面；6. 外稃；
7. 内稃；8. 第二颖；9. 穗轴腹面凹陷中的小穗。（余汉平抄绘）

多年生草本。秆丛生，坚硬，高20～40 cm，具分枝，基部各节常生根或有时匍匐状。叶质硬，内卷，线形，长3～20 cm，宽2.5～5 mm，顶端渐尖，边缘粗糙，无毛或上面近基部具柔毛；叶舌长0.3～0.8 mm，纸质，上端截平且具纤毛；叶鞘无毛。内具分枝而松弛。穗状花序直立，长5～10 cm，宽约1.5 mm，穗轴节间长3～5 mm；小穗长约2 mm，有2朵小花，小穗轴节间长约4 mm；第一颖薄膜质，三角形，长0.8 mm，第二颖革质，披针形，长6～12 mm，顶端渐尖或锥状锐尖，上部具膜质边缘或内卷，多少反曲；外稃长4 mm，宽披针形，具3脉，两侧脉靠近边缘，顶端尖，基部具微细毛；内稃长椭圆形，几与外稃等长；花药长约2 mm。颖果椭圆形，长1.6～2 mm。

产地：海南西沙群岛。生于海边沙滩上。

分布：台湾。印度尼西亚、斯里兰卡、马来西亚、菲律宾、中南半岛、大洋洲、印度洋和太平洋岛屿。

36. 大 麦 属 **Hordeum** Linn.

多年生或一年生草本。叶扁平，具叶耳。穗状花序顶生；小穗常2至数枚着生于穗轴的各节，有1朵小花（稀可2朵）；穗轴扁平，多在成熟时逐节断落，栽培种则坚而不断，顶生小穗退化；三联小穗同型的皆无柄，能育，异型的中间的无柄，能育，两侧的有柄，能育或不育；中间小穗以其上面对向穗轴的扁平面，两侧小穗则以其上面对向穗轴的侧棱；颖细而柔软，细线形或刺芒状，有的基部扩展成披针形；侧生小穗的两颖同型或异型，位于外稃的两侧，中间小穗的两颖同型，位于外稃的背面；外稃背部扁圆，具5脉，顶端延伸成芒或无，内稃与外稃近等长，脊平滑或上部粗糙。颖果上面具纵沟，顶生绒毛，与稃贴生或分离。

本属约30种，分布于全世界温带或亚热带的山地或高原地区。我国连栽培的约15种；广东有1种。

大麦 （《名医别录》） （图189）

Hordeum vulgare Linn.

H. sativum Pers.

一年生草本。秆粗壮，光滑无毛，直立，高50 ~ 100 cm。叶扁平，长9 ~ 20 cm，宽6 ~ 20 mm；叶鞘松弛抱茎，多无毛或基部的具柔毛；叶舌膜质，长1 ~ 2 mm；两侧有披针形叶耳。穗状花序长3 ~ 8 cm（芒除外），宽约1.5 cm；小穗稠密，每节着生3枚发育的小穗，均无柄，长1 ~ 1.5 cm（芒除外）；颖线状披针形，外被短柔毛，顶端常延伸为长8 ~ 14 mm的芒；外稃具5脉，顶端延伸成芒，芒长8 ~ 15 cm，边棱具刺，内稃与外稃几等长。颖果成熟时与稃贴生。

产地：广东仅有少量栽培。

分布：我国南北各地栽培。全球温带或亚热带地区栽培。

用途：粮食；啤酒、麦芽糖原料。

图189 大麦 Hordeum vulgare Linn.

1. 植株；2. 花序之一节；3. 中间小穗。（余汉平抄绘）

37. 披 碱 草 属 Elymus Linn

多年生草本，丛生或疏丛。叶扁平或内卷。穗状花序顶生，直立或弯曲、下垂；小穗常2 ~ 4（~ 6）枚同生于穗轴中部各节，或在上、下两端每节单生，有2 ~ 10朵或更多小花；颖硬膜质或皮质，线状披针形或披针状椭圆形，1 ~ 9（~ 11）脉，脉上粗糙无脊，顶端形成长芒；外稃长圆形，5脉，平滑、糙涩或被毛，顶端无芒或延伸成长芒，芒直立或反曲，有显著的基盘；内稃短于或等长于外稃，具

2脊，脊上粗糙或具纤毛；花药等于或短于内稃长的1/2。颖果与内、外稃紧贴，顶端具绒毛，上面微凹陷。

本属约170种，分布于北半球温寒带。我国有88种，22变种及1变型；广东有2种及1变种。

1. 外稃边缘无透明纤毛 ………………………………………………………………………… 1. 柯孟披碱草 E. kamoji
1. 外稃边缘具透明纤毛。
  2. 外稃背部被柔毛，边缘具较长的纤毛；颖边缘具纤毛 ……………………………………… 2. 纤毛披碱草 E. ciliaris
  2. 外稃背部粗糙，稀被短毛，边缘具短纤毛；颖边缘不具纤毛 ……………………………… 2a. 日本纤毛草 var. hackeliana

1. 柯孟披碱草（《Flora of China》）（图190）

Elymus kamoji（Ohwi）S. L. Chen

Agropyron kamoji Ohwi

Roegneria kamoji（Ohwi）Keng & S. L. Chen

秆直立或基部倾斜，高30～100 cm。叶扁平，长5～40 cm，宽3～13 mm；叶鞘外侧边缘具纤毛。穗状花序长7～20 cm，弯曲或下垂；小穗绿色或带紫色，长13～25 mm（芒除外），有3～10朵小花；颖卵状披针形至长圆状披针形，顶端锐尖至具短芒（芒长2～7 mm），边缘宽膜质，第一颖长4～6 mm，第二颖长5～9 mm；外稃披针形，具较宽的膜质边缘，背部以及基盘近无毛或仅基盘两侧有微柔毛，上部具明显的5脉，脉上稍粗糙，第一外稃长8～11 mm，顶端延伸成芒，芒粗糙，径直或上部稍曲折，长20～40 mm；内稃约与外稃等长，顶端钝，脊显著具翼，翼缘具细小纤毛。

产地：乳源、南雄、英德、阳春、龙川等地。生于山坡、草地。

分布：除青海、西藏等地外，分布几遍全国。日本、朝鲜、俄罗斯。

图190　柯孟披碱草　Elymus kamoji（Ohwi）S. L. Chen
1. 植株；2. 小穗；3. 第一颖；4. 第二颖；5. 小花（背面和腹面）。（余汉平抄绘）

2. 纤毛披碱草（《Flora of China》）

Elymus ciliaris（Trin. ex Bunge）Tzvelev

Triticum ciliare Trin. ex Bunge

Roegneria ciliaria（Trin. ex Bunge）Nevski

秆单生或疏丛，直立，基部节常膝曲，高40～80 cm，平滑无毛，被白粉。叶扁平，长10～20 cm，宽3～10 mm，两面无毛，边粗糙；叶鞘无毛，稀基部叶鞘于近边处具柔毛。穗状花序直立或多少下垂，长10～20 cm；小穗绿色，长15～22 mm（除芒外），有（6）7～12朵小花；颖椭圆状披针形，顶端具短尖头，两侧或一侧具齿，具5～7脉，边缘与边脉上有纤毛，第一颖长7～8 mm，第二颖长8～9 mm；外稃长圆状披针形，背部被粗毛，边缘具长而硬的纤毛，上部具明显的5脉，在顶端两侧或一侧具齿，第一外稃长8～9 mm，顶端延伸成粗糙、反曲的芒，长10～30 mm，内稃长为外稃的2/3，顶端钝头，脊上部具少许短纤毛。

产地：广州。生于路边、草地、山坡。

分布：我国各地常见。俄罗斯、朝鲜、日本。

2a. 日本纤毛草 (《Flora of China》)

var. **hackeliana** (Honda) G. Zhu & S. L. Chen

Agropyron japonicum var. *hackelianum* Honda

Roegneria japonensis (Honda) Keng

本变种与原种的区别在于：外稃背部粗糙，稀具短毛，边具短纤毛；颖边不具纤毛。

产地：连州、阳山。生于山坡、草地。

分布：江苏、浙江、安徽、北京、福建、贵州、黑龙江、河南、湖北、湖南、江西、陕西、山东、山西、四川、云南。朝鲜、日本。

38. 小 麦 属 Triticum Linn.

一年生或两年生草本。秆直立或因栽培品种不同而于苗期匍匐或半直立。穗状花序直立，顶生小穗发育或退化；小穗单生于穗轴各节，有（2）3～9（11）朵小花；颖革质或草质，卵形至长圆形或披针形，具3～7（～9）脉，多少具膜质边，背部具1～2条脊，或只有1脊且其下部渐变平坦，顶端具1～2枚锐齿或钝圆齿，亦有延伸为芒状；外稃背部扁圆或多少具脊，顶端有2裂齿或无裂齿，具芒或无芒，无基盘；内稃边缘内折。颖果卵圆形或长圆形，顶端具毛，上面具纵沟，栽培种易与稃体脱离。

本属20余种，欧洲、亚洲和北美洲广为栽培。我国有4种，4变种；广东有1种。

小麦 (《名医别录》) (图191)

Triticum aestivum Linn.

T. sativum Lam.

T. vulgare Vill.

秆直立，丛生，具6～7节，高60～100 cm，直径5～7 mm。叶长披针形；叶鞘松弛抱茎，下部叶鞘长于上部，短于节间；叶舌膜质，长约1 mm。穗状花序直立，长5～10 cm（芒除外），宽1～1.5 cm；小穗有3～9朵小花，上部的不发育；颖卵圆形，长6～8 mm，主脉背面上部具脊，顶端延伸为长约1 mm的齿，侧脉的背脊及顶齿均不明显；外稃长圆状披针形，长8～10 mm，顶端具芒或无；内稃与外稃几等长。

产地：广州、韶关等地。栽培。

分布：我国及世界各地广为栽培。

用途：粮食作物。

图191 小麦 Triticum aestivum Linn.

1. 植株；2. 小穗；3. 小花；4. 花序；5. 小花（1～3短芒型、4～5长芒型）。（余汉平抄绘）

39. 酸 膜 芒 属　**Centotheca** Desv.

多年生草本，有时具短根状茎。秆直立。叶宽披针形，具明显的小横脉；叶舌膜质；叶鞘光滑。顶生圆锥花序开展；小穗两侧压扁，有2至数朵小花，上部小花退化；小穗轴无毛，脱节于颖之上和各小花间；颖不相等，较短于第一小花，有3～5脉，顶端尖或渐尖，背部有脊；外稃背部圆形，具5～7脉，顶端无芒或有小尖头，内稃较狭，边缘内折成2脊，脊生纤毛或平滑；雄蕊2或3枚。颖果与内、外稃分离。

本属有4种，分布于东半球热带地区。我国有1种；广东及海南亦有。

酸膜芒　（《广州植物名录》）　别名：山鸡谷　（海南）　（图192）

Centotheca lappacea（Linn.）Desv.

Holcus latifilius Osbeck

多年生草本，具短根状茎。秆直立，高40～100 cm，具4～7节。叶长椭圆状披针形，长6～15 cm，宽1～2 cm，具横脉，上面疏生硬毛，顶端渐尖，基部渐窄，成短柄状或抱茎；叶舌干膜质，长约1.5 mm；叶鞘平滑，一侧边具纤毛。圆锥花序长12～25 cm，分枝斜升或开展，微粗糙，基部主枝长达15 cm；小穗柄被微毛，长2～4 mm；小穗有2～3朵小花，长约5 mm；颖披针形，具3～5脉，脊粗糙，第一颖长2～2.5 mm，第二颖长3～3.5 mm；第一外稃长约4 mm，具7脉，顶端具小尖头，第二外稃与第三外稃长3～3.5 mm，两侧边缘贴生硬毛，成熟后毛伸展、反折或形成倒刺，内稃长约3 mm，狭窄，脊具纤毛；雄蕊2枚，花药长约1 mm。颖果椭圆形，长1～1.2 mm。胚长为颖果的1/3。花、果期：6～10月。

图192　酸膜芒　Centotheca lappacea（Linn.）Desv.
1. 植株；2. 小穗。（陈夏玲抄绘）

产地：惠阳、惠东、深圳、珠海、阳江、阳西、茂名、高州、阳春及海南五指山。生于林下、林缘、山谷。

分布：福建、广西。热带非洲、澳大利亚、印度、马来西亚。

40. 淡 竹 叶 属　**Lophatherum** Brongn.

多年生草本；须根中下部膨大成纺锤形。秆直立，平滑。叶披针形，具明显小横脉，基部收缩成柄状；叶舌短小，质硬；叶鞘长于节间，边缘生纤毛。圆锥花序由数枚穗状花序组成；小穗圆柱形，近无柄，有数朵小花，第一小花两性，余为中性；小穗轴脱节于颖之下；两颖不相等，均短于第一小花，具5～7脉，顶端钝；第一外稃硬纸质，具7～9脉，顶端具短尖头；内稃较外稃窄小，脊上部具狭翼；不育外稃数枚互相紧密包卷，顶端具短芒；内稃小或缺；雄蕊2枚。颖果与内、外稃分离。

本属有2种，分布于东南亚及东亚。我国有1种；广东及海南亦有。

淡竹叶 （《本草纲目》） （图193）

Lophatherum gracile Brongn.

L. gracile var. *pilosulum* Hack.

多年生草本；须根中部膨大成纺锤形。秆直立，疏丛生，高40～80 cm，具5～6节。叶披针形，长6～20 cm，宽1.5～2.5 cm，具横脉，有时被柔毛或疣基小刺毛，基部收窄成柄状；叶舌质硬，褐色，长0.5～1 mm，背有糙毛；叶鞘平滑或外侧边具纤毛。圆锥花序长12～25 cm，分枝斜升或开展，长5～10 cm；小穗线状披针形，长7～12 mm，宽1.5～2 mm，具极短柄；颖顶端钝，具5脉，边膜质，第一颖长3～4.5 mm，第二颖长4.5～5 mm；第一外稃长5～6.5 mm，宽约3 mm，具7脉，顶端具尖头，内稃较短；不育外稃向上渐狭小，互相密集包卷，顶端具长约1.5 mm的短芒；雄蕊2枚。颖果长椭圆形。花、果期：6～10月。

产地：广东及海南各地。生于山地、疏林下。

分布：江苏、安徽、浙江、江西、福建、台湾、湖南、广西、四川、云南。印度、斯里兰卡、缅甸、马来西亚、印度尼西亚、巴布亚新几内亚、日本。

用途：叶药用，有清凉解热的功效。

图193 淡竹叶 Lophatherum gracile Brongn.
1. 植株一部分；2. 植株地下部分，示肥厚的块根；3. 小穗。（余汉平抄绘）

41. 早熟禾属 **Poa** Linn.

多年生草本，少数为一年生草本，有时具匍匐根状茎。叶扁平，对折或内卷；叶舌膜质；叶鞘开放，或下部闭合。圆锥花序或总状花序开展或紧缩；小穗有2～8朵小花，上部小花不育或退化；小穗脱节于颖之上及诸花之间；两颖不等或近相等，第一颖较短窄，具1或3脉，第二颖具3脉，均短于第一小花；外稃纸质或较厚，顶端尖或稍钝，无芒，边多少膜质，具5脉，中脉成脊，背部大多无毛，脊与边脉下部具柔毛，基盘短而钝，具绵毛，稀无毛，内稃等长或稍短于外稃，两脊微粗糙，稀具丝状纤毛；浆片2枚；雄蕊3枚；花柱2，柱头羽毛状；子房无毛。颖果长圆状纺锤形，与内、外稃分离。

本属约有500种，广布于全球。我国有81种；广东有2种。

1. 外稃长2～3 mm，基盘具绵毛 ………………………… 1. 白顶早熟禾 P. acroleuca
1. 外稃长3～4 mm，基盘无绵毛 ………………………… 2. 早熟禾 P. annula

1. 白顶早熟禾 （《华南经济禾草》）

Poa acroleuca Steud.

一年生或二年生草本。秆直立，高30 ~ 50 cm，直径约1 mm，具3 ~ 4节。叶质柔软，长7 ~ 15 cm，宽2 ~ 4（~6）mm，平滑或上面微粗糙；叶鞘闭合，平滑无毛，顶生叶鞘短于其叶；叶舌膜质，长0.5 ~ 1 mm。圆锥花序金字塔形，长10 ~ 20 cm；分枝2 ~ 5枚着生于各节，细弱，微糙涩，基部主枝长3 ~ 8 cm，中部以下裸露；小穗灰绿色，卵圆形，长2.5 ~ 3.5（~4）mm，有2 ~ 4朵小花；颖披针形，质薄，具狭膜质边，脊上部微粗糙，第一颖长1.5 ~ 2 mm，具1脉，第二颖长2 ~ 2.5 mm，具3脉；外稃长圆形，顶端钝，具膜质边缘，脊与边脉中部以下具长柔毛，间脉稍明显，基盘具绵毛，第一外稃长2 ~ 3 mm；内稃较短于外稃，脊具细长柔毛；花药淡黄色，长0.8 ~ 1 mm。颖果纺锤形，长约1.5 mm。花、果期：5 ~ 6月。

产地：乐昌、乳源、始兴、平远、信宜等地。生于沟边、草地。

分布：河南、陕西、山东、江苏、安徽、湖北、四川、云南、西藏、贵州、广西、湖南、江西、浙江、福建、台湾。朝鲜、日本。

2. 早熟禾　（《植物学大辞典》）　（图194）

Poa annula Linn.

一年生草本。秆直立或倾斜，质软，高6 ~ 30 cm，平滑无毛。叶扁平或对折，长2 ~ 12 cm，宽1 ~ 4 mm，质柔软，有横脉纹，顶端急尖成船形，边微粗糙；叶鞘稍压扁，中部以下闭合；叶舌长1 ~ 3（~5）mm。圆锥花序宽卵形，长3 ~ 7 cm，开展；分枝1 ~ 3枚着生于各节，平滑；小穗绿色，卵形，长3 ~ 6 mm，有3 ~ 5朵小花；颖质薄，具宽膜质边缘，顶端钝，第一颖披针形，长1.5 ~ 2（3）mm，具1脉，第二颖长2 ~ 3（4）mm，具3脉；外稃卵圆形，顶端与边宽膜质，具明显的5脉，脊与边脉下部具柔毛，间脉近基部有柔毛，基盘无绵毛，第一外稃长3 ~ 4 mm；内稃与外稃近等长，2脊密生丝状毛；花药黄色，长0.6 ~ 0.8 mm。颖果纺锤形，长约2 mm。花期：4 ~ 5月；果期：6 ~ 7月。

产地：乐昌。生于平原、丘陵、路边、草地、田野、水沟、荒坡、湿地。

分布：江苏、四川、贵州、云南、广西、台湾、福建、江西、湖南、湖北、安徽、河南、山东、新疆、甘肃、青海、内蒙古、山西、河北、辽宁、吉林、黑龙江。欧洲、亚洲及北美洲。

图194　早熟禾　Poa annula Linn.
1. 植株；2. 叶舌；3. 小穗；4. 外稃；5. 内稃。
（余汉平抄绘）

42. 黑麦草属　**Lolium** Linn.

多年生或一年生草本。茎直立或斜升。叶线形，扁平；叶舌膜质，钝圆，常具叶耳。穗形总状花序顶生，穗轴延续而不断落，具交互着生的两列小穗；小穗有4 ~ 20朵小花，两侧压扁，无柄，单生于穗轴各节，以其背面（即第一、三、五等外稃的背面）对向穗轴，小穗轴脱节于颖之上及各小花间；第一颖退化或仅在顶生小穗中存在；第二颖为离轴性，位于背轴的一方，披针形，等长或短于小穗，具5 ~ 9脉；外稃椭圆形，纸质或变硬，具5脉，背部圆形，无脊，顶端有芒或无，内稃等长或稍短于外稃，2脊具狭翼，有纤毛，顶端尖；浆片2枚；雄蕊3枚，子房无毛；花柱顶生，柱头帚状。颖果腹部凹陷，具纵沟，与内稃粘合不易脱离，有些成熟后肿胀，顶端具绒毛。

本属约10种，分布于欧亚大陆的温带地区。我国有7种，多从国外引种；广东有2种。

1. 颖长于小穗；颖果成熟后肿胀，厚约2 mm，长不超过宽的3倍 ………………………………………… 1. 毒麦 L. temulentum
1. 颖长约为小穗的1/3；颖果成熟后不肿胀，厚约0.5 mm，长超过宽的3倍 ……………………………… 2. 黑麦草 L. perenne

1. 毒麦 （《植物学大辞典》） （图195）

Lolium temulentum Linn.

一年生草本。秆疏丛，高20～120 cm，具3～5节，无毛。叶扁平，质较薄，长10～25 cm，宽4～10 mm，顶端渐尖，边缘微粗糙，无毛；叶舌长1～2 mm；叶鞘长于节间，疏松。穗形总状花序长10～15 cm，宽1～1.5 cm，穗轴增厚，质硬，节间长5～10 mm，无毛；小穗长8～10 mm，宽3～8 mm，有4～10朵小花；小穗轴节间长1～1.5 mm，平滑无毛；颖较宽大，长于小穗，长8～10 mm，宽约2 mm，有5～9脉，具狭膜质边；外稃椭圆形至卵形，长5～8 mm，成熟时肿胀，质较薄，具5脉，顶端钝，基盘微小，芒自近外稃顶端伸出，长1～2 cm，质硬，粗糙；内稃脊上具纤毛。颖果极肿胀，长为宽的2～3倍，宽4～7 mm。花、果期：6～7月。

产地：乐昌、乳源有逸生。生于路边。

分布：甘肃、陕西、安徽、浙江。欧洲、中亚、俄罗斯西伯利亚、高加索、小亚细亚。

本种为有毒杂草。

图195 毒麦 Lolium temulentum Linn.
1. 植株；2. 小穗；3. 小花。
（余汉平抄自《东北草本植物志》）

2. 黑麦草 （《种子植物名称》）

Lolium perenne Linn.

多年生草本，具细弱根状茎。秆丛生，高30～90 cm，具3～4节，基部节上生根。叶质软，线形，长5～20 cm，宽3～6 mm，光滑；叶舌长2～2.5 mm；有时具叶耳。穗形总状花序直立或稍弯，长10～30 cm，宽5～8 mm；小穗长0.8～2 cm，有5～10朵小花，小穗轴节间长约1 mm，平滑无毛；颖披针形，长约为小穗的1/3，具3～9脉，边缘狭膜质；外稃草质，长圆形，长5～9 mm，具5脉，平滑，基盘明显，顶端无芒，或上部小穗具短芒，第一外稃长约7 mm；内稃与外稃等长，沿脊生短纤毛。颖果长超过宽的3倍。花、果期：5～7月。

产地：广州。栽培。

分布：我国许多地方有栽培。欧洲、亚洲暖温带、非洲北部。

用途：饲料。

43. 三 毛 草 属 **Trisetum** Pers.

多年生草本。秆丛生或单生。叶狭窄而扁平。圆锥花序开展或紧缩成穗状；小穗长不及10mm，常有

2～3朵小花，稀4～5朵小花，小穗轴节间具柔毛，并延伸于顶生内稃之后，成刺状或具不育小花；颖草质或膜质，顶端尖或渐尖，宿存，不等长，第一颖较第二颖短，具1～3脉；外稃披针形，两侧压扁，纸质而具膜质边缘，顶端具2裂齿，基盘被微毛，自背部1/2以上处生芒，内稃透明膜质，等长或较短于外稃，具2脊，脊粗糙；浆片2枚，透明膜质，长圆形或披针形，顶端2裂或齿裂。颖果不具腹沟，与内稃分离。

本属70余种，多分布于北半球的温带。我国有10种；广东有1种。

三毛草　（《中国主要植物图说——禾本科》）（图196）

Trisetum bifidum（Thunb.）Ohwi

Bromus bifidus Thunb.

多年生草本。秆直立或基部膝曲，高30～100 cm，光滑无毛，具2～5节。叶扁平，长5～15 cm，宽3～6 mm，常无毛；叶鞘松弛，无毛，短于节间；叶舌膜质，长0.5～2 mm。圆锥花序疏展，有光泽，黄绿色或褐绿色，长圆形，长10～25 cm，宽2～4 cm，分枝纤细，每节多枚，多上升，稍开展，长达10 cm；小穗长6～8 mm，有2～3朵小花；小穗轴节间长约1.5 mm，被白色或浅褐色短毛或下部稀疏；颖膜质，不等长，顶端尖，背脊粗糙，第一颖长2～3.5 mm，具1脉，第二颖长4～6 mm，具3脉；外稃黄绿色、褐色，纸质，顶端浅2裂，裂片长1～1.5 mm，边缘膜质，背部点状粗糙，第一外稃长6～7 mm，基盘被长0.5 mm短毛，顶端以下约2 mm处生芒，芒细弱，长7～10 mm，常向外反曲，内稃透明膜质，长3.5～4 mm，背部向外拱，顶端微2裂，具2脊，脊被小纤毛；浆片2枚，透明膜质，长约1 mm，顶端齿裂；雄蕊3枚，花药黄色，长0.5～1 mm。花期：4～6月。

图196　三毛草　Trisetum bifidum（Thunb.）Ohwi
1. 植株；2. 小穗；3. 小花。（余汉平抄绘）

产地：始兴、南雄、蕉岭、增城等地。生于山坡、路边、林阴处、沟边、草地。

分布：甘肃、西藏、陕西、河南、江苏、安徽、浙江、福建、江西、湖北、湖南、四川、贵州、云南、广西等省区。朝鲜、日本。

44. 燕　麦　属　**Avena** Linn.

一年生草本。秆直立或基部稍倾斜，光滑无毛。叶线形，扁平。圆锥花序顶生，疏松，分枝多纤细，粗糙；小穗大，有2至数朵小花，最顶端1朵小花退化，柄弯曲，小穗轴节间被毛或光滑，脱节于颖之上与各小花间，稀在各小花间不具关节，不易断落；颖草质，具7～11脉，长于第一小花；外稃质多坚硬，顶端软纸质，齿裂，裂片有时成芒状，具5～9脉，常具芒，少数无芒，芒常自稃的背面中部伸出，膝曲而具扭转的芒柱；雄蕊3枚；子房具毛。颖果有腹沟，与内稃相附。

本属约25种，分布于欧亚大陆的温寒带。我国有7种，多为栽培；广东有2种，1变种。

1. 小穗有2～3朵小花；小穗轴易断落；外稃被硬毛或无毛，第二外稃有芒。
  2. 外稃被疏密不等的硬毛 ………………………………………………………………… 1. 野燕麦 A. fatua
  2. 外稃光滑无毛 ………………………………………………………………… 1a. 光稃野燕麦 var. glabrata
1. 小穗有1～2朵小花；小穗轴不易断落；外稃无毛，第二外稃无芒 …………………………… 2. 燕麦 A.sativa

1. 野燕麦 （《中国主要植物图说——禾本科》） （图197）

Avena fatua Linn.

一年生草本。秆直立，光滑无毛，高60～120 cm，具2～4节。叶扁平，长10～30 cm，宽4～12 mm，微粗糙，或上面和边疏被柔毛；叶舌透明膜质，长1～5 mm；叶鞘松弛，光滑或基部的被微毛。圆锥花序开展，金字塔形，长10～25 cm，分枝具棱角，粗糙；小穗长18～25 mm，有2～3朵小花，柄弯曲下垂，顶端膨胀，小穗轴密生淡棕色或白色硬毛，节脆硬易断落；颖草质，几相等，具9脉；外稃质坚硬，第一外稃长15～20 mm，背面中部以下被疏密不等的淡棕色或白色硬毛，芒自稃的背面中部稍下处伸出，长2～4 cm，膝曲，芒柱棕色，扭转。颖果被淡棕色柔毛，上面具纵沟，长6～8 mm。花、果期：4～9月。

产地：乐昌、乳源、高要等地。生于荒芜田野。

分布：广布于我国南北各省区。欧洲、亚洲的温、寒带地区和非洲。

用途：饲料。

图197 野燕麦 Avena fatua Linn.
1. 植株；2. 小穗；3. 小花。
（余汉平抄自《东北草本植物志》）

1a. 光稃野燕麦 （《江苏植物志》）

var. **glabrata** Peterm.

A. fatua var. *mollis* Keng

本变种与原种的区别在于：外稃光滑无毛。

产地：深圳、广州。生于山坡、草地、路边、农田。

分布：我国南北各省区。欧洲及温暖的亚洲和北非。

2. 燕麦 （《救荒本草》）

Avena sativa Linn.

本种与野燕麦A. fatua的区别在于：小穗有1～2朵小花；小穗轴近无毛或疏生短毛，不易断落；第一外稃背部无毛，基盘仅具少数短毛或近于无毛，无芒，或仅背部有一较直的芒，第二外稃无毛，通常无芒。

产地：乐昌。栽培。

分布：东北、华北、西北、西南及广西和华中等省区栽培。

用途：粮食；饲料。

45. 虉 草 属 **Phalaris** Linn.

一年生或多年生草本。叶线形；叶舌薄膜质。圆锥花序紧缩成穗状；小穗两侧压扁，有3朵小花，其中1朵能育，位于2朵不育小花的上方，或因不育小花退化而使小穗仅有1朵能育小花；小穗轴脱节于颖之上，不延伸或很少延伸于内稃之后；颖草质，等长，披针形，具3脉，主脉成脊，脊常有翼；能育小花的外稃短于颖，软骨质，无芒，有5条不明显的脉，内稃与外稃同质；浆片2枚；子房光滑；花柱2；雄蕊3枚。颖果紧包于稃体内。

本属约20种，分布于北半球的温带。我国有1种及1变种；广东均有。

1. 叶幼嫩时微粗糙，灰绿色，无白色条纹 ………………………… 1. 虉草 P. arundinacea
1. 叶柔软而似丝带，绿色而有白色条纹间于其中 ………………………… 1a. 丝带草 var. picta

1. 虉草　（《植物分类学报》）　（图198）

Phalaris arundinacea Linn.

Typhoides arundinacea（Linn.）Moench

多年生草本，具根状茎。秆单生或少数丛生，高60～140 cm，有6～8节。叶扁平，幼嫩时微粗糙，灰绿色，长6～30 cm，宽1～1.8 cm；叶舌薄膜质，长2～3 mm；叶鞘无毛，下部的长于而上部的短于节间。圆锥花序紧密，狭窄，长8～15 cm，分枝直向上举，密生小穗；小穗长4～5 mm，无毛或有微毛；颖沿脊上粗糙，上部有极狭的翼；能育小花外稃宽披针形，长3～4 mm，上部有柔毛；内稃舟状，背具1脊，脊的两侧疏被柔毛；花药长2～2.5 mm；不育外稃2枚，退化为线形，具柔毛。花、果期：6～8月。

产地：乐昌。生于林下、潮湿地、水湿处。

分布：黑龙江、吉林、辽宁、内蒙古、甘肃、新疆、陕西、山西、河北、山东、江苏、浙江、江西、湖南、四川。北半球温带地区。

用途：优良牧草；编织原料；造纸。

1a. 丝带草　（《华南经济禾草植物》）

var. **picta** Linn.

本变种与原种的区别在于：叶绿色而有白色条纹间于其中，柔软而似丝带。

产地：广州。生于潮湿地。

用途：盆栽赏叶植物。

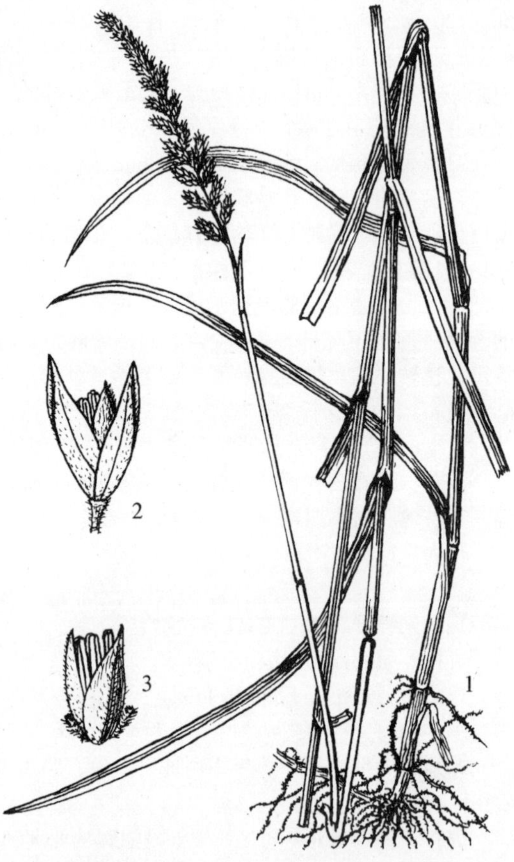

图198　虉草　Phalaris arundinacea Linn.

1. 植株；2. 小穗；3. 小穗（去颖）。（余汉平抄绘）

46. 野 青 茅 属　**Deyeuxia** Clarion

高大、细弱的多年生草本。叶线形，扁平或内卷；叶舌膜质。圆锥花序紧缩或开展；小穗有1朵小花，稀2朵，脱节于颖之上，小穗轴延伸于内稃之后而常被丝状柔毛；颖近等长或第一颖较长，顶端尖或渐尖，具1或3脉，外稃稍短于颖，草质或不透明膜质，具3～5脉，中脉自稃体的基部或中部以上延伸成1芒，稀无，基盘两侧的毛短于外稃，稀长于外稃；内稃质薄，具2脉，近等长或较短于外稃。

本属有100种以上，分布于全世界的温带。我国约43种，15变种；广东有3种。

1. 外稃基盘两侧的柔毛长不及稃体的1/2。
  2. 圆锥花序紧密成穗状，长5～15 cm；外稃芒长7～8 mm ………………………… 1. 野青茅 D. pyramidalis

2. 圆锥花序疏松开展或较紧密但不成穗状，长20～35 cm；外稃芒长4～5.5 mm ……………… 2. 疏穗野青茅 D. effusiflora
1. 外稃基盘两侧的柔毛长为稃体的1/2以上或较长于稃体 ……………………………………………3. 箱根野青茅 D. hakonensis

1. 野青茅 （《植物学大辞典》） （图199）

Deyeuxia pyramidalis（Host）Veldkamp

Calamagrostis pyramidalis Host

Agrostis arundinacea Linn.

C. arundinacea（Linn.）Roth

C. arundinaceae var. *ciliata* Hinda

多年生草本。秆直立，高50～60 cm，丛生，节膝曲，基部具被鳞片的芽，平滑。叶带灰白色，扁平或边缘内卷，长5～25 cm，宽2～7 mm，无毛，两面粗糙；叶舌膜质，长2～5 mm，顶端常撕裂；叶鞘疏松，长于或上部的短于节间，无毛或鞘口具柔毛。圆锥花序紧缩成穗状，长5～15 cm，宽1～2 cm，分枝3或数枚簇生，长1～2 cm，直立，贴生，与小穗柄均粗糙；小穗长5～6 mm，草黄色或带紫色；颖披针形，顶端尖，稍粗糙，两颖近等长或第一颖较第二颖长约1 mm，具1脉，第二颖具3脉；外稃长4～5 mm，稍粗糙，顶端微齿裂，基盘两侧的柔毛长为稃体的1/5～2/5，芒自外稃近基部或下部1/5处伸出，长7～8 mm，近中部膝曲，芒柱扭转；内稃近等长或稍短于外稃；延伸小穗轴长1.5～2 mm，与所被柔毛共长3～4 mm；花药长2～3 mm。花、果期：6～9月。

产地：阳山、连州。生于山坡、草地、林缘、灌丛、山谷、溪旁、河滩、草原。

分布：黑龙江、河北、安徽、江苏、浙江、江西、福建、湖南、四川、云南、贵州、陕西、山西、湖北、河南等省。日本、朝鲜、巴基斯坦、俄罗斯和欧洲。

图199 野青茅 Deyeuxia pyramidalis（Host）Veldkamp
1. 植株；2. 小穗；3. 小花。（余汉平抄绘）

2. 疏穗野青茅 （《中国主要植物图说——禾本科》）

Deyeuxia effusiflora Rendl.

Calamagrostis effusiflora（Rendl.）P. C. Kuo & S. L. Lu ex J. L. Yang

D. arundinaceae var. *laxiflora*（Rendl.）P. C. Kuo & S. L. Lu

D. sylvatica var. *laxiflora* Rendl.

多年生草本，无根状茎。秆直立，较细弱。叶带灰白色，扁平或边缘内卷，长5～25 cm，宽2～7 mm，无毛，两面粗糙；叶舌长1～2 mm；叶鞘无毛。圆锥花序疏松开展，长10～16 cm，宽（2～）5～9 cm，分枝平展或斜向上升，中部以下多裸露，微糙涩。小穗草黄色或带紫色，长4.5～5 mm；颖披针形，顶端尖，稍粗糙，两颖近等长或第一颖较第二颖长约1 mm，具1脉，第二颖具3脉；外稃长约3.5 mm，基盘两侧的柔毛长为外稃的1/5，芒近基生，长4～5.5 mm，内稃近等长于或稍短于外稃；延伸小穗轴长1.5～2 mm，与所被柔毛共长3～4 mm；花药长2mm。花、果期：8～10月。

产地：据《中国植物志》记载，广东有分布。生于山坡、草地、路边。

分布：华东、华南及陕西、湖北、湖南、四川、云南、贵州等省区。

3. 箱根野青茅　（《中国主要植物图说——禾本科》）

Deyeuxia hakonensis（Franch. & Sav.）Keng

Calamagrostis hakonensis Franch. & Sav.

多年生草本，具横走根状茎。秆细弱，直立，高30 ~ 60 cm，直径0.5 ~ 1 mm，平滑无毛。叶线形，扁平或边缘内卷，长6 ~ 15 cm，宽1 ~ 3 cm；叶舌干膜质，长约1 mm；叶鞘短于节间，无毛或脉间具倒生而易脱落的毛，边缘及鞘口常疏被柔毛。圆锥花序分枝常孪生，稀单生或3枚簇生；小穗草黄色或稍带紫色，长4 ~ 5 mm；颖披针形，顶端稍钝，两颖近等长，第一颖具1脉，第二颖具3脉；外稃长4 ~ 5 mm，稍粗糙，顶端微齿裂，基盘两侧的柔毛长为稃的2/3或1/2以上至等长或长逾稃体，芒自外稃近基部伸出，长2 ~ 4 mm；内稃近等长于或稍短于外稃；延伸小穗轴长1 ~ 1.5 mm，与其所被柔毛共长2.5 ~ 3 mm；花药长1.5 mm。花、果期：7 ~ 8月。

产地：据《中国植物志》记载，广东有分布。生于山坡、草地、林下、溪边、石缝。

分布：安徽、浙江、江西、湖北、河北、四川、贵州。日本、俄罗斯。

47. 拂子茅属　Calamagrostis Adans.

多年生粗壮草本。叶线形，扁平；叶舌膜质。圆锥花序紧缩或开展。小穗线形，常有1朵小花，脱节于颖之上，小穗轴通常不延伸于内稃之后，或稍有延伸；两颖近等长，有时第一颖稍长，狭披针形，具1脉或第二颖具3脉；外稃透明膜质，芒自稃体背面中部附近伸出，基盘密生长柔毛；内稃细小而短于外稃；雄蕊3（1）枚。

本属约20种，多分布于北温带至极地。我国有6种，4变种；广东有1种。

拂子茅　（《植物学报》）　（图200）

Calamagrostis epigeios（Linn.）Roth

Arundo epigeios Linn.

多年生草本，具根状茎。秆直立，高45 ~ 100 cm，直径2 ~ 3 mm，平滑无毛或花序下稍粗糙。叶扁平或边缘内卷，长15 ~ 27 cm，宽4 ~ 8（~ 13）mm，上面及边缘粗糙，下面较平滑；叶舌膜质，长圆形，长5 ~ 9 mm，顶端易破裂；叶鞘平滑或稍粗糙，短于或基部的长于节间。圆锥花序紧密，圆筒形，径直，长10 ~ 25（~ 30）cm，中部直径1.5 ~ 4 cm，分枝粗糙，直立或斜升；小穗淡绿色或带淡紫色，长5 ~ 7 mm；两颖近等长或第二颖微短，顶端渐尖，具1脉，第二颖具3脉，主脉粗糙；外稃透明膜质，长约为颖的1/2，顶端具2齿，基盘的柔毛几与颖等长，芒自稃的背面中部附近伸出，细直，长2 ~ 3 mm；内稃长约为外稃的2/3，顶端细齿裂；小穗轴不延伸于内稃之后，或有时仅于内稃的基部残留1微小的痕迹；雄蕊3枚，花药黄色，长约1.5 mm。花、果期：5 ~ 9月。

产地：乳源、始兴、清远、博罗等地。生于潮湿地、河岸、沟渠旁。

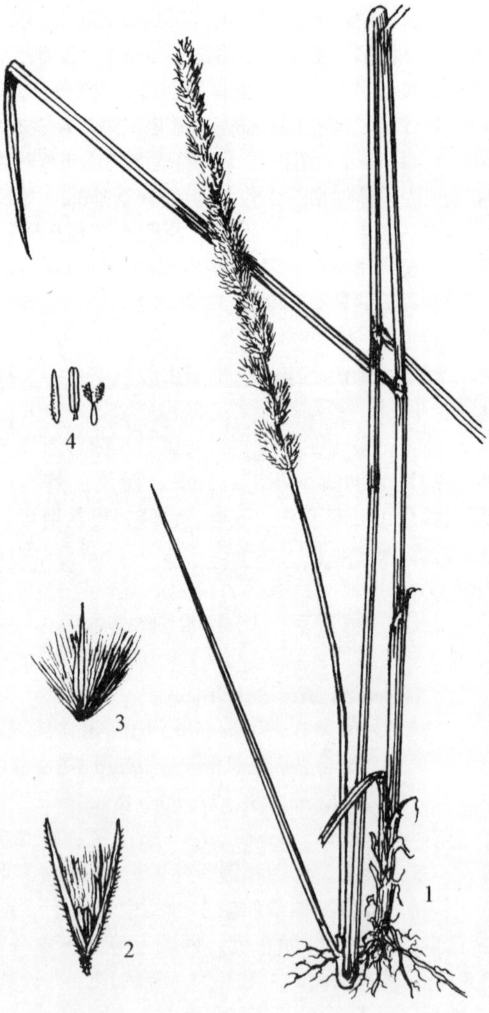

图200　拂子茅　Calamagrostis epigeios（Linn.）Roth
1. 植株；2. 小穗；3. 小花；4. 内稃、雄蕊及雌蕊。
（余汉平抄绘）

分布：分布遍及全国。欧亚大陆温带。

用途：牧草；护堤。

48. 剪股颖属 **Agrostis** Linn.

一年生或多年生草本，具根状茎或匍匐茎。秆直立或基部膝曲。叶扁平或内卷成针状；叶舌膜质，顶端有齿或破裂，稀完整；叶鞘长于或短于节间。圆锥花序开展或紧缩成穗状；小穗有1朵小花，小穗轴不延伸，脱节于颖之上；两颖等长或不等长，顶端无芒，具1脉，脉上粗糙或被短硬毛，稀全体粗糙；外稃白色，透明膜质，通常短于颖片，稀等长，具5脉，偶具3脉，脉有时在顶端稍突出，无芒；基盘光滑或两侧簇生短毛；内稃一般短于外稃，稀等长，有些种几乎全部退化，仅残留一点痕迹，顶端全缘或截平，有齿裂，具2脉；浆片2枚，近披针形，透明膜质；雄蕊3枚，花药为外稃的3/4 ~ 1/10；子房光滑；花柱2，短小，柱头羽毛状。颖果与外稃分离或被外稃紧包，长圆形，最宽处在果实的中部或下部，具纵槽。

本属约有200种，多分布于寒温带，尤以北半球为多。我国有29种，10变种；广东有1种。

玉山剪股颖 （《Flora of China》）

Agrostis infirma Büse

A. macilenta Keng

A. clavata var. *macilenta* (Keng) Y. C. Yang

多年生草本，具细弱根状茎。秆丛生，直立或基部微膝曲，高35 ~ 90 cm，直径1 ~ 2 mm，平滑，具3 ~ 4节。叶扁平，线形，长6 ~ 16 cm；叶舌膜质，长2 ~ 4 mm，顶端钝；叶鞘无毛，通常短于节间。圆锥花序疏松开展，长10 ~ 24 cm；小穗有1朵小花，小穗轴不延伸；两颖等长或不等长，顶端急尖、渐尖或具小尖头，无芒，具1脉，脉粗糙或被短硬毛，稀颖全体粗糙；外稃白色，膜质，一般短于颖片，稀等长，顶端截平或圆钝；内稃一般短于外稃，稀等长，长圆形、卵形或倒卵形；花药长0.8 ~ 1 mm。颖果扁平，纺锤形，长约1.2 mm。

产地：广州、深圳。生于路边。

分布：黑龙江、湖南、山东、台湾、云南。印度尼西亚、巴布亚新几内亚、菲律宾。

49. 棒头草属 **Polypogon** Desf.

一年生草本。秆直立或基部膝曲。叶扁平。圆锥花序穗状；小穗有1朵小花，两侧压扁，小穗柄有关节，脱节于颖之下，小穗基部具柄状基盘；颖近相等，具1脉，粗糙，顶端2浅裂或深裂，芒细直，自裂片间伸出；外稃膜质，光滑，长约为小穗的1/2，顶端具微齿；内稃较小，透明膜质，具2脉；雄蕊1 ~ 3枚，花药细小。颖果与外稃等长，连同稃体一起脱落。

本属有25种，分布于热带和温带地区。我国有6种；广东有2种。

1. 颖片的芒短于或稍长于小穗 ………………………………………… 1. 棒头草 P. fugax
1. 颖片的芒长为小穗的3 ~ 4倍 ………………………………………… 2. 长芒棒头草 P. monspeliensis

1. 棒头草 （《亚洲文会会报》）

Polypogon fugax Nees ex Steud.

P. higegaweri Steud.

一年生草本。秆丛生，高10 ~ 75 cm，基部膝曲，光滑。叶扁平，长2.5 ~ 5 cm，宽3 ~ 4 mm，微粗糙或下面光滑；叶舌膜质，长圆形，长3 ~ 8 mm，2裂或顶端具不整齐裂齿；叶鞘光滑无毛，短于或下部的长于节间。圆锥花序穗状，长圆形或卵形，较疏松，具缺刻或间断，分枝长可达4 cm；小穗（包括基盘）长约2.5 mm，灰绿色或部分带紫色；颖长圆形，疏被短纤毛，顶端2浅裂，芒从裂口处伸出，短于或稍长于小穗，细直，微粗糙，长1～3 mm；外稃光滑，长约1 mm，顶端具微齿，中脉延伸成长约2 mm而易脱落的芒；雄蕊3枚，花药长0.7 mm。颖果椭圆形，长约1 mm。花、果期：4～9月。

产地：乳源、高要、博罗（罗浮山）、广州。生于山坡、田边、潮湿地。

分布：我国南北各地。朝鲜、日本、俄罗斯、印度、不丹、缅甸。

2. 长芒棒头草　（《中国主要植物图说——禾本科》）　（图201）

Polypogon monspeliensis（Linn.）Desf.

Alopecurus monspeliensis Linn. Polypogon

一年生草本。秆直立或基部膝曲，高8～60 cm，通常光滑无毛，具4～5节。叶长2～13 cm，宽2～9 mm，上面及边缘粗糙，下面较光滑；叶舌膜质，长2～8 mm，2深裂或不规则撕裂；叶鞘松弛抱茎，通常短于或下部的长于节间。穗状圆锥花序长1～10 cm，宽5～20 mm（包括芒）；小穗淡灰绿色，成熟后枯黄色，（包括基盘）长2～2.5 mm；颖片倒卵状长圆形，被短纤毛，顶端2浅裂，芒自裂口处伸出，长为小穗的3～4倍，细长而粗糙，长3～7 mm；外稃光滑无毛，长1～1.2 mm，顶端具微齿，中脉延伸成约与稃体等长而易脱落的细芒；雄蕊3枚，花药长约0.8 mm。颖果倒卵状长圆形，长约1 mm。花、果期：5～10月。

图201　长芒棒头草　Polypogon monspeliensis（Linn.）Desf.
1. 花序；2. 小穗；3. 小花。（余汉平抄绘）

产地：广州。生于湿地。

分布：我国南北各地。全世界的热带和温带地区。

50. 菵　草　属　Beckmannia Host

一年生或多年生草本。叶线形，扁平；叶鞘膜质。圆锥花序狭窄，由多数简短贴生或斜生的穗状花序组成；小穗圆形，覆瓦状排列于穗轴的一侧，有1朵小花，稀有2朵小花，两侧压扁，近无柄，脱节于颖之下，小穗轴不延伸；颖草质，具较薄而白色的边，半圆形，等长，具3脉，顶端钝或急尖；基盘短，无毛；外稃披针形，具5脉，稍露出颖外，顶端尖或具短尖头；内稃稍短于外稃，具脊；雄蕊3枚。颖果圆柱形。

本属有2种及1变种，广布于全世界温寒带。我国有1种及1变种；广东有1种。

菵草　（《本草纲目》）　（图202）

Beckmannia syzigachne（Steud.）Fern.

Panicum syzigachne Steud.

一年生草本。秆直立，高15～90 cm，具2～4节。叶扁平，长5～20 cm，宽3～10 mm，粗糙或下面平滑；叶舌透明膜质，长3～8 mm；叶鞘无毛，多长于节间。圆锥花序长10～30 cm，分枝稀疏，直立或斜升；小穗扁平，灰绿色，圆形，长约3 mm，常有1朵小花；颖草质，边缘质薄，白色，背部灰绿色，具淡色的横纹，无毛或基部具少数硬毛；外稃披针形，具5脉，具伸出颖外的短尖头；花药黄色，长约1 mm。颖果黄褐色，长圆形，长0.6～1.5 mm，顶端具丛生短毛。花、果期：4～10月。

产地：广州。生于湿地、水沟边、流水中。

分布：全国各省区。日本、朝鲜、蒙古、俄罗斯、欧洲和北美洲。

图202　菵草　Beckmannia syzigachne (Steud.) Fern.

1. 植株；2. 小穗；3. 小花。（余汉平抄绘）

51. 看麦娘属　**Alopecurus** Linn.

一年生或多年生草本。秆直立，丛生或单生。叶扁平，质柔软。圆锥花序极紧缩，圆柱状或长圆形；小穗两侧压扁，有1朵能育小花，脱节于颖之下；颖近等长，具3脉，基部连合；外稃膜质，具不明显5脉，中部以下有芒，边缘下部连合；内稃缺或极小；子房光滑。颖果与稃体分离。

本属有40～50种，分布于北温带及南美洲。我国有8种；广东有2种。

1. 小穗长2～3 cm；外稃芒长2～3 mm，隐藏或稍外露 ……………………………………………1. 看麦娘 A. aequalis
1. 小穗长5～6 cm；外稃芒长6～12 mm，显著外露 ………………………………………… 2. 日本看麦娘 A. japonicus

1. 看麦娘　（《救荒本草》）　（图203）

Alopecurus aequalis Sobol.

A. aristulatus Michx.

一年生草本。秆丛生，高15～40 cm，细瘦，光滑，节处常膝曲。叶扁平，长3～10 cm，宽2～6 mm；叶舌膜质，长2～5 mm；叶鞘光滑，短于节间。圆锥花序圆柱状，灰绿色，长2～7 cm，宽3～6 mm；小穗椭圆形或卵状长圆形，长2～3 mm；颖膜质，基部连合，具3脉，脊上有细毛，侧脉下部有短毛；外稃膜质，顶端钝，等长或稍长于颖，下部边缘连合，芒长2～3 mm，约于稃体下部1/4处伸出，隐藏或稍外露；花药橙黄色，长0.5～0.8 mm。颖果长约1 mm。花、果期：4～8月。

产地：乐昌、乳源、阳山、英德、连山、连南、清远、和平、连平、大埔、蕉岭、新丰、翁源、阳春等地。生于田边、潮湿地。

分布：我国大部分省区。北温带广布。

图203　看麦娘　Alopecurus aequalis Sobol.
1. 植株；2. 小穗；3. 小花。（余汉平抄绘）

2. 日本看麦娘　（《中国主要植物图说——禾本科》）

Alopecurus japonicus Steud.

一年生草本。秆少数丛生，直立或基部膝曲，高20～50 cm，具3～4节。叶长3～12 mm，宽3～7 mm，上面粗糙，下面光滑；叶舌膜质，长2～5 mm；叶鞘松弛。圆锥花序圆柱状，长3～10 cm，宽4～10 mm；小穗长圆状卵形，长5～6 mm；颖基部连合，具3脉，脊上具纤毛；外稃略长于颖，厚膜质，下部边缘连合，芒长6～12 mm，近稃体基部伸出，上部粗糙，中部稍膝曲；花药色淡或白色，长约1 mm。颖果半椭圆形，长2～2.5 mm。花、果期：2～5月。

产地：乐昌、乳源、阳山、英德、连山、连南、清远、和平、连平、大埔、蕉岭、新丰、翁源等地。生于田边、潮湿地。

分布：安徽、福建、贵州、河南、湖北、四川、云南、浙江、江苏、湖北、陕西等省。日本、朝鲜。

52. 落芒草属　Piptatherum P. Beauv.

多年生草本，疏丛或密丛。秆直立或基部稍倾斜。叶扁平或内卷；叶舌较硬，常齿裂。圆锥花序开展或紧缩成穗状；小穗卵形至披针形，脱节于颖之上，有1朵能育小花；颖草质或膜质，几等长，宿存，顶端渐尖或钝圆，具5～7脉；外稃质较硬，背腹压扁或近圆形，果期革质，褐色或黑褐色，多被柔毛或无毛，且常发亮而有光泽，具短而钝且被毛或光滑无毛的基盘，顶端具细弱、微粗糙、不膝曲、不扭转、易早落的芒（稀不断落）；内稃扁平，几全被外稃包被。颖果被稃紧包。

本属约50种，分布于北半球温带和亚热带山地。我国有12种，3变种和1栽培品种；广东有1种。

钝颖落芒草 （《中国主要植物图说——禾本科》） （图204）

Piptatherum kuoi S. M. Phillips & Z. L. Wu

Oryzopsis obtuse Stapf

多年生草本，具粗短的根状茎。秆直立，丛生，高约1 m，粗糙，具2～3节，基部直径约2 mm。叶质较硬，直立，多扁平或内卷，长10～25 cm，宽5～12 mm，顶端长渐尖而成针状，分蘖叶上面被短毛；叶舌质较硬，长1～3 mm，顶端钝圆或截平，常齿裂；叶鞘无毛，稍粗糙，多短于节间或基部的长于节间。圆锥花序径直，线形，长15～25 cm，分枝向上直伸，紧贴主轴，孪生，基部分枝具2～6个小穗；小穗草绿色或枯黄色，柄粗糙；颖宿存，近相等或第一颖稍短，草质，倒卵状椭圆形，长4～5 mm，宽3.5～4 mm，顶端钝圆，膜质，具5～7脉，脉间具小横脉；外稃质坚硬，褐色或黑棕色，椭圆形，长4～5 mm，具光泽而无毛，具5脉，侧脉不达顶端于裂齿处汇合，基盘光滑，芒自顶端伸出，长10～17 mm，细弱，易落；浆片3，卵圆形；花药长约2.5 mm，顶端无毛。颖果椭圆状球形，长约3 mm。花、果期：4～7月。

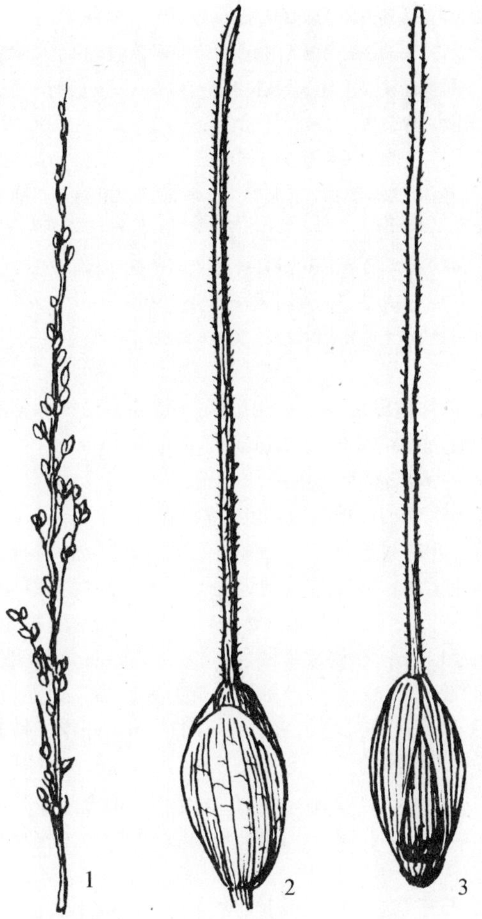

图204　钝颖落芒草　Piptatherum kuoi S. M. Phillips & Z. L. Wu
1. 花序；2. 小穗；3. 小花。（余汉平抄绘）

产地：据《中国植物志》记载，广东有分布。生于潮湿地、灌丛林下。

分布：河南、浙江、陕西、台湾、河南、湖北、湖南、四川、贵州、云南等省区。日本（琉球）。

53. 野古草属 **Arundinella** Raddi

多年生或一年生草本。秆单生至丛生，直立或基部倾斜。叶线形至披针形；叶舌短小至几缺，膜质，具纤毛。圆锥花序开展或紧缩成穗状；小穗成对（稀单生），具柄，有2朵小花；颖草质，近等长或第一颖稍短，3～5（～7）脉，宿存或迟落；第一小花常为雄性或中性（罕为雌性或两性），外稃膜质至坚纸质，3～7脉，等长或稍长于第一颖；第二小花两性，外稃大都具芒，基盘有毛，短于第一小花，外稃花期纸质，果期坚纸质，棕色至褐色，边缘内卷，背面常被极短疏柔毛或仅微粗糙，顶端有芒或芒状小尖头；基盘半月形，上缘两侧及腹面具毛或无毛，内稃膜质，被外稃紧包，与外稃近等长；浆片2枚，楔形；雄蕊3枚，花药紫色、褐色或黄色；子房无毛；花柱2，基部分离或连合，柱头帚状，紫红色。颖果长卵形至长椭圆形，背腹压扁，无明显腹沟，被内稃和外稃紧包且一起脱落。

本属约56种，广布于全世界热带和亚热带。我国有20种，3变种；广东及海南有5种。

1. 第二外稃顶端具芒，芒膝曲或否。
  2. 第二外稃顶端芒的两侧无刚毛，小穗柄的顶端无白色长刺毛。
    3. 圆锥花序狭圆柱形，分枝长不超过9 cm ………………………… 1. 孟加拉野古草 A. bengalensis
    3. 圆锥花序疏散，分枝长可达20 cm ………………………… 2. 石芒草 A. nepalensis
  2. 第二外稃顶端芒的两侧各具1条刚毛，如不具刚毛，则小穗柄顶端必有数至多枚白色长刺毛。
    3. 小穗柄顶端不具白色长刺毛，芒近径直而无芒柱与芒针之分；秆草质，节上密生白色髯毛 ………………………… 3. 毛节野古草 A. barbinodis
    3. 小穗柄顶端有数至多条白色长刺毛，芒膝曲，有芒柱与芒针之分；秆质坚硬，节上有或无毛 ………………………… 4. 刺芒野古草 A. setosa
1. 第二外稃顶端无芒或有时具长0.2 ~ 0.6 mm的小尖头 ………………………… 5. 毛秆野古草 A. hirta

1. 孟加拉野古草 （《中国主要植物图说——禾本科》）

Arundinella bengalensis (Spreng.) Druce

Panicum bengalensis Spreng.

多年生草本；根状茎粗壮，被鳞片。秆单生，高（30 ~ ）100 ~ 170 cm，直径1.2 ~ 5 mm，无毛或被疏柔毛。叶阔线形，长6 ~ 30（ ~ 60）cm，宽0.5 ~ 1.5 cm，边缘粗糙，两面具硬疣毛或无毛；叶舌干膜质，具长柔毛；叶鞘常具硬疣毛或无毛，边缘具纤毛。圆锥花序窄圆柱形，硬而直，长6 ~ 35（ ~ 60）cm，直径1 ~ 3 cm，分枝（2）3 ~ 6枚，对生或轮生，长不超过9 cm，靠拢主轴；孪生小穗柄分别长0.5 mm及1 mm；小穗常带紫色，长3 ~ 3.5 mm，排列紧密，颖疏生疣毛至近无毛，脉上粗糙；第一颖卵形，长2.2 ~ 2.5 mm，3 ~ 5脉，顶端急尖，第二颖等长于小穗，具5脉；第一小花雄性，长2 ~ 2.5 mm，外稃5脉不显著；第二小花两性，长约2 mm，外稃芒易断落，芒柱棕色，长约0.5 mm，芒针长0.7 ~ 1 mm；基盘长约为稃体的1/5，毛长0.3 ~ 0.4 mm；花药黄棕色；柱头淡紫色。花、果期：8 ~ 10月。

产地：乐昌及海南琼山。生于平地、河谷、灌丛、山坡、林缘。

分布：西藏、四川、贵州、云南、广西。南亚及东南亚。

2. 石芒草 （《岭南科学期刊》） 别名：石清草 （海南）

Arnndinella nepalensis Trin.

A. glabra Nees ex Hook. & Arn.

多年生草本；根状茎被鳞片。秆直立，高90 ~ 190 cm，直径2 ~ 5 mm，下部坚硬，无毛，节间上段常具白粉，节上的分枝可抽穗。叶线状披针形，长10 ~ 40 cm，宽1 ~ 1.5 cm，顶端长渐尖，基部圆形，无毛或具短疣毛及白色柔毛；叶舌干膜质，极短，上缘截平，具纤毛；叶鞘无毛或被短柔毛；边缘具纤毛或无毛。圆锥花序疏散或稍紧缩，主轴具纵棱，无毛，分枝细长，可长达20cm，近轮生；小穗成对，小穗柄分别长约1.5 mm及3.5 mm；小穗灰绿色至紫黑色，长3.5 ~ 4 mm，在分枝上排列疏离而不成穗状；颖无毛；第一颖卵状披针形，长2.2 ~ 3.9 mm，具3 ~ 5脉，脊上稍粗糙，顶端渐尖；第二颖等长于小穗，具5脉，顶端长渐尖；第一小花雄性，长2.5 ~ 3 mm，外稃具不明显的5脉，顶端钝；第二小花两性，外稃成熟时棕褐色，薄革质，长1.6 ~ 2 mm，无毛或微粗糙，外稃芒宿存，芒柱棕黄色，长1 ~ 1.2 mm，芒针长1.7 ~ 3.4 mm；基盘具长0.3 ~ 0.7 mm的毛。颖果棕褐色，长卵形，长约1 mm，宽约0.3 mm，顶端截平。花、果期：9 ~ 11月。

产地：乐昌、阳山、清远、英德、连平、梅州、紫金、大埔、兴宁、河源、深圳、惠阳、惠东、博罗、广州、台山、高要、封开、信宜、云浮、阳江、阳春及海南各地。生于山坡、草原。

分布：湖北、湖南、福建、香港、广西、云南、贵州、西藏等省区。南亚至东南亚、大洋洲、非洲。

3. 毛节野古草 （《禾本科检索表》）

Arundinella barbinodis Keng ex B. S. Sun & Z. H. Hu

多年生草本。秆草质，高约100 cm，直径2 mm，平滑无毛，节上密生白色髯毛。叶灰绿色，长5 ~ 35 cm，宽3 ~ 8 mm，两面具疣基毛及柔毛，下面毛较少，后变无毛；叶舌干膜质，长约0.5 mm，具稠密绒毛；叶鞘疏生易脱落的细疣毛，边缘具短纤毛或膜质。圆锥花序长30～36 cm，分枝细弱而开展，单生或孪生，枝腋常具细柔毛，基部分枝长达2 cm；小穗柄粗糙，长1～6 mm；小穗灰绿色或草绿色，排列稀疏，孪生或下部的单生，长4.5～5.5 mm；颖卵状披针形，顶端渐尖至长渐尖，无毛；第一颖长3.3～4 mm，具3～5脉；第二颖等长于小穗，具5～7脉；第一小花中性，外稃长约4 mm，具5脉，无毛；内稃稍短，具退化雄蕊3枚，花药乳白色，长0.1～0.2 mm；第二外稃长2.5～3 mm，上部微粗糙，成熟时棕色，外稃芒长5～6.5 mm，近于径直，无芒柱和芒针之分，下部成熟时仍为淡绿色，刚毛长1.5～2 mm，基盘毛长为稃体的1/4～1/3。花、果期：9～11月。

产地：乐昌、仁化、清远、阳山、连平、新丰、从化等地。生于山坡、草地。

分布：湖南、湖北、安徽、江西、福建、四川、云南、贵州。

4. 刺芒野古草　（《种子植物名称》）

Arundinella setosa Trin.

Danthonia neuroelytrum Steud.

A. bidentata Keng

多年生草本。秆单生，高35～160 cm，直径1～4 mm，质较硬，无毛，节淡褐色，无毛。叶长10～30 cm，宽4～7 mm，顶端长渐尖，基部圆形，两面无毛，有时具疣毛；叶鞘无毛或具长刺毛。圆锥花序排列疏展，长15～45 cm，分枝细长而互生，主轴及分枝有粗糙的纵棱；小穗柄顶端有数至多条白色长刺毛；小穗长6～7 mm；第一颖长4～6 mm，具3～5脉；第二颖长5～7 mm，具5脉；第一小花中性或雄性，外稃长3.8～4.6 mm，具3～5脉，偶见7脉，顶端的两侧有明显的刚毛，外稃芒膝曲，有芒柱与芒针之分，内稃长3.6～5 mm。颖果褐色，长卵形，长约1 mm。花、果期：8～12月。

产地：始兴、连州、连南、英德、南澳、深圳、珠海、惠阳、广州、高州、茂名、徐闻及海南乐东。生于山坡、草地、灌丛、松林、松栎林下。

分布：华东、华中、华南及西南各省区。亚洲热带亚热带。

5. 毛秆野古草　（《中国植物志》）　（图205）

Arundinella hirta (Thunb.) Tanaka

Poa hirta Thunb.

A. hirta subsp. *hirta* Tzvel.

A. anomala Steud.

多年生草本；根状茎较粗壮，被淡黄色鳞片。秆直立，高90～150 cm，直径2～4 mm，质稍硬，被白色疣毛及疏长柔毛，后无毛，节黄褐色，密被短柔毛。叶长15～40 cm，宽约10 mm，顶端长渐尖，两面被疣毛；叶鞘被疣毛，边缘具纤毛；叶舌长约0.2 mm，上缘截平，具长纤毛。圆锥花序长15～40 cm，总花梗、主轴及分枝均被疣毛；孪生小穗柄分别长约1.5 mm及4 mm，较粗糙，具疏长柔毛；小穗长3～4.2 mm，无毛；第一

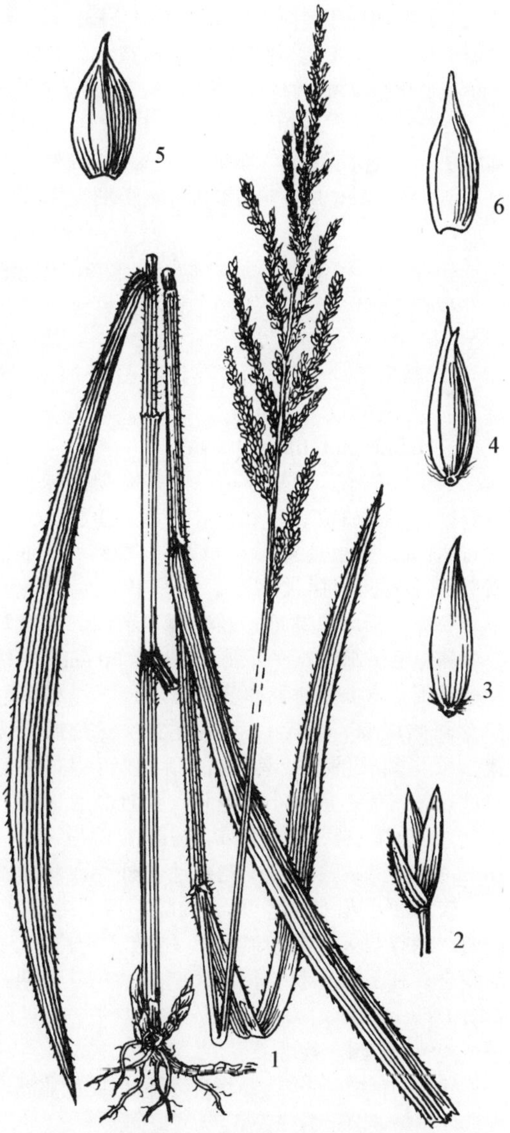

图205　毛秆野古草　Arundinella hirta (Thunb.) Tanaka
1. 植株；2. 小穗；3. 小花背面；4. 小花腹面；5. 第一颖；6. 第一外稃。（余汉平抄绘）

颖长2.4 ~ 3.4 mm，顶端渐尖，具3 ~ 7脉，第二颖长2.8 ~ 3.6 mm，具5脉；第一小花雄性，长3 ~ 3.5 mm，外稃具3 ~ 5脉，内稃略短；第二小花长卵形，外稃长2.4 ~ 3 mm，具0.2 ~ 0.6 mm的小尖头；基盘毛长1 ~ 1.6 mm，约为稃体的1/2。花、果期：8 ~ 10月。

产地：始兴、乳源、连州、连南、阳山、博罗、广州、封开等地。生于山坡、草原。

分布：安徽、江苏、浙江、福建、江西、湖南、广西、四川等省。俄罗斯、朝鲜、日本。

用途：饲料；造纸原料；根状茎密集，可固堤。

54. 糖蜜草属 Melinis P. Beauv.

多年生或一年生草本。秆下部匍匐，节上生根，上部直立。叶扁平；叶舌退化至很短，膜质，顶部具长毛；叶鞘短于节间。圆锥花序多分枝，最末级分枝纤细，弯曲；小穗卵状椭圆形，多少两侧压扁，脱节于颖之下，有2朵小花，第一颖微小，无脉；第二颖薄膜质，顶端2裂，无芒或裂齿间生1短芒；第一小花退化至仅留1枚外稃，常与第二颖近等长，5 ~ 7脉，顶端2裂，裂齿间生1纤细的长芒；第二小花两性，其外稃较第二颖短，膜质，脉不明显，无芒，内稃与其等长；浆片2枚，具3脉；雄蕊3枚；花柱2，基部联合，柱头羽毛状。颖果长圆形，种脐小，基生。

本属约22种，广布热带非洲和南美洲。我国引入2种；广东亦有。

1. 叶两面被绵毛；小穗长约2 mm，无毛 ……………… 1. 糖蜜草 M. minutiflora

1. 叶光滑；小穗长约5 mm，常被粉红色绢毛 ……………… 2. 红毛草 M. repens

1. 糖蜜草 （《中国主要植物图说——禾本科》） （图206）

Melinis minutiflora P. Beauv.

多年生草本，植物体被腺毛，有糖蜜味。秆多分枝，上部直立，基部平卧，节上生根，开花时高达1 m，节上具柔毛。叶线形，长5 ~ 10 cm，宽5 ~ 8 mm，两面被绵毛，边缘具纤毛；叶舌短，膜质，顶端具睫毛；叶鞘短于节间，疏被长柔毛和腺毛。圆锥花序开展，长10 ~ 20 cm，末级分枝纤细，弯曲；小穗卵状椭圆形，长约2 mm，多少两侧压扁，无毛；第一颖小，三角形，无脉，第二颖长圆形，具7脉，顶端2齿裂，裂齿间具短芒或无；第一小花退化，外稃狭长圆形，具5脉，顶端2裂，裂齿间具1纤细的长芒，长达10 mm，内稃缺；第二小花两性，外稃卵状长圆形，较第一小花外稃略短，具3脉，顶端微2裂，透明，内稃与外稃质相似；浆片2枚；花柱2，基部联合，柱头羽毛状。颖果长圆形。花、果期：7 ~ 10月。

产地：广州。栽培。

分布：台湾、香港、云南有引种。原产非洲，现被许多热带国家引种栽培。

用途：护坡、牧草。

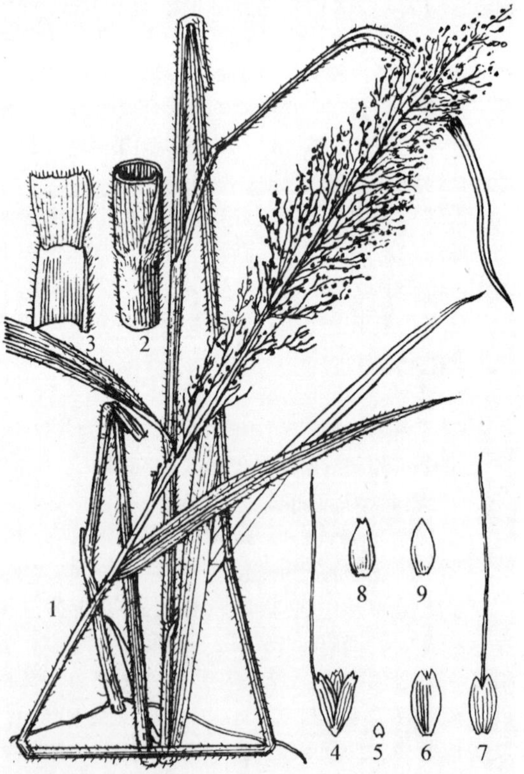

图206 糖蜜草 Melinis minutiflora P. Beauv.

1. 植株；2. 秆部分放大，示毛被；3.叶舌；4. 小穗；5. 第一颖；6. 第二颖；7. 第一外稃；8. 第二外稃；9. 第二内稃。（余汉平抄绘）

2. 红毛草 （《植物分类学报》） 别名：红茅草

Melinis repens（Willd.）Zizka

Saccharum repens Willd.

多年生草本；根状茎粗壮。秆直立，分枝，高可达1 m，节间具疣毛，节具短柔毛。叶线形，长达20 cm，宽2～4 mm；叶舌由长约1 mm的柔毛组成；叶鞘松弛，通常短于节间，下部散生疣毛。圆锥花序开展，长10～15 cm，分枝纤细，长可达8 cm；小穗柄纤细，弯曲，顶端稍膨大，疏生长柔毛；小穗长约5 mm，被粉红色绢毛；第一颖小，长圆形，长约为小穗的1/5，具1脉，被短硬毛；第二颖和第一外稃具5脉，被疣基长绢毛，顶端微裂，裂片间生1短芒；第一内稃膜质，具2脊，脊上有纤毛；第二外稃近软骨质，平滑，光亮；雄蕊3枚，花药长约2 mm；浆片2枚，折叠，具5脉；花柱分离，柱头羽毛状。花、果期：6～11月。

产地：海丰、深圳、珠海、博罗、广州及海南各地。生于平地、河谷、灌丛、山坡、林缘。

分布：台湾、香港、福建等省区。印度、马来西亚、印度尼西亚、南非。

55. 黍 属 **Panicum** Linn.

一年生或多年生草本，有时具根状茎。秆直立或基部膝曲或匍匐。叶线形至卵状披针形，扁平；叶舌膜质或顶端具毛，甚至全由一列毛组成。圆锥花序顶生，分枝开展；小穗具柄，脱节于颖之下或第一颖先落，背腹压扁，有2朵小花，第一小花雄性或中性，第二小花两性；颖草质或纸质；第一颖较小穗短而小，有的种基部包着小穗；第二颖等长于或稍短于小穗，且常同形；第一内稃存在或退化，甚至缺如；第二外稃硬纸质或革质，有光泽，边缘包着同质内稃；浆片2枚；雄蕊3枚；花柱2，柱头帚状。

本属约500种，分布于全世界热带和亚热带地区，少数分布达温带。我国连引入的有18种，2变种；广东及海南有14种。

1. 颖果平滑。
  2. 浆片纸质，多脉。
    3. 第一颖长为小穗的1/3以上。
      4. 多年生草本 ……………… 1. 旱黍草 P. elegantissimum
      4. 一年生草本。
        5. 栽培作物，小穗长4～5 mm ……………… 2. 稷 P. miliaceum
        5. 野生植物，小穗长1.5～3 mm。
          6. 叶鞘无毛，颖及第一外稃不具横脉 ……………… 3. 南亚稷 P. humile
          6. 叶鞘遍生疣毛；颖及第一外稃具横脉 ……………… 4. 大罗网草 P. luzonense
    3. 第一颖长为小穗的1/3以下。
      4. 植株不具地下茎。
        5. 圆锥花序开展。
          6. 第一颖长为小穗的1/3 ……………… 5. 细柄黍 P. sumatrense
          6. 第一颖长为小穗的1/4～1/5 ……………… 6. 洋野黍 P. dichotomiflorum
        5. 圆锥花序紧缩 ……………… 7. 紧序黍 P. auritum
      4. 植株具地下茎；秆质坚硬 ……………… 8. 铺地黍 P. repens
  2. 浆片腊质，具3～5脉。
    3. 多年生草本；第一颖长为小穗的1/2以上。
      4. 秆直立或基部倾斜；叶基部心形 ……………… 9. 心叶稷 P. notatum
      4. 秆下部匍匐或攀援；叶基部圆形 ……………… 10. 藤竹草 P. incomtum
    3. 一年生草本；第一颖长为小穗的1/3～1/2 ……………… 11. 糠稷 P. bisulcatum
1. 颖果具横皱纹或乳突。

2. 多年生草本，栽培植物；圆锥花序分枝粗壮；颖果具横皱纹 …………………………………………… 12. 大黍 P. maximum
2. 一年生草本，野生植物；圆锥花序分枝纤细；颖果具乳突。
3. 圆锥花序基部常为叶鞘所包；小穗长约1.3 mm；第一颖长为小穗的1/2 ………………………………13. 发枝稷 P. trichoides
3. 圆锥花序常伸出鞘外；小穗长1.5 ~ 2mm；第一颖稍短于小穗 ……………………………………… 14. 短叶黍 P. brevifolium

1. 旱黍草　（《种子植物名称》）　别名：毛叶黍　（《广州植物志》）

Panicum elegantissimum J. D. Hook.

P. roxburghii Spreng.

多年生簇生草本。秆直立，高20 ~ 60 cm。叶质硬，线形，长7 ~ 25 cm，宽2 ~ 5 mm，顶端渐尖，两面密被疣基长柔毛，干时常内卷；叶舌极短，顶端具长睫毛；叶鞘密生疣基长柔毛，多聚于秆基。圆锥花序开展，长10 ~ 30 cm，稀疏，分枝纤细，坚挺，具糙毛；小穗绿色或紫褐色，卵状椭圆形，长2.5 ~ 4 mm，顶端疏生细硬毛，有长柄，第一小花通常中性；第一颖宽卵形，长约为小穗的1/2 ~ 2/3，顶端尖，具5脉，有时侧脉不明显，第二颖与小穗等长，顶端喙尖，具7脉；第一外稃具9脉，顶端喙尖，其内稃较短小，薄膜质，具2脉；第二小花卵状椭圆形或长圆状披针形，长约2.5 mm，顶端钝，表面平滑，光亮，灰白色至乳黄色；浆片较厚，多脉，长约0.3 mm，宽约0.45 mm，局部折叠。花、果期：5 ~ 10月。

产地：徐闻及海南各地。生于草坡、丘陵。

分布：广西、台湾和西藏等省区。热带非洲、印度及亚洲东南部。

2. 稷　（《本草纲目》）　别名：黍

Panicum miliaceum Linn.

一年生草本。秆粗壮，直立，高40 ~ 120 cm，单生或少数丛生，有时有分枝，节密被髭毛，节下被疣基毛。叶线形或线状披针形，长10 ~ 30 cm，宽5 ~ 20 mm，两面具疣基长柔毛或无毛，顶端渐尖，基部近圆形，边缘粗糙；叶舌膜质，长约1 mm，顶端具长约2 mm的睫毛；叶鞘松弛，被疣基毛。圆锥花序开展或较紧密，成熟时下垂，长10 ~ 30 cm，分枝粗或纤细，具棱槽，边具糙刺毛，下部裸露，上部密生小枝与小穗；小穗卵状椭圆形，长4 ~ 5 mm；颖纸质，无毛，第一颖正三角形，长约为小穗的1/2 ~ 2/3，顶端尖或锥尖，具5 ~ 7脉；第二颖与小穗等长，具11脉，脉顶端渐汇合成喙状；第一外稃形似第二颖，具11 ~ 13脉，内稃透明膜质，短小，长1 ~ 2 mm，顶端微凹或深2裂；第二小花长约3 mm，成熟后因品种不同，有黄、乳白、褐、红和黑等色；第二外稃背部圆形，平滑，具7脉，内稃具2脉；浆片较发育，长0.4 ~ 0.5 mm，宽约0.7 mm，多脉。花、果期：7 ~ 10月。

产地：广州及海南海口有栽培。

分布：西北、华北、西南、东北、华南以及华东等省区有栽培。亚洲、欧洲、美洲、非洲等温暖地区都有栽培。

用途：粮食作物。

3. 南亚稷　（《中国主要植物图说——禾本科》）

Panicum humile Nees ex Steud.

P. walense Mez

P. austro-asiaticum Ohwi

一年生簇生草本。秆纤细，基部膝曲，高10 ~ 40 cm。叶平展或内卷，狭线形，长3 ~ 15 cm，宽1.5 ~ 4 mm，顶端渐尖，基部微收狭，边缘光滑；叶舌膜质，长0.5 ~ 1 mm，顶端具睫毛；叶鞘短于节间，松弛，无毛或边缘被纤毛。圆锥花序长5 ~ 10 cm，分枝细，斜向上开展，粗糙，疏生小穗；小穗具柄，椭圆形或卵状长圆形，长约1.5 mm，顶端尖，无毛，成熟时紫红色；第一颖尖卵形，长约为小穗的2/3 ~ 3/4，顶端渐尖，基部包卷小穗，具3 ~ 5脉，边缘膜质；第二颖顶端喙尖，具5脉，第一外稃稍短于第二颖，顶端喙尖，具5脉，内稃薄膜质，短于第一外稃；第二外稃革质，长圆形或狭长圆形，长约1.2 mm，顶端钝，背面弓形，平滑光亮，白色，后变浅灰色；浆片细小，多脉，长约0.2 mm，宽约0.3 mm。花、果期：8～12月。

产地：连州、英德、广州、高要、德庆及海南各地。生于旷野、田间。

分布：台湾、广西和西藏等省区。印度、斯里兰卡、马来西亚和西非等地。

4. 大罗网草 （《广州植物志》）

Panicum luzonense J. Presl

P. cambogiense Balansa

P. cruciabile A. Chase

一年生草本。秆单生或丛生，直立或膝曲，高30～60 cm，稍粗壮，节上密生硬刺毛。植株除小穗外，多少被疣基毛。叶披针形至线状披针形，长5～15 cm，宽3～10 mm，顶端尖，基部圆形；叶舌极短，顶端被长约1.5 mm的睫毛；叶鞘松弛，短于或下部的长于节间。圆锥花序开展，长15～30 cm，主轴被疣基毛；分枝纤细，有棱槽，粗糙；小穗绿色或带紫色，椭圆形，长2～2.5 mm，无毛，顶端尖，具柄，第一颖宽卵形，长约为小穗的1/2，顶端尖，基部包卷小穗，具5～7脉，脉间具横纹；第二颖卵状椭圆形，与小穗等长，顶端喙尖，具9～11脉，脉间具横脉，成熟后脱落；第一外稃与第二颖等长同形，具7～9脉，脉间具横纹，内稃透明膜质，长约与外稃相等；第二外稃椭圆形，革质，长1.5～1.8 mm，平滑光亮，顶端钝；浆片长约0.3 mm，宽约0.3 mm，有多脉。花、果期：8～10月。

产地：广州及海南儋州、万宁。生于田间、林缘。

分布：广西和台湾等省区。印度、斯里兰卡、缅甸、柬埔寨、菲律宾、印度尼西亚等地。

5. 细柄黍 （《广州植物名录》）

Panicum sumatrense Roth ex Roem. & Schult.

P. psilopodium Trin.

P. psilopodium var. *coloratum* Hook. f.

一年生簇生或单生草本。秆直立或基部稍膝曲，高20～60 cm。叶质较柔软，线形，长8～15 cm，宽4～6 mm，顶端渐尖，基部圆钝，两面无毛；叶舌膜质，截平，长约1 mm，顶端被睫毛；叶鞘松弛，无毛，压扁，下部的常长于节间。圆锥花序开展，长10～20 cm，宽可达15 cm，基部常为顶生叶鞘所包裹，花序分枝纤细，微粗糙，上举或开展；小穗卵状长圆形，长约3 mm，顶端尖，无毛，有柄，顶端膨大，柄长于小穗；第一颖宽卵形，顶端尖，长约为小穗的1/3，具3～5脉，或侧脉不明显；第二颖长卵形，与小穗等长，顶端喙尖，具11～13脉；第一外稃与第二颖同形，近等长，具9～11脉，内稃薄膜质，具2脊，几与外稃等长，但狭窄；第二外稃革质，狭长圆形，长约2.2 mm，表面平滑，光亮；浆片细小，长约0.3 mm，宽约0.4 mm，多脉，局部折叠。花、果期：7～10月。

产地：博罗及海南澄迈。生于丘陵、灌丛、荒野、路边。

分布：我国东南部、西南部和西藏等地。印度至斯里兰卡、菲律宾。

6. 洋野黍 （《台湾的禾草》）

Panicum dichotomiflorum Michaux

P. paludosum Roxb.

P. decompositum Rendl.

多年生草本。秆质柔软，压扁，高可达1 m，光滑无毛，下部横卧地面，节上生根；上部常在水上漂浮，直径约1 cm。叶扁平，线状披针形，长5～25 cm，宽4～10 mm，上面粗糙，背面平滑；叶舌薄膜质，顶端具长纤毛；叶鞘松弛，质薄。圆锥花序开展，长5～20 cm，主轴直立，分枝斜上，边具糙刺；小穗长圆状披针形，顶端渐尖，长3.5～4 mm，绿色或橘黄色；第一颖质薄而透明，长为小穗的1/4～1/5，顶端截平或圆钝，脉不明显；第二颖椭圆状披针形，与小穗等长，具7～9脉；第一外稃与第二外稃同形，等长，内稃缺或甚窄小；第二小花长圆形，长约2.5 mm，顶端尖，平滑光亮；浆片多脉，长与宽约0.5 mm，部分折叠。花、果期：9 ~ 11月。

产地：深圳、惠东、广州、高要、新兴、阳春、高州等地。生于池边的淤泥中。

分布：广西、福建、台湾和云南等省区。印度、马来西亚及大洋洲。

7. 紧序黍　（《中国主要植物图说——禾本科》）

Panicum auritum J. Presl ex Nees

Hymenachne aurita（J. Presl ex Nees）Balansa

H. insulicola（Steud.）L. Liou

P. insulicola Steud.

Sacciolepis insulicola（Steud.）Ohwi

多年生草本。秆高50 ~ 100 cm，直径2 ~ 4 mm，节膨大，下部节上生根。叶质较硬，长10 ~ 20 cm，宽4 ~ 8 mm，顶端长渐尖，无毛，基部稍圆形，与叶舌相连处密被柔毛；叶舌短，长约0.5 mm；叶鞘短于节间，边缘密生疣基纤毛。圆锥花序长10 ~ 15 cm，分枝长1 ~ 4 cm，直立，较紧缩；小穗柄长约1 mm，微粗糙，簇生穗轴一侧；小穗草黄色，卵状披针形，长2 ~ 2.5 mm，宽约1 mm，顶端尖；第一颖广卵形，长约为小穗的1/4 ~ 1/3；第二颖与第一外稃近等长，草质，具5脉，长约2 mm，薄纸质，黄绿色，顶端尖；外稃与颖片同质，内稃甚窄小。颖果长约1.5mm，顶端圆。花、果期：8 ~ 10月。

产地：海南三亚、东方。生于水旁、海边、林缘、疏林下。

分布：福建、云南。印度、斯里兰卡、印度尼西亚（爪哇）、马来西亚。

8. 铺地黍　（《广州常见经济植物》）　（图207）

Panicum repens Linn.

P. arenarium Brot.

P. ischaemoides Retz.

多年生草本。秆直立，坚挺，高50 ~ 100 cm。叶质硬，线形，长5 ~ 25 cm，宽2.5 ~ 5 mm，干时常内卷，顶端渐尖，上面粗糙或被毛，下面光滑；叶舌极短，膜质，顶端具长纤毛；叶鞘光滑，边缘被纤毛。圆锥花序开展，长5 ~ 20 cm，分枝斜向上，粗糙，具棱槽；小穗长圆形，长约3 mm，无毛，顶端尖；第一颖薄膜质，长约为小穗的1/4，基部包卷小穗，顶端截平或圆钝，脉常不明显；第二颖约与小穗近等长，顶端喙尖，具7脉，第一小花雄性，外稃与第二颖等长；雄蕊3枚，花丝极短，花药长约1.6 mm。花、果期：6 ~ 11月。

产地：乐昌、仁化、连州、和平、陆丰、深圳、惠东、广州、台山、高要、怀集、郁南、阳春、吴川、高州及海南各地。生于海边、溪边、潮湿地。

分布：我国东南部各地。世界热带和亚热带。

用途：牧草。

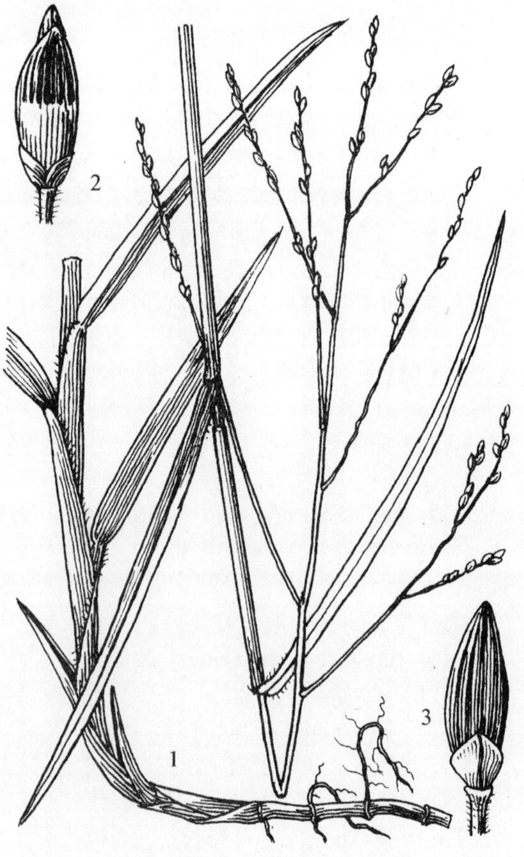

图207　铺地黍　Panicum repens Linn.

1. 植株；2. 小穗腹面；3. 小穗背面。（余汉平抄绘）

9. 心叶稷　（《中国主要植物图说——禾本科》）　别名：山黍　（广东）、硬骨草　（海南）

Panicum notatum Retz.

P. montanum Roxb.

多年生草本。秆坚硬，直立或基部倾斜，具分枝，高60～120 cm。叶披针形，长5～12 cm，宽1～2.5 cm，顶端渐尖，基部心形，无毛或疏被柔毛，边缘粗糙，近基部具疣基毛，脉间具横脉，有时主脉偏斜，在下面明显；叶舌极短，为1圈毛；叶鞘质硬，短于节间，边缘被纤毛。圆锥花序开展，长2.3～2.5 mm，无毛或贴生微毛，具长柄；第一颖阔卵形至卵状椭圆形，第二颖短于第一颖，几与小穗等长，具5脉，顶端尖；第一外稃与第二颖同形，具5脉，内稃缺；第二外稃灰绿色至褐色，革质，平滑、光亮、具脊，椭圆形，顶端尖，略短于小穗；浆片长约0.35 mm，宽约0.26 mm，具5脉，局部折叠，透明。花、果期：5～11月。

产地：河源、惠东、博罗、广州、深圳、高要、阳春、徐闻及海南各地。生于林缘。

分布：福建、台湾、广西、云南和西藏等省区。南亚至东南亚。

10. 藤竹草 （海南）

Panicum incomtum Trin.

P. submontanum Hayata

多年生草本。秆木质，攀援或蔓生，多分枝，长1至数米，甚至可达10余米，无毛或在花序下部被柔毛。叶披针形至线状披针形，长8～20 cm，宽1～2.5 cm，顶端渐尖，基部圆形，两面被柔毛，老时渐脱落；叶舌长0.5～1 mm，顶端被纤毛；叶鞘松弛，被毛，老时渐脱落。圆锥花序开展，长10～15 cm，主轴直立，分枝纤细，常附有粘胶物；小穗卵圆形，长2～2.2 mm，顶端钝或稍尖，小穗柄成熟后开展，具粘胶物；第一颖卵形，顶端尖，或具纤毛，基部包卷小穗，长约为小穗的1/2或长于1/2，具3～5脉；第一外稃与第二颖等长且同形，均具5脉，第一内稃膜质，长约为外稃的2/3；第二外稃长约2 mm，平滑而光亮，成熟时褐色，背部具脊，顶端朝上弯曲；浆片5～7脉，长约0.32 mm，宽约0.35 mm，局部折叠，薄而透明。花、果期：7月至翌年3月。

产地：乐昌、始兴、珠海、斗门、台山、封开、怀集及海南中南部山区。生于林地、草原。

分布：江西、福建、台湾、广西、云南等省区。印度、马来西亚、菲律宾、印度尼西亚、大洋洲。

11. 糠稷 （日名）

Panicum bisulcatum Thunb.

P. acroanthum Steud.

一年生草本。秆纤细，较坚硬，高0.5～1 m，直立或基部伏地，节上生根。叶质薄，狭披针形，长5～20 cm，宽3～15 mm，顶端渐尖，基部近圆形，几无毛；叶舌膜质，长约0.5 mm，顶端具纤毛；叶鞘松弛，边缘具纤毛。圆锥花序长15～30 cm，分枝纤细，斜举或平展，无毛或粗糙；小穗椭圆形，长2～2.5 mm，绿色或有时带紫色，具细柄；第一颖近三角形，长约为小穗的1/3～1/2，具1～3脉，基部略包裹小穗；第二颖与第一外稃同形且等长，均具5脉，外被细毛，成熟后脱落；第一内稃缺；第二外稃椭圆形，长约1.8 mm，顶端尖，表面平滑，光亮，成熟时黑褐色；浆片长约0.26 mm，宽约2 mm，具3脉，透明或不透明，折叠。花、果期：9～11月。

产地：乐昌、始兴、阳山、广州、高要、封开、阳春、郁南及海南琼中。生于荒野、潮湿地。

分布：我国东北部、东南部、西南部等省区。印度、菲律宾、日本、朝鲜以及大洋洲。

12. 大黍 （《经济植物学》）

Panicum maximum Jacq.

P. polygamum Sw.

多年生簇生高大草本。秆直立，高1～3 m，粗壮，光滑，节上密被柔毛。叶质硬，宽线形，长20～60 cm，宽1～1.5 cm，上面近基部被疣基硬毛，边缘粗糙，顶端长渐尖，基部宽，向下收狭成耳状或圆形；叶舌膜质，长约1.5 mm，顶端被长睫毛；叶鞘疏生疣基毛。圆锥花序大而开展，长20 ~ 35 cm，分枝纤细，下部的轮生，腋内疏被柔毛；小穗长圆形，长约3 mm，顶端尖，无毛；第一颖卵圆形，长约为小穗的1/3，具3脉，侧脉不甚明显，顶端尖，第二颖椭圆形，与小穗等长，具5脉，顶端喙尖；第一外稃与第二颖同形，等长，具5脉，其内稃薄膜质，与外稃等长，具2脉，雄蕊3枚，花丝极短，白色，花药暗褐色，长约2 mm；第二外稃长圆形，革质，长约2.5 mm，与内稃表面均具横皱纹；浆片长约0.3 mm，宽约0.38 mm，具3 ~ 5脉，局部增厚，肉质，折叠。花、果期：8 ~ 10月。

产地：南澳、兴宁、广州及海南兴隆。生于荒野、路边。

分布：台湾有栽培。原产非洲热带地区。

13. 发枝稷　（《中国主要植物图说——禾本科》）

Panicum trichoides Sw.

一年生草本。秆纤细，基部膝曲，多分枝，高15 ~ 40 cm。叶质薄，卵状披针形，长4 ~ 8 cm，宽1 ~ 2 cm，两侧不对称，顶端渐尖，基部心形或近圆形，两面疏生细毛，边缘近基部被疣基纤毛；叶舌长约0.2 mm，顶端被纤毛；叶鞘短于节间，松弛，被疣基纤毛。圆锥花序开展，长10 ~ 15 cm，常为剑叶叶鞘所包裹，分枝上举或开展；小穗疏生，卵形，长约1.3 mm；颖薄纸质，被细毛；第一颖长为小穗的1/2，顶端尖，基部包卷小穗，具3脉；第二颖宽椭圆形，略短于小穗，顶端钝，具5脉；第一外稃椭圆形，与小穗等长，与颖同质，被细毛，具5脉，内稃长为外稃的1/2，膜质；第二外稃革质，卵状椭圆形，长约1 mm，顶端尖。花、果期：9 ~ 12月。

产地：广州及海南三亚、保亭、东方。生于荒野、路边。

分布：原产热带美洲，亚洲及非洲热带地区有引种。

14. 短叶黍　（《广州植物志》）

Panicum brevifolium Linn.

P. arborescens Linn.

一年生草本。秆基部常伏卧地面，节上生根，高10 ~ 50 cm。叶卵形或卵状披针形，长2 ~ 6 cm，宽1 ~ 2 cm，顶端尖，基部心形，包裹秆，两面疏被粗毛，边缘粗糙或基部具疣基纤毛；叶舌膜质，长约0.2 mm，顶端被纤毛；叶鞘短于节间，松弛，被柔毛或边被纤毛。圆锥花序卵形，开展，长5 ~ 15 cm，主轴直立，被柔毛，在分枝和小穗柄的着生处下具黄色腺点；小穗椭圆形，长1.5 ~ 2 mm，具蜿蜒的长柄；颖背部被疏刺毛；第一颖近膜质，长圆状披针形，稍短于小穗，具3脉；第二颖薄纸质，较宽，与小穗等长，背部凸起，顶端喙尖，具5脉；第一外稃长圆形，与第二颖近等长，顶端喙尖，具5脉，有近等长、薄膜质的内稃；第二小花卵圆形，长约1.2 mm，顶端尖，具不明显的乳突；浆片长约0.28 mm，宽约0.22 mm，薄而透明，局部折叠，具3脉。

产地：乐昌、南澳、惠东、广州、深圳、高要、阳春、茂名及海南三亚。生于潮湿地、林缘。

分布：福建、广西、贵州、江西、云南。非洲和亚洲热带地区。

56. 距花黍属　**Ichnanthus** P. Beauv.

一年生或多年生草本。秆伏地，下部分枝。叶平展，较宽。圆锥花序疏散或紧缩；小穗有2朵小花，脱节于颖之下或第二小花先落，单生或基部孪生，具不等长的小穗柄，着生于花序的一侧，两侧压扁；颖草质，具3 ~ 7脉，近等长或第一颖较短，第一小花雄性或中性，外稃常与第二颖相似，有膜质、狭小的内稃；第二小花两性，外稃革质，包裹同质内稃，基部具附属体或凹痕；浆片2枚，纸质，折叠，具5脉；花柱自基部分离。

本属约26种，分布于热带，以南美洲最多。我国有1变种；广东及海南亦有。

大距花黍 （《Flora of China》）（图208）

Ichnanthus pallens var. **major**（Nees）Stieber

Panicum pallens var. *majus* Nees

P. vicinum F. M. Bailey

I. vicinus（F. M. Bailey）Merr.

多年生草本。秆匍匐地面，自节生根，向上抽出花枝，高15～50 cm。叶卵状披针形至卵形，长3～8 cm，宽1～2.5 cm，顶端尖或渐尖，基部斜心形，两面被短柔毛或无毛，脉间有小横脉；叶鞘常短于节间，被毛或仅边缘具纤毛；叶舌膜质，长约1 mm，顶部截平，有纤毛。圆锥花序顶生或腋生，长约15 cm，分枝脉间具柔毛；小穗披针形，长3～5 mm，微两侧压扁；颖革质，顶端尖，两颖间有明显的分隔，第一颖长3～3.5 mm，具3脉；第二颖与第一颖近等长，具5脉；第一外稃草质，顶端略钝，具5脉；第一内稃膜质，椭圆形，狭小，有时内包雄蕊；第二外稃革质，长2～2.5 mm，长圆形，顶端钝，基部两侧贴生膜质附属物，干枯时成两缢痕；浆片2枚，折叠，纸质，具5脉；花柱分离。花、果期：8～11月。

产地：乐昌、始兴、仁化、大埔、新丰、惠阳、博罗、高要、封开、郁南、阳春、茂名及海南东方、儋州、琼中、陵水。生于山谷、林下、潮湿地、水旁。

分布：湖南、江西、福建、台湾、香港、广西、云南。亚洲、大洋洲、非洲、南美洲热带地区。

用途：饲料。

图208 大距花黍 Ichnanthus pallens var. **major**（Nees）Stieber

1. 植株；2. 小穗；3. 第二小花腹面；4. 第二小花背面。（余汉平抄绘）

57. 露籽草属 Ottochloa Dandy

多年生草本。秆蔓生。叶披针形，平展。圆锥花序顶生，分枝开展；小穗背腹压扁，有短柄，均匀着生或数枚簇生于细弱的分枝上；小穗有2朵小花，椭圆形，顶端尖或稍钝，成熟后整个脱落；第二颖长约为小穗的1/2，具3～5脉，第一小花不育，外稃膜质，与小穗等长，有7～9脉；第二小花能育；外稃质变硬，平滑，顶端尖，极狭的膜质边缘包裹同质的内稃；浆片薄，折叠，具5脉；花柱自基部分离。种脐点状。

本属约有4种，分布于印度、马来西亚、非洲及大洋洲。我国有1种，2变种；广东及海南有1种，1变种。

1. 小穗长2.8～3.2 mm ········ 1. 露籽草 O. nodosa

1. 小穗长2～2.5 mm ········ 1a. 小花露籽草 var. micrantha

1. 露籽草　（《中国植物志》）　（图209）

Ottochloa nodosa（Kunth）Dandy

Panicum nodosum Kunth

多年生蔓生草本。秆下部横卧地面并于节上生根，上部倾斜直立。叶披针形，质较薄，长4 ~ 11 cm，宽5 ~ 10 mm，顶端渐尖，基部圆形至近心形，两面近平滑，边缘稍粗糙；叶舌膜质，长约0.3 mm；叶鞘短于节间，边缘仅一侧具纤毛。圆锥花序多少开展，长10 ~ 15 cm，分枝上举，纤细，疏离，互生或下部的近轮生，分枝粗糙，具棱；小穗有短柄，椭圆形，长2.8 ~ 3.2 mm；颖草质，第一颖长约为小穗的1/2，具3 ~ 5脉，第二颖长约为小穗的1/2 ~ 2/3，具5 ~ 7脉；第一外稃长约与小穗等长，具7脉，第一内稃缺；第二外稃骨质，与小穗近等长，平滑，顶端两侧压扁，成极小的鸡冠状。花、果期：7 ~ 9月。

产地：深圳、广州、高要及海南中南部地区。生于疏林下、林缘。

分布：广西、福建、台湾、云南等省区。印度、斯里兰卡、缅甸、马来西亚、菲律宾。

1a. 小花露籽草　（《中国高等植物图鉴》）

var. **micrantha**（Balansa ex A. Camus）S. L. Chen & S. M. Phillips

Hemigymnia arnottiana var. *micrantha* Balansa ex A. Camus

本变种与原种的区别在于：叶顶端长渐尖；小穗长2 ~ 2.5 mm，顶端近急尖。花、果期：7 ~ 11月。

产地：河源、阳春、高要等地。生于山谷、林边湿地。

分布：福建、台湾、香港、广西、云南等省区。印度、斯里兰卡、缅甸、马来西亚、菲律宾。

图209　露籽草　Ottochloa nodosa（Kunth）Dandy

1. 植株；2. 小穗背面；3. 小穗上面。（陈夏玲抄绘）

58. 弓 果 黍 属　Cyrtococcum Stapf

一年生或多年生草本。秆下部多平卧地面，节上生根，上部直立。叶线状披针形至披针形。圆锥花序开展或紧缩；小穗两侧压扁，斜卵形或半卵形，成熟后整个脱落，有2朵小花，第一小花不育，第二小花能育；颖不等长，膜质或较厚，顶端钝或尖，具3 ~ 5脉，第一颖较小，卵形，第二颖舟形；第一外稃与小穗等长，具5脉，顶端钝或尖；第一内稃短小或缺；第二外稃在果期变硬，背部隆起，顶端略成喙状，边缘质硬，包卷着同质而背部微凸的内稃；浆片折叠，很薄，具3脉，基部有一舌状突起；花柱自基部分离。种脐点状。

本属10余种，主产非洲和亚洲热带地区。我国有2种，3变种；广东及海南有2种，1变种。

1. 圆锥花序紧缩，小穗柄粗短，通常短于小穗；植物体光滑无毛 ………………………………… 1. 尖叶弓果黍 C. oxyphyllum
1. 圆锥花序开展，小穗柄细长，远长于小穗；植物体被毛。
  2. 圆锥花序长不超过15 cm，宽不超过6 cm；叶长3～8 cm，宽3～10 mm ……………………………… 2. 弓果黍 C. patens
  2. 圆锥花序长达30 cm，宽超过15 cm；叶长7～15 cm，宽1～2 cm ……………………………… 2a. 散穗弓果黍 var. latifolium

1. 尖叶弓果黍 （《中国主要植物图说——禾本科》） （图210）

Cyrtococcum oxyphyllum (Hochst. ex Steud.) Stapf

Panicum oxyphyllum Hochst. ex Steud.

一年生草本。秆光滑无毛，高15～50 cm。叶质较厚，长5～18 cm，宽5～15 mm，顶端长渐尖，基部略收狭，两面无毛，主脉较明显，脉间具小横脉；叶舌膜质，长1～1.5 mm，顶端近圆形或齿裂，无毛；叶鞘常长于节间，仅上部一侧边被纤毛。圆锥花序紧缩，具多数密集的小穗，长3～12 cm，宽1～2 cm，抽出叶鞘外很短；分枝上举，粗短而具棱，长达3 cm，腋间常具疏柔毛；小穗长约2 mm，基部疏生数条细毛，毛长可达第一颖的2/3；颖及第一外稃质较厚，近纸质，红褐色，无毛；颖具3脉，第一颖阔卵形，长1.2～1.5 mm，顶端渐尖；第二颖舟形，略短于小穗，顶端略尖；第一外稃与小穗等长，阔椭圆形，具5脉，顶端钝或近截平；第二外稃厚而坚硬，淡黄色或黄褐色，长约1.5 mm，有光泽，近顶部有椭圆形鸡冠状小瘤体，边缘包卷长圆形的内稃；雄蕊3枚，花药长约1 mm。花、果期：10月至翌年3月。

产地：中山及海南保亭、琼中、东方。生于山地、疏林下、潮湿地。

分布：广西、云南等省区。越南、印度、缅甸、斯里兰卡、马来西亚和菲律宾。

图210 尖叶弓果黍 Cyrtococcum oxyphyllum (Hochst. ex Steud.) Stapf
1. 植株；2. 小穗；3. 颖果。（余汉平抄绘）

2. 弓果黍 （《中国主要植物图说——禾本科》）

Cyrtococcum patens (Linn.) A. Camus

Panicum patens Linn.

C. patens var. *schmidtii* (Hack.) A. Camus

C. radicans (Retz.) Stapf

一年生草本。秆较纤细，高15～30 cm。叶线状披针形或披针形，长3～8 cm，宽3～10 mm，顶端长渐尖，基部稍收狭或近圆形，两面贴生短毛，成熟时渐脱落，边缘稍粗糙，近基部边具疣基纤毛；叶舌膜质，长0.5～1 mm，顶端圆形；叶鞘常短于节间，边缘及鞘口被疣基毛或仅见疣基，脉间亦散生疣基毛。圆锥花序由上部秆顶抽出，长5～15 cm；分枝纤细，腋内无毛；小穗柄长于小穗；小穗长1.5～1.8 mm，被细毛或无毛；颖具3脉，第一颖卵形，长为小穗的1/2，顶端具尖头；第二颖舟形，长约为小穗的2/3，顶端钝；第一外稃约与小穗等长，具5脉，顶端钝，边具纤毛，第二外稃长约1.5 mm，背部弓状隆起，顶端具鸡冠状小瘤体，第二内稃长椭圆形，包于外稃中；雄蕊3枚，花药长0.8 mm。花、果期：9月至翌年2月。

产地：连州、南雄、河源、南澳、深圳、珠海、广州、高要、连南、阳春及海南东方、儋州。生于丘陵、杂木林、草原、潮湿地。

分布：江西、福建、台湾、香港、广西、云南等省区。印度。

2a. 散穗弓果黍　（《海南植物志》）

var. **latifolium** (Honda) Ohwi

C. accrescens (Trin.) Stapf

Panicum accrescens Trin.

本变种与原种的区别在于：杆高达60 cm。叶宽大而薄，线状椭圆形或披针形，长7～15 cm，宽1～2 cm，两面近无毛；叶舌长1～1.2 mm，顶端近圆形，无毛。圆锥花序大而开展，长可达30 cm，宽达15 cm，分枝纤细；小穗柄远长于小穗。花、果期：5～12月。

产地：始兴、深圳、阳春、郁南及海南陵水、儋州。生于山地、丘陵。

分布：广西、湖南、台湾、云南、贵州、西藏等省区。日本、印度至马来西亚。

59. 囊 颖 草 属　Sacciolepis Nash

一年生或多年生草本。秆直立或基部膝曲。叶较狭窄。圆锥花序紧缩成穗状，小穗背腹压扁，一侧偏斜，小穗柄短，有小花2朵，自膨大似盘状的小穗柄顶端脱落；颖不等长，第一颖较短，具透明的狭边和数条粗脉，第二颖较宽，三角状卵形，背部凸起成浅囊状，具7～11脉，脉粗壮，基部膨大成囊状；第一小花雄性或不育；第一外稃较第二颖狭，但等长，平展或背部略呈圆凸状，具数脉；第一内稃狭，膜质透明；第二小花两性；第二外稃长圆形，厚纸质或薄革质，背部圆凸，边缘内卷包裹着同质的内稃；浆片2枚，阔楔形，折叠，具3脉；花柱自基部分离。种脐点状。

本属约30种，分布于热带和温带地区。我国有3种1变种；广东及海南有2种。

1. 小穗斜披针状卵形，长2～2.5 mm……………………………………………………………1. 囊颖草 S. indica
1. 小穗卵球形，长1.5～2 mm……………………………………………………………2. 鼠尾囊颖草 S. myosuroides

1. 囊颖草　（《植物分类学报》）　别名：长穗稗　（广东）　（图211）

Sacciolepis indica (Linn.) Chase

Aira indica Linn.

一年生草本。秆丛生，高20～100 cm，秆基常膝曲状，有时下部节上生根。叶线形，长5～20 cm，宽2～5 mm，基部较窄，无毛或被毛；叶舌膜质，长0.2～0.5 mm，顶端被短纤毛；叶鞘具棱，短于节间，常松弛。圆锥花序紧缩成圆筒状，长1～16 cm（或更长），宽3～5 mm，向两端渐狭或下部渐狭，主轴无毛，具棱，分枝短；小穗绿色或紫色，斜披针状卵形，长2～2.5 mm，向顶端渐尖而弯曲，无毛或被疣基毛；第一颖长为小穗的1/3～2/3，通常具3脉，基部包裹小穗，第二颖背部囊状，与小穗等长，具明显的7～11脉，9脉；第一外稃等长于第二颖，9脉；第一内稃退化或短小，透明膜质；第二外稃平滑而光亮，长约为小穗的1/2，边缘包着较其小而同质的内稃；浆片2枚，阔楔形，折叠，具3脉；花柱自基部分离。颖果椭圆形，长约0.8 mm，宽约0.4 mm。花、果期：7～11月。

产地：乐昌、仁化、始兴、连平、连山、阳山、大埔、深圳、珠海、新丰、博罗、广州、高要、怀集、封开、德庆、信宜、罗定、阳春、高州、茂名及海南各地。生于潮湿地、淡水中。

分布：华东、华南、西南、中南各省区。印度至日本、大洋洲。

2. 鼠尾囊颖草　（《华南经济禾草》）　别名：鼠尾滑草　（广东）

Sacciolepis myosuroides (R. Br.) A. Camus

Panicum myosuroides R. Br.

一年生草本。秆簇生，高30～100 cm，直立，纤细，基部稍倾斜，下部节上常生根。叶线形，长10～20 cm，宽2～5 mm，顶端渐尖；叶舌膜质，长约0.5 mm；叶鞘光滑，常短于节间。圆锥花序

图211 囊颖草 Sacciolepis indica（Linn.）Chase
1. 植株；2. 小穗；3. 小花。（余汉平抄绘）

窄圆柱形，长6～20 cm，宽2～5 mm，主轴无毛，具棱，分枝很短；小穗紫色，卵球形，稍弯曲，长1.5～2 mm，顶端尖或近钝，无毛或疏生微毛；第一颖长为小穗的1/2～2/3，具3～5脉；第二颖与小穗等长，具7～9脉；第一外稃与第二颖等长，具7～9脉，第一内稃极小，透明膜质；第二外稃略短于小穗，平滑光亮，边缘包着同质而较小的内稃。花、果期：2～10月。

产地：阳山、清远、陆丰、深圳、广州、高要、封开、郁南、信宜及海南各地。生于潮湿地、水稻田边、浅水中。

分布：华南、西南和西藏等省区。热带亚洲和大洋洲。

用途：饲料。

60. 刺毛头黍属 **Setiacis** S. L. Chen & Y. X. Jin

多年生草本。秆下部平卧地面，节上生根。叶扁平，线状披针形。圆锥花序顶生，分枝常再次分出小枝；小穗背腹压扁，单生或近基部孪生，不明显地两行排列于穗轴一侧，成熟后脱节于颖之下，有2朵小花；颖质薄，草质，第一颖具5~7脉，第二颖几与小穗等长，具9~11脉；第一小花中性；第一外稃与第二颖同形同质，具11脉，内稃狭窄，具2脊，脊缘具纤毛，顶端不增厚；第二小花两性，第二外稃骨质，背部凸起，顶端稍增厚而具硬刺毛，边缘包卷同质的内稃，内稃顶端稍撕碎；浆片2枚，质薄，折叠，具5~7脉；雄蕊3枚。颖果椭圆形。

本属仅1种，分布于热带亚洲。我国有1种；海南亦有。

刺毛头黍　（《植物分类学报》）　（图212）

Setiacis diffusa（L. C. Chia）S. L. Chen & Y. X. Jin

Acroceras diffusum L. C. Chia

多年生草本。秆稍粗壮，基部平卧地面，节上生根，节无毛。叶扁平，披针形，长10~15 cm，宽1~1.3 cm，顶端渐尖，基部近圆形，两侧无毛，主脉明显，脉间具小横脉，边缘稍加厚成皱波状；叶舌短小，长约0.5 mm；叶鞘短于节间，压扁，具脊，边缘一侧被纤毛。圆锥花序顶生，开展而疏散，长约15 cm，宽约9 cm，分枝7~10枚，分枝上再分枝，纤细而成近波状弯曲；小穗长圆形，多单生，近基部双生，长约3.2 mm，一具长柄，一具短柄；第一颖卵状披针形，长约为小穗的2/3，具5~7脉；第二颖与第一外稃近等长，同质而同形，具9~11脉；第一小花中性，内稃膜质，狭窄，具2脊，脊上被短纤毛；第二小花两性，外稃平滑而光亮，近顶端稍增厚并具刺毛，边缘内卷，包卷同质的内稃；浆片2枚，折叠，具5~7脉；雄蕊3枚。颖果椭圆形，长约1.7 mm。

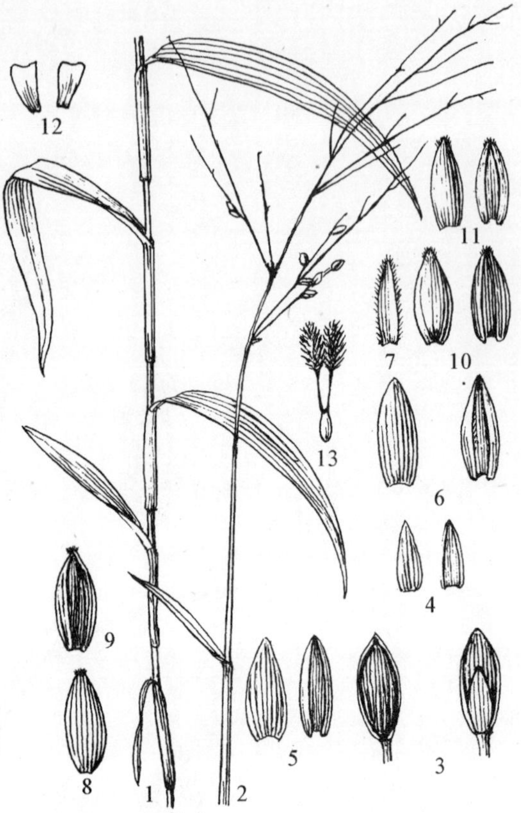

图212　刺毛头黍　Setiacis diffusa（L. C. Chia）S. L. Chen & Y. X. Jin

1. 植株下部；2. 花序；3. 小穗背腹面；4. 第一颖背腹面；5. 第二颖背腹面；6. 第一外稃背腹面；7. 第一内稃；8~9. 第二小花背腹面；10. 第二外稃背腹面；11. 第二内稃背腹面；12. 浆片；13. 雌蕊。（余汉平抄绘）

产地：特产海南白沙、琼中。生于林下、潮湿地。

61. 凤头黍属　Acroceras Stapf

多年生或一年生草本。秆下部平卧地面。叶披针形或线状披针形，有不明显的细横脉。圆锥花序顶生，由总状花序组成；小穗背腹压扁，灰绿色或橘黄色，孪生或单生，不明显地成两行排列于穗轴的一侧，成熟后脱节于颖之下，有2朵小花；第一小花雄性或中性；第二小花两性；颖和外稃的顶端有两侧压扁、质坚硬的凸头；颖纸质，等长或第一颖略短，具3~5脉；第一外稃与第二颖等长，质略硬，具5脉；第二外稃骨质，背面凸起，顶端两侧压扁，稍扭卷成鸡头状，边缘内卷，包着同质的内稃；内稃具2脊，顶端具反卷2尖凸；浆片2枚，折叠，具5~7脉；雄蕊3枚；花柱自基部分离。颖果椭圆形；种脐长圆形。

本属约有10种，分布于全世界热带。我国有2种；广东及海南均有。

1. 圆锥花序由总状花序组成；小穗长约4 mm；节光滑 ………… 1. 凤头黍 A. munroanum
1. 圆锥花序由复合总状花序组成；小穗长5~5.5 mm；节上密生白色细柔毛 ………… 2. 山鸡谷草 A. tonkinense

1. 凤头黍 （《中国高等植物图鉴》） 别名：华南凤头黍 （海南）

Acroceras munroanum（Balansa）Henrard

Panicum munroanum Balansa

P. crassiapiculatum Merr.

多年生草本。秆较纤细，高15～40 cm，下部平卧地面，节上生根。叶披针形，长3～7 cm，宽4～9 cm，基部略呈心形，脉间具小横脉；叶舌短小，长约0.4 mm；叶鞘大都短于节间，无毛，边缘一侧具纤毛。圆锥花序由总状花序组成，长4～6 cm，宽2～3 cm，有3～6枚分枝，分枝斜举或贴近主轴；小穗绿色，成熟时变枯黄色，长约4 mm，孪生或上部单生，一具长柄，一具短柄，短柄小穗的柄长1 mm，被疏毛，长柄小穗的柄长3～4 mm，近无毛；颖纸质，顶端具扁平状增厚的凸起，第一颖阔卵形，长约3.5 mm，具5脉，第二颖与第一外稃同形，均等长于小穗，具5～7脉；第一小花中性，稀雄性，内稃透明膜质，狭小，边缘内卷；第二小花两性，外稃平滑而光亮，骨质，长3～3.5 mm，顶端两侧压扁，稍扭卷成鸡冠状凸起，边缘内卷，包着同质的内稃；内稃具2脊，顶端具反卷二尖凸；浆片2枚，折叠，具5～7脉；雄蕊3枚；花柱自基部分离。颖果椭圆形。花、果期：9～10月。

产地：深圳及海南中南部。生于丘陵、山地、林缘、草坡。

分布：亚洲热带地区。

2. 山鸡谷草 （海南） （图213）

Acroceras tonkinense（Balansa）C. E. Hubb. ex Bor

Neohusnotia tonkinensis（Balansa）A. Camus

Panicum tonkinense Balansa

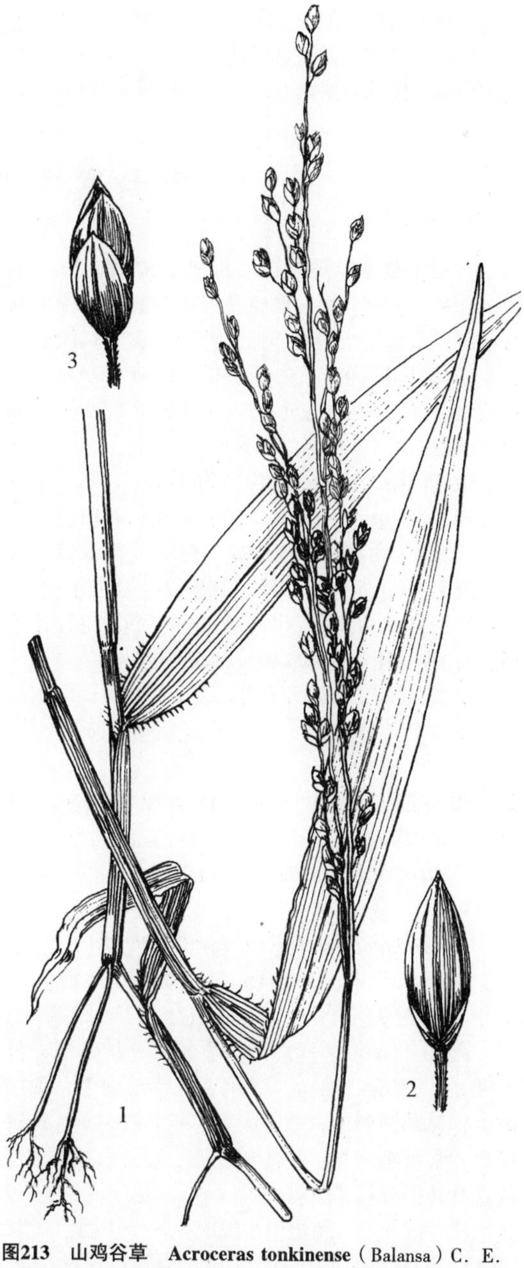

图213 山鸡谷草 Acroceras tonkinense（Balansa）C. E. Hubb. ex Bor

1. 植株；2. 小穗腹面；3. 小穗背面。（陈夏玲抄绘）

多年生草本。秆较粗硬，下部平卧地面，节上生根，花枝上举，高达1m，节上密生白色细柔毛。叶扁平，披针形，长10～20 cm，宽1～3 cm，光滑或背面疏生毛，主脉明显，脉间具小横脉，边缘增厚成皱波状，具刺毛；叶舌厚膜质，顶端钝圆，长约1 mm；叶鞘通常短于节间，无毛或被疣基纤毛，边缘一侧被疣基长纤毛。圆锥花序由复合总状花序组成，开展而稀疏，长15～25 cm，宽5～10 cm，主轴粗壮，粗糙而具棱，分枝直立上举，数枚簇生；小穗孪生或上部的单生，长5～5.5 mm，一具长柄，一具短柄，长柄小穗的柄长1～2 cm，短柄小穗的柄长约3 mm；第一颖阔椭圆形，长约为小穗的3/4，具5脉，第二颖与第一外稃同形，均等长于小穗，具5脉，顶端稍增厚；第二小花中性，内稃透明膜质，狭窄，具2脉；第二小花两性，外稃短于小穗，平滑，光亮，近顶端增厚成尖头状，边内卷，包着同质的内稃，内稃具二脊，顶端二浅裂，边缘膜质；浆片2枚，折叠，具5～7脉；雄蕊3枚；花柱自基部分离。颖果椭圆形，长约3.5 mm。花、果期：8～10月。

产地：阳春。生于丘陵、山地、林下、潮湿地。

分布：云南。亚洲热带地区。

用途：优良牧草。

62. 钩 毛 草 属　**Pseudechinolaena** Stapf

一年生草本。秆细而下部平卧地面，节上生根。叶扁平，披针形。圆锥花序由少数排列稀疏的总状花序组成；小穗斜卵形，两侧压扁，具短柄，单生于穗轴的一侧，有2朵小花，脱节于颖之下；颖近等长或第一颖稍短；第一颖草质，等长或稍短于小穗，具3脉；第二颖舟形，具7脉，脉间有排列成纵行的贴生细毛或开展的钩状刺毛；第一小花中性或雄性，外稃与小穗等长，纸质，有狭膜质边缘，具7脉，内稃与外稃同质，略小，稍旋转；第二小花两性，外稃软骨质，顶端尖，上面向轴，背面极隆起，边缘包卷同质的内稃；浆片2枚，平展，具3脉；花柱基部联合。种脐点状。

本属仅1种，分布于热带。中国有1种；广东及海南亦有。

图214　钩毛草　Pseudechinolaena polystachya（H. B. K.）Stapf

1～3. 植株；4. 小穗（侧面）；5. 雄蕊与雌蕊；6. 第二小花（腹面）；7. 颖果。（余汉平抄绘）

钩毛草　（《中国主要植物图说——禾本科》）　（图214）

Pseudechinolaena polystachya（H. B. K.）Stapf

Echinolaena polystachya H. B. K.

一年生草本。秆细弱，下部平卧地面，节上生根，被髭毛，下部节间疏生短毛，花枝上举，高40～80 cm。叶扁平，质较薄，披针形，长2～8 cm，宽6～12 mm，无毛或疏生短硬毛，顶端渐尖，基部圆楔形；叶舌膜质，长1～2 mm，顶端撕裂，常被细纤毛；叶鞘常短于节间，松弛，边缘一侧密被纤毛。圆锥花序狭窄，长5～15 cm，具3～5枚总状花序分枝，分枝长2～4 cm，花序轴具棱；小穗长4～5 mm，稀疏排列；小穗柄长1～2 mm；第一颖纸质，披针形，稍短于小穗或等长于小穗，顶端渐尖，具3脉；第二颖质较厚，舟形，常与小穗等长或稍短，具7脉，脉间有钩状刺毛，成熟后开展；第一小花大都中性，外稃等长于小穗，具7脉，内稃披针形，旋卷；第二小花两性，纺锤形，渐尖，长约3 mm，平滑，光亮；浆片2枚，膜质；雄蕊3枚；花柱基部联合。颖果纺锤形，顶端尖，长约2.5 mm。花、果期：9～10月。

产地：珠海及海南琼中。生于山地、疏林下。

分布：福建、云南、广西。亚洲、非洲和南美洲。

63. 求 米 草 属　**Oplismenus** P. Beauv.

一年生或多年生草本。秆基部常平卧地面而分枝。叶薄，较宽，披针形，稀线状披针形。圆锥花序狭窄，分枝或不分枝而使小穗数枚聚生于主轴的一侧；小穗卵圆形或卵状披针形，多少两侧压扁，近无柄，孪生、簇生，少单生，有2朵小花；颖近等长，第一颖具长芒，第二颖具短芒或无芒；第一小花中性，外稃等长于小穗，无芒或具小尖头，内稃存在或缺；第二小花两性，外稃纸质，成熟后变坚硬，平滑光亮，顶端具小尖头，边缘质薄，内卷，包着同质的内稃；浆片2枚，薄膜质，折叠，具3脉；花柱自基部分离。种脐椭圆形。

本属约20种，广布于全世界温带地区。我国有4种，11变种；广东及海南有3种，6变种。

1. 花序分枝短缩，有时下部分枝延伸，但长仅达2 cm；小穗簇生或孪生。
  2. 叶、叶鞘、花序轴、穗轴密被疣基毛或短硬毛或长刺毛 ……………………1. 求米草 O. undulatifolius
  2. 叶、叶鞘、花序轴、穗轴无毛或仅叶鞘边缘有纤毛 …………………… 1a. 日本求米草 var. japonicus
1. 花序分枝长2 ~ 6 cm；小穗孪生或单生。
  2. 小穗孪生。
    3. 叶、叶鞘、花序轴、穗轴无毛或被微毛，或仅叶鞘口具缘毛。
      4. 叶长3 ~ 9 cm；小穗长2.5 ~ 3.5 mm ……………………2. 竹叶草 O. compositus
      4. 叶长9 ~ 13 cm；小穗长约4 mm ……………………2a. 台湾竹叶草 var. formosanus
    3. 叶、叶鞘、花序轴、穗轴密被长柔毛或长硬毛或疣基毛。
      4. 叶长3 ~ 10 cm，宽5 ~ 18 mm …………………… 2b. 中间型竹叶草 var. intermedius
      4. 叶长10 ~ 20 cm，宽20 ~ 30 mm …………………… 2c. 大叶竹叶草 var. owatarii
  2. 小穗单生。
    3. 叶披针形或卵状披针形，长5 ~ 15 cm，宽7 ~ 35 mm；第二颖的芒长为第一颖芒的1/3 ~ 1/2。
      4. 叶长10 ~ 15 cm，宽20 ~ 35 mm …………………… 3. 疏穗竹叶草 O. patens
      4. 叶长5 ~ 9 cm，宽7 ~ 18 mm …………………… 3a. 云南竹叶草 var. yunnanensis
    3. 叶狭披针形或线状披针形，长5 ~ 9 cm，宽4 ~ 7 mm；第二颖的芒长为第一颖的1/5 ……………………
      …………………… 3b. 狭叶竹叶草 var. angustifolius

1. 求米草 （《台湾植物名录》）

Oplismenus undulatifolius (Ard.) Roem. & Schult.

Panicum undulatifolius Ard.

多年生草本。秆纤细，基部平卧地面，节处生根，秆高20 ~ 50 cm。叶扁平，披针形至卵状披针形，长2 ~ 8 cm，宽5 ~ 18 mm，顶端尖，基部略圆形而稍不对称，具细毛；叶舌膜质，短小，长约1 mm；叶鞘短于或上部的长于节间，密被疣基毛。圆锥花序长2 ~ 10 cm，主轴密被疣基长刺柔毛；分枝短缩，有时下部的分枝延伸长达2 cm；小穗卵圆形，被硬刺毛，长3 ~ 4 mm，簇生于主轴或部分孪生；颖草质，第一颖长约为小穗的1/2，顶端具长0.5 ~ 1 (~ 1.5) cm硬直芒，具3 ~ 5脉；第二颖较第一颖长，芒长2 ~ 5 mm，具5脉；第一外稃草质，与小穗等长，具7 ~ 9脉，芒长1 ~ 2 mm，第一内稃通常缺；第二外稃革质，长约3 mm，平滑，果期变硬，边缘包着同质的内稃；浆片2枚，膜质；雄蕊3枚；花柱自基部分离。花、果期：7 ~ 11月。

产地：乐昌、乳源、连州、阳山、博罗、广州、怀集等地。生于疏林下、潮湿地。

分布：我国南北各省区。世界温带和亚热带。

1a. 日本求米草 （《中国植物志》）

var. **japonicus** (Steud.) Koidz.

Panicum japonicum Steud.

本变种与原种的区别在于：叶阔披针形，长5 ~ 15 cm，宽12 ~ 30 mm；叶鞘无毛，仅边缘有纤毛。花序长达15 cm，主轴无毛，小穗近无毛。

产地：乐昌、连平、高要等地。生于疏林下、潮湿地。

分布：河北、山东、陕西、安徽、江苏、浙江、江西、四川、福建、广西、云南。日本。

2. 竹叶草　别名：多穗缩箬　（广州）　（图215）

Oplismenus compositus（Linn.）P. Beauv.

Panicum compositum Linn.

多年生草本。秆较纤细，高20～80 cm，基部平卧地面，节处生根。叶披针形至卵状披针形，基部多少抱茎而不对称，长3～9 cm，宽5～20 mm，近无毛或边缘疏生纤毛，具横脉；叶鞘短于或上部的长于节间，近无毛或被疏毛。圆锥花序长5～15 cm，主轴无毛或被疏毛；分枝互生而疏离，长2～6 cm；小穗孪生（有时其中1个小穗退化），稀上部的单生，长2.5～3.5 mm；颖草质，近等长，长约为小穗的1/2～2/3，边缘常被纤毛，第一颖芒长0.7～2 cm；第二颖芒长1～2 mm；第一小花中性，外稃草质，与小穗等长，顶端具芒尖，具7～9脉，内稃膜质，狭小或缺如；第二外稃革质，平滑，光亮，长约2.5 mm，边缘内卷，包着同质的内稃；浆片2枚，薄膜质，折叠；花柱自基部分离。花、果期：9～11月。

产地：乐昌、河源、深圳、广州、高要、阳春、罗定、徐闻及海南各地。生于疏林下、潮湿地。

分布：江西、四川、贵州、台湾、云南等省。东半球热带地区。

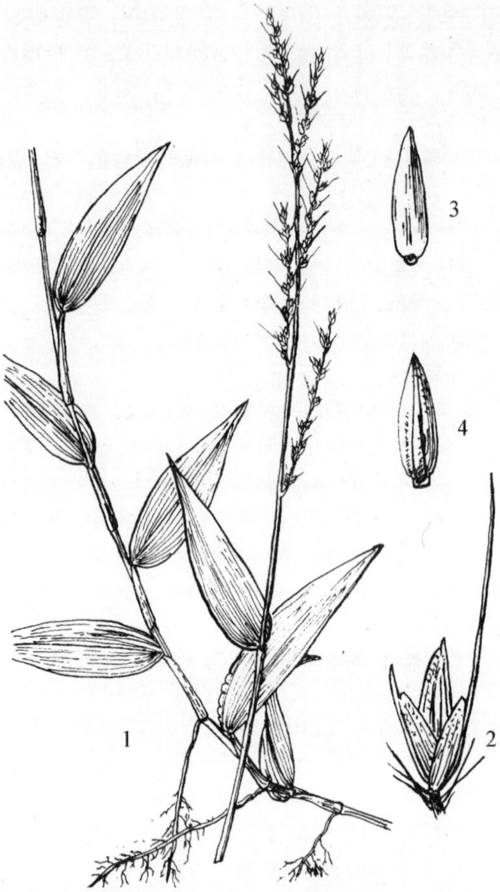

图215　竹叶草　Oplismenus compositus（Linn.）P. Beauv.
1. 植株；2. 小穗；3. 第二小花的腹面；4. 第二小花的背面。（陈夏玲抄绘）

2a. 台湾竹叶草　（《植物分类学报》）

var. **formosanus**（Honda）S. L. Chen & Y. X. Jin

O. formosanus Honda

本变种与原种的区别在于：叶披针形，长9～13 mm，宽12～25 mm；小穗长约4 mm；第二颖的芒长达3 mm，第二外稃顶端具芒尖，或具长约0.5 mm的芒。

产地：阳山、连平、高要等地。生于草原、疏林下、潮湿地。

分布：四川、贵州、台湾、广西、云南等省区。

2b. 中间型竹叶草　（《海南植物志》）

var. **intermedius**（Honda）Ohwi

O. bumannii var. *intermedius* Honda

本变种与原种的区别在于：叶基部心形；叶鞘密被疣基硬毛，边缘被纤毛。花序轴及穗轴密被长柔毛和长硬毛。

产地：深圳、惠东及海南各地。生于山地、丘陵、疏林下、潮湿地。

分布：湖南、浙江、福建、台湾、广西、云南、四川等省区。日本、菲律宾。

2c. 大叶竹叶草　（《海南植物志》）　别名：大渡求米草　（《中国主要植物图说——禾本科》）

var. **owatarii**（Honda）Ohwi

O. owatarii Honda

本变种与原种的区别在于：叶、叶鞘、花序轴密生长柔毛或疣基毛，叶披针形，长10～20 cm，宽15～30 mm。

产地：惠阳、广州及海南琼中、陵水。生于山地、疏林下、潮湿地。

分布：台湾、广西、云南、贵州等省区。日本、泰国。

3. 疏穗竹叶草 （《海南植物志》）

Oplismenus patens Honda

O. compositus var. *patens* (Honda) Ohwi

秆纤细，高30～60 cm，基部平卧地面，节上生根，无毛。叶质稍厚，长圆状披针形至卵状披针形，长10～15 cm，宽2～3.5 cm，两面无毛；叶舌膜质，顶端被长约1 mm短纤毛；叶鞘无毛，边缘被纤毛。圆锥花序长20～25 cm，主轴及穗轴三棱形，无毛或被疣基毛；分枝5～8枚，互生而疏离，长6～10 cm；小穗单生，卵状披针形，长约4 mm；第一颖顶端芒长1～1.4 cm，具3～5脉；第二颖芒长约为第一颖的1/2；第一外稃与小穗近等长，背部疏生短毛，边缘被纤毛，顶端具短芒，芒长2～2.5 mm，具7～9脉，内稃缺；第二外稃厚纸质或革质，稍短于第一外稃，光滑，顶端具长0.5～1 mm的芒，边缘包着同质的内稃，顶端稍露出；浆片2枚，折叠，具3脉；花柱自基部分离。花、果期：9～11月。

产地：中山、珠海及海南东方、琼中、保亭。生于山地、林下、潮湿地。

分布：台湾、云南等省区。日本。

3a. 云南竹叶草 （《植物分类学报》）

var. **yunnanensis** S. L. Chen & Y. X. Jin

本变种与原种的区别在于：叶披针形至狭披针形，长5～9 cm，宽7～18 mm；第一颖芒长7～10 mm，第二颖芒长为第一颖的1/3～1/2，第一外稃具长约1 mm的短芒。

产地：海南东方。生于疏林下、潮湿地。

分布：云南。

3b. 狭叶竹叶草 （《海南植物志》）

var. **angustifolius** (L. C. Chia) S. L. Chen & Y. X. Jin

O. compositus var. *angustifolius* L. C. Chia

本变种与原种的区别在于：叶披针形至线状披针形，长5～9 cm，宽4～7 mm，基部近心形。叶鞘无毛，边缘被纤毛。花序轴及穗轴被微毛或近无毛，第一颖芒长约5 mm，第二颖芒长约为第一颖的1/5。

产地：海南东方、琼中。生于山地、疏林下、潮湿地。

分布：云南。

64. 稗 属 **Echinochloa** P. Beauv.

一年生或多年生草本。叶线形。圆锥花序由穗形总状花序组成；小穗有1～2朵小花，背腹压扁，一面扁平，一面凸起，单生或2～3个不规则地聚集于穗轴的一侧，近无柄；颖草质，无芒或近无芒；第一颖小，三角形，长约为小穗1/3～1/2（或3/5）；第二颖与小穗等长或稍短；第一小花中性或雄性，其外稃革质，内稃膜质，罕无；第二小花两性，外稃成熟时变硬，顶端具极小尖头，平滑，光亮，边缘厚而内包着同质的内稃，内稃顶端稍露；浆片2枚，具5～7脉；花柱自基部分离。种脐点状。

本属约30种，分布全世界热带和温带。我国有9种，5变种；广东及海南有7种，4变种。

1. 植株基部常向外开展；第二外稃草质。
  2. 圆锥花序直立。
    3. 圆锥花序狭窄。
      4. 小穗阔卵形，顶端急尖，无芒；花序轴无疣基长刚毛 …… 1. 光头稗 E. colona
      4. 小穗卵状椭圆形，顶端渐尖而具短芒；花序轴密生疣基长刚毛。

5. 叶宽2～5 mm；圆锥花序分枝常贴向主轴 …………………………… 2a. 小旱稗 var. austrojaponensis
5. 叶宽4～10 mm；圆锥花序分枝上举 …………………………………… 2b. 短芒稗 var. breviseta
3. 圆锥花序开展。
4. 小穗卵状椭圆形，无芒，花序分枝不再分枝 ………………………… 2c. 西来稗 var. zelayensis
4. 小穗卵形，具短芒，花序分枝再分枝。
5. 小穗芒长不超过0.5 mm；花序分枝挺直 ………………………………… 2d. 无芒稗 var. mitis
5. 小穗芒长0.5～1.5 mm；花序分枝柔软 ……………………………………… 2. 稗 E. crusgalli
2. 圆锥花序下垂。
3. 小穗长4～6 mm，芒长0.5～1.5 mm ……………………………………… 3. 旱稗 E. hispidula
3. 小穗长2.5～4 mm，芒长1.5～5 mm。
4. 小穗卵状披针形，长2.5～3 mm，芒长1～1.5 mm ………………… 4. 孔雀稗 E. cruspavonis
4. 小穗卵状椭圆形，长3～4 mm，芒长1.5～5 mm ………………………… 5. 长芒稗 E. caudata
1. 植株基部不向外开展或稍倾斜；第二外稃近革质或至少中间变革质，硬而光亮。
2. 小穗长3～3.5 mm，第一颖长为小穗的1/3～1/2 …………………………… 6. 硬稃稗 E. glabrescens
2. 小穗长3.5～5 mm，第一颖长为小穗的1/2～3/5 ……………………………… 7. 水田稗 E. oryzoides

1. 光头稗 （《海南植物志》）

Echinochloa colona（Linn.）Link

Panicum colonum Linn.

一年生草本。秆直立，高10～60 cm。叶扁平，线形，长3～20 cm，宽3～7 cm，无毛，边缘稍粗糙；叶舌缺；叶鞘压扁而背具脊，无毛。圆锥花序狭窄，长5～10 cm，分枝排列稀疏，直立、上升或贴向主轴，穗轴无疣基长毛或仅基部被1～2根疣基长毛；小穗卵圆形，长2～2.5 mm，具小硬毛，无芒，较规则地成四行排列于穗轴的一侧；第一颖三角形，长约为小穗的1/2，具2脉；第二颖与第一外稃等长而同形，顶端具小尖头，具5～7脉，间脉常不达基部；第一小花常中性，外稃具7脉，内稃具7脉，膜质，稍短于外稃，脊上被短纤毛；第二外稃椭圆形，平滑，光亮，边缘内卷，包着同质的内稃；浆片2枚，膜质。花、果期：夏、秋季。

产地：乐昌、翁源、英德、广州、深圳、台山、高要、德庆、新兴、阳春、徐闻及海南各地。生于田野、园圃、路边、潮湿地。

分布：河北、河南、安徽、江苏、浙江、江西、湖北、四川、贵州、福建、广西、云南及西藏等省区。全世界的温暖地区。

用途：饲料。

2. 稗 （《孟子》） （图216）

Echinochloa crusgalli（Linn.）P. Beauv.

Panicum crusgalli Linn.

Millium crusgalli（Linn.）Moench

一年生草本。秆高50～150 cm，光滑无毛，基部倾斜或膝曲。叶扁平，线形，长10～40 cm，宽5～20 mm，无毛，边缘粗糙；叶舌缺；叶鞘疏松裹秆，平滑无毛，下部的长于节间，上部的短于节间。圆锥花序直立，近尖塔形，长6～20 cm；主轴具棱，粗糙，或具疣基长刺毛，分枝斜上举或贴

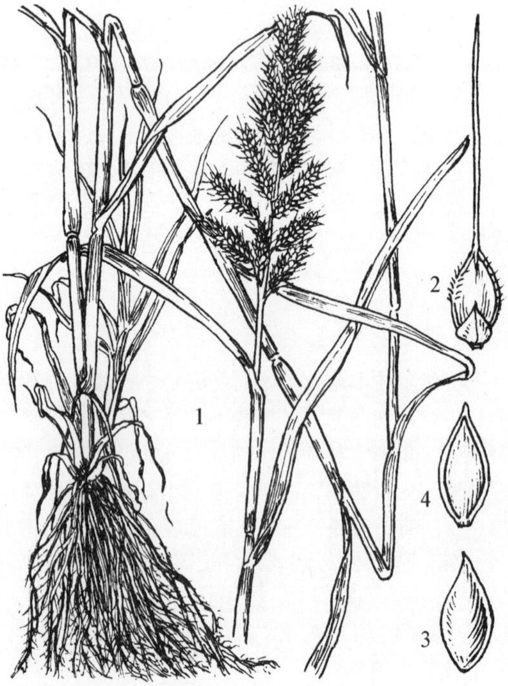

图216 稗 Echinochloa crusgalli（Linn.）P. Beauv.
1. 植株；2. 小穗；3. 小花背面；4. 小花腹面。
（陈夏玲抄绘）

向主轴，有时再分枝；小穗卵形，长3～4 mm，脉上密被疣基刺毛，具短柄或近无柄，密集在穗轴的一侧；第一颖三角形，长为小穗的1/3～1/2，具3～5脉，脉上具疣基毛，基部包卷小穗，顶端尖；第二颖与小穗等长，顶端渐尖或具小尖头，具5脉，脉上具疣基毛；第一小花中性，外稃草质，上部具7脉，脉上具疣基刺毛，顶端延伸成一粗壮的芒，芒长0.5～1.5 cm，内稃薄膜质，狭窄，具2脊；第二外稃椭圆形，平滑，光亮，成熟后变硬，顶端具小尖头，尖头上有一圈细毛，边缘内卷，包着同质的内稃，但内稃顶端露出。花、果期：夏、秋季。

产地：乐昌、深圳、斗门、广州、高要、台山、阳春等地。生于沼泽地、沟边、水稻田中。

分布：几遍全国。全世界温暖地区。

2a. 小旱稗 （《中国植物志》）

var. **austrojaponensis** Ohwi

本变种与原种的区别在于：植株高20～40 cm。叶宽2～5 mm。圆锥花序较狭窄而细弱；小穗长2.5～3 mm，带紫色，脉上无疣基刺毛，但疏被硬刺毛，无芒或具短芒。

产地：广州及海南儋州、白沙、东方、三亚、保亭、万宁。生于沟边、草地。

分布：江苏、浙江、江西、湖南、台湾、香港、广西、云南、贵州等省区。日本。

2b. 短芒稗 （《海南植物志》）

var. **breviseta**（Döll）Podp.

Panicum crusgalli var. *brevisetum* Döll

本变种与原种的区别在于：植株高30～70 cm。叶长8～15 cm，宽4～6 mm。圆锥花序较狭窄，长8～10 cm；小穗卵形，绿色，长约3 mm，脉上疏被短硬毛，顶端具小尖头或具短芒，芒长不超过0.5 cm.

产地：广州、高要、阳江及海南琼海、三亚。生于草地。

分布：湖南、江西、福建、台湾、广西、贵州、四川等省区。马来西亚、印度、斯里兰卡、非洲。

2c. 西来稗 （《中国主要植物图说——禾本科》）

var. **zelayensis**（H. B. K.）Hitchc.

Oplismenus zelayensis H. B. K.

Echinochloa zelayense（H. B. K. ）Schult.

本变种与原种的区别在于：秆高50～75 cm。叶长5～20 mm，宽4～12 mm。圆锥花序直立，长11～19 cm，分枝上不再分枝；小穗卵状椭圆形，长3～4 mm，顶端具小尖头而无芒，脉上无疣基毛，但疏生硬刺毛。

产地：广州。生于水边、稻田中。

分布：华北、华东、西北、华南及西南各省区。美洲。

2d. 无芒稗 （《中国主要植物图说——禾本科》）

var. **mitis**（Pursh）Peterm.

Panicum crusgalli var. *mite* Pursh

本变种与原种的区别在于：秆高50～120 cm，直立，粗壮。叶长20～30 cm，宽6～12 mm。圆锥花序直立，长10～20 cm，分枝斜上举而开展，再分枝；小穗卵状椭圆形，长约3 mm，无芒或具极短芒，芒长不超过0.5 mm，脉上被疣基硬毛。

产地：始兴等地。生于水边、路边、草地。

分布：东北、华北、西北、华东、西南及华南等省区。全世界温暖地区。

3. 旱稗 （《九谷考》）

Echinochloa hispidula（Retz.）Nees

Panicum hispidula Retz.

一年生草本。秆高40～90 cm。叶扁平，线形，长10～30 cm，宽6～12 mm；叶舌缺；叶鞘平滑无毛。圆锥花序狭窄，长5～15 cm，宽1～1.5 cm，分枝上不具小枝，有时中部轮生；小穗卵状椭圆形，长4～6 mm；第一颖三角形，长为小穗的1/2～2/3，基部包卷小穗；第二颖与小穗等长，具小尖头，具5脉，脉上具刚毛或有时具疣基毛，芒长0.5～1.5 cm；第一小花通常中性，外稃草质，具7脉，内稃薄膜质；第二外稃革质，坚硬，边包卷同质的内稃。花、果期：7～10月。

产地：仁化、南雄、阳山、和平、深圳、惠东、龙门、广州、高要、茂名等地。生于田野、潮湿处。

分布：黑龙江、吉林、河北、山西、山东、甘肃、新疆、安徽、江苏、浙江、江西、湖南、湖北、广西、云南、贵州、四川等省区。朝鲜、日本、印度。

4. 孔雀稗　（《中国主要植物图说——禾本科》）

Echinochloa cruspavonis（Kunth）Schult.

Oplismenus cruspavonis Kunth

多年生或一年生草本。秆粗壮，基部倾斜而节上生根，高120～180 cm。叶扁平，线形，长10～40 cm，宽1～1.5 cm，两面无毛，边缘增厚而粗糙；叶舌缺；叶鞘疏松裹秆，光滑，无毛。圆锥花序下垂，长15～25 cm，分枝上再分枝；小穗卵状披针形，长2.5～3 mm，带紫色，脉上无疣基毛；第一颖三角形，长为小穗的1/3～2/5，具3脉；第二颖与小穗等长，顶端有小尖头，具5脉，脉上具硬刺毛；第二小花中性，外稃草质，顶端具长1～1.5 cm的芒，具5～7脉，脉上具刺毛；第二外稃革质，平滑光亮，顶端具小尖头，边缘包卷同质的内稃，内稃顶端外露；浆片2枚，折叠；花柱自基部分离。颖果椭圆形，长约2 mm；胚长为颖果的2/3。

产地：南澳、广州、高要和海南昌江、三亚、保亭、万宁、琼山。生于沼泽地、水沟边。

分布：贵州、福建、香港、江苏、湖南等省区。全世界热带地区。

5. 长芒稗　（《中国植物志》）

Echinochloa caudata Roshev.

E. crusgalli var. *caudata*（Roshev.）Kitag.

一年生草本。秆高1～2m。叶线形，长10～40 cm，宽1～2 cm，两面无毛，边缘增厚而粗糙；叶舌缺；叶鞘无毛或有疣基毛（或毛脱落仅留疣基），或仅有糙毛，或仅边缘有毛。圆锥花序稍下垂，长10～25 cm，宽1.5～4 cm；主轴粗糙，具棱，疏被疣基长毛；分枝密集，常再分枝；小穗卵状椭圆形，常带紫色，长3～4 mm，脉上具硬刺毛，有时疏生疣基毛。第一颖三角形，长为小穗1/3～2/5，具3脉；第二颖与小穗等长，顶端具长0.1～0.2 mm的芒，具5脉；第一外稃草质，顶端具长1.5～5 cm的芒，具5脉，脉上疏生刺毛；第二外稃革质，平滑光亮；浆片2枚，折叠，具5脉；花柱自基部分离。花、果期：夏、秋季。

产地：广州。生于田边、路边、河边、潮湿地。

分布：黑龙江、吉林、内蒙古、河北、山西、安徽、江苏、浙江、江西、湖南、云南、贵州、四川、新疆等省区。日本、朝鲜、俄罗斯。

6. 硬稃稗　（《中国植物志》）

Echinochloa glabrescens Munro ex Hook. f.

E. crusgalli var. *formoscensis* Ohwi

秆直立或基部稍倾斜而开展，高50～120 cm。叶线形，扁平，长10～30 cm，宽6～12 mm，顶端渐尖，边缘变厚绿白色，粗糙，两面无毛；叶舌缺；叶鞘光滑无毛。圆锥花序狭窄，长8～15 cm，宽1～3 cm；分枝长1～3 cm，分枝上不具小枝；小穗长3～3.5 mm，脉上不具或具疣基毛，无芒或具芒；第一颖长为小穗的1/3～1/2，顶端尖，具5脉；第二颖与小穗等长，具5脉，脉上具硬刺毛；第一小花中性，外稃革质或至少中间变成革质，具5脉，脉上具疣基毛；内稃膜质；第二外稃革质，光滑，边缘包着同质的内稃；浆片2枚，具5脉，折叠。颖果阔椭圆形，长约3 mm；胚长为颖果的3/4。花、果期：夏、秋季。

产地：据《中国植物志》记载，广东有分布。生于田间、水塘边、潮湿地。

分布：香港、江苏、浙江、福建、江西、广西、云南、贵州、四川等省区。朝鲜、日本。

7. 水田稗 （《新疆植物检索表》）

Echinochloa oryzoides（Ard.）Fritsch

Panicum oryzoides Ard.

E. macrocarpa Vasinqer

秆粗壮，直立，高1 m，直径8 mm。叶扁平，线形，长10 ~ 30 cm，宽1 ~ 1.5 cm；叶鞘及叶片均光滑无毛。圆锥花序长8 ~ 15 cm，宽1.5 ~ 3 cm，分枝不再分枝；小穗卵状椭圆形，长3.5 ~ 5 mm，无芒或具长达0.5 cm的短芒；颖草质，第一颖三角形，长为小穗的1/2 ~ 2/3，顶端渐尖，具3 ~ 5脉，脉上被硬刺毛；第二颖等长于小穗，顶端尖或渐尖，具5脉，脉上疏被硬刺毛；第一外稃革质，光亮，顶端尖至具极短的芒，长达0.5 cm；第二外稃革质，平滑而光亮（尖头除外）；浆片2枚，膜质。折叠。花、果期：7 ~ 10月。

产地：怀集。生于田间、潮湿地。

分布：河北、江苏、安徽、台湾、贵州、云南、西藏、新疆。高加索经中亚至东南亚。

65. 臂形草属 **Brachiaria** Griseb.

一年生或多年生草本。叶平展。圆锥花序顶生，由2至数枚总状花序组成；小穗背腹压扁，具短柄或近无柄，单生或孪生，交互成两行排列于穗轴的一侧，有1 ~ 2朵小花；第一小花雄性或中性；第二小花两性；第一颖长通常为小穗的1/2，近轴而生，基部包卷小穗；第二颖与第一外稃等长，同质同形；第二外稃骨质，顶端不具小尖头或具小尖头，背部突起，背面在远轴的一方；尤以单生小穗为明显，边缘稍内卷，包着同质的内稃；浆片2枚，折叠，具5 ~ 7脉；花柱自基部分离。种脐点状。

本属约50种，广布全世界热带地区。我国有7种，4变种；广东及海南有4种。

1. 植株高10 ~ 80 cm；花序分枝10以下。
  2. 小穗孪生或有时上部的单生，疏被短硬毛 ………… 1. 多枝臂形草 B. ramosa
  2. 小穗单生，稀基部的孪生。
    3. 小穗狭长圆形、椭圆形或倒卵形，长3 ~ 4 mm ………… 2. 四生臂形草 B. subquadripara
    3. 小穗卵形，长2 ~ 2.5 mm ………… 3. 毛臂形草 B. villosa
1. 植株高1.5 ~ 2.5 m；花序分枝10 ~ 20 ………… 4. 巴拉草 B.mutica

1. 多枝臂形草 （《中国主要植物图说——禾本科》）

Brachiaria ramosa（Linn.）Stapf

Panicum ramosa Linn.

Urochloa ramosa（Linn.）T. Q. Nguyen

一年生草本。秆高30 ~ 60 cm，基部倾斜，节被柔毛，下部节上生根。叶狭披针形，长4 ~ 12 cm，宽4 ~ 8 mm，顶端渐尖，边缘略增厚而粗糙，微波状皱褶；叶舌短小，密生纤毛；叶鞘松弛，光滑，边缘及鞘口被毛。圆锥花序由3 ~ 6总状花序组成；总状花序长2 ~ 5 cm；主轴具三棱，被短刺毛，穗轴具三棱，通常被短刺毛，有时疏生长硬毛；小穗椭圆状长圆形，长约3.5 mm，疏生短硬毛，通常孪生，有时上部的单生，稍疏离，一具短柄，一近无柄；第一颖广卵形，长约为小穗的1/2，具5脉；第二颖与小穗等长，顶端具小尖头，具5脉，第一小花中性，外稃具5脉，内稃膜质，狭窄而短小；第二外稃革质，长约2.5 mm，顶端尖，背部凸起，具明显横皱纹，边缘内卷，包着同质的内稃。花、果期：夏、秋季。

产地：海南儋州、东方。生于丘陵、荒野、草地。

分布：云南。印度、马来西亚、非洲。

2．四生臂形草　（《中国主要植物图说——禾本科》）　（图217）

Brachiaria subquadripara（Trin.）Hitchc.

Panicum subquadriparum Trin.

Urochloa subquadriparum（Trin.）R. D. Webster

一年生草本。秆高20～60 cm，纤细，下部平卧地面，节上生根，节膨大而被柔毛，节间具狭槽。叶披针形至线状披针形，长4～15 cm，宽4～10 mm，顶端渐尖或急尖，基部圆形，无毛或稀生短毛，边缘增厚而粗糙，常呈微波状；叶鞘松弛，被疣基毛或边缘被毛。圆锥花序由3～6总状花序组成；总状花序长2～4 cm；主轴及穗轴无刺毛；小穗长圆形，长3.5～4 mm，中部最宽约1.2 mm，顶端渐尖，近无毛，单生；第一颖广卵形，长约为小穗的1/3～1/2，具5～7脉，包着小穗基部；第二颖与小穗等长，具7脉，第一小花中性，外稃与小穗等长，具7脉，内稃狭窄而短小；第二外稃革质，长约3 mm，顶端锐尖，表面具细横皱纹，边缘稍内卷，包着同质的内稃；浆片2枚，折叠，长约0.6 mm；雄蕊3枚；花柱自基部分离。花、果期：9月至翌年1月。

产地：深圳、广州、高要及海南儋州、东方、三亚、琼中。生于丘陵草地、田野、疏林下、沙丘。

分布：湖南、福建、台湾、江西、香港、广西等省区。亚洲热带地区和大洋洲。

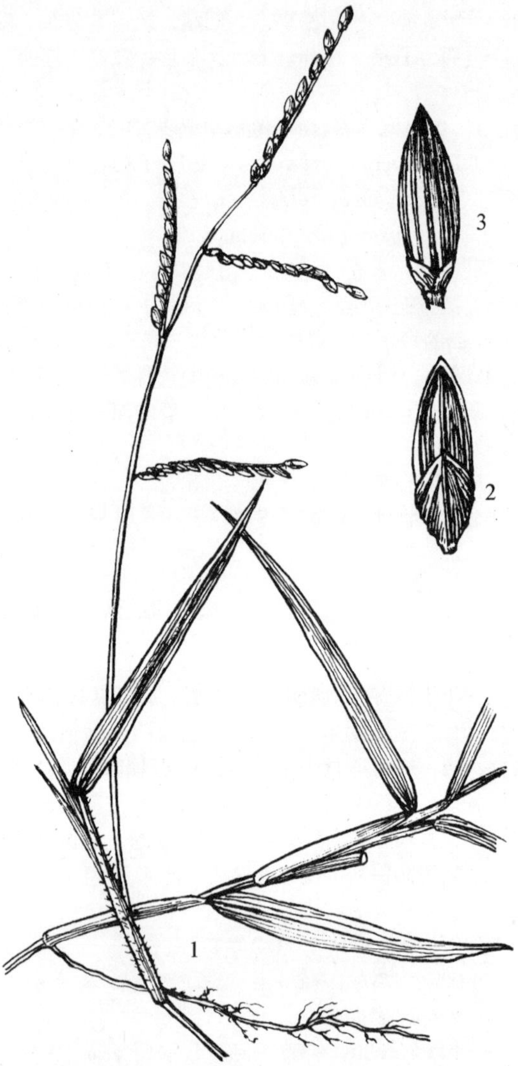

图217　四生臂形草　Brachiaria subquadripara（Trin.）Hitchc.
1. 植株一部分；2. 小穗背面；3. 小穗腹面。（陈夏玲抄绘）

3. 毛臂形草　（《广东植物名录》）

Brachiaria villosa（Lam.）A. Camus

Panicum villosum Lam.

Urochloa villosum（Lam.）T. Q. Nguyen.

一年生草本。秆高10～40 cm，基部倾斜，整个植株密被柔毛。叶卵状披针形，长1～4 cm，宽3～10 mm，两面密被柔毛，顶端急尖，边缘波状皱褶，基部钝圆；叶舌小，具长约1 mm纤毛；叶鞘被柔毛，尤以鞘口及边缘更密。圆锥花序由4～8总状花序组成；总状花序长1～3 cm；主轴与穗轴密被柔毛；小穗卵形，长约2.5 mm，被短柔毛或无，单生；小穗柄长0.5～1 mm，有毛；第一颖长为小穗的1/2，具3脉；第二颖等长或略短于小穗，具5脉；第一小花中性，外稃与小穗等长，具5脉，内稃膜质，狭窄；第二外稃革质，稍包卷同质内稃，具横细皱纹；浆片2枚，膜质，折叠，长约0.4 mm；花柱自基部分离。花、果期：7～10月。

产地：乐昌、始兴、阳山、南澳、海丰等地。生于田野、山坡、草地。

分布：河南、陕西、甘肃、安徽、江西、浙江、湖南、湖北、四川、贵州、福建、台湾、广西、云南等省区。亚洲东南部。

4. 巴拉草 （《台湾植物志》）

Brachiaria mutica（Forssk.）Stapf

Panicum muticum Forssk.

Urochloa muticum（Forssk.）T. Q. Nguyen.

多年生草本。秆粗壮，高1.5～2.5 m，节上有毛。叶扁平，长约30 cm，宽1.5～2 cm，两面光滑，基部或边缘多少被毛；叶舌长约0.8 mm；叶鞘长11～14 cm，无毛或鞘口有毛。圆锥花序长约20 cm，由10～20枚总状花序组成；总状花序长5～10 cm；小穗长约3.2 mm；第一颖长约1 mm，具1脉；第二颖等长于小穗，具5脉；第一小花雄性，外稃长约3 mm，具5脉，有近等长的内稃；第二外稃长约2.5 mm，骨质。

产地：广东有栽培。

分布：台湾、香港有引种。原产地可能为非洲，现广植于热带地区。

用途：饲料。

66. 尾稃草属 Urochloa P. Beauv.

一年生或多年生草本。叶平展。圆锥花序开展，由数至多数总状花序组成；小穗背腹压扁，孪生或单生，成两行排列于穗轴的一侧，具短柄或近无柄，有1～2朵小花；颖纸质，第一颖短小，远轴而生；第二颖与小穗等长，与第一外稃同形同质；第一小花雄性或中性；第二小花两性，第二外稃骨质，背面在近轴的一方，表面具横皱纹，顶端具小尖头，边缘稍内卷，包着同质的内稃；浆片2枚，折叠，具5脉；花柱自基部分离。种脐点状。

本属约25种，分布于东半球的热带地区。我国有5种，2变种；广东及海南有3种。

1. 第一颖长为小穗的2/3～3/4 ……………………………… 1. 雀稗尾稃草 U. paspaloides
1. 第一颖长为小穗的1/4～1/5。
    2. 一年生草本；小穗长2～2.5 mm……………………………… 2. 尾稃草 U. reptans
    2. 多年生草本；小穗长3.5～5 mm……………………………… 3. 心叶尾稃草 U. setigera

1. 雀稗尾稃草 （《中国主要植物图说——禾本科》）

Urochloa paspaloides J. Presl ex Presl.

一年生草本。秆纤细，高20～60 cm，多分枝，下部节上生根，节有时稍膨大而被髭毛。叶线状披针形，长5～10 cm，宽3～8 mm，两面被疣基毛；叶舌退化为一圈长约1 mm的纤毛；叶鞘松弛，短于节间，无毛或疏生疣基毛，边缘一侧被毛。圆锥花序由2～4总状花序组成；总状花序长2～4 cm，疏离排列于主轴上；主轴与穗轴均被柔毛；小穗长圆状披针形，长约4 mm，无毛，孪生；第一颖长为小穗的2/3～3/4，具5脉；第二颖与小穗等长，具5～7脉；第一外稃与小穗等长，具不明显5脉，其内稃缺或极小；第二外稃骨质，顶端具长约0.2 mm的小尖头，表面具微细横皱纹；浆片2枚，膜质，有细脉。花、果期：5～10月。

产地：海南定安。生于旷野、山坡、疏林下。

分布：云南。印度、马来西亚。

2. 尾稃草 （《中国主要植物图说——禾本科》） （图218）

Urochloa reptans（Linn.）Stapf

Panicum reptans Linn.

一年生草本。秆纤细，下部横卧地面，节处生根，向上斜升，高15～50 cm。叶卵状披针形，长2～6 cm，宽3～12 mm，无毛或疏生短硬毛，基部疏被疣基毛，边缘粗糙并常呈波状皱褶；叶鞘短于节间，无毛，边缘一侧密被纤毛；叶舌极短小，具长约1 mm的纤毛。圆锥花序由3～6枚总状花序组成；总状花序长0.5～4 cm；主轴具疣毛，棱边粗糙；小穗卵状椭圆形，长2～2.5 mm，无毛，孪生，一具长柄，一具短柄，柄上疏生白色长刺毛；第一颖短小，长约0.5 mm，顶端钝，截平或中间凹，脉不明显；第二颖与小穗等长，具7～9脉；第一外稃与第二颖同形同质，具5脉，内稃膜质；第二外稃椭圆形，长1.8～2 mm，具横纹，顶端具微小尖头，边缘稍内卷，包着同质的内稃；浆片2枚，膜质，折叠，具细脉。

产地：广州。生于草地、田野中。

分布：湖南、四川、贵州、台湾、广西、云南等省区。全球热带地区。

3. 心叶尾稃草　（《中国主要植物图说——禾本科》）

Urochloa setigera（Retz.）Stapf

Panicum setigerum Retz.

U. cordata Keng ex S. L. Chen & Y. X. Jin

多年生草本。秆坚硬，高1 m以下，下部平卧地面，节密生髯毛，节间具短柔毛。叶卵状披针形，长3～10 cm，宽2～2.5 cm，顶端短渐尖，基部斜心形而抱茎，两面密生细柔毛，边缘粗糙而呈波状皱褶，近基部边缘被纤毛；叶舌短小，被长约2 mm纤毛；叶鞘松弛，短于节间，被细柔毛和疣基毛，边缘一侧被纤毛。圆锥花序由7～9总状花序组成；总状花序长2～4 cm，疏离排列于主轴上；主轴及穗轴三棱柱形，被少数硬疣毛；小穗卵状披针形，长4～5 mm，第一颖广卵形，短小，长为小穗的1/5，顶端钝第二颖等长于小穗，具7～9脉；第一外稃稍短于第二颖，具5～7脉，其内稃短于外稃，有时具雄蕊；第二外稃椭圆形，骨质，背面具微细横皱纹，顶端具长约0.2 mm的小尖头；浆片2枚，楔形，折叠，具细脉纹。花、果期：7～9月。

产地：海南三亚。生于密林中。

分布：印度、缅甸、尼泊尔、斯里兰卡、泰国。

图218　尾稃草　Urochloa reptans（Linn.）Stapf
1. 植株；2. 小穗背面；3. 小穗腹面；4. 颖果。
（余汉平抄绘）

67. 野　黍　属　**Eriochloa** Kunth

一年生或多年生草本。秆分枝。叶平展。圆锥花序顶生而狭窄，由数枚总状花序组成；小穗背腹压扁，具短柄或近无柄，单生或孪生，成两行覆瓦状排列于穗轴的一侧，有2朵小花；第一颖极退化而与第二颖之下的穗轴愈合膨大成环状或珠状的小穗基盘；第二颖与第一外稃等长于小穗，近膜质；第一小花中性或雄性，外稃包裹着1枚膜质内稃或有时内稃缺；第二小花两性，背穗轴而生，第二外稃革质，边缘稍内卷，包着同质而钝头的内稃；浆片2枚，折叠，具5～7脉；花柱自基部分离。种脐点状。

本属约25种，分布于全世界热带与温带地区。我国有2种；广东及海南均有。

1. 总状花序密被柔毛；小穗单生，长4.5~5 mm；第二外稃钝头……………………………… 1. 野黍 E. villosa
1. 总状花序无毛；小穗孪生或3枚簇生，长约3 mm；第二外稃具长约0.5 mm的小尖头 ………………… 2. 高野黍 E. procera

1. 野黍 （《救荒本草》）

Eriochloa villosa（Thunb.）Kunth

Paspalum villosum Thunb.

一年生草本。秆直立，高30~100 cm，基部分枝，稍倾斜。叶扁平，长5~25 cm，宽5~15 mm，表面具微毛，背面光滑，边缘粗糙；叶舌具长约1 mm纤毛；叶鞘无毛或鞘缘一侧被毛，松弛抱茎，节具髭毛。圆锥花序狭长，长7~15 cm，由4~8枚总状花序组成；总状花序长1.5~4 cm，密被柔毛，排列于主轴的一侧；小穗卵状椭圆形，长4.5~5 mm；基盘长约0.6 mm；小穗柄极短，密生长柔毛；第一颖微小，短于或长于基盘；第二颖与第一外稃均膜质，等长于小穗，均被细毛，前者具5~7脉，后者具5脉；第二外稃革质，稍短于小穗，顶端钝，具细点状皱纹；浆片2枚，折叠，长约0.8 mm，具7脉；雄蕊3枚；柱头分离。颖果卵圆形，长约3 mm。花、果期：7~10月。

产地：乳源。生于山坡、潮湿地。

分布：东北、华北、华东、华中、西南、华南等省区。日本、印度。

用途：饲料；食用。

2. 高野黍 （《华南经济禾草》） （图219）

Eriochloa procera（Retz.）C. E. Hubb.

Agrostis procera Retz.

一年生草本。秆丛生，高30~150 cm，直立，具分枝，节被微毛。叶线形，长10~20 cm，宽2~8 mm，无毛，干时常卷折；叶舌为一圈长0.6~0.8 mm的白色纤毛；叶鞘具脊，无毛。圆锥花序长10~20 cm，由数枚总状花序组成；总状花序长3~7 cm，直立或斜举，无毛；小穗长圆状披针形，长约3 mm，孪生或数个簇生，在上部稀可单生，基盘长约0.3 mm，带紫色；第一颖微小；第二颖与第一外稃等长而同质，均贴生白色丝状毛，第一内稃缺；第二外稃灰白色，具微波状细点，长约2 mm，顶端具长约0.5 mm的小尖头。抽穗：秋季。

产地：惠东、深圳、广州及海南东方、万宁。生于荒地。

分布：台湾。菲律宾、印度、澳大利亚。

用途：秆叶为较好的牧草。

图219 高野黍 Eriochloa procera（Retz.）C. E. Hubb.
1. 植株；2. 小穗背面；3. 小穗腹面；4. 颖果腹面。
（余汉平抄绘）

68. 地 毯 草 属 **Axonopus** P. Beauv.

多年生草本，稀为一年生草本。秆丛生或匍匐。叶扁平或内卷，顶端钝圆或略尖。穗形总状花序细弱，2至数枚成指状或总状式排列于花序轴上；小穗长圆形，背部压扁，单生，近无柄，互生或成2行排列于三棱形的穗轴的一侧，有1~2朵小花；第一颖缺，第二颖与第一外稃近等长，第一内稃缺如；第二小花两性，外稃坚硬，背部在远轴的一方，钝头，边缘内卷，包着同质的内稃；浆片2枚，折叠，薄纸质，具3～5脉；雄蕊3枚；花柱自基部分离。种脐点状。

本属约40种，分布于热带美洲。我国有2种；广东及海南均有。

1. 叶宽6～12 mm；节密生灰白色柔毛；小穗长2.2～2.5 mm；柱头白色 ………… 1. 地毯草 A. compressus

1. 叶宽3～5 mm；节无毛；小穗长约2 mm；柱头紫色 ………… 2. 类地毯草 A. fissifolius

1. 地毯草　（《华南经济禾草》）　（图220）

Axonopus compressus（Sw.）P. Beauv.

Milium compressum Sw.

Paspalum compressum（Sw.）Raspail

多年生草本；具长匍匐枝。秆压扁，高8～60 cm，节密生灰白色柔毛。叶薄，扁平，长5～10 cm，宽6～12 mm，两面无毛或上面被柔毛，近基部边缘疏生纤毛；叶鞘松弛，基部互相跨覆，压扁，具脊，边缘较薄，近鞘口处常疏生毛；叶舌长约0.5 mm。总状花序2～5枚，长4～8 cm，最长2枚成对而生，成指状排列在主轴上；小穗长圆状披针形，长2.2～2.5 mm，疏被柔毛，单生；第一颖缺；第二颖与第一外稃等长或第二颖稍短；第一内稃缺；第二外稃革质，短于小穗，具细点状横皱纹，顶端钝而疏生细毛，边稍厚，包着同质内稃；浆片2枚，折叠，具细脉纹；花柱自基部分离，柱头羽状，白色。

产地：深圳、广州、高要、阳春、茂名及海南三亚、东方、琼海、海口等地。生于荒野、路边、潮湿地。

分布：香港、台湾、广西、云南等省区。原产热带美洲，热带和亚热带地区有引种栽培。

用途：铺建草坪；保土植物；优质牧草。

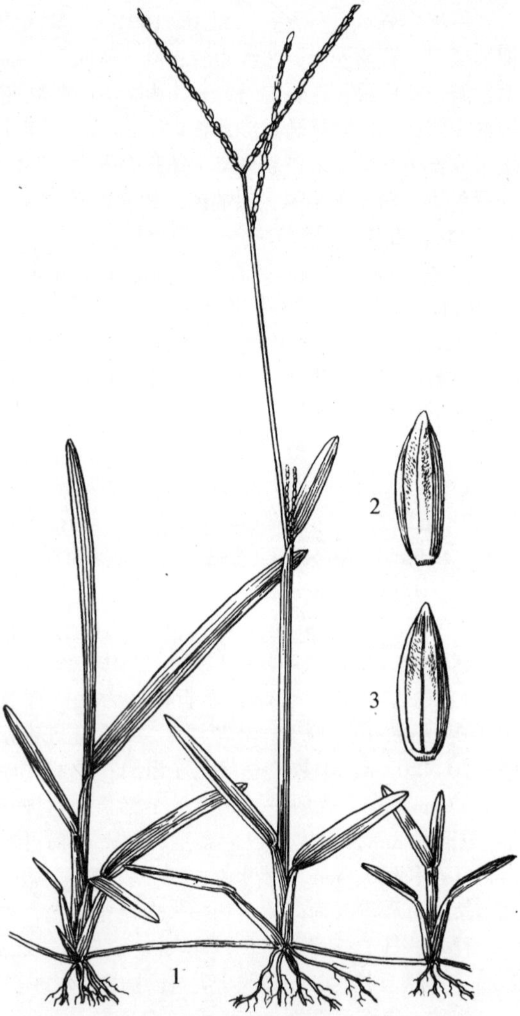

图220　地毯草　Axonopus compressus（Sw.）P. Beauv.
1. 植株；2. 小穗背面；3. 小穗腹面。（余汉平抄绘）

2. 类地毯草　（《台湾植物志》）

Axonopus fissifolius（Raddi）Kuhlm.

Paspalum fissifolium Raddi

A. affinis Chase

A. compressus var. *affinis*（Chase）M. R. Hend.

多年生草本，具匍匐枝。秆扁平，高15～50 cm，节无毛。叶线状长圆形，顶端钝，长10～18 cm，宽3～5 mm；叶舌具细缘毛；叶鞘扁平。总状花序2～4枚，长3～8 cm；小穗卵状披针形，长约2 mm，顶端钝，边缘具丝状毛，第一颖缺；第二颖与小穗等长，边具丝状毛，具4脉；第一外稃等长于第二颖，边缘具丝状毛，具2脉；第二小花两性，外稃革质，短于小穗，顶端钝；柱头紫色。颖果椭圆状长圆形，扁平。

产地：深圳、广州。生于荒野、路边、潮湿地。

分布：香港、台湾等省区。原产热带美洲。

用途：牧草。

69. 雀稗属 **Paspalum** Linn.

多年生或一年生草本，具匍匐茎或根状茎。秆丛生，直立。叶线形或狭披针形，扁平或卷折；叶舌短，膜质。穗形总状花序2至多枚成指状或总状排列于秆顶或主轴上；穗轴扁平，具狭窄或较宽的翼；小穗有1朵成熟小花，几无柄或具短柄，单生或孪生，2～4行互生于穗轴的一侧，背腹压扁，椭圆形或近圆形；第一颖缺，稀存在；第二颖与第一外稃相似，膜质或厚纸质，具3～7脉，等长于小穗，有时第二颖较短或不存在，第一小花中性，内稃缺；第二外稃背部隆起，背面在近轴的一方，成熟后变硬，近革质，顶端钝圆，有光泽，边缘狭窄，内卷，内稃背部外露甚多；浆片2枚；柱头帚状，自顶端伸出；胚大，长为颖果的1/2；种脐点状。

本属约有330种，分布于全世界的热带与亚热带，热带美洲最多。我国有16种（含引种栽培的）；广东及海南有9种，2变种。

1. 第二颖背面被短柔毛或边缘有长丝状柔毛。
  2. 植株具长匍匐茎或根状茎；总状花序2枚，对生。
    3. 小穗长1.5～1.8 mm，近圆形；总状花序长6～12 cm；穗轴细软 ……1. 两耳草 P. conjugatum
    3. 小穗长3～3.5 mm，椭圆形；总状花序长3～5 cm；穗轴硬直 ……2. 双穗雀稗 P. distichum
  2. 植株大多不具根状茎；总状花序3至多枚，互生于伸长的主轴上。
    3. 小穗长3～4 mm；第二小花长为小穗的2/3 ……3. 毛花雀稗 P. dilatatum
    3. 小穗长2～3 mm；第二小花等长于小穗 ……4. 丝毛雀稗 P. urvillei
1. 第二颖背面或边缘无毛，有时被微毛，但非丝状柔毛。
  2. 小穗椭圆形至狭卵形，长3～3.5 mm，顶端尖，第二颖不具中脉……5. 海雀稗 P. vaginatum
  2. 小穗近圆形，长2～3 mm，顶端钝圆，第二颖有明显的中脉。
    3. 小穗被微毛或小穗柄具长柔毛。
      4. 第二颖与第一外稃具5脉；小穗无毛，小穗柄具长柔毛……6. 台湾雀稗 P. hirsutum
      4. 第二颖与第一外稃具3脉；小穗被微毛，小穗柄无毛。
        5. 小穗长约2 mm，在穗轴上排成4行 ……7. 长叶雀稗 P. longifolium
        5. 小穗长约3 mm，在穗轴上排成2行 ……8. 雀稗 P. thunbergii
    3. 小穗与小穗柄均无毛。
      4. 小穗成对或至少分枝中部的小穗成对；第一外稃3～5脉，上面的外稃黄棕色 ……9a. 圆果雀稗 var. orbiculare
      4. 小穗单生；第一外稃5～9脉，上面的外稃暗褐色。
        5. 叶光滑，披针形或线状披针形，长10～20 cm；小穗长2.5～3 mm ……9. 鸭乸草 P. scrobiculatum
        5. 叶大多被柔毛，线形，长5～15 cm；小穗长2～2.5 mm ……9b. 南雀稗 var. bispicatum

1. 两耳草 （《广州常见经济植物》）

Paspalum conjugatum Berg

P. ciliatifolium Trin.

P. hirsutum Poir.

多年生草本；匍匐茎长达1 m。秆直立部分高30～60 cm。叶质薄，披针状线形，长5～20 cm，宽5～10 mm，无毛或边缘有具疣柔毛；叶舌极短，与叶交接处具长约1 mm的一圈纤毛；叶鞘具脊，无毛或上部边缘及鞘口具柔毛。总状花序2枚，纤细，长6～12 cm，开展；穗轴宽约0.8 mm，边缘有锯齿；小穗柄长约0.5 mm；小穗卵形，长1.5～1.8 mm，宽约1.2 mm，顶端稍尖，覆瓦状排列成2行；第二颖与第一外稃质较薄，无脉，第二颖边具长丝状柔毛，毛长与小穗近相等。第二外稃变硬，背面略隆起，卵形，包卷同质的内稃。颖果长约1.2 mm，胚长为颖果的1/3。花、果期：5～9月。

产地：深圳、广州、高要及海南各地。生于田野、林缘、潮湿地。

分布：福建、广西、香港、台湾、云南等省区。全世界热带及亚热带地区。

用途：饲料。

2. 双穗雀稗 （《华南经济禾草》）

Paspalum distichum Linn.

Digitaria paspalodes Michx.

P. paspalodes（Michx.）Scribn.

多年生草本；匍匐茎粗壮，长达1 m。秆直立部分高20～40 cm，节被柔毛。叶披针形，长5～15 cm，宽3～7 mm，无毛；叶舌长2～3 mm，无毛；叶鞘短于节间，背部具脊，边缘或上部被柔毛。总状花序2枚对生，长3～5 cm；穗轴宽1.5～2 mm；小穗倒卵状椭圆形，长3～3.5 mm，顶端尖，疏生微柔毛；第一颖退化或短小；第二颖疏被贴生短柔毛，具明显的中脉；第一外稃具3～5脉，无毛，顶端尖；第二外稃草质，黄绿色，等长于小穗，顶端尖，被毛。花、果期：5～9月。

产地：海丰、深圳、珠海、广州、台山、高要、罗定、电白、廉江、徐闻及海南琼山、琼海。生于田边、路边。

分布：安徽、福建、贵州、广西、河南、河北、湖南、江苏、山东、浙江、云南、四川、香港、台湾等省区。全世界热带至暖温带地区。

用途：优良牧草。

3. 毛花雀稗 （《禾本科检索表》）

Paspalum dilatatum Poir.

Digitaria dilatata（Poir.）H. J. Coste.

多年生草本；根状茎短。秆丛生，直立，粗壮，高50～150 cm，直径约5 mm。叶线形，长10～40 cm，宽5～10 mm，中脉明显，无毛。总状花序长5～8 cm，4～10枚着生于长4～10 cm的主轴上，形成大型圆锥花序，分枝腋间具长柔毛；小穗柄微粗糙，长0.2或0.5 mm；小穗卵形，长3～4 mm，宽约2.5 mm；第二小花长为小穗的2/3；第二颖等长于小穗，具5脉，背面散生短柔毛至无毛，边缘具流苏状白色长毛；第一外稃相似于第二颖，但边缘不具纤毛。花、果期：5～7月。

产地：广州、珠江口岛屿有逸生。生于路边。

分布：浙江、台湾、福建、广西、云南、湖北等省区。全球热带和温暖地区，原产南美洲。

用途：优良牧草。

4. 丝毛雀稗 （《中国植物志》）

Paspalum urvillei Steud.

多年生草本；根状茎短。秆丛生，高50～150 cm。叶线形，长15～30 cm，宽5～15 mm，无毛或基部被毛；叶舌长3～5 mm；叶鞘密生糙毛，鞘口具长柔毛。总状花序10～20枚，长8～15 cm，组成长20～40 cm的大型圆锥花序；小穗卵形，稍带紫色，长2～3 mm，顶端尖；第二颖与第一外稃等长、同型，边缘密生白色长毛，具3脉，侧脉位于边缘；第二外稃椭圆形，革质，平滑。花、果期：5～10月。

产地：广州有逸生。生于村旁、路边、荒地。

分布：福建、香港、台湾等省区。原产巴西，世界温暖地区已归化。

5. 海雀稗 （《台湾的禾草》）

Paspalum vaginatum Sw.

P. foliosum Kunth

多年生草本；具根状茎或长匍匐茎，节间长约4 cm，节上抽出直立的秆，秆高10～50 cm。叶线形，长5～10 cm，宽2～5 mm，顶端渐尖，内卷；叶舌长约1 mm；叶鞘长约3 cm，具脊，大多长于节间，并在基部排成覆瓦状，鞘口具长柔毛。总状花序大多2枚，对生，有时1或3枚，直立，后开展或反折，长

2～5 cm；穗轴宽约1.5 mm，平滑无毛；小穗椭圆形至狭卵形，长3～3.5 mm，顶端尖；第二颖膜质，不具中脉，近缘边有2侧脉；第一外稃具5脉，中脉存在；第二外稃软骨质，较短于小穗，顶端有白色短毛；花药长约1.2 mm。花、果期：6～9月。

产地：珠江口岛屿。生于海滨、沙地。

分布：台湾、香港、云南等省区。全世界热带、亚热带地区。

6. 台湾雀稗 （《台湾的禾草》）

Paspalum hirsutum Retz.

P. formosanum Honda

多年生草本。秆丛生，高20～40 cm，节与花序下部被长硬毛。叶披针形，长5～10 cm，宽3～5 mm，顶端渐尖，两面被长硬毛；叶舌长约2 mm；叶鞘压扁，短于节间，被长硬毛。总状花序2～4枚，长2～3 cm；小穗柄被长硬毛；小穗椭圆形，长约2 mm，成2行排列于具翼穗轴的一侧；第二颖具5脉，第一外稃具5～7脉，顶端稍尖，均等长于小穗；第二外稃软骨质，边缘狭窄，内卷。花、果期：5～10月。

产地：广州、深圳等地。生于丘陵、草地。

分布：台湾、广西等省区。亚洲热带地区。

7. 长叶雀稗 （《华南经济禾草》）

Paspalum longifolium Roxb.

多年生草本。秆丛生，直立，高80～120 cm，粗壮，多节。叶线形，长10～20 cm，宽5～10 mm，无毛；叶舌长1～2 mm；叶鞘较节间长，背部具脊，边缘生疣基长柔毛。总状花序长5～8 cm，6～20枚着生于伸长的主轴上；穗轴宽1.5～2 mm，边缘微粗糙；小穗孪生，成4行排列于穗轴一侧，宽倒卵形，长2～2.5 mm，微粗糙，第二颖与第一外稃被卷曲的细毛，具3脉，顶端稍尖；第二外稃黄绿色，后变硬；花药长1 mm。花、果期：7～10月。

产地：始兴、南雄、连山、阳山、连平、深圳、惠东、广州、高要、封开、怀集、阳春及海南琼中。生于山坡、田边。

分布：台湾、云南、广西等省区。日本、印度、马来西亚至大洋洲。

8. 雀稗 （日名） （图221）

Paspalum thunbergii Kunth ex Steud.

多年生草本。秆直立，丛生，高50～100 cm，节被长柔毛。叶线形，长10～25 cm，宽5～8 mm，两面被柔毛；叶舌膜质，长0.5～1.5 mm；叶鞘具脊，长于节间，被柔毛。总状花序3～6枚，长5～10 cm，互生于长3～8 cm的主轴上，形成总状圆锥花序，分枝腋间具长柔毛；穗轴宽约1 mm；小穗柄长0.5～1 mm；小穗椭圆状倒卵形，长2.6～2.8 mm，宽约2.2 mm，散生微柔毛，顶端圆或微凸；第二颖膜质，与第一外稃相等，具3脉，边有明显短柔毛；第二外稃革质，等长于小穗，具光泽。花、果期：5～10月。

产地：广东及海南各地。生于荒野、潮湿地。

分布：江苏、浙江、台湾、福建、江西、湖北、四川、贵州、云南、广西等省区。日本、朝鲜。

图221 雀稗 Paspalum thunbergii Kunth ex Steud.
1. 植株；2. 小穗背面；3. 小穗腹面；4. 第二小花腹面。
（陈夏玲抄绘）

9. 鸭乸草　（《华南经济禾草》）

Paspalum scrobiculatum Linn.

P. kora Willd.

多年生或一年生草本。秆粗壮，直立或基部斜卧地面，高30 ~ 90（~150）cm。叶披针形或线状披针形，长10 ~ 20 cm，宽4 ~ 12 mm，顶端渐尖，基部近圆形，光滑无毛，边缘微粗糙；叶舌长0.5 ~ 1 mm；叶鞘大多无毛，长于节间或上部的短于节间，压扁成脊。总状花序2 ~ 5（~8）枚，长3 ~ 10 cm，着生于长2 ~ 6 cm的主轴上，直立或开展；穗轴宽1.5 ~ 2.5 mm，边缘粗糙；小穗圆形至宽椭圆形，长2.5 ~ 3 mm；第一颖不存在；第二颖具5脉；第一外稃膜质或有时变硬，具5 ~ 9脉，边缘有横皱纹；第二外稃革质，暗褐色，等长于小穗。花、果期：5 ~ 9月。

产地：仁化、连州、南澳、陆丰、河源、惠东、博罗、广州、高要、阳春、茂名、徐闻。生于路边、草地、潮湿地。

分布：台湾、云南、广西等省区。世界热带及亚热带地区。

用途：饲料；谷物。

9a. 圆果雀稗　（《广州常见经济植物》）

var. **orbiculare**（G. Forst.）Hackel

P. orbiculare G. Forst.

本变种与原种的区别在于：小穗成对或至少分支中部的小穗成对，长2 ~ 2.2 mm；第一外稃3 ~ 5脉，上面的外稃黄棕色。

产地：始兴、英德、惠来、深圳、珠海、河源、龙门、广州、高要、封开、罗定、郁南、阳春、化州、高州、茂名、徐闻及海南临高、定安、琼海、万宁、东方。生于荒坡、草地、路边、田间。

分布：江苏、浙江、台湾、福建、江西、湖北、四川、贵州、云南、广西。亚洲东南部至大洋洲。

9b. 南雀稗　（《中国植物志》）

var. **bispicatum** Hackel

P. commersonii Lam.

本变种与原种的区别在于：叶片长5 ~ 15 cm，线形，通常被柔毛；小穗长2 ~ 2.5 mm。

产地：广州、高要、阳春等地。生于丘陵、山坡、草地。

分布：云南、四川、江苏、浙江、福建、台湾、广西等省区。东半球热带及亚热带。

70. 膜稃草属　Hymenachne P. Beauv.

多年生湿生草本，具长匍匐茎；植株中等大或较高大。叶线形。圆锥花序顶生，紧缩成穗状或较疏散。小穗披针形，背腹压扁，簇生于穗轴的一侧，具极短的柄，有2朵小花，第一小花雄性或中性，第二小花两性；第一颖微小；第二颖与第一外稃草质，近相等，具5脉，顶端尖或渐尖成锥状至短芒状；第二外稃膜质或薄纸质，平滑，顶端尖或渐尖，边缘质薄，稍内卷或扁平，覆盖同质的内稃；雄蕊3枚。

本属10余种，分布于热带地区。我国有3种；广东及海南有2种。

1. 叶宽线形，长30 ~ 40 cm，宽约2 cm；小穗长4.5 ~ 6 mm ······ 1. 膜稃草 H. amplexicaulis
1. 叶线状披针形，长10 ~ 20 cm，宽6 ~ 12 mm；小穗长2 ~ 3 mm ······ 2. 弊草 H. assamica

1. 膜稃草　（《华南经济禾草》）

Hymenachne amplexicaulis（Rudge）Nees

Panicum amplexicaulis Rudge

P. acutigluma Steud.

H. acutigluma (Steud.) Gilliland

多年生草本。秆高大粗壮，多节，下部常匍匐地面，节上轮生多数须根，直立部分高达1 m，直径6～10 mm，具海绵质髓部，无毛。叶扁平，质较厚，宽线形，长30～40 cm，宽约2 cm，顶端长渐尖，基部近圆形，无毛或上面及边缘散生疣基柔毛；叶舌膜质，长1～2 mm；叶鞘长8～12 cm，稍短于节间，鞘口褐色，具短毛。圆锥花序紧缩成穗状，长20～40 cm，宽1～2 cm；分枝长1.5～2 cm，穗轴有翼，粗糙，一侧簇生小穗；小穗粗糙，狭披针形，长4.5～6 mm，宽约1 mm；第一颖膜质，长约1.2 mm，中脉粗糙；第二颖与第一外稃草质，披针形，长3～4 mm，顶端具长0.5～2 mm的短芒；脉上具刺状糙毛；第二外稃膜质，长约3 mm，顶端渐尖，微粗糙；内稃顶端有2尖头。颖果长约1.5 mm，顶端圆形。花、果期：夏季至秋季。

产地：广州、珠江口岛屿及海南定安、儋州、三亚。生于河边、沼泽、浅水处。

分布：云南。印度、缅甸、泰国、印度尼西亚（爪哇）和马来西亚等地区。

用途：饲料。

2. 弊草 （《华南经济禾草》） （图222）

Hymenachne assamica (J. D. Hook.) Hitchc.

Panicum assamicum Hook. f.

多年生草本。秆基部偃卧地面，节处生根，直立部分高50～70 cm，直径约5 mm，无毛，多节，有分枝。叶质较厚，线状披针形，长10～20 cm，宽6～12 mm，基部圆形，顶端长渐尖，下面或边疏生疣基柔毛；叶舌短，长约0.5 mm；叶鞘短于节间，一侧边缘密生疣基柔毛，节部稍膨大，褐色。圆锥花序紧密成穗状，长10～15 cm，宽约1 cm；分枝长1～2 cm，密生小穗，紧贴主轴；小穗柄微粗糙，长0.2～0.8 mm；小穗长圆状披针形，长3 mm，宽约1 mm；第一颖膜质，广卵形，长为小穗的1/3，具1或3脉；第二颖与第一外稃草质，具5脉，较平滑；第一外稃较第二颖长，顶端具小尖头，等长于小穗；第二外稃质薄，长约2.5 mm，顶端尖。花、果期：7～10月。

产地：海南三亚、东方。生于小溪旁。

分布：广西、云南等省区。印度、泰国。

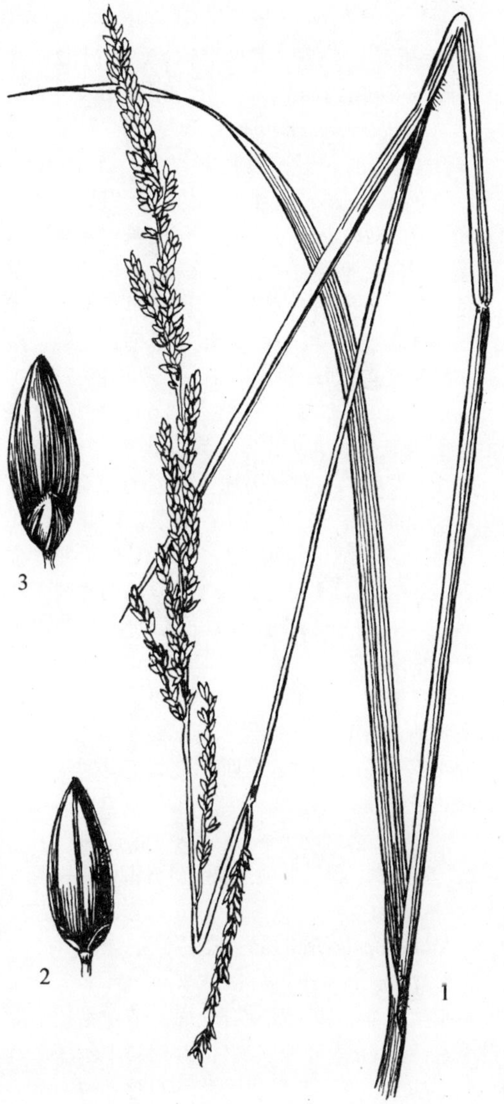

图222 弊草 Hymenachne assamica (J. D. Hook.) Hitchc.
1. 植株一部分；2. 小穗腹面；3. 小穗背面。（陈夏玲抄绘）

71. 毛 颖 草 属 **Alloteropsis** J. Presl

多年生或一年生草本。秆丛生，直立或横卧地面。叶扁平或席卷。总状花序数枚，近指状排列于秆顶；小穗椭圆形，有2朵小花，背腹压扁，具不等长的柄，孪生或数枚簇生于三棱形穗轴的一侧；第一颖短，膜质，具3脉；第二颖等长于小穗，草质，具5脉，边缘密生纤毛，第一小花雄性，外稃与第二颖同质或稍厚，边无毛；第二小花两性，外稃软骨质，光滑，顶端延伸成短芒，边缘质薄但不透明，包卷同质的内稃。颖果椭圆形，种脐点状。

本属10余种，分布于东半球热带地区。我国有2种，1变种；广东及海南有2种。

1. 多年生草本；叶线形，宽2～8 mm，基部狭窄；穗轴被柔毛 ………………………………… 1. 毛颖草 A. semialata
1. 一年生草本；叶线状披针形，宽约1 cm，基部心形抱茎；穗轴无毛 ……………………………2. 臭虫草 A. cimicina

1. 毛颖草 （《种子植物名称》） （图223）

Alloteropsis semialata（R. Br.）Hitchc.

Panicum semialatum R. Br.

多年生直立草本；具短根状茎。秆丛生，高30～70 cm，节密生毛。叶质硬，线形，长20～30 cm，宽2～8 mm，内卷，上面被疣基柔毛，下面无毛；叶舌厚膜质，长约1 mm；叶鞘质厚，密生白色柔毛，上部无毛或边缘与鞘口具柔毛。总状花序3～4枚，长4～12 cm，近指状排列；穗轴被柔毛；小穗卵状椭圆形，长5～6 mm；小穗柄长（1）2～3 mm；第一颖卵圆形，长2～3 mm，具3脉于顶端汇合，顶端具短尖头；第二颖与小穗等长，具5脉，边缘具宽约1 mm的翼及密生开展的纤毛，顶端具长2～3 mm的短芒；第一外稃与第二颖等长，无翼或上部边缘生细毛，雄蕊3枚；第二外稃卵状披针形，长约4 mm，平滑，具长2～3 mm的短芒；花药橙黄色，长约3 mm；柱头自顶端伸出。颖果平滑。花、果期：2～8月。

产地：博罗、广州、深圳、高要、阳江、阳春及海南各地。生于旷野、丘陵、荒坡。

分布：台湾、福建、广西、云南等省区。热带非洲和热带亚洲。

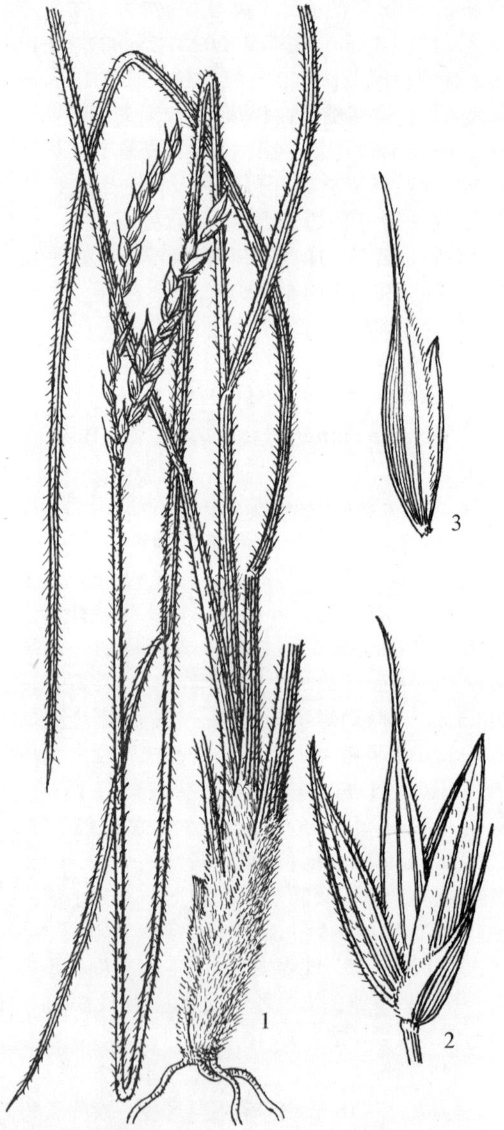

图223 毛颖草 Alloteropsis semialata（R. Br.）Hitchc.
1. 植株；2. 小穗；3. 第二小花。（余汉平抄绘）

2. 臭虫草 （《中国主要植物图说——禾本科》）

Alloteropsis cimicina（Linn.）Stapf

Milium cimicinum Linn.

一年生草本。秆下部横卧地面，节处生根，直立部分高约60 cm。叶线状披针形，长3～8 cm，宽约1 cm，基部心形抱茎，边缘及下面脉上被刚毛；叶舌长约1 mm，具纤毛；叶鞘生疣基柔毛。总状花序4～6枚，长10～15 cm，指状排列，直立，较纤细，下部裸露；穗轴无毛。小穗长约3.5 mm，孪生或单生；第一颖卵状被针形，长约2 mm，顶端渐尖，具3脉；第二颖与小穗等长，薄纸质，顶端尖，具5脉，边缘具长约1 mm的硬纤毛；第一外稃与第二颖相似，但质较厚且无毛；内稃小，2深裂，雄蕊3枚；第二外稃卵状椭圆形，长约2.5 mm，有小疣状突起，顶端具长2～3 mm的短芒；花药紫色，长约1 mm。花期：9月。

产地：深圳、珠江口岛屿及海南儋州。生于疏林下。

分布：热带非洲，印度、缅甸、越南至大洋洲。

72. 马 唐 属 **Digitaria** Hall.

多年生或一年生草本。秆直立或基部横卧地面，节上生根。叶线状披针形至线形，质大多柔软，扁平。总状花序较纤细，2至多枚成指状排列于茎顶或着生于短缩的主轴上；小穗有一两性小花，背腹压扁，椭圆形至披针形，顶端尖，2或3～4枚着生于穗轴的各节，互生或成4行排列于穗轴的一侧；穗轴扁平具翼或三棱状线形；小穗柄长短不等，下方一枚小穗近无柄，第一颖短小或缺；第二颖披针形，较短于小穗，被柔毛；第一外稃与小穗等长或稍短，有3～9脉，脉间距离近相等或不等，被柔毛或多种毛被；第二外稃软骨质，顶端尖，背部隆起，贴向穗轴，边膜质透明，覆盖同质的内稃而不内卷，苍白色、紫色或黑褐色，有光泽，具颗粒状微细突起；雄蕊3枚；柱头2；浆片2。颖果长圆状椭圆形，胚约占颖果的1/3；种脐点状。

本属300余种，分布于全世界热带地区。我国有24种；广东及海南有13种，1变种。

1. 小穗3枚簇生，卵圆形，长1.2～2.2（～3）mm，为宽的1～2倍。
  2. 小穗被柔毛，毛顶端不膨大。
    3. 小穗长1.3～1.8 cm；第二颖具3脉。
      4. 多年生草本；植株具长匍匐茎；总状花序2～3枚；小穗长1.3～1.4 mm ………………… 1. 长花马唐 D. longiflora
      4. 一年生草本；植株无长匍匐茎；总状花序4～8枚；小穗长1.5～1.8 mm ………………… 2. 紫马唐 D. violascens
    3. 小穗长2～2.2 mm；第二颖具5脉 ……………………………………………… 3. 宿根马唐 D. thwaitesii
  2. 小穗被棒状毛或无毛，毛顶端膨大。
    3. 秆基密聚撕裂成纤维状的叶鞘；小穗长约3 mm ……………………………… 4. 纤维马唐 D. fibrosa
    3. 秆基不具纤维状的叶鞘；小穗长不逾2.2 mm。
      4. 穗轴三棱形，宽约0.5 mm；小穗柄比小穗长 ……………………………… 5. 粒状马唐 D. abludens
      4. 穗轴扁平，宽约1 mm；小穗柄比小穗短 ……………………………… 6. 止血马唐 D. ischaemum
1. 小穗孪生，披针形，长（2.5～）3～4 mm，为宽的3～4倍。
  2. 孪生小穗异型，短柄小穗无毛，长柄小穗具丝状柔毛 ……………………………… 7. 二型马唐 D. heterantha
  2. 孪生小穗同型。
    3. 第一颖不存在；第二颖短小，长不超过小穗1/4 ……………………………… 8. 海南马唐 D. setigera
    3. 第一颖微小；第二颖长为小穗的1/3～2/3。
      4. 第一颖的侧脉上部粗糙 ……………………………………………… 9. 马唐 D. sanguinalis
      4. 第一颖的脉平滑。
        5. 第二外稃顶端具小尖头，露出第一外稃外 ……………………………… 10. 十字马唐 D. cruciata
        5. 第二外稃顶端藏于第一外稃内而不外露。
          6. 小穗长2.5 mm；第一外稃具近等距的7脉 ……………………………… 11. 亨利马唐 D. henryi
          6. 小穗长3～3.5 mm；第一外稃中脉两侧的脉距最宽 ……………………………… 12. 红尾翎 D. radicosa
            7. 第一外稃边缘具柔毛 ……………………………………………… 13. 升马唐 D. ciliaris
            7. 第一外稃边缘与侧脉间具柔毛与疣基长刚毛，两种毛被于成熟后广展 …… 13a. 毛马唐 var. chrysoblephara

1. 长花马唐 （《华南经济禾草》）

Digitaria longiflora（Retz.）Pers.

Paspalum longiflorum Retz.

Panicum longiflorum（Retz.）J. F. Gmel.

多年生草本；匍匐茎长，节间长1～2 cm，节处生根及分枝。秆高10～40 cm，纤细，无毛。叶线形至披针形，长2～5 cm，宽2～4 mm，无毛或基部被疣柔毛；叶舌膜质，长1～1.5 mm；叶鞘具柔毛或无，短于节间。总状花序2～3枚，长3～5 cm，直立或开展；穗轴边具翼，宽0.5～0.8 mm；小穗椭圆形，长1.3～1.4 mm，宽约0.7 mm，顶端渐尖；第一颖缺；第二颖与小穗近等长，具3脉，背部及边缘密生短柔毛；第一外稃等长于小穗，具7脉，除中脉两侧脉间无毛外，侧脉间及边缘被柔毛，毛壁具疣状突起；第二外稃顶端渐尖或外露，黄褐色或褐色。花、果期：4～10月。

产地：乐昌、英德、深圳、广州、高要、阳春、高州、茂名、遂溪、徐闻及海南澄迈、琼中、东方、万宁等地。生于田边、草地。

分布：湖南、香港、江西、福建、台湾、广西、云南、贵州、四川等省区。东半球热带和亚热带。

2. 紫马唐 （《种子植物名称》）

Digitaria violascens Link

Panicum violascens (Link) Kunth

Syntherisma chinensis (Nees) Hitchc.

D. chinensis (Nees) A. Camus (1923), not Hornemann (1819)

D. pertenuis Büse

D. pertenuis var. *glabra* Ohwi

一年生直立草本。秆丛生，高20～60 cm，基部倾斜，具分枝，无毛。叶质较软，扁平，线状披针形，长5～15 cm，宽2～6 mm，粗糙，基部圆形，无毛或上面基部及鞘口被长柔毛；叶舌长1～2 mm；叶鞘短于节间，无毛或被柔毛。总状花序长5～10 cm，4～8枚成指状排列于茎顶或散生于长2～4 cm的主轴上；穗轴宽0.5～0.8 mm，边微粗糙；小穗椭圆形，长1.5～1.8 mm，宽0.8～1 mm，2～3枚生于各节；小穗柄稍粗糙；第一颖缺；第二颖稍短于小穗，具3脉，脉间及边缘生短柔毛；第一外稃与小穗等长，有5～7脉，脉间及边缘被柔毛；毛壁有小疣突，中脉两侧无毛或毛较少，第二外稃与小穗近等长，中部宽约0.7 mm，顶端尖，有纵列粗糙颗粒，紫褐色，革质，有光泽；花药长约0.5 mm。花、果期：7～11月。

产地：乐昌、乳源、翁源、连平、深圳、河源、博罗、广州、云浮、阳春、信宜、化州、茂名、遂溪及海南澄迈、儋州、昌江、琼中、万宁等地。生于山坡、草地、路边、荒野。

分布：陕西、山西、河北、河南、山东、江苏、安徽、浙江、台湾、福建、江西、湖北、湖南、香港、广西、云南、贵州、四川、新疆等省区。美洲及亚洲热带地区。

3. 宿根马唐 （《中国植物志》）

Digitaria thwaitesii (Hack.) Henr.

Panicum thwaitesii Hack.

多年生草本，具粗短根状茎。秆直立，高60～80 cm，基部节间密集。叶质较厚，长约15 cm，宽3～6 mm，粗糙；叶舌长1～2 mm，截平；叶鞘具中脊，脊向上延伸为叶中脉，下部有毛或无。总状花序2～3枚，长7～10 cm，互生于长约2 cm的主轴上；腋间具柔毛，花序以下散被柔毛；穗轴三棱形，具翼，边缘微粗糙；小穗3枚簇生，椭圆形，长2～2.2 mm，密被柔毛，长柄顶端盘状，长约3 mm；第一颖有时存在，微小，薄膜质，第二颖具5脉，等长于小穗，脉间及边缘具柔毛，毛壁有疣突；第一外稃具等距的7脉，脉间及边缘具较长的柔毛，有时中脉两侧毛较少；第二外稃栗褐色，椭圆形，有尖头，具纵列细粒状突起。花、果期：6～10月。

产地：廉江、湛江、徐闻、雷州及海南万宁。生于草地。

分布：福建。印度、斯里兰卡至中南半岛。

4. 纤维马唐 （《中国主要植物图说——禾本科》）

Digitaria fibrosa (Hack.) Stapf

Panicum fibrosum Hack.

多年生草本。秆直立，丛生，高30～50 cm，较细，具2节，无毛，基部被撕裂成纤维状的枯鞘紧密包裹。叶扁平或卷折，质较硬，线形，长3～10 cm，宽1～1.5 mm，顶端渐尖，被柔毛或无毛，顶生叶短小；叶舌膜质，截平，长约0.5 mm；叶鞘下部及鞘口有柔毛。总状花序2～3枚，长4～8 cm，直立，单生于长达3 cm的主轴上；穗轴三棱形，无翼，稍曲折，平滑无毛；小穗长圆状披针形，长约3 mm，2～3枚着生于各节，或穗轴上部的单生，被棕褐色柔毛；小穗柄长短不一，长的达6 mm，三棱形，边缘粗糙，顶端略膨大成圆盘状；第一颖小，顶端钝圆；第二颖短于小穗的1/5，具明显3脉，脉间及边缘被淡棕色柔毛；第一外稃等长于小穗，有等距的7脉，除中脉两侧的脉间无毛外，脉间及边缘被淡棕色柔毛，边脉较长，顶端渐尖；第二外稃暗褐色，长2.7～3 mm，稍短或等长于小穗，有细纵条。花、果期：5～8月。

产地：乐昌、广州、珠江口岛屿。生于山坡、草地。

分布：福建、香港、广西、云南、四川等省区。缅甸、泰国。

5. 粒状马唐 （《海南植物志》）

Digitaria abludens（Roem. & Schult.）Veldkamp

Panicum abludens Roem. & Schult.

D. granularis（Trin. ex Sprengel）Henr.

一年生草本。秆直立，高30～60 cm，单一或下部分枝，有时基部倾卧地面。叶披针形至线形，长2～15 cm，宽2～4 mm，顶端渐尖，微粗糙，两面或上面有疣基长柔毛；叶舌长1～1.5 mm；叶鞘生疣基糙毛或无。总状花序长3～8 cm，2～4枚互生于较长主轴上，腋间生短髯毛或柔毛，穗轴三棱形，具翼，宽约0.5 mm，直立或斜升，边缘粗糙；小穗柄细，长1或2～3 mm不等，顶端膨大成浅盘状；小穗椭圆形至卵形，长1.3～1.6 mm，宽约0.7 mm；第一颖缺；第二颖长为小穗的3/4，具3脉，脉间及边缘有较长短毛，毛顶端膨大成明显的细头状；第一外稃顶端圆形，短于小穗，具等距的5～7脉，脉间与边缘被短毛；第二外稃黄褐色，具颗粒状纵行，顶端小尖头明显外露；花药长约0.5 mm。花、果期：6～10月。

产地：惠东及海南儋州、三亚。生于海边、草原。

分布：云南、河南。印度、缅甸至马来西亚等亚洲热带地区。

6. 止血马唐 （《种子植物名称》）

Digitaria ischaemum（Schreb. ex Schweigg.）Schreb. ex Muhl.

Panicum ischaemum Schreb. ex Schweigg.

一年生草本。秆直立或基部倾斜，高15～40 cm，下部常有毛。叶扁平，线状披针形，长5～12 cm，宽4～8 mm，顶端渐尖，基部近圆形，多少被长柔毛；叶舌长约0.6 mm；叶鞘具脊，无毛或疏被柔毛。总状花序长2～9 cm，具白色中脉，两侧翼缘粗糙；小穗2～3枚着生于各节，长2～2.2 mm，宽约1 mm；第一颖缺；第二颖具3～5脉，等长或稍短于小穗；第一外稃具5～7脉，与小穗等长，脉间及边缘具细柱状棒毛与柔毛；第二外稃成熟后紫褐色，长约2 mm，有光泽。花、果期：6～11月。

产地：乐昌、乳源、连州、高要、高州等地。生于田野、河边、潮湿地。

分布：黑龙江、吉林、辽宁、内蒙古、甘肃、新疆、陕西、山西、河北、湖南、台湾、广西、云南、四川等省区。欧亚温带地区。

7. 二型马唐 （《中国主要植物图说——禾本科》） （图224）

Digitaria heterantha（Hook. f.）Merr.

Panicum heteranthum Nees & Meyen ex Nees

D. heterantha var. *hirtella* L. C. Chia

D. heterantha subsp. *aequabilis* var. *holosericea* Henr.

一年生草本。秆较粗壮，直立部分高50～100 cm，下部匍匐地面，节上生根并分枝。叶线形，长5～15 cm，宽3～6 mm，粗糙，下部两面生疣基柔毛；叶舌长1～2 mm；叶鞘常短于节间，较压扁，具疣基柔毛，基部的密被柔毛。总状花序粗硬，2或3枚，长5～10或达20 cm，基部多少裸露；穗轴挺直，具粗厚的白色中脉，有窄翅，宽约1 mm，节间长为其小穗的2倍；孪生小穗异型；短柄，柄长0.4 mm，小穗无毛，长约4 mm，第一颖微小；第二颖披针形，具5脉，长为小穗的1/2～2/3；第一外稃顶端渐尖，具粗壮的7～9脉，脉隆起，脉间距离极窄仅有缝隙；长柄小穗密生长柔毛，长约4.5 mm，与其小穗柄近等长；第二颖短于小穗，具3～5脉，第一外稃有5～7脉，脉间与边缘均密生丝状柔毛；第二外稃披针形，薄革质，灰白色，稍短于小穗，顶端渐尖；花药长1 mm。花、果期：6 ~ 10月。

产地：南澳、博罗、深圳、徐闻及海南三亚、东方等地。生于滨海、沙地。

分布：福建、台湾、香港等省区。亚洲热带地区。

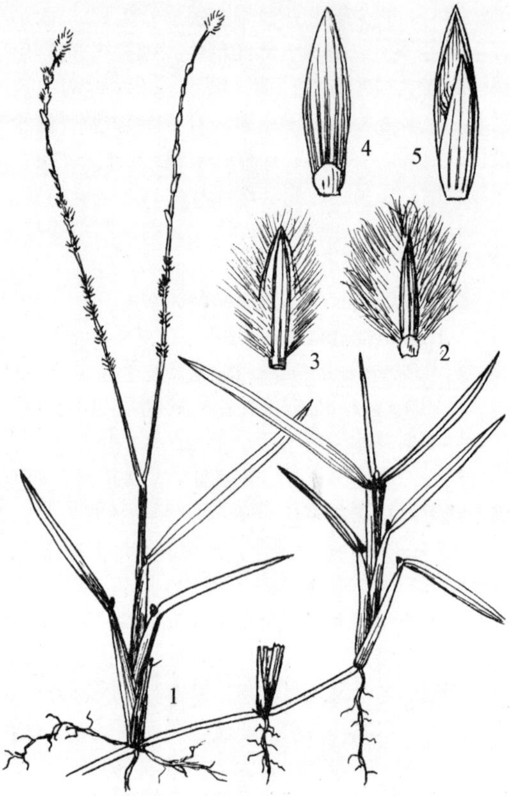

图224　二型马唐　Digitaria heterantha（Hook. f.）Merr.

1. 植株；2 ~ 3. 有柄小穗背、腹面；4 ~ 5. 无柄小穗背、腹面。（陈夏玲抄绘）

8. 海南马唐　（《海南植物志》）

Digitaria setigera Roth ex Roem. & Schult.

D. corymbosa Merr.

D. microbachne（J. Presl）Henr.

D. hainanensis Hitchc.

Panicum microbachne J. Presl

一年生草本。秆高30 ~ 100 cm，下部匍匐地面，节上生根或具分枝。叶线状披针形，长5 ~ 20 cm，宽3 ~ 10 mm，顶端渐尖，基部近圆形，具疣毛，两面无毛，边缘粗糙；叶舌长1 ~ 2 mm；叶鞘具脊，短于节间，无毛或基部生疣糙毛。总状花序长5 ~ 15 cm，5 ~ 12枚着生于长1 ~ 4 cm的主轴上，腋间具长刚毛；穗轴具翼，宽约0.6 mm，边缘粗糙；下部散生少数长刚毛；小穗柄长约1 mm，短的长0.3 mm，粗糙；小穗椭圆形，长2 ~ 2.5 mm，为宽的2倍；第一颖缺；第二颖长约0.5 mm，具1 ~ 3脉，顶端具柔毛；第一外稃与小穗等长，具7脉或边脉不明显，被柔毛。花、果期：10月至翌年3月。

产地：海南东方、琼海。生于山坡、路边、沙地。

分布：台湾。印度、锡金、缅甸。

9. 马唐　（《名医别录》）　（图225）

Digitaria sanguinalis（Linn.）Scop.

Panicum sanguinale Linn.

Paspalum sanguinale（Linn.）Lam.

一年生草本。秆直立或下部倾斜，膝曲上升，高10 ~ 80 cm，直径2 ~ 3 mm，无毛或节上被柔毛。叶线状披针形，长5 ~ 15 cm，宽4 ~ 12 mm，基部圆形，边缘较厚，微粗糙，被柔毛或无毛；叶舌长1 ~ 3 mm；叶鞘短于节间，无毛或散生疣基柔毛。总状花序长5 ~ 18 cm，4 ~ 12枚成指状着生于长1 ~ 2 cm的主轴上；穗轴直伸或开展，两侧具宽翼，边缘粗糙；小穗椭圆状披针形，长3 ~ 3.5 mm；第一颖小，短三角形，无脉；第二颖披针形，长为小穗的1/2左右，具3脉，脉间及边缘大多具柔毛；第一外稃等长于小穗，具7脉，中脉平滑，两侧的脉间距离较宽，无毛，边脉粗糙，脉间及边缘被柔毛；第二外稃近革质，灰绿色，顶端渐尖，等长于第一外稃；花药长约1 mm。花、果期：6 ~ 9月。

产地：乐昌。生于山坡、草地、路边、田野。

分布：西藏、四川、新疆、陕西、甘肃、山西、河北、河南、安徽、香港等省区。全球温带和亚热带。

10. 十字马唐　（《中国主要植物图说——禾本科》）

Digitaria cruciata（Nees）A. Camus

Panicum cruciatum Nees ex Steud.

一年生草本。秆高30～100 cm，基部倾斜，具多节，节上生髭毛，着土后向下生根，向上抽出花枝。叶线状披针形，长5～20 cm，宽3～10 mm，顶端渐尖，基部近圆形，两面生疣基柔毛或上面无毛，边缘较厚，微波状，稍粗糙；叶舌长1～2.5 mm；叶鞘常短于节间，疏被柔毛或无毛，鞘节生硬毛。总状花序长3～15 cm，5～8枚着生于长1～4 cm的主轴上，广展，腋间被柔毛；穗轴宽约1 mm，边缘微粗糙；小穗孪生，2.5～3 mm，宽约1.2 mm；第一颖微小，无脉；第二颖宽卵形，长约为小穗的1/3，顶端钝圆，边缘膜质，具3脉，大多无毛；第一外稃稍短于小穗，顶端钝，具7脉，脉距近相等或中部脉距稍宽，表面无毛，边缘反卷，疏被柔毛；第二外稃成熟后肿胀，灰绿色，顶端渐尖成粗硬小尖头，伸出于第一外稃外；花药长约1 mm。花、果期：6～10月。

产地：珠江口岛屿。生于山坡、草地。

分布：湖北、四川、贵州、云南、西藏等省区。印度、锡金、尼泊尔。

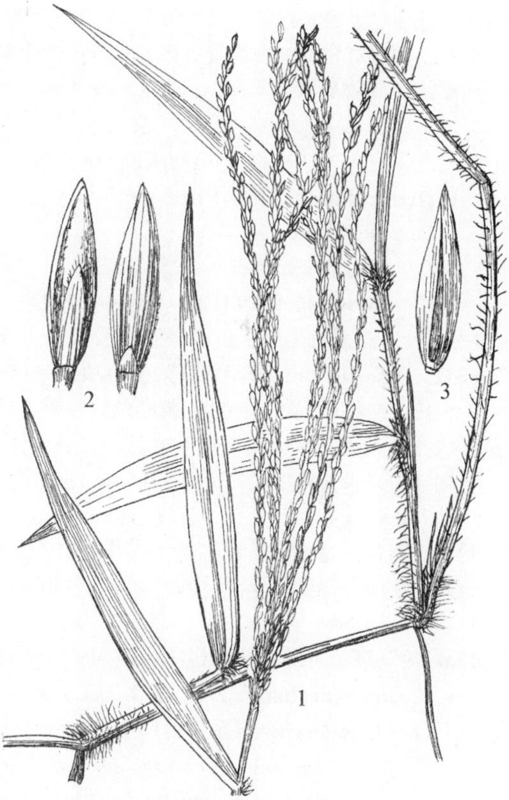

图225　马唐　Digitaria sanguinalis（Linn.）Scop.
1. 植株；2. 小穗（背面及腹面）；3. 颖果。（陈夏玲抄绘）

11. 亨利马唐　（《台湾的禾草》）

Digitaria henryi Rendle

Syntherisma henryi Honda

D. sasakii（Honda）Tuyama

一年生草本。秆较纤细，高20～50 cm，具分枝，基部倾卧地面，节处生根。叶狭披针形，长3～8 cm，宽2～5 mm，无毛或散生糙毛；叶舌长1～2 mm；叶鞘无毛。总状花序长4～8 cm，3～9枚成指状排列；穗轴扁平，具狭翼，宽约0.5 mm；小穗长约2.5 mm，顶端尖；第一颖长约0.2 mm；第二颖长为小穗的1/2，具3脉，边缘具柔毛；第一外稃具间距相等的7脉，侧脉间与边缘被柔毛；第二外稃近革质，稍短于小穗，顶端渐尖。颖果长约1.5 mm，为宽的2倍。花、果期：夏、秋季。

产地：广州、深圳、高要、高州、茂名等地。生于山坡、草地。

分布：福建、台湾、香港、广西等省区。越南。

12. 红尾翎　（《海南植物志》）

Digitaria radicosa（C. Presl）Miq.

Panicum timorese Kunth

D. chinensis Horn.

一年生草本。秆匍匐地面，下部节上生根，直立部分高30～50 cm。叶较小，披针形，长2～6 cm，宽3～7 mm，下面及顶端微粗糙，无毛或贴生短毛，下部有少数疣基柔毛；叶舌长约1 mm；叶鞘短于节间，无毛至密生或散生柔毛或疣基柔毛。总状花序2～3（4）枚，长4～10 cm，着生于长1～2 cm的主轴上，穗轴具翼，无毛，边缘近平滑至微粗糙；小穗柄顶端截平，粗糙；小穗狭披针形，长2.8～3 mm，宽约0.7 mm，顶端尖或渐尖；第一颖三角形，长约0.2 mm，具3脉；第二颖长为小穗1/3～2/3，具1～3脉，长柄小穗的颖较长，脉间与边缘被柔毛；第一外稃等长于小穗，具5～7脉，中脉两侧的脉间距最宽，侧脉及边缘被柔毛；第二外稃黄色，厚纸质，有细纵条纹；雄蕊3枚，长0.5～1 mm。花、果期：夏季。

产地：阳山、南澳、深圳、博罗、广州、高要、罗定、徐闻及海南儋州等地。生于丘陵、路边、潮湿地。

分布：福建、台湾、香港等省区。东半球热带至大洋洲。

用途：优良牧草。

13. 升马唐 （《中国主要植物图说——禾本科》）

Digitaria ciliaris（Retz.）Koeler

Panicum ciliare Retz.

D. adscendens（H. B. K.）Henr.

一年生草本。秆高30～90 cm，基部横卧地面，节处生根和分枝。叶线形或披针形，长5～20 cm，宽3～10 mm，上面散被柔毛，边缘稍厚，微粗糙；叶舌长约2 mm；叶鞘短于节间，多少被柔毛。总状花序5～8枚，长5～12 cm，成指状排列于茎顶；小穗柄微粗糙，顶端截平；第一颖小，三角形；第二颖披针形，长约为小穗的2/3，具3脉，脉间及边缘被柔毛；第一外稃等长于小穗，具7脉，脉平滑，中脉两侧的脉间较宽而无毛，余脉间被贴生柔毛，边缘具长柔毛；第二外稃椭圆状披针形，革质，黄绿色或带铅色，顶端渐尖，等长于小穗；花药长0.5～1 mm。花、果期：5～10月。

产地：乐昌、始兴、连州、连南、阳山、英德、连平、大埔、南澳、汕头、惠东、广州、深圳、新会、封开、阳春、高州、茂名及海南儋州、万宁等地。生于路边、荒野、荒坡。

分布：我国各省区。全世界热带、亚热带地区。

13a. 毛马唐 （《江苏植物名称》）

var. **chrysoblephara**（Fig. & De Not.）R. R. Steward

D. chrysoblephara Fig. & De Not.

D. adscendens subsp. *chrysoblephara*（Fig. & De Not.）S. T. Blake.

D. adscendens subsp. *adscendens* var. *criniformis* Henr.

本变种与原种的区别在于：第一外稃边缘与侧脉间具柔毛与疣基长刚毛，两种毛被于成熟后广展。花、果期：6～10月。

产地：深圳、珠海及海南文昌、临高、儋州、东方。生于路边、田野。

分布：山西、河南、安徽、江苏、福建、香港等省区。全球亚热带和温带地区。

73. 狗尾草属 **Setaria** P. Beauv.

一年生或多年生草本，有根状茎或无。秆直立或基部膝曲。叶线形、披针形或长披针形，扁平或折皱，基部钝圆或狭窄成柄状。圆锥花序呈穗状或总状，圆柱形，少数疏散而开展成塔状；小穗有1～2朵小花，椭圆形或披针形，全部或部分小穗下托以1至数条由不发育小枝而成的芒状刚毛，小穗脱落时，其下的刚毛宿存；颖不等长，第一颖宽卵形，卵形或三角形，具3～5脉或无，第二颖与第一外稃等长或较短，具5～7脉；第一小花雄性或中性，第一外稃与第二颖同质，包着纸质或膜质的内稃；第二小花两性，第二外稃软骨质或革质，成熟时背部隆起或否，平滑或具点状、横条状皱纹，等长或稍长或短于第一外稃，包着同质的内稃；浆片2枚，楔形；雄蕊3枚；花柱2，基部联合或少数种自基部分离。颖果椭圆状球形或卵状球形，稍扁，种脐点状。

本属约有130种，广布于全世界热带和温带地区。我国15种，3亚种，5变种；广东及海南有9种，1亚种，1变种。

1. 圆锥花序疏松或稍紧缩，部分小穗下有1条刚毛。
  2. 叶宽披针形，具明显的折皱，基部收窄成柄状。
    3. 植株粗壮高大，基部直立；叶宽2～7 cm；叶鞘被较粗疣基毛……………………………… 1. 棕叶狗尾草 S. palmifolia
    3. 植株细弱矮小，基部倾斜或横卧；叶宽0.5～3 cm；叶鞘无疣基毛或有较细的疣毛。

4. 第二外稃具明显的皱纹 ………………………………………………………… 2. 皱叶狗尾草 S. plicata
4. 第二外稃光亮无皱纹 ………………………………………………………… 2a. 光花狗尾草 var. leviflora
2. 叶线状披针形或线形，不具折皱，基部不收窄成柄状 ……………………………… 3. 西南莩草 S. forbesiana
1. 圆锥花序紧缩，每小穗下有1至数条刚毛。
2. 花序主轴上每小枝具3枚以上的成熟小穗。
3. 小穗长2～2.5 mm，顶端钝，第二颖与第二外稃等长，成熟后小穗微肿胀。
4. 颖果与第一外稃一起脱落。
5. 刚毛不具倒刺。
6. 圆锥花序圆柱状，顶端稍狭尖或渐尖 ……………………………………………4. 狗尾草 S. viridis
6. 圆锥花序卵形或椭圆形，顶端钝圆 ………………………………4a. 厚穗狗尾草 subsp. pachystachys
5. 刚毛具倒刺 ……………………………………………………………………… 5. 倒刺狗尾草 S. verticillata
4. 颖果与第一外稃分离后脱落 ………………………………………………………………6. 梁 S. italica
3. 小穗长2.5～3 mm，顶端尖，第二颖长为第二外稃的1/3～1/4，成熟后小穗肿胀 ……………7. 大狗尾草 S. faberii
2. 花序主轴上每小枝具1枚成熟小穗。
3. 小穗长3～4 mm，第一小花雄性或中性 ……………………………………………… 8. 金色狗尾草 S. pumila
3. 小穗长2～2.5 mm，第一小花通常中性……………………………………………… 9. 莠狗尾草 S. parviflora

1. 棕叶狗尾草 （《广州常见经济植物》）

Setaria palmifolia（J. König）Stapf

Panicum palmaefolia J. König

多年生草本，具根状茎；须根较坚韧。秆直立或基部稍膝曲，高0.75～2 m，直径3～7 mm，基部可达1 cm，具支柱根。叶宽披针形，长20～59 cm，宽2～7 cm，顶端渐尖，基部收窄成柄状，近基部边缘有长约5 mm的疣基毛，具纵深皱褶，两面具疣毛或无；叶舌长约1 mm，具长2～3 mm的纤毛；叶鞘松弛，具密或疏疣毛，少数无毛，上部边缘具较密而长的疣基纤毛，毛易脱落，下部边缘无纤毛。圆锥花序呈开展或稍狭窄的塔形，长20～60 cm，宽2～10 cm，主轴具棱，分枝排列疏松，甚粗糙，长达30 cm；小穗卵状披针形，长2.5～4 mm，紧密或稀疏排列于一侧，部分小穗下有1条刚毛，刚毛长5～10 mm或较短；第一颖三角状卵形，顶端稍尖，长为小穗的1/3～1/2，具3～5脉；第二颖长为小穗的1/2～3/4，或略短于小穗，顶端尖，具5～7脉；第一小花雄性或中性，第一外稃与小穗等长或略长，顶端渐尖，成稍弯的小尖头，具5脉，内稃膜质，狭三角形，长为外稃的2/3；第二小花两性，第二外稃具不甚明显的横皱纹，等长或稍短于第一外稃，顶端为小而硬的尖头，成熟小穗不易脱落；浆片楔形，微凹，基部沿脉色深；花柱基部联合。花、果期：8～12月。

产地：始兴、阳山、英德、南澳、深圳、珠海、斗门、博罗、广州、高要、新会、罗定、郁南、阳春、茂名及海南各地。生于山坡、谷地、林下、潮湿地。

分布：浙江、江西、福建、台湾、湖北、湖南、贵州、四川、云南、广西、西藏等省区。非洲、亚洲的热带和亚热带。

2. 皱叶狗尾草 （《广州常见经济植物》）

Setaria plicata（Lam.）T. Cooke.

Panicum plicatum Lam.

多年生草本；须根细而坚韧，少数具鳞芽。秆细瘦，少数直径可达6 mm，直立或基部倾斜，高45～130 cm，无毛或被疏毛；节和叶鞘与叶交接处具白色短毛。叶质薄，披针形或线状披针形，长4～43 cm，宽0.5～3 cm，顶端渐尖，基部渐狭成柄状，具较浅的纵向皱褶，两面或一面具疏疣毛，或被极短毛而粗糙，或光滑无毛；叶舌边密生长1～2 mm，纤毛；叶鞘背脉脊状，密生或疏生较细疣毛或短毛，毛易脱落，边缘常密生纤毛或基部叶鞘边缘无毛而近膜质。圆锥花序狭长圆形或线形，长15～33 cm，分枝斜向上升，长1～13 cm，上部的排列紧密，下部的排列疏松而开展，主轴具棱，有极细短毛而粗糙；小穗着生小枝一侧，绿色或微紫色，卵状披针状，长3～4 mm，部分小穗下有1条细刚毛，长1～2 cm或不显著；颖薄纸质，第一颖宽卵形，顶端钝圆，边缘膜质，长为小穗的1/4～1/3，具3（～5）脉；第二颖长为小穗的3/4～1/2，顶端钝或尖，具5～7脉；第一小花中性或具3雄蕊，第一外稃与小穗等长或稍长，具5脉，内稃膜质，短或稍狭于外稃，边缘稍内卷，具2脉；第二小花两性，第二外稃等长或稍短于第一外稃，具明显的横皱纹；浆片2枚；花柱基部联合。颖果狭长卵形，顶端具小硬尖头。花、果期：6～10月。

产地：乐昌、连州、阳山、英德、惠东、博罗、广州、深圳、高要、封开、阳春及海南琼中、保亭等地。生于山坡、林下、沟谷、潮湿地、路边、杂草地。

分布：江苏、浙江、安徽、江西、福建、台湾、湖北、湖南、广西、四川、贵州、云南等省区。印度、尼泊尔、斯里兰卡、马来西亚、日本。

2a. 光花狗尾草 （《中国高等植物图鉴》）

var. **leviflora**（Keng ex S. L. Chen）S. L. Chen & S. M. Phillips

S. excurrens var. *leviflora* Keng ex S. L. Chen

本变种与原种的区别在于：植株较矮小；叶狭长，具明显的纵向皱褶。圆锥花序分枝简短，长1～3 cm；小穗长约15 mm；第二外稃光亮无皱纹。

产地：据《中国植物志》记载，广东有分布。生于山地、疏林。

分布：广西、四川等省区。

3. 西南莩草 （《中国高等植物图鉴》） 别名：福勃狗尾草

Setaria forbesiana（Nees ex Steud.）Hook. f.

Panicum forbesiana Nees ex Steud.

多年生草本。秆直立或基部膝曲，光滑无毛，高60～170 cm，基部直径2～4 mm，坚硬。叶线形或线状披针形，长10～40 cm，宽4～20 mm，扁平，顶端渐尖，基部钝圆或狭窄，无毛；叶舌小，密被长约3 mm的纤毛；叶鞘无毛，边缘被密毛，长2～4 mm。圆锥花序狭尖塔形、披针形或穗状，长10～32 cm，宽1～4 cm，直立或微下垂，主轴具棱，被微毛而粗糙，或具疏长柔毛，分枝短或稍延长，斜向上举或较开展；小穗绿色，部分成紫色，椭圆形或卵圆形，长约3 mm，具极短的柄，小穗下有1条刚毛，刚毛粗而糙涩，径直或稍扭曲，长约为小穗的2～3倍，绿色或紫色，长5～15 mm；第一颖宽卵形，长为小穗的1/3～1/2，顶端尖或钝，边缘质较薄；第二颖长为小穗的1/4或2/3，顶端钝圆，具（5～）7～9脉；第一小花雄性或中性（即无雄蕊、雌蕊），第一外稃与小穗等长。

产地：乐昌、乳源等地。生于山谷、路边、沟边、山坡、草地。

分布：浙江、湖北、湖南、广西、陕西、甘肃、贵州、四川、云南等省区。

4. 狗尾草 （《本草纲目》）

Setaria viridis（Linn.）P. Beauv.

Panicum viride Linn.

一年生草本，具支持根。秆直立或基部膝曲，高10～100 cm，基部直径3～7 mm。叶扁平，长三角状狭披针形或线状披针形，长4～30 cm，宽2～18 mm，顶端长渐尖，基部钝圆形，几截平或渐狭，通常无毛或疏被疣毛，边缘粗糙；叶舌极短，边缘有长1～2 mm的纤毛；叶鞘松弛，无毛或疏具柔毛或疣毛，边缘具较长的密绵毛状纤毛。圆锥花序紧密，圆柱状或基部稍疏离，直立或稍弯垂，主轴被较长柔毛，长2～15 cm，宽4～13 mm（刚毛除外），刚毛长4～12 mm，粗糙或微粗糙，直或稍扭曲，绿色或褐黄至紫红，或紫色；小穗2～5个簇生于主轴上，顶端钝或稍尖，具3脉；第二颖几与小穗等长，椭圆形，具5～7脉；第一外稃与小穗等长，具5～7脉，顶端钝，内稃短小狭窄；第二外稃椭圆形，顶端钝，具细点状皱纹，边缘内卷，狭窄；浆片楔形，顶端微凹；花柱自基部分离。颖果灰白色。花、果期：5～10月。

产地：乐昌、始兴、南雄、深圳、高要、广州、阳春等地。生于荒野、路边。

分布：全国各省区。原产欧亚大陆的温带和暖温带，现广布于全球温带和亚热带。

4a. 厚穗狗尾草 （《中国植物志》）

subsp. **pachystachys**（Franch. & Sav.）Masam. & Yanag.

Panicum pachystachys Franch. & Sav.

S. pachystachys（Franch. & Sav.）Franch. & Sav. ex Matsum.

与原种的区别在于：秆匍匐状丛生，矮小细弱，基部多数膝曲斜向上升或直立，高5～25 cm。叶线形或狭披针形，长1.5～5 cm，宽2～4 mm，无毛，粗糙；叶鞘松，基部叶鞘被较密的疣毛，边缘具长纤毛；叶舌为一圈纤毛。圆锥花序卵形或椭圆形，长1～3 cm，宽1.5 cm（包括刚毛），小穗长2～2.5 mm，刚毛长6～8 mm，绿色、黄色或紫色。

产地：南雄。生于沙地。

分布：台湾。日本、朝鲜。

5. 倒刺狗尾草 （《台湾植物志》）

Setaria verticillata（Linn.）P. Beauv.

Panicum verticillatum Linn.

一年生草本；须根粗壮。秆基部数节匍匐生根，上部直立，高20～100 cm，基部秆浅紫色，光滑无毛。叶质薄，狭长披针形，长5～18 cm，宽4～18 mm，顶端钻状渐尖，基部钝圆，两面无毛或上面微粗糙，边缘具细锯齿；叶舌短，边缘为一圈长约1.5 mm的细纤毛；叶鞘质薄而软，下部松弛，上部叶鞘抱秆较紧，无毛，或具极疏的细小疣毛，边缘具极细纤毛或在纤毛脱落后成膜质，老叶和叶鞘橘黄色。圆锥花序紧缩成圆柱状，长2～10 cm，宽约8 mm，主轴有棱，具倒刺小毛，分枝轮状着生；小穗绿色，长1.8～2.4 mm，托以1～4条具倒刺的刚毛，刚毛绿色或顶端为浅褐色，长2.5～16 mm；第一颖长为小穗的1/2～1/3，顶端尖，具3脉，边缘宽膜质；第二颖与小穗等长或微短，具5～7脉，顶端稍尖；第一小花中性（即无雄、雌蕊），第一外稃与小穗等长或微长，具5脉，内稃狭披针形，长约为第二小花的1/2；第二外稃等长于第一外稃或稍短，背面有细点或细横皱纹；浆片楔形，顶端微凹；花药橘黄色，长约0.7 mm；花柱自基部分离。颖果椭圆状。花、果期：6～9月。

产地：珠江口岛屿。生于向阳山坡、路边。

分布：香港、台湾、云南等省区。全球热带地区。

6. 梁 （《名医别录、植物学大辞典》） 别名：黄粟 （广东）

Setaria italica（Linn.）P. Beauv.

Panicum italicum Linn.

Panicum italicum var. *germanicum*（Mill.）Loeler

Pennisetum italicum（Linn.）R. Br.

一年生草本；须根粗大。秆粗壮，直立，高0.1～1 m或更高。叶长披针形或线状披针形，长10～45 cm，宽5～33 mm，顶端尖，基部钝圆，上面粗糙，下面稍光滑；叶舌为一圈纤毛；叶鞘松裹茎秆，密被疣毛或无毛，尤以近边及与叶交接处的背面为密，边缘密具纤毛。圆锥花序呈圆柱状或近纺锤状，下垂，长10～40 cm，宽1～5 cm，基部多少有间断，常因品种的不同而多变异，主轴密被柔毛，小穗椭圆形或近圆球形，长2～3 mm，黄色、橘红色或紫色，基部刚毛显著，长于或稍长于小穗，第一颖长为小穗的1/3～1/2，具3脉；第二颖稍短于或长为小穗的3/4，顶端钝，具5～9脉；第一外稃与小穗等长，具5～7脉，内稃薄纸质，披针形，长为小穗的2/3；第二外稃等长于第一外稃，卵圆形或圆球形，质坚硬，平滑或具细点状皱纹，成熟后自第一外稃基部和颖分离；浆片顶端成微波状；花柱自基部分离。

产地：广州、肇庆及海南三亚、保亭、白沙。栽培。

分布：全球各地零星栽培。

用途：谷类粮食。

7. 大狗尾草 （《中国高等植物图鉴》）

Setaria faberii Herrm.

S. autumnalis Ohwi

一年生草本，具支柱根。秆粗壮而高大，直立或基部膝曲，高50～120 cm，直径达5 mm，光滑无毛。叶线状披针形，长10～40 cm，宽5～20 mm，无毛或上面具细疣毛，少数下面具细疣毛，顶端细长渐尖，基部钝圆或渐狭几成柄状，边具细锯齿；叶舌具密集、长1～2 mm的纤毛；叶鞘松弛，边缘具细纤毛，基部叶鞘边缘膜质，无毛。圆锥花序紧缩成圆柱状，长5～24 cm，宽6～13 mm（芒除外），下垂，主轴具较密的长柔毛，花序基部不间断，偶有间断；小穗椭圆形，长2.5～3 mm，顶端尖，具3脉，下托1～3条较粗而直的刚毛；第二颖长为小穗的3/4或稍短于小穗，少数长为小穗的1/2，顶端尖，具5～7脉；第一外稃与小穗等长，具5脉，内稃膜质，披针形，长为小穗的1/2～1/3；第二外稃与第一外稃等长，具细横皱纹，顶端尖，成熟后背部极膨胀隆起；浆片楔形；花柱自基部分离。颖果椭圆形，顶端尖。花、果期：7～10月。

产地：乐昌、乳源、始兴、连州、连平、和平、陆丰、珠海、高要等地。生于山坡、路边、田园、荒野。

分布：黑龙江、江苏、浙江、安徽、台湾、江西、湖北、湖南、广西、四川、贵州等省区。日本、朝鲜。

用途：饲料。

8. 金色狗尾草　（《植物学大辞典》）　（图226）

Setaria pumila（Poir.）Roem & Schult

Panicum pumilum Poir.

一年生单生或丛生草本。秆直立或基部倾斜膝曲，近地面节上生根，高20～90 cm，光滑无毛，花序下面稍粗糙。叶线状披针形或狭披针形，长5～40 cm，宽2～10 mm，顶端长渐尖，基部钝圆，上面粗糙，下面光滑，近基部疏生长柔毛；叶鞘下部扁压，具脊，上部圆形，光滑无毛，边缘薄膜质，光滑无纤毛；叶舌具一圈长约1 mm的纤毛。圆锥花序紧密成圆柱状或狭圆锥状，长3～17 cm，宽4～8 mm（刚毛除外），直立，主轴具短细柔毛，小穗基部具5～10或较多刚毛，刚毛金黄色或稍带褐色，粗糙，长4～8 mm，第一颖宽卵形或卵形，长为小穗的1/3～1/2，顶端尖，具3脉；第二颖宽卵形，长为小穗的1/2～2/3，顶端稍钝，具5～7脉；第一小花雄性或中性（即无雄蕊、雌蕊），第一外稃纸质，与小穗等长或微短，具5脉，内稃膜质，等长且等宽于第二小花，具2脉，雄蕊3枚或无；第二小花两性，外稃革质，等长于第一外稃；顶端尖，成熟时背部极隆起，具明显的横皱纹；浆片楔形；花柱基部联合。花、果期：6～10月。

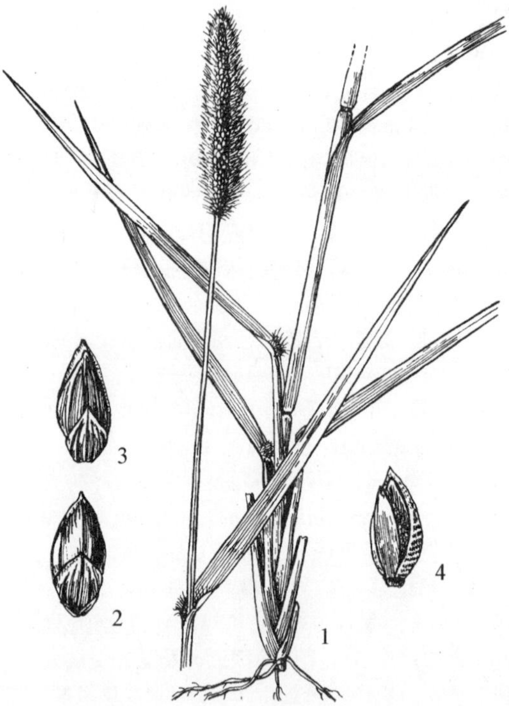

图226　金色狗尾草　Setaria pumila（Poir.）Roem & Schult
1. 植株；2. 小穗腹面；3. 小穗背面；4. 第一小花内稃及第二小花外稃。（陈夏玲抄绘）

产地：乐昌、连南、连山、阳山、英德、五华、和平、深圳、惠阳、惠东、龙门、博罗、广州、高要、封开、云浮、郁南、阳春及海南各地。生于林边、山坡、路边、荒野。

分布：全国各省区。欧亚大陆的温暖地区，美洲、澳大利亚有引种。

9. 莠狗尾草　（《岭南科学杂志》）

Setaria parviflora（Poir.）Kerguélen

Cenchrus parviflorus Poir.

S. *geniculata* P. Beauv.

一年生或多年生丛生草本，具短节状根状茎。秆直立或基部膝曲，高30 ~ 90 cm。叶质硬，扁平或内卷，长5 ~ 30 cm，宽2 ~ 5 mm，无毛或上面近基部具长柔毛，顶端渐尖，基部稍收窄，边缘略粗糙；叶舌为一圈短纤毛；叶鞘压扁，具脊，近基部常具枯萎的老叶鞘，鞘背及边缘无毛。圆锥花序紧密呈圆柱状，顶端稍狭，长2 ~ 7 cm，宽约5 mm（刚毛除外），主轴被短细毛，刚毛粗糙，8 ~ 12枚，长5 ~ 10 mm，金黄色、褐锈色或淡紫色至紫色；小穗圆形，长2 ~ 2.5 mm，顶端尖；第一颖卵形，长为小穗的1/3，顶端尖，具3脉；第二颖宽卵形，长约为小穗的1/2，具5脉，顶端稍钝；第一外稃与小穗等长或略短，具5脉，内稃扁平，薄纸质或膜质，明显窄于且略短于第二小花，具2脊，第一小花通常中性（即无雄蕊、雌蕊），少数有3枚雄蕊；第二小花两性，外稃软骨质或革质，具较细的横皱纹，顶端尖，边缘狭，内卷，包裹同质、扁平的内稃；浆片楔形，顶端较平展，具多数脉；花柱基部联合。花、果期：2 ~ 11月。

产地：乐昌、连平、大埔、深圳、惠东、广州、高要、新会、罗定、阳春、郁南、茂名、徐闻。生于山坡、旷野、路边、潮湿地。

分布：福建、广西、贵州、湖南、江西、四川、台湾、云南。全球的热带和亚热带。

用途：饲料。

74. 狼尾草属 **Pennisetum** Rich.

一年生或多年生草本。秆坚硬。叶线形，扁平或内卷。圆锥花序紧缩成穗状，圆柱形；小穗单生或2 ~ 3个聚生成簇，无柄或具短柄，有12朵小花，下围以刚毛；刚毛长或短于小穗，小穗脱落时，其下的刚毛一起脱落；颖不等长，第一颖质薄而微小，第二颖较长于第一颖；第一小花雄性或中性，第一外稃与小穗等长或稍短，包着内稃；第二小花两性，第二外稃厚纸质或革质，平滑，等长或较短于第一外稃，边缘质薄而平坦，包着同质的内稃；浆片2枚，楔形，折叠，具3脉；雄蕊3枚，花药顶端有毫毛或无；花柱基部联合，少分离。颖果长圆形或椭圆形，背腹压扁；种脐点状，胚长为果的1/2以上。

本属约140种，分布于全世界热带、亚热带地区，少数种可达温、寒地区。我国有11种，2变种（包括引种栽培的）；广东及海南有3种。

1. 小穗下的刚毛多少具柔毛而成羽毛状。
  2. 小穗披针形，长5 ~ 8 mm；第二颖长约为小穗的1/3 ………………………… 1. 象草 P. purpureum
  2. 小穗卵状披针形，长3 ~ 4 mm；第二颖约与小穗等长 ………………………… 2. 牧地狼尾草 P. polystachion
1. 小穗下的刚毛粗糙，不呈羽毛状 ………………………………………………… 3. 狼尾草 P. alopecuroides

1. 象草 （《主要牧草栽培》）

Pennisetum purpureum Schumach.

P. *macrostachyum* Benth.

P. *benthamii* Steud.

P. *hainanense* H. R. Zhao & A. T. Liu

多年生大型草本，有时具地下茎。秆直立，高2 ~ 4 m，节光滑或被毛。叶扁平，线形，质较硬，长20 ~ 50 cm，宽1 ~ 2 cm或更宽，上面疏生刺毛，近基部有小疣毛，下面无毛，边缘粗糙；叶舌短小，具长1.5 ~ 5 mm的纤毛；叶鞘光滑或具疣毛。圆锥花序长10 ~ 30 cm，宽1 ~ 3 cm，主轴密生长柔毛，直立或稍弯曲，小穗下刚毛金黄色、淡褐色或紫色，长1 ~ 2 cm，具柔毛而成羽毛状；小穗单生或2 ~ 3个簇生，披针形，长5 ~ 8 mm，近无柄，如2 ~ 3个簇生，则两侧小穗具长约2 mm的短柄，成熟时与主轴成直角排列；第一颖长约0.5 mm或退化，顶端钝或不等2裂，脉不明显；第二颖披针形，长约为小穗的1/3，顶端锐尖或钝，具1脉或无；第一小花中性或雄性，第一外稃长约为小穗的4/5，具5 ~ 7脉；第二外稃与小穗等长，具5脉；浆片2枚，微小；雄蕊3枚，花药顶端具毫毛；花柱基部联合。花、果期：8 ~ 10月。

产地：广州、深圳、珠海、中山、阳春、阳江、茂名及海南三亚。生于山坡、草地。

分布：江西、四川、广西、云南等地有栽培。原产非洲，引种栽培至印度、缅甸、大洋洲及美洲。

用途：饲料。

2. 牧地狼尾草　（《台湾植物志》）

Pennisetum polystachion（Linn.）Schult.

Panicum polystachion Linn.

Pennisetum setosum（Sw.）Rich.

Cenchrus setosus Sw.

多年生草本；根状茎短小。秆丛生，高50～150 cm。叶线形，宽3～15 mm，多少被毛；叶舌为一圈长约1 mm的纤毛；叶鞘疏松，有硬毛，边缘具纤毛，老后常宿存。圆锥花序紧缩，圆柱形，长10～25 cm，宽8～10 mm，黄色至紫色，成熟时小穗丛反曲；刚毛不等长，外圈的较细短，内圈的有羽状，长可达1 cm；小穗卵状披针形，长3～4 mm，多少被短毛；第一颖退化；第二颖与第一外稃约与小穗等长，具5脉，顶端3浅裂，第一内稃的两脊及顶端被毛；第二外稃稍软骨质，短于小穗，长约2.4 mm。

产地：深圳和海南乐东。栽培于山坡。

分布：台湾栽培。原产非洲，现热带地区已归化。

3. 狼尾草　（《本草拾遗》）　别名：老鼠狼、狗仔尾　（广东）　（图227）

Pennisetum alopecuroides（Linn.）Spreng

Panicum alopecuroides Linn.

Pennisetum compressum R. Br.

多年生草本；须根较粗壮。秆直立，丛生，高30～120 cm。叶线形，长10～80 cm，宽3～8 mm，顶端长渐尖，基部生疣毛；叶舌被长约2.5 mm纤毛；叶鞘光滑，两侧压扁，主脉成脊状。圆锥花序直立，长5～25 cm，宽1.5～3.5 cm，主轴密被柔毛；小穗总梗（stalk of cluster of spikelets）长1～3 mm；刚毛粗糙，淡绿色或紫色，长1.5～3 cm；小穗单生，偶双生，线状披针形，长5～8 mm；第一颖微小或缺，长1～3 mm，膜质，顶端钝，脉不明显或具1脉；第二颖卵状披针形，顶端短尖，具3～5脉，长约为小穗的1/3～2/3；第一小花中性，第一外稃与小穗等长，具7～11脉；第二外稃与小穗等长，披针形，具5～7脉，边缘包着同质的内稃；浆片2枚，楔形；雄蕊3枚，花药顶端无毫毛；花柱基部联合。颖果长圆形，长约3.5 mm。花、果期：夏、秋季。

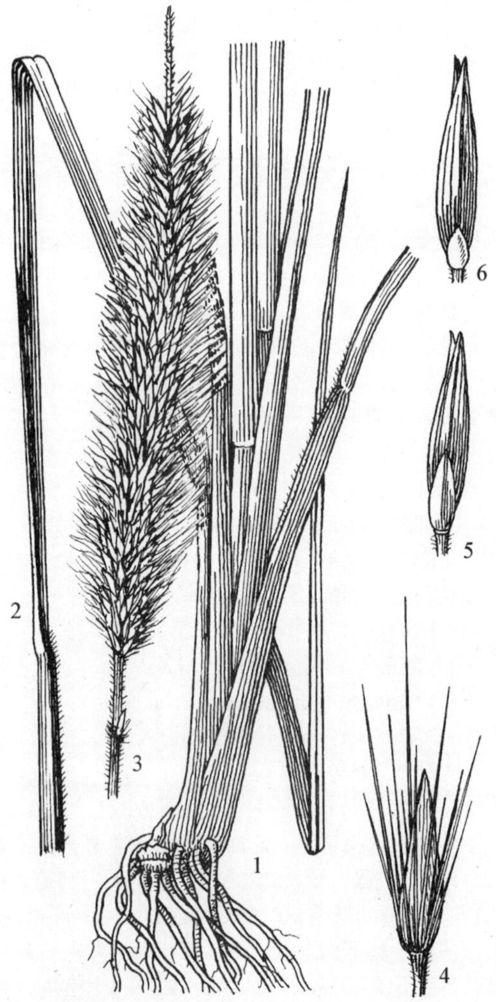

图227　狼尾草　Pennisetum alopecuroides（Linn.）Spreng

1. 植株一部分；2. 叶；3. 花序；4. 小穗及刚毛；5. 小穗腹面；6. 小穗背面。（余汉平抄绘）

产地：乐昌、仁化、始兴、连州、阳山、大埔、河源、连平、深圳、斗门、博罗、广州、高要、封开、怀集、罗定、阳春、郁南、徐闻及海南各地。生于田岸、荒地、道旁、山坡。

分布：东北、华北经华东、中南及西南各省

区。日本、印度、朝鲜、缅甸、巴基斯坦、越南、菲律宾、马来西亚、大洋洲及非洲。

用途：饲料、编织、造纸原料、固堤防沙植物。

75. 蒺藜草属 **Cenchrus** Linn.

一年生或多年生草本。秆低矮且下部分枝较多。叶扁平。穗形总状花序顶生，由多数不育小枝形成的刚毛连合成刺苞，具短而粗的小穗总梗，小穗总梗在基部脱节，连同刺苞一起脱落，刺苞上刚毛直立或弯曲，内有簇生小穗1至数枚，成熟时，小穗与刺苞一起脱落，颖果在刺苞内萌发；小穗无柄，颖不等长，第一颖常短小或缺，第二颖短于小穗；第一小花雄性或中性（即无雄、雌蕊），具3枚雄蕊，外稃薄纸质至膜质，内稃发育良好；第二小花两性，外稃成熟时质变硬，肿胀，顶端渐尖，边薄而扁平，包卷同质的内稃；浆片退化；雄蕊3枚，花药线形，顶端无毛或具毫毛；花柱2，基部联合。颖果椭圆状扁球形；种脐点状，胚长约为颖果的2/3。

本属约有25种，分布于全世界热带和温带地区。我国有2种；广东及海南有1种。

蒺藜草 （《中国主要植物图说——禾本科》）（图228）

Cenchrus echinatus Linn.

一年生草本；须根较粗壮。秆高约50 cm，基部膝曲或横卧地面而于节处生根，下部节间短且具分枝。叶线形或狭长披针形，质较软，长5～20 cm，宽4～10 mm，上面近基部疏生长约4 mm的长柔毛或无毛；叶舌短小，具长约1 mm的纤毛；叶鞘松弛，压扁具脊，上部叶鞘背部具稠密细疣毛，下部边缘多为宽膜质，无纤毛。总状花序直立，长4～8 cm，宽约1 cm，主轴粗糙；刺苞扁球形，长5～7 mm，刚毛在刺苞上轮状着生，直立或向内反曲，刺苞背部具较密的细毛和长绵毛，刺苞裂片于1/3或中部稍下处连合，边缘被平展、较密、长约1.5 mm的白色纤毛，刺苞基部收缩成楔形，小穗总梗密被短毛，每刺苞内具小穗2～4枚，小穗椭圆状披针形，顶端长渐尖，有2朵小花；颖质薄或膜质，第一颖三角状披针形，顶端尖，长为小穗的1/2，具1脉，第二颖长为小穗的3/4～2/3，具5脉；第一小花雄性或中性，第一外稃与小穗等长，具5脉，顶端尖，内稃狭长，披针形，长为第一外稃的2/3；第二小花两性，第二外稃具5脉，包卷同质的内稃，顶端尖，成熟时质渐变硬；浆片缺；花药长约1 mm，顶端无短纤毛；柱头扫帚状，长约3 mm。颖果椭圆状扁球形，长2～3 mm，背腹压扁；种脐点状，胚长为果的2/3～1/2。花、果期：夏季。

产地：饶平、汕头、海丰、陆丰、惠阳、惠东、深圳、珠海、阳江、阳西、茂名、高州、徐

图228 蒺藜草 Cenchrus echinatus Linn.

1. 植株；2. 小穗及刺苞；3. 小穗背面；4. 小穗腹面；5. 颖果。（余汉平抄绘）

闻、雷州、湛江、吴川及海南三亚、乐东。生于干热地区、临海沙质土。

分布：香港、云南、台湾等省区。日本、印度、缅甸、巴基斯坦。

本种的学名过去曾误定为C. calyculatus Cavan。

76. 伪针茅属 **Pseudoraphis** Griff.

多年生水生或沼生草本。叶线形或披针形；叶舌膜质，无毛。圆锥花序顶生，穗轴纤细，仅上方的小穗托以1条刚毛；小穗披针形，有2朵小花，第一小花雄性，第二小花雌性，具极短的柄或近无柄，常1至多枚着生于穗轴上，小穗成熟后整个穗轴自主轴上脱落；第一颖微小，薄膜质，无脉；第二颖长超出其他部分，顶端渐尖或短尖，具5至多脉，背部无毛或有短硬毛；第一外稃几等长或稍短于第二颖，内有一透明、膜质、无脉的内稃；第二外稃纸质或顶端膜质，与内稃均短于第二颖；雄蕊3枚；子房椭圆形；花柱2，柱头帚状。颖果倒卵状椭圆形，成熟后露出稃外。

本属约有7种，分布于全世界温带和热带亚洲、大洋洲。我国有2种，1变种；广东及海南有2种。

1. 圆锥花序长6～14 cm；第二颖略长于第一外稃，具10余脉；第一外稃具7脉……………………………1. 伪针茅 P. brunoniana
1. 圆锥花序长4～5 cm；第二颖常稍短于第一外稃，具9脉；第一外稃具13脉 ………………………2. 长稃伪针茅 P. balansae

1. 伪针茅　（《广州植物名录》）

Pseudoraphis brunoniana（Wall. & Griff.）Pilg.

Panicum brunoniana Wall. & Griff.

多年生水生或沼生草本。秆高20～40 cm，质柔软，压扁，基部匍匐，节部生根。叶线状披针形，长3～9 cm，宽3～6 mm；叶舌膜质，撕裂状，长约1 mm；叶鞘长于节间，口部有2尖锐的叶耳。圆锥花序长6～14 cm，基部包藏于鞘内，最后抽出，分枝粗糙，互生或少数簇生，上升或平展，具1～2（～4）个小穗；小穗披针形，长4～7 mm，有长约0.5 mm的小穗柄，刚毛2～3倍长于小穗；第一颖微小，膜质，长0.5～1 mm，顶端截平或圆形；第二颖纸质，披针形，略长于第一外稃，顶端渐尖或具短尖头，具10余脉，脉上有刚毛；第一外稃略短于第二颖，具7脉，内稃薄膜质，长约为外稃的2/3；雄蕊3枚；第二外稃长圆状披针形，长约2 mm，内稃厚纸质。颖果成熟后裸露出稃外。花、果期：7～8月。

产地：广州、高要、高州。生于田野、池塘、沟边、潮湿地。

分布：安徽、台湾等省区。孟加拉国、印度、缅甸、菲律宾、泰国、越南。

用途：优良牧草。

2. 长稃伪针茅　（《海南植物志》）　（图229）

Pseudoraphis balansae Henrard

P. longipaleacea L. C. Chia.

多年生水生草本。秆柔软，压扁，平滑无毛，上部常具分枝，下部横卧，节上生根，秆高20～35 cm，节部无毛。叶平展，柔软，线状披针形，长3～5 cm，宽2～4 mm，顶端急尖，基部收窄，上面稍粗糙，下面平滑，主脉于背面明显凸起；叶鞘松弛，无毛，背部具脊，下部的短于节间，上部的长于节间；叶舌薄膜质，无毛，长约1 mm，顶端近截平。圆锥花序稍紧缩，长4～5 cm，宽1～1.5 cm（刚毛除外），基部包藏于顶生叶鞘内而最后抽出；分枝粗糙，互生，上举或直立；小穗披针形，长5～6.5 mm，具极短的柄，单生于每一分枝上，花序基部的1～3个小穗直接着生于主轴上；刚毛长为小穗的2～3倍；第一颖薄膜质，长0.5～0.7 mm，顶端钝圆或近截平，无脉；第二颖纸质，稍短于第一外稃或与其近等长，顶端渐尖而稍粗糙，常具9脉，背面无毛；第一小花有3枚雄蕊，外稃与小穗等长，顶端渐尖，具13脉，内稃膜质，略短于外稃；第二外稃长圆状披针形，长约2.5 mm，内、外稃近等长，膜质兼厚纸质；子房长圆形，压扁，长约0.5 mm；花柱自基部分离，柱头羽毛状。花、果期：9～10月。

产地：高要及海南东方、三亚。生于水田、水塘中。

分布：越南、泰国。

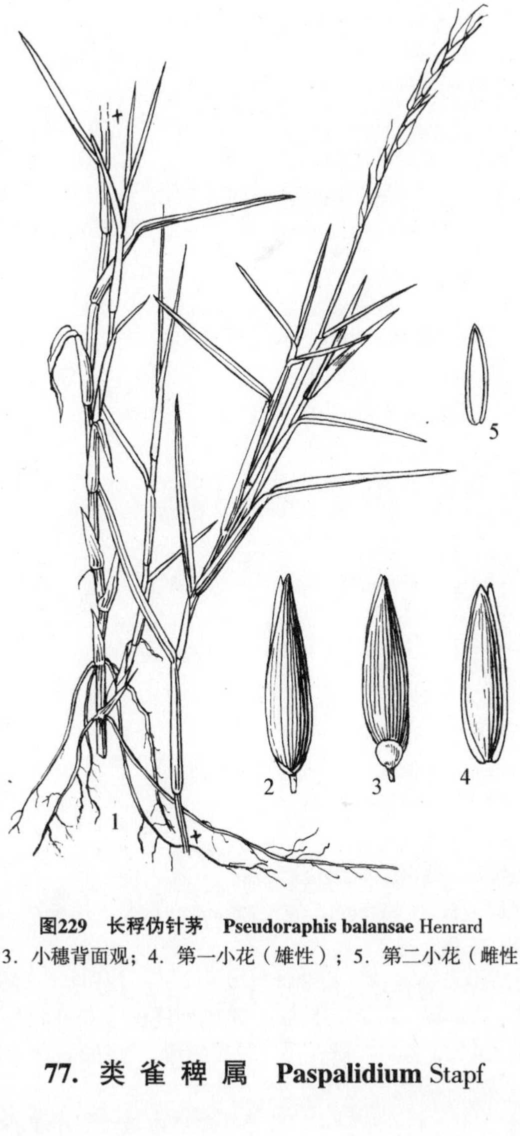

图229 长稃伪针茅 *Pseudoraphis balansae* Henrard

1. 植株；2. 小穗；3. 小穗背面观；4. 第一小花（雄性）；5. 第二小花（雌性）。（陈夏玲抄绘）

77. 类雀稗属 **Paspalidium** Stapf

多年生草本。秆粗壮而倾斜。叶线形，扁平或内卷。穗状花序交互排列在主轴上而成顶生圆锥花序，紧贴主轴，穗轴略呈三棱形，着生小穗的一面有弯曲的龙骨状突起；小穗椭圆形，背腹压扁，顶端急尖，无芒，沿龙骨状突起密集交互排列成2行，成熟时自穗轴上脱落；小穗有2朵小花，第一小花雄性或中性（即无雄、雌蕊），第二小花两性；第一颖微小，第二颖等长或较短于小穗；第一外稃与第二颖为圆形，内稃存在或缺；第二外稃骨质，背部隆起而面向穗轴，顶端尖，边缘内卷，包卷同质的内稃；浆片2枚；雄蕊3枚；花柱2，柱头帚状，近顶端伸出。颖果表面有横皱纹或小细点。

本属有20种，分布于热带地区。我国有2种；广东亦有。

1. 穗状花序短于主轴的节间；第二颖长为小穗的2/3；第二外稃具细点 ………………………………… 1. 类雀稗 P. flavidium
1. 穗状花序长于主轴的节间；第二颖长为小穗的1/3 ~ 1/2；第二外稃具细皱纹 ……………………… 2. 尖头类雀稗 P. punctatum

1. 类雀稗　（《中国主要植物图说——禾本科》）（图230）

Paspalidium flavidium（Retz.）A. Camus

Panicum. *flavidium* Retz.

多年生草本。秆少数丛生或单生，压扁，高30 ~ 100 cm。叶线状披针形，长5 ~ 30 cm，宽5 ~ 10 mm，顶端急尖，基部略成心形；叶舌短小，长约0.5 mm；叶鞘光滑，两侧压扁而具脊。穗状花序6 ~ 9枚，长1.5 ~ 2.5 cm，稀疏排列于长达40 cm的主轴上，短于主轴的节间；穗轴延伸为一小尖头；小穗卵形，长1.5 ~ 2.5 mm，左右排列在穗轴的一侧，背部隆起，乳白色或稍带紫色；有2朵小花，仅第二小花结实；第一颖广卵形，顶端圆形，长约为小穗的1/2，具3脉；第二颖长为小穗的2/3，具7脉；第一外稃与小穗等长，具5脉；第二外稃骨质，具细点；内稃透明膜质，略短于外稃。颖果骨质，椭圆形，上面扁平，背面隆起。花、果期：7 ~ 10月。

产地：据《中国植物志》记载，广东有分布。生于山坡、路边、荒地、田边。

分布：云南。热带非洲、印度、大洋洲。

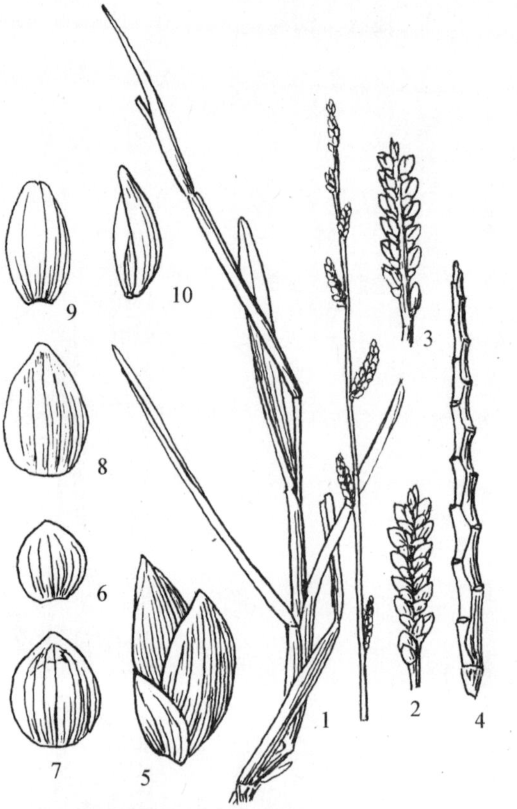

图230　类雀稗　Paspalidium flavidium（Retz.）A. Camus
1. 植株部分；2. 总状花序背面；3. 总状花序腹面；4. 穗轴；5. 小穗；6. 第一颖；7. 第二颖；8. 第一小花外稃背面；9. 第一小花内稃腹面；10. 颖果。（余汉平抄

2. 尖头类雀稗　（《中国高等植物图鉴》）

Paspalidium punctatum（Burm. f.）A. Camus

Panicum punctatum Burm f.

多年生草本。秆粗，海绵质，高50 ~ 100 cm，基部各节生根。叶线状披针形，长10 ~ 25 cm，宽3 ~ 8 mm，粗糙，顶端渐尖，边缘膜质；叶舌为一圈毛，长约1.8 mm；叶鞘光滑。穗状花序8 ~ 15枚，长1 ~ 3 cm，长于主轴的节间，交互排列于长约45 cm的主轴上；穗轴扁平，宽约2 mm，边波状，顶端伸出成尖头；小穗卵状长椭圆形，长2 ~ 3 mm，无柄，覆瓦状排列在穗轴一侧；第一颖膜质，长不及1 mm，顶端圆钝；第二颖长为第二外稃的1/3 ~ 1/2，顶端圆钝或截平；第一外稃卵形，锐尖，具3 ~ 5脉；第二外稃卵形，长约2 mm，顶端尾状渐尖，表面具细皱纹。颖果椭圆形，背部隆起。花、果期：7 ~ 10月。

产地：据《中国植物志》记载，广东有分布。生于池塘、水沟、沼泽地。

分布：台湾。亚洲热带地区。

78. 钝 叶 草 属　Stenotaphrum Trin.

多年生草本，具匍匐枝。叶宽而平展，顶端钝或尖。穗状圆锥花序的主轴扁平或成圆柱状，具翼或无；小穗无柄，卵状披针形至披针形，嵌生于扁平、木栓质的穗轴凹穴中，成熟时连同穗轴一起脱落；颖不等长，第一颖较短小；第一小花中性（即无雄、雌蕊）或雄性；第一外稃与第二颖近等长或较长，顶端渐尖，内稃膜质，有雄蕊或无；第二外稃质变硬，平滑，包卷同质的内稃，内稃顶端外露。颖果表面平滑。

本属约7种，分布于南亚、东南亚至太平洋岛屿、美洲和非洲的热带、亚热带地区。我国有3种；广东及海南有1种。

钝叶草 （《中国主要植物图说——禾本科》） （图231）

Stenotaphrum helferi Munro ex Hook. f.

多年生草本。秆高10～40 cm，下部匍匐，节处生根。叶带状，长5～17 cm，宽5～11 mm，顶端微钝，具短尖头，基部截平或近圆形，两面无毛，边缘粗糙；叶舌极短，顶端有白色短纤毛；叶鞘松弛，长于节间，压扁而于背部具脊，仅包裹节间下部，平滑无毛。花序主轴扁平，具翼，长10～15 cm，宽3～5 mm，边缘微粗糙；穗状花序嵌生于主轴的凹穴内，长7～18 mm，穗轴三棱形，边缘粗糙，顶端延伸于顶生小穗之上而成一小尖头；小穗互生，卵状披针形，长4～4.5 mm，有2朵小花而仅第二小花结实；颖顶端尖，脉间有小横脉，第一颖广卵形，长为小穗的1/2～2/3，具5～7脉，第二颖约与小穗等长，具9～11脉；第一小花雄性；第一外稃与小穗等长，具7脉，内稃厚膜质，略短于外稃，具2脉；第二外稃革质，有被微毛的小尖头，边缘包卷内稃。花、果期：秋季。

产地：广州、阳春、徐闻和陵水、琼中、白沙。生于草地、林缘、疏林中。

分布：福建、云南。缅甸、马来西亚、泰国、越南。

用途：优良的牧草。

图231 钝叶草 Stenotaphrum helferi Munro ex Hook. f.
1. 植株；2. 小穗。（陈夏玲抄绘）

79. 蒭雷草属 **Thuarea** Pers.

多年生草本；植株矮小，有匍匐茎。叶常平展，坚韧。穗状花序单枚顶生，其下托以具鞘的佛焰苞；小穗披针形，无柄，单生于扁平穗轴的一侧，上部为4～6枚雄小穗，下部则为1～2枚雌性或两性小穗，成熟时整个花序脱落，穗轴旋卷而包裹小穗；小穗披针形，颖不等长，第一颖短小或缺，第二颖与小穗几等长，革质；第一外稃与小穗等长，具发育的内稃，有雄蕊或退化；第二外稃质地变硬，平滑，具宽而内折的膜质边缘，顶端被柔毛，内稃除顶端外全被外稃所包卷。

本属有2种，分布于东半球热带地区。我国有1种；广东及海南亦有。

蒭雷草 （《中国主要植物图说——禾本科》） 别名：常宫草 （海南） （图232）

Thuarea involuta（G. Forst.）R. Br. ex J. M. Smith

Ischaemum involutum G. Forst.

T. sarmentosa Pers.

多年生草本。秆匍匐地面，节处生根，直立部分高4～10 cm。叶披针形，长2～3.5 cm，宽3～8 mm，通常两面被细柔毛，边缘常部分波状皱褶；叶舌极短，有长0.5～1 mm的白色短纤毛；叶鞘松弛，长1～2.5 cm，约为节间长的1/2，疏被柔毛，或仅边缘被毛。穗状花序长1～2 cm；佛焰苞长约2 cm，顶端尖，背面被柔毛，基部的毛尤密，脉多而粗；穗轴叶状，两面密被柔毛，具多脉，下部具1枚两性小穗，上部具4～5枚雄性小穗，顶端延伸成一尖头；两性小穗卵状披针形，长3.5～4.5 mm，有2朵小花，仅第二小花结实；第一颖退化或狭小而为膜质，第二颖与小穗几等长，革质，具7脉，背面被毛；第一外稃草质，具5～7脉，背面有毛，内稃膜质，具2脉，雄蕊3枚；第二外稃厚纸质，具7脉，除顶部被毛外几平滑无毛，内稃具2脉；雄性小穗长圆状披针形，长3～4 mm；第一颖缺，第二颖草质，稍短于小穗，背面有毛，具3～5脉；第一外稃纸质，宽披针形，具5脉，内稃具2脉；成熟后雄小穗脱落，叶状穗轴内卷包围结实小穗。花、果期：4～12月。

产地：台山及海南陵水。生于海边沙滩。

分布：台湾。热带亚洲、大洋洲和马达加斯加。

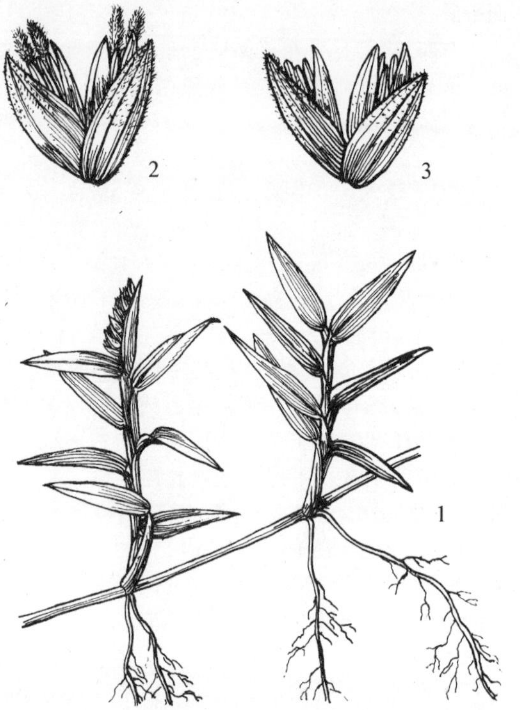

图232　莠雷草　Thuarea involuta（G. Forst.）R. Br. ex J. M. Smith
1. 植株；2. 雄性小穗；3. 雌性小穗。（陈夏玲抄绘）

80. 鬣　刺　属　Spinifex Linn.

多年生小灌木状草本。秆坚硬，平卧而广展。叶线形，边缘内卷，针状，坚硬。花单性，雌雄异株；雌小穗单生于每一穗轴的基部，穗轴再作星芒状聚合成一大型而有佛焰苞的头状花序；雄小穗位于具梗而质坚硬的穗状花序上，此花序再聚集为一有佛焰苞的伞形花序；颖草质，具数脉，雄小穗的第一颖长约为小穗的1/2，雌小穗的第一颖与小穗等长或稍短；第一外稃与小穗近等长，顶端渐尖；雌小穗的第二外稃厚纸质，包裹厚纸质的内稃。

本属约4种，分布于亚洲和大洋洲热带地区。我国有1种；广东及海南亦有。

老鼠艻　（《基尔氏：华英字典》）　（图233）

Spinifex littoreus（Burm. f.）Merr.

Stipa littorea Burm. f.

多年生小灌木状草本；须根长而坚韧。秆粗壮、坚实，表面被白蜡质，平卧地面部分长达数米，直立部分高30～100 cm，直径3～5 mm。叶线形，质坚而厚，长5～20 cm，宽2～3 mm，下部对折，上部卷成针状，常成弓状弯曲，边缘粗糙，无毛；叶舌短小，顶端有长2～3 mm的不整齐白色纤毛；叶鞘宽阔，基部达1.4 cm，无毛或微被毛，边缘具缘毛，常互相覆盖。雄穗轴长4～9 cm，有数枚小穗，顶端延伸于顶生小穗之上而成针状；雄小穗长9～11 mm，柄长约1 mm；颖草质，广披针形，顶端急尖，具7～9脉，第一颖长约为小穗的1/2，第二颖长约为小穗的2/3；外稃长8～10 mm，具5脉；内稃与外稃近等长，具2脉；花药线形，长约5 mm；雌穗轴针状，长6～16 cm，粗糙，基部单生1雌小穗；第一外稃具5脉，与小穗等长，无内稃；第二外稃厚纸质，具5脉，内稃与外稃近等长。花、果期：夏、秋季。

产地：南澳、深圳、珠海、台山、阳江、雷州、徐闻及海南文昌、陵水、三亚、昌江。生于海边沙滩。

分布：台湾、福建、广西等省区。印度、缅甸、斯里兰卡、马来西亚、越南和菲律宾。

用途：海边固沙植物。

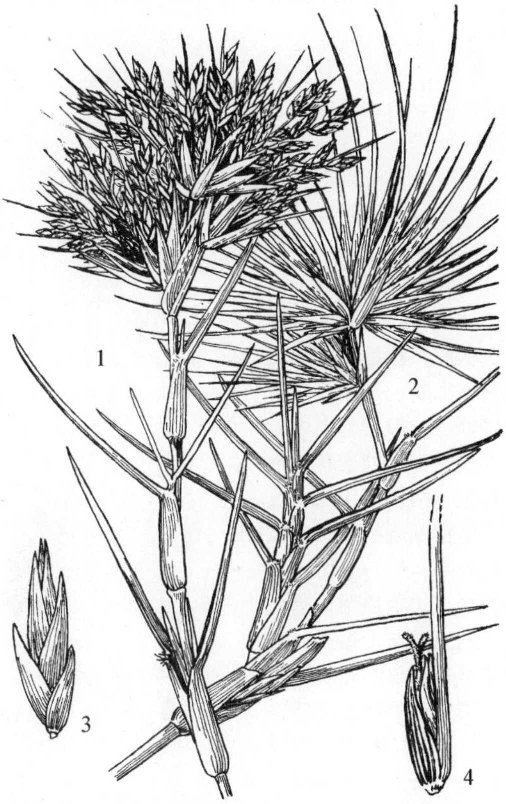

图233 老鼠艻 **Spinifex littoreus**（Burm. f.）Merr.
1. 雄花序；2. 雌花序；3. 雄小穗；4. 雌小穗。（陈夏玲抄绘）

81. 鰢 茅 属 Dimeria R. Br.

一年生或多年生细弱草本。秆直立或基部倾斜，中空，无毛。叶线状披针形，扁平，最上1叶特别小，钻状，两面具疣基毛或短柔毛或无。总状花序单生或指状着生于秆顶；小穗含1朵两性小花和1朵退化小花，两侧压扁，单生，柄极短，成2行互生于总状花序轴的一侧，花序轴三棱形，或一面较扁平，细弱，延续而不逐节断落；颖草质或薄纸质，背具1脉；第一颖较狭，对折，具脊；第二颖较第一颖宽，脊呈翼状或不明显；第一外稃较小，无脉；第二外稃顶端2裂，裂齿间伸出1芒，芒膝曲或微扭转，或无芒；内稃缺；鳞被2；雄蕊2枚。颖果线状椭圆形或长圆形。

本属约40种，分布于亚洲热带和澳大利亚，主产于亚洲东南部。我国有6种；广东及海南均有。

1. 总状花序轴三棱形，小穗疏松地交互排列在一侧。
  2. 小穗具长3 mm以上的芒 ………………………………………… 1. 鰢茅 D. ornithopoda
  2. 小穗具长约2 mm的芒 ………………………………………… 2. 小鰢茅 D. parva
1. 总状花序轴近扁平，小穗较密集地呈2行交互排列在一侧。
  2. 总状花序2枚或1枚，花序轴边无毛或具纤毛。

3. 第二颖的脊具翅或无，主枝和分枝顶上的总状花序均为2枚……………………………………… 3. 镰形鰓茅 D. falcata

3. 第二颖脊具宽翅，主枝顶上的总状花序为2枚，分枝顶上的总状花序为1枚 ……………… 4. 广西鰓茅 D. guangxiensis

2. 总状花序1枚，花序轴边密生纤毛。

3. 第二颖的脊具宽翅 ……………………………………………………………………………… 5. 华鰓茅 D. sinensis

3. 第二颖的脊仅中部以上具狭翅 ………………………………………………………………… 6. 单生鰓茅 D. solitaria

1. 鰓茅　（《中国植物图鉴》）　（图234）

Dimeria ornithopoda Trin.

D. ornithopoda var. *tenera* (Trin.) Hack.

一年生细弱草本。秆直立或基部稍倾斜，高3～40 cm，无毛。叶线形，长1.5～5 cm，宽1～3 mm，顶端渐尖，两面具疏或密的开展细长疣毛，下面主脉明显凸起；叶舌长0.5～1 mm，边缘破裂；叶鞘具脊，具开展或贴伏的长疣毛，长于节间或上部的短于节间。总状花序细弱，2～3枚呈指状着生于秆顶或分枝顶，花序轴三棱形，呈"之"字形曲折或直，棱缘粗糙。小穗交互排列于花序轴一侧，紫色、浅红棕色或红棕色，两侧极压扁，线状长圆形或狭椭圆状长圆形，基盘围绕有倒髯毛或毛极短至无，顶端有数枚放射状毛；第一颖比小穗短，极扁，顶端急尖，背面粗糙，边缘质薄，具向上短毛；第二颖与小穗等长，侧面具向上短毛，边透明膜质，具短毛；第一小花退化，仅存外稃，长圆状披针形，边缘有疏纤毛；第二外稃狭椭圆状，顶端尖，2裂；裂齿间伸出一细弱扭转的芒；内稃缺；雄蕊2枚；花柱2，花柱基短联合；柱头帚状。颖果线状长圆形。花、果期：9～11月。

产地：深圳、阳春等地。生于路边、林间草地、岩石缝的较阴湿处。

分布：安徽、广西、江苏、江西、台湾、云南、浙江。印度、日本、朝鲜、马来西亚、菲律宾、澳大利亚。

用途：可作牧草。

图234　鰓茅　Dimeria ornithopoda Trin.

1. 植株；2. 部分花序；3. 小穗；4. 第二外稃。

（余汉平抄绘）

2. 小鰓茅　（《南京大学学报》）

Dimeria parva (Keng et Y. L. Yang) S. L. Chen et G. Y. Sheng

D. ornithopoda var. *parva* Keng & Y. L. Yang

一年生矮小草本；秆直立，高5～11 cm，节薄被短柔毛或近无毛。叶线状披针形，长1～3.5 cm，宽1～3 mm，顶端短渐尖，除叶基部两边有数条疣基毛外，余无毛；叶舌干膜质或薄纸质，0.5～0.7 mm；叶鞘除最上一节外，都远长于节间，无毛。总状花序2枚，成熟后极叉开，花序轴三棱形，无毛；小穗交互排列于花序轴一侧，长圆形，暗棕红色，基盘无毛；第一颖钻形，与小穗等长或略短，顶端长渐尖，几呈芒状；第二颖与小穗等长，长圆形，顶端长渐尖，几呈芒状，背部具明显的脊，脊缘呈翼状，薄纸质或膜质；第一外稃长约为第一颖的1/2，长圆形，无脉，无内稃；第二外稃稍短于第二颖，几无毛，顶端几乎不裂，具1脉，脉延伸成一短直芒；雄蕊2枚；花柱基部短联合。颖果狭长圆形。

产地：阳春。生于草地上。

分布：台湾。

3. 镰形觿茅 （《中国主要植物图说——禾本科》）

Dimeria falcata Hack.

D. Dimeria *falcata* var. *tenuior* Keng et Y. L. Yang

多年生草本。秆直立，丛生，高20～70 cm。叶暗绿色，有时为红色，狭线形，长4～20 cm，宽2～3 mm，上面具白色中脉，宽，顶端渐尖；叶舌干膜质，0.4～0.5 mm；叶鞘被长疣基状长硬毛，下部的长于节间，上部的短于节间。总状花序2～3枚，略散开，花序轴扁平，边缘具翅，翅边粗糙。小穗淡红褐色或近紫色，线状长圆形，互生，密集排列于花序轴的一侧，基部具髯毛；颖草质，第一颖稍短而狭窄，边缘膜质或薄纸质；第二颖披针形，具1脉，背部圆，顶端以下具脊，脊具翅或无；第一外稃倒披针形；第二外稃短于第二颖，长圆状披针形，顶端2裂，裂齿间伸出一细弱、膝曲扭转的芒；花柱自基部分离，柱头帚状。花、果期：秋季。

产地：饶平、珠江口岛屿。生于较潮湿的山坡草地；少见。

分布：香港、福建、台湾、广西等省区。印度、缅甸、泰国。

4. 广西觿茅 （《植物研究》）

Dimeria guangxiensis S. L. Chen & G. Y. Sheng

一年生细弱草本。秆直立，高35～40 cm。叶线状披针形，长2～5 cm，宽1.5～3.5 mm，顶端渐尖，两面被细疣基毛；叶舌与叶鞘顶边联合，弧形，边缘破裂，长约0.5 mm；下部的叶鞘长于节间，上部的短于节间，密被疣基毛或毛脱落而仅留有疣基。总状花序2枚或在分枝秆顶为1枚；花序轴紫褐色或浅棕红色，光滑；小穗呈2行交互排列于花序轴的一侧，棕褐色，长圆形；第一颖沿脊具短纤毛；第二颖沿脊具宽翅，翅边具短纤毛；第一外稃倒卵状披针形，无脉，边缘具纤毛；第二外稃顶端2浅裂，裂口间伸出一芒，多数径直。颖果长圆形。花、果期：10月。

产地：怀集。生于草地、山顶、山坡向阳处。

分布：广西。

5. 华觿茅 （《广州植物名录》）

Dimeria sinensis Rendle

一年生草本。秆细弱，直立，高12～40 cm。叶线形，长1.5～9 cm，宽2～4 mm，上面光滑，背面被细长疣基毛，顶生叶甚退化呈针状；叶舌极短，干膜质，截平，边缘破裂；下部的叶鞘长于节间，上部的短于节间，具细长疣基毛。总状花序单生于秆顶；花序轴略弯曲，边有狭翅，密生白色纤毛；小穗长圆形，成2行交互排列于穗轴一侧，淡红褐色或紫褐色，基盘短截平，具短髯毛；颖纸质，具脊；第一颖脊和第二颖翅边密被白色纤毛，远轴面近边处被白色丝状毛，近轴面被疏毛，顶端尖；第二颖脊具宽翅；第一外稃披针形，无脉，边缘疏生纤毛；第二外稃顶端2裂，裂齿伸出一芒；芒中部以下膝曲，芒柱扭转，带黄棕色，芒针稍粗糙；雄蕊2枚。颖果长圆形。花、果期：秋季。

产地：广州、珠江口岛屿。生于草地、山坡、路旁的潮湿荒地或岩石边。

分布：安徽、江苏、浙江、江西、香港、福建、广西等省区。泰国。

6. 单生觿茅 （《南京大学学报》）

Dimeria solitaria Keng et Y. L. Yang

一年生草本。秆直立或基部节稍弯而倾斜上升，高9～19 cm。叶线形，长1～3 cm，宽1～2.5 mm，背面被疣毛，顶生叶甚退化，呈针状；叶舌极短，干膜质，截平，边缘破裂，长约0.4 mm；叶鞘短于节间，具细疣毛。总状花序单生于秆顶；花序轴淡棕红色，一面扁平，边缘具短纤毛；小穗成2行交互排列于花序轴一侧，长圆形；颖纸质，第一颖沿脊密被纤毛，边缘被较密的短柔毛；第二颖沿脊密被纤毛，沿脊中部以上有狭翅；第二外稃具1脉，顶端2裂，裂齿间伸出一芒，芒柱扭转。颖果长圆形。

产地：博罗。生于潮湿的岩石及旷野。

82. 芒　属 **Miscanthus** Anderss.

多年生中型禾草。秆粗壮，直立，中空。叶线形，扁平，内卷。大型圆锥花序开展或呈伞房状，由多数总状花序排列而成；孪生小穗两性，小穗柄近等长或1长1短，成熟后自柄上脱落，基盘具柔毛；颖纸质，长卵圆形，顶端具微齿，第一颖背扁平，两侧具2脊；第二颖舟形，具1背脊，无芒；外稃透明膜质，第一外稃存在或无；第二外稃膜质，具细直或膝曲的芒，稀无；内稃微小或缺；雄蕊3或2枚。

本属约14种，分布于东南亚，非洲有数种。我国有7种；广东及海南有3种。

1. 雄蕊3枚。
   2. 花序轴长达花序的2/3以上，长于总状花序分枝……………………1. 五节芒 M. floridulus
   2. 花序轴长达花序的1/2以下，短于总状花序分枝……………………2. 芒 M. sinensis
1. 雄蕊2枚……………………………………………………3. 尼泊尔芒 M. nepalensis

1. 五节芒　(《华南经济禾草》)

Miscanthus floridulus (Lab.) Warb. ex Schum.et Laut.

Saccharum floridulum Lab.

多年生高大草本，具发达的根状茎。秆高2～4 m，无毛。叶线形，长25～80 cm，宽0.5～4 cm，扁平，边缘粗糙；叶舌长1～3 mm，背部密被柔毛；叶鞘无毛或仅鞘口疏生纤毛，长于节间。圆锥花序大型，稠密，长30～50 cm，主轴粗壮，长达花序的2/3以上，长于总状花序分枝，无毛，分支较细弱，常10多枚簇生于基部各节；花序轴节间长3～5 mm，无毛；小穗孪生，1长柄1短柄，卵状披针形，基盘具长于小穗的丝状柔毛；颖近等长，膜质，长2.5～4（～6）mm，靠近顶端边缘被疏柔毛，顶端渐尖，脉不明显；第一外稃披针形，稍短于颖，无脉，被疏柔毛；第二外稃卵状披针形，顶端尖或具2微齿，无毛或下部边缘具少数短纤毛，芒长5～10 mm，膝曲；内稃微小；雄蕊3枚。花、果期：5～10月。

产地：广东和海南各地。生于低海拔撂荒地与丘陵潮湿谷地和山坡或草地；常见。

分布：四川、云南、浙江、江苏、江西、福建、海南、台湾、香港、广西、贵州、湖北、安徽、河南。亚洲东南部。

用途：幼叶可作饲料，茎可作造纸原料。

2. 芒　(《本草拾遗》)

Miscanthus sinensis Anderss. Oefv. Svensk.

多年生苇状草本。秆高0.3～4 m，节无毛或被短柔毛。叶线形，长18～75 cm，宽6～10 mm，无毛或疏生柔毛并被白粉，中脉突出，边缘粗糙或光滑，顶端渐尖；叶舌膜质，长0.5～4 mm，被纤毛；叶鞘长于节间，无毛或具长柔毛。圆锥花序直立，主轴达花序的中部以下，短于总状花序分枝，花序轴节间无毛，粗糙或光滑，节无毛；小穗披针形，基盘具等长于小穗的白色或淡黄色丝状毛；颖近等长，膜质，长4～6.5 mm，5脉，背部无毛或被疏柔毛，顶端和上部边缘被微柔毛，顶端渐尖；第一外稃披针形，膜质，无脉，顶端和边缘被微柔毛或无；第二外稃似第一外稃，顶端2裂，裂片间具1芒，芒膝曲，芒柱稍扭曲；内稃微小，顶端具不规则齿裂；雄蕊3枚。颖果长圆形。花、果期：7～12月。

产地：广东和海南各地常见。生于山地、丘陵和荒坡原野，常组成优势群落。

分布：几遍全国各地。朝鲜、日本、菲律宾、越南、老挝、马来西亚。

用途：造纸原料。

3. 尼泊尔芒 （《西藏植物志》） （图235）

Miscanthus nepalensis（Trin.）Hack.

Diandranthus nepalensis Trin.

多年生草本。秆高20～200 cm，基部有短根状茎，紧接花序部分生有丝状柔毛，节无毛。叶线形，扁平，长15～60 cm，宽3～25 mm，顶端长渐尖，无毛或被长柔毛，边缘粗糙，基部渐狭，中脉粗壮，顶端渐尖；叶舌长1～3 mm，被纤毛，背部被长柔毛；叶鞘压扁，无毛，鞘口生柔毛。圆锥花序伞房状，主轴达花序中部以下；总状花序7～80枚，金黄色；花序轴节间无毛；小穗长2～3 mm，基盘具金黄色丝状柔毛，毛长于小穗的4～5倍；颖近等长或第二颖略长，膜质，1～5脉；第一颖无毛或边缘有长柔毛，顶端截平，有2小齿；第二颖无毛，顶端和边缘膜质，顶端尖；第一外稃卵圆形，无脉；第二外稃披针形，长1.5～2 mm，芒直或弯；第二内稃长约1 mm；雄蕊2枚。颖果长圆形。花、果期：6～11月。

产地：乐昌、仁化、始兴、连南、阳山、清远、曲江、英德、翁源、连平、和平、蕉岭、大埔、梅州、深圳、珠海、惠阳、博罗、广州、台山、肇庆、封开、信宜、郁南、云浮、阳江、阳春、徐闻等。生于山谷、旷野、草地、路旁。

分布：西藏、四川、云南等。不丹、印度、缅甸、尼泊尔；马来西亚有引种。

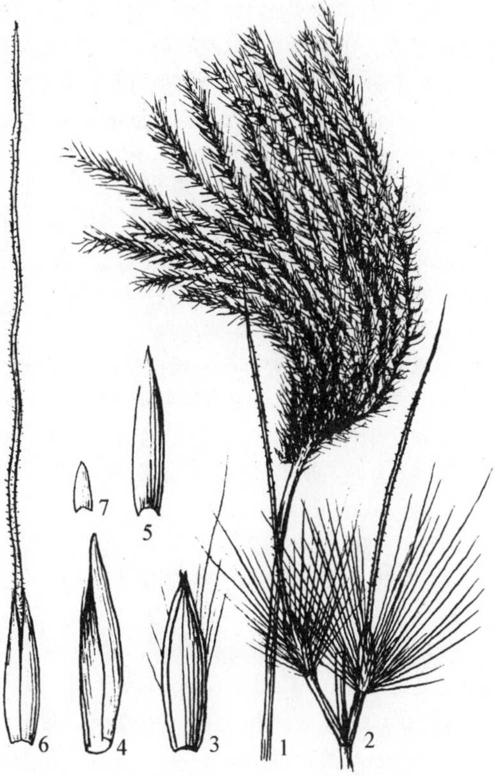

图235 尼泊尔芒 Miscanthus nepalensis（Trin.）Hack.

1. 花序；2. 孪生小穗；3. 第一颖；4. 第二颖；5. 第一外稃；6. 第二外稃；7. 第二内稃。（余汉平抄绘）

83. 白 茅 属 **Imperata** Cyrillo

多年生草本，具发达多节的长根状茎。秆直立，不分枝。叶披针形或线形；叶舌膜质。穗状紧缩圆锥花序顶生，花序轴坚韧，不断落；孪生小穗线形，无毛，基盘钝而短平，围以细长的丝状柔毛；颖纸质或顶端及边缘膜质，两颖近相等，披针形，具数脉，背部被长柔毛；外稃均透明膜质，无脉，第二外稃具裂齿和纤毛，无芒；第一内稃缺；第二内稃较宽，包围雌雄蕊；鳞被不存在；雄蕊2或1枚；花柱细长，下部多少连合；柱头2。颖果椭圆形。

本属约10种，分布于全世界的热带和亚热带。我国有3种；广东有1种，1变种。

1. 小穗基部柔毛长于小穗的3倍以上；柱头紫黑色……………………1. 白茅 I. cylindrica var. major
1. 小穗基部柔毛等长或稍短于小穗；柱头黄棕色 ……………………2. 黄穗茅 I. flavida

1. 白茅 （《中国主要植物图说——禾本科》） （图236）

Imperata cylindrica var. **major**（Nees）C. E. Hubb.

I. koenigii var. *major* Nees

I. koenigii（Retzius）P. Beauvois

多年生草本，具横走、多节、被鳞片的长根状茎。秆直立，高25～90 cm，具1～4节，节具髯毛，有时粗糙或无毛。叶线形或线状披针形，扁平，长10～100 cm，宽2～20 mm，顶端长渐尖，中脉在下部明显隆起并渐向基部增粗或成柄，边缘粗糙，上面被细柔毛；顶生叶短；叶舌干膜质，1～2 mm；叶鞘无毛或边缘及鞘口具柔毛。圆锥花序穗状，分枝短缩而密集，下部略松散；小穗柄顶端膨大成棒状，无毛或疏生丝状柔毛；小穗披针形，长2.5 ~ 4（~4.5）mm，基部密生长12 ~ 16 mm的丝状柔毛；颖5 ~ 9脉，背部脉间疏生长于小穗本身3 ~ 4倍的丝状柔毛；第一外稃卵状长圆形，长为颖的1/2或更长，顶端尖，具齿裂或少数纤毛；第二外稃卵形，长为颖的1/2；内稃顶端截平，无芒，具微小的齿裂；雄蕊2枚，先雌蕊而成熟；柱头2，紫黑色。颖果椭圆形。花、果期：4 ~ 8月。

产地：广东各地。生于谷地河床至干旱草地、空旷地、果园地、撂荒地、田坎、堤岸和路边。

分布：华南、华东、华中、西南和山东、河南、陕西等省区。东半球热带和温带地区。

用途：药用和造纸原料。

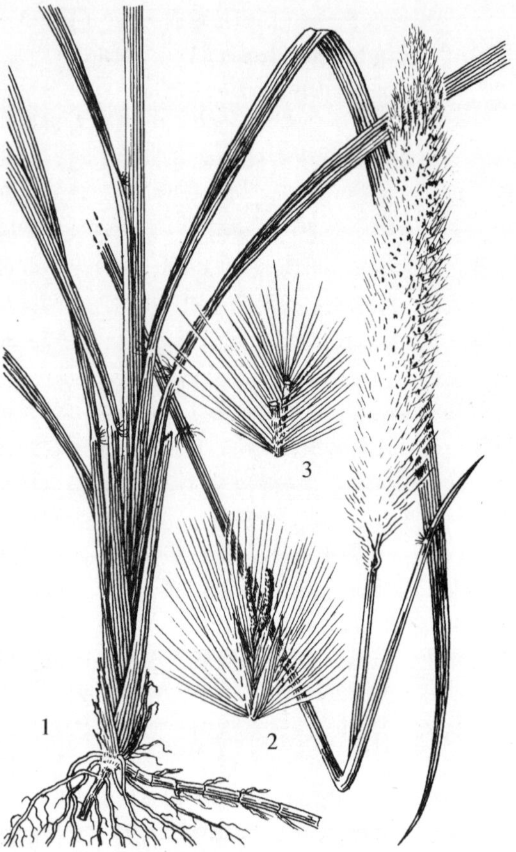

图236　白茅　**Imperata cylindrica** var. **major**（Nees）C. E. Hubb.
1. 植株一部分；2. 小穗；3. 穗轴一部分。（余汉平抄绘）

2. 黄穗茅　（《中国主要植物图说——禾本科》）

Imperata flavida Keng

多年生草本，具密生鳞片的根状茎。秆直立，高70 ~ 125 cm，节无毛。叶线形，扁平，长20 ~ 60 cm，宽5 ~ 10 mm，无毛或上面微被柔毛，顶端长渐尖，基部渐窄；叶舌干膜质，长0.5 ~ 1 mm，顶端具细纤毛；叶鞘无毛，仅鞘口具丝状毛，长于节间。圆锥花序狭窄，圆柱状，长10 ~ 20 cm，分枝短；小穗孪生，长圆形或披针形，基盘有与小穗等长或稍短的丝状毛；颖长圆形，4 ~ 5（~7）脉，透明膜质，背部及边缘密生长柔毛；第一外稃宽卵形，长为颖的1/2，顶端具大小不一的齿裂，具纤毛；第二外稃卵形，长为颖的1/3，2 ~ 3齿裂，具纤毛；雄蕊2枚；柱头黄棕色，帚状。花、果期：夏、秋季。

产地：海南特产，东方、昌江、陵水、琼中、定安等地。生于林中山谷和溪边等潮湿处。

84. 甘　蔗　属　**Saccharum** Linn.

多年生草本，具根状茎。秆高大粗壮。叶线形，中脉粗壮；叶舌膜质，具柔毛。圆锥花序大型，开展，由多数总状花序组成，花序分枝轮生，不定数；孪生小穗1有柄1无柄；有柄小穗单独脱落，无柄小穗连同花序轴节间和小穗柄一并脱落；颖顶端及边缘膜质，两颖等长；第一颖背扁平，两侧内折成2脊；第二颖舟形，具1背脊；基盘多具长于小穗的丝状柔毛；外稃透明膜质，边缘具纤毛，第一外稃内空，有时具1脉；第二外稃狭窄，顶端有或无芒；第二内稃常存在；雄蕊3枚。

本属35 ~ 40种，大多分布于亚洲的热带与亚热带。我国有12种；广东及海南有7种。

1. 小穗具芒，芒长6 ~ 8 mm，伸出颖片之外 ………………………… 1.台蔗茅 S. formosanum
1. 小穗无芒或具短芒，芒隐藏于颖片之内（如伸出，则芒长6 mm）。
  2. 第一颖背部无毛；基盘毛远长于小穗。
    3. 秆较纤细；叶宽0.2 ~ 0.8 cm；野生 ………………………… 2. 甜根子草 S. spontaneum

3. 秆较粗壮；叶宽1 ~ 6 cm；栽培。

4. 秆顶端和圆锥花序主轴无毛；无柄小穗长3.5 ~ 4 mm ······ 3.甘蔗 S. officinarum

4. 秆顶端和圆锥花序主轴被丝状长毛；无柄小穗长约4.5 mm ······ 4. 竹蔗 S. sinense

2. 第一颖背部被毛（金猫尾的第一颖背部被粗糙毛或无毛）；基盘毛等长或短于小穗。

3. 第一颖被长于小穗2 ~ 3倍的白色柔毛 ······ 5. 斑茅 S. arundinaceum

3. 第一颖近无毛或被短于小穗的褐色柔毛。

4. 花序铜色或褐紫色；节被白色髯毛；基盘毛白色或紫色；第一颖近无毛 ······ 6. 河八王 S. narenga

4. 花序金褐色；节被褐色髯毛；基盘毛金褐色；第一颖被长硬毛 ······ 7. 金猫尾 S. fallax

1. 台蔗茅 （《种子植物名称》） 别名：割手密 （广东） （图237）

Saccharum formosanum（Stapf）Ohwi

Erianthus formosanus Stapf

多年生草本，具根状茎。秆直立，高70 ~ 190 cm。叶线形，扁平或内卷，长30 ~ 100 cm，宽3 ~ 6 mm，顶端长渐尖，边缘具锯齿状，基部具长柔毛；叶舌短，0.5 mm，具纤毛；叶鞘长于或上部的短于节间，鞘口具柔毛。圆锥花序伞房状，褐色或带紫色；主轴被丝状柔毛；分枝上升或平展；无柄小穗披针形，基盘丝状毛短，长约0.5 mm；第一颖披针形，紫褐色，顶端膜质，渐尖或具2小齿，2脊上部具纤毛，脊间无脉或有1脉，背部具长为小穗2 ~ 3倍的丝状柔毛，白色或带褐色；第二颖舟形，顶端尖，具3脉，背部无毛，或在有柄小穗中疏生长柔毛，边缘具纤毛；第一外稃狭长圆形，顶端具纤毛；第二外稃狭披针形，上部边缘略具纤毛，顶端近全缘，芒细弱，长6 ~ 8 mm，伸出颖片之外；雄蕊2枚；柱头紫黑色，自小穗上部之两侧伸出；有柄小穗常稍小。花、果期：8 ~ 11月。

产地：据《中国植物志》记载，广东海南有分布。生于山坡草地。

分布：江西、福建、台湾、贵州、云南、浙江。

图237 台蔗茅 Saccharum formosanum（Stapf）Ohwi

1. 植株；2. 圆锥花序的一段，示无柄小穗、穗轴节间和小穗柄；3. 小穗。（陈夏玲抄绘）

2. 甜根子草 （《亚洲文会会报》）

Saccharum spontaneum Linn.

Imperata spontanea（Linn.）Beauv.

多年生草本，具长根状茎。秆高1 ~ 4 m，花序以下具白色丝状柔毛。叶线形，长60 ~ 180 cm，宽3 ~ 8 mm，基部多少狭窄，无毛，边缘具锯齿；叶舌膜质，褐色，长2 ~ 8 mm，顶端具纤毛；叶鞘口和边缘具柔毛，有时具疣基毛。圆锥花序稠密，主轴密生丝状柔毛，分枝细弱，下部分枝多少裸露，花序轴节间长约5 mm，顶端稍膨大，边缘与外侧疏生长丝状毛；无柄小穗披针形，基盘具长于小穗3 ~ 4倍的丝状柔毛；第一颖成熟时中部以下纸质，黑褐色，上部膜质，色淡，背部无毛，上部边缘具纤毛，顶端渐尖；第二颖舟形，顶端锐尖，中脉成脊，边缘具纤毛；第一外稃卵状披针形，等长于小穗，顶端尖，边缘具纤毛；第二外稃线形或线状长圆形，无芒；雄蕊3枚；有柄小穗与无柄者相似，柄长2.5 ~ 3 mm。

产地：乐昌、连州、清远、南澳、深圳、广州、肇庆、罗定和海南各地。生于平原、山坡、河旁、岸边、砾石沙滩荒洲上。

分布：陕西、河南、新疆、西藏、江苏、安徽、浙江、江西、湖北、湖南、福建、台湾、香港、广西、云南、贵州、四川。热带亚洲、澳大利亚、欧洲南部。

用途：保土植物；可作造纸原料和饲料。

3. 甘蔗　（《名医别录》）

Saccharum officinarum Linn.

多年生高大实心草本；根状茎粗壮发达。秆高3 ~ 6 m，丛生，花序以下具白色丝状毛。叶线形，宽大，长70 ~ 150 cm，宽4 ~ 6 cm，两面无毛，具白色肥厚之中脉，边缘具锯齿；叶舌膜质，截平，长2 mm，具纤毛；叶鞘长于节间，除鞘口具柔毛外余无毛。圆锥花序大型，稠密，主轴除节被毛外余无毛；花序轴节间长7 ~ 12 mm，顶端稍膨大，无毛；小穗孪生，1无柄1有柄，相似，长3.5 ~ 4 mm；无柄小穗披针形，基盘具长于小穗2 ~ 3倍的丝状柔毛；第一颖近纸质，背部无毛，2脉内折成2脊，边缘膜质；第二颖舟形，具3脉而顶端锐尖；第一外稃长圆状披针形，近等长于颖，膜质，具1脉；第二外稃线形，无芒或退化；第二内稃披针形；雄蕊3枚；小穗柄长3 ~ 4 mm，无毛，顶端稍膨大。花、果期：秋季。

产地：广东和海南各地有栽培。

分布：全世界热带和亚热带地区广泛栽培。

用途：制糖、造纸。

4. 竹蔗　（《食疗本草》）

Saccharum sinense Roxb.

S. chinense Osbeck

S. spontaneum var. *sinense*（Roxb.）Anderss.

多年生禾草。秆直立，粗壮，丛生，高达3 ~ 4 m，花序以下具白色丝状柔毛。叶线状披针形，长达1 m以上，宽3 ~ 5 cm，无毛，带灰白色，中脉粗壮，白色，边缘具锯齿；叶舌长约2 mm；叶鞘较长于节间，鞘口具长柔毛。圆锥花序大型，主轴被白色丝状柔毛，花序轴节间长6 ~ 8 mm，顶端稍膨大，边缘疏生长丝状毛，小穗柄无毛；无柄小穗披针形，长约4.5 mm，暗褐色，基盘具长于小穗2 ~ 3倍的丝状柔毛；颖几等长，上部膜质，与边缘均具纤毛；第一颖披针形，纸质，背部无毛，2脉内折成2脊，侧脉短；第二颖具3脉，上部生微毛；第一外稃长圆状披针形，1脉，边具纤毛，几与颖等长；第一内稃长约0.5 mm或缺；第二外稃窄线形或退化，无芒；第二内稃宽卵形或长圆形，顶端2裂，钝圆或截平，具纤毛；雄蕊3枚。颖果卵圆形。花、果期：11月至翌年3月。

产地：广州、肇庆、阳春、茂名、湛江、徐闻、雷州及海南各地。栽培。

分布：安徽、福建、广西、贵州、河南、湖北、湖南、江西、陕西、四川、台湾、云南、浙江等省区有栽培。印度等地有栽培。

用途：制糖，作凉茶。

5. 斑茅　（《种子植物名称》）　别名：大密　（《广州植物志》）

Saccharum arundinaceum Retz.

Erianthus arundinaceus（Retz.）Jesw.

多年生高大丛生草本。秆粗壮，高达6 m以上。叶宽大，线状披针形，长达150 cm，宽2 ~ 2.5 cm，两面无毛或上面的基部密生柔毛，边小刺状粗糙；叶舌膜质，长1 ~ 2 mm，顶端截平；叶鞘长于节间，基部或上部边缘和鞘口具柔毛。圆锥花序大型，稠密，主轴无毛；花序轴节间长3 ~ 6 mm，顶端稍膨大，具长丝状纤毛；有柄与无柄小穗相似，狭披针形，基盘小，具长约1 mm的短柔毛；两颖近等长，草质或稍厚，第一颖顶端渐尖，具2脊，背部具长于小穗2倍的丝状柔毛；第二颖舟形，顶端渐尖，上部边缘具小纤毛，背部无毛或具长柔毛，具3（~5）脉；第一外稃长圆状披针形，等长或稍短于颖，顶端尖，具1 ~ 3脉，上部边缘具小纤毛；第二外稃披针形，稍短或等长于颖，顶端具小尖头；第二内稃长为外稃的1/2；柱头紫黑色，自小穗中部两侧伸出。颖果长圆形；小穗柄长3 ~ 3.5 mm，具长丝状毛，顶端稍膨大。花、果期：8 ~ 12月。

产地：乐昌、始兴、连平、清远、惠东、惠阳、广州、深圳、高要、阳春、郁南、徐闻及海南各地。生于山坡和河岸溪涧草地。

分布：河北、河南、陕西、浙江、江西、安徽、湖北、湖南、福建、甘肃、台湾、香港、广西、云南、贵州、四川、西藏等省区。印度、不丹、缅甸、泰国、越南、马来西亚、印度尼西亚、老挝、斯里兰卡。

用途：造纸原料和饲料。

6. 河八王 （《亚洲文会会报》）

Saccharum narenga（Nees ex Steudel）Wallich ex Hackel

Eriochrysis narenga Nees ex Steudel

E. porphyrocoma Hance

Narenga porphyrocoma（Hance）Bor

多年生草本，具短根状茎。秆直立，高1～5 m，节被白色髯毛。叶鞘下部的长于节间，上部的短于节间，遍生疣基柔毛；叶舌厚膜质，钝圆，3～4 mm；叶长线形，长达1.5 m，宽6～20 mm，下面无毛，上面密生疣基柔毛，基部渐窄而仅具肥厚的中脉，边缘具锯齿，顶端渐狭。圆锥花序狭窄，铜色或褐紫色，椭圆状长圆形，主轴被白色柔毛；花序轴节间与小穗柄长约2.5 mm，三棱形，顶端稍膨大，边缘疏生纤毛；无柄小穗披针形，基盘具白色或稍带紫色的丝状毛，毛等长或稍短于小穗；第一颖狭披针状长圆形，革质，具2脊，有不明显的3脉，顶端钝，近无毛，背部无毛或中部以下疏生少数纤毛；第二颖舟形，3脉，顶端钝，上部边缘具纤毛；第一外稃长圆形，近等长于颖；第二外稃较窄，顶端钝，无芒；雄蕊3枚；柱头自小穗中部以上之两侧伸出；有柄小穗与无柄小穗相似，小穗柄稍短或等长于花序轴节间。花、果期：8～11月。

产地：乐昌、连州、广州等地。生于山坡草地阳处。

分布：江苏、安徽、福建、河南、江西、香港、广西、贵州、台湾、云南、四川、浙江等省区。孟加拉国、印度、缅甸、尼泊尔、巴基斯坦、泰国、越南。

7. 金猫尾 （《海南植物志》） 别名：黄茅草 （海南） （图238）

Saccharum fallax Balansa

Erianthus fallax（Balansa）Ohwi

Narenga fallax（Balansa）Bor

多年生草本。秆直立，粗壮，高达3 m，节被褐色髯毛。叶长达80 cm，宽10～15 mm，顶生者退化，基部渐窄，无毛或两面疏生疣基柔毛，边缘具锯齿，顶端渐尖；叶舌厚膜质，长约1.5 mm；叶鞘通常长于节间，边缘密生黄色柔毛。圆锥花序大型，直立，金褐色，主轴及其花序以下的部分被锈色柔毛，每节具多数分枝，分枝直立上举；花序轴节间与小穗柄长2～4 mm。无柄小穗长圆状披针形，基盘具略短于小穗的金褐色柔毛；第一颖长圆状披针形，纸质或顶端近革质，被长硬毛，顶端稍钝及边缘较薄；第二颖舟形，3脉；第一外稃较短于颖，边缘具纤毛；第二外稃长圆形，顶端钝圆，具纤毛，无芒或有芒，芒扭转，长6 mm；第二内稃

图238 金猫尾 Saccharum fallax Balansa
1. 植株一部分；2. 圆锥花序的一段，示无柄小穗、有柄小穗和穗轴节间；3. 无柄小穗。（陈夏玲抄绘）

微小；雄蕊3枚；柱头黄褐色，自小穗中部以上之两侧伸出；有柄小穗与无柄小穗相似，小穗柄稍短于花序轴节间。花、果期：8～10月。

产地：徐闻及海南各地；生于山坡、草地、路旁阳处。

分布：香港、广西、贵州、云南等省区。亚洲东南部热带地区、印度、缅甸、泰国、越南、印度尼西亚。

85. 大油芒属 **Spodiopogon** Trin.

多年生较高大禾草，具匍匐根状茎。秆直立，多节。叶线形或披针形，扁平，有时基部狭窄呈柄状；叶舌膜质，边缘或背部具毛。顶生圆锥花序开展或较狭窄，由多数1～3节有梗的总状花序组成，当孪生小穗为1无柄1有柄或小穗单生时，花序轴逐节断落，当孪生小穗均有柄时，花序轴不逐节断落，花序轴节间及小穗柄纤细或顶端膨大成杯状；小穗披针形，稍压扁，基盘近光滑或具短髯毛；两颖等长，草质；第一颖背部圆，被微柔毛至长柔毛，多脉，顶端尖或形成短芒；第二颖与第一颖相似，有时具脊；第一小花雄性，外稃披针形至卵圆形；第二外稃深2裂，裂齿间伸出一扭转膝曲的芒。颖果圆筒形。

本属约15种，分布于亚洲。我国有9种；广东有2种。

1. 总状花序成熟后花序轴并不逐节断落；孪生小穗均有柄 ………………… 1. 油芒 S. cotulifer
1. 总状花序成熟后花序轴逐节断落；孪生小穗1有柄，1无柄或小穗单生 ………… 2. 大油芒 S. sibiricus

1. 油芒　（日名）　（图239）

Spodiopogon cotulifer（Thunb.）Hackel

Andropogon cotuliferum Thunb.

多年生草本。秆直立，单生，高60～160 cm。叶线状披针形，长15～60 cm，宽8～20 mm，粗糙，顶端渐尖，基部渐狭呈柄状；叶舌膜质，2～3 mm；叶鞘疏松裹茎，无毛，上部的较短于节间或长于节间。圆锥花序开展，每节具1至数个分枝；分枝轮生，细弱，成熟后花序轴不逐节断落；花序轴节间长4～7 mm，小穗柄上部膨大，边具细短毛；小穗孪生，有柄，线状披针形，长5～6 mm，基部具长不过1 mm之柔毛；两颖近等长；第一颖狭披针形，草质，背部光滑或具糙硬毛，脉粗糙，顶端具小尖头至短芒；第二颖与第一颖相似；第一小花不育，内稃较窄；第二外稃中部以上2裂，裂齿间伸出一芒，芒针膝曲扭转。花、果期：9～11月。

产地：乐昌。生于山谷、山坡草地及荒野。

分布：安徽、福建、广西、贵州、湖北、湖南、江苏、江西、陕西、甘肃、四川、台湾、云南、浙江等省区。印度北部、克什米尔地区、日本、朝鲜南部。

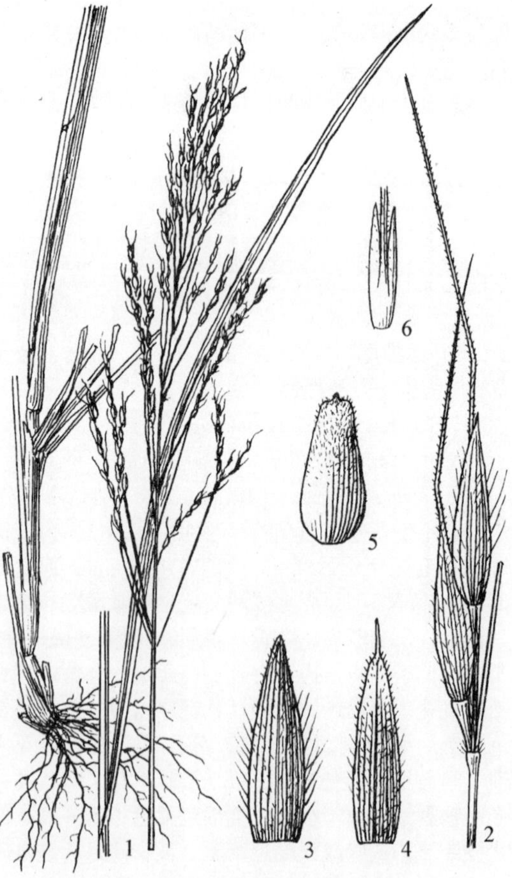

图239　油芒　**Spodiopogon cotulifer**（Thunb.）Hackel

1. 植株；2. 孪生小穗；3. 第一颖；4. 第二颖；5. 第一外稃；6. 第二外稃（芒截短）。（余汉平抄绘）

2. 大油芒　（日名）

Spodiopogon sibiricus Trin.

多年生草本，具密被鳞状苞片的长硬根状茎。秆直立，单生，高70～200 cm。叶线状披针形，长

10～40 cm，宽6～20 mm，顶端长渐尖，基部渐狭，无毛或两面贴生柔毛或基部被疣基柔毛；叶舌干膜质，截平，长1～2 mm；叶鞘除顶端外，大多长于其节间，无毛。圆锥花序长圆形，主轴无毛，分枝轮生；花序轴节间及小穗柄具长纤毛，成熟后花序轴逐节断落；小穗孪生，1有柄1无柄，或小穗单生，宽披针形，基盘具长1.5～2.5 mm的柔毛；第一颖宽披针形，顶端尖或具2微齿，6～9脉，脉间被长柔毛；第二颖顶端尖或具小尖头；第一外稃卵状披针形，透明膜质，顶端尖，具1～3脉，边缘具纤毛；内稃稍短；雄蕊3枚；第二小花两性，外稃无毛，稍短于小穗，顶端深裂达稃体长度的2/3，自2裂片间伸出一膝曲扭转的芒；内稃顶端尖，下部宽大；雄蕊3枚。花、果期：夏、秋季。

产地：连州。生于山地、山坡、林下。

分布：黑龙江、吉林、辽宁、内蒙古、河北、河南、山东、山西、安徽、浙江、江苏、江西、福建、湖南、云南、四川、贵州、甘肃、宁夏、陕西等。日本、朝鲜、蒙古、俄罗斯（西伯利亚）。

86. 莠 竹 属 **Microstegium** Nees

多年生或一年生蔓生草本。秆纤细，多节，多为二歧分枝。叶宽线形至披针形或椭圆形，基部狭，顶端长渐尖至刚毛状；叶舌膜质，钝圆。总状花序数枚至多枚呈指状排列，稀单生。孪生小穗两性，1有柄，1无柄，有柄小穗单独脱落，无柄小穗连同花序轴节间和小穗柄一并脱落；无柄小穗披针形，背腹压扁，基盘被短髯毛；颖等长于小穗，纸质，第一颖具4～6脉，背扁平或有纵长凹沟，两侧内折成两脊，脊上有纤毛或粗糙；第二颖舟形，具1～3脉，中脉成脊，顶端尖或具短芒；第一小花通常不育，退化，第一外稃常不存在；第一内稃稍短于颖或不存在；第二小花两性，外稃微小，顶端2裂或全缘；芒膝曲扭转或细直；雄蕊2～3枚。颖果长圆形。有柄小穗相似于无柄小穗，但较狭，颖背部无沟，偶尔较小，雄性。

本属约20种，分布于亚洲及非洲。我国有14种；广东及海南有5种，1变种。

1. 总状花序轴节间细长，等长或长于小穗，无毛或有时具散生毛。
  2. 雄蕊3枚，第一外稃退化或缺失…………………………………………………… 1. 膝曲莠竹 M. fauriei subsp. geniculatum
  2. 雄蕊2枚，第一外稃发育完全，略短于颖……………………………………………………………… 2. 竹叶茅 M. nudum
1. 总状花序轴节间粗短，较短于小穗，两侧边缘具纤毛。
  2. 芒通常很短，不伸出小穗；无柄小穗长4～5 mm ………………………………………………… 3. 柔枝莠竹 M. vimineum
  2. 芒伸出小穗；无柄小穗长2～4（5）mm。
    3. 第二颖具长1～4 mm的芒；第二外稃芒细弱，不膝曲 …………………………………… 4. 二芒莠竹 M. biaristatum
    3. 第二颖顶端尖或有小尖头；第二外稃芒粗壮，膝曲。
      4. 无柄小穗第一颖背部无毛或上部具微毛；第二外稃芒长1～2 cm……………………………5. 刚莠竹 M. ciliatum
      4. 无柄小穗第一颖背部被糙硬毛，脊上有篦齿状硬纤毛；第二外稃芒长5～8 mm ……… 6. 蔓生莠竹 M. fasciculatum

1. 膝曲莠竹 （《中国主要植物图说——禾本科》）

Microstegium fauriei subsp. **geniculatum**（Hayata）T. Koyama

Pollinia geniculatum Hayata

M. geniculatum（Hayata）Honda

一年生蔓生草本。秆高达1 m，光滑无毛，基部匍匐，节被短毛。叶狭披针形，长5～20 cm，宽3～10 mm，两面密生绒毛，顶端渐尖；叶舌长约2 mm；叶鞘无毛或被短毛，下部的长于而上部的短于节间，边缘及鞘口具纤毛。总状花序5～10枚，长6～10 cm；花序轴节间细长，无毛或下部边缘疏被纤毛，等长或较长于小穗；小穗长4～5.5 mm，基盘被短髯毛；第一颖披针形，背部略凹陷，脊间有不明显的2脉，脊上具篦齿状硬纤毛，顶端有2微齿；第二颖舟形，具3脉，脊上具硬刺毛，顶端渐尖成小尖头，1（～3）mm；第一外稃缺；第二外稃极狭小，顶端具2齿，芒细直，长2～2.5 cm；第二内稃长圆形；雄蕊3枚。颖果三棱状纺锤形；有柄小穗与无柄小穗相似，小穗柄长2～3 mm。花、果期：8～10月。

产地：据《中国植物志》记载，广东有分布。生于林下阴湿处或小河溪边。

分布：福建、台湾。印度尼西亚、马来西亚。

2. 竹叶茅　（《植物学大辞典》）

Microstegium nudum（Trin.）A. Camus

Pollinia nuda Trin.

一年生蔓生草本。秆较细弱，具分枝，光滑无毛，长20～80 cm，节具短柔毛。叶狭披针形，长3～8 cm，宽5～11 mm，通常无毛，顶端尖；叶舌无毛，截平，长0.5 mm；叶鞘长于或短于节间，上部边缘及鞘口具纤毛。总状花序2～7枚呈指状排列，花序轴节间细长，无毛，长于小穗；无柄小穗长3.5～5 mm，基盘具短毛；第一颖狭披针状长圆形，全部点状粗糙，背部有1浅沟，无毛或上部有细毛，具2脊，脊上部微粗糙，无毛，脊间有2～4脉，顶端渐尖，具2齿；第二颖舟形，具3脉，无毛，背部圆，脊不明显，顶端渐尖；第一外稃膜质，披针形，略短于颖；第二外稃线形，全缘，无毛，顶端延伸成细芒，芒直或稍弯；第二内稃短小，狭披针形；雄蕊2枚。颖果长圆形；有柄小穗与无柄小穗相似，小穗柄长2～3 mm，无毛。花、果期：8～10月。

产地：阳春。生于疏林下或山沟边。

分布：河北、河南、陕西、江苏、浙江、安徽、福建、江西、湖北、湖南、四川、贵州、云南、西藏。印度、巴基斯坦、锡金、尼泊尔、不丹、日本、菲律宾、越南、非洲、澳大利亚。

3. 柔枝莠竹　（《中国主要植物图说——禾本科》）

Microstegium vimineum（Trin.）A. Camus

Andropogon vimineus Trin.

Pollinia willdenowiana（Nees）Benth.

M. nodosum（Kom.）Tzvel.

M. vimineum var. *imberbe*（Nees）Honda

一年生草本。秆细弱，长达1 m。叶狭椭圆形，长4～9 cm，宽5～10 mm，顶端渐尖，基部狭窄，中脉白色，边缘粗糙，叶舌膜质，约0.5 mm；叶鞘短于其节间，除边缘和鞘口有柔毛外余均无毛，在上部叶鞘中常具隐藏小穗。总状花序1～6枚，近指状排列于长4～6 mm的主轴上，花序轴节间稍短于小穗，较粗而压扁，被微毛，边缘疏生纤毛；无柄小穗长4～5.5 mm；第一颖纸质，狭披针状长圆形，背面有凹沟，贴生微毛，2脊间有0～4脉，顶端具网状横脉，沿脊锯齿状粗糙，内折边具丝状毛，顶端尖或有时具二齿；第二颖披针形或长圆形，沿中脉粗糙，顶端渐尖；第一小花退化或缺；第二小花两性；外稃披针形或长圆形，长1～1.5 mm，顶端延伸成一尖头或具二齿，无芒或具短芒；芒微膝曲，不伸出小穗，长6（～9）mm；内稃卵形；雄蕊3枚；有柄小穗与无柄小穗相似或稍短，小穗柄短于花序轴节间。花、果期：8～11月。

产地：乐昌、乳源、广州、怀集等地。生于林缘与阴湿草地。

分布：河北、河南、山西、湖北、湖南、江苏、浙江、江西、吉林、陕西、安徽、福建、广西、云南、贵州、四川等。不丹、印度东北部、日本、朝鲜、俄罗斯、缅甸、尼泊尔、菲律宾、越南、亚洲西南部；美洲和其他地区有引种。

4. 二芒莠竹　（《中国主要植物图说——禾本科》）

Microstegium biaristatum（Steud.）Keng

Andropogon biaristatus Steud.

一年生蔓生草本。秆细弱，基部匍匐地面，长30～80 cm，光滑无毛。叶线状披针形至披针形，长3～10 cm，宽3～10 mm，先端渐尖，基部狭窄，无毛或上面疏生柔毛；叶舌红紫色，长1～2 mm，顶端钝，背部被短毛；叶鞘无毛或边有纤毛。总状花序3～5枚，呈指状排列于秆顶；花序轴节间短于小穗的1/3，边缘具纤毛；无柄小穗线状披针形，基盘的毛长为小穗的1/5～1/3；第一颖背部中央有一纵沟，顶端尖或2微齿裂，2脊，中上部疏生纤毛，脊间具2～4脉；第二颖舟形，具3脉，脊上生纤毛，先端延伸成一长1～4 mm的细弱短芒；第二外稃长约0.5 mm，先端2微齿裂；齿间生芒，芒细弱，下部稍扭转，但不膝曲；第二内稃长约0.8 mm，顶端钝，无毛；雄蕊3枚；有柄小穗稍小于无柄小穗。

产地：仁化、惠东等地。生于阴湿草地。

分布：香港、台湾。印度、尼泊尔等。

5. 刚莠竹 （《种子植物名称》）

Microstegium ciliatum（Trin.）A. Camus

Pollinia ciliata Trin.

多年生蔓生草本。秆长1 m以上，较粗壮，花序以下被短柔毛。叶披针形至线状披针形，长6～20 cm，宽5～18 mm，顶端渐尖，基部狭窄，两面均生柔毛，边缘粗糙；叶舌膜质，长1～2 mm；叶鞘无毛或具长柔毛，边缘一侧具纤毛。总状花序7～17枚着生于短缩主轴上，指状，花序轴线形，短于小穗，顶端膨大，两侧边缘密被纤毛。无柄小穗长圆形，长3～4 mm，基盘毛短于小穗4～8倍；第一颖狭披针形，背面中部以下具凹沟，无毛或上部具微毛，2脊，脊间2～4脉，顶端钝或有2微齿；第二颖舟形，具3脉，中脉脊状，上部生纤毛，顶端延伸成小尖头；第一外稃无或微小；第二外稃卵形，长0.5～1 mm，具微小2齿，齿间生芒；芒长1～2 cm，约在中部膝曲，芒柱扭转；雄蕊3枚。颖果长圆形；有柄小穗与无柄小穗同形，小穗柄长2～3 mm，边缘密生纤毛。花、果期：9～12月。

产地：深圳、仁化、惠东、从化、海南各地。生于阴坡林缘、沟边湿地。

分布：湖南、江西、福建、台湾、香港、广西、贵州、云南、四川等省区。印度、缅甸、泰国、印度尼西亚、马来西亚。

6. 蔓生莠竹 （《华南经济禾草植物》）（图240）

Microstegium fasciculatum（Linn.）Henrard

Andropogon fasciculatus Linn.

M. gratum（Hackel）A. Camus

M. monanthum（Nees ex Steudel）A. Camus

M. vagans（Nees ex Steudel）A. Camus

多年生草本。秆高达4 m，多节。叶狭椭圆形，扁平，长10～18 cm，宽5～20 mm，顶端渐尖呈刚毛状，基部狭窄似柄，被柔毛；叶鞘被短柔毛或疣基毛，边缘被纤毛。总状花序3～12枚，带紫色，指状排列于无毛的主轴上，花序轴节间线形，顶端略膨大，稍短于小穗，边缘具短纤毛；无柄小穗长圆形，长2.8～4 mm，基盘毛长1～1.5 mm；第一颖椭圆状长圆形，背部具狭沟或近扁平，被糙硬毛，脊间有2脉，脊上有篦齿状硬纤毛，顶端近全缘；第二颖具脊，顶端尖或具短芒尖；第一小花不育；第二外稃卵形，顶端圆至2裂；芒从裂齿间伸出，长5～8 mm，膝曲扭转；第二内稃披针形，顶端钝或具3齿；雄蕊3枚；有柄小穗与无柄小穗相似，但第一颖脊上粗糙而无毛。花、果期：8月至翌年1月。

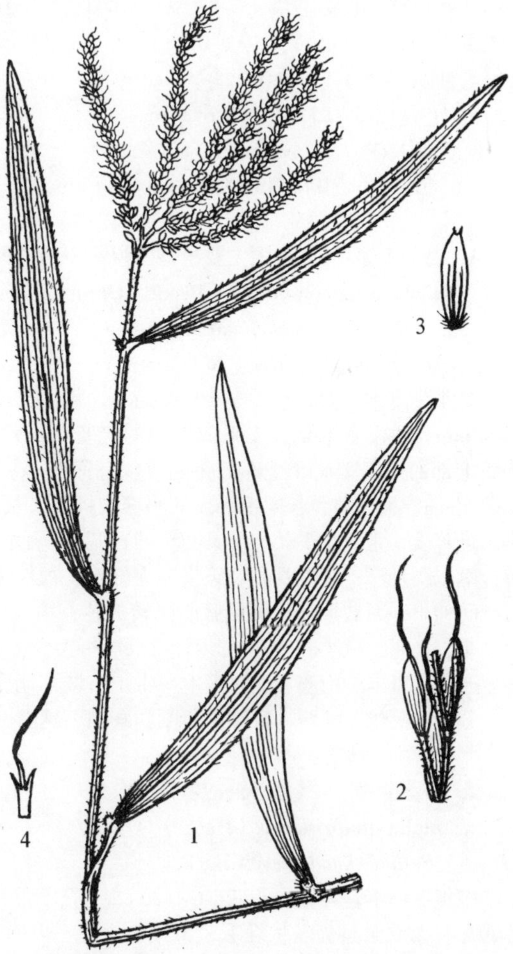

图240 蔓生莠竹 Microstegium fasciculatum（Linn.）Henrard
1. 植株一部分；2. 孪生小穗；3. 第一颖；4. 第二外稃。
（余汉平抄绘）

产地：广东及海南各地。生于林缘和林下阴湿地。

分布：湖北、四川、云南、贵州等。不丹、印度、缅甸、泰国、越南、印度尼西亚、马来西亚、尼泊尔、非洲。

87. 金　茅　属　Eulalia Kunth

多年生，稀为一年生草本。秆直立。叶线形或披针形。总状花序（1～）数枚呈指状排列于秆顶，花序轴节间易折断。孪生小穗同形，两性，1无柄，1有柄，稀两者均有柄，在后者情况下其花序轴成熟后并不逐节断落，含1花，或无柄者含2花，基盘短钝；颖草质或厚纸质，第一颖背部微凹或扁平，第二颖两侧压扁，具脊；第一小花大都退化仅存1外稃，或有些种具内稃；第二小花外稃较狭窄，顶端多少2裂；芒常膝曲，伸出小穗之外。

本属约30种，分布于东半球热带和亚热带地区。我国有14种；广东有5种。

1. 秆基部叶鞘无毛或仅脉间有毛。
  2. 无柄小穗披针形，长3～4 mm，基盘具长为小穗1/4的柔毛；第一颖顶端截平或稍钝圆 …… 1. 龚氏金茅 E. leschenaultiana
  2. 无柄小穗长圆状披针形，长5～6.5 mm，基盘具长为小穗1/6～1/3的柔毛；第一颖顶端尖 …… 2. 四脉金茅 E. quadrinervis
1. 秆基部叶鞘密被绵毛。
  2. 秆粗壮，直径2～5 mm；叶长25～50 cm …… 3. 金茅 E. speciosa
  2. 秆纤细，直径1～1.7 mm；叶长5～30 cm。
    3. 秆有6～9节；无柄小穗长3～3.5 mm …… 4. 小花金茅 E. micranthera
    3. 秆有2～3节；无柄小穗长3.5～5.5 mm …… 5. 棕茅 E. phaeothrix

1. 龚氏金茅　（《中国主要植物图说——禾本科》）

Eulalia leschenaultiana（Decne）Ohwi

Andropogon leschenaultinus Decne

E. cumingii（Nees）A. Camus

多年生草本。秆疏丛，长20～70 cm，紧接花序下部具白色柔毛。叶线状披针形，长4～10 cm，宽2～4 mm，顶生者退化，无毛或被薄的疣基状长硬毛；叶舌极短，约0.5 mm，具纤毛；叶鞘下部的长于而上部的短于节间，基部的无毛或仅脉间有毛。总状花序1～3枚，单生或指状排列，花序轴节间长2～4.5 mm，被棕黄色长柔毛；无柄小穗披针形，长3～4 mm，基盘具长为小穗1/4的柔毛；第一颖狭长圆形，近革质，背部扁平，上部具2脊，脊间脉不明显，顶端下部有小横脉，顶端截平或稍钝圆，密被长柔毛；第二颖舟形，顶端具4～5裂齿，有纤毛，被棕黄色柔毛；第一小花缺；第二外稃较狭，顶端有2齿，裂齿间伸出一回或明显地两回膝曲扭转的芒；第二内稃缺；有柄小穗相似于无柄小穗，但有长约2 mm的柄。花、果期：秋季。

产地：海丰、南澳、遂溪等地。生于山坡草地。

分布：福建、江西、台湾。印度、泰国、越南、菲律宾、马来西亚。

2. 四脉金茅　（《种子植物名称》）

Eulalia quadrinervis（Hack.）O. Ktze.

Pollinia quadrinervis Hack.

多年生草本。秆直立，长60～120 cm，花序下具柔毛。叶线形，长10～40 cm，宽4～6 mm，顶生者常退化，无毛至具疣基状纤毛，下面粉绿色；叶舌截平，长1～1.5 mm；叶鞘下部的长于上部的短于节间，基部的无毛或仅脉间有毛。总状花序2～7枚，近指状排列于秆顶，被灰白而带紫色的柔毛，花序轴节间长2.5～3 mm，边缘具白色纤毛；无柄小穗长圆状披针形，长5～6.5 mm，基盘具长为小穗1/6～1/3的柔毛；第一颖膜质，狭椭圆形，顶端尖，2脊，脊上部具小刺状纤毛，脊间有2～4脉，脉在顶端汇合成网状，背部微凹，中部以下被长柔毛；第二颖舟形，顶端尖，膜质，无毛，沿脊稍粗糙；第一小花仅存1外稃，长圆状披针形，几与颖等长；第二外稃长圆状卵形，顶端2裂，裂齿间伸出一回膝曲的芒；内稃长圆状披针形，顶端具小微毛；雄蕊3枚；有柄小穗相似于无柄小穗，有与总状花序轴节间等长或稍短的柄。花、果期：9～11月。

产地：乐昌、仁化、阳山、连平、汕头、广州、深圳、高要、阳春等地。生于山坡草地。

分布：华东、华中、华南、西南各地。不丹、印度北部、日本、朝鲜、缅甸、尼泊尔、菲律宾、泰国、越南。

用途：作造纸原料及燃料。

3. 金茅 （《植物分类学报》）

Eulalia speciosa（Debeaux）O. Ktze.

Erianthus speciosus Debeaux

Pollinia speciosa（Debeaux）Hack.

Pseudopogonatherum speciosum（Debeaux）Ohwi

Pollinia velutina Rendle

多年生禾草。秆长70～200 cm，粗壮，无毛或紧接花序下部有白色柔毛，节被白粉。叶线形，长25～50 cm，宽4～7 mm，质硬，扁平或边缘内卷，除上面近基部有柔毛外，余均无毛，顶端渐尖；叶舌截平，约1 mm；叶鞘长于而上部的短于节间，基部叶鞘密被绵毛。总状花序4～7（～13）枚，被淡黄棕色至棕色柔毛，花序轴节间和小穗柄长为小穗的2/3；无柄小穗长圆形，长4.6～5.7 mm，基盘具长为小穗1/6～1/3的柔毛；第一颖狭披针状长圆形，背部微凹，中部以下具淡黄色柔毛，2脊，脊间无脉，顶端稍钝；第二颖舟形，背具1脉呈脊，在脊两旁具柔毛，上部边缘具纤毛；第一小花仅存1外稃，长圆状披针形，几与颖等长，上部边缘具微小纤毛；第二外稃较狭，顶端2浅裂，裂齿间伸出两回膝曲之芒；雄蕊3枚；有柄小穗相似于无柄小穗，具与总状花序轴节间等长或稍短的柄。花、果期：8～11月。

产地：连州、阳山、英德、河源、深圳、珠海、斗门、惠阳、广州、高要、怀集、封开、云浮、阳江、阳春、徐闻及海南儋州。生于山坡草地。

分布：陕西南部、华东、华中、华南以及西南各地。柬埔寨、印度东北部、日本、朝鲜、马来西亚、缅甸、菲律宾、泰国、越南。

4. 小花金茅 （《海南植物志》） （图241）

Eulalia micranthera Keng & S. L. Chen

多年生草本。秆直立，纤细，高约90 cm，有6～9节，花序以下具白色柔毛。叶线形，顶端长渐尖，长5～27 cm，宽约4 mm，无毛或背面被薄柔毛；叶舌干膜质，长约1 mm；叶鞘除上部两节外均长于节间，基部叶鞘密被绵毛。总状花序4～5枚着生于秆顶，花序轴节间和小穗柄长为小穗的3/4，具纤毛；无柄小穗棕色，长3～3.5 mm，基盘毛长约为小穗长的1/5；第一颖狭长圆形，背部凹，上部2脊，脊间无脉，中部以上2 mm处具伸展柔毛，顶端微凹或具2小尖头；第二颖舟形，粗糙，有稀疏的柔毛，具1脉，顶端钝；第一外稃透明，与第一颖

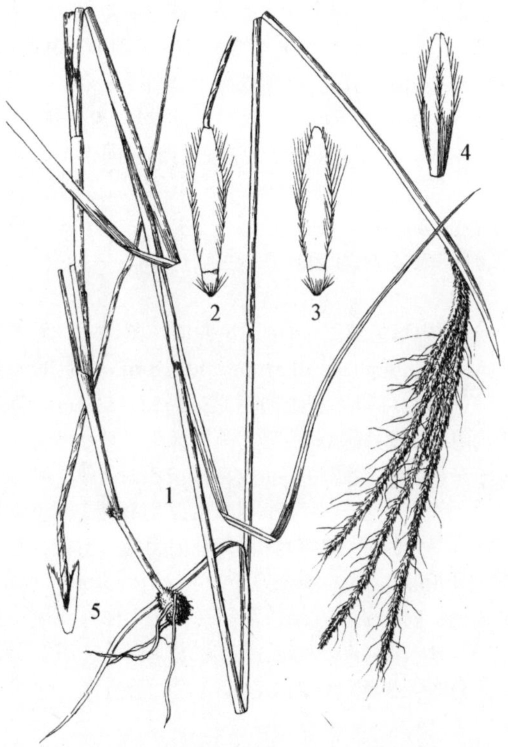

图241 小花金茅 Eulalia micranthera Keng & S. L. Chen
1. 植株；2. 无柄小穗背面；3. 第一颖（背面）；4. 第二颖（腹面）；5. 第二外稃。（陈夏玲抄绘）

等长，上部边缘有纤毛；第二外稃顶端2裂，裂齿间伸出二回膝曲扭转的芒。花、果期：秋、冬季。

产地：海南特产。生于溪边。

5. 棕茅　（《中国主要植物图说——禾本科》）

Eulalia phaeothrix（Hack.）O. Ktze.

Pollinia phaeothris Hack.

多年生草本。秆直立，纤细，高35～100 cm，有2～3节，紧接花序下部有丝状毛。叶狭线形，长15～30 cm，宽1～6 mm，无毛或被毛，顶端尖；叶舌长0.5～1 mm；叶鞘均长于或上部的稍短于节间，基部叶鞘被深褐色或褐色的绵毛。总状花序1～8枚呈指状排列于秆顶，深褐色或黄褐色，花序轴节间和小穗柄长约为小穗的1/2～2/3，密被黄褐色纤毛；无柄小穗长圆状披针形，深褐色，长3.5～5.5 mm，基盘具长为小穗1/8的毛；第一颖长圆状披针形，背部扁平或微凹，在下部2/3部分具长柔毛，顶端钝，脊间无脉；第二颖舟形，顶端稍钝，具3微齿，上部边缘及沿脊背被柔毛；第一外稃长圆状披针形，稍短于颖，向顶端变狭，上部边缘被纤毛；第一内稃缺；第二外稃顶端2浅裂，裂齿间伸出不显著的二回膝曲之芒；第二内稃卵形；雄蕊3枚；有柄小穗与无柄小穗相似；小穗柄短于花序轴节间的1/3。花、果期：8～11月。

产地：乐昌、怀集及海南琼中、澄迈、临高等地。生于山坡草地。

分布：四川、云南、香港。泰国、越南、印度、斯里兰卡。

88. 假金发草属　Pseudopogonatherum A. Camus

一年生草本。秆纤细，无毛。叶线形，常内卷；叶舌膜质，顶端具纤毛。总状花序呈指状排列于秆顶；花序轴节间在成熟后逐节断落或不断落，和小穗柄均为线形；每节具2同形小穗，两小穗均有柄或1有柄，1无柄；小穗披针形或披针状长圆形，基盘钝或渐尖，具短髯毛；颖膜质或纸质；第一颖背圆，顶端钝或具2齿，具2脊，顶端脊上有纤毛；第二颖舟形，顶端为小尖头或具芒；第一小花不发育；第二小花两性；第二外稃柄状，顶端全缘或具2齿，芒1～2回膝曲，芒柱不同程度地扭转；雄蕊1～3枚。

本属3～5种，分布于亚洲东南部，向南至大洋洲。我国有3种，2变种，广东及海南有1种，1变种。

1. 孪生小穗均有柄 ……………………………………1. 中华笔草 P. contortum var. sinensis
1. 孪生小穗1有柄，1无柄 …………………………………… 2. 刺叶假金发草 P. koretrostachys

1. 中华笔草　（《中国主要植物图说——禾本科》）

Pseudopogonatherum contortum var. **sinensis** Keng & S. L. Chen

一年生草本。秆细弱直立，高32～50 cm，节无毛。叶狭线形，长10～30 cm，宽1～2 mm，对折或边内卷，上面具疏长柔毛，下面无毛；叶舌极短，几缺，具微小纤毛；叶鞘无毛，下部的长于而上部的短于节间。总状花序3～6枚在秆顶成束排列，细弱，花序轴节间几与小穗柄等长，边缘具白色纤毛，成熟后不逐节断落，每节小穗孪生，均有柄，等长，与颖具白色柔毛；小穗披针形，基盘钝；第一颖顶端稍钝，具2微齿，前端具2脊，脊上粗糙，脊间无脉，背部扁平，下部2/3具柔毛；第二颖舟形，顶端稍膜质，具长0.5～1 mm的小尖头；第一外稃卵形，顶端钝，长约1 mm；第二外稃具长芒，芒膝曲扭转，下部具柔毛；内稃缺。颖果长圆形；长柄小穗与短柄小穗相似，成熟后自柄上脱落。花、果期：秋季。

产地：深圳、云浮及海南陵水、保亭（吊罗山）。生于山地、路旁。

分布：福建、江西、香港、广西等省区。

2. 刺叶假金发草　（《中国植物志》）　（图242）

Pseudopogonatherum koretrostachys（Trin.）Henrard.

Andropogon koretrostachys Trin.

Pseudopogonatherum setifolium (Nees) A. Camus

Pollinia selifolia Nees

一年生草本。秆细弱，直立，高30～60 cm，无毛。叶细线形，长5～20 cm，宽1～1.5 mm，内卷，顶部的极退化，下面无毛，上面疏生柔毛，毛在下部叶上较长；叶舌长约0.5 mm，具极小纤毛；叶鞘无毛，除基部2～3节外均短于节间。总状花序细弱，带灰白色，1～25枚排列于秆顶，花序轴节间和小穗柄长为小穗的1/2，具白色纤毛，成熟后易逐节断落。小穗孪生，1有柄，1无柄；无柄小穗棕色，披针形，基盘具长约为小穗1/5～1/4的短毛；第一颖狭披针状长圆形，顶端膜质，稍钝，具2微齿，上部具2脊，脊间无脉，背部扁平，下部2/3被白色长柔毛；第二颖舟形，具1脉，顶端具长3～6 mm之芒，脊两侧具柔毛；第一外稃长圆形，顶端钝，无毛，长约1 mm；第二外稃极狭，减退仅为芒的基部，具2短齿，芒不明显地二回膝曲，芒柱棕色，扭转而具短柔毛；雄蕊3枚；有柄小穗易脱落，先于无柄小穗成熟。花、果期：9～11月。

产地：仁化、阳山、英德、翁源、紫金、深圳、惠阳、广州、高要、云浮、遂溪及海南各地。生于山坡、路旁。

分布：安徽、浙江、江西、福建、海南、香港、广西、云南。马来西亚、印度尼西亚、老挝、泰国、菲律宾。

图242 刺叶假金发草 Pseudopogonatherum koretrostachys (Trin.) Henrard.

1. 植株；2. 花序分枝的一段，示有柄小穗、无柄小穗和穗轴节间；3. 无柄小穗。（陈夏玲抄绘）

89. 拟 金 茅 属 **Eulaliopsis** Honda

多年生草本。秆直立，密丛。鞘基生，密被绒叶狭线形，内卷；叶舌纤毛状。总状花序2至数枚，呈指状或近圆锥状排列，花序轴节间与小穗柄扁平，逐节偏斜脱落或有时较不易折断。小穗孪生，同形，背腹压扁，成对着生于各节，1无柄，1有柄，基盘密被淡黄色丝状柔毛，有芒；颖背面中部以下密生长柔毛；第一颖近厚纸质，披针形，背部扁平，顶端钝，有2～3齿，边缘狭，内折，具5～9脉；第二颖舟形，具3～9脉，顶端尖或具2齿，齿间伸出小尖头或芒；第一外稃顶端钝，无芒；第二外稃较狭窄，全缘或顶端具2齿，有芒；第二内稃较宽，几与外稃等长，无毛或顶端具长纤毛；雄蕊3枚。

本属约2种，分布于我国及尼泊尔、印度、阿富汗、泰国、缅甸、菲律宾等国。我国有1种；广东亦有。

拟金茅 （《中国主要植物图说——禾本科》） （图243）

Eulaliopsis binata (Retz.) Hubb.

Andropogon binatus Retz.

E. angustifolia (Trin.) Honda

Pollinidium binatum (Retz.) Hubb.

多年生草本。秆高30～80 cm，无毛。叶质硬，狭线形，长10～30 cm，宽1～4 mm，卷摺呈细针状，顶生叶退化呈锥形，无毛，上面及边缘稍粗糙；叶舌短纤毛状，长约0.2 mm；叶鞘除下部的外均短于节间。总状花序密被淡黄褐色绒毛，2～4枚呈指状排列，花序轴节间与小穗柄均压扁，两侧具长纤毛或无毛。小穗基盘具丝状柔毛，乳黄色，长达小穗的3/4；第一颖背腹扁，顶端具2（3）不规则的裂齿，具5～9脉，中部以下密生乳黄色的丝状柔毛；第二颖舟形，稍长于第一颖，边缘狭膜质而具长柔毛，具5～9脉，顶端尖或具2微齿，中脉延伸成长达3 mm的短芒；第一外稃长圆形，与第一颖等长；第二外稃狭长圆形，等长或稍短于第一外稃，顶端有芒；芒不明显膝曲，芒针有柔毛；雄蕊3枚；柱头2，帚状。

产地：连州。生于向阳的山坡草地。

分布：河南、陕西、广西、云南、贵州、湖北、四川。阿富汗、不丹、印度、日本、缅甸、尼泊尔、巴基斯坦、菲律宾、泰国。

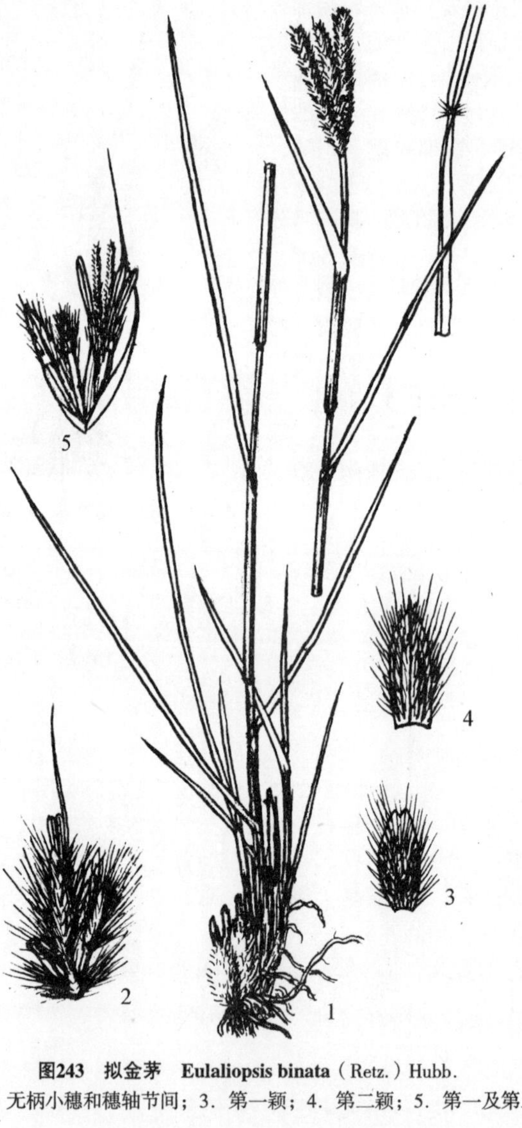

图243　拟金茅　Eulaliopsis binata（Retz.）Hubb.

1. 植株；2. 有柄小穗、无柄小穗和穗轴节间；3. 第一颖；4. 第二颖；5. 第一及第二花。（余汉平抄绘）

90. 单序草属　**Polytrias** Hack.

多年生低矮草本。秆匍匐地面。叶宽线形；叶舌短，钝圆，具纤毛。总状花序单生于主秆或分枝顶端，被有光泽的金黄色或铁锈色柔毛，花序轴节间在小穗成熟后易逐节折断，每节具3小穗，1有柄，2无柄，均可育或有柄小穗雄性或不育；花序轴节间宽线形，边缘密被纤毛，短于小穗；小穗含1朵两性小花，背部稍压扁，基盘具髯毛；颖软骨质，顶端1/3处膜质；第一颖扁平，具纤毛，两侧内折成2脊，脊间2脉不明显，顶端钝；第二颖较第一颖略大，有1~3脉，主脉几成脊；第一外稃缺；第二外稃小而宽，顶端2齿裂或几全缘，具膝曲扭转的芒；雄蕊3枚。

本属约1种，分布于亚洲东南部。我国有1种；广东及海南有1变种。

短毛单序草 （《中国植物志》） （图244）

Polytrias indica var. **nana** (Keng & S. L. Chen) S. M. Phillips & S. L. Chen

Eulalia nana Keng & S. L. Chen

P. amaura var. *nana* (Keng & S. L. Chen) S. L. Chen

多年生草本。秆匍匐地面，高10~30 cm，细弱，压扁，无毛。叶线状披针形，长2~5 cm，宽2~4 mm，顶端渐尖，基部急收窄，扁平，粉绿而带紫色，两边或上面有疣毛；叶舌很短，截平，透明，有纤毛；叶鞘压扁，除鞘口有流苏状的柔毛外，余无毛，有隆起的中脉。总状花序密被直立的柔毛，基部为叶鞘所包，花序轴节间与小穗柄远较小穗短，厚而压扁，背部有柔毛，边缘密被锈色纤毛，每节除单生小穗外，也有孪生小穗（1无柄，1有柄）；小穗长圆形或线状长圆形，有暗黄色的柔毛，基盘上有近红色长为小穗1/3的髯毛；第一颖膜质，顶端宽截平而具啮蚀状齿，齿缘有纤毛，背部扁平，在中部以下具短柔毛，毛长不及颖；第二颖近膜质，长圆形，顶端截平，边缘具纤毛；第二外稃较第二颖短2~4倍，长圆形，透明膜质或上部近膜质，有2齿，齿间伸出长10~12 mm的芒；第二内稃近圆形或宽卵形；柱头紫色，几等长于花柱。花、果期：夏、秋季。

产地：海南特产，产于东方。生于向阳的砂岩草坡上。

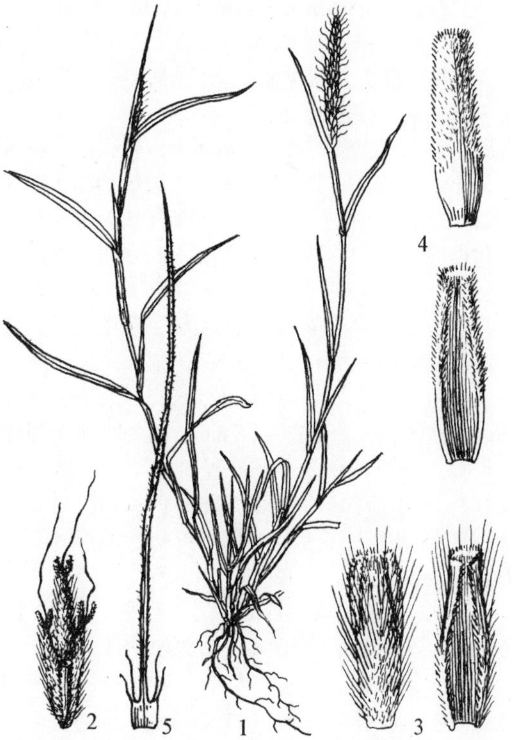

图244 短毛单序草 Polytrias indica var. **nana** (Keng & S. L. Chen) S. M. Phillips & S. L. Chen

1. 植株；2. 总状花序轴上面一节，示着生3枚小穗；3. 第一颖背、腹面；4. 第二颖背、腹面；5. 第二外稃。

（余汉平抄绘）

91. 金发草属 Pogonatherum Beauv.

多年生丛生小型草本。秆细长。叶线形或线状披针形；叶舌膜质，具纤毛。穗型总状花序单生秆顶，不被叶鞘包托，花序轴节间短于小穗，小穗柄扁平，密被长柔毛。孪生小穗同形，两侧压扁，1有柄，雌性，1无柄，两性，有柄小穗单独脱落，无柄小穗连同花序轴节间一并脱落，基盘钝而短平，具近等长于小穗的毛；颖近等长，膜质或薄软骨质，第一颖顶端钝，背部凸，3~5脉；第二颖舟形，具1背脊，顶端2齿裂，裂齿间有芒；第二外稃2裂，裂齿浅，齿间具一膝曲扭转之芒，有芒柱和芒针之分，无柔毛；雄蕊2或1枚。颖果长圆形。

本属约4种，分布于亚洲和大洋洲的热带和亚热带地区。我国有3种；广东均有。

1. 无柄小穗长1.3~2 mm，雄蕊1枚 ……………………………………………… 1. 金丝草 P. crinitum

1. 无柄小穗长2.3 ~ 3 mm，雄蕊2枚。

2. 有柄小穗第二颖无芒；无柄小穗第一小花雄性 ……………………………………………………… 2. 金发草 P. paniceum

2. 有柄小穗第二颖有芒；无柄小穗第一小花不育或退化仅存外稃 ………………………………3. 二芒金发草 P. biaristatum

1. 金丝草 （《本草纲目》） 别名：黄毛草（广州） （图245）

Pogonatherum crinitum（Thunb.）Kunth

Andropogon crinitus Thunb.

多年生草本。秆直立或基部稍倾斜，丛生，高10 ~ 30 cm。叶线形，长1.5 ~ 5 cm，宽1 ~ 4 mm，扁平，内卷，被糙短柔毛，顶端尖；叶舌短，纤毛状；叶鞘短于或长于节间，无毛或被短柔毛，口部被细长纤毛。穗形总状花序单生于秆顶，花序轴节间和小穗柄均压扁，长为小穗的1/3 ~ 2/3，被白色丝状毛；无柄小穗长1.3 ~ 2 mm，膜质，基盘毛等于或略长于小穗；第一颖背腹粗糙，顶端截平，具长约0.2 mm的丝状毛，具不明显的2脉；第二颖等长于小穗，舟形，具1脉而呈脊状，顶端2裂，脉延伸成弯曲的芒；芒长15 ~ 18 mm；第一小花全退化或仅存一外稃；第二小花外稃稍短于第一颖，顶端2裂，裂齿间伸出细弱而弯曲的芒；内稃短于外稃；雄蕊1枚；柱头帚状。颖果卵状长圆形。花、果期：5 ~ 9月。

产地：广东和海南各地。生于田埂、山边、路旁、溪边、石缝瘠土或灌木下阴湿地。

分布：安徽、福建、湖南、湖北、江西、台湾、浙江、香港、广西、云南、贵州、四川。热带亚洲至大洋洲。

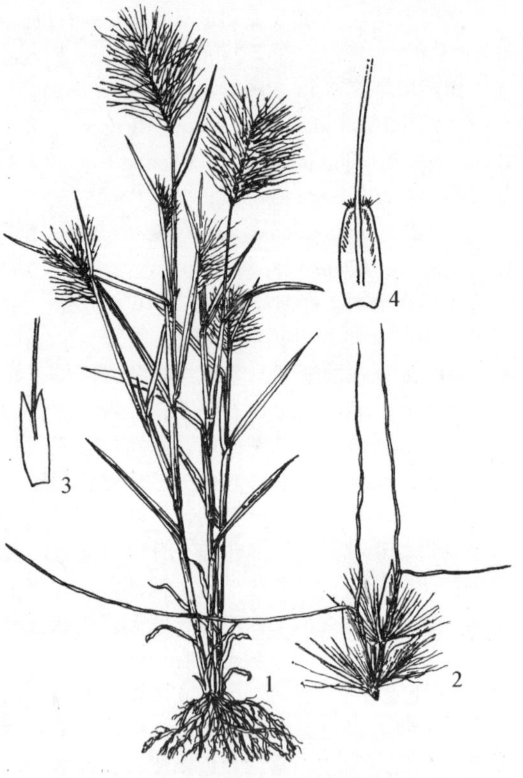

图245 金丝草 Pogonatherum crinitum（Thunb.）Kunth
1. 植株；2. 穗形总状花序的一段，示无柄小穗、有柄小穗和穗轴节间；3. 第二外稃；4. 第二颖。（陈夏玲抄绘）

2. 金发草 （《种子植物名录》）

Pogonatherum paniceum（Lam.）Hack.

Saccharum paniceum Lam.

多年生草本。秆硬，直立或基部稍倾斜，高30 ~ 60 cm，节稍凸起而被髯毛，上部各节有多回分枝。叶线形，扁平或内卷，长1.5 ~ 5.5 cm，宽1.5 ~ 4 mm，顶端渐尖；叶舌很短，边缘具短纤毛，背部常具疏细毛；叶鞘短于节间，分枝上的叶鞘长于节间，边缘薄纸质或膜质，上部边缘和鞘口被细长疣毛。总状花序1枚顶生，稍弯曲，乳黄色，花序轴节间和小穗柄长约为小穗的1/2，顶端稍膨大，具展开的细长纤毛；无柄小穗长2.3 ~ 3 mm，基盘毛长于小穗；第一颖背部扁平或被短柔毛，薄纸质，顶端截平和近顶端边缘密具流苏状纤毛；第二颖略短于小穗，舟形，近顶端边缘密具流苏状长纤毛，具1脉而延伸成芒；第一小花雄性，外稃长圆状披针形，无芒，具1脉；内稃等长或稍短于外稃；雄蕊2枚；第二小花两性，外稃顶端2裂，裂片尖，长为稃体的1/3或近1/2，裂齿间伸出弯曲的芒；内稃与外稃等长；雄蕊2枚，花药长约1.8 mm；花柱2枚；柱头帚状；有柄小穗较小，第二颖无芒。花、果期：3 ~ 10月。

产地：乐昌、仁化、连山、阳山、清远、曲江、英德、蕉岭、深圳、惠阳、龙门、博罗、广州、高要、云浮、信宜、阳春、高州。生于山坡、草地、路边、溪旁草地的干旱向阳处。

分布：湖北、湖南、福建、香港、广西、云南、贵州、四川。阿富汗、不丹、印度、马来西亚、老挝、缅甸、尼泊尔、巴基斯坦、泰国、越南、澳大利亚。

3. 二芒金发草 （《植物研究》）

Pogonatherum biaristatum S. L. Chen & G. Y. Sheng

多年生草本。秆高40～60 cm。叶坚硬，长2～4.5 cm，宽1～3 mm，粗糙，基部具短柔毛，顶端长渐尖；叶鞘无毛，鞘口具纤毛。总状花序长2～3 cm，花序轴节间和小穗柄短于小穗；无柄小穗长约3 mm，基盘毛长0.5～3 mm；第一颖粗糙，背部散生柔毛，顶端密生纤毛；第一小花不育或退化仅存外稃；第二小花两性，外稃舟形，略短于第二颖，顶端2裂，裂齿间伸出芒，长约1.6 cm；雄蕊2枚，花药长约0.5 mm；有柄小穗小于无柄小穗；第二颖具长约1.5 cm的直芒。花、果期：夏季早期。

产地：海南特产。

92. 楔颖草属 Apocopis Nees

多年生或一年生草本。叶扁平，两面具疣毛，顶生叶常退化；叶舌短，钝圆截平，膜质；叶鞘圆筒形，上部具疣毛，短于节间。总状花序2枚贴生成圆柱状，稀多于2枚呈指状排列；小穗单独或成对着生于总状花序轴的各节，有柄小穗全退化或为雌性，具膝曲的芒；无柄小穗覆瓦状排列于总状花序轴的一侧，成熟时与其着生的总状花序轴一齐断落，有2朵小花，第一小花雄性，有2枚雄蕊；第二小花为雌性，少为两性，极少数为中性；第一颖宽平，顶端截平或下凹，或有小尖头，边缘扁平，不内折呈脊；第二颖的主脉大都呈脊状；第二外稃顶端常具齿，具一脉延伸呈小尖头至膝曲的芒；第二内稃较外稃短而宽，无脉；鳞被大都完全退化。颖果圆柱形。

本属约15种，分布于热带亚洲。我国有4种；广东及海南有3种。

1. 无柄小穗无伸出颖外的芒，第一颖的2边脉与邻近的脉在顶端以下汇合而成多少伸出颖外的小尖头，主脉有时亦伸出颖外 ………… 1. 楔颖草 A. paleacea
1. 无柄小穗有伸出颖外的芒，第一颖的脉非如上述。
  2. 无柄小穗的第一颖长4.5～6 mm，第二外稃有长约1.5 cm的芒 ………… 2. 瑞氏楔颖草 A. wrightii
  2. 无柄小穗的第一颖长6～9 mm，第二外稃有长2～2.5 cm的芒 ………… 3. 异穗楔颖草 A. intermedius

1. 楔颖草 （《中国主要植物图说——禾本科》） （图246）

Apocopis paleacea (Trin.) Hochr.

Ischaemum paleaceum Trin.

多年生草本。秆高30～60 cm，具3～7节，节上无毛。叶线状披针形，长2～7 cm，宽2～6 mm，顶端尖，边缘厚或有时被篦齿状硬毛或罕无毛；叶舌干膜质，长0.5～1 mm；叶鞘短于节间，或下部的长于节间，无毛或上部具疣毛。总状花序2～3枚在秆顶紧贴呈圆筒状，长2～4 cm，花序轴节间长2～2.5 mm，边缘具黄色长纤毛。无柄小穗长3.8～5 mm，基盘具黄色髯毛；第一颖革质，黄褐色，宽长圆形，顶端和上部边缘有黄白色的干膜质宽带，无毛，7脉，主脉及2边脉与其邻近的脉在顶端以下汇合后多少伸出颖外形成小尖头，主脉有时亦伸出颖外；第二颖膜质，栗枣色，但基部近于纸质，具3脉，顶端变窄而截平且具微齿，齿缘具短纤毛，中部粗糙至具微毛，向两侧渐变无毛；第一外稃与第一颖几等长或稍短，顶端变窄而截平，有不规则的微齿，齿缘具极短的纤毛，有与之几等长的内稃；第二外稃顶端钝，无芒或2齿裂，从中伸出小尖头或短芒，不伸出颖外；有柄小穗退化而仅留1小穗柄，具黄色髯毛。花、果期：4～8月。

产地：据《中国植物志》记载，广东有分布，海南儋州。生于山坡草地上。

分布：广西、云南。不丹、印度北部、老挝、马来西亚、缅甸、尼泊尔、越南。

2. 瑞氏楔颖草 （《广州植物名录》）

Apocopis wrightii Munro

多年生草本。秆直立，高30～60 cm，有6～7节，无毛，有分枝。叶线形，长3～15 cm，宽

2～6 mm，顶生者常退化，无毛或被软疣毛，顶端渐尖；叶舌干膜质，长约1 mm；叶鞘无毛或被疏柔毛，除近基部者外常短于节间。总状花序2枚在秆顶合生圆柱形，长3～5 cm，花序轴节间具黄棕色长柔毛，小穗柄具黄棕色髯毛；无柄小穗基盘具黄棕色长柔毛；第一颖倒卵圆状披针形，长4.5～6 mm，无毛或被短糙毛，上部有暗赤色的宽带，顶端截平或微下凹，边缘常有短纤毛，7脉，不达顶端，脉间有横脉；第二颖长圆形，与第一颖等长或稍长，具3脉，上部暗红色，有短糙毛，顶端微凹而有短纤毛；第一外稃长圆状披针形，与第一颖几等长，顶端钝而有短纤毛；第二外稃狭长圆形，顶端微2裂或近全缘，背具1脉延伸成膝曲扭转的芒；芒长1.5 cm；有柄小穗退化仅剩1柄，其柄与花序轴节间几等长。花、果期：8～10月。

产地：连州、英德、连平、紫金、海丰、陆丰、汕尾、广州、台山。生于山坡草地。

分布：安徽、福建、浙江、江西、广西、云南。泰国。

3. 异穗楔颖草　（《植物研究》）

Apocopis intermedius（A. Camus）Chai-Anan

Lophopogon intermedium A. Camus

A. heterogamus Keng & S. L. Chen

A. Apocopis *wrightii* var. *macranthus* S. L. Chen

多年生草本；短根状茎。秆直立，高约50 cm，有7～9节。叶线状披针形，长6～15 cm，宽3～5 mm，最顶端的极退化，初生时具疣基毛或密生短硬毛；叶舌约1.5 mm；叶鞘无毛至具长硬毛。总状花序2，基部着生的小穗不育，花序轴节间长2.5～3 mm，具黄褐色纤毛；无柄小穗基盘毛黄褐色；第一颖厚纸质，长圆形，长6～9 mm，光滑或具短硬毛，顶端钝，具纤毛；第一外稃长圆状披针形；第二小花不育，外稃卵圆形或卵状长圆形，顶端全缘或具2齿，具芒；芒膝曲扭转，长2～2.5 cm。有柄小穗有时发育，雌性；颖具长柔毛，第一颖狭长圆状披针形，顶端钝；第二小花雌性，外稃具芒；芒长2～2.5 cm。花、果期：秋季。

图246　楔颖草　Apocopis paleacea（Trin.）Hochr.
1. 植株；2. 小穗一段。（陈夏玲抄绘）

产地：珠江口岛屿。生于路边草丛中。

分布：香港、云南、浙江。泰国、越南。

93. 吉曼草属　**Germainia** Bal. et Poitr.

多年生或一年生草本。秆直立。叶线形；叶舌短，膜质。总状花序1～6枚，指状，内有2～3对小穗，由1有柄雌小穗及1～2无柄雄小穗，或仅由3个有柄雌小穗组成，花序基部的4～6枚雄小穗轮生成总苞状，无芒，含2朵小花，每朵小花有2枚雄蕊；第一颖披针形至长圆形，革质或纸质，顶端截平或微凹，边缘彼此覆盖；第二颖膜质，狭窄，具3脉；第一小花及第二小花皆雄性，第一小花内稃退化；雌小穗较小，有芒，基盘尖锐而有毛；第一颖硬革质，顶端截平；第二外稃柄状，芒膝曲，被短柔毛；雄蕊2枚；花柱分离。

本属约9种，分布于东南亚至大洋洲。我国有1种；广东及海南亦有。

吉曼草 （《中国禾本科植物分属检索表》） （图247）

Germainia capitata Bal. et Poitr.

多年生或一年生草本。秆直立，高50～60 cm。叶线形，长5～35 cm，宽3～9 mm，无毛或疏生柔毛，边缘粗糙，顶端渐尖；叶舌干膜质，长1 mm；叶鞘无毛或疏生柔毛。总状花序圆筒形，1～2枚；无柄雄小穗与花序等长，常4个轮生于花序的外围；第一颖革质，长圆形，具7～9脉，背圆，顶端下凹至具不明显的2齿；第二颖膜质，长于第一颖，具3脉，被短柔毛，顶端圆至钝；内外稃红褐色，近透明；雄蕊2枚；有柄雌小穗3枚，柄长5～7 mm，基盘尖锐而具黑褐色的髯毛；第一颖革质，狭披针状长圆形，被短柔毛；芒二回膝曲，粗壮，芒柱被短硬毛，芒针短于芒柱，被短柔毛。花、果期：秋季。

产地：广州、阳江及海南等地。生于荒坡、草地、干燥处。

分布：云南、广西。印度。泰国、印度尼西亚、越南、巴布亚新几内亚、澳大利亚。

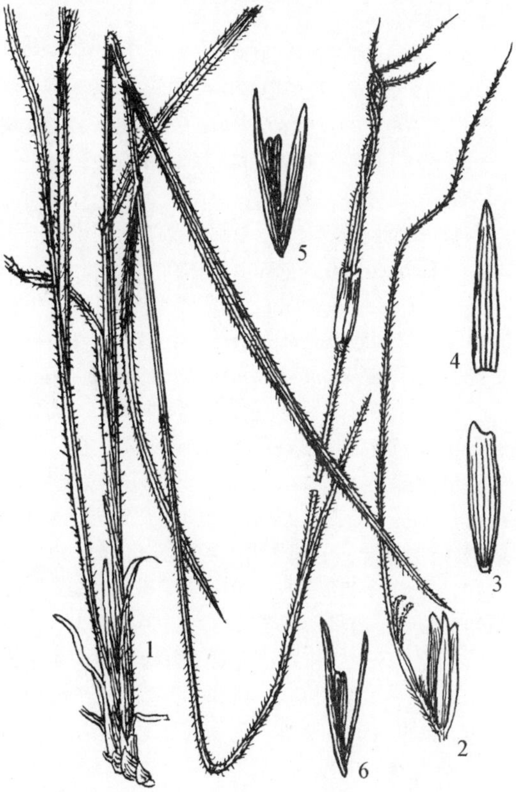

图247 吉曼草 Germainia capitata Bal. et Poitr.
1. 植株；2. 花序一部分；3. 第一颖；4. 第二颖；5. 第一小花；6. 第二小花。（3～6全为无柄小穗的）（余汉平抄绘）

94. 鸭 嘴 草 属 **Ischaemum** Linn.

多年生或一年生草本，有时具根状茎或匍匐茎。叶披针形至线形。总状花序孪生且相互紧贴而呈圆柱形，或数枚指状排列于秆顶，花序轴多少增粗，呈三棱形或稍压扁，具关节，成熟时易断落；小穗孪生，1有柄，1无柄，背腹压扁，各含2朵小花；第一颖长圆形或披针形，坚纸质或下部革质，有时具各式横向皱纹或瘤，顶端扁平呈鸭嘴状；第二颖舟形，质较薄；两小花之内外稃透明膜质；第一小花雄性或中性；第二小花两性，外稃顶端2齿裂，齿间具芒或无；鳞被2，倒楔形，上缘有齿缺；雄蕊3枚。颖果长圆形。

本属约70种，分布于全世界热带至温带南部，主产亚洲南部至大洋洲。我国有12种，1变种；广东及海南有6种，1变种。

1. 无柄小穗第一颖边缘狭窄或全部内弯，脊贯穿整个颖片，具粗糙皱纹或瘤。
  2. 一年生草本；无柄小穗第一颖脊下部不具瘤，有4～7条深刻而显著横皱纹 ……………………… 1. 田间鸭嘴草 I. rugosum
  2. 多年生草本；无柄小穗第一颖脊下部2/3边缘具瘤，有时延伸成微弱的2～4条横皱纹 …………2. 粗毛鸭嘴草 I. barbatum
1. 无柄小穗第一颖下半部边缘宽圆形，上部内弯，具脊，不具粗糙皱纹或瘤。

2. 小穗对无明显的芒，或只有无柄小穗具芒。
3. 第二小花外稃顶端深2裂至中部，芒膝曲……………………………………3. 有芒鸭嘴草 I. aristatum
3. 第二小花外稃顶端2浅裂，芒短而直或仅为小尖头……………………………3a. 鸭嘴草 var. glaucum
2. 小穗对均具芒。
3. 无柄小穗第一颖脊上具翅，顶端圆，微凹。
4. 无根状茎；秆高不到60 cm；总状花序孪生……………………………………4. 细毛鸭嘴草 I. ciliare
4. 有根状茎；秆高60～100 cm；总状花序（2）3～6枚……………………………5. 簇穗鸭嘴草 I. polystachyum
3. 无柄小穗第一颖脊上无翅，顶端深裂 ……………………………………6. 帝汶鸭嘴草 I. timorense

1. 田间鸭嘴草　（《中国主要植物图说——禾本科》）

Ischaemum rugosum Salisb.

I. segetum Trin.

I. rugosum var. *segetum*（Trin.）Hack.

I. rugosum var. *humidum* Keng et Zhao，syn. nov.

一年生草本。秆直立，丛生或单生，高20～100 cm，节上密被髯毛。叶线形或线状披针形，长5～30 cm，宽0.5～2 cm，无毛或被薄柔毛，边缘粗糙，基部变异大，圆形或有时狭窄成柄状，顶端渐尖；叶舌膜质，长2～5 mm；叶鞘无毛或疏生柔毛。总状花序孪生于秆顶或叶腋，互相紧贴，干后分离，极易逐节断落，花序轴节间呈圆锥形，两端稍收缩，外侧边缘具纤毛；无柄小穗长圆状卵形；第一颖顶端钝，2脊，背部光滑无毛，具4～7条横向连贯的深皱纹，具狭翼，翼缘具小纤毛；第二颖等长于第一颖，舟形，背部有脊；第一小花雄性；雄蕊3枚；第二小花两性，外稃顶端深2裂至中部，齿间具膝曲扭转的长芒；有柄小穗背腹压扁，变异甚大，但常退化，无芒。

产地：乐昌、广州、高要及海南各地。生于田边路旁湿润处。

分布：台湾、广西、贵州、四川、云南。不丹、印度、印度尼西亚、马来西亚、缅甸、尼泊尔、菲律宾、斯里兰卡、泰国、澳大利亚（昆士兰），非洲和美洲有引种。

2. 粗毛鸭嘴草　（《中国高等植物图鉴》）

Ischaemum barbatum Retz.

I. lanuginosum var. *erianthum* Keng et Zhao

I. barbatum var. *hainanense* Keng et Zhao

I. goebelii Hack.

I. imbricatum var. *pubescens* Keng et Zhao

多年生草本。秆直立，高可达100 cm，节无毛或被髯毛。叶线形或线状披针形，长5～30 cm，宽3～8 mm，无毛或具纤毛，顶端尖，基部心形或狭窄呈柄状；叶舌长1～5 mm；叶鞘无毛或被柔毛。总状花序孪生，相互紧贴呈圆柱状，花序轴节间长圆状三棱形，外侧边缘具纤毛，内侧光滑或具短纤毛；无柄小穗披针状长圆形，长5～7 mm；第一颖革质，无毛或具长柔毛，下部2/3边具瘤，有时延伸成微弱的横皱纹，2脊，脊具不对称翅，一翅较宽；第二颖与第一颖等长，硬纸质；第一小花雄性；雄蕊3枚；第二小花两性，外稃透明，顶端2深裂，裂齿间伸出膝曲芒；有柄小穗背腹压扁，有芒或无。花、果期：夏、秋季。

产地：乐昌、深圳、阳春及海南各地。生于山坡草地。

分布：华东、华北、华中、华南、西南。印度、印度尼西亚、日本、老挝、柬埔寨、泰国、越南、马来西亚、缅甸、巴布亚新几内亚、菲律宾、斯里兰卡、非洲南部、澳大利亚。

3. 有芒鸭嘴草　（《中国高等植物图鉴》）

Ischaemum aristatum Linn.

I. crassipes var. *formosanum*（Hack.）Nakai

I. guangxiense Zhao

多年生草本。秆直立或下部斜升，高40～90 cm，节上无毛。叶线状披针形，长5～30 cm，宽3～10 mm，顶端渐尖，基部楔形，边缘光滑，顶部粗糙，两面密生柔毛；叶舌长圆形，2～3 mm；叶鞘基部短于节间，无毛或具柔毛。总状花序孪生，互相紧贴成圆柱形，花序轴节间与小穗柄均呈三棱形，外侧棱上有白色纤毛，内侧棱上无毛或具短纤毛；无柄小穗倒披针形至倒卵形；第一颖革质，中部以下具圆形边，上部宽，具2脊，5～7脉，两侧具翼和翅；第二颖等长于第一颖，舟形，顶端渐尖，背部有脊，边缘内弯，有纤毛，无芒或具短芒；第一小花雄性；第二小花两性，外稃顶端深2裂至中部，齿间具膝曲芒；雄蕊3枚；花柱分离；有柄小穗背腹压扁，相似于无柄小穗，2脊，脊具翅，无芒或芒不明显。花、果期：7～10月。

产地：广东及海南各地常见。生于山坡路旁。

分布：安徽、福建、广西、贵州、河北、河南、湖北、湖南、江苏、江西、辽宁、山东、台湾、云南、浙江。日本、朝鲜、越南。

用途：幼嫩茎叶可做饲料，须根可作扫帚。

3a. 鸭嘴草 （《植物学大辞典》）

var. **glaucum**（Honda）T. Koyama

I. crassipes var. *hainanensis* Keng

本变种与原种的区别在于：总状花序轴节间和小穗柄粗糙或外棱上具短纤毛；无柄小穗倒披针形；第一颖上部两侧无翅或仅有极窄的翅；第二小花外稃顶端2浅裂，齿间伸出短而直的芒或较裂齿短的小尖头；芒隐藏于小穗内或稍露出。

产地：海南各地。生于水边湿地。

分布：香港、安徽、河北、辽宁、山东、福建、江苏、浙江。日本、朝鲜、越南。

4. 细毛鸭嘴草 （《江苏植物名录》） （图248）

Ischaemum ciliare Retz.

I. indicum var. *breviaristatum* Zhao

I. indicum var. *guangdongense* Zhao

多年生草本。秆直立或基部平卧至斜升，高可达60 cm，节具髯毛。叶鞘疏生或密生疣毛，有时无毛；叶舌膜质，长1～2 mm；叶线形或线状披针形，长5～15 cm，宽3～10 mm，顶端渐尖。总状花序孪生（偶见3～4）于秆顶，花序轴节间和小穗柄长圆形，有长纤毛；无柄小穗倒卵状长圆形，基盘长约1 mm，被短毛；第一颖革质，下半部侧面圆形，上部具脊内弯，两侧上部有阔翅，顶端圆，微凹；第二颖较薄，舟形，等长于第一颖，上部具脊和窄翅，顶端有短芒；第一小花雄性；第二小花两性，外稃较短，顶端2深裂至中部，裂齿间着生芒；芒在中部膝曲；柱头紫色；有柄小穗两侧压扁，具膝曲芒。花、果期：夏、秋季。

产地：广东及海南各地。生于山坡草丛中和路旁及旷野草地。

分布：安徽、湖北、湖南、江苏、浙江、福建、台湾、香港、广西、贵州、云南等。印度、印

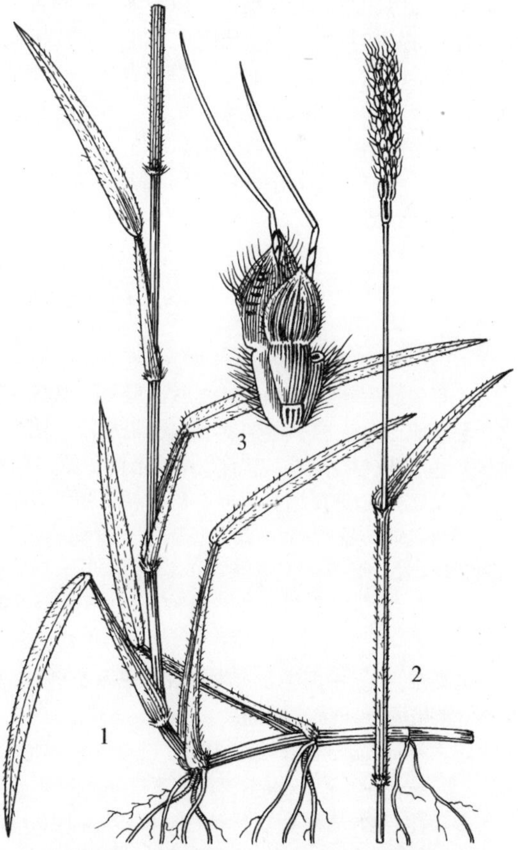

图248 细毛鸭嘴草 Ischaemum ciliare Retz.

1. 植株一部分；2. 花序；3. 花序一段，示无柄及有柄小穗和小穗轴节间。（余汉平绘）

度尼西亚、马来西亚、缅甸、斯里兰卡、泰国、越南，美洲有引种。

用途：幼嫩茎叶可做饲料。

本种曾被误定为I. indicum（Houtt）Merr.

5. 簇穗鸭嘴草　（《Flora of China》）

Ischaemum polystachyum J. Presl

多年生草本，具根状茎。秆60～100 cm，节具髯毛或无毛。叶宽线形，长5～20 cm，宽5～15 mm，被短柔毛，基部圆形或近心形；叶舌1～2 mm；叶鞘无毛或生疣基毛。总状花序（2）3～6枚，顶生，花序轴节间和小穗柄宽线形，三棱状，外侧边缘生纤毛，内侧边缘具短纤毛；无柄小穗披针形；第一颖革质，中部以下侧面伸展成圆形，上部内弯，具脊，无毛或具长柔毛，脊具翅，顶端微凹；第二颖顶端具小尖头或芒；第二外稃芒长1.2～1.5 cm；有柄小穗两侧压扁，与无柄小穗相似，具芒。

产地：据《Flora of China》记载，广东有分布。生于海拔100～400 m的山坡草丛。

分布：贵州、云南。印度、马来西亚、缅甸、斯里兰卡、泰国；非洲、毛里求斯、太平洋岛屿。

6. 帝汶鸭嘴草

Ischaemum timorense Kunth

一年生或多年生草本。秆纤细，节具髯毛。叶线状披针形，长1～8 cm，宽0.2～1 cm，无毛或具疣基柔毛，边缘粗糙，基部渐狭，顶端渐尖；叶舌1～2 mm；叶鞘除喉部外无毛，有时边缘具纤毛。总状花序2枚（极少3枚），顶生或腋生，花序轴节间和小穗柄圆柱状三棱形，边缘具纤毛；无柄小穗宽椭圆形，基盘毛白色，长0.5～1 mm；第一颖下半部革质，具圆形边，上半部纸质，具脊，微粗糙，无翅，顶端深裂；第二颖中部以上具脊，无翅，顶端具长2～4 mm的芒；第二外稃芒长1～1.6 cm；有柄小穗两侧压扁，与无柄小穗相似，第二外稃具芒。

产地：《中国植物志》英文版记载广东有分布。生于海拔100 m以下的路边湿地。

分布：台湾。印度、马来西亚、缅甸、斯里兰卡、泰国，非洲和美洲有引种。

95. 沟 颖 草 属　**Sehima** Forsk.

一年生或多年生草本。叶线形，扁平。总状花序穗状，单生于秆顶，花序轴扁，具凹槽，边缘被白色纤毛，成熟时连同小穗柄逐节偏斜脱落；小穗孪生，1有柄，1无柄，无柄者两性，有柄者雄性，迟缓脱落，基盘圆，插入到中空的花序轴节间；第一颖背面具一纵沟槽，2脊，顶端2裂而具2短尖头，边缘内卷；第二颖舟形，顶端具脊并有细直芒；第一小花雄性；第二小花两性，外稃顶端2裂；芒自裂齿间伸出，膝曲扭转；雄蕊3枚。颖果长圆形；有柄小穗无芒，雄性，背腹压扁；第一颖背部扁平，有强壮而隆起的脉纹。

本属有5种，分布于东半球热带地区。我国有1种；广东及海南亦有。

沟颖草　（《中国主要植物图说——禾本科》）　（图249）

Sehima nervosa（Rottl.）Stapf

Andropogon nervosus Rottl.

Ischaemum laxum R. Br.

多年生草本。秆直立，丛生，高30～100 cm，节上无毛或具髯毛。叶线形，长10～45 cm，宽2～7 mm，顶端长渐尖；叶舌不明显，长2～3 mm；叶鞘无毛或被疣基毛，背部具脊。总状花序狭穗形，单生于秆顶，长8～12 cm，直立或微弯曲，花序轴节间和小穗柄线形，长3.5～5 mm；无柄小穗长圆状披针形，顶端渐尖；第一颖纸质，狭长圆形，长约7 mm，背部中央具一纵沟槽，两侧各有2侧脉和边缘内卷形成的脊，顶端2裂；第二颖硬膜质，舟形，顶端具脊呈窄翅状，延伸成细直芒，上部边缘具长纤毛；第一小花雄性，外稃等长于颖，具纤毛；内稃稍短；雄蕊3枚；第二小花两性，外稃狭窄，具纤毛，顶端2裂，芒自裂齿间伸出，长达35 mm，膝曲扭转；雌蕊具分离花柱。颖果长圆形；有柄小穗披针形，长7～10 mm；第一颖革质，有7条隆起的脉，边缘内折成脊并具长纤毛；小花为雄性；雄蕊3枚。花、果期：7～10月。

产地：据《中国植物志》和《海南植物志》记载广东和海南有分布。生于路边草丛中。

分布：云南。印度、印度尼西亚、老挝、缅甸、巴布亚新几内亚、巴基斯坦、菲律宾、斯里兰卡、泰国、越南、非洲东部、澳大利亚。

图249　沟颖草　*Sehima nervosa* (Rottl.) Stapf

1. 植株部分；2. 小穗对；3.花序轴及小穗柄；4. 第一颖；5. 第二颖；6. 第二小花外稃及芒；7. 有柄小穗第一颖。（余汉平抄绘）

96. 水蔗草属　*Apluda* Linn.

多年生蔓生草本，具根状茎。秆直立或基部斜卧。叶线状披针形，基部渐狭成柄状。伪圆锥花序顶生，由多数总状花序形成，1总状花序具柄及1舟形佛焰苞，花序轴仅1节，顶部着生3枚小穗，1枚无柄，两性，另2枚有柄，其中1枚有柄小穗退化至仅存微小外颖，另1枚含2朵小花，雄性或有时两性，花后自小穗柄顶端与颖一齐脱落；无柄小穗含2朵小花，第二小花结实，外稃具芒或无；两小花的内外稃透明膜质；雄蕊3枚；柱头羽毛状，花柱仅基部近合生。颖果卵形。

本属仅1种，但为一多型种，广布于东半球热带及亚热带地区。我国西南、华南和台湾均产；广东及海南亦有。

水蔗草　（《岭南科学期刊》）　（图250）

Apluda mutica Linn.

多年生草本，具坚硬根状茎，须根粗壮。秆高0.5～3 m，直立或基部常斜卧并生不定根。叶线状披针形，长10～35 cm，宽3～20 mm，顶端渐尖，基部狭窄成柄状；叶舌膜质，长1～2 mm；叶鞘具纤毛或无。总状花序单生，退化至仅具1节，含1无柄和2有柄小穗（其中1枚有柄小穗甚退化而仅存一柄状痕迹），其下托以舟形佛焰苞，佛焰苞顶端具小尖头；退化有柄小穗仅存外颖；正常有柄小穗含2朵小花，第一颖长卵形，纸质至薄革质，顶端尖或具2微齿，第二颖等长或略短于第一颖；第一小花雄性，雄蕊3枚；第二小花雄性或有时两性；无柄小穗两性，第一颖狭椭圆状披针形；第二颖舟形，质薄而透明；第一小花雄性；第二小花外稃舟形，顶端2齿裂，无芒或裂齿间生1膝曲芒。颖果卵形。花、果期：夏、秋季。

产地：广东及海南各地。生于田边、水旁湿地及山坡草丛。

分布：福建、广西、贵州、湖南、江西、四川、台湾及西藏、云南、浙江。印度、日本、东南亚、澳大利亚及马达加斯加。

图250　水蔗草　Apluda mutica Linn.
1. 花枝；2. 花序一部分。（陈夏玲抄绘）

97. 牛 鞭 草 属　**Hemarthria** R. Br.

多年生草本。秆直立丛生或铺散斜升。叶线形，扁平。总状花序圆柱形，稍扁，单生或数枚成束腋生；小穗孪生，同形或有柄小穗较狭小；无柄小穗嵌生于多少脆弱或坚韧的总状花序轴凹穴内，凹穴由花序轴节间和小穗柄愈合而成；第一颖革质或硬纸质，背部扁平，顶端钝或渐尖，边缘具篦齿状刺或具瘤状突起；第二颖多少与总状花序轴贴生，顶端渐尖至尾尖；仅含1两性小花，内外稃无芒；雄蕊3枚。颖果卵圆形或长圆形。

本属共14种，分布于东半球热带至温带地区。我国有6种；广东及海南均有。

1. 无柄小穗长8～15 mm ……………………………………………… 1. 长花牛鞭草 H. longiflora
1. 无柄小穗长不足8 mm。
　2. 无柄小穗第一颖顶端狭窄至渐尖；有柄小穗第二颖具尾状芒。
　　3. 叶宽3～8 mm；无柄小穗第一颖革质；有柄小穗第一颖外侧边缘光滑 ……………… 2. 具鞘牛鞭草 H. vaginata
　　3. 叶宽1～2 mm；无柄小穗第一颖纸质；有柄小穗第一颖外侧边缘粗糙 ……………… 3. 小牛鞭草 H. humilis
　2. 无柄小穗第一颖顶端圆，近顶端缢缩；有柄小穗第二颖顶端急尖至渐尖。
　　3. 总状花序近圆柱形；花序轴关节横向；基盘短而截平 ……………… 4. 牛鞭草 H. sibirica
　　3. 总状花序背腹压扁；花序轴关节斜向；基盘三角形。
　　　4. 无柄小穗长3～5 mm；第一颖边缘外侧光滑；叶基部圆形 ……………… 5. 扁穗牛鞭草 H. compressa
　　　4. 无柄小穗长5～7 mm；第一颖边缘外侧粗糙；叶基部近心形 ……………… 6. 大牛鞭草 H. altissima

1. 长花牛鞭草 （《中国植物志》）

Hemarthria longiflora（J. D. Hooker）A. Camus

Rottboellia longiflora J. D. Hooker

R. tonkinensis A. Camus

多年生草本。秆高30 ~ 80 cm，无毛；节被短柔毛。叶线状披针形，长6 ~ 15 cm，宽5 ~ 8 mm，光滑，基部近心形；叶舌0.8 ~ 2 mm；叶鞘疏松。总状花序单生或成束，迟落；无柄小穗长为花序轴节间的2倍，长8 ~ 15 mm，基盘三角形；第一颖披针形，背面扁平，边缘粗糙，顶端尾状渐尖呈芒状；第二颖不与花序轴贴生，顶端尾状渐尖；第一小花长3 ~ 7 mm，第二小花长约4 mm；内稃极短；有柄小穗第一颖具尾状芒，第二颖顶端渐尖，狭窄。花、果期：7 ~ 10月。

产地：据《Flora of China》记载，广东有分布。生于湿地。

分布：云南。孟加拉国、印度东北部、马来西亚、缅甸、泰国、越南。

2. 具鞘牛鞭草 （《中国主要植物图说——禾本科》）

Hemarthria vaginata Buse

H. protensa Nees ex Steudel

多年生草本。秆直立，细弱，高20 ~ 80 cm，丛生。叶线形，长1 ~ 20 cm，宽3 ~ 8 mm，两面无毛，基部近心形；叶舌膜质，有纤毛，长0.5 ~ 2 mm；叶鞘长于节间。总状花序单生或成束，较细，直立或弧曲；无柄小穗狭披针形，长不足8 mm，基盘尖；第一颖革质，背面扁平，边缘内折成脊，顶端渐尖而具2微齿；第二颖贴生于花序轴；第一小花中性，仅存外稃，顶端具长约1 mm的短尖头；第二小花两性，第二外稃缺或较第一外稃短，顶端渐尖；内稃线形；雄蕊3枚；有柄小穗近等长于无柄小穗，第一颖外侧边缘光滑，顶端长渐尖，第二颖具尾状芒。花、果期：秋季。

产地：《中国植物志》记载，广东有分布。生于田野、路旁湿润处。

分布：广西、贵州、云南。孟加拉国、不丹、印度东北部、印度尼西亚、缅甸、尼泊尔、泰国、越南。

3. 小牛鞭草 （《中国主要植物图说——禾本科》）

Hemarthria humilis Keng

多年生草本。秆直立或膝曲，高14 ~ 18 cm，无毛。叶狭线形，长1 ~ 6 cm，宽1 ~ 2 mm，无毛；叶舌约0.5 mm；叶鞘疏松，具脊，长于节间。总状花序单生或2 ~ 3枚簇生于叶腋内，花序轴较坚韧而不脱节，节间较短于或下部的较长于无柄小穗；无柄小穗长不足8 mm；第一颖披针形，纸质，背部扁平，光滑，顶端渐尖或短尾状，有时具微齿；第二颖紧贴花序轴，顶端长渐尖；第一小花长2 ~ 3 mm；第二小花长1.7 ~ 2.8 mm；有柄小穗第一颖外侧边缘粗糙，长渐尖；第二颖顶端具尾状芒。花期：5月。

产地：据《Flora of China》记载，广东有分布。生于沼泽地。

4. 牛鞭草 （《Flora of China》）

Hemarthria sibirica（Gandoger）Ohwi

多年生草本，具匍匐根状茎。秆直立，高可达1.5 m，无毛。叶线形，长可达40 cm，宽4 ~ 8 mm，无毛，基部狭窄或近心形，顶部渐尖；叶舌0.5 ~ 1.5 mm；叶鞘疏松，短于或长于节间。总状花序近圆柱形，单生或成束，成熟后脱落，花序轴关节横向；无柄小穗长不足8 mm，基盘短而截平；第一颖狭披针形，革质，背部扁平或近圆凸，近顶端略缢缩，钝或微凹；第二颖紧贴花序轴，顶端尖；第一小花长3.4 ~ 5.2 mm；第二小花长3.4 ~ 4.3 mm；有柄小穗两颖顶端略渐尖。花、果期：7 ~ 10月。

产地：据《Flora of China》记载，广东有分布。生于沼泽地，沙滩边。

分布：安徽、广西、贵州、河北、湖北、湖南、江苏、江西、辽宁、山东、浙江。日本、朝鲜、巴基斯坦、俄罗斯（西伯利亚东部）。

5. 扁穗牛鞭草　（《中国主要植物图说——禾本科》）　（图251）

Hemarthria compressa（Linn. f.）R. Br.

Rottboellia compressa Linn. f.

多年生草本，具横走根状茎。秆直立，长达1 m或更高。叶鞘无毛，短于节间；鞘口及叶舌具纤毛；叶线形，长2～15 cm，宽2～5 mm，基部圆，顶端稍钝。总状花序细弱，背腹压扁，单生于秆顶或少数腋生成束，花序轴关节斜向；无柄小穗嵌生于总状花序轴凹穴内，长3～5 mm，长卵形，基盘宽三角状0.5～1 mm；第一颖狭长圆形，近革质，背面扁平，两侧具脊，边缘外侧光滑，近顶端缢缩，顶端圆；第二颖舟形；有柄小穗披针形，等长或稍长于无柄小穗；第一颖顶端狭、钝；第二颖尾状渐尖。花、果期：7～9月。

产地：广东及海南各地。生于田边、路旁湿润处。

分布：福建、内蒙古、陕西、台湾、湖南、江西、香港、广西、云南、贵州、四川。印度、中南半岛各国。

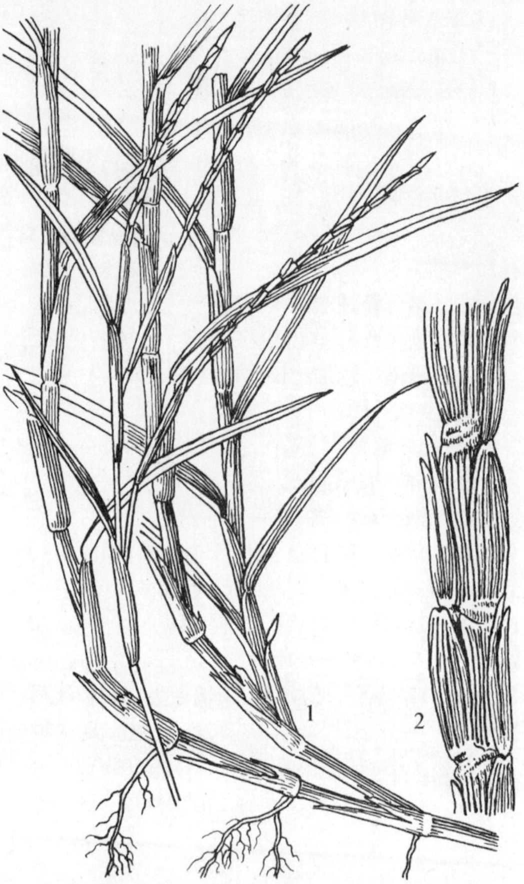

图251　扁穗牛鞭草　Hemarthria compressa（Linn. f.）R. Br.
1. 植株一部分；2. 总状花序一段。（余汉平抄绘）

6. 大牛鞭草　（《植物学大辞典》）

Hemarthria altissima（Poir.）Stapf et C. E. Hubb.

Rottboellia altissima Poir.

多年生草本，或有时一年生，具长而横走的根状茎。秆直立部分可高达1.6 m。叶线形，长5～25 cm，宽3～6 mm，顶端尖，基部近心形；叶舌膜质，约0.3 mm，上缘撕裂状；叶鞘短于节间，压扁具脊，鞘口具纤毛。总状花序背腹压扁，单生或簇生，花序轴关节斜向；无柄小穗卵状披针形，长5～7 mm，基盘三角形；第一颖椭圆状长圆形，革质，背面扁平，具7～9脉，两侧具脊，边缘外侧粗糙，近顶端缢缩，顶端钝至微凹；第二颖厚纸质，贴生于总状花序轴凹穴中，但顶端游离；第一小花仅存外稃；第二小花两性，外稃长卵形；有柄小穗第二颖全游离于总状花序轴，顶端渐尖；第一小花中性，仅存外稃。花、果期：夏、秋季。

产地：据《中国植物志》记载，广东有分布。生于田地、水沟、河滩等湿润处。

分布：东北、华北、华中、华南、西南各地。印度、印度尼西亚、缅甸、泰国、越南、非洲、亚洲西南部、地中海地区，美洲和新西兰有引种。

98. 筒 轴 茅 属　Rottboellia Linn. f.

一年生或多年生粗壮草本。秆直立，基部有支柱根。叶扁平，较宽。总状花序圆柱形，易逐节断落；小穗孪生，有柄小穗之柄与总状花序轴节间愈合，雄性或甚退化；无柄小穗两性，嵌生于总状花序轴凹穴内；第一颖革质，背面具脉纹或光滑；第二颖舟形；第一小花中性或雄性，有时仅存膜质内稃；第二小花两性，两稃透明膜质或膜质，近等长；雄蕊3枚。颖果卵形或长圆形。

本属约5种，广布于东半球热带、亚热带地区。我国有2种；广东及海南有1种。

筒轴茅 （《中国高等植物图鉴》） （图252）

Rottboellia cochinchinensis（Lour.）Clayton

Stegosia cochinchinensis Lour.

R. exaltata Linn. f. （1781），not（Linn.）Linn. f. （1779）

一年生草本。秆直立，高1～3 m，须根粗壮，具支柱根。叶线状披针形，长20～50 cm，宽5～25 mm，中脉粗壮，白色，无毛或上面疏生短硬毛，边缘细锯齿状粗糙，顶端长渐尖；叶舌顶生纤毛，长约1 mm；叶鞘无毛或具硬刺毛。总状花序粗壮，上部渐狭而具不全小穗，花序轴节间背部圆，略长于分离的小穗柄；无柄小穗嵌生于总状花序轴凹穴内，卵形，顶端钝；第一颖质厚，卵形，多脉并具横脉，顶端全缘或2（3）齿；第二颖舟形，硬纸质，多脉，脉在顶端网状汇合；第一小花雄性，外稃卵状长圆形，顶端尖，3脉；内稃与外稃等长而质较厚，具不明显的2脊；第二小花两性，较短于第一小花，外稃广卵形，顶端尖，3脉。颖果长圆状卵形；有柄小穗较小于无柄小穗，小穗着生于总状花序轴节间1/2～2/3，卵状长圆形。花、果期：7～10月。

产地：乐昌、始兴、南雄、连州、阳山、连平、汕头、深圳、新丰、惠东、博罗、广州、高要、郁南、高州、徐闻及海南各地。生于田野、路旁草丛中。

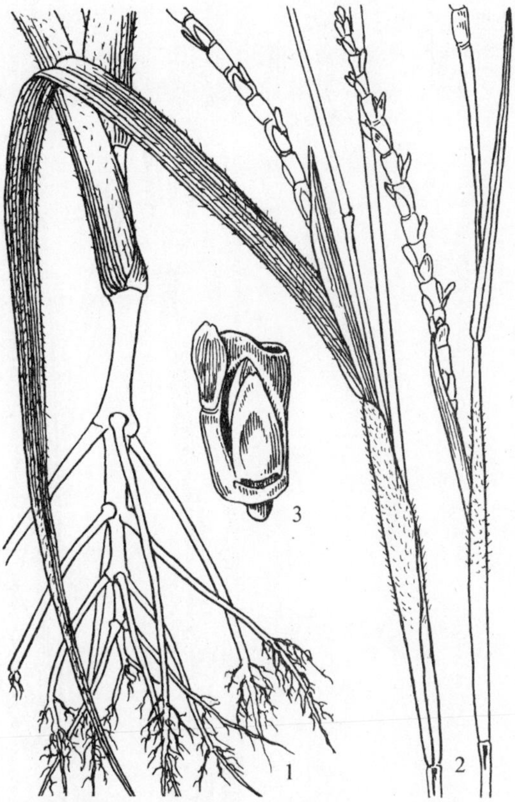

图252 筒轴茅 Rottboellia cochinchinensis（Lour.）Clayton
1. 植株一部分；2. 花枝；3. 穗轴一节，示无柄和有柄小穗。（余汉平抄绘）

分布：湖南、江西、福建、台湾、香港、广西、云南、贵州、四川。热带非洲、亚洲、大洋洲。

99. 蛇尾草属 **Ophiuros** Gaertn. f.

一年生或多年生较高大禾草。叶线形、扁平。伪圆锥花序由多数单生的总状花序组成；有柄小穗完全退化，柄与总状花序轴节间愈合；无柄小穗嵌入花序轴的凹穴中，在轴的两侧互生；生于轴同侧的各无柄小穗均排列在一条直线上，第一颖顶端指向一直线方向；第一颖革质，长卵形，两侧对称，顶端急尖，基部截平，背面圆；第二颖纸质，舟形；第一小花常为雄性；第二小花两性；有柄小穗完全退化。

本属约4种，分布于热带亚洲、大洋洲和非洲热带地区。我国有1种；广东及海南亦有。

蛇尾草 （《种子植物名称》） （图253）

Ophiuros exaltatus（Linn.）O. Ktze.

Aegilops exaltata Linn.

多年生粗壮草本。秆坚硬，高1～2 m，基部常具枯萎宿存的叶鞘，无毛叶线状披针形，顶端长渐尖，基部圆形至心形，长30～40 cm，宽1～1.5 cm，边缘常生疣基毛；叶舌短，截平；叶鞘无毛，或上部背面和边缘有白色糙毛。总状花序多数，自秆顶和上部叶鞘中伸出，细长圆柱形，直立或微弯，无毛，长可达12 cm，花序轴节间与小穗柄等长，长3～4 mm；无柄小穗卵状长圆形，嵌生于花序轴节间的凹穴中，在两侧互生；第一颖质厚，两侧对称，在轴同一侧的各小穗顶端指向一直线方向，背面有4行小窝点或无，成熟后顶端稍外张；第二颖与第一颖等长，贴生于凹穴中；第一小花雄性；第二小花两性。花、果期：6~10月。

产地：广州及海南儋州。生于田间草丛中。

分布：福建、云南、广西。印度、马来西亚、斯里兰卡、菲律宾、越南、泰国、澳大利亚。

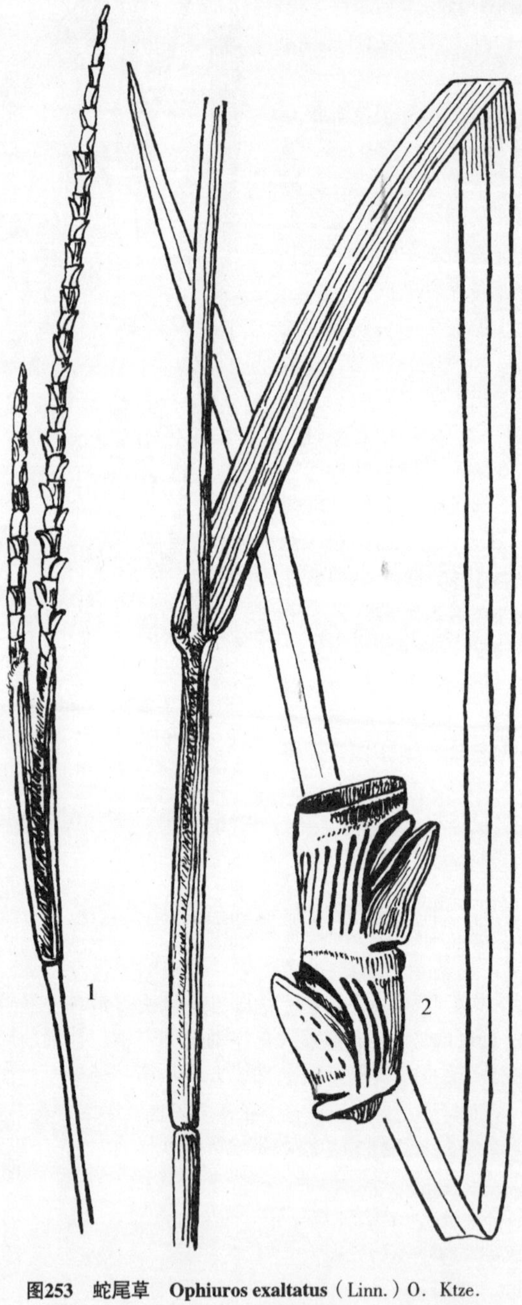

图253　蛇尾草　**Ophiuros exaltatus**（Linn.）O. Ktze.
1. 花枝；2. 花序一段，示小穗着生情况。（陈夏玲抄绘）

100. 毛 俭 草 属　Mnesithea Kunth

多年生草本，极稀一年生。秆直立，丛生。叶线形，扁平；叶舌短，膜质。总状花序圆柱状，单生于秆顶或分枝顶端；花序轴每节间的凹穴中并生3枚小穗或近花序轴顶端者孪生，易逐节断落，花序轴节间棒状至梨状；无柄小穗紧密压缩或陷入花序轴节间；第一颖纸质至革质，边缘无篦齿状刺，具2脊，脊的顶端具翅；第二颖膜质，舟形，第一小花中性，仅存外稃或亦具内稃；第二小花两性，内外稃无芒；雄蕊3枚；有柄小穗退化而仅存棒状小穗柄，位于无柄小穗间，小穗柄两侧平直，顶端圆钝。

本属约30种，分布于热带地区。我国有4种；广东及海南有2种。

1. 叶和茎光滑；无柄小穗第一颖背面光滑（极少具凹穴）；花序轴节间基部光滑 ……………………1. 假蛇尾草 M. laevis

1. 叶和茎密被短柔毛；无柄小穗第一颖背面布满方格形凹穴和细毛；花序轴节间基部具柔毛 ……… 2. 毛俭草 M. mollicoma

1. 假蛇尾草 （《中国主要植物图说——禾本科》）

Mnesithea laevis（Retzius）Kunth

Rottboellia laevis Retzius

多年生草本。秆直立，较纤细，高15～70 cm。叶线形，长可达45 cm，宽1～4 mm，顶端急尖，无毛；叶舌不明显，0.5～1 mm，无毛；叶鞘稍压扁，无毛，具脊，短于节间。总状花序单生，圆柱形，纤细，光滑无毛，花序轴节间棒状，基部光滑，小穗孪生或基部3枚；无柄小穗卵状长圆形，长3～4 mm，生于花序轴之一侧；第一颖长圆形，稍偏斜，质硬，背面光滑（极少具凹穴），顶端钝，无毛，具不明显的6脉，边缘内折；第二颖舟形，与第一颖等长，薄膜质，3脉；第一外稃略短于颖；第二外稃长约2.5 mm；有柄小穗小或缺；小穗柄线形，紧贴于花序轴节间，或3枚有柄小穗的小穗柄贴生于花序轴顶端。花、果期：秋季。

产地：广州、徐闻等地。生于路旁草丛中。

分布：福建、台湾、香港、广西。印度、印度尼西亚、巴基斯坦、菲律宾、斯里兰卡、泰国、越南、太平洋岛屿（玻利维亚）。

2. 毛俭草 （《岭南科学期刊》） （图254）

Mnesithea mollicoma（Hance）A. Camus

Rottboellia mollicoma Hance

多年生草本。秆直立，高可达60～85 cm，被柔毛。叶线状披针形，长达60 cm，宽达2 cm，顶端渐尖，基部楔形，两面密被短柔毛；叶舌硬膜质，长1～2 mm，无毛或具纤毛；叶鞘密被柔毛或被早落的疣基毛，上部的短于节间，秆基部的略压扁。总状花序圆柱形，单生于秆顶；花序轴节间长约3 mm，顶端凹陷，基部生短髯毛，外侧有数条纵纹延伸至节间2/3处；无柄小穗第一颖革质，背面布满方格形凹穴和细毛，脊的外侧有极窄的翅；第二颖舟形，厚膜质，5脉，具脊，脊上具翅；第一小花退化；第二小花两性，内外稃等长；雄蕊3枚；有柄小穗退化至仅具长约0.5 mm的颖，小穗柄宽约0.5 mm，着生于2无柄小穗之间。花、果期：7～11月。

产地：紫金、惠东、博罗、广州、高要、阳春、高州、茂名、徐闻及海南各地。生于草地和灌丛中。

分布：香港、福建、台湾、广西。印度尼西

图254 毛俭草 Mnesithea mollicoma（Hance）A. Camus

1. 植株一部分；2. 花序一段，示无柄小穗；3. 花序一段，示无柄及退化有柄小穗着生情况；4. 第二颖腹面观。（余汉平抄绘）

亚、马来西亚、泰国、越南。

101. 蜈 蚣 草 属　Eremochloa Buse

多年生细弱草本，有时具匍匐茎。秆直立。叶线形，扁平。总状花序单生于秆顶，背腹压扁，花序轴节间常呈棒状，迟缓脱落；无柄小穗背腹压扁，含2朵花，不嵌入花序轴，覆瓦状排列于总状花序轴之一侧；第一颖表面光滑，两侧具篦齿状刺；第二颖略呈舟形，3脉；第一小花雄性；第二小花两性或雌性，外稃透明，全缘，无脉或中脉在上部消失；内稃较狭窄；有柄小穗退化。颖果长圆形。

本属约11种，分布于东南亚至大洋洲。我国有5种；广东及海南有3种。

1. 植株具延长的匍匐茎或根状茎；第一颖顶端两侧具宽翅。
 2. 无柄小穗第一颖上的脊具不明显的短刺 …………………………………… 1. 假俭草 E ophiuroides
 2. 无柄小穗第一颖上的脊具明显的长刺 ……………………………………2. 瘤糙假俭草 E. muricata
1. 植株丛生；第一颖顶端两侧无翅或翅窄 …………………………………… 3. 蜈蚣草 E. ciliaris

1. 假俭草　（《岭南科学期刊7卷》）　（图255）

Eremochloa ophiuroides（Munro）Hack.

Ischaemum ophiuroides Munro

多年生草本；具强壮的匍匐茎。秆斜升。叶线形，长3～10 cm，宽2～4 mm，顶端钝，无毛，顶生叶退化；叶鞘压扁，多密集生于秆基，鞘口常有短毛。总状花序顶生，压扁，花序轴节间被短毛。无柄小穗长圆形，覆瓦状排列于总状花序轴一侧；第一颖硬纸质，无毛，5～7脉，两侧下部有篦齿状短刺或几无刺，顶端具宽翅；第二颖舟形，厚膜质，3脉；第一外稃膜质，近等长；第二小花两性，外稃顶端钝；柱头红棕色；有柄小穗退化或仅存小穗柄，披针形，与总状花序轴贴生。花、果期；夏、秋季。

产地：广东和海南各地。生于潮湿草地及河岸、路旁。

分布：江苏、江西、浙江、安徽、湖北、河南、湖南、福建、台湾、香港、广西、贵州、四川。越南。

用途：可作草坪草种。

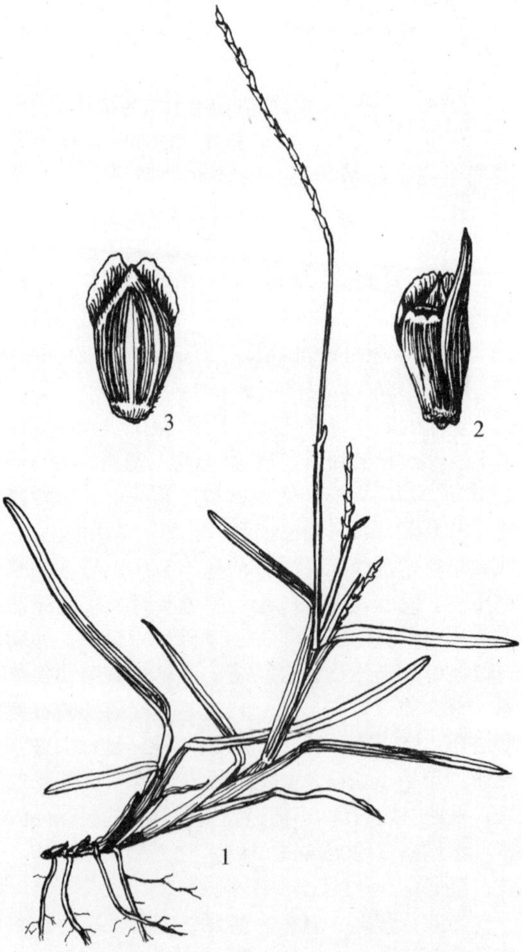

图255　假俭草　Eremochloa ophiuroides（Munro）Hack.
1. 植株；2.花序一段，示穗轴节间、有柄及无柄小穗；3. 无柄小穗。（陈夏玲抄绘）

2. 瘤糙假俭草

Eremochloa muricata（Retzius）Hackel

Aegilops muricata Retzius

多年生草本，具纤细开展的根状茎。秆高可达70 cm。叶扁平或折叠，长2～20 cm，宽2～7 mm，无毛或被疏柔毛，边缘基部有时被刚毛，顶端急尖或骤尖；叶舌长0.1～1 mm，边缘具纤毛；叶鞘光滑。总状花序伸长，长5～12 cm，花序轴节间长圆形棒状，无毛，长2.5～4 mm；无柄小穗长4.5～5 mm；第一颖卵圆形或卵圆状长圆形，无毛，5～7脉，脊具明显长刺，顶端急尖，具宽翅；有柄小穗不育。

产地：广州。生于潮湿草地。

分布：印度南部、缅甸、斯里兰卡、泰国、澳大利亚北部。

3. 蜈蚣草 （《种子植物名称》）

Eremochloa ciliaris（Linn.）Merr.

Nardus ciliaris Linn.

多年生草本。秆纤细，直立，密丛生，高20～40 cm。叶折叠，顶端渐尖，茎生者，基部者可长达10 cm，宽1～2 mm，无毛或疏生细硬毛；叶舌膜质，极短，截平，长0.5～1 mm；叶鞘多密集生于秆基，上部短于节间，节上无毛或被髯毛，鞘口具纤毛。总状花序单生，弯曲似镰刀状，总花梗被微柔毛，花序轴节间略呈棍棒状，被微柔毛，基部具短毛；无柄小穗卵形，覆瓦状排列于总状花序轴之一侧；第一颖厚纸质，与小穗等长，具6～7脉，背部密生柔毛，两侧具长2.5～3 mm、近平展的刺；第二颖厚膜质，与第一颖等长，具3脉，脊下部具窄翅；第一小花雄性，外稃略短于颖，卵状长圆形，顶端钝；内稃较窄；第二小花两性或雌性，外稃长圆形，顶端钝，较短于第一外稃；花柱分离，柱头黄褐色，帚状。颖果长圆形；有柄小穗完全退化，仅存小穗柄。花、果期：7～10月。

产地：广东及海南各地。生于山坡、路旁草丛中。

分布：福建、香港、台湾、广西、云南、贵州等省区。缅甸、中南半岛、泰国、马来西亚、澳大利亚。

用途：可作牧草及水土保持植物。

102. 球穗草属 Hackelochloa O. Ktze.

一年生草本。秆直立，分枝。叶扁平，线形或线状披针形。总状花序短小，串珠形，顶生或腋生，小穗孪生，花序轴易逐节脱落；无柄小穗近球形，两性；第一颖革质，背面具蜂窝状浅穴，上面具半圆形的凹口；第二颖厚纸质，紧贴于花序轴节间而一同嵌入第一颖上面的凹穴中；内外稃无脉；有柄小穗卵形，雄性或中性，颖厚纸质；雄蕊3枚。颖果阔椭圆形。

本属有2种，1种分布于全世界，1种分布于亚洲。我国有2种；广东及海南有1种。

球穗草 （《中国高等植物图鉴》） （图256）

Hackelochloa granularis（Linn.）O. Ktze.

Cenchrus granularis Linn.

一年生草本。秆直立，多分枝，高60 cm，无毛或疏生硬毛。叶线状披针形，长5～20 cm，宽0.4～1 cm，顶端渐尖，基部多少近心形，两面被疣基毛；叶舌膜质，约1 mm；叶鞘疏松，具脊。总状花序纤弱，下部藏于顶生叶鞘中；总花梗被短毛，花序轴节间与小穗柄紧密愈合，长1～1.5（～2）mm。无柄小穗半球形，成熟后黄绿色；第一颖革质，半球形，背面具方格状窝穴；第二颖厚膜质，3脉，嵌入第一颖上面的凹槽并包裹花序轴节间；第一小花仅存膜质外稃；第二小花两性；雄蕊3枚；有柄小穗卵形；颖厚纸质，第一颖4脉，背部扁平，两侧之翅约等宽；第二颖舟形，5脉，脊上具翅。花、果期：6～10月。

产地：广东和海南各地。生于空旷草地上。

分布：安徽、浙江、湖南、江西、福建、台湾、香港、广西、云南、贵州、四川。全球热带地区。

图256　球穗草　Hackelochloa granularis（Linn.）O. Ktze.
1. 植株一部分；2. 花序一段，示无柄小穗。（陈夏玲抄绘）

103. 荩　草　属　Arthraxon Beauv.

一年生或多年生纤细草本。叶披针形或卵状披针形，基部心形，抱茎。总状花序1至数枚在秆顶常呈指状排列；小穗成对着生于总状花序轴的各节，1无柄，1有柄；有柄小穗雄性或中性，有时完全退化仅剩一针状柄或柄的痕迹致使小穗单生于各节；无柄小穗两侧压扁或第一颖背腹压扁，含一两性小花，随同花序轴节间一起脱落；第一颖坚纸质或近革质，具数至多脉或脉不显，脉粗糙或具小刚毛，有时在边缘边脉上具篦齿状疣基钩毛，边缘不内折或稍内折；第二颖等长或稍长于第一颖，具3脉，对折而使主脉成2脊，顶端尖或具小尖头；第一小花退化仅剩一外稃；第二小花两性，外稃基部质稍厚而自该处伸出一芒，顶端全缘或具2微齿；内稃微小或缺；雄蕊2或3枚；柱头2，花柱基部分离；鳞被2。颖果细长而近线形。

本属有26种，分布于东半球的热带与亚热带地区。我国有12种，6变种；广东及海南有3种。

1. 无柄小穗第一颖两侧压扁；有柄小穗退化仅剩短柄。
  2. 雄蕊2枚；第一颖等长或稍长于第二颖……………………………………1. 荩草 A. hispidus
  2. 雄蕊3枚；第一颖短于第二颖……………………………………2. 海南荩草 A. castratus
1. 无柄小穗第一颖背腹压扁；有柄小穗通常为雄性……………………………………3. 茅叶荩草 A. prionodes

1. 荩草 （《本草经》） （图257）

Arthraxon hispidus（Thunb.）Makino

Phalaris hispida Thunb.

A. pauciflorus Honda

A. hispidus var. *cryptatherus*（Hack.）Honda

一年生草本。秆细弱，无毛，基部倾斜，高30～60 cm，多节，常分枝，基部节着地易生根。叶卵状披针形，长2～4 cm，宽0.8～1.5 cm，顶端急尖，基部心形抱茎，无毛或具糙毛；叶舌膜质，长0.5～1 mm，边缘具纤毛；叶鞘短于节间，生短硬疣毛。总状花序细弱，2～10枚呈指状排列于秆顶，花序轴节间长为无柄小穗的（1/2～）2/3～3/4，无毛或被柔毛；无柄小穗卵状披针形，两侧压扁，灰绿色或带紫；第一颖草质，两侧压扁，边缘膜质，7～9脉，脉上粗糙至生疣基硬毛，尤以顶端及边缘为多；第二颖近膜质，与第一颖等长，舟形，脊上粗糙，3脉，2侧脉不明显，顶端尖；第一外稃长圆形，顶端尖，长为第一颖的2/3；第二外稃与第一内稃等长，近基部伸出一膝曲的芒；芒长6～9 mm，下部扭转；雄蕊2枚；花药黄色或带紫色。颖果长圆形；有柄小穗退化仅剩短柄。

产地：乐昌、乳源、连州、阳山、和平、广州、深圳、台山、高要、封开、阳春、罗定、郁南及海南三亚。生于山坡草地阴湿处。

分布：遍布全国各地。东半球温暖地区。

图257 荩草 Arthraxon hispidus（Thunb.）Makino
1. 植株；2. 小穗；3. 第一颖；4. 第二颖；5. 第二小花。
（余汉平抄自《东北草本植物志》）

2. 海南荩草 （《海南植物志》）

Arthraxon castratus（Griff.）Narayan. ex Bor

Andropogon castratus Griffith

Arthraxon hainanensis Keng et S. L. Chen

一年生草本。秆平卧地面，高60～200 cm。叶卵状披针形，长3～11 cm，宽0.7～1.5 cm，顶端渐尖或急尖，基部心形，抱茎，无毛至疏被硬毛；叶舌长约0.5 mm，边缘有纤毛；叶鞘稍短于节间，无毛至密被疣基毛。总状花序2～5枚呈指状排列于秆顶，长3～7 cm；花序轴节间为无柄小穗的1/3～4/5，被疏柔毛；无柄小穗长4～8 mm，稍两侧压扁，基盘疏被短毛；第一颖卵状长圆形，顶端尖或撕裂，中部以上具数行硬疣基毛，近边缘处疣基毛的基部显著突起呈乳头状；第二颖舟形，长于第一颖，顶端尖，上部沿主脉有稀疏的短纤毛，边缘膜质；第一外稃长圆状披针形，稍短于第一颖；第二外稃披针形，基部具1扭转膝曲之芒；内稃长为第二外稃之半；雄蕊3枚；有柄小穗退化为柄。花、果期：秋、冬季。

产地：海南特产，见于陵水。生于山地缓坡干旱向阳处。

分布：印度、印度尼西亚、越南南部、斯里兰卡、澳大利亚等地。

3. 茅叶荩草　（《拉汉英种子植物名称》）

Arthraxon prionodes（Steudel）Dandy

Andropogon prionodes Steudel

Andropogon pilophorus B. S. Sun

多年生草本。秆较坚硬，高40 ~ 60 cm，常分枝，具多节。叶披针形至卵状披针形，长2 ~ 7 cm，宽5 ~ 15 mm，顶端渐尖，基部心形抱茎，边缘常具疣基毛；叶舌膜质，长0.5 ~ 1 mm，被纤毛；叶鞘短于节间，无毛或疏生疣基毛。总状花序长2 ~ 7 cm，2至数枚呈指状排列于秆顶，稀可单性，花序轴节间长为小穗的1/3 ~ 2/3，密被白色纤毛；无柄小穗长圆状披针形，背腹压扁；第一颖背腹压扁，约6 mm，硬草质，顶端尖，两侧呈龙骨状，具2行蓖齿状疣基钩毛，具不明显7 ~ 9脉，脉上及脉间具小硬刺毛，尤以顶端为多；第二颖与第一颖等长，舟形，质较薄；第一外稃长圆形；第二外稃长3 ~ 4 mm，背面近基部处生一芒；芒膝曲扭转，长12 ~ 14 mm；雄蕊3枚；有柄小穗披针形，雄性；第一颖草质，具6 ~ 7脉，顶端尖，边缘包着第二颖；第二颖质较薄，与第一颖等长，3脉，边缘近膜质而内折成脊；第一外稃与第二外稃近等长，长约为小穗的3/5，无芒；雄蕊3枚。花、果期：7 ~ 10月。

产地：河源、深圳、惠阳、高要等地。生于疏林草地上。

分布：河北、河南、陕西、山东、湖北、江苏、浙江、安徽、广西、贵州、云南、四川、西藏。阿富汗、不丹、印度、缅甸、巴基斯坦、泰国、越南、非洲东部、亚洲西南部。

104. 高　梁　属　**Sorghum** Moench

一年生或多年生高大草本。叶宽线形、线形至线状披针形。圆锥花序直立，开展或紧缩，由多数含1 ~ 6节的总状花序组成；小穗孪生，1有柄，1无柄，但花序轴顶端一节则为3枚簇生，花序轴节间和小穗柄线形，边常具纤毛；无柄小穗两性，有柄小穗雄性或中性；无柄小穗第一颖革质，背部凸起或扁平，成熟时变硬而有光泽，具狭窄而内卷的边缘，向顶端渐内折；第二颖舟形，具脊；第一外稃膜质；第二外稃长圆形或长圆状披针形，全缘，无芒或2齿裂，裂齿间具1长或短的芒。

本属约30种，分布于全世界热带、亚热带和温带地区。我国有5种；广东及海南均有。

1. 秆节密生环状髯毛；圆锥花序的分枝不再分枝 ………………………………… 1. 光高粱 S. nitidum
1. 秆节光滑无毛或具微毛，但不为环状；圆锥花序的分枝再分枝。
  2. 多年生草本，具根状茎；野生。
    3. 无柄小穗椭圆形，第一颖顶端稍钝，具明显的3小齿 ………………………… 2. 石茅 S. halepense
    3. 无柄小穗卵形，第一颖顶端尖，或具不明显的3小齿 ………………………… 3. 拟高粱 S. propinqum
  2. 一年生罕为多年生草本，不具根状茎；栽培。
    3. 圆锥花序的分枝较细弱，成熟时易折断；无柄小穗长椭圆状披针形至长椭圆形 ……… 4. 苏丹草 S. sudanense
    3. 圆锥花序的分枝较粗壮，成熟时不易折断；无柄小穗卵形，稀卵状椭圆形至近圆球形 ……… 5. 高粱 S. bicolor

1. 光高粱　（《中国主要植物图说——禾本科》）　（图258）

Sorghum nitidum（Vahl.）Pers.

Holcus nitidum Vahl

Andropogon nitidus (Vahl) Hack.

多年生草本。秆直立，高60～100 cm，节上密被环状髯毛。叶线形，长10～50 cm，宽4～10 mm，两面无毛或被硬毛，基部被髯毛；叶舌较硬，顶端钝圆，长1～1.5 mm；叶鞘紧密抱茎，无毛或被疏柔毛。圆锥花序松散，长圆形，无毛或节上生柔毛，分枝近轮生，不再分枝；总状花序着生于分枝的上端，由2～4对小穗组成，花序轴节间和小穗柄被褐色纤毛；无柄小穗卵状披针形，具棕褐色髯毛，基盘钝圆；颖革质，上部及边缘具棕色柔毛；第一颖背部略扁平；第二颖略呈舟形；第一外稃稍短于颖，革质，中部以下无毛，上部和边缘被褐色糙毛；第二外稃透明膜质，无芒或具芒；芒长1～1.5 cm。颖果长圆形；有柄小穗雄性，长椭圆形，发育程度多变化，较无柄小穗小而窄。花、果期：夏、秋季。

产地：乐昌、连州、阳山、南澳、紫金、惠东、广州、阳春及海南各地。生于向阳山坡草丛中。

分布：山东、安徽、江苏、浙江、湖北、湖南、江西、福建、台湾、香港、广西、四川、云南、贵州。不丹、印度、印度尼西亚、日本、朝鲜、缅甸、巴布亚新几内亚、菲律宾、斯里兰卡、泰国、澳大利亚东南部、太平洋岛屿。

用途：牧草；种子可食。

图258 光高粱 Sorghum nitidum (Vahl.) Pers.
1. 植株；2. 孪生小穗；3. 无柄小穗第二外稃（去芒）。
（余汉平抄绘）

2. 石茅 （《海南植物志》）

Sorghum halepense (Linn.) Pers.

Holcus halepensis Linn.

多年生草本；根状茎发达。秆直立，高50～150 cm，不分枝或有时自基部分枝。叶阔线形至线状披针形，长25～80 cm，宽0.5～4 cm，两面无毛，边缘软骨质，常具微细小刺齿；叶舌硬膜质，0.5～1 mm，顶端近截平；叶鞘无毛或基部节上微有柔毛。圆锥花序分枝细弱，1至数枚在主轴上轮生或一侧着生，基部腋间具灰白色柔毛，分枝再分枝；总状花序易折断，由2～5对小穗组成；无柄小穗椭圆形，被柔毛，基盘钝，被髯毛；颖薄革质，第一颖5～7脉，顶端稍钝，两侧具脊，延伸成3小齿；第二颖上部具脊，略呈舟形；第一外稃披针形或长圆状披针形，透明膜质，2脉；第二外稃长圆形，顶端具小尖头或2裂，有芒；芒长1～1.6 cm；有柄小穗雄性，狭披针形，长4.5～7 mm。花、果期：夏、秋季。

产地：广州、肇庆及海南各地。生于山谷、河边、荒野或耕地中。

分布：安徽、福建、香港、台湾、广西、四川。印度、斯里兰卡。

用途：造纸原料和饲料。

3. 拟高粱 （《中国主要植物图说——禾本科》）

Sorghum propinqum（Kunth）Hitch.

Andropogon propinquum Kunth

多年生草本，密丛；根茎发达。秆直立，高1.5 ~ 3 m，节上具灰白色短柔毛，但不为环状。叶线形或线状披针形，长40 ~ 90 cm，宽3 ~ 5 cm，两面无毛，边缘软骨质，具微细小刺毛；叶舌质硬，长0.5 ~ 1 mm；叶鞘无毛，边缘或鞘口有柔毛。圆锥花序开展，分枝纤细，轮生，可再分枝；总状花序易折断，由3 ~ 7对小穗组成；无柄小穗卵形，基盘钝，具细毛；第一颖薄革质，5 ~ 11脉，两侧具不明显的脊，顶端尖或具不明显的3小齿；第二颖上部具脊，略呈舟形，疏生柔毛；第一外稃披针形，具纤毛；第二外稃短于第一外稃，顶端尖或微凹，无芒或具1细弱扭曲的芒。颖果倒卵形；有柄小穗雄性，线状披针形。花、果期：夏、秋季。

产地：乐昌、广州等地。生于河岸旁或湿润之地。

分布：福建、台湾、香港、广西、云南。印度南部、印度尼西亚、马来西亚、菲律宾、斯里兰卡。

4. 苏丹草 （《国产牧草植物》）

Sorghum sudanense（Piper）Stapf.

Andropogon sorghum subsp. *sudanensis* Piper

一年生草本；须根粗壮。秆单生或丛生，高1 ~ 3 m，节无毛或具微毛，但不为环状。叶线形或线状披针形，长15 ~ 40 cm，宽1 ~ 5 cm，顶端渐狭而尖锐，两面无毛；叶舌硬膜质，顶端具毛；叶鞘基部的长于节间，上部的短于节间，无毛或基部及鞘口有柔毛。圆锥花序疏松，主轴具棱，分枝斜升，开展，可再分枝，较细弱，成熟时易折断，由2 ~ 5对小穗组成；无柄小穗长椭圆状披针形至长椭圆形，基盘具毛；第一颖卵形，革质，中上部边缘内折，11 ~ 13脉；第二颖舟形，背部圆凸，5 ~ 7脉，可达中部或中部以下；第一外稃椭圆状披针形，无毛或边缘具纤毛；第二外稃卵形或卵状椭圆形，顶端具0.5 ~ 1 mm的裂缝，自裂缝间伸出膝曲扭转之芒；雄蕊3枚。颖果椭圆形至倒卵状椭圆形；有柄小穗宿存，雄性或有时为中性，无芒。花、果期：7 ~ 9月。

产地：广州等地有栽培。

分布：浙江、福建、贵州、河南、黑龙江、内蒙古、宁夏、陕西、新疆、香港、安徽。原产非洲，现各国有栽培。

5. 高粱 （《本草纲目》）

Sorghum bicolor（Linn.）Moench

Holcus bicolor Linn.

S. vulgare Pers.

一年生草本。秆高2 ~ 5 m，节无毛或具微毛，但不为环状，基部节上具枝柱根。叶线形至线状披针形，长40 ~ 70 cm，宽3 ~ 8 cm，顶端渐尖，基部圆或耳状，两面无毛，边缘软骨质，通常具微细小刺毛；叶舌硬膜质，顶端圆，边缘有纤毛；叶鞘无毛，稍有白粉。圆锥花序疏松，主轴具纵棱，疏被细柔毛，分枝轮生，较粗壮，可再分枝，成熟时不易折断，花序轴节间粗糙或稍扁；无柄小穗卵形，稀卵状椭圆形至近圆球形，基盘钝，有髯毛；两颖均革质，第一颖背部圆凸，上部1/3质较薄，边缘内折，有狭翅，12 ~ 16脉，顶端尖或具3小齿；第二颖7 ~ 9脉，背部圆凸，近顶端具不明显的2脊，略呈舟形；第一外稃披针形；第二外稃披针形或长椭圆形，2 ~ 4脉，顶端稍2裂；芒自裂齿间伸出，膝曲；雄蕊3枚；子房倒卵形；花柱分离，柱头帚状；有柄小穗线形至披针形，雄性或中性，宿存；第一颖9 ~ 12脉，第二颖7 ~ 10脉。颖果倒卵形，成熟后露出颖外。花、果期：6 ~ 9月。

产地：乐昌、乳源、连山、翁源、新丰、清远、和平、连平、广州、高要及海南各地有栽培。

分布：我国南北各省均有栽培。

用途：粮食作物。

105. 金须茅属 **Chrysopogon** Trin.

一年生或多年生草本。叶狭窄。圆锥花序顶生，疏散；分枝细弱，简单，稀于基部再分枝，轮生于花序的主轴上；小穗3枚生于每一分枝或小枝的顶端，1无柄，两性，另2枚有柄，雄性或中性，成熟时3枚一同脱落，稀在下尚有1对小穗，基盘略增厚而倾斜，具髯毛；颖坚纸质或革质，具疣基刺毛；第一颖背部圆形，上部具脊，边缘内卷；第二颖舟形，多少具脊，具短芒；第一外稃具2脉，无内稃；第二外稃线形，全缘或具2齿，自齿缝间伸出一膝曲的芒；内稃缺或小而膜质；鳞被2；雄蕊3枚；花柱2，分离，柱头帚状。颖果线形。

本属约20种，分布于世界的热带和亚热带地区。我国有3种；广东及海南都有。

1. 总状花序由5～13小穗对（1无柄，1有柄）和顶生3小穗（1无柄，2有柄）组成；基盘近无毛；栽培 ······ 1. 香根草 C. zizanioides
1. 总状花序只由顶生3小穗组成（1无柄，2有柄，偶尔有1～4对小穗）；基盘被短柔毛，髯毛状；野生。
  2. 有柄小穗无芒，小穗柄无毛 ······ 2. 竹节草 C. aciculatus
  2. 有柄小穗有芒，小穗柄被锈色毛 ······ 3. 金须茅 C. orientalis

1. 香根草 （《海南植物志》）

Chrysopogon zizanioides（Linn.）Roberty

Phalaris zizanioides Linn.

Vetiveria zizanioides（Linn.）Nash

多年生粗壮草本。秆丛生，高1～2.5 m，多节。叶线形或狭线形，长30～90 cm，宽4～10 mm，顶生叶较小，无毛，边缘粗糙；叶舌短，长约0.5 mm，边缘具纤毛；叶鞘无毛，具脊。圆锥花序大型，顶生，主轴粗壮，分枝轮生；总状花序细，由5～13对小穗和顶端3个小穗组成，花序轴节间和小穗柄粗糙。无柄小穗线状披针形，基盘无毛；第一颖革质，背部圆形，边缘稍内折，近两侧压扁，5脉不明显，疏生纵行疣基刺毛；第二颖脊上粗糙或具刺毛，顶端尖；第一外稃边缘具丝状毛；第二外稃较短，具1脉，顶端2齿裂伸出1小尖头；雄蕊3枚；柱头帚状；有柄小穗雄性，等长或稍短于无柄小穗。花、果期：8～10月。

产地：汕头、广州、阳春、吴川、化州及海南儋州、乐东、万宁。生于水湿溪流旁和疏松黏土上。

分布：江苏、浙江、福建、台湾、四川。热带非洲至印度、斯里兰卡、泰国、缅甸、印度尼西亚、马来西亚等国有引种。

用途：须根含香精油，可作定香剂；幼叶可做饲料，茎秆可作造纸原料。

2. 竹节草 （《岭南科学期刊》） 别名：草子花（海南） （图259）

Chrysopogon aciculatus（Retz.）Trin.

Andropogon aciculatus Retz.

多年生禾草，具根茎和匍匐茎。秆直立，高约50 cm，基部膝曲。叶披针形，基部圆形，顶端钝，两面无毛或基部疏生柔毛，边缘小刺状粗糙；叶舌短小，长约0.5 mm；叶鞘无毛或仅鞘口疏生柔毛，茎生者短于节间。圆锥花序直立，线状长圆形，紫褐色；分枝细弱，数枝呈轮生状着生于主轴的各节上；无柄小穗圆筒状披针形，具一尖锐而下延的长4～6 mm的基盘，初时与穗轴顶端愈合，基盘顶端被锈色柔毛；颖革质，约与小穗等长；第一颖披针形，2脊，具7脉，背面及脊上具小刺毛，下部背面圆形，无毛；第二颖舟形，背面及脊的上部具小刺毛，顶端渐尖至具一径直的小刺芒，边缘膜质，具纤毛；第一外稃稍短于颖；第二外稃等长但窄于第一外稃，顶端全缘，具长

4～7 mm的直芒；内稃缺或微小；雄蕊3枚；雌蕊具分离花柱；有柄小穗颖纸质，披针形，具3脉；雄蕊3枚。

产地：英德、翁源、新丰、和平、连平、龙门、河源、博罗、清远、龙川、五华、兴宁、大埔、深圳、广州、肇庆、德庆、阳春、阳江、阳西、阳东、电白、高州、茂名、徐闻及海南各地。生于贫瘠的向阳山坡草地或荒野中。

分布：香港、福建、台湾、广西、云南。亚洲和大洋洲的热带地区。

3. 金须茅　（《种子植物名称》）

Chrysopogon orientalis（Desv.）A. Camus

Rhaphis orientalis Desv.

多年生草本，具匍匐的根状茎。秆基部倾斜，高30～90 cm，无毛或在花序以下被微毛。叶线形，长3～10 cm，宽2～4 mm，边缘和基部疏生疣基长柔毛，两面无毛或上面疏生柔毛；叶舌膜质，白色，长约0.5 mm，具纤毛；叶鞘无毛或被微毛，下部的长于而上部的短于节间。圆锥花序黄褐色，长圆形，稍开展；分枝纤细，常4～9枝轮生生于主轴的各节上，顶端稍膨大，具长1.5～2 mm的斜面与无柄小穗的基盘和2有柄小穗的柄所合成的斜面相愈合，其上密生长达4 mm的锈色柔毛；无柄小穗长约6 mm，背部无毛，具1长约3 mm的尖锐基盘，被锈色柔毛；颖革质，第一颖具4脉，无芒；第二颖具明显的1脉，顶端具长12～18 mm的直芒；第一外稃线形，稍短于颖，具纤毛，第一内稃缺如；第二外稃顶端生芒；芒膝曲扭转，长4～6 cm，芒针径直；第二内稃缺如或极小；雄蕊3枚；雌蕊花柱分离；有柄小穗长约7.5 mm，紫褐色；柄被锈色柔毛，下部与无柄小穗的基盘愈合；颖坚纸质；第一颖具7脉，顶端具长约10 mm的直芒，第二颖较薄弱，具3脉；雄蕊3枚。花、果期：6～9月。，

产地：湛江、徐闻及海南沿海地区。生于山坡草地或海滨沙地上。

分布：福建。印度至中南半岛。

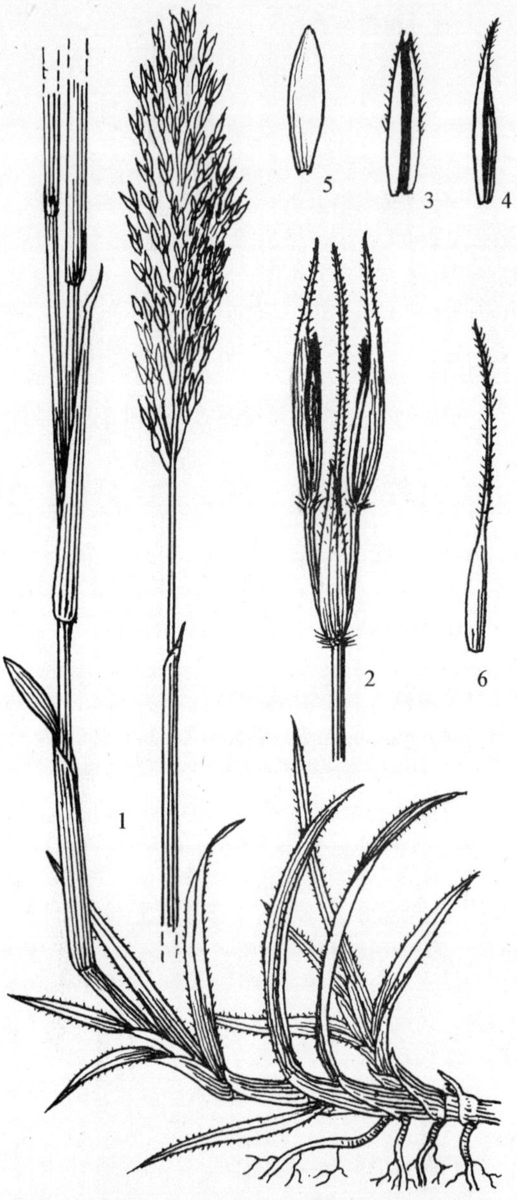

图259　竹节草　Chrysopogon aciculatus（Retz.）Trin.

1．植株；2．花序一段，示无柄及有柄小穗；3．第一颖腹面；4．第二颖侧面；5.第一外稃；6．第二外稃。（余汉平抄绘）

106. 孔颖草属　Bothriochloa Ktze.

多年生草本。秆实心，分枝或不分枝。叶线形或披针形；叶鞘背部具脊或圆形，鞘口和节上具疣基毛；叶舌短，顶端钝圆或平截，边缘具纤毛。总状花序呈圆锥状、伞房状或指状排列于秆顶，花序轴节间与小穗柄边缘质厚，中间具纵沟，节间上部更为明显；小穗孪生，披针形，1有柄，1无柄，背部压扁，基盘短，钝，被髯毛；第一颖草质至硬纸质，顶端渐尖或具小齿，边缘内折，两侧具脊，7～11脉；

第二颖舟形，3脉，顶端尖；第一外稃无脉，内稃退化；第二外稃退化呈柄状，顶端延伸成一膝曲的芒；雄蕊3枚；柱头帚状。有柄小穗形似无柄小穗，无芒，雄性或中性；第一外稃和内稃缺。

本属约30种，分布于世界温带和热带地区。我国有5种，1变种；广东及海南有3种，1变种。

1. 无柄小穗第一颖背部有下陷的小圆孔 ······ 1. 孔颖草 B. pertusa
1. 无柄小穗第一颖背部无下陷的小圆孔。
  2. 花序主轴短，总状花序排列呈指状或伞房状 ······ 2. 白羊草 B. ischaemum
  2. 花序主轴长，总状花序排列呈圆锥状。
    3. 无柄与有柄小穗第一颖背部无1~3纹孔 ······ 3. 臭根子草 B. bladhii
    3. 无柄与有柄小穗第一颖背部具1~3纹孔 ······ 3a. 孔颖臭根子草 var. punctata

1. 孔颖草 (《种子植物名称》) (图260)

Bothriochloa pertusa (Linn.) A. Camus

Holcus pertusus Linn.

多年生草本。秆丛生，直立或基部膝曲而倾斜，高60~100 cm，多节，节上具白色髯毛。叶线形，长5~20 cm，宽1~4 mm，顶端尖，基部圆形，两面疏生疣毛或下面无毛，边缘软骨质；叶舌干膜质，截平，长0.5~2 mm；叶鞘无毛，或仅在鞘口疏生疣状长毛，上部的短而下部的长于节间。总状花序3~5（~8）枚呈指状排列于分枝或秆的顶端，主轴短缩，花序轴节间与小穗柄两侧具丝状毛；无柄小穗披针形，长3~4.5 mm，基盘具髯毛；第一颖纸质，5~7脉，上部1/3处具一下陷的圆孔，被微硬毛或中部以下疏生细毛；第二颖舟形，顶端尖；第一外稃长圆形；第二外稃线形，顶端延伸成一芒；芒膝曲扭转，长1~2 mm；有柄小穗雄性或中性，与无柄小穗近等长，无毛。花、果期：7~10月。

产地：广州、高要等地。生山坡草丛中。

分布：香港、四川、云南。印度、印度尼西亚、马来西亚、尼泊尔、巴基斯坦、泰国、越南；澳大利亚和北美有引种。

图260 孔颖草 Bothriochloa pertusa (Linn.) A. Camus
1. 植株；2. 花序轴一段，示无柄及有柄小穗；3. 第一颖背、腹面；4. 第二颖背、腹面；5. 第一外稃背腹面。
(余汉平抄绘)

2. 白羊草 (《种子植物名称》)

Bothriochloa ischaemum (Linn.) Keng

Andropogon ischaemum Linn.

多年生草本。秆直立或基部倾斜，丛生，高25~80 cm，节上无毛或被髯毛。叶线形，长5~18 cm，宽2~3 mm，顶端渐尖，基部圆形，两面疏生疣基柔毛；叶舌膜质，顶端钝圆，长约1 mm，具纤毛；叶鞘无毛，茎生者短于节间。总状花序4或多数着生于秆顶呈指状或伞房状，主轴短，花序轴节间与小穗柄两侧具丝状毛；无柄小穗长圆状披针形，长4~5 mm，基盘具髯毛；第一颖草质，5~7脉，中部以下具丝状柔毛；第二颖舟形，中部以上具纤毛；第一外稃长圆状披针形，顶端尖，上部边缘疏生纤毛；第二外稃退化成线形，顶端延伸成一膝曲扭转的芒；雄蕊3枚；有柄小穗雄性或中性，与无柄小穗近等长，无毛。花、果期：秋季。

产地：乐昌、连平、五华、澄海、南澳、汕头、广州、高州及海南海口等地。生于山坡草地和荒地。

分布：几乎遍布全国。东半球亚热带和温带地区。

3. 臭根子草　（《中国主要植物图说——禾本科》）

Bothriochloa bladhii (Retz.) S. T. Blake

Andropogon bladhii Retz.

B. intermedia (R. Br.) A. Camus

A. intermedius R. Br.

多年生草本；须根粗壮。秆直立或基部倾斜，疏丛，高60～130 cm，多节，节上无毛或具髯毛。叶狭线形，长10～40 cm，宽1～10 mm，两面疏生疣毛或下面无毛，顶端长渐尖，边缘粗糙；叶舌膜质，截平，长0.5～2 mm；叶鞘无毛，上部短于而下部长于节间。圆锥花序由多数总状花序组成，主轴长，分枝轮生，再分出小枝或否，花序轴节间与小穗柄两侧具丝状纤毛，顶端具短髯毛；无柄小穗两性，长圆状披针形，长3～4 mm，灰绿色或带紫色，基盘具白色髯毛；第一颖背腹扁，5～7脉，上部微呈两脊，背部稍下凹，无毛或中部以下疏生柔毛，无纹孔，顶端钝，边内折成两脊，脊上具小纤毛；第一外稃顶端尖，边缘及顶端有时疏生纤毛；第二外稃退化成线形，顶端具芒；芒膝曲，长1～2.5 cm；有柄小穗中性，稀雄性，无芒，比无柄小穗狭。花、果期：7～10月。

产地：乐昌、连州、广州、徐闻、台山、阳春及海南各地。生于山坡草地。

分布：江西、安徽、湖北、湖南、陕西、新疆、福建、台湾、香港、广西、云南、贵州、四川等省区。不丹、印度、印度尼西亚、日本、马来西亚、尼泊尔、巴布亚新几内亚、巴基斯坦、泰国、越南、非洲、亚洲西南部、澳大利亚；美洲有引种。

3a. 孔颖臭根子草　（《中国主要植物图说——禾本科》）

var. **punctata** (Roxb.) R. R. Stewart

Andropogon punctatus Roxb.

本变种与原种的区别在于：无柄与有柄小穗第一颖背部具1～3纹孔。花、果期：7～11月。

产地：据《Flora of China》记载，广东有分布。生于开放山坡，湿地。

分布：安徽、福建、广西、贵州、湖北、湖南、陕西、四川、台湾、新疆、云南。不丹、印度、印度尼西亚、日本、马来西亚、尼泊尔、巴布亚新几内亚、巴基斯坦、泰国、越南、非洲、亚洲西南部、澳大利亚；美洲有引种。

107. 细 柄 草 属　**Capillipedium** Stapf

多年生或一年生草本。秆直立，实心，常丛生。叶线形，干时边常内卷；叶舌膜质，边缘具纤毛；叶鞘无毛或有毛。圆锥花序由1至数节的总状花序组成，总状花序由1～5（～8）小穗对组成；小穗孪生，1无柄1有柄，或顶生小穗3枚，1无柄，2有柄，花序轴节间和小穗柄纤细，中央具纵槽而边缘变厚。无柄小穗两性，背腹压扁，基盘钝而具短髯毛；第一颖约等长于小穗，草质兼坚纸质，边缘内折成两脊；第二颖舟形，具脊，脊钝圆，两侧凹陷；第一小花退化成外稃；第二外稃退化成线形，顶端延伸成一膝曲的芒；雄蕊3枚或完全退化；有柄小穗雄性或中性，无芒，长于或短于无柄小穗。

本属约14种，分布于东半球的温带、亚热带和热带地区。我国有5种；广东及海南有2种。

1. 秆坚硬似小竹；有柄小穗较无柄小穗长1/2或2倍；无柄小穗第一颖背部扁平 ························ 1. 硬秆子草 C. assimile

1. 秆质较柔软；有柄小穗等长或较短于无柄小穗；无柄小穗第一颖背部具沟槽 …………………… 2. 细柄草 C. parviflorum

1. 硬秆子草 （《种子植物名称》） 别名：竹枝细柄草 （《海南植物志》）

Capillipedium assimile（Steud.）A. Camus

Andropogon assimilis Steud.

多年生亚灌木状草本。秆坚硬似小竹，高1.5～3.5 m，多分枝，节无毛或被短柔毛。叶线状披针形，长4～15 cm，宽2～7 mm，顶端刺状渐尖，基部渐窄，无毛或被糙毛；叶舌干膜质，长0.5～1 mm，截平或钝圆；叶鞘无毛，鞘口具髯毛。圆锥花序长5～13 cm，分枝簇生，疏散而开展，枝腋内有柔毛；总状花序生于小枝顶端，有2～5节，花序轴节间和小穗柄被纤毛，易断落；无柄小穗长圆形，长2～3 mm，背腹压扁，具芒，淡绿色至淡紫色，基盘被毛；第一颖顶端窄而截平，背部扁平，粗糙至疏被小糙毛，2脊，脊上被硬纤毛，脊间有不明显的2～5脉；第二颖与第一颖等长，具3脉，顶端钝或尖，边缘被纤毛；第一外稃长圆形，顶端钝，长为颖的2/3；芒膝曲扭转，长0.6～1.5 cm；有柄小穗雄性，线状披针形，较无柄小穗长1/2至2倍。花、果期：8～12月。

产地：乐昌、乳源、始兴、连州、连南、阳山、英德、翁源、梅州、河源、深圳、广州、高要、怀集、高州及海南南部。生于河边、林中或湿地上。

分布：河南、山东、广西、西藏、贵州、四川、云南、湖南、湖北、江西、江苏、福建、香港、台湾。孟加拉国、不丹、印度、缅甸、尼泊尔、泰国、越南、印度尼西亚、日本、马来西亚。

2. 细柄草 （《植物分类学报》） 别名：吊丝草 （《海南植物志》） （图261）

Capillipedium parviflorum（R. Br.）Stapf

Holcus parviflorum R. Br.

多年生簇生草本。秆质较柔软，直立或基部稍倾斜，高30～120 cm，节被髯毛。叶线形，长10～30 cm，宽2～8 mm，顶端长渐尖，基部收窄，近圆形，两面无毛或被糙毛；叶舌干膜质，长0.5～1 mm，边缘具短纤毛；叶鞘短于或长于节间，无毛或被柔毛，鞘口具纤毛。圆锥花序长圆形，分枝簇生，纤细，光滑无毛，枝腋间具细柔毛；总状花序具1～3节，顶端为3小穗，偶尔下部为1～2孪生小穗对，花序轴节间与小穗柄长为无柄小穗之1/2；无柄小穗长3～4 mm，基部具髯毛；第一颖长圆状披针形，背腹压扁，背部具沟槽，被短糙毛，2脉，边狭窄，内折成脊，脊上部具糙毛；第二颖舟形，与第一颖等长，顶端尖，具3脉，脊上稍粗糙，上部边具纤毛，第一外稃长为颖的1/4～1/3，顶端钝或呈钝齿状；第二外稃线形，顶端具芒；芒膝曲，长10～15 mm；有柄小穗中性或雄性，等长或短于无柄小穗。花、果期：8～12月。

产地：广东及海南各地。生于山坡草地、河边、灌丛中。

分布：华东、华中以至西南地区。广布于东半球热带与亚热带地区。

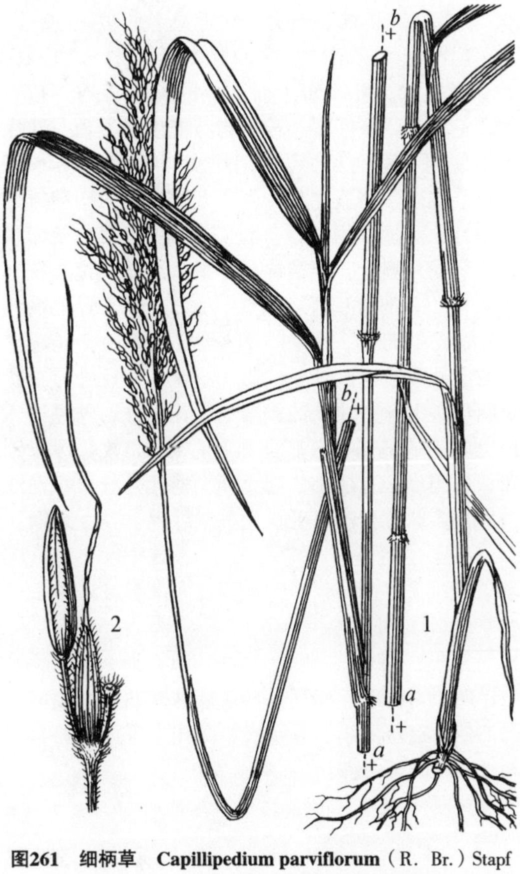

图261 细柄草 Capillipedium parviflorum（R. Br.）Stapf
1. 植株；2. 花序一段，示有柄和无柄小穗。
（余汉平抄绘）

108. 双花草属 **Dichanthium** Willemet

多年生，稀一年生草本。秆有或无分枝，节具髯毛或无。叶狭，扁平或内卷；叶舌膜质。总状花序呈指状或单生于秆顶，有时下面托以佛焰苞，花序轴节间及小穗柄纤细，中央不具纵沟；小穗成对着生于各节，1无柄，1有柄，形相似，性不同；无柄小穗两性，背腹压扁，基盘短而钝；颖近等长，薄革质；第一颖边窄，内折成2脊，顶端钝；第二颖舟形，背常具脊；第一小花常退化至剩1透明的外稃；第二小花两性，外稃退化呈柄状，顶端具芒；芒膝曲，无毛或被短柔毛；雄蕊（2）3枚。颖果长圆形；有柄小穗与无柄小穗相似，雄性或中性，无芒。

本属约20种，分布于东半球热带、亚热带地区。我国约3种；广东及海南有1种。

双花草　（《种子植物名称》）　（图262）

Dichanthium annulatum（Forssk.）Stapf

Andropogon annulatus Forssk.

Bothriochloa tuberculata W. Z. Fang

多年生丛生草本。秆直立或基部膝曲，高30～100 cm，节具髯毛。叶狭线形，长8～30 cm，宽2～4 mm，顶端长渐尖，无毛或上面被硬的长柔毛，边缘光滑或粗糙；叶舌干膜质，长1～2 mm，上缘撕裂状；叶鞘短于而下部的长于节间，鞘口被柔毛。总状花序2～8枚，指状着生于秆顶，花序轴节间与小穗柄长为无柄小穗之半，边缘具长纤毛；小穗对紧密覆瓦状排列，基部1～6对小穗雄性或中性；无柄小穗两性，长3～5 mm，第一颖卵状长圆形或长圆形，顶端钝或截平，纸质，边具狭脊或内折，背部常扁平，有5～9脉，2脊，脊上被纤毛；第二颖舟形，无芒，3脉呈脊状，中脊压扁，脊的上部和边缘被纤毛；第一小花不孕，外稃线状长圆形，无脉，顶端钝；第二小花两性，外稃狭，退化为芒的基部，芒膝曲扭转；雄蕊3枚。颖果倒卵状长圆形；有柄小穗与无柄小穗几等长，雄性或中性，多脉，被短柔毛或疣基状纤毛。花、果期：6～11月。

产地：博罗、广州、肇庆及海南东方。生于山坡草地。

分布：河北、湖北、贵州、广西、台湾、云南、四川。印度、印度尼西亚、马来西亚、缅甸、尼泊尔、巴基斯坦、菲律宾、非洲太平洋岛屿；美洲及大洋洲有引种。

图262　双花草　Dichanthium annulatum（Forssk.）Stapf
1. 植株一部分；2. 花序一段，示有柄和无柄小穗。
（陈夏玲抄绘）

109. 须芒草属 **Andropogon** Linn.

一年生或多年生草本。秆丛生。叶舌膜质或退化呈1毛圈；叶线形。总状花序孪生或指状排列于主秆或分枝顶端，基部托以鞘状佛焰苞；花序轴节间脆弱，易逐节断落，和小穗柄多少向上渐变粗，顶端多少呈杯状；小穗成对着生于花序轴各节，1无柄，1有柄；无柄小穗两性，背腹压扁，多少具纵沟，基盘钝，具髯毛，插入到花序轴节间顶端；颖近等长，膜质或近革质，第一颖披针形，边缘常内折，上部有2脊，有时具狭翅；第二颖舟形，背部有1～3脉，具脊，无芒或有芒；第一小花常退化仅剩一外稃；第二小花两性，外稃透明，顶端2裂；芒自裂齿间伸出，膝曲；雄蕊1～3枚。颖果狭长圆形至披针形或近圆柱形；有柄小穗中性或雄性，变异较大，有时退化。

本属约100种，产于全世界热带至温带地区，我国有2种；广东及海南有1种。

华须芒草 （《种子植物名称》） （图263）

Andropogon chinensis（Nees）Merr.

Homoeatherum chinensis Nees

多年生草本。秆直立，丛生，高40～100 cm，无毛。叶线形，扁平或干时内卷，长8～25 cm，宽2～3 mm；叶舌膜质，顶端圆钝，长1～2.5 mm；叶鞘无毛或被柔毛。总状花序孪生，长1.5～5 cm，成熟时伸出佛焰苞外，佛焰苞舟形或线形，花序轴节间和小穗柄近等长，顶端膨大，斜杯状，有齿状附属物，下部具白色柔毛；无柄小穗线状披针形，基盘尖锐；第一颖背部具2脊，顶端伸出成短芒或小尖头，中部具1深槽；第二颖舟形，背上部被毛，顶端2齿裂；齿间具芒，长6～10 mm；第一外稃线状长圆形，顶端尖，具纤毛；第二外稃边缘具纤毛，顶端2裂；芒自裂片间伸出，膝曲扭转；雄蕊3枚；柱头羽毛状；有柄小穗长圆状披针形，长3.5～4.5 mm；第一颖背部扁平，顶端具芒，长4～10 mm；第二颖芒短直。花、果期：8～12月。

产地：连州、河源、博罗及海南中部各地。生于山坡草地、灌丛、疏林等干燥的环境。

分布：香港、广西、云南、四川等地。柬埔寨、印度、也门、老挝、缅甸、泰国、越南、非洲。

用途：耐旱、瘠的牧草。

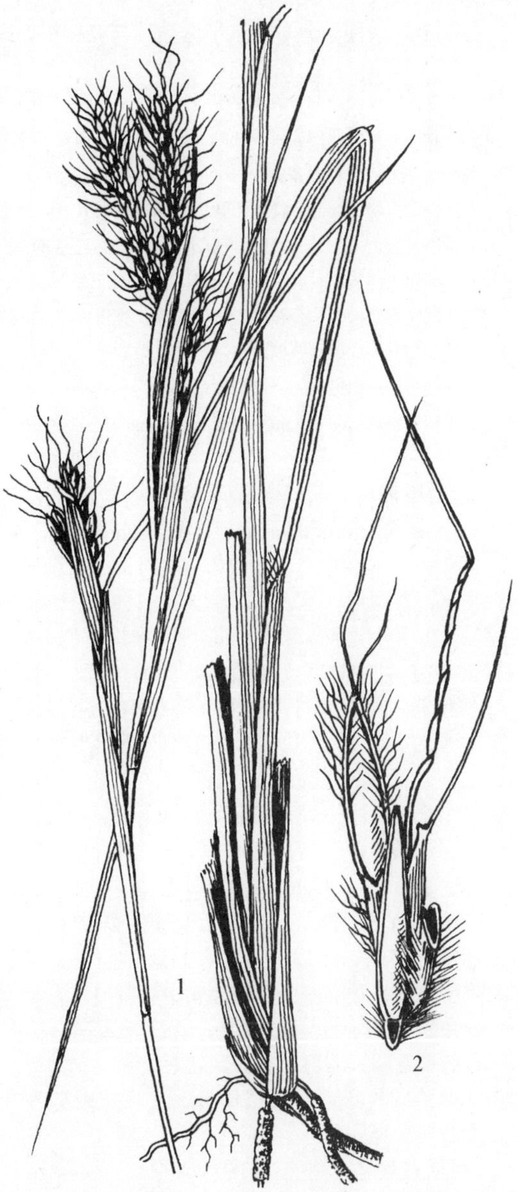

图263 华须芒草 Andropogon chinensis（Nees）Merr.
1. 植株；2. 花序一段，示有柄及无柄小穗。（余汉平抄绘）

110. 香 茅 属 **Cymbopogon** Spreng.

多年生稀一年生草本。秆直立，粗壮。叶含香精油，宽线形至线形；叶舌干膜质。伪圆锥花序大型复合至狭窄单一；总状花序对生于总梗上，具舟形佛焰苞，3～6节，下方基部常为一对同性小穗，1无柄，1有柄，不育，无芒；花序轴节间与小穗柄边缘具长柔毛，有时背部亦被毛；无柄小穗两性，背腹压扁，基盘钝，被髯毛；第一颖背部扁平或具凹槽，有时中央下部具纵沟，边缘内折成2脊，脊中部以上具翅，脊间无脉或具2～5脉；第二颖舟形，具脊，无芒；第一外稃透明，常中空；第二外稃狭长圆形，顶端2裂齿间伸出扭转膝曲之芒，或具短芒至无芒；雄蕊3枚。颖果长圆状披针形；有柄小穗雄性、中性或退化，等长或较短于无柄小穗，无芒。

本属有70余种，分布于东半球热带与亚热带地区。我国有24种；广东及海南有6种。

1. 无柄小穗第一颖的背部下方具一纵长深沟 ………………………………………… 1. 青香茅 C. mekongensis
1. 无柄小穗第一颖的背部扁平或凹陷，但不具纵长深沟。
  2. 无柄小穗无芒或具短芒尖。
    3. 第一颖宽约0.7 mm，脊间无脉；基部叶鞘老后不向外反卷 ………………………… 2. 香茅 C. citratus
    3. 第一颖宽1 ~ 1.2 mm，脊间具脉或脉不明显；基部叶鞘老后向外反卷。
      4. 圆锥花序紧缩；叶坚硬，粗糙，在1/3处下垂 ………………………………………… 3. 亚香茅 C. nardus
      4. 圆锥花序松弛，分枝展开；叶柔软，光滑，在2/3处下垂 ……………………… 4. 枫茅 C. winterianus
  2. 无柄小穗具多少扭转膝曲之芒。
    3. 无柄小穗长约5.5 mm，芒长约12 mm ……………………………………………………5. 橘草 C. goeringii
    3. 无柄小穗长3.5 ~ 4.5 mm，芒长7 ~ 10 mm ………………………………………… 6. 扭鞘香茅 C. tortilis

1. 青香茅　（《华南经济禾草》）

Cymbopogon mekongensis A. Camus

多年生草本。秆丛生，高30 ~ 80 cm。叶线形，长10 ~ 25 cm，宽2 ~ 6 mm，两面无毛，顶端细针状渐尖，基部狭圆形；叶舌长0.7 ~ 3 mm；叶鞘无毛。伪圆锥花序狭窄；总状花序红褐色，长0.7 ~ 1.4 cm，花序轴节间和小穗柄长约1.5 mm，边缘具白色柔毛；无柄小穗长圆状倒披针形；第一颖卵状披针形，顶端微呈啮蚀状，2脊间无脉或具不明显的2脉，脊上部具稍宽之翼，背部下方具一深纵沟；第二颖舟形，顶端尖，脊上具狭翼，边缘膜质而生小纤毛；第一外稃约较颖短1/4，长圆形，顶端微凹，边缘具小纤毛；第二外稃极狭，较颖短1/3 ~ 1/2，顶端深裂达到中部，裂齿间有一膝曲之芒；雄蕊3枚；有柄小穗长3 ~ 4 mm。花、果期：7 ~ 9月。

产地：汕尾、海丰、陆丰、惠阳、深圳、惠东、博罗、广州、中山、阳江、高要、阳春、徐闻及海南琼山、万宁。生于路边或山坡草地。

分布：贵州、湖南、四川、浙江、云南、广西、香港等省区。老挝、泰国、越南。

用途：嫩茎叶可作家畜饲料，又可提取芳香油及作造纸原料。

《海南植物志》中记载的青香茅C. caesius (Nees ex Hook. et Arn.) Stapf 应为本种的误订。

图264　香茅　Cymbopogon citratus (DC.) Stapf
1. 植株；2. 基部叶鞘及根茎；3. 孪生小穗；4. 无柄小穗；5. 第一颖；6. 第一外稃；7. 第二外稃；8. 有柄小穗第二颖。（余汉平抄绘）

2. 香茅　（《开宝本草》）　（图264）

Cymbopogon citratus (DC.) Stapf

C. citratus DC.

多年生含柠檬香味草本；根状茎短。秆粗壮，丛生，高达2 m。叶线形，长达1 m，宽0.5 ~ 2 cm，顶端长渐尖，基部渐窄，两面粗糙；叶舌长约1 mm；叶鞘无毛，内面浅绿色，基部叶鞘老后不向外反卷。伪圆锥花序具多次复合分枝，分枝细长；

佛焰苞披针形，狭窄，红色或淡黄褐色；花序轴节间及小穗柄边缘疏生柔毛。无柄小穗两性，线状披针形；第一颖背部扁平或下凹成槽，宽约0.7 mm，粗糙，2脊，脊间无脉，顶端具2微齿；第二外稃狭小，顶端全缘无芒或2微齿而具长约0.2 mm的短芒尖；有柄小穗长4～5 mm。花、果期：夏季。

产地：深圳、珠海、广州、中山、高要、阳江、阳东、阳西、阳春、电白、高州、茂名、雷州、湛江、徐闻及海南等地。生于山坡草地。

分布：福建、贵州、湖北、云南、浙江、台湾。热带地区广泛栽培。

3. 亚香茅 （《台湾的禾草》）

Cymbopogon nardus（Linn.）Rendle

Andropogon nardus Linn.

多年生大型草本。秆直立或下垂，密丛，高达2.5 m。叶线形，坚硬，粗糙，长30～80 cm，宽1～2 cm，在1/3处下垂，边缘疏生钝齿，干时深绿色或深褐色；叶舌纸质，无毛；叶鞘平滑无毛，顶端具耳，基部叶鞘带紫红色，老后向外反卷。伪圆锥花序大型复合，紧密而有间隔；佛焰苞长12～15 mm，总花梗无毛；总状花序长15～17 mm；花序轴及小穗柄边缘有柔毛，背部无毛或被微毛；无柄小穗长4～4.5 mm，第一颖卵状披针形，背部扁平，宽1～1.2 mm，脊间具脉或脉不明显，红褐色或上面带紫色，具窄翼，无脉或脉不明显；第二外稃顶端全缘或2裂，裂口处有小尖头或短芒；有柄小穗披针形，长3.5～7 mm，第一颖具7脉。花、果期：11月至翌年4月。

产地：广东及海南有栽培。

分布：福建、云南、香港、台湾等省区有栽培。原产印度南部及斯里兰卡，热带亚洲地区常有栽培。

用途：香料植物。

4. 枫茅 （海南）

Cymbopogon winterianus Jowitt ex Bor

多年生草本；具根状茎。秆丛生，粗壮，长可达2 m或更多。叶线形，柔软，薄，长可达100 cm，宽可达2.5 cm，2/3处下垂，边缘粗糙，基部狭窄；叶舌2～3 mm；叶鞘光滑，基部叶鞘老后向外反卷。伪圆锥花序大而松弛，多分枝，展开，花序轴节间和小穗柄边缘被纤毛。无柄小穗椭圆状披针形；第一颖扁平或微凹，不具纵长深沟，宽1～1.2 mm，2脊，脊上具狭翅，脊间具3脉或脉不明显；第二外稃顶端2浅裂，无芒或具短芒，不伸出小穗；有柄小穗长3.5～5 mm。

产地：广东及海南有栽培。

分布：四川、云南有栽培。印度尼西亚有栽培。

用途：香料植物。

5. 橘草 （《江苏植物名称》）

Cymbopogon goeringii（Steud.）A. Camus

Andropogon nardus var. *goeringii*（Steud.）Hack.

C. tortilis var. *goeringii*（Steud.）Hand. –Mazz.

多年生草本。秆直立，丛生，高50～100 cm，节无毛或被短柔毛。叶线形，扁平，长12～40 cm，宽3～5 mm，无毛，边缘粗糙，基部渐狭，顶端长渐尖成丝状；叶舌长1～3（～4.5）mm，顶端钝圆，两侧有三角形耳状物并下延为叶鞘边的膜质部分；叶鞘无毛，上部的短于节间，下部的多破裂聚集秆基。伪圆锥花序稀疏，狭窄，具1～2回分枝；佛焰苞带紫色，长1.5～2 cm；总状花序孪生，成熟后向后反折，花序轴节间与小穗柄顶端杯形，边缘被长1～2 mm的柔毛；无柄小穗长圆状披针形，长约5.5 mm，基盘具长约0.5 mm的短毛或近无毛；第一颖背部扁平，略凹陷，顶端尖或稍钝，2脊，上部具宽翼，脊间有（1～）3～5脉；第一外稃较颖短约1/4，狭窄渐尖，2脊，边缘具小纤毛；第二外稃极狭，长约3 mm，裂齿间有一芒；芒膝曲扭转，长约12 mm；有柄小穗长4～6.5 mm。花、果期：7～10月。

产地：连南、深圳、惠东、广州、高要、阳江、阳东、阳西、阳春、电白、高州、茂名、雷州、湛江、徐闻等地。生于山坡草地。

分布：华中、华东及香港。日本和朝鲜南部。

6. 扭鞘香茅 （《种子植物名称》）

Cymbopogon tortilis（J. Presl）A. Camus

Anthistiria tortilis J. Presl

C. hamatulus（Nees ex Hook. et Arn.）A. Camus

多年生具香味草本。秆直立，密丛，高50 ~ 100 cm，无毛。叶线形，扁平，长30 ~ 60 cm，宽3 ~ 6 mm，顶端长渐尖，除上面基部有微小绒毛外余均无毛；叶舌膜质，无毛，圆形，长约2 mm；叶鞘无毛，秆生者短于节间，基生者枯老后破裂，向外反卷，露出红棕色的内面。伪圆锥花序狭窄，具少数上举的分枝；佛焰苞红褐色，长1.2 ~ 1.5 cm；总状花序孪生，成熟时叉开并向外反卷；花序轴节间与小穗柄边缘具长0.5 ~ 1 mm的柔毛；无柄小穗长3.5 ~ 4.5 mm；第一颖背部扁平，具2 ~ 4脉，脊缘具翼，顶端钝，微齿裂，边缘膜质而生小纤毛；第二外稃极狭，长约1.5 mm，2裂齿间有一芒；芒膝曲扭转，长7 ~ 10 mm；内稃缺；雄蕊3枚；有柄小穗长3 ~ 3.5 mm，第一颖具7脉。花、果期：7 ~ 10月。

产地：乐昌、连州、阳山、英德、南澳、饶平、汕尾、大埔、河源、惠阳、广州、深圳、台山、封开、云浮、徐闻及海南东方。生于山坡草地。

分布：浙江、福建、贵州、安徽、江西、台湾、香港、澳门、海南、广西、云南等省区。越南、菲律宾及太平洋岛屿。

111. 苞　茅　属 **Hyparrhenia** Andress. ex Fourn.

多年生或一年生粗壮草本。秆直立或基部膝曲，丛生。叶线形，中脉明显，无香味，顶端渐尖；叶舌干膜质。伪圆锥花序由密生成对、托以佛焰苞的总状花序组成，孪生总状花序具梗，每总状花序又各具1圆柱形或扁平的短柄，成熟时反折或不，每总状花序最上一节着生3枚小穗，1无柄和2有柄，其下每节则为小穗对，1无柄，1有柄，最下1 ~ 2小穗对常同为雄性或中性，且均无芒（同性对），其上各小穗对和最上的3小穗中的无柄小穗为两性或偶为雄性，有柄小穗则为雄性或中性；无柄小穗背腹压扁，基盘钝至尖锐，密生髯毛；颖近等长，草质或纸质，第一颖披针形至线形，背部凸，无毛至被长柔毛，内卷，靠近顶端具脊；第二颖舟形，有脉，无芒；第一小花退化成外稃；第二外稃较第二颖短1/3 ~ 1/2，顶端2裂，裂齿间伸出1芒；芒膝曲扭转，芒柱被短硬毛；有柄小穗雄性或中性，狭披针形，比无柄小穗略长。

本属约64种，主产非洲热带和亚热带地区，少数种类分布至亚洲、大洋洲和南美洲。我国有5种；广东及海南2种。

1. 总状花序基部有一苞片状附属物 ……………………………………………… 1. 苞茅 H. newtonii
1. 总状花序基部无附属物 ……………………………………………………… 2. 短梗苞茅 H. diplandra

1. 苞茅 （《种子植物名称》） （图265）

Hyparrhenia newtonii（Hack.）Stapf

Andropogon newtonii Hack.

多年生草本。秆高50 ~ 200 cm，直立或基部数节膝曲，丛生。叶线形，长20 ~ 60 cm，宽2 ~ 6 mm，质较硬，两面被柔毛或上面无毛，边缘微粗糙；叶舌膜质，长0.5 ~ 2 mm，顶端截平；叶鞘疏松抱茎，密生柔毛或无毛，基部密生淡黄褐色绒毛。伪圆锥花序较窄，由密生成对、托以佛焰苞的总状花序组成；佛焰苞狭披针形，每孪生总状花序具2 ~ 4芒；总状花序成熟时反折，各总状花序基部略不等长，具1苞片状附属物，披针形，上部的总状花序基部密被黄色硬直长髯毛；同性小穗长4 ~ 7 mm，无毛，边粗糙。无柄小穗长4 ~ 6 mm，无毛，基盘极尖，被髯毛；第一颖狭长圆形，5 ~ 7脉，顶端2齿裂，无毛；第二颖与第一颖近等长，舟形，具3脉，顶端钝，中脉延伸成小尖头；第一外稃狭长圆形，顶端钝，具短纤毛；

第二外稃线形，具2齿，齿间伸出1芒；芒2回膝曲，芒柱扭转，被棕色短毛；有柄小穗与无柄小穗相似，长5～10 mm。

产地：据《中国植物志》记载，广东有分布。生于山坡草地。

分布：广西。印度尼西亚、泰国、越南、马达加斯加。

本种曾被误定为H. bracteata（Willd.）Stapf。

2. 短梗苞茅 （《种子植物名称》）

Hyparrhenia diplandra（Hack.）Stapf

Andropogon diplandra Hack.

H. eberhardtii（A. Camus）Hitchc.

多年生草本。秆高1～2 m，直立或基部数节膝曲，簇生，无毛。叶线形或狭线形，长30～60 cm，宽3～6 mm，基部被白色长粗毛，边缘粗糙；叶舌干膜质，长约2 mm，顶端钝圆，具纤毛；叶鞘无毛或上部边缘具短硬毛。伪圆锥花序大稀疏，孪生总状花序梗上部密生金黄色疣基长硬毛，开花时伸出佛焰苞；总状花序反折，基部各具1对同形小穗，上部总状花序基扁圆形，长4～6 mm，无毛，下部总状花序基扁，长1～2 mm，无毛，无附属物；小穗柄长于花序轴节间，长约为无柄小穗的1/2；无柄小穗披针形，无毛或被柔毛，基盘尖锐，密被髯毛；第一颖披针形，边缘内卷，顶端钝；第二颖略长于第一颖，舟形，具3脉，顶端圆钝；第一外稃披针形，无毛或被柔毛；第二外稃线形，顶端2裂；芒膝曲，芒柱被棕色短硬毛；内稃常退化；有柄小穗6～7.5 mm，顶端尖或具小尖头。花、果期：8～11月。

图265 苞茅 Hyparrhenia newtonii（Hack.）Stapf
1. 植株；2. 孪生总状花序；3. 花序一段，示有柄及无柄小穗。（余汉平抄绘）

产地：据《海南植物志》记载，广东及海南有产，但地点不详。生于山坡草地及灌丛中。

分布：香港、广西、云南等省区。印度尼西亚、泰国、越南、热带非洲。

112. 裂稃草属 Schizachyrium Nees

一年生或多年生低矮草本。秆细弱，多分枝，直立或平卧。叶扁平或折叠，线形或线状长圆形。总状花序单生，顶生或腋生，基部有鞘状佛焰苞；花序轴和小穗柄具短硬毛或稀无毛，顶端增粗并具齿状撕裂的附属物，附属物干膜质；小穗孪生，1无柄，1有柄；无柄小穗略倾斜或水平脱落，基盘稍尖锐或钝圆，具短髯毛；第一颖长圆状披针形，厚纸质或近革质，背部多少隆起，边缘内折而具2脊，无芒；第二颖质较薄，舟形；第一外稃透明膜质，具纤毛；第二外稃透明，2深裂，裂齿间伸出1膝曲芒；内稃缺或细小；雄蕊3枚。颖果狭线形；有柄小穗常退化为1颖，顶端常具芒。

本属约60种，分布于全世界热带和亚热带地区。我国有4种；广东及海南有3种。

1. 叶长1.5～4 cm，顶端钝；总状花序长0.5～2 cm，纤细 ······ 1. 裂稃草 S. brevifolium

1. 叶长4～20 cm，顶端渐尖或稍钝；总状花序长2～8 cm，较粗壮。

　2. 总状花序轴无毛或疏生短纤毛，顶端的附属物具2齿 ······ 2. 红裂稃草 S. sanguineum

2. 总状花序轴外侧密生白色柔毛，顶端的附属物偏斜状 ……………………………………………3. 斜须裂稃草 S. fragile

1. 裂稃草　（《植物分类学报》）　（图266）

Schizachyrium brevifolium（Sw.）Nees ex Büse

一年生草本。秆高10～70 cm，纤细，多分枝，基部常平卧或倾斜。叶线形或长圆形，平展或对折，长1.5～4 cm，宽1～7 mm，顶端常钝而有急尖头，基部近圆形，无毛；叶舌短，长0.5～0.8 mm，膜质，上缘撕裂并具睫毛；叶鞘短于节间，松弛，无毛，压扁，具脊。总状花序纤细，长0.5～2 cm，下托以鞘状总苞；花序轴节间和小穗柄长约为无柄小穗的3/4，无毛至被纤毛，顶端膨大近杯状而倾斜，具2齿；无柄小穗线状披针形，长2.5～4 mm，基盘具短髯毛；第一颖近革质，背部扁平，顶端2齿裂，边缘稍内折，具4～5脉；第二颖舟形，厚膜质，3脉；第一外稃线状披针形，顶端急尖，边缘具小纤毛；第二外稃短于第一颖1/3，2深裂几达基部，裂片线形；芒自裂齿间伸出，膝曲扭转；雄蕊3枚。颖果线形，扁平；有柄小穗退化为1～2颖，第一颖顶端具直芒。花、果期：7～12月。

产地：乐昌、始兴、连州、连平、海丰、深圳、惠东、广州、高要、封开、郁南、阳春及海南东南部。生于阴湿山坡、草地。

分布：华东、华中、华南、西南及河北、陕西、西藏等地。全世界温暖地区。

图266　裂稃草　Schizachyrium brevifolium（Sw.）Nees ex Büse
1. 植株；2. 总状花序一节，示无柄及退化有柄小穗和穗轴节间；3. 同上，示无柄小穗和穗轴节间。（陈夏玲抄绘）

2. 红裂稃草　（《指示植物》）

Schizachyrium sanguineum（Retz.）Alston

Rottboellia sanguinea Retz.

Andropogon sanguineus（Retz.）Merr.

多年生草本。秆直立，坚硬，高50～120 cm，单生或上部有分枝，无毛。叶线形，长5～20 cm，宽1～5 mm，顶端尖，无毛，边缘粗糙；叶舌膜质，长约1 mm；叶鞘无毛，背部具脊。总状花序单生，长3～9 cm，较粗壮，下部为鞘状总苞所包裹；花序轴节间一侧扁平，等长或稍短于无柄小穗，顶端膨大，具2齿状附属物，边无毛或具纤毛；无柄小穗窄线形，长5～8 mm，基盘具短髯毛；第一颖线形，背部细点状粗糙，顶端至中部以下具脊，靠近顶端的脊上具狭翅，顶端2齿裂；第二颖舟形，脊上部具极窄的翼；第一外稃线状披针形，稍短于颖，边缘具纤毛；第二外稃长约为颖的2/3，2深裂几达基部；芒自裂片间伸出，膝曲扭转；雄蕊3枚。颖果线形，扁平；有柄小穗披针形，退化为1～2颖，第一颖顶端具1直芒。花、果期；7～12月。

产地：始兴、连平、和平、饶平、深圳、惠东、广州、高要、徐闻及海南各地。生于山坡草地。

分布：福建、广西、湖南、江西、四川、云南、西藏、香港。印度、缅甸、斯里兰卡、马来西亚、印度尼西亚、菲律宾、泰国、越南、澳大利亚及非洲、美洲。

3. 斜须裂稃草 (《中国主要植物图说——禾本科》)

Schizachyrium fragile(R. Brown)A. Camus

Andropogon fragilis R. Brown

S. obliquiberbe(Hack.)A. Camus

一年生草本。秆直立或膝曲，高15～60 cm，无毛。叶线形，质较厚，长4～8 cm，宽1～2 mm，顶端急尖或稍急尖，无毛；叶舌厚膜质，长0.2～0.5 mm；叶鞘松弛，无毛或鞘口具少数毛，上部的短于节间。总状花序单生，长4～8 cm，较粗壮，多少为鞘状总苞所包裹，鞘状总苞宽披针形；花序轴节间一侧扁平，外侧与顶端密生白色柔毛，顶端膨大成杯状而倾斜的附属物；无柄小穗线状披针形，长6～7 mm，基盘密生白色髯毛；第一颖下部密生白色髯毛，2脊，具翅，顶端钝；第二颖舟形，与第一颖几等长，脊上部具极窄的翼；第一外稃稍短于颖，边缘具细纤毛；第二外稃2深裂几达基部；芒自裂口伸出，长1～1.5 cm，膝曲扭转。有柄小穗退化为仅具1～2颖，第一颖顶端具1直芒，边缘及顶端密生白色柔毛。花、果期：8～12月。

产地：海丰、饶平、遂溪等地。生于山坡草地。

分布：安徽、湖南、福建、江西、广西。印度尼西亚、澳大利亚、太平洋岛屿。

113. 黄 茅 属 **Heteropogon** Pers.

一年生或多年生草本。秆粗壮，丛生。叶扁平，线形；叶舌短，膜质，顶端具纤毛；叶鞘常压扁，具脊。穗形总状花序单生于主轴或分枝顶端，孪生小穗1无柄，1有柄，覆瓦状着生于花序轴各节，下部1～10对为同性对，雄性或中性，上部为异性对；花序轴节间和小穗柄短缩；无柄小穗近圆柱状，具棕褐色毛，有芒，基盘尖，成熟时偏斜脱落；第一颖边缘内卷，包着第二颖；第二颖无芒；第一小花退化为透明外稃；第二小花外稃退化为芒的基部；芒膝曲扭转，粗壮；内稃小或缺；雄蕊0～3枚。颖果近圆柱状；有柄小穗披针状长圆形，雄性或中性，无芒，基盘细，柄状。

本属约6种，分布于全世界热带和亚热带地区。我国有3种；广东及海南有2种。

1. 总状花序长3～7 cm（不包括芒），基部具3～10（～12）对同性小穗对 ………………………………… 1. 黄茅 H. contortus

1. 总状花序长8～15 cm（不包括芒），基部具12～15对同性小穗对 ……………………………………………… 2. 麦黄茅 H. triticeus

1. 黄茅 (《植物名实图考》) (图267)

Heteropogon contortus(Linn.)Beauv. ex Roem. et Schult.

Andropogon contortus Linn.

多年生草本。秆上部直立，高20～100 cm，下部膝曲，丛生，光滑无毛。叶线形，扁平或对折，长10～20 cm，宽3～6 mm，两面均粗糙或上面基部疏生柔毛，顶端钝或短尖至细尖；叶舌短，顶端具纤毛；叶鞘压扁，具脊，无毛或鞘口具细柔毛。总状花序单生，直立或稍弯曲，诸芒常于花序顶扭卷成1束，长3～7 cm（不包括芒），佛焰苞线形；花序下部3～10（～12）对为同性对，雄性或中性，上部7～12对为异性对；无柄小穗线形（成熟时圆柱形），两性，基盘尖锐，被棕褐色髯毛；第一颖狭长圆形，革质，被短硬毛，顶端钝，边缘包裹同质之第二颖；第二颖较窄，2脉，脉间被短硬毛，顶端钝，具膜质边缘；第一外稃长圆形；第二外稃极窄，向上延伸成芒；二回膝曲，芒柱扭转而被硬毛；雄蕊3枚；有柄小穗长圆状披针形，不育。花、果期：4～12月。

产地：广东及海南各地。生于山坡草地，尤以干热草坡特甚。

分布：甘肃、陕西、河南、浙江、江西、湖南、湖北、福建、台湾、香港、广西、云南、贵州、四川、西藏、新疆。全球温暖地区。

2. 麦黄茅 (《中国植物志》)

Heteropogon triticeus(R. Brown)Stapf ex Craib

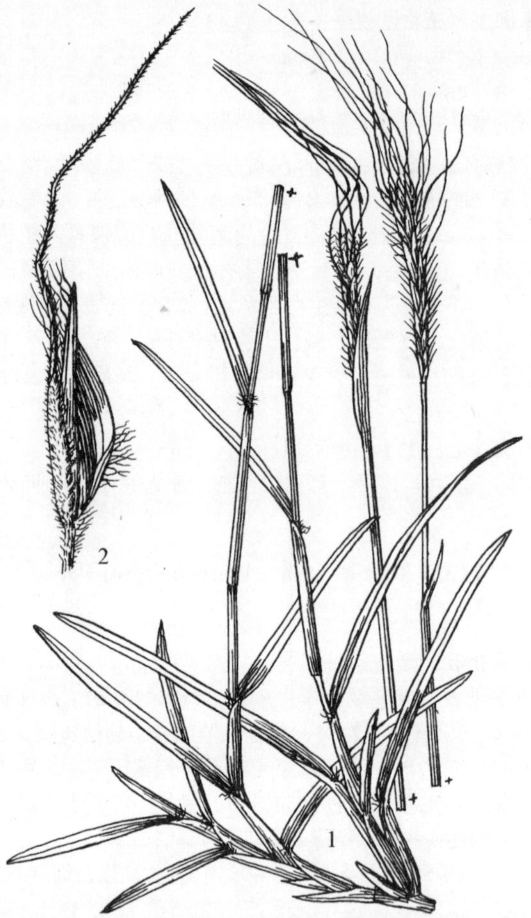

图267　黄茅　Heteropogon contortus（Linn.）Beauv. ex Roem. et Schult.
1. 植株；2. 能育及不育小穗。（余汉平抄绘）

Andropogon triticeus R. Brown

多年生草本。秆直立，高1～3 m。叶扁平，长30～60 cm，宽4～8 mm，无毛至被长硬毛，顶端渐尖；叶舌很短，钝圆；叶鞘具脊，基部的呈扇形，无毛至具短硬毛。总状花序顶生，有时在其下有几枚腋生花序，花序长8～15 cm（不包芒），在异性对下面有12～15对扁平的同性小穗；无柄小穗长6～10 mm，成熟时黑褐色，基盘锐尖，密被褐色髯毛；第一颖线状长圆形，被微柔毛或短柔毛，中脉两侧具深沟；芒长9～16 cm，褐色；有柄小穗长15～20 mm，第一颖长圆状披针形，绿色，两侧具不对称的翅，光滑。花、果期：10月至翌年3月。

产地：据《Flora of China》记载，海南有分布。生于山坡草地。

分布：印度南部、印度尼西亚、老挝、马来西亚、缅甸、菲律宾、斯里兰卡、泰国、越南、澳大利亚。

114. 假铁秆草属　Pseudanthistiria Hook. f.

一年生草本。秆细弱或较粗壮。叶线形，无毛或多少具瘤基毛；叶舌膜质，边缘常有纤毛；叶鞘在秆基常短于节间。伪圆锥花序由具佛焰苞的总状花序组成；总状花序由5～9小穗组成，最上一节有3小穗，1无柄（两性），2有柄（雄性或中性），其下1～3对孪生，每对为1无柄（两性）和1具柄小穗（雄性或中性）；无柄小穗的基盘具髯毛；颖硬膜质或硬革质；第一颖椭圆形，7脉，顶端截平，背部凸或扁平，具内卷的边，包裹第二颖；第二颖椭圆状披针形，具脊，3脉；第一外稃退化，第二外稃窄柄状，顶端延伸成1长而膝曲之芒；第二内稃退化；花柱长，柱头羽毛状；有柄小穗披针形；柄线形，长达小穗之1/2；颖草质，第一颖中脉显著，具11脉，边膜质，内卷；第二颖披针形，3脉，第一和第二小花外稃均退化；雄蕊3枚。

本属有5种，产于印度、斯里兰卡、南非等地。我国2种；广东有1种。

假铁秆草 （《中国主要植物图说——禾本科》）（图268）

Pseudanthistiria heteroclita（Roxb.）Hook. f.

Andropogon heteroclita（Roxb.）Nees

Anthistiria heteroclita Roxb.

一年生草本。秆细弱，高30～80 cm。叶线形，长8～15 cm，宽3～5 mm，顶端渐尖，基部圆形，两面疏具瘤基毛，主脉明显；叶舌短，膜质；下部叶鞘短于节间，稍柔软，无毛或边缘具瘤基毛。伪圆锥花序较密集，线状长圆形，长10～30 cm；总状花序长6～8 mm，下托以长7～10 mm的披针状佛焰苞，佛焰苞近边缘具1～2列瘤基毛，脊上生短毛；总状花序轴节间仅一侧边缘具短纤毛。无柄小穗线状长圆形；颖硬膜质，第一颖中部无沟，边缘包裹第二颖，顶端截平；第二外稃退化为芒基，柄状；鳞被2；雄蕊3枚；花柱自基部分离，柱头帚状；有柄小穗披针形，第一颖背部近顶端疏生瘤基毛。

产地：据《中国植物志》记载，广东有分布。

分布：华南、香港。印度。

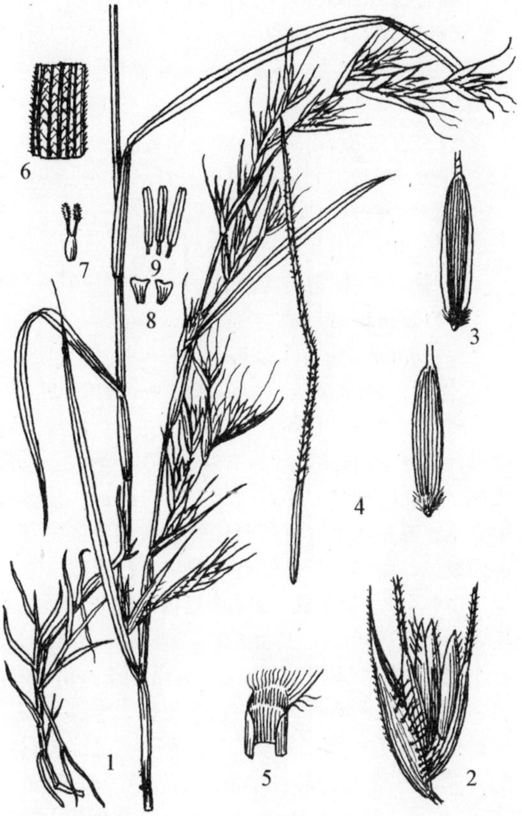

图268 假铁秆草 Pseudanthistiria heteroclita（Roxb.）Hook. f.

1. 植株；2. 具佛焰苞的总状花序；3. 无柄小穗；4. 第二小花外稃及芒；5. 部分叶鞘及叶舌；6. 叶片部分，示毛被；7～9. 无柄小穗第二花的雌蕊、鳞片和雄蕊。

（余汉平抄绘）

115. 菅 属 **Themeda** Forssk.

多年生或一年生草本。秆粗壮或纤细，丛生，近圆形，实心。叶线形，边缘粗糙；叶舌短，膜质，顶端密生纤毛或撕裂状；叶鞘具脊，边缘或鞘口常散生瘤基刚毛，上部的短于节间。总状花序具长短不一的梗至几无梗，托以舟形佛焰苞，单生或数枚镰状聚生成簇，组成扇状花束，花簇或花束下托有叶状佛焰苞，再形成硕大的伪圆锥花序；每总状花序由7～17枚小穗组成，最下2节各着生1对同性小穗（雄性或中性），形似总苞状，最上1节具3小穗，中央1枚，无柄，两性或雌性，具芒，两侧2枚，有柄，雄性或中性，无芒，中部各节具0～5对异性对，其中1无柄，两性或雄性，具芒，另1有柄，雄性或中性，花序轴节间和小穗柄线形；无柄小穗圆柱形，基盘大多尖至锐尖，有时钝，具髯毛；第一颖草质，边缘内卷，顶端钝，具脊；第二颖膜质，边缘内折，具3～5脉；第一小花退化为透明外稃；第二外稃退化为芒基，中脉粗，延伸为芒，或有时无芒。颖果长圆形；有柄小穗远大于无柄小穗，狭披针形；基盘细长，柄状，真正的小穗柄退化。

本属有27种，分布于亚洲和非洲的温暖地区及大洋洲。我国13种；广东及海南有5种。

1. 总状花序由7枚以上小穗组成，总苞状小穗着生在不同水平面（毛菅T. trichiata略微不在同一水平面）。

2. 无柄小穗无芒或芒长不超过1 cm ………………………………………… 1. 菅 T. villosa
2. 无柄小穗具长2～8 cm芒。
3. 秆和叶具长硬毛 ……………………………………………………… 2. 毛菅 T. trichiata
3. 秆和叶无毛 ………………………………………………………… 3. 苞子草 T. caudata
1. 总状花序由7枚小穗组成，总苞状小穗着生在同一水平面。
2. 总苞状小穗长7～14 mm ……………………………………………… 4. 黄背草 T. triandra
2. 总苞状小穗长4～6 mm ………………………………………………… 5. 中华菅 T. quadrivalvis

1. 菅 （《植物名实图考》） （图269）

Themeda villosa（Poir.）A. Camus

Anthistiria villosa Poir

T. gigantea var. *villosa*（Poir.）Keng

多年生草本。秆粗壮，高1～3.5 m，光滑。叶线形，长可达1 m，宽0.7～1.5 cm，顶端渐尖，基部渐狭，两面微粗糙；叶舌膜质，长约1 mm，顶端有短纤毛；叶鞘无毛，下部具粗脊。大型伪圆锥花序多回复出，由具舟形佛焰苞的总状花序组成；总状花序由9～11小穗组成，2对总苞状小穗披针形，着生在不同水平面上，其上是1～2对小穗，顶端为3枚小穗；无柄小穗长7～8 mm，基盘1～2 mm，顶端尖；第一颖长圆状披针形，背部压扁，中部具沟，密被褐色硬毛；第二颖5脉，半透明，上部边具纤毛；第二外稃披针形，中脉形成小尖头或短芒；雄蕊3枚；有柄小穗长0～15 mm，似总苞状小穗。花、果期：8月至翌年1月。

产地：乐昌、连州、英德、深圳、新丰、龙门、广州、阳春、云浮、郁南及海南各地。生于山坡灌丛、草地或林缘向阳处。

分布：河南、湖南、湖北、浙江、福建、江西、香港、广西、云南、贵州、四川、西藏。印度、印度尼西亚、斯里兰卡、菲律宾、马来西亚、孟加拉国、不丹、尼泊尔、泰国。

《广州植物志》记载的大菅T. gigantea（Cav.）Hack.为本种的误订。

图269 菅 Themeda villosa（Poir.）A. Camus
1. 植株一部分；2. 总状花序；3. 两性小穗。
（余汉平抄绘）

2. 毛菅 （《植物研究》）

Themeda trichiata S. L. Chen & T. D. Zhuang

多年生草本。秆丛生，粗壮，高约1.5 m，被长硬毛。叶长40～80 cm，宽4～6 mm，背部被长硬毛，基部收缩，顶端渐尖；叶舌长约1.5 mm；叶鞘无毛或边缘具长硬毛，靠近叶部分的背部被长硬毛。大型伪圆锥花序多回复出，分枝被疏柔毛；佛焰苞边缘被长硬毛；总花梗顶端被长柔毛；总状花序由9枚小穗组成，基部为1对小穗，其上为2对总苞状同性对小穗，最上面是3枚小穗；总苞状小穗略呈不同水平面分布，其中1对近无柄，不育，另1对雄性，狭披针形，长12～15 mm，被微柔毛；无柄小穗背腹压扁，长7～7.5 mm；基盘长约2 mm，急尖；第一颖长圆状披针形，密被褐色糙伏毛；第二外稃柄状；芒长2～4.5 cm；有柄小穗12～15 mm。花、果期；8～12月。

产地：据《Flora of China》记载，广东有分布。生于干燥山坡。

分布：广西、云南。

3. 苞子草 （《亚洲文会会报新22卷》）

Themeda caudata（Nees）A. Camus

Anthistiria caudata Nees

T. gigantea var. *caudata*（Nees）Keng

多年生高大草本。秆粗壮，高1～3 m。叶线形，长20～80 cm，宽0.5～1 cm，顶端渐尖，基部近圆形，无毛，边缘粗糙；叶舌圆截平，有睫毛，长约1 mm；叶鞘在秆基套叠，无毛，具脊。大型伪圆锥花序多回复出，由带佛焰苞的总状花序组成；总状花序由9～11枚小穗组成；总苞状小穗1～2对着生在基部不同水平面上，其上是2对异性对，顶端为3枚小穗；无柄小穗长6～7.5 mm，基盘渐尖；第一颖背腹压扁，长圆状披针形，被棕色柔毛；第二颖与第一颖同质等长，顶端圆钝，背部具棕色柔毛；第一外稃披针形，边缘具睫毛或流苏状；第二外稃退化为芒基；芒1～2回膝曲，长4～8 cm。颖果线状倒卵形；有柄小穗长12～15 mm，雄性或中性。花、果期：7～12月。

产地：乐昌、阳山、清远、翁源、新丰、五华、深圳、惠东、博罗、广州、封开、阳春及海南昌江、白沙。生于山坡草丛、林缘。

分布：浙江、湖北、江西、福建、台湾、广西、云南、贵州、四川、西藏。不丹、印度、印度尼西亚、马来西亚、缅甸、尼泊尔、菲律宾、斯里兰卡、泰国、越南。

4. 黄背草 （《植物华名录》）

Themeda triandra Forssk.

T. japonica（Willd.）Tanaka

T. triandra var. *japonica*（Willd.）Makino

T. barbinodis B. S. Sun & S. Wang

多年生草本。秆高0.5～1.5 m，分枝少。叶线形，长10～50 cm，宽3～8 mm，无毛或被柔毛，基部具疣基毛，顶端细长渐尖；叶舌钝，长1～2 mm，具纤毛；叶鞘压扁，具脊及疣基柔毛。伪圆锥花序开展，由带线形佛焰苞的总状花序组成；总状花序由7枚小穗组成，基部2对总苞状小穗着生于同一平面上，长7～14 mm，顶端为3枚小穗；总苞状小穗无柄，雄性，两颖均存在，长圆状披针形，两侧边缘窄膜质，无毛或被疣基硬糙毛；无柄小穗两性，基盘锐尖，被棕色髯毛；第一颖革质，背部圆，黑褐色，上部粗糙或生短毛；第二颖与第一颖同质，等长；第二外稃具1～2回膝曲的芒；有柄小穗雄性或中性。花、果期：6～12月。

产地：乳源、新丰、惠东、惠阳、广州、高要及海南各地。生于草地、路旁、林缘。

分布：陕西、山东、河北、河南、安徽、浙江、江苏、江西、福建、湖南、湖北、广西、云南、四川、贵州、西藏等省区。亚洲、非洲、大洋洲。

5. 中华菅 （《植物研究》）

Themeda quadrivalvis（Linn.）O. Ktze.

Andropogon quadrivalvis Linn.

T. chinensis（A. Camus）S. L. Chen & T. D. Zhuang

T. yuanmounensis S. L. Chen & T. D. Zhuang

一年生草本。秆直立或基部膝曲，高约1 m。叶扁平或折叠，长可达30 cm，宽3～9 mm，无毛，顶端急尖至渐尖；叶舌约3 mm；叶鞘光滑或鞘口具疣基毛。大型伪圆锥花序多回复出；佛焰苞披针状，具尾尖，光滑；总状花序由7枚小穗组成，基部2对总苞状小穗同性，着生于同一平面，其上为3枚小穗，1无柄，2有柄；总苞状小穗均无柄，长4～6 mm，不育，两颖长4.5～6 mm，披针形，上半部被硬刚毛和疣基刚毛；无柄小穗长4～4.5 mm；基盘长0.8～1 mm，近急尖，具褐色髯毛；第一颖背部圆，被短柔毛，背面下部被疏柔毛或无毛，芒长3.5～4 cm；有柄小穗长4～6 mm，不育。花、果期：6～12月。

产地：据《Flora of China》记载，广东及海南有分布。生于干燥山坡。

分布：广西、贵州、云南。印度、印度尼西亚、缅甸、尼泊尔、泰国、越南、澳大利亚。

116. 多 裔 黍 属　Polytoca R. Br.

多年生草本。秆直立，具分枝。叶宽线形，扁平；叶舌膜质。穗形总状花序具佛焰苞，顶生的为雄性，有时中部的无柄小穗为雌性，侧生的上部为雄性而下部的无柄小穗为雌性，另一有柄小穗则退化而仅余一披针形、偏斜扭转之第一颖；雌小穗花序轴脆弱，与小穗逐节断落，雄小穗花序轴延续而整个脱落；花序轴节间与小穗柄互相愈合，边缘具纤毛，雌性者顶端凹陷呈杯状，基部伸入雌小穗中空的基盘内；小穗单性孪生，1有柄，1无柄，位于无柄雌小穗同一节的具柄小穗退化，而同一节上2雄小穗常同形且均发育；雌小穗背部压扁；第一颖长圆形，革质，内折并紧抱穗轴；第一小花退化为外稃；第二小花雌性，内稃存在；有柄小穗显著长于无柄小穗，不育；雄小穗对相似，均为雄性；第一颖披针形，纸质，中部以上具翅；两小花均为雄性。

本属仅1种，产热带亚洲。我国有1种；广东及海南亦有。

多裔草　（《中国主要植物图说——禾本科》）（图270）

Polytoca digitata（Linn. f.）Druce

P. bracteata R. Br.

P. heteroclita（Roxb.）Koord.

多年生草本，具短根状茎。秆直立，高可达3 m，节密生髯毛，上部具分枝。叶线形至线状披针形，下部长达80 cm，宽1～4 cm，基部渐窄成柄状，顶端长渐尖；叶舌质硬，长2～5 mm，顶端撕裂，两侧下延与叶鞘结合；叶鞘上部的短于节间，无毛或疏生疣基硬毛。总状花序2～4枚，呈指状排列于主秆和分枝顶端，基部为叶鞘所包藏，花序轴与小穗柄愈合，仅柄的上端分离；雌小穗无柄，长圆状披针形，第一颖革质，背部扁平，脉纹不明显，被短毛，上部边缘狭窄内折，具宽翼，翼缘具细纤毛，顶端钝；第二颖嵌生于第一颖内，厚纸质，具7～9脉，顶端狭长渐尖；第二外稃长圆状披针形，3脉；内稃稍短于外稃。有柄小穗长15～20 mm，不对称，一边有宽翅；无柄雄小穗长圆状披针形，长8～10 mm；第一颖草质，顶端钝，10脉，边内折而具宽翼；第二颖舟形，略短于第一颖；内外稃均为薄膜质；雄蕊3枚；有柄雄小穗与无柄雄小穗相似，小穗柄上部与花序轴节间分离。花、果期：7～9月。

产地：连州、徐闻及海南各地。生于丘陵山坡草地。

分布：广西、云南。柬埔寨、印度东北部、印度尼西亚、马来西亚、缅甸、巴布亚新几内亚、菲律宾、泰国、越南。

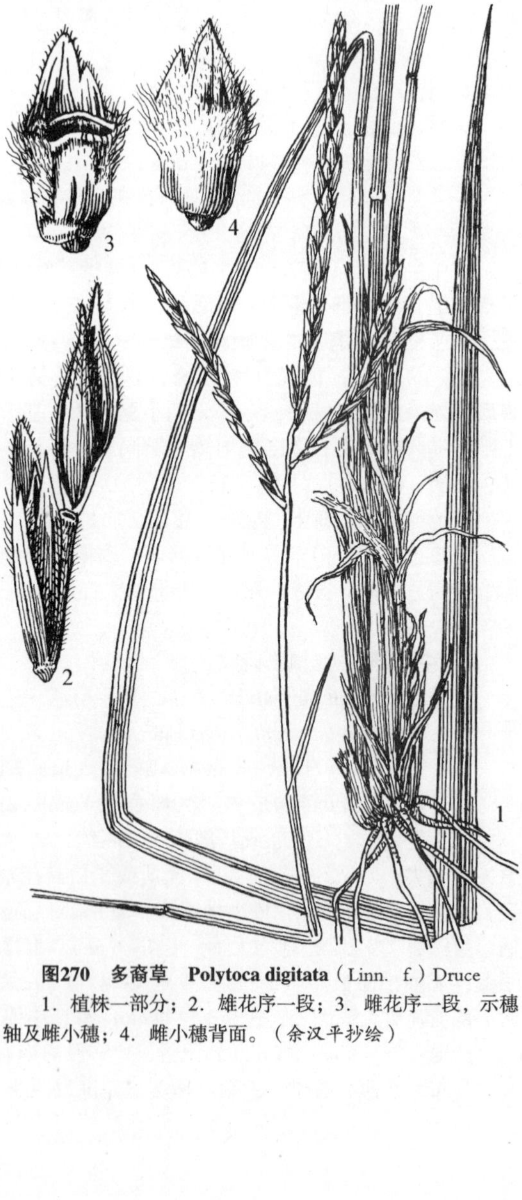

图270　多裔草　Polytoca digitata（Linn. f.）Druce
1. 植株一部分；2. 雄花序一段；3. 雌花序一段，示穗轴及雌小穗；4. 雌小穗背面。（余汉平抄绘）

117. 葫芦草属 Chionachne R. Br.

多年生或一年生草本。叶线形；叶舌膜质。由具佛焰苞的总状花序形成的伪圆锥花序腋生；雄小穗和雌小穗分别位于总状花序的不同部位，雌小穗在雄小穗下面，所在部位的花序轴易断；花序轴节间和小穗柄在一侧合生；基盘钝，中部具瘤；无柄雌小穗背腹压扁；第一颖革质至骨质，光滑，中部缢缩，通常具宽翼；第一小花不育，内稃无；第二小花可育，具内稃；有柄小穗退化；有柄和无柄雌小穗相似，均发育或只有无柄小穗发育；第一颖草质，椭圆状长圆形。

本属有9种，分布于印度和斯里兰卡、亚洲东南部至菲律宾及澳大利亚。中国有1种；广东及海南亦有。

葫芦草 （《华南经济禾草》） （图271）

Chionachne massiei Balansa

Polytoca massiei (Balansa) Schenck ex Henrard

一年生草本。秆丛生，高达50 cm，多分枝，节上被髯毛。叶狭披针形，扁平或内卷，薄，长9～30 cm，宽8～14 mm，无毛或被疣基状糙毛，边缘光滑或粗糙，顶端渐尖；叶舌长0.5～1.5 mm；叶鞘纸质，具脊，被糙毛。总状花序2～4枚，长2～8 cm；雌性无柄小穗1～3枚，长7～10 mm；第一颖革质，中部缢缩形似葫芦，具宽翼，顶端钝，无毛，中部具半月形内卷的边，紧抱花序轴节间；第二颖嵌生于第一颖内，顶端长渐尖，基部具1空腔；外稃卵状披针形；内稃窄小。颖果宽卵形；雌穗部分有柄小穗退化仅存一长约4 mm的颖；雄小穗对1～4枚，在雌小穗下面；雄性无柄和有柄小穗长2.5～5 mm。

产地：海南福山农场。生于草地。

分布：老挝，泰国和越南。

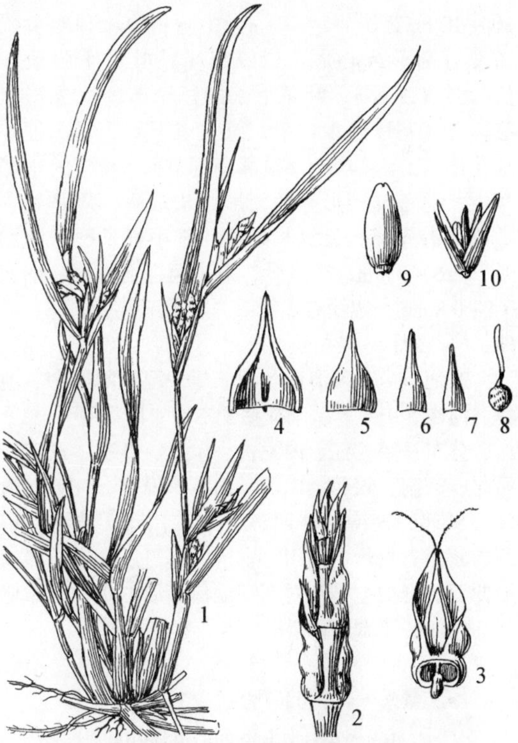

图271 葫芦草 Chionachne massiei Balansa

1. 植株；2. 花序；3. 雌小穗腹面；4～8. 雌小穗：4. 第一颖腹面；5. 第一外稃；6. 第二外稃；7. 第二内稃；8. 颖果；9. 有柄雄小穗背面；10. 有柄雄小穗。

（余汉平抄绘）

118. 薏苡属 Coix Linn.

一年生或多年生草本。秆直立，常实心。叶扁平，宽大；叶舌膜质。总状花序顶生或腋生，具较长的总花梗；小穗单性，雌雄小穗位于同一花序不同部位；雄小穗从念珠状总苞中抽出，含2朵小花，2～3枚生于1节，1无柄，1或2有柄，排列于细弱而连续的总状花序之上部；雌小穗常位于总状花序基部而被包于一近骨质、念珠状之总苞内，2～3枚生于一节，常仅1枚能育；能育小穗第一颖宽，下部膜质，上部质厚，渐尖；第二颖与第一外稃较窄；第二外稃与内稃膜质；柱头细长，自总苞之顶端伸出。颖果大，近球形。

本属约4种，分布于热带亚洲。我国有2种；广东及海南有1种，1变种。

1. 总苞珐琅质，质坚硬，平滑而有光泽；颖果不饱满 …………………………………………………… 1. 薏苡 C. lacryma-jobi
1. 总苞甲壳质，质较软而薄，表面有纵长条纹；颖果饱满 …………………………………………… 1a. 薏米 var. ma-yuen

1. 薏苡　（《本草经》）　别名：菩提子、野薏米　（广东）　（图272）

Coix lacryma-jobi Linn.

一年生草本。秆直立，粗壮，多分枝，高1～3 m。叶线状披针形，通常无毛，长10～40 cm，宽1.5～7 cm，中脉粗厚，顶端尖，基部近圆形或心形，边缘粗糙；叶舌干膜质，长0.6～1.2 mm；叶鞘上部的短于节间，光滑无毛。总状花序腋生成束，直立或下垂，具总梗；雄花序长1.5～4 cm，顶部小穗3枚，其下的小穗孪生；总苞卵圆形至圆筒形，珐琅质，质坚硬，平滑而有光泽，无纵长条纹；雄小穗长圆状卵圆形，长6～9 mm；颖多脉，第一颖脊上具翅，翅宽0.4～0.8 mm，边缘有短纤毛。颖果不饱满。花、果期：6～12月。

产地：广东及海南各地。生于湿润的屋旁、池塘、河沟、山谷、溪间或易受涝的农田等地方。

分布：黑龙江、内蒙古、宁夏、新疆、辽宁、河北、河南、陕西、山西、山东、安徽、江苏、浙江、湖北、湖南、江西、福建、台湾、香港、广西、云南、贵州、四川等省区。不丹、印度、印度尼西亚、老挝、马来西亚、缅甸、尼泊尔、巴布亚新几内亚、菲律宾、斯里兰卡、泰国、越南。

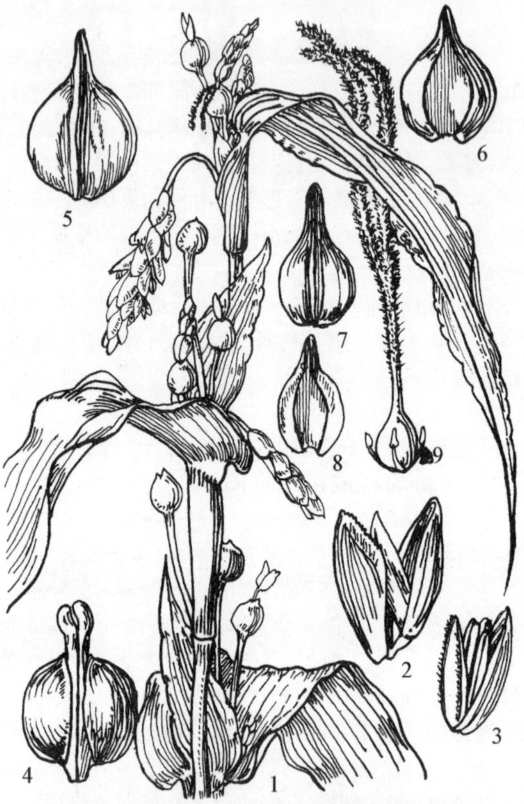

图272　薏苡　Coix lacryma-jobi Linn.

1. 花枝；2. 雄小穗；3. 雄小花；4. 雌小穗；5. 雌小穗第二颖；6. 雌小穗不育小花外稃；7. 雌小穗结实小花的外稃背面观；8. 雌小穗结实小花的外稃腹面观；9. 雌蕊和退化雄蕊。（陈夏玲抄绘）

1a. 薏米　（《药品化义》）

var. **ma-yuen**（Romanet du Caillaud）Stapf

C. ma-yuen Romanet du Caillaud

C. chinensis Todaro ex Balansa

本变种与原种的区别在于：总苞甲壳质，质地较软而薄，表面有纵长条纹，椭圆形至近圆形，易破。颖果白色或黄色，长圆形，饱满。花、果期：7～12月。

产地：斗门、珠海、台山等地。生于温暖潮湿的路边、山谷。

分布：安徽、福建、广西、河北、河南、湖北、江苏、江西、辽宁、陕西、四川、台湾、云南、浙江。不丹、印度、印度尼西亚、老挝、马来西亚、缅甸、菲律宾、泰国、越南。

119. 玉蜀黍属　Zea Linn.

一年生高大草本。秆直立，多节，实心，下部数节生有一圈支柱根。叶阔线形，扁平；叶舌膜质。花序顶生或腋生，雌雄异序，小穗单性，同形，成熟时不脱落；雌花序腋生，为多数鞘状苞片包藏；雌小穗含1小花，成10～30纵行排列于海绵状花序轴上；颖宽大，顶端圆形或微凹；外稃透明，雌蕊具极长而纤细的花柱；雄花序由多数总状花序组成大型的顶生圆锥花序，雄小穗1无柄，1短柄或1长1短柄，颖膜质，顶端尖，具多数脉；外稃及内稃透明膜质；雄蕊3枚。

本属有5种，原产美洲，为世界各地广泛种植。我国栽培1种；广东及海南亦有。

玉蜀黍 （《本草纲目》） （图273）

Zea mays Linn.

一年生高大草本。秆直立，不分枝，高1 ~ 4 m。叶扁平宽大，线状披针形，长50 ~ 90 cm，宽3 ~ 12 cm，基部圆形呈耳状，无毛或具疣基毛，边缘呈波状皱褶；叶舌膜质，长约2 mm；叶鞘具横脉。雌花序被多数宽大的鞘状苞片所包藏；雌小穗孪生，成16 ~ 30纵行排列于粗壮之花序轴上，两颖等长，宽大，无脉，具纤毛；第一小花不育；外稃及内稃透明膜质，雌蕊具极长而细弱的线形花柱。颖果球形或扁球形，成熟后露出颖和稃片之外，大小随生长条件不同有差异，顶生雄性圆锥花序大型，主轴与总状花序轴节间及腋间均被细柔毛；雄小穗孪生，1长柄，1短柄，被细柔毛；两颖近等长，膜质，背部隆起，约10脉，被纤毛；外稃及内稃稍短于颖。花、果期：夏、秋季。

产地：广东及海南各地常见栽培。

分布：原产美洲，我国各地均有栽培。全世界热带和温带地区广泛种植。

图273 玉蜀黍 Zea mays Linn.

1. 植株；2. 雄花；3. 2枚雌小穗；4. 果序。

（余汉平抄绘）

中名索引

六画

七画

八画

九画

十画

十二画

十三画

十四画

十五画

十六画

十七画

十八画

十九画

二十画以上

拉丁名索引

A

B

C

D

E

F

G

H

I

J

K

L

M

N

O

P

Q

R

S

T

U

V

Y

Z

《广东植物志》（第一至第九卷）科名中名索引

（按笔画次序排列）

《广东植物志》（第一至第九卷）科名拉丁名索引